균류학 3판

THE FUNGI

THIRD EDITION

SARAH C. WATKINSON
University of Oxford, Oxford, UK

LYNNE BODDY
Cardiff University, Cardiff, UK

NICHOLAS P. MONEY
Miami University, Oxford, OH, USA

The Fungi

Third Edition

ISBN : 9780123820341
Translated Edition ISBN : 9788958812609
Publication Date in Korea : 20 Feb 2017

Translated by World science publishing Co, LTD.
Printed in Korea

균류학 제3판

인　쇄 | 2017년 2월 10일
발　행 | 2017년 2월 20일

저　자 | Watkinson, Boddy, Money
대표역자 | 신현동
공 역 자 | 공원식 · 구창덕 · 김경수 · 김규중 · 김성환 · 김정준 · 김하근 · 박미정 · 엄안흠
오상근 · 이정관 · 이종규 · 이종수 · 이향범 · 최영준 · 최인걸 · 한재구 · 홍승범

발 행 인 | 박선진
발 행 처 | (주)도서출판 월드사이언스

주　소 | 서울특별시 서초구 방배4동 864-31 월드빌딩 1층
등록일자 | 1988년 2월 12일
등록번호 | 제16-1601호

대표전화 | (02) 581-5811~3
팩　스 | (02) 521-6418
E-mail | worldscience@hanmail.net
U R L | http://www.worldscience.co.kr

정　가 | 25,000원
I S B N | 978-89-5881-260-9

이 도서의 국립중앙도서관 출판예정도서목록(CIP)은 서지정보유통지원시스템 홈페이지 (http://seoji.nl.go.kr)와 국가자료공동목록시스템(http://www.nl.go.kr/kolisnet)에서 이용하실 수 있습니다. (CIP제어번호 : CIP2017002571)

차례

저자 서문

균류가 없다면 우리가 사는 지구의 모습은 어떻게 달라질까? 목재부후균류가 없다면 쓰러진 나무 때문에 숲에는 들어갈 수도 없을 것이고, 분생균류가 없다면 온 세상은 초식동물의 배설물로 뒤덮일 것이고, 수생균류가 없다면 강과 호수는 식물 잔재물로 꽉 막혀버릴 것이다. 이런 혼돈의 세상을 상상해본다면 생물 잔해를 분해하는 균류가 얼마나 소중한 존재인지 쉽게 알 수 있지만, 사실 오랫동안 그 소중함을 깨닫지 못하였다. 균근균류가 없었다면 태초에 숲이 생겨날 수도 없었고, 마찬가지로 초원도, 초식동물도, 초식동물의 배설물 조차도 존재하기 어려웠을 것이다. 지구의 모든 생물은 균류와 더불어 진화해 왔고, 균류의 활동이 없다면 이들은 지구에서 사라질 것이다. 균류가 진화하지 않았다면 균류의 생태적 역할을 다른 미생물이 대신했을 것이라고 가정할 수도 있겠지만, 실제로는 소설 같은 이야기일 뿐이다. 균류는 진화해 왔고, 종분화를 거듭해 가면서 지금까지 10만 종 이상이 알려진 하나의 생물계로 우뚝 섰다. 실제 지구상에는 최소한 100만 종 이상의 균류가 존재하며, 이 세상 어디서나 생물상의 주요 구성요소로서 발견된다.

균계에서 잘 알려진 빵효모 *Saccharomyces cerevisiae*와 양송이버섯 *Agaricus bisporus*를 살펴보자. *Saccharomyces* 효모를 빼고 인류 문화를 이야기한다는 것은 어불성설이다. 이 효모는 쉽게 배양되고 포도당을 대사하여 이산화탄소와 알코올을 생산하므로, 수천 년 동안 인류는 이 효모를 이용하여 맥주를 빚고 빵을 굽고 포도주를 만들어 왔다. 이 단세포 효모는 수십 년 동안 모델생물로서 생물학 발전에 기여하였고, 1996년에는 유전체 염기서열이 밝혀짐으로써 현대 생물학의 이정표가 되었다. 이는 진핵생물 최초의 염기서열분석 프로젝트로서 16개의 염색체에 6,000개의 유전자를 밝혀냈다. 이들 유전자의 5분의 1 이상이 인간 유전자와 일치하여 모든 진핵생물이 하나의 기원에서 출발하였음을 보여주었다. 효모 세포는 양분을 흡수하여 생장하고 출아법으로 번식한다. 성적으로 대응하는 계통과 짝짓기를 통하여 이배체가 된 후에는 감수분열을 거쳐 4개의 반수성 자낭포자를 만든다.

양송이는 천문학적인 수의 균사 세포로 구성된 커다란 버섯이고 효모는 단세포생물인데, 이 둘을 동일 선상에서 비교한다는 것은 언뜻 이해되지 않을 수도 있다. 빵효모와 마찬가지로 양송이도 인간이 만든 발명품이라고 해도 과언이 아니다. 둘 다 야생형은 산업적으로 이용되는 균주와 상당히 다르다. 이 버섯의 야생형들은 특정한 나무 아래에서 발견되므로 서로 이익이 되는 공생관계에 있음을 말해준다. 하지만, 재배되는 양송이는 퇴비에서 부생적 생활을 한다. 균류는 균사에서 효소를 분비하고 식물체를 분해하고 당분과 저분자 물질을 흡수하여 대사작용에 이용함으로써 집락을 이루며 살아간다. 이 집락에 충분한 생물량이 축적되면, 농부는 균사 집락의 생장환경을 조절하여 버섯이 한꺼번에 올라오도록 만든다.

처음에는 좁쌀만한 균사뭉치가 생기고, 차츰 자실체 모양을 갖추면서 대, 갓, 주름살로 분화된다. 대체로 갓이 벌어지기 전에 수확하는데, 이때는 몸집이 1,000배나 늘어난 상태이다. 야생버섯들이 몸집이 커지면서 수압으로 땅을 뚫고 올라와서는 포자를 산포하기 위해 갓의 주름살을 활짝 편다. 이 얼마나 경이로운 자연의 섭리인가. 양송이와 가까운 야생버섯들은 1초에 31,000개의 포자를 날리므로 하루에는 21억 개를 방출하는 셈이다. 마치 투석기에서 돌이 날아가듯, 작은 물방울에서 생긴 힘으로 포자가 주름살로부터 방출된다. 효모에서는 이런 현상이 일어나지 않는다.

빵효모는 자낭균문에, 양송이는 담자균문에 속하는데, 이들 두 문은 약 4억년 전에 공통의 조상에서 분리된 분류군으로서 대부분의 균류가 여기에 속한다. 이들 두 문은 생활사가 확연히 다를 뿐만 아니라 발달생물학적 측면에서도 근본적으로 다르다. 하지만 균류 다양성의 개념을 폭넓게 본다면, 이들 두 문은 세포벽 조성, 세포질 내 막성기관의 존재, 대사작용과 생리작용의 특성 등에서 많은 공통분모를 가지고 있다. 이러한 특징을 잘 이해한다면, 단세포의 효모와 다세포의 버섯이 같은 생물군이라는 사실에 놀라워하지 않을 것이다.

균류와 유사균류를 다 포함하여 편리하고도 납득할 만한 분류체계를 만든다는 것은 실로 어려운 일이다. 아직도 미해결점이 무척 많다. 결국 버섯과 인간은 모두 진핵생물이면서 다른 종류일 뿐이며, 모두 후편모생물에 속한다. 효모와 버섯은 형태적으로는 큰 차이를 보인다고 생각할 수도 있지만, 균류 전체로 보면 더 큰 차이를 나타내는 분류군들이 얼마든지 있다. 균류의 다양성과 분류는 제1장에서 다룬다.

균류 세포에는 다른 진핵생물과 같은 종류의 세포기관들이 들어 있지만, 균계 이외에서는 볼 수 없는 여러 구조체도 갖는다. 대표적인 예로, 균사의 정단생장을 지배하는 세포기관들이 있고, 상처 입은 세포질이 빠져나가지 못하도록 막아주는 구조체도 있다. 세포벽에 키틴과 몇몇 중합체가 얽혀있다는 것도 균류의 특유성이기도 하다. 균류의 세포생물학 및 세포분화는 제2장에서 다룬다. 균류 발달생물학은 좀 더 관심을 기울여야 할 분야이다. 세포생물학과 분자생물학이 크게 발전하였지만, 실제 균사끈, 근상균사다발, 균핵, 버섯(자실체)의 분화에 관여하는 과정은 거의 알려져 있지 않다. 균류가 다세포생물로서 어떻게 개체를 유지하는지는 균류학이 꼭 풀어야 할 숙제 중 하나인데, 가장 현명하고도 가장 창의적인 연구자가 답을 찾아낼 것이다.

제3장은 포자 형성에 관한 내용인데, 이것이야말로 균계의 공통분모에 해당하는 사항이다. 포자는 형태와 크기가 매우 다양하여 균류의 분류에 이용되는 형질이고 종을 동정하는 수단이 되기도 한다. 병꼴균류가 만드는 운동성 포자인 유주포자, 표면돌기가 뚜렷한 접합포자, 다세포성 분생포자, 표면구조가 아름다운 덩이버섯류의 포자까지 무척 다양하다. 한 부류의 포자라고 할지라도 전파 기작은 사뭇 다를 수도 있다. 예를 들어, 자낭균류가 만드는 분생포자는 바람, 빗물, 곤충 등에 의해 수동적으로 전파될 수도 있고, 기체방울이 터지면서 또는 세포벽이 탄성을 가짐으로써 능동적으로 전파될 수도 있다. 포자 산포방식은 균의 분포와 집단생물학뿐만 아니라 질병 전염(역학)에도 직접적인 영향을 미치므로 매우 중요한 연구 주제이다. 공기로 전파되는 포자는 사람에게 알러지를 일으키는 주요 원인이 된다 (제9장). 한편, 대기 중에 존재하는 천문학적 수의 포자는 구름 형성과 강우 양상에도 영향을 미친다는 증거가 축적되고 있다.

균류의 유전적 변이, 성, 진화는 제4장에서 다룬다. 몇몇 균류는 유전학 연구의 모델생물이 되었는데, 앞서 언급한 효모뿐만 아니라 유전자 발현에 관한 초기 연구에 많이 이용되었던 붉은빵

곰팡이(*Neurospora crassa*)가 대표적인 예이다. 이 두 종의 생활사에는 서로 대응하는 두 교배형이 짝짓기를 통해 유성포자를 만드는 단계가 있다. 균류에서 암컷과 수컷이란 개념이 없다. 버섯을 만드는 담자균류 중에는 한 종에 무려 수만 개의 교배형이 존재할 수도 있다. 균류에서는 개체라는 개념을 규정하기가 점점 더 어려워지고 있으며, 이에 따라 균류유전학은 한층 더 복잡하게 되었다. 하나의 모체로부터 떼어내어 배양한 집락들을 하나의 개체라고 볼 수 있을까? 균류에서 종의 개념을 이야기하면 상황은 더 복잡해진다. 그래서 균류의 변이, 소진화, 유전자 이동, 진화생물학에서의 기타 문제점을 제4장에서 폭넓게 토의하고자 한다.

환경과 균류의 관계는 제5장에서 다룬다. 편모를 가진 유주포자가 수환경에 존재하는 것을 제외하면, 대부분의 균류는 생장을 통해 환경에 적응하며 살아간다. 균류가 생장할 때는 세포 표면에 아주 근접한 영양환경에 따라 운명이 결정된다. 서로 연결된 균사가 뭉쳐서 큰 균사체를 만들면 한쪽에서 부분적으로 양분결핍이 일어나더라도 다른 쪽으로부터 양분을 이송함으로써 위기를 극복할 수 있다. 이렇게 적응력이 뛰어나므로 넓은 면적의 토양을 가로질러 생장하고, 물과 양분의 결핍에서도 다른 미생물보다 더 잘 견딜 수 있다. 균류는 삼투영양생물이다. 즉, 외부로 여러 효소를 분비하여 복잡한 물질을 분해하고, 단백질을 이용하여 분해산물을 원형질막을 통해 흡수한다. 균류가 분비하는 일련의 단백질을 세크리튬(secretome)이라고 하는데, 이를 분석하는 연구는 현재 한창 진행 중이다. 균류의 대사작용도 제5장에서 다룬다. 균류의 1차대사작용은 다른 진핵생물과 다를 바 없다. 균류의 2차대사작용의 결과로 의약품, 곰팡이독소, 버섯독성물질, 색소, 휘발성 방향물질 등 다양한 물질이 생성된다.

균류생태학 연구에 이용되는 분자적 기법을 소개하기 전에, 양분순환 및 기타 생태적 과정에서 균류가 얼마나 중요한 역할을 담당하는지는 돋아나는 버섯을 보거나 순수배양을 통해 볼 수 있는 종 다양성으로 확인할 수 있다. 그래서 실제는 극히 일부만 알 수 있을 뿐이다. 하지만 분자적 방법을 동원하면 서로 다른 서식지에서 미생물 다양성을 훨씬 더 잘 알 수 있고, 우리가 이제야 균류의 생태적 중요성을 인지하기 시작했음을 확실히 이해할 수 있다. 환경시료 채취 및 생태계 물질이동 분석에 이용되는 메타게놈 기법과 신기술은 제6장에서 소개한다.

제7장부터 제10장까지는 균류와 다른 생물군과의 상호관계를 다룬다. 균류는 식물의 생장을 견지하는 균근을 형성하므로 우호적인 존재(제7장)이기도 하고, 식물에 피해를 주고 파괴하는 병원체로 작용하므로 적대적 존재(제8장)이기도 하다. 외생균근은 버섯을 형성하는 담자균류와 일부의 자낭균류가 나무뿌리를 감싼 상태이다. 외생균근균류는 뿌리 주변의 토양으로 뻗어나가서 큰 흡수대를 형성하고 기주식물에 물과 미량요소를 공급한다. 균류는 그 대신에 식물로부터 탄수화물을 받으므로, 두 생물체는 상리공생 관계이다. 수지상균근은 200여 종에 불과한 글로메로균류와 무려 80%의 과(科)를 포함하는 관속식물 사이의 공생관계이다. 또한, 난과식물, 진달래과식물, 무엽록소식물, 선태식물과 특별한 균근을 형성하는 균류도 있다. 이는 균류의 공생관계에 대한 예로서 제7장에서 다룬다. 한편, 18,000종 이상의 자낭균류와 약 50종의 담자균류는 녹조류 및 남세균을 광합성 파트너로 삼아 지의체를 형성한다. 내생균도 식물과 상리공생하는 관계인데, 역시 제7장에서 다룬다. 제8장에서는 식물병원균을 다룬다. 식물병원균으로는 녹병균과 깜부기병균 같은 담자균류도 있고, 매년 농작물에 수십 억 달러의 경제적 피해를 입히는 수천 종의 자낭균류도 있다. 난균류도 식물에 병을 일으키는데, 19세기 이후로 균학자들이 연구해 왔다. 1840년대에 아일랜드에서 감자 대기근을 일으킨 *Phytophthora infestans*가 가장 잘

알려진 난균이다. 때로는 물곰팡이라고 불리는 난균류는 균류라기보다는 갈조류나 규조류 같은 조류에 더 가까운 존재이다. 하지만, 이들은 균사를 형성하여 분지생장, 정단생장, 먹이기질 침투, 소화효소 분비, 저분자 물질의 흡수영양 등 생활양식은 균류와 매우 유사하다. 이처럼 진정균류와 난균류는 서로 형태, 세포 구성, 생활양식 등이 매우 유사하므로 수렴진화의 멋진 사례이다. 난균류 또한 이 책에서 다루지만, 균류와 유전적 연관성은 거의 없다.

사람에게 세균성 질환이나 바이러스성 질환처럼 흔하지는 않지만 진균감염도 드물지 않고 질병과 사망의 원인이 되기도 한다 (제9장). 대부분의 진균증은 기회감염이라서 피부 보호층이 손상을 입었다든지, 기저질환이 있다든지, 면역체계가 약화된 사람들에게 나타난다. 병원성 포자를 흡입함으로써 폐 감염이 일어나기도 한다. 비뇨생식계 및 소화관 내에서 또는 피부에서 균류(무해하다고 알려진 종)가 자라서 전신감염을 일으킨 사례도 있다. 제9장에서는 다른 척추동물 및 무척추동물에 발생하는 진균감염도 소개한다. 최근에 몇몇 동물에서 진균감염증이 급속도로 유행하는 사례가 처음으로 발견되었다. 양서류 종의 1/3을 감염하는 *Batrachochytrium dendrobatidis* (병꼴균문)에 의한 항아리곰팡이병, 북미에서 600만 마리의 박쥐를 치사시킨 *Pseudogymnoascus destructans* (자낭균문)에 의한 박쥐흰코증후군, 카리브해에서 부채산호를 위협하는 *Aspergillus sydowii*에 의한 바다아스페르길루스증 등이 대표적인 사례이다. 한편, 균류와 동물의 상리공생 관계도 있다. 곰팡이정원을 가꾸는 개미와 버섯을 키우는 흰개미가 있으며, 척추동물이나 무척추동물의 장내미생물상의 일원으로서의 균류도 예로 들 수 있다. 제10장에서는 균류와 다른 미생물과의 상호관계를 다루는데, 토양균류 사이에서의 양분경쟁, 균류에 기생하는 균류(균기생성), 균류와 세균 사이의 생태적 관계가 포함된다.

지구온난화에 대응하는 생물들의 반응 중에서 균류를 대상으로 한 멋진 연구결과들이 속속 발표되고 있는데, 이것에 대한 내용은 제11장에서 다룬다. 화분(花粉)학적 기록에서 특정 균류의 우점 변화를 볼 수 있다. 홍적세 시기에 분생균류의 포자가 급격히 줄어든 것으로 보아, 이 시기에 인간활동에 의해 털매머드와 마스토돈 같은 거대 초식동물의 멸종이 일어났음을 말해주고 있다. 최근 수십 년 동안 유럽에서 버섯의 발생 시기 변화를 추적조사한 결과 첫서리가 늦어짐에 따라 버섯의 생장기간이 늘어났음을 밝혔다. 기후변화는 지의류의 분포에도 영향을 미치고 있다. 수학모델을 이용한 예상에 따르면, 지구온난화가 진행될수록 공기 중에 알러지를 유발하는 포자가 증가하고 식물병의 지리적 분포에도 변화가 있을 것이라고 한다.

제12장에서는 균류와 생명공학을 다룬다. 생명공학이란 용어는 언뜻 유전자변형생물을 포함하는 현대적 산업기술을 떠올리게 하지만, 좀 더 넓은 개념으로는 옛날부터 발달해 온 제빵이나 양조기술까지 모두 포함한다. 원목이나 말똥에서의 버섯 재배도 생명공학의 또 다른 사례로서 우리의 식탁을 풍요롭게 해 주었다. 19세기부터 미생물학이 발달함에 따라 발효기술도 함께 진보하였다. 이러한 노력의 결과로 현대에는 균류를 이용하여 항생제 및 여러 의약품을 생산할 수 있게 되었다. 이제는 분자유전 수준에서 균주를 조작할 수 있게 되어 생명공학 산업에 큰 영향을 주고 있다.

이 책은 학부생과 대학원생을 위하여 집필되었지만, 균류학의 세부 주제를 알고자 하는 생물학자들에게도 유용한 길잡이가 될 것이다. 사실 자기 자신을 균학자라고 생각하는 과학자는 그리 많지 않다. 특정 생물군의 모든 영역을 연구하는 과학자들을 칭송하기보다는, 세포생물학, 분자생물학, 유전학, 생태학 등의 세부사항을 탐구하는 것이 현대생물학의 흐름이라는 것을 잘 반영하고 있다. 지난 50년 동안, 대학이나 연구기관에서 균학자, 조류(藻類)학자, 곤충학자, 조류(鳥類)학자 등 순수과학자들을 채용하는 빈도가 점점 줄어들었다. 이것이 반드시 나쁜 일인 것만은 아니다. 효모를 연구하는 세포생물학자가 세계적으로는 넘쳐날 정도로 많은데, 어느 누구도 스스로를 균학자라고 생각하지는 않는다. 붉은빵곰팡이를 비롯한 여러 곰팡이가 세포생물학자와 분자생물학자들의 연구소재로 쓰이지만, 균학자 명단에 올라 있는 사람은 거의 없다. 생태 연구는 생물군 사이의 상호관계를 연구하는 것이므로 균류만 단독으로 연구하는 경우는 매우 드물다. 생물다양성이 점점 더 넓어지고, 모든 생물이 분자적으로는 공통분모를 갖는다는 것이 인식되고, 생물종 사이의 상호관계가 복잡하고도 다양하다는 사실이 밝혀짐에 따라 특정한 생물군을 전공하는 전문가는 점점 줄어들고 있다. 생물을 연구하고 교육하는 풍토가 어떻게 변화하는지 아는 것도 흥미로운 일이다.

이 책의 2판이 출판된 이후 지난 15년 동안 균류학 연구의 범주는 여러 면에서 확대되었다. 2001년에 본격 시작된 분자적 기법 덕분에 신기술이 많이 개발되었고, 특히 컴퓨터 기술의 덕을 톡톡히 보고 있다. 예를 들어, 2001년에는 DNA 조각 하나의 염기서열 분석에 온 실험실이 매달렸는데, 이제는 게놈 전체의 염기서열 분석 따위는 손쉬운 기술에 속한다. 생세포 이미징, 공초점현미경기술, 고속촬영기술 등 광학현미경 기술의 획기적 발달로 균류학은 비약적 발전을 이루었다. 이러한 발전에 발맞추어 균류학의 모든 부분을 개편해야 하는 도전과제가 저자들 앞에 주어졌다. 지난 판의 고정적인 틀에는 이러한 다양한 관점을 반영하기 어려웠기 때문에 저자들은 그 틀을 깨뜨리고 각자 독자적으로 책임을 지고 자신이 담당한 장을 집필하였다. 각 장을 상호 참조하고 방대한 색인을 활용하면 독자들은 이 책을 통하여 균류학의 다양한 지식을 가져갈 수 있을 것으로 확신한다.

역자 서문

이 책은 1994년에 제1판, 2001년에 제2판을 거쳐 2016년에 제3판으로 출간된 The Fungi (S.C. Watkinson, L. Boddy, N.P. Money 공저; Academic Press, 2016)를 번역한 것이다. 제2판 이후 무려 15년 만에 제3판이 출간된다는 소식에 우리들은 모두 기쁜 마음으로 기다렸고, 더구나 체제가 완전히 새롭게 구성되고 훌륭한 사진과 그림으로 이해를 도운 사실을 알고는 놀라움을 감출 수 없었다. 그래서 이처럼 잘 정리된 교과서를 번역함으로써 더 많은 사람들에게 놀랍고도 새로운 균류의 세계를 알리고, 대학에서 좀 더 나은 강의를 제공하려는 필연의 꿈을 실현하였다.

이 책은 학부과정에서 한 학기의 강의 내용으로 다소 분량이 많아 버거움을 느낄 수도 있다. 그러나 이해를 돕기 위하여 소개된 구체적인 연구사례 등을 제외하면, 부담 없이 강의하고 학습할 수 있는 교재로서 매우 적합하다고 생각된다. 이 책이 갖는 특별한 장점으로는 균류학의 영역을 체계적으로 잘 정리하였을 뿐만 아니라 인접 학문과 잘 연계될 수 있도록 서술되어 있다는 점이다. 균류가 인간생활과 매우 밀접하게 관련되어 있음을 설명하고 생태학적 존재로서의 균류를 강조한 점은 특별히 만족스럽다. 특히, 기후변화, 토지이용변화, 환경오염, 신생전염병의 등장 등 최신의 문제와 균류의 관계를 소개한 것은 균류학의 새로운 임무를 부여한 셈이다. 또한 많은 원색사진과 채색그림을 제공하여 균류를 쉽게 이해할 수 있도록 배려한 점, 이 책에 다 실을 수 없는 방대한 사진과 보충자료를 볼 수 있는 웹사이트를 소개한 점, 최신의 정보과 구체적인 연구사례를 관련문헌과 함께 제공한 점은 독자들에게 특별한 만족감을 줄 것이다. 이러한 점에서 이 책은 균류학의 입문서이자 교과서로서 매우 탁월하면서도 적합하다는 인식을 독자들과 공유하고 싶다.

끝으로 어려운 여건에도 불구하고 기꺼이 출판을 맡아주신 월드사이언스 박선진 사장님과 임직원 여러분께 진심으로 감사의 말씀을 드린다. 그리고 원고를 정리하고 마무리작업까지 도와준 고려대학교 대학원의 조성은 학생의 노고를 잊을 수 없다. 아무쪼록 이 책이 균류학을 공부하는 후학들에게 교과서이자 지침서로서의 역할을 다 할 수 있다면 더 바랄 것이 없겠다.

2017년 2월
역자 일동

저자 사사

미생물학의 관점에서 균류학 전체를 포괄하는 교과서를 처음 구상한 사람은 바로 Michael Carlile였다. 이 책은 그렇게 태동되었고, 제1판이 1994년에 빛을 보았다. 제2판은 (故) Graham Gooday와 협력하여 2001년에 공저로서 출판되었다. 그 동안 세계의 균류학자 동료들로부터 아낌없는 도움을 받아 꾸준히 개선되었고, 이제 이 책은 새로운 도약을 할 수 있는 힘을 얻었다.

그 동안 수많은 친구들이 친절한 도움과 냉철한 비판을 보내주고 그림과 사진을 제공해 준 덕분에 이 책이 제1판과 제2판을 거쳐 오늘에 이르렀다. 제3판을 준비하는 동안에도 변함없이 도와준 분들에게 감사의 말씀을 드린다.

Elsevier 출판사의 Mary Preap 여사는 편집 체계의 큰 틀을 제시해 주었을 뿐만 아니라 놀라운 인내력과 전문가다운 지원으로 이 책을 크게 발전시켜 주었다. 한편, 각 장의 원고를 꼼꼼히 읽고 조언을 아끼지 않은 동료들에게 특별한 감사의 말씀을 드린다. 제2장의 뼈대를 제시해 준 Susan Kaminskyj, 제4장을 검토해 준 Sara Branco, Gareth Griffith, Bruce McDonald, 제4장의 몇몇 세부분야에 대해 별도의 도움을 준 Clive Brasier, Nick Kent, Ursula Kües, Louise Glass, UC버클리에 방문교수로 있는 동안에 제4장 일부분의 집필까지 맡아준 Lynne Boddy, 제5장을 철저히 검토해 준 Geoff Gadd, 제6상을 맡아준 Dan Eastwood, 제6장의 세부분야에 조언을 준 David Hibbett, 제7장의 품격을 높여준 Björn Lindahl, 제7장의 세부분야에 귀중한 정보를 추가해 준 Paola Bonfante, Peter Crittenden, 제8장에 소중한 도움을 준 Ali Ashby, 제9장을 꼼꼼하게 검토해 준 Duur Aanen, Elaine Bignell, Matthew Fisher, Fernando Vega, 제10장에 대해 조언해 준 Peter Jeffries, Sarah Johnston, 제11장의 가치를 높여준 Don A'Bear, Anders Dahlberg, 그리고 마지막으로 제12장은 Dan Eastwood의 도움 없이는 완성될 수 없었다.

또한 Felix Bärlocher, Tom Bruns, Sarah Gurr, Frank Gleason, Neil Gow, Håvard Kauserud, Paul Kirk, Thorunn Helgason, Rosemarie Honegger, Tim James, Naresh Magan, Jan Stenlid, John Taylor 등 여러분들이 각자의 세부 전공분야에서 구체적인 문제들을 확실하게 해설하였다.

한편, 복잡한 그림을 완성시켜준 Maribeth Hassett, Don A'Bear 두 사람의 도움은 이 책의 완성도를 높여주었다. Gordon Beakes, Dimitrios Floudas, David Hibbett, Jonathan Plett, Frances Martin, Mark Fischer 등 여러분들이 새로운 그림을 제공하여 제3판으로서의 가치를 높여주었다. 또한, 출판된 그림의 사본을 제공하고 사용을 허가해 준 여러분들에게도 감사의 말씀을 드린다.

더 많은 분들이 조언과 격려를 아끼지 않으셨는데 일일이 다 열거해 드리지 못함을 송구스럽게 생각하며, 이 자리를 빌려 다시금 감사의 말씀을 드린다.

마지막으로, 그 동안 인내와 사랑으로 힘을 보태준 우리 가족 Anthony Watkinson, Charles Watkinson, Ruth Knight, Diana Davis, Colin, Emma, Hannah Morris 모두에게 감사를 드린다.

분류체계에 관하여

균류의 분류체계는 지속적으로 보완되고 개편되어 왔으며, 학자에 따라 의견이 사뭇 다를 수도 있다. 균류의 계통학적 연구가 이루어지는 만큼 분류체계도 바뀌므로 몇 년 내로 새로운 분류체계가 제시될 수도 있다. 따라서 이 책에 현재의 상세한 분류군 목록을 넣는 것은 포기하였다.

제1장에서 균류를 문(phylum) 단위로 소개한 것은 각 분류군을 개괄적으로 이해하기에 큰 도움이 될 것이다. 이 책에서는 종전에 1개의 문으로 취급하던 '유주포자균류'를 3개의 문, 즉 Blastocladiomycota, Chytridiomycota, Neocallimastigomycota로 나누어서 설명한다. 부분적으로는 Cryptomycota를 포함시켜 4개의 문으로 설명할 수도 있다. 이러한 흥미로운 미생물 분류에 관한 내용은 제1장에서 다룬다. 한편, 오랫동안 잘 알려져 온 접합균문(Zygomycota)이 계통학적으로는 단일 분류군이 아니라는 사실이 밝혀짐에 따라, 이 책에서는 이 분류군을 '접합균류'라고 통칭하여 부르기로 하였다.

각 분류군의 보다 상세한 분류체계를 알고자 하면 수많은 온라인 자료를 참고하기 바라며, 용어의 사용에서 헷갈리는 경우에는 Dictionary of the Fungi(제10판, P.M. Kirk 등, CAB International 출판, 영국)를 참조하기 바란다.

역자 소개

대표번역 신현동(고려대학교)

공 역 자 공원식(농촌진흥청)
구창덕(충북대학교)
김경수(강원대학교)
김규중(강릉원주대학교)
김성환(단국대학교)
김정준(농촌진흥청)
김하근(배재대학교)
박미정(농촌진흥청)
엄안흠(한국교원대학교)
오상근(충남대학교)
이정관(동아대학교)
이종규(강원대학교)
이종수(배재대학교)
이향범(전남대학교)
최영준(군산대학교)
최인걸(고려대학교)
한재구(농촌진흥청)
홍승범(농촌진흥청)

CHAPTER

1

진균의 다양성

진균의 진화적 기원 및 다른 생물군과의 관계

진균은 선캄브리아기에 단세포 진핵생물로부터 기원하였다. 분자시계 분석에 근거하여 진균의 기원을 추산해 보면, 7억 6천만 년 내지 10억 6천만 년에 해당된다 (그림 1.1). 다만 분자시계 분석은 화석에 근거하여 연대를 추정하는데 진균의 경우에 화석이 충분하지 않은 문제점이 있다. 가장 오래되고 확실한 진균 화석은 스코틀랜드 Rhynie 지방에서 수집된 데본기 전기의 처트(chert, 생물성규질암)에서 발견되었으며 약 4억 년 전의 것이다. 이들 화석은 보존상태가 양호하여 병꼴균류의 유주포자낭과 유주포자, 접합균류의 포자낭, 자낭균류의 자실체까지 보존되어 있다 (그림 1.2). Rhynie 처트의 식물 화석 뿌리에는 글로메로균류의 포자와 수지상체도 발견되었으며 4억 6천만 년 전의 암석에서도 진균의 포자가 발견되었다. 이러한 화석의 증거로 보아 식물과 진균의 초기 공생은 육상식물의 진화에 필수적이었다고 생각된다. 3억 3천만 년 전의 것으로 추정되는 꺽쇠연결체를 가진 균사가 가장 오래된 담자균류의 화석으로 취급된다. 하지만 실제 담자균류는 훨씬 이전에 분화된 것으로 보인다.

현존하는 주요 분류군이 언제 탄생하였는지를 알기 위해서는 각각의 조상종의 출현시기를 알아야 하나 이 시기를 정확하게 추정하는 것은 실로 어려운 일이다. 병꼴균류가 구조적으로 단순하며 편모를 가진다는 점으로 보아 가장 오래된 진균은 구조적으로 단순하고, 단세포이며, 세포 후방에 장착된 편모를 이용하여 물에서 이동하는 생물이었을 것으로 추정된다. 몸체 후방에 편모를 가진다는 점은 진균과 동물의 공통적인 특징인데 이들을 후편모생물(Opisthokonta)이라고 한다. 운동성이 있는 진핵생물 중에는 몸체 전방에 편모를 가진 것들도 있다. 동물과 연관된 진핵생물의 가장 하등한 분류군으로 깃편모충류(choanoflagellates)라는 것이 있는데, 이들은 구조적으로 병꼴균류와 유사하여 두 분류군이 공통의 조상에서 유래되었음을 시사한다 (그림 1.3).

진균의 분류

균류학의 선구자들은 균류가 가진 공통적인 특징에 따라 그룹을 나누었는데, 형태적인 특징은 자낭균과 담자균을 성공적으로 나누었고 또한 그들 내에서 근연의 속을 묶어서 작은 분류군으로 나누었다. 일부 균류에서는 다윈 이전의 이러한 분류가 분류군의 진화적 관계를 잘 반영하기도 하였

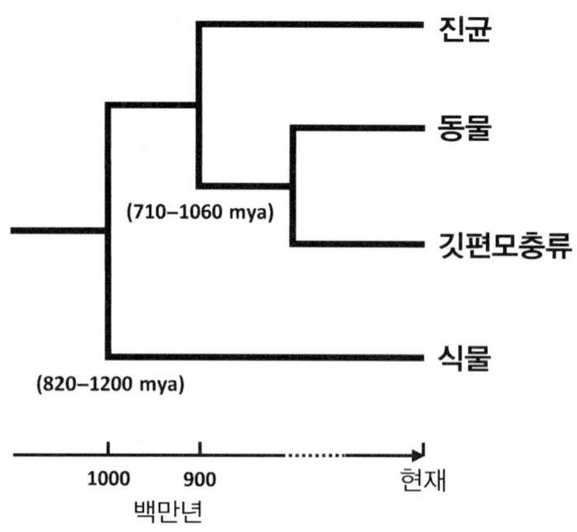

그림 1.1 연대표로 본 진균, 동물, 깃편모충류, 식물의 진화적 관계. 후편모생물(진균, 동물, 깃편모충류)의 출현시기가 10억 년 전임을 보여준다. 진균은 7억 1천만 년 내지 10억 6천만 년 전에 독립된 분류군으로 진화한 것으로 여겨진다.

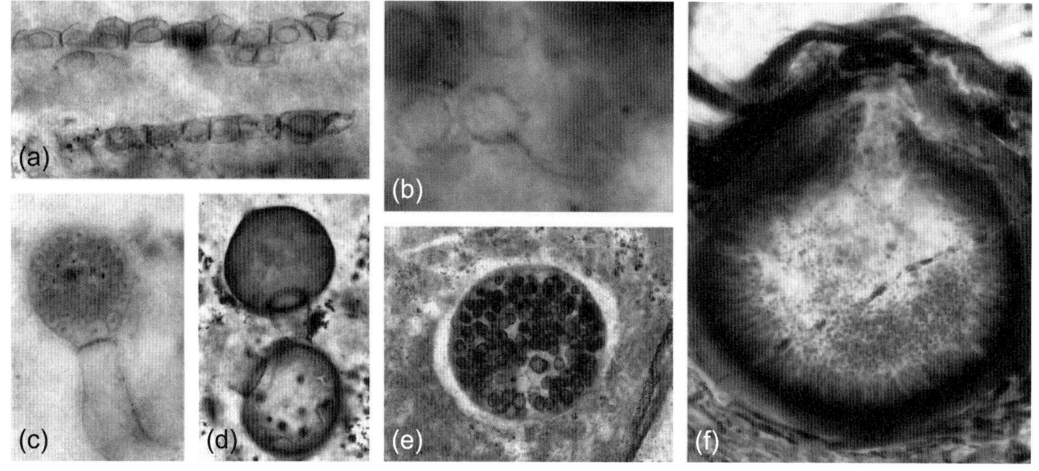

그림 1.2 데본기 전기의 Rhynie 처트에서 발견된 균류 화석. (a) 기주 세포 속에 있는 병꼴균의 유주포자낭. 2개의 포자낭에는 탈출공이 있으며 유주포자는 이미 탈출한 상태이다. (b) 단편모(추정)를 가진 병꼴균의 유주포자. (c) *Palaeoblastocladia milleri*의 유주포자낭. (d) 접합균의 포자낭. (e) 수많은 포자를 가진 수지상균근균의 포자과. (f) 자낭균류에 속하는 *Palaeopyrenomycites devonicus*의 자낭과. *출처: Thomas Taylor, University of Kansas.* (원색도판 참조)

다. 하지만 많은 경우에 초기 연구는 포자 색깔처럼 진화적으로 중요하지 않은 특징을 중시함으로써 서로 먼 관계에 있는 생명체들을 하나의 그룹으로 묶기도 하였다. 20세기 들어서 현미경과 생화학의 발달로 균류의 자연분류 체계는 상당한 발전을 이루었다. 1980년대부터 PCR을 포함한 분자유전학 기법이 등장함으로써 진균 분류는 새로운 전기를 맞았다. 전통적인 분류체계가 재편되고 수많은 분류군의 이름이 바뀌었지만 아직도 해결해야 할 많은 숙제를 안고 있다.

진균다양성 연구는 분류학(taxonomy), 분류(classification), 계통학(systematics)으로 분야가 확

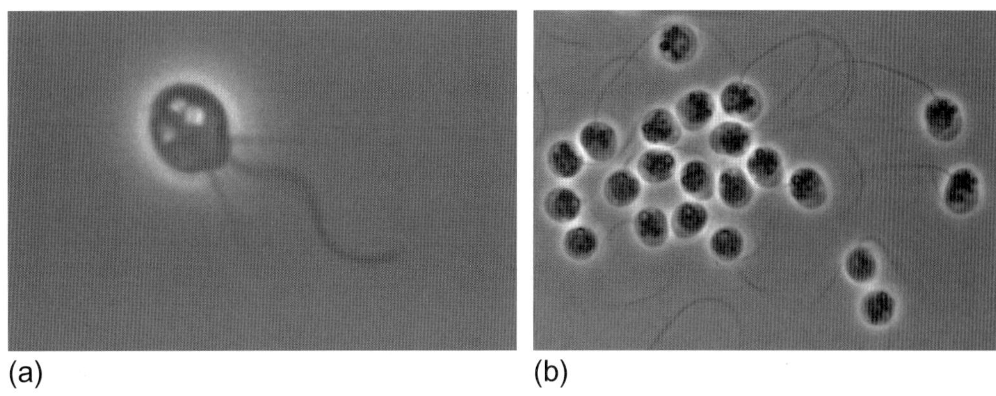

그림 1.3 깃편모충과 병꼴균 단세포의 유사한 형태. (a) 해수성 깃편모충 *Monosiga brevicollis*. (b) 담수성 병꼴균 *Obelidium mucronatum*. 출처: *(a) Stephen Fairclough (Creative Commons) (b) Joyce Longcore, University of Maine.*

대된다. 분류학은 동정, 기재, 명명을 다루고, 분류는 생물을 속, 과, 목, 강 등의 계급구조에 할당하며, 계통학은 해당종과 연관되는 생물과의 진화적인 연관성을 밝히는 학문이다. 이론적으로 진균분류학자는 다른 진균과의 연관성을 고려하지 않고도 신종을 기재할 수 있다. 즉, 계통학을 고려하지 않더라도 신종 도입이 가능하다. 하지만 실제적으로 현대 분류학자는 종간에 진화적인 연관성을 적극적으로 활용하고 있으므로 진균 분류학은 현재 계통학과 동의어처럼 사용된다. 현장 채집가의 목적은 다를 수 있다. 식용버섯을 수집하는 사람에게 분류는 중요한데 독버섯을 구분하지 못하면 치명적이기 때문이다. 버섯 수집가에게는 버섯의 계통학적인 위치, 즉 다른 진균과의 진화적 유연관계는 의미가 없다. 이와 같이 목적이 서로 다르기 때문에 동정을 위한 믿을 만한 안내가 필요한 아마추어 균학자에게 계통학은 만족스럽지 못하며, 학명의 잦은 변경으로 그들을 불만스럽게 만든다. 그들에게는 계통학에 대한 학문적인 연구보다는 동정을 위한 실질적인 기술 개발이 더 유용하다. 하지만 분류학을 연구하는 생물학자의 관점에서 보면 학명의 변경과 분류군의 조정은 새로운 기술과 관점에 따른 현장의 수요를 잘 반영하는 것이다.

30년 전에는 말불버섯류(puffballs), 어리알버섯류(earth-balls), 방귀버섯류(earth-stars), 말뚝버섯류(stinkhorns), 찻잔버섯류(bird's nest fungi)가 복균강(Gasteromycetes)으로 분류되었다. 이들의 유일하고 명확한 공통점은 녹병균과 깜부기병균을 포함한 담자균류에 공통적으로 존재하는 포자 방출 장치가 없다는 것이다. 즉, 이 독립적인 분류군은 생체역학적 특징의 부재가 유일한 특징이다. 복균강을 연구했던 균학자들은 이들 생물체들이 근연관계에 있지 않다는 사실을 인지하고 있었다. 하지만 각 구성원들이 다른 분류군의 어떤 것들과 근연관계에 있는지를 알지 못했다. 이러한 연유로 다양한 자실체 형태를 가지며 서로 먼 유연관계에 있는 수백 종의 담자균류들이 복균강이라는 하나의 그룹으로 유지되어 왔다. 유전자 염기서열을 분석하는 분자생물학의 도입으로 다른 담자균 그룹과 염기서열을 비교함으로써 복균강의 분류가 명확해졌다. 유전적 정보를 분석한 결과 말불버섯류는 주름버섯류와 매우 밀접하게 연관되어 있었다 (그림 1.4 a, b). 포자 발생에 대한 추가적인 정보는 말불버섯류가 주름버섯류의 조상으로부터 진화했음을 시사했다. 이러한 사실

그림 1.4 놀라운 친척들. (a, b) 흰주름버섯 *Agaricus arvensis*와 말불버섯 *Lycoperdon perlatum*. (c, d) 그물버섯류 *Boletus pinophilus*와 어리알버섯류 *Scleroderma michiganense*. 출처: *(a, c, d) Michael Kuo, (b) Pamela Kaminskyj*. (원색도판 참조)

을 반영하여 현대 분류학은 말불버섯류를 주름버섯류의 제일 큰 그룹인 주름버섯목으로 분류한다. 어리알버섯류는 말불버섯류와 유사한 자실체를 형성하지만, 유전 분석 결과 이들은 말불버섯류나 주름버섯류보다는 갓 아래에 관공을 가진 버섯과 매우 가까웠다. 이러한 이유로 어리알버섯류는 그물버섯목으로 분류된다 (그림 1.4 c, d).

복균강이라는 용어는 말불버섯류, 어리알버섯류 등의 버섯을 통칭하는 것으로 남아 있기는 하지만, 오늘날에는 더 이상 공식적인 분류군은 아니다. 진화적인 유연관계를 찾아가는 과정에서 기존에 예상하지 못했던 새로운 그룹이 출현하여 균학자나 분류전문가를 혼란에 빠뜨리기도 한다. 다른 예로 주름살을 가진 버섯류는 확실한 근연관계에 있는 것으로 믿어졌지만, 분자계통학적 연구를 통해 이들이 사실상 다계통임을 밝혔다. 주름살을 가진 버섯은 주름버섯목 외의 담자균문의 다섯 목에 분포되어 있는데, 이들은 서로 독립적으로 진화한 것으로 판단된다. 현재로서는 분자유전학적 분석이 생명체들 간의 연관성을 밝히는 유일한 객관적인 방법이다.

균류의 분자계통분석

균류의 진화적 관계는 진핵생물에 공통적으로 존재하는 유전자의 염기서열을 비교하여 분석할 수 있다. 특히, 리보솜 유전자 클러스터의 정확한 분석이 이러한 연구에 가장 적합하다. 이 클러스터는 리보솜 RNA의 세 소단위(subunit)를 암호화하는데, 이것은 18S [**small subunit (SSU)**], 5.8S, 28S [**large subunit (LSU)**] rRNA이다. 그리고 이들 소단위 사이에 **내부전사영역(internal transcribed spacers, ITS)**이 존재하고, 다시 **ITS1**과 **ITS2** 영역으로 구분된다. 이 두 ITS 영역과 5.8S 소단위를 암호화하는 유전자를 합쳐서 **ITS 영역**이라 지칭한다. **외부전사영역(external transcribed spacers, ETS)**은 클러스터의 5′와 3′의 양쪽 끝에 위치한다. ETS, ITS1, ITS2 영역은 기능이 없는 RNA 분자를 암호화하며, 기능성 rRNA가 전사될 때 제거된다. 균류 유전체는 **직렬반복서열(tandem repeats)**이라는 반복되는 염기서열 안에 이러한 클러스터를 약 200개 복사본으로 보유할 수 있다. 이러한 복사본은 **유전자간 영역(intergenic spacer region, IGS)** 또는 **비전사성 영역(non-transcribed spacer region, NTS)**이라는 염기서열에 의해 서로 분리된다. 이러한 유전자 클러스터는 복사본 수가 많기 때문에 시료가 보유한 DNA 양이 매우 적더라도 PCR을 통해 쉽게 증폭된다.

ITS 염기서열은 근연종 간에 그리고 한 종 내의 집단 간에도 상당한 변이를 보여줌으로써 분자계통학 연구에 크게 기여했다. 이러한 변이는 ITS1과 ITS2 영역이 비기능성 RNA 분자를 암호화하기 때문에 상대적으로 흔히 발생하는 삽입, 결실, 점돌연변이에 기인한다. 기능성 산물을 암호화하는 유전자는 상대적으로 더 큰 진화적 압력을 받게 되므로 변이가 적은 경향이 있다. ITS 영역은 계통학적 연구뿐만 아니라 인간과 식물에 병을 일으키거나 침수된 건물을 가해하는 균류의 신속한 동정을 위한 진단키트에서도 유용하게 사용된다. 균류의 계통학적 연구에는 이밖에도 다양한 영역이 사용되는데, 리보솜 RNA 소단위(LSU, SSU), translation factor 1-α, β-tubulin, actin, RNA polymerase II (*RPB1*, *RPB2*), 소형염색체(minichromosome) 관리단백질인 *MCM7*을 암호화하는 유전자 등이 유용하다.

계통수

균류의 진화적인 관계는 **계통수(phylogenetic tree)**의 형태로 표현된다. 계통수 가지의 말단에는 현존하는 균류가 위치하고, 내부 가지의 분지점, 즉 마디는 그들의 조상을 의미한다. 계통수는 친족 관계임을 추정할 수 있는 다양한 분석법을 통해 제작할 수 있는데, 이들은 형태적 자료, 단백질서열, 하나의 유전자 또는 유전자 집단의 분석을 토대로 한다. 하지만, 가장 믿을 만한 방법은 전체 유전체를 비교하여 계통수를 제작하는 것이다. 균류 사이의 진화적 관계는 대상이 되는 분류군의 ITS 영역의 염기서열을 비교하여 분석하는 것이 가장 일반적이다. 이러한 정보로부터 유추된 계통수는 뿌리가 있거나(**rooted**), 뿌리가 없는(**unrooted**) 형태를 가진다. 무근계통수(unrooted tree)는 조상을 나타내는 분류군 없이 종들의 계통학적 관계를 보여주지만, 유근계통수(rooted tree)는 가상적인 공통 조상을 의미하는 하나의 **분지점(node)**, 즉 뿌리를 갖는다. 계통수는 흔히 **외집단(outgroup)**을 포함함으로써 체계화되는데, 이러한 외집단은 그 계통수 안에 있는 모든 분류군들의 근연종이면서 동시에 이들을 하나로 묶을 수 있을 만큼 충분히 먼 분류군이 선택된다. 수평적으로 그려진 계통수에서 가장 가까운 근연종들은 하나의 공통 조상으로 연결된 인접한 가지들 위에 나란히 존재한다. 두 생물 또는 생물집단 간의 연관성은 각각의 분지가 하나의 분지점 또는 내부 마디를 공유할 때 인정된다.

진화적 시간의 흐름은 유근계통수에 함축되어 있다. 조상종으로부터 말단에 있는 하나의 생물로 이어지는 가장 먼 경로가 가장 긴 진화적 여정을 나타낸다. 화석의 나이가 결정되면 실제 시간의 간격이 계산될 수 있다. 가지의 길이가 진화적인 시간으로 척도화된 계통수를 **연대표시도(chronogram)**라고 부른다. 화석 기록은 매우 드물기 때문에 균류에 대해서 이러한 계통수를 그리는 것은 매우 어렵다. 그렇지만 몇몇 큰 분류군에 대한 기원 시기가 최근에 밝혀졌다.

필요한 유전자의 염기서열을 확보하여 정렬하고 나면, 다양한 방법을 통해 계통수를 제작할 수 있다. **거리분석법(distance method)**은 염기서열 전체의 유사도에 따라 염기서열을 배열하고, 쌍을 이루는 염기서열에서 치환된 서열의 수를 계산한다. **근친연결(neighbour-joining)** 분석법이 가장 대표적인 거리분석법이며 진화 과정에 대한 어떠한 가설도 갖지 않는다. **형질기반 분석법(character-based method)**도 널리 사용된다. 이 방법은 개개의 뉴클레오타이드에 초점을 맞추며 각각의 위치에 존재하는 삽입 또는 결실을 계산한다. 거리분석법과 비교했을 때 이 방법의 장점은 염기서열상의 변이들에 대해 서로 다른 가중치를 부여할 수 있다는 점이다. 실제로 형질기반 분석법은 무의미한 변이들에 낮은 가중치를 부여한다는 면에서 유용하다. 근친연결 분석법은 이러한 무의미한 변이 조차 계통수에 병합하지만, 형질기반 분석은 이러한 변이는 제거한 채로 계통수를 제작할 수 있어 계통학적으로 유의미한 변이에 더 중점을 둘 수 있다. **최대절약(maximum parsimony)** 분석법은 이러한 형질기반 분석법의 대표적인 예이다. 이 방법은 두 염기서열 사이에 유사성과 차이를 설명할 수 있는 가장 간단한 계통수를 선호한다. 최대절약 분석법은 모든 가능한 계통수를 제작하고, 이 중에서 최소한의 진화적 변이를 갖도록 염기서열이 배치된 것을 찾는다. **최대가능도(maximum likelihood)** 분석법은 가지의 길이를 계통수로 병합하는 가장 복잡한 형질기반 분석법이다. 이 분석법에 의해 추론된 계통수는 염기서열 간의 계통학적 관계들을 가장 정확하게 나타냈을 개연성이 높은 것이다. **베이즈 추론(Bayesian inference)** 분석법은 세 번째 형질기반 분석법으로 이것은 대략적으로 비슷한 개연성을 가진 계통수 집단을 생성한다.

계통수가 제작되었을 때, 연구자는 생물의 다양한 특징을 계통수의 가지 위에 표시할 수 있다. 이것은 세포생물학에서 특징적인 형태의 기원에 대한 정보를 제공하는데, 예를 들어 균류와 식물 종간의 상호작용이 어떻게 진화했는지 알려준다. 생물지리학적 양상도 이러한 계통수를 기반으로 만들어진 지도에 나타낼 수 있다.

조작분류단위와 환경 샘플링

곰팡이 DNA의 염기서열 분석을 통해 연구자는 자연에서 수집하고 실험실에서 배양한 곰팡이의 형태 기재에 머물렀던 전통적인 분류학적 연구범위를 확대할 수 있었다. 형태적 특징과 달리, 유전적인 마커는 생물군의 관계에 대한 객관적인 척도를 제공하였고, 균학자는 진화적인 역사를 반영한 확실하고 자연스러운 분류체계 안에 다양한 그룹의 균류를 정리할 수 있었다. 분자적 기법은 배양이 불가능한 균류의 연구에 유용하다. 과학자들은 토양, 물, 썩어가는 나무에 존재하는 균류의 유전자를 증폭하여 새로운 종 또는 더 나아가 거대한 그룹의 균류도 발견하였다. 이러한 균류를 어떻게 배양해야 하는지 알지 못하기 때문에 현미경으로만 이들을 연구하기는 매우 어렵다. 예를 들어, 현재 우리는 강어귀의 진흙 시료에서 발견된 유전자를 분석하여 이들이 앞서 알려진 병꼴균류와 연관되어 있다는 것을 확인할 수 있는 반면에, 과거처럼 현미경만 이용하는 경우에는 발견한 세포들 중 어느 것이 이러한 수수께끼 같은 미생물에 속하는지 알 수 없다. 몇몇 예에서 우리는 유전적 탐침을 세포 안에 있는 DNA와 혼성화하여 환경시료 안에 있는 특정 생물군을 더 효율적으로 탐색하고 동정할 수 있었다. 이러한 유전적 탐색자들은 형광염료와 연계되어 있어서, 그 세포들은 시료 안에서 발광한다. 이러한 기술을 형광동소혼성화(fluorescence *in situ* hybridization, **FISH**)라고 한다. 이러한 세부적인 조사 없이는 증폭한 유전자들이 활성화된 균류, 불활성화된 포자, 파손된 세포의 유전체 잔재물 중 어디에서 기인한 것인지 불명확하다. 환경샘플링은 균학자의 연구에서 상대적으로 새로운 분야이다.

하나의 염기서열이 뚜렷한 하나의 종에서 기인하는지의 여부를 결정할 수 없을 때, 이 균류를 **조작분류단위(operational taxonomic unit, OTU)**로 설정할 수 있다. 하나의 조작분류단위는 커다란 생물 집단을 의미할 수도 있고, 단 하나의 유전자 염기서열을 정의할 수도 있다. 이처럼 조작분류단위는 분류학적 위계(taxonomic hierarchy)의 어떠한 계급으로도 언급될 수 있다. 다른 이름으로는 **ENAS**(environmental nucleic acid sequence)와 **eMOTU**(environmental molecular operational taxonomic unit)가 있다.

전통적인 분류학에 새로운 분자 자료와 최근까지 생각지도 못했던 엄청난 균류 다양성을 조합하는 것은 매우 어려운 도전이다. 게다가 형태적 유사성이 반드시 그들의 유전적 공통성을 의미하는 것은 아니라는 점과 영양조건에 따라 변화하는 균류 생장의 가변성이 그들을 서로 다른 종으로 착각하게 만들 수 있다. 또 다른 문제점이 몇몇 균류의 복잡한 생활사에서 발견되는데, 어떤 종은 유성생식 동안 화합성 교배형과 마주칠 때 전혀 다른 모습으로 변하고, 무성번식 과정에 관여할 때는 또 다른 방법으로 발달한다. 그래서 한 종을 두세 종으로 착각할 수도 있다. 분자계통학적 분석은 이러한 혼란을 주는 가변적인 형태적 특징을 무시함으로써 이 '문제가 많은' 균을 자연스러운 분류군으로 구분할 수 있다. 이러한 기술의 사용이 개개의 종 구분에는 덜 유용한데, 이는 서로 다른 종들 간에서 예상되는 유전적 차이에 대한 객관적인 기준을 갖고 있지 않기 때문이다. 몇몇 연구자는 두 균류의 배양체 또는 자실체가 ITS 염기서열에서 3% 차이로 다르다면, 이들이 서로 다른 종을 의미한다고 제안하였다. 하지만 이러한 주장이 정확한 실험적 증거에 기반한 것은 아니다. 문제는 종간의 ITS 염기서열의 확률상 차이가 균류 그룹들 간에 확실히 다양하다는 점이다. 이 극심한 불확실성의 해결은 현대 분류학 연구의 커다란 과제이다.

분자계통학의 의의

균류의 분류는 종간의 진화적 관계를 반영하는 지극히 자연스런 체계를 구축하는 것이 목적이다. 이것이 중요한 목적으로 간주되는 이유에 대해서는 고심할 가치가 있다. 종의 진화적 관련성을 인식함에 따라, 연구자는 어떤 특정 종에 대해 알고 싶을 때 그것과 가까운 종이 무엇인지 알아봄으로써 유용한 생물학적 정보를 얻을 수 있다. 생태, 생리, 세포생물, 물질대사의 흥미로운 특징들은 연관된 종들 사이에서 공유되고, 큰 분류군의 지식도 특정 종의 연구에 정보를 제공할 수 있다. 예를 들어, 한 속에 속하는 두 종이 유류 오염 토양에서 독성을 없애는 능력이 있다면, 그 속의 다른 구성원의 생화학적 특성을 연구할 가치가 있다. 이러한 노력에 시간과 돈을 투자하는 두 번째 정당성은 자연을 이해하고자 하는 생물학자의 기본적인 욕구에 기인한다. 이러한 균류의 자연스러운 분류법을 정립하고자 하는 노력을 통해 주요 문의 발달 시기와 같은 생물들의 기원에 대한 풍부한 정보가 드러나고 있다. 이것은 지구 생명체 이야기의 한 부분이고, 여기에 과학계의 몇몇 흥미로운 주제들이 있다.

곰팡이 분류에서 고려해야 하는 중요한 점은 우리와 동시대에 살고 있는 종들은 수백 내지 수백만 년의 균류 역사에 존재했던 전체 종의 극히 일부라는 것이다. 이것은 현대의 많은 근연종이 아주 오래 전의 공통 조상으로부터 분화되었다는 것을 의미한다. 시간의 영년 사이에 있었던 수많은 대멸종은 균류 종의 대부분을 사라지게 만들었으며, 진화적 계통수에 커다란 틈을 만들어 공통 조상과 현존하는 분류군 간의 연결고리를 끊었다. 이것은 현존하는 균류의 분자적 분석에 기초해서 상위 분류군 간의 관계를 밝히는 것을 어렵게 만든다. 생물학적 멸종은 화석자료가 풍부한 척추동물을 제외하고는 대부분 생물군의 계통학적 연구에서 커다란 과제이다. 이러한 이유로 균류의 진화적 역사는 대부분 불확실하며, 이것은 현재 만들어 놓은 균계 분류체계의 세부사항들에 대한 확실성을 제한하는 주요 원인이다. 이러한 단점을 유념하더라도, 균류 다양성에 대한 지식은 30년 전의 균학 교과서와는 비교할 수 없을 정도로 풍부하다. 현재 통용되는 균류의 분류체계를 살펴보자.

진균의 문

현재 진균의 분류체계에는 6개의 문(phylum)이 인정된다.

진균계 (Kingdom Fungi)

담자균문 (Basidiomycota)
자낭균문 (Ascomycota)
글로메로균문 (Glomeromycota)
블라스토클라디오균문 (Blastocladiomycota)
병꼴균문 (Chytridiomycota)
네오칼리마스티고균문 (Neocallimastigomycota)

이들 6개 문의 진화적 연관성은 그림 1.5에 나타나 있다. 담자균문과 자낭균문을 아우르는 아계(subkingdom)를 **이핵균아계**(**Dikarya**)라고 하는데, 이는 유성생식 과정에서 균사의 세포가 2개의 핵을 보유하는, 즉 이핵성 균사를 형성하는 데서 유래하였다. 분자유전학적 분석 결과에서 일부 진균은 6개의 문 어디에도 명확하게 포함되지는 않으며, 새로운 문을 구성하기에는 정보가 불충분하였다. 여기에는 900종 이상의 접합균이 포함되는데, 교과서에서 유성생식 주기의 설명에 흔히 사용되는 *Mucor mucedo*도 여기에 속한다. 이 그룹은 과거에 접합균문(Zygomycota)으로 불렸으나 구성원들 간에 응집이 약하고 충분한 규모를 이루지 못하므로 본 교재에서는 접합균강으로 언급한다. 과거에 접합균문에 속했던 일부 곰팡이는 현재 다른 문으로 재분류되었다. 위에서 언급된 6개 문 외에도 다수의 분류학자들이 진균계의 일부로 여기는 미포자충류(microsporidia)라는 1,000

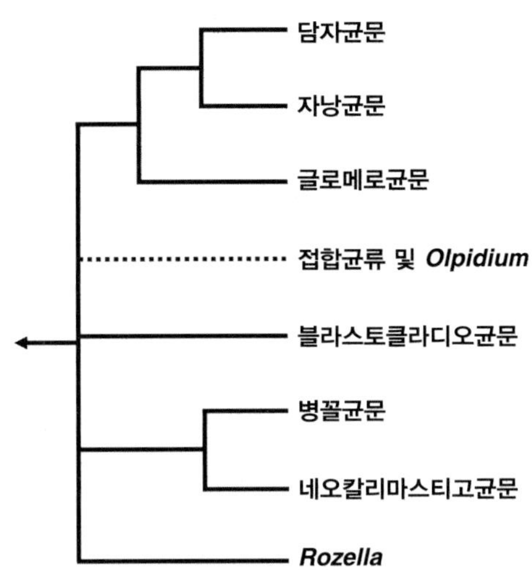

그림 1.5 진균계 내의 연관성을 보여주는 계통수. *Rozella*는 진균의 어떤 문에도 맞지 않는 수생균류의 한 속이다. 이는 분자유전학 방법을 사용하여 밝혀진 다양한 진균 그룹의 대표로서 비밀진균문(Cryptomycota)이라는 7번째 문으로 제안되었다.

종 이상의 동물병원균 그룹이 있다. 일부 학자들은 이들을 미포자충문(Microspora)이라는 독립된 문으로 취급하지만, 다른 진균 문과의 진화적 유연관계는 여전히 불분명한 상태이다. 이제부터 진균의 주요 그룹을 설명하고 이들의 공통적인 특징과 흥미로운 몇몇 종에 대하여 소개하고자 한다.

담자균문

개관 및 주요 특징

약 3만 종의 담자균류가 알려져 있으며, 이들은 버섯, 목이버섯, 효모, 녹병균, 깜부기병균 등을 포함한다 (그림 1.6). 담자균류의 생태적 역할은 다양하다. 버섯을 형성하는 많은 균류는 수목 및 관목과 균근 공생관계를 형성해서, 그리고 다른 담자균류는 나무와 낙엽을 분해함으로써 산림생태를 떠받치고 있다 (제5장, 제7장). 몇몇 담자균류는 흰개미 및 가위개미와 복잡한 공생관계를 이루는데, 사실상 이들 곤충이 균류를 재배한다고 말할 수 있다. 일부 담자균류는 자신의 껍질 아래에서 보호하는 깍지벌레에 의존하며 살아간다. 담자균류는 인간을 비롯한 동물에 잠재적으로 치명적인 여러 질병을 일으키고, 녹병균과 깜부기병균은 식물에서 발생하는 가장 중요한 병원균이다 (제8장, 제9장).

분자계통학적 분석은 다른 균류로부터 담자균류를 구분하기에 효율적이고, 이러한 유전적 차이는 담자균류가 공유하는 몇 가지 고유한 구조적 및 발생학적 특징에 근거한다. 담자균문은 **담자포자(basidiospore)**라는 유성포자를 형성하고, 담자포자는 **담자기(basidium)**라는 세포의 외부에 형성된다. 핵융합과 감수분열은 담자기 안에서 일어나고, 생성된 4개의 반수체 핵은 담자포자 안으로 분화되는 눈(bud) 안으로 전달된다. 하지만, 이러한 전형적인 생활사는 담자균문의 분류군에 따라 상당히 다른데, 핵의 감수분열 이후에 개개의 반수체 효모세포 표면 위에서 담자포자를 형성하는 경우도 있다. 두 번째 공통점은 담자균류의 균사를 연속적으로 구획화하는 **유연공격벽**

그림 1.6 담자균문의 다양성. (a) 주름버섯 *Agaricus campestris*. (b) 흰목이 *Tremella fuciformis*. (c) 비듬과 관련된 효모 *Malassezia globosa*. (d) *Arum maculatum*의 녹병균 *Puccinia sessilis*. (e) 옥수수 깜부기병균 *Ustilago maydis*. 출처: *(a, b) Michael Kuo, (c) http://www.pfdb.net/photo/nishiyama_y/box20010917/wide/024.jpg, (d) http://upload.wikimedia.org/wikipedia/commons/f/f8/Puccinia_sessilis_0521.jpg, and (e) http://aktuell.ruhr-uni-bochum.de/mam/images/pi2012/begerow_maisbeulenbrand.jpg* (원색도판 참조)

(**dolipore septum**)을 들 수 있다. 이 격벽의 가운데는 중심공(central canal 또는 pore)이 뚫려있고, 그 가장자리가 융기되어 술통형으로 부풀어 있다 (세부 구조는 제2장 참조). 핵은 유연공격벽이 변형되지 않으면 격벽을 통과할 수 없다. 그래서 화합성 균체의 융합 이후에 새롭게 발달되는 균사 내에서 핵의 분포는 **꺽쇠연결체(clamp connection)**의 형성과 관련이 있다 (아래 '담자균류의 생활사' 참조). 꺽쇠연결체는 담자균류의 세 번째 고유한 특징이다. 모든 담자균류는 담자포자를 형성하지만 예외적으로 효모로 살아가는 종들은 담자기 위에 담자포자를 형성하지 않고 격벽과 꺽쇠연결체도 형성하지 않는다. 그러나 유연공격벽 또는 꺽쇠연결체를 가진 모든 곰팡이는 담자균문에 속한다.

담자균류의 생활사

담자균류의 생활사는 분류군에 따라 몇 가지 중요한 차이점이 있으나, 버섯을 형성하는 종에서 일어나는 전형적인 발달 과정이 담자균류의 생활사를 쉽게 이해할 수 있는 좋은 본보기이다 (그림 1.7). 하나의 담자포자는 발아해서 사상형 균사로 분지하는 집락을 형성한다. 이런 어린 균사체는 유연공격벽으로 구획화된 다수의 방으로 구성되는데, 대부분의 종에서 하나의 방에는 하나의 반수성 핵이 존재한다. 이러한 반수성 핵들은 최초의 포자 내에 있었던 핵의 첫 분열과 함께 개시되는 유사분열에 의해 형성된다. 그 결과로 형성되는 균사체는 모두 유전적으로 동일한 핵을 가지므

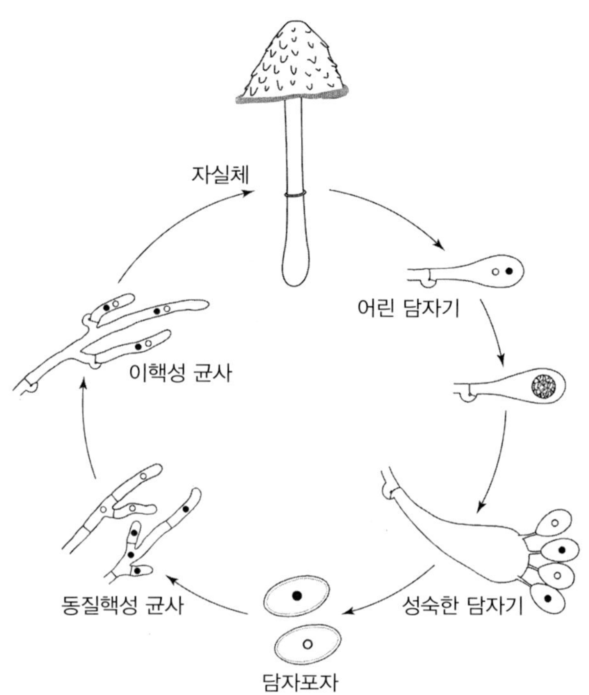

그림 1.7 먹물버섯(*Coprinus comatus*)의 생활사. 먹물버섯은 이극성 교배체계를 가진 대표적인 버섯인데, 각각의 동질핵성 균체는 하나의 교배형 유전자에 대해 두 대립형질(흰점, 검은점)을 가진다. 두 균사의 원형질융합의 결과물인 이핵체는 두 교배형의 핵을 모두 가진다. 담자기 안에서 핵융합에 이어 감수분열이 일어나고, 최종적으로 4개의 담자포자를 형성한다.

로 **동질핵체**(**homokaryon**)라고 한다. 각각의 구획에 하나의 핵을 갖고 있기 때문에 이들을 **단핵체**(**monokaryon**)라고도 한다 (자세한 설명은 103~106쪽 참조). 동질핵체 균사체는 토양과 나무 또는 다른 영양원을 뚫고 확장해 나간다. 몇몇 종은 교배 없이 자실체를 형성할 수 있으나, 버섯을 형성하는 대부분의 균류는 다른 동질핵체와 융합하여 자실체를 형성한다. 한 쌍의 대응하는 동질핵체가 융합되면, 이들은 **이핵성 균사**(**heterokaryotic mycelium**)를 형성하는데, 각각 균사의 구획은 각각 하나의 교배형 핵을 받아서 한 쌍의 핵을 가진다. 화합성은 교배형 유전자에 의해 결정된다 (제4장). 이러한 집락에 **이핵체**(**dikaryon**)와 **이핵체 균사**(**dikaryotic mycelium**)라는 용어를 사용한다.

꺽쇠연결체는 이핵성 균사의 발달에 있어서 매우 중요하다 (그림 1.8). 이핵체 균사 정단의 구획화된 방을 생각해 보자. 이는 각각의 부모로부터 한 개씩 핵을 받아서 총 2개의 핵을 가진다. 핵이 분열할 때, 각각의 유사분열의 중심축에 직각으로 하나의 격벽이 형성되고 이것은 3개의 균사 구획을 만든다. 꺽쇠연결체가 없었다면 이 3개의 구획 중 단 하나만 두 교배형의 핵을 포함할 것이다. 꺽쇠연결체는 구획화된 두 영역 사이의 핵의 이동을 위한 연결통로가 되는 측면의 분지이다. 이로써 두 교배형 핵이 새로운 구획에 위치하는 것이 가능케 된다. 대부분의 담자균류에서 이핵체 형성과정은 자실체 형성에 선행한다. 이것은 세포내 교배형 유전자 사이의 상호관계에 의해 조절되는데, 단핵체 부모가 유전적으로 충분히 상이할 때만 꺽쇠연결체가 형성된다.

영양생장하는 사상형의 균총에서 버섯의 형성은 균사에서 매듭(knot)의 형성과 함께 개시된다.

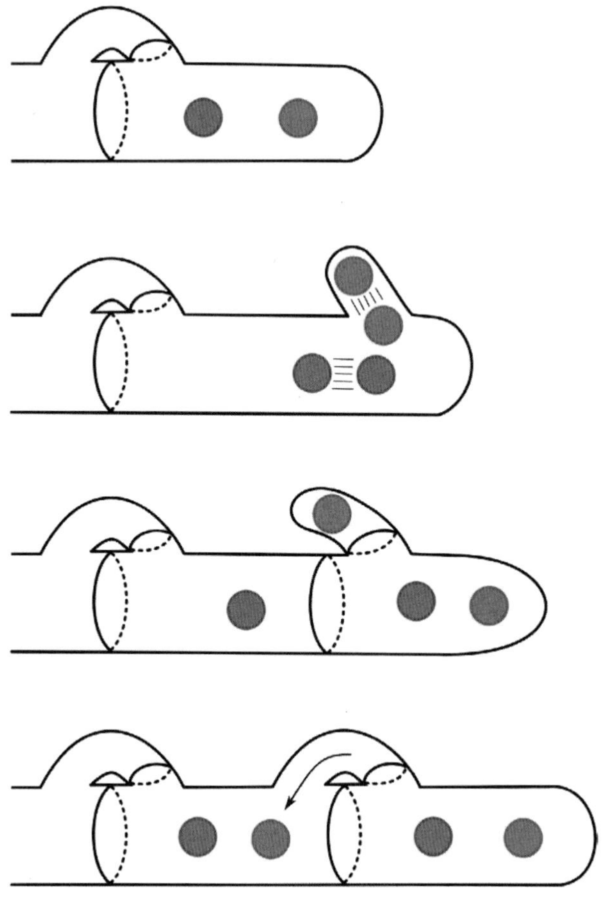

그림 1.8 이핵체 담자균 균사의 꺽쇠연결체. 출처: *Creative Commons.* (원색도판 참조)

깨알 만한 크기의 세포 집합체가 점차 커지면서 대, 갓, 주름 같은 버섯의 구조가 가시화되고, 환경조건이 허락하는 한 최대한 빨리 성숙한 생식기관으로 확대하기 위한 시원체 발달을 준비시킨다. **담자기(basidium)**는 균사 말단에서 형성되고, 균사 끝은 주름 표면, 침, 관공 내부, 포자 형성의 다른 위치에서 생장이 멈춘다. 자실체의 이러한 생식조직을 **자실층(hymenium)**이라고 한다. 버섯의 조직 내에 있는 수십억 개의 다른 세포 구획처럼, 어린 담자기도 이핵체이며, 부모의 이핵체 집락으로부터 물려받은 핵의 복사본을 보유한다. 이들은 융합 후에 감수분열하여 4개의 반수성 핵을 형성한다. 형성된 각 반수성 핵은 담자기로부터 형성된 4개의 담자포자 안으로 각각 수용된다 (대부분의 경우에 하나의 담자기에서 4개의 담자포자가 형성되지만, 몇몇 종은 하나의 담자기에 하나의 담자포자만 형성하거나 2개 또는 다수의 담자포자를 형성하는 경우도 흔하다). 포자는 표면장력발사기(surface-tension catapult)라고 묘사된 기작에 의해 주름 표면으로부터 방출된다(자세한 정보는 제3장 참조). 평평한 표면에 포자를 형성하는 경우와 비교했을 때, 주름살을 가질 경우에는 최대 20배의 표면적을 갖게 된다. 특히 몇몇 버섯의 포자방출은 놀라울 정도이다. 주름버섯(*Agaricus campestris*)이 형성하는 담자기는 하루에 약 27억 개의 포자, 초당으로는 31,000개의 포자를 방출한다. 목재부후성 담자균 잔나비불로초(*Ganoderma applanatum*)의 자실체 아래에 있는 200만 개의 관공에서는 매일 약 300억 개의 포자를 떨어뜨릴 수 있고, 다년생 자실체가 활성화되는 6개월 동안 매년 5조 개 이상의 포자를 방출할 수 있다!

담자균문의 주요 분류학적 그룹

주름버섯아문 (버섯, 목이류, 효모류)

주름버섯아문은 버섯이나 목이버섯처럼 큰 자실체를 가진 분류군과 다양한 담자균 효모를 포함한다. 여기에는 **주름버섯강**(**Agaricomycetes**), **붉은목이강**(**Dacrymycetes**), **흰목이강**(**Tremellomycetes**)이 존재한다.

주름버섯강은 버섯을 형성하는 약 16,000종을 포함한다. 이들의 자실체(**담자과, basidiome**) 모양은 매우 다양하다. 전형적인 대를 가진 우산 모양의 버섯과 선반형 버섯류(brackets)는 주름살이나 이빨의 표면 또는 관공의 안쪽에 포자를 형성한다. 일부 종은 분지된 담자과를 형성하는데, 이는 산호 모양과 비슷하다. 담자과는 젤라틴 같은 쿠션 또는 끈적거리는 귀 모양의 생장을 보이기도 한다. 말불버섯류와 방귀버섯류 같은 일부 종은 엄청난 수의 담자포자를 폐쇄된 자실체 내에 형성한다 (그림 1.4). 자낭균 덩이버섯처럼 땅속에서 자라는 주름버섯류도 있다. 알 모양의 구조(소피자) 안에 포자 덩어리를 형성하는 종도 있는데, 찻잔버섯류의 경우 이러한 덩어리는 외부 충격에 의해 찻잔으로부터 튕겨 나오고, 어떤 버섯류에서는 덩어리가 마치 대포를 쏘는 것처럼 공기 중으로 사출된다. 위의 '진균의 분류'에서 언급된 것처럼, 주름버섯강에 속하는 다양한 그룹의 진화적 관계를 이해하는 데 있어서 담자과의 모양은 유용한 특징이 되지 못한다. 아래에서는 전형적인 '버섯'의 형태를 가진 목을 소개하고자 한다.

주름버섯목

주름버섯목(Agaricales)은 주름버섯아문에서 가장 큰 목으로, 8,500종 이상으로 구성되며, 양송이(*Agaricus bisporus*), 먹물버섯류(*Coprinus* 및 근연 속), 알광대버섯(*Amanita phalloides*), 환각성 버섯류 *Psilocybe*, 세계에서 가장 큰 생물체인 뽕버섯류(*Armillaria gallica, Armillaria solidipes*)를 포함한다. 이러한 버섯은 토양의 식물 잔재와 썩어가는 나무로부터 양분을 얻어 살아가는 부생균류이거나 살아있는 나무와 관목의 뿌리로부터 당을 흡수하는 외생균근균류이다. 몇몇 종은 개미나 흰개미와 상리공생 관계를 형성하고, 일부 주름버섯목 균류는 중요한 식물병원균이다. 2008년에 주름버섯목에 속하는 큰졸각버섯(*Laccaria bicolor*)의 유전체에 대해 처음으로 전체 염기서열이 밝혀졌다. 이 균은 소나무, 전나무, 자작나무, 포플러와 균근을 형성하며, 묘목의 생장을 촉진하기 때문에 토양에 인위적으로 도입된다. 이 유전체는 6천5백만 염기서열(As와 Ts, Gs와 Cs)로 구성될 정도로 상당히 크지만, 인간 유전체 30억에 비하면 아주 작다. 단백질을 암호화하는 많은 유전자의 수를 비교해 보면, 그 차이는 미미하다. 버섯은 약 20,000개이고, 인간은 20,000~25,000개의 유전자를 가진다. 이 균은 토양 내의 단백질, 지방, 탄수화물을 분해하기 위해 수백 가지의 효소를 생성하지만, 많은 다른 버섯에서 흔히 분비되는 식물 세포벽의 섬유소와 리그닌을 분해하는 촉매가 결여되어 있다. *Laccaria*와 균근균류는 목재부후 조상들로부터 진화한 것으로 보이지만, 이들이 선택한 새로운 생활사에 적응하기 위해 이러한 효소의 생성 능력을 상실한 것으로 보인다. 전형적인 우산형 버섯을 가진 균류에 더불어, 주름버섯목은 산호형(원통형 또는 곤봉형) 자실체를 가진 종류, 말불버섯류, 특징적인 홈이 파인 자실체를 가진 찻잔버섯류를 포함한다. 찻잔버섯류에서 포자를 가진 소피자는 빗방울에 의해 방출된다.

그물버섯목

그물버섯목(Boletales)은 *Boletus* 속의 300종을 포함하며, 포자는 버섯의 갓 바로 아래에 있는 관공의 표면에서 방출된다. 이 균류는 산림수목의 뿌리와 외생균근을 형성한다. King mushroom이라고 불리는 그물버섯(*Boletus edulis*)은 매우 중요한 야생 식용버섯으로 이탈리아, 동유럽, 중국, 남아프리카, 북미에서 수확된다. 건부후균인 버짐버섯(*Serpula lacrymans*)은 그물버섯목에 속하는 부생균이다. 이 균은 목조건축물 부후의 원인균으로 중요하며, 균근균류의 조상으로부터 진화했을 것으로 추정된다. *Coniophora puteana*도 그물버섯목의 한 종류로 목조건축물에 피해를 입힌다. 이 목의 분류군은 어느 정도 형태적 다양성을 보이는데, 어리알버섯류(*Scleroderma*, 그림 1.4d)는 말불버섯과 겉모습이 유사한 둥근 자실체를 형성하고, 버짐버섯과 큰버짐버섯은 썩은 나무 표면에 껍질 모양의 자실체를 형성한다.

무당버섯목

무당버섯목(Russulales)에 속하는 종들은 매우 다양한 구조를 가진 자실체를 형성하는데(그림 1.9), 주름살(무당버섯류, 젖버섯류), 이빨(*Auriscalpium*), 관공(*Bondarzewia*), 껍질 모양(*Peniophora*, *Aleurodiscus*), 복잡한 산호 모양(*Clavicorona*)의 자실층을 가진 버섯을 형성한다. 이들은 균근균이거나 부생균이며, 일부는 기생균이다.

구멍장이버섯목

구멍장이버섯목(Polyporales)에는 1,800종 이상이 기록되어 있고, 대부분은 살아있는 나무나 쓰러진 통나무에 부후를 일으킨다. 나무 분해자로서 이러한 활동은 건강한 산림생태계 유지에 필수적

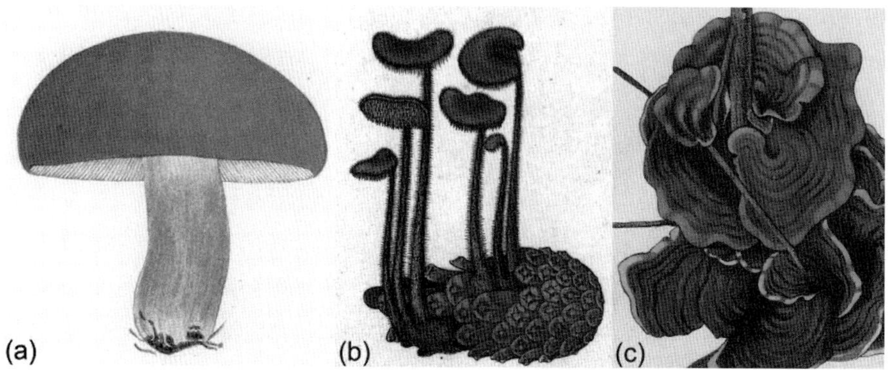

그림 1.9 무당버섯목(주름버섯아문)의 자실체 모양의 다양성. (a) 주름살을 가진 졸각무당버섯(*Russula lepida*). (b) 이빨 모양의 자실층을 가진 솔방울털버섯(*Auriscalpium vulgare*). (c) 편평한 자실체를 가진 갈색꽃구름버섯(*Stereum ostrea*). 출처: *(a) Lange, J.E., 1940. Flora Agaricina Danica, vol. 5. Recato, Copenhagen. (b) Bulliard, P., 1791. Histoire des Champignons de la France. Chez L'auteur, Barrois, Belin, Croullebois, Bazan, Paris. (c) Inzenga, G., 1869. Funghi Siciliani Studii, vol. 2. Di Francesco Lao, Palermo.*

이다. 많은 종은 부생균이며 죽은 나무, 통나무, 나무 잔재물에서만 자란다. 영지버섯류(*Ganoderma*)와 말굽버섯류(*Fomes*)의 많은 종은 살아있는 식물조직을 공격하고 죽은 나무는 계속하여 분해한다. 영지(*Ganoderma lucidum*)와 일부 구멍장이버섯류는 전통적인 동양의약 천연약재로 사용되어 왔다. 정제된 세포벽 다당류는 넓은 범위의 약리활성을 가진다. 갓 바로 아래의 관으로부터 포자를 떨어뜨리는 선반형 버섯류(shelf fungi)의 대부분은 구멍장이버섯목에 속하지만, 나머지는 통나무 표면에 납작한 껍질처럼 생장하는 수백 종의 **배착성 균류(corticioid fungi)**를 포함한다.

말뚝버섯목

담자균문에서 말뚝버섯목(Phallales)과 근연종들이 차지하는 비율은 낮다. 이들은 진화 과정에서 포자 방출기관을 잃었고, 대신에 곤충과 상호작용하여 포자를 전파시킨다. 가장 흔한 말뚝버섯(*Phallus impudicus*)은 지면 가까이에 자실체를 형성하며, 점액질로 덮인 대가리 부분에 포자가 묻어 있다. 다양한 휘발성 화합물이 이 점액질로부터 확산되고 시식성 파리와 다른 무척추동물을 유인한다. 이런 동물들은 자신의 몸에 말뚝버섯의 담자포자를 묻히거나 섭식 후 배출을 통해 포자를 자실체로부터 멀리 전파하는 매개체로 활동한다. 말뚝버섯목은 바구니버섯(*Clathrus*)과 세발버섯(*Anthurus*)처럼 악취가 나는 점액질을 자실체 조직 표면에 노출시키는 여러 종을 포함한다.

목이목

목이목(Auriculariales)에서 식용하는 목이(*Auricularia auricula-judae*)는 가장 잘 알려진 종이다. 귀 모양의 자실체가 딱총나무(*Sambucus*) 등 여러 나무에서 자라는 균사로부터 형성된다. 담자포자는 후담자기라는 긴 담자기에 형성되는데, 이는 횡격벽에 의해 4개의 세포로 나뉜다. 이들 기관은 '귀' 모양의 자실체 아랫면에서 형성되고, 포자는 자실체 바로 아래에서 공기 중으로 방출된다. 자실체는 고무 같은 느낌이고 아시아에서 수백 년 동안 식용으로 재배되었다. 좀목이(*Exidia glandulosa*)는 썩어가는 나무에서 검은색 자실체를 형성하며, 담자기가 세로 방향으로 4개의 세포로 나눠진다.

젤리(jelly)버섯류: 붉은목이강과 흰목이강

목이목과 마찬가지로 붉은목이강(Dacrymycetes)과 흰목이강(Tremellomycetes)에 속하는 두 목이류도 독특한 담자기를 형성한다. 붉은목이강의 담자기는 소리굽쇠 모양이고, 두 가지(외담자기) 끝에 각각 하나씩 포자를 형성한다. 흰목이강의 담자기는 세로 방향으로 형성된 격벽에 의해 4개의 세포로 나눠진다. 각 세포로부터 발달된 외담자기 끝에 담자포자가 형성된다. 이 두 강에 속하는 몇몇 종의 자실체는 밝은색을 띤다. 붉은목이강 중에서 *Dacrymyces stillatus*는 오렌지색의 방석 같은 작은 자실체, 아교뿔버섯(*Calocera*) 종들은 오렌지색의 뾰족한 자실체를 썩어가는 축축한 나무에서 형성한다. 색깔이 화려한 흰목이강에서 황금목이(*Tremella mesenterica*)는 밝은 노란색 또는 오렌지색의 막처럼 생긴 자실체를 형성한다. 근연종인 흰목이(*Tremella fuciformis*)는 은이(銀耳, silver ear)라 불리고, 중국에서 재배된다. 흰목이강은 균사상과 효모상을 전환하는 생활사를 갖는다. 이 과정은 *Cryptococcus neoformans*에서 일어나는데, 이들은 출아하는 단세포(효모상)로 인간의 신경조직에 존재하면서 생명을 위협하는 심각한 감염을 일으킨다 (제9장). *Tremella*속의 일부 종은 다른 목재부후균을 감염하는 균기생체인데, 일부는 기주곰팡이의 담자기 위에 젤라틴 같은 자실체를 형성한다.

깜부기병균아문 (깜부기병균)

깜부기병균류는 식물을 감염하는 활물영양균으로 특히 화곡류에 치명적인 피해를 준다. 대표적인 예로, *Tilletia caries*에 의한 밀 비린깜부기병(stinking smut 또는 common bunt)과 *Ustilago maydis*에 의한 옥수수 깜부기병(corn smut)이 있다 (제8장). 1,000종 이상의 깜부기병균이 현화식물을 감염하지만, 몇몇은 송백류, 양치식물류, 석송류에도 병을 일으킨다. 여기에는 효모 *Malassezia globosa*도 포함되는데, 이는 인간 두피의 자연적인 미생물 군집의 일원으로 비듬과 관련이 깊다.

*U. maydis*는 다른 깜부기병균류보다 더 자세히 연구되었다. 이 균에 대한 선도적인 유전자조작 연구와 유전체 염기서열 분석을 통해, *U. maydis*는 현재 병원균과 기주식물의 상호작용을 연구하는 연구자들이 모델생물로 사용한다. *U. maydis*는 암 연구에도 사용되었다. 깜부기병균은 *brh2*라는 유전자를 갖고 있는데, 이는 인간 종양의 억제유전자인 *BRCA2*와 연관되어 있다. 깜부기병균에서 이 유전자가 파괴되면 손상된 DNA 수복 기작에 결함이 일어난다. 이것은 인간 *BRCA2* 유전자의 돌연변이와 유방암의 위험도 사이의 상관관계와 일치한다.

*U. maydis*의 생활사는 버섯의 생활사와 세부적으로는 상당히 다르지만, 다른 담자균류처럼 이핵성 균체를 형성한다 (그림 1.10). 깜부기병균은 출아형 효모상과 사상형 균사상이 교대로 발생한다. 효모상은 부생성이므로 실험실에서도 배양이 가능하지만, 균사는 기주식물의 조직 내에서만 형성된다. 효모세포들은 하나의 반수성 핵을 가지며, 이핵체를 형성하기 위한 교배는 유전적으로 다른 두 유전자좌인 *a*와 *b*에 의해 조절된다 (제4장). 하나의 유전자좌는 성호르몬의 전구체와 이러한 호르몬의 수용체를 암호화하는 유전자를 포함한다. 각각의 유전자좌에는 두 종류(*a1*, *a2*)의 대립형질이 존재하는데, 한 균주는 대응하는 교배형을 가진 다른 한 균주와 교배할 수 있다. 다시 말해, ***a1*** 페로몬은 ***a2*** 수용체와 결합하고, 반대로 ***a2*** 페로몬은 ***a1*** 수용체와 결합한다. 화합성 균주들이 쌍으로 만나면, 그들은 접합관을 형성하고, 접합관은 상대방을 향해서 자란 후에 끝 부분에서 융합한다. 융합을 통해 이핵체가 된다 하더라도, ***b*** 유전자좌의 대립형질이 서로 다른 균주들이 교배되는 경우에만 기주를 감염할 수 있는 안정적인 상태가 된다. ***b*** 유전자좌는 전사인자를 암호화하는 한 쌍의 유전자를 가진다. ***b*** 유전자좌에 25가지 이상의 대립형질이 존재하므로 병원성 이핵체를 생성하는 수백 가지의 화합성 교배형이 존재한다.

이핵체가 기주식물의 조직을 침입하면 혹(gall) 또는 종양(tumor)이 발생한다. 이러한 혹이 옥수수(*Zea mays*)의 꽃에서 발생하면 정상적인 옥수수 낟알 대신에 부풀어 오른 낟알 덩어리가 형성된다. 혹 내부의 균사체는 **겨울포자(teliospore)**라고 불리는 검은색 포자['깜부기(smut)'의 어원]로 전환되고, 이 과정에서 핵융합이 일어난다. 그래서 각각의 세포는 하나의 이배체 핵을 보유하게 된다. 겨울포자는 바람에 의해 전파되거나 겨울 동안 휴면할 수 있다. 적합한 환경에서는 이배체핵은 감수분열에 의해 분열되고, 포자는 발아해서 사상형의 **전균사(promycelium)**를 형성한다. 전균사의 표면에는 반수성 **소생자(sporidium)**가 형성된다. 이러한 소생자들이 효모상의 기원이 되는데, 깜부기병균은 기주식물 표면 위에서 효모상태로 생장한 후에 교배, 이핵체 형성 및 감

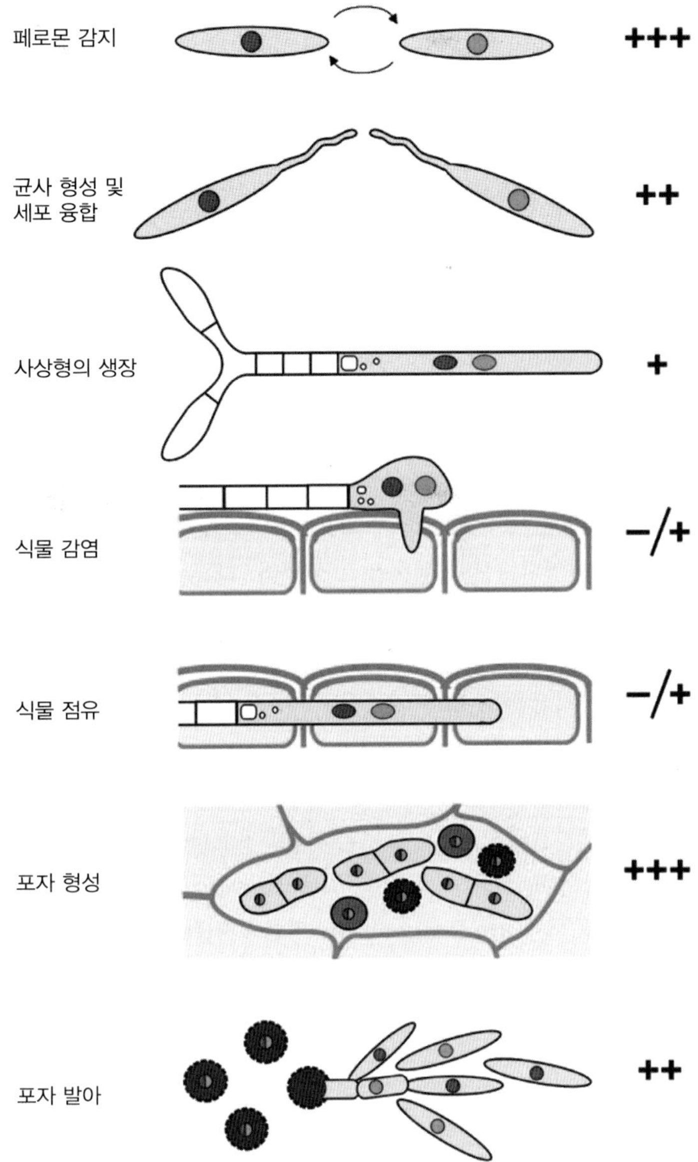

그림 1.10 옥수수 깜부기병균 *Ustilago maydis*의 생활사. 출처: *Fuchs, U. et al., 2006. Endocytosis is essential for pathogenic development in the corn smut fungus Ustilago maydis. Plant Cell 18, 2066–2081.*

염 단계를 준비한다. 겨울포자의 역할은 핵융합과 감수분열이 일어나는 위치라는 점에서 버섯 생활사에서 발달하는 담자기의 역할과 비슷하다. 옥수수에서 형성되는 포자로 가득한 혹은 위틀라코체(huitlacoche)라는 멕시코의 유명한 식재료이다. 이것은 스프, 아이스크림 등에 넣거나 타말리의 풍미 있는 속재료로 사용된다. 이 곰팡이는 17세기에 스페인의 정복 이전에 이미 수백 년 동안 아즈텍족, 호피족, 주니족의 주요 식재료였다.

유전체 분석을 통해 *U. maydis*와 다른 담자균류의 근연관계가 증명되었으며, 이들은 모두 이핵체 생활사를 가진다는 점에서 동일하다. 다른 담자균류처럼 깜부기병균류의 이핵체 균사도 격벽에 의해 구획화되지만, 버섯을 형성하는 종들의 유연공격벽과 비교했을 때 상대적으로 단순한 구조이다. 담자균문의 상징인 사출포자의 방출기작이 *Ustilago* 종에서는 결여되어 있다. 하지만 이러한 기작은 다른 깜부기병균류, 예를 들어 *T. caries*에서는 존재한다. 깜부기병균의 생활사는 매우 다양하다. *Microbotryum violaceum*은 옥수수 깜부기병균보다 더 단순한 교배체계를 갖는데, 한 쌍의 대립형질을 가진 하나의 유전자좌에 의해 성화합성을 가진다. 이 균은 자웅이체의 석죽과식물인 *Silene alba*와 *Silene dioica*의 꽃밥을 감염한다. 균류가 암꽃을 감염하면 씨방 형성이 억제되고 수술 형성이 촉진되기도 한다. 감염된 꽃밥은 겨울포자로 가득차고, 식물의 생식은 완전히 붕괴된다. 겨울포자는 나비와 다른 방화곤충류에 의해 다른 곳으로 전파된다.

녹병균아문 (녹병균 및 근연 분류군)

녹병균아문에서 기록된 7,000종의 대부분은 식물의 순활물기생균인 녹병균이다. 깍지벌레와 상리공생하는 고약병균과의 균류도 녹병균류와 매우 가깝다. 다소 먼 유연관계를 가진 녹병균아문은 앞서 깜부기병균으로 분류되었던 식물병원균을 포함한다. 다른 담자균류에 대한 녹병균류의 유사성은 이들의 생활사에서 이핵체 형성에 이어 일어나는 핵융합과 감수분열에 근거한다. 녹병균은 격벽을 형성하지만, 다른 담자균류가 형성하는 유연공격벽을 형성하지는 않는다. 대신에 버섯을 형성하는 종과 같은 방출기작을 이용하여 사출포자를 방출한다. 많은 녹병균류의 생활사는 아주 복잡한데, 4가지 형태의 포자가 관여한다.

밀 줄기녹병을 일으키는 *Puccinia graminis*는 녹병균류의 감염기작, 전파 과정 및 유성생식의 유전자재조합 과정을 설명하기 위해 자주 사용된다 (그림 1.11). 녹병균류는 흔히 중간기주를 갖는데, *P. graminis*는 매자나무(*Berberis vulgaris*, *Berberis canadensis*)를 감염한다. *Puccinia*는 4종류의 포자를 형성한다. **여름포자(urediniospore)**, **겨울포자(teliospore)**, 밀에서 형성하는 **담자포자(basidiospore)**, 매자나무에서 형성되는 **녹포자(aeciospore)**. 유성생식은 **녹병정자(spermatium)**라는 배우자의 전달에 의해서 이루어지고, 곤충에 의해 매자나무 잎의 균퇴 사이에서 전파

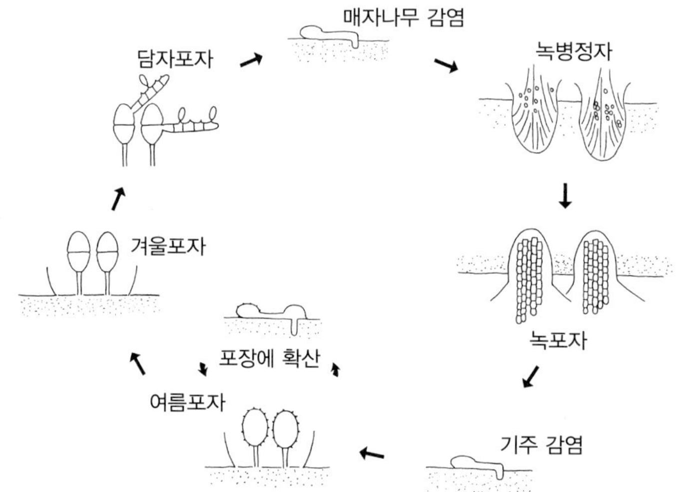

그림 1.11 녹병균 *Puccinia graminis*의 생활사. 출처: *Money, N.P., 2002. Mr. Bloomfield's Orchard. The Mysterious World of Mushrooms, Molds, and Mycologists. Oxford University Press, New York.*

된다. '녹병(rust)'이란 병명은 밀 잎에 형성되는 붉은색의 여름포자로 인해 붉은색을 띠는 병반에서 기원한다. 여름포자는 한 쌍의 핵을 가진 이핵성이다. 이들은 바람에 의해 전파되고 기공이 열릴 정도의 습한 환경에서 발아한다. 발아관이 기공 근처에 도달하면 개구 위에서 부풀어 오르고, **부착기(appressorium)**를 형성하여 잎을 침입한다. 감염균사체는 식물 세포간극에서 자라며 기주세포벽을 뚫고 **흡기(haustorium)**라고 불리는 분지를 형성한다. 흡기는 기주세포의 원형질막을 파괴하지 않고 기주세포와 긴밀한 연결을 형성한다. 그래서 이들은 살아있는 식물로부터 양분을 계속 흡수할 수 있다. 흡기의 형성은 **활물영양성 병원균(biotrophic pathogen)**의 공통적인 특징이다. 녹병균은 여름포자의 형성, 방출, 감염의 생활사를 여러 차례 반복할 수 있으므로 넓은 지역의 감수성 기주 사이에서 병이 급속하게 확산될 수 있다. 생육기간이 끝나갈 즈음, 여름포자세대의 병반은 겨울포자를 형성하는 검은색 줄무늬로 전환된다. 이 겨울포자세대의 병반이 이 병에 대한 일반명 'black stem rust'란 이름의 기원이다. *P. graminis*의 겨울포자는 하나의 대 위에 지지된 두 개의 세포를 가진다. 각각의 세포는 최초에 반수체 핵을 쌍으로 갖지만, 이들은 곧 융합하여 하나의 이배성 핵을 형성한다. 이 조건에서 두꺼운 세포벽을 가진 겨울포자는 추운 겨울 동안 그루터기 내에서 생존할 수 있다. 봄이 되면 겨울포자는 발아해서 각각의 세포로부터 전균사를 형성한다. 겨울포자의 각각의 세포 안에 있는 하나의 이배성 핵은 감수분열에 의해 분열되고, 결과적으로 반수성 핵은 4개의 담자포자 안에 위치된다. 이 포자들은 버섯과 같은 사출 기작에 의해 공기중으로 방출되고, 매자나무 잎을 감염한다.

매자나무 잎에서 녹병균은 흡기를 형성하여 양분을 흡수하고, **녹병정자기(spermagonium)**라는 플라스크 모양의 구조를 형성하는데, 정자기는 잎 앞면에서 당분이 풍부한 액체에 녹병정자(spermatium)를 배출한다. 이 액체는 동일한 식물의 녹병정자기 사이 또는 이웃하는 다른 식물로 녹병정자를 전달할 수 있는 파리나 다른 곤충을 유인한다. 각각의 녹병정자기는 배우자 역할을 하며, 배우자는 화합성의 녹병정자기를 수정하는 하나의 반수성 핵이다. 두 교배형 (+)와 (-)가 존재하고, 이 교배형의 수정은 매자나무 잎에 존재하는 균사체를 이핵체로 전환시킨다. 녹포자(aeciospore)는 포자의 마지막 형태로, 잎 뒷면에 **녹포자기(aecium)**라는 균체를 형성한다. 이핵성 녹포자는 바람에 의해 전파되어 감수성 밀을 감염한다.

다른 녹병균류는 *P. graminis*에서 알려진 포자 형성 과정 중에서 한 가지 또는 그 이상이 결여되어 상대적으로 간단한 생활사를 가지며, 일부는 한 종의 기주식물에서 생활사를 완료한다. 산사나무 녹병을 일으키는 *Gymnosporangium globosum*은 산사나무(*Crataegus*)에서 녹병정자와 녹포자를, 상록수에서 겨울포자와 담자포자를 형성한다. 이들의 생활사에는 여름포자세대가 결여되어 있다. 커피나무 녹병은 *Hemileia vastatrix*에 의해 발생하고, 커피나무(*Coffea*)에서 여름포자, 겨울포자, 담자포자를 형성한다. 하지만, 중간기주가 밝혀지지 않아 담자포자의 기능은 알려진 바 없다. 잠두(*Vicia faba*)에서 녹병을 일으키는 *Uromyces viciae-fabae*는 한 기주식물에서 4가지 포자와 녹병정자를 형성한다.

자낭균문

개요 및 일반적 특징

자낭균문(Phylum Ascomycota)은 33,000종 이상을 포함하는 진균의 가장 큰 문이지만, 아직도 많은 수가 미발굴 종으로 남아 있다. 효모와 곰팡이, **지의류(lichen)**를 형성하기 위하여 조류 및 남세균과 공생하는 진균, 균근균, 부생균, 동 · 식물의 병원균 등이 이 문에 포함된다. 또한 자낭균류는 식품 생산 같은 산업적 활용에 이용되며, 자낭균의 일종인 곰보버섯과 덩이버섯은 식용버섯이다. 많은 종은 **분생포자경(conidiophore)**이라는 대 위에 **무성포자(분생포자, conidium)**를 생산하는 **무성세대(anamorph)**만 알려져 있으나, 자세히 조사된 대부분 자낭균류의 생활사에서 **유성세대(teleomorph)**가 확인된다. 자낭균류에 형성된 유성세대 기관을 **자낭과(ascoma)**라고 한다(그림 1.13). 이 자낭과에는 열린 찻잔 모양 자실체(**자낭반, apothecium**), 포자 방출을 위한 단일 구멍을 가진 플라스크 모양 구조체(**자낭각, perithecium**), 포자 방출을 위하여 다양한 방법으로 열리는 폐쇄된 자실체(**자낭구, cleistothecium**)가 있다. 자낭과는 **자낭(ascus)**이라는 자낭균 만의

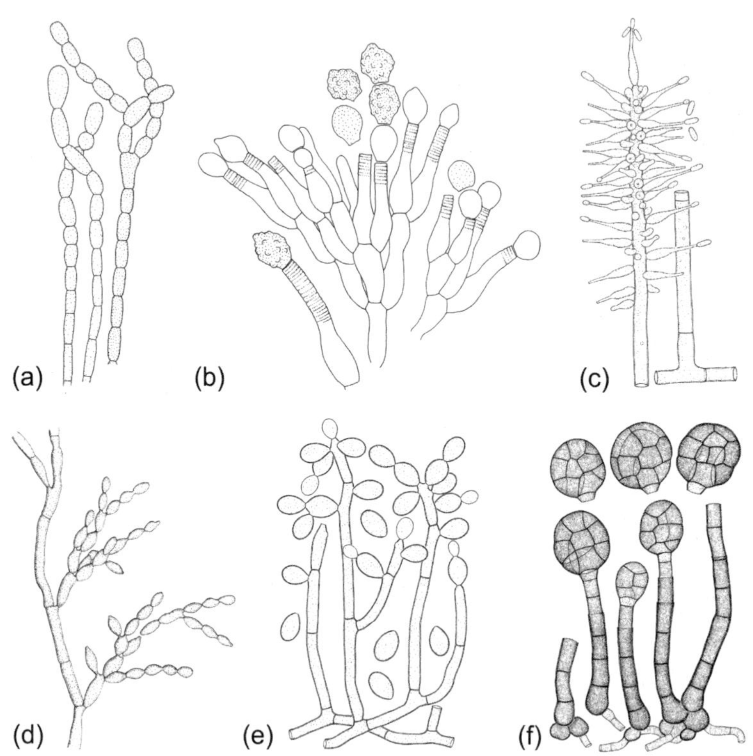

그림 1.12 자낭균류의 무성세대. (a) 토양 곰팡이 *Basipetospora variabilis*. (b) 토양에 서식하는 부생균으로서 인간에게 기회감염을 일으키는 *Scopulariopsis brevicaulis*. (c) 민자주방망이버섯(*Lepista nuda*)의 자실체에서 자라는 *Harziella* (*Lepisticola*) *capitata*. (d) 부후 목재에서 분리된 *Tyrannosorus pinicola*. (e) 목재로부터 분리된 *Haplotrichum chilense*. (f) 썩은 식물 줄기로부터 분리된 *Junewangia globulosa*. 출처 : *(a) Minter, D.W., Kirk, P.M., Sutton, B.C., 1983. Thallic phialides. Trans. Br. Mycol. Soc. 80, 39–66; (b) Minter, D.W., Kirk, P.M., Sutton, B.C., 1983. Holoblastic phialides. Trans. Br. Mycol. Soc. 79, 75–93; (c) Gams, W., Seifert, K.A., Morgan-Jones, G., 2009. New and validated hyphomycete taxa to resolve nomenclatural and taxonomic issues. Mycotaxon 110, 89–108; (d) Müller, E., et al., 1987. Taxonomy and anamorphs of the Herpotrichellaceae with notes on generic synonymy. Trans. Br. Mycol. Soc. 88, 63–74; (e) Partridge, E.C., Baker, W.A., Morgan-Jones, G., 2001. Notes on Hyphomycetes. LXXXII. A further contribution toward a monograph of the genus Haplotrichum. Mycotaxon 78, 127–160; (f) Baker, W.A., Partridge, E.C., Morgan-Jones, G., 2002. Notes on Hyphomycetes. LXXXV. Junewangia, a genus in which to classify four Acrodictys species and a new taxon. Mycotaxon 81, 293–319.*

그림 1.13 진정자낭균아문의 자낭균류에 의하여 형성된 다양한 자낭과. (a) 말미잘버섯(*Urnula craterium*)의 고블릿술잔 모양의 자낭반. (b) 지의류 *Xanthoparmelia*의 지의체 위의 납작한 원반형의 자낭반. (c) 덩이버섯류 *Tuber aestivum*의 자낭반. (d) 감염된 애벌레에 발생한 번데기동충하초(*Cordyceps militaris*)의 자낭각 자좌. 출처: *(a) Michael Kuo, (b) http://en.wikipedia.org/wiki/Lichen#/media/File:Lichen_reproduction1.jpg, (c) http://upload.wikimedia.org/wikipedia/commons/8/89/Tuber_aestivum_Valnerina_018.jpg, (d) http://upload.wikimedia.org/wikipedia/commons/4/44/2008-12-14_Cordyceps_militaris_3107128906.jpg* (원색도판 참조)

고유한 포자형성 세포가 있다. 자낭균의 유성포자인 **자낭포자**(**ascospore**)는 자낭 안에 형성된다. 자낭균류의 자낭포자가 내부(자낭)에서 발생한다는 점은 담자균에서 담자포자가 담자기 외부에서 발생한다는 것과 서로 대비된다 (그림 1.14와 1.7의 비교). 자낭균의 균사에는 담자균의 유연공격벽과 꺽쇠연결체가 없고 격벽 중앙에 하나의 구멍을 가진다. **보로닌체**(**Woronin body**)라는 응축된 단백질 중심을 가진 움직이는 소체가 이 구멍을 막아 손상된 균사로부터 나머지 세포를 격리시킨다. 이 소체는 자낭균의 90%를 차지하는 가장 큰 아문인 진정자낭균아문에는 존재하나 다른 아문의 진균에는 존재하지 않는다.

자낭균류의 생활사

담자균문과 마찬가지로, 한 가지 생활사를 자낭균문에 속하는 모든 종에 적용하여 설명하는 것은 불가능하다. 여기에서는 자낭각을 가진 *Neurospora crassa*를 예로 들어 자낭균류의 생활사를 기술하고, 차이점이 있는 종은 해당 아문을 소개할 때 설명하고자 한다 (그림 1.14). *Neurospora*의 자낭포자는 포자가 발아할 때 유사분열을 통해 복제되는 반수체 핵을 가지며, 이 반수체 핵은 발달

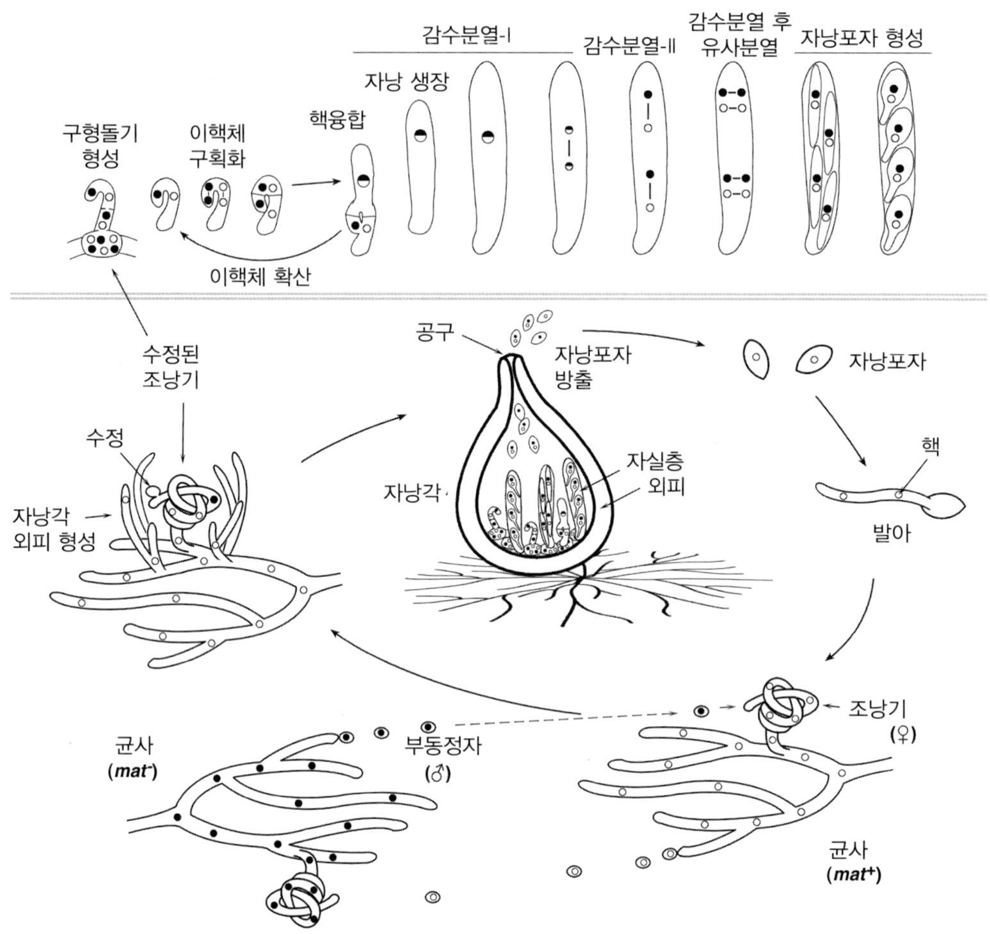

그림 1.14 사상성 자낭균의 유성생식 생활사. 출처: *Peraza-Reyes, L., Berteaux-Lecellier, V., 2013. Peroxisomes and sexual development in fungi. Front. Physiol. 4, 244.*

하는 균총 내에 분포한다. 균사의 생장과 반복되는 분지를 통해 균총은 확대되고, 다핵 상태의 세포 구획 사이에 격벽이 형성된다. *N. crassa*는 *MAT A*와 *MAT a*라는 두 가지 교배형을 가진 자웅이주 종이다. 하나의 자낭포자에서 유래한 한 집락의 핵은 모두 동일한 교배형을 가진다. 즉 집락은 동일핵형이다. 유성생식은 두 교배형의 핵을 가진 이핵체의 형성을 필요로 한다. 담자균류와 달리 자낭균은 광범위한 이핵성 집락 또는 이핵체를 형성하지는 않는다. *Neurospora*에서 이핵체는 자낭과로 발달하는 중에 단기간 형성된다. 집락에서는 배우자 역할을 하며 공기에 날리는 **소형분생포자(microconidia, spermatia)**를 형성하고, 이는 자낭과로 발전할 조낭기에 돌출한 **수정모(trichogyne)**에 접합한다. 접합된 어린 자낭과를 **원생자낭각(protoperithecium)**이라고 한다. 소형분생포자와 대응하는 교배형을 가진 수정모의 접합으로 이핵성 또는 자낭형성 균사를 만든다. 자낭균류의 다른 교배 방법으로는 (i) 부푼 암수 배우자낭의 접합과 (ii) 분화되지 않은 균사들의 접합이 있다.

*Neurospora*의 자낭각이 발달할 때에 조낭균사는 **구형돌기(crozier)**라는 고리 모양의 말단부를 형성한다. 구형돌기 끝에서 한 쌍의 핵은 유사분열에 의하여 4개의 핵으로 복제되고 격벽이 형성

되어 이들을 다시 두 부분으로 나뉘는데 구형돌기의 갈고리 부분에는 서로 다른 교배형을 가진 한 쌍의 핵이 격리되어 있다 (그림 1.14). 이 세포가 자낭을 형성하기 위하여 확장하게 되면, 2개의 핵은 접합한 후에 감수분열하여 4개의 반수성 핵을 만든다. 이 핵은 다시 유사분열을 통해 8개의 핵으로 복제되고 각각의 핵은 개별적으로 포장되어 8개의 자낭포자가 된다. 자낭포자의 2차 유사분열로 자낭 내의 동일한 핵 쌍을 만든다. 추가적인 분열이 발생하여 자낭포자가 다핵이 되기도 한다. 조낭균사는 자낭 형성 후에 추가의 구형돌기를 만들어 자실체 내부에 자낭 무리를 형성한다.

구형돌기에서 일어나는 핵의 변화는 담자균의 어린 담자기 내에서 일어나는 핵의 변화와 비교된다. 두 그룹의 포자 형성 과정은 핵을 쌍으로 포함하는 세포의 분화를 수반하며, 이 특징 때문에 이 두 문을 이핵균아계로 묶었다. 하지만 이후의 포자 발생은 두 문 사이에 현저히 다르며, 구형돌기와 담자기 사이에는 진화적 상동성에 대한 증거도 없다. 자낭균문 내에서 자낭 형성 과정은 분류군에 따라 매우 다양하지만, 모든 경우에 핵은 주변의 세포질과 함께 자낭에서 분리되어 각각의 세포벽으로 포장된다. 대부분 종에서 자낭 세포질 내부에서 두 개의 막을 가진 실린더가 형성된다. 이 이중막은 자낭세포벽의 내피에 놓이고 **자낭포자 분리막(ascospore-delimiting membrane)**이라는 원형질막의 내부에 놓인다. 이 자낭포자 분리막은 접히고 발달하는 포자와 융합되면서, 세포벽은 이 구조에 형성된 샌드위치처럼 배열된다. 포자 주변에 남은 세포질을 잉여세포질(epiplasm)이라 한다. 이것은 어떤 종에서는 점액질로 발달하고 어떤 종에서는 유동체를 형성한다. 이 잉여세포질은 포자 방출 과정에서 포자와 함께 배출된다 (제3장).

자낭균류의 분류군

진정자낭균아문

진정자낭균아문(subphylum Pezizomycotina)에는 10개 또는 그 이상의 강이 있다. 이 아문은 목본 또는 비목본 식물 조직과 초식동물의 분변에서 자라는 부생균, 동·식물의 병원균, 지의류와 균근의 공생 동반자를 포함한다. 진정자낭균아문의 자실체는 매우 다양하다. 다양한 자낭반을 가진 반균류(cup fungi)는 곰보버섯과 덩이버섯, 많은 지의류 형성 자낭균, 잎의 타르 반점에 묻힌 자낭반을 가진 *Rhytisma* 종, 곤봉 모양의 자낭반을 가진 콩나물버섯류 등을 포함한다. 반균류의 자낭은 뚜껑을 통해서, 뚜껑이 없는 종들은 자낭의 끝부분을 찢어서 포자를 방출한다. 하지만 덩이버섯의 경우는 자낭이 진화 과정에서 크게 변형되었고, 공기 중으로 포자를 방출하지 않는다. 자낭각을 형성하는 자낭균류 역시 형태가 매우 다양하다. *Neurospora*, *Sordaria*, *Podospora*는 지름 0.1~1 mm의 독립적인 자낭각을 형성하는 반면에, *Xylaria*, *Daldinia*, *Nectria* 등은 대형 자실체 표면에 묻힌 **자낭각자좌(perithecial stromata)**라는 다수의 자낭각을 형성한다. 이들은 산림지역에 널리 퍼져 자라면서 썩은 목재를 검은색으로 변하게 하고, 자좌는 땅으로부터 손가락 모양, 통나무 표면에 작은 사슴뿔 모양, 단수 또는 다수의 공 모양, 껍질 모양으로 발달한다. *Cordyceps*, *Metarhizium*, 기타 절지동물 병원균, 화곡류 맥각병균 *Claviceps purpurea*, 화본과 목초류의 내생균 *Epichloë* 등이 자낭각자좌를 만든다. Laboulbeniales에 의하여 형성된 가늘고 긴 자낭각은 병족구조를 형성해서 곤충과 절지동물의 표피에 부착한 후에 그 위에서 자란다. 이들은 병원균으로 여겨지나 숙주에 큰 피해를 입히지는 않는 것으로 알려져 있다.

자낭구를 가진 자낭균류는 식품, 발효, 효소, 항생제 생산 등의 생물산업에 중요한 진균인 *As-*

*pergillus*와 *Penicillium*을 포함한다 (제12장). *Aspergillus*는 오염된 식품에서 발생하는 발암물질인 아플라톡신의 생산자로서, 그리고 면역력이 저하된 사람에게 **아스페르길루스증(aspergillosis)**의 병원균으로서도 중요하다 (제9장). 자낭구로부터 포자 방출은 자실체 벽의 분해에 의한 자낭의 방출과 연관된다. 자낭과의 다른 형태로 **카스모자낭구(chasmothecium)**가 있는데, 여기에서 자낭은 미리 형성된 약한 줄을 따라 자실체가 열릴 때 공기 중으로 노출된다. *Erysiphe*, *Blumeria* 등의 흰가루병균이 카스모자낭구를 형성한다. 이러한 구조적 다양성은 **열개형(fissitunicate)** 자낭을 가진 자낭균에서 발견되는데, 이 자낭 안에서 자낭포자의 방출은 자낭의 외벽의 쪼개지면서 자낭포자가 방출되며, 이어서 포자를 방출하기 이전에 자낭 내벽이 부풀어 오른다. 열개형 자낭은 **위자낭각(pseudothecia)**과 **자궁형자낭각(hysterothecia)**이라는 독특한 모양의 자낭과 안에서 발달한다. 중요한 식물병원균인 *Pleospora* 속의 종과 *Cochliobolus*, *Venturia*, *Cladosporium*의 완전세대 속을 포함한다. *Alternaria* 종은 부생균이거나 식물병원균인데, 공기부유 포자를 대량으로 생성하므로 천식의 중요한 유발자이다. 이 속의 완전세대는 알려지지 않았으나 분자생물학적 분석 결과로는 *Pleospora*와 연관성을 보였다. *Sporormiella*는 열개형 자낭을 만드는 또 다른 속인데, 초식동물의 분변에서 자란다. 이들의 포자는 화분학적 기록에 매우 흔한데, 이들의 풍부도 변화 양상을 조사하여 홍적세 말기의 북미에서 대형 초식동물의 대멸종을 확인하였다.

Saccharomycotina 아문

이 그룹의 진균은 출아효모 세포를 생산한다. 형태적 다양성은 작으나, 특정 조건에서는 위균사(짧은 출아형성 균사)를 형성하고 일부 종은 정단에서 균사가 자라고 길쭉한 자낭을 가진다. 자연계에서 효모는 익은 과일과 같은 고당도 식품에서 잘 자란다. 효모는 산소 농도가 낮은 조건에서 포도당을 이산화탄소와 알코올로 분해하는데, 사람들은 이런 효모의 특성을 수천 년 동안 맥주, 빵, 와인을 만드는 데 이용하였다. 효모세포는 출아에 의하여 반수체 상태로 복제된다. 하나의 핵이 유사분열에 의하여 나누어지고 딸핵이 출아에 의하여 이동한다. 하나의 세포가 연속하여 출아하기도 하는데, 출아한 자리에는 흔적을 남긴다. 효모에는 a와 α로 표시되는 두 개의 교배형이 있다. 배수체 세포를 만들기 위하여 두 교배형은 접합하고 감수분열하여 4개의 반수체 자낭포자를 포함하는 자낭으로 전환된다.

*Candida*는 토양, 부후 목재를 포함하는 다양한 기질에서 자라는 부생성의 큰 효모 속이다. *Candida*는 바닷물이나 어류의 소화기관에서도 분리되기는 하지만, 가장 잘 알려진 종은 *Candida albicans*로서 80%의 사람들은 소화기관에 이 종을 보유한다. 이 종은 구강이나 여성의 질 점막에서 급증하여 질병을 일으키기도 하며, 면역력이 저하된 환자에서 균사상으로 자라 생명을 위협하기도 한다 [**침습성 칸디다증(invasive candidiasis)**]. *C. albicans*는 이배체이며 접합하여 사배체 접합체가 된다. 이 사배체 접합체는 준유성생식방법의 일종인 염색체 결실을 통해 정상적인 이배체로 회복된다. Saccharomycotina의 한 속인 *Dipodascus*의 종은 효모상과 균사상이 서로 전환되며, 반수성 세포는 융합하여 다수의 포자를 가진 길쭉한 자낭을 형성한다.

Taphrinomycotina 아문

이 아문은 Schizosaccharomycetes, Pneumocystidiomycetes, Neolectomycetes, Taphrinomycetes, Archaeorhizomycetes라는 5개의 강을 포함한다. Schizosaccharomycetes강은 *Schizosaccharomyces* *pombe*를 포함하는 단 3종의 **분열효모(fission yeast)**로 구성되어 있다. 분열효모는 세포분열 과정에서 세포 중앙에 격벽이 형성되어 마치 이분법처럼 분열한다는 점에서 출아효모와 다르다. 이 효모는 당이 풍부한 식품(과일, 꿀)에서 자라는 부생균이다. 이 효모는 진핵세포 주기 연구의 모델생물로 사용되었는데, 이를 수행한 Paul Nurse와 동료들에게 2001년에 노벨생리의학상을 안겨 주었다. Pneumocystidiomycetes강의 *Pneumocystis jirovecii*는 면역결핍 환자에 폐렴을 일으키는 기회감염 병원균이다. Neolectomycetes강의 *Neolecta* 종은 이 아강에서 유일하게 대형 자실체를 형성한다 (다른 종은 모두 효모이고, 식물병원성 Taphrinomycetes만 기주식물에서 정단생장 균사 집락을 형성한다). Archaeorhizomycetes는 토양으로부터 증폭된 rDNA에 의하여 밝혀진 수백 종의 사상균의 집합으로 2011년에 보고되었다. 이 자낭균은 전형적인 균근균이나 내생균 같은 구조체를 형성하지 않고 뿌리와 협력한다. 일부 Archaeorhizomycetes가 배양되기는 하지만 생물학적 특성은 거의 알려지지 않았다.

글로메로균문

지구에 존재하는 식물의 약 90%가 곰팡이와 균근관계를 형성한다. 가장 흔한 형태는 약 200종에 의해 형성되는 수지상균근으로서 공생균은 모두 글로메로균문(Glomeromycota)에 속한다. 대표적인 속으로는 *Glomus*, *Acaulospora*, *Gigaspora* 등이 있다. 균류와 기주식물 사이의 양분 교환은 살아있는 식물의 뿌리세포 안에서 발달하는 **수지상체(arbuscule,** '작은 나무'를 의미)라는 복잡하게 분지된 미세구조를 통해 일어난다 (그림 1.15). 글로메로균류는 이러한 균근 공생관계에 절대적으로 의존하여 살아가기 때문에 기주식물 없이는 인공적으로 배양될 수 없다. 이들이 형성하는 무격벽 균사와 여러 겹의 세포벽을 가진 커다란 포자(최대 800 μm의 지름)가 종 동정에 유용한 특징이다. 이 포자는 단독 또는 집단적으로 형성된다. 몇몇 종에서는 이러한 포자집단이 균사 껍질에 의해 둘러싸여 **포자과(sporocarp)**라는 자실체를 형성한다. 각각의 포자는 수백 내지 수천 개의 핵을 보유하고 있다. 이들 균류에서는 유성생식이 일어나지 않고, 대신에 유전적으로 상이한 핵이 개개의 포자 안에 혼합되어 공존한다. 이러한 다유전체를 가진 균류는 유전자재조합이 드물거나 아예 없이 돌연변이의 축적을 통해서만 진화한 것으로 여겨진다. 새로운 공생은 토양의 균사 단편으로부터 시작되거나 또는 포자들이 식물 뿌리 표면 가까이에서 발아할 때 시작한다. 이들은 감염된 식물로부터 이웃의 식물로 전파될 수도 있다.

*Geosiphon pyriformis*는 글로메로균문에 속하지만 균근을 형성하지 않는 대표적인 종이다. 이것은 부푼 주머니세포를 형성하는데, 이 안에는 내생균으로 질소를 고정하는 남세균 *Nostoc punctiforme*가 살고 있다. *Geosiphon*은 글로메로균류 중에서 가장 조상에 해당하는 그룹의 구성원으로 추정되며, 균근을 형성하는 다른 종들은 이들로부터 진화했을 가능성이 높다.

Blastocladiomycota 문

Blastocladiomycota는 병꼴균문 및 Neocallimastigomycota와 더불어 편모를 가진 유주포자를 형성하는 수생성 균류이다. 다른 진균 그룹들, 즉 담자균류, 자낭균류, 글로메로균류, 사상형 접합균류는 모두 편모가 없다는 사실에 주목할 필요가 있다. 최근의 분자계통학적 연구에 따르면, 편모

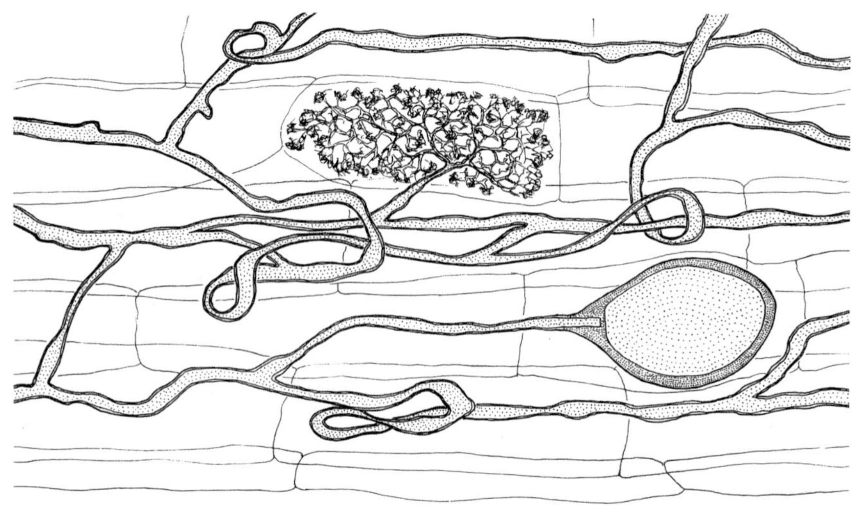

그림 1.15 글로메로균문에 속하는 수지상균근균. 식물 뿌리 안의 균사체는 수지상체와 두꺼운 세포벽을 가진 포자에 연결된다. *출처: Roo Vandegrift.*

의 손실은 진균의 계통 전체에서 단 한 번 일어났으며, 이는 모든 무편모 균류가 하나의 공통 조상으로부터 분화되었음을 의미한다. 현재까지 200종 미만의 Blastocladiomycota가 알려졌으며, 담수환경, 진흙, 토양 등에서 식물과 동물 잔해를 분해하는 부생균으로 살아가거나 절지동물에 기생한다. *Allomyces* 종들은 독특한 모양의 반수체 및 이배체 균총을 별도로 형성하는 부생균이다. *Allomyces*가 한천배지에서 자랄 경우에는 격벽이 없고 폭이 넓은 균사를 가진 분지된 균총을 형성한다. 액체배지 또는 연못 시료의 경우에 균사는 생장이 저해되어, **가근(rhizoid)**이란 섬세한 필라멘트의 네트워크로서 표면에 부착된 짧은 균총을 형성한다. 반수체 균총과 이배체 균총은 비슷하게 보이지만, 영양조건이 제한될 경우에 균사는 생장이 멎고 균사 끝에 서로 다른 모양의 생식기관을 형성한다 (그림 1.16). 이배체 균총은 **포자체(sporophyte)**라고도 불린다. 이들은 **유주포자낭(zoosporangium)**과 **감수포자낭(meiosporangium)**이라는 두 가지의 포자낭을 형성한다. 유주포자낭은 이배체 유주포자를 방출한다. 각각의 포자는 하나의 편모를 가지고 마치 매우 작은 올챙이처럼 물속에서 유영한다. 포자 안에 있는 하나의 이배체 핵은 커다란 인을 갖는데, 이것은 리보솜들의 치밀한 집합체인 **핵모(nuclear cap)**에 의해 둘러싸여 있다. 이러한 포자의 구조는 Blastocladiomycota 만 가진 가장 뚜렷한 특징이다. 포자는 용해된 아미노산에 대해 직접적인 반응을 보이는 화학주성을 가진다. 그들이 적합한 영양물질에 도달하면, 유주포자는 목표물의 표면에 부착하고 피낭화된 후, 바로 아래에 있는 물질을 침입하기 위해 가근을 형성한다. 새로운 균총의 분지된 균사는 피낭체의 반대쪽으로부터 발달하고 물속으로 확대된다. 양분 흡수의 측면에서 가근이 균사보다 유리한 점은 아직 밝혀지지 않았지만, 아마도 영양물질 또는 주변 수분의 상대적인 농도에 의해 결정되는 것으로 보인다. 고체배지에서 균사는 아마도 다른 균류와 비슷한 기능을 할 것으로 보인다. 즉, 균총 주변부가 신선한 배지로 확장될 때 주로 균사 정단에서 양분을 흡수한다.

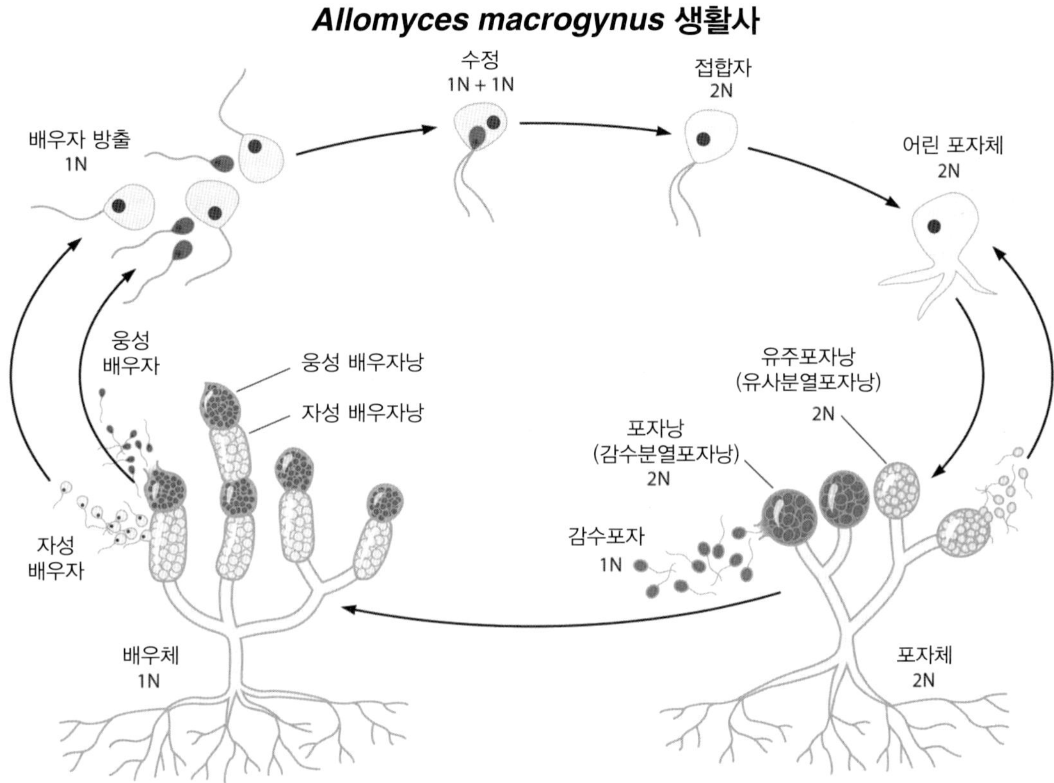

그림 1.16 *Allomyces* (Blastocladiomycota)의 생활사. *출처: Lee, S.C., 2010. Microbiol. Mol. Biol. Rev. 74, 298–340.*

포자낭의 두 번째 형태인 감수포자낭은 유영하는 포자, 즉 유주포자를 형성한다. 이들은 감수분열에 의해 형성되고, 반수체 또는 **배우체(gametophyte)** 집락을 만든다. 이들 집락은 포자체와 동일한 과정을 통해 발달하지만, 유주포자라기 보다는 운동성 배우자를 방출하는 포자낭 같이 보이는 말단구조를 형성한다. 배우자를 방출하는 구조체는 **배우자낭(gametangium)**이라고 불린다. *Allomyces macrogynus*에서 수컷 배우자낭은 균사의 끝에서 형성되고, 그 하단부에서 암컷 배우자낭이 형성된다. 그러나 *Allomyces arbusculus*에서 이 두 배우자낭은 반대로 배열된다. 수컷 배우자낭은 감마카로틴을 가진 밝은 오렌지색이다. 암컷 배우자낭과 배우자는 성 유인물질, 즉 **시레닌(sirenin)**이라는 페로몬(pheromone)을 분비하고, 수컷 배우자는 이에 반응한다. 수컷 배우자들이 방출되면 암컷 배우자낭 주변을 유영하다가 암컷 배우자낭에서 나온 배우자와 융합한다. 융합된 배우자는 두 개의 편모를 가진 접합자(zygote)를 형성하고, 이들은 적합한 영양원을 찾아 수중에서 유영한 후 피낭화된다. 피낭체는 발아하여 새로운 포자체 집락을 형성하고, 이러한 생활사는 계속 반복될 수 있다.

*Blastocladiella emersonii*의 유주포자는 *Allomyces* 종들과 매우 유사한 구조를 가졌지만, 난형의 균체를 형성한다는 점에서 분지된 균사의 더 확장된 균총을 가진 *Allomyces*와 다르다. 양분이 제한된 상황에서 균체는 포자낭으로 전환되고, 포자낭에서 수중으로 유주포자가 방출된다. Blastocladiomycota의 세 번째 속인 *Coelomomyces* 종은 절지동물의 기생균이다. *Coelomomyces pso-*

*rophorae*는 녹병균의 생활사를 연상케 하는 복잡한 생활사를 갖는데, 모기 유충과 요각류의 감염에 관여한다. 1970년대 *Coelomomyces* 종의 생활사가 밝혀졌을 때는 모기 매개성 질병에 대한 생물방제제로 개발될 가능성에 대해 전망이 밝았지만, 시도된 방제법은 모두 성공적이지는 못했다.

병꼴균문

병꼴균문(Phylum Chytridiomycota)은 유주포자를 형성하는 호기성 균류로서 담수, 염호, 해양 등의 수환경과 토양에 서식하는 부생균 또는 병원균이다. 병원성 병꼴균류의 기주범위는 조류, 식물, 양서류, 일부 곰팡이를 포함할 정도로 넓다. 대표적인 병원성 병꼴균류로는 감자에 암종병을 일으키는 *Synchytrium endobioticum*, 그리고 양서류의 쇠퇴 또는 여러 종의 멸종과 연관되어 있는 **항아리곰팡이병(chytridiomycosis)**의 원인균인 *Batrachochytrium dendrobatidis*가 있다. 병꼴균류도 Blastocladiomycota처럼 단편모 유주포자를 형성한다 (그림 1.3b). 이들 균사는 일반 진균처럼 분지하지는 않지만, 균체라는 원통형의 다핵성 몸체를 형성한다 (그림 1.17). 이것은 주변의 양분을 흡수하는 영양흡수기관으로 양분이 고갈되면 유주포자를 형성하는 유주포자낭으로 전환된다. 유주포자는 균체로부터 확장하는 방출관을 통해서 방출된다 (제3장). 방출관 끝의 뚜껑의 존재 유무에 따라 **유판형(operculate)**과 **무판형(inoperculate)**으로 나뉘는데, 병꼴균류의 분류에서 중요한 형태적 특징 중 하나이다. 많은 병꼴균류의 균체는 잘 분지된 가근으로 고체물질에 부착한다. 몇몇 기생성 병꼴균류의 몸체는 감염하는 기주세포 내부 또는 표면에서 발달한다. 매우 복잡한 형태를 가진 병꼴균류의 몸체들은 가근조직에 의해 연쇄상으로 서로 연결되어, 마치 무편모 균류의 균

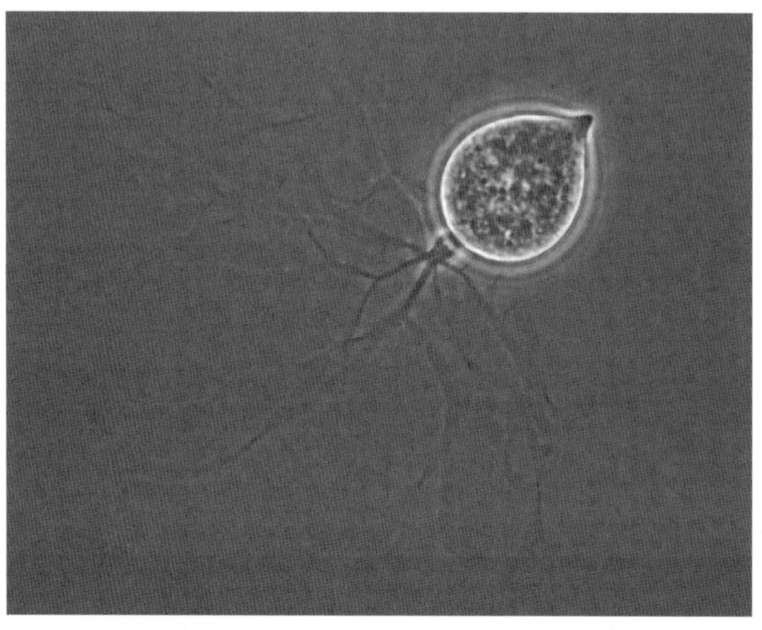

그림 1.17 유주포자를 방출하는 유주포자낭으로 분화되는 과정에 있는 병꼴균류 *Obelidium mucronatum*의 균체. 가느다란 가근이 균체의 기저부로부터 퍼져서 분포한다. 출처: *Joyce Longcore, University of Maine.*

총과 모양이 유사하다. 병꼴균류 유주포자는 반수체이고, 이들의 생활사에 유성생식이 존재하는지는 대부분의 종에서 불명확하다. 유성생식은 반수체 유주포자의 융합과 관련되어 있는 것으로 보인다. 이 경우에 유성생식은 휴면포자 또는 유주포자낭의 발달로 이어지고, 감수분열은 재조합 반수체 유주포자의 새로운 세대를 만들어낸다.

Neocallimastigomycota 문

Neocallimastigomycota는 초식동물의 소화관에서 생장하도록 진화된 혐기성 균류로 약 20종이 알려져 있다. 이들의 물질대사는 숙주동물 먹이의 식물섬유소의 다당류를 분해하여 얻는 당에 의존한다. 그래서 Neocallimastigomycota는 **섬유소분해성(fibrolytic)** 생물이다. 이들은 미토콘드리아가 결여되어 있는데, 혐기성 상태에서 피루브산 산화(pyruvate oxidation)는 수소를 생산하는 [철]-수소화효소([Fe]-hydrogenase)를 전자공여체로 가진 수소 발생체에서 피루브산:페레독신 산화환원효소에 의해 촉매된다. 이들은 단편모 유주포자를 형성하는데, 일부 종에서는 다편모 유주포자를 형성하는 것으로 알려져 있다.

*Olpidium*과 *Rozella*의 분류학적 위치는 어디일까?

*Olpidium*과 *Rozella*는 유주포자를 형성한다는 특징에 근거해서 오랫동안 병꼴균류로 분류되었으나, 최근의 분자계통학적 분석을 통해 현재는 병꼴균류로부터 독립적인 그룹으로 인식되고 있다. *Olpidium brassicae*는 양배추 뿌리의 표피세포를 감염하여 유주포자낭으로 발달되는 계란형의 균체를 형성한다 (그림 1.18). 형성된 유주포자는 방출관을 통해 주변의 토양수로 방출된다. 유주포자는 감수성 기주식물의 뿌리 표면(표피세포와 뿌리털) 위에서 피낭화하여 기주 세포를 침입한 후에는 피낭체 세포질을 식물 안으로 전달한다. 유주포자는 다양한 식물병원성 바이러스의 매개체로도 작용한다. *Olpidium* 속의 일부 종은 선충류와 윤충류를 감염한다. *Olpidium*은 유주포자를 형성하는 병꼴균류보다 오히려 접합균류에 더 가깝다.

*Rozella allomycis*는 *Allomyces* 종의 반수체와 배수체 세대를 모두 감염하는 순활물기생균이다 (그림 1.19). 일부 *Rozella* 종은 난균류를 감염한다 (아래의 '균학자들에 의해 연구된 기타 미생물' 참조). 감염 과정은 *Olpidium*과 유사하다. 그들은 유주포자를 형성하고 기주 집락에 부착하여 피낭화된 후에 발아관을 형성하고 세포벽을 뚫고 침입한다. 피낭체의 내용물은 발아관을 통해 기주 세포 안으로 이동한다. *Rozella*는 기주 세포질로부터 양분을 흡수하는 둥근 균체를 기주 안에 형성한다. 이러한 균체는 추후에 유주포자낭 또는 두꺼운 세포벽 표면에 가시 모양을 가진 휴면포자로 전환된다. 분자계통학적 분석을 통해 *Rozella*가 **비밀진균문(Cryptomycota)**으로 불리는 새로운 계통에 속한다는 것을 밝혔다. *Rozella*를 제외한 다른 비밀진균문의 종에 대해선 알려진 바가 거의 없다. 이들은 인공적으로 배양되지 않지만, 분자적 기법을 통해서 토양, 담수, 해양생태계에서 탐지된다. 유주포자는 피낭체와 함께 관찰되는데, 몇몇 종의 세포는 규조류에 부착한다. 비밀진균류는 진균 세포벽의 주요 성분인 키틴을 생성하지 않음이 밝혀졌다. 이들은 진균계(Kingdom Fungi) 전체의 유전적 다양성에 필적할 만할 정도로 다양하다. 결과적으로 비밀진균문은 진균계의 7번째 문으로 인정되었다.

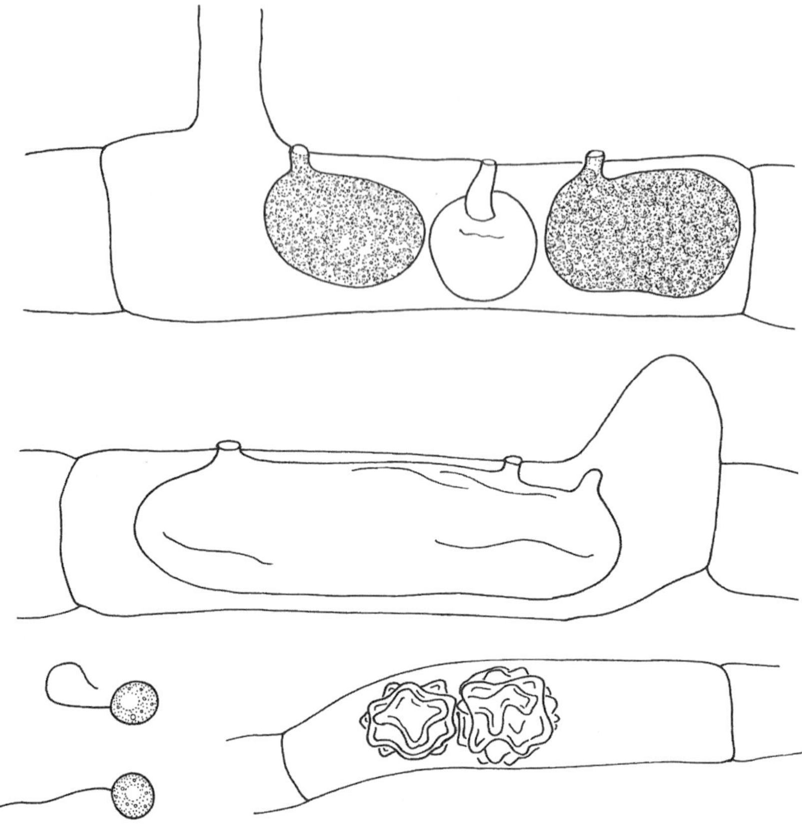

그림 1.18 유주포자로 양배추 뿌리를 감염하는 수생균 *Olpidium brassicae*. 출처: *Webster, J., Weber, R.W.S., 2007. Introduction to Fungi, third ed. Cambridge University Press.*

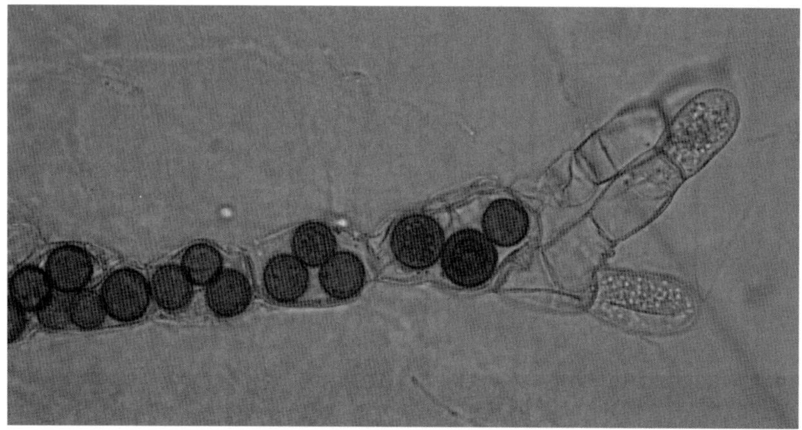

그림 1.19 *Allomyces* (Blastocladiomycota) 세포 안에 형성된 *Rozella allomycis*의 갈색 휴면포자. 출처: *Creative Commons.*

접합균류

최근의 분자계통학적 분석을 통해 기존에 접합균문(Zygomycota)에 속했던 균류들이 사실상 단계통은 아님이 밝혀졌다. 접합균류는 다양한 영양원으로부터 당을 동화할 수 있는 능력을 보유한 *Mucor*와 근연 속을 포함하는 털곰팡이목(Mucorales), 특화된 곤충병원균인 파리곰팡이목(Entomophthorales), 정교하게 분지된 대 위에 무성포자를 형성하는 킥셀라목(Kickxellales) (그림 1.20), 다른 곰팡이, 아메바, 토양 서식 무척추동물을 포식하는 포충균목(Zoopagales)을 포함한다. Endogonales 종은 우산이끼류, 뿔이끼류의 세포 안에 코일 형태의 균사를 형성하는데, 최소한 한 종의 양치식물에서도 발견되었다. 이것은 Endogonales 종이 형성하는 내생균근 관계가 글로메로균류보다 앞서 육지식물의 진화를 이끌었다는 것을 의미한다. 900종 이상의 접합균류가 알려졌으나 털곰팡이목과 다른 목 사이의 관계는 불확실하다. 그럼에도 불구하고, 이들 대부분은 여러 중요한 특징을 공유한다. 가장 친근한 접합균류는 음식 부패에 관여하는데, 과실이나 남긴 음식에서 빠르게

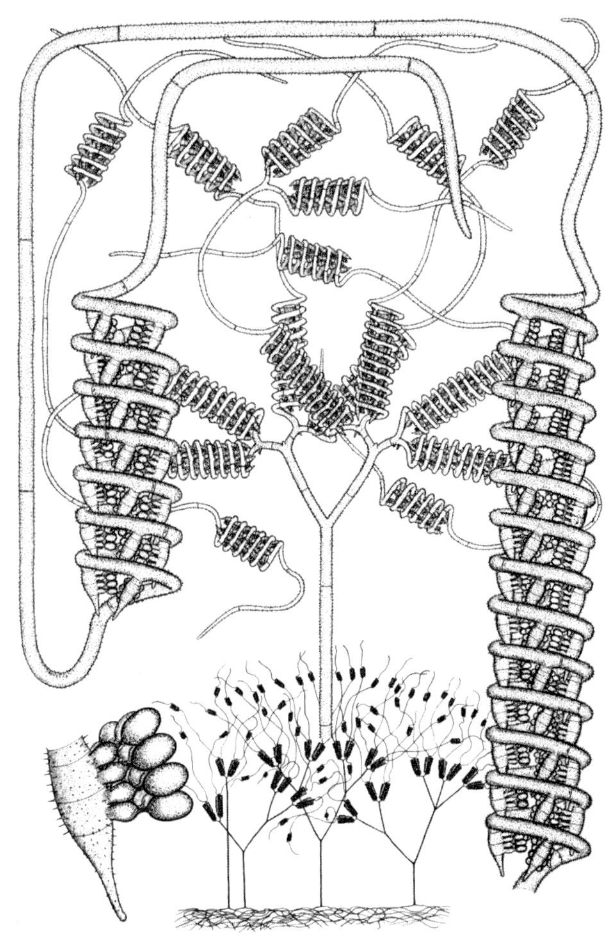

그림 1.20 설치류의 배설물에서 자라는 접합균 *Spirodactylon aureum*은 화려한 코일구조를 가진 포자낭경 위에 포자를 형성한다. 이 균은 이 삽화에서 다양한 배율로 보여진다. 포자는 코일 안에 형성되고 왼쪽 아래의 그림처럼 노출된다. 출처: *Spirodactylon is classified in the family Kickxellaceae. Benjamin, K., 1959. The merosporangiferous Mucorales. Aliso 4, 321–433.*

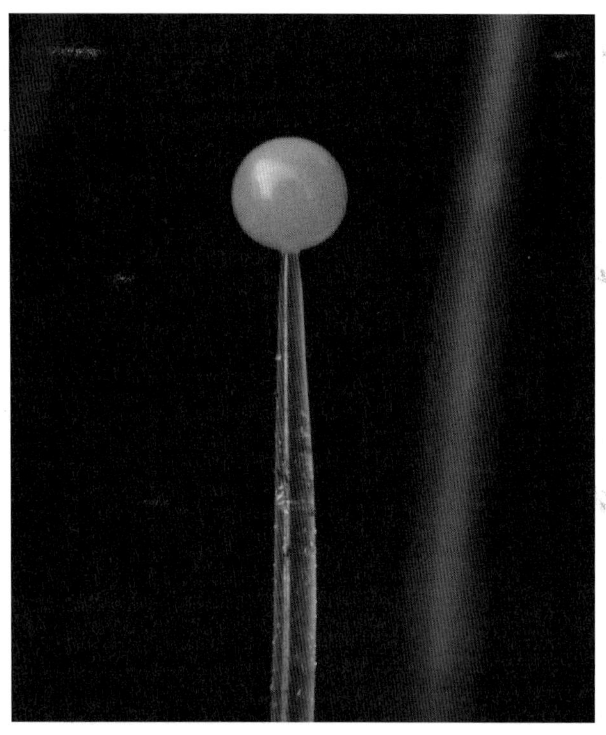

그림 1.21 접합균 *Phycomyces blakesleeanus*의 포자낭. 포자낭의 세포벽은 포자가 성숙되면 점차 검은색으로 변하고, 세포벽이 찢어지면 포자낭포자가 방출된다. *출처: Ron Wolf Photography.*

생장하며, 흰색의 기중 **포자낭경**(**sporangiophore**)은 마치 솜털처럼 영양원을 뒤덮는다. 포자로 가득 찬 포자낭이라는 둥글게 부푼 생식기관이 포자낭경의 끝부분에 형성된다 (그림 1.21). 몇몇 종의 **포자낭**(**sporangium**)은 **포자낭포자**(**sporangiospore**)라고 불리는 수만 개의 포자를 형성하는데, 이들은 기류에 의해 쉽게 전파된다. 접합균류는 초식동물의 배설물과 같이 당 성분이 적은 물질에서도 흔히 존재하는데, 배설물 내의 다양한 기질을 분해하는 곰팡이들의 천이 과정에 있어서 첫 단계이다. *Pilobolus* 종들은 이러한 '분생균류(dung fungi)'의 가장 흔한 예인데, 이들의 포자 방출에 대한 기작은 제3장에서 자세히 설명했다. 털곰팡이목은 인간과 다른 동물의 기회병원균이다 (제9장). 심각한 화상 또는 방치된 당뇨병 환자들은 이들 곰팡이가 형성하는 집락에 의한 감염에 감수성이다. 이러한 감염은 **접합균증**(**mucormycoses**)이라 불리며, 치료가 매우 어려울 수도 있다. 음식 부패균과 분생균류는 담자균류처럼 섬유소나 다른 복잡한 고분자물질을 분해한다기보다는 주로 당과 같은 저분자화합물을 소화하기 때문에 **1차 부생균**(**primary saprotroph**)이라고 불린다. 털곰팡이목 균류의 물질대사 능력은 아시아의 전통식품 생산에 유용하다. 인도네시아(자바섬)에서 *Rhizopus oligosporus*는 콩을 발효시켜 고체의 고단백질 덩어리인 템페 제조에 사용된다. 털곰팡이목의 여러 종은 동아시아의 건두부로 발효시킨 두부 생산에 쓰인다 (제12장).

접합균류의 종들은 대부분 커다랗고, 다핵체, 무격벽 균사로 구성된 집락을 형성하고(예외적으로, 킥셀라목 및 근연 균류는 균사에 격벽이 존재함), **접합**(**conjugation**) 또는 **배우자융합**(**gametangial fusion**)이라는 과정을 통해 **접합포자**(**zygospore**)라는 유성포자를 형성한다 (그림 1.22). 접합은 (+)와 (-)로 표기되는 대응하는 교배형을 가진 집락 사이에서 일어난다. 페로몬에 의해 조절되는 이 과정에는 많은 단계가 존재한다. 집락은 먼저 전구체 분자를 방출하는데, 이 분자는 상대방 집락에 의해 트리스포산(trisporic acid)으로 전환된다. 하나의 균주(-)는 트리스포롤(trisporol)을 생성하고, 다른 균주(+)는 4-디하이드로트리스포산(4-dehydrotrisporic acid)을 생성한다. (-)균주는 4-디하이드로트리스포산을 트리스포산으로 전환시키는 데 필요한 효소를 생성하지만, 자신의 트리스포롤을 트리스포산으로 전환시키는 효소는 결핍되어 있다. (+)균주는 그 반대이다. 그래서 대응하는 균총은 트리스포산과 함께 퍼지게 되는 반면에, 트리스포산의 농도는 같은 교배형을 가진 균총 간에는 매우 낮다. 이러한 트리스포산의 협력적인 합성은 **접합경**(**zygophore**)이라는 균사로부터 기중분지의 형성을 유발한다. 접합경은 다른 하나를 향해서 자라고, 그들의 끝 부분에서 융합이 일어나고, 부풀어 오른다. 그 부풀어진 끝 부분(**전배우자낭, progametangium**)은 격벽 형성으로 균사로부터 분리된다. 이 단계에서 이 다핵체의 부푼 구조를 **배우자낭**(**gametangium**)이라고 부른다. 그 이후에 두 세포 사이의 접촉부위는 용해되어 두 교배형의 핵이 하나의 세포질 안에서 섞인다. 그 융합된 배우자낭은 이후에 유주포자낭으로 전환되는 것으로 여겨진다. 하나의 두껍고 짙은 색의 접합포자는 **접합포자낭**(**zygosporangium**) 안에서 형성되는데, 접합포자 안의 이배체 핵을 형성하기 위해 서로 다른 교배형의 핵이 융합한다는 증거가 있다. 접합포자의 발아 과정은 실험실 조건에서 쉽게 관찰되지 않지만, 포자낭경과 포자낭의 발달(1개의 접합포자에서)은 문헌에 기록되어 있다. 감수분열은 발아 과정에서 일어나고 **배포자낭**(**germ sporangium**)은 하나의 교배형 또는 두 교배형을 모두 가진 포자를 방출한다. 이것은 몇몇 종에서 교배형 중 하나의 핵이 감수분열 후에 폐기된다는 것을 의미한다. 이러한 포자는 기류에 의해 전파되고 신선한 영양원 위에서 반수체 집락을 형성할 잠재력을 지닌다. 접합균류의 생활사는 종류에 따라 상당히 다양하지만, 접합포자의 형성은 진균 내에서 비정상적인 집합체인 이들의 공통적인 특징이다.

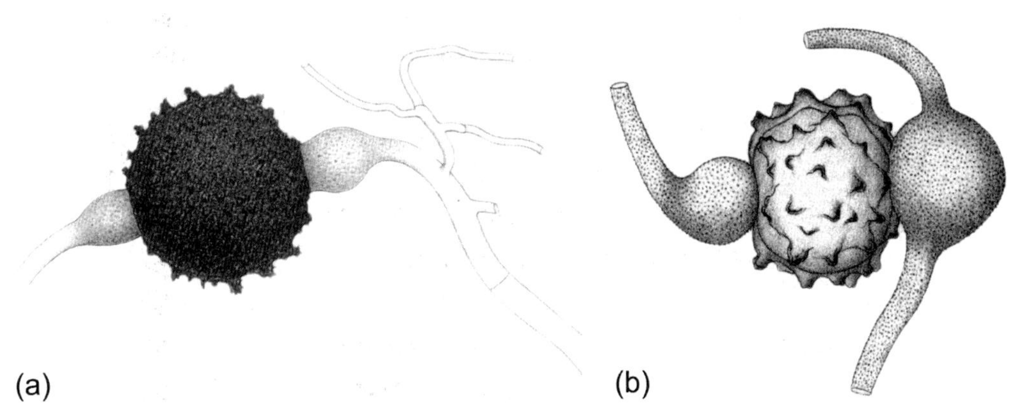

그림 1.22 화합성 균주 사이에서 형성된 성숙한 접합포자. (a) *Mucor mucedo*, (b) *Chaetocladium jonesii*. *출처: Brefeld, O., 1872. Botanische Untersuchungen uber Schimmelpilze, vol. 1. Verlag von Arthur Felix, Leipzig.*

미포자충류

미포자충류(Microsporidia) 유전자와 진균 유전자의 연관성을 보여준 분자생물학적 연구를 통해 절대기생체인 미포자충류가 진균계(Kingdom Fungi) 안에 포함되어야 하고, 특히 접합균류와 공통 조상을 갖는다고 제안되었다. 추가적인 연구에서 이들이 실제로 균류와 밀접한 자매관계에 있다는 것이 밝혀졌다. 정확한 진화적인 관계와 별도로, 미포자충류는 생물학의 관점에서 함께 고려되어야 할 균류의 가까운 친척임은 틀림없다. 지금까지 알려진 약 1,300종의 미포자충류는 기생균으로서 동물, 일부 곤충류, 갑각류, 어류를 감염하고, 일부는 인간에 기회감염을 일으킨다. 미포자충류는 살아있는 기주세포 내에서만 생장하고 생식할 수 있는 순활물기생균이고, 그래서 기능성 미토콘드리아가 결핍되어 필요한 에너지원을 확보하기 위해 기주에 의존한다. 유전체 정보가 밝혀진 몇몇 미포자충류에서 유전체는 축소되어 일부 원핵생물의 유전체보다도 작으나, 일부 종은 다른 균류만큼 큰 유전체를 갖고 있다. 하지만, 대부분의 종에서 단백질을 암호화하는 유전자는 2,000~3,000개로, 효모의 6,000개, 붉은빵곰팡이(*N. crassa*)의 10,000개 유전자에 비교하면 상대적으로 적다. 더 큰 유전체를 가진 경우에도 대부분 비암호화 염기서열로 구성되어 있다. 몇몇 종은 진핵생물에서 물질대사를 조절하는 중요한 유전자들이 결여되어 있다. *Enterocytozoon bieneusi*에서는 해당작용에 관여하는 효소들 조차 결여되어 있는데, 생존에 필요한 에너지원인 ATP와 NADPH를 감염하는 포유동물에 전적으로 의존하고 있음을 의미한다. 몇몇 미포자충류는 동물 체내에서 기주의 미토콘드리아에 의해 둘러싸이게 되는데, 그 합쳐진 기주-기생체 세포는 **유사종양감염부위**(xenoma)라고 불리는 거대한 포자 형성 구조체로 전환된다 (그림 1.23). 포자는 외부환경에 저항성이며 수년 동안 감염능력을 보유하며 생존할 수 있다. 포자는 기주의 세포막을 와해시키고 침입하기 위해서 'coiled polar filament'로 이뤄진 작살 같은 감염기관을 가지고 있다. 그 필라멘트는 포자의 원형질이 기주세포 안으로 빠르게 이동할 수 있는 전달통로가 된다.

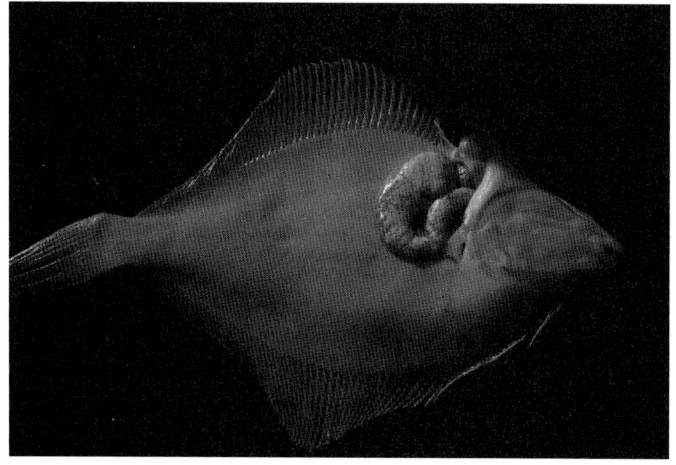

그림 1.23 미포자충류 *Glugea stephani*에 의해 감염된 가자미(*Limanda limanda*)에서 형성된 유사종양감염부위. 물고기는 벨기에의 대륙붕(북해 남쪽)에 있는 Vlakte van de Raan에서 잡혔다. Hans Hillewart가 촬영한 사진. 출처: *Creative Commons.*

균학자들에 의해 연구된 기타 미생물

스트라미니필라계(Stramenopila)라고 불리는 진핵생물의 한 그룹인 **난균문(Oomycota)**에 속하는 물곰팡이는 19세기 이후에 균학자들에 의해 연구되었다. 이 미생물은 진균보다는 규조류와 갈조류에 가깝지만, 정단생장하고 분지하는 균사로 집락을 이루고, 포자에 의해 생식하고, 부생체 및 병원체로 작용한다는 점은 진균과 유사하다 (그림 1.24). 다시 말해, 그들은 기능적 측면에서는 균류이지만, 진균계(Kingdom Fungi)와는 진화적 연관성이 없다. 균학자들은 오랫동안 이들 미생물을 연구했기 때문에 진균이 균사로 살아가는 방법에 대한 지식의 대부분은 **물곰팡이목(Saprolegniales,** 예를 들어 *Saprolegnia ferax, Achlya bisexualis*)과 **부패병균목(Pythiales,** 예를 들어 *Phytophthora, Pythium*)의 종에 대한 실험으로부터 얻어졌다. 이러한 사실은 이 책의 여러 곳에서 논의될 것이다.

균학자들은 점균류에 대해서도 연구하였다 (그림 1.25). **Acrasiomycetes**(세포성 점균류)와 **Dictyosteliomycetes**(변형체성 점균류)는 모두 아메바의 섭식방법을 가진 원생동물이다. *Dictyostelium discoideum*은 다세포생물의 세포-세포 간의 신호전달 및 진화적 기원 연구를 위한 모델 생물로 주목을 받는다. **Myxomycetes**(진정점균류)는 아름다운 자실체에서 포자를 방출하기 전에 썩어가는 나무 표면에 다세포의 변형체가 흐르듯이 자라는 친숙한 분류군이다. 황색망사점균(*Physarum polycephalum*)의 변형체 내에서 세포질의 이동 기작은 세포생물학 연구의 주제였다. **Protosteliomycetes**는 점균류와 관련 있지만, 식세포성 아메바를 형성하고, 몇몇 종은 작은 변형체를 형성한다. **Plasmodiophoromycota**는 점균류와 관련된 기생성 미생물 그룹으로 배추에 뿌리혹병을 일으키는 *Plasmodiophora brassicae*가 여기에 속한다. 마지막으로, **Labyrinthulomycota**는 수생성 미생물로서 운동성 세포를 포함하는 분지된 'slime tubes' (slime nets)의 네트워크로서 살아가는 Labyrinthulales와 병꼴균류의 균체와 비슷한 유주포자 형성 균체를 형성하는 Thraus-

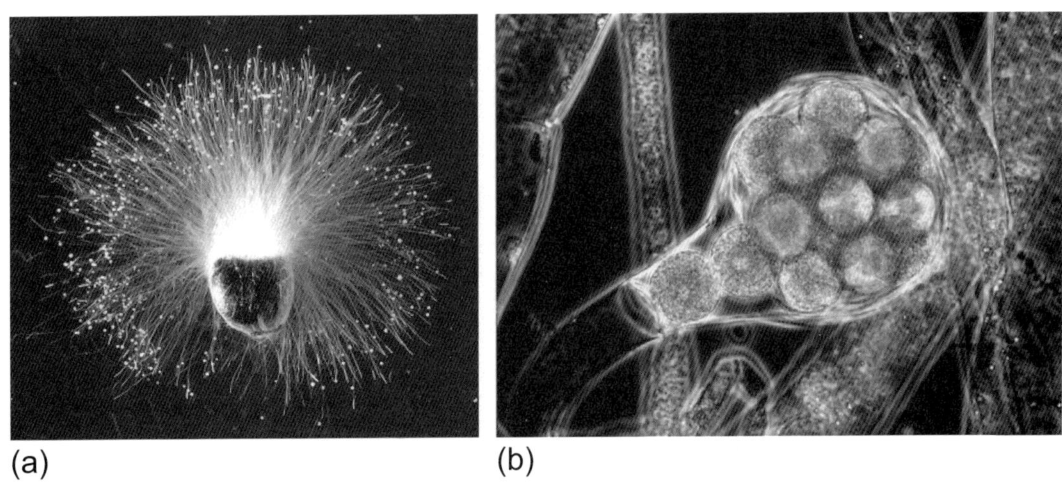

그림 1.24 진균계가 아닌 스트라미니필라계에 속하는 난균류. (a) 물속에 잠긴 대마 종자로부터 자라나온 *Achlya* 종의 사상형 균사. (b) 조란기라고 불리는 구조를 가진 *Saprolegnia* 종의 유성생식 난포자. 출처: *George Barron, University of Guelph https://dspace.lib.uoguelph.ca/xmlui/handle/10214/3955*

그림 1.25 점균 *Leucocarpus fragilis*의 변형체. 출처: http://curbstonevalley.com/wp-content/uploads/2010/02/LfragilisNet.jpg

tochytriales가 있다. Labyrinthulomycota는 스트라미니필라계에 속하지만, 난균문과는 상당히 먼 그룹이다. 다양한 점균류의 생물학은 현재의 'The Fungi' 3판에서는 다루지 않는다.

Further Reading

Berbee, M., Taylor, J.W., 2010. Dating the molecular clock in fungi – how close are we? Fungal Biol. Rev. 24, 1–16.
Bidartondo, M.I., Read, D.J., Trappe, J.M., Merckx, V., Ligrone, R., Duckett, J.G., 2011. The dawn of symbiosis between plants and fungi. Biol. Lett. 7, 574–577.
Ebersberger, I., de Matos Simoes, R., Kupczok, A., Gube, M., Kothe, E., Voigt, K., von Haeseler, A., 2012. A consistent phylogenetic backbone for the Fungi. Mol. Biol. Evol. 29, 1319–1334.
Hibbett, D.S., et al., 2007. A higher-level phylogenetic classification of the Fungi. Mycol. Res. 111, 509–547.
James, T.J., et al., 2006. Reconstructing the early evolution of Fungi using a six-gene phylogeny. Nature 443, 818–822.
Jones, M.D.M., Forn, I., Gadelha, C., Egan, M.J., Bass, D., Massana, R., Richards, T.A., 2011. Discovery of novel intermediate forms redefines the fungal tree of life. Nature 474, 200–203.
Lücking, R., Huhndorf, S., Pfister, D.H., Plata, E.R., Lumbsch, H.T., 2009. Fungi evolved right on track. Mycologia 101, 810–822.
Rosling, A., Cox, F., Cruz-Martinez, K., Ihrmark, K., Grelet, G.-A., Lindahl, B.D., Menkis, A., James, T.Y., 2011. Archaeorhizomycetes: unearthing an ancient class of ubiquitous soil fungi. Science 333, 876–879.
Schoch, C.L., et al., 2014. Finding needles in haystacks: linking scientific names, reference specimens and molecular data for Fungi. *Database* bau061.
Taylor, T.N., Krings, M., Taylor, E.L., 2015. Fossil Fungi. Academic Press, Amsterdam.

Weblinks

http://tolweb.org/tree/ offers a wealth of up-to-date information on fungal phylogeny as well as detailed descriptions of the major groupings of the fungi.
http://eol.org/pages/5559/overview
http://genome.jgi.doe.gov/programs/fungi/1000fungalgenomes.jsf

CHAPTER

2

균류의 세포생물학 및 발달

소기관, 세포, 기관

균류는 진핵생물이므로 세포생물학적 특징의 상당 부분이 동물, 식물, 원생생물과 공유된다. 균류 세포는 다른 진핵생물과 동일한 종류의 소기관들로 이루어져 있다. 균류는 원형질막, 핵, 복잡한 내막계를 갖고 있다. 대부분의 종은 미토콘드리아를 갖고 있다. 몇 종류의 소기관은 다른 계에서는 발견되지 않는다. 이러한 소기관으로는 균사의 정단에 위치하면서 선단소체라고 불리는 분비소낭들의 고밀도 조립체, 그리고 세포 안의 마개 장치 역할을 하여 세포질 누출을 중지시키는 자낭균류의 보로닌체가 있다. 키틴으로 된 세포벽은 균류 세포가 갖는 특유성이다. 이 장에서는 균류 세포 구조의 개관을 설명하고, 이들이 어떻게 생장하고 증식하여 효모 집락 또는 분지한 균사체를 형성하는지에 대해 논의하며, 균사끈, 균핵, 버섯을 비롯한 복잡한 다세포 기관들이 형성되는 발달 과정에 대해 설명할 것이다 (그림 2.1).

세포의 구조

세포벽

생장 중인 효모와 균사체의 세포질은 주위 액체보다 더 높은 농도의 염과 당을 갖고 있다. 이러한 삼투압 차이는 원형질막을 통해 물이 순유입되도록 만들어 세포 팽창을 일으킨다. 수축 액포를 이용하여 물을 밖으로 배출하는 원생동물과는 달리, 균류는 원형질막 밖에 세포벽을 만들어 세포 팽창을 막는다. 물이 세포로 유입됨에 따라 원형질막이 세포벽의 안쪽 면에 밀착되면 정수압, 즉 **팽압(turgor)**이 발달하게 된다. 내부 압력의 증가는 세포를 항상성 조건에 도달하게 하여, 유입되는 물의 양이 생장하는 동안 일어나는 세포 체적 증가와 일치하게 한다.

세포벽은 대단히 동적인 구조물인데, 세포벽 대부분에서 일어나는 팽창을 막으면서 균사 정단과 효모 출아 같이 특수한 위치에서만 신장된다. 세포벽의 존재가 환경에 적응하는 데에 어떤 도움을 주었는지는 논란의 여지가 있다. 팽압에 견딜 수 있는 세포벽의 특성이 없다면 세포는 압력에 견디지 못하기 때문에, 세포벽이 있음으로써 팽압에 버틸 수 있었다고 한다면 팽압이 생기는 것이 먼저인가, 세포벽이 생기는 것이 먼저인가 하는 '닭이 먼저냐, 달걀이 먼저냐' 하는 논쟁에

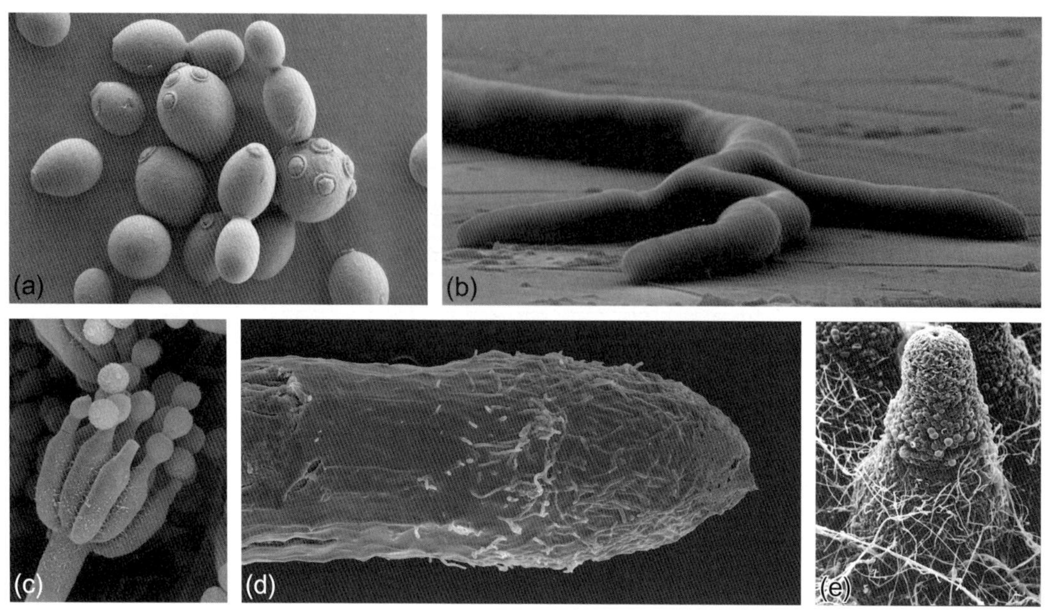

그림 2.1 균류 세포와 다세포 구조물을 주사전자현미경으로 이미지화하였다. (a) 효모 세포 *Saccharomyces cerevisiae*. 더 늙은 세포에는 모세포로부터 떨어져 나올 때 만들어진 희미한 출산흔이 있으며 딸세포 형성에 의해 생긴 출아흔도 있다. (b) *Aspergillus niger*의 균사. (c) *Penicillium* 종의 분생포자경. (d) *Armillaria gallica*의 근상균사다발. (e) *Sordaria humana*의 자낭각. *출처: (a) Kathryn Cross, Institute of Food Research, Norwich. (b) Geoffrey Gadd, University of Dundee. (c) Richard Edelmann, Miami University, Ohio. (d) Levi Yafetto, University of Cape Coast, Ghana. (e) Nick Read, University of Manchester.*

빠지게 된다. 세포벽 때문에 세포에 팽압이 생기게 되므로, 팽압이 유용할 수도 있는 이유에 대해 생각하는 것이 아마도 더 유익할 것이다. 이 문제는 이 장의 후반부에서 다시 다룬다.

균류의 세포벽은 원형질막의 표면에서 조립된 다공성의 거대분자 복합체이다 (그림 2.2). 세포벽은 스트레스에 견디는 미세원섬유로 이루어진 **키틴(chitin)**, 포도당의 선형 중합체인 **글루칸(glucan)**, 그리고 여러 종류의 **세포벽 단백질(cell wall proteins)**을 갖고 있다. 키틴 중합체는 아미노당인 *N*-아세틸-D-글루코사민 단량체들이 β-1→4 결합으로 연결되어 만들어진다 (그림 2.3). 이웃한 키틴 사슬은 수소결합으로 연결된 역평행 배열로 조립되어 길이 1 μm 이상의 미세원섬유를 만든다. 키틴 미세섬유는 대단히 높은 장력을 갖고 있다. 키틴이 망가지면, 세포의 삼투 안정성이 상실되어 세포는 터진다. **키토산(chitosan, β-1→4-글루코사민)**은 키틴 이외에도 균류에 의해 생산되는 여러 종류의 탈아세틸화된 당으로 이루어진 중합체이다. **β-1→3-글루칸(β-1→3-glucan)**은 대체로 가장 풍부한 세포벽 중합체이다 (그림 2.4). 글루칸에 있는 β-1→3-배당 연결이 중합체를 꼬이게 하면, 3개의 글루칸 사슬이 수소결합에 의해 결합되어 삼중나선을 형성한다. β-1→3-글루칸은 성숙한 세포벽 구조물에 있는 β-1→6-글루칸에 연결되어 중합체들이 고도로 분지된 탄력 있는 망상구조를 만든다. 세포벽에 있는 구조 단백질들은 *N*-연결 및 *O*-연결된 탄수화물을 가진 **당단백질(glycoprotein)**이다. 이런 당단백질에는 마노스 함량이 높은 사슬들로 당화되어 있는 **마노단백질(mannoprotein)**과 마노스와 갈락토스 잔기를 모두 가진 당단백질이 있다. 세포벽의 당단백질은 GPI 닻(glycophosphatidylinositol anchor)에 의해 원형질막에 연결되며, 키틴 미세섬유

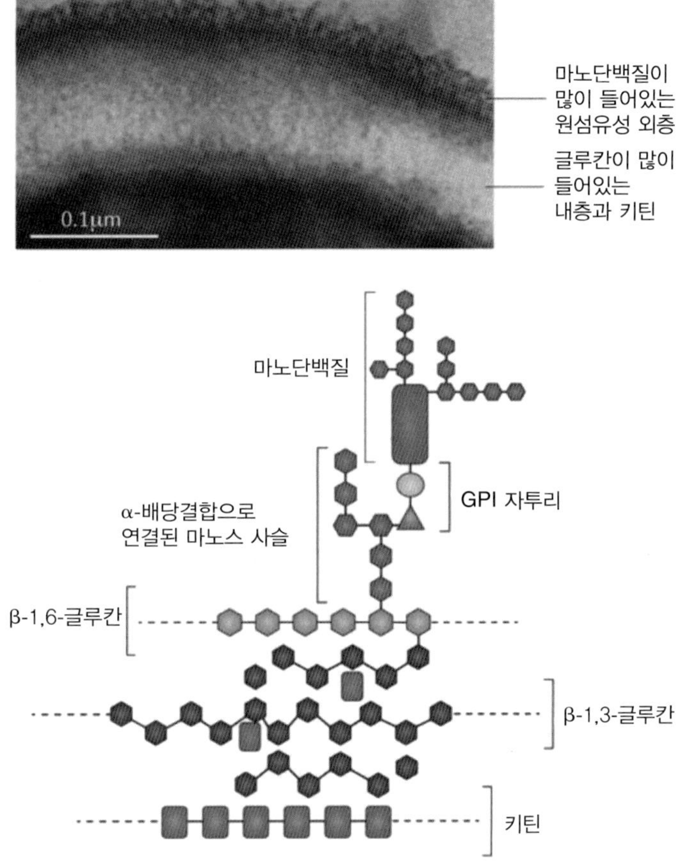

그림 2.2 균류 세포벽의 구조. 화학 조성을 보여주는 그림과 *Candida albicans* 세포벽의 투과전자현미경 사진. 출처: *Cassone, A., 2013. Development of vaccines for Candida albicans: fighting a skilled transformer. Nature Rev. Microbiol. 11, 884–891.*

그림 2.3 세포벽 중합체인 키틴의 화학 구조.

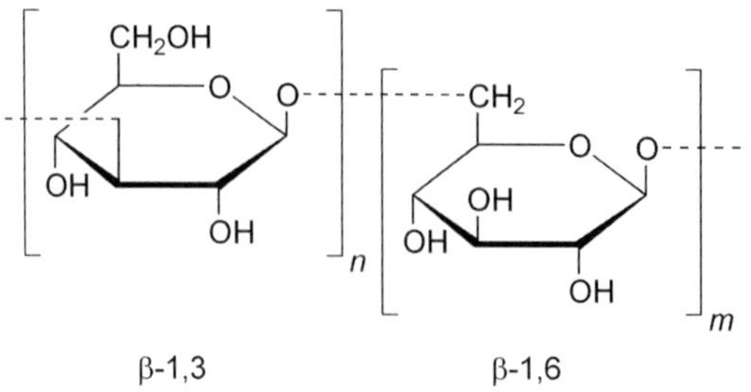

그림 2.4 세포벽 글루칸의 화학 구조.

및 글루칸과 교차 연결되어 있다.

키틴은 대부분의 균류의 세포외 기질 안에서 스트레스를 견디는 구성성분이지만, '균류는 키틴으로 된 세포벽을 갖고 있다'라는 말은 오해를 일으킬 수 있다. 흔히 β-1→3-글루칸이 세포벽의 주된 중합체이며, 일부 균류의 세포벽은 절반까지 단백질로 되어 있다. 키틴, 글루칸, 당단백질의 상대적인 비율은 균류 종에 따라 다르다. 키틴은 효모 *Saccharomyces cerevisiae* 세포벽에서 미량 성분이며, 모세포가 출아할 때 합성된다. 효모 세포벽에서 주요한 부분은 마노단백질 층으로 덮여 있는 β-1→3-글루칸 뼈대이다. β-1→3-글루칸은 β-1→6-글루칸 및 여러 종류의 세포벽 단백질에 교차 연결되어 있다. 분열효모 *Schizosaccharomyces pombe*의 세포벽은 상당히 다른데, 다양한 배당 연결체(α-1→3-, β-1→3-, α-1→3-글루칸)로 된 글루칸을 갖고 있지만 키틴은 완전히 결여되어 있다. 동일한 중합체들이 균사체 균류에서 발견되지만, 키틴은 세포벽 건조중량의 10% 이상을 차지하므로 이들 종들에서 더욱 중요하다. 예를 들어, *Neurospora crassa*에서 β-1→3-글루칸 및 키틴이 내층을 형성하며, 단백질-다당류 복합체로 덮여 있다. 이런 자낭균류의 세포벽에는 β-1→6-글루칸이 존재하지 않는다.

키틴 합성은 내재성 막단백질(integral membrane protein)인 **키틴합성효소(chitin synthase)**에 의해 촉매된다. 키틴합성효소는 키틴 사슬들이 원형질막을 통해 밖으로 밀려나가도록 하며 새로 합성된 중합체들은 서로 수소결합을 이루어서 미세원섬유로 결정화된다. *Saccharomyces cerevisiae*는 3종류의 키틴합성효소(Chs1p, Chs2p, Chs3p)를 갖고 있다. 사상형 자낭균 *Aspergillus fumigatus*는 7종류의 키틴합성효소를 갖고 있으며, *Neurospora crassa*에서는 4종류가 밝혀졌다. 글루칸합성효소는 키틴합성효소와 유사한 방법으로 작용한다. 이들은 내재성 막단백질이며 포도당 잔기를 연속적으로 부가시켜서 긴 사슬의 글루칸을 만든다. 글루칸 분자 안에서 이웃한 가지 사이의 교차연결과 더불어 글루칸, 키틴, 당단백질 사이의 연결은 세포벽의 강도 유지에 매우 중요하다. 글루칸합성효소는 항진균제제들의 잠재적인 표적이다. **β-1→3-글루칸합성효소(β-1→3-glucan synthase)**와 결합하는 **에키노칸딘(echinocandins)**계열의 약물은 아스페르길루스증 및 칸디다증 치료에 희망을 주고 있다 (제9장).

대부분의 세포벽 단백질은 분비경로를 통해 이동하는 동안 당화된다. 세포벽 단백질은 세포외 배출에 의해 원형질막으로 전달되어 GPI 닻에 의해 고정되며, 당 잔기가 세포벽의 다른 중합체들과 공유결합됨으로써 세포 형태의 유지에 도움을 준다. 또한 당단백질은 신호전달 및 수송기능의 역할을 하고, 다른 세포들과의 융합(예: 교배 반응에서 세포-세포 인식에 관여하는 응집소)에 관여하며, 표면 부착, 생물막 형성, 질병 발생에 작용한다. 이들은 주위 환경으로부터 화합물의 흡수에도 관여하며, 세포를 유해한 물질들로부터 보호한다. 게다가, 세포벽에는 효소들이 풍부하게 존재한다. 이들 효소 중 일부는 다른 세포 성분의 합성에 관여하므로 생장하는 동안 세포벽을 연속적으로 재구성하기 위해서는 중요하다. 세포벽에 있는 여러 효소들의 기능은 알려져 있지 않다.

전자현미경은 몇몇 균류 세포벽이 별개의 여러 층으로 구성되어 있음을 보여준다. 하지만 이는 세포벽이 여러 다른 종류의 분자들로 구성된 층을 가진 합판과 유사한 구조를 갖고 있다는 것을 의미하지는 않는다. 세포벽은 오히려 강화된 섬유로 이루어진 중합체(예: 유리섬유)에 가까운데, 각각의 층 안에 서로 얽혀있는 여러 성분을 갖고 있다. 또 다른 중요한 특징은 세포벽의 동적인 성질이다. 장기간 휴면 상태인 포자의 세포벽일지라도 일단 생장을 시작하면 재구성되기 때문에 더욱 유동적인 상태로 된다. 세포벽의 구조와 기능에 있어서 균류에 독특한 여러 특징이 있지만, 균류의 세포벽과 다른 진핵생물의 세포외 기질 사이에는 다수의 유사성이 존재한다. 식물 세포벽은 스트레스에 견디는 섬유소(β-1→4-글루칸)로 이루어진 미세원섬유를 갖고 있지만, 식물은 β-1→3 연결체로 이루어진 글루칸도 함께 갖고 있다. 동물 세포의 세포외 기질은 당단백질을 포함한 프로테오글리칸들과 서로 망을 이루고 있는 콜라겐으로 구성된다. 균류의 세포벽은 특정한 유형의 세포외 기질이다.

원형질막

스테롤 분자인 **에르고스테롤(ergosterol)**은 균류의 원형질막에서 특징적인 성분이다 (그림 2.5a). 에르고스테롤은 동물 세포막의 콜레스테롤과 동일한 기능, 즉 인지질 및 기타 구성성분의 상호작용을 통해 막의 유동성과 투과성을 조절한다. 동물이 에르고스테롤을 갖지 않으므로 에르고스테롤 합성을 저해하는 항균제를 사용하면 넓은 범주의 균류 감염(진균증)을 치료할 수 있다 (제9장). **염산테르비나핀(terbinafine hydrochloride)** (라미실)은 피부사상균에 의한 무좀 및 기타 피부감염

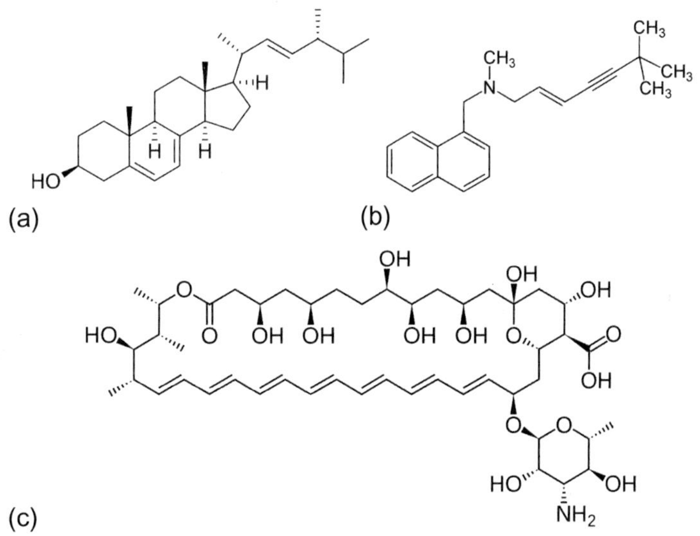

(a)

(b)

(c)

그림 2.5 (a) 에르고스테롤, (b) 염산테르비나핀, (c) 암포테리신 B의 화학 구조. 출처: *Creative Commons.*

증의 치료에 사용되는데, 에르고스테롤 합성에 관여하는 효소 squalene epoxidase를 저해한다 (그림 2.5b). 스테롤 생합성이 방해를 받으면 세포는 용해된다. **암포테리신 B(amphotericin B)**는 크립토콕쿠스 수막염을 비롯하여 더욱 심각한 감염증 치료에 사용되는 항진균제이다 (그림 2.5c). 암포테리신 B는 에르고스테롤과 결합하는데, 염산테르비나핀처럼 막의 온전한 상태 유지를 방해하는 것으로 생각된다.

균류 원형질막의 지질 이중층은 용질 수송, 신호전달, 세포벽 합성, 원형질막 아래에 있는 세포골격에 대해 닻으로 작용하는 단백질을 갖고 있다. G 단백질을 비롯한 **지질고정 단백질(lipid-anchored proteins)**은 지질이 붙은 아미노산들을 통해 (즉, 앞 절에서 설명한 GPI 닻에 의해) 지질 이중층에 공유결합으로 연결되어 있다. 외재성 막단백질은 정전기적 힘이나 기타 종류의 비공유적 상호작용에 의해 막과 결합되어 있다. **내재성 막단백질(integral membrane proteins)**은 지질 이중층에 정주하고 있는 단백질이다. 이들 단백질에는 **막횡단 단백질(transmembrane proteins)** 즉, 내재성 폴리토픽(polytopic) 단백질들이 포함되는데, 이들은 원형질막을 통한 이온과 분자의 수송에 작용한다. **내재성 모노토픽 단백질(integral monotopic proteins)**은 전체 막을 관통하지 않고 막의 한쪽 면에만 묻혀 있다.

막횡단 단백질에 의해 촉매되는 이온 수송 기능은 균류의 생리기능을 이해하는 데 중요하다 (그림 2.6). 원형질막은 여러 이온과 작은 분자에 대해 반투과성 장벽으로 작용한다. 예를 들어, 양성자는 원형질막을 통해 자유롭게 확산될 수 없다. 이들은 **양성자-(H^+)-ATPase**라고 불리는 효소, 즉 **이온 펌프(ion pump)**에 의해 세포질로부터 배출된다. 양성자 배출은 **1차 능동수송(primary active transport)**의 예이다. 이는 균류 세포 표면의 pH를 낮추고, 세포 내부의 음전압(약 −250 mV)으로 전기화학적 기울기를 만든다. 이러한 전압, 즉 원형질막 전위는 세포벽과 그 아래에 있는 막을 통해 삽입된 미세전극으로 측정할 수 있다 (그림 2.7).

양성자 ATPase 활성에 의해 만들어지는 전기화학적 기울기는 당과 아미노산을 비롯한 작은 분자들의 수송에 에너지를 제공하므로, 균류의 특징인 흡수영양 기작에서 대단히 중요하다. 이런 세포의 생리적 기작은 매우 정밀하다. 양성자 ATPase는 양성자를 농도기울기에 역행하여 이동시키므로 확산경로가 열리자마자 양성자는 세포질로 흘러들어간다. 균사가 단백질이 풍부한 먹이기질을 분해함에 따라, 균사 세포 주변에는 국지적으로 아미노산이 풍부한 상태가 된다. 아미노산을

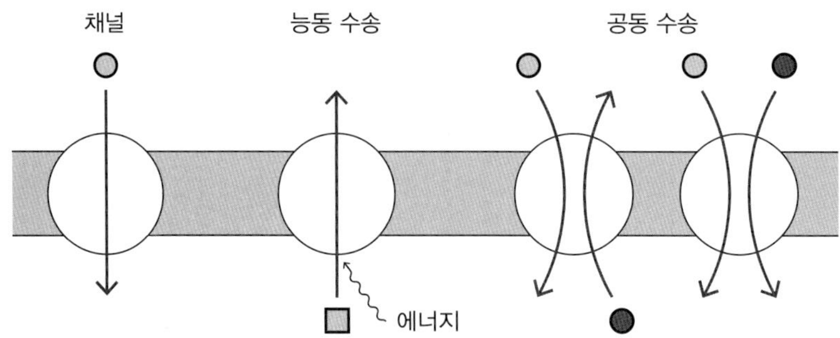

그림 2.6 균류 세포와 주변 환경 사이에서 이온과 분자를 수송하는 막횡단 단백질. *출처: Mark Fischer, Mount St. Joseph University, Cincinnati.*

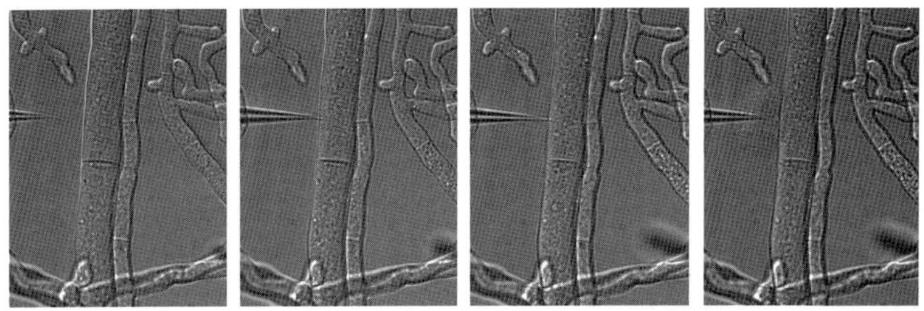

그림 2.7 막 전위를 기록하는 동안 균사 세포벽과 원형질막을 관통하고 있는 미세전극. *출처: Roger Lew, York University, Ontario.*

비롯한 생물분자는 주변 환경보다 훨씬 더 높은 농도로 세포질 내부에 존재하기 때문에, 설령 물리적인 수송 경로가 막에 존재하더라도 이들은 확산에 의해 세포 안으로 수동적으로 수송되지는 않는다. 농도기울기는 수송되는 방향과 반대로 존재한다. **운반 단백질(carrier protein)**이라고 불리는 막횡단 단백질은 아미노산의 이동에 양성자의 유입을 이용함으로써 이런 문제를 해결해 준다. 아미노산 분자들을 세포 외부로부터 세포질로 이동시키는 각각의 양성자 흐름에 반응하여 운반 단백질이 특수한 구조변화를 일으킴으로써 작용한다. 운반 단백질에 의해 아미노산이 포획되고 그 다음에 방출된다. 이런 현상은 **이차 능동수송(secondary active transport)**의 한 예이다.

아미노산 유입을 안내해 주는 운반 단백질은 **공동수송체(symporter)**의 예이다. 다른 종류의 공동수송체 단백질은 양성자가 유입되는 반응과 칼륨이온 및 당이 유입되는 반응을 연동시킨다. 역수송체(antiporter)는 양성자의 수동적 유입을 또 다른 종류의 이온이나 분자 반출과 연동시킨다. 효모와 사상균의 Na^+/H^+ 역수송체들이 규명되었다. 이들 단백질은 세포로 들어가는 양성자 1개에 대해 나트륨 이온을 1개 반출시키기 때문에, 이온의 항상성 유지에 중요하다. 따라서 Na^+/H^+ 역수송체는 염분이 높은 환경에서 염에 대한 내성을 결정한다. 또한 운반체 단백질은 세포 안에서 더 희석된 상태로 있지만 소수성인 원형질막 내부를 통해 확산되지 못하는 이온과 분자들이 **촉진 확산(facilitated diffusion)**을 하기 위한 수용성 경로(aqueous pathway)를 제공한다. **이온 채널(ion channel)**은 이온의 유입 및 반출을 제어하는 또 다른 세트의 내재성 막단백질이다. 일부 이온 채널은 막 전위 변화나 막의 신장을 비롯한 기계적 신호에 반응하여 개폐되는 통로로 작용한다. 칼슘 채널은 세포질의 칼슘 이온 농도를 조절한다. 칼슘은 세포 안에서 대단히 낮은 농도로 유지되지만, 채널이 열려서 일어나는 칼슘 농도의 급격한 증가는 세포 발달의 조절에서 중요한 신호로 작용할 수 있다. 이들 수송 단백질의 조화로운 작용으로 세포질의 화학적 조성, 미토콘드리아로의 원료 공급, 노폐 대사산물의 반출, 환경 독소의 배출이 결정된다.

1980년대에는 이러한 이온들이 이동하여 생기는 세포의 전기적 작용을 중요한 발달 신호라고 여겼다. 예를 들어, 이온 펌프가 균사를 따라 균등하게 분포하지는 않기 때문에 생장 중인 균사 정단에는 양전하가 순유입되는 이온 흐름 패턴이 만들어진다. 최근의 연구는 이런 패턴이 균사의 영양섭취활동을 나타내는 것이며, 이들 세포가 얼마나 신속하게 신장되며 가지들이 어느 곳에서 나타날지 결정하는 신호를 탐색하고 있는 발달생물학자들에게는 큰 의미가 없음을 시사하고 있다.

내막계

균사와 효모의 세포질은 **내막계(endomembrane system)**를 구성하는 막으로 둘러싸인 구획으로 채워져 있다. 이들 소기관은 생장 및 발달을 유지시키는 분비(반출)경로와 세포내도입(유입)경로에서 작용한다. 내막계에는 **소포체(endoplasmic reticulum)**, **골지체(Golgi apparatus)**, **액포(vacuole)** 및 **소낭(vesicle)**이 있다 (그림 2.8). 내막계는 세포질 안에서 여러 구성요소의 이동과 이들 안에서 일어나는 생화학적 활동 면에서 모두 대단히 동적이다. 세포 안에서 특정한 분자의 분포를 정확히 찾아내는 **형광 단백질 표식법(fluorescent protein tagging methods)**을 사용함으로써 내막계 분석에 있어 일대 혁신이 일어났다 (그림 2.9). 과학자들은 **레이저주사공초점현미경술(laser scanning confocal microscopy)**을 이용하여 이들 형광 탐침의 위치와 이동을 추적할 수 있다. 분자생물학과 **비교 유전체학(comparative genomics)**의 현대적 방법과 함께 **생세포영상술(live cell imaging technique)**을 이용함으로써 균류 세포생물학의 주요한 진보가 이루어졌다. 비교 유전체학에서 컴퓨터를 이용한 기법으로 사람의 내막계에서 기능이 밝혀진 유전자들과 서열을 공유하는 균류의 유전자들을 강조하여 왔다. 그 다음 유전자가 결실된 돌연변이체 균주의 생장과 발달을 정상적인 유전자를 발현하는 야생형 균주와 비교함으로써, 균류에서 이들 유전자의 실제 기능에 대해 연구할 수 있다. 살아있는 야생형 균주에서 단백질 위치 탐지에 생세포영상술이

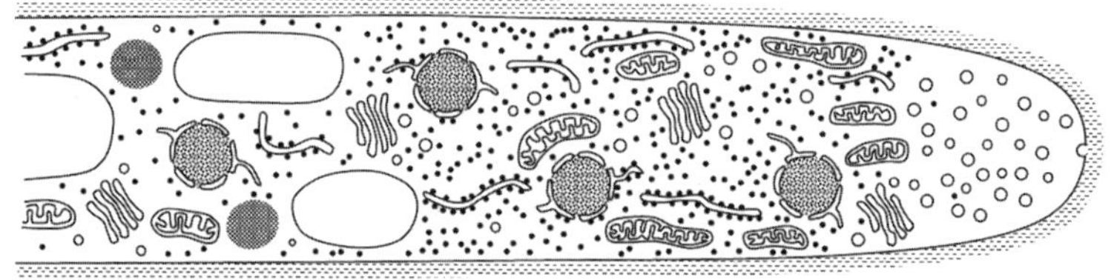

그림 2.8 균사 안의 내막 시스템을 나타내는 모식도. *출처: www.cronodon.com*

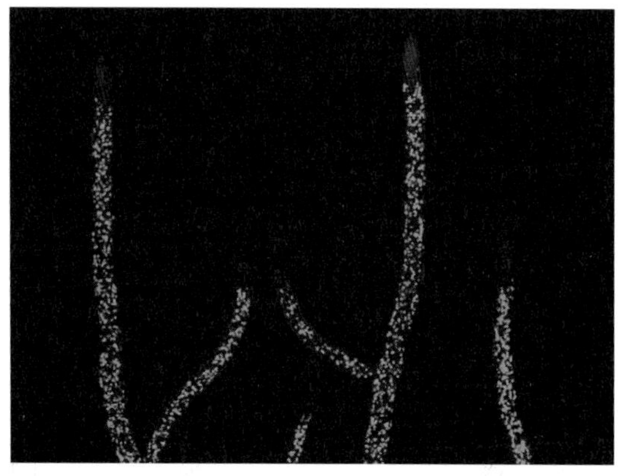

그림 2.9 정단생장 중이며, 분지되어 있고, 다핵 균사를 보여주는 *Neurospora crassa*의 공초점 영상. 핵은 녹색(핵에 표적화시킨 GFP)으로 보이며, 세포막, 특히 원형질막과 분비 소포들은 빨간색(FM4-64로 염색함)으로 보인다. *출처: www.fungalcell.org* (원색도판 참조)

사용되므로, 2개 이상의 형광 탐침을 동일한 세포에 도입하면 단백질-단백질 상호작용을 시각화시킬 수 있다.

소포체(**endoplasmic reticulum**)는 상호 연결된 막 시스템이며, 이곳으로부터 대부분의 다른 막들이 생긴다. *Saccharomyces cerevisiae*에서 소포체는 인접한 얇은 판들의 집합체와 원형질막에 연결된 소포세관들로 구성되어 있다. 사상균에서 소포체는 막으로 둘러싸인 주머니(sac), 즉 **시스터나**(**cisterna**) 더미로 구성되어 있다. 이들 시스터나 대부분에는 폴리리보솜이란 일군의 리보솜이 박혀서 **조면 소포체**(**rough endoplasmic reticulum**)를 구성한다. **활면 소포체**(**smooth endoplasmic reticulum**)라는 다른 일부분은 리보솜이 없다. 완전한 소포체는 조면소포체와 활면소포체 혼합물 그리고 전이지역을 가지는데, 전이지역으로부터 **골지체**(**Golgi apparatus**)의 시스터나가 형성된다. 형광염료를 이용한 연구를 통해 소포체가 정적인 플랫폼이기보다는 동적인 소기관임이 밝혀졌다. 균류에 있는 골지는 다른 진핵생물에 있는 소기관과는 아주 다른 구조이다. 동물 및 식물에서 발견되는 딕티오솜(dictyosome)이라 불리는 시스터나 더미들은 구멍이 있는 단일 시스터나와 균류 전체에 분산되어 있는 소포세관 확장체로 대체되어 있다. 이런 균류 소기관을 기술하기 위해 **Golgi equivalent**란 용어를 쓰기도 하지만, 골지체란 용어가 덜 복잡하다는 장점을 갖고 있다. 골지는 소포체로부터 출아된 소낭이 응집되어 발달하며, 세포외배출에 의해 원형질막으로 전달될 단백질을 변형하는 작용을 한다. 단백질이 기능을 갖도록 준비하는 과정에서 골지에서는 단백질이 절단되고, 자신의 3차구조로 접히고, 글리코실화 반응이 일어나고, 인산화 반응이 일어난다. 또한 단백질에 분자 표식, 즉 **신호서열**(**signal sequences**)이 붙는데, 이들은 골지에서 방출된 후의 목적지를 명시해 준다. 이들 단백질에는 내재성 막단백질, 세포벽 단백질, 중합체 분해를 촉매하며 균류가 흡수할 수 있는 영양소를 공급하는 분비 효소들이 포함된다. 세포벽의 다당류도 골지에서 생성되며 세포외배출에 의해 세포 표면에 도달한다.

액포는 균류 균사에서 가장 큰 내막계 구획을 차지한다 (그림 2.10). 액포는 대단히 유동적인 소기관이어서 확장, 수축, 연동 등의 형태 변화를 할 수 있다. 액포 구조물은 효모에서도 나타난다. 효모에서 단백질 구분 및 재활용에 관여하는 세포내도입 경로에서의 액포 기능이 가장 상세히 연구되었다. 사상균 균사 정단의 바로 뒷부분에서는 액포가 가늘게 늘어진 소포세관들이 연결된 모양이고, 노화된 균사에서는 둥근 모양이다. 용해된 물질은 이들 구획을 통해 자유롭게 확산되는데, 이는 이들 소기관의 수동수송 기능과 연계된다. 이러한 세포내도입 기능뿐만 아니라 대사 과정에서 생성된 노폐물과 환경으로부터 흡수된 중금속 및 독성물질의 저장소로도 작용한다.

세포골격

효모 세포와 사상형 균사의 모양은 세포벽, 압력을 받는 세포질, 그리고 세포골격(cytoskeleton) 사이의 물리적 상호작용에 의해 결정된다. 세포벽의 조성 및 기계적 성질은 세포 표면의 위치에 따라 다르며, 세포질에 가해지는 압력은 세포를 팽창시키려는 경향이 있다. 세포골격의 작용에 대한 생세포영상술, 특정한 세포골격 성분을 붕괴시키는 저해제를 사용한 실험, 세포골격 기능에 여러 결함이 있는 돌연변이체를 이용한 실험에 의해 세포 모양을 결정하는 과정에서 세포골격의 중요성이 입증되었다 (그림 2.11). 균류의 세포골격은 액틴미세섬유(F-액틴), 미세소관, 셉틴이라는 3종류의 중합체로 구성되는데, 이들은 소기관 수송을 안내할 뿐만 아니라 세포 모양을 유지하는 것으

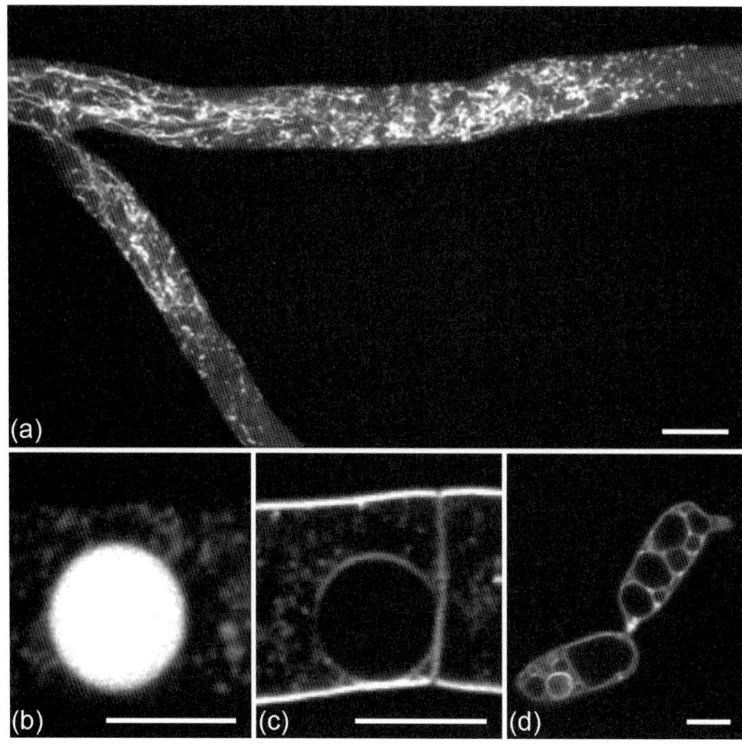

그림 2.10 (a–c) *Neurospora crassa*와 (d) *Colletotrichum lindemuthianum*의 액포. (a) 정단 균사 구획에 있는 세관형 액포 망상구조와 카르복시-DFFDA로 염색된 가지. (b) 카르복시-DFFDA로 염색된 준선단 균사 구획의 크고 작은 구형 액포. (c) FM4-64로 염색된 준선단 균사 구획에서 큰 구형 액포의 액포막. (d) MDY-64로 염색된 분생포자 안의 액포막. 두 개의 분생포자가 분생포자 접합관을 통해 융합되고 있음을 주목하라. 모든 막대 = 10 μm. 출처: *www.fungalcell.org*

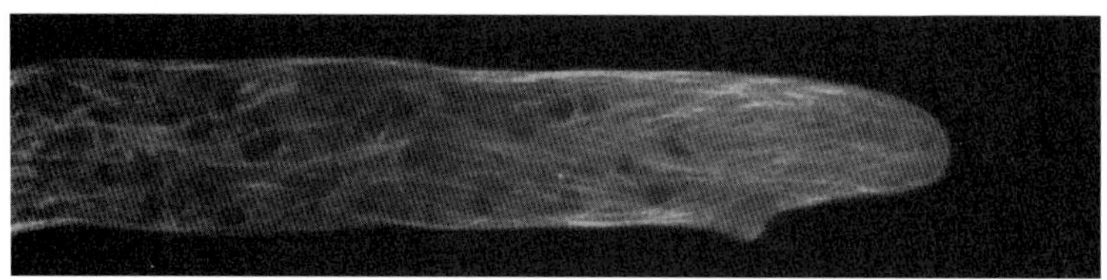

그림 2.11 생장 중인 균사에서 미세소관(녹색)의 위치를 표시하기 위하여 β-튜불린-GFP를 발현시켰고, 원형질막(빨간색)의 분포를 나타내기 위해 FM4-64를 함께 표지시킨 공초점 영상. 미세소관은 정단에서 음성 염색된 선단소체를 향해 확장된다. 균사 가지로 될 예정인 준선단 부위에 보이는 팽창 부위에는 별개의 선단소체로 발달할 소포들이 밀집되어서 더 밝게 부분 염색되었다. 출처: *Patrick Hickey*. (원색도판 참조)

로 추정되는 세포내 비계를 구성한다. 구조적 중합체는 소낭 이동을 위한 방향성 경로 역할을 함으로써 세포 모양을 조절한다. 수송 기능은 미오신, 디네인, 키네신을 비롯한 분자 모터에 의존하는데, 이들은 액틴미세섬유와 미세소관을 따라 움직인다. F-액틴과 셉틴 사이의 상호작용은 수송 방향의 제어에서 중요하지만, 셉틴은 모터 단백질과 직접적으로 상호작용하지는 않는다.

액틴미세섬유는 구형인 액틴 단량체(G-액틴)가 서로 감긴 나선형의 쌍으로 중합되며 조립된다.

각각의 미세섬유는 극성을 갖고 있어서, (플러스 말단 또는 미늘 말단이라고 불리는) 한쪽 말단에서 새로운 G-액틴 단량체가 중합되고, (마이너스 말단 또는 촉 말단으로 불리는) 또 다른 말단에서 탈중합된다. 미세섬유의 플러스 말단은 생장 부위를 향해 배열되는 경향이 있으며, 중합 및 탈중합되는 상대적인 속도가 미세섬유의 길이를 결정한다. F-액틴과 액틴 결합단백질 사이의 상호작용이 미세섬유를 케이블, 패치, 고리의 역할을 하게 만든다. 액틴 케이블은 세포외배출 과정에서 미오신 모터에 의해 움직이는 소낭이 이동하는 경로를 만든다. 패치 구조물은 세포내도입에 관여하며, 액틴 고리는 세포 분열 및 격벽 형성(다음 절 참조)에 작용한다.

이름이 시사하는 것처럼 미세소관은 관 모양이다. 이들은 이형이량체를 형성하는 한 쌍의 α-튜불린과 β-튜불린 단량체로 이루어진 '전구미세섬유(protofilaments)'로부터 조립되는데, 전구미세섬유는 평행으로 배열되어 외경이 25 nm인 관을 만든다. 액틴미세섬유처럼 미세소관은 플러스 말단과 마이너스 말단을 갖고 있어서 이런 극성이 섬유의 표면을 따라 소기관이 이동하는 방향을 지정해 준다. 키네신 모터가 장착된 소기관은 미세소관의 플러스 말단을 향해 이동하며, 디네인은 이들을 역방향으로 보낸다. 다른 진핵생물의 미세소관 역할과 마찬가지로, 균류의 미세소관도 핵의 위치를 정해 주고, 유사분열 방추를 형성하며, 염색체 분열을 추진시킨다.

셉틴(septins)에 대해서는 알려진 것이 많지 않다. 셉틴은 막대, 긴 미세섬유, 박판을 만들기 위해 여러 방법으로 구성될 수 있는 GTPase의 일종이다. GTPase는 퓨린 뉴클레오티드인 구아노신 삼인산(GTP)을 구아노신이인산과 무기인산염으로 가수분해시키므로 신호전달, 단백질 합성, 세포 분화, 소낭수송에서 중요한 기능을 수행한다. 균류 세포 주변부에는 셉틴 단백질이 농축되어 정단 생장 및 세포 모양 제어에 있어서 중요한 역할을 한다.

생장과 세포분열

사상균의 정단생장 통합 모델을 탐구하기 위해서 실험 균학자들이 지속적으로 노력하고 있다. 효모의 출아 형성에 관해 더 많이 알려져 있으므로, 이에 대해 먼저 살펴본다.

출아효모와 분열효모에서 생장과 세포분열

*Saccharomyces cerevisiae*에서 출아 형성은 세포주기 전체에 걸쳐 조절되는데, 유사분열을 할 때마다 하나의 딸세포를 만든다 (그림 2.12). 세포 표면에 있는 출아 위치는 세포주기의 G1기에 결정된다. 반수체 세포에서는 딸세포가 이전에 분리되어 남긴 흔적 옆에 새로운 출아가 발달한다. 세포분열을 할 때마다 난형 세포의 한쪽 끝에서 다른 쪽 끝으로 번갈아 가면서 이배체인 모세포의 반대편 극에서 출아가 형성된다. 이전에 일어난 세포주기 동안 세포질에 있는 특수한 마커 단백질에 의해 새로 출아가 생기는 부위가 지정된다. Rsr1p GTPase 모듈을 구성하는 GTPase 그리고 GTPase-결합 단백질들에 의해 G1기 동안 마커 단백질이 인식된다. 이들 단백질은 또 다른 단백질 복합체인 Cdc42p GTPase 모듈과 상호작용을 한다. 극성을 갖게 하는 Cdc42p GTPase 모듈은 새로운 세포를 만드는 것을 지시한다. G1기 후반부 그리고 S기와 S/G2기 전체에 걸쳐서, 셉틴, 미오신, 액틴, 관련된 분자들이 출아 목(neck)에서 조직화된다. 셉틴은 목에서 주형, 즉 골격으로 작용

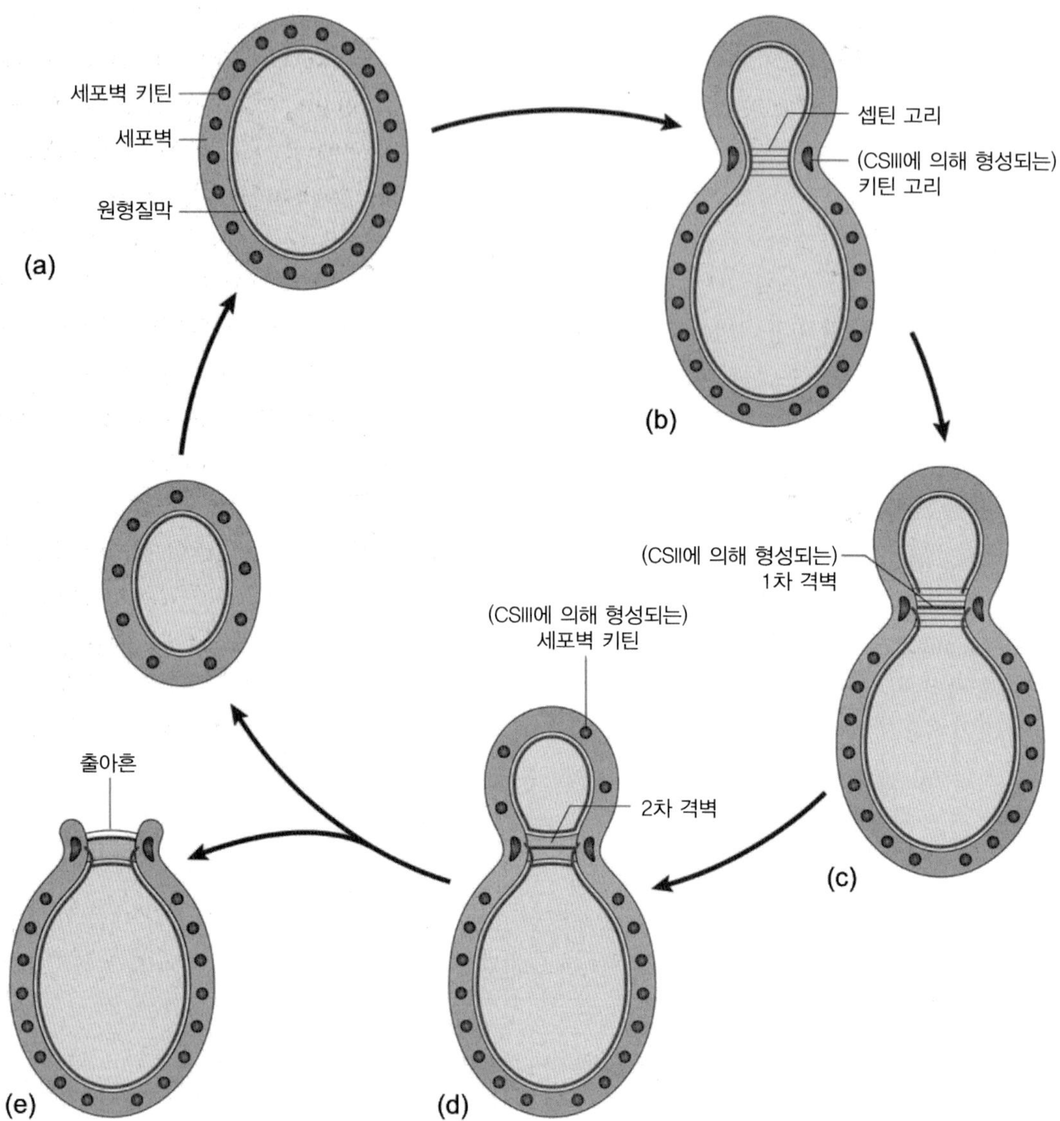

그림 2.12 *Saccharomyces cerevisiae*의 세포분열. *출처: Cabib, E., Arroyo, J., 2013. How carbohydrates sculpt cells: chemical control of morphogenesis in the yeast cell wall. Nat. Rev. Microbiol. 11, 648–665.*

하는 것처럼 보이는 고리를 형성하고, 그 위에 유사분열이 일어남에 따라 액토미오신으로 된 2번째 고리를 만든다. 또한 셉틴 고리는 모세포와 딸세포의 축을 따라 유사분열 방추의 위치 결정에 중요하다고 생각된다. 세포외배출에 의해 생장 중인 출아에게 새로운 막이 공급된다. 키틴 합성은 출아 목 부분에서만 일어나며, 셉틴 고리에 의해 안내된다. 이 과정은 유사분열을 마칠 때 모세포와 딸세포를 분리시키는 격벽을 만든다. 수축성의 액토미오신 고리는 격벽이 형성되는 동안 막 형성 위치를 지정한다. 효모 세포벽의 나머지 부분과는 달리 격벽에는 키틴 성분이 많다. 키틴합성효소는 후기에 출아 목에 국한하여 존재하며 유사분열을 마칠 때 격벽을 만든다. 출아의 정교한 형성 과정과 세포주기 사이에 일어나는 조절은 활발히 연구되는 분야이다. 유사분열 탈출 네트워크(mitotic exit network, MEN)라고 불리는 신호전달 다단계 반응은 이런 생화학적 제어에서 중요한 역할을 한다.

분열효모 *Schizosaccharomyces pombe*는 격벽 형성에 의해 분열하는 원통형 세포를 만든다. 분열 부위는 핵의 위치에 의해 결정되고, 핵은 다시 미세소관에 의해 세포의 중심에 고정된다. 핵의 위치는 세포의 피질을 표시하는 Mid1p 단백질의 반출에 의해 정보가 전달된다. Mid1p 근연 단백질들이 초파리와 사람의 세포분열에 관여하고 있는데, 이는 다세포생물에서 분열할 부위를 선별하는 기작이 보존되어 있음을 시사한다. 분열효모의 세포분열은 분열 부위에서 새로운 원형질막과 세포벽의 합성을 안내하는 액토미오신 고리 조립을 비롯하여 출아효모에서 일어나는 과정과 여러 면에서 유사성을 보인다.

핵분열

동물 세포의 핵막은 전중기에 해체되고, 소포체에 의해 흡수된다. 한 쌍의 막으로 구성된 외피는 후기 말에 딸세포의 핵 주위에서 재조립된다. 이런 유형의 핵분열을 '열린 유사분열(open mitosis)'로 설명한다. 손상되지 않은 핵막이 방추사와 염색체를 둘러싸는 '닫힌 유사분열(closed mitosis)'은 대부분의 균류에서 볼 수 있는 특징이다. 이런 현상은 *Saccharomyces cerevisiae*에서 가장 상세히 연구되었으며, *Neurospora crassa*에서 유사한 과정이 일어난다. 다른 자낭균류 가운데에 *Aspergillus nidulans*의 핵공 복합체가 부분 붕괴되는 것을 비롯하여 유사분열 과정에서 큰 변이를 보이는 것들이 있다. 열린 유사분열은 담자균류 사이에서 흔하게 일어난다. 동물 세포에서 일어나는 핵막의 분절화와는 달리, 담자균 *Ustilago maydis*에서는 전체 핵막이 분열 중인 핵으로부터 제거되며 말기에 재생된다. 균류에서 유사분열 방추사의 미세소관을 조직화하는 구조물을 **방추극체**(**spindle pole body**)라고 부른다. 이들 **미세소관 조직 중심**(**microtubule organising centre**)은 동물 세포의 중심체와 동일한 기능을 수행하지만, 이들은 중심립을 갖고 있지 않기 때문에 별개의 이름으로 불린다. 방추극체는 핵막에 부착되며, 간기 전반에 걸쳐 진행되는 불연속적인 일련의 단계를 통해 복제된다. 유사분열이 일어나는 동안 이러한 핵막의 작용과 방추극체의 구조는 균류에서 유사분열 기작이 다른 종류의 진핵생물에 있는 과정과 독립적인 진화기원을 갖고 있다는 것을 시사한다.

사상균의 정단생장

균사의 정단생장(tip growth)은 연속적으로 신장되는 과정인데, 효모에서 출아 형성과 유사분열이 연결된 것과는 달리 핵분열과 연계되어 있지 않다. 자낭균인 붉은빵곰팡이(*Neurospora crassa*)의 집락(균사체)은 곁가지를 반복적으로 형성하면서 시간당 수 mm의 속도로 방사형으로 확장해 나갈 수 있다. 각각의 균사가 신장되면서 비동기성(asynchronous) 유사분열을 통해 핵의 수가 증가하지만, 새로운 세포나 균사 구획이 형성되는 것은 핵분열과 엄격하게 동기화되어 있는 것 같지는 않다. *Aspergillus nidulans* 및 기타 자낭균류에서 유사분열을 '유사동조형(parasynchronous)'으로 묘사하는데, 이는 이웃한 핵들이 동시에 유사분열에 참여할 수 있도록 균사를 따라 핵분열이 진행되기 때문이다. 균사가 신장함에 따라 분열 중인 핵의 유사분열 방추의 장축에 대해 직각 방향으로 격벽(septum)이 형성된다. 그러나 대부분의 핵은 격벽 형성을 지시하지 않으면서 분열하기 때문에, 각각의 균사 구획에는 수백 개의 핵을 갖고 있을 수도 있다. 문(phylum)이 다르면 균사의 구조가 다르다. 대부분의 담자균류에 의해 만들어진 균사체는 교배 전에 단일핵(동종핵성) 균사 구획을 갖고 있으며, 이어서 성적 화합성 집락들이 융합되면 이핵성(이핵접합체) 구획을 갖는다. 담자균류에서 핵분열은 격벽 형성을 통한 세포 분열과 연계되어 있다. 접합균류는 다핵성의 무격벽 균사를 형성한다.

생장 중인 균사의 정단은 소낭 수송이 집중적으로 일어나는 부위이다. 정단에 도달한 소낭은 세포외배출(exocytosis) 과정을 통해 새로운 세포막 표면을 만들고 새로운 세포벽 물질을 전달한다. **선단소체**(**Spitzenkörper**)는 균사 정단에 소낭이 밀집되어 이루는 덩어리로서 생장 과정에서 중요한 역할을 한다 (그림 2.13). 선단소체는 정단소낭으로도 알려져 있는 거대소낭(macrovesicles) 및 극소소낭(microvesicles) 외에 리보솜과 세포골격 성분들을 갖고 있다. 자낭균 *Neurospora crassa*에서 극소소낭이 선단소체의 중심부를 채우고 있으며, 거대소낭은 선단소체를 둘러싸고 있다. 극소소낭은 **키토솜**(**chitosome**)으로 불리는데, 이는 키틴 생합성에서 이들의 기능을 나타내는 용어이다. 글루칸 합성에 관여된 단백질이 세포에서 거대소낭과 동일한 위치에서 밝혀졌는데, 이는 이들 거대소낭이 기타 세포벽 중합체 합성에 관여된다는 사실을 시사한다. 이들 성분의 구성은 종마다 차이가 있지만, 선단소체의 구조, 생화학, 작용은 선단소체가 균사 정단에서 세포벽 합성을 제어하는 세포외배출 수단(또는 소낭을 공급하는 센터) 역할을 한다는 유력한 증거이다. 선단소체의 활성은 소낭과 세포막 사이에서 가교를 형성하는 **세포외낭**(**exocyst**)이라는 한 쌍의 단백질 복합체와 선단소체의 위치를 제어하는 **폴라리솜**(**polarisome**)에 의해 조절된다 (그림 2.14). 균사 생장, 분지, 균사체 발달에 있어서 선단소체의 활성과 위치가 절대적으로 중요하다. 이러한 소기관의 위치가 변하면 균사가 생장하는 방향도 변하게 된다. 소낭 집단이 정단의 중심부에 놓이면, 균사

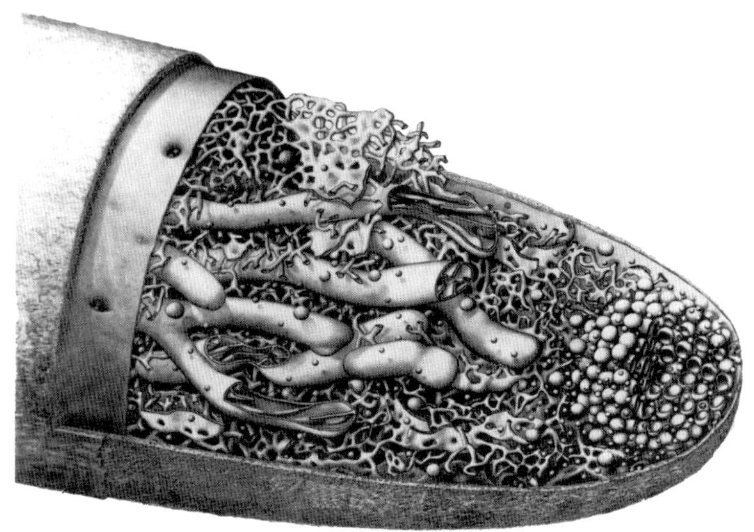

그림 2.13 선단소체를 형성하는 소포로 채워진 균사 정단의 내부를 보여주는 그림. 선단소체의 위치가 생장 방향을 결정한다. *출처: Girbardt, M., 1969. Die Ultrastruktur der Apikal Region von Pilzhyphen. Protoplasma 67, 413–441.*

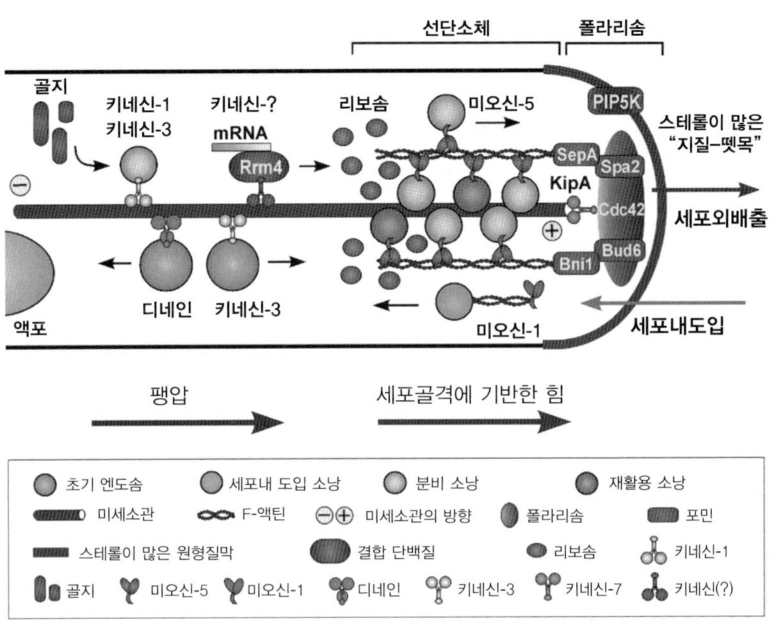

그림 2.14 신장 중인 균사에서 분자 구성성분 일부를 보여주는 정단생장 모델. *출처: Steinberg, G., 2007. Hyphal growth: a tale of motors, lipids, and the Spitzenkörper. Euk. Cell 6, 351–360.* (원색도판 참조)

는 똑바로 생장한다. 한쪽 면으로 약간 치우치면, 균사는 그 쪽으로 생장축 방향을 바꾼다. 균사를 따라 자리하는 부위에서 작은 선단소체들이 발달하고, 이곳에서 새로운 가지들이 나타나서 새로운 생장축의 정단 부위를 차지한다. 컴퓨터 모델로 '생장 중인' 가상 균사를 만드는 기술이 발전하여 여러 모양의 균사 정단을 만들 수 있게 되었고, 선단소체와 작용이 비슷한 소낭 공급 센터를 이동시키고 복제시켜서 새로운 가지를 형성하게 만들 수 있다.

선단소체가 소낭에 포장된 물질 반출에 작용하지만, 막(소낭) 도입, 즉 세포내도입(**endocytosis**) 과정도 균류 생장에 똑같이 중요한 역할을 한다. 이런 모델의 대부분은 아직 가설 수준이다. 생장 중인 균사의 정단 뒤에서 세포내도입 현상이 일어난다고 추정되는데, 이곳에서 선단 바로 뒤쪽의 깃과 같은 부분에 액틴 패치 구조물들이 밀집되어 있다. 정단이 확장됨에 따라, 세포벽 합성을 제어하는 효소들과 선단소체 위치를 유지시키는 분자 복합체들이 뒤로 밀려난다. 균사 선단 바로 뒤쪽에서 일어나는 세포내도입은 이들 세포 구성성분을 재활용하는 역할을 하여, 정단에서 이들의 위치를 바꿀 수 있게 한다. 이런 **정단재생모델(apical recycling model)**에 의하면, 세포내도입은 세포 형태를 제어하는 중추적인 역할을 한다. 간단히 말하면, 세포외배출과 세포내도입 사이의 균형이 균사 정단의 표면적 증가를 결정하게 되고, 이것은 기중균사의 정단에서 포자 형성을 포함한 다양한 발달 과정을 조절하게 된다는 것이다 (제3장). 연구자들은 효모에서 일어나는 세포내도입의 분자 기작에 대해 상세한 그림을 발전시켜 왔으며, 사상균에서 이들 과정을 이해하기 위해 집중적으로 노력해 왔다.

정단생장은 세포 부피의 증가를 뒷받침하는 물의 유입과 더불어 확장되는 표면에 새로운 원형질막과 세포벽 물질을 공급해 주는 세포외배출에 의존한다. 세포질이 주위 액체보다 용해된 이온과 분자를 더 높은 농도로 갖고 있을 때, 삼투현상(osmosis)에 의해 물이 유입된다. 세포의 수분퍼텐셜과 세포 주변의 수분퍼텐셜이 평형을 이룰 때까지 물의 순유입이 일어난다 (제5장). 세포벽의 안쪽 면에 원형질막이 밀착됨에 따라 세포질의 정수압, 즉 팽압이 증가되어 세포의 수분퍼텐셜과 세포 주변의 수분퍼텐셜이 균형을 이룰 수 있다. 대부분의 경우, 생장 중인 균사는 수 기압에 이르는 정수압을 받는다 (Pa로 나타내는 파스칼은 압력을 나타내는 SI 단위이고, 1 대기압은 100 kPa, 즉 0.1 MPa에 해당함).

생장 중인 균사는 팽압을 가지므로 세포 표면이 손상되면 세포가 파열될 위험이 항상 존재하기 때문에(아래의 보로닌체 참조) 원형질막과 세포벽의 합성은 통제 하에 확장될 수 있도록 신중하게 조절되어야 한다. 세포벽에 새로운 물질이 주입될 때 세포벽 중합체들이 서로 미끄러지도록 하는 기작에 대해서는 단편적으로 알려졌다. 새로운 연구자들이 이런 생체역학적 과정에 대해 연구한다면 성과를 낼 수 있을 것이다. 균류 세포벽의 여러 구성요소에 대해 많이 알게 되었지만, 균사 생장 중에 일어나는 이들의 상호작용에 대해서는 거의 알려진 것이 없다. 팽압은 세포 표면을 부드럽게 하며, 아마도 정단이 확장됨에 따라 세포벽 중합체들을 떠미는 작용을 한다. 그렇지만 물의 유입이 생장을 추진시키지 않는 것처럼, 팽압도 어떤 특별한 종류의 '추진력'으로 작용하지는 않는다. 벽으로 둘러싸인 식물 세포도 압력을 받지만, 동물과 여러 원생동물의 세포는 주위 환경과 이온 항상성을 유지한다. 그렇지 않으면 수축성 액포를 이용하여 물을 배출하므로 팽압이 심각하게 생성되지는 않는다. 바꿔 말해서, 팽압이 여러 진핵생물에서 불필요한 것이라면, 이런 세포내 압력이 균사에서 필수적인 이유는 무엇인가? 답은 사상균의 독특한 영양흡수 방식 때문일 수 있다.

균사는 죽은 식물 조직과 기타 먹이물질을 둘러싸서 침투하는 미시적인 채굴 기구이다. 균류의 먹이물질 중 상당수는 수용성 당이나 쉽게 소화되는 분자들의 농도는 낮으면서 복잡한 다당류, 단백질, 지질을 비롯한 고분자들이 많이 들어있는 것들이다. 균사는 이러한 물질을 용해시키는 데 더할 나위 없이 적응되어 있다. 바깥쪽부터 분해를 시작하여 안쪽으로 진행하기보다는, 분지된 균사 집락으로 먹이에 침투함으로써 넓은 영역의 세포 표면에서 소화한다. 이를 **침습성 생장(invasive growth)**이라고 부른다. 이 기작에는 효소적 소화 과정과 압력에 의해 추진되는 침투 과정이 함께 관여된다. 균사는 생장 중인 정단에서 효소를 분비한다. 이들 효소는 중합체를 가수분해하여, 세포가 흡수하는 저분자량의 분자를 방출시킨다 (제5장). 이런 소화기작은 먹이를 더욱 유동적으로 만들거나, 아니면 적어도 생장에 물리적 장애가 되지 않도록 만든다. 균사 정단에서 세포벽의 중합체를 느슨하게 만들어서 세포는 세포 내부의 팽창 압력 중 일부를 주변 물질에 가해지도록 한다. 미니 압력계로 이러한 침습성 압력을 측정하면 몇 십 분의 1기압부터 2기압(최대 200 kPa) 범위에 있다. 효소적 소화 과정과 압력에 의해 추진되는 침투 과정이 함께 작용하여 균류는 놀랍도록 다양한 고체 물질을 투과할 수 있다.

균사에서 분비된 효소들은 환경으로 확산되어 세포 표면으로부터 약간 떨어져 있는 거대 분자들의 분해를 촉매할 수 있다. 이동성이 낮아 보이는 일부 효소는 세포벽이나 세포 표면 근처에 남아 있다. 만약 이들이 영양 효소로서 작용한다면, 균사가 먹이를 파고들 때 세포벽과 먹이가 맞닿은 지점을 파고들기 때문에 세포와 더욱 가까운 곳에서 고분자들이 소화되는 효과가 있을 것이다. 균류의 영양은 제5장에서 더욱 상세하게 다룬다.

기중균사와 분생포자경

한천배지에서 배양된 균류 집락은 흔히 기중균사(aerial hyphae)로 자신을 뒤덮는다. 이렇게 얽힌 사상체는 한천(agar) 위의 공간을 채우고, 뚜껑 쪽으로 신장하여 사상체가 납작해진다. 이들 기중균사가 신장되는 것은 앞의 단원에서 설명한 것과 동일한 기작에 의해 추진되지만, 세포는 다른 종류의 환경적인 도전에 접하게 된다. 한천에 침투 중인 균사는 겔(gel) 상태의 기질을 뚫고 나가기 위해서는 상당한 힘을 발휘해야 하는데, 정단의 세포벽에 있는 고분자들 사이의 가교를 느슨하게 함으로써 세포 내부의 팽압 일부를 주위 환경에 가하여 힘을 발휘한다. 공기를 향해 신장 중인 세포에게는 힘을 만들 필요성이 크게 줄어들지만, 세포가 수직 방향으로 서 있도록 하려면 내부 압력이 필요하다. 기중균사가 건조한 공기에 노출되면 붕괴된다는 관찰에 근거하여 이 사실은 명백하다. 균사가 집락 위의 공기에 도달하기 전에 균사는 공기와 물의 경계면에 있는 표면장력을 극복해야 한다. 이 문제는 팽압으로부터 유래한 힘이 지속적으로 발휘되고 경계면에서 표면장력을 감소시키는 **하이드로포빈(hydrophobin)**이라는 소수성(hydrophobic) 단백질이 분비되어 함께 작용함으로써 해결되는 것으로 보인다.

하이드로포빈은 분자량이 작고 시스테인을 많이 가진 발수성 단백질인데, 기중균사와 자실체 표면에서 분비된다. 버섯을 형성하는 담자균 *Schizophyllum commune*에서 하이드로포빈 연구가 이루어져 왔다. *Schizophyllum commune*에서 하이드로포빈 유전자 중 하나인 *SC3*를 표적 결실시켰을 때, 이 돌연변이체는 기중균사를 만들지 못하였다. SC3 단백질은 공기와 물의 경계면에서 한 층으로 자체 조립되어 물의 표면장력을 감소시키는 계면활성제로 작용한다. 표면장력이 감소되면 균사는 유체 환경을 벗어나 공기 중에서 생장할 수 있게 된다. 기중균사가 신장되는 동안 단백질 분비가 계속되며, 기중균사는 소수성 층으로 코팅된다. 또한 하이드로포빈 분비는 소수성 표면에 균사 부착을 촉진시키는 데 있어서 중요하다. 여러 종에서 기중균사는 무성적으로 형성되는 포자, 즉 분생포자를 형성하는 분생포자경(conidiophore)으로 분화된다. 다음 장에서 분생포자 형성 과정을 다시 다룰 것이다. 발달 중인 버섯(담자과) 표면에 하이드로포빈이 분비되는 것은 균사를 함께 고착시키고 표면을 방수처리함으로써 조직이 물로 포화되는 것을 막아주므로 가스 교환을 지원하는 데 있어서 중요하다.

격벽, 보로닌체, 격벽공 복합체

자낭균류와 담자균류의 균사에 있는 격벽 구조는 아주 다르다. 사상형 자낭균류에서는 격벽 중앙에 하나의 구멍이 있을 뿐이다. 열린 구멍을 통해 핵을 비롯한 소기관들이 구획 사이로 전달될 수 있다. 생장 중의 균사를 재래식 광학현미경으로 관찰하더라도 소기관들의 이동은 명확하게 보인다. 소기관들은 생장하는 정단을 향해, 그리고 오래된 구획을 향해 반대 방향으로 이동한다. 어떤 소기관은 비교적 직선을 따라 이동한다. 이들 구조물은 모터 단백질(motor proteins)에 의해 작동되어 액틴미세섬유나 미세소관을 따라 운반된다. 생장 중의 균사에서는 세포질 덩어리가 대량으로 규칙적인 파동의 형태로 정단을 향해 이동하거나 또는 역행하기도 한다. 아마도 이런 이동은 균사를 따라 존재하는 미세한 팽압의 차이에 의해 추진되는 것으로 추측된다. 주발버섯아문(자낭균류)에 속하는 격벽을 가진 균사는 하나 또는 그 이상의 세포 구획에서 손상이 일어난 후 이어지는 심각한 상처로부터 균사체를 보호하는 보로닌체(Woronin body)라는 소기관을 갖고 있다 (그림 2.15).

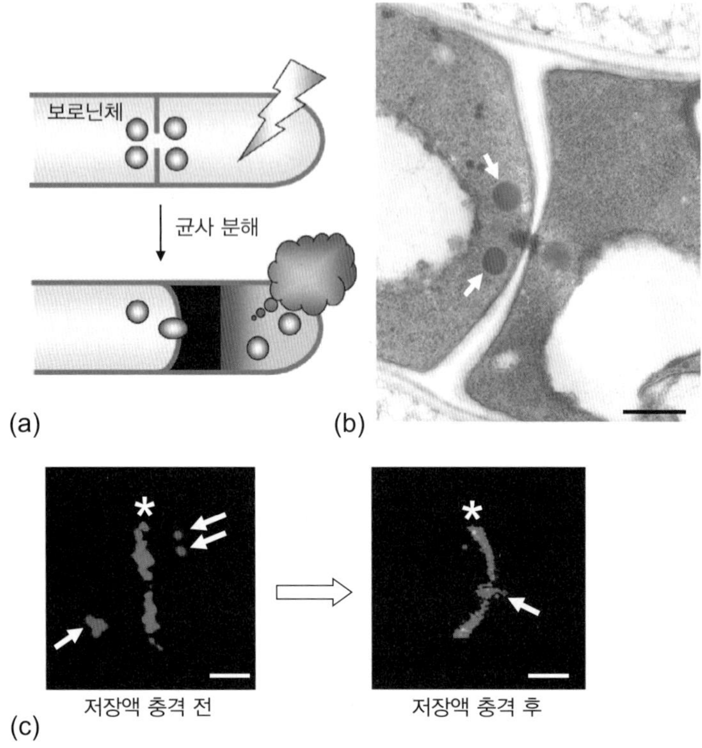

그림 2.15 보로닌체의 형태와 기능. (a) 보로닌체 기능의 모식도 (b) *Aspergillus oryzae*의 보로닌체(화살표)를 보여주는 투과전자현미경 사진. 막대 = 500 nm. (c) 균사 정단이 파열되기 전(왼쪽)과 후(오른쪽)의 형광 표식으로 염색한 보로닌체(빨간색 화살표)와 격벽(녹색 별표)의 공초점 영상. 막대 = 2 μm. 출처: *Maruyama, J., Kitamoto, K., 2013. Expanding functional repertoires of fungal peroxisomes: contribution to growth and survival processes. Front. Physiol. 4, 177.* (원색도판 참조)

균사의 세포벽이 파열되면 높은 압력 상태의 세포질은 손실되므로 어떤 유형의 밀봉 기작이 없으면 누출이 계속될 수 밖에 없다. 보로닌체가 상처의 양쪽에 있는 격벽공(septal pore)을 막아서 집락의 손상된 부위를 격리시키므로, 집락의 나머지 부분은 계속 생장할 수 있다. 보로닌체는 크기가 100 nm에서 1 μm 이상에 이르며, 일부 종에서는 광학현미경으로도 볼 수 있을 만큼 크다. 보로닌체는 **퍼옥시솜**(**peroxisome**)에 속하는 유형의 소기관이다. 막으로 둘러싸인 구조물인 보로닌체는 HEX-1이라는 단일 단백질이 자가 조립되어 육각형 결정으로 발달한 밀도가 높은 핵심 부위를 갖고 있다. *hex*-1 돌연변이체는 '누출(bleeding)'이 쉽게 일어나므로, 발달 과정에 여러 장애를 겪는다.

담자균류는 **유연공격벽**(**dolipore septum**)을 만든다 (그림 2.16). 격벽 세포벽이 술통 모양으로 팽창되어 이 구조물의 중심부 통로(구멍)를 둘러싸고 있다. 이런 구조의 유연공격벽을 통해서는 핵이 이동할 수 없으므로, 성적 화합성 집락들이 융합된 후에 발달하는 균사 안에서 핵의 분포는 **꺽쇠연결체**(**clamp connection**) 형성에 의해 결정된다 (제1장). 유연공 팽윤의 양쪽 말단 모두 소포체로부터 유래한 **격벽공마개**(**septal pore cap**)의 막으로 둘러싸여 있다. 균사에 상처가 생기면 이들 막은 붕괴되어 격벽 팽윤부의 열린 말단을 밀봉하는데, 이로써 보로닌체와 동일한 기능을 수행하게 된다.

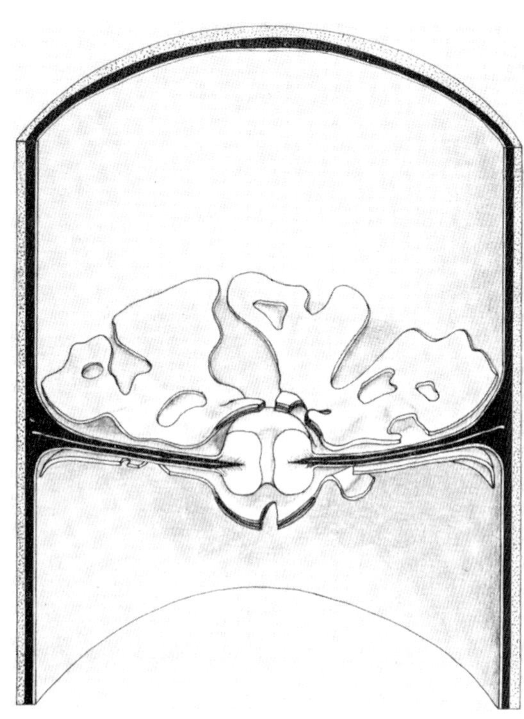

그림 2.16 *Rhizoctonia solani*의 유연공격벽. 출처: *Bracker, C.E., Butler, E.E., 1963. The ultrastructure and development of septa in hyphae of Rhizoctonia solani. Mycologia 55, 35–58.*

정교하게 분지되고 상호 연결된 집락부터 버섯이나 자실체에 이르기까지 복잡한 다세포 구조물로 진화되는 과정은 균사를 제어되지 않은 세포질 누출로부터 보호하는 기작 발달과 관련이 있다. 이는 경제적 관점에서 타당한 일이다. 수백 만 또는 수억 개의 균사로 만들어진 버섯은 균류 집락의 입장에서는 막대한 투자에 해당한다. 자실체가 팽창하는 동안 긁히거나 무척추동물에 의해 위해를 입을 확률이 높아 보인다. 손상된 균사 구획을 격리시키는 기작이 없다면, 전체 기관을 작동시키는 것은 위태로울 수도 있다. 또한 이 과정은 생존과 번식을 비롯한 특수한 기능을 떠맡는 구획들로 균사체를 분화시킬 수 있게 한다. 이에 대한 간단한 예는 포자 발달에 선행하여 포자낭 기저부에서 격벽 형성을 하는 접합균류에서 볼 수 있다. 접합균류 집락의 나머지 부분은 격벽이 없다. 자낭균과 담자균에서 봉합 기작이 독립적으로 진화되어, 자낭균과 담자균 문에 속하는 종들 모두 복잡한 종류의 영양흡수 집락과 다세포 기관들을 정교하게 발달시켰다.

균사체

털곰팡이(*Mucor*)와 근연 균류들(접합균류)을 비롯한 무격벽 균류에서 균사가 신장되면 수 mm 길이의 관을 만든다. 이들 균류의 3차원적 집락은 측면 분지에 의해 발달되어 세포질이 연속적인 망상구조를 이룬다. 이들 집락은 다핵성이지만 다세포성은 아니다. 또한 격벽 균류의 집락은 정단생장과 분지를 통해 증식한다. 담자균류와 자낭균류에서는 격벽 형성이, 특히 담자균류에서는 꺽쇠 연결체가 형성되기 때문에 발달 과정이 복잡하다 (제1장). 각각의 균사 구획에 있는 핵의 수는 분류군마다 다양하다.

어린 균사, 즉 발아관(germ tube)이 출현하면서 단일 포자가 발아하고 이어서 연속적인 신장과 반복되는 분지에 의해 둥근 모양의 집락, 즉 균사체가 형성된다. 이들의 피상적인 모양은 자전거 바퀴의 중심으로부터 뻗은 바큇살 패턴에 비유될 수 있다 (그림 2.17). 그렇지만 이러한 비유와는 다소 다른 균사체 발달의 특징이 있다. 균사가 신장함에 따라 이들이 서로 분지하여 1차 가지가 2차 가지를 형성하고, 이 과정이 계속 이어지면 균류가 전체 영역을 차지하게 된다. 균사 사이의 간격은 새로운 가지로 채워진다. 모든 균사의 정단이 영양흡수 부위이며, 집락에 상당히 남아 있는 틈 사이에 흡수되지 않은 양분이 존재한다는 점을 생각하면 이렇게 공간을 채우는 것은 타당한 일이다. 노출된 표면에 보이는 균사의 활동은 단지 그림의 일부에 불과하다. 침습성 생장을 통하여 균사를 먹이기질 속으로 집어넣음으로써 3차원적 형태의 성숙한 집락을 만든다. 담자균류 및 자낭균류에서 균사 가지들은 서로 융합되어 고도로 상호 연결된 망상구조를 만든다. 균사 사이의 연결, 즉 **균사융합(anastomosis)** 덕분에 세포질이 대량으로 흐르거나 세포골격을 통해 조절되는 소기관들의 이동 경로가 확보되는 것이다 (그림 2.18). 균사체의 발달 후기뿐만 아니라 몇몇 자낭균류에서는 포자 발아 후 포자발아체 사이에서도 직접 균사융합이 일어난다. 광학현미경으로 관찰하면 생장 중인 집락은 연속적인 유체 이동을 지원하는 관들의 복잡한 망상구조로 보인다. 집락이 상호 연결된 구조는 한 위치에서 다른 위치로 방사 방향뿐만 아니라 접선 방향으로도 자원들을 왕복할 수 있게 하기 때문에 중요하다. 자원 분포의 중요성은 목재를 분해하는 담자균류의 작용을 살펴보면 명백하다.

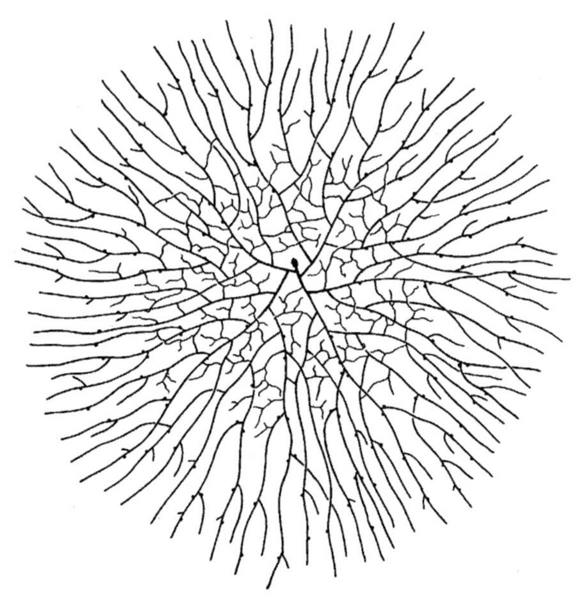

그림 2.17 그림 중앙의 단일 포자로부터 바깥쪽으로 생장하는 균류의 어린 집락, 즉 균사체 모식도. *출처: Buller, A.H.R., 1931. Researches on Fungi, vol. 4. Longmans, Green, and Co., London.*

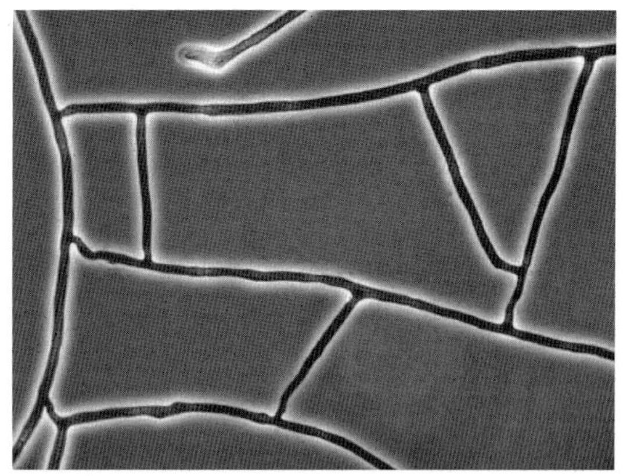

그림 2.18 *Sordaria 균사 간의 균사융합. 출처: George Barron, University of Guelph.*

숲에서 살아있는 나무와 부후 중인 목재는 균근균과 부생균에 의해 형성된 균사체 집단에 의해 연결된다. 예를 들어, 균사체는 썩은 통나무에 묻혀있는 집락의 일부로부터 새로운 영양원을 찾기 위해 확장 중인 집락의 다른 부분으로 양분을 공급하면서, 이들 생태계에서 영토를 넓게 확장할 수 있다. 균사체 구조는 종과 환경 조건에 따라 다르다. 어린 집락은 매우 밀집된 구조를 이룰 수 있는데, 기원점 근처에서는 두꺼운 사상체를 형성한다. 다른 집락은 더 확산된 구조로 있는데, 한 지역에 밀집되지 않고 신속하게 확장한다. 집락의 한 부분이 유망한 자원을 만나게 되면, 전체 집락 형태가 변화할 수 있다. 균사체의 탐색 부분이 어떤 의도를 발현시키기보다는 유전적으로 정해진 집락의 작용 알고리즘을 추구하고 있다는 것은 강조할 가치가 있다. 아마도 이것은 명백한 것처럼 보인다. 하지만 발달을 제어하는 복잡한 신호전달에 대해 충분히 생각하지 않는다면, 자칫 균류가 지능을 가지고 있다는 인상을 받을 수 있다. 균사체에서 멀리 떨어져 있는 부분 사이에서 일어나는 자원 재분배는 배양된 목재부후 담자균류에서 수행된 훌륭한 실험에 의해 조사되었다. 균사끈이라는 다세포 '기관'의 형성은 이 과정에서 대단히 중요한 부분이며, 다음 단원에서 이들의 구조를 살펴볼 것이다.

균사의 크기와 형태는 균류 간에 상당한 차이를 보인다. 균사의 직경은 여러 자낭균류 및 담자균류에서 수 μm부터 훨씬 더 큰 세포에 이르기까지 다양하며, 접합균류에서는 20 μm 이상에도 이른다. 정단의 모양은 완벽한 반구부터 좀 더 뾰족한 형태까지 다양하며, 각 배양체 안에서 상당한 변이가 관찰된다. 균사 분화는 균사체 안에서 일어나는데, 균사가 팽윤되거나 세포벽이 두꺼워지기도 한다. 왜 이러한 특징으로 변하는지 모호한 경우도 있다. 더 복잡한 형태적 변화도 흔하게 일어나는데, 이러한 형태적 변화가 특정한 기능과 부합되는 경우가 많다. **부착기(appressorium)**는 식물병원균에 의해 기주의 잎 표면에 만드는 팽창된 세포이다 (그림 2.19). 이들은 기주세포 위에서 팽창되면서 식물 각피층에 단단히 부착하는 돔형 세포로 확장된다. 부착기의 기저부로부터 가는 균사, 즉 감염균사가 자라서 잎을 뚫고 들어간다. 일부 종이 만드는 부착기는 기공 위에 형성하여 기공이 열릴 때 침투한다. 다른 병에서는 손상되지 않은 각피층과 그 밑의 세포벽을 통해 직접 침입하는데, 이런 침입은 세포질 팽압에서 유래한 힘 발휘에 의존하는 것으로 보이는 기계적인 과정이다 (제8장). 기주에 침투한 후, 활물영양성 병원균의 균사는 감염된 세포를 파괴하지 않으

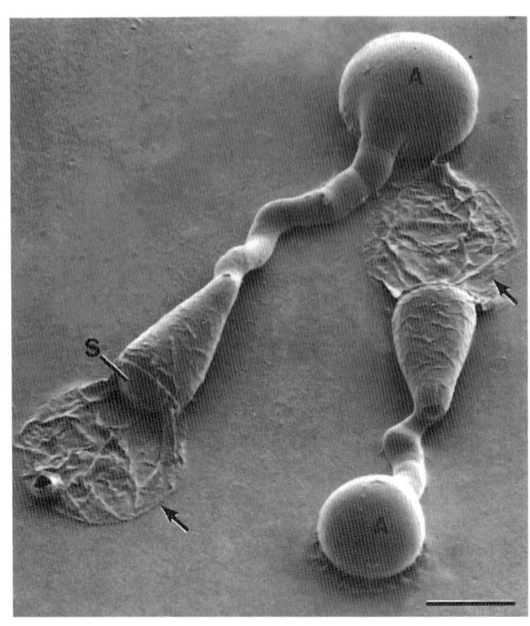

그림 2.19 발아관에 의해 분생포자와 연결된 도열병균 *Magnaporthe grisea*의 어린 부착기. 분생포자의 내용물이 부착기(A)로 옮겨지면서 분생포자는 수축된다 (화살표). 여러 분생포자 중 한 곳에 있는 격벽(S)이 명확히 보이는데, 이 격벽은 포자가 붕괴된 부분과 세포질이 비워지지 않은 인접한 세포 사이에 있다. *출처: Money, N.P., Howard, R.J., 1996. Confirmation of a link between fungal pigmentation, turgor pressure, and pathogenicity using a new method of turgor measurement. Fungal Genet. Biol. 20, 217–227.*

면서 식물로부터 양분을 흡수하는 **흡기(haustorium)**를 만든다. 글로메로균문으로 분류된 수지상균근균은 기주식물과의 경계면에 **수지상체(arbuscule)**를 만드는데, 이는 기능적으로 흡기와 유사한 구조체이다. 수지상체는 식물로부터 균류로, 그리고 균류로부터 식물로 양분이 이동하는 것을 제어하는 고도로 분지된 세포들이다. 선충포식균류는 접착성 봉부터 수축성 고리에 이르는 다양한 균사 구조물을 만들어 먹이를 포획한다. 그 외에도 독특한 모양의 균사가 배양체에서 관찰되기도 하지만, 이들의 기능은 아직 밝혀지지 않았다.

다세포성 기관

균사끈과 근상균사다발

균류의 다세포성 구조물을 설명할 때 '기관'이라는 용어를 사용하는 것은 주관적이다. 동물의 기관은 특정한 기능을 수행하는 분화된 구조물이다. 이런 정의에 의해 균사체를 기관으로 볼 수도 있지만, 균사체를 구성하는 균사들 간의 분화 정도는 매우 제한적이다. 목재부후균류와 외생균근균류의 균사체들은 균사끈을 형성하는 등 고도로 분화되어 있으므로, 이처럼 복잡한 구조물을 기관으로 기술하는 것은 정당한 것처럼 보인다. 이 장 후반부에서 자실체의 구조와 기능을 다룰 때 용어에 대해 다시 설명할 것이다.

균사다발(strand), **균사끈**(cord), **근상균사다발**(rhizomorph)은 배양 접시의 표면에서 세포벽이 서로 부착하여 색소가 없는 세포들이 가는 원통처럼 뭉쳐진 균사 묶음부터 수백 미터까지 신장될 수 있는 직경 수 cm의 통통한 파이프에 이르기까지 아주 다양하다. 수십만 개의 균사가 모여 더 큰 파이프가 형성되면서 내부에서는 복잡한 해부학적 구조가 발달하고, 끝에는 점액질의 둥근 정단부가 존재한다. 이들 기관에서 내부 구조 변이가 일어나면 균사다발, 균사끈, 근상균사다발 사이의 구별을 어렵게 만든다. 토양도 통과하는 뚜렷한 정단부를 가진 이들 침습성 기관 중 상대적으로 큰 기관에는 근상균사다발이란 용어가 적당할 것이다. 균사끈은 조직화된 정단부를 갖지 않는 기타 실 모양의 긴 기관에 쓰이는 용어이다.

근상균사다발은 기주식물과 부후목 사이에서 *Armillaria* 종이 확산되는 것을 촉진시키므로 버섯을 형성하는 균류 집락이 대단히 광범위한 지역에 퍼질 수 있도록 돕는다. 근상균사다발의 표면은 방사형으로 배열된 균사 피층을 둘러싸는 얇은 균사로 된 바깥층에 덮여있다 (그림 2.20). 다양한 크기의 균사가 피층 아래 기관의 길이를 따라 이어진다. 이렇게 세로 방향으로 배열된 세포들이 수질을 구성한다. 기관의 중심부를 향하고 있는 이들 수질 균사 중에서 가장 큰 균사는 죽어서 세포질을 갖고 있지 않다. 근상균사다발의 중심부는 기체로 채워진 내강이 차지한다. 수질 안에서 피질 바로 아래 있는 크기가 가장 작은 균사들이 가장 어리며 가장 활동적인 세포인 듯하다. 근상균사다발이 신장됨에 따라, 피질 바로 아래에서 새로운 균사가 생장하고, 이 세포들은 기관의 중심부를 향해 밀려난다. 치환된 수질 세포들이 커져서, 최종적으로 불활성화되어 빈 내강 안을 감싸게 된다. 생리적 실험을 통해 수질 세포 중 일부가 체액 수송을 위한 도관으로 작용함을 제시했다. 이런 기능을 가지는 것으로 추정되는 가장 큰 균사를 '도관균사(vessel hypha)'라는 용어로 부를 수 있다. 균사끈과 근상균사다발 안에서 유체의 위치 이동에 대해 방사성 추적자를 사용하여 훌륭한 실험이 수행되었지만, 근상균사다발의 생리에 관하여 풀리지 않은 의문은 아직도 많다. 내강이 기체로 채워져 있으므로 토양과 부후목 안에 묻혀 있는 근상균사다발들에게 산소를 공급해 줄 수 있다.

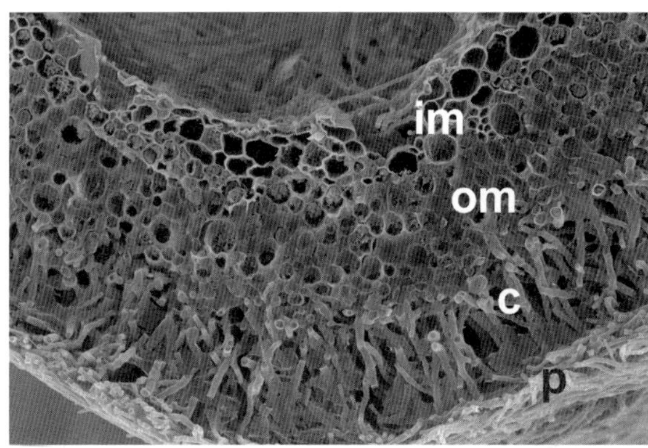

그림 2.20 시료를 동결파단하여 주사전자현미경으로 관찰하였을 때 보이는 *Armillaria gallica*의 근상균사다발의 해부학적 구조. (p) 균사의 주변층, (c) 피층, (om) 수질외층, (im) 수질내층. 수질내층이 가운데의 내강을 둘러싸고 있다. 출처: *Yafetto, L., Davis, D.J., Money, N.P., 2009. Biomechanics of invasive growth by Armillaria rhizomorphs. Fungal Genet. Biol. 46, 688–694.*

*Armillaria gallica*의 근상균사다발에 관한 실험을 통하여 다발을 이루지 않고 정상적으로 생장하는 개별 균사보다 더 빠른 속도로 기관이 확장한다는 것을 알았다. 근상균사다발의 정단에서 일어나는 세포의 정단생장과 정단 뒤에 있는 균사의 간생생장이 조합하여 이렇게 가속화된 확장이 추진된다. 개별적으로 생장하는 균사처럼, 근상균사다발 안의 세포들은 1기압(100 kPa)까지 압력을 발휘하는데, 이 압력으로 균사는 생장하는 경로의 물리적 장애물을 극복할 수 있는 기계적인 힘을 발휘한다.

균사끈은 균사가 느슨한 다발을 이룬 것부터 두꺼운 바깥 껍질에 둘러싸여 내부 도관을 가진 좀 더 복잡한 구조물에 이르기까지 다양하다. 근상균사다발과 같이 조직화된 정단부를 형성하는 대신, 무리를 향해 퍼지는 정단생장 중인 균사 뒤에서 균사가 응집하여 원통형인 균사끈으로 된다. 균사끈은 단일 균사체가 정착한 개개의 목질 자원 사이에서 발생하는 경우가 많다.

균사끈과 근상균사다발 덕분에 균류는 먹이자원과 물을 한 장소에서 동원하여 확장된 균사체의 다른 부분을 지원하도록 먼 거리까지 운반할 수 있다. 균사끈과 근상균사다발은 단일 균사체가 탐사할 수 있는 영역을 크게 넓혀 준다. 이들 기관은 건물의 목재를 망가뜨리도록 특화되어 있는 건부후균이 양분 불모지인 벽돌과 콘크리트에 가교를 만들 수 있게 하고, 습한 장소로부터 양분과 물을 이동시켜 건조한 목재에 정착할 수 있다. 건부후균에는 유럽에서 건물에 엄청난 손상을 일으키는 *Serpula lacrymans*, 그리고 역시 파괴적이며 북미에서 집을 망가뜨리는 담자균 *Meruliporia incrassata*가 있다.

균핵

균핵(sclerotium)은 자낭균류 및 담자균류에서 생존 구조물 역할을 하는 경화된 균사 덩어리이다(그림 2.21). 균핵은 둥근 모양, 납작한 모양, 아니면 길게 늘어난 모양까지 다양하다. 식물병원균 *Macrophomina phaseolina*의 직경 0.1 mm인 소균핵부터 무게가 수 kg이나 나가는 호주의 식용균 *Laccocephalum mylittae*의 직경 30 cm인 균핵에 이르기까지 크기도 다양하다. 대체로 양분이 고갈될 때 균핵이 형성되지만, 활발히 자라는 배양체에서도 많은 균핵이 형성된다. 이는 균핵 형성에 필요한 다른 종류의 자극이 존재한다는 것을 말해 준다. 이들 세포는 두꺼운 벽 그리고 일부 종의

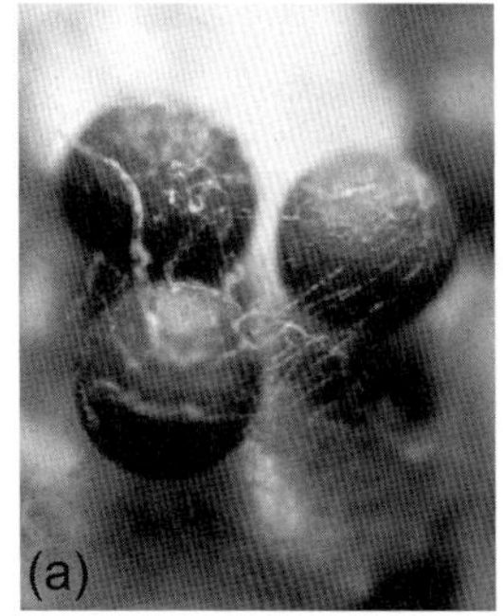

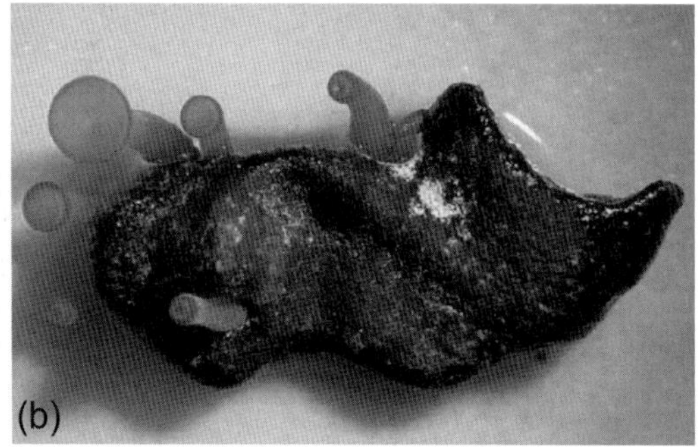

그림 2.21 (a) 휴면 중인 *Sclerotinia sclerotiorum*의 균핵, (b) 발아하여 자낭반을 만드는 *Sclerotinia sclerotiorum*의 균핵. 출처: *www.sclerotia.org*

발달 과정에는 균사의 반복된 분지화와 밀집 배치된 격벽 형성이 관여된다. 균핵 안에서 균사가 분화되면 얇은 벽을 가진 균사에 지질과 글리코겐을 많이 저장하고 있는 중심부 수질을 형성한다. 어떤 균은 균핵이 발아하면 양분을 흡수하는 균사체로 되고, 어떤 균핵에서는 자실체가 형성된다. 맥각으로 알려진 긴 모양의 균핵은 *Claviceps* 종에 의해 형성되는데, 호밀 맥각을 만드는 *Claviceps purpurea*가 대표적이다. 맥각은 가을에 발생하여, 겨울을 견뎌낸 후, 봄에 발아하여 대를 가진 자실체를 만든다. 자실체로부터 감염성의 자낭포자가 공기 중으로 방출된다. *Claviceps purpurea*가 만드는 맥각에는 혈관 수축을 일으키는 에르고타민을 비롯한 독성 알칼로이드가 들어있다. 이 독소로 오염된 밀가루로 구운 빵을 섭취하면, 사지를 잃어버리는 괴저가 발생되어 많은 사망자가 생긴다. 꽃과 채소에서 균핵병을 일으키는 *Sclerotinia sclerotiorum*은 월동 구조체로서 울퉁불퉁한 균핵을 형성한다. 이들 균핵이 발아하면 컵 모양의 자낭반과 대를 가진 자실체를 만든다. 식물병원균에 의한 균핵 형성이 가장 상세히 연구되었다. 그러나 외생균근균류, 진달래균근균류, 부생균, 여러 다른 생활 방식을 채택한 균류에 의해서도 균핵이 형성된다. 다양한 분류군에서 균핵을 형성하는 종들이 분포하는 것은 균핵 발달이 진화적 수렴의 한 예라는 것을 보여준다.

위균핵과 위균핵판

위균핵(pseudosclerotia) 발달은 균류가 자라고 있는 물질에 결합하여 균류 집락의 생존을 돕는다. *Ophiocordyceps* 종들은 그들이 죽인 무척추동물의 사체를 위균핵 안에서 미라로 만든다. 자낭각과 대를 가진 자실체가 이들 자낭균류의 위균핵으로부터 발달한다. *Monilia* (*Sclerotinia*)에 속하는 병원균은 그들이 감염한 기주식물의 과일 주위에서 유사한 구조물을 만든다. 호주에서 '돌을 만드는 곰팡이(stone-making fungus)'로 알려진 *Laccocephalum basilapidoides*는 직경 8 cm의 위균핵이 모래 알갱이, 뿌리 조각, 식물 잔재에 결합하여 단일 자실체를 형성하는 다공균 버섯이다.

위균핵판(pseudosclerotial plate)은 목재와 기타 유기물질에 결합하는 얇은 층의 균사체이다. 이 구조물에 있는 균사는 고도로 분지되고 멜라닌 색소를 가져서 수분의 침투와 다른 균류의 균사 침투에 견디는 장벽을 만든다. 위균핵판은 흔히 부후목에서 검은 대선으로 보인다. *Armillaria* 종은 위균핵판 안쪽의 목재를 습한 상태에서 부후시키는 '부후 기둥'을 만든다. 반대로, 자낭균 *Xylaria hypoxylon*(콩꼬투리버섯)은 건조한 조건에서 위균핵판을 형성하지만 그 아래의 목재까지 침입하지는 않는다.

자실체: 자낭과 및 담자과

다세포성 자실체 형성은 균류에서 가장 복잡하며 잘 규명되지 않은 발달 단계이다. 균류는 전통적으로 미생물로 간주되어 왔는데, 이는 많은 종(예: 유주포자성 균류, 효모)이 현미경을 통해서만 관찰이 가능하며 이외의 종들도 그들의 생활사의 대부분을 미시적인 형태로 존재하기 때문이다. 하지만 곰보버섯의 자낭과나 주름버섯의 담자과를 포함하여 육안으로 확인이 가능한 자실체(버섯)의 경우를 생각해 보면, 이러한 구분이 조금 비논리적으로 보일 수도 있다. 실제로 담자균류에 속하는 많은 종이 형성하는 자실체는 보지 않고 지나치기 어려울 정도로 큰 경우도 있다. 버려진 흰개미집에서 자라는 서아프리카의 *Termitomyces titanicus* 버섯의 갓은 지름 1 m까지 자랄 수 있다.

심지어 목재부후균은 이보다 더 큰 자실체를 형성하기도 한다. 2010년 중국 하이난 섬에서는 참나무 둥치에 자란 백색부후균 *Phellinus ellipsoideus*의 자실체 직경이 1 m 정도로 알려졌다. 이 버섯의 무게는 500 kg이며 매일 1조 개의 포자를 방출하는 것으로 추산되었다. 이러한 측면에서 균류는 육안으로 식별할 수 없는 세균이나 다양한 원생생물 같은 미생물과 동일시 할 수 없다. 그럼에도 불구하고 균류는 미생물학자들의 연구 범주에 속하는 한 부분으로 여겨진다.

조직의 제한적인 분화는 자실체 발달 과정에서 나타나는 중요한 특징이다. 어린 식물 줄기의 얇은 절단면을 현미경으로 관찰해 보면 많은 종류의 세포를 볼 수 있다. 표피에서는 공변세포들이 기공을 형성하고, 피층 세포는 표피 아래에 위치하며, 체관, 형성층, 물관의 세포들은 유관속을 구성한다. 버섯의 대를 똑같은 방법으로 잘라보면, 상당히 단순한 해부학적 구조라는 것을 알 수 있다. 버섯의 대와 갓은 오직 직경의 차이, 격벽의 간격, 분지의 빈도에서만 차이를 보이는 여러 개의 얇은 벽을 가진 균사들로 구성된다. 이러한 해부학적 단순함은 약간 당황스러운 일이다. 버섯을 형성하는 담자균류는 최소한 16,000종이 기록되었으며, 각각 특징적인 담자과를 만든다. 평범한 우산 모양의 버섯도 있지만 선반형, 산호형, 작은 방추형, 접시형, 주름진 껍질형, 구형, 끝 부분에 끈적끈적한 점액이 있는 남근형 버섯을 형성하기도 한다. 이러한 아름다운 기관들은 모두 영양을 흡수하는 균사체로부터 발생한 실 모양의 균사에 의해 만들어진다. 몇몇 자실체에서는 얇은 벽의 생식균사, 두꺼운 벽의 골격균사, 정교하게 분지된 결합균사를 포함하여 다양한 유형의 균사들이 발견된다. 이러한 제한적인 분화는 골격균사와 결합균사의 비중이 높은 자실체의 질감에 영향을 주는데, 매우 딱딱한 선반형의 담자과를 형성하는 경우를 예로 들 수 있다.

투과전자현미경을 통해 자실체의 단면을 관찰하면 식물의 유조직과 닮은 빽빽하게 채워진 세포들을 확인할 수 있다 (그림 2.22). 이러한 구조는 자낭각을 비롯하여 자낭과의 다른 유형의 표면을

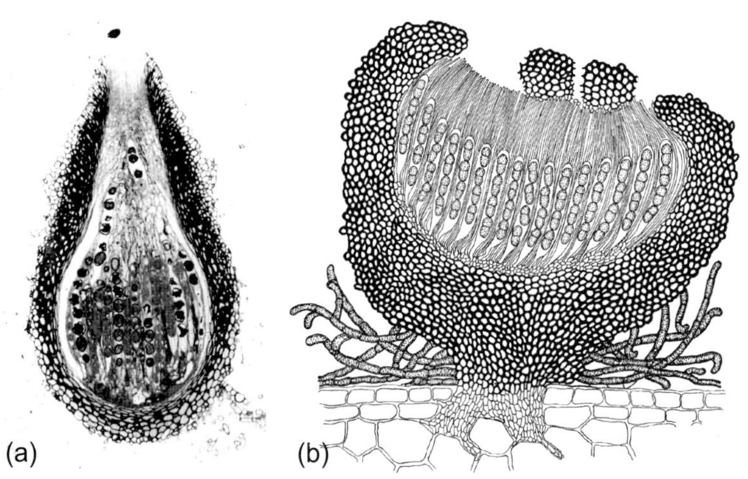

그림 2.22 자낭과 벽에 존재하는 위유조직으로서 분지되고 짜여진 균사에 의해 형성된다. (a) *Sordaria humana* 자낭각의 투과전자현미경 사진. (b) *Pseudoparodia pseudopeziza*의 자낭과(위자낭각). 출처: *(a) Read, N.D., Beckett, A., 1985. The anatomy of the mature perithecium in Sordaria humana and its significance for fungal multicellular development. Can. J. Bot. 63, 281–296 and (b) Müller E., von Arx, J.A., 1962. Beit. Kryptogamen. Schweiz 11 (2), 922 p.*

주사전자현미경으로 관찰할 경우에도 뚜렷하게 나타난다 (그림 2.1e). 1970년 근상균사다발의 해부학적 구조를 관찰하던 연구자들은 정단부에서 분열조직 역할을 할 것으로 추정되는 직경이 동일한 작은 세포 집단을 확인하였다고 믿었다. 이러한 발견은 세심한 현미경 분석을 통해 균사의 혼합과 분지, 그리고 짧은 균사 칸을 형성하는 격벽의 잦은 형성에 의하여 자실체가 만들어짐을 증명해 내기 전까지 균류의 발달에 관한 이해를 헷갈리게 만들었다. 이 조직은 외관상 식물의 유조직과 닮아서 **위유조직(pseudoparenchyma)**이라 불린다. 모든 균류의 구조에서 균사의 성질을 인지하는 것이 균류의 발달에 관한 이해에서 결정적인 역할을 하는데, 이는 버섯이나 다른 균류 조직의 형성에 있어 분자 수준에서의 '보이지 않는' 분화의 중요성이 강조되기 때문이다. 자낭과와 담자과의 다양한 모양은 자실체 내 위치를 반영하고 있는 균사들 사이에서 복잡하게 연출된 상호작용에 의한 것이다.

자실체 형성을 제어하는 환경적 및 유전적 요인들은 이 책의 후반부에서 다룬다. 이 장에서는 자실체가 발달 초기에 일어나는 발달 과정에 초점을 둔다. 자낭과를 형성하는 조직은 반수성 핵을 보유한 균사들로 구성된다. 자실체 내에서는 성적 화합성이 있는 균사 사이의 융합이 일어나서 자낭을 발달시키는 세포를 형성한다. 제1장에서 언급된 바와 같이, 이러한 자낭균류의 지연된 교배양상은 담자균류와 구분되는 특징이다. 담자과는 2개의 화합성 교배형을 가진 핵을 보유한 이형핵체 균사에 의해 형성된다. 자낭과 발달의 유전적 조절에 대한 정보는 극히 일부만 알려져 있다. 유전학 연구는 *Aspergillus nidulans*, *Neurospora crassa*, *Podospora anserina* 같은 '모델' 자낭균류 몇 종에 대하여 집중적으로 수행되었다. 1차대사에 관여하는 몇 가지 유전자가 유성세대 발달에 영향을 준다. 이러한 유전자에서 돌연변이가 생길 경우에 유성세대 발달에는 지장이 있을 수 있지만 균사의 영양생장에는 아무런 변화가 없다. 예상할 수 있듯이 균총이 단순히 영양을 섭취할 때에는 활성화되지 않는 특정한 분자 기작이 자실체 발달에 관련되어 있음을 보여준다.

생활사의 두 단계 사이의 전환은 수많은 환경요인에 의해 일어나지만 가장 중요한 자극은 양분의 가용성이다. 자실체의 형성을 위해서는 균총에 엄청난 양의 자원 투자가 필요하며 높은 대사활성이 요구된다. 이는 미토콘드리아 활성에 문제가 있는 돌연변이가 불임이 되는(자실체를 형성하지 못하는) 이유이다. 유성생식 발달 과정에서의 호흡 증가는 더 많은 활성산소종(ROS)을 생산하며, DNA와 단백질에 산화적 손상이 일어나면 자낭과 형성에 해로운 영향을 미친다. ROS의 생산과 분해를 조절하는 방어적인 superoxide dismutases, oxidases, peroxidases를 암호화하는 유전자들이 자실체 형성에 중대한 영향을 미친다는 것은 전혀 놀라운 일이 아니다. 자실체 형성에 관계된 신호전달경로(다단계반응)에 대한 연구도 진행되었는데, 모델 자낭균류에서 일련의 G 단백질, G 단백질 수용체, cAMP 의존형 단백질 인산화효소, GTP 결합 단백질, 기타 신호분자와 전사인자들의 특성이 밝혀졌다. 일단 유성생식 주기가 시작되면 자실체 형성을 위해 핵의 위치나 세포주기를 조절하는 유전자들이 필수적이며, 튜불린 및 다른 세포골격 구성요소들이 이러한 기작에 참여한다. 세포벽 합성에 관여하는 유전자들도 결정적인 역할을 하지만, 분자생물학 수준에서 자낭과 발달을 완전히 이해하기 위해서는 아직 가야할 길이 멀다. 이는 미래 연구자들에 의해 훨씬 더 진전될 잠재성이 있는 균류생물학의 또 다른 주제이다.

담자균류의 담자과 발달 연구도 위와 유사하게 제한적으로 진행되었다. 버섯 형성을 위해서는 엄청난 양의 균사체로부터 세포질이 이동되어야 한다. 페트리접시에서 *Coprinopsis lagopus*를 배양하여 수행된 관련 실험은 적절한 환경신호에 대한 반응으로 균사체 생물량의 50%가 발달 중인 담자과로 이동할 수 있음을 보여주었다. 자실체 형성은 매듭(knot)이라는 분지된 균사들의 결합체 형성에 의해 시작된다. 이들 매듭이 확장되어 초기 자실체나 **원기(primordium)**를 형성한다. 세포 분화는 버섯의 대, 갓, 주름이 될 부분의 경계가 정해진 원기의 중심에서 일어난다. 버섯의 발달은 각각 독립적인 경로로 진화해 왔기 때문에 이러한 다양한 방식이 나타나는 것은 놀라운 일이 아니다. **나실성(gymnocarpic)** 발달의 경우, 신장된 대의 맨 윗부분에서 갓이 펴지며, 자실층은 대부분 갓이 펴지는 과정에서 나출된다. 나실성 발달은 *Boletus*, *Clitocybe*, *Lactarius*, *Russula* 속의 특징이다. **피실성(angiocarpic)** 발달이란 용어는 미성숙 자실층이 보호받는 모습을 반영한 것이다. 몇몇 버섯에서는 원기의 내부 균열에서 자실층이 분화되며, 이는 자실체가 퍼질 때 나출된다. 또 다른 종들에서는 원기의 표면에서 유래된 조직이 자실층을 둘러싼다. **외피막(universal veil)**이라는 균사로 된 덮개는 풀버섯(*Volvariella volvacea*)과 광대버섯(*Amanita*) 종들의 원기 전체를 싸고 있다 (그림 2.23). 이는 버섯이 퍼질 때 찢어지는 부분으로서 하단부에 컵 모양의 **대주머니(volva)**나 갓 표면의 인편(scale)으로 남게 된다. 몇몇 원기의 또 다른 부분은 주름의 아랫면을 덮는 종이처럼 신장된다. 이 **내피막(partial veil)**은 퍼진 갓의 바깥쪽 둘레에서 분리되어 광대버섯(*Amanita*) 종의 경우처럼 대에 고리나 **턱받이(annulus)** 모양으로 남거나 끈적버섯(*Cortinarius*) 종에서처럼 **거미줄막(cortina)**이라는 얇은 거미줄 모양의 휘장으로 남는다. 대주머니와 턱받이의 구조는 많은 버섯의 동정에서 중요한 특징이다. **거짓뿌리(pseudorhiza)**는 몇몇 담자균류의 동정에 사용할 수 있는 또 다른 구조물이다. 이는 자실체를 땅에 파묻힌 영양원과 연결시키기 위해 대에서 나온 뿌리 모양의 신장부이다. 나무뿌리를 분해하는 *Xerula radicata*와 *Collybia fusipes*는 거짓뿌리를 형성하는 균류의 예이다. 흰개미에 의해 재배되는 *Termitomyces*의 균총은 흰개미집 위에서 자실체를 키우기 위해 긴 거짓뿌리를 형성한다.

신장 기작은 담자균류 종들 사이에서도 서로 다르다. 몇몇 종의 경우에 신장은 아주 제한적인 균사의 새로운 분지 형성을 수반한 기존 균사의 팽창에 의해 일어난다. 또 다른 경우에 대의 신장이 새로운 분지와 격벽 형성에 관여하기도 한다. 몇몇 버섯들은 팽창과 새로운 균사 구획 발달의

그림 2.23 알광대버섯(*Amanita phalloides*) 자실체의 발달 과정. 출처: *Longyear, B.O., 1915. Some Colorado Mushrooms. Agricultural Experiment Station of the Agricultural College of Colorado, Fort Collins, CO.*

조화를 통해 신장하는데, 이러한 두 과정의 균형은 자실체 내의 발생 위치에 따라 달라진다. 균사의 간생신장은 균사의 길이에 따라 새로운 세포벽 구성요소의 합성이 일어난다는 증거로서 신장의 또 다른 중요한 과정이다. 이 발달 단계의 주목할 만한 특징은 속도에 있다. 버섯은 수 시간 동안 부피를 1,000배 증가시킬 수 있다! 이러한 기작은 유압식인데 이는 환경으로부터 수분을 흡수하면서 팽창이 일어남을 의미한다. 수분의 흡수는 신장하는 조직이 1기압 이상의 수압을 주변 장애물에 가하도록 해주는데, 이를 통해 버섯은 썩은 나무, 단단하게 다져진 토양부터 심지어 아스팔트의 갈라진 틈에서도 모습을 드러낸다.

성숙한 담자과의 각기 다른 부분으로 분화되는 원기 조직 내의 부위들은 각각 균사 밀도(얼마나 밀집되어 있는지), 균사 직경, 격벽의 빈도에서 차이를 보인다. 놀랍게도 원기의 어떤 부위에서 떼어낸 조직의 작은 조각이라도 영양이 풍부한 배지 위에 옮겨지면 양분을 흡수하는 균총을 형성한다. 이러한 간단한 실험은 자실체 조직의 분화 전능성(totipotency)을 나타낸다. 원기 내의 위치에 관계없이 균사는 비가역적으로 특정 부분의 발달에만 관여하는 것은 아니다. 이러한 발견은 비가역적으로 세포가 다양한 조직으로 분화되는 동물 배아세포와는 현저한 대조를 이룬다. 동물 줄기세포는 이러한 동물 발달 특성 중에서도 중요한 예외이다. 담자과 세포가 가진 발달 운명의 유연성을 설명할 수 있는 부분적인 이유는 이들 대부분이 포자 형성 조직을 지지해 주는 순전히 기계적인 기능만 수행하기 때문이다. 담자기로 분화되는 주름살 표면에서 발생하는 세포들의 정단에 있는 균사의 칸막이에서 분화전능성이 소실된다. 담자기는 핵융합, 감수분열, 포자 형성이 일어나는 특별한 곳으로 이곳의 세포들은 이러한 과정에만 비가역적으로 전념하는 모습을 보여준다.

담자과 안에서 조직 분화가 제한적으로 일어난다는 지식은 버섯이 어떻게 특정한 모양, 크기, 색깔의 형성되는지를 이해하는 데 도움이 되지 않는다. 균류 유전체 분석에 의해 동물의 발달에서 보편적인 역할을 하는 *Hedgehog*나 *Notch*와 같은 핵심 유전자에 상응하는 유전자를 찾지 못하고 있다. 컴퓨터 시뮬레이션은 몇 가지 법칙에 의해 행동이 결정되는 선의 집합을 이용하여 효과적으로 가상의 버섯을 만들 수 있다. 이러한 법칙에는 이웃한 선이 확장해 나가면서 서로 끌리거나 미는 정도, 분지의 빈도, 이러한 분지가 생장하는 각도, 생장하는 정단부의 중력에 대한 반응이 포함된다. 소수의 법칙으로 버섯을 구체화 할 수 있다는 점에서 이 모델은 유용하다. 컴퓨터 시뮬레이션은 동물에서 흔한 발생 유전자 종류가 균류에 없는 이유를 설명할 수 있는 실마리를 제공한다. 모델에 따르면 연속적인 세포 유인과 반발 반응의 파형이 발현되도록 명령하는 발달시계는 복잡한 주름살을 가진 버섯부터 마른 나무에서 튀어나온 두꺼운 선반형 버섯에 이르기까지 모든 모양을 만드는 데 충분할 수 있음을 보여준다. 하지만 이러한 발전된 가설에도 연구자들은 여전히 균사가 인접한 균사의 위치를 인지하고 분지를 조절하며 중력을 감지하는 세포생물학적 기작을 확인하길 원한다.

자실체 발달에 관해 현재 진행 중인 분자적 연구의 대부분은 재먹물버섯(*Coprinopsis cinerea*)과 치마버섯(*Schizophyllum commune*) (그림 2.24)을 대상으로 한다. 이들 균류에서 수행된 실험에 의해 몇 가지 필수적인 조절 유전자가 선발되었다. 이들 유전자에는 기중균사와 자실체 형성에 관여하는 *Schizophyllum*의 *THN* 유전자가 포함된다. 매몰 균사체를 '탈출'시키기 위하여 균사와 다세포 자실체에게 공통적인 도전이 주어진다는 것이 흥미롭다. 하이드로포빈을 암호화하며 교배형 유전자에 의해 조절되는 유전자들이 자실체 형성 과정에 필수적으로 관여한다. 관여하는 다른 유전자에는 렉틴(탄수화물 결합 단백질) 그리고 자낭과의 발달 과정과 마찬가지로 산화효소와 탄수화

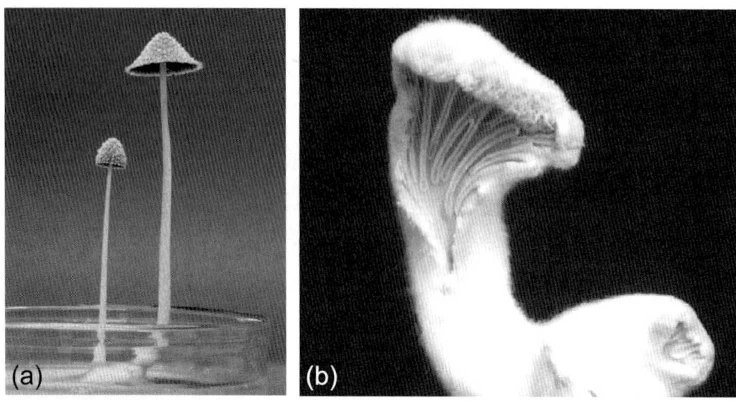

그림 2.24 배양기에서 형성된 (a) *Coprinopsis cinerea*와 (b) *Schizophyllum commune*의 자실체. *출처: (a) Hajime Muraguchi, Akita Prefectural University, Japan and (b) www.mycology.adelaide.edu.au*

물 대사에 관여하는 효소를 암호화하는 유전자들이 포함된다. 그렇지만 균류의 다세포성에 대한 연구에 상당한 진전이 있었음에도 불구하고, 과학자들은 16,000종 버섯 자실체들이 서로 차이를 나타나게 하는 유전자를 정확히 집어내지 못하고 있음을 인식하는 것이 중요하다.

Further Reading

Berepiki, A., Lichius, A., Read, N.D., 2011. Actin organization and dynamics in filamentous fungi. Nat. Rev. Microbiol. 9, 876–887.
Howard, R.J., Gow, N.A.R. (Eds.), 2007. The Mycota, Volume 8, Biology of the Fungal Cell. second ed. Springer Verlag, New York.
Jedd, G., 2011. Fungal evo-devo: organelles and multicellular complexity. Trends Cell Biol. 21, 12–19.
Lew, R.R., 2011. How does a hypha grow? The biophysics of pressurized growth in fungi. Nat. Rev. Microbiol. 9, 509–518.
Read, N.D., Goryachev, A.B., Lichius, A., 2012. The mechanistic basis of self-fusion between conidial anastomosis tubes during fungal colony initiation. Fungal Biol. Rev. 26, 1–11.
Richards, A., Veses, V., Gow, N.A.R., 2010. Vacuole dynamics in fungi. Fungal Biol. Rev. 24, 93–105.
Steinberg, G., 2007. Hyphal growth: a tale of motors, lipids, and the Spitzenkörper. Euk. Cell 6, 351–360.
Steinberg, G., Martin, S., 2011. The dynamic fungal cell. Fungal Biol. Rev. 25, 14–37.
Taylor, J.W., Ellison, C.E., 2010. Mushrooms: morphological complexity in the fungi. Proc. Natl. Acad. Sci. USA 107, 11655–11656.
Voisey, C.R., 2010. Intercalary growth in hyphae of filamentous fungi. Fungal Biol. Rev. 24, 123–131

Weblink

http://www.gerosteinberg.com/introduction.php

CHAPTER

3

포자의 생산, 방출, 분산

포자의 다양성, 형성 과정, 역할

균류의 영양체 세대만 연구해서는 균류의 종 다양성을 파악하기는 불가능하다. 예를 들어, 유주포자를 형성하는 병꼴균류는 자신이 서식하는 단 하나의 식물세포에서 양분을 흡수할 수 있는 둥근 몸체로 되어 있으므로 그야말로 최소한의 흡수 기능 구조체라고 할 수 있다. 유주포자를 형성하지 않는 일반 균류는 몸체의 구조와 발달(분화)이 훨씬 더 복잡하며, 이들의 균사만 본다면 어느 문에 속하는지 정도는 알겠지만 실제 종을 동정한다는 것은 거의 불가능하다. 균사에 유연공격벽이 있다면 담자균문에 속한다는 것은 알겠지만, 균학자라도 현미경으로 균사만 관찰해서는 이것이 댕구알버섯인지 혀버섯인지 알 수 없다. 하지만 포자와 포자 형성 구조체를 관찰한다면 훨씬 더 확실한 정보를 가지므로 더 정확한 동정이 가능할 수 있다. 포자의 형태는 균류를 관찰하여 동정할 수 있는 가장 중요한 특징 중 하나이며, 포자의 유형은 매우 다양해서 균류의 진화적 다양성을 반영하는 강력한 지표가 된다 (그림 3.1). 균류에서 포자의 다양성과 자실체의 차이점을 제대로 평가하지 않은 채로 분류를 발전시키려 한 여러 노력은 헛수고에 불과하였다. 균류에서 포자를 연구하는 것이 곧 진화를 연구하는 것이다.

무성포자

무성포자의 핵은 유사분열에 의해 생성된 것이고, 따라서 포자는 모균사의 영양계(clone)이다. 이미 형성된 균사가 분화하여 포자를 형성하는 것이 가장 간단한 기작이다. 이러한 방식으로 만들어진 포자를 **영양포자(thallospore)**라고 한다. 여기에는 두 종류가 있는데, 하나는 **분절포자(arthrospore)**로 격벽으로 나누어진 균사 부분들이 하나씩 떨어져서 형성되며, 다른 하나는 **후벽포자(chlamydospore)**로 균사의 어떤 세포가 특별히 세포벽이 두꺼워지면서 형성된다. **포자낭포자(sporangiospore)**는 세포벽을 가진 포자낭 속에 형성되는 무성포자이다. 포자낭포자는 접합균류의 포자로서 성숙한 포자낭(sporangium)의 세포벽이 터지면 공기 중으로 포자가 산포되는 기작을 갖는다. 한편, 병꼴균류에서는 유주포자가 **유주포자낭(zoosporangium)**에서 물속으로 방출된다. **분생포자경(conidiophore)**이라는 막대 모양의 대 위에 형성되는 무성포자는 **분생포자(conidium)**라고 부른다.

분생포자의 모양이 매우 다양함에 따라 세부적으로 부르는 명칭이 무려 100가지도 넘는데, 환

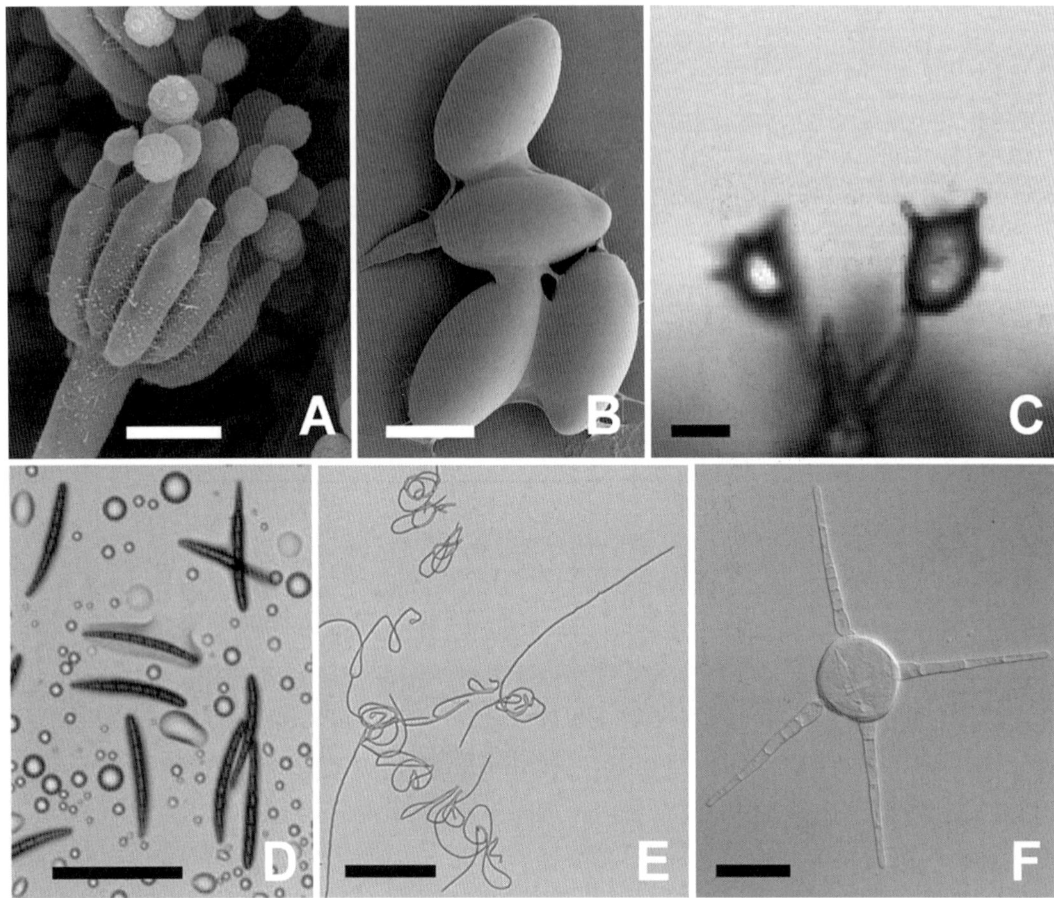

그림 3.1 균류 포자의 형태적 다양성을 보여주는 예들. (a) 경자 정단에 형성된 *Penicillium* 종의 구형 분생포자. (b) *Podospora anserina*의 타원형 자낭포자. (c) *Aleurodiscus oakesii*의 다면체형 담자포자. (d) *Geoglossum nigritum*의 방추형 자낭포자. (e) *Cordyceps militaris*의 사상형 자낭포자. (f) *Branchiosphaera tropicalis*의 별모양 수생 분생포자. 막대 = (a–c) 10 μm, (d, e) 100 μm, (f) 20 μm. *출처: Fischer et al., 2010.*

문포자, 정단측포자, 방사형포자 등이 있다. 이러한 명칭 중에는 포자 형태와 관련된 것이 있고, 포자 형성기작에 따라 지어진 것도 있다. 이러한 포자들이 서로 어떻게 다른지는 전문가 외에는 이해하기 어렵다. 'Dictionary of the Fungi'에서 정의하기를, 환문포자란 '반복되는 내생출아형 생성과정을 통하여 포자 형성세포에서 분생포자가 전출아형 포자 형성 방식으로 만들어지고, 이것이 기부를 향하여 지속되면서 만들어지는 포자'이다. 이 정의를 하나하나 풀어서 설명하려면 분생포자 형성에 관한 분류학적 연구를 담은 별도의 단원이 필요할 정도라서 독자들은 전문자료를 참고하기 바랄 뿐이다. 분생포자의 형태와 형성 과정이 매우 다양하므로 종의 기재에는 필요하지만 분류학적 가치는 그리 크지 않다. 서로 관련 없는 많은 속의 균류들이 동일한 포자 형성방식을 가지는 경우도 있고, 밀접하게 관련된 종들이 전혀 다른 포자 형성방식을 나타내기도 한다.

의학적으로나 농업적으로 중요한 균류의 번식에서 분생포자 형성방식이 매우 중요하다는 것을 고려하면, 최근 수십 년 동안 균학자들이 거의 관심을 보이지 않았다는 것은 놀라운 일이다. 전자현미경을 이용한 연구를 통하여 분생포자 형성방식이 무려 40가지 이상이나 된다는 것을 증명하였지만, 이에 대한 세포학적 및 분자적 제어방식에 대한 상세한 연구는 거의 이루어지지 않았다. 대부분의 분생포자는 분생포자경에서 형성된다. 즉, 분생포자경 정단이나 분생포자경 측지의 정단에 홀로(단생) 또는 연이어(연생) 형성된다. 분생포자는 다양한 방식으로 연생한다 (그림 3.2). 분생포자경의 윗부분에 좁은 간격으로 격벽이 생기고 분할되면서 분생포자가 차례차례 형성되기도 한다. 어떤 균류에서는 분생포자경의 정단 및 측지의 정단에 분생포자가 연이어 형성된다. 어떤 경우에는 분생포자경의 끝부분이 부풀어서 분생포자 모습을 갖춘 후에 격벽이 만들어져 다른 세포와 격리됨으로써 분생포자가 만들어진다 (이를 출아형 발생이라고 함). 분생포자경의 끝부분이 부풀지 않는 경우는 분절형 발생이라고 한다. 분생포자가 연생할 경우에 가장 어린 포자가 기부에 있으면 향기부형(basipetal), 정부에 있으면 향정단형(acropetal)이라고 한다. 이러한 변이는 셀 수 없이 많다.

경자(phialide)라는 세포 위에 포자를 연생하는 균류의 예로는 *Aspergillus* 및 *Penicillium* (그림 3.3)같은 여러 자낭균류를 들 수 있다. 경자는 꽃병 모양 (좀 더 정확하게는 그리스의 암포라처럼 생겼음)으로 분생포자경 위에 형성된다. 경자 끝의 열린 목을 통해 (마치 터틀넥 스웨터를 잡아당겨 머리를 내밀듯이) 새로운 세포벽을 끌어올리듯이 만들고는 단핵의 세포질 부분을 밀어넣음으

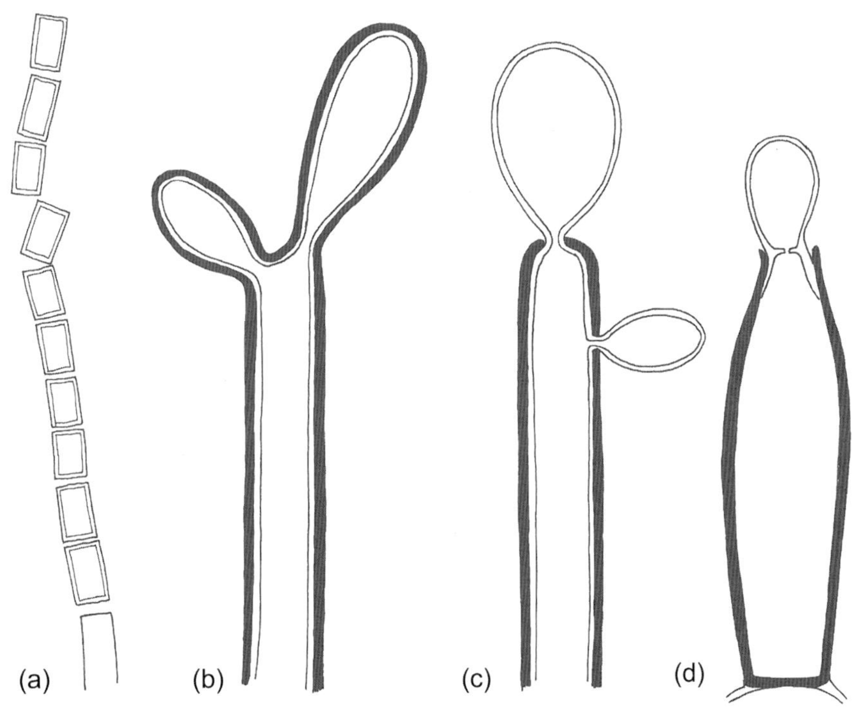

그림 3.2 분생포자 형성방식. (a) 분절형 발달: 분생포자 시원체는 분생포자경에 붙어있는 동안에는 팽창하지 않는다. (b) 전출아형 발달: 분생포자가 형성되는 동안에 모든 세포벽이 팽창한다. (c) 내생출아형 발달: 세포벽의 내층만 신장하여 분생포자경의 외층에 생긴 구멍을 통하여 팽창한다. (d) 준내생형 발달: 경자의 목 안쪽에 새로운 세포벽 구성물질이 합성됨으로써 새로운 분생포자가 형성된다. *출처: Webster, J., Weber, R.W.S., 2007. Introduction to Fungi, third edition. Cambridge University Press.*

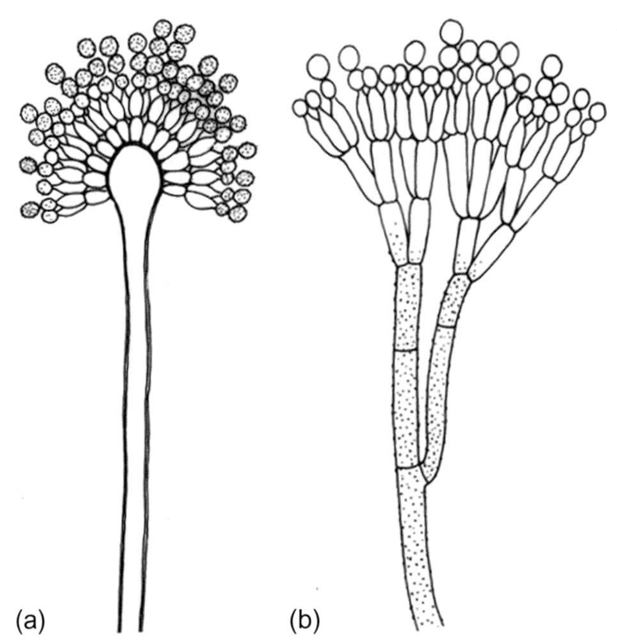

그림 3.3 포자를 연쇄상으로 형성하는 경자 다발을 가진 *Aspergillus* (a) 및 *Penicillium* (b)의 분생포자경.

로써 연속적으로 분생포자를 형성한다 (그림 3.2d). 각각의 분생포자 형성은 경자에서의 유사분열과 동조화되어 있으므로, 격벽의 형성에 따라 경자에서는 분생포자가 만들어진다. 따라서 경자에서는 향기부형으로 분생포자가 만들어진다. *Aspergillus*에서는 정단팽배부라는 돔 모양의 분생포자경 말단부에 다수의 경자가 형성된다. 각각의 경자에서는 분생포자가 연이어 형성되므로 하나의 분생포자경에서는 수백 개의 분생포자가 달린다. *Penicillium*의 분생포자경 정단은 분지하고, 각 정단에는 1개 내지 여러 개의 경자가 있다. *Aspergillus*와 마찬가지로, 하나의 분생포자경에는 많은 분생포자가 달린다. 이러한 균류는 1 cm^2의 집락에서 수백만 개의 포자를 만들어낸다.

분생포자가 형성되기 위해서는 균사는 무한생장에서 유한생장으로 전환하여 포자를 형성하고 방출하는 과정이 필요하다. 포자 형성 과정에서 세포학적 변화는 전자현미경을 통하여 연구되었지만 분자유전학적 제어 과정은 거의 연구된 바 없다. 하나의 경자가 형성되려면 균사 분지가 길이생장하고, 길이생장이 정지하고, 정단세포가 팽배하여 정단팽배부를 형성하는 일련의 과정이 필요하다. 그 후 경자 기부에 격벽이 형성되고, 아랫부분의 분생포자경과 세포질이 연결되게끔 구멍이 생기고, 정단부가 부풀어 오르고, 분생포자 시원체로 분화되고, 격벽이 생겨서 경자로부터 떨어져 나가면 드디어 분생포자가 형성된다. 이와 같은 분생포자 형성 과정에는 세포벽 합성과 세포골격 재구성에 관련된 효소가 필요하다. 수많은 효소 목록이 거론되기는 하였지만, 포자 형성에 대한 유전학적 연구를 통하여 증명되거나 뚜렷이 밝혀지지는 않았다. *Aspergillus*에서는 돌연변이체 연구를 통하여 분생포자 형성 과정에서 신호전달 경로에 관련된 유전자들이 밝혀진 바 있다. 예를 들면, 분생포자 형성 과정을 통합적으로 조절하는 유전자, 원형질막 관통수용체 및 G-단백질을 암호화하는 유전자, MAP 인산화효소 유전자, 다수의 전사인자 등이 있다. 그러나 분생포자를 형성하는 균류들이 각각 어떻게 포자의 모양과 크기를 정확하게 조절하는지 알아내는 것은 아직도 요

원하다. 따라서 독창적인 실험설계로 현재의 분자생물학적 기술을 응용한다면 연구자들이 훌륭한 성과를 도출할 수 있는 블루오션이 될 것이다.

유성포자

균류는 담자포자(담자균류), 자낭포자(자낭균류), 접합포자(접합균류)라는 3가지 유형의 유성포자를 형성한다. 이러한 유성포자는 균류의 주요 문을 규정하는 특징이며, 각각의 형성 과정은 제1장의 생활사 부분에서 기술하였다.

포자의 역할

포자는 공간과 시간을 통해 균류를 전파시키는 수단이다. 이 말은 다소 통속적이기는 하지만 포자의 기본적인 역할을 잘 설명해 주고 있다. 무성포자는 부모 집락과 동일한 유전자를 가진 후손들이다. 유성포자는 부모 계통으로부터 재조합된 유전자를 가진 후손을 전파시키는 역할을 한다. 영양결핍에 반응하여 포자가 형성되는 경우가 흔하다. 어떤 집락이 풍부한 영양조건에 있을 때는 균사 생장과 분지가 일어나는데, 활동영역을 넓힘으로써 에너지를 획득하는 효과를 볼 수 있다. 먹이가 고갈되면, 곧 닥칠 기근으로부터 탈출하여 새로운 영양공급원을 찾아나서는 것이 현명한 처사이다. 부모 균사로부터 탈출하거나, 그 자리에 눌러앉아 새로운 양분이 공급되기를 기다려야 한다. 이러한 결과로서, 대부분의 포자는 분산에 적합하도록 진화하였고, 공기나 물을 통하여 각 계통의 유전체를 이동시키는 역할을 한다. 분산 이후에 포자는 균사로부터 떨어진 곳에 자리를 잡고 새로운 집락을 형성하기에 적합한 환경에 도달할 기회를 가질 수도 있다. 어떤 포자들은 나중에 발아할 수 있는 가능성을 가진 채 부적당한 환경조건을 이겨내도록 적응된 생존 캡슐로 바뀐다. 넓은 의미로는, 첫 번째 부류의 포자는 비교적 연약하고 장기간 생존에 대비하지 않은 상태이다. 두 번째 부류는 휴면포자라고 부르는데, 세포벽이 두껍고 저장양분도 많아서 장기간 생존에 적합하다. 포자 형성을 유발하는 조건으로 영양결핍만 있는 것은 아니다. 대부분의 종에서 버섯 형성은 계절적 패턴에 따르고, 자실체 형성시기는 양분의 가용성과 관련이 거의 없다.

공기로 전파되는 포자는 급속하게 건조되기 쉽고, 식물병원균의 분생포자 및 담자포자는 대부분 불과 몇 시간 내로 활력을 잃어버린다. 외생균근 담자균류의 담자포자는 여러 저장 조건에서 최소 4년은 활력을 유지할 수 있다. 이러한 포자는 토양 내에서 '포자은행'으로 작용하여 새로운 묘목과 공생관계를 마련하는 기본이 된다. 녹병균의 겨울포자는 약 6개월의 휴면기간을 거친 후에야 발아하며, 휴면과 관계없이 토양 속에서 최소 4년은 생존한다. 실험실의 인위적인 조건에서 녹병균 겨울포자가 14년 이상이나 생존한 경우도 있다. 밀에 카날비린깜부기병을 일으키는 *Tilletia indica* 겨울포자로 실험한 결과에서는 7년 후에 불과 3~4%만 생존하였다. 이러한 연구를 바탕으로 회귀분석한 결과를 보니, 자연조건에서는 13~18년 내에, 실험실조건에서는 38년 내에 포자 생존율이 0%에 도달하였다.

포자의 크기와 모양

포자의 크기는 큰 차이를 보이는데, 어떤 버섯의 담자포자는 길이가 3 μm이며, 지의체를 형성하는 자낭균류 중에는 무려 300×100 μm 크기의 거대한 포자를 만드는 종도 있다. 밀도측정에 근거하여 포자의 질량을 계산해 보면 각각 1 pg과 2 μg에 해당된다. 포자 형태가 다양한 것은 주변 환경에 적응한 결과라는 관점으로 보아도 여전히 수수께끼 같은 이야기이다. 인간처럼 큰 물체의 물리적 행동에 익숙한 우리로서는 포자의 공기역학에 대해 명확하게 파악하기 어려울 수도 있다. 부속사를 가진 포자는 단순한 둥근 포자보다 더 오래 공기 중에 체류할 수 있을 것으로 보이는데, 포자의 질량이 침강속도에 훨씬 더 큰 영향을 미친다 (이는 수환경의 포자에서도 마찬가지이며, 이 단원의 후반부에 설명된다). 어떤 질량을 가진 구(sphere)의 침강계수는 이미 알려져 있는데, 이를 동일한 질량을 가진 구형이 아닌 포자에 적용할 수 있음을 실험적으로 잘 알 수 있다. 직경 5~10 μm의 둥근 포자의 침강속도는 1~4 mm/s 인데, 정체된 공기층에서 1 m를 하강하려면 4~17분이 소요됨을 의미한다. 대부분의 버섯은 이 정도 크기의 포자를 만든다. 침강속도가 이렇게 느리므로 버섯 갓 아래로 떨어진 포자가 기류를 타고 멀리 날아갈 수 있다. 포자 모양에 변이가 있는 것은 포자가 발달하는 과정에서 작용하는 제한요인과 포자 방출기작과도 관련이 있어 보인다. 자낭포자의 형태와 크기는 상당히 다양한데, 자낭포자가 형성되는 자낭에 맞추어져 있다 (자낭도 자낭포자에 맞추어져서 발달한다). 포자와 자낭의 형태는 포자 방출과정에 영향을 주는데, 포자가 간격을 두고 하나씩 방출되거나, 연속해서 하나씩 방출되거나, 포자 덩어리가 마치 포탄처럼 한꺼번에 방출되기도 한다. 담자균류에서는 포자의 모양이 방출되는 거리에 영향을 미치는데, 이는 불러방울이라는 액체 방울의 크기에 따라 투석기처럼 포자를 공기 중으로 날려보내는 거리가 결정되기 때문이다 (86~89쪽).

포자의 방출

이 책에서 **포자방출(spore discharge)**이란 용어는 부모 집락이나 자실체로부터 포자가 이탈되는 것을 의미하며, **포자전반(spore dispersal)**이란 그 이후의 이동을 의미한다. 포자방출은 포자의 단거리 이동이며, 포자전반은 공기를 통한 포자의 장거리 이동이다. 대부분 균류의 포자는 기류, 빗방울, 집락 표면의 요동 같은 물리적 교란이나 동물의 활동에 의해 부모 집락으로부터 이탈된다. 이를 **수동적 방출기작(passive discharge mechanisms)**이라고 한다. **능동적 방출기작(active discharge mechanisms)**은 정수압, 세포질 탈수에 의한 급속이동, 표면장력에 의해 발생한 에너지에 의한 것이다.

균류 이동의 물리적 제한요인: 대기점도 및 경계층

균류나 다른 미생물이 부딪히는 물리적 환경조건은 대형동물의 경우와 매우 다르다. 가젤이나 멀리뛰기 선수는 단번에 9 m를 뛸 수 있다. 이러한 도약은 관성에 의해 이루어지고, 대기점도에 의해서 속도가 줄어들지는 않는다. 컵 모양의 자낭반에서 자낭포자를 사출하는 자낭균류나 꽃잎 표면에서 사출포자를 방출하는 담자균효모류의 경우에는 상황이 사뭇 다르다. 균류 포자에게는 공기가 점성장애물이며, 단거리를 비산하더라도 상당한 발사속도가 필요하기 때문이다. 관성과 점성의 비율은 '레이놀즈 수(R_e)'로 표시되며, 대형동물은 높은 R_e값을 가지지만, 포자는 낮은 R_e값을 나타낸다. 물은 공기보다 점도가 높은 매질이므로 이러한 측정원리가 더 명확하게 나타난다. 돌고래는 바다에서 한 번의 몸짓으로 수 미터를 이동할 수 있으나 (높은 R_e값이므로 관성으로 물의 점도를 이겨냄), 병꼴균류의 유주포자는 후방편모를 움직이지 않으면 죽은 듯 멈춘다 (낮은 R_e값이므로 물의 점도가 우세함).

능동적으로 방출되는 균류 포자는 방출된 후에 바로 하강한다. 대표적인 예로 분생균류를 들 수 있는데, 포자(포자덩이 또는 포자낭)가 집락 주변의 풀 위에 떨어진다. 그러나 대부분의 균류는 공기 중으로 포자를 방출함으로써 바람에 실려 장거리로 이동시킨다. 공기를 통한 전파는 포자가 기류에 도달하지 않으면 불가능한 일이다. 집락 표면 근처는 공기 이동이 느린 경계층이므로 여기에서 형성된 포자에게는 문제가 될 수 있다. 공기가 고체 주변을 따라 이동할 때는 물체 표면 가까운 곳에 느린 공기 흐름대가 형성되며, 계면 자체에서는 공기가 정지 상태이다. 공기 속도와 경계층 두께는 역의 관계에 있으며, 여기에도 R_e값이 적용된다. 공기 속도가 느린 경우에 공기 흐름은 점도에 의해 지배되며, 경계층은 두꺼워지고, R_e값은 낮아진다. 공기 속도가 빠른 경우에는 관성이 공기 흐름을 지배하고, 이 조건에서는 R_e값이 올라가고 소용돌이가 발생한다. 식물 잎을 둘러싼 경계면의 두께는 잎 크기와 풍속에 따라 0.1~0.9 mm 정도이다. 고체 주변의 물 흐름에도 똑같은 원리가 적용되지만, 수환경에서는 경계면이 훨씬 더 두껍고 R_e값은 더 낮다.

기류와 건조에 의한 방출, 정전기, 공동현상

기류와 건조

분생포자경으로부터 분생포자를 이탈시키는 주요 요인으로는 기류에 의한 균류 군집의 물리적 교란이 지목되어 왔다. 기류는 접합균류의 포자낭포자나 녹병균류의 여름포자 및 겨울포자 등 다른 종류의 포자도 방출시키는 요인이다. 이러한 수동적 포자 방출기작의 중요성에도 불구하고 실제 상세한 연구는 별로 없다. 모형 터널에 바람을 통과시키는 실험을 통하여 병든 밀 잎에서 여름포자를 이탈시키는 데는 낮은 풍속이 효과적이라는 결론을 얻었다. 어떤 경우에는 포자 덩어리가 기류에 실리기도 한다. 다른 실험에서는 놀라운 결과를 얻어냈다. 집락이 바람에 노출되었을 때 구름같은 포자집단이 한꺼번에 방출되었지만, 그 이후에 기류가 일정하였음에도 불구하고 포자방출은 급격히 줄어들었다. 같은 공기 속도에서는 상대습도가 낮을수록 방출되는 포자 수가 증가하였다. 일반적으로 처음에 포자방출이 급격하게 일어나고 그 이후에는 크게 줄어드는 경향을 나타내었다. 자낭균류의 분생포자로 실험한 연구에 따르면, 낮은 풍속에서는 98% 이상의 포자가 집락 표면에 그대로 붙어있었다 (그림 3.4). 많은 균류의 분생포자는 연쇄상이거나 덩어리 상태로 분생포자경에 단단히 붙어있어 웬만한 요동에도 끄떡없다. 물리학 계산식과 소형 변형계측기 실험의 결과로 볼 때, 어떤 균류의 포자를 집락에서 이탈시키려면 초속 10 m (= 시속 36 km)의 풍속에서 발생한 전단력(shear force)이 필요하였다. 분생포자와 분생포자경 사이의 접착력은 우리의 예상

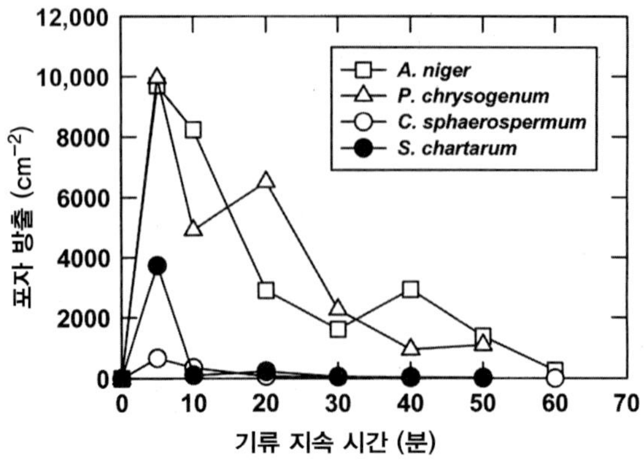

그림 3.4 느린 기류 (초속 1.6 m)에 노출된 표면으로부터의 방출저항을 나타낸 도표. 포자가 초기에 폭발적으로 방출된 후에는 일정 시간 동안 낮은 빈도의 분산을 유지하고 있다. 이 실험에 사용된 종은 *Aspergillus niger, Cladosporium sphaerospermum, Penicillium chrysogenum, Stachybotrys chartarum*이다. 출처: *Tucker, K., Stolze, J.L., Kennedy, A. H., Money, N.P. 2007. Biomechanics of conidial dispersal in the toxic mold Stachybotrys chartarum. Fungal Genet. Biol. 44, 641–647.*

을 훨씬 뛰어넘을 만큼 강하다. 오랜 시간 동안 기류가 포자에 지속적으로 힘을 가함으로써 수동적 포자방출이 이루어질 가능성은 있다. 배양조건과 실험설계가 자연에서 균류가 어떻게 행동하는가를 잘 모사하지 못하여 연구결과가 만족스럽지 못한 것은 일리가 있지만, 이러한 차이가 구체적으로 어떤 원인에서 기인하는지는 불확실하다. 이러한 기작으로 방출된 균류가 이 세상 어디에나 존재하며 공기 중에 포자가 높은 밀도로 존재한다는 사실로 미루어 볼 때 수동적 포자방출이 효율 높은 전략임이 틀림없어 보인다.

정전기

건조한 공기에서 포자 표면은 전하를 띤 상태이며, 이러한 전하는 포자 이동에 상당한 영향을 미친다. 정전기 전하가 포자 방출에 관련되어 있다고는 하지만, 전하 분리에 의해 생성되는 힘을 계산해보니 분생포자경에서 분생포자를 분리시키기에는 너무나 약하였다.

공동현상 (폭발적 기포 형성)

공동현상(cavitation)은 균류나 식물처럼 세포벽이 있는 세포에서 일어나며, 세포질에 생긴 음압이 물의 인장 강도를 초과할 때 발생한다. 동충하초강에 속한 어떤 자낭포자가 자연 상태에서 수분을 빼앗기면서 생긴 기포는 균학자들에게 가장 잘 알려진 공동현상 사례이다 (그림 3.5). 비슷한 예로 양치식물의 포자낭이 공동현상의 힘으로 이탈한다는 것은 식물학자들에게 잘 알려져 있다. 포자 같은 세포의 세포질에서는 수분이 증발함에 따라서 세포벽의 장력은 증가한다. 세포벽이 유연하면 세포벽이 수축하면서 수분을 빼앗긴 세포질이 줄어든 만큼의 공간을 차지하게 된다. 세포벽이 단단하면 수축에 저항하게 되는데, 건조가 지속된다면 음압이 발생하면서 세포질 내에 기포가 형성된다. 이러한 일은 어떤 균류의 분생포자와 분생포자경에서 발생하며 포자 이탈과 관련이 있다. 이 기작에 대한 연구는 과실 병원균 *Deightoniella torulosa*를 대상으로 이루어졌다. 이 균의 분

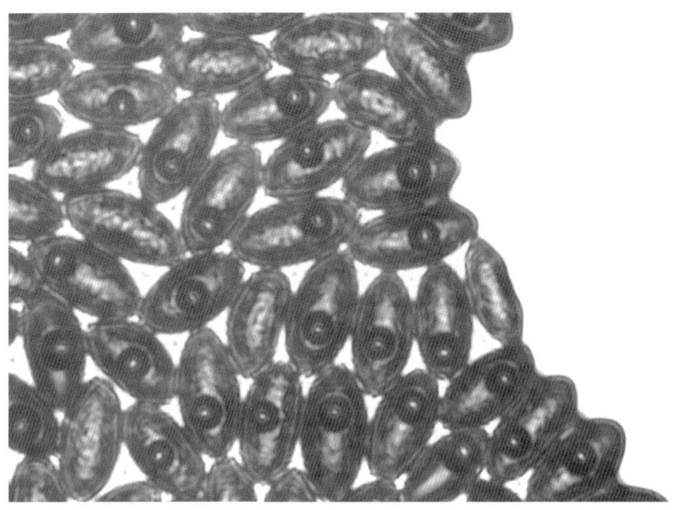

그림 3.5 건조한 공기에 노출된 *Neurospora tetrasperma*의 자낭포자로서 세포질에 1개씩의 공동기포가 형성되었다.

생포자경 정단세포는 둥근 모양인데 측면의 세포벽이 비후되었다 (그림 3.6). 공동현상이 발생하면 정단세포의 끝부분이 얇은 세포벽으로 인하여 불뚝 튀어나오게 되며, 이로 인해서 포자를 초속 0.6 m의 속도로 0.5 mm 만큼 도약시킨다. 공동현상은 분생포자를 형성하는 여러 균류에서 알려져 있으므로 이러한 방출기작이 흔한 현상일 가능성이 높아 보인다.

빗방울과 진동

건조한 포자나 습한 포자 모두 빗방울에 의해 집락 표면으로부터 튀어오르거나 튕겨나갈 수 있다. 이런 기작으로 포자는 짧은 거리를 튕겨나갈 수 있고, 포자 자체로 또는 물방울에 실려서 바람을 타고 멀리 전반될 수도 있다. 빗방울에 의한 충격은 바람에 의한 요동보다 훨씬 큰 힘을 가진다. 직경 0.5 mm의 빗방울 하나는 포자보다 100만 배나 무거워, 사람에 대한 수치로 계산하면 빗방울 하나는 10만 톤에 해당하며 고성능폭탄 200 kg의 파괴력으로 목표물을 타격하는 것과 같다. 빗방울은 자유낙하하며 종단속도에 도달하였을 때 또는 식물체 위에 떨어져 2차 낙하하면서 운동속도가 줄어들 때 포자를 이탈시킬 수 있다. 빗방울은 진동을 일으켜 포자를 이탈시킬 수도 있다. 마지막으로, 안개 속의 작은 물방울이 균류에 감염된 식물체 사이를 통과하면서 포자를 붙여서 이탈시키는 경우도 있다.

말불버섯(주름버섯목)이나 어리알버섯(그물버섯목)의 포자주머니가 느슨해지면 빗방울의 충격으로 자실체의 피각이 불규칙하게 찢어지거나 자실체 정단부의 공구(구멍)를 통하여 담자포자를 연기처럼 방출한다. 방귀버섯(방귀버섯목)의 포자 방출기작도 똑같은데, 공구에 이빨모양의 덮개가 원뿔형으로 달려있어 더 정교한 형태이다. 빗방울에 의존하는 포자 방출기작으로는 찻잔버섯(주름버섯목)이 가장 진화된 유형이다. 이 버섯의 담자포자는 소피자라는 주머니 안쪽에 싸여 있다. 소피자는 성숙한 자실체 안에 노출되어 있어 마치 새알이 들어있는 새둥지 같은 구조이다. 이 그룹의 균류는 다양한데, 자실체가 부정형의 단추처럼 생겼고 외피가 찢어지면서 점질물로 싸인

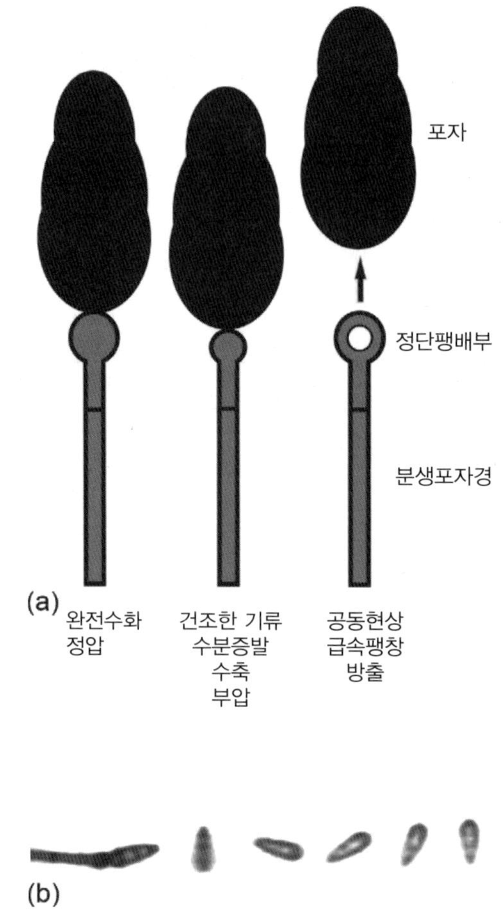

그림 3.6 *Deightoniella torulosa*의 분생포자 방출. (a) 분생포자경 말단팽배부가 수축되고, 공동현상으로 기포가 생기고 폭발적 팽창으로 이어짐으로써 발생하는 분생포자 방출기작을 보여주는 모식도. (b) 포자 방출을 고속비디오카메라로 촬영한 장면 중 일부. 현미경 시야의 왼쪽에서 오른쪽으로 이동하면서 포자가 발사되고 회전하는 모습을 보여준다. *Deightoniella* 분생포자의 평균 발사속도는 초속 0.24 m이다. 비디오카메라로 초당 50,000장을 촬영하였다.

소피자가 노출되는 버섯(*Mycocalia* 버섯류 및 일부 새둥지버섯류), 넓은 입을 가진 컵 모양의 자실체를 가진 버섯(찻잔버섯류 및 새둥지버섯류), 그리고 좀 더 각진 원뿔 모양의 자실체를 가진 버섯(찻잔버섯류)도 있다. 찻잔버섯에서 소피자가 방출되는 모습은 멋진 광경이다 (그림 3.7). 각각의 소피자는 자실체 내부에 줄로 연결되어 있으며, 이 줄은 주머니 안에 감겨 있다. 빗방울이 자실체 가장자리를 때리면서 자실체 바닥으로 떨어지면 물이 공기 중으로 분출되듯이 솟아오르면서 소피자를 튕겨낸다. 이렇게 튕겨 나온 소피자는 초속 5 m(시속 18 km)로 날아서 수평거리로도 1 m 이상이나 이동한다. 소피자가 날아가는 동안에는 줄이 감겨져 있지만 줄 끝이 잎이나 줄기에 스치면 풀려 나온다 (그림 3.8). 줄 끝에는 아주 끈적끈적한 물질로 덮인 부착반이 있어 식물체에 부착하기 쉽다. 이때 소피자의 모멘텀은 식물체를 지나쳐 버릴 만큼 크지만 줄이 풀리면서 일종의 브

그림 3.7 회색주름찻잔버섯(*Cyathus olla*)의 소피자가 물방울로 방출되는 모습. 초당 3,000장의 고속촬영한 장면의 일부. 각 장면의 우측하단에 1,000분의 1초 단위의 촬영 시간을 표시하였다. 물방울이 자실체 피각의 가장자리를 때리면 자실체 안쪽으로부터 물이 위로 솟구치면서 소피자를 튕겨낸다. 막대 = 3 mm. 출처: *Hassett, M.O., et al., 2013. Splash and grab: biomechanics of peridiole ejection and function of the funicular cord in bird's nest fungi. Fungal Biol. 117, 708–714.*

레이크 역할을 한다. 이 줄은 마치 번지점프에 사용되는 고무줄과 같은 기능을 하는 셈이다. 찻잔버섯의 소피자가 자실체 가까운 곳에 있는 나뭇가지나 잎자루에 감긴 줄과 함께 발견되기도 한다. 이러한 복잡한 기작은 일부 찻잔버섯류가 분생균이라는 사실과 관련이 있다. 즉, 방출된 소피자가 똥으로부터 벗어난 자리에 안착하여 초식동물에게 우연히 먹힐 수 있도록 진화한 것으로 여겨진다 ('동물에 의한 포자 산포' 단락 참조).

팽압

자낭포자 방출

자낭에서 자낭포자가 폭발적으로 방출되는 것은 자연계에서 가장 빠른 이동 현상 중 하나인데, 초고속 비디오카메라로 측정해 보니 초속 30 m(시속 100 km) 이상의 속도이다. 자낭균류가 가장 큰 분류군이고 가장 많은 식물병원균을 포함하는 분류군이란 측면에서 보면 이러한 방출기작을 이해하는 것이 생태적 및 농업적으로 중요하다는 것은 분명하다. 자낭의 구조, 자낭포자의 형성 과정, 자낭포자의 형태는 매우 다양하므로 포자 방출과정의 역학에 큰 영향을 미친다 (그림

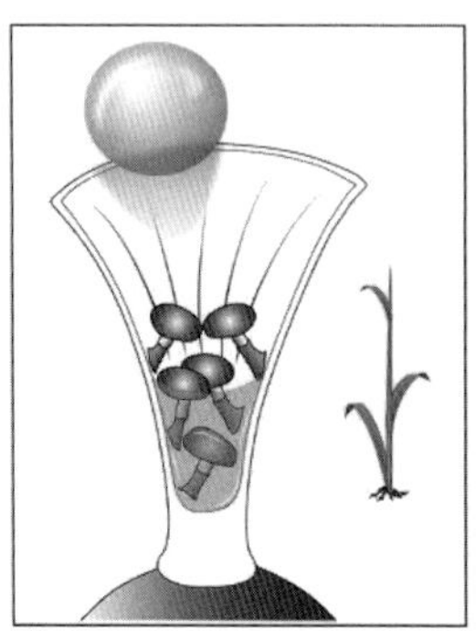

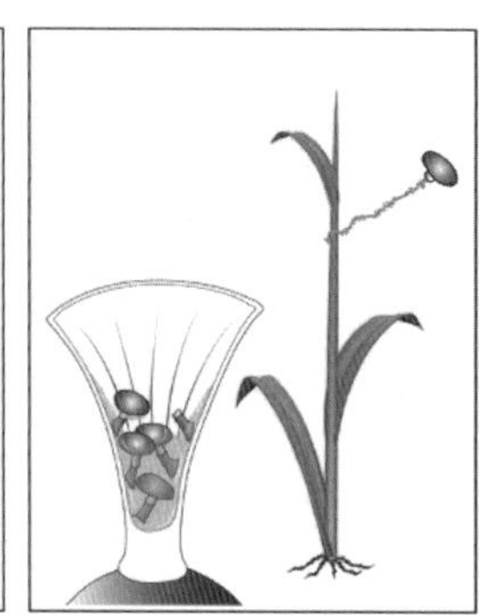
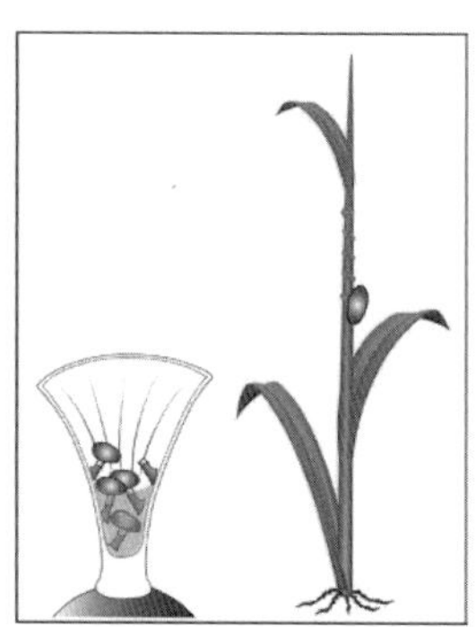

그림 3.8 찻잔버섯의 소피자가 빗방울에 튕겨나와 풀잎에 부착하는 기작을 보여주는 모식도. 방출 전에는 이 줄이 주머니 속에 감겨져 있다. 빗방울의 힘으로 주머니가 찢어지면 소피자가 날아가는 동안에 끈적끈적한 줄 끝이 노출된다. 부착반이 물체에 닿으면 이 줄이 풀려 나온다. 이 과정은 0.2초 이내에 완료된다. 출처: *Hassett, M.O., et al., 2013. Splash and grab: biomechanics of peridiole ejection and function of the funicular cord in bird's nest fungi. Fungal Biol. 117, 708–714.* (원색도판 참조)

3.9). 가장 간단한 기작은 *Taphrina* 같은 병원균에서 볼 수 있는데, 이 병원균은 자낭균류 중에서 가장 하등한 계통인 외자낭균아문에 속한다. 예를 들어, 복숭아 잎오갈병을 일으키는 *Taphrina deformans*에서 자낭은 감염된 잎 표면에 나출되어 있고, 자낭의 정단부가 열려있어 감염성 포자를 연기처럼 방출한다. 설탕효모아문에서는 대부분의 효모들이 자낭벽이 분해되면 자낭포자가 방출되는 수동적인 방식으로 분산된다. 이 분류군에서 예외도 있는데, *Eremothecium*과 *Metschnikowia*는 바늘 모양의 포자를 방출하며, *Dipodascus*는 자낭포자를 천천히 분출한다. 주발버섯아문에서는 자낭이 자낭과라는 다세포 자실체 안쪽에 형성된다. 흰가루병균(예: *Phyllactinia*)으로 통칭되는 흰가루병균목에서는 자낭구가 갈라지면서 자낭이 노출되고, 자낭에서는 자낭포자가 능동적으로 분출된다. Eurotiales목의 균류(예, *Eurotium*)에서는 자낭구의 벽이 부서지면서 자낭이 노출되고, 자낭에서는 자낭포자가 수동적으로 흘러나온다. 자낭반을 형성하는 자낭균류 중에 유개 자낭을 가진 *Ascobolus immersus*가 있는데, 이 버섯은 분생균으로서 자낭포자 방출기작 연구에 이용되어 왔다. 이 종의 '거대한' 자낭은 길이가 무려 1 mm에 이르며, 자낭과에 솟구치듯 배열되어 있고, 자낭에 덮개가 있고, 점질물로 싸인 8개의 자낭포자를 최대 초속 18 m의 속도로 쏘아 올린다. 더 큰 자낭반을 형성하는 다른 종의 *Ascobolus*에서는 다수의 자낭에서 한꺼번에 자낭포자를 쏘아 올리므로 마치 연기가 피어오르는 듯하다. 이를 '포자연기발생(puffing)'이라 하며, 상승기류를 만들므로 하나의 자낭에서 자낭포자가 사출되는 경우보다는 훨씬 더 높은 곳까지 포자를 올려보낼 수 있다 (그림 3.10). 포자연기발생은 *Sclerotia*(균핵병균)에서도 알려졌는데, 이 균은 대를 가진 자낭반을 만들고 자낭에는 덮개가 없다.

자낭각을 가진 자낭균류에서는 자낭 정단이 비후되어 마치 괄약근처럼 작용하므로 자낭 내부의 압력을 유지하면서 포자를 방출시키는 역할을 한다. 이러한 균류의 방출과정은 *Podospora* 및 *Sordaria*에서 많이 연구되었다 (그림 3.11). 이런 유형의 자낭을 가진 병원균으로는 *Nectria*와 *Gibberella*가 있다. 자낭포자를 폭발식으로 방출하는 유형은 자낭각을 형성하는 자낭균류의 일반적인

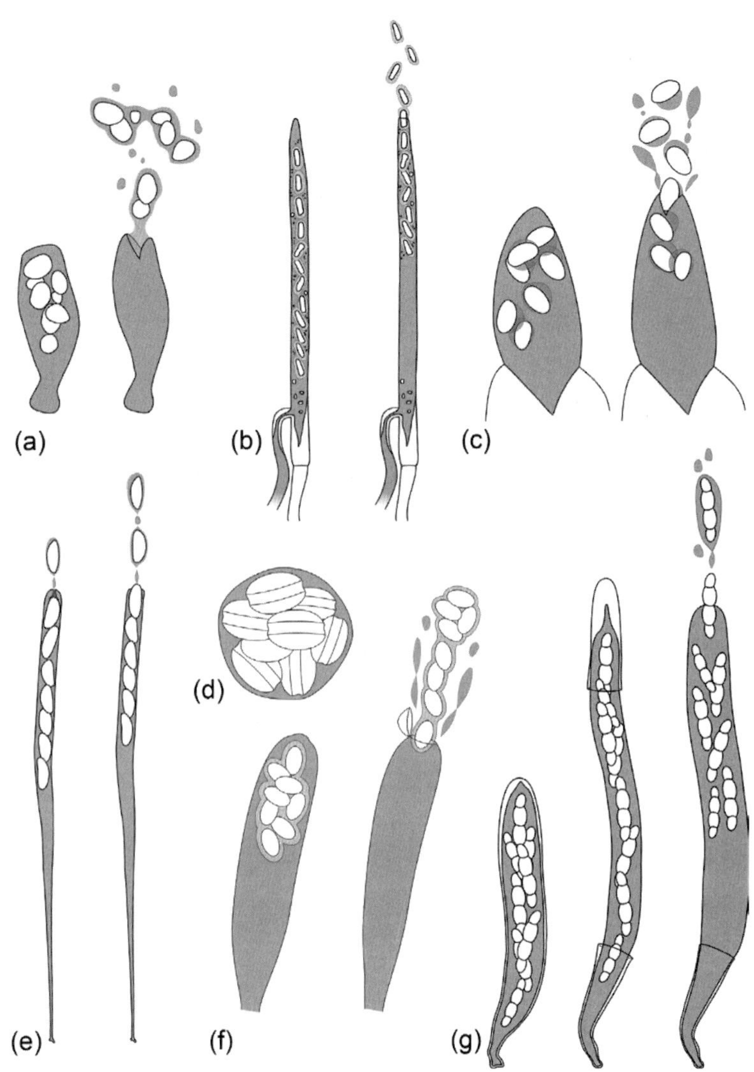

그림 3.9 자낭 모양과 자낭포자 방출기작의 다양성을 보여주는 그림. (a) *Taphrina deformans* (Taphrinomycotina). 이 식물병원균의 자낭은 복숭아 잎 표면에 나출되어 있다. 자낭 정단이 갈라지며 한번에 여러 개의 포자를 방출한다. (b) *Dipodascus macrosporus* (Saccharomycotina)의 자낭포자는 점질물에 싸여 있다. 이 포자는 자낭 정단의 찢어진 구멍을 통해 천천히 방출된다. 이 종은 나출 자낭을 형성한다. (c) 흰가루병균 *Podosphaera pannosa* (Pezizomycotina, Erysiphales)의 자낭구에는 1개의 자낭이 형성되며, 자낭포자는 자낭 정단의 갈라진 틈새를 통해 방출된다. (d) *Emericella nidulans* (Pezizomycotina, Eurotiales)의 경우 자낭구 안에 다수의 비폭발성 자낭을 형성한다. 이 종의 자낭포자는 2개의 테두리를 갖고 있다. (e) *Xylaria hypoxylon* (Pezizomycotina, Xylariales)의 자낭은 자낭 정단에 있는 수축성 고리(정단기관)를 통해 포자를 방출시킨다. 이 종의 자낭과는 자낭각이다. (f) *Ascobolus immersus* (Pezizomycotina, Pezizales)의 유개자낭은 자낭의 덮개가 열리면서 포자를 방출한다. 이 종의 자낭과는 자낭반이다. (g) *Pleospora herbarum* (Pezizomycotina, Pleosporales)의 경우에는 자낭의 외벽이 파열되어 내벽이 팽창하면 자낭포자 방출이 이루어진다. 이 종의 자실체는 위자낭각이다. *출처: Mark Fischer, Mount St. Joseph University, Cincinnati.* (원색도판 참조)

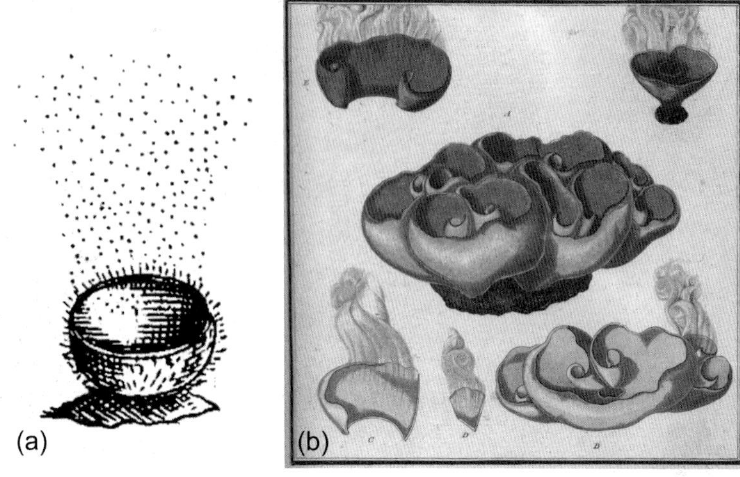

그림 3.10 자낭반으로부터 자낭포자가 대량 방출되는 모습을 그린 고전적 자료. (a) 1729년에 P.A. Micheli에 의해 처음 발간된 그림. Nova Plantarum Genera. Florence, Bernardi Paperinii. (b) 출처: *Bulliard, P. 1791. Histoire des champignons de la France, ou, Traité él émentaire renfermant dans un ordre méthodique les descriptions et les figures des champignons qui croissent naturellement en France. Paris. Chez L'auteur, Barrois, Belin, Croullebois, Bazan.*

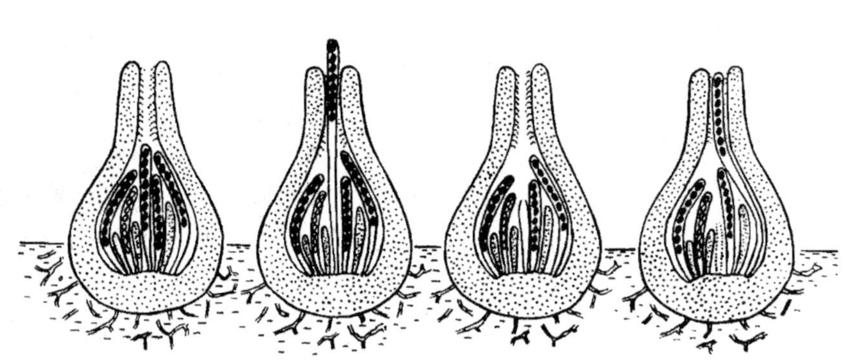

그림 3.11 *Sordaria fimicola*의 자낭포자 방출. 자낭이 한 번에 하나씩 자낭각의 목을 통해 자라 나와 포자를 방출한 후에는 수축되어 다음 자낭이 목을 통해 자라 나오도록 공간을 제공한다. 출처: *Ingold, C.T., 1971. Fungal Spores: Their Liberation and Dispersal. Clarendon Press, Oxford.*

특징은 아니다. 많은 종들은 자낭포자를 점액과 함께 한꺼번에 쏟아내서 마치 자낭각으로부터 뿔이 솟아나듯 포자타래(cirrhus)를 형성한다. 이러한 균류의 포자는 2차적으로 곤충에 의해 전파된다. *Ophiostoma* 종은 이런 방식으로 전파되는데, 자낭각 속에서 자낭벽이 분해되고 자낭포자는 흘러나오듯 방출된다. 폭발적으로 자낭포자를 방출하는 자낭각을 형성하는 자낭균류 중에서 이렇게 자낭포자를 천천히 방출하는 그룹은 여러 유전 계통 중에서 '격렬한' 기작을 상실한 것으로 여겨진다.

마지막으로, 이중벽 자낭을 가진 자낭균류에는 2단계로 자낭포자를 방출하는 기작을 가진 것들이 많다. 즉, 자낭 외벽(ectotunica)이 깨지면 내벽(endotunica)이 신장하고 정단이 갈라지면서 자낭포자를 방출한다. 이중벽 자낭은 **위자낭각(pseudothecium)**이라는 자실체 안에 형성되며, 위자낭각은 자낭각이나 다른 자실체와 형태적으로 유사하다. 이중벽 자낭을 가진 중요한 병원균으로는 *Cochliobolus*, *Mycosphaerella*, *Pleospora*, *Venturia* 등이 있다.

개개의 자낭이 어떻게 폭발적으로 자낭포자를 방출하는지에 대해서는 100년 넘게 연구되어 왔다. 대부분의 경우에 자낭은 압력이 걸린 포자 총의 기능을 가지고 있어 포자를 공기 중으로 점액과 함께 발사하는 방식이다. 자낭의 기능에 대한 생체역학적 이해는 고속비디오 현미경 촬영, 자낭액의 분광분석, 수학적 모델을 조합하여 진행되어 왔다 (그림 3.12). *Neurospora tetrasperma* 자낭은 4개의 자낭포자를 한꺼번에 방출하는데, 자낭포자가 날아가는 동안에도 점질물에 의해 덩어리 상태이거나 하나씩 흩어지기도 한다. 방출 전에 자낭포자는 무기이온(칼륨과 염소)과 당알코올을 함유한 자낭액에 잠긴 상태인데, 이러한 물질 때문에 자낭 안쪽은 몇 기압의 팽압을 유지한다. 자낭의 정단이 열리면 자낭포자와 자낭액은 평균 초속 16 m로 배출된다. 자낭포자와 자낭액 방울은 수평거리로 20 mm까지 날아간다. 화곡류에 이삭마름병을 일으키는 *Gibberella zeae*에서도 비슷한 기작이 알려진 바 있다.

자낭균류에서 자낭포자가 비산되는 거리는 수 mm에서 수십 cm에 이르기까지 다양하다. *Podospora dicipiens* 자낭포자는 무려 50 cm 이상이나 날려가므로 최고기록으로 생각된다. 이러한 포자는 자신의 길이보다 무려 16,000배나 멀리 날아가는데, 이는 대포를 쏘아 사람을 30 km나 날려 보낸 셈이다. 실제로 서커스에서 대포로 사람을 쏘았더니 중력 때문에 단 몇 m 밖에서 땅에 떨어졌다. 중력이 작용하여 자낭의 발사거리에 영향을 주겠지만, 공기 저항이 훨씬 더 큰 브레이크 역할을 한다. 포자는 비행 중에 공기저항과 포자의 질량(또는 관성)에 따라 속도가 감소하며, 이는 '힘 = 질량 × 가속도'라는 뉴튼의 제2법칙에 따른다. 포자의 크기가 증가할수록 항력(drag)과 질량은 증가한다. 그러나 포자의 체적이 증가함에 따라 질량은 그만큼 중요하게 되므로 큰 포자일수록 덜 감속하고 더 멀리 날아간다. 자낭의 팽압과 발사속도가 동일한 조건이라면, 큰 발사체(자낭포자)일수록 더 멀리 날아간다. 이러한 원리는 엄청난 발사거리를 자랑하는 자낭을 가진 *Ascobolus*나 *Podospora* 같은 분생균류에서 자낭포자가 점질물로 싸이거나 부속지를 가져 발사체 질량을 증가시키도록 진화한 이유를 설명하기에 충분하다.

능동적 분생포자 방출

팽압으로 분생포자를 방출하는 기작을 가진 사례가 많이 알려져 있지만, 작동원리에 관한 최신 연구는 거의 없다. 이러한 기작이 흔히 관찰되고 농작물 질병의 확산을 결정하는 데 중요하기 때문

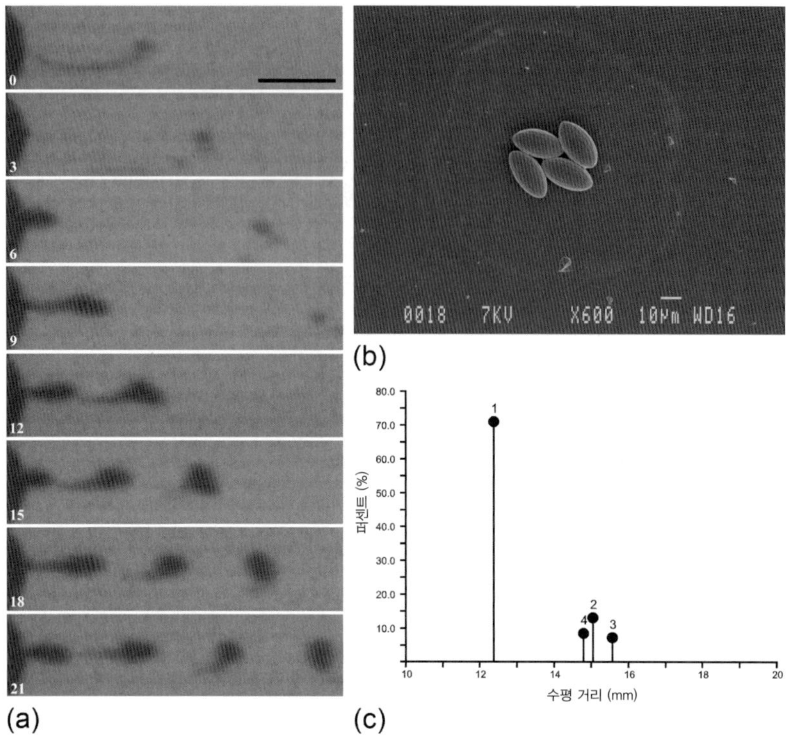

그림 3.12 *Neurospora tetrasperma*의 자낭포자 방출. (a) 초당 100만 프레임을 촬영하는 고속비디오카메라로 찍은 포자 방출 모습. 시작부터 21 μs까지 매 3번째 프레임을 보여주고 있다. 처음 2개 프레임에서는 세포벽 구성물질 한 조각이 자낭의 정단에서 떨어져 나간다. 이어 자낭의 안쪽으로부터 4개의 자낭포자가 방출된다. 이 균이 포자를 방출하는 최대속도는 초속 32 m (시속 115 km)이다. 포자가 비산하는 동안 회전한다. 막대 = 20 μm. (b) 하나의 자낭에서 슬라이드글라스에 방출된 자낭포자의 주사전자현미경 사진. 포자 주위에 말라버린 자낭액 잔재가 있으며, 자낭 정단에서 방출된 물질이 포자의 아래 부위에 남아 있다. (c) 방출된 포자의 잔재를 이용해 분산거리를 측정한 결과: 70%의 포자가 단독으로 평균 12 mm를 비산했고, 자낭액에 갇혀 2, 3, 4개의 포자가 덩어리진 경우에는 더 멀리 비산하였다. 이는 발사체 질량과 비산거리의 관계를 잘 나타내준다.

일 것이다. 도열병균 *Magnaporthe grisea* (Pezizomycotina)의 분생포자는 습한 조건에서 0.5 mm까지 튕겨나갈 수 있다. 상세한 기작은 불분명하지만, 분생포자가 분생포자경에 붙어있는 꼭지의 압력이 터지면서 이루어지는 것으로 여겨진다. *Nigrospora* 종에서는 팽압에 의해 분생포자가 방출됨이 확실히 알려졌다. 여기에는 옥수수 이삭썩음병을 일으키는 *Nigrospora oryzae*도 포함된다. 둥근 모양의 *Nigrospora* 분생포자는 플라스크형 세포와 지지세포 위에 달려 있다. 플라스크형 세포로부터 뿜어나온 액체는 지지세포의 노즐을 통해 분출되므로 직경 20 μm의 분생포자는 1~2 cm 이상 날아갈 수 있다. 지지세포가 압력을 받아 세포벽이 밖으로 불거져 나오는 (터지지는 않음) 힘으로 분생포자가 방출될 수도 있다. 이러한 기작은 *Epicoccum nigrum*, *Arthrinium cuspidatum*, *Xylosphaera furcata* 등에서도 알려졌다. 한편, *Conidiobolus*, *Erynia*, *Entomophthora* (2차포자), *Furia* 등 곤충병원균의 커다란 분생포자는 분생포자와 분생포자경 정단 사이의 2겹의 격벽이 순식간에 작용하는 압력에 의해 뒤집혀져 발생하는 힘으로 방출된다. 이 기작으로 수 cm나 날아갈 수 있

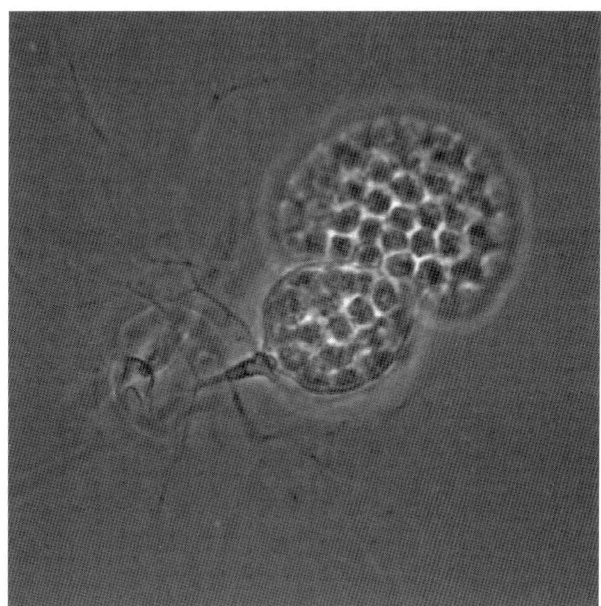

그림 3.13 병꼴균 *Obelidium mucronatum*의 포자낭에서 유주포자가 집단으로 방출되고 있다. 포자낭 세포벽은 탄력이 있어 내용물이 배출되면서 수축한다. 출처: *Joyce Longcore, University of Maine.*

다. 이와 유사한 양상을 녹병균류의 녹포자 방출기작에서 볼 수 있다. 격벽이 뒤집혀지는 것이 아니라, 높은 습도에 의해 발생한 압력으로 인해 녹포자가 급속히 동그랗게 팽창되면서 서로 밀치게 됨으로써 밖으로 방출된다고 여겨진다. 아직까지 상세한 물리적 해석은 아직 나오지 않았지만, 성숙한 녹포자기로부터 1.0 cm의 거리까지 녹포자가 무수히 떨어진 것을 보면 이 기작이 상당히 효율적이란 것을 확실히 알 수 있다.

유주포자 방출

병꼴균문(Chytridiomycota)의 균류에서 포자낭으로부터 포자가 방출되는 과정은 상당히 다양하다(그림 3.13). 가장 간단한 경우에는 압력이 작용하지 않고 단순히 유두상돌기(papilla)나 신장된 배출구 끝이 열려 유주포자가 유주포자낭에서 이리저리 헤엄치면서 출구를 찾아 나가는 방식이다. 어떤 종에서는 유두상돌기에 덮개가 있어 덮개가 열려야만 유주포자의 방출이 가능하며, 어떤 종에서는 유주포자가 유주포자낭에서 구낭으로 이동한 후에 방출된다. 이런 경우에는 정수압이 중요한 역할을 한다. 유주포자를 형성하는 물곰팡이류(난균문)에서도 유사한 기작이 알려져 있다. 즉, 유주포자낭 정단의 유두상돌기가 열리면 포자가 물속으로 빠져나오거나, 유주포자낭의 압력으로 내용물이 구낭으로 이동한다.

Pilobolus* (접합균), *Basidiobolus*, *Entomophthora

*Pilobolus*의 '포자총'은 아마도 가장 유명한 포자 방출 장치일 것이다. *Pilobolus*가 자라는 초식동물 똥에서는 액체로 가득차고 투명한 포자낭경이 생기고, 그 안쪽에는 삼투압작용으로 팽압이 발생한

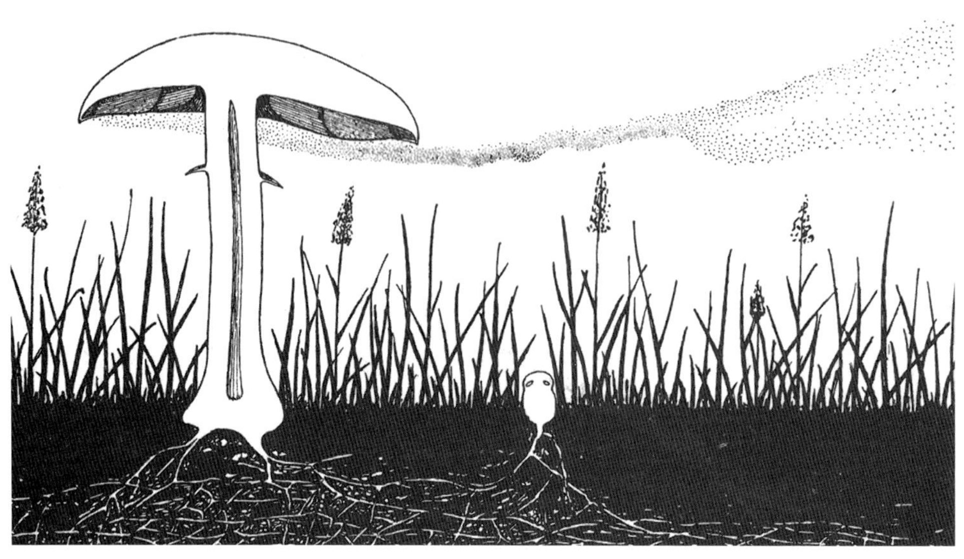

그림 3.19 흰주름버섯(*Agaricus arvensis*) 주름살에서 방출된 포자 구름. 출처: *Buller, A,H.R., Researches on Fungi, vol. 1. Longmans, Green, and Co., London.*

비하는 것처럼 보이지만, 또 한편으로는 버섯이 그렇게도 많은 수의 포자를 생산하는 이유를 대변할 수도 있다. 연구 시료가 제한되기는 하였지만, 포자의 거의 대부분이 자실체 가까이에 떨어진다는 결론에 이르렀다. 버섯 바로 아래에 포자가 쌓이므로 주변 식생이 포자로 뒤덮인 것을 볼 수 있다. 선반처럼 생긴 버섯의 경우에는 자실체 주변에 기류 소용돌이가 생겨서 갓 위에 포자가 쌓이므로 포자 낭비가 더 심하다.

포자가 발생원 가까이에 떨어지는 비율과 무관하게, 대부분의 버섯은 부모 집락으로부터 먼 거리에 엄청난 수의 포자를 산포시킬 수 있는 생식력을 갖고 있다. 어떤 버섯으로부터 방출된 포자의 5%만 1 m 이상의 거리로 운반된다고 가정해도, 하나의 주름버섯(*Agaricus campestris*)은 약 27억 개의 포자를 생산하므로 매일 1억 3500만 개의 포자를, 하나의 잔나비불로초(*Ganoderma applanatum*)는 1년 생장기간 중 6개월 동안 5조 개의 포자를 방출하므로 매일 10억 개의 포자를 퍼뜨리는 셈이다. 균류는 포자 생산에 전력투구하는데, 대부분의 포자를 낭비하더라도 소수의 포자를 먼 거리에 이동시켜 생존하는 방향으로 진화하였다. 부모 집락 가까이 떨어진 포자들의 운명에 대해서는 알려진 바 없다.

포자 비산에 장애물이 있겠지만, 대기 중으로 비산되는 균류 포자는 매년 약 5천만 톤으로 10^{23}개 이상에 해당된다. 이는 열대우림 상층 공기의 마니톨 농도를 측정한 대기화학자의 연구에서 추산된 수치이다. 당알코올은 담자포자와 자낭포자에 함유되어 있으므로 공기 중의 포자 수를 추산할 수 있는 물질이다. 마니톨은 불러방울과 자낭액에 특히 많이 함유되어 있으므로 방출 이후에도 포자 표면에 많이 붙어있다. 열대우림 상층의 포자구름(spore cloud)에는 부생성 버섯류 및 균근성 버섯류에서 방출된 담자포자가 특히 많다. 이러한 버섯 포자가 구름 형성의 핵으로 작용하여 강우에 기여하므로 열대우림 생태계를 견지하는 역할 중 하나를 담당한다.

시료채취법

균류 동정에 분자적 방법이 도입되기 이전에는 공기 시료의 포자 밀도를 측정하고 종을 동정하기 위해서는 현미경 검사를 일일이 수행하여야 했기에 고생이 많았다. 접착제를 바른 슬라이드글라스를 공기 중에 노출시켜 간단히 조사하는 방법이 있다. 이것은 농작물 사이에 떠도는 식물병원균 포자를 채취하기 위하여 19세기에 사용한 방법이고, 20세기 초에는 비행기와 기구(balloon)가 이용되었다. 슬라이드글라스에 붙은 포자를 종 동정하거나 최소한 속 또는 상위분류군까지는 결정하였다. 포자의 수도 측정하였지만, 슬라이드글라스에 접촉한 공기의 체적을 알 수 없으므로 공기 중의 포자 밀도를 알 수는 없었다. 그래서 공기시료 채취를 위한 기발한 기구가 속속 개발되었다.

시료를 양적으로 측정하는 최초의 기구는 19세기에 등장하였는데, 솜마개에 포자를 포집하는 방식이었다. 1940년대에는 접착성 슬라이드글라스에 부딪히는 포자를 포집하는 방식이 도입되었는데, 처음 개발된 허스트트랩(Hirst trap)을 개량한 버카드 포자채집기(Burkard spore trap)는 오늘날에도 사용되고 있다. 진공펌프를 설치하여 작은 구멍을 통해 설정된 속도로 공기를 흡입하면 입자는 접착성 슬라이드글라스 또는 점착테이프에 포집된다. 설정된 공기 흡입 속도와 시간이 경과되면 공기흡입구 아래에 위치한 슬라이드글라스 또는 테이프를 꺼낸다. 버카드 포자채집기의 경우에는 최대 1주일의 포자를 정성적 및 정량적으로 조사할 수 있다. U자형의 팔 표면에 점착테이프를 장착하고 공기 중에서 모터로 회전시키는 방식인 로토로드 포자채집기(Rotorod trap)도 있다. 두 기종 모두 화분 채집에도 사용된다. 다른 종류의 충격식 채집기로는 배지가 담긴 페트리접시를 공기 중에 노출시키는 것이 있다. 페트리접시를 단기간 배양하여 출현하는 집락의 수로써 살아있는 포자 수를 측정할 수 있다.

1회용 카세트를 장착한 여과장치가 기중 포자를 연구하는 가장 인기 있는 기구가 되었다. 측정된 양의 공기를 진공펌프를 이용하여 여과시킨 후에 카세트에서 필터를 꺼내 현미경 슬라이드 위에 놓고 포자를 동정하고 집계한다 (그림 3.20). 포자 밀도는 공기 입방미터당 포자의 수로 나타낸다. 옥외 공기의 포자 밀도는 지리적 위치, 식물 생장과 조성에 따른 계절적 변화, 기상 여건에 따라 크게 달라진다. 도시에서 평균 포자 밀도는 입방미터당 수백 내지 수천 개의 포자에 이른다. 샌디에이고에서 실시한 한 연구에서는 포자 밀도 평균값이 미풍에서는 200 포자/m^3이지만 강풍에서는 80,000 포자/m^3로 높아졌다. 북미와 유럽 여러 도시에서 측정한 결과 때로는 100,000 포자/m^3를 넘기도 하였지만 대체로 이러한 범주로 나타났다.

옥외 공기 시료 대부분에는 자낭균류 포자가 많은데, 아주 흔히 검출되는 것은 *Alternaria*, *Aspergillus*, *Cladosporium*, *Penicillium* 포자이다. 특정한 농작물을 재배하는 곳에서는 특정한 균류가 더 흔히 검출되기도 한다. 삼림이 우거진 지역에서는 버섯 포자가 높은 밀도로 나타난다. 농작업을 할 때는 포자 밀도가 높게 나온다. 영국의 한 농장 건물에서 곰팡이가 핀 건초를 흔들었더니 최고 농도가 6천8백만 포자/m^3나 되었다. 이런 예외적인 시료에서는 *Aspergillus* 및 *Mucor* 포자가 우점하였다. 포자 밀도가 높게 나온 경우에는 방선균(actinobacteria, 과거에는 actinomycetes로 불렸음) 포자까지 집계되었을 가능성도 있으므로 실제 균류 포자 밀도는 조금 더 낮을 수 있다.

균류 포자 출현율에 관한 정보는 알러지 예보에도 중요하지만 만성폐쇄성 폐질환 및 낭포성 섬유증 같은 각종 질병으로부터 고통 받는 환자들에게도 관심의 대상이다. *Pneumocystis jiroveci*, *Scedosporium prolificans*, *Aspergillus* 종에 의한 폐 감염증으로 인해 이 두 질병은 더욱 악화된다.

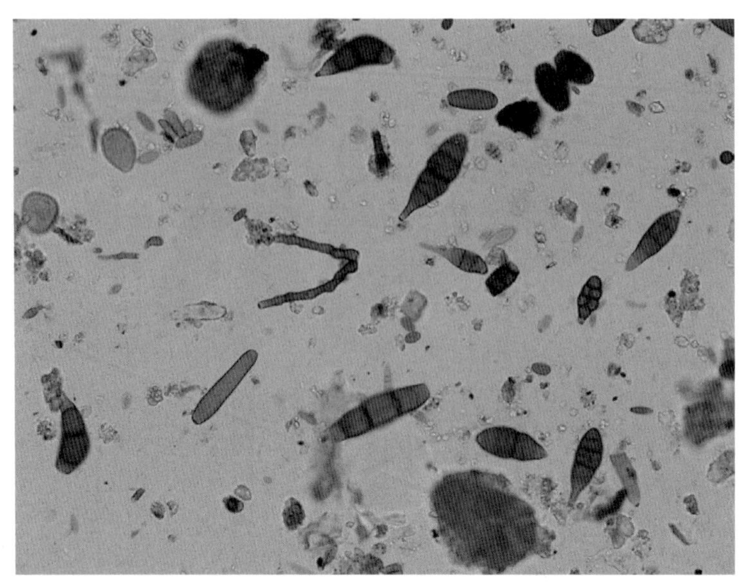

그림 3.20 여과방식으로 포집한 포자 및 포자 부스러기가 있는 공기 시료. *출처: Estelle Levetin, The University of Tulsa.*

대부분의 진균감염증은 호흡을 통해 이루어지는데, 히스토플라즈마증, 콕시디오이데스진균증, 그리고 *Cryptococcus* 종에 의한 중추신경계 심재성 진균증을 예로 들 수 있다. 이러한 기회적 병원균의 포자 밀도에 관한 정보는 서로 다른 진균에 의한 감염 다발지역의 분포를 이해하는 데 유용하다.

대기균학(aeromycology)은 분자적 방법을 도입함으로써 큰 혜택을 받고 있으며, 메타게놈 연구는 균류 다양성의 큰 패턴을 알아내는 데 이용된다. 대륙 안쪽, 해안 생태계, 해양 상층 등 여러 지역에서 채취한 공기 시료를 분자적으로 분석한 결과, 대륙 지역의 공기에서는 버섯 포자가 우점하였다. 해양 지역에서는 자낭균류 포자가 버섯 포자보다 많은 경향을 나타냈다. 계절적 변화에 따른 포자 밀도를 분석한 결과는 예상한 바와 같이 버섯 발생 시기에는 버섯 포자가 현저히 증가하였다. 분자적 연구에서도 실내는 실외보다 균류가 놀랄 만큼 다양하였고, 열대지역보다는 온대지역에서 균류 다양성이 훨씬 높았다. 놀랍게도, 시료를 채취한 건물의 고도가 건축소재보다 균류 다양성과 더 관련되어 있었다. 어린이 천식 발병률과 적도로부터의 거리가 상관관계를 보인 것은 흥미로웠다.

동물에 의한 포자 전파

동물은 균류 포자를 전파하는 중요한 매개자이다. 균류의 다양성이 엄청나고 균류가 자라는 지역에 무척추동물이 풍부하다는 점을 고려하면, 우리는 균류의 산포 기작에 대해 조금만 알고 있을 뿐이다. 새둥지버섯류, 여러 자낭균류, 접합균 *Pilobolus* 등 여러 분생균류에서 발달한 포자 산포

기작은 포자를 초식동물이 먹을 풀잎에 떨어뜨리는 전략이다. 동물의 소화기관을 통과한 후에 포자는 동물이 배설한 곳, 즉 부모 균사로부터 어느 정도 떨어진 곳으로 전파된다. 이 경우에서 매개자는 어떤 이득도 얻지 않는다. 균류는 번식 전략으로서 가능한 이동수단을 이용할 뿐이다. 매개자가 분생균과 관계를 맺음으로써 불이익을 당한다고 알려진 단 하나의 사례가 있다. 즉, 기생성 선충은 *Pilobolus* 포자낭 위에 올라타서 포자낭과 함께 튕겨져 나가고 이를 먹은 초식동물에 우폐충증을 일으킨다.

동물 체내에 포자를 갖는 방식(동물 체내 운반, endozoochory) 외에도 균류는 매개체 표면에 붙어 전파되기도 한다 (동물 체외 운반, ectozoochory). 자낭에서 나온 자낭포자는 끈끈한 포자뿔을 형성하므로 곤충의 몸에 묻을 수 있다. 어떤 경우에는 자낭균이 특별한 화학유인제를 분비하며, 어떤 경우에는 균류와 매개체의 관계가 비특이적이다. 말뚝버섯을 비롯한 말뚝버섯목의 버섯들은 방향성 물질을 이용하여 곤충을 자실체로 유인하는데 (제1장), 이는 꽃과 방화곤충의 관계와 유사하다. **지하성(hypogeous)** 버섯을 형성하는 자낭균인 덩이버섯류와 담자균인 유사 덩이버섯류에서도 유사한 전략이 이용된다. 자낭균 덩이버섯은 주발버섯목에 속하고 자낭포자를 공기 중으로 방출하는 주발버섯류로부터 진화하였다. 검정덩이버섯(black truffle) *Tuber melanosporum*과 흰덩이버섯(white truffle) *Tuber magnatum*이 가장 잘 알려진 종인데, 이러한 덩이버섯류에는 수백 종이 있다. 이들 버섯은 알파안드로스테놀(alpha-androstenol)이란 동물성 페로몬을 합성하여 동물 매개자가 덩이버섯을 산포하도록 자극한다. 수퇘지는 침에 이 스테로이드를 분비하는 동물 중 하나이며, 암퇘지는 이 냄새로 인해 덩이버섯으로 유인되므로 덩이버섯을 채취하는 전통적 방식에 이용된다.

유사 덩이버섯류는 주름살을 가진 무당버섯목의 버섯 및 관공을 가진 그물버섯목의 버섯으로부터 진화하였다. 이러한 지하성 형태를 갖도록 진화한 것은 자실체가 발달하면서 포자 형성 조직이 아직 덮여 있는 중간적 단계에 머물렀기 때문으로 여겨진다. 이러한 종류의 자실체를 **유사복균류(secotioid)**라고 한다. 유사복균류는 포자 형성 조직으로부터 증발에 의한 수분 손실을 줄이고 포자가 바람에 날리는 것을 억제하거나 완전히 배제하는 형태를 갖추었다. 유사복균류 및 지하성 버섯의 진화는 불러방울을 이용한 포자 방출 기작을 잃음과 동시에 동물에 의해 소비되도록 적응한 결과이다. 유사 덩이버섯류가 사출포자 방출기작을 잃은 것은 자낭균 덩이버섯류가 능동적 자낭포자 방출기작을 잃은 것과 아주 비슷하다. 이 과정은 알버섯(*Rhizopogon*)의 진화 과정에서 일어난 것으로 생각되는데, 알버섯은 외생균근성 유사 덩이버섯으로서 관공을 가진 비단그물버섯(*Suillus*)과 가까운 분류군이다. 알버섯 포자는 침엽수림에서 여러 종류의 소동물에 의해 전파된다.

생물발광 버섯 *Neonothopanus gardneri*에 관한 흥미로운 실험에서는 어둠 속에서 곤충을 유인하는 생체리듬에 따라 녹색 빛이 발광된다고 한다. 녹색 빛을 발하는 다이오드로 발광시킨 아크릴 버섯 모형은 빛이 없는 대조 모델보다 곤충을 유인하는 데 더 효과적이었음이 연구 결과 밝혀졌다. 매개자로서의 곤충이 포자 산포에 어떤 역할을 하는지는 아직 증명되지 않았지만, 이 버섯은 브라질 숲의 바람으로부터 가려진 곳에 있는 야자나무 밑동에서 자란다. 이와 같이 바람이 들이치지 않는 서식지에서는 발광성 버섯과 비발광성 버섯에게 곤충에 의한 포자 전파가 바람에 의한 전파만큼 중요한 수단이 될 수 있다.

수생균류의 포자 전파

수생균류의 비운동성 포자

잎의 분해에 관여하는 수생균류(aquatic fungi)의 포자는 석회질 개울에 흔하다. 이러한 균류는 대부분 자낭균류이고 일부는 담자균류인데, 1930년대에 이들을 발견한 C.T. Ingold (1905~2010)의 이름을 따서 인골드균류(Ingoldian fungi)라고 총칭한다. 인골드균류의 일부는 내생균이므로 잎이 떨어짐으로써 산포된다고 한다. 인골드균류의 포자는 놀랄 만큼 정교한 모양인데, 중앙 축에 4개의 팔을 가져 마치 별을 닮은 모양(사방방사형 포자, tetraradiate spore)부터 초승달 모양, S자 모양, 쉼표 모양, 인경비늘 모양 등 다양하다 (그림 3.21). 이들 포자는 잎 표면에 발달하는 분생포자경 끝에 형성되며, 물의 흐름을 막는 바위나 통나무 근처에 생기는 흰 물거품에 포자가 모인다. 이러한 균류를 연구하기 위해서는 물거품 시료를 모으고, 실험실에서 잎을 단기간 배양하여 포자를 획득하는 방법을 통해 순수 배양체를 얻을 수 있다.

물에서는 포자 모양이 침강속도 결정에 있어서 중요하지 않다. 공기에 비하여 물의 점성은 매우 높기 때문에 포자의 침강속도가 초당 수 mm에서 분당 수 mm에 불과하지만, 대부분의 실험에서는 부속지를 가진 분생포자도 매끈한 분생포자와 같은 속도로 침강하였다. 사실, 초음파 발생기로 실험했을 때 아무 처리도 하지 않은 포자가 초음파 발생기로 인해 교란 받은 포자보다 더 빨리 침강한다는 실험 결과도 있다. 따라서 수생균류 포자가 왜 독특한 모양을 갖는지에 대해서는 좀

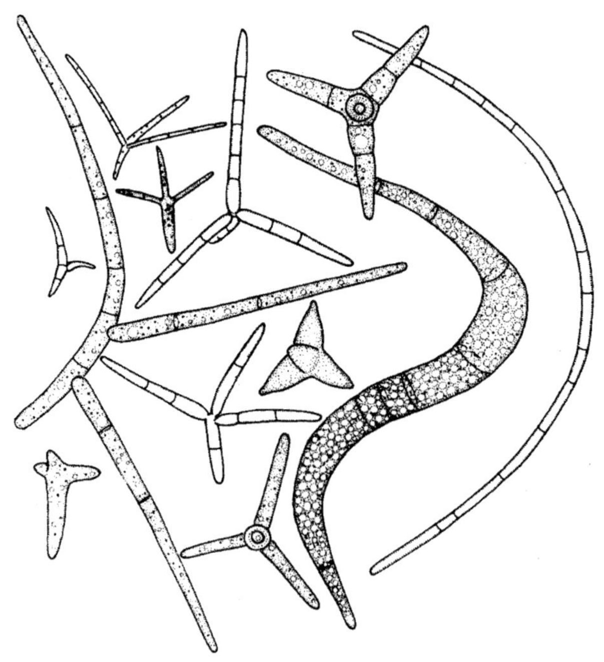

그림 3.21 담수 서식지에서 발견된 인골드균류의 다양한 포자들. 출처: *Webster, J., Weber, R.W.S., 2007. Introduction to Fungi, third edition. Cambridge University Press.*

더 설명이 필요하다.

가장 주목 받는 해답은, 독특한 모양으로 몸뚱이를 넓힐수록 물속에서 식물 잔재물와 부딪힐 가능성이 높아진다는 것이다. 인골드균류에 속하는 *Brachiosphaera tropicalis*의 분생포자는 유효 직경이 0.4 mm에 이를 정도로 크다 (그림 3.1f). 이러한 직경의 구형 포자라면 무게가 약 40 μg에 이르겠지만, 중앙 축에 가는 팔을 가진 사방방사형 포자는 무게가 1/400에 불과하며 아주 적은 양의 세포질을 갖고도 식물 잎 잔재에 부딪힐 가능성은 구형 포자와 같다. 실제로는 구형 포자가 커다란 액포를 가져서 세포질의 양은 그만큼 줄어 들었으므로 단순비교는 무리가 있다. 사방방사형 포자의 표면적은 같은 직경의 구(sphere) 표면적의 1/30에 불과하므로 세포벽을 덜 만드는 이득보다는 세포질의 양을 아끼는 이득이 크다고 할 수 있다. 그럼에도 불구하고 인골드균류의 포자 모양이 아름답다는 것에 중점을 두고 연구가 진행된 듯하다. 부속지를 가진 포자의 형태가 유용하다는 것은 해양성 목재부후균 *Nia vibrissa* 담자포자의 수렴 발달을 보면 확실히 알 수 있다.

이와 같은 수생균류 포자가 신장된 형태를 갖는 것은 또 다른 장점이 있다. 사방방사형 포자에서 한 팔이 대상물에 부딪히면 접착점을 축으로 포자가 살짝 회전하면서 세 부위가 접촉하여 안정된 착륙을 할 수 있다. 팔 끝이 잎 표면에 딱 달라붙고 접촉된 세 부위에서 가는 균사가 자람으로써 잎을 점유하기 시작한다. 이런 형태의 포자는 표면 막에서 더 쉽게 전파될 수 있다는 장점이 있고, 물거품에 포자가 모이는 이유를 설명해 주고 있다. 물거품에 포집된 포자는 물방울이 터질 때 공기 중으로 방출된다고 알려졌다. 이는 이들 수생균류가 어떻게 물 위에서 자라는 식물의 내생균으로 정착할 수 있는지를 잘 설명해 주고 있다.

고인 연못물의 공기-물 계면에서 형성되는 기중수생균류(aeroaquatic fungi)는 다른 방식으로 적응하였다. 이들 포자는 균사가 나선형으로 생장하여 발달하므로 술통 모양이 되고 안쪽에는 공기방울이 붙잡힌다. 포자는 수면에 떠서 산포되고, 잎이나 썩어가는 목재에 서식한다. 수환경에서 식물 잔재 위에 자라는 많은 다른 균류는 특별히 형태적으로 서식지에 적응된 것은 아니다.

수생균류의 운동성 포자

균류의 운동성 포자를 유주포자(zoospore)라고 하며, 후방에 있는 단(單)편모가 물속에서 전진운동을 일으킨다 (그림 3.22). 이는 균류와 동물을 아울러 '후편모생물'로 지칭할 수 있는 구조적 특유성이다. 균류 중에는 Blastocladiomycota, Chytridiomycota, Neocallimastigomycota를 비롯하여 Cryptomycota에 속하면서 아직 분류학적 위치가 불분명한 여러 유주포자균류가 포함된다 (제1장). 예외적으로 Neocallimastigomycota에 속하면서 다(多)편모 포자를 형성하는 균류는 혐기성 장내균류 중에 포함되어 있다. 유주포자는 대부분 전파의 기능을 가지며 균류를 새로운 영양공급원으로 옮겨 준다. 한편, Blastocladiomycota의 유성세대에서는 운동성의 단편모 세포가 배우자로 작용한다.

균류의 유주포자는 구형 또는 난형의 세포로서 세포벽은 없다. 세포벽이 없으므로 세포는 팽압과 무관하게 물의 흡수를 조절해야 한다. 그래서 삼투압이 조절되지 않으면 유주포자 세포는 터질 것이다. 일부 병꼴균류의 유주포자에서는 수축성 액포가 관찰되며, 포자 세포막을 통한 능동적 이온교환으로 물의 흡수를 조절하기도 한다. 유주포자 편모가 기부에서 꼬리 방향으로 고빈도 파동을 일으켜서 추진력을 얻는데, 병꼴균류에서는 초당 10 μm의 속도(초당 세포 길이의 20배)가 일

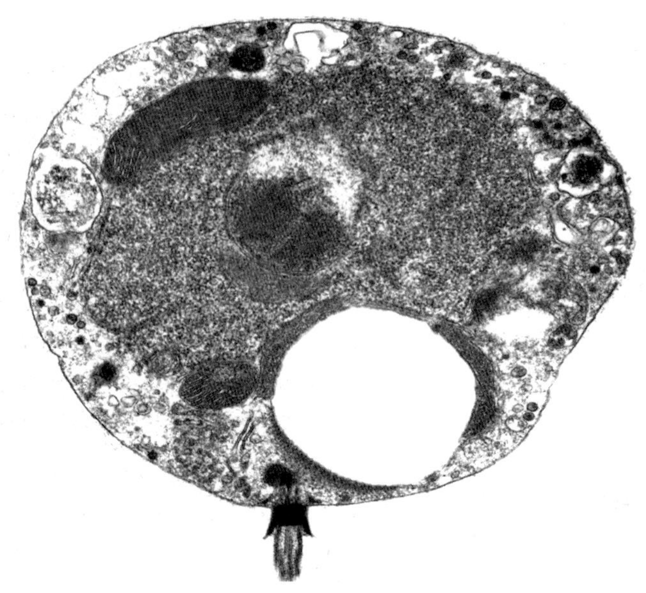

그림 3.22 병꼴균 *Chytridium lagenaria*의 유주포자를 촬영한 투과전자현미경 사진. 포자 아래쪽에 단편모 기부가 보인다. 크고 둥근 구조체는 수축성 액포이다. 출처: *Peter Letcher, University of Alabama.*

반적이다. 배양접시나 현미경용 유리통에서 관찰해 보면 유주포자가 몇 시간 동안 운동할 수 있다. 이들은 대부분 직선으로 또는 둥글게 원을 그리면서 헤엄친다. 다른 많은 진핵미생물의 편모세포와 달리 병꼴균류 포자는 세포 회전 없이 헤엄친다. 그래서 부드럽고 미끄러지듯 헤엄치지만, 때로는 순간적으로 휙 뒤로 넘거나 튀어 오르듯 움직이거나 갑자기 방향을 바꾸기도 한다. 이러한 방향전환은 편모를 기부 방향으로 구부려서 마치 노를 움직이듯이 조절함으로써 이루어진다. 유주포자가 정기적으로 헤엄치기를 멈추기도 하는데, 이때도 편모는 수평운동을 유지하면서 정지된 세포 근처에서는 웅크린다. 병꼴균류의 유주포자는 짧은 거리의 이동에서는 표면 위에서 아메바운동을 하며, 언제든지 아메바운동과 자유로운 헤엄을 반복적으로 전환할 수 있다.

공기 전파성 포자는 발아할 때까지 저장양분을 소비할 필요가 없지만, 유주포자는 지질 및 저장양분을 지속적으로 산화하여 에너지를 충당해야 한다. 그래서 활동 가능 시간이 정해져 있다. 유주포자는 초당 25 μm의 평균속도로 5시간 동안 헤엄치면, 중간에 잠깐씩의 정지상태를 감안해도 약 50 cm를 이동한다. 유주포자의 불규칙한 운동 패턴이 실험실에서 흔히 관찰되므로 실제 직선거리로 이 만큼 이동한 것은 아니다. 편모운동과 아메바운동은 단거리 이동에 효과적이라서 유주포자가 아주 제한된 영역에서 화학구배를 인지하여 양분이 있는 곳을 탐색할 수 있다. 가용성 아미노산과 당분에 병꼴균류의 유주포자가 이끌리는 것을 실험적으로 증명한 바 있다. 식물이나 동물을 감염하는 종은 기주(숙주) 세포에서 방출되는 더 독특한 화합물에 이끌리는 굴화성(chemotaxis)을 보일 것이다. 기주 표면에 부착하면 편모를 세포 안으로 끌어들이고 세포벽을 형성하여 피낭체(cyst)가 된다. 기주 표면에 부착하지 않은 운동성 유주포자와 피낭체는 토양 입자 사이에 흐르는 물을 따라 수동적으로 멀리 전반될 수도 있으며, 수환경에서는 물을 따라 흘러간다.

Phytophthora 및 *Pythium* 같은 식물병원성 난균류에서 유주포자의 분산 기작이 잘 알려져 있다. 이들의 유주포자는 콩팥 모양 세포의 복면에서 나온 한 쌍의 편모를 가진다. 한 편모는 유주포자가 운동하는 방향으로 향하며 편모털에 덮여 있고, 다른 편모는 세포 뒤쪽을 향한다. 두 편모 모두 기부에서 정부로 파동운동을 한다. 전방편모에 편모털이 있어 포자가 물속에서 방향을 잡는 역할을 한다. 후방편모는 노와 같은 역할을 하고 큰 추진력을 내지는 못한다. 난균류의 유주포자는 세포의 긴 축을 따라 회전하면서 크게 나선형을 그리며 헤엄친다. 균류의 유주포자와 같이 난균류의 유주포자도 방향전환을 자주하며 몇 cm 거리의 양분을 탐색할 수 있도록 적응하였다.

Further Reading

Fischer, M.W.F., Stolze-Rybczynski, J.L., Davis, D.J., Cui, Y., Money, N.P., 2010. Solving the aerodynamics of fungal flight: How air viscosity slows spore motion. Fungal Biol. 114, 943–948.

Ingold, C.T., 1971. Fungal Spores: Their Liberation and Dispersal. Clarendon Press, Oxford.

Kirk, P.M., Cannon, P.F., Minter, D.W., Stalpers, J.A. (Eds.), 2008. Dictionary of the Fungi. 10th ed. CAB International, Wallingford, United Kingdom.

Lacy, M.E., West, J.S., 2007. The Air Spora: A Manual for Catching and Identifying Airborne Biological Particles. Springer-Verlag, Berlin, Heidelberg, New York.

Money, N.P., Fischer, M.W.F., 2009. Biomechanics of spore discharge in phytopathogens. In: Deising, H. (Ed.), The Mycota, second ed. In: Plant Relationships, Vol. 5. Springer Verlag, Berlin, Heidelberg, New York, pp. 115–133.

Webster, J., 1987. Convergent evolution and the functional significance of spore shape in aquatic and semi-aquatic fungi. In: Rayner, A.D.M., Brasier, C., Moore, D. (Eds.), Evolutionary Biology of the Fungi. Cambridge University Press, Cambridge, pp. 191–201.,

CHAPTER

4

유전학 - 변이, 성, 진화

유전학은 변이와 유전 산물을 다루고 있으며, 균류의 행위를 이해하는 기초를 제공한다. 궁극적으로 한 종 또는 계통의 균류가 한 종 또는 그보다 다양한 식물 종에 병을 일으키는 이유, 균류가 다른 개체를 인지하는 방법, 몇몇 균류가 상대적으로 빨리 자라거나 유기물을 좀 더 빠르게 분해하는 이유, 균류의 특성과 다른 생물과의 관계가 시간에 따라 변화하는 방식 등 모든 것은 유전학의 이해로부터 비롯된다. 균류생태학자, 보전생물학자, 식물병리학자, 무척추동물 병리학자, 의진균학자, 생물열화 전문가, 그리고 원예, 의약품, 식품, 화학공업에서 균류의 이용과 관계된 모든 사람은 균류의 기본적인 유전 개념을 이해할 필요가 있다. 균류는 유전학과 진화생물학 연구에 최적화되어 있다. 많은 경우에 관리된 실험실 환경 하에서 유전적 차이점을 감추거나 드러낼지도 모르는 환경적 가변성을 최소화하면서 순수배양할 수 있으며, 많은 종은 돌연변이 대립형질이 표현형으로 쉽게 감지될 수 있도록 일생의 많은 부분을 반수체로 살아가고, 많은 종이 생활사의 몇몇 과정에서 높은 생장률과 짧은 생활사, 단일핵의 반수성 세포를 갖고, 각각 교배를 통해 많은 수의 자손을 가지며, 염색체 수가 적고, 유전체의 크기가 작다. 자낭균류 *Aspergillus nidulans*, *Neurospora crassa*, *Saccharomyces cerevisiae*는 이러한 특성을 많이 가지고 있고 유전학적으로 가장 잘 연구된 생물이다.

제4장에서는 먼저 무엇이 균류 개체와 개체군을 구성하는지 정의하고, 균류의 종 개념에 대하여 고려해 볼 것이다. 이 장의 후반부는 크게 두 부분으로 나눌 수 있는데, 첫 번째 부분은 균계에서 관찰되는 각기 다른 생활사 및 교배 방식과 관련된 것이다. 두 번째 부분은 균류의 변이와 가변성의 근원, 진화, 새로운 종의 탄생 등을 살펴볼 것이다.

개체, 개체군, 종의 정의

개체, 개체군, 종은 집단유전학, 생태학, 보전 분야에서 필수적인 3가지 개념이다.

개체란 무엇인가? 정의, 인식, 중요성

개체의 정의

다세포 동물과 식물에서 개체가 무엇인지를 확인하는 일은 그리 어렵지 않다. 즉, 한 마리 사자는 하나의 개체다. 단세포 균류와 아주 제한적인 균사생장을 하는 것들은 쉽게 개체로 간주할 수 있지만, 포복경이나 흡지를 형성하는 식물이나 산호 같은 무성번식 동물의 경우처럼, 더 커다란 균체를 형성하는 개체가 무엇으로 구성되어 있는지 정의하기는 어렵다. 균사체에 있는 개별적인 구획은 독립적으로 존재하면서 새로운 균총을 형성할 수 있는 능력이 있고, 이 균총은 모양과 크기가 정해져 있지 않기 때문에(즉, 무한생장을 함) 이러한 문제점이 발생한다. 만약 큰 균사체가 조각나거나 무성포자를 생산하는 경우에는 물리적으로는 분리되겠지만 유전적으로는 서로 동일한 균총을 형성하게 된다. 이러한 일은 자연계에서 흔히 발생한다. 이러한 방식에 관련된 생물을 영양계(clone)라고 부른다. 따라서 식물학 전문용어에 의하면 개체를 정의하는 데에는 두 가지 측면이 있다. 유전적으로 동일한 개체(영양계)의 전체 집단은 **지네트(genet)**이라고 정의하며, 무성적으로 유래한 지네트의 일부를 각각의 **라메트(ramet)**로 정의할 수 있다.

균사체는 조각날 수 있을 뿐만 아니라 합쳐질 수도 있다. 만약 하나의 영양계에서 나온 둘 이상의 균사가 다른 것과 접촉하면 이들은 단일 균총(56쪽)에서 균사융합이 일어나는 방식으로 합쳐질 수도 있으며(101~103쪽), 그 결과 균사체의 합생에 의한 개개의 기능적 단위를 형성하게 된다. 과거에는 합생이 같은 종의 균사체에서는 유전적 근원과 관계없이 서로가 만나기만 하면 언제든지 일어날 수 있는 것이라 생각했다. 그 결과 균사체는 다른 개체 간의 합병에서 유래한 다양한 핵을 가지고 있으며, 이들은 환경 조건에 따라 작동될 수도 있고 안될 수도 있다고 생각하였다. 하지만 체세포 불화합성(101~103쪽)의 발생은 이러한 모자이크가 흔하지 않음을 의미한다. 예외적으로 글로메로균류는 개별 균사체가 다양한 핵을 가질 수 있다.

지네트와 라메트는 규모와 수명 측면에서 상당히 다양하다. 실제로 규모는 다양한 인자들 중 생활방식, 생태학적 전략, 나이, 차지하고 있는 자원의 크기, 다른 생물과의 상호작용에 따라 결정된다. 많은 균류의 가용자원(예: 나뭇잎, 나뭇가지)이 한정되어 있어서, 그들이 도달할 수 있는 규모는 자원보다 커질 수 없다. 일반적으로 훨씬 더 작은 경우가 많은데 이는 같거나 다른 종에 속하는 개체들의 존재에 기인한다. 몇몇 균류의 균총은 지름이 수 cm 이상 생장하지 않는 경향이 있지만, 자원과 시간이 충분히 주어진다면 이보다 커질 수 있다 (예: *Penicillium* 류). 반면에, 일부 담자균류는 토양과 낙엽에서 넓고 수명이 긴 지네트와 라메트를 형성할 수 있다. 대부분의 외생균근성 균류(205~228쪽)와 낙엽분해 부생균의 경우에 지네트는 보통 지름이 10 m 이하이지만, 균사끈(59~60쪽)이나 근상균사다발(59~60쪽), 균륜을 형성하는 종들은 이보다 클 수 있다. 지구에서 가장 큰 생물은 아마도 지네트가 최대 약 8 ha에 이르고 1,000년 이상된 것으로 추정되는 북미 숲의 *Armillaria* 종일 것이다. 야외에서 라메트의 역학관계는 많이 알려지지 않았지만 그 규모, 모양, 분포, 수는 끊임없이 변화할 것이며, 특히 생장속도가 빠른 해에는 더욱 심할 것이다 (그림 4.1).

비록 생물량의 이용이 덜 모호한 계측 방식이긴 하지만, 개체는 흔히 수치적으로 비교가 되는 기준이기 때문에 개체를 정의하는 것은 매우 중요하다. 실제 개체의 정의는 환경에 달려있다. 세계자연보전연맹(IUCN, International Union for Conservation of Nature)은 개체를 독립적인 생존과 생식을 할 수 있는 최소한의 단위라고 정의하였다 (즉, 지네트가 아닌 라메트). 하지만 지리적으로 폭넓게 분포하고 있는 균류의 유전적 데이터를 수집하기 위한 고비용과 복잡한 실행계획은 균류 보호론자들로 하여금 적색목록(redlist) (392~394쪽) 작성에 지네트나 라메트보다는 기능적인 개체 개념을 사용하는 것을 더 선호하도록 만들었다. 어떤 적당한 정의를 사용하든 개체 수의

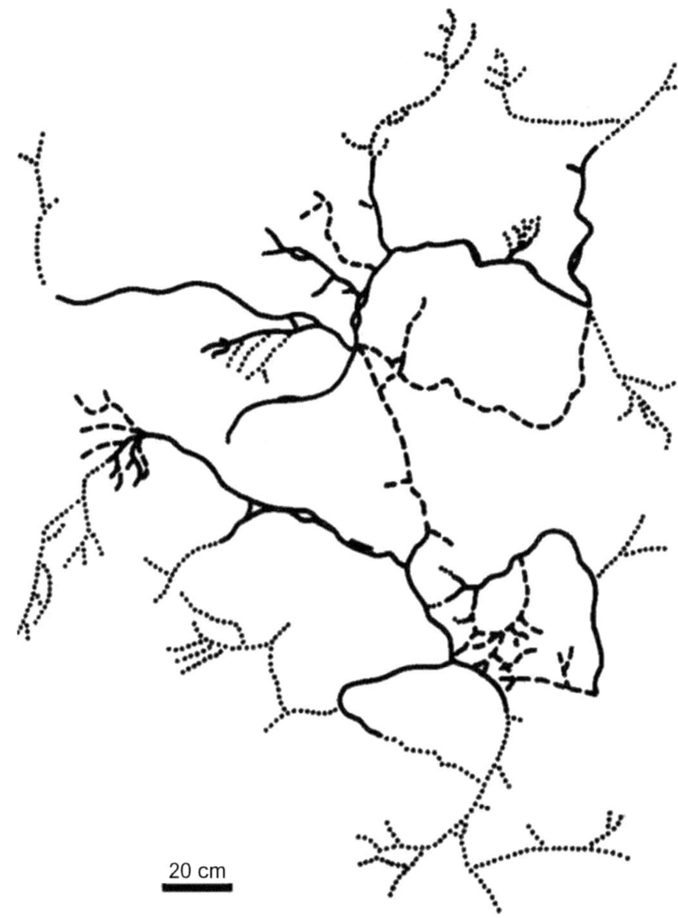

그림 4.1 온대 낙엽수 산림지대의 토양-낙엽층 접면에서의 *Phanerochaete velutina*의 균사끈 체계 지도로서, 주변 낙엽을 조심스럽게 제거하여 발굴한 후에 낙엽을 다시 덮어주었다. 실선과 파선은 처음 발굴한 균사 체계를 가리킨다. 점선은 13개월 이후 새롭게 형성된 균사끈이고, 파선은 더 이상 존재하지 않는 균사끈을 가리킨다. 파선으로 표현된 균사끈의 소실로 본래의 지네트가 2개의 라메트로 분할되었다. 출처: *Redrawn from Thompson, W., Rayner, A.D.M., 1993. Extent, development and functioning of mycelia cord systems in soil. Trans. Br. Mycol. Soc. 81, 333–345.*

양적인 비교를 수행할 때는 반드시 같은 단위에서 비교해야 한다.

균사융합과 체세포 불화합성의 역할과 중요성

융합에는 여러 이점이 존재한다. 하나의 균총 안에서 균사 간의 융합은 이전에 분지되었던 두 가지가 다시 합쳐지는 것이다 (균사융합이라 한다). 이는 연결망을 형성하고(56쪽) 물, 양분, 신호를 단순히 단일 균총 내에서 방사상으로만 전달하기 보다는 접선 방향으로 수송이 가능하도록 해준다. 유전적으로 동일한 균총 간의 융합은 자원을 공유하고 구역과의 협력을 구성하며, 균사끈을 형성하는 부생성 담자균류의 커다란 균사체 또는 외생균근성 균사체의 융합이나 무성적으로 형성된 분생포자(103쪽)로부터 형성된 작은 균총의 융합을 유도한다. 자낭균의 동일종에서 유전적으로 상이한 균사 간의 융합에 의한 이형핵체의 형성은 기능적으로 이배체(109쪽)의 잠재적 이점을 제공하고, 준유성생식 단계를 통해 유성생식 없이 유사분열을 통한 유전적인 교환을 가능하게 해준다 (122~123쪽).

하지만 타가융합은 개체와 유전체에 해로운 핵, 미토콘드리아, 플라스미드, 바이러스, 역전이인자, 기타 이기적 유전인자(132~134쪽) 같은 위험요소에 노출시킬 수 있다. 이러한 예로 *Neurospora crassa*에서 어떤 유전자의 존재는 그 유전자를 지닌 핵이 다른 핵을 대체하도록 유도하는 경우가 있으며, *Neurospora*와 몇몇 다른 균류에서 호흡 기능을 약화시키지만 복제는 정상적으로 이루어지도록 만드는 유전체를 지닌 미토콘드리아들, 노화를 일으키는 플라스미드를 지닌 *Podospora anserina*의 몇 가지 계통, 생장과 자실체 형성에 영향을 미칠 수 있는 바이러스(357~358쪽)를 들 수 있다. 체세포 불화합성은 이들 인자의 확산을 방지한다.

체세포 불화합성

모든 생물체에서 다른 것들로부터 자기를 구분하는 능력은 아주 흔하게 나타나며, 이는 하나의 개체를 다른 것과 구별하는 기초가 된다. 사상균류는 영양체 불화합성, 균사체 불화합성, 또는 체세포 불화합성(특히 담자균류)이라고 부르는 불화합성 체계에 의해 다른 것들로부터 자기를 인지한다. 종 내에서 다른 개체의 인식은 일반적으로 균사융합에 의해 일어나며, 불화합성은 보통 융합된 세포의 사멸로 이어진다. 담자균류에서 이러한 인식은 유전적인 기반을 두고 있으며, 복대립유전자좌에 존재하는 1개 이상의 유전자[영양체 불화합성(VC), *vic* 또는 *het* 좌라고 부름]에 의해 조절된다. 만약 두 균사체가 하나 또는 그 이상의 *het* 좌에서 다른 대립유전자를 보유하고 있다면 불화합성으로 인지할 수 있다. 체세포 불화합성은 반드시 유전적 특이성을 반영하는 것은 아니며, 그 둘 사이의 관계는 유전자좌의 수와 관련된 대립유전자에 의해 결정된다. 담자균류의 경우 자연환경에서 분리된 대부분의 균사체(보통 이핵체, 113쪽)가 서로 만났을 때 불화합성을 보이는 경향이 있는데 (그림 4.2), 이는 비록 모든 종에서 통용되지는 않지만 영양체 불화합성 그룹이 보통 유전적 개체와 일치함을 시사한다. 자낭균류의 경우에는 항상 그렇지는 않지만 영양체 불화합성이 흔히 유전적인 개체와 관련되어 있다. 가끔은 우점하고 있는 VC 유형이 먼 거리로 전파될 수 있는데, 특히 병원균이 아주 공격적이고 개척자 효과(130쪽)를 보일 경우 또는 느릅나무마름병균인 *Ophiostoma novo-ulmi*의 전파의 경우처럼, 더 잘 맞는 VC 유형 선발이 진행되었을 경우에 특히 그러하다. 담자균 *Serpula lacrymans*의 경우처럼, 개척자 개체군(130쪽)의 낮은 유전적 변이는 유전적 특이성과 VC 그룹 간의 연관관계를 무너뜨릴 수 있다.

균사의 인지 체계에 관하여 담자균류에 비해 자낭균류에서 보다 많은 것들이 알려져 있다. 자낭균류에는 대립성과 비대립성이라는 두 가지 유형의 유전적 체계가 영양체 불화합성을 조절하는데, 대립성의 경우가 가장 흔하다. 어떤 유형이든 *vic*이나 *het* 유전자좌의 어느 곳에 차이가 있는 경우에는 불화합성이 일어나게 된다. 대립성 체계에서 불화합성은 동일 유전자좌에 다른 대립유전자가 존재하는 경우 발생하는 반면, 비대립성 체계에서는 다른 유전자좌에 존재하는 2개의 유전자 간 상호작용의 결과로 발생한다. *Aspergillus nidulans*와 *Neurospora crassa*는 대립성 체계만 가지고 있지만, *Podospora anserina*는 대립성과 비대립성 체계를 모두 가지고 있다. *het* 유전자좌의 개수는 종에 따라 다르지만 7개에서 11개 사이로 다양하게 나타난다 (예: *Aspergillus nidulans*, *Ophi-*

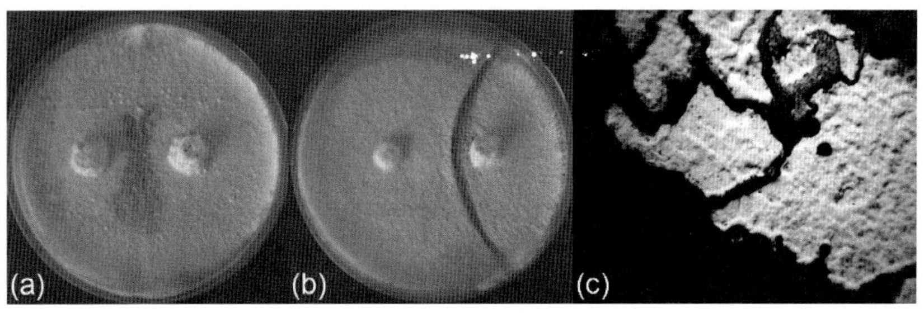

그림 4.2 목재부후균에서의 영양체 불화합성. 인공배지에서 자가교배가 일어났을 때 균사가 융합되고 두 개의 균사체는 기능적으로 하나가 되는데, 이는 이들이 체세포 화합성이 있기 때문이다(a). 하지만 타가교배가 일어난 균사체에서는 *Trametes versicolor*의 경우에서 볼 수 있듯이 분명한 거부반응이 나타난다(b). (c) *Stereum hirsutum*의 균사체는 상호작용에 의한 대선(zone line)으로 구획된 나무의 분해층에서 자라 나왔으며, 서로 분명하게 분리되었다. 출처: *(c) Rayner A.D.M., Todd, N.K., 1979. Population and community structure and dynamics of fungi in decaying wood. Adv. Bot. Res. 7, 333–420.*

ostoma novo-ulmi, *Cryphonectria parasitica*, *Neurospora crassa*, *Podospora anserina*는 각각 최소한 8개, 7개, 7개, 11개, 9개의 유전자좌를 가지고 있다) (표 4.1). 담자균류의 영양체 불화합성 체계도 자낭균류와 몇몇 동일한 유전적 특성을 가지고 있지만 다른 부분에서는 차이가 있다 (예: 담자균류의 경우 교배형 유전자가 여기에 관련되어 있지 않지만 자낭균류에서는 가끔 관련이 있다) (표 4.1).

담자균류와 마찬가지로 자낭균류의 경우에도 인지 이후에 융합 반응이 일어난다. 융합이 일어나기 전에 동일종의 서로 다른 균사가 접촉하게 되면, 균사의 정단생장이 멈추고 접촉면에서 나오는 가수분해 효소에 의해 세포벽이 허물어지므로 둘 사이에는 가교가 만들어진다. 원형질막은 융합되고 두 구획에 있던 세포질 물질은 혼합된다. 모든 *het* 유전자좌가 동일한 균류 간의 융합은 화합성으로 이어지며, 세포질 유동(그림 4.3)의 변화를 수반하는 경우가 많다. 자가융합 기작의 기반은 *Neurospora crassa* 균총이 형성될 때 분생포자 접합관(CAT, conidial anastomosis tube) 간의 융합에서 가장 상세하게 연구되었다. 대부분의 자낭균류에서 형성되는 CAT는 짧고 특화된 균사이거나 세포에서 자라나온 돌출부로서 분생포자나 포자발아체(germling)를 이어줌으로써 서로 연결된 네트워크를 구축한다 (그림 4.4). 이러한 현상은 녹병균의 여름포자 간의 연결에서도 관찰되었다. CAT 융합 과정은 여섯 번의 발달단계를 거쳐 연속적으로 일어난다. (1) 유도, (2) 굴화성, (3) 세포들의 부착, (4) 세포벽 파괴와 리모델링, (5) 세포막 융합, (6) 세포질 연결 (그림 4.4).

1개 이상의 *het* 유전자좌에 차이가 있을 경우, 빠르게 구획화가 일어나고 융합된 세포는 사멸하며, 주변의 세포에서도 흔히 이러한 반응이 일어난다 (그림 4.4). 융합이 일어나는 몇 분 사이에 융합된 칸의 세포질 안에 과립이 형성되고 인근 세포들을 연결하고 있던 격벽공(53~55쪽)이 차단되며, 세포질이 액포화되고, 생성된 액포는 터지면서 단백질 분해효소를 비롯한 몇 가지 분해효소를 방출한다. 융합세포의 파괴는 흔히 30분 내에 완결된다. 세포 사멸 기작은 다른 종류의 균류에서도 동일하며, 비록 다른 *het* 유전자좌에 의해 매개되고 있을지라도 현미경에서 관찰되는 과정은 유사하다.

표 4.1 *Neurospora crassa*와 *Podospora anserina*의 영양체 불화합성 관련 유전자의 특성

NEUROSPORA CRASSA	
matA-1	교배형 유전자 전사 조절자
mata-1	교배형 유전자 전사 조절자
het-c	대립형 *het* 유전자; 글리신 반복이 있는 신호 펩타이드
het-6	대립형 *het* 유전자; *tol* 유전자, *P. anserina*의 *het-e* 유전자와 유사한 영역
un-24	대립형 *het* 유전자; 리보뉴클레오타이드 환원효소의 큰 소단위체 부분
tol	억제자; 이중 코일의 류신 반복을 가짐; *het-6*, *P. anserina*의 *het-e* 유전자와 유사한 몇몇 염기서열
vib-1	억제자; 핵의 국지화 염기서열
PODOSPORA ANSERINA	
het-c	*het-d* 유전자에 대한 비대립 *het* 유전자, 당지질 수송 단백질 (당지질은 세포간 상호작용에 관련됨)
et-d	*het-c* 유전자에 대한 비대립 *het* 유전자, GTP 결합 영역, *het-e* 유전자와 *N. crassa*의 *tol*, *het-6* 유전자와 유사함
het-e	*het-c* 유전자에 대한 비대립 *het* 유전자, GTP 결합 영역, *het-d* 유전자와 *N. crassa*의 *tol*, *het-6* 유전자와 유사함
het-s	대립형 *het* 유전자; 프리온 유사 단백질
idi-1, *idi-3*	영양체 불화합성 관련 유전자, 비대립유전자(*het-c/e*, *het-r/v*) 불화합성에 의해 유도됨
idi-2	영양체 불화합성 관련 유전자, *het-r/v* 유전자에 의해 유도됨
mod-A	영양체 불화합성 관련 유전자, *het-c/e*, *c/d*, *r/v* 유전자 불화합성의 수정인자, SH3 결합 영역, 신호 변환에 관련, 세포골격 단백질, 단백질 간 상호작용
mod-D	영양체 불화합성 관련 유전자, *het-c/e* 유전자 불화합성의 수정인자; G 단백질의 소단위, 신호 변환에 관련
mod-E	영양체 불화합성 관련 유전자, *het-r/v* 유전자 불화합성의 수정인자, 열충격 단백질
pspA	영양체 불화합성 관련 유전자, 액포의 세린 단백질 분해효소, 비대립형 유전자(*het-c/e*, *het-r/v*) 불화합성에 의해 유도됨

유전자명은 균종 별로 독립적으로 설정되었음. 예를 들어, *N. crassa*의 *het-c* 유전자는 *P. anserina*의 것과 같지 않다. *출처: Moore et al., 2002, Glass and Kaneko, 2003.*

개체군이란 무엇인가?

개체군은 한 종에 속하는 개체들의 집합을 포함한다. 집합의 범위는 학자에 따라 질문에 따라 달라질 수 있다. 그 경계는 단일 유기 자원 내, 하나의 숲, 또는 어떤 지리적인 영역의 모든 개체들을 포함할 수 있고, 가장 극단적인 경계는 기주, 기후에 대한 내성 등에 의해 설정되는 종의 제한에 따라 달라질 수 있다. 공기전파성 포자는 때때로 먼 거리로 분산될 수 있기 때문에 연구자에 의해 설정된 경계가 반드시 유전자유동(128~130쪽)에 대한 경계는 아닐 수 있다. 또 다른 개념은 메타개체군에 관한 것인데, 이는 스스로 멸종할 가능성이 있는 각각의 지역 개체군을 포함한다. 점령되지 않은 지역은 메타개체군 내의 다른 개체군에 의해 점령될 수 있다. 숲속에 있는 각각

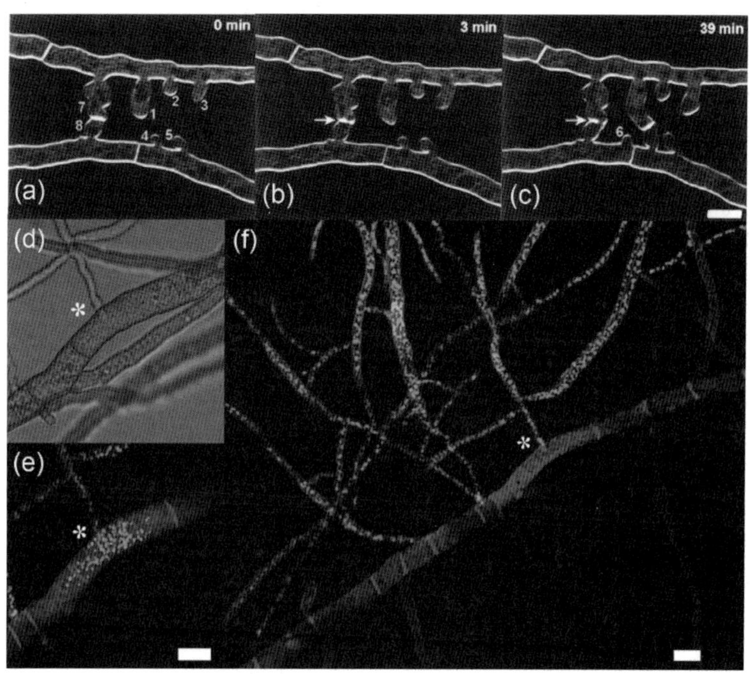

그림 4.3 영양체 화합성과 영양체 불화합성. 공초점현미경 관찰을 통한 *Neurospora crassa* 균사의 융합단계(a-c)와 타가 거부 반응(d-f). (a-c)는 성숙한 균총에서 균사의 유도, 귀소, 융합을 보여준다. (a) 1개의 균사에서 나온 3개의 분지(1, 2, 3으로 표시)에서 반대쪽 균사의 2개의 짧은 분지(4, 5로 표시) 쪽으로 자라기 시작한다. 2개의 분지(7, 8로 표시)는 이미 융합되었다. (b) 융합된 2개의 균사 분지(화살표) 사이에서 융합공이 열리기 시작했으며, (c)에서는 완전히 열려 세포질이 연결되었다. (c) 균사 분지 1과 4는 융합되었으며 또 다른 분지(6)가 발달 중이다. 막대 = 10 μm. (d-f) 융합과 이어지는 타가 균사의 거부반응. (d) 한 균주에서 나온 가느다란 균사가 또 다른 균주(*)의 넓은 균사의 아랫면에 융합되고 있는 것을 보여주는 현미경 사진. (e)와 (f)에서는 똑같은 상호반응을 보이는 균사를 세포막에 특이적으로 반응하는 빨간(인쇄판에는 회색) 염색 시약으로 표지하였고, 균주들 중 하나는 핵을 특이적으로 염색하는 녹색(인쇄판에는 연회색) H1-GFP 시약으로 표지하였다. (e) (d)의 공초점현미경 상은 핵[형광 녹색(인쇄판에는 연회색)]이 가느다란 균사에서 넓은 균사로 이동했음을 보여줌. (f) 1시간 후 불화합성이 나타남. 융합이 일어난 균사 칸이 세포막의 삼투성 증가에 의해 짙은 빨간색(인쇄판에는 회색)으로 염색되고, 녹색(인쇄판에는 연회색)이 사라진 것으로 보아 핵이 파괴된 것을 알 수 있다. *출처: (a-c) Hickey, P.C., Jacobson, D.J., Read, N.D., Glass, N.L., 2002. Live-cell imaging of vegetative hyphal fusion in Neurospora crassa. Fungal Genet. Biol. 37, 109-119. (d-f) Read and Roca, 2006.* (원색도판 참조)

의 통나무는 어떤 한 종의 개체군을 포함할 것이며, 새로운 가지가 떨어지면 이내 숲속의 다른 개체군에 의해 점령당할 것이다. 따라서 메타개체군 수준에서 종의 장기간 생존이 일어난다.

개체군의 주요 특성에는 크기, 변화 여부, 연령 구조, 유전적 변이가 포함된다. 균류 개체는 그들의 **유전자형(genotype)**과 실제로 그들의 발현된(즉, 특성이 어떻게 드러나는지) **표현형(phenotype)**으로 특정되며, 개체군은 다양한 유전자형과 표현형을 지닌 개체들을 포함하고 있다. 개체군에 영향을 미치는 생물학적 과정은 집단생물학의 주요 관심사이며, 여기에는 돌연변이, 재조합, 부동, 선발 같은 개체군의 유전적 구성 형태를 결정하는 요소를 포함하고 있는데, 이들에 대해서는 '소진화' 단원에서 설명한다 (124~138쪽).

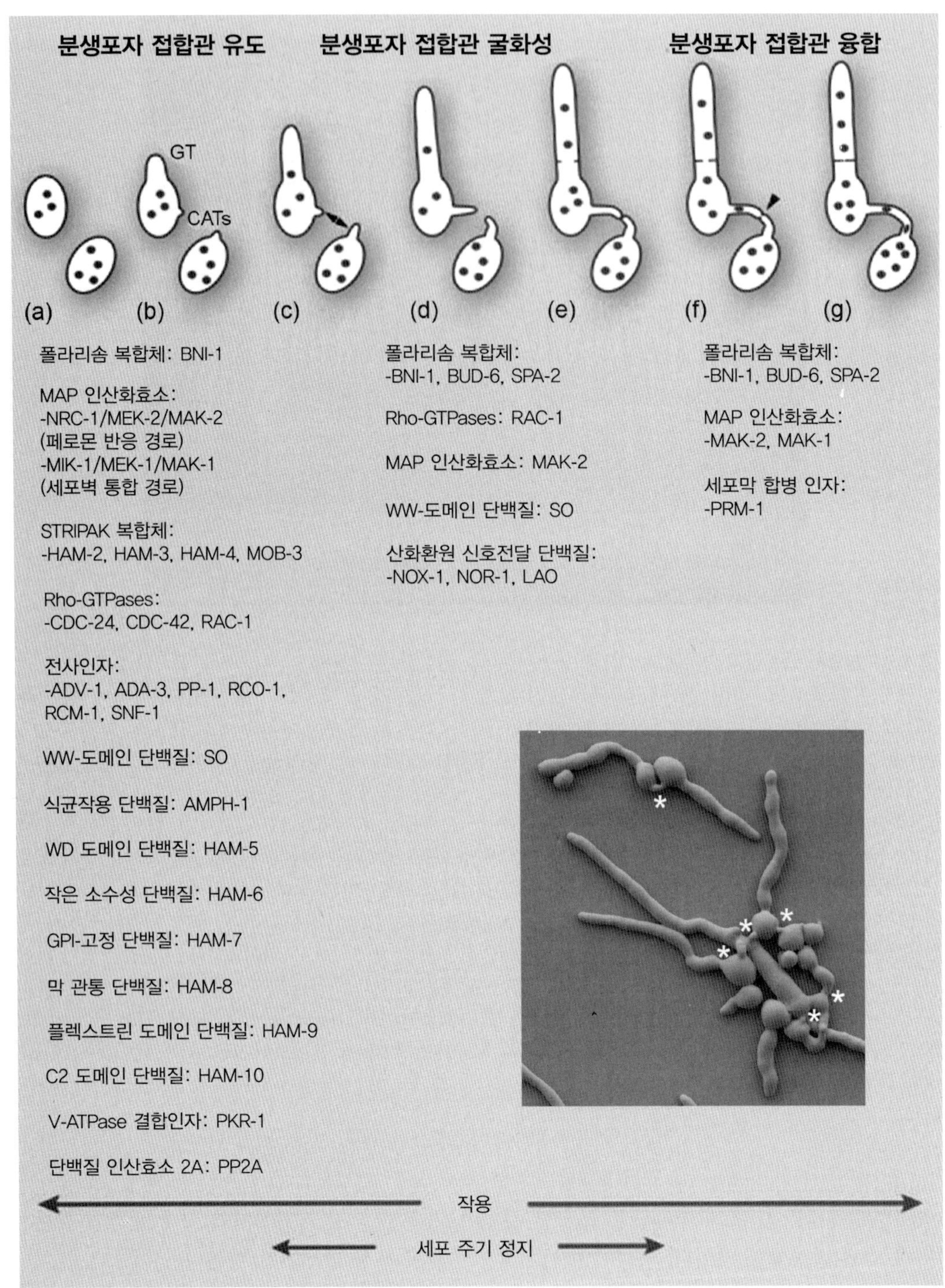

그림 4.4 자낭균류의 자가 인식과 분생포자 접합관(CAT) 형성. CAT 융합의 여섯 단계를 신호전달 체계와 각각의 단계에 관련된 단백질과 함께 도표로 나타내었다. (a) 3~6개의 핵(동그라미 표시)을 가진 발아하지 않은 대형분생포자. (b) 발아관(GT)이 자라나오고 분생포자가 인접할 때 CAT가 형성되는데, 이는 정족수 감지가 CAT 유도 역할을 했을 가능성이 있음을 시사한다. 액틴 케이블은 CAT가 나온 각각의 세포 안의 지점에 축적되며, 액틴의 정단 덮개가 CAT의 정단에 존재한다. CAT와 발아관은 모두 영양균사의 정단 생장에 중요한 선단소체(50~51쪽)에 존재하지 않는다. (c) 유전적으로 동일한 세포는 정단부에서 방출되는 주화인자(화살표)를 통해 서로 소통한다.

종이란 무엇인가?

종(**species**)은 생물학적 분류의 기본 단위이지만, 종을 정의하는 다양한 방법이 있고 정의와 범위 설정에는 실질적인 어려움이 존재한다. 표현형, 생식적인 격리, 유전적 격리에 기초하여 균류의 종을 정의하거나 인지할 수 있다. 역사적으로 식물과 동물처럼 균류도 처음에는 린네(Linnaeus)에 의해 형태적인 유사성(즉, 표현형)에 따라 분류되기 시작하였는데, 이를 **형태학적 종**(**morphological species**) 개념이라 한다. 1800년대 중반에 Elias Fries는 포자의 크기, 모양, 색깔이나 담자균 자실체가 거시적으로 관공, 주름살, 각피를 갖고 있거나 포자 따위가 밀폐되어 있는지와 같은 생식기관의 형태적 특성에 따른 균류 분류의 기반을 마련하였다. 가장 어려운 점은 종의 범위를 설정하는 특성을 찾는 데 있다. 균류의 형태는 생리적 단계와 환경 조건에 따라 매우 다양하게 나타난다. 근연종이라 하더라도 상당히 다른 특성을 나타낼 수 있고, 아무 관련이 없는 생물이 서로 다른 경로(수렴진화)를 통해 유사한 형태로 진화했을 수도 있다. 예를 들어, 주름버섯강 무당버섯목(Russulales)의 경우에는 주름살형, 관공형, 이빨형, 곤봉형, 껍질형, 지표면에 자라는 복균류형, 땅속에 자라는 복균류형 등 7가지나 되는 유성생식 자실체 유형을 나타내는 종을 포함한다. 이 hydnoid형(이빨을 가진) 자실체는 구멍장이버섯목(Polyporales), 사마귀버섯목(Thelephorales), 소나무비늘버섯목(Hymenochaetales), 나팔버섯목(Gomphales), 꾀꼬리버섯목(Cantharellales)에서도 발견된다 (그림 1.6). 다른 표현형은 단순한 형태를 가지거나 산업적으로 중요한 균류의 형태학적 특성을 늘리기 위해 사용되고 있다. 여기에는 효모의 기질 이용성, *Penicillium*의 생육온도와 수분퍼텐셜이 포함된다.

생물학적 종(**biological species**) 개념은 거시생물학자와 특별한 목적을 가진 유전학자들이 보편적으로 사용하고 있다. 이는 생식적 격리에 기초하고 있으며, 유전적 교환이 일어나는 정상적인 한계치로 정의한다. 생물학적 종 개념은 교배를 통해 성공적으로 독자생존이 가능한 자손을 생산할 수 있는 모든 개체군을 포함한다. 종의 범위를 설정하기 위해서는 상당한 연구가 필요한데, 이는 세계 곳곳의 균류 분리주를 한데 모아야 하며 이들 각각에 대한 교배검정을 수행해야하기 때문이다. 교배검정은 때때로 형태학적인 입장에서 하나의 종이라고 생각했던 것이 사실상 두 종 이상의 종인 것을 밝혀내기도 한다. 하지만 이러한 교배검정이 확실한 경계를 만들어 줄 수도 있으나, 가끔은 다른 분리주 간의 교배가 부분적으로 성공하여 생존 능력이 약한 자손을 아주 적게 생산하기도 한다. 그러면 두 분리주도 생물학적으로 한 종에 속하는지 그렇지 않은지를 확신하기 어렵다. 더 어려운 점은 이 종의 정의가 생식적 격리를 기초로 하고 있지만 이것이 단지 종분화(135~138쪽)의 첫 번째 단계일 뿐이라는 데 있다. 교잡불임은 종분화가 비가역적으로 가는 단계

그림 4.4(계속) (d) CAT는 주화인자의 변화에 따라 방향을 설정하고 서로를 향해 생장하게 된다. 이는 핑퐁기작이라 부르는 것인데 두 개의 CAT 정단이 서로를 향해 빠르게 귀소반응을 보이고 정단부에서 MAK-2와 SO라고 하는 두 개의 다른 신호 단백질을 반복적으로 전환한다. 한쪽 CAT 정단에 SO 단백질이 일시적으로 존재하면 다른 쪽의 정단에도 MAK-2 단백질이 존재하고, 반대의 경우도 마찬가지인데, 번갈아가며 신호 송신자와 수신자로서의 역할을 하게 된다. (e) 정단부가 서로 만나면 생장을 멈추고 서로에게 부착한다. 세포벽은 두 개의 CAT 사이에 융합공이 생성될 때 누출을 막기 위해 접촉부위 주변에서 리모델링된다. (f) 융합공(화살표)은 국지적인 세포벽 파괴와 리모델링을 통해 생성되고 두 개의 세포막이 통합된다. (g) 세포소기관을 포함하여 두 개의 CAT에서 유래된 세포질은 둘 사이를 이동할 수 있게 된다. 액틴(미세소관은 아님)은 CAT 융합 과정에 필요하다. 삽화는 CAT(별표로 위치를 표시함) 융합으로 생성된 발아 분생포자의 네트워크를 보여주는 SEM 사진이다. *출처: Read et al., 2012.*

이지만, 이것은 종분화의 시작부터 끝까지 다른 시점에 일어날 수 있다.

생물학적 종 개념은 일생 동안 무성세대만 갖거나 자웅동체성의 교배 체계를 가진 균류의 경우에는 적용하기 어렵다 (119~120쪽). 하지만 분자적인 방법은 유전적 격리 정보를 측정함으로써 종의 범위를 정할 수 있게 하거나, 다른 식으로 적용하면 유전적 재조합이 일어난 범위를 정할 수 있다. 이러한 **계통학적 종(phylogenetic species)** 개념은 적당한 다형성을 보이는 유전자좌의 DNA 염기서열을 이용해 만든 계보 상의 일치성 분석에 기초한다 [예를 들어, 리보솜 RNA 오페론(SSU, LSU, 5.8S)의 다양한 부분이나 몇몇 단백질 암호화 유전자(rpb1, rpb2, efla, tef1), 또는 전장 유전체 정보]. 이러한 접근법은 명확한 교배형이 있거나 없는 균류에도 적용이 가능하다. 교배를 통해 2~3종, 형태를 통해 1종을 밝혀낼 때, 계통분석으로는 대체로 3~4종을 확인한다 (그림 4.5). 형태학적 연구에서 2종(*Neurospora crassa*, *Neurospora discreta*)으로 구분한 *Neurospora* 연구에서, 교배 능력에 기초한 연구에서는 7종, 계통분석에서는 8종을 확인하였다. 이는 균류에서 유전적 격리가 생식적 격리보다 선행되기 때문이다. 이 둘은 모두 형태학적 분기보다 선행되고, 최소한 대부분의 육안적생물(macroorganism)에서는 형태적인 차이가 없다.

현재까지 약 12만 종의 균류가 공식적으로 기록되었지만, 아마도 실제는 5백만 종이 넘을 것이며(제1장), 새로운 종은 끊임없이 발견되고 있다. 새로 발견된 균류는 국제명명규약(International Code of Nomenclature for algae, fungi, and plants)에 따라 기재되고 이름을 붙인 것만 신종으로

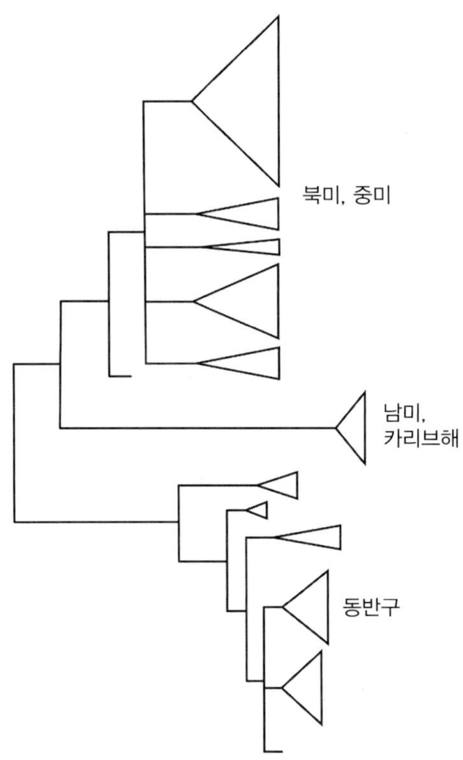

그림 4.5 *Schizophyllum commune*의 계통학적 종 인식. 남미, 중미, 북미, 카리브해, 유럽, 아시아, 오스트랄라시아의 개체로부터 분리한 195개 균주의 핵 리보솜 반복 구간의 intergenic spacer (IGS)의 염기서열을 분석하였다. 3개의 그룹(계통학적 종)이 밝혀졌는데, 첫 번째는 북미와 중미에서, 두 번째는 남미와 카리브해에서, 세 번째는 동반구에서 분리된 것이다. 형태학과 교배실험을 토대로 이들은 단일 종으로 인식되어 왔다. 출처: *Taylor et al., 2000, based on information from James et al., 2001.*

서 인정된다. 속명과 종소명으로 구성되며 라틴어로 된 이명(binomial)이 주어져야 한다. 새로운 종은 현존하는 속에 귀속되어 있는 이미 알려진 종과 충분히 유사한 경우가 많지만, 때로는 이를 소속시키기 위하여 새로운 속을 만들어야 할 경우도 있다. 영어나 라틴어로 기재가 되어야 하며, 기준표본이 지정되어야 하고, 그 표본은 균류표본관[fungarium, 이전에는 식물표본관(herbarium)]에 수장되어야 한다. 이후에는 기준표본과 충분히 유사한 모든 표본을 같은 종에 속하는 것으로 간주한다.

분류학자들의 충분한 유사성이란 무엇인가에 대한 견해는 상당히 다를 수 있다. 몇몇은 '세분파(splitters)'로서 작은 차이를 가진 표본을 종으로 분리시키고, 또 다른 그룹인 '병합파(lumpers)'는 상당히 차이가 있는 표본들을 하나의 종으로 통합시킨다. 예를 들면, *Fusarium* 속에서 몇몇 저자는 수십 종을 인정하지만 다른 쪽에서는 12개 이하의 종을 인정한다. 분자적 접근방식의 발전으로 관련 지식이 쌓이면서 종이 세분화되어 새로운 이름이 적용되거나 가장 오래된 이름으로 통합될 수도 있다. 정확한 명명을 위해서는 국제적 규약에 따라 이러한 일을 진행해야만 한다. 환경시료로부터 DNA 염기서열 분석이 가능해지면서 새로운 종을 기재하고 명명하기 위해 통념상 어떤 생명도 생존할 수 없을 것 같은 장소에 대해 탐사가 이루어지고 있다. 새로운 명명규약은 최근 이러한 사항의 수용에 동의하였다.

생활사와 생식방법

성, 이종교배, 반이종교배의 역할과 중요성

성의 역할은 흔히 이종교배를 통해 유전적 다양성을 촉진하는 데 있다고 간주된다. 유전적 다양성이 풍부한 종은 다양성이 적은 종에 비해 환경조건의 변화에 대해 대처해 낼 수 있는 유전자형을 더 잘 생산할 수 있을 것이다. 따라서 성의 중요성은 변이를 통하여 변화하는 환경이나 빠르게 진화하는 포식자나 경쟁자로부터 살아남기 위한 능력을 향상시키는 데 있을 것이다. 하지만 자연선택은 개체나 바로 아래 자손의 생태적 건전성을 증진하기에 적합한 특성이지 그 외의 종이나 먼 후손에 대한 것은 아니다. 그래서 성의 가치는 성적인 융합과 감수분열에 의한 직접적인 생산물에 관계한다. 성은 아래에 기술한 내용처럼 몇 가지 다른 역할을 가지고 있고, 다른 생활방식을 가지고 있는 종들 마다 그리고 다른 환경에 노출되어 있는 균류에서 다양하게 나타날 수 있다.

대부분의 돌연변이는 유리하기보다는 불리한 쪽에 가깝다. 하지만 각기 다른 세포 계통은 각각의 부적합한 돌연변이를 축적할 것이다. 따라서 돌연변이가 열성이라는 점에서 상보적으로 효과가 가려지는 이핵체나 이배체에 있어서 이종교배로 인하여 대립유전자가 올바르게 작동하는 **상보성(complementation)**으로 알려진 효과를 보이게 된다. 반수체 상태가 감수분열에 의해 복원될 때 발생하는 재조합은 부적합한 돌연변이가 축적되는 점진적인 추세에 대응하여 반수체 부모 계통보다 더 적은 열성 대립유전자를 갖는 자손을 생산하도록 할 것이다.

이종교배는 **이형접합체 이점(heterozygote advantage)**을 일으키는데, 이형접합체는 이에 상응하는 동형접합체보다 수행 능력이 뛰어나다. 이는 식물과 동물에서 잘 알려져 있고 효모에서도 연구된 바 있다. 생식은 잠재적으로 부모 계통보다 기생체에 덜 민감한 새로운 변이체를 생산할 것이다. 균류에서 가장 흔한 기생체는 바이러스인데(357~358쪽), 보통 영양균사 융합에 의해 감염된다. 이종교배와 재조합을 통한 유성생식 과정은 융합하지 않는 새로운 VC 유전자형을 만들어 내며, 부모 VC 유전자형의 바이러스를 획득한다. 정리하면, 유성생식은 균류가 이들이 서식하고 있는 환경의 변화와 그들 자신의 유전체 내 불안정성에 의한 위험에 대해 대응하도록 해준다.

이종교배의 많은 이점에도 불구하고 이를 제한시키는 것이 좋을 때도 있다. 특히 이종교배 제한은 재조합 과정에서 분리되는 것보다는 유전자들이 함께 조화되도록 유지한다. 반수체에서 이종교배의 결핍은 이들 중 일부가 불리할지도 모르는 열성의 돌연변이 유전체를 세척해 주며, 열성이지만 이로운 표현형의 발현을 허용해 준다. 자가임성은 짝 없이도 생식이 일어날 수 있도록 해주기 때문에 생식적인 확실성을 제공한다. 이는 개체군의 크기가 작을 경우 큰 장점이 되는데, 예를 들면 분산이 제한되고 매우 적은 이주자만 존재하여도 새로운 서식지를 점령할 수 있다. 따라서 심지어 이계교배가 일어나지 않을 때에도 생식(즉, 감수분열에 따른 핵융합)은 균류에서 역할을 수행한다. 다른 가능한 역할은 상동염색체로부터의 주형이 필요한 DNA 분자의 양 가닥에 영향을 주는 손상을 수복하는 데 있다. 특히 *Saccharomyces* 종에서 감수분열은 교차(유전자 전환)가 일어날 때 주형으로부터의 복제를 가능하게 한다.

대부분의 균류가 유성생식을 할 수 있지만 일부는 그러하지 못하거나 드물게 교배한다. 때로는 이종교배하지 않는 것이 이로울 때도 있지만, 보통 유전적 재조합, 생식, 이종교배의 장점은 상당하다. 그러면 유성생식이 알려지지 않은 균류는 어떻게 살아남을까? 분자계통도(5~8쪽)는 유사분열포자균류가 자낭균문과 담자균문에 속함을 보여준다. 이들은 유성세대에 비해 다소 제한적으로 분지되었는데, 이는 유사분열포자균류가 그리 긴 진화적 역사를 가지고 있지 않음을 나타낸다. 유성생식을 잃어버리는 것은 단기적으로는 장점이 될 수 있지만 궁극적으로는 멸종의 원인이 될 수 있다. 하지만 많은 개체군이 영양계이지만 유사분열포자균류의 분자적인 변이는 몇몇 유전적인 재조합이 일어났음을 보여준다. 유사분열포자균류의 유성생식은 최근의 *Aspergillus fumigatus*(114쪽)의 예처럼 자연계에서 가끔 일어나는데, 이러한 재조합을 일으킬 수 있는 또 다른 기작을 **준유성 주기(parasexual cycle)** (122~123쪽)라고 한다.

유성세대가 완전히 결여된 글로메로균류는 유성생식의 손실이 결국 멸종으로 이어질 것이라는 생각에 대한 특별한 예외이다. 수지상균근(206~212쪽)을 형성하는 매우 흔한 이들 균류는 가장 오래된 지상식물 화석에서 발견되었는데, 다른 균류 그룹으로부터 4억 년 전에 분지되었다. 이들의 다핵성 포자는 유전적으로 상이한 핵의 집단을 포함하고 있다. 3차원 영상과 수리적 모델은 단일 개척자 핵이 분열되는 것보다 주변의 균사에서 핵 집단이 쏟아져 들어올 때 *Claroideoglomus etunicatum*의 포자가 생성됨을 보여준다. 이는 유전적으로 상이한 핵의 집단을 이상적인 비율로 보유하고 있는 개체가 생존하도록 하는 자연선택의 대체 방법이 될 수 있다. 이들은 기주식물의 귀중한 파트너로서 적대적인 환경의 영향으로부터 보호를 받을 수도 있지만 선발은 토양 내 균류의 특성에 대하여 작용하는 경우가 많을 것이다.

생활사의 유형과 단계

균류의 유성생식 과정은 다른 진핵생물에서와 같이 3가지 핵심 단계로 이루어져 있다. (1) 많은 균류에서 단핵이면서 유전적으로 다른 두 반수성 세포의 **세포융합(cell fusion)** (원형질융합)으로 2개의 상이한 반수체 핵을 가진 단일세포를 생성. (2) (일반적으로) 2개의 반수체 핵의 **핵융합(nuclear fusion)**으로 (일반적으로) 1개의 이배체 핵을 가진 단일 세포를 생성. (3) **감수분열(meiosis)**을 통해 4개의 반수체 세포를 형성. 원형질융합 시 구조 융합 측면에서 문(phylum)마다 상당한 차이가 있으며, 핵융합과 감수분열 시에도 일어난다 (표 4.2). 균류의 일생에서 이러한 과정이 일어나는 시점과 간격도 상당히 다양한데, 이는 5가지 기본 유형으로 대별할 수 있는 생활사의 다양성으로 나타났으며(그림 4.6), 원형질융합의 다양한 유형에 대해 살펴본 이후에 기술한다.

흔히 형태적으로 다르지 않은 세포(동형접합) 간에 일어나지만 때로는 유사균류인 난균류에서 큰 쪽이 자성, 작은 쪽이 웅성에 해당하는 것처럼 다른 크기의 세포(이형접합)를 통해 일어날 수 있는 원형질융합에는 크게 5가지의 유형이 있다. (1) **배우자합체(gametangial copulation)**는 유사균류인 난균류에서 일어나는데, 작은 웅성 조정기(antheridium)가 굴화성을 통해 뻗어나가는 수정관을 만들고 주변에 가지를 형성한 후에 큰 자성 조란기와 융합함으로써 가느다란 침입관을 통해 핵이 이동하고 난구와 융합한다. 몇몇 자낭균문 종에서는 가느다란 튜브(수정모)가 배우자낭(조낭기라 부름)으로부터 조정기쪽으로 자라며, 핵은 이 수정모를 따라 조낭기로 이동한다. (2) **배우자융합(fusion of gametes)**은 최소 1개나 보통 2개 모두 운동성을 보이는 핵을 가진 단일 세포이다. 보통 이들은 같은 크기이지만(동형접합 유주포자) 때로는 1개가 다른 1개보다 크며(이형접합), 키트리드균류인 *Monoblepharis* 속에서는 난구를 수정시키기 위해 운동성 웅성 배우자가 조정기로부터 방출되어 고정되어 있은 큰 웅성 조란기(이형접합 또는 난접합)를 뚫고 들어간다. (3)

표 4.2 유성생식하는 진균과 유사균류(난균류)의 생활사 특성

	원형질융합 유형[a]	핵융합 위치	감수분열 위치	유성포자 유형
유사균류(난균류)	배우자 합체	난포자	배우자낭	난포자
병꼴균문	배우자 융합	접합자	포자낭	난포자
접합균문	배우자 융합	접합포자	접합포자	접합포자
자낭균문	수정 (예: *Neurospora*) 배우자 합체 (예: *Arachnotis*) 체세포접합(예: 자유생활 *Saccharomyces*)	원시자낭[b]	자낭[b]	자낭포자
담자균문	대부분 체세포접합	원시담자기[c]	담자기[c]	담자포자
	녹병균류에서는 녹병정자와 수정균사 간의 수정	겨울포자	담자기	담자포자(반수체) 겨울포자(이핵체였다가 반수체) 녹병정자(반수체) (표 8.6 참조)

[a]이 책 본문의 원형질융합 유형에 대한 설명 참조.
[b]그림 1.14 참조.
[c]그림 1.7 참조.

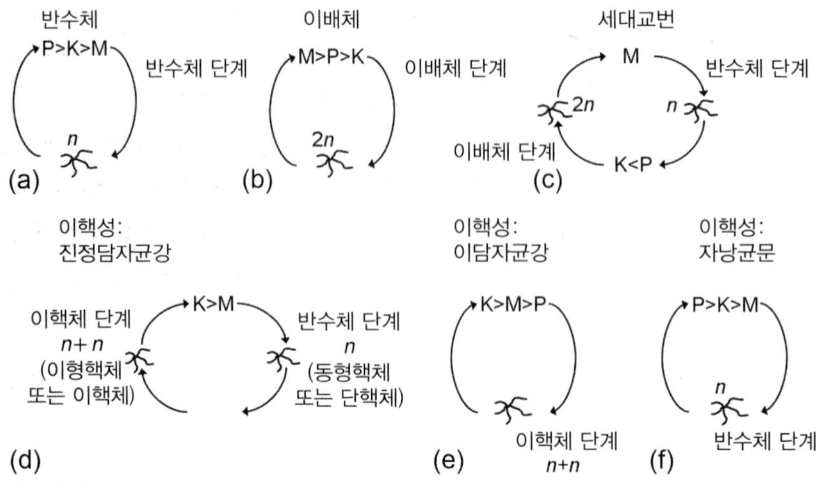

그림 4.6 균류 생활사. 다섯 가지 기본 유형이 있는데, 이들 중 4가지를 보여준다. (a–c) 각각 반수체, 이배체, 반수체/이배체. 다섯 번째는 핵융합과 재조합이 일어나지 않는 완전한 무성세대 생활사이다. 이핵체 유형은 3가지 아류형(d, e, f)으로 나눌 수 있다. 생활사는 원형질융합(P, 세포융합), 핵융합(K, 핵의 융합)과 감수분열(M) 사이의 시간에 따라 달라진다.

배우자낭융합(**fusion of gametangia**)에서는 일반적으로 초기에는 형태적으로 동일한 접합균류 접합지가 같이 자라 나오고 부풀어 올라 전배우자낭을 형성한 후 배우자낭으로 분화되고, 배우자낭은 융합하여 접합자가 되는데, 접합자는 두꺼운 세포벽을 가진 접합포자(그림 1.22)가 된다. (4) **수정**(**spermatization**)은 단핵의 비운동성 세포와 '자성' 배우자낭 간의 융합과 관련이 있다. 예를 들어, *Neurospora*에서 웅성 수정균사는 분생포자 주변으로 구부러지고 포자의 핵은 수정균사를 통해 조낭기로 이동한다. 녹병균(담자균문)에서는 녹병정자가 수정균사로 이동한다. (5) **체세포접합**(**somatogamy**)은 형태적으로 다른 영양기관과 차이가 없는 기관들 간의 융합과 관련되어 있는데, 여기에는 균사 간, 효모 간의 융합이 포함된다. 모든 원형질융합 유형은 호르몬에 의해 긴밀하게 조절된다.

핵의 개수와 배수성, 교배가 일어나는지의 여부에 의해 결정되는 반수체, 이배체, 반수체-이배체, 이핵체, 무성세대의 다섯 가지 주요 생활사 유형이 있다 (그림 4.6).

***반수체 생활사*(*Haploid life cycle*)**. 생활사의 대부분에서 영양균사체는 반수체이다. 원형질융합이 일어날 때 재빨리 핵융합으로 이행되고 보통 신속하게 감수분열로 이어진다 (예: 접합균류). 접합균류의 경우 감수분열은 접합포자에서 일어나는데, 만약 이들이 휴면에 들어가면 포자는 이배체로 남지만 발아 후 생겨난 균사체는 반수체이다.

***이배체 생활사*(*Diploid life cycle*)**. 영양체는 이배체이다. 감수분열 후에 원형질융합과 핵융합이 바로 일어난다. 예를 들어, *Saccharomyces cerevisiae*는 반수체, 이배체, 또는 다수체로 존재할 수 있지만 자연계에서는 대부분 이배체이다. 비록 몇몇 *Candida* 종들이 반수체이지만(예: *Candida lusitaniae*, *Candida guilliermondii*), 인체병원균 *Candida albicans* (306~307쪽)는 영양단계에서 보통 이배체이다 (114쪽의 무성세대 생활사 참조).

***반수체-이배체 생활사*(*Haploid-diploid life cycle*)**. 영양생장은 반수체와 이배체 단계 모두에서

일어나는데, 반수체에서 이배체로의 전환은 원형질융합을 통해 이루어지며, 이배체에서 반수체로의 전환은 감수분열의 결과로 생겨난다. 반수체와 이배체 단계는 형태적으로 유사하지만 이배체 세포는 반수체 세포보다 큰 경우가 많다 (예: *Saccharomyces cerevisiae*의 효모 세포).

이핵체 생활사(Dikaryotic life cycle). 이핵체(문자 그대로 2개의 핵) 세포는 2개의 반수체 핵을 가지는 것이 특징인데, 이는 담자균문의 특성이며 어떤 의미로는 많은 자낭균문의 특성이기도 하다. 원형질융합에 이어 두 핵은 즉시 융합되지 않고 이핵체로 남는다. 자낭균문에서는 오직 조낭균사와 구형돌기만 이핵체이다 (그림 1.14). 대부분의 담자균문 종들은 많은 생활사에서 체세포가 이핵체이다 (그림 1.17). 담자포자(반수체)가 발아하면 일반적으로 균사체는 한 칸에 하나의 핵을 갖는다. 이러한 상황은 유성적으로 화합성(114~119쪽)이 있는 균사체와의 원형질융합이 일어나기 전까지 계속되며, 이후 각각의 칸은 2개의 핵을 갖게 된다.

대부분의 담자균류가 교배가 일어나기 전에는 한 칸에 하나의 핵을 가지고 있지만, 일부는 몇 개 또는 다수의 핵을 갖기도 한다 (예: *Coniophora*, *Stereum*, *Phanerochaete* 속). 이들은 확실히 단핵체(monokaryon, mono는 하나를 의미)가 아니며, 다핵의 동형핵체라 부른다 (즉, 같은 곳에 반드시 동일하지는 않은 많은 수의 핵). 원형질융합 이후 각각의 칸은 양쪽 균사체에서 나온 핵을 보유하게 되는데, 이들 균사체는 이형핵체(다른 핵)로 간주된다. 단핵체는 동형핵체로 볼 수 있으며 이핵체는 이형핵체이다.

이핵체(또는 이형핵체)는 **불러현상(Buller phenomenon)**을 일으킬 수 있다. 이핵체(또는 이형핵체) 또는 이배체 균사체는 하나의 핵(또는 한 칸에 여러 개의 핵을 가진 종에서는 그 이상)을 교배되지 않은 단핵체(또는 동형핵체)나 반수체 균주로 제공할 수 있는데, 이를 다이몬교배(또는 he-ho 교배)라고 한다. 예를 들어, *Stereum hirsutum*에서는 이형핵체-동형핵체(he-ho) 교배, *Schizophyllum commune*에서는 이핵체-단핵체(di-mon) 교배, *Armillaria gallica*의 이배체와 단핵체 간의 교배가 일어난다. 때때로 이형핵체 균사체에서 동형핵체 상태의 섹터가 발생할 수 있는데, 이는 적당한 동형핵체와의 재교배가 가능하도록 해준다. 이러한 방식의 핵 재배열은 실험실에서 *Heterobasidion annosum*의 체세포 불화합성(102~104쪽)이 일어나는 부분이나 들판의 나무 등에 존재하는 밀도 높은 개체군에서 관찰되었다.

균사체가 얼마나 오랫동안 동형핵체로서 유지될 수 있는가에 대해서는 많은 연구가 이루어지지 않았다. 몇몇 담자균류가 반수체의 핵을 오직 교배와 원형질융합을 통해 이핵체로 전환시키기 전 몇 시간 또는 며칠 동안만 가지고 있을지도 모른다. 희귀한 담자균류는 수주 또는 수년 동안 교배 화합성이 있는 균사체를 만나지 못하고 때로는 일생을 단핵체로 살아갈 수도 있다. 심지어 *Trametes versicolor* 같은 흔한 담자균류도 때로는 자연계에서 몇 년 동안 단핵체 상태를 유지할 수도 있다.

이핵체가 만들어지면 이 상태(즉, 두 균사체로부터 유래한 각각의 세포/칸 속 하나의 핵)는 꺾쇠연결체의 형성과 관련된 기작에 의해 세포가 분열될 때까지 유지된다 (그림 1.8). 결국 균사체는 유성생식기관인 자실체를 만들며, 2개의 핵은 융합하여 하나의 세포에 하나의 이배체(원시 담자기)를 형성한 후에 곧바로 담자기가 된다 (그림 1.7, 11쪽). 그래서 이배체는 생활사 중에서 하나의 세포 유형에 국한된다. 이후에 감수분열은 담자기에서 일어나고, 형성된 담자포자는 각각 반수체 핵을 포함하며, 발아하여 반수체의 균사체를 형성한다.

녹병균과 깜부기병균은 절대기생성의 식물병원성 담자균류로서 몇 가지 포자 유형과 관계된 복잡한 생활사를 가지고 있다 (표 8.6). 유성세대는 병원성을 보이며, 교배는 일반적으로 기주와 관련하여 발생한다. 예를 들어, 깜부기병균 *Ustilago maydis*는 비병원성 출아 효모로 존재한다. 2개의 교배형 화합성 세포가 만나서 융합하면 기주식물인 옥수수를 감염할 수 있는 이핵체 균사가 만들어진다 (16~18쪽).

무성세대 생활사(Asexual life cycle). 몇몇 균류에서는 유성세대가 발견되지 않는다. 자낭균문과 담자균문에서 무성생식만 하는 종들을 **유사분열포자균류(mitosporic fungi)**라 부른다. 하지만 실험실에서의 증거가 없다고 해서 자연계에서도 반드시 유성생식이 일어나지 않는 것은 아니다. 예를 들어, *Aspergillus fumigatus*는 오랜 시간 동안 무성세대만 갖는다고 여겨져 왔지만 현재는 특별한 영양과 환경 조건에서 배양하면 유성생식 주기를 갖는다는 것을 안다. 봉인된 오트밀 평판배지 위에서 30°C의 암조건으로 6개월 간 배양하면 자낭포자를 가진 자낭구(20쪽)를 형성한다. 몇몇 *Aspergillus* 종들은 지금까지 무성세대로만 알려졌지만, 전장 유전체 염기서열은 교배와 페로몬 반응, 감수분열, 자실체 형성을 포함하여 다른 자낭균류의 유성세대 부분에 관여하고 있는 유전자 묶음이 존재하고 있음을 밝혀냈다. 집단유전학 연구는 과거의 유성생식 활동을 보여주는 유전적 재조합의 증거(연관 불균형)를 보여준 바 있다.

많은 식물과 동물의 병원균은 무성세대로 알려져 있는데, 이는 오직 하나의 영양계만 적당한 식물과 동물을 감염하기 위해 필요한 유전자 세트를 가지고 있기 때문일 것이다. 예를 들면, 비록 *Magnaporthe oryzae*가 무성적 생활사를 가지고 있다고 생각되지만, 인도에서 이들의 유성생식 개체군이 나타났고, 이들의 영양계와 영양계 계통의 세계적인 분포는 아마도 유성세대 개체군에서 유래한 흔치 않은 '탈출'을 의미할 수도 있다. 인체병원균 *Candida albicans*는 최근까지도 완벽하게 무성세대이고 항상 반수체라고 알려져 왔으나, 상대편 교배형(아래 참조)의 세포 간 교배가 일어난다. 하지만 자웅이체성(아래 참조)뿐만 아니라 자웅동체성도 발생한다.

교배 체계

균류는 동종의 개체 사이에 교배가 가능한지를 결정하는 교배 체계, 즉 육종 체계를 가지고 있다. 몇몇 균류는 자가임성이지만, 많은 균류는 유전적으로 아주 유사한 개체 간의 교배를 막는 유전적 체계(즉, 자가불임)를 가지고 있어서 유전적인 다양성을 늘릴 수 있다. 담자균류의 경우 체세포(영양체) 불화합성(102~104쪽)이 양쪽의 핵을 보유한 안정적인 결합으로부터 다른 균사체의 융합을 막는 경우가 흔한데, 이러한 배제 기작은 성공적인 융합이 일어나기 전에 이루어져야 한다. 자낭균류에서는 체세포(영양체) 불화합성이 교배 중에 억제됨으로써 자성 생식기관(원생자낭각)과 웅성 세포 간의 교배가 일어나도록 해주며, 자낭각 형성 이전에 균사융합(이형핵체 형성)이 불필요하다. 화합성 교배는 교배형(MAT) 인자에 의해 결정된다. *MAT* 유전자좌는 복잡한 유전적 구조를 가지고 있다. 예를 들어, *Coprinus cinereus*에서는 4개의 장소에 각각 가까이 연결된 2개의 다중 대립유전자 유전자좌를 가지고 있다. 하지만 집단유전학에서는 이러한 복잡한 유전자좌를 보통 단순히 A, B라고 하는 2개의 유전자좌 위에 다중 대립유전자가 있다고, 즉 $A_1 \ldots A_n$과 $B_1 \ldots B_n$같은 구조 또는 몇몇 담자균류의 경우처럼 하나의 유전자좌에 $A_1 \ldots A_n$처럼 처리할 수 있다.

교배형 유전자좌의 대립유전자가 다를 경우에 성공적인 교배가 이루어진다. 교배는 유전적으로 다른 계통 간에 일어나기 때문에 이러한 체계를 가진 균류를 **자웅이체성(heterothallic)**이라 부르며(그리스어로 *hetero*는 다른, *thallos*는 어린 싹을 의미), 이를 제어하는 체계를 **동형유전자 불화합성(homogenic incompatibility)** (그리스어로 *homo*는 같음을 의미) 또는 **이형유전자 화합성(heterogenic compatibility)**이라 부른다. 유성생식 과정은 **교배형(mating type)**이 다른 두 계통이 상호작용할 때에만 일어난다.

아래에서 기술하듯이, 몇몇 종류의 교배 체계가 균류에서 알려졌다. 많은 균류는 실질적으로 2개의 성별이라 볼 수 있는 2개의 교배형을 갖는다. 형태적인 차이는 거의 없으며 +와 −, A와 B, A와 a 또는 A와 α로 표현한다. 몇몇 균류와 유사균류는 아래에서 기술하듯이 원형질융합과 관련된 눈에 띄게 다른 기관을 생산하는데, 이들은 흔히 웅성기관과 자성기관이라 불린다. 하지만 단일 반수체 포자에서 형성된 균사체는 흔히 웅성기관과 자성기관을 모두 형성할 수 있기 때문에 이러한 2개의 성을 웅성과 자성이라 부르는 것이 부적절하지만 수정은 상반된 교배형의 만남의 결과로만 일어날 것이다. 예를 들어, *Neurospora crassa*의 반수체 균사체는 자성 원시자낭각과 잠재적 웅성 배우자인 분생포자를 생산할 수 있다. 유성생식 분화가 이종교배 촉진에 관련이 있는 것은 유사균류인 난균류 뿐이다. 몇몇 균류의 교배 체계는 더욱 복잡한데, 더 많은 성이 존재하고, 이들은 보통 문자나 숫자 첨자로서 표현된다.

배수체 식물과 동물을 연구하는 집단 생물학자들은 부모, 자손, 이계교배, 자가수정 등의 용어를 사용하지만 이러한 용어가 균류에 적용될 때는 의미상의 미묘한 차이가 있는데, 이는 대부분의 경우 최소한 잠깐 동안이라도 영양체가 반수체이기 때문이다. 그래서 영양체는 배우자보다는 '자신'으로 취급될 수 있다. 가장 중요한 차이는 **이종교배(outcrossing)** 전략을 통해 유전적 교환을 촉진하는 균류와 **반이종교배(non-outcrossing)** 전략을 통해 유전적 교환을 덜 하는 균류 사이에 있다 (그림 4.7). 이종교배란 용어는 그들이 같은 포자원(예: 같은 담자과나 자낭과)에서 유래하든 다른 포자원에서 유래하든 상관없이 다른 반수체 유전자형 사이에서 교배가 일어날 경우를 포함한다. 이와 달리, **근연교배(inbreeding)**란 용어는 동일한 포자원(spore source)에서 유래한 것을 지칭하며, **이계교배(outbreeding)**는 다른 포자원에서 기원한 것을 말한다.

이종교배를 촉진하는 교배 체계

두 교배형을 이용한 교배 체계: 디믹시스

지금까지 연구된 균류에서 두 교배형은 단일 교배형 유전자좌에 존재하는 대립유전자가 다르다. 교배는 오직 교배형 유전자좌에서 차이가 있는 반수체 세포나 균사체 사이에서만 성공적으로 일어난다. 이러한 체계는 단일 반수체 세포에서 유래한 유전적으로 동일한 자손들 사이에서는 교배가 일어나지 않을 것이라 확신하게 만들었다. 교배를 통해 만들어진 이배체 세포는 양쪽 교배형을 모두 가지고 있으며, 감수분열로 만들어지는 반수체 자손은 하나의 교배형일 것이고, 나머지 절반은 또 다른 교배형일 것이다. 따라서 단일 이배체에서 유래한 두 개체 간의 만남이 교배로 이어질 확률은 50%이다 (**근연교배 잠재성, inbreeding potential**). 이러한 육종체계를 가진 종은 전체 집단에서 두 가지 교배형만 가지므로 관련이 없는 두 개체 간에는 50%의 기회로 만나 교배가 일어날 것이다 (**이계교배 잠재성, outbreeding potential**) (표 4.3). 따라서 비록 자가생식이 방해를 받더라도, 근연 그룹 간의 교배 확률은 줄어들지 않는다.

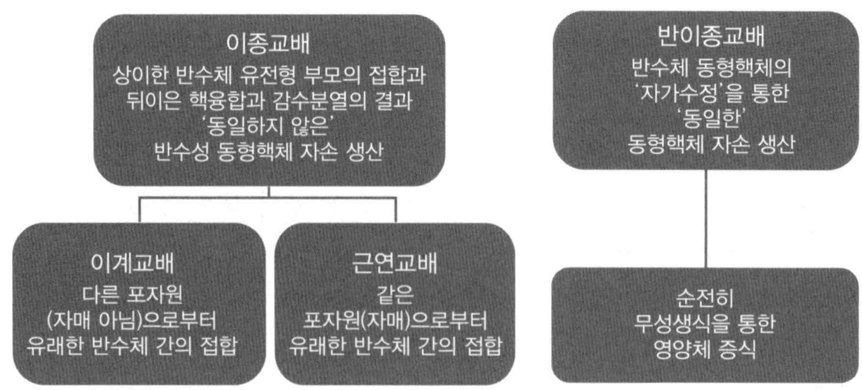

그림 4.7 반수체 단계(다시 말해, 단일 반수체 핵으로부터 유래한 핵을 가진 효모/균사체)를 이용한 균류 육종 전략을 나타내는 용어. 출처: *Rayner, A.D.M., Boddy, L., 1988. Fungal Decomposition of Wood: Its Biology and Ecology. John Wiley, Chichester.*

다수의 교배형을 이용한 육종 체계(디아포로믹시스): 일인자성(이극성) 불화합성

몇몇 담자균문 종은 단일 교배형 유전자좌(따라서 '일인자성')를 가지고 있지만 전체 개체군에서는 수많은 교배형 대립유전자를 보유하게 된다. 교배는 교배형이 다른 반수체 균사체(즉, 교배형 유전자좌에 다른 대립유전자를 보유) 사이에서 일어난다. 그래서 이배체 담자기 핵은 교배형이 이형접합성이다 (예: A_1A_2). 그래서 단일 담자기에서 나온 두 반수체 포자 중 하나는 1 교배형을 가질 것이고(예: A_1) 다른 하나는 2 교배형을 가질 것이다 (예: A_2). 이는 이러한 유형의 체계를 **이극성(bipolar)**라고 표현하는 이유이다. 어떤 반수체 균주도 2개의 교배형을 생산하기 때문에 오직 2개의 유전자형만 갖는 육종체계 하에서는 근연교배 잠재성이 50%이다. 만약 동일한 자실체의 다수의 담자포자로부터 유래한 균사체가 모든 조합으로 짝지어진다면 50%의 짝은 성공적으로 교배할 것이다. 하지만 개체군에서는 수많은 교배형이 발생할 수 있기 때문에 자매 관계가 아닌 거의 모든 만남은 임성이 있을 수 있으며, 이계교배 잠재성은 100%에 달할 수 있고(표 4.3), 이 때문에 이계교배에 대한 편향성이 나타난다.

다수의 교배형을 이용한 육종 체계(디아포로믹시스): 이인자성(사극성) 불화합성 체계

담자균문에 속한 많은 종은 *AB*로 지정된 두 개의 연결되지 않은 교배형 인자를 가진 교배 체계를 지니고 있다. *A*와 *B* 유전자좌의 대립유전자는 성공적인 교배를 위해서는 반드시 달라야 한다. *A*와 *B* 유전자는 교배 과정의 다른 부분을 제어한다. *Coprinopsis cinerea*와 *Schizophyllum commune*의 경우에 *A* 유전자는 양친으로부터 받은 각 칸의 핵을 유지하는 꺽쇠연결체(그림 1.8)의 발달을 제어한다. *B* 유전자는 양친 사이의 핵 교환, 한 균사체에서 다른 것으로의 핵 이동을 조절하고, 페로몬과 수용체 체계를 암호화한다. 양쪽 유전자좌의 차이는 성공적인 교배를 위해 필요하며, 단지 한 유전자좌에서의 차이라도 반화합성(semicompatibility)을 일으킬 수 있다.

만약 균류의 핵 중 하나가 교배인자 A_1B_1을 갖고 다른 것이 A_2B_2를 가지고 있다면, 담자포자는 부모와 같은 교배인자(즉, A_1B_1, A_2B_2)와 A_1B_2와 A_2B_1을 가진 핵을 보유할 수 있다. 이처럼 교배인

표 4.3 이종교배를 촉진하는 상이한 교배 체계를 가진 균류의 특성과 예

체계	예	교배형 유전자좌의 수	전체 개체군에서 각 유전자좌의 다른 대립유전자 수	교배형 이름	근연교배 잠재성 (%)[a]	이계교배 잠재성 (%)[b]
두 교배형	대부분의 접합균류, *Neurospora crassa* (자낭균문), *Saccharomyces cerevisiae* *Schizosaccharomyces pombe* (자낭균문, 효모)	1	1	±, *Aa*, *a*α	50	50
일인자성 (이극성) 불화합성	*Coprinus disseminatus*, *Stereum gausapatum* (담자균문)	1	다수	$A_1 \cdots A_n$	50	거의 100
이인자성 (사극성) 불화합성	*Coprinopsis cinerea*, *Schizophyllum commune* (담자균문)	2	다수	$A_1 B_1 \cdots A_n B_n$	25	거의 100
변형된 사극성 불화합성	*Ustilago maydis* (담자균문, 깜부기병균)	2	*a* 유전자좌에 2개, *b* 유전자좌에 다수	$A_1 B_1 \cdots A_2 B_n$	25	50

[a] 무작위적으로 만난 자매(같은 이배체 부모로부터의 산물)가 임성이 있을 확률
[b] 무작위적으로 만난 연관성 없는 개체가 임성이 있을 확률

자의 4가지 가능한 조합을 갖는 체계를 **사극성(tetrapolar)**이라 부른다. 동일한 자실체에서 나온 담자포자로부터 유래한 반수체 균사체가 모든 조합을 통해 짝을 이루면, 오직 조합 중 25%만 성공적으로 교배하는데, 이는 오직 25%의 조합만 양쪽 교배형 유전자좌의 대립유전자가 다르기 때문이며(표 4.4), 따라서 이극성 체계보다 이계교배에 대한 편향성은 더욱 크다. 다수의 *A*와 *B* 인자를 가진 개체군에서는 이계교배의 확률이 100%까지 올라간다. *A*나 *B* 인자의 아단위 사이의 재조합은 감수분열이 일어나는 동안 생길 수 있으며, 이를 통해 모계와 임성이 있는 새로운 교배형이 만들어진다. 이러한 교배형 인자 간의 재조합은 종과 계통 사이에서 크게 달라지며, 환경 조건에도 영향을 받는다. 이것이 크면 새로운 교배형이 높은 빈도로 생겨나고 근연교배 잠재성은 크게 증가한다.

변형된 사극성 불화합성

몇몇 담자균문 종은 다수의 *B* 인자와 오직 2개의 *A* 인자를 갖는다. 이는 근연교배 잠재성 25%의 전형적인 사극성 불화합성과 유사하지만, 이계교배 잠재성이 50%라는 점에서는 두 교배형을 갖는 불화합성 체계와도 유사성이 있다 (표 4.3).

표 4.4 사극성 불화합성을 가진 담자균 자실체로부터 유래한 반수체 자손 간의 교배

교배형 대립유전자	A_1B_1	A_1B_2	A_2B_1	A_2B_2
A_1B_1	–	–	–	+
A_1B_2	–	–	+	–
A_2B_1	–	+	–	–
A_2B_2	+	–	–	–

담자기 핵은 교배형 유전형 A_1B_1과 A_2B_2를 갖는다. 감수분열은 4가지 가능한 교배형 유전형(A_1B_1, A_1B_2, A_2B_1, A_2B_2)을 가진 반수체 자손을 만들어낸다. 교배는 양쪽 교배형 인자가 다른 균사체 사이의 만남에서만 완벽히 성공적으로 일어난다. 이 체커 판은 가능한 조합 중 25%만 이러한 조건을 충족시키는 것을 보여준다. 따라서 근연교배 잠재성은 25%이다.

교배형 유전자의 진화와 균류 생활사에서의 역할

교배형 유전자는 위에 서술된 균류 생활사를 조정하는 핵심적인 역할을 한다. 전통적으로 문(phylum) 간의 육종 체계 차이점에 대하여 주목해 왔으나, 최근 접합균류, 자낭균류, 담자균류의 유전체의 성 결정 영역들에 대한 분석은 관련 유전자들이 가진 몇 가지 근본적인 유사성을 밝혀냈다. 균류의 교배형 유전자좌는 더욱 복잡한 진핵생물에서 성염색체처럼 작동하면서 교배 파트너가 이의 임성을 조절하고, 생식적인 화합성이 있는 반수체 세포를 인지하며, 서로를 유인하도록 하여, 수정 이후에 이들 세포가 생식적으로 분화되도록 준비한다.

유전적으로 조절되는 교배 화합성(자웅이체성)은 조상 계통인 접합균류에 속하는 *Phycomyces blakesleeanus*에서 처음 발견되었는데, 그 이름은 균류의 자웅이체성을 발견한 미국인 Albert Blakeslee의 이름에서 따왔다. 교배형 유전자좌는 고운동성군(HMG, High Mobility Group)에 속하는 전사인자의 한 유형을 암호화하고 있다. *Phycomyces blakesleeanus*의 플러스와 마이너스 계통은 각각 다른 HMG를 보유한다. 이 영역의 유성 발달 조절에 관한 기능은 이배체 교배형 영역을 지닌 반수체 돌연변이 계통에서 유성포자가 발견되었을 때 알려졌다. 두 HMG는 교잡에서 교배형과 함께 분리되었다. 이들 중 하나는 다른 것보다 긴 DNA 염기서열로 구성되었다. 염기서열이 분석된 유전체는 DNA의 반복인자에 의해 신장되어 온 것임을 밝혀냈다. 이러한 신장은 이것이 발생한 DNA 영역의 재조합을 저해하는 것으로 알려져 있으며, 아마도 교배형 영역이 더 복잡한 체계의 진화 과정에서도 온전하게 유지되어 온 이유를 설명해 준다. 이러한 교배형 유전자좌에서의 반복인자 재조합 저해는 성 결정 영역의 신장을 일으켰을 수 있으며, 균류에서 뿐만 아니라 다른 진행생물 계통에서도 마찬가지일 수 있고, 심지어 그들의 성 염색체의 진화를 일으켰을 수도 있다.

자웅이체성 자낭균류는 일반적으로 두 가지 형태를 가진 단일 교배형 유전자좌를 갖는데, 모델 생물인 효모 *Saccharomyces cerevisiae*의 교배에서 수행된 연구는 진핵생물에서 가장 완벽한 발생 유전자 발현 분석 중의 하나로 꼽힌다. *MAT*라는 유전자좌는 세포의 반수체와 이배체 정체성을 결정한다. 이들은 교배에 필요한 많은 유전자들의 성 특이적 발현을 암호화함으로써 이계교배가 반드시 일어나도록 하는 역할을 한다. *MATa*와 *MAT*α 반수체 세포에서 성 페로몬과 이들의 수용

체는 *MAT* 유전자좌에 암호화되어 있는 전사인자의 제어 하에 발현된다. *Saccharomyces cerevisiae*의 교배에 관련된 전사인자는 각각의 교배형에 하나씩 들어있는 2개의 대체 유사 염기서열(호메오도메인) HD1 및 HD2를 포함한다. *MATα* 세포는 알파 성 호르몬의 전사를 활성화 시키는 DNA 결합 단백질(alpha-box 단백질)뿐만 아니라 *MATa* 교배형의 화합성 세포에서 분비되는 페로몬을 인지하기 위한 수용체들을 발현시킨다. *MATa* 세포는 HMG 도메인을 암호화하는 전사인자를 가지고 있는데, 이는 a 페로몬과 α 페로몬 수용체의 전사를 활성화시킴으로써 인접한 화합성 반수체 세포들 상호 간의 페로몬 유인을 준비한다. 교배를 통해 결합된 페로몬은 세포내 유사분열물질 활성화 단백질(MAP) 인산화효소를 통해 교배와 관련된 모든 유전자의 발현을 촉발시킨다. 교배가 일어난 이후에 교배형 유전자는 이배체 세포를 형성하고 유지하는 데 도움을 준다.

담자균류에서 이러한 유전자의 일부는 보존적이다. *A* 유전자좌는 HD1과 HD2 호메오도메인 전사인자 유전자를 모두 가지고 있으며, *B* 유전자좌는 페로몬과 페로몬 수용체 유전자를 가지고 있다. HD1과 HD2 단백질의 이질이량체는 대립유전자 쌍에 의한 단백질 생산물의 어떤 조합에서도 형성될 수 있으며, 이들은 동일하지 않다. *B* 유전자좌에서 페로몬과 수용체 유전자는 한데 모여 있다. 담자균문은 사극성 이계교배 체계를 진화시킨 유일한 계통이다. 이 문에는 사극성 조상으로부터 다양한 유성생식 주기가 진화하였다. 몇몇 종에서는 2개의 유전자위의 융합이나 *B* 교배형 기능의 소실(비록 교배형이 독립적인 방식일지라도 여전히 발생 조절의 기능을 하기 때문에 *B* 유전자의 소실에 의한 것은 아니지만)을 통해 이극성이 이차적으로 형성된다. 생활사에서 유성세대가 알려지지 않은 몇몇 자낭균류와 담자균류의 무성세대 균류는 산업적인 계통을 만드는 유용한 육종 전략을 제공할 수도 있다. 교배에 대한 필요성을 줄이거나 제거하는 교배 체계의 단순화는 인체병원균 *Cryptococcus*(제9장)와 식물의 깜부기병균 *Ustilago*(제8장)의 예처럼 니체(niche)에 대한 적응의 결과물로 보인다. 하지만 사극성 교배는 주름버섯류를 비롯한 다양한 계통에 널리 분포하고 있다.

이종교배를 제한하는 체계

자가수정

몇몇 균류는 유전적으로 동일한 세포 사이에서 유성생식 과정이 일어나는 자가수정(self-fertile)을 한다. 자가수정을 **자웅동체성**(**homothallism**) (그리스어로 *homo*는 같음을 의미)이라 부르기도 한다. 자웅동체성은 자웅이체성 조상에 대한 근거가 없을 때 **1차**(**primary**)라고 말한다. 초기에 자웅이체성을 회피해 온 것이 확실하다면, **2차 자웅동체성**(**secondary homothallism**)이라 말한다. 예를 들어, *Neurospora tetrasperma*는 *Neurospora crassa*처럼 2개의 교배형 대립유전자를 가지고 있으나 8개의 단핵으로 된 자낭포자 대신 4개의 자낭포자를 가진 자낭을 형성하는데, 각각의 포자는 각각의 교배형을 가진 2개의 핵을 보유한다. 형성된 영양균사체와 원생자낭각은 양쪽 교배형의 핵들을 포함하고 있으므로 자낭 형성에는 다른 계통의 분생포자에 의한 수정이 필요하지 않다. 재배 버섯인 양송이(*Agaricus bisporus*)의 담자기는 일반적인 담자균류처럼 4개의 단핵 포자를 갖는 것이 아니라 2개의 이핵 포자를 보유한다. 일인자성 불화합성 체계가 일어나지만 담자포자들은 보통 다른 교배형을 가지므로 단일 담자포자에서 유래한 균사체는 보통 생식이 가능한 자실체를 형성할 수 있다. 이는 먼 거리를 분산하여 새로운 서식지를 점령하는 경우처럼 임성이 있는 교배 상대를 만나기 어려운 상황에 있는 균류에게 이로울 수 있다. 2개짜리 포자도 가끔 오직 하나의 핵만 보유하기도 한다. *Moniliophthora perniciosa* (코코아나무 빗자루병균)의 경우 각각의 담자기에 한 포자당 하나의 핵을 지니고 있지만 동일 담자과에서 최대 약 8%의 포자는 이핵형일 수 있으며 때로는 삼핵형을 나타낸다. 따라서 아마도 자낭균문과 담자균문에는 완벽한 이종교배에서 2차 자웅동체로 가는 연속체가 존재할 것이다.

어떤 종은 완벽하게 자가수정하지만, 다른 종들은 이종교배가 일어나거나 일어나지 않는 개체군을 갖는다. 예를 들어, 목재부후 담자균류인 *Stereum sanguinolentum*은 유럽 북동부에서 30개 이상의 뚜렷한 영양계 아개체군들을 갖는 반면, 호주와 북미에서는 이종교배 개체군이 존재한다. 반이종교배 생식체계처럼, 특히 자낭균문의 경우에는 영양계 아개체군들이 무성세대 포자 생산을 통해서 만들어질 수 있으며, 광범위한 영양계는 심지어 유성생식 이종교배 기작을 가진 개체군으로 발전할 수도 있다.

효모 *Saccharomyces cerevisiae* 계통은 **a**와 α라는 두 가지 교배형을 갖는다. 몇몇 계통은 단일 반수체 세포에서 유래한 자손 간에 일어나는 교배 형태인 자웅동체성을 나타낸다. 명확한 자웅동체성은 세포분열에서 일어날 수 있는 **a**에서 α로의 전환 또는 **a** 교배형에서 α 교배형으로 전환된 결과이다 (그림 4.8a). 교배형 전환의 분자적 기반은 침묵화 유전자좌(즉, 유전자가 발현되지 않는 유전자좌)에 존재하는 대체 인자의 복제를 통한 교배형(*MAT*) 유전자좌의 유전인자 교체인데, 각각의 교배형에는 하나의 침묵화 유전자좌가 존재한다 (*MAT*α와 유사한 *HML*, *MAT***a**와 유사한 *HMR*). *MAT*α와 *HMR*(**a**) 그리고 *MAT***a**와 *HML*(α) 사이의 재조합은 교배형 전환을 일으킨다.

자웅동체성과 자웅이체성 계통은 교배형 전환이 시작되는 유전자좌의 유전자형에 차이가 있는데 각각 대립유전자 *HO*나 돌연변이 *ho*를 갖는다. *HO*는 *MAT* 유전자좌의 DNA 이중가닥의 절단을 일으키는 endo-nuclease를 암호화하고 있으며, 이는 상대방 침묵화 유전자좌의 재조합을 시작하기 위한 기질을 제공한다. 독립적인 반수체 효모 세포 각각의 체세포 분열에서 모세포 사이에 *HO* 유도가 일어나면서 인근의 유전적으로 동일한 딸세포와의 교배가 가능해진다 (그림 4.8b). 이계교배는 감수분열을 통한 상대방 교배형을 가진 세포들 사이 또는 환경에서 다른 교배형의 세포를 만났을 경우에도 일어날 수 있다 (그림 4.8b).

교배형 전환은 자웅동체성 분열효모 *Schizosaccharomyces pombe*에서도 일어난다. *Schizosaccharomyces pombe*는 *Saccharomyces cerevisiae*와 먼 유연관계를 가지고 있으며, 교배형 전환은 이 두 종에서 확실히 독립적으로 진화하였다. 이러한 현상은 자웅동체성 사상균류에서도 일어날 수 있지만 이를 찾아내기는 쉽지 않다.

자가수정은 이종교배를 막지는 않지만 관련 없는 세포들 사이보다는 공통 혈통의 세포들 사이에서 더 잘 조우하므로 이종교배가 일어날 가능성을 줄일 수는 있다. 균사체나 세포가 이에 상응하는 교배형과 조우하기 위한 필요조건이 없다는 것은 다른 유형의 포자가 만들어지지 않거나 감수분열포자(감수분열 이후에 만들어지는 포자)가 특별한 역할을 가지고 있는 경우에 단기적인 이익이 될 수 있다. 자연계에서의 분자적인 변이에 대한 연구가 제한적으로 이루어져 왔기 때문에 자웅동체성이 얼마나 재조합을 저해하는 지에 대해서는 잘 알려져 있지 않다. 재조합은 2차 자웅동체성 종과 영양계 개체군에서 발견되었다 (예: *Neurospora crassa*).

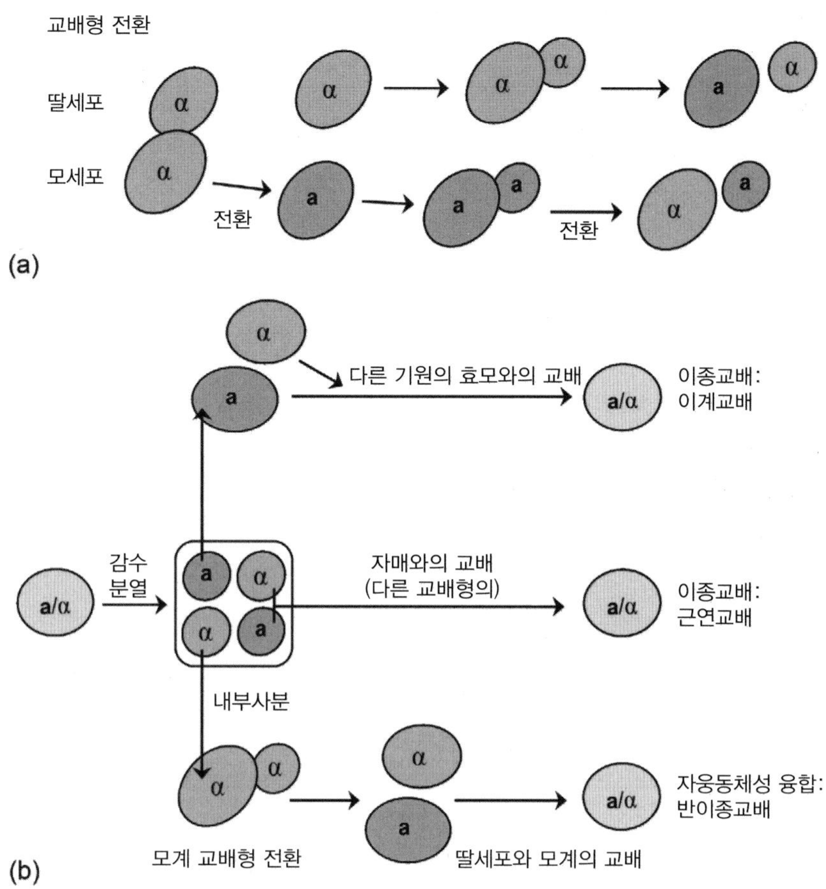

그림 4.8 자낭균 효모의 교배와 교배형의 전환. 복잡성은 근연교배와 이계교배에 있어 다양한 선택지를 제공한다. (a) 교배형 전환은 반수체 *Saccharomyces cerevisiae*에서 일어난다. *MAT* 유전자좌는 모든 세포주기의 G1 단계에서 유형을 전환하여(다시 말해, **a** 교배형을 α로, 또는 그 반대로) 자가교배(b)를 가능하게 한다. (b) 이종교배는 감수분열 과정이나(자매간 교배에 의한 근연교배) 효모가 환경에서 다른 교배형을 가진 세포와 만날 경우(이계교배)와 같이 반대의 교배형을 가진 세포 사이에서도 가능하다. 내부사분 교배는 이형접합 손실을 늦추며, 이어지는 이배체 형성과 자웅동체성 자가생식을 통해 유전자좌를 즉시 고정시킨다.

생식장벽

위(114쪽)에서 다루었듯이, 많은 균류가 자가불임성이고 이종교배를 촉진하는 체계를 가지고 있지만 생식장벽(fertility barrier)이 이종교배의 범위를 제한할 수 있다. 두 가지 주요 유형은 **유전적부조화**(**genetic disharmony**)와 이형유전자 불화합성이다. 만약 지리적인 종분화를 통해 오랜 시간 동안 두 개체군 사이의 유전적 유동이 거의 없었다면 개체군 간의 유전적인 차이는 증가할 수 있다 (즉, 유전적부조화). 이러한 차이는 교배 과정의 복잡한 상호작용 중 몇 가지에서 불충분한 작동이나 실패를 불러일으킬 수 있다. 그 결과 교배는 완전히 실패하거나 극소수의 자손만 생식할 수 있을지도 모른다. 게다가 효과적인 대사와 정상적인 분화는 개별적인 유전자의 작용뿐만 아니라 유전체 전체적으로 조화로운 상호작용에 의해 이루어진다. 따라서 교배가 성공적으로 일어나더라도 다른 부모로부터 유래한 유전자 간의 불완전한 상호작용은 생존능력이 빈약하거나 불임인 잡종을 생산할 수 있으며, 이들은 부모 계통과 경쟁할 수 없을 것이다. 생식장벽의 두 번째 유형인

이형유전자 불화합성(**heterogenic incompatibility**)은 하나 또는 아주 적은 유전적 차이에 의해 교배가 실패할 경우에 발생한다. 영양균사체의 융합 실패를 일으키는 이형유전자 불화합성은 이미 위에서 다룬 바 있다 (102~103쪽). 자낭균 *Podospora anserina*에서 영양세포의 융합을 막는 몇 가지 상호작용은 교배가 일어나는 것을 막는다. 몇몇 균류에서 이형유전자 불화합성의 몇 가지 기작은 유성세대에서 독자적으로 작동할 수도 있다. 이형유전자 불화합성의 가능한 역할은 준유성주기 (아래)에서 다시 다룬다.

무혼합생식

무혼합생식(amixis)에서는 유성생식 과정에서 나타나는 모든 통상적인 형태적 특성이 존재하지만 핵융합과 감수분열이 일어나지 않는다. 이는 유성생식 능력의 소실이나 절대적인 근연교배와 동일하다. 이는 오직 자세한 세포학적 연구를 통해서만 자웅동체성과 구분할 수 있다. 무혼합은 균류에서 거의 연구되지 않았으나 몇 가지 예가 알려져 있다. *Podospora arizonensis* (자낭균)는 정상적인 감수분열포자로 보이는 포자를 생산하지만 이들은 사실 유사분열을 통해 만들어진 것이다. *Volvariella volvacea* (풀버섯)는 동형핵체 균사가 담자과를 형성하며, 2개의 동일한 반수체 핵이 각각의 담자기로 들어가서 융합되고 감수분열을 통해 4개의 반수체 핵을 형성하며, 각각의 핵은 4개의 담자포자에 각각 존재한다. 자손은 부모와 유전적으로 동일하지만 동물을 비롯한 진핵생물에서 일어나는 것처럼 감수분열 과정이 후성적인 변화(134쪽)를 일으키는지는 두고 보아야 안다.

준유성주기

체세포(영양체) 불화합성(102~104쪽)은 보통 타가 균사체 간의 이핵공존성을 저해한다. 하지만 VC가 다른 개체들 사이의 이형핵체 형성을 막는 완벽한 장벽은 아니다. 때때로 영양균사체의 2개의 반수체 핵은 융합하여 체세포성 이배체 핵을 만들 수도 있다. 만약 균사체가 이핵공존성이면 융합은 유전적으로 유사성이 없는 핵들 간에 이루어질 것이며 이형접합 이배체 핵을 만들 것이다. 이는 **준유성주기**(**parasexual cycle**) (그림 4.9)의 시발점이 된다. 이러한 이배체화는 흔치 않으며, 아마도 백만 개의 핵 개체군에서 한 번 일어날 것이다. 이러한 이배체 핵에서의 유사분열 교차가 일어날 수도 있으며 다양성을 만들어낼 수 있다. 500번의 유사분열에서 한 번 정도 일어나므로 감수분열 교차에 비해 흔치 않은 일이다. 유사분열의 오류는 상당히 흔한데, 이배체 핵의 체세포 분열은 이수성을 일으키는 경우가 많다. 이러한 염색체 개수의 이상(이수성, 124쪽)은 보통 생장률 저하를 발생시키며, 염색체 수의 추가적인 변화는 반수체 상태로의 회귀를 일으킬 수 있다. 분자생물학이 발달하기 전에는 준유성 재조합이 산업적으로 중요한 무성세대 균류의 새로운 계통을 만드는 데 이용되었다 (예: 페니실린 생산성이 높은 *Penicillium chrysogenum* 계통 개발). 이는 실험실에서 무성생식 균류의 연관지도 작성에도 이용되었다. 준유성 재조합은 대체로 실험실 배양체에 국한되며, 최근 북미의 *Cryphonectria parasitica*가 준유성 과정을 통해 재조합된 몇몇 사례가 있기는 하지만 자연계에서는 중요한 현상으로 나타나지 않는다. 생활사의 대부분을 이배체로 살아가는 균류도 준유성주기를 겪을 수 있다. 예를 들어, *Candida albicans*의 경우 이배체 세포들이 융합하여 사극성(4n) 세포를 형성하는데, 유사분열과 무작위적인 염색체 소실을 거쳐서 감수분열 없

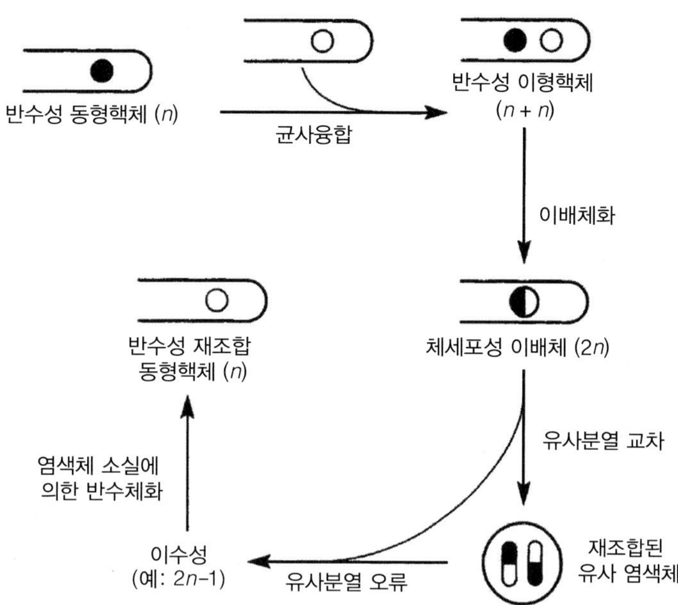

그림 4.9 준유성주기. 유전적으로 상이한 동형핵체를 지닌 두 균사의 융합은 이형핵체를 생산한다. 만약 반수체 핵이 융합하면 이형접합체 이배체 핵을 생성한다. 이들은 감수분열을 겪는 대신 유사분열을 통해 분열된다. 유사한 염색체 간의 재조합(유사분열 상의 교차)이 가끔 일어날 수 있다. 때때로 유사분열 오류는 이상한 염색체 수(예: $2n-1$)를 갖는 이수성을 일으키며 흔히 생장이 둔화된다. 반수체 상태는 염색체의 손실을 통해 복원된다. 잃어버린 염색체는 본래의 동형핵체로부터 유래한 것일 수 있기 때문에 유사분열 교차가 일어나지 않았다면 재조합이 생길 수 있다.

이 반수체 상태로 되돌아간다.

변이, 소진화, 종분화

자연계와 실험실에서의 균류 종 변이

인간을 포함한 동물과 식물의 경우처럼 균류 종에도 상당한 변이가 존재한다. 이러한 변이는 균류 생물학의 모든 방면에서 영향을 미칠 수 있다. 자연계에서 분리된 균주는 흔히 형태와 생리적인 특성이 달라진다. 예를 들어, *Aspergillus nidulans* 균주는 균총의 생장형태, 유성 및 무성포자 생산량, 대사산물의 생산율과 양에서 흔히 차이를 보인다. *Aspergillus nidulans*를 비롯한 자낭균류(102~103쪽)에서는 다양한 VC 그룹이 발생한다. 담자균류(예: *Schizophyllum commune*)의 자연집단은 다양한 교배형 대립형질을 갖는다 (114~119쪽). 식물병원균의 균주는 기주에 존재하는 다른 계통이나 변종을 공격하기 위한 능력을 다양화 하는데(제8장), 이러한 점은 식물 육종과 농업에 있어 상당한 실질적 중요성이 있다. 특정 기주 종, 변종, 또는 기주 그룹에 대해 병원성을 나타내는(즉, 병원성 유전자의 조합이 동일한) 능력을 통해 동종의 다른 것들과 구분되는 균주를 **병원형**(pathotype), **생태형**(biotype), **생리형**(race)과 같이 다양하게 표현한다.

계통은 염색체 개수도 다를 수 있다. 몇몇 종에서 반수체 염색체의 개수가 기본 반수체 수(X)의 배수(예: 2X, 4X)가 되는 배수성 계통이 존재한다 (예: 키트리드균문 *Allomyces*, 효모 *Saccharomyces*와 대부분의 균류 그룹). 그렇지 않으면 하나 또는 소수의 염색체가 복제되거나 소실되면서 (예: X+1, X-1, X-2) 이수성을 나타낼 수 있다 (예: *Neurospora crassa*, *Aspergillus nidulans*). 많은 병원성 균류는 유전자복제가 활발하고 전이인자(TE, transposable element)가 풍부한 부염색체 (또는 dispensible chromosome이나 'B' chromosome이라 부른다)라고 하는 보조체계를 갖는데 (132~134쪽), 이는 균의 병원성과 살균제 저항성 발현에 역할을 할 수 있다. 예를 들어, *Nectria haematococca*의 14번 부염색체는 파이토알렉신(256쪽)의 무독화를 암호화하는 유전자 집단을 보유하고 있다.

유전적 변이는 연속적이거나 비연속적일 수 있다. **비연속적 변이(discontinuous variation)**란 특성이 있거나 없는 경우를 말한다. 예를 들어, 불필요한 염색체는 있거나 없으며, 어떤 계통은 특정 교배형에 속하거나 그렇지 않다. 비병원성이나 기주특이적 독소를 암호화하는 식물병원균의 유전자는 흔히 이러한 있거나 없는 다형성을 보여준다. 비연속적 변이는 단일 형질이 결정적인 영향을 미칠 때 발생한다. 연속적 변이는 특성의 변이가 계통 간 크게 나타나는 경우를 말한다. 따라서 계통의 일부는 아주 미미한 차이를 보이겠지만 넓은 범위의 생장률을 보이며 가장 빠른 것과 가장 느린 것 사이에는 커다란 차이가 존재한다. **연속적 변이(continuous variation)**는 하나의 특성이 상대적으로 작은 영향력을 갖는 다수의 유전자에 의해 영향을 받는 경우에 관찰된다. 하지만 최근 다른 대립유전자들이 연속적(양적) 표현형을 나타낼 수 있음을 보여주는 사례가 나타나기도 했다.

실험실에서 몇몇 종(예: *Fusarium*)은 동일한 계통일지라도 배양 중에 심한 변이가 일어나며, 계대배양을 통해 형태적인 변화도 일어난다. 다른 종들(예: *Aspergillus*)은 안정적인 것으로 알려져 있다. 그 결과 몇몇 종들은 다른 종들보다 더 큰 표현형적 유연성을 보인다. 표현형 차이는 자연과 철저히 다른 배양 조건을 반영할 수 있다. 예를 들면, 많은 *Fusarium* 종들은 물이 이동하는 물관 속의 아주 묽은 용액에서 살지만, 실험실 배양 시에는 일반적으로 영양 농도가 훨씬 더 높다. 따라서 *Fusarium*에서는 배양 시의 부자연스러운 조건을 극복할 수 있는 어떤 변종을 선호하는 치열한 선발이 일어날 수 있다. 균사체를 포함한 한천 조각을 이용하는 계대배양은 원본 대신 돌연변이 세포를 퍼뜨릴 수 있다. 이 방법은 포자 대신 균사에서 유래한 배양체를 생산할 수 있기 때문에 어떤 경우에는 포자형성 능력을 급격히 잃어버릴 수 있으며, 그러면 포자형성 능력 약화 돌연변이에 대한 선발은 일어나지 않는다. 식물병원성 균류는 흔히 포자형성 능력을 잃고 배양 시 병원성을 잃어버리지만, 표현형 소실은 대개 돌연변이보다는 메틸화에 기인한다 (후성적 수정, 134~135쪽). 따라서 인공조건에서의 장기적인 생장이나 반복적인 계대배양은 유전적 또는 후성적인 변이를 일으킬 수 있다. 따라서 액체질소 냉각처럼 휴면 상태로 장기간 보존이 가능한 조건 하에서 균주를 보관하거나 신선한 분리주를 사용하는 것이 바람직하다.

소진화

균류 개체군 내의 변이는 위에서 다루었다. 여기에서는 이러한 변이가 어떻게 발생하고 어떻게 시간에 따라 변화하는지에 대해 다룰 것이다. 유전적 가변성의 근원은 생물의 DNA 구성을 변화시킬 수 있는 돌연변이, 재조합, 전이인자, 수평적 유전자이동이며, 이들은 대부분 생물에 유전되는 특성들이다.

시간이 지나면 대립유전자 빈도가 종 수준이나 그 이하에서 변화하는데, 이러한 과정을 **소진화(microevolution)**라고 한다. 대립유전자는 빈도를 줄일 수 있으며 심지어 개체군 내에서 사라질 수도 있다. 다른 한편으로는 빈도를 늘릴 수도 있으며 때로는 **선택적 일소(selective sweep)**라 부르는 과정을 통해 전체 대체 대립유전자를 교체할 수 있다. 이러한 대립유전자 빈도 변화는 돌연변이율, 선발, 유전자유동, 유전적 부동에 의해 일어날 수 있으며, 이는 재조합, 전이인자, 수평적 유전자이동, 후성유전에 대한 고찰과 함께 아래에서 설명한다.

돌연변이

돌연변이는 유전체 내 뉴클레오티드 염기서열의 영구적인 변화이다. 이는 단일 위치의 점돌연변이를 일으키거나 삭제, 삽입 또는 DNA의 더 큰 영역의 재배열을 할 수 있다. 이는 대립유전자 빈도에 아주 약한 영향을 미치지만 새로운 대립유전자를 도입하는 주요 인자가 된다. 유전자 돌연변이는 유전적 가변성의 근본적인 원인이다. 유전자는 그들의 돌연변이 빈도에 의해 다양해지지만 평균적으로 한 세대 동안 1개의 유전자 100만 카피당 1개의 돌연변이가 일어날 수 있다. 균류의 유전체 크기는 다양하지만 일반적으로 1개의 유전체에 10,000개의 유전자를 갖고, 각 세대에서 100개 당 1개의 세포가 새로운 돌연변이를 지닌다. 균총의 대부분의 세포(또는 칸막이)는 영양세포나 포자를 형성할 수 있으므로 돌연변이를 겪을 수 있고 자손을 남길 수 있는 균류 개체군에서 세포의 수는 매우 클 수 있다. 게다가 많은 균류는 생활사 대부분에서 반수성이므로 돌연변이는 즉시 발현되며, 만약 이로운 돌연변이라면 이는 자연선택(다음 단원)에 따라 개체군을 통해 전파된다.

변이를 만들어내는 데 있어 돌연변이의 효율성의 예는 줄녹병균(*Puccinia striiformis*)이다. 유럽과 북미에 있는 대부분의 개체군은 무성번식체이지만 아직도 돌연변이에 의한 새로운 계통이 빠르게 출현하고 있다. 이는 몇 가지 다른 녹병균과 흰가루병균에서도 마찬가지이다 (제8장).

큰 개체군은 작은 개체군에 비해 더 많은 수의 대립유전자를 보유하는 경우가 많은데, 그 이유는 선발에 의해 만들어질 수 있는 더 많은 돌연변이가 있기 때문이다. 큰 개체군은 적은 유전적 부동(130쪽)을 겪고 대립유전자를 잃는 빈도가 낮다. 그래서 농업생태계에서 식물병원균에 관련하여 이들의 개체군 크기를 유지함으로써 비병원성 유전자나 살균제 저항성을 암호화하고 있는 유전자에 더 적은 돌연변이가 일어나도록 하는 것이 중요하다. 병원균에 대한 저항성을 갖도록 식물을 육종하는 데 있어서, 만약 2개의(또는 그 이상의) 유전자가 동시에 기주식물의 유전자형에 도입된다면 병원균에서는 감염 저항성을 극복하기 위하여 비병원성에서 병원성으로 전환하는 2개의(또는 그 이상의) 돌열변이가 동시에 일어날 것이다. 만약 돌연변이율이 10^{-6}이면 2가지 돌연변이가 동시에 일어날 가능성은 10^{-12}가 될 것이며, 3가지가 일어나는 가능성은 10^{-18}이 될 것이다. 흰가루병균 *Blumeria graminis* f. sp. *hordei*는 하루에 1 ha당 약 10^{13}개의 포자를 생산하므로 보리밭 1 ha에서는 날마다 약 10개의 이중돌연변이체(double mutants)가 만들어지며 10^5 ha에서는 삼중돌연변이체(triple mutant)가 만들어진다. 흔히 10^6 ha의 작물이 식재되지만 방대한 양의 대부분의 포자는 적당한 환경에 내려앉지 못하므로 이러한 희귀한 돌연변이체가 정착할 가능성은 거의 없다. 그러므로 식물육종가들은 지금껏 무너진 적이 없는 새로운 유전자로 구성된 **저항성 유전자 피라미드(resistance gene pyramids)**를 도입하기를 간절히 원하고 있다.

정리하면, 새로운 대립유전자 형성을 통한 돌연변이는 진화의 중요한 첫 걸음이다. 재조합 과정(130~132쪽)도 유전자 내의 재조합을 통해 새로운 대립유전자를 만들어 낼 수도 있는데, 예를 들면 몇몇 식물병원균의 살균제 저항성 유전자와 기주특이적 독소를 암호화하는 유전자에서의 재조합이 있다. 아주 긴 시간이 지나면 돌연변이는 대립유전자 빈도에 상당한 변화를 가져올 수 있다. 하지만 만약 돌연변이가 개체군에 영향을 주는 단 하나의 요인이라면 진화율은 아마도 측정할 수 없을 것이다.

자연선택

다윈(Darwin)은 **인위선택(artificial selection)**에 의해 원하는 형질을 가진 새로운 변종을 만들어 내는 식물육종가와 동물육종가의 성공에 감명을 받았다. 이는 필요한 성질을 다른 개체에 비해 더 많이 가지고 있는 개체의 선발과 이들을 이용한 육종, 즉 여러 세대를 걸쳐 반복되는 과정을 포함한다. 병저항성 작물은 가장 저항성이 큰 식물을 이용한 육종 과정을 통해 만들어졌다. 다윈은 자연계의 개체군에서 많은 개체가 생식을 위해 생존하는 것은 아니라는 점을 깨달았다. 그는 생존에 알맞은 어떤 특성이 **자연선택(natural selection)**됨을 제안하였고, 이는 개체군을 통해 전파되며 궁극적으로는 진화적인 변화를 가져오는 경향이 있다고 주장하였다. 아마도 이것이 유일한 요인은 아니겠지만, 변이에 대한 자연선택은 일반적으로 개체가 환경에 더 잘 적응하기 위한 형질의 획득이 주요 바탕이라고 받아들여지고 있으며, 이러한 과정을 **적응진화(adaptive evolution)**라고 한다.

자연선택은 개체군 내 적응을 위한 유전적 변이의 원인이 되며, 여기에는 안정화, (변이가 줄어드는) 방향적 변화, (변이가 늘어나는) 분단적 변화가 포함된다 (그림 4.10). 이는 흔히 변이체를 제거하고 현재의 상황을 유지시키는 보존력이다. 왜냐하면 개체군은 환경에 대체로 잘 적응하고 건전성 측면에서 돌연변이든 유전자 재조합이든 유전자유동이든 어떤 유전적 변이가 늘어나기 보다는 줄어드는 것이 더 쉽기 때문이다. 평균과 현저히 다른 변이체를 제거하는 자연선택을 **안정화선발(stabilising selection)**이라 부른다. 예를 들어, 담자균 *Schizophyllum commune*의 자실체에서 분리하여 자연선택을 통해 생존한 이핵성 균주는 방사상 생장률 범위가 제한적이다. 실험실에서 동형핵체 교배를 통해 만들어진 이형핵체는 훨씬 더 넓은 범위의 생장률을 보이지만 평균적으로 보면 거의 비슷하다. 따라서 자연계의 개체군 내에서 생장률이 평균보다 매우 낮거나 매우 높은 개체는 안정화선발에 의해 제거된다. 혼성화나 인위선택은 자연계에서 발생하는 모습과 크게 다른 변이체를 생산할 수 있는데, 이는 안정화선발이 폭 넓게 작용하고 있음을 시사한다.

자연선택은 연속적인 변이와 단일 유전자로 결정되는 변이를 보여주는 형질 모두에 **방향성도태(directional selection)**라 부르는 변화를 일으키는 역할을 할 수 있다. 끊임없이 변동하는 형질에 작용하는 방향성도태는 극단적인(그림 4.10) 개체가 선호할 것이다. 단일 유전자에 의해 결정되는 형질에 대하여 방향성도태는 대립유전자 빈도를 줄이거나 증가시키는데, 극단적인 예로 대립유전자의 소멸을 일으키거나 '고정되어 버린(driven to fixation)' 상태가 되어 완벽하게 대체 대립유전자를 교체할 것이다. 영양체 원본인 *Puccinia graminis* f. sp. *tritici* 호주 개체군의 몇몇 병원형의 수십 년 동안의 출현 과정은 방향성도태 발생의 한 예이다. 돌연변이압은 단기간 동안에는 돌연변이체의 표현형 전파에 영향을 미칠 수 없다. 흰개미와 *Termitomyces*의 상리공생에서 흰개미는 영

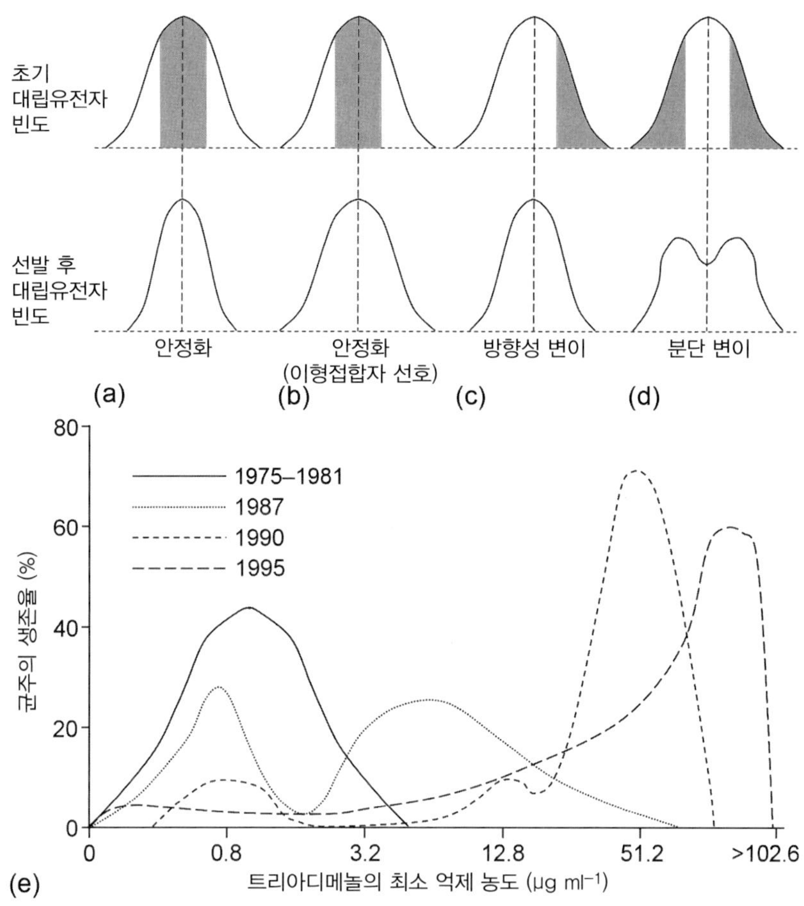

그림 4.10 자연선택. 선택은 개체군 내 대립형질 빈도 안정화(a, b), 방향성 변이(c), 분단 변이(d)를 일으킬 수 있다. 윗줄은 초기 대립유전자 분포를 나타내고, 음영 부분은 선호하는 대립유전자를 나타낸다. 아랫줄은 한 세대나 몇 세대의 선발을 거친 후의 대립유전자 빈도를 보여준다. (e) 영국에서 보리의 *Rhynchosporium secalis* 개체군의 살균제 프로피코나졸(propiconazole) 감수성 소실에 의한 방향성도태. 최소 억제 농도 평균은 3년 간 약 10배 증가하였다. *출처: Brent, K.J. Hollomon, D.W., 1998. Fungicide resistance: the assessment of risk. FRAC Monogr. 2, 1–53.*

양이 풍부한 균류의 혹 같은 무성포자를 가진 미성숙 자실체를 먹이로 하고 이들 중 일부는 장 내의 통로에서 생존하며, 새로운 먹이가 서식지로 들어왔을 때(332쪽) 접종원으로서의 역할을 한다. 오직 소수의 포자만 성공적으로 균사체를 형성하므로 이는 서식지 내에서 축소된 변이를 나타낸다. 많은 혹을 형성하는 유전자형은 신선한 유기물에 접종되기 쉽기 때문에 흰개미는 혹 생산율이 높은 개체를 효율적으로 선발한다. 만약 혹을 거의 만들지 않는 돌연변이체가 발생하면 신선한 유기물에 접종이 불리해지므로 '자연스럽게' 도태된다.

분단도태(disruptive selection) 또는 다양화 도태는 가변성의 두 극단에 있는 개체들을 선호하며, 중간에 있는 유형에 대해 작용한다. 이는 두 가지의 이용 가능한 환경이 주어졌을 때 발생하며, 한 환경에서 높은 효율적인 결과를 얻는 쪽이 양쪽 모두에서 중간 정도의 효율성을 보여주는 쪽보다 성공적이다 (그림 4.10). 이는 밀을 공격하는 *Puccinia graminis* f. sp. *tritici*, 귀리를 공격하는 *Puccinia graminis* f. sp. *avenae*처럼 각기 다른 기주에 전문적으로 분화된 병원성 균류의 기원이 된다. 이 두 가지 유형은 여전히 혼성화 될 수 있으며 다른 유형의 기주를 감염하는 제한적인 능력을 유지하고 있는데, 이는 지금보다 덜 분화된 공통조상으로부터 분단도태에 의해 상대적으로 최근에 기원하였음을 암시한다.

비록 자연선택이 대립유전자를 고정이나 소멸로 몰고 갈지라도 꽤 높은 빈도로 발생하는 2개 이상의 대립유전자의 균형을 유지하는 역할을 수행할 수 있다. 이러한 방식으로 작동하는 자연선택을 **평형선택**(**balancing selection**)이라 부른다. 배수성이나 이핵성 상태일 경우에 평형선택은 동형접합체보다는 이형접합체에서 더 잘 발생한다(이형접합체 이점 – 109쪽). 평형선택은 **빈도의존적 선택**(**frequency dependent selection**)의 형태로 나타나는데, 만약 드물게 나타날 경우 선택이 대립유전자의 빈도를 증가시키고 반대의 경우에는 빈도를 감소시킨다. 예를 들어, 드물게 나타나는 교배형 대립유전자는 빈도가 증가하는데, 이러한 개체가 대부분 다른 개체와 교배할 수 있기 때문이다. 빈도 의존적 선택은 병원성(256쪽)을 결정하는 유전자 간의 관계에서도 발생할 수 있다. 희귀한 병원성 대립유전자는 기주 저항성에 대한 도태가 거의 없을 것이기 때문에 빈도가 증가하게 된다. 하지만 만약 충분히 많아질 경우에는 기주 저항성에 관계한 유전자도 많아질 것이며 현재 거의 필요 없는 병원성 대립유전자를 보유한 개체에 대해 도태가 작용하게 된다.

자연선택은 반수성 균류와 이배성, 이핵성 균류에서 다른 역할을 한다. 반수성 균류에서는 유전자가 생활사 전반 또는 일부 단계에서 발현될 것이며, 자연선택은 이들의 대립유전자 빈도에 영향을 미치도록 작용할 수 있다. 이배성 균류의 경우에는 열성 대립유전자가 표현형으로 나타나지 못함에 따라 자연선택으로부터 어느 정도 보호받을 수 있다. 만약 이것이 해로운 것이라면 부분적 또는 전체적으로 우점하고 있거나 반수성 균에 존재하는 것보다 빈도가 더욱 천천히 감소할 것이다. 낮은 유전자 빈도에 도달했을 때 도태에 노출될 수 있는 동종접합체 상태에서는 이들이 거의 존재하지 않기 때문에 대립유전자의 소멸은 오랫동안 지연되기 쉽다. 이형핵체 담자균류에서 반수성 균류에 대한 논쟁은 동형핵체 상태와 관련이 있다. 그래서 생활사의 대부분에서 이배성 또는 이형핵체인 균류는 현재 불리한 열성 대립유전자를 보유하고 있기 쉬운데, 이들은 다른 유전체와 다른 환경에서는 이로운 것으로 입증될 수도 있다.

유전자유동

유전학자들에게 있어 개체군은 쉽게 유전자를 교환하는 개체들로 구성되어 있다. 공간적으로 분리되어 유전자의 교환이 적게 일어나는 개체군 사이의 유전자 이동을 **유전자유동**(**gene flow**)이라고 한다. 유전자유동의 정도는 개체군 내와 개체군 간의 대립유전자 빈도 조사를 통해 확인할 수 있다. 유전자유동 잠재성은 포자 채집을 통한 포자 수량조사에 의해 평가될 수 있다. 동핵형의 균사체를 임성이 있는 교배형의 담자포자를 채집하기 위한 미끼로 사용하는 방법(114~119쪽) 같은 종 특이적인 포자채집 방법은 보통 포자가 지역에 정착된 개체군을 반영하며, 포자가 알려진 지역에서 20 km 이상 떨어진 곳에서는 거의 발견되지 않음을 보여준다. 그럼에도 불구하고 포자는 먼 거리를 여행한다. 예를 들어, 희귀한 담자균류인 *Peniophora aurantiaca*는 가장 가까운 발생지역에서 1,000 km 넘게 떨어진 스웨덴의 예테보리에서 발견되었다. 공기전파성 포자로서 한 대륙에서 다른 대륙으로 이동한 몇몇 식물병원균의 예도 있다 (263~264쪽).

개체군의 대립유전자 빈도는 타개체군의 유전자유동(즉, 이주)에 의해 영향을 받을 수 있다. 영향의 강도는 토착 개체군과 비교한 이주자의 수에 달려 있을 것이며, 이때 토착종과 이주자 간의 다름의 정도는 대립유전자 빈도이다. 큰 개체군에 인접한 작은 개체군의 대립유전자 빈도는 유전자유동에 크게 영향을 받는다. 멀리 떨어진 개체군 사이에서 유전자유동은 산발적으로 일어나지만 디딤돌 역할을 하는 개체군의 개입을 통해 촉진될 수 있다. 유전자유동의 효과는 개체군 간의 유전적 차이를 줄이는 것이며, 이를 통해 지리적으로 동떨어진 개체군의 다른 종으로의 분화를 막거나 지연시킬 수 있다. 세대당 한 이주자 정도로 낮은 유전자유동의 수준은 개체군 분화를 막기에 충분하다. 비록 단일 이주자가 희석된 영향을 갖지만 유전적 부동(130쪽)도 그 영향이 작기 때문에 큰 개체군에서도 이는 사실이다.

유전자유동의 존재, 정도, 부재는 균의 종류에 따라 달라진다. *Neurospora crassa*의 경우, 카리브해 섬부터 미국 남부에 걸쳐진 하나의 개체군이라고 생각해 온 개체들이 최소한 2개의 개체군이라는 것이 밝혀졌는데, 이들은 대략 40만 년 전에 분기되었으나 아직 종으로 완벽하게 분화되지는 않았고 여전히 90%의 단일염기다형성(SNPs)을 공유하고 있다. 유전체 상 분화의 '섬'은 온도 및 일주율과 관련된 유전자를 포함한다. 아열대 루이지애나의 개체군은 저온(10℃)에 높은 적합성을 가지고 있으며, 저온 반응에 관련된 기능을 가진 유전체 섬의 몇 가지 유전자를 보유하고 있다. 남부 루이지애나의 연평균 온도는 최소 9℃로 카리브해보다 낮으므로 분기는 아마도 온도에 대한 지역적응에 의한 것일 수 있다. 다른 차이는 생물학적 주기 유전자 빈도인데, 위도의 차이가 개체군의 분화를 일으키는 또 다른 중요 환경인자로 여겨진다. 개체군이 완벽하게 격리되어 있지 않고 여전히 유전자유동이 일어나지만 유전체 상 분화의 섬이 존재하고 유전자유동에도 불구하고 환경이 2개의 개체군이 분화되도록 하는 충분히 강력한 도태압을 가하고 있음을 의미한다. *Neurospora crassa*와는 달리 세계적으로 분포하는 담자균류 *Schizophyllum commune*의 유전적 차이는 주로 대립유전자 빈도에 있으며, 지리적인 거리에 상응하는 유전적 거리를 가지고 있고 개체군 간의 명확한 경계가 없다.

먼 거리의 포자 분산에 의한 유전자유동은 제한적인 대륙 간 유전자의 유동일지라도 많은 의미를 내포하고 있다. 개체군 간의 유전적 차이는 지리적 거리와 항상 관련 있는 것은 아니지만 균류의 새로운 지역을 갖기 위해 '여행'한 거리와는 관련되어 있다. 여행 거리는 지리적 거리와 항상 일치하는 것은 아닌데, 예를 들어 가로지르기 보다는 둘러 지나가는 지리적인 특성이 있는 곳에서는 여행 거리가 지리적 거리보다 훨씬 멀어지게 된다.

유전자유동은 먼 거리에 걸쳐서도 중요할 수 있다. 거의 모든 자연적으로 발생한 *Neurospora* 수집 균총들은 유전적으로 구분이 되는데, 이는 이 균총들이 분생포자가 아닌 감수분열이 결과물인 자낭포자 1개에서 유래하였음을 의미한다. 따라서 자낭포자와는 달리 대량으로 생산되는 분생포자의 주역할이 원생자낭각을 수정시키는 데에 있다고 말하는 것이 타당하다. *Neurospora crassa*의 미토콘드리아 DNA 연구는 지역적인 차이를 보여준다. 하지만 핵 유전체 연구에서는 지역적인 다양성이 개체군 내의 다양성보다 크지 않은 것으로 나타났다. 그러므로 분생포자 분산에 의한 유전자유동은 종 간 핵 유전체의 균일성을 유지하는 데 도움을 주는 것으로 보인다. 하지만 수정에 있어서 분생포자는 미토콘드리아에 기여하지 않으므로 지리적으로 구분되는 개체군의 미토콘드리아 DNA는 진화한다.

밀 줄기녹병균의 사례는 개체군의 유전적 신규성의 근원으로서 유전자유동의 잠재적인 중요성을 보여준다. 주요 변화는 1954년 호주의 *Puccinia graminis* f. sp. *tritici*가 다른 기주의 변종을 공격하는 능력에서 나타났다. 그 기간에 채집된 녹병균 표본에 대한 연구를 통해 동위효소의 패턴 변화가 함께 일어났음을 보여주었다. 그 변화는 지금껏 호주에는 존재하지 않았지만 아프리카에서 발견되는 개체군에 의한 것이었다. 이는 아프리카에서 발생한 병원균이 장거리 포자 분산이나 사람들의 부주의에 의해 무심코 도입되었음을 암시한다. 후자의 가능성은 현재 증가하고 있는 위험요소로 꼽힌다.

유전적 부동과 개척자 효과

유전적 부동은 우연에 의한 개체군 내 대립유전자 빈도 변화이다. 만약 개체군이 작다면 기회는 중립적인 대립유전자가 소멸되거나 고정되도록 빈도가 증가하는지의 여부에 따라 결정된다. 만약 개체군의 크기가 매우 작다면 적당한 강도의 자연선택이 있을지라도 이러한 무작위의 유전적 부동이 대립유전자의 운명을 결정할 수 있다. 하지만 자연계에서 개체군이 작은 상태로 유전적 부동이 일어날 정도로 길게 유지되는 일은 잘 없으며, 개체군은 소멸하거나 커지거나 다른 개체군과 합쳐질 수 있다. 유전적 부동의 경향은 유전자유동의 정반대이다. 따라서 만약 균류가 풍부하고 먼 거리로 분산될 수 있는 방대한 포자를 가지고 있으면 유전자유동은 어떠한 경향에도 대응할 수 있을 것이다. 세계적으로 풍부하게 분포하는 균류인 *Neurospora crassa*, *Puccinia graminis* f. sp. *tritici*, *Schizophyllum commune*가 이에 대한 증거이다.

하지만 무작위로 개체군의 유전적 구조와 소진화 과정이 결정될 수 있는 방법이 있다. 하나 또는 소수의 개체들이 개체군 내에서 유전적인 다양성을 보이지 않을 수 있다. 전체 개체군에 존재하는 많은 대립유전자가 개체들 같은 작은 집단에서 없어질 수 있다. 작은 개체 집단은 개체군을 거의 파괴할 수 있는 재앙이 일어나거나 소수의 개체들이 새로운 환경으로 분산될 경우에 생성될 수 있다. **개척자 효과(founder effect)**에 의해 형성된 개체군은 이들이 기원한 곳의 개체군과 유전적으로 상이하다. 많은 균류는 적합성이 높고 일시적이지 않은 환경에서 서식하므로 이들이 나타났을 때는 하나 또는 소수의 포자에 의해 점령되기 쉬우며 이들이 사라졌을 때에는 개체군이 충돌한다. 개척자 효과는 이러한 균류에서 발생하기 쉬우며, 만약 균이 충분히 많을 경우에는 차후에도 유전자유동에 휩싸이지 않을 것이다.

호주에서는 단일 개척자 효과에 대한 많은 예를 볼 수 있다. 밀 줄기녹병을 일으키는 *Puccinia striiformis*는 1979년 유럽으로부터 하나의 계통으로서 호주에 도입되었지만(263쪽), 돌연변이로 인해 유럽의 것과 다른 새로운 병원형이 생겨났다. 이와 유사하게 밤나무 줄기마름병(287~289쪽)을 일으키는 북미의 *Cryphonectria parasitica*는 아시아의 것보다 유전적인 다양성이 낮았는데, 아마도 개척자 효과가 반영된 것으로 보인다. 건부후균 *Serpula lacrymans*는 유전적 변이가 풍부한 동북아시아에서 유래하였다. 하지만 세계적으로 개척자 개체군의 유전적 변이는 거의 없었다 (그림 4.11). 몇몇 지역에서 실내 유전적 개체군이 특이성을 보였는데(예: 일본) 이는 단일 개척자 효과를 나타내며, 반면 다른 곳(예: 호주)에서는 일본과 유럽에서 나타난 개척자 효과보다 약간 더 많은 변이가 나타났다.

재조합

돌연변이가 개체군이 될 수 있는 새로운 유전자형을 만들 수 있지만 위에 기술한 바와 같이

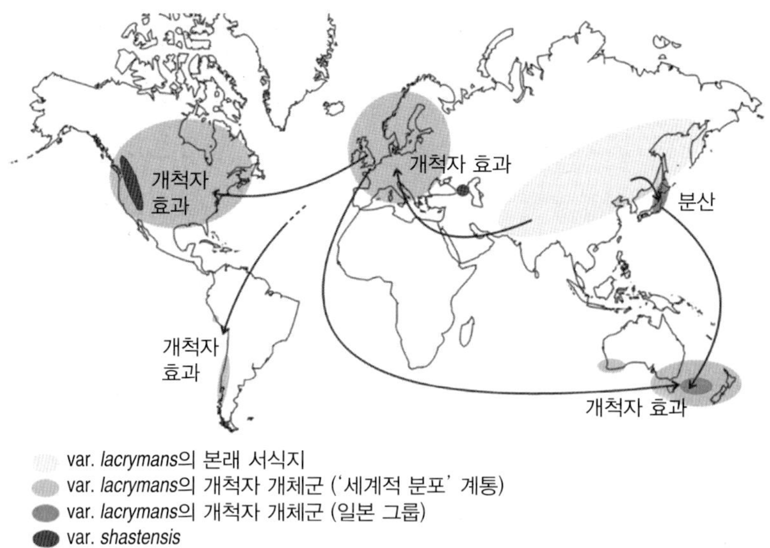

그림 4.11 동북아시아로부터 세계적으로 전파되는 건부후균 *Serpula lacrymans*. 일본의 실내 개체군은 단일 개척자 효과를 보여준다. 여기서부터 호주 남동부와 뉴질랜드로 전파되었다. 유럽, 남북미, 호주, 뉴질랜드에는 유전적 동질성이 매우 높은 개체군이 존재한다. 감염목을 통해 아시아에서 유럽으로 아마도 최초로 전파되었으며, 아마도 목선을 통한 비슷한 방법으로 여기에서 또 다른 지역으로 전파되었을 것이다. *출처: Kauserud, H., Knudsen, H., Högberg, N., Skrede, I., 2012. Evolutionary origin, worldwide dispersal, and population genetics of the dry rot fungus Serpula lacrymans. Fungal Biol. Rev. 26, 84–93.*

(125~126쪽) 이러한 유전자형은 이들이 유래한 계통 별로 아주 작은 방법상의 차이가 있을 수 있다. 한편 많은 유전자좌에서 차이가 있는 두 계통의 교배는 감수분열에 의한 재조합에 의해 다양한 새로운 유전자형 만들 수 있다. 이전 단원(125쪽)의 서로 다른 보리 품종을 식재한 3개의 포장을 감염하는 *Blumeria graminis* f. sp. *hordei*의 사례처럼 첫 번째는 저항성 유전자 *R1*을, 두 번째는 *R2*, 세 번째는 아무런 저항성 유선사를 갖지 않을 때, 만약 각각 병원성 유전자 *vr1*과 *vr2*를 갖는 2개의 돌연변이체가 비저항성 품종에서 나타났다면, *vr1* 유전자를 갖고 있는 포자는 *R1* 저항성 품종을 성공적으로 감염하고, *vr2* 유전자를 가진 것들은 *R2* 저항성 품종에 만연할 것이다. *R1*, *R2* 품종의 전염 이후 포자는 비저항성 작물로 되돌아갈 수 있으며, 둘 사이에 생식이 일어날 수 있다. 만약 유전자들이 연결되어 있지 않다면, 재조합 결과 25%의 자손만 *vr1*과 *vr2* 대립유전자를 모두 보유할 것이며, 이들이 *R1*, *R2* 유전자를 모두 보유한 품종의 감염을 가능케 할 것이다.

자연계의 개체군에서 생식 방식의 유전적인 영향에 관한 고전적인 예는 미국 로키산맥의 동부와 서부의 *Puccinia graminis* f. sp. *tritici* 개체군의 가변성 정도에 대한 선행연구이다. 녹병 생활사 중 유성세대는 매자나무류(*Berberis*)에서 일어난다. 1930년대 후반 로키산맥 동부에서 이 나무는 근절되었으며, 이후 동쪽의 녹병균 개체군의 유성 재조합이 이루어지지 않았다. 로키산맥 서부의 매자나무는 유지되어 녹병균 개체군의 유성 재조합도 지속되었다. 동쪽 녹병 개체군은 상대적으로 병원형과 동위효소 패턴이 적고 각각의 병원형은 1개의 동위효소 패턴과 관련이 있으며, 다른 효소 패턴은 또 다른 병원형과 관련이 있는데, 이는 유전적인 재조합이 일어나지 않았음을 보여준다. 로키산맥 서부의 병원형과 동위효소 변이체는 다수이며, 병원형과 동위효소 패턴 사이의 관계는 무작위적인데, 이는 유전적 재조합이 일어났음을 보여준다. 그래서 생식과정은 병원성과 동위효소 다양성을 만들어 냈고, 병원형과 동위효소 패턴 사이의 관계를 무너뜨렸다. 또 다른 예는 *Puccinia striiformis* f. sp. *tritici*이다. 유럽과 호주의 개체군은 분자적 다양성이 제한된 영양계지만 중국의 개체군에서는 상당한 표현형과 유전자형 다양성, 유전적 재조합의 증거가 나타난다.

개체군이 영양계인지, 자유롭게 재조합되거나 제한적인 재조합이 일어난 것인지는 분자적인 방법이나 고전적인 집단유전학을 통해 규명할 수 있다. 하지만 후자의 방법은 자연계에서 균류에 적용하기에는 얻을 수 있는 정보가 상대적으로 적고 힘들다. 그럼에도 불구하고 재조합 여부를 분자적인 변이 데이터를 통해 추론할 수 있는 이 과정은 유전자와 대립유전자를 감안하여 실증할 수 있다. 만약 2개의 유전자(a와 b)가 각각 2개의 대립유전자(1과 2)를 가지고 있다면 a_1b_1, a_1b_2, a_2b_1, a_2b_2의 4가지 유전자형이 가능하다. 예를 들어, a_1b_1와 a_2b_2처럼 만약 하나의 개체군에 오직 두 가지 유전자형만 발견된다면 유전자 간 재조합이 일어나지 않는데, 이는 동일 염색체 상에 인접해 있는 유전자 때문이거나 개체군 내 교배와 유전적인 재조합이 없기 때문이다. 만약 4개의 모든 유전자형이 동일한 빈도를 갖는다면 아무런 제한 없이 재조합이 일어날 수 있다. 2개의 유전자는 연결되어 있을 가능성이 있으므로 실질적으로 다수의 유전자에 대한 고려가 필요하며, 자연계의 개체군에서 대부분의 유전자는 2개가 아닌 다수의 대립유전자를 가질 것이다. 재조합의 존재(즉, 성의 특징)는 개체군 내의 변이 패턴을 통해 추론할 수 있다. 만약 다음 3가지 모두가 영양계를 배제한 데이터셋으로 발견된다면 거의 확실히 유성생식 개체군이다. (1) 높은 유전자형 다양성으로 보통 분자 유전학적 마커나 DNA 지문법에 의해 측정됨, (2) 개체에서 발견되는 대립유전자 사이의 무작위적인 연관성, 중립적 유전자좌, (3) (만약 자낭균류라면) 같은 빈도로 나타나는 양쪽 교배형 대립유전자.

이러한 분자적인 연구는 자연계에서 개체군 내와 개체군 간의 재조합에 관한 의미있는 정보를 제공하고 있다. 예를 들면, 유성세대가 알려지지 않은 인체병원균 *Coccidioides immitis* (303쪽)의 캘리포니아 개체군은 기본적으로 비제한적인 유전적 재조합을 보여주었다. 하지만 유성세대가 없는 다른 인체병원균 *Candida albicans* (302쪽, 305~307쪽)은 재조합이 없는 영양계로서 준유성세대(122~123쪽)를 통해 만들어진다. 이전 장에서 다룬 유성세대는 자웅동체성이나 자웅이체성 균류 모두에서 재조합된 개체군을 만들지만, 만약 유사분열포자가 만들어지면 위에 언급된 *Puccinia graminis* f. sp. *tritici*의 경우에서 처럼 영양계이면서 재조합된 개체군이 생겨난다.

전이인자

전이인자(transposons) 또는 '점프하는 유전자'로 알려진 TE는 유전체 내의 한 지점에서 다른 지점으로 이동할 수 있는 DNA 염기서열이다. 실제로 TE는 HGT(134쪽)를 통해 때로는 다른 종들로 전파될 수도 있다. TE는 재조합과 확장을 통해 유전체의 구조와 유전자 기능의 변화를 일으킬 수 있으며, 이는 염색체를 재배열하고 이웃하는 새로운 유전자를 가져올 수 있다. 전이는 DNA 염기서열의 복제와 유전체의 다른 부분에 한 카피를 삽입하는 **중복전이(duplicative transposition)**를 일으킨다. 비교계통유전체학은 유전자 복제가 균류에서 빈번하게 일어남을 보여준다. 이는 유전자가 돌연변이(125~126쪽)를 통해 새로운 기능을 획득하는 것을 가능하게 해주는데, 본래의 기능을 유지하기 위해 1개의 카피는 유지하고, 생물의 건전성에 대한 위협 없이 돌연변이가 가능하도록 두 번째 카피를 남긴다.

표 4.5 균류 전이인자의 예

유형	특성	균류	전이인자명
유형 I: LTR 역전이인자	다단백질(polyprotein) 유전자 근처에서 긴 말단반복(LTRs)을 가짐.	*Aspergillus fumigatus*	*Afut1*
	이들은 보통 2개의 개방형 해독틀(ORFs)을 암호화하고 있음.	*Botrytis cinerea*	*Boty*
	Gag(바이러스 코팅 단백질을 암호화)와 *pol*(인테그라제, 단백질 분해효소, 역전사효소, 리보핵산 분해효소를 암호화) 유전자를 보유	*Fusarium oxysporum*	*Foret-1*, *Skippy*
유형 I: LINE (long interspersed nuclear element) 역전이인자	폴리A 말단을 갖지만 LTRs과 *gag*, *pol* 유전자는 없음	*Fusarium oxysporum*	*Palm*
		Neurospora crassa	*Tad1-1*
유형 I: SINE (short interspersed nuclear elements) 역전이인자	RNA 폴리머라제 전사체에서 유래함. 특별한 구조적 특성이 없음. *gag*, *pol* 유전자도 없음.	*Erysiphe graminis* f. sp. *hordei*	*EGH24-1*, *Eg-R1*
	역전이인자나 LINE 같은 요소에 의한 역전사효소를 통해 활성화됨(유전자 발현률이 높아짐)	*Nectria haematococca*	*Nrs1*
유형 II (DNA 전이인자라고도 부름)	*Fot1*/*Pogi*와 유사	*Aspergillus nidulans*	*F2P08*
		Botrytis cinerea	*Flipper*
		Fusarium oxysporum	*Fot1*, *Fot2*
	Tc1/*mariner* superfamily	*Aspergillus niger*	*Ant1*
		Fusarium oxysporum	*Impala*
		Phanerochaete chrysosporium	*Pce1*

최근 DIRS와 Penelope-like(PLE)라는 2개의 유형 I 전이인자가 새로 소개되었다. *출처: Kempken and Kück, 1998.*

다른 진핵생물처럼 2개 유형의 TE가 존재한다. 유형 I, **역전이인자(retrotransposon)**는 역전사효소를 이용하여 RNA에 의해 매개된 cDNA 카피 합성을 통해 위치를 뒤바꾼다. 유형 II, **DNA 전이인자(DNA transposons)**는 DNA의 방향을 바꾼다 (그림 4.5). 균류의 복제 개수는 다른 진핵생물에 비해 매우 적은 편이며, 식물병원균 *Ustilago maydis*와 *Magnaporthe oryzae* 유전체의 아주 작은 부분만 반복된 DNA를 가지며(각각 1.1%와 7.3%), 인체병원균 *Cryptococcus neoformans*는 5%만 반복된다. 아마도 가장 잘 연구된 균류 전이인자는 *Saccharomyces cerevisiae*에서 알려진 역전이인자 *Ty*('효모 전이인자')이다. δ라고 알려진 *Ty* 염기서열의 말단부위는 삽입을 촉진한다. *Ty*는 레트로바이러스 같은 역할을 한다. 이것은 RNA로 전사되고 단백질막으로 싸인다. RNA 염

immitis (303쪽)처럼 몇 안 되는 명확한 무성세대 균류에서의 대규모의 유전적 재조합을 보여주었다. 그럼에도 불구하고 무성세대 균류의 유전적 재조합은 준유성 주기를 통해 일어날 수 있으며 (만약 이것이 단순히 실험실 상의 인위적인 산물이 아니라면) (122~123쪽), 영양체 불화합성에 의해 제한될 수 있다. 그러므로 전통적으로 형태학적 기준에서 정의한 유사분열포자균류는 바나나 병원균인 *Fusarium oxysporum* f. sp. *cubense*에서 확인된 것처럼 몇몇 영양계와 유전적인 재조합을 보이는 수많은 생물학적 종으로 구성될 수 있다. 유사분열포자균류에서 영양체 불화합성에 의해 유전적인 교환이 일어나지 않았을 때, 그 결과 만들어진 영양계는 생물학적 종으로 구성되며, 뒤이어 일어나는 진화를 통해 형태적으로 구분되는 종으로 발전할 수도 있다. *Aspergillus flavus*의 예처럼 다른 VC 그룹은 유전적으로 구분되는 계통이다.

Further Reading

General

Burnett, J., 2003. Fungal Populations and Species. Oxford University Press, Oxford.

Gladieux, P., Ropars, J., Badouin, H., Branca, A., Aguileta, G., de Vienne, D.M., Rodriguez de la Vega, R.C., Branco, S., Giraud, T., 2014. Fungal evolutionary genomics provides insight into the mechanisms of adaptive divergence in eukaryotes. Mol. Ecol. 23 (4), 753–773.

Moore, D., Ann, L., Frazer, N., 2002. Essential Fungal Genetics. Springer, New York.

Worrall, J.J. (Ed.), 1999a. Structure and Dynamics of Fungal Populations. Kluwer Academic Publisher, Dordrecht.

Defining Individuals, Populations, and Species

Glass, N.L., Dementhon, K., 2006. Non-self recognition and programmed cell death in filamentous fungi. Curr. Opin. Microbiol. 9, 553–558.

Glass, L.N., Kaneko, I., 2003. Fatal attraction: nonself recognition and heterokaryon incompatibility in filamentous fungi. Eukaryot. Cell 2, 1–8.

James, T.Y., Moncalvo, J.M., Li, S., Vilgalys, R., 2001. Polymorphism at the ribosomal DNA spacers and its relation to breeding structure of the widespread mushroom *Schizophyllum commune*. Genetics 157, 149–161.

Malik, M., Vilgalys, R., 1999. Somatic incompatibility in fungi. In: Worrall, J.J. (Ed.), Structure and Dynamics of Fungal Populations. Kluwer Academic Publishers, Dordrecht, pp. 123–138.

Read, N.D., Goryachev, A.B., Lichius, A., 2012. The mechanistic basis of self-fusion between conidial anastomosis tubes during fungal colony initiation. Fungal Biol. Rev. 26, 1–11.

Read, N.D., Roca, M.G., 2006. Vegetative hyphal fusion in filamentous fungi. In: Baluska, F., Volkmann, D., Barlow, P.W. (Eds.), Cell-Cell Channels. Landes Bioscience, Georgetown, Texas, pp. 87–98.

Stenlid, J., 2008. Population biology of forest decomposer basidiomycetes. In: Boddy, L., Frankland, J.C., van West, P. (Eds.), Ecology of Saprotrophic Basidiomycetes. Elsevier, Amsterdam, pp. 105–122.

Taylor, J.W., Turner, E., Townsend, J.P., Dettman, J.R., Jacobson, D., 2006. Eukaryotic microbes, species recognition and the geographic limits of species: examples from the kingdom Fungi. Philos. Trans. R Soc. Lond. B Biol. Sci. 361, 1947–1963.

Worrall, J.J., 1999b. Fungal demography: mushrooming populations. In: Worrall, J.J. (Ed.), Structure and Dynamics of Fungal Populations. Kluwer Academic Publishers, Dordrecht, pp. 175–194.

Life Cycles and the Sexual Process

Heitman, J., Sun, S., James, T.Y., 2013. Evolution of fungal sexual reproduction. Mycologia 105, 1–27.

Jones, S.K., Bennett, R.J., 2011. Fungal mating pheromones: choreographing the dating game. Fungal Genet. Biol. 48, 668–676.

Lee, S.C., Ni, M., Li, W., Shertz, C., Heitman, J., 2010. The evolution of sex: a perspective from the Fungal Kingdom. Microbiol. Mol. Biol. Rev. 74, 298–340.

Raudaskoski, M., Kothe, E., 2010. Basidiomycete mating type genes and pheromone signalling. Eukaryot. Cell 9, 847–859.

Riley, R., Corradi, N., 2013. Searching for clues of sexual reproduction in genomes of arbuscular mycorrhizal fungi. Fungal Ecol. 6, 44–49.

Taylor, J.W., Hann-Soden, C., Branco, S., Sylvain, I., Ellison, C.E., 2015. Clonal reproduction in fungi. PNAS 112, 8901–8908.

Wilson, A.M., Wilken, P.M., vander Nest, M.A., Steenkamp, E.T., Wingfield, M.J., Wingfield, B., 2015. Homothallism: an umbrella term for describing diverse sexual behaviors. IMA Fungus, 6, 207–214.

Sources of Variability and Evolution in a Population

Croll, D., McDonald, B.A., 2012. The accessory genome as a cradle for adaptive evolution in pathogens. PLoS Pathog. 8. e1001608.

Daboussi, M.J., Capy, P., 2003. Transposable elements in filamentous fungi. Annu. Rev. Microbiol. 57, 275–299.

Helgason, T., Fitter, A.H., 2009. Natural selection and evolutionary ecology of the arbuscular mycorrhizal fungi (Phylum Glomeromycota). J. Exp. Bot. 60, 2465–2480.

Kasuga, T., Kozanitas, M., Bui, M., Hüberli, D., Rizzo, D.M., Garbelotto, M., 2012. Phenotypic diversification is associated with host-induced transposon derepression in the sudden oak death pathogen *Phytophthora ramorum*. PLoS One 7. e34728.

Kempken, F., Kück, U., 1998. Transposons in filamentous fungi – facts and perspectives. Bioessays 20, 652–659.

Martienssen, R.A., Colot, V., 2001. DNA methylation and epigenetic inheritance in plants and filamentous fungi. Science 293, 1070–1073.

McDonald, B.A., 2004. Population genetics of plant pathogens. The Plant Health Instructor. http://dx.doi.org/10.1094/PHI-A-2004-0524-01

Muszewska, A., Hoffman-Sommer, M., Grynberg, M., 2011. LTR retrotransposons in fungi. PLoS One 6 (12). e29425.

Novikova, O., Fet, V., Blinov, A., 2009. Non-LTR retrotransposons in fungi. Funct. Integr. Genomics 9, 27–42.

Richards, T.A., 2011. Genome evolution: horizontal movements in the fungi. Curr. Biol. 21, R166–R168.

Richards, T.A., Talbot, N.J., 2013. Horizontal gene transfer in osmotrophs: playing with public goods. Nat. Rev. Microbiol. 11, 720–727.

Smith, K.M., Phatale, P.A., Bredeweg, E.L., Connolly, L.R., Pomraning, K.R., Freitag, M., 2012. Epigenetics of filamentous fungi. In: Meyers, R.A. (Ed.), Encyclopedia of Molecular Cell Biology and Molecular Medicine. Wiley-VCH Verlag GmbH, Weinheim, Germany, pp. 1063–1107. http://dx.doi.org/10.1002/3527600906.mcb.201100035

Stukenbrock, E.H., Croll, D., 2014. The evolving fungal genome. Fungal Biol. Rev. 28, 1–12.

Stukenbrock, E.H., McDonald, B.A., 2008. The origins of plant pathogens in agro-ecosystems. Annu. Rev. Phytopathol. 46, 75–100.

Weiberg, A., Wang, M., Lin, F.-M., Zhao, H., Zhang, Z., Kaloshian, I., Huang, H.-D., Jin, H., 2013. Fungal small RNAs suppress plant immunity by hijacking host RNA interference pathways. Science 342, 118–123.

Speciation

Albertin, G., Hood, M.E., Refrégier, G., Giraud, T., 2009. Genome evolution in plant pathogenic and symbiotic fungi. Adv. Bot. Res. 49, 151–193.

Giraud, T., Refrégier, G., Le Gac, M., de Vienne, D.M., Hood, M.E., 2008. Speciation in fungi. Fungal Genet. Biol. 45, 791–802.

Kohn, L.M., 2005. Mechanisms of fungal speciation. Annu. Rev. Phytopathol. 43, 279–308.

Schardl, C.L., Craven, K.D., 2003. Interspecific hybridization in plant-associated fungi and oomycetes: a review. Mol. Ecol. 12, 2861–2873.

Zaffarano, P.L., McDonald, B.A., Linde, C.C., 2008. Rapid speciation following recent host fungus shifts in the plant pathogenic fungus *Rhynchosporium*. Evolution 62, 1418–1436.

CHAPTER

5

생리와 적응

서론

균류는 죽은 나무부터 살아있는 조직까지 모든 종류의 탄소원을 이용하기 위해 진화해 왔다. 이 장에서는 다양한 종들이 생리적 적응을 통하여 각기 서로 다른 생태적 지위에 적합하게 된 기작을 살펴보고자 한다. 우선적으로 균류가 탄소원, 질소원, 기타 원소들에 접근하고 동화하는 영양물질의 획득 방식에 대해 다루고자 한다. 경쟁과 발달에 있어서 균류에 의해 이용되는 2차대사산물은 항생물질을 비롯하여 많은 생리활성물질이 포함된다. 그리고 유전 분석 덕분에 2차대사산물의 합성과 발견이 좋은 성과를 내고 있다. 환경신호에 반응하여 발달하는 것을 포함하여 세포의 신호감지, 신호전달과 반응은 균류의 기회주의적 생활에 가장 중요하다. 세포 내외에 존재하는 영양물질에 대한 감지 기작과 수분활성도, 온도, 빛 같은 물리적 인자에 대한 감지 기작에 대해 기술하였다. 마지막으로, 외인성물질을 해독하는 균류의 생물공학적 잠재력을 포함하여 균류의 활동이 광물과 토양에 영향을 미치는 방식에 대해 기술하였다.

영양물질의 획득, 흡수, 동화

모든 균류는 유기탄소 및 에너지원을 요구한다. 뿐만 아니라, 복합질소, 인, 황, 양이온(칼륨, 칼슘, 마그네슘), 그리고 많은 다른 미량원소도 요구한다. 배양이 가능한 대부분의 부생성 균류는 표 5.1에 제시된 합성배지에서 자랄 수 있다. 1차대사의 핵심적인 대사경로는 동물에서처럼 균류에서도 대체로 동일하다. 생합성을 위한 에너지와 탄소 골격은 해당과정, 시트르산 회로, 5탄당 인산회로를 통해 공급된다. 탄소가 부족한 환경에서 균류는 이산화탄소를 동화하여 탄소 골격에 공급할 수 있다. 그러나 이 과정은 무한히 생장을 유지할 수 없으며 에너지를 요구하는 과정이다. 동 · 식물에서처럼 균류에서도 산소는 호흡에서 최종전자수용체로 작용한다. 그러나 산소 농도가 낮은 환경에서는 질산염이 산소 대신 사용될 수 있다.

호흡대사 경로에 대한 자세한 설명은 균류생리학 교재에서 찾을 수 있다 (참고자료 참조). 포도당은 이러한 대사 경로의 기본적인 전구물질이지만 균류는 자연에서 자유분자로 존재하는 포도당을 접할 기회가 거의 없다. 그 대신에, 식물 잔재물이나 살아있는 기주 조직에서 유래한 불용성 글루칸 중합체인 섬유소와 같이 광범위하게 분포하는 원천으로부터 포도당을 획득해야 한다. 균계의

표 5.1 합성생장배지의 조성

무기영양소	KH_2PO_4	1 g
	$MgSO_4 \cdot 7H_2O$	0.5 g
	KCl	0.5 g
	$FeSO_4 \cdot 7H_2O$	0.01 g
탄소원 및 에너지원[a]	설탕	30 g
질소원[b]	$NaNO_3$	2 g
증류수		1 L
고체배지를 만들 경우	한천	20 g

[a]모든 균류는 종속영양체이므로 유기탄소 형태가 요구된다. 포도당, 설탕, 녹말이 일반적으로 사용된다.
[b]대부분의 균류는 무기질소원으로 생장할 수 있다. 보통 암모늄 또는 질산염으로 공급된다. 일부 균류는 아미노산을 필요로 한다.

어떤 종들은 대부분 자연에서 생기는 탄소 중합체들(표 5.2), 심지어 플라스틱 같은 인공 중합체들까지도 효소로 분해하여 먹고 산다.

탄소원 및 에너지원

균류는 능동적 및 수동적으로 당류를 흡수할 수 있는 시스템을 잘 갖추고 있다. 수송 단백질들은

표 5.2 중합체를 가수분해하는 일부 균류효소 활성

기질	효소
Arabinans	Arabinofuranosidase
Callose	1→3 Glucanases
Cellulose	Endoglucanases, cellobiohydrolases
Chitin	Chitinases
Cutin	Cutinases
DNA	Deoxyribonuclease
Hemicellulose	Hemicellulases
Lignin	Ligninases
Mannans	Mannanase
Pectic substances	Pectin methylesterase, pectate lyase, polygalacturonase
Proteins	Proteinases
RNA	Ribonuclease
Starch	Amylases
Xylans	Xylanase

내재적 또는 유도적일 수 있다. 일반적으로 여러 당류 혼합물에서 우선적으로 흡수되는 당류는 동화 대사에서 최소한의 에너지가 요구되며 자연에 광범위하게 분포한다. 예를 들면, 토양 자낭균인 *Chaetomium*은 포도당이 배양배지에 주어지면 바로 흡수해 버린다. 그러나 비교적 드문 당인 과당이 탄소원으로 공급되면 수 시간의 유도기간이 지난 후에야 흡수된다. 배양이 가능한 대부분의 균류는 보통 단당류 및 이당류를 재빨리 동화할 수 있다. 유전체 분석(제6장)에 의하면, 당류 수송 단백질을 암호화하는 유전자가 균류에 다수 존재하는 것으로 알려져 있다. 빵효모인 *Saccharomyces cerevisiae*는 수백 종의 다른 유전자들이 막 관통 수송단백질을 암호화하고 있다. 이들은 주로 당 운반체(sugar porter, SP)를 가진 촉진자 상좌(major facilitator superfamily, MFS)에서 유래한 것들이다. 많은 단당류 막 수송체는 농도 구배에 따라 용매가 에너지와 관계없이 이동하는 촉진확산에 의해 작동한다. 환경에 당류가 부족할 때 활성화되는 그 외 단당류 수송체는 에너지 요구형이다. 하나 이상의 양성자가 동시에 연계되어 이동하며 농도 구배에 역행하여 당 분자가 이동한다.

경쟁적인 환경에서 주변 환경에 신속히 반응하는 것은 선택적인 측면에서 중요한 이점을 갖게 한다. 종합적인 전사인자들은 세포 내에서나 환경에서 변화하는 영양단계에 대응하여 많은 대사 세트를 동시에 조절하는 물질대사에서 마스터키로 작용한다. 이와 같이 영양 흡수 시스템은 조절될 수 있으므로, 여러 물질이 섞인 혼합물에서 탄소원과 에너지원을 적절한 비율로 얻을 수 있고 묽은 용액에서 영양물질을 효과적으로 찾아낼 수 있다. 탄소동화는 종합적인 전사조절인자인 CreA에 의해 조절된다. 이 CreA는 세포막 수송체뿐만 아니라 탄소대사의 이화 및 동화대사 경로를 암호화하는 전체 세트의 유전자 발현을 조절한다.

중합체 형태의 탄소

섬유소는 식물이나 식물 잔재물에서 아주 흔하고 지구에서 가장 흔한 탄소화합물이다. 대부분의 부생성 균류는 섬유소를 탄소원으로 이용할 수 있다. 그리고 균류는 섬유소의 주요 분해자이다.

식물 세포벽(그림 5.1)에서처럼 자연발생적으로 생기는 섬유소는 불용성이며 강한 섬유질로 되어 있고 가수분해에 저항성이 있다. 이는 β1-4 결합으로 된 글루칸 사슬이 수소결합으로 나란히 배열되어 있어 긴 규칙적인 결정형의 묶음을 형성하고 길이는 7 μm나 되기 때문이다 (그림 5.2). 결정화 정도는 불규칙적인 간격으로 존재하는 무정형의 섬유소를 가진 섬유소 묶음의 길이에 따라 다양하다. 섬유소 묶음은 자체적으로 나란히 배열되어 직경 4~10 nm의 미세섬유(microfibril)를 형성하며, 전자현미경으로 볼 수 있다. 이렇게 촘촘히 조립된 구조는 가수분해로부터 글리코시드 결합을 보호하도록 도움을 준다. 그리고 결정형 섬유소를 분해할 수 있는 균류는 특정의 효소 집합체를 가지고 있다. 섬유소 분해 균류를 배양하여 수행한 생리적 연구에 의하면, 이들 균류는 **endoglucanases**와 **exoglucanases** 효소를 갖고 있다. endoglucanases는 섬유소 사슬의 중간을 공격하여 올리고당 생성과 미세섬유가 더 분해될 수 있도록 열린 형태를 띠게 하며, exoglucanases는 endoglucanases 효소작용으로 생긴 사슬 말단에 작용한다. Cellobiohydrolase는 이량체인 셀로비오스(cellobiose) 단위로 잘라낸다. 이 셀로비오스는 cellobiase에 의해 포도당(glucose)으로 가수분해된다.

유전체 분석에 의하면 식물 잔재물을 탄소원으로 이용하는 균류들은 전형적으로 탄수화물 활성

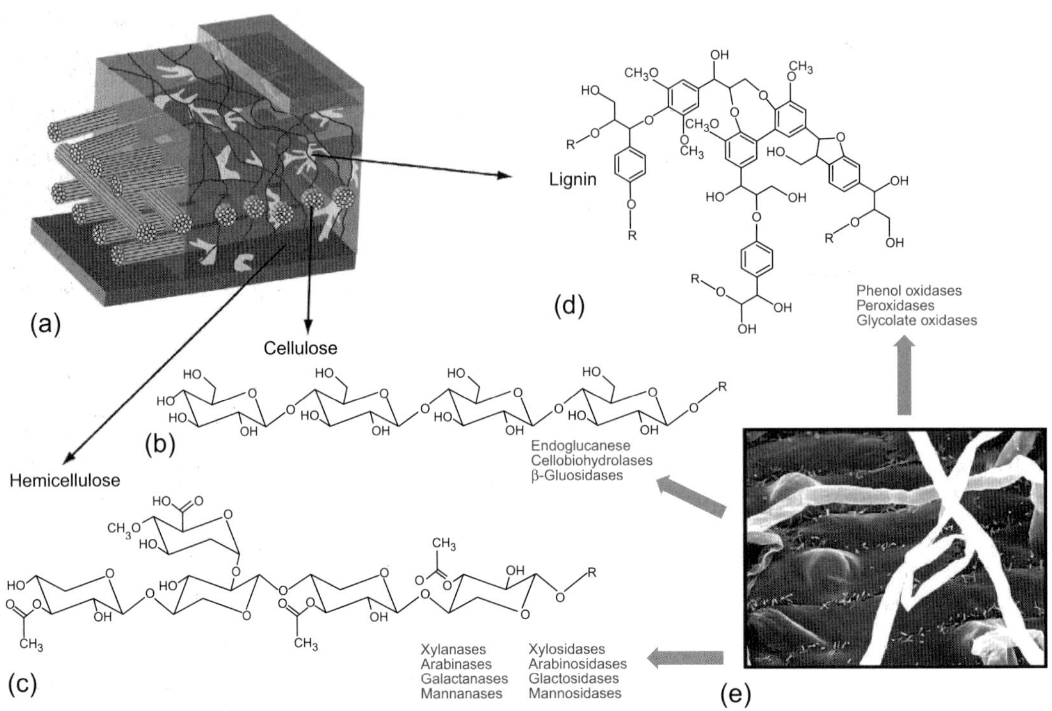

그림 5.1 식물 세포벽(**a**)과 섬유소(**b**), 헤미셀룰로스(**c**), 리그닌(**d**)의 위치 및 화학조성. 헤미셀룰로스는 다양한 탄수화물을 가리키며, 여기에 나타낸 것은 *O*-acetyl-4-*O*-methyl-d-glucuronoxylan으로 속씨식물에서 흔하다. 각 화합물 밑의 목록은 토양미생물이 식물-낙엽 부식과정에 화합물이 탈중합화되기 위해 사용된 체외효소들이다. 분해 과정은 미생물 군집에 의해 매개된다(**e**), 그중 일부는 식물 잔재가 토양에 유입될 때 다소 활성화되며, 특정 화합물은 그 재료로부터 성공적으로 제거된다. *출처: Frank Dazzo. From Zak et al., 2006.*

효소를 암호화하는 다중 유전자를 갖고 있다. 이 효소들은 제6장에서 기술한 바와 같이, 탄수화물 활성효소들의 CAZy 데이터베이스에 목록이 작성되어 있다. 작성된 목록들은 다음과 같다: 글리코시드 결합을 분해하거나 재정렬에 관여하는 Glycoside Hydrolases (GHs), 글리코시드 결합의 형성에 관여하는 Glycosyl Transferases (GTs), 글리코시드 결합을 비가수분해로 분열하는 Polysaccharide Lyases (PLs), 탄수화물 에스테르를 가수분해하는 Carbohydrate Esterases (CEs), CAZymes과 함께 작용하는 산화환원계 효소들의 보조활성이 있다. 식물 다당류에 작용하는 효소들은 글루칸 사슬에 효소가 부착하도록 도움을 주는 탄수화물 결합 모듈(carbohydrate-binding module, CBM)을 가지고 있다.

섬유소분해 토양 자낭균 *Trichoderma reesei* (*Hypocrea jecorina*)는 식물 다당류 가수분해 효소의 산업적 생산에 이용된다. 흥미롭게도 이 균의 유전체는 CAZy 카테고리 효소인 *GH*, *GT*, *PL*, *CE*, *CBM*에 있는 유전자를 갖고 있지만, 이 유전자들이 섬유소 분해력이 약한 다른 균류에 비해 수적으로 *Trichoderma* 균에 더 많이 있는 것은 아니다. *Trichoderma* 균이 섬유소 분해력이 특출한 것은 남달리 많은 효소 종류보다는 이 효소들의 효율적인 분비작용에 기인한 것 같다.

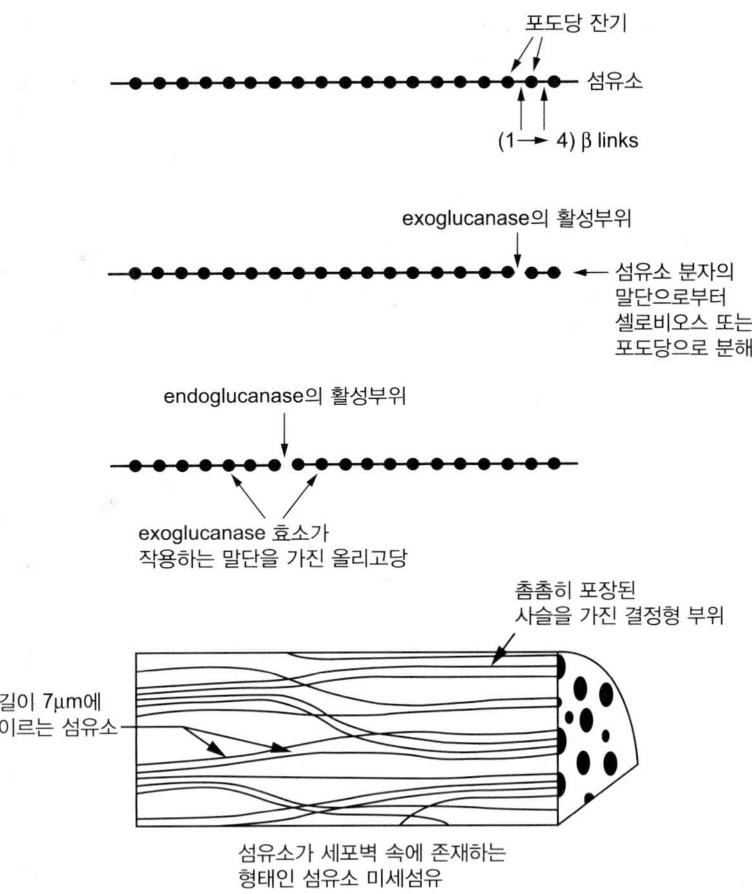

그림 5.2 식물 세포벽에서 나타나는 섬유소의 구조와 섬유소에 작용하는 여러 범주의 가수분해효소. Endoglucanase는 사슬의 중간에 있는 결합을 부순다. 그리하여 더 분해되도록 미세섬유가 열리게 되며, exoglucanase가 작용할 수 있는 섬유소 사슬의 끝은 증가하게 된다. Exoglucanase는 섬유소 분자의 말단에서 포도당을 단량체 또는 이량체 단위로 제거한다.

탄수화물 활성효소에 대한 유전자들은 *Trichoderma* 유전체에 밀집하여 존재하며, 2차대사를 위한 유전자들과 근접하여 존재한다. 이것은 아마도 섬유소 분해효소와 항생물질 유전자들이 동조적으로 발현하도록 촉진하여 *Trichoderma* 균이 토양에서 섬유소를 이용하는 많은 세균, 균류 및 동물과 경쟁할 수 있도록 도움을 주는 것 같다. 수백 종의 부생성 및 나약기생성 토양 서식 자낭균류는 유사한 생태적 지위를 점유하고 있으며, 경쟁력 있는 무기의 하나로 식물 독소나 항생물질로 작용하는 2차대사산물을 생성한다. 이와 같이 2차대사산물은 생리활성물질과 생합성 경로의 충분한 원천 물질이 된다 (2차대사 참조). *Chaetomium, Fusarium, Paecilomyces* 속의 일부 종은 비록 목재 구조를 손상시킬 만큼 충분히 침투하지는 못하지만, 목재 표면의 섬유소, 헤미셀룰로스, 펙틴을 분해함으로써 목재를 '연부후'시킨다. *Cochliobolus, Fusarium, Gaeumannomyces* 종을 포함한 기타 균류는 식물뿌리에 기생하는 식물병원균(제8장)으로서 독소를 이용하여 식물을 죽이며, 특히 화곡류의 농작물에 경제적 피해를 입힌다.

목질섬유소

자연에서 가장 오래가는 섬유소원은 목재이다. 비교 계통유전체학 및 분자시계 데이터에 의하면, 4~5억 년 전 목본식물이 처음으로 진화한 이래로 균류는 목재를 먹이기질로 이용해 왔음을 시사해준다 (그림 7.11). 균류에 의한 목재 분해는 생태계와 지구의 탄소 순환에 있어서 필수적인 역할을 한다. 목재는 섬유소를 40~45%나 함유하고 있지만, 섬유소 섬유(cellulose fiber)가 소수성 페놀성 중합체인 리그닌에 박혀있어 느리게 분해된다. 리그닌은 미생물 공격에 저항성이 있고 균류에 의해서도 이용되기 어렵다. 그림 5.3은 목재의 일반적인 세포 구조와 섬유소, 헤미셀룰로스, 리그닌의 공간적 분포를 보여준다. 목재 세포벽(가도관과 도관)에서 섬유소가 풍부한 S2층은 목질화된 S1과 S2층 사이에 끼어 있다. 목재를 먹고 살기 위해서 균류의 균사체는 리그닌을 용해시키든가 침투할 수 있어야 한다.

소위 목재의 **백색부후균**(**white rot fungi**)은 목질섬유소(lignocellulose)의 섬유소와 헤미셀룰로스에 접근하기 위해서 리그닌을 파괴한다. 백색부후는 균류에 의한 목재부후의 원형이며 담자균류 및 자낭균류에 의해 수행된다. 잘 알려진 예로 뽕나무버섯 *Armillaria mellea*와 목재의 백색부후에 관한 실험모델로 사용되는 *Phanerochaete chrysosporium*이 있다. 많은 생리활성의 범주에서 그러하듯이, 자연에서 백색부후균과 갈색부후균이 뚜렷이 구별되지는 않는다. 비교 생태 유전체학 연구에 의하면, 정확한 기재와 두 균의 공동특성 중 어느 것이 맞지 않거나 둘 다 맞지 않는 종들이 있다. 어떤 균류는 리그닌과 섬유소를 동시에 분해하는 반면에, 다른 균류는 리그닌을 먼저 제

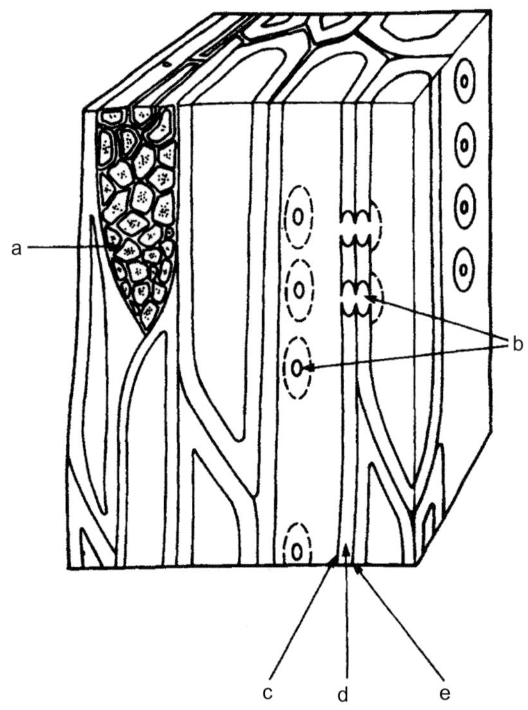

그림 5.3 목재 세포 구조의 도해: (a) 나무의 살아있는 세포를 구성하는 방사조직이며, 이것은 목재를 침입한 균류가 쉽게 이용할 수 있는 영양물질이 된다. (b) 가도관 벽에 있는 천공판으로 일반적으로 인접한 가도관과 겹친다. 이 천공판은 균사가 가도관에서 다른 가도관으로 생장하는 통로를 제공한다. (c) S3 벽, 섬유소 골격에 더해 리그닌이 풍부하다. (d) S2 벽, 주로 섬유소이며 상대적으로 리그닌이 적다. (e) S1 벽, 리그닌화되어 있다.

거하는 **선택적 탈리그닌화(selective delignification)**로 인하여 백색의 섬유소가 드러나 보인다 (그림 5.6a). 리그닌 껍질로부터 자유로워진 목재 섬유소에 대한 균류의 작용은 생태계의 탄소 순환에 매우 중요하다. 왜냐하면, 탈리그닌화된 섬유소는 원생생물, 선충류, 연체동물, 갑각류, 곤충류, 거미류 등을 포함한 다양한 동물군에 의해 소비될 수 있기 때문이다 (제9장, 325쪽). 이러한 동물군의 다양성을 근거로 진화생물학자 W.D. Hamilton은 균류에 의한 목재부후는 초기 무척추동물의 다양화에 크게 기여하였으리라고 제시한 바 있다. 척추동물도 균류의 탈리그닌화로부터 이익을 얻는 것 같다. 탈리그닌화된 백색부후 목재(*palo podrida*)는 안데스산맥 지역에서 소의 사료로 사용된다. 콩과식물의 목질 농산 폐기물을 반추위가축의 먹이로 적용될 수 있도록 균류를 이용하여 변형시키는 연구가 진행 중이다.

리그닌의 난분해성은 여러 유형의 공유결합을 통해 만들어진 페닐프로판 단위체가 무작위로 연결되어 생성된 3차원적 이형 중합체로서의 구조에 기인한다 (그림 5.4). 리그닌은 결합이 반복적인 유형을 갖지 않고 대단히 소수성이다. 그러므로 리그닌은 효소의 활성부위가 단일유형의 화학결합에 결합하는 효소적인 가수분해로는 분해되지 않는다. 대신에 산화효소와 과산화효소가 비입체적 특수한 방식으로 작용하여 한 분자를 복잡한 조각의 혼합체로 분해한다. 리그닌의 산화적 분해는 살아있는 세포 내에서는 일어날 수 없는 격렬한 반응으로 '효소연소'라고 일컬어 왔다. 반응물들은 균사체가 목재의 세포벽에 접해 있을 때 기질과 접촉하면서 체외에서 생성된다. 과산화수소를 산화제로 사용하는 과산화효소와 과산화수소를 생성하는 효소는 함께 작용하여 리그닌 분자를 산화하고 탈안정화시키는데, 결국 리그닌 분자는 화학적으로 보다 작은 조각으로 분해된다 (그림 5.5). Lignin peroxidase (LiP), manganese-dependent peroxidase (MnP), 그리고 versatile peroxidase (VP)는 class II 과산화효소라 일컫는 단계통 유전자 계열의 햄 당단백질이다. 이 과산화효소는 담자균류 내에서 다양화되었다. MnP는 많은 균류에 의해 분비되는, 옥살산염과 같은 유기산과 안전한 확산성 복합체를 형성한다. 이 복합체는 리그닌 페놀을 페놀성 라디칼로 산화시킨다. MnP 효소는 모든 백색부후 담자균에서 발견된다 (구멍장이버섯목에서 오직 한번 발생한 바 있는, LiP와 달리). 그리고 MnP는 담자균에서 목재의 백색부후와 연관된 주된 효소로서 생태계의 리그닌 분해에서 핵심 역할을 한다 (그림 5.5). LiP 분자는 과산화수소 존재 하에서 활성화 상태로 산화되며, 이것은 비페놀성 방향족 화합물에서 전자를 끌어내어 불안정한 아릴 양이온 라디칼을 발생시킨다. 그리고 이 양이온 라디칼은 벤젠 환 분해를 포함하여 다양한 비효소적 분자 내 반응을 통하여 작은 분자들의 혼합물을 생성한다. 리그닌 과산화효소는 목질섬유소의 리그닌 탄수화물 복합체 분해에서 필수적인 역할을 한다는 것이 확인되어 2013년에 CAZy 데이터베이스에 첨가되었다. 이 효소는 웹주소 http://foly.esi.univ-mrs.fr.에서 FOLy 데이터베이스를 갖고 있다.

리그닌 분해에 포함된 보조효소로는 aryl alcohol oxidase, glyoxal oxidase, pyranose-2 oxidase 같은 과산화수소 생성 효소가 포함된다. 라카아제(laccase)는 *p*-디페놀을 산화하기 위해 산소를 사용하는 blue copper oxidase이다. 라카아제는 대부분의 백색부후균류에서 발견되고 백색부후 능력에 대한 지표로 사용되어 왔다. 그러나 리그닌 전체를 공략하지는 못한다. 리그닌 조각은 균류에 대한 에너지원이 되지 못하지만, 산화적 가용화를 통해 생성된 수용성 분자들은 흡수되어 시토크롬 P450 시스템을 통해 세포 내에서 분해될 수 있다. 시토크롬 P450 시스템은 균류 유전체에서 잘 알려져 있고 외인성물질 대사와 연계되어 있다 (아래 참조). 백색부후 모델 담자균인 고약버섯(*Phanerochaete chrysosporium*)은 154개의 시토크롬 *P450* 유전자를 갖고 있다.

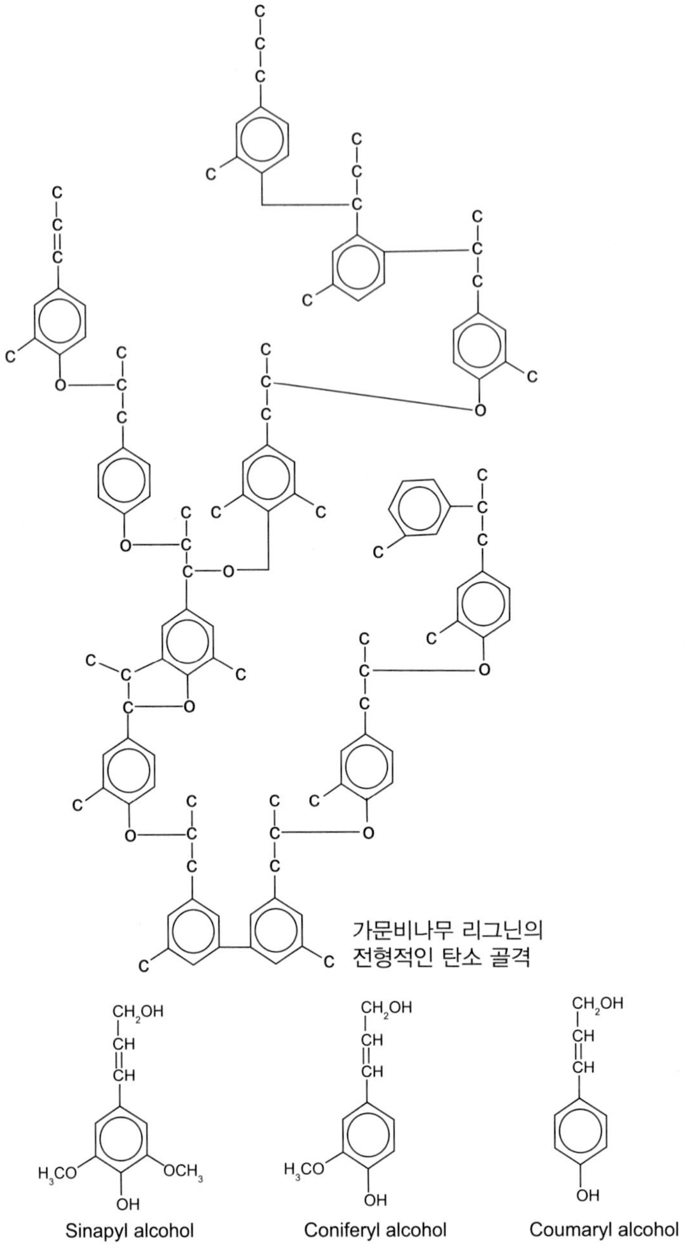

가문비나무 리그닌의 전형적인 탄소 골격

Sinapyl alcohol Coniferyl alcohol Coumaryl alcohol

그림 5.4 리그닌의 분자구조, 페닐프로판 단위체로 구성된 복잡한 3차원적 중합체. Coumaryl, sinapyl, coniferyl 알코올은 페닐프로판 단위체의 가장 흔한 구조이며, 다양한 결합에 의해 3차원적, 비대칭적 네트워크로 무작위로 결합되어 있다. 가장 흔한 구조가 도해되어 있다. Coniferyl 알코올은 침엽수 목재에서 가장 흔한 단위체이다.

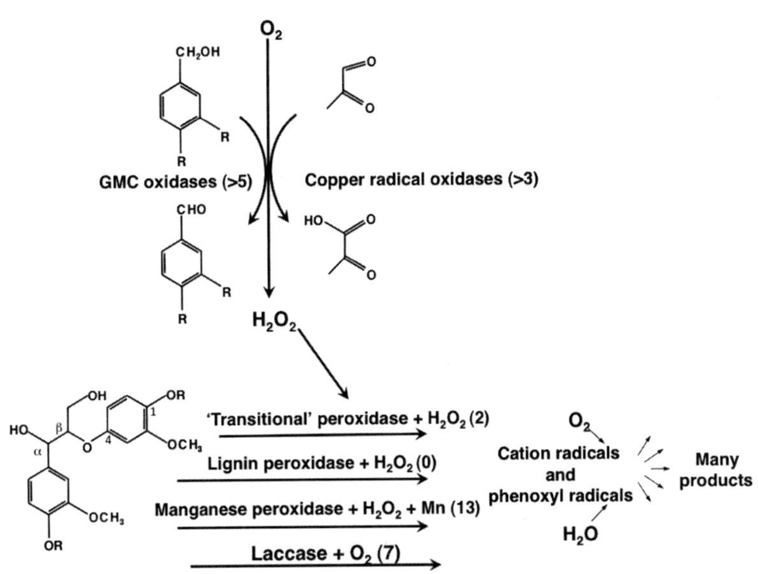

그림 5.5 리그닌 분해에서 과산화수소의 역할. 백색부후균에 의한 리그닌 분해에서 수반되는 세포외 과정. 구리 라디칼 산화효소와 포도당-메탄올-콜린(GMC) 산화효소가 촉매하는 반응에 의해 생성되는 과산화수소는 많은 산물을 생산하는 다수의 산화반응에서 기질로 작용한다. *출처: Cullen, Wood Decay. pp. 43–62, Section 2, Saprotrophic Fungi, in Martin (2014).*

백색부후와는 대조적으로, 목재 분해의 **갈색부후(brown rot)** 방식에서는 균류는 완전한 리그닌 제거 없이 목질섬유소에서 섬유소를 제거하므로 중합체의 갈색 잔기가 남는다 (그림 5.6b). 갈색부후로 인한 질량 감소의 대부분은 다당류의 소화에 의한 것이다. 그러나 미세한 측쇄의 산화, 탈메틸화, 약간의 탈중합화와 같은 리그닌 구조에서의 변화가 일어난다. 백색부후보다 목재 탄수화물 이용에 있어서 에너지 효율이 더 높은 갈색 부후력은 구멍장이버섯목과 그물버섯목에서의 예를 포함하여(그림 7.10) 담자균류에서는 적어도 6개의 단일 계통군으로 수렴 진화되어 왔다. 갈색부후는 자낭균류 목재부후의 특징은 아닌 것 같다. 백색부후 담자균류와 갈색부후 담자균류 간의 유전자 진화를 비교한 바에 의하면, 백색부후로부터 갈색부후로의 전이에는 산화효소 유전자의 소실뿐만 아니라 일부 글리코시드 가수분해효소 유전자 복제수 및 일부 유전자 계열의 수 감소가 수반된다는 것이 밝혀졌다. 그러나 다른 글리코시드 가수분해효소 유전자 계통의 복제가 있었으며, 결과적으로, 섬유소 탈중합화를 위해서 일부 효소는 감소하고, 필요한 다른 효소는 정제된 효소로 축적이 이루어졌다.

목재의 갈색부후는 부피나 생물량이 뚜렷하게 감소하기 전인 초기에 강도가 감소하는 것이 특징적이다. 목조건물에서 버짐버섯(*Serpula lacrymans*)에 의한 목재부후는 붕괴가 일어날 때까지도 눈에 띄는 변화가 없다. 섬유소 섬유는 목재에 인장강도를 주는데, 탈중합화 초기 단계에는 결정형 섬유소의 무정형 부위에서 사슬 파손이 일어남으로써 섬유소 섬유가 약화된다. 이 과정에서 효소의 역할을 이해하는 데 있어서 문제점은 섬유소 탈중합화가 X선 회절 같은 물리적 분석을 통해 처음으로 나타날 때, 목재구조 내의 미세공극 직경이 너무 작아서 가수분해효소가 확산해 들어가지 못하는 것으로 보인다는 것이다. 현미경 관찰에 의하면 부후목에서 균사가 드문드문 성기게 분포한다. 그리고 균사가 관찰되는 곳에서 세포벽과 밀접하게 접촉하고 있지 않다. 이것은 균류 세

암모늄

암모늄 이온은 운반체 단백질계인 암모늄 운반체/메틸암모늄 투과효소계(MEP 계열)에 의해 흡수된다. 이 운반체 단백질은 균류에만 독특하게 있으며 모든 진핵생물에서 발견되는 보존적인 AMTP 계열과 상동적이다. 균류 MEP 단백질은 균류 진화 초기에 원핵생물에서부터 수평적유전자이동에 의해 유래된 것으로 여겨진다. 이 단백질은 암모니아와 암모늄이 수동적으로 통과하는 구멍을 만드는 고도로 보존된 11개의 막 관통 영역으로 된 막 교차 단백질들이다. 이 단백질은 용해된 이온보다는 가스의 유입이 가능한 변형된 가스 채널로 작용하는 것으로 여겨진다. 암모늄 양성자는 구멍 입구에서 소실된다. 암모니아는 채널을 통해 이동하며, 세포질 내에서 다시 양성화된다. 질산염과 암모니아가 혼합물로 존재하면 질산염의 흡수 경로가 억제되어 암모니아가 우선적으로 흡수된다.

질소가 물질대사에 편입되는 것은 호흡대사 경로에서 전구물질과 암모니아가 결합하여 아미노산을 만들며 일어난다. 피루브산은 해당과정에서 알라닌으로 아미노화되고, 옥소글루타르산은 TCA회로에서 글루탐산으로 아미노화된다. 이 대사산물은 아미노산의 이화작용 및 동화작용의 복합 네트워크에서 중간대사 산물로 작용한다. 암모늄의 체외 농도에 따라 암모늄 동화에서 몇 개의 대체적인 경로가 균류에서 작동한다. 질소의 고갈상태에서는 소위 GS-GOGAT 경로가 구성효소를 암호화하는 유전자의 발현으로 활성화된다. 먼저 암모늄에 친화력이 높은 글루타민 합성효소는 암모늄과 글루탐산과의 결합을 촉진한다. 그 결과 생성된 글루타민은 2-옥소글루타르산을 아미노화하기 위해 아미노전이효소에 의해 사용된다. 이 반응은 전자공여체로 NADPH와 함께 ATP를 사용하여 일어난다. 암모늄을 보다 쉽게 이용할 수 있다면, 암모늄과 2-옥소글루타르산간의 반응에서는 낮은 에너지를 사용하여 동화작용이 일어난다. 이 반응도 NADPH를 이용하지만 ATP를 필요로 하지 않는다.

아미노산

아미노산은 제2장에서 기술한 바와 같이, 다양한 구조 및 유도 막 수송 단백질에 의해 체외 용액으로부터 흡수된다. 간단한 아미노화 과정에 의해 일차 탄소 중간대사산물에서 유래한 알라닌, 글리신, 글루타민, 아스파르트산, 글루탐산과 같은 핵심 아미노산들은 쉽게 동화된다. 메티오닌을 포함한 다른 아미노산은 보다 느리게 이용되며 유일한 질소원으로는 적당하지 못하다. 배양에 있어서 다양한 영양물질에 대한 균류의 선호도는 양조산업에서 심도 있게 연구되어 왔다. 아미노산 혼합체를 영양원으로 제공한 효모(*Saccharomyces cerevisiae*)는 제공된 아미노산을 선호도에 따라 차례로 소모할 것이다.

세포에 의해 흡수된 모든 아미노산이 대사되는 것은 아니다. 비단백질성 아미노산인 α-aminoisobutyric acid(AIB)는 몇몇 균류와 세균에서 2차대사의 산물이다. 그리고 **펩타이볼(peptaibol)**이라는 항생물질성 기능을 가진 펩티드로 결합한다. 균류 아미노산 운반체는 AIB를 글루탐산보다 더 선호한다. 그러나 AIB는 대사되지 않고 세포 내에 변화되지 않은 채 축적된다. 이러한 특성으로 인해 생화학에서 아미노산 운반체 연구에 사용되고 있다. AIB는 고농도에서 글루탐산 섭취를 경쟁적으로 저해하여 담자균류의 균사체가 확산되는 것을 억제한다. 아독성(sub-toxic) 농도에서 AIB는 유리 아미노산 풀에서 대사되지 않고 변화되지 않은 채로 세포 내에 남아 있기 때문에 균사체 네트워크에서 아미노산의 전위연구를 위한 ^{14}C-표지 분자로 사용된다 (그림 5.7).

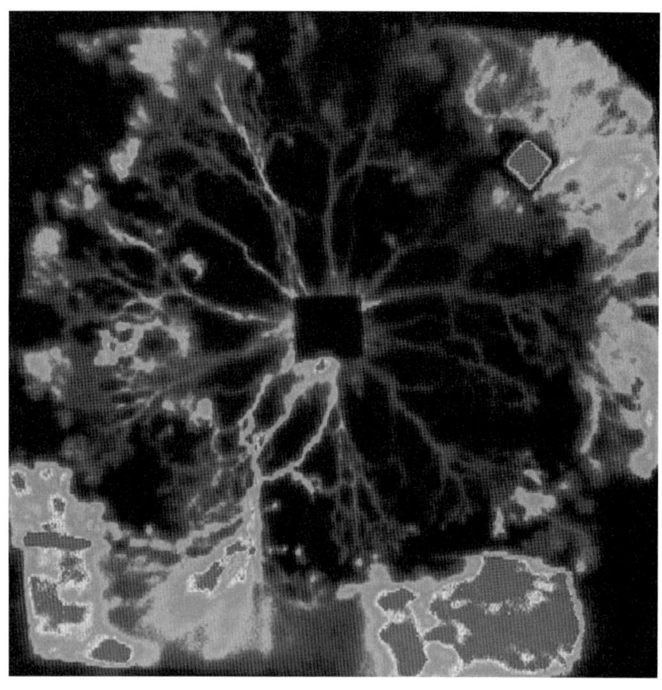

그림 5.7 그림 5.18에 나타난 균사에서 ^{14}C-AIB의 양자섬광계수기 영상, 새로운 목재자원 캡처(Tlalka et al., 2008, Video S2 참조) 비디오 연결, 추가자료 참조. 그림 5.18에 나타난 균사는 ^{14}C로 표지된 대사되지 않는 추적자 아미노산 AIB(α-aminoisobutyric acid)가 공급되었다. AIB가 균사 내에 고르게 분포되도록 배양한 후에 새로운 목재 조각을 균사 집락 가장자리의 오른쪽 위에 놓았다. 그리고 이 시스템은 10일 동안 PCSI에 의해 영상화되었다. 이 비디오는 AIB가 전체 균사체로부터 새로운 목재 조각이 군락화하는 곳으로 재분배되는 것을 보여준다. 이것은 균사가 생합성을 위한 균형된 탄질률을 이루기 위해 질소를 유입함으로써 국소적으로 새로 공급된 탄소원을 감지하고 반응하는 능력과 일치한다. 출처: *Tlalka et al. (2008). http://dx.doi.org/10.5072/bodleian:d217qq90r* (원색도판 참조)

균사체는 외부 환경에서의 가용성 여부에 대비하거나 균사체 내부에서의 질소의 수요와 공급에 대응하여, 쉽게 이용할 수 있는 자원으로서 유리 아미노산을 저장하고 있다. 세포 내에서 유리 아미노산의 정도는 외부 환경에서 질소의 가용성에 따라 10배 이상이나 차이가 날 수 있다. 세포 내에서 가용한 자원은 소량의 아르기닌, 오르니틴, 리신, 히스티딘과 함께 글루탐산, 글루타민, 세린, 프롤린, 아스파르트산, 글리신, 알라닌을 포함한 핵심 아미노산으로 구성되어 있다. GABA를 포함한 적은 양의 비단백질성 아미노산도 검출될 수 있다. 동역학 연구를 통해 비교적 빠르거나 느린 전환방식을 가진 독립적인 기작이 세포질과 액포 속에 존재할 것이란 것이 추론되었다. 다른 친화력을 가진 운반체가 액포 속에 이 염기성 아르지닌, 오르니틴, 리신을 축적하고 있을 수 있다. 액포의 많은 다른 기능(제2장)과 더불어, 액포는 단기적으로 질소를 저장하고 분배하는 저장고 역할을 한다. 균근성 균사로부터 뿌리로 질소가 이동하는 과정에도 액포가 관여할 수 있다. 여기서 토양에 있는 기질 이외 균사체에서 아르기닌으로 동화되는 아미노 질소는 아르기닌을 질소원으로 제공하는 뿌리로 전이된다. 이 과정은 공간적으로 분리된 요소 회로라고 알려져 왔다. 균사에서는 유연하고 역동적인 액포 시스템을 통해서 양분의 전이가 일어난다. 예측 모형에 따르면, 균사 정단의 생장에 필요한 아미노산은 비록 몇 μm 거리에서만 유효하기는 하지만 이러한 방식을 통해서 균사 정단으로 유입된다.

기타 유기질소 화합물

쉽게 동화할 수 있는 형태의 질소가 부족한 서식지에 적응하여 사는 균류는 여러 질소화합물을 이용한다. 북방림 토양과 같은 교란이 적은 서식지에서 사는 균류는 질소가 제한된 상태에 있으며, 질소를 탐색하고, 저장하고, 균사체 내에서 재순환시키는 전략을 진화시켜 왔다. 천여 종이 넘는 유기 질소화합물이 그런 토양에서 발견되었다. 그중 일부는 생물학적 분해에 저항성이 높지만, 토양 질소의 50% 이상이 방향족 질소화합물 형태로 존재한다. 산림에 서식하는 균류는 난분해성 복합체 화합물을 분해하기 위해 리그닌 탈중합화에 사용하는 class II 과산화효소와 같은 산화효소 시스템을 이용하여 토양에서 질소원을 찾아낸다. 삼림에서 담자균류가 형성한 엄청난 균사체는 키틴, 단백질, 폴리아민, 아미노산의 형태로 질소를 보유하는 일종의 저장고 역할을 하고 있다.

단백질

단백질은 인체조직을 포함하여 대부분의 단백질을 가수분해할 수 있는 많은 단백질 분해효소와 펩티드 가수분해효소를 사용하여 균류에 의해 탈중합화된다. 균류 단백질분해효소는 진균 감염증의 병인론에서 그리고 산업적 응용면에서 아주 실제적인 흥미가 있다. 손톱, 머리털, 피부에서 자라는 백선균류의 독성은 케라틴 가수분해효소에 적합한 단백질분해효소에서 기인한다.

균류에는 7개 유형의 일반 단백질분해효소와 아스파르트산, 세린, 금속 단백질분해효소, 시스테인 단백질분해효소(활성부위에 의해 구별되고, 효소 활성에서 표준 저해제 영향에 의해 생화학적으로 동정된)가 있다. 기타 많은 단백질분해효소도 생화학적 활성이나 유전자 서열로부터 추론하지만 아직 특성이 규명되지 않았다. 유전체 분석에 의하면, 단백질분해효소의 다양성이 생화학 연구에서 생각했던 것보다 더 많이 나타나고 있다. 세포외 환경으로 분비될 단백질분해효소는 효소를 분비경로로 안내하는 펩티드 신호분자의 유무에 의해 구별된다. 그리고 올바른 단백질 접힘과 안전성을 조정하는, 펩티드 사슬의 50% 이상으로 구성되는 N-말단 프로펩티드에 의해 구별된다. 이 펩티드들은 분비된 효소의 활성화를 위해서 특정한 단백질 분해에 의해 제거된다. 부생체 효소는 일반적으로 글리코실화되어 있다. 이것은 단백질이 다른 미생물에 의해 소비되기 쉬운 토양에서 효소의 견고성과 내구성에 도움을 준다.

동물에 기생성인 균류는 부생성 균류보다 더 광범위한 분비 단백질분해효소를 갖고 있다. 그리고 한 종에서 발견되는 어떤 특정한 세트의 효소는 특정 조직에 대해 특이적일 수 있다. 기생성 균류에 독성을 부여하는 단백질분해효소는 부생성 균류에도 존재하는 서브틸리신(subtilisin)과 푼갈리신(fungalysin)으로 분류한다. 인간의 폐에 아스페르길루스증을 일으키는 *Aspergillus fumigatus*는 세포간 점액 다당체인 콜라겐, 엘라스틴, 라미닌을 공격하는 푼갈리신을 분비한다. 케라틴(머리털, 손톱, 피부)을 공격하는 피부사상균은 다수의 서브틸리신과 푼갈리신을 분비할 뿐만 아니라 아황산염도 분비한다. 아황산염은 효소에 접근할 수 있도록 불용성 단백질의 이황화물 다리를 분해하는 데 요구된다. *A. fumigatus*와 피부사상균을 포함하여 인간에게 중요한 병원성 진균의 유전체를 비교한 바에 의하면, 단백질분해효소 유전자의 진화경로를 보여준다. 피부사상균은 *A. fumigatus* 보다 더 많은 푼갈리신과 알카리 단백질 분해효소를 갖고 있다. 두 개의 유전자는 *Aspergillus*

종과 피부사상균이 모두 공유하는 조상 전래의 것이다. 그러나 피부사상균에서는 이 유전자 계열에 다수성이 확장되었다. 다른 병원체는 단백질분해효소 활성의 특별한 세트가 발현된다. 그 가운데 하나의 하부 세트는 독성인자이다. 계통수 위상관계에 의하면 유전자 진화는 종이 분산되는 방향으로 진행되었다. 이는 새로운 단백질 분해 능력을 획득하는 것이 다양화로 인하여 새로운 생태적 지위로의 길을 열어주는 것이라는 것을 시사한다. 동물조직에서 균류의 단백질분해효소 작용으로 일어난 질병의 증상은 단백질분해효소의 공격뿐만 아니라 면역반응을 유도하고 염증을 유발하는 단백질의 알러지 유발성에 기인한다.

기타 주요 영양물질

인

인은 핵산, 세포막, 에너지 대사의 중요한 구성성분으로서 균류생장을 위해 지속적으로 요구된다. 그러나 환경에서의 인의 가용성과 화학적 형태는 공간적으로나 시간적으로 다양하다. 균류 시스템은 인을 효과적으로 찾기 위해 고도로 적응되어 있다.

인 이온은 세포막에 있는 양성자와 연계된 공동수송자에 의해 토양과 물에 있는 용액으로부터 흡수 동화된다. 인산염 수송자에 대한 특성은 식물에서의 균근의 중심적 역할로 인해 균근성 균류에서 집중적으로 연구되고 있다. 일반적으로, 기질에 대한 친화도가 다른 몇몇 수송 단백질은 차등전사(differential transcription)에 의해 균류가 다양한 수준의 환경 인산염에 균류가 맞출 수 있도록 암호화되어 있다. 예를 들면, 외생균근성 담자균인 자갈버섯(*Hebeloma cylindrosporum*)은 *HcPT1*과 *HcPT2*라는 2개의 유전자를 갖고 있다. 인산염이 제한된 조건에서는, *HcPT1* 유전자는 인산염이 희소한 환경에서 특별한 역할을 한다는 것을 암시하듯이 상향 조절된다. 세포내 인산염이 증가하면 발현을 억제함으로써, 내부 인산염의 정도는 인산염 수송자의 전사를 조절한다. 세포 수준에서도 인산염이 3분자에서 1,000분자의 인산염 잔기로 이루어진 다인산염으로 전환됨으로써 영향을 받는다. 다인산염은 액포에서 격리된다. 이런 생리적 과정으로 균류는 인산염의 외부 공급과 내부 수요 모두에 적응한다. 균사 네트워크 내에서의 인산염 항상성은 전위(자리 옮김)에 의해서 조절된다. 세포내 인산염은 균사 네트워크에서 활발한 생장이 일어나는 곳으로 이동되는 ^{32}P 표지에 의해 가시화된다. 그 속도는 확산보다 더 빠를 수 있지만, 그 기작과 해부적인 경로는 잘 알려져 있지 않다. 균류의 네트워크를 통한 인산염의 축적과 재분배는 산림생태계의 영양동력학에 중요하다 (제7장).

개간하지 않은 토양은 유리 인산염을 일반적으로 10 μM 이하로 함유하고 있다. 균류는 인회석과 같은 비교적 불용성인 광물을 포함하여, 유기물과 복합물 등 토양에 있는 다른 원천의 인산염을 이용하도록 적응되어 왔다. 이와 같이 인산염 전위(자리 옮김)와 더불어 인을 찾아내는 능력은 균근성 균류가 암석으로부터 생물권으로 인이 유입되도록 하는 중요한 역할을 담당한다 (표 5.4). 균사는 양성자를 방출함으로써 균사 근처의 pH를 낮추거나, 균사 말단이나 균사를 따라 옥살산, 시트르산, 말론산을 분비함으로써 인산염을 가용화하고 있다. 산림 균류의 몇몇 매트를 형성하는 외생균근성 종에 의해 형성된 균사 집합체는 주변 토양의 옥살산염을 집락화하지 않은 토양의 40배까지 증가시킬 수 있다.

성숙된 자연생태계에서 대부분 토양 속의 인은 유기화합물의 형태로 존재한다. 간단한 유기화합물 형태로는 모노에스테르(모노뉴클레오티드와 당인산염)와 디에스테르화합물(핵산과 인지질)이 있다. Monoesterases와 diesterases는 이런 화합물에 작용하여 동화할 수 있는 인산염을 방출한다. 모노에스테르가 더 풍부하며, 총 토양 유기인 자원량의 50% 이상을 차지하는 경우도 있다. 이노시톨 인산염은 토양에서 유기재료 및 무기재료와 함께 복합체 형태로 존재한다. 인산염은 이런 화합물로부터 **피타아제**(phytase) 효소에 의해 방출된다. 이러한 용해작용은 균근성 균류가 갖는 중요한 생태적 기능이다 (제7장). 공생균류의 다양성이 증가하면 그만큼 인산분해 활동이 다양해지므로 기주식물의 인산 흡수가 증가한다는 동반 상승효과에 대한 증거가 있다. 피타아제 합성은 인의 양이 제한적일 때 유도되고, 세포 내에 인산염이 축적되면 억제된다.

황

대부분의 균류는 황산염을 이용할 수 있다. 이것은 막 황산염 수송자를 경유하여 흡수되고, 두 단계에서 아데노신삼인산을 통해 세포에서 인산화되어 3′-phosphoednosine-5′-phosphosulphate가 생성된다. 이것은 아황산염으로 환원되고, 이어서 황화물이 된다. 황화물은 *O*-acetyl serine과 축합하여 단백질에 삽입되는 시스테인을 생성하고, 메티오닌 합성을 위한 중간산물로 제공된다. 유기 황산염은 방향족 황산염 에스테르뿐만 아니라 내부 황 저장고로서 식물과 균류에 흔히 존재하는 콜린황산염(choline-*O*-sulphate)으로도 사용될 수 있다. 이러한 화합물은 황산염 수송단백질과 함께 황이 제한된 조건에서 강력히 유도되는 특수운반체를 통해 세포 내로 운반되며, 황이 함유된 아미노산에 의해 억제된다.

황 대사는 전체 전사인자의 조절 하에 있다. 황이 제한되면 메티오닌과 황산염을 위한 수송시스템이 유도되고, 내부 저장고와 단백질이 포함된 세포외 유기화합물로부터 황을 방출하기 위해 aryl sulphatase와 choline sulphatase를 포함한 효소를 유도한다. 모든 황 요구 시스템은 황이 충분한 조건에서는 억제되는데, 효모와 *Aspergillus*를 실험 배양한 경우에서는 5 mM의 메티오닌 농도에서 이 조건에 도달하였다.

황은 단백질 합성뿐만 아니라 스트레스에 대응하기 위해 작동되는 글루타티온 기반 시스템에서도 필수적으로 요구된다. 낮은 산화환원 전위를 가진 비단백질성 티올(thiol) 화합물인 글루타티온은 효모와 사상성 균류에서 10 mM까지 존재한다. 글루타티온은 이물질의 해독작용에 참여할 뿐만 아니라, 활성산소와 비효소적으로 반응하는 중요한 항산화제이다. 세포독성이 있는 황 원소는 토양곰팡이 *Fusarium oxysporum*에 의해 글루타티온 환원효소/글루타티온 쌍을 통해 세포 외에서 황화수소로 환원될 수 있다. 실험적으로 주어진 스트레스 하에서, 빵효모 *Saccharomyces cerevisiae*는 황이 풍부한 단백질을 황이 적게 함유된 동위효소로 치환함으로써 글루타티온 합성을 위해 세포 내에 황을 보존하는 황절약시스템(sulphur-sparing system)을 활성화시킨다.

필수 금속류

모든 균류는 많은 양의 칼륨과 마그네슘을 요구한다. 약 50 mM 농도의 마그네슘과 칼륨염이 합성배지에서 사용된다. 이들 양이온은 균류 세포에서 고농도로 존재하며, 세포막의 구조 성분이 된다. 철, 구리, 칼슘, 망간, 아연, 몰리브덴은 효소와 기타 단백질의 보조인자로 모든 생물체에서 요구된다. 요구되는 농도는 비교적 적다, 철과 몰리브덴은 6~10 μM보다 적게 요구된다. 구리와 아연을 포함한 일부 미량원소는 최적생장을 위해 요구되는 양보다 조금만 많아도 균류에는 독성을 나타낸다.

요구되는 미량원소의 양이 적음에도 불구하고, 미량원소가 존재해도 균류를 위해 그 가용성이 항상 보장되는 것은 아니다. 철은 특별한 문제점을 가진다. 강산성 조건을 제외하고는 제1철 이온은 제2철 형태로 자동적으로 빠르게 산화된다. 그 후 불용성인 수산화제2철로 침전된다. 균류는 철을 포획하는 **시데로포어(siderophores)**를 합성함으로써 이 문제를 해결한다. 철은 시데로포어와 함께 수용성 복합체를 형성한다 (그림 5.8). 화학평형은 복합체를 형성하는 쪽으로 강하게 이동하지만, 일부 자유 금속이온과 킬레이트제가 남아 있고, 균류가 자유이온을 이용하면 복합체로부터 금속이온이 더 유리되는 결과를 낳는다. 킬레이트제는 pH 완충제와 같이 금속 완충제로 작용하여 일정한 자유이온농도를 유지한다.

시데로포어는 철(iron) 항상성을 유지하기 위해 작동한다. 시데로포어는 철의 가용성이 균사의 생장을 저해하는 요인으로 작용하는 경우에는 균사에서 시데로포어가 방출되어 주변의 토양 용액

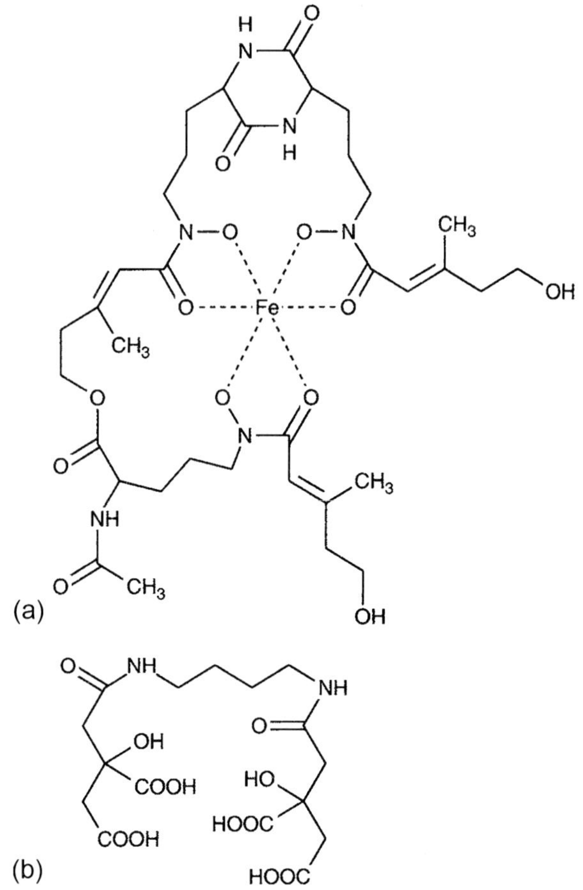

그림 5.8 균류 시데로포어(철분포획체): (a) 붉은빵곰팡이(*Neurospora crassa*)와 일부 푸른곰팡이(*Penicillium*)에 의해 생성되는 coprogen. 이 물질은 3분자의 L-오르니틴의 히드록실화와 아세틸화에 의해 생성되며, hydroxamate 철분포획체가 한 예이다. 이것은 구조에 있어서 다양하며 1, 2, 또는 3분자의 L-오르니틴으로부터 만들어진다. 이것은 자낭균과 담자균에서 널리 분포한다. 그림은 coprogen과 철의 복합체를 보여주고 있다. (b) 털곰팡이목(Mucorales)에 의해 생성된 rhizoferrin. 이것은 아미드결합을 통해 putrescine과 연결된 시트르산 2분자로 구성되어 있다.

으로부터 제2철 이온을 흡착한다. 대사 에너지는 세포막에 걸쳐있는 철-시데로포어 복합체가 세포 속으로 이동할 때 이용된다. 시데로포어는 세포 속에 철을 저장할 때도 관여된다. 일부 균류에서는 저장용 시데로포어와 수송용 시데로포어의 구조가 동일하지만, 어떤 균류에서는 서로 다르다. 털곰팡이목(접합균류)의 균류는 식물과 동물의 경우처럼 페리틴(ferritin)이라는 철-결합 단백질을 이용하여 세포 안에 철을 저장한다. 어떤 균류는 시데로포어가 없지만 세포 표면에 있는 제1철 환원효소를 이용하여 철을 세포 속으로 수송한다. 다른 균류들은 철이 부족할 때, 비교적 약한 킬레이트제인 시트르산을 환경 속으로 다량 방출한다. 병원균이 동물과 식물에 병원성을 갖기 위해서는 시데로포어가 필수적이다. 시데로포어를 스스로 만들 수 없는 균류는 다른 균류가 만들어놓은 시데로포어를 이용할 수도 있다.

균류는 금속과 준금속을 토양 광물이나 암석으로부터 얻을 수 있다. 분비된 유기산과 균사의 기계적 작용으로 광물을 용해하여 흡수 가능한 형태의 양이온이 방출되도록 한다. 금속 양이온은 이온교환의 물리화학적 과정을 통해 균류 세포벽에 흡수된다. 양이온의 원자가는 주로 결합에 영향을 준다. 그래서 3가 이온은 2가 이온으로 치환되고, 차례로 2가 이온은 1가 이온으로 치환된다. 중금속 오염은 특정한 환경에서 자란 균류나 지의류를 분석함으로써 모니터링할 수 있다. 오염된 균류나 지의류를 식품으로 이용하면 건강에 위협이 될 수 있다.

칼륨^{40}을 포함한 몇몇 방사성 양이온과 방사성원소 세슘은 균류에 의해 쉽게 흡수된다. 예를 들면, 1986년 체르노빌 핵사고로 대기 중에 방출되었던 주요 방사성 핵종은 반감기가 30년인 세슘^{137}이다. 세슘은 칼륨과 유사하여, 모든 살아있는 생물에 축적된다. 체르노빌에서 약 200 km 떨어진 북서쪽 러시아에 위치한 지역에서 1994~1995년에 실시한 조사에서, 야생 버섯에 있는 ^{137}Cs의 수준은 농작물의 최대치보다 1,000배 이상이나 높았다. 이것은 지역주민의 체내조직 속에 축적된 동위원소 수준을 나타냈다. 버섯을 전혀 먹지 않는 지역주민과 비교하여 정기적으로 야생버섯을 먹는 주민의 체내 동위원소가 10배 이상이었다. 스칸디나비아 북부에서 순록을 방목하는 사미족 사람들에서도 높은 수치로 발견되었다. 그 지역의 오염된 지의류로부터 순록으로 다시 인간으로 이어지는 아주 짧은 먹이사슬을 거친다. 연속적으로 여러 해 동안 분석한 바에 의하면, 예상과는 달리 지의류의 방사성 동위원소의 수준이 별로 감소하지 않았다. 이 문제는 앞으로 오랫동안 우리에게 해결과제로 남아 있을 것이다. 어떤 균류는 특정 중금속을 선택적으로 농축한다. 한 예로, 광대버섯은 kg당 200 mg에 이르는 엄청나게 높은 수준으로 바나듐을 축적하는 것으로 알려졌다.

생장인자와 비타민

대부분의 균류는 영양요구성이 비교적 간단하다. 위에서 지적했듯이, 어떤 균류는 하나의 탄소원 외에 다른 유기화합물을 필요로 하지 않는다. 많은 다른 균류도 오직 몇몇 추가적인 영양물질을 요구할 뿐이다. 이들은 합성배지에서 순수배양할 경우에 아주 쉽게 자라며 영양요구성이 단순한 균류이다. 다른 균류는 소수의 아미노산과 비타민(아주 적은 양이 필요한 물질)을 포함하여 보다 정교한 영양요구성을 가진다. 많은 균류는 비타민으로 티아민(예: *Phycomyces*) 또는 비오틴(예: *Neurospora*), 수용성 비타민 B를 요구한다. 이것은 동물 영양물질로 중요하며, 원래 효모 추출물로부터 분리한 것이다. 기타 비타민 B의 대부분을 요구하는 사례가 균류에서 알려져 있으나 흔한 경우는 아니다. 스테롤이 필요한 경우가 있으며, 특히 혐기적 조건에서 그러하다. 그 외의 필요한 생장인자로는 지방산, 퓨린 및 피리미딘, 이노시톨 등이 포함된다.

자기분해, 자가포식, 세포자살

자기분해, 자가포식 및 세포자살은 세포 단백질이 분해되어 새로운 단백질 합성을 위해 아미노산을 방출하는 과정이다. 영양물질이 고갈된 균류 배양체는 자기분해로 세포물질들이 분해되어 생체량이 감소하고, 영양물질이 고갈되면 궁극적으로 죽게 된다. 그렇지만 비가역적인 자기분해가 일어나기 전에, 세포에는 2차대사 경로의 활성화 및 포자 형성의 시작(아래 참조)과 같은 기아유도 변화(starvation induced changes)가 일어난다. 자연 환경에서 다른 부분에 문제가 없어도 균사체 시스템 일부는 굶주림 현상이 있을 수 있다. 담자균 균사다발의 먹이획득 시스템은, 균사체 네트워크에서 영양물질 자원이 부족한 부분을 폐쇄하는 것을 포함하여, 배양체에서 국소적으로 신선한 영양물질에 접근하기 위해서 조정될 수 있다. 사상성 균류에서 이러한 영양물질 재순환은, 단백질의 조정된 분해인 **자가포식**(autophagy) 과정과 이중세포막으로 둘러싸인 소포체 내에서 일어나는 소포소기관인 **자가소화포**(autophagosome)를 통해 도움이 될 수 있다. 이 자가소화포는 단백질이 분해되는 리소솜으로 작용하는 액포로 자기의 내용물을 배달해 준다.

자가포식은 전체 진핵세포에서 보존되어 있으며, 30개 이상의 유전자가 관여한다. 그러나 유전자 중 일부만 사상성 균류의 생장과 발달에서 어떤 기능을 하는지 조사할 목적으로 연구되었다. 자가포식은 영양물질 재순환 경로뿐만 아니라 균사의 형태 형성과정에도 필수적인 것으로 여겨진다. 자가포식에 관여하는 유전자 *Atg8*은 도열병균(*Magnaporthe oryzae*)이 발아하여 잎을 감염할 때 중요한 역할을 한다 (제8장, 266쪽). 부착기 내용물을 자가포식한다는 것은 세포액 물질을 잎 표면의 분생포자에서 생장하는 발아관으로 재배치하는 것이다. 균류의 세포질에 있는 Atg8 단백질이 액포로 이동한다는 사실은 GFP 세포융합법을 이용하여 직접 관찰되었다. **세포자살**(apoptosis), 즉 세포예정사 과정에 작용하는 특수 펩티드가수분해효소인 caspase가 서로 다른 균종 사이의 길항작용에 관여하며, 포자 및 포자체 발달에도 관여한다는 것이 최근에 알려졌다.

2차대사

균류와 식물 모두 1차대사와는 다르게 효소의 기질 특이성이 매우 낮은 2차대사 경로를 통하여 화학적으로 복합적인 물질을 수없이 만들어 낸다. 2차대사는 여러 경로로 분지되는 경향을 가지면서 서로 상호작용하는 경향이 있다. 하나의 효소가 여러 산물을 내는 반응을 촉매할 수 있으며, 한 반응에서 나온 산물이 다른 반응에서는 기질로서 역할을 하기도 한다. 그 결과로서 화학적으로 복잡한 산물이 매우 다양하게 생성된다. 항생물질이나 독소 같은 생리활성을 가지는 물질을 생산하는 경로는 한 생물이 주위 생물과 상호작용함에 있어서 어떤 이익을 주었던 서식지에서 선택된 것으로 보인다 (제9장, 297쪽). 이 경로를 특정화하는 유전자들은 종이 분화하는 과정에서 약간씩 바뀌면서 복제되어 훨씬 더 많은 화학물질을 만드는 반응을 생성했다. 현장의 균학자들은 사소한 색깔 차이, 예를 들면 어떤 버섯이 계피색인지 담배색인지의 차이에 따라 종을 식별한다. 이는 많은 2차대사산물의 특징이 나타내는 분류군 특이성을 보여준다. 경쟁자는 억제하면서 매개전파자는 끌어들이는 것은 균류의 2차대사산물이 가진 중요한 생물학적 역할이다. 병원균이 생산한 어떤 물질은 병원성 인자로서의 역할을 가진다 (제8장). 페니실린을 비롯한 항생물질은 탄소원을 두고 경쟁하는 토양세균의 세포벽 형성에 필요한 펩티도글리칸을 합성할 때 경쟁적으로 억제하기 때문에 이를 생산하는 토양 서식 자낭균류에게는 유리할 것이다. 자낭균 자실체인 덩이버섯은 특이한 향기와 맛으로 인하여 시장가격이 kg당 3,000파운드에 이른다. 이 균류가 버섯을 먹는 포유류를 유인하는 전략은 확실히 성공적이다.

환각버섯에 들어있는 실로사이빈(psilocybin)은 오랫동안 인간의 호기심을 자극한 환각물질이다. 환각버섯을 기분전환 목적으로 사용하는 것은 널리 알려진 문화적 현상인데, 이는 일반 대중들에게 진균학을 알리는 기회가 되었다. 세밀란시아타환각버섯(*Psilocybe semilanceata*)을 포함하는 100종 정도의 환각버섯류은 화학구조가 신경전달물질인 세로토닌과 유사한 실로사이빈이라는 알칼로이드를 함유하고 있다. 이 버섯을 섭취하면, 실로사이빈은 향정신성 물질로 알려진 실로신(psilocin)으로 변한다. 실로신이 중추신경계에 있는 세로토닌 수용체 쌍과 결합하면, 일시적으로 뇌의 특정 부위로 흐르는 혈액을 줄여서 신경 활동을 감소시킨다. 이것이 뇌의 다른 부위에 혼선을 자극함으로써 음악을 들으면서 색깔을 인지하게끔 만든다. 그 외의 흔한 경험으로는 기하학적 패턴을 보거나, 시간의 흐름을 다르게 인식하거나, 기억을 자극하는 것 등이 있다. 임상적으로 실로사이빈 정제약물을 섭취한 시험대상자의 대부분은 상당히 긍정적인 경험을 하였고, 일부는 그 환각상태를 그들 삶에서 가장 활기가 넘쳤던 경험이라고 평가하였다. 이러한 발견으로 실로사이빈을 근심걱정의 완화와 우울증의 임상 치료에 사용할 수도 있으리라는 가능성을 연구하는 기회가 주어졌다.

환각버섯은 중앙아메리카에서 종교적 의식에 사용되었다. 아즈텍 종교에서는 환각버섯을 신의 몸체이거나, 신과 사제 간에 교신을 돕는 테오나나카틀(teonanácatl)이라고 여겼다. 18세기 탐험자들의 기록에 의하면, 러시아 극동지역에서는 광대버섯을 마취제로 사용하였다. 이 버섯에서 중요한 향정신성 물질은 무시몰(muscimol)인데, 중추신경계에 실로사이빈과는 다른 효과를 나타낸다. 무시몰은 혈액-뇌 사이의 경계를 넘어가서 $GABA_A$ 수용체와 결합하여 신경자극의 전달을 방해한다. 이 결과로 세로토닌과 도파민이 증가하면 무중력을 느끼고, 크기에 대한 인지력이 바뀌게 된다. 환각버섯이 유럽의 신석기 문화에서 숭배되었다는 것을 포함하여 종교적 의식에서 광범위하게 사용되었다는 주장에 대하여 일부 비판적인 고고학과 인류학 연구에서는 받아들여지지 않고 있다.

실로사이빈 합성과 무시몰 합성은 수많은 버섯 계통에서 각각 독립적으로 진화되었다. 복강균류의 Hymenogastraceae과에서 환각버섯속 이외의 버섯으로 실로사이빈을 생산하는 종류로는 말똥버섯속(*Panaeolus*, 눈물버섯과)과 땀버섯속(*Inocybe*, 땀버섯과)이 있고, 그 외 주름버섯목에서도 최소 5개 과가 있다. 무시몰도 마찬가지로 계통상 관련이 없는 담자균류에서 흔하게 나타난다. 실로사이빈 합성과 무시몰 합성이 계속해서 출현한다는 것은 이 알칼로이드 화합물이 어떤 적응적인 의미를 지니고 있다는 의견이 제시되지만, 균류에서 이들이 어떤 생리적 역할을 하는지는 알려지지 않았다. 가장 설득력 있는 생각은 이들 물질이 곤충 피해로부터 버섯을 보호하는 항섭식제로 작용한다는 것인데, 이를 뒷받침하는 어떤 실험 데이터도 제시된 적은 없다.

대부분의 2차대사산물은 종류가 매우 다양함에도 불구하고 화학적으로 크게 3가지로 구분된다. 즉, 폴리케타이드류(polyketides), 리보솜 비의존적 펩타이드류(non-ribosomal peptides), 테르펜류(terpenes)이다. 생리활성이 있는 2차대사산물의 몇 가지 예를 그림 5.9에 나타냈다. 이들의 합성경

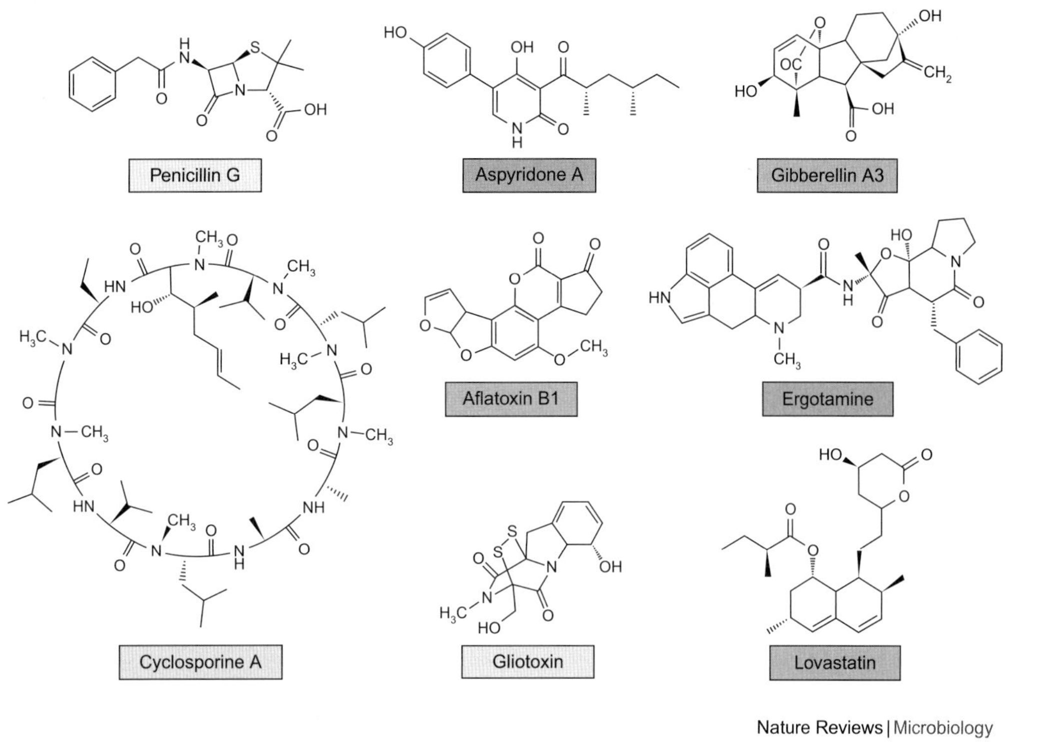

그림 5.9 균류가 생산한 2차대사산물의 예. 의료용 항생제 페니실린은 *Penicillium chrysogenum*이 생산한다. 그 외의 의료용 2차대사산물로서는 *Tolypocladium inflatum*이 생산하는 면역억제제 사이클로스포린과 *Aspergillus terreus*가 생산하는 콜레스테롤-환원 물질인 로바스타틴이 있다. 많은 2차대사물질이 독성을 가지고 있는데, *Aspergillus flavus*가 생산하는 아플라톡신과 *Aspergillus fumigatus*가 생산하는 글리오톡신이 대표적이다. 글리오톡신의 독성은 이 대사물질의 기능적 요소인 2황화물의 연결에 기인한다. *Aspergillus nidulans*가 만드는 아스피리돈은 중간 정도의 세포독성이 있다. 식물호르몬인 지베렐린도 *Fusarium fujikuroi*라는 균류가 만든 것이다. 맥각 알칼로이드는 여러 균류가 생성하는데, 에르고트아민을 생성하는 맥각병균(*Claviceps purpurea*)에서 그 생성이 가장 뚜렷하다. 그림에서 담회색은 리보솜 비의존적 펩타이드 유도체를, 진회색은 리보솜 비의존적 유도체로 합성 시 tryptophan dimethylallyltransferase를 요구한다. 빨간색(인쇄판에는 진회색)은 폴리케타이드 유도체를, 파란색(인쇄판에는 진회색)은 폴리케타이드와 리보솜 비의존적 펩타이드 복합물을, 녹색(인쇄판에는 진회색)은 지베렐린을 나타내는데, 이것을 생산할 때 terpene cyclase가 관여하지만 non-ribosomal peptide synthetase나 polyketide synthase는 관여하지 않는다. *출처: Brakhage (2013).*

로는 다양하지 않지만, 그 생산물은 엄청나게 다양한 것이 아주 대조적이다. 이런 역설에 대하여 진화적으로 가장 설득력 있는 설명은, 1차대사 경로로부터 오직 한 단계만 다른 생리활성 산물은 어떤 것이든 1차대사 경로를 방해함으로써 결국에는 자연선택에 의해 소실된다는 것이다. 그러나 어떤 한 생물의 계통에서 어떤 한 가지 2차대사 경로가 자리를 잡으면, 선택은 온전한 2차대사 경로를 선호하게 될 것이다. 왜냐하면 생리활성이 있는 중간대사물질은 어떤 것이라도 1차대사 경로를 방해하지 않을 것이기 때문이다.

2차대사 경로를 암호화하는 유전자들은 유전체 안에서 군집해 있어서 발현과 세포 내의 기능을 협동하여 조정한다. 그림 5.10은 그물버섯목 균류의 특징적 2차대사물질인 아트로멘틴(atromentin)의 생합성 단계를 보여주며, 그림 5.11은 이 생합성을 지배하는 유전자 집단이 배열된 것을 보여준다. 아트로멘틴에서 유도된 다양한 분자들이 그물버섯목 균류에 의해 생산되며(그림 5.12), 포

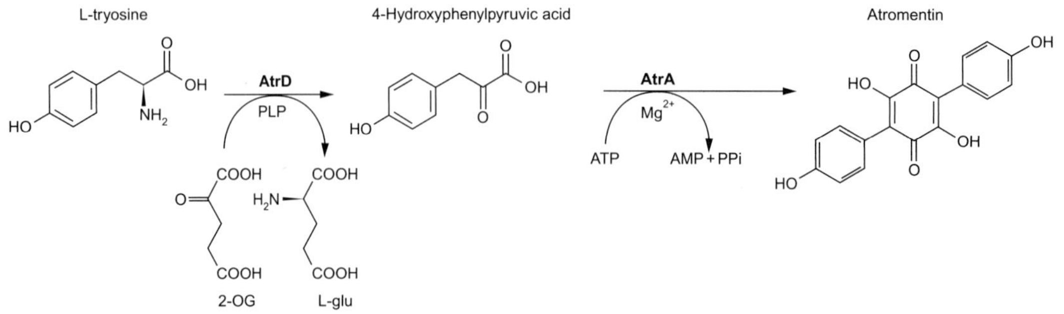

L-tryosine
4-Hydroxyphenylpyruvic acid
Atromentin
AtrD
PLP
AtrA
Mg^{2+}
ATP
AMP + PPi
COOH
COOH
H_2N
2-OG
L-glu
HO
OH
NH_2

그림 5.10 은행잎버섯속(*Tapinella*, 그물버섯목)의 버섯에서 아트로멘틴 합성경로. 은행잎버섯(*Tapinella panuoides*)은 2차대사물질인 아트로멘틴을 합성할 때 시키믹산 경로에서 유도된 L-타이로신을 이용한다. *출처: Schneider et al. (2008).*

atrA
atrD
0 kB
2 kB
4 kB
6 kB
8 kB
10 kB

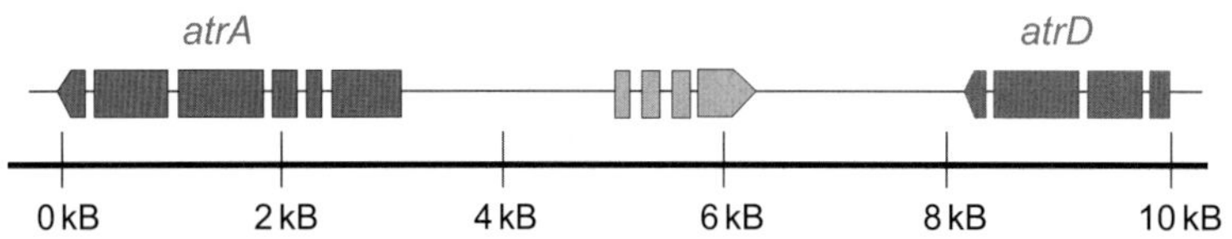

그림 5.11 *Tapinella* 속에 존재하는 아트로멘틴 생합성에 관여하는 효소들을 암호화하는 유전자군. 은행잎버섯(*Tapinella panuoides*)의 아트로멘틴 생합성 유전자의 유전자 지도. 그림에서 진회색 화살표는 *atrA*와 *atrD*를 나타낸다. 화살표 내의 부분 조각들 사이에 있는 공간들은 이 유전자 내의 인트론의 위치를 표시한다. *atrA*와 *atrD* 사이에 있는 담회색의 해독프레임(reading frame)은 알코올탈수소효소의 암호로 추정되는 곳이다. *출처: Schneider et al. (2008).*

르치니(porcini)라고 불리는 그물버섯(*Boletus edulis*)과 버짐버섯(*Serpula lacrymans*)을 포함하는 이 그룹에 속하는 균류의 자실체에 노란색과 갈색의 특징을 가지게 하였다. 2차대사 항생물질인 비카베린(bikaverin)은 토양 내의 부생균과 식물병원균을 포함하는 자낭균인 *Fusarium* 속에서 연구되었다. 많은 *Fusarium* 종이 빨간색의 폴리케타이드(polyketide) 색소를 합성하며, 색소 합성을 암호화하는 다수의 유전자를 가지고 있다. 벼키다리병균(*Fusarium fujikuroi*)의 유전체를 분석한 결과, 비카베린 유전자군에는 이 물질의 합성유전자, 질소 부족이나 산성 pH에 반응하여 생합성을 조절하는 유전자, 그리고 유출 펌프를 통하여 이 물질을 분비하기 위한 유전자도 포함되어 있다는 것이 밝혀졌다. 식물체의 내생균은 생리활성이 있는 2차대사산물을 굉장히 많이 만들어낸다(제7장에서 서술). 어떤 경우에는 기주식물도 이 대사물질을 생산한다. 비카베린의 생합성을 암호화한 유전자 집단은 표면상으로는 수평적인 유전자 전이를 일으킨 것 같다 (제4장). 종양 억제 작용이 있는 디테르피노이드(diterpenoid) 택솔을 생합성하는 유전자군은 주목(*Taxus*)과 내생균 양쪽에 존재도 하고 발현도 한다. 그 효소들 중에 색소체를 표적화는 신호서열(signal sequence)이 존재한다는 사실은 택솔 합성경로가 식물에서 유래하였음을 나타내는 것이다.

2차대사 경로는 일반적으로 환경 신호에 반응하여 발현된다 (그림 5.13). 예를 들면, 자실체 발달이 포자의 새로운 세포벽 구성물질의 생성을 동반할 때나, 자실체가 색소, 풍미 성분, 독소를 생성할 때에 수반되는 발달 과정들은 동시에 조절될 수 있다. 이런 기본적인 조절과 관련된 유전학은 수십 년 동안 *Aspergillus nidulans*를 모델생물로 이용하여 집중 연구되었다. 이 균은 빛이 있

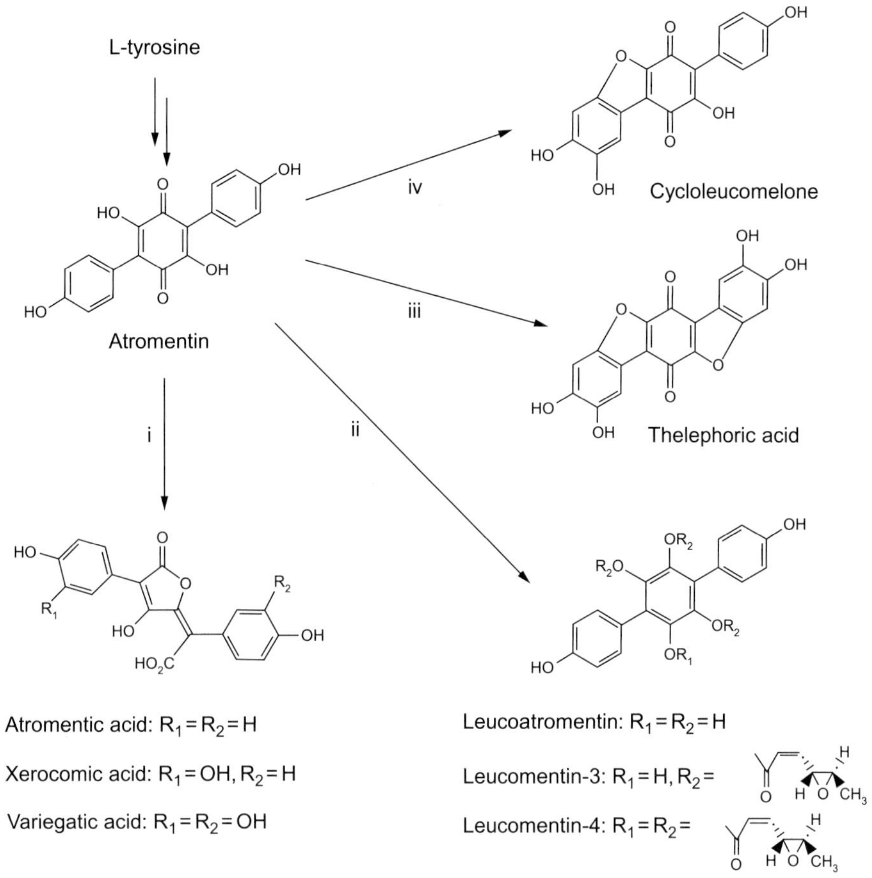

L-tyrosine

Atromentin

Cycloleucomelone

Thelephoric acid

Atromentic acid: $R_1 = R_2 = H$

Xerocomic acid: $R_1 = OH, R_2 = H$

Variegatic acid: $R_1 = R_2 = OH$

Leucoatromentin: $R_1 = R_2 = H$

Leucomentin-3: $R_1 = H, R_2 =$

Leucomentin-4: $R_1 = R_2 =$

그림 5.12 그물버섯목 균류에서 아트로멘틴 유도체의 합성. 아트로멘틴과 그 유도체들의 예. 아트로멘틴은 다음과 같이 변형될 수 있다. (i) 산화적 고리의 분열 후 수산화되어 제로코믹산과 바리이가틱산을 생성, (ii) 환원과 에스테르화 작용으로 루코아트로멘틴과 루코멘틴을 생성, (iii) 두 곳의 수산화에 이은 대칭적인 이형고리화로 텔레포릭산을 생성, (iv) 수산화와 1개의 이형화로 사이클로루코멜론의 생성. *출처: Schneider et al. (2008).*

으면 무성포자를 만들고, 빛이 없으면 유성번식 자실체와 발암성 **아플라톡신(aflatoxin)**의 전구물질인 스테리그마토시스틴(sterigmatocystin)을 만든다. 균류의 생장과 발달을 좌우하는 것은 벨벳(velvet) 유전자군으로서 모든 균류에 보전되어 있고 전사인자를 암호화한다. 균류의 발달과 2차대사는 결합하여 삼합 이형성 중합체를 형성할 수 있는 구조를 지닌 벨벳 단백질과 LaeA 단백질을 통하여 상호작용한다는 것이 유전 실험 결과로 밝혀졌다. LaeA 단백질은 이러한 구조로 핵막을 관통할 수 있으므로 DNA에 직접 작용할 수 있다.

균류 유전체의 전체 염기서열을 찾아본 결과, 2차대사물질을 만드는 균류의 능력은 상당히 과소평가되고 있었다. 생명공학에서는 생리활성물질 생산을 위하여 개발 가능성이 있는 2차대사 관련 유전자군을 탐사하고 있다. 대부분의 생합성 유전자군은 실험실 조건에서는 발현하지 않기 때문에, 이들 유전자를 활성화시키는 생리적 조건을 찾아야 한다. 생태적 상호작용이 일어나는 조건에서 2차대사의 기능에 대하여 직접 실험한 결과는 아래와 같다. 즉, *Aspergillus nidulans* 유전체에서 생명공학적으로 중요한 *PKS* 유전자의 무발현 유전자군은 무균 상태에서는 전사되지 않지만, 토양 내의 방선균과 접촉하면 발현이 유도될 수 있다는 것이다. 이렇게 미생물과의 상호작용으로

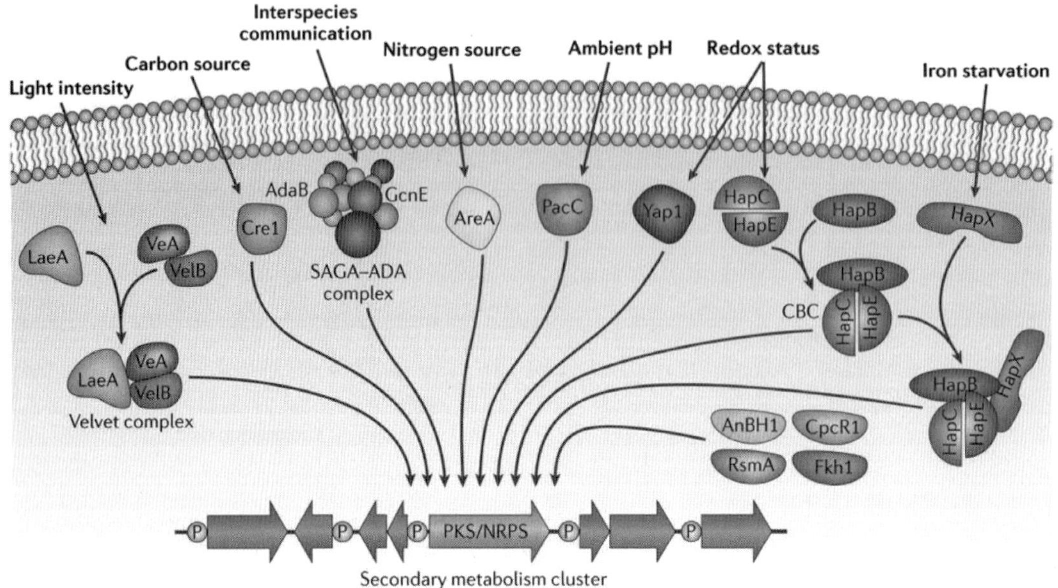

그림 5.13 환경요인에 의한 2차대사의 조절. 환경 신호는 환경 자극에 반응하고 차례차례 2차대사 유전자군의 발현을 중재하는 조절 단백질을 통하여 다양한 2차대사 유전자군의 조절에 영향을 줄 수 있다. 도표는 non-ribosomal peptide synthetase(NRPS), polyketide synthase(PKS), 이들의 혼성효소(hybrid PKS–NRPS) 등을 포함하는 2차대사 유전자군의 모델을 보여준다. CBC, CCAAT-binding complex. CpcR1, cephalosporin C regulator 1. LaeA, aflR 발현 기능 소실 단백질 A. RsmA, 2차대사 회복단백질 A. SAGA–ADA, Spt–Ada–Gcn5–acetyltransferase–ADA. *출처: Brakhage (2013).* (원색도판 참조)

유도될 수 있는 물질로는 폴리케타이드인 orsellinic acid, 지의류 대사물질인 lecanoric acid, 그리고 cathepsin K 억제물질이 있다.

환경에 대한 감지와 반응

균류는 동물과 비슷한 세포 시스템으로 환경을 감지하고, 세포 내외의 영양물질 수준, 페로몬, pH, 수분 및 산화 스트레스, 온도, 광량과 스펙트럼 종류, 중력 및 접촉을 포함하는 대부분의 자극에 대하여 인간 세포처럼 반응한다.

영양물질 감지

균류의 기회적 생활방식에서 영양물질 감지는 필수적이다. 늘 변화하는 환경 속에서 세포와 균사는 필요로 하는 여러 영양물질의 외부 가용성에 대해 반응할 수 있어야 한다. 균체의 항상성은 세포로 하여금 변화하는 세포 내의 대사물질 수준, 수분퍼텐셜, pH를 포함하는 물리적 변수에 대하여 감지하고 반응하도록 한다.

세포 외부의 포도당에 대한 감지장치 덕분에 섬유소분해효소를 비롯한 여러 다른 효소의 합성과 분비를 억제함으로써 균사는 허비되는 효소 방출을 줄일 수 있다. 주변의 포도당을 감지하는 몇 가지 기작이 있다. 막 단백질인 Gpr1, 즉 G-단백질 결합 수용체(GPCR)는 아마도 모든 균류에서 포도당과 당분을 감지하는 수용체로 작용할 것이다. 이 수용체 단백질은 세포 cAMP를 증가시키고 protein kinase를 활성화시키기 위하여 adenyl cyclase를 활성화시키는 세포 내의 신호전달 경로를 개시하게 한다. 균류는 또한 6탄당 운반 유전자군인 *HXT*를 가지고 있는데, 이 *HXT*는 이용가능한 당분의 양과 종류에 반응하는 다양한 친화력과 발현 패턴을 가진 당분 수송체를 암호화하는 유전자이다. 자낭균류와 담자균류에서 보존된 운반 기능이 없는 동족체 역시 당분 감지장치로서 작용하거나 전사억제단백질 Rgt1을 통해 *HXT* 유전자 발현을 조절하는 **수송수용체(transceptor)**로서 작용한다. 트레할로스 대사와 관련된 유전자도 역시 당분에 대한 균류 반응을 중개한다. 당분 감지장치로 작용하는 Tps1 효소 단백질인 trehalose-6-phosphate synthase는 도열병균인 *Magnaporthe oryzae*가 식물을 감염할 때 중요한 조절자로 작용한다는 것이 밝혀졌다 (제8장). 게다가 이 식물병원균에서 Tps1은 5탄당 인산경로의 조절을 거쳐서 탄소 대사와 질소 대사를 통합하는 부가적 기능을 담당한다. 이는 균류로 하여금 감염할 때 기주세포 내의 영양 및 산화환원반응 조건에 적응하도록 도와준다. GPCRs도 역시 페로몬을 감지한다. 자낭균과 담자균에서 펩타이드성 페로몬과 GPCR의 결합은 유성세대로의 분화, 주성, 굴성 등을 유도하여 교잡 상대 균사와 만나 융합하고 핵융합이 일어나도록 하는 일련의 연속신호 전달 과정을 개시한다 (제4장).

아미노산은 3개의 유전자 암호화 시스템인 수송수용체 *Ssy1*으로 구성된 *SPS*로 감지된다. *Ssy1*은 아미노산과 결합할 때 단백질분해효소 *Ssy5*를 활성화시킨다. *Ssy5*는 전사인자를 활성화시키며, 아미노산 수송체의 발현과 아미노산 대사를 위한 경로를 유도한다. 이러한 방식을 통해 영양물질 획득을 위한 세포 장치가 조화롭게 활성화되지만, 단지 그것이 필요할 때만 그렇다. 인체 병원균인 *Candida albicans*에서의 이러한 아미노산 감지경로는 병원성을 위해 요구되는데, 아마도 이러한 감지경로가 균류로 하여금 기주 조직의 존재를 미리 인지하도록 해 주기 때문일 것이다. 특정 아미노산은 신호로 작용하여 효모형에서 균사형으로 모양을 바꾸어 조직을 침입하는 것을 조절하는 G-단백질 결합 수용체 Gpr1을 통해 감지된다. 질소의 가용성은 위에서 언급한 Mep 세포 표면 암모늄 수송체에 의해 감지된다. Mep2는 암모늄 공급이 낮은 조건에서 발현되며, 수송체가 움직이는 감지장치로서 균사 형성을 촉발하는 작용을 하는 것으로 여겨진다 (그림 5.14와 5.15).

세포내 영양물질 수준

세포 내의 영양물질 수준은 균류가 이질적 환경에서 먹이를 탐색하기 때문에 지속적으로 변화한다. 세포 내의 영양물질 상태의 변화는 영양물질 획득 및 대사와 연관된 세포 시스템의 통합 조절을 유도할 뿐만 아니라 세포 구조에서의 변화, 세포 주기 진행, 포자 발생의 개시, 자실체와 다세포 조직의 형성, 영양고갈-유도 자기분해와 자가포식을 포함하는 균류 발달에 영향을 미친다. 이러한 반응은 균류의 서식지 적응에 핵심적인 것이며, 균사로 하여금 변화하는 환경에 순응하기 위해 이용가능한 자원에 대한 공간적 및 시간적 할당을 최적화하도록 해준다.

세포 내의 탄소원은 cAMP-PKA 경로를 통해 감지되고, 질소원은 *Tor* (target of rapamycin)

신호 경로에 의해 감지된다. 질소 공급에 대한 세포 반응에서의 Tor 단백질의 핵심적 역할은 원래 암 억제제로 알려졌던 항생제 rapamycin의 연구를 통해서 발견되었다. *Tor* 유전자는 여러 생장 과정을 조절하는 일련의 단백질 인산화작용을 통제하는 어떤 키나제를 암호화한다. 균류는 2개의 *Tor* 동족체(*Tor1*과 *Tor2*)를 가지며, 각각은 복합 단백질이다. Tor-매개 신호작동은 질소가 충만한 세포에서 활성화되고, 단백질 합성, 리보솜 생합성, 효모의 이형성 전환, 세포주기 진행을 포함하는 복합적인 세포 기능을 상향적으로 조절한다. Rapamycin 항생제 또는 영양물질 고갈에 의한 Tor 신호작동의 불활성화는 생장을 억제하고 자가포식 경로를 활성화시킨다. 조절은 전사인자가 핵으로 들어가는 것을 제어함으로써 이루어지며, 인산화와 탈인산화반응에 의해 매개된다. Tor 신호작동은 외부 질소 가용성의 변화에 따른 형태유전 반응을 매개하는 것과 연관되어 있는 것 같다.

물리적 요인

수분

모든 균류의 활동은 세포의 수분함량 조절에 달려 있다. 균류 집락의 수화와 탈수는 생물체와 그 주변 사이의 수분 가용성 차이에 의해 결정된다. 수분퍼텐셜 ψ는 수분 가용성을 정량화하기 위해 추천된 용어로서 단위 체적당 수분의 퍼텐셜 에너지로 정의된다. 수분퍼텐셜 0의 기준은 대기압에서 순수한 물을 의미한다. 수분퍼텐셜은 녹아 있는 용질에 의해 –값으로 내려간다. 수분퍼텐셜은 정수압에 의해 증가한다. 세포와 그 주변 간의 정수압에서의 차이는 팽압퍼텐셜(압력퍼텐셜 ψ_p로도 알려짐)이라 부른다. 한 세포의 수분퍼텐셜은 녹아 있는 용질의 농도에 비례하는 삼투퍼텐셜(ψ_π)에 의해 결정된다. 수분퍼텐셜은 다음 등식으로 표시된다.

$$\psi = \psi_\pi + \psi_p$$

세 가지 모든 용어는 SI 단위 Pascal(Pa = Nm^{-2})의 압력으로 표시된다. 이러한 단순한 표현방법은 삼투압 용어를 사용할 때 혼동될 수 있다. 삼투압은 규모로 볼 때 삼투 퍼텐셜과 동일하지만 기호로는 반대로 표시되기 때문이다. 삼투압은 팽압과 혼동되기도 하는데, 삼투압과 팽압은 동의어가 아니다. 수분퍼텐셜은 콜로이드 표면에서와 같이 고체-액체 경계면에서의 상호작용에 의해 영향을 받는다. 매트릭퍼텐셜이라는 용어는 이러한 영향을 나타내기 위해 사용되지만, 대부분의 경우 고체상에 미치는 영향은 세포의 삼투퍼텐셜과 팽압에 기여하기 때문에 따로 측정하지 않는다. 액체나 고체배지의 매트릭퍼텐셜은 중요하지 않지만 토양에서는 중요한 매개변수가 되며, 장력계를 이용하여 측정된다.

수분은 수분퍼텐셜 격차에 대응하여 삼투현상에 의해 균사로 이동한다. 세포질 삼투퍼텐셜이 균사 주변의 액상보다 더 낮을 경우에는 수분의 순유입이 일어나고, 균사의 수분퍼텐셜이 주위와 일치할 때까지 팽압이 상승한다. 균사가 자라면서 팽압이 떨어지는 경향을 보이지만, 삼투퍼텐셜의 생리적 조정을 통해 비교적 일정한 팽압이 유지된다. 삼투조정, 즉 삼투조절은 당알코올을 포함하는 양립용질의 합성뿐만 아니라 용질 획득 및 분출과 연관되어 있다.

대부분의 환경에서 활성 균사의 수분퍼텐셜은 그 주변의 수분퍼텐셜과 밀접하게 연관되어 있다. 균사의 팽압은 압력 탐침(제2장)을 이용하여 직접 측정할 수도 있고, 세포질과 액상 주변 간의 차이로 측정되기도 한다. 대기환경에서 자라는 균류의 경우에는 압력퍼텐셜이 0이기 때문에 외부의 수분퍼텐셜은 삼투퍼텐셜과 동일하다.

$$\psi_{(\text{외부})} = \psi_{\pi(\text{외부})} = \psi_{(\text{내부})} = \psi_{\pi} + \psi_{p}$$

$$\text{균사의 팽압} = \psi_{\pi(\text{외부})} - \psi_{\pi(\text{내부})}$$

균류 시료의 삼투퍼텐셜은 삼투압측정기를 이용하여 정확히 측정할 수 있다. 이들 측정기는 순수한 물과 비교하여 세포질 시료 또는 다른 액상 시료의 동결점이 내려가는 정도에 따라 삼투퍼텐셜을 결정한다. 그렇지만 증기압 결손 삼투측정기가 더욱 널리 사용된다. 이것은 균류 시료와 평형을 유지하도록 물방울이 생기는 점까지 필요한 온도로 낮추어 수분의 증기압을 측정한다.

균류 수분 관계에 대한 연구는 대안적인 용어 사용으로 복잡하다. 예를 들어, 미생물학자의 경우에는 물의 가용성을 정량하기 위해서 수분활성도(a_w) 사용을 선호한다. 이것은 시료(p_s)와 순수한 물(p_w) 사이의 수분증기압의 비로 표시된다.

$$a_w = \frac{p_s}{p_w}$$

수분활성도는 0(물이 없음)에서부터 1.0(순수한 물)에 이르기까지 다양하다. 수분활성도는 다음 로그 등식을 사용하여 수분퍼텐셜과 연관된다.

$$\text{수분퍼텐셜} (\psi) = k \text{ In } a_w$$

k는 온도 의존 상수. k = 20℃에서 1.35, 25℃에서 1.37을 나타냄.

기체 상태의 수분 가용성은 상대습도라는 용어로 표현된다. 상대습도는 백분율로 표현된 수분활성도와 동일하다 (예를 들어, a_w = 0.75 = 75% 상대습도임).

수분퍼텐셜과 균류의 환경 식물에 병이 발생하거나, 물건에 곰팡이가 피거나, 목재가 부후되거나, 들과 숲에서 버섯이 올라오거나, 어떤 경우이든 균류의 활성은 축축한 조건에서 가장 높다. 이것은 –1 MPa 이상 되는 높은 수분퍼텐셜에서 가장 잘 자라는 것을 보여주는 실험과 일치한다. 2%의 설탕을 함유하는 배지를 비롯하여 일반적으로 사용되는 배지는 이러한 범위의 수분퍼텐셜을 가지고 있다. 14% 용액 수준과 동일한 0.4 M의 설탕은 –1 MPa의 수분퍼텐셜을 가진다. 수분퍼텐셜이 더 낮아지면 균사 생장률도 저하하며, 그 값은 생장이 일어나지 않는 수준까지 감소한다(표 5.3). 예를 들어, 대부분의 목재부후균은 –4 MPa 이하의 수분퍼텐셜에서는 자랄 수 없다. 낮은 수분퍼텐셜로 균류 생장을 억제하는 것은 건조시키거나 염이나 설탕을 첨가하는 전통적인 식품 보존법의 기초이다. 그러나 소수의 균류는 매우 낮은 수분퍼텐셜에서도 적응하여 생장한다. 이들은 **호삼투성균(osmophiles)** 또는 **호건성균(xerophiles)**으로서, 대부분 내삼투압성을 나타내지만 상대적으로 높은 수분퍼텐셜에서 잘 자란다. 많은 효모류, *Aspergillus* (유성세대명 *Eurotium*),

표 5.3 균류의 생장을 위한 다양한 환경과 대략 낮은 한계에서 수분의 이용성

수분활성도	수분퍼텐셜(Mpa)	예
1.0	0	순수한 물
0.996	−0.5	*Phytophthora cactorum*, 최저 한계점
0.995	−0.7	일반적인 균류 배지
0.98	−2.8	바닷물
0.97	−4	대부분의 목재부후균류, 최저 한계점
0.95	−7	빵, 낙엽분해 담자균류, 최저 한계점
0.90	−14	햄, *Neurospora crassa*, 최저 한계점
0.85	−22	살라미, NaCl 용액 내 *Saccharomyces rouxii*, 최저 한계점
0.80	−30	*Aspergillus nidulans* 및 *Penicillium martensii*, 최저 한계점
0.75	−40	포화 NaCl 용액, *Aspergillus candidus*, 최저 한계점
0.65	−60	22몰 농도의 글리세롤
0.60	−69	세포생장 한계점 - 설탕용액 내에서 효모 *Zygosaccharomyces rouxii* 및 사상균 *Monascus (Xeromyces) bisporus*
0.58	−75	*Eurotium*, *Aspergillus*, *Penicillium* 종의 포자가 수년간 생존
0.55	−80	포화 포도당 용액, DNA 변성
0.48	−90	남극의 건조한 계곡

다양한 출처에서 얻은 자료. 몰농도(1,000 g의 용질당 g 분자량) 및 비몰농도(1,000 ml의 최종 부피당 g 분자량)는 삼투포텐셜을 다룰 때 사용된다. 생장 최저 한계점은 최적 온도와 영양 조건에서 얻어진 값이다. 이러한 조건들이 최적이 아닐(차선일) 때, 그 한계점은 그렇게 낮지 않다. *Saccharomyces rouxii*에서 언급한 바와 같이, 생물체들은 일반적으로 높은 염 농도보다 높은 당 농도에 더 내성을 가진다.

Penicillium (유성세대명 *Talaromyces*) 등은 내삼투압성을 나타내며 생물열화의 주요 원인균이다. 균류의 메타유전체 분석을 통해 안데스 고산지역의 건조한 서식지에 병꼴균류에 속하는 Spizellomycetales목 균류 그룹의 존재가 밝혀졌다. 이는 예상치 못한 결과인데, 왜냐하면 대부분의 병꼴균류는 담수생물체이기 때문이다. 매우 건조한 곳에서 생존하고 있는 병꼴균류가 발견됨으로써, 이들이 초식동물 분변에 있는 저항성 포자로부터 유래했다는 가설이 설득력을 얻고 있다. 지금까지 알려진 가장 큰 내삼투성을 가진 균류는 −69 MPa의 수분퍼텐셜에서도 자랄 수 있다. 약 −90 MPa의 토양 수분퍼텐셜을 보이는 남극지역의 건조한 암석 계곡에서는 균류가 자랄 수 없는데, 다만 눈이 내린 곳이나 암석에 금이 간 곳처럼 상대적으로 습기가 있는 미세환경에서는 일시적으로 균류가 생장할 가능성도 있다. 몇몇 균류의 포자는 비투과성 세포벽을 발달시켜 건조에 견딜 수 있으며, 습기가 공급되어 생장을 가능하게 할 때까지 바싹 마른 건조 조건에서도 생존할 수 있다.

외부 수분퍼텐셜의 변화에 대한 적응 생장하는 균류의 수분퍼텐셜은 그 주변 환경의 수분퍼텐셜보다 약간 더 낮으므로 수분이 유입되고 세포 확장이 일어난다. 외부 수분퍼텐셜은 증발로 인해 떨어지지만, 주변에 녹아 있는 용질의 농도는 증가한다. 만일 수분퍼텐셜의 구배가 반대로 바뀌면, 수분은 세포로부터 이탈하고 생장은 정지하게 될 것이다. 세포막은 세포벽의 내부 표면으로부터 떨어져서 원형질분리 현상이 일어나고, 건조되면서 세포는 죽는다. 만일 물방울과 빗물이 외부 수

분퍼텐셜을 증가시키면, 세포는 물을 흡수하게 되고 정수압과 팽압은 올라갈 것이다. 이러한 일들은 순식간에 일어나고, 세포가 외부의 낮은 수분퍼텐셜에 잘 적응하지 못할 경우에는 팽압의 증가로 인해 세포벽이 파괴될 것이다. 수분퍼텐셜의 변동이 심한 서식지에 사는 균류는 그 환경에 대처하기 위해 세포질의 삼투퍼텐셜로 적응해야 한다. 지의류는 수분퍼텐셜의 변화가 극도로 심한 서식지 환경에 특별히 잘 적응하였다. 사막의 지의류를 예로 들면, 광합성 세포를 가지고 있는 지의체가 이슬에 젖는 새벽에만 잠시 광합성을 하고 건조해진 아침부터 이튿날 다시 이슬에 젖을 때까지는 광합성을 하지 않는다.

균류 세포의 삼투퍼텐셜이 낮아지는 한 가지 방법은 용해되어 있는 용질을 환경으로부터 획득하는 것이다. 기수(소금기가 있는 담수)와 해수에 사는 병꼴균류인 *Thraustochytrium aureum*은 무기이온을 획득하여 내부 삼투퍼텐셜을 조절할 수 있다. 그러나 높은 농도에서는 무기이온과 많은 다른 용질이 효소분자의 구성과 촉매활성을 변화시킬 수도 있다. 따라서 매우 낮은 세포질 삼투퍼텐셜이 요구되는 곳에서는 많은 균류가 당알코올류(polyols)를 합성한다. 이 '양립용질(compatible solutes)'은 심지어 높은 농도에서도 효소 활성에 거의 영향을 미치지 않는다. 이러한 당알코올류는 생장 배지로부터 또는 고분자 저장물의 분해를 통해 만들어진 당류로부터 생성되기도 한다. 고도의 내삼투압성 효모인 *Zygosaccharomyces rouxii* 뿐만 아니라 중도적 내삼투압성 효모인 *Saccharomyces cerevisiae*에서 삼투압 적응과 관련이 있는 당알코올은 글리세롤이다. 균류 내의 삼투압 적응에서 중요한 또 다른 당알코올은 마니톨과 아라비톨이다. 균류는 내부의 삼투퍼텐셜 증가가 필요한 경우에는 용질을 외부 환경으로 소실 또는 배출시키거나 불용성 저장물질로 변환시킨다.

균류의 고삼투 및 저삼투 스트레스(각각 건조와 습윤)에 대한 분자유전적 반응은 *Saccharomyces cerevisiae*에서 처음 연구되었다. 효모 세포는 액틴 세포골격 구조의 분해와 세포 극성의 소실, 세포벽 다공성 감소 및 글리세롤에 대한 막투과성 감소, 글리세롤 축적과 함께 일시적으로 생장을 정지하여 고삼투압에 대해 반응한다. 세포벽의 키틴 함량도 역시 증가한다. 효모 세포는 2개의 다른 MAPK 신호작용 경로를 활성화시킴으로써 높거나 낮은 세포 외부의 삼투성에 반응한다. 높은 삼투압에서는 고삼투 글리세롤(HOG, high osmolarity glycerol) 경로가 활성화된다. 이 경로는 다중 중복성을 보여주며, 이곳에서 2개의 독립적 분지경로는 MAPK 신호 연쇄반응을 활성화시킨다. 즉, 투석막 삼투감지장치와 초삼투 스트레스에 의해 저해되는 단백질 인산화 릴레이 시스템이 그것이다. 양쪽 모두의 결과는 MAKP 연쇄반응이 활성화되는 것이다. 그리고 이것은 차례로 *HOG1* 유전자를 활성화시킨다. 그곳에서는 *HOG1* 유전자를 차례로 활성화시킨다. HOG1 단백질은 글리세롤 합성에 관여하는 glycerol 3-phosphate dehydrogenase 구조 유전자 *GDAP1*을 포함하여 여러 유전자의 전사를 차례로 유도한다. 그러면 세포는 삼투퍼텐셜을 낮추는 글리세롤을 축적하여 수분 유입을 회복한다. 동반되는 반응으로는 글리세롤에 대한 막투과성 감소가 포함된다. 저삼투 스트레스는 protein kinase C (PKC) 신호전달 경로를 활성화시킨다. PKC 경로는 영양물질 스트레스와 같은 여러 자극에 의해서도 활성화된다. 이러한 분자 반응에서의 주요 역할은 세포벽 조립과 세포막 합성을 조절함으로써 세포를 온전한 상태로 유지하는 것이다.

세포벽은 기계적 스트레스 및 화학적 스트레스에 저항하기 위해 반드시 유지되어야 하는 역동적 구조라는 것은 이미 강조되어 왔다. 스트레스 저항을 위해 요구되는 변화에는 세포벽 고분자 물질을 합성하는 효소의 활성화와 세포벽과 세포막의 구성요소를 운반하는 소낭의 지향적 이동이 수반된다. 저삼투 스트레스에 의해 발생하는 세포막의 스트레칭은 Pkc1 단백질과 β(1→3) 글루칸

합성효소의 활성을 조절하는 GTP-결합 단백질인 Rho1을 활성화시키는 mechanosensor에 의해 탐지되는 것으로 생각된다. Pkc1은 MAPK 연속 전달단계를 활성화시킨다. 그 결과는 세포벽 합성을 위한 키틴합성효소 유전자, 마노실화에 관여하는 단백질, GPI에 고정된 막 단백질 등의 활성화이다. 이들 단백질의 활성화는 더 높은 키틴 함량을 지닌 더욱 강한 세포벽을 만든다. 다양한 균류에서 키틴합성효소는 저삼투 스트레스가 발생하면 아마도 불활성화 상태로 미리 존재하고 있다가 재빨리 활성화되어 세포벽의 내구력을 재빨리 증가시킨다. 유전체 분석을 통하여 다양한 균류의 HOG 경로 구성 유전자의 비교가 이루어졌다. 그 비교 결과는 HOG 경로를 구성하는 단백질들 간에 미묘한 차이가 있음과 그 가운데 많은 단백질이 균류의 적응에 중요한 영향을 주는 것 같다. 글리세롤 함량을 증가시키는 것과는 별도로 HOG 경로를 경유하여 중재되는 반응에는 사상균의 경우에 포자형성 개시, 식물세포 감염 및 침입력, *Aspergillus*에서 아플라톡신 생합성 유도를 포함하는 2차대사물질 생산 등이 있다.

균류 세포는 스트레스 반응과 관련된 경우뿐만 아니라 정상적 생장과 발달의 필수 부분으로서 수분퍼텐셜을 조절한다. 양립용질의 수준을 조절하는 것과 함께 세포막과 세포벽의 투과성 변화를 통해 수분 함량을 조절할 수 있다. 발달에 따른 세포 간의 수분 분할과 관련된 유전자 발현이 식물병원균 *Magnaporthe oryzae*에서 분석되었다. 균류가 잎을 감염하는 과정에서 균류 세포의 수분퍼텐셜은 일련의 조절된 변화를 일으킨다. 부착기가 먼저 팽창하고, 이어서 침입관이 식물 세포벽을 뚫고 들어가고, 세포질 성분이 식물체 내에서 발달하는 균사체로 이동하면 부착기는 수축된다 (제7장). 물과 작은 용질을 통과시키는 역할을 하는 막단백질인 **아쿠아포린**(**aquaporins**)은 *Saccharomyces*와 균근성 *Laccaria bicolor*에서 연구되었다 (제7장). *Laccaria bicolor*는 기질 특이성과 조절 기능이 서로 다른 7개의 아쿠아포린을 갖고 있는데, 이들은 기주와 공생체 생리를 통합하는 중요한 역할을 하는 것으로 여겨진다.

광

광은 모든 생물체의 발생에 있어서 필수적인 환경적 신호이다. 균계에서 광반응은 전반하려는 포자가 야외 대기에 노출되고 기질 내에 묻히지 않기 위해서 매우 중요하다. 균류 생리기능은 광에 매우 민감하며 유성포자 형성으로의 변화, 생체시계, 유성생식, 2차대사 등을 포함하는 광-유도 작용과 밀접하게 연관되어 있다. 광은 자외선부터 원적외선, 별빛부터 밝은 태양빛에 이르기까지 전 스펙트럼에 대해 감지된다. 분자 수준에서의 상세한 연구를 통해 균류에는 3가지 광감지 시스템이 있다는 것을 알았다. 즉, 청색광에 대한 flavin-기반 광 수용체, 적색광을 위한 파이토크롬, 동물과 일부 고세균의 로돕신과 관련된 옵신 등이 그것이다.

청색광에 대한 반응은 원핵생물과 진핵생물을 포함하는 모든 생물체에서 발견된다. 균류의 청색광에 대한 반응은 *Neurospora crassa*에서 상세히 연구되었다. 이 균에서 청색광에 대한 효과에는 카로티노이드 생합성, 원생자낭각(protoperithecia)의 유도 및 굴광성, 균사 생장 유도, 무성포자 형성, 생체시계의 동반 등이 포함된다. 균계에서 가장 잘 알려진 청색광 수용체로는 단백질 White Collar1 (WC-1)이 있다. 이 *WC* 유전자(*WC-1*과 *WC-2*)는 광 조건에서 균사에 카로티노이드를 생성할 수 없는 *Neurospora* 돌연변이 균주에서 발견되었으며, 생장하는 집락 가장자리가 '흰 깃(white collar)' 모양으로 변한다. *WC*-유사 단백질은 담자균, 자낭균, 접합균에 걸쳐서 그 유전자 서열과 기능적 수준이 잘 보존되어 있다. 이들 단백질은 청색광을 흡수하는 flavin-기반 광 수용체와 결합하여 광과 반응하게 된다. 유전자 분석을 통해 WC-1과 WC-2 단백질이 GATA-타입 전사 인자이고, 빛에 반응하는 동안에 상호작용하는 영역을 공유한다는 사실도 밝혀졌다. *WC* 유전자는 *Neurospora*의 세포 생장을 조절하는 일주기 시스템에 필수적 구성요소이기 때문에 24시간 주기를 따른다. 이러한 **일주기 시스템**(**circadian system**)은 생체시계로서 생물체가 시간을 측정하고, 환경 인자 중에 하루 변화를 예측하고, 생장 및 포자형성 그리고 유전자 발현 관련 패턴을 조절한다. 생체리듬은 주기성이 내생적으로 설정되고, 영양물질 가용성 또는 온도 편차에 의해 영향을 받지 않을 경우에 일주기란 용어로 사용된다. 이러한 리듬은 시간에 맞추어 빛과 온도 조건을 조절함으로써 주기를 바꿀 수 있다. WC 단백질은 주기를 가지고 발현되는 *frq* 유전자의 형태로 시간 조절에 관여하는 다수의 유전자와 상호작용한다. 여기에는 시간 엄수에 중추적인 진동자의 유전자가 포함된다. 이 시스템은 *Neurospora*의 생체시계에서 집중적으로 연구되었으며, 그 결과 환경신호와 세포 반응 과정 간의 세포내 피드백 회로인 생체시계 시스템의 상세한 모델이 만들어졌다.

피토크롬(phytochrome)에 의해 매개되는 적색광 반응은 적색과 원적색광 사이의 균형에 반응하는 피토크롬을 사용하는 식물체에서 널리 발견된다. 피토크롬은 발색단으로서 선형의 tetrapyrrole을 갖는 광수용체 단백질이다. 유사한 적색광 감지가 균류에서 발견된다. 위에서 언급한 바와 같이, *Aspergillus flavus*는 680 nm 파장의 광 조건에서는 무성포자를 풍부하게 만드나 740 nm 파장의 암 조건에서는 유성포자와 유독한 2차대사물질을 만든다. 피토크롬은 여러 균류의 유전체에서 동정되었으며 *Neurospora*와 *Aspergillus*에서 상세히 분석되었다. *Aspergillus nidulans*는 하나의 피토크롬 유전자 *fphA*를 가지는데, 유성 발달의 억제에 관여하는 것 같다. 왜냐하면 이 유전자가 결손되면 광 조건에서 유성포자를 형성하는 돌연변이 균주가 되기 때문이다.

균류는 광흡수 색소인 **옵신**(**opsin**)도 가지고 있는데, 이는 동물에서는 망막의 광 감지에 필요하고 고세균에서는 에너지 변환을 위해 필요하며, 원형질막에 위치하는 광흡수 단백질인 로돕신(rhodopsin)과 관련되어 있다. 옵신은 자낭균류와 담자균류에 걸쳐 모두 보존되어 있으며, 수평적 유전자이동에 의해 원핵생물로부터 유래한 것으로 믿어진다. 균류에서 이들의 역할은 잘 알려지지 않았다. *Neurospora crassa*의 옵신인 NOP-1은 녹색광을 흡수하지만, *NOP-1* 유전자의 결손이 일어나도 균주의 표현형에는 영향이 없다.

환경 신호로서 광에 반응하는 것과는 별도로 균류는 손상에 영향을 주는 요소들로부터 세포를 보호하는 기작을 가지고 있다. 균류는 노출된 표면에서 포자를 형성할 때나 포자가 공기를 통해 먼 거리를 이동할 때 잠재적으로 유해한 자외선에 노출된다. 포자의 세포벽은 멜라닌, 카로틴, 스포로폴레닌을 포함하는 광을 흡수하는 2차대사산물에 의해 보호된다. 멜라닌도 이온화 방사선에 반응하여 생성된다.

온도

균류는 수분활성에 영향을 미치는 자연환경에서 넓은 범주의 온도에 노출되어 있다. 많은 종이 30~40℃ 이상에서는 자랄 수 없다. 어는점 또는 심지어 거의 0℃에서 자랄 수 있는 균류는 내냉성균(psychrotolerant, 그리스어로 *psychros*는 cold라는 의미)라는 용어로 부르는데, 만약 20℃ 이상에서 자랄 수 없다면 호냉성균(psychrophile)이라고 부른다. 눈곰팡이(snow moulds)로 불리는 어떤 그룹의 균류는 눈 덮인 잔디와 수확하지 않은 작물 같은 식생에서 자란다. 이들 균류가 잔디를 죽이거나 곰팡이독소를 생성할 때는 문제가 된다. 많은 내냉성 효모가 알려져 있는데, 이들 중 몇몇은 담자균성 효모를 포함하며 호냉성균류이다. 남극의 차고 건조한 계곡에서 발견되는 드문 미생물 중에는 이러한 효모류도 존재한다. 썩어가는 초목이나 퇴비더미 속에서는 40℃를 훨씬 넘는 온도가 발생한다. *Mucor pusillus*, *Chaetomium thermophile*, *Thermoascus aurantiacus* 등은 성공적인 퇴비화에 관여하는 생물체 천이에서 중요한 역할을 담당하는 균류이다. 어떤 균류가 50℃ 또는 그 이상의 온도에서 생장할 수 있다면 내열성균(thermotolerant), 20℃ 이하에서 자랄 수 없다면 호열성균(thermophile)으로 부른다. 균류의 생장이 기록된 가장 높은 온도는 60℃이다. 호냉성도 아니고 호열성도 아닌 많은 종류의 균류는 중온을 좋아하며 중온성균(mesophile)으로 부른다. 중온성균은 내냉성균 또는 내열성균일 수 있다.

계통분류학적 분석을 통해 호열성균이 Sordariales, Onygenales, Eurotiales가 포함된 자낭균과 Mucorales가 포함된 접합균 등을 포함하는 소수 균류 그룹에만 한정되는 것으로 나타났다. 고온의 자연 서식지에 있는 균류 군집에 대한 비배양 분석법을 통해 또 다른 호열성균 그룹의 존재를 발견할 수 있을 것이다.

이산화탄소

이산화탄소는 호흡뿐만 아니라 신호작용과도 연관되어 있다. 이산화탄소의 농도는 제한된 공간에서 호흡하는 균사 주변에서 증가하며 형태분화를 위한 신호로 작용한다. 이산화탄소의 형태분화 효과는 특히 포자 형성과 자실체 발달에서 잘 알려져 있다. 그러나 이들의 세포학적 및 분자적 기작에 대해서는 최근까지도 별로 연구된 바 없다. 인체병원균인 *Candida albicans*와 *Cryptococcus neoformans*에서 이산화탄소 감지는 병원성에 필수적인 것으로 밝혀졌다. 기주 조직에서 이산화탄소 수준은 수백 배나 변화할 수 있다. 이산화탄소는 확산에 의해 수동적으로 세포에 들어간다. CO_2 / HCO_3^- 항상성에는 카르복실화 생합성 반응에서, 이산화탄소가 기질로 사용되는 중탄산염으로 전환되는 것을 촉매하는 아연 금속효소인 carbonic anhydrase가 관여한다. 높은 수준의 이산화탄소는 신호 경로를 조정함으로써 *C. albicans* 경우에는 균사를 형성하게 하고, *C. neoformans*의 경우에는 식균작용에 저항성인 피막을 생산하도록 유도한다. 중탄산염은 adenylyl cyclase를 자극하여 cAMP를 생성하도록 하고, 생성된 cAMP는 단백질 kinase를 활성화시켜 발달을 조정하는 차후의 단계를 유도한다.

pH

주변 환경의 pH 수준이 매우 넓게 변화하더라도 세포가 기능을 하기 위해서는 일정한 내부 pH가 요구된다. 균류 세포는 pH-항상성 시스템을 운영한다. 이 시스템은 주변 pH를 감지하고 유전자 발현을 조절하기 때문에 효소와 생리활성 대사물질은 오직 기능이 작동할 수 있는 pH 수준에서만 분비되고 방출된다. 이와 관련된 유전자와 세포 과정에 대한 특성 연구는 *Aspergillus nidulans*, *Saccharomyces cerevisiae* 및 *Candida albicans*에서 이루어졌다. 주변 pH는 막 단백질 복합체에 의해 감지되며, 엔도솜 복합체는 신호 전달을 중개한다. 전사 조절자(*A. nidulans*에서는 *PacC*, *S. cerevisiae*에서는 *Rim101p*)는 산성 조건에서 발현된 유전자를 활성화시키며 알칼리 조건에서 발현된 유전자를 억제시킨다. pH 조절 시스템은 동물과 식물에서 균류의 병원성에 아주 중요하다. *C. albicans*에서 유전체 범위의 전사체 프로파일을 조사한 결과에 따르면, 철분 획득과 침입균사 생장시 발현되는 유전자들을 포함하여 514개의 pH 반응 유전자들이 동정되었다.

균류는 양성자와 유기산을 분비하여 환경 pH에 영향을 줄 수 있다. 옥살산을 분비하는 갈색부후 담자균류는 배양 배지의 pH를 2.5 정도까지 산성화시킬 수 있다. 이미 언급한 바와 같이, 이러한 균류의 능력은 펜톤반응을 통해 섬유소 분해에 관여하는 제1철 이온이 우세한 방향으로 이온 평형을 유지할 수 있도록 함으로써 목재가 부후되는 데 도움을 주는 것으로 보고 있다. 아래에 기술된 바와 같이, 균류에 의한 환경의 산성화는 토양 양이온의 이동과 용탈을 일으킬 수 있으며, 암석에서의 무기물 전환은 pH 변화를 통해 중재된다.

영양물질 획득을 위한 발달 적응

균류는 신선한 먹이를 먹으며 자란다. 이용 가능한 먹이를 취하려면 형태의 변형이 필요하다. 생태적 지위에 적응하기 위해서 영양물질을 감지하고 발달 반응을 하는 것은 중요하다. 이런 개념을 위해서 잘 연구된 두 가지 사례로서 병원성 효모가 나타내는 이형성과 산림의 지면에 서식하는 담자균류가 형성하는 거대한 균사망의 발달을 들어 보겠다.

이형성 효모

이형성 효모는 단세포에서 균사형으로 변형함으로써 선단 생장으로 고형 물질 속으로 들어갈 수 있다. 자낭균 효모 *Candida albicans*는 점막에 살면서 아구창을 일으킨다 (제9장, 302쪽). 이 균은 단세포 출아 효모형 또는 점막의 상피조직을 침입하는 균사형으로 자랄 수 있다 (그림 5.14). 그리

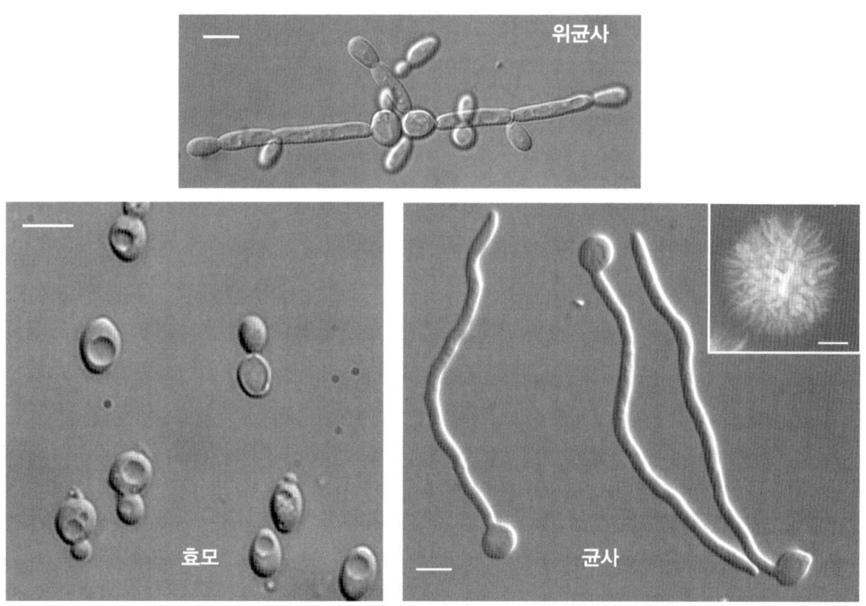

그림 5.14 *Candida albicans*의 효모, 위균사, 균사 형태. *출처: Sudbery (2011).*

고 효모 모양일 때 잡아 삼키는 대식세포로부터 회피하기 위하여 균사 생장 형태를 이용한다. 액체배양과 고체배양을 통해 자라는 형태를 쉽게 조절할 수 있으므로 분자세포생물학 수준에서 이 형성 변화 과정을 분석하는 것이 가능하다. 다양한 화학적 및 물리적 신호가 효모형에서 균사형으로 변형을 유도한다. 이러한 신호에는 영양물질 고갈, 고체배지에서 생육, *N*-아세틸글루코사민의 존재가 포함된다. 포유동물의 조직에서 접하는 신호로는 혈청과 아미노산의 존재, 미호기성 조건, 중성 pH, 37°C에 가까운 온도, 혈류에서 포착되는 수준의 이산화탄소 등이 있다. 파르네솔(farnesol)이 정족수 감지의 신호로 작용할 때, 세포가 서로 근접하여 자라면서 균사 발달은 저해된다. 파르네솔은 세포에 의해 분비되는 세스퀴테르페노이드(sesquiterpenoid)계 2차대사산물이다. 균사가 극성 생장을 하도록 세포 기구의 발현을 조절하는 *Hgc1* 유전자에서의 촉진성 전사인자 또는 억제성 전사인자가 활성화되면서 작용하는 통합된 감지 장치와 신호전달 회로의 묶음이 존재한다는 것이 분자유전학적 방법을 이용하여 발견되었다 (그림 5.15). 게다가, *N*-아세틸글루코사민은 *Hgc1* 유전자와는 상관없이 균사 생장을 직접 유도할 수 있다. 제2장에 자세히 설명된 것처럼, 세포가 신장함에 따라 한쪽 방향으로 균사가 생장하기 위해서는 선단소체, 세포골격의 방향과 분비소체의 세포외배출을 담당하는 장치의 집결과 더불어 세포의 신장에 따른 핵분열과 격벽 형성의 조절이 요구된다.

균사끈을 형성하는 담자균류

효모와 대조적으로 균사끈을 형성하는 담자균류는 가장 거대하게 오랫동안 살아온 균류를 포함하고 있다. *Armillaria* 속의 뽕나무버섯은 나무뿌리 부근에 군집을 이루어 식물을 죽이기 때문에 원예가나 독림가에게 잘 알려져 있다. 이 균의 균사는 토양을 통해서 몇 미터까지도 뻗어 나가기 때문에 근접한 식물에 침입하여 죽이기도 한다. 집을 가진 사람들은 건부후균인 *Serpula lacrymans*를 잘 알고 있다. 이 균은 건물의 축축한 침엽수재를 감염하여 *Armillaria*처럼 영양물질이 없는 공간을 가로질러 군락화하면서 자랄 수 있고 연이어 목재를 썩힐 수 있다. 이 두 균은 살아있는 뿌리 또는 벌목한 나무를 대량의 탄소원으로 이용하는 삼림지대 담자균류의 일반적인 생장 방식을 보여준다. 먹이기질로부터 포도당이 이송되어 이들 균류의 균사 확장을 촉진하고, 균사는 자라면서 미량양분을 모은다. 앞서 자라는 균사의 끝을 구성하는 균사가 신선한 먹이기질을 만나서 정착하게 되면, 균사는 뭉치고 분화하여 균사끈으로 불리는 영양물질 수송 파이프를 만듦으로써 떨어진 간격 사이를 연결한다. 균류가 산림의 지면을 거쳐서 퍼짐에 따라 균사는 균사끈 네트워크 형태를 만들 때까지 점점 더 많은 연결을 한다. 각 균사끈은 수십에서 수백 개의 배열된 균사로 구성된다. 하나의 클론이 차지하는 면적은 수 미터에 이르는데, 산림의 시료를 유전분석함으로써 입증할 수 있다.

산림의 작은 공간을 지정하여 균사를 배양하면 놀랍게도 균사가 전체 네트워크를 종합적으로 조정하는 것을 볼 수 있다. 균사가 발달함에 따라, 오래되고 활력이 줄어든 균사 부분은 자기분해로 퇴화되고 균사 생장은 신선한 자원에 접근할 수 있는 방향으로 선택적으로 이루어진다. 종마다 선호하는 자원에 따라 균사망의 형태가 다르다. *Hypholoma fasciculare* 같은 낙엽분해균은 짧은 균사끈을 많이 만들어 좁은 범위에서 먹이를 탐색하며 자라는 반면에, *Megacollybia platyphylla* 같이 커다란 통나무를 이용하는 종은 훨씬 더 적은 수의 잔가지와 연결점을 지닌 균사끈을 가지고 통나무와 통나무 사이처럼 먼 거리까지 뻗어 나갈 수 있다 (그림 5.16).

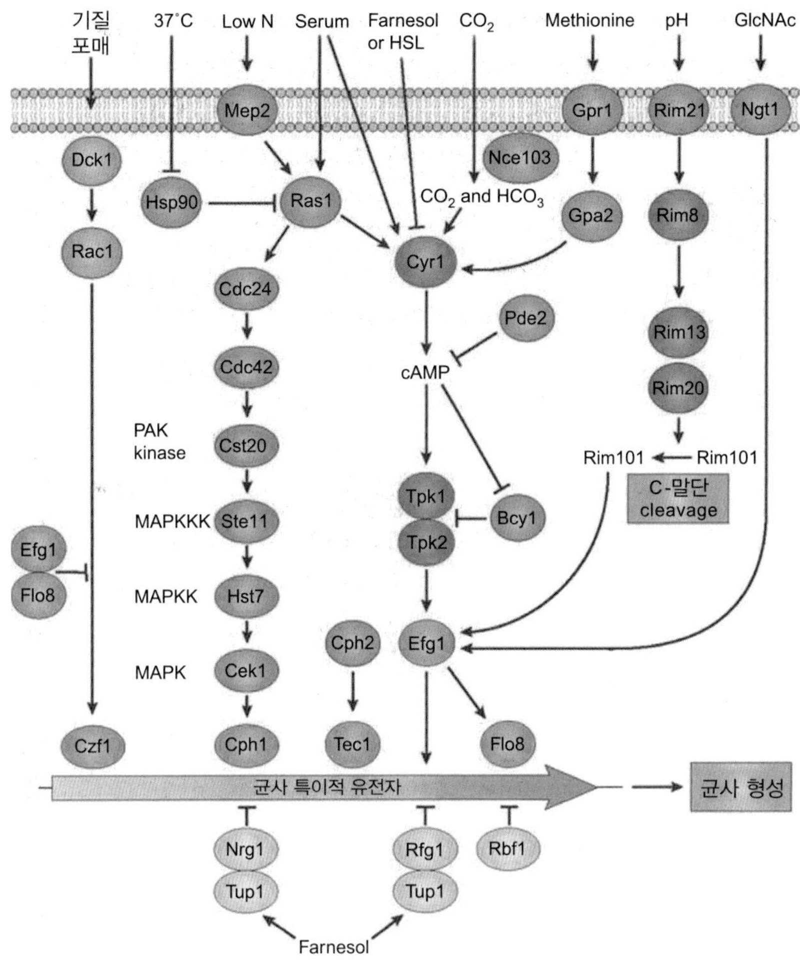

그림 5.15 *Candida albicans*에서 균사에 특이적인 유전자 발현을 이끄는 신호전달 회로. 다중의 감지 및 신호 기작은 환경에 대한 병원성 효모 *Candida albicans*의 발달 반응을 조절한다. 환경신호는 일단의 전사인자를 활성화시키기 위해 다수의 상부 회로로 보급된다. 사상형 생장 단백질 1 (Efg1)을 증가시킨 전사인자를 표적으로 하는 고리형 AMP 의존 회로가 주요 역할을 하는 것으로 여겨진다. 이 회로에서 adenylyl cyclase는 Ras-의존적 방식과 Ras-비의존적 방식 두 가지 모두를 이용하여 여러 신호를 통합한다. 음성 조절은 균사 특이적 유전자 발현을 촉진하는 유전자를 표적으로 하는 일반적인 전사 보조억제인자 Tup1가 Nrg1와 Rox1p-like regulator of filamentous growth (Rfg1) 같은 DNA 결합 단백질과 연계해서 진행한다. 단백질 인자들은 색으로 다음과 같이 표지하였다: mitogen-activated protein kinase (MAPK) 회로 (녹색, 인쇄판에는 진회색), cAMP 회로 (청록색, 인쇄판에는 진회색), 전사인자 (주황색, 인쇄판에는 회색), 음성 조절인자 (노란색, 인쇄판에는 담회색), 기질-삽입 감지 회로 (담청색, 인쇄판에는 회색), pH 감지 회로 (갈색, 인쇄판에는 진회색), 신호전달에 관여된 다른 요소들 (담자색, 인쇄판에는 진회색), C-말단, carboxy-terminal; Cdc, cell division control; GlcNAc, *N*-acetyl-D-glucosamine; Gpa2, guanine nucleotide-binding protein α-2 subunit; Gpr1, G-protein-coupled receptor 1; HSL, 3-oxo-homoserine lactone; Hsp90, heat shock protein 90; MAPKK, MAPK kinase; MAPKKK; MAPKK kinase; PAK, p21-activated kinase; Rbf1, repressor–activator protein 1. *출처: Sudbery (2011).* (원색도판 참조)

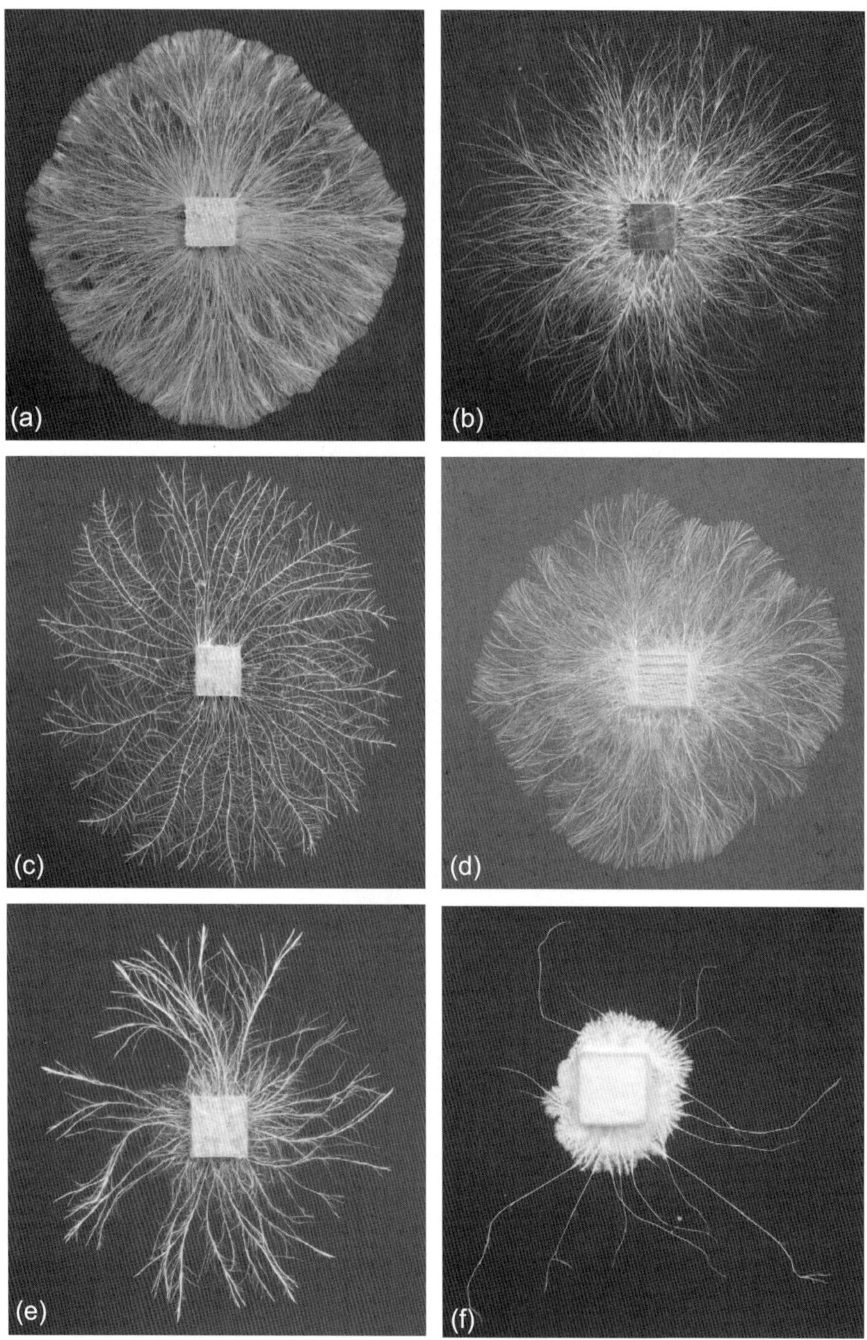

그림 5.16 먹이기질을 탐색하는 전략과 연계된 다양한 네트워크 형태를 지닌 산림지대 담자균류 6종이 형성하는 균사끈 네트워크. (a) *Hypholoma fasciculare*, (b) *Coprinopsis picacea*, (c) *Phallus impudicus*, (d) *Phanerochaete velutina*, (e) *Resinicium bicolor*, (f) *Megacollybia platyphylla*. 자연 조건을 모사하고자 작은 공간을 지정하여 설치해 놓은 목재 블록을 차지한 후에 토양을 가로질러 자라는 균사 모습. 출처: *사진: A.'Bear.*

산림지대의 부생균과 균근균의 균사끈 구조는 제7장에 서술된 것처럼 미량원소를 탐색하여 축적한다. 이들 균류가 생태계에서 이용가능한 질소와 인산염의 대부분을 보유할 수도 있다. 균류 생물량에는 연간 투입되는 농업 비료량에 맞먹는 정도의 질소가 보유될 수 있다. 균류 균사망의 형태를 보면, 영양물질이 풍부한 곳에서는 군데군데 퍼져 자라는 균사로, 반면에 영양물질이 제한적인 곳에서는 보다 빠르고 가늘게 뻗는 균사로 토양에서 이용 가능한 질소와 인에 반응한다. 균사끈은 분화되어 서로 구분할 수 있는 3가지 형태의 균사로 구성되어 있다 (그림 5.17). 내용물이 전혀 없고 구멍이 넓은 도관균사(vessel hyphae)는 중심에 존재하고 있어서 그 주위에는 세포 내용물을 가진 살아있는 균사가 둘러싸고 산재해 있다. 내강을 거의 꽉 채운 후벽을 지닌 섬유균사(fiber hyphae)는 균사끈의 바깥 주변을 따라 세로로 띠를 이루며 존재한다. 영양물질 수송은 균사끈을 따라 그리고 네트워크 내 서로 다른 위치에서 요구되는 수요와 공급에 맞추어서 일어난다는 것이 C^{14}, P^{32}, K^{40} 등의 동위원소 추적을 통해 밝혀졌다. 그림 5.18은 균사끈을 형성하는 *Serpula lacrymans*의 균사가 정착한 목재 블록으로부터 모래 위를 지나 뻗어가고 있음을 보여준다. 균사 전체가 동위원소가 표지된 대사되지 않는 아미노산인 2-아미노이소뷰틸산을 독성이 적은 수준으로 흡수하게 하면, 광자측정 섬광 이미징 방법과 비디오 추적으로 검출과 기록이 가능해진다. 표지된 아미노산을 추적하여 실시간으로 균사 내에서 이 아미노산의 흐름을 파악하게 된다. 새로운 목재 블록을 균총의 끝부분에 놓으면 균사가 차지하게 되며, 균사의 아미노산 대부분은 새로운 먹

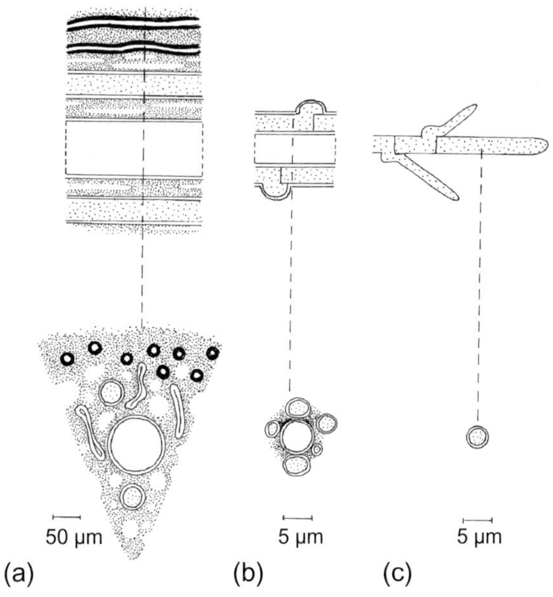

그림 5.17 균사끈 형성 중 균사의 분화 양상 및 성숙된 균사끈에 있는 서로 다른 균사 유형 간의 관계를 보여주는 도식. (a) 성숙한 균사끈의 구조. 내용물이 전혀 없는 도관균사(vessel hyphae)와 세포질이 보이는 덩굴균사(tendril hyphae)가 세로 방향으로 공간이 생긴 세포외 기질 속에 세로로 존재하고 있다. 두꺼운 세포벽을 가진 섬유균사(fiber hyphae)는 균사끈의 바깥층을 따라 분포한다. (b) 균사 끝에서 대략 50 mm 후방 지점에 발달하려고 하는 하나의 균사끈. 더 넓지만 상대적으로 비어 있는 도관균사를 세포질이 밀집된 굴촉성의 덩굴균사가 둘러싸면서 도관균사 표면을 따라 위쪽과 아래쪽 두 방향으로 생장한다. 세포외기질은 도관균사와 덩굴균사가 뭉쳐져서 균사끈이 되도록 묶는 데 관여한다. (c) 앞서 자라는 균사의 가장자리 지점에서 뻗은 선단 균사가 새로 분지하는 균사를 형성하면서 분화하는 모습. *출처: Drawing courtesy of Rosemary Wise.*

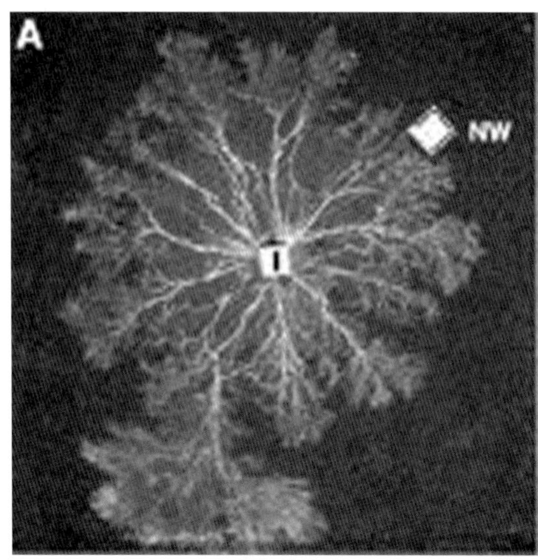

그림 5.18 균사끈을 형성하는 *Serpula lacrymans*의 균사가 정착한 목재 블록으로부터 모래 위를 지나 뻗어 나가고 있는 모습. 이런 균사끈이 새로 차지한 목재에 균사의 아미노산을 신속하게 이동시키기 위한 채널로서 역할을 하는 것을 광자측정 섬광 이미징 방법으로 보여주는 그림 5.7도 참조하시오. I, 균사의 먹이기질로서 초기에 접종된 목재 블록. NW, 균사가 접촉하여 차지할 새로운 목재 블록. 그림 5.7에 나타낸 영상은 균사가 새로운 자원을 차지함에 따라 균사 내의 아미노산을 재분배하고 균사끈을 따라 신속히 이송시키는 것을 보여준다.

이 출처로 신속하게 수송된다 (그림 5.18). 비록 대량 이송의 경로와 물질을 싣고 내리는 기작이 아직 명확하지는 않지만 수송 속도를 보면 대량 이동이 중요하다는 것을 알 수 있다. 균사의 네트워크를 통해서 이루어지는 식물의 양분 축적과 재분배는 식물 생장, 특히 보통의 균근 네트워크에 연결된 식물의 생육에 영향을 줄 수 있다 (제7장). 균류의 영양물질 수송은 균사가 토양으로부터 모은 질소를 수송해 와서 질소가 부족한 식물 잔재물의 분해를 촉진할 수 있다 (그림 5.7). 당을 수송해 오는 것도 균사가 질소를 동화할 수 있는 에너지를 제공한다. 이러한 관찰을 통해서 균사가 산림에서 탄소 및 질소의 역학에 중요한 역할을 함으로써 즉각적으로 반응하는 자원공급 네트워크로 작용함을 알 수 있다.

지구균학

지구균학(geomycology)은 지구과학적으로 의미를 갖는 균류의 활동을 연구하는 학문이다. 균류는 지구의 원소 순환과 토양 비옥도에서 필수적인 존재이다 (표 5.4). 균류가 광물에 어떤 영향을 미치는지에 관해서는 주로 호기성의 육상 환경에서 연구가 이루어졌다. 앞서 설명하였듯이, 생장하는 균사는 주변을 산성화시킨다. 균류는 양성자를 방출하고 카르복실산을 배출하며, 호흡을 통해 배출한 이산화탄소가 물속에서 탄산을 만드는 데 기여한다. 게다가 균사는 침투성까지 있으므로 어떤 부생균류는 바위에서도 선구적으로 자랄 수 있다. 이런 균류는 흔히 멜라닌화하여 미세균

표 5.4 지구균학적 과정에서 균류의 주요 역할 및 활동 요약

균류 속성 및 활동	지구균학적 결과 및 중요성
생장	
생장 및 균사 발달, 자실체 발달, 균사 분화, 멜라닌화	• 토양구조의 안정화 • 암석 및 광물의 침투 • 고체기질, 건물석재, 시멘트, 회반죽, 콘크리트의 생체역학적 붕괴 • 식물, 동물, 미생물 군집화, 공생 및/또는 감염: 균근, 지의류, 병원체 • 양분 및 수분 이송 • 세균의 생장, 수동이동, 능동이동을 위한 표면 제공 • 질소 및/또는 다른 원소의 저장고 역할을 하는 균사
대사	
탄소 및 에너지 대사	• 유기물질 분해 및 구성원소(탄소, 수소, 산소, 질소, 인, 황, 금속류, 준금속류, 핵종)의 순환 • 제한된 환경에서 산화환원, 산소, 산도 등의 지구화학적 변화 • 수소이온, 호흡 유래의 이산화탄소, 아미노산, 철포획체 등 무기 및 유기 대사산물의 생산 • 세포외중합체 생산 • 유기금속 형성 및/또는 분해 • 외인성물질 및 기타 복합화합물의 분해
무기영양	• 무기 영양원소(질소, 황, 인산, 필수 및 비필수 금속, 준금속, 유기금속, 핵종)의 분포 변화 및 순환 • 고분자 물질로 원소의 이송, 축적, 결합 • 금속류 및 핵종의 산화환원 전환 • 균사를 통하여 기주식물로 물, 질소, 인, 칼슘, 마그네슘, 칼륨의 이동 • 철포획체에 의한 3가철의 포획 • 산화망간의 환원 • 금속, 준금속, 핵종, 탄소, 인, 황 등 원소의 유동화 또는 부동화
광물 용해	• 광물 및 암석의 풍화 • 금속 및 다른 성분(예: 인산염)의 용탈/용해 • 육상계에서 수계로의 이동을 포함한 원소의 재분배 • 원소(예: 금속, 인, 황, 실리콘, 알루미늄)의 생물가용성 변화 • 식물 및 미생물에서 영양이나 독성의 변화 • 광물 형성(예: 탄산염, 수산염, 점토류) • 금속 및 양분 분배, 독성, 생물가용성의 변화 • 광물 토양 형성 • 건물석재, 시멘트, 회반죽, 콘크리트의 생물열화
광물 형성	• 금속, 핵종, 탄소, 인, 황 등 원소의 부동화 • 균류에 의한 탄산염의 형성 • 석회석 피각의 교결작용 • 균류에 의한 금속 옥살산의 형성 • 금속 무독화 • 암석에 녹청 형성 (예: 사막칠)
물리화학적 특성	
용해성 및 입자성 금속종, 토양 콜로이드, 점토 광물 등의 흡수	• 금속 분포 및 생물가용성의 변화 • 금속 무독화 • 무척추동물의 먹이원에 금속 첨가 • 2차광물 핵화 및 형성의 전조

표 5.4 지구균학적 과정에서 균류의 주요 역할 및 활동 요약(*계속*)

균류 속성 및 활동	지구균학적 결과 및 중요성
외중합체 생산	• 양이온의 복합화 • 광물 형성을 위한 수화 매트릭스의 준비 • 기질에 부착력 향상 • 점토 광물 결합 • 토양 입단의 안정화 • 세균 생장의 터전 • 미네랄 기질과 외중합체의 화학적 상호관계
공생관계	
균근	• 양분, 비필수 금속류, 질소, 인, 황 등의 이동성 및 생물가용성 변화 • 식물, 균류, 근권생물 사이에서 탄소 흐름의 변화 • 식물 생산성의 변화 • 결합된 상태 및 무기물질 공급원으로부터 광물 용해 및 금속과 양분의 방출 • 토양-식물뿌리 부위의 생지화학적 변화 • 근권에서 미생물 활성의 변화 • 식물과 균류 사이의 금속 분포의 변화 • 식물에 흡수되고 배출되는 물의 변화
지의류	• 암석, 광물, 기타 표면에서 선구적 집락 형성 • 풍화 • 광물 용해 및/또는 형성 • 건조 또는 습윤 퇴적, 입자성 포착, 흡수, 이동 등을 통한 금속의 축적 • 지의체에 탄소, 질소, 인 등의 증가. 국부적인 미세환경에서 원소 농도 및 분포의 변화 • 무기토양 형성의 초기 단계 • 지구화학적으로 활성이 있는 미생물 개체군의 발달과 증가 • '지의산'을 비롯한 대사산물에 의한 광물 용해 • 기질의 생체역학적 붕괴
곤충 및 무척추동물	• 장내 서식 균류 개체군이 식물 물질의 분해를 도움 • 무척추동물이 식물 잔재를 기계적으로 분쇄하여 분해되기 쉬운 상태로 만듦 • 어떤 곤충은 곰팡이정원을 가꿈(유기물의 분해 및 순환) • 매개충이 기주식물 사이에 병원균을 옮김(감염 및 발병을 도움)
병리학적 영향	
식물병원성 및 동물병원성	• 식물 감염 및 정착 • 동물 포획(예: 선충) 및 동물 감염(예: 곤충 등) • 원소 및 양분물질의 재분배 • 유기물질의 공급을 늘려 분해에 도움을 줌 • 기타 지구화학적으로 활성을 나타내는 미생물 개체군의 증가를 촉발

이러한 과정은 인위적인 시스템에서는 물론 수생태계와 육상생태계에서 일어날 수 있고, 각 균류의 상대적 중요성은 관여하는 종, 활성 상태의 생물량, 물리화학적 요인에 따라 달라질 수 있다. 육상환경은 균류에 의해 일어나는 생지화학적 변화의 주요 장소인데, 특히 식물질 분해가 진행되는 광물 토양, 식물 근권, 노출된 암석 및 광물 표면에서 그러하다. 그러나 담수 및 해수 시스템, 퇴적물, 심해 바닥에서 균류의 지구생물학적 지식은 상당히 부족한 실정이다. 이 표에서는 균류의 역할을 임의적으로 생장, 유기대사 및 무기대사, 물리화학적 속성, 공생관계 등의 범주로 나누었다. 이러한 역할은 거의 대부분 균류의 생장 (공생관계 포함) 및 동반되는 화학유기영양 대사 방식과 직간접적으로 연계되어 있다. 그래서 균류의 구조성분과 세포성분은 생합성 및 에너지를 위한 가용성 탄소원 및 다른 필수원소(질소, 산소, 인, 황, 금속류)에 의해 좌우된다는 점을 상기할 필요가 있다. 광물 용해 및 형성은 균류의 대사활동과 생장형에 따라 달라질 수 있지만, 여기서는 별도로 자세히 언급했다. *출처: Gadd, 2011.*

체로 생장하고, 때로는 균사형이나 효모형으로 자라기도 한다. 이들은 대기에서 공급되거나 다른 미생물로부터 유리된 극히 빈약한 유기양분에 의존하여 살아가므로 생장 속도는 매우 느리다. 이들 균사는 미세한 구멍이나 틈새를 굴촉성으로 탐지하여 물리적 압력과 산성 분비물로 조금씩 침식시키면서 암석으로 침투해 들어간다. 이러한 균류의 열화작용과 풍화작용으로 말미암아 탄산염, 규산염, 인산염, 황화물을 포함하는 광물은 물론 바위까지도 영향을 받는다. 이러한 일련의 과정은 토양광물 형성의 초기단계 부분이지만, 건물석재, 시멘트, 회반죽, 콘크리트의 열화를 일으키기도 한다.

균근과 지의류(제7장)에서 보았듯이, 균류는 광합성생물과의 공생을 통하여 지속적이고 안정적인 에너지원을 공급 받으므로, 균사는 토양 광물입자 및 암석으로부터 양분을 용해하는 활동을 장기간 지속할 수 있다. 광물로부터 획득하는 양분으로는 인산염 및 황산염을 포함하는 음이온과 칼륨, 칼슘, 마그네슘을 포함하는 필수 금속 양이온이 있다. 이런 방식으로 산림의 외생균근균은 암석 및 광물로부터 인산염을 기주식물에 공급할 수 있고, 식물로부터는 광합성으로 생산된 당분을 얻는다. 이러한 맞교환은 광범위하게 퍼진 담자균류의 균사를 통해 이루어지고, 앞서 기술하였듯이 깊은 토양층이나 기암까지도 접근할 수 있다. 이와 유사하게, 맨 암석에서 자라는 지의류의 균류 파트너도 양분을 용해하여 무기양분을 획득할 수 있고, 광합성 파트너의 광합성을 통해 양분을 보충한다.

균류는 토양에서 무기질의 공간적 분포를 바꿀 수 있다. 산성화를 통하여 토양의 점토 입자에 함유된 알루미늄과 철을 포함한 금속류를 유리시킴으로써 양이온들이 물에 의해 토양층으로부터 용탈되도록 한다. 이렇게 낮은 수준으로 부동화됨으로써 강수량이 많은 지역에서는 산성암으로부터 형성된 산림토양에서 특징적으로 나타나는 산성 **포드졸(podsol)** 토양층이 생긴다. 균류의 활동으로 세포 표면에 집적된 다당류에 금속 양이온이 부동화됨으로써 새로운 광물 형성에 기여한다. 휴엘라이트(whewellite) 및 웨델라이트(weddellite)는 모두 배지에서 균류에 의해 생성되므로 자연계에서도 균류의 활동으로 만들어진다고 여겨진다. 광물이 균류에 의해 유동화 및 부동화되므로, 균류를 이용하여 토양과 물에서 유독성 외인성물질 금속류, 준금속, 유기금속 화합물을 제거하는 연구가 어느 정도 진행되고 있다.

외인성물질

인간 활동으로 인하여 물과 토양이 점점 더 **외인성물질(xenobiotics)**로 오염되고 있다. 유기성 외인성물질에는 탄화수소, 할로겐화 용제, 내분비계 장애물질 및 의약품, 화약, 농약 등이 포함된다. 무기성 외인성물질에는 금속, 비소 및 셀레늄을 포함하는 준금속, 유기금속 화합물, 방사성 핵종 등이 포함된다. 금속류는 채광, 제련, 금속 폐기물의 폐기로부터 유래된다. 많은 외인성물질은 독성을 가진다. 최근에는 폐수의 내분비계 장애물질에 대한 관심이 높아지고 있는데, 이들은 저농도에서 생리활성을 나타내고 수처리 과정에서 제거된다. 외인성물질에 의한 오염을 생물복원하는 희망적인 수단은 미생물을 이용하는 것인데, 지금까지는 이러한 연구의 주요 대상이 세균이었다. 토양에서 톨루엔 및 기타 유기오염물질을 분해하는 효소를 갖춘 세균 균주를 만들어내기도 하였다. 균류의 잠재적 이용을 위해서는 마땅히 더 많은 연구를 해야 한다. 토양 공극은 물론 토양 입자 사이의 공기층으로도 뻗어 들어갈 수 있는 균사는 오염 토양의 오염물질을 찾아내기에 적합해 보인다. 세균과 달리, 균류는 탄소 에너지원을 멀리 떨어진 흡수 지점에서 활동 지점으로 옮길 수 있으므로 공간적으로 복합적인 토양 환경을 점유할 수 있다. 더구나, 난분해성 물질에서 양분을 취하기 위해 낮은 기질특이성의 강력한 산화효소류를 분비하는 균류가 진화하도록 선발압이 작용했다. 따라서 기질특이적인 균주를 군이 개발할 필요는 없다. 백색부후균류를 이용하여 토양의 다방향족 탄화수소를 분해하고 제지공장의 크라프트 공정에서 폐수를 탈색하는 등 여러 방면에서 실용적인 연구가 진행되었다. 많은 균류가 환경에서 독성 유기화합물을 분해할 수 있지만, 아직 외인성물질을 생물복원하는 용도로는 시험된 바 없다. 환경에서 생물자원탐사(bioprospecting)를 통해 난분해성 외인성물질을 분해하는 능력이 뛰어난 균류를 많이 찾아낼 수 있을 것이다. 금속류 자체를 분해할 수는 없지만, 금속류에 취약한 생물권에서 분리시키거나 자연 먹이그물에 관여되지 않는 형태로 변형시킬 수는 있다 ('필수 금속류' 참조). 선택된 균주의 균근균을 접종한 식물을 이용하여 토양에서 카드뮴 같은 금속원소 농도를 낮출 수 있다.

앞으로 외인성물질의 무독화에 응용될 가능성이 있는 균류 효소는 세포 내에서 활성을 가진 것들인데, multiple mixed-function cytochrome P_{450} mono-oxygenases, phenol 2-mono-oxygenases, nitro reductases, quinone reductase, reductive dehalogenases, 각종 transferases 등이 있다. 이들은 세포내 활성 효소류이기는 하지만 넓은 기질특이성을 나타낸다. 예를 들어, 균류 유래의 복합기능 cytochrome P_{450} oxidases는 다이옥신 및 다환방향족 탄화수소를 포함하는 수많은 오염물질의 에폭시화 및 수산화를 촉매할 수 있다. 이들은 소염제, 지질조절제, 항간질제 및 진통제 의약품의 분해를 촉매할 수도 있으므로 균사의 매우 뛰어난 제거 효과를 이용한 방법들은 환경문제 해결에 새로운 가능성을 제시하고 있다.

Further Reading and References

General Works

Anke, T., Weber, D. (Eds.), 2009. Physiology and Genetics, second ed. The Mycota, Springer, Berlin.

Deacon, J., 2006. Fungal Biology, fourth ed. Blackwell, Oxford.

Eriksson, K.-E., Blanchette, R.A., Ander, P., 1995. Microbial and Enzymatic Degradation of Wood and Wood Components (Springer Series in Wood Science). Springer, Berlin.

Boddy, L., Frankland, J., van West, P., 2007. Ecology of Saprotrophic Basidiomycetes. Academic Press/Elsevier, Amsterdam.

Gadd, G.M., Watkinson, S.C., Dyer, P.S., 2007. Fungi in the Environment. Cambridge. University Press, New York.

Hofrichter, M. (Ed.), 2010. Industrial Applications, second ed. The Mycota, Springer, Berlin.

Jennings, D.H., 1995. The Physiology of Fungal Nutrition. Cambridge University Press, Cambridge.

Jennings, D.H., Lysek, G., 1999. Fungal Biology, second ed. Bios Scientific Publishers Ltd., New York.

Martin, F. (Ed.), 2014. The Ecological Genomics of Fungi. John Wiley & Sons, Chichester.

Nowrousian, M. (Ed.), 2014. Fungal Genomics, second ed. The Mycota, Springer, Berlin.

Moore, D., Robson, G.D., Trinci, P.J., 2011. 21st Century Guidebook to Fungi. Cambridge University Press, Cambridge.

Nutrient Acquisition, Uptake, and Assimilation

Arantes, V., Milagres, A., Filley, T., Goodell, B., 2011. Lignocellulosic polysaccharides and lignin degradation by wood decay fungi: the relevance of nonenzymatic Fenton-based reactions. J. Ind. Microbiol. Biotechnol. 38, 541–555.

Ashford, A.E., Cole, L., Hyde, G.J., 2001. Motile tubular vacuole systems. In: Howard, R.J., Gow, N.A.R. (Eds.), The Mycota, VIII. Biology of the Fungal Cell. Springer Verlag, Heidelberg, pp. 243–265 (Chapter 12).

Bagley, S.T., Richter, D.L., 2002. Biodegradation by brown rot fungi. In: Osiewicz, H.D. (Ed.), The Mycota. Springer, Heidelberg, pp. 327–340.

Caddick, M.X., 2004. Nitrogen regulation in mycelial fungi. In: Brambl, R., Marzluf, G. (Eds.), The Mycota. Biochemistry and

Molecular Biology. Springer, Berlin Heidelberg, pp. 349–368.

Cantarel, B.L., Coutinho, P.M., Rancurel, C., Bernard, T., Lombard, V., Henrissat, B., 2009. The carbohydrate-active enzymes database (CAZy): an expert resource for glycogenomics. Nucleic Acids Res. 37, D233–D238.

Cole, L., Hyde, G., Ashford, A., 1997. Uptake and compartmentalisation of fluorescent probes by Pisolithustinctorius; hyphae: evidence for an anion transport mechanism at the tonoplast but not for fluid-phase endocytosis. Protoplasma 199, 18–29.

Conesa, A., Punt, P.J., van Luijk, N., van den Hondel, C.A.M.J.J., 2001. The secretion pathway in filamentous fungi: a biotechnological view. Fungal Genet. Biol. 33, 155–171.

Cullen, D., 2014. Wood decay. In: Francis, M. (Ed.), The Ecological Genomics of Fungi. first ed. John Wiley & Sons, Inc, Hoboken, pp. 43–62 (Chapter 3).

Doidy, J., Grace, E., Kühn, C., Simon-Plas, F., Casieri, L., Wipf, D., 2012. Sugar transporters in plants and their interactions with fungi. Trends Plant Sci. 17 (7), 413–422.

Eastwood, D.C., et al., 2011. The plant cell wall–decomposing machinery underlies the functional diversity of forest fungi. Science 333, 762–765.

Floudas, D., et al., 2012. The paleozoic origin of enzymatic lignin decomposition reconstructed from 31 fungal genomes. Science 336, 1715–1719.

Goodell, B., 2003. Brown-rot fungal degradation of wood: our evolving view. In: Wood Deterioration and Preservation. American Chemical Society, Washington D.C. pp. 97–118.

Haas, H., Eisendle, M., Turgeon, B.G., 2008. Siderophores in fungal physiology and virulence. Annu. Rev. Phytopathol. 46, 149–187.

Hamann, A., Brust, D., Osiewacz, H.D., 2008. Apoptosis pathways in fungal growth, development and ageing. Trends Microbiol. 16, 276–283.

Hatakka, A., Hammel, K.E., 2010. Fungal biodegradation of lignocelluloses. In: Hofrichter, M. (Ed.), Industrial Applications. Springer, Berlin Heidelberg, pp. 319–340.

Klionsky, D.J., Herman, P.K., Emr, S.D., 1990. The fungal vacuole: composition, function, and biogenesis. Microbiol. Mol. Biol. Rev. 54, 266–292.

Levasseur, A., Piumi, F., Coutinho, P.M., Rancurel, C., Asther, M., Delattre, M., Henrissat, B., Pontarotti, P., Asther, M., Record, E., 2008. FOLy: An integrated database for the classification and functional annotation of fungal oxidoreductases potentially involved in the degradation of lignin and related aromatic compounds. Fungal Genet. Biol. 45, 638–645.

Martinez, D., et al., 2008. Genome sequencing and analysis of the biomass-degrading fungus Trichoderma reesei (syn. Hypocrea jecorina). Nat. Biotechnol. 26, 553–560.

Martinez, D., et al., 2009. Genome, transcriptome, and secretome analysis of wood decay fungus Postia placenta supports unique mechanisms of lignocellulose conversion. Proc. Natl. Acad. Sci. U.S.A. 106, 1954–1959.

McDonald, T.R., Dietrich, F.S., Lutzoni, F., 2012. Multiple Horizontal gene transfers of ammonium transporters/ammonia permeases from prokaryotes to eukaryotes: toward a new functional and evolutionary classification. Mol. Biol. Evol. 29, 51–60.

Monod, M., 2008. Secreted proteases from dermatophytes. Mycopathologia 166, 285–294.

Pollack, J.K., Harris, S.D., Marten, M.R., 2009. Autophagy in filamentous fungi. Fungal Genet. Biol. 46, 1–8.

Portnoy, T., Margeot, A., Linke, R., Atanasova, L., Fekete, E., Sandor, E., Hartl, L., Karaffa, L., Druzhinina, I., Seiboth, B., Le Crom, S., Kubicek, C., 2011. The CRE1 carbon catabolite repressor of the fungus Trichoderma reesei: a master regulator of carbon assimilation. BMC Genomics 12, 269.

Sagt, C., ten Haaft, P., Minneboo, I., Hartog, M., Damveld, R., Metske van der Laan, J., Akeroyd, M., Wenzel, T., Luesken, F., Veenhuis, M., van der Klei, I., de Winde, J., 2009. Peroxicretion: a novel secretion pathway in the eukaryotic cell. BMC Biotechnol. 9, 48.

Slot, J.C., Hibbett, D.S., 2007. Horizontal transfer of a nitrate assimilation gene cluster and ecological transitions in fungi: a phylogenetic study. PLoS One 2. e1097.

Tlalka, M., Fricker, M., Watkinson, S., 2008. Imaging of long-distance α-aminoisobutyric acid translocation dynamics during resource capture by Serpula lacrymans. Appl. Environ. Microbiol. 74, 2700–2708.

Xu, G., Goodell, B., 2001. Mechanisms of wood degradation by brown-rot fungi: chelator-mediated cellulose degradation and binding of iron by cellulose. J. Biotechnol. 87, 43–57.

Zak, D.R., Blackwood, C.B., Waldrop, M.P., 2006. A molecular dawn for biogeochemistry. Trends Ecol. Evol. 21 (6), 288–295.

Secondary Metabolism

Andersen, M.R., Nielsen, J.B., Klitgaard, A., Petersen, L.M., Zachariasen, M., Hansen, T.J., Blicher, L.H., Gotfredsen, C.H., Larsen, T.O., Nielsen, K.F., Mortensen, U.H., 2013. Accurate prediction of secondary metabolite gene clusters in filamentous fungi. Proc. Natl. Acad. Sci. U.S.A. 110, E99–E107.

Bayram, Ö., Braus, G.H., 2012. Coordination of secondary metabolism and development in fungi: the velvet family of regulatory proteins. FEMS Microbiol. Rev. 36, 1–24.

Brakhage, A.A., 2013. Regulation of fungal secondary metabolism. Nat. Rev. Micro 11, 21–32.

Firn, R.D., Jones, C.G., 2000. The evolution of secondary metabolism – a unifying model. Mol. Microbiol. 37, 989–994.

Fischer, R., 2008. Sex and poison in the dark. Science 320, 1430–1431.

Fox, E.M., Howlett, B.J., 2008. Secondary metabolism: regulation and role in fungal biology. Curr. Opin. Microbiol. 11, 481–487.

Hoffmeister, D., Keller, N.P., 2007. Natural products of filamentous fungi: enzymes, genes, and their regulation. Nat. Prod. Rep. 24, 393–416.

Lim, F.Y., Sanchez, J.F., Wang, C.C., Keller, N.P., 2012. Toward awakening cryptic secondary metabolite gene clusters in filamentous fungi. Methods Enzymol. 517, 303.

Schneider, P., Bouhired, S., Hoffmeister, D., 2008. Characterization of the atromentin biosynthesis genes and enzymes in the homobasidiomycete Tapinella panuoides. Fungal Genet. Biol. 45, 1487–1496.

Tlalka, M., Fricker, M., and Watkinson, S., 2008. Imaging of Long-Distance α-Aminoisobutyric Acid Translocation Dynamics during Resource Capture by Serpula lacrymans, Appl. Environ. Microbiol. 74, 2700–2708.

Responding to the Environment

Bahn, Y.-S., Mühlschlegel, F.A., 2006. CO_2 sensing in fungi and beyond. Curr. Opin. Microbiol. 9, 572–578.

Bahn, Y.-S., Xue, C., Idnurm, A., Rutherford, J.C., Heitman, J., Cardenas, M.E., 2007. Sensing the environment: lessons from fungi. Nat. Rev. Micro 5, 57–69.

Baker, C.L., Loros, J.J., Dunlap, J.C., 2012. The circadian clock of Neurospora crassa. FEMS Microbiol. Rev. 36, 95–110.

Connell, L., Rodriguez, R., Redman, R., 2014. Cold-adapted yeasts in antarctic deserts. In: Buzzini, P., Margesin, R. (Eds.), Cold-adapted Yeasts. Springer, Berlin Heidelberg.

Dadachova, E., Casadevall, A., 2008. Ionizing radiation: how fungi cope, adapt, and exploit with the help of melanin. Curr. Opin. Microbiol. 11, 525–531.

Dann, S., Thomas, G., 2006. The amino acid sensitive TOR pathway from yeast to mammals. FEBS Lett. 580, 2821–2829.

Darrah, P.R., Fricker, M.D., 2014. Foraging by a wood-decomposing fungus is ecologically adaptive. Environ. Microbiol. 16, 118–129.

Darrah, P.R., Tlalka, M., Ashford, A., Watkinson, S.C., Fricker, M.D., 2006. The vacuole system is a significant intracellular pathway for longitudinal solute transport in basidiomycete fungi. Eukaryot. Cell 5, 1111–1125.

Dunlap, J.C., Loros, J.J., 2006. How fungi keep time: circadian system in Neurospora and other fungi. Curr. Opin. Microbiol. 9, 579–587.

Fricker, M.D., Lee, J.A., Bebber, D.P., Tlalka, M., Hynes, J., Darrah, P.R., Watkinson, S.C., Boddy, L., 2008. Imaging complex nutrient dynamics in mycelial networks. J. Microsc. 231, 317–331.

Glass, N.L., Dementhon, K., 2006. Non-self recognition and programmed cell death in filamentous fungi. Curr. Opin. Microbiol. 9, 553–558.

Hohmann, S., 2002. Osmotic stress signaling and osmoadaptation in yeasts. Microbiol. Mol. Biol. Rev. 66, 300–372.

Lew, R.R., 2011. How does a hypha grow? The biophysics of pressurized growth in fungi. Nat. Rev. Micro 9, 509–518.

Maheshwari, R., Bharadwaj, G., Bhat, M.K., 2000. Thermophilic fungi: their physiology and enzymes. Microbiol. Mol. Biol. Rev. 64, 461–488.

Money, N.P., 2001. Biomechanics of invasive hyphal growth. Biology of the Fungal Cell. Springer, New York. pp. 3-17.

Morgenstern, I., Powlowski, J., Ishmael, N., Darmond, C., Marqueteau, S., Moisan, M.-C., Quenneville, G., Tsang, A., 2012. A molecular phylogeny of thermophilic fungi. Fungal Biol. 116, 489–502.

Nehls, U., Dietz, S., 2014. Fungal aquaporins: cellular functions and ecophysiological perspectives. Appl. Microbiol. Biotechnol. 98, 8835–8851.

Otsubo, Y., Yamamato, M., 2008. TOR signaling in fission yeast. Crit. Rev. Biochem. Mol. Biol. 43, 277–283.

Paul, M.J., Primavesi, L.F., Jhurreea, D., Zhang, Y., 2008. Trehalose metabolism and signaling. Annu. Rev. Plant Biol. 59, 417–441.

Peñalva, M.A., Tilburn, J., Bignell, E., Arst Jr., H.N., 2008. Ambient pH gene regulation in fungi: making connections. Trends Microbiol. 16, 291–300.

Purschwitz, J., Müller, S., Kastner, C., Fischer, R., 2006. Seeing the rainbow: light sensing in fungi. Curr. Opin. Microbiol. 9, 566–571.

Rohde, J., Bastidas, R., Puria, R., Cardenas, M., 2008. Nutritional control via Tor signaling in Saccharomyces cerevisiae. Curr. Opin. Microbiol. 11, 153–160.

Sudbery, P.E., 2011. Growth of Candida albicans hyphae. Nat. Rev. Micro 9, 737–748.

Wilson, R.A., 2007. Tps1 regulates the pentose phosphate pathway, nitrogen metabolism and fungal virulence. EMBO J. 26, 3673–3685.

Geomycology and Xenobiotic Metabolism

Gadd, G.M., 2013. Fungi and their role in the biosphere. Reference Module in Earth Systems and Environmental. Elsevier Sciences, Amsterdam.

Gadd, G.M., 2011. Geomycology. In: Reitner, J., Thiel, V. (Eds.), Encyclopedia of Geobiology. Springer, Heidelberg, pp. 416–432. Part 7.

Gadd, G.M., 2007. Geomycology: biogeochemical transformations of rocks, minerals, metals and radionuclides by fungi, bioweathering and bioremediation. Mycol. Res. 111, 3–49.

Harms, H., Schlosser, D., Wick, L.Y., 2011. Untapped potential: exploiting fungi in bioremediation of hazardous chemicals. Nat. Rev. Micro 9, 177–192.

Lah, L., Podobnik, B., Novak, M., Korošec, B., Berne, S., Vogelsang, M., Kraševec, N., Zupanec, N., Stojan, J., Bohlmann, J., Komel, R., 2011. The versatility of the fungal cytochrome P450 monooxygenase system is instrumental in xenobiotic detoxification. Mol. Microbiol. 81, 1374–1389.

Links

Assembling the Fungal Tree of Life: http://aftol.org/

MycoCosm: a fungal genomics portal (http://jgi.doe.gov/fungi), developed by the US Department of Energy Joint Genome Institute to support integration, analysis and dissemination of fungal genome sequences and other 'omics' data by providing interactive web-based tools. Grigoriev, I.V., Nikitin, R., Haridas, S., Kuo, A., Ohm, R., Otillar, R., Riley, R., Salamov, A., Zhao, X., Korzeniewski, F. 2014. MycoCosm portal: gearing up for 1000 fungal genomes, Nucl. Acids Res. 42, D699–D704.

The Carbohydrate-Active Enzyme (CAZy) database: http://www.cazy.org/ describes the families of structurally-related catalytic and carbohydrate-binding modules (or functional domains) of enzymes that degrade, modify, or create glycosidic bonds.

FOLy: An integrated database for the classification and functional annotation of fungal oxidoreductases potentially involved in the degradation of lignin and related aromatic compounds http://www.sciencedirect.com/science/article/pii/S1087184508000066

Figure 5.7. Photon Counting Scintillation Imaging of ^{14}C-AIB in a fungal colony during capture of a new wood source. Tlalka, M., Fricker, M.D., Watkinson, S.C., 2008. Imaging of long-distance {alpha}-aminoisobutyric acid translocation dynamics during resource capture by Serpula lacrymans, Appl. Environ. Microbiol. 74, 2700–2708. http://dx.doi.org/10.5072/bodleian:d217qq90r

CHAPTER

6

분자생태학

균류의 생태 연구에서 DNA 기술의 응용

서론

본 장에서는 환경에서 균류의 다양성과 활동에 대한 이해를 심화시키는 DNA 기술에 기초한 분자적 방법에 대해 설명하고자 한다. 대부분 현미경으로나 볼 수 있고, 대체로 불투명한 기질 속 또는 다른 생물의 살아있는 조직 속에서 존재하기 때문에 눈에 띌 정도로 포자를 형성하는 때를 제외하고서는 자연 서식지에서 균류를 관찰하기란 쉽지 않다. 실험실 배양 조건에서 어떤 균류는 좀 더 알아볼 수 있는 특성을 나타낼 수 있지만, 쉽게 배양할 수 있는 균류는 대부분의 자연 서식지에서 보이는 특성의 일부만 나타내는 것으로 알려져 있다. 심지어 포자를 형성하는 균류를 형태만으로 동정하기 위해서도 고도의 분류학적 전문성이 요구된다. 왜냐하면 대개의 경우 동정의 기초가 되는 포자경 형태가 보편적으로 수렴진화하였기에 유연관계가 먼 균류도 형태가 같아 보일 수 있기 때문이다. DNA 염기서열 정보를 이용하여 균류의 종을 동정하는 방법은 형태적 특징에 기초한 동정방법에 비해 여러 장점이 있다. DNA 염기서열은 많은 안정적인 형질을 제공한다. 환경에서 얻은 염기서열은 가까운 친척에 위치되어 종 동정을 가늠할 수 있게 한다. 따라서 환경시료에 존재하는 균류의 핵산을 분석함으로써 어떤 종이 존재하는지, 어디에 서식하는지, 어떤 물질을 이용하고 또 변형시키는지 알 수 있다. 최근 몇 년간 급속한 기술발달은 염기서열과 생물정보 분석에 있어서 많은 과정이 자동화될 수 있음을 시사한다.

리보솜 DNA(그림 6.1)의 internal transcribed spacer(ITS) 영역에 존재하는 염기서열을 증폭하는 범용 시발체는 1990년대 중반에 처음 개발되었다. 고도로 보존된 리보솜을 암호화하는 DNA의 측면 서열은 시발체 제작을 용이하게 하였다. 예를 들면, 토양 시료에서 추출한 균류 DNA로부터 담자균류 DNA를 선택적으로 증폭할 수 있다. 종 특이적 ITS 염기서열 또는 제한효소로 절단한 ITS 조각은 겔에 기반한 방법으로 분리하여 세균에 클로닝할 수 있다. 균류생태학에 있어서 DNA에 기초한 동정법의 가치는 곧바로 명확해졌다. 예를 들면, 외생균근 뿌리(제7장)에 존재하는 균류는 얻어진 DNA 정보를 쉽게 동정할 수 있는 땅 위의 자실체와 맞추어 비교함으로써 동정할 수 있다. 이러한 접근방법은 자실체로 인하여 가장 쉽게 눈에 띄는 외생균근균 종이 반드시 뿌리에 가장 많이 존재하는 종이 아니라는 것과 어떤 외생균근균은 비록 뿌리에 널리 퍼져 있지만 땅 위에 존재한다는 기록이 전혀 없다는 것을 알게 하였다. 땅속의 균류 다양성을 조사하기 위한 새로

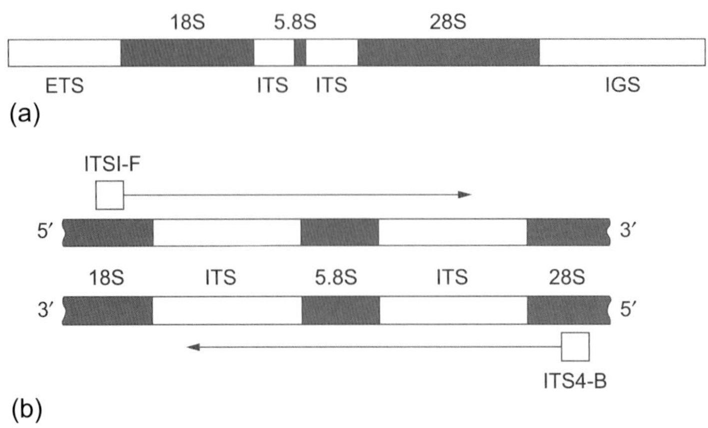

그림 6.1 균류 동정에 리보솜 DNA의 이용. (a) 암호화 부위와 비암호화 부위를 지닌 리보솜 DNA (rDNA) 단일 사본 구조. Internal transcribed spacer (ITS)는 18S와 28S RNA를 암호화하는 유전자 사이에 위치하고 5.8S RNA를 암호화하는 유전자를 내부에 가지고 있다. RNA 유전자 바깥에 external transcribed spacer (ETS)와 intergenic spacer (IGS)가 있다. (b) 암호화 부위 근처의 ITS DNA 부위의 상보적 사슬. ITS1-F와 ITS4-B 시발체가 결합하는 지점과 DNA 증폭은 각 사슬의 3′ 말단 방향임을 보여준다.

운 분자적 수단은 환경균류 다양성 조사가 폭발적으로 이루어지게 하였다. 토양균류 뿐만 아니라 균사 조각, 공기나 물로부터 포자, 병든 식물이나 병든 동물의 조직에서 병원균을 포함한 다른 어떠한 균주를 분리하고 배양할 필요 없이 이러한 방법으로 특성을 조사할 수 있다. 균류의 염기서열 정보가 GenBank(www.ncbi.nlm.nih.gov/genbank/) 같은 데이터베이스에 축적되었기에 기본직선정렬탐색수단인 BLAST 프로그램을 이용하여 염기서열을 맞추는 작업이 일반화되었다. 심지어 완전히 맞추어지지 않았을 때도 염기서열들 간에 유사도를 알려주는 BLAST 탐색을 이용하면 분석하고자 하는 균류의 염기서열을 근연 그룹에 위치시킬 수 있다.

새로운 세대의 자동화된 초고속 대용량(high-throughput) 염기서열 해독 및 생물정보학 기술은 분자균류생태학에 이차 혁명을 일으켰다. 수백 만은 아니라도 수천 개 환경시료의 염기서열은 이제 분리와 동시에 동정될 수 있다. 빠르고 저렴한 클로닝 및 겔 방법이 소규모 연구(그림 6.2)에 여전히 유용하지만, 초고속 대용량 처리방법은 환경시료에서 균류 ITS 염기서열 분리에 쓰이는 노동집약적인 세균 이용 클로닝 방법을 상당부분 대체하였다.

그러나 분자균류생태학이 종전에 사용하던 미생물학적 방법을 대체하지는 못한다. 직접 관찰, 다양한 정량화 기법, 특정 배지에서의 배양 기술이며, 생태학의 필수 기술이다. 그러나 이런 방법은 이제 생태계에서 균류의 역할에 대한 어떤 조사를 하든 분자적 방법과 병행하여 사용한다.

환경에서 균류의 다양성

군집 분석

환경시료에 존재하는 균류의 전체적인 다양성은 이제 환경시료에 존재하는 모든 유전물질의 염기서열을 분석하는 기술인 **메타유전체기법**(**metagenomics**)을 사용하여 해석할 수 있다. **메타유전체**

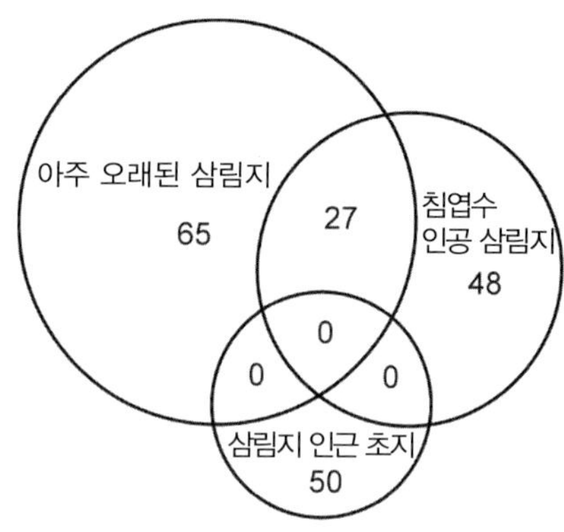

그림 6.2 서로 다른 식생 유형에 존재하는 균류 공동체의 다양성을 비교하기 위한 소규모 염기서열분석과 클로닝 방법의 이용. 벤다이어그램은 3가지 주요 서식지(아주 오래된 삼림지, 침엽수 인공 삼림지, 삼림지 인근의 초지)로부터 얻어진 독특한 균류 ITS 유형의 개수를 보여주고 있다. 아주 오래된 반자연적 삼림지로부터 온 토양균류는 인공침엽수 삼림지로 변한 토양에는 존재하나 삼림지 인근의 초지 토양에는 존재하지 않았다. *출처: Johnson et al. (2014).*

(metagenome)를 얻기 위해서 시료로부터 DNA 또는 차후 보관과 염기서열 분석을 위해 보다 안정된 cDNA로 전사되는 RNA를 추출할 수 있다. RNA는 활발히 전사되는 유전자로부터만 생성되기 때문에 RNA 염기서열 분석은 활발히 생육하면서 새로운 리보솜과 단백질을 합성하고 있는 균류의 다양성과 활동을 반영하는 장점을 가지고 있다. 자연환경에서 발현하여 존재하는 모든 RNA로 구성된 **메타전사체(metatranscriptome)**는 시료채취 시점에 발현된 균류의 유전자가 어떤 것인지 알게 해준다. 454-pyrosequencing, Illumina, Ion Torrent 같은 염기서열 분석 시스템은 시료 속에 존재하는 모든 핵산에 대한 염기서열 정보를 약 400 bp 정도의 크기로 해독된다. 해독된 대량의 염기서열 데이터는 지속적으로 발전되고 또 개선되고 있는 컴퓨터를 이용하는 전용 수단으로 분석되고 해석된다. 심지어 실제 환경에 존재하고 있는 어떤 미생물을 조사하는 과정 중 여러 출처에서 생물학적 오차와 기술적 오차에 부딪치는 상황에 직면하더라도 이런 초고속 '대용량 동시' 염기서열 분석 방식을 이용하면 대규모로 반복 분석이 가능하여 강력한 결과자료를 뽑아낼 수 있다. 메타유전체와 메타전사체를 분석하면 미생물 군집 다양성과 유전자 발현 양상을 모두 밝힐 수 있다.

심지어 명명된 분류학적 그룹을 지정하지 않고서도 메타유전체는 균류 공동체에 존재하는 방식을 보여줄 수 있는 일면의 다양성 정보를 제공한다. 새로운 분류군의 균류도 발견할 수 있다 (제1장). 이러한 분석방법의 이용 사례 중에는 미국의 대평원 초지 토양과 프랑스의 삼림토양에 대한 균류 다양성 분석이 있다. 캔자스 지역의 여러 다른 지점에서 채취된 대평원 토양에는 모든 토양 채취 지점에서 100만이 넘는 균류 유형이 존재하였고, 채집 지점 간에 공통으로 존재하는 균류계통이 적다는 매우 놀라운 균류 다양성 사실이 보고되었다. 이 보고는 이곳 북미 초지 생물군계의 범위와 중요성에 비추어 볼 때 반드시 좀 더 조사해야 할 필요가 있다. 프랑스 삼림토양 조사연구에서는 외생균근균으로서 나무뿌리에 공생적으로 자라는 자낭균류와 담자균류를 대상으로 이핵균아계 특이적 시발체를 사용하고, 염기서열 유사도 탐색을 위해서 GenBank 뿐만 아니라 균근균 특이적으로 제작된 UNITE 데이터베이스를 이용하여 조사가 이루어졌다. 4 g의 각 토양 시료마다 약 1,000가지에 달하는 서로 다른 조작분류단위(제1장에서 서술)의 염기서열이 발견되었는데, 이는 이전에 관찰된 사실에 입각하여 예측해 왔던 것보다 훨씬 더 높은 다양성을 보여주는 것이다. 이 중에는 종 다양성의 대부분을 차지하는 외생균근균 분류군을 비교적 적게 포함하고, 주름버섯강 균류가 주종을 이룬 이핵균아계가 81%를 차지했다.

방법론

고도의 자동화된 초고속 대용량 염기서열분석법이 지니는 기술적 복잡성으로 인하여 여러 잠재적 출처에서 오류가 발생할 수 있다. 각 분석 수행 단계(그림 6.3) 마다 있을 수 있는 허점을 알기 위해서는 현장시료 채취 전략에서부터 컴퓨터를 이용한 분석에 이르기까지 다양한 전문지식이 요구되며, 확실하게 오류의 출처를 이해하고 최대한 해결하기 위해서는 다양한 분야의 전문가들의 사이에 협력이 필수적이다.

DNA는 대체로 기껏해야 몇 g 정도의 시료로부터 추출된다. 그래서 광범위한 자연 현장의 서식지에 존재하는 다양성을 실질적으로 반영할 수 있는 시료채취 작업의 범위와 방식을 계획하는 것이 쉽지 않다. 삼림토양에서 광범위하게 생장하며 균사 네트워크를 형성하는 일부 균류는 수 미터까지 퍼져 나가지만, 다른 일부 균류는 미세한 포자로서 분산되어 존재할 수 있다. 각 균류 집단의 크기와 풍부성, 분포 패턴, 채취될 물질의 종류에 있어서 편차가 있을 수 있다. 더욱이 대부

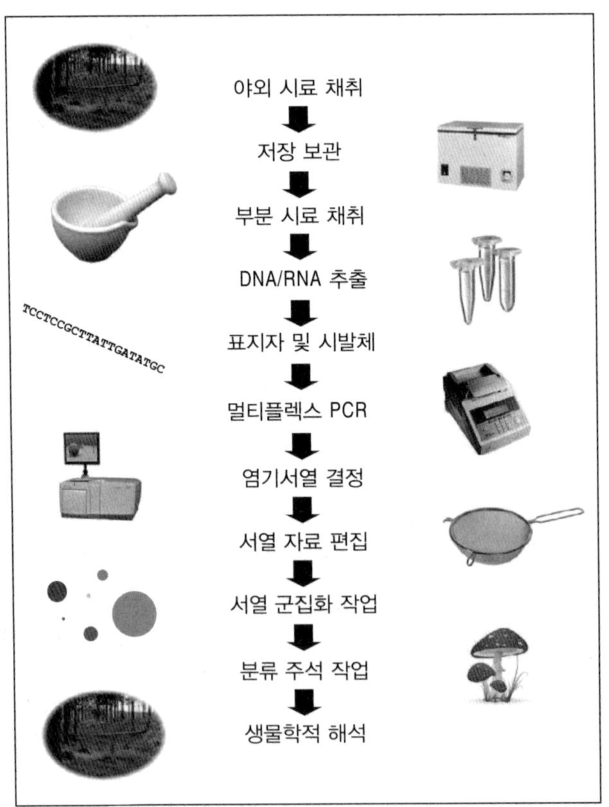

그림 6.3 초고속 대용량 염기서열분석법을 이용한 균류 공동체 분석 단계의 개요. 출처: *Lindahl et al. (2013).*

분의 자연 서식지 시료는 조직, 조성, 밀도가 다양하다. 시료 채집하는 과정 그 자체가 핵산 조성을 빠르게 변화시키며 교락을 일으킬 수도 있다. 예를 들면, 생육이 빠른 부생성 종의 경우에 갑자기 해를 입으면 우선적으로 증식하게 되는데, 이때 핵 증식을 일으켜 결과적으로 이들의 DNA가 과량의 대표적인 DNA로서 시료에 존재하게 된다. 따라서 채집된 시료는 채집지에서 반드시 즉시 동결시키거나 화학적으로 보존처리해야 한다. 만일 RNA를 추출하여 분석하려면 시료는 반드시 즉시 -80℃에서 동결시켜야 하며 장기보관을 위해서는 보다 안정된 *c*DNA로 전사시켜야 한다. DNA 추출 효율은 시료는 물론 토양 간에도 차이가 있을 수 있으며, 식물 재료는 PCR을 포함한 후속 분석 단계에서 방해가 되는 저해제를 함유할 수도 있다.

동정

동정을 위해 사용할 염기서열의 선택은 분류학적 구별이 요구되는 수준에 따라 좌우된다. ITS 부위(제1장)는 종 동정에 널리 사용되며 보편적 '바코드' 유전자로 제시되어 왔다. 상위 분류군에는 28S 단위구조 염기서열이 유용하며 28S의 D1/D2 도메인은 대략 속 수준까지 분석할 수 있다. 긴 단위구조인 LSU와 짧은 단위구조인 SSU의 염기서열은 글로메로균류의 분류에 사용되는데, 이 분류군의 경우에 다른 부위의 염기서열 데이터는 충분치 않다. 계통학적 종에 대한 결정을 위해서는 ITS 염기서열과 다른 보전된 유전자의 염기서열을 병행하여 사용하는데, 여기에 일반적으로 사용되는 6개 유전자 부위는 18S rRNA, 28S rRNA, 5.8S rRNA, elongation factor 1-(*EF1*), 2개의 RNA polymerase II subunits (*RPB1* and *RPB2*)이다. 시발체의 선택은 불가피하게 편향적 증폭 결과를 낳을 수 있는데, 이것을 극복하기 위해서는 여러 다른 시발체와 퇴화 위치를 지닌 시발체를 사용하는 것이 바람직하다. 이렇게 증폭된 PCR 산물은 시료에 존재하는 균류를 가능한 더 많이 대표하게 된다. 핵산 증폭을 수행하는 동안 키메라서열, 미스프라이밍(mispriming), 이형 이중가닥 형성 등 인공산출물이 생겨날 수 있는데, 이러한 것들은 실제의 염기서열 다양성을 과대평가하는 결과를 낳을 수 있다. 염기서열은 자동화된 생물정보학 프로그램으로 정렬되고 유사도에 기초하여 분류학적으로 의미 있는 그룹들이 군을 이루도록 나타낸다. 보통 3% 정도인 미리 책정한 최대치보다 적게 나타난 서열은 하나의 조작분류단위(OTU)를 나타내는 것으로 간주된다. 유사한 염기서열들을 분류학적으로 의미 있는 그룹으로 모으는 다양한 프로그램이 계속 개발되고 있다. 많은 환경 유래 염기서열 세트를 컴퓨터를 이용하여 분석하는 것은 막중한 작업이며 세밀한 최신 자료를 산출하기 위해 그 판독은 전문가에게 맡겨진다.

잠재종, 클론, 지네트 동정하기

환경에서 유래한 각 염기서열에 대한 계통발생학적 결정은 형태를 바탕으로 단일종으로 취급되었던 많은 균류가 생태적 기능에 있어서 중요한 차이를 지닌 다양한 유형으로 자연에 존재한다는 점을 인식하게 하였다. 예를 들면, 형태에 기초해서 구분할 수 없는 균근균류의 경우에는 기주식물 특이성, 선호하는 토양 유형, 공생에서의 주요 기능 등에 있어서 차이를 지니며 계통발생학적으로 구별되는 계통군으로 구성될 수 있다. 이러한 변이체를 **잠재종**(**cryptic species**)이라고 한다.

자연 환경에서 단일 종 균류의 생물학을 연구할 때 개개의 생물체를 서로 구분할 수 있는 능력과 더불어 같거나 서로 다른 클론의 구성체로서 균사 또는 포자의 특성을 조사할 수 있는 능력은 중요하다 (제4장 균류의 클론과 지네트에 대한 논의 참조). 미소부수체(microsatellite) DNA 또는 단일염기다양성(SNP) 같이 변이가 심한 염기서열을 지문으로 활용함으로써 환경시료는 한 개체의 클론으로 지정될 수 있다. 이런 접근은 균류학에 실제 많이 응용되고 있다. 외생균근균 클론의 공간분포를 추적함으로써 외생균근성 담자균의 공유 네트워크(226쪽)가 지하에 퍼져 있는 정도와 잠재적 연결성 등을 파악할 수 있다. 이들 균류 중 일부는 토양을 통해서 몇 미터까지 확장할 수 있는 능력이 있다. 이들 균류는 식물 간에 영양, 수분, 광합성 산물을 운반하는 경로로 작용할 수 있기 때문에 이들 균류의 분포와 균류를 통한 기주의 연결은 지상의 생태계 구조에 영향을 미칠 수 있다 (제7장). 전염성 있는 번식체가 클론형인지 재조합형인지 결정하는 것은 병이 전반되는 방식과 방제를 위한 가장 효율적인 목표물이 무엇인지를 지시함으로써 병원균의 집단유전학(제8장)에서 유용한 단서를 제공한다.

알려진 종을 진단하는 방법

알려진 균류의 종이나 계통은 환경 시료에서 **정량 PCR**로 측정할 수 있다. 이 경우에 종 특이적 유전자의 전사물 양 수준은 형광 측정으로 분석된다. 이 방법은 감도가 매우 높고, 특이적이며, 수백 개의 시료를 동시에 분석할 수 있도록 자동화될 수 있어서 의료와 농업에서 유용한 진단법이다. 휴대용 PCR 기기는 현장에서 활용이 가능하다. 정량 PCR은 매우 낮은 수준으로 존재하는 균

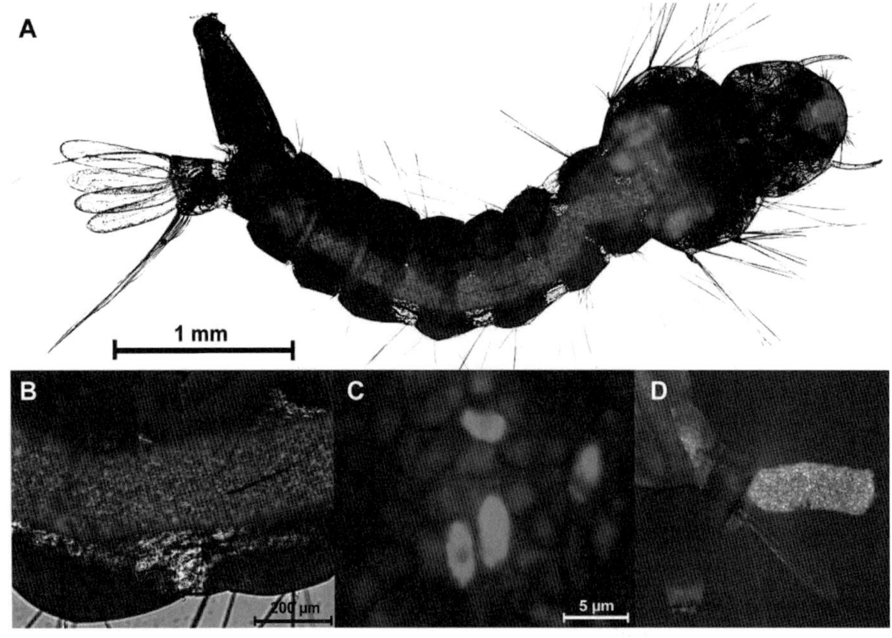

그림 6.4 녹색형광단백질(GFP)로 형질전환시키고 숙주인 이집트숲모기(*Aedes aegypti*)의 유충 체내에서 형광현미경으로 관찰한 곤충병원균 *Metarhizium brunei* 모습. *Metarhizium* 종은 말라리아, 뎅기열, 황열병을 포함하여 인체에 질병을 매개하는 모기의 생물적 방제용으로 연구되고 있다. (a) 유충의 장 내강에 존재하는 분생포자, (b, c) 장 내강에서 GFP를 발현하는 분생포자, (d) 배설물에 보이는 활성 있는 분생포자. 출처: *Butt et al. (2013).* (원색도판 참조)

류의 존재를 검출하고 농도를 측정하는 등 농업 분야에서 많이 적용되고 있다. 작물병원균과 인체 병원균, 살균제 저항성 균주, 생명공학적으로 도입시킨 형질을 지닌 균주 등의 검출에 사용할 수 있다. 이미징 방법은 원위치에서 활성 있는 알려진 종의 진단과 시각화에 사용된다. 그림 6.4는 곤충병원균 *Metarhizium*이 숙주인 모기의 체내에서 활력 있는 세포로 존재한다는 사실을 보여주기 위하여 녹색형광단백질(GFP)로 형질전환체를 만들어 이용한 것이다.

환경 유래 진균 염기서열의 분류 및 명명

분자적 환경시료 채집방법은 이제 균류 종의 탐색과 동정에 널리 성공적으로 사용된다. 이로 인해 염기서열로부터 새로운 종의 균류를 발견하는 속도가 이제는 너무도 빨라 이들 모두를 기존의 분류 및 명명 시스템에 융합시킬 수 없는 문제가 발생하였다. David Hibbett(참고자료 참조)의 말을 인용하자면: '균류 분류학은 모든 균류를 발굴하고 기술하는 것, 계통적 관계에 따라 분류하는 것, 동정을 위한 방법을 제공하는 것, 균류 다양성에 대해 소통이 가능케 하는 것 등등을 추구하는 것인데, 지금 환경시료의 염기서열에 기반한 분류 시스템의 개발이 긴급하게 요구되고 있다'.

현재는 잠정적으로 신종 균류가 발견되었을 때 '조류·균류·식물 국제명명규약'에 따라 기재하고 이름을 붙이고 있다. 그 후 균류명은 국제적인 균류학 문헌으로부터 목록을 작성하는 Index Fungorum (http://www.indexfungorum.org/)에 등재된다. 이 시스템은 생물학에 있어서 과학적 소통을 위해 필수적인 새로운 분류학적 발견 사항의 등록과 균류 종에 대해 표준화된 명명이 가능토록 하는 것이다. 분류학자들이 관리해 온 표본관과 균주센터에 소장된 표본에 기초하여 균류를 동정하고 명명하는 현재의 시스템은 종을 동정하고 이전의 분류학적 가설을 시험하는 것을 가능케 하고 있다. 그러나 균류 종의 대부분과 환경 유래 DNA 염기서열로서 발견된 조작분류단위 등은 자실체 정보가 없으며 배양이 되지 않아 식물표본관의 표본으로 또는 균주센터의 균주로 기탁할 수 없다. 균류 분류학자들은 염기서열에 기초한 분류와 표본에 기초한 분류를 국제적으로 인지되는 단일 시스템으로 통합하는 방법을 개발하고 있는 중이다. 500만 또는 그 이상으로 추정되는 미기록 균류 종에 대해 전통적인 표본에 기초한 방법을 사용해서 명명하고 분류하려면 1,000년 이상 소요될 것으로 추정되어 왔다. 그래서 일부 균학자는 새로운 분류군의 존재를 유효하게 나타내는 환경 유래 염기서열들은 명명되어야 하고 이를 현대 분류학 시스템에서 받아들여야 한다고 제안하였다. 이를 위해서는 GenBank의 균류 염기서열 정보와 표본에 기초한 균류의 표본관 분류를 연결하는 명명 시스템의 개발이 필요하다. 2011년 Hibbett과 동료들(참고자료 참조)이 보고한 총설에 따르면 GenBank에는 91,225개의 균류 ITS 염기서열 정보가 등록되었는데, 이 서열들은 93%의 유사도 수준에서 16,969개의 군으로 구분될 수 있다. 이 중 37%는 환경 유래 DNA이고, GenBank에 있는 균류 염기서열 중 오직 13%만이 기재된 표본의 염기서열 정보와 일치하였다. 그러나 표본관의 표본과 일치하지 않은 나머지 염기서열을 반드시 과학적으로 새로운 균류라고 볼 수는 없다. 왜냐하면 Index Fungorum의 목록에 있는 잘 기재된 많은 균류 종이 아직 GenBank에 없기 때문이다. 영국 Kew에 소재한 Royal Botanic Gardens에 소장된 대부분의 표본관 확증표본의 경우, GenBank BLAST 프로그램에서 염기서열 유사도를 검색하면 서로 대응되지 않거나 잘못된 이름을 가지는 것으로 결과가 나타났다. 자동화된 염기서열에 기초한 동정법이 분류의 전문지식을 대체시킬 수도 있겠지만 새로운 잠재적 오류를 가져온다. 예를 들면, GenBank 같은 공공의 데이터베이스는 균류명이나 염기서열에 오류가 있을 수 있는데 이것이 수정되지 않았을 수도 있다. 왜냐하면 오직 처음 염기서열을 기탁한 자(반드시 분류학자가 아니어도 무방함)만 기록을 변경할 수 있기 때문이다. 이런 이유로 믿을 만한 동정이 특정 과학 공동체에게는 중요하기에 질적으로 관리하는 DNA 데이터베이스들이 일부 균류 그룹을 위해 운영되고 있다. 그 예로 균근을 위한 UNITE, (http://unite.zbi.ee), SILVA (http://www.arb-silva.de), MaarjAM (http://maarjam.botany.ut.ee), 식물과 인체병리를 위한 Fusarium-ID (http://isolate.fusariumdb.org/index.php), Aspergillus Genome Database (http:// isolate.fusariumdb.org/index.php) 등이 있다.

현재 전문적으로 확인된 ITS 염기서열, 관리된 표본관의 확증표본 및 균주를 단일의 공공접속 데이터베이스로 통합시키기 위한 노력이 진행 중이다. 미래에 이러한 '종 바코드' 노력은 상호참조된 환경 유래 염기서열을 질적으로 관리된 분류와 동정 시스템에 접목시킬 것이며, GenBank 데이터베이스에 균류의 염기서열 등록을 위한 분류 인증을 제공하게 될 것이다. 이런 식으로 오직 환경시료의 염기서열로서만 알려진 대부분의 균류가 궁극적으로는 하나의 병합된 목록을 제공하기 위해 Index Fungorum처럼 표본에 기초한 목록에 접목될 것이다.

균류 다양성과 생태계 과정의 연결

균류 다양성이 어떤지 알아보는 일은 생태계에서 균류의 중요성을 조사하는 첫 단계이다. 다음 단계는 균류의 다양성과 생태계의 기능을 연결하는 것이다. 분자적 방법은 '블랙박스'로 불려 온 미생물 생태계 과정에 대한 열쇠를 제공하고 있다. 이를 설명하기 위해 지구의 탄소순환에 있어서 주요 탄소고정지인 북반구에 침엽수가 우점하는 생물군계, 즉 북방림을 유지하는 데 있어서 균류의 핵심적 역할을 어떻게 분자적 방법과 화학적 방법을 조합한 접근법을 이용하여 밝힐 수 있는지 설명하고자 한다. 이러한 아북극지대의 삼림은 일조량이 적고 강수량이 많은 지역인데, 이곳의 고도로 용출된 토양은 이용할 수 있는 질소와 미네랄이 부족하다. 토양은 일반적으로 최근에 떨어져 만들어진 탄소가 풍부한 낙엽층으로 인해 뚜렷한 층위를 형성하는데, 이 층은 동물과 부생성 미생물에 의해 점차 부스러져서 조각이 나서 아랫 부분에 있는 부식층에 가용성 유기물로 편입된다. 균근성 균류와 부생성 균류의 균사는 부족한 질소와 미네랄을 축적하고 재분배한다. 그리하여 식물 영양과 탄소와 질소를 전환시키는 핵심적 역할을 한다. 스웨덴의 소나무림에 대한 한 분석결과는 토양균류의 다양성과 이들의 영양방식(부생성 또는 균근성) 모두 토양 층위에서 차이가 있음을 보여 주었다 (그림 6.5). 토양시료의 염기서열분석 결과를 보면 급속히 분해되는 탄소가 풍부한 낙엽층은 주로 부생성 균류가 차지하고 있다. 외생균근성 균류(제7장)는 더 깊은 토양층에서 우점하고 있고, 질소 동위원소 비율 측정 결과를 보면 이들 균류가 토양에서 대부분의 질소를 집결시키는 역할을 하고 있음을 볼 수 있다. 탄소 동위원소 비율 분석 결과는 식물부식질에서 유래한 탄소가 부식질과 페놀성 물질, 매우 천천히 분해되는 유기질소 형태로 45년의 장기간 동안 낮은 토양 상층에서 잔류하고 있음을 보여준다. 이렇게 장기간 남아있는 많은 물질이 균류에 의해 형성된 것으로 이제 알려졌으며, 이는 토양의 탄소흡수고정에 균류가 중요한 역할을 하고 있음을 나타낸다.

균류가 식물 잔재를 분해하는 과정은 토양 생태계의 탄소와 질소 순환에 있어서 중추적 과정이

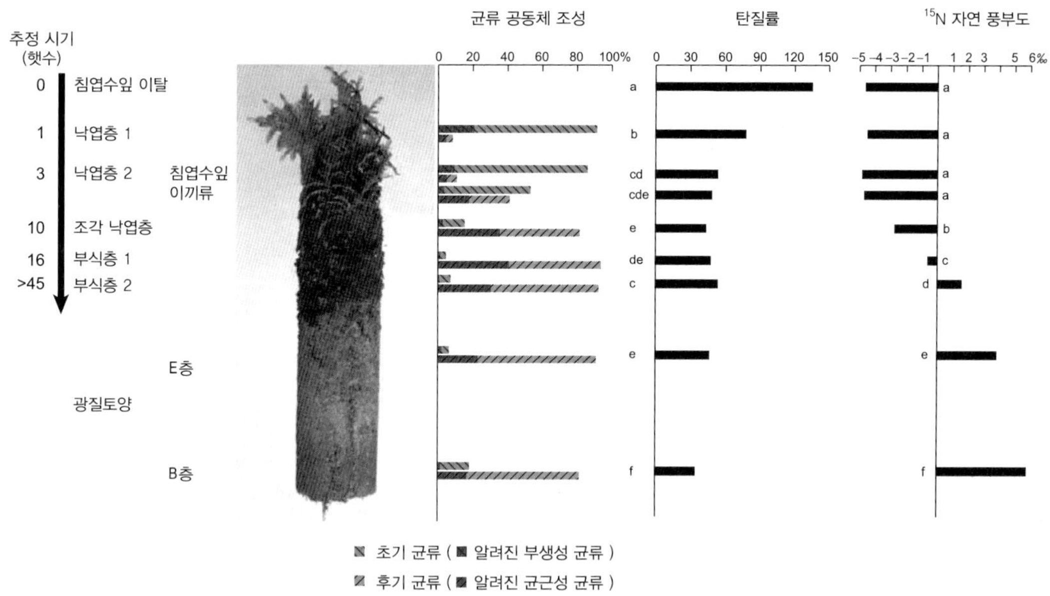

그림 6.5 스칸디나비아 구주소나무(*Pinus sylvestris*) 삼림의 토양 상층에서 조사된 균류 공동체 조성, 탄질률, ^{15}N 자연 풍부도. 균류를 동정하는 분자적 방법과 탄소와 질소의 화학분석을 통하여 서로 다른 토양층의 탄소와 질소의 변천에 부생성 균류와 균근성 균류가 다른 역할을 담당하고 있음이 밝혀졌다. *출처: Lindahl et al. (2007).* (원색도판 참조)

다 (제9장). 환경 시료에서 유전자 발현 양상을 파악하면, 자연 서식지에서 특별한 효소의 존재와 더불어 이러한 효소를 생산하는 균류를 알 수 있다. 한 예로, 보헤미아의 독일가문비나무 숲에서 토양 표면의 낙엽층으로부터 메타유전체와 메타전사체를 분석한 것이 있다. 균류의 목재분해 효소 cellobiohydrolase(제5장)의 염기서열이 확인되었으며 이를 생산하는 균류의 것으로 사료되었다. 균주 분리, 배양, 생화학 실험 등의 결과와 합하여 RNA 분석은 낙엽층 **전사체(transcriptome)** 내에 지배적으로 존재하는 자낭균인 cellobiase 전사물 파악과 더불어 주름버섯강 *Mycena* 속과 자낭균 콩꼬투리버섯목의 종들이 대부분의 낙엽층 분해를 담당하고 있음을 밝혔다.

특정 유전자 또는 유전자들은 한 종의 생태에서 중요한 역할을 할 수 있는데, 예를 들면 병원성 균류의 병원형 균주는 한 개의 유전자를 가짐으로써 비병원형 균주와 다를 수 있다 (제9장). 이러한 병원성을 결정하는 유전적 요소는 유전자 교체 연구를 통해 찾을 수 있다 (그림 6.6). *Magnaporthe oryzae*에 의해 발생하는 벼 도열병에 있어서 발아하는 포자가 벼 잎 조직을 침입하고 감염을 완성하기 위해서는 신호전달회로의 작용이 필요하다 (자세한 사항은 제8장 참조). 하나의 핵심 유전자 기능이 마비된 실험용 돌연변이 균주는 벼 잎을 감염할 수 없는데, 형질전환을 통해 손상되지 않은 같은 유전자를 재도입시키면 병원성을 회복한다. 유전자 대체 연구는 도열병균의 신호전달회로 구성요소들(수용체 단백질과 단백질 키나아제)이 도열병균의 감염에 필수적임을 증명하였다. 이는 신호감지와 반응이 도열병균의 벼 잎 조직 침입에 관여하였음을 보여준다.

안정화된 동위원소는 특정한 기질을 분해시키는 자연에서 발생하는 균류를 확인하는 데 이용되기도 한다. 난분해성 오염물질을 분해하는 균류를 찾기 위해 사용된 예를 들 수 있다 (제5장, 184쪽). ^{13}C, ^{15}N, ^{18}O 같은 중동위원소는 화학적 합성과 대사적 방법을 이용하여 목표물질에 구성체로 넣을 수 있다. 동위원소로 표지된 목표물질을 시료를 채취할 환경에 배치하여 균류를 포함하여

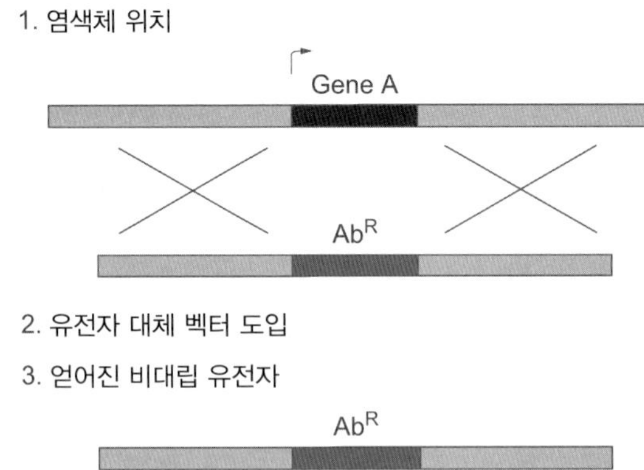

그림 6.6 균류에서 1단계 유전자 교체 과정. 이 과정에서는 연구대상 유전자를 담고 있는 유전체 DNA 클론을 유전체 도서관으로부터 우선 찾는다. 연구대상 유전자를 포함하여 유전자 양쪽에 적어도 각각 1 kb 정도의 DNA 길이를 가지고 있는 부위를 제한효소로 절단한 후에 클로닝한다. 항생제 저항성 유전자 카세트(Ab^R)를 연구대상 유전자의 단백질 암호화 서열 부위에 삽입시킨다. 항생제 저항성 유전자 카세트는 균류에서 높은 수준의 발현을 유도하기 위한 촉진유전자와 종결자를 가지고 있다. 형질전환을 통해 균류에 유전자 교체 벡터를 도입시킨다. 그 결과 이중교차 현상이 일어나면서 선택표지유전자가 염색체에 존재하는 연구대상유전자를 교체하게 된다. 이렇게 만들어진 유전자 자리를 **비대립유전자(null allele)**라고 하는데, 발현되어도 야생형 유전자와 관련된 생물학적 활성이 나타나지 않는다. 이처럼 목적하는 유전자를 교체하는 기술을 이용하면 균류의 병원성에 있어서 특정 유전자의 기능을 직접 시험할 수 있다. *출처: By Talbot N.J., reproduced from The Fungi, second edition, 2001.*

토양 미생물 중에 존재하는 분해자에 의해 점차 자연적으로 점유될 수 있도록 유도한다. 목표물질을 기질로 동화하는 생물체의 DNA는 점차 조금씩 더 무거워지기 때문에 밀도구배를 바탕으로 하여 DNA 밴드로 분리할 수 있다. 분리된 DNA 밴드는 분류 목적의 진단용 염기서열과 목표물질을 동화하면서 발현될 수 있는 효소들을 암호화하는 유전자를 검출하기 위해 표지될 수 있다. 특별한 기질을 이용한 안정화된 동위원소에 의해 동정된 생물체는 점진적으로 개발되고 정밀해지는 이미지 기술로 더 분석할 수 있다. 분류학적으로 진단 염기서열이 알려진 생물체의 경우는 균사와 많은 포자의 직경범위 0.5~2 μm 크기를 볼 수 있는 해상도로 개개의 세포를 가시화하기 위해 형광탐침을 마이크로방사선사진법(fluorescent *in situ* hybridisation and micro autoradiography, FISH-MAR)과 병합하여 사용할 수 있다. 라만분광법도 중원자를 혼합한 물질의 질량 스펙트럼에서 적색 편이를 수집함으로써 세포 이미징의 해상도와 해상력을 높이기 위한 방법으로 사용될 수 있다. 이러한 측정장비는 단세포에서 적색편이 효과를 영상화하기 위해 고안되어 왔다. 이러한 동위원소 기술은 DNA 같은 한 가지 표적물질에 국한되지 않고 세포 전체를 표지할 수 있는 장점을 지니고 있다. 미래에는 원위치와 생체 내의 미생물 세포를 관찰하고 확인하기 위해 더 높은 해상도와 보다 빠른 처리 절차가 개발될 것으로 기대되고 있다.

전체 유전체 염기서열 해독과 비교유전체학

한 종의 전체 유전체 염기서열은 그 생물의 온전한 핵의 유전정보를 담고 있고, 그 생물의 생태, 진화, 생리를 아는 데 귀중한 도움이 된다. 최초의 균류 유전체는 1996년 발표된 빵효모 *Saccharomyces cerevisiae*의 유전체이다. 그 후 염기서열 분석 기술이 발달함에 따라 수십 종의 균류 유전체가 분석되었다. 미국 에너지성의 Joint Genome Institute(JGI)에서는 1,000종의 균류 유전체 염기서열을 분석하는 프로젝트가 진행 중이다 (http://genome.jgi.doe.gov/programs/fungi/1000fungalgenomes.jsf).

이 분야에 대규모로 연구 투자가 이루어지고 있다는 것은 균류생물학을 이해하고 개척하는 데 있어서 유전체학의 힘을 인지하였음을 반영한다. JGI 공동체 염기서열분석 프로그램에서는 세계 각국의 균학자들에게 어떤 균류의 유전체를 분석하면 잠재적 장점이 있을지 그 사례를 제안하도록 요청하고 제안된 사례를 상호 검토한 다음에 분석할 종을 최종적으로 결정하였다. 분석된 유전체 데이터는 컴퓨터를 이용하여 정보를 해석하는 과정인 파이프라인과 더불어 과학 공동체에 이용 가능하도록 만들어졌다. 그 결과 균류생물학의 기초적인 면을 조사하는 데 엄청난 자원을 제공하고 있다. 일단 한 종의 전체 유전체 염기서열이 배열 조립되면, 이를 바탕으로 번역개시 위치와 단백질을 암호화하는 유전자로서 기능을 할 것으로 예측되는 서열을 찾게 된다. 예측된 서열은 데이터베이스의 알려진 유전자와 단백질을 맞추어 봄으로써 해석된다. 예를 들면, 영양이나 대사에 있어서 세포의 특별한 기능과 연계되어 있는 효소를 암호화할 것 같은 염기서열을 확인하거나 다양한 종류의 2차 대사물질을 합성하는 대사적 장치를 가지고 있는 종이라는 것을 나타내는 일련의 염기서열을 확인하는 일 등이다.

유전체와 전사체

유전체 염기서열 데이터 자체는 한 종이 어떤 유전자를 가지고 있는지를 보여주지만 이들 유전자가 모두 기능적인지는 입증하지 못한다. 이런 이유로, 다음 단계는 한 균류에서 발현되어 만들어진 전체 RNA인 **전사체(transcriptome)**를 조사하는 것이다. 예를 들어, Illumina나 454-pyrosequencing 같은 초고속 대용량 분석방법은 존재하는 모든 RNA(*c*DNA)를 분석할 수 있어서 많은 대사체 시료의 분석에 사용된다. 전체 유전체 염기서열이 밝혀져 있을 경우에는 미세배열법이 사용된다. 이 방법은 소규모 시료를 위한 좀 더 빠르고 저렴한 방법으로서 즉시 결과를 내는 장점이 있다. 유전체에서 주해된 모든 유전자의 DNA 또는 일부 선택한 유전자 세트의 DNA는 현미경 슬라이드 위에 배열된 후 혼성결합법에 의해 이 주형 DNA에 결합하는 각 유전자의 전사물(mRNA)이 확인되고 정량된다.

전사체의 변화는 환경과의 상호작용, 다른 생물과의 상호작용, 발달 변화, 또는 영양습득 같은 그 생물의 작용 적응과 관련된 유전자들이 공간적 및 시간적으로 발현하는 양상을 보여준다. 그렇기 때문에, 염기서열이 완전히 분석된 유전체는 생태적 지위에 적응하는 과정에서 일어나는 세포질과 대사 양상에 대한 정보를 객관적으로 얻을 수 있는 거대한 자료가 된다. 그림 6.7은 목재 건부후균인 *Serpula lacrymans*가 목재에서 자랄 때 또는 포도당을 유일한 탄소원/에너지원으로 자랄 때 전사체가 어떻게 변화하는지 보여준다. 목재 기질은 여러 탄수화물에 작용하는 효소뿐만 아니라 효소의 분비와 양분흡수 활성을 지닌 막 수송 단백질의 발현을 유도한다.

점차적으로 더 많은 세트의 균류 유전체가 비교를 위해서 이용가능하게 됨에 따라 각 종이 소유하고 있는 독특한 유전자들로부터 균류의 핵심유전체를 구별하는 것이 가능해지고 있다. 본서를

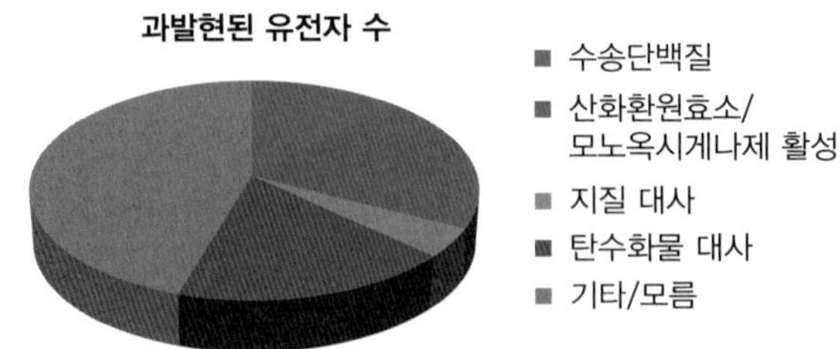

그림 6.7 포도당에 기초한 배지와 비교하여 목재에서 자랄 때 상당히 증가한 유전자 발현을 미세배열 분석으로 동정하여 얻은 *Serpula lacrymans* 전사물에 대한 기능 분석. 섬유소 이용에 관여하는 배당체 가수분해효소의 발현은 목재를 영양원으로 이용하는 균사에서 100배 이상 증가하였다. *출처: Eastwood et al. (2011).* (원색도판 참조)

집필할 당시에, 33종의 담자균류와 30종의 다른 균류에 대한 한 연구를 보면 핵심적인 균류 유전체로서 약 5,000개의 유전자를 가지고 있는 것으로 파악되었다. 그러나 담자균류가 지닌 단백질의 절반 정도가 다른 균류의 단백질과 상동성이 없었고, 23%는 한 종에만 특유적으로 존재하였다. 이는 자낭균류에서 알려진 독특한 단백질의 수와 비교하면 다소 낮은 수준이다.

유전자군 및 생태적 지위 적응

다수의 종에 대한 비교유전체 연구는 종간의 계통발생학적 관계뿐만 아니라 과거에 계통적으로 분기된 패턴을 보여줄 수 있는데, 이는 각 종이 독특하게 생태적 지위에 적응하는 것에 대한 기초적인 정보이다. 다양한 생태적 지위로부터 여러 많은 종에 대한 유전체를 비교하면 생활 방식과 연계된 유전자군의 팽창과 축소를 볼 수 있는데, 이는 어떤 종이 특별한 생태적 지위에서 선택이익 하도록 하는 단백질에 대한 단서를 제공한다. 삼림 서식지에서 발견되는 주름버섯강 균류에는 완전히 다른 영양방식을 가진 다양한 종이 포함되어 있다. 생리 및 생화학적 방법을 이용하여, 목재로부터 리그닌 분해 없이 또는 조금 분해하며 섬유소와 헤미셀룰로스 그리고 다른 형태의 식물 잔재물을 분해하여 살아가는 갈색부후균 종과, 리그닌 분해 퍼옥시다제를 이용하여 목재로부터 대부분의 리그닌을 분해하여 살아가는 백색부후균 종, 그리고 식물뿌리와 균근 공생(외생균근성 균류, 제7장)하여 식물이 광합성으로 만든 당류를 섭취하여 살아가는 종으로 구분할 수 있다. 갈색부후는 백색부후균으로 하여금 리그닌을 분해하도록 리그닌 분해 퍼옥시다제를 어느 정도 또는 전부 분배하고, 펜톤 산화과정을 이용하여 결정성 섬유소를 부분적으로 분해한다 (제5장). 종 계통분류를 보면, 갈색부후 영양 양식의 균류는 여러 분지된 계통에 있는 리그닌을 분해하는 백색부후균으로부터 수렴진화해 왔다. 외생균근성 영양 양식을 가지는 균류도 서로 다른 계통학적 기원으로부터 수렴진화하였음을 볼 수 있다 (그림 7.10).

이러한 상이한 영양 생태적 지위에 대한 진화적 적응은 유전자군의 확대와 축소를 동반해 왔다. 주름버섯강의 계통발생도에서 현대의 대표 종들이 갈색부후 방식으로 목재를 이용하는 계통들은 주로 백색부후 종들로 대표되는 균류 계통군 내에 널리 내포되어 있다. 갈색부후 목재분해 방식은 어떤 생태적 지위에서는 우위를 가지는 영양섭취 전략으로서 반복적으로 진화한 것으로 추론된다. 목재의 중합체 구조 분해에 관여되는 유전자군(peroxydases 및 mono-oxygenases를 포함하는 oxydases, 다양한 endo- 및 exo-glucanases를 포함한 가수분해효소)은 백색부후균 조상으로부터 갈색부후균으로 진화하면서 많은 산화효소의 상실뿐만 아니라 가수분해효소의 감소와 정련이 동반되었음을 보여준다. 외생균근균에 있어서도 공생으로 전환함에 따라 분해효소의 상실이 유사하게 일어났다. 점점 더 많은 종의 유전체가 알려지면서 주름버섯강의 목재분해 방식은 하나의 연속 스펙트럼을 포함하고 있음이 점차 명확해지고 있다. *Postia placenta*와 *Phanerochaete chrysosporium* 같은 일부 균류는 전통적인 갈색부후균과 백색부후균 그룹에 각각 배속시킬 수 있는데, *Jaapia argillacea*와 *Botryobasidium botryosum* 같은 아주 최근에 염기서열이 밝혀진 다른 균류는 갈색부후균과 백색부후균의 모습을 공유하고 있다.

분자시계 자료를 가지고 **연대표시도(chronogram)**에 유전자 계통발생을 맞추어 보면 대략적인 계통발생의 분기시점을 볼 수 있다 (그림 7.11). 그 결과는 마치 초기 산림 생태계의 변화를 나타내는 그림을 보여주는 것 같다. 석탄기 지질층에 석탄을 형성하는 목재의 축적은 균류가 목재의 탄소를 이산화탄소 형태로 대기 중으로 되돌려 놓을 수 있는 능력, 즉 죽은 목재를 먹이로 이용하는 능력을 소유하도록 진화했을 시기에 아마도 종식되었을 것으로 추정되었다. 리그닌이 풍부한 소재인 침엽수 목재와 잎을 썩히는 가장 일반적인 형태인 갈색부후는 부식질이 풍부하나 질소가 부족한 산성 토양인 북방림의 발달에 이바지하였을 것이다.

유전체의 구조 변화를 통한 적응

전장 유전체를 비교함으로써 유전자가 유성적 재조합 없이 서로 다른 균류 계통 사이에서 직접 이동하는 **수평적 유전자이동(horizontal gene transfer)**에 대한 중요한 발견을 포함하여 유전자 진화에 대한 이해를 크게 증진시켰다. 수평적 유전자이동은 몇몇 유전자나 유전자 집단이 계통도 상의 단일 계통에서만 발견되는 경우에 추론할 수 있다. 균류의 경우, 수평적 유전자이동은 새로운 니체에 접근하고 새로운 서식처에서의 적응방산(adaptive radiation)이 가능하도록 하는 중요한 진화 과정인 것으로 보인다 질산염 이용에 필요한 효소와 수송단백질을 암호화하고 있는 전체 유전자 세트는 몇몇 다른 조상 계통에서 유래하였는데, 이는 자낭균류와 담자균류가 이용 가능한 질소의 형태가 주로 질산염인 토양 환경에 정착하는데 도움을 주었을 것이다 (제5장). 병원력을 담당하는 유전자들은 균류의 한 계통군 내에서 전이되어 새로운 식물병을 일으킬 수 있다. 최근 새로 등장한 밀 병은 *Septoria nodorum*에 의해 일어난다. 이 균의 전체 유전체 염기서열분석 결과를 통해 병원성 인자(병을 일으키기 위해서 필수적임, 제8장 참조)로서 기능을 하는 단백질성 독소를 만드는 유전자가 존재한다는 것이 밝혀졌다. 더불어 이 독소 유전자는 밀 잎에 황색 반점을 일으키는 기존의 밀 병원균 *Pyrenophora tritici-repentis*에 존재하는 단백질성 유전자와 상동성이 있다는 것이 밝혀졌다. 이 독소 유전자는 수평적 전이를 통해서 이전에는 비병원균이었던 *Septoria nodorum*에 전달되어, 이 균이 병원력을 갖도록 하고 밀에 감수성인 레이스에 맞서게 한 것처럼 보인다. 수평적 전이는 작은 염기서열뿐만 아니라 유전자 집단 전체를 전이하는 것을 포함할 수도 있다. 최근 분석된 *Podospora anserina* 유전체 염기서열에는 고독성 아플라톡신의 전구체인 스테리그마토시스틴(sterigmatocystin)의 생산에 관여하는 대사회로에 필요한 23개 유전자가 모여 있는 하나의 유전자군이 존재하는데, 이는 *Aspergillus nidulans*로부터 수평적 전이를 통해 전체가 전달되었을 것으로 추정된다.

전이인자(transposable elements)는 유전체에서 자가복제하는 단백질 비암호화 부위의 DNA로서 유전체의 여기저기에 재위치할 수 있다 (제4장, 132쪽). 최근 균류에서도 전이인자가 인식되어 왔는데, 공생적 진화에서 중요한 역할을 담당하는 것으로 믿어진다. 일부 균근균류의 경우에는 유전체에서 전이인자가 차지하는 비율이 예외적으로 높아서, 검정덩이버섯(*Tuber melanosporum*)에서는 약 60%, 큰졸각버섯(*Laccaria bicolor*)에서는 21~24%를 차지한다.

전이인자는 유전체의 구조와 유전자의 기능에 변화를 일으킬 수 있다. 유전자는 침묵하거나 중복될 수 있다. 유전자 중복은 한 유전자가 변이에 의해 새로운 기능을 획득하는 것을 허락한다. 왜냐하면 한 사본은 여전히 원래의 기능을 수행하기 때문에 그 생명체의 적응도에 손상을 주지 않아 다른 사본이 자유롭게 돌연변이하도록 놓아둘 수 있기 때문이다. 삽입된 전이인자는 감수분열을 간섭하고 재조합에 관여할 유전체의 일부를 제거할지도 모른다. 주름버섯강에 속하는 공생하는 종과 공생하지 않는 종을 비교한 결과, 전이인자는 가까운 관계의 부생성 균류에서 보다도 공생하는 균류에서 대체로 더 일반적으로 존재하였다. 더구나 공생 조직의 발달에 중요한 역할을 하는 것으로 알려진 유전자들은 전이인자와 연계되어 있고, 다른 생물체에서는 이 유전자들의 이종상동성 유전자가 없어 보인다. 이 두 가지 관찰은 전이인자가 부생영양성에서 활물영양성으로의 이동에 기저를 이루는 유전적 쇄신에 있어서 중요한 역할을 담당하였을 가능성을 제시한다.

Further Reading

General Works on Methodology

Grigoriev, I., 2013. Fungal genomics for energy and environment. In: Horwitz, B.A., Mukherjee, P.K., Mukherjee, M., Kubicek, C.P. (Eds.), Genomics of Soil- and Plant-Associated Fungi. Springer, Berlin Heidelberg, pp. 11–27.

Hirsch, P.R., Mauchline, T.H., Clark, I.M., 2010. Culture-independent molecular techniques for soil microbial ecology. Soil Biol. Biochem. 42, 878–887.

Lindahl, B.D., Nilsson, R.H., Tedersoo, L., Abarenkov, K., Carlsen, T., Kjøller, R., Kõljalg, U., Pennanen, T., Rosendahl, S., Stenlid, J., Kauserud, H., 2013. Fungal community analysis by high-throughput sequencing of amplified markers – a user's guide. New Phytol. 199, 288–299.

Lindahl, B.D., Kuske, C.R., 2014. Metagenomics for Study of Fungal Ecology. In: The Ecological Genomics of Fungi. John Wiley & Sons Inc, Hoboken, pp. 279–303.

Macleod, D., 2006. Principles of Gene Manipulation and Genomics, SB Primrose & RM Twyman. Blackwell Publishing, Oxford.

Martin, F., Cullen, D., Hibbett, D., Pisabarro, A., Spatafora, J.W., Baker, S.E., Grigoriev, I.V., 2011. Sequencing the fungal tree of life. New Phytol. 190, 818–821.

Neufeld, J.D., Wagner, M., Murrell, J.C., 2007. Who eats what, where and when? Isotope-labelling experiments are coming of age. ISME J. 1, 103–110.

Wellington, E.M.H., Berry, A., Krsek, M., 2003. Resolving functional diversity in relation to microbial community structure in soil: exploiting genomics and stable isotope probing. Curr. Opin. Microbiol. 6, 295–301.

Examples of Molecular Approaches to Investigating the Diversity and Ecology of Fungi

Baldrian, P., Kolařík, M., Štursová, M., Kopecký, J., Valášková, V., Větrovský, T., Žifčáková, L., Šnajdr, J., Rídl, J., Vlček, Č., 2011. Active and total microbial communities in forest soil are largely different and highly stratified during decomposition. ISME J. 6, 248–258.

Buée, M., Reich, M., Murat, C., Morin, E., Nilsson, R.H., Uroz, S., Martin, F., 2009. 454 Pyrosequencing analyses of forest soils reveal an unexpectedly high fungal diversity. New Phytol. 184, 449–456.

Butt, T.M., Greenfield, B.P., Greig, C., Maffeis, T.G., Taylor, J.W., Piasecka, J., Dudley, E., Abdulla, A., Dubovskiy, I.M., Garrido-Jurado, I., 2013. Metarhizium anisopliae pathogenesis of mosquito larvae: a verdict of accidental death. PloS One 8, e81686.

Clemmensen, K.E., Bahr, A., Ovaskainen, O., Dahlberg, A., Ekblad, A., Wallander, H., Stenlid, J., Finlay, R.D., Wardle, D.A., Lindahl, B.D., 2013. Roots and associated fungi drive long-term carbon sequestration in boreal forest. Science 339, 1615–1618.

Cornell, M., 2007. Comparative genome analysis across a kingdom of eukaryotic organisms: specialization and diversification of the fungi. Genome Res. 17, 1809–1822.

Eastwood, D.C., et al., 2011. The Plant Cell Wall-Decomposing Machinery Underlies the Functional Diversity of Forest Fungi. Science 333, 762–765.

Fierer, N., Breitbart, M., Nulton, J., Salamon, P., Lozupone, C., Jones, R., Robeson, M., Edwards, R.A., Felts, B., Rayhawk, S., Knight, R., Rohwer, F., Jackson, R.B., 2007. Metagenomic and small-subunit rRNA analyses reveal the genetic diversity of bacteria, archaea, fungi, and viruses in soil. Appl. Environ. Microbiol. 73, 7059–7066.

Hess, J., Skrede, I., Wolfe, B., LaButti, K., Ohm, R.A., Grigoriev, I.V., Pringle, A., 2014. Transposable element dynamics among asymbiotic and ectomycorrhizal Amanita fungi. Genome Biol. Evol. 6 (7), 1564–1578.

Hibbett, D.S., Ohman, A., Glotzer, D., Nuhn, M., Kirk, P., Nilsson, R.H., 2011. Progress in molecular and morphological taxon discovery in Fungi and options for formal classification of environmental sequences. Fungal Biol. Rev. 25, 38–47.

Hibbett, D.S., Donoghue, M.J., 2001. Analysis of character correlations among wood decay mechanisms, mating systems, and substrate ranges in homobasidiomycetes. Syst. Biol. 50, 215–242.

Hibbett, D., Thorn, R., 2001. Basidiomycota: homobasidiomycetes. In: McLaughlin, D.J., McLaughlin, E.G., Lemke, P.A. (Eds.), The Mycota VII, Part B: Systematics and Evolution. Springer, Berlin, pp. 121–168.

James, T.Y., et al., 2006. Reconstructing the early evolution of fungi using a six-gene phylogeny. Nature 443, 818–822.

Johnson, J., Evans, C., Brown, N., Skeates, S., Watkinson, S., Bass, D., 2014. Molecular analysis shows that soil fungi from ancient semi-natural woodland exist in sites converted to non-native conifer plantations. Forestry 87, 705–717.

Kershaw, M.J., Talbot, N.J., 2009. Genome-wide functional analysis reveals that infection-associated fungal autophagy is necessary for rice blast disease. Proc. Natl. Acad. Sci. U.S.A. 106 (37), 15967–15972.

Kohler, A., Kuo, A., Nagy, L.G., Morin, E., Barry, K.W., Buscot, F., Canbäck, B., Choi, C., Cichocki, N., Clum, A., 2015. Convergent losses of decay mechanisms and rapid turnover of symbiosis genes in mycorrhizal mutualists. Nat. Genet. 47, 410–415.

Lindahl, B.D., Ihrmark, K., Boberg, J., Trumbore, S.E., Högberg, P., Stenlid, J., Finlay, R.D., 2007. Spatial separation of litter decomposition and mycorrhizal nitrogen uptake in a boreal forest. New Phytol. 173, 611–620.

Martin, F., et al., 2008. The genome of *Laccaria bicolor* provides insights into mycorrhizal symbiosis. Nature 452, 88–92.

Martinez, D., Challacombe, J., Morgenstern, I., Hibbett, D., Schmoll, M., Kubicek, C.P., Ferreira, P., Ruiz-Duenas, F.J., Martinez, A.T., Kersten, P., 2009. Genome, transcriptome, and secretome analysis of wood decay fungus Postia placenta supports unique mechanisms of lignocellulose conversion. Proc. Natl. Acad. Sci. 106, 1954–1959.

Martinez, D., Larrondo, L.F., Putnam, N., Gelpke, M.D.S., Huang, K., Chapman, J., Helfenbein, K.G., Ramaiya, P., Detter, J.C., Larimer, F., 2004. Genome sequence of the lignocellulose degrading fungus Phanerochaete chrysosporium strain RP78. Nat. Biotechnol. 22, 695–700.

Pickles, B.J., Genney, D.R., Potts, J.M., Lennon, J.J., Anderson, I.C., Alexander, I.J., 2010. Spatial and temporal ecology of Scots pine ectomycorrhizas. New Phytol. 186, 755–768.

Richards, T.A., 2011. Genome evolution: horizontal movements in the fungi. Curr. Biol. 21, R166–R168.

Richards, T.A., Talbot, N.J., 2013. Horizontal gene transfer in osmotrophs: playing with public goods. Nat. Rev. Microbiol. 11, 720–727.

Riley, R., et al., 2014. Extensive sampling of basidiomycete genomes demonstrates inadequacy of the white-rot/brown-rot paradigm for wood decay fungi. Proc. Natl. Acad. Sci. U.S.A. 111, 9923–9928.

Rosling, A., Timling, I., Taylor, D.L., 2013. Archaeorhizomycetes: patterns of distribution and abundance in soil. In: Horwitz, B.A., Mukherjee, P.K., Mukherjee, M., Kubicek, C.P. (Eds.), Genomics of Soil- and Plant-Associated Fungi. Springer, Berlin Heidelberg, pp. 333–349.

Skrede, I., Engh, I., Binder, M., Carlsen, T., Kauserud, H., Bendiksby, M., 2011. Evolutionary history of Serpulaceae (Basidiomycota): molecular phylogeny, historical biogeography and evidence for a single transition of nutritional mode. BMC Evol. Biol. 11, 230.

Slot, J.C., Hibbett, D.S., 2007. Horizontal transfer of a nitrate assimilation gene cluster and ecological transitions in fungi: a phylogenetic study. PLoS One 2. e1097.

Talbot, J. M., Martin, F., Kohler, A., Henrissat, B., and Peay, K. G., 2015. Functional guild classification predicts the enzymatic role of fungi in litter and soil biogeochemistry. Soil Biol. Biochem. 88, 441– 456.

Tunlid, A., Rineau, F., Smits, M., Shah, F., Nicolas, C., Johansson, T., Persson, P., Martin, F., 2013. Genomics and spectroscopy provide novel insights into the mechanisms of litter decomposition and nitrogen assimilation by ectomycorrhizal fungi. Genom. Soil Plant Assoc. Fungi 191, 441–456.

Vandenkoornhuyse, P., Quaiser, A., Duhamel, M., Le Van, A., Dufresne, A., 2015. The importance of the microbiome of the plant holobiont. New Phytol. 206, 1196–1206.

van der Heijden, M.G.A., Martin, F.M., Selosse, M.-A., Sanders, I.R., 2015. Mycorrhizal ecology and evolution: the past, the present, and the future. New Phytol. 205, 1406–1423

CHAPTER

7

균류와 독립영양생물 사이의 상리공생

서론

균류는 살아있는 식물 세포와 긴밀한 관계를 맺고 광합성산물을 얻으며, 거의 모든 식물을 기주로 삼아 살아간다. 이렇게 균류가 영양을 얻는 유형을 **활물영양**(**biotrophy**)이라고 한다. 일부 활물영양성 균류는 기생생물인데, 제8장에서 설명할 병원성 녹병균과 깜부기병균 등이 포함된다. 다른 생물들은 기주에게 이득을 주어 **상리공생**(**mutualism**)으로 알려져 있으며, 이러한 관계가 이 장의 주제이다. 우리는 먼저 뿌리와 상리공생을 통해서 육상생태계 전체를 유지하는 **균근균**(**mycorrhizal fungi**)을 다룰 것이다. **지의류**(**lichen**)에서 공생균체의 다세포 조직은 균류에게 탄소와 에너지를 제공하는 단세포 녹조류와 광합성 원핵생물이 살아가는 공간을 제공한다. 따라서 지의류는 노출된 표면에서 자랄 수 있으며, 산, 사막, 남극 및 북극처럼 관속식물이 살기에 가혹한 환경에서 주요 1차생산자이다. 식물의 조직 내부에서 미세하게 자라는 균류를 **내생균**(**endophyte**)이라고 한다. 일부 내생균의 독성 2차대사물질은 곤충의 공격으로부터 기주식물을 보호할 수 있다. 이러한 독성 분자는 인간과 동물의 대사에 공통적인 특정한 효소를 표적으로 하기 때문에 약리학적인 관심의 대상이다.

균근

균근의 영양 형태는 균류의 생장과 생리가 식물뿌리와 통합되어 공동으로 양분 흡수 구조를 형성한 것으로서, 균계의 여러 계통에서 개별적으로 진화해 왔다. 모든 경우에 있어서, 상리공생은 균사체가 토양에서 흡수한 양분과 식물의 광합성산물과의 교환을 기반으로 한다. 뿌리에서 균사체가 발달하는 동안 양분교환을 위한 경계면이 형성된다. 다음 단원에서는 단계통군인 글로메로균류(제1장, 25쪽)에 의해 형성되는 수지상균근균(arbuscular mycorrhizal fungi, AMF)과 주로 삼림의 목본식물과 담자균 또는 일부 자낭균 사이에서 형성되는 외생균근(ectomycorrhiza, ECM), 그리고 진달래과식물 및 그 외에 양분이 부족한 산성토양에 서식하는 식물과 자낭균 사이에서 형성되는 진달래균근(ericoid mycorrhiza, ERM)을 다룰 것이다. 모든 경우에 식물은 균류에게 탄소와 에너지를 공급하며, 균류는 토양과 유기물에서 무기양분을 흡수하여 식물의 영양을 도와준다.

그림 7.1과 7.2는 수지상균근, 외생균근, 진달래균근의 구조를 보여준다. 외생균근과 진달래균근은 주로 담자균류와 자낭균류에 의해 형성되며 지속적인 생장과 조직 형성이 가능한 균사체를 만든다. 이 균사체는 **근외균사체**(**extraradical mycelium**, 뿌리에서 토양으로 뻗어나간 균사체)의 지속적이고 광범위한 네트워크를 형성한다. 이들은 다세포 자실체를 형성하고, 상당한 양의 식물 잔존물을 분해한다. 상대적으로 수명이 짧은 글로메로균류에 의해 형성되는 수지상균근균의 근외균사체는 뿌리에서 짧은 거리까지만 확장하고 다세포 조직을 형성하지는 않는다.

수지상균근균

모든 수지상균근균은 단계통군이며, 균계의 기저계통인 글로메로균문에 속한다. 이들은 지리적으로나 기주범위로나 가장 광범위하게 분포하며, 형태적으로도 가장 단순하고, 가장 오래된 균근균이다. 이들은 선태식물, 양치식물, 겉씨식물, 속씨식물을 포함해서 육상식물의 70% 이상에 존재한다. 밀(*Triticum aestivum*), 벼(*Oryza sativa*), 옥수수(*Zea mays*), 포플러(*Populus* spp.), 콩(*Glycine*

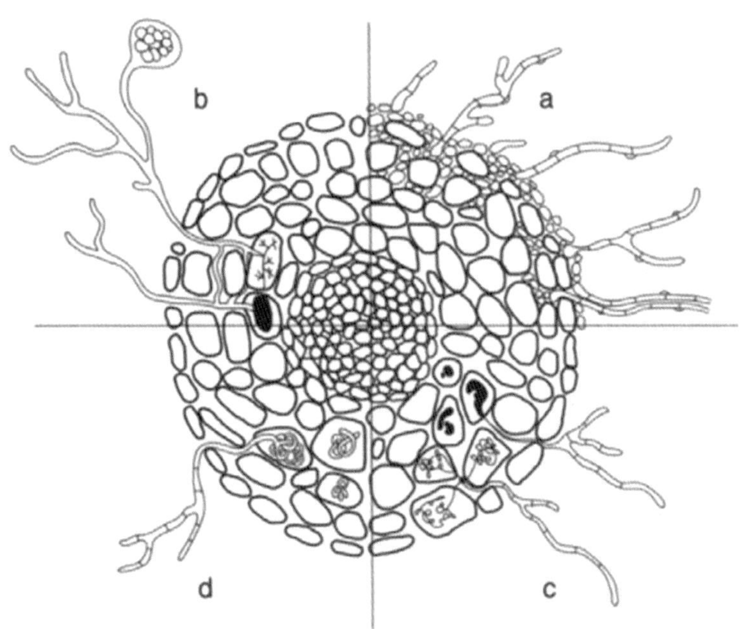

그림 7.1 식물 뿌리와 여러 종류의 균근균 사이에 형성되는 상호작용의 유형. (a) 외생균근. 뿌리 표피 바깥의 균투는 토양의 균사체에 연결되며, 뿌리 피층의 세포간 조직인 하티그망에도 연결된다. (b) 수지상균근. 토양의 큰 포자로부터 뿌리에 감염되고, 피층에서 세포 사이로 생장하며, 뿌리 피층 안쪽의 세포에서 세포내 소포와 분지된 수지상체를 형성한다. (c) 난초균근. 소화되기 전에 각각의 감염된 피층 세포에서 잠시 살고 있는 세포내 균사를 형성한다. (d) 진달래균근. 토양의 균사와 연결된 뿌리 세포에서 균사다발을 형성한다. 출처: *Carlile, M.J., Watkinson S.C., Gooday, G.W., The Fungi, second edition: Figure 7.12b.*

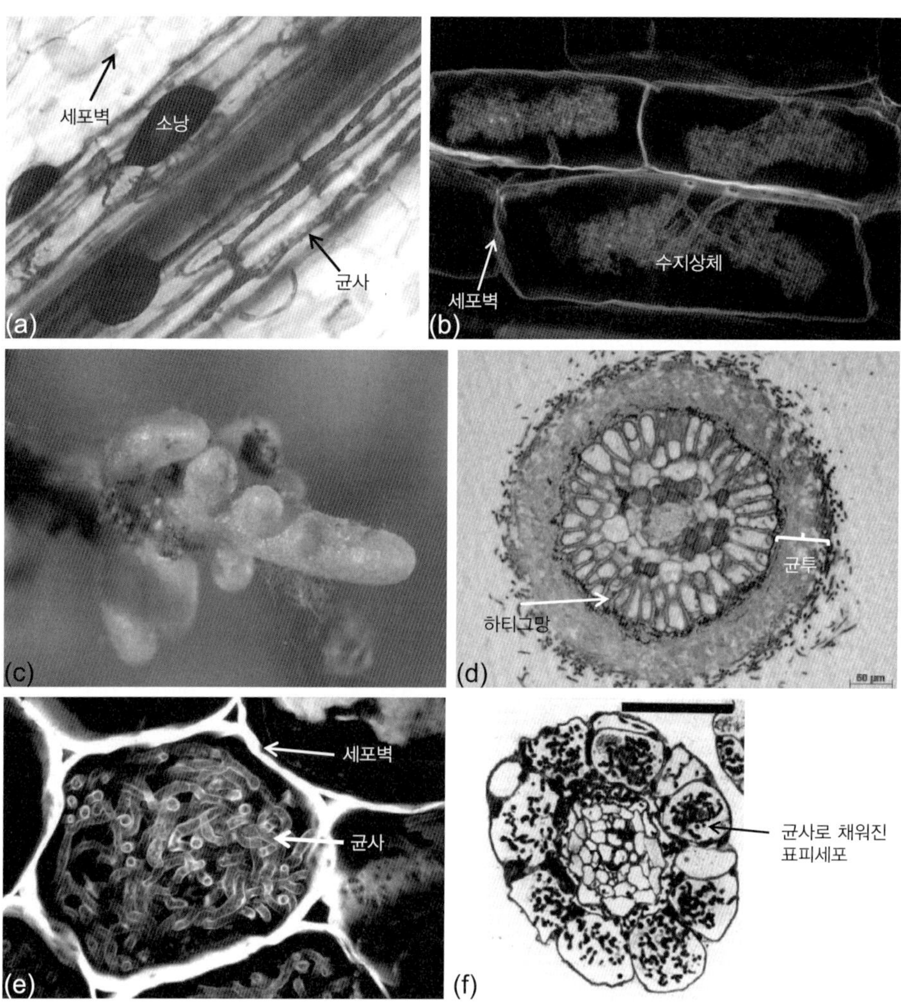

그림 7.2 수지상균근(a, b), 외생균근(c, d), 진달래균근(e, f)의 전형적인 구조. *출처: van der Heijden et al. (2015).* (원색도판 참조)

max) 같은 주요 농작물과 조림수종은 균근성이며, 수지상균근균과의 공생은 이제 육상식물의 기본적인 무기양분 획득방법으로 인식되고 있다. 4억 6천만 년 전 오르도비스기의 암석에 있는 석화된 초기 육상식물의 근경에서 화석화된 세포내 균류가 발견되었으며, 이는 수지상균근균으로 여겨진다. 따라서 수지상균근균은 뿌리를 가진 관속식물 이전에 나타났으며, 초기 육상식물이 육지에 서식할 수 있도록 관계를 맺었을 것이다. 수지상균근균에 의한 식물의 감염은 광합성에서 20% 순증가를 가져올 수 있으며, 이는 생태계의 지구 탄소순환 수지에 중요한 기여를 한다. 식물이 자라는 모든 토양은 수지상균근균의 포자를 포함하고 있으며, 그중 가장 큰 포자는 지름이 0.5 mm 정도로 맨눈으로 볼 수 있고, 토양 현탁액을 체로 걸러 여과하여 분리할 수 있다. 이 포자들은 두껍고 단단한 외벽을 가지며, 색깔은 흰색, 노란색, 주황색, 카로티노이드를 함유한 갈색이다. 또한, 이들은 저장물질을 가지고 있으므로 발아할 때 짧은 균사의 생장을 돕는다. 수지상균근균은 모두 절대 활물영양성이기 때문에, 기주식물의 뿌리에 감염되지 않으면 저장물질을 모두 소진한 후에는

계속해서 자랄 수 없으므로 수지상균근균은 화분에서 자라는 기주식물과 함께 길러야 한다.

수지상균근균은 형태형(morphotype)에 따라 *Acaulospora*, *Entrophospora*, *Gigaspora*, *Glomus*, *Scutellospora* 등 5개의 속으로 구분된다. 몇 가지 형태적 차이점을 근거로 전문가들은 약 230개의 형태종(morphospecies)으로 구분한다. 분자기술의 출현으로 인해 수지상균근균의 다양성은 불과 몇 년 전에 알려졌던 것보다 훨씬 더 높은 것으로 밝혀졌다. 이들은 형태가 단순하여 다양성을 완전히 구분할 만큼 충분한 정보를 얻을 수 없으므로 수지상균근균의 연구에서는 분자동정 방법이 중요하다. 균주 내에서는 가소성이 있으며 가깝지 않은 균주 간에도 수렴성이 있다는 일반적 이유 때문에 형태적 특징은 유형 간의 관련성을 나타내는 신뢰할 만한 지표가 아니다. rDNA SSU의 ITS 영역을 종 수준에서 동정하기에는 수지상균근균의 균주내 변이가 너무 크고, 일반적으로 한 개체에 다핵의 유전자형이 존재하기 때문에 야외 다양성에 대한 분자적 연구는 어렵다. 그러나 공개 데이터베이스인 Maarj*AM*(http://www.maarjam.botany.ut.ee)을 사용하면 과 및 속과 동등한 분류학적 계층구조로 분류하는 것이 가능해졌으며, 환경 유래의 조작분류단위를 종에 해당하는 개념으로 인식할 수 있게 되었다.

최근에 형광현장혼성화법을 통해 글로메로균의 세포질에 그람양성 내생세균이 포함되어 있음이 밝혀졌다. 이 세균은 수직 유전되고 세계적으로 분포하며, 그 염기서열이 곤충 세포의 내부공생세균과 유사하다. 그러나 이 세균이 균류에 어떤 기여를 하는지는 아직 밝혀지지 않았다. 두 종류의 세균이 알려져 있는데, 그람음성 간균은 Gigasporaceae과에 제한적으로 분포하고, 몰리큐트강에 속하는 구균은 수지상균근균의 다른 계통에 널리 분포한다. 두 가지 유형이 하나의 균류 세포에 존재할 수도 있다.

글로메로균류의 생활사는 잘 알려지지 않았다. 유성세대는 보고된 바 없으며, 최근까지 무성세대만 존재하는 것으로 여겼다. 그러나 서로 다른 개체의 균사가 융합하여 하나 이상의 유전자형의 핵을 가진 이핵체를 형성한다. *Glomus* 속의 4종에서 보존되고 발현되는 감수분열 관련 유전자가 있다는 것은 재조합이 일어날 수 있음을 시사하고 있으나 아직까지 발견되지는 않았다. 이는 교배에 의해서 접종균주의 개량이 가능하기 때문에 향후 작물 생산성을 위한 수지상균근균 적용에 중요한 의미를 갖고 있다. 반면에, 개량된 모든 접종원은 기존의 토양에 서식하는 수지상균근균 개체군과의 교배에 의해 그 우수성을 잃을 수도 있다.

균근 관계는 포자가 뿌리 근처의 근권(rhizosphere, 특유의 미생물군을 지지하는 뿌리 삼출물 및 탈리된 세포에 의해 영향을 받는 뿌리 주변의 토양 부위)에서 발아하면서 시작한다 (그림 7.3). 생장하는 균사가 전진하는 뿌리 끝의 바로 뒷부분에 닿으면, 병원균의 부착기(제8장)처럼 부착하는 **균족**(**hyphopodia**)이라는 패드를 형성한다. 균족으로부터 침입관이 두 개의 뿌리 표피세포 사이 또는 뿌리 표피세포를 뚫고 뿌리로 들어간다. 일단 뿌리의 피층에 들어가면, 균사는 종축을 따라 아포플라스트로 퍼져나간다 (그림 7.1b). 수지상균근균에서는 균류와 식물세포 사이의 경계면이 발달하는 방식이나 구조가 다양하다. 일부에서는 균사가 기주식물의 뿌리세포 내부에서 주로 세포내 코일 형태로 자라는 반면 다른 경우에서는 광범위한 세포간 균사가 가늘게 분지된 세포내 **수지상체**(**arbuscule**)로 발달하는데, 이는 기주식물과 균류 사이의 발달 및 대사적 상호작용을 위한 경계면을 제공한다 (그림 7.2b). 일반적인 *Rhizophagus* 속은 기주조직 내에 수지상체뿐만 아니라 저장 소포를 형성한다 (그림 7.1b와 7.2). 균사가 침입한 뿌리 세포 내에서 핵은 세포 주변부에서 중심부로 이동하고, 액포는 단편화되며, 색소체 조직은 변한다. 식물 세포막과 균류 세포막은

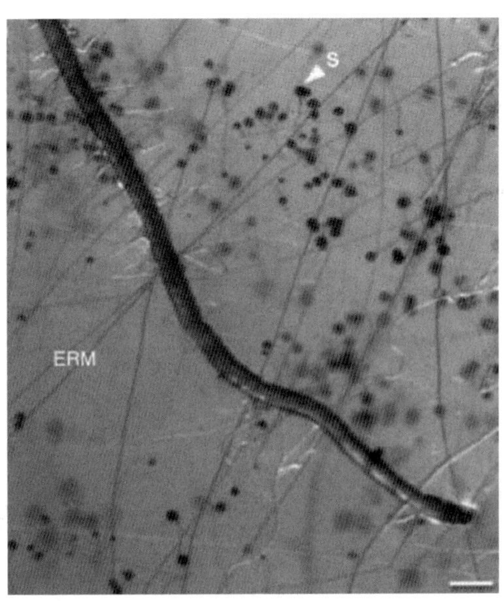

그림 7.3 생체외에서 병아리콩의 뿌리에 감염되어 자라는 *Glomus* sp.의 균사와 포자. ERM = 근외균사체, S = 포자. 막대 = 300 μm. *출처: Lanfranco and Young* (*2012*).

모두 그대로 남아 있는데, 분지하는 균사 주변에서 식물 세포막은 확장하고 함몰하며, 균류세포와 식물세포 사이에는 식물세포벽 물질이 얇은 층으로 유지된다. 균류는 식물 피층과 표피를 가로질러 뿌리 표면에서 근권으로 짧은 가지들을 뻗는 세포간 균사를 통해 뿌리를 바깥 토양과 연결한다.

한 뿌리 내의 수지상균근균의 균사체는 토양에 존재하는 각각의 포자가 개별적으로 감염되어 나타난다 (그림 7.3). 뿌리 끝이 자람에 따라 뒤쪽의 뿌리 표면은 두꺼워져 살아있는 세포 감염은 어려워진다. 따라서 균근 감염은 역동적이고 연속적이며, 이러한 관계를 유지하는 것은 토양에 미리 존재하는 풍부한 접종원에 달려있다. 각 뿌리가 감염되면서 뿌리에서 자라나는 균사가 발달한다. 뿌리는 하루에 수백 mm의 속도로 생장할 수 있으며, 새로운 뿌리 1 mm의 생장은 수천 mm 이상의 균사를 부양할 수 있다. 수지상균근균이 토양 속에 깊게 침투하지 않고 토양 표면의 상부 20 cm에서 주로 발견되지만 뿌리-균류 결합 구조는 토양을 통해서 빠르게 확장한다.

공생의 발달은 공생자 사이의 인식에 의존한다. 수지상균근균과 기주식물 사이의 인식은 토양에서 화학신호의 교환에서 시작한다. 식물뿌리는 수지상균근균 발아관의 굴성 생장을 유도하여 상호작용을 개시하는 스트리고락톤을 분비한다. 10^{-13} M 정도의 낮은 농도로 이러한 반응을 유도할 수 있다. 스트리고락톤은 기생식물 종자의 발아도 자극하는데, 이 화학물질이 식물뿌리의 존재에 대한 믿을 만하고 민감한 지표임을 나타낸다. 발아하는 수지상균근균은 뿌리세포에서 공생발달을 유도하는 '*myc* 인자'로 작용하는 확산성 저분자량 키틴 유도체인 리포올리고당 및 키토올리고당을 분비한다. 유전체의 연구를 통해 균근 발달 과정에서 수지상균근균과 기주식물의 상호 분자 반응이 밝혀지고 있다. 수지상균근균의 존재를 인식하고 이에 반응하는 식물유전자는 오랜 기원을 가지고 있다. 감염이 일어나는 동안에 유전자의 연속적인 상향조절로부터 추론된 신호전달경로는 식물의 **LysM** 도메인의 수용체 키나아제가 균류의 키토올리고당을 인식하면서 시작한다. 이는 뿌리 세포핵에서 칼슘 스파이크(calcium spike)를 유발하며 칼슘 및 칼모듈린 의존 단백질 키나아제를 활성화시켜 공생 관련 식물유전자의 전사 활성을 유도한다. 수지상균근균 공생체 인식에 관여하는 유전자 중 일부는 모든 관속식물에서 기능적으로 보존되며 선태식물과 차축조류(녹조류)에서 상동성이 있다. 콩과식물에서만 발견되는 공생체 인식 유전자는 *Rhizobium* 세균과의 공생체인 뿌리혹 형성에 관여한다. 4억 년의 역사를 가진 수지상균근균에 비해 콩과식물은 단지 6천만 년 전에 나타났으므로, 콩과식물은 세균과 질소고정 뿌리혹의 발달을 위해 수지상균근균 공생 유전자를 선택했을 것이다. 뿌리에 진입하면 균류의 유전자 발현 양상이 변한다. 그림 7.4는 공생관계의 발달 과정에서 근외균사체와 근내균사체에서 발현된 유전자의 집단을 비교한 것이다. 뿌리 밖에서 자라는 균류에서는 수송기능이 우세하지만 일단 뿌리 안에서 양분교환이 이루어지면 발현 패턴은 대사와 관련된 유전자가 우세하게 변화한다. *Medicago truncatula*의 뿌리 안에서 *Rhizophagus irregularis*의 포자 발아, 근권 상호작용, 이어지는 공생 균사의 생장과 같은 연속적인 단계에서 전사 분석은 각 단계마다 다른 유전자 집단이 우선적으로 발현된다는 것을 보여주었다. 어떤 경우에는 이들이 암호화하는 단백질을 생체 내에서 볼 수 있었다. 일단 기주식물의 조직 내로 들어가면, 수지상균근균 균사는 여러 개의 작은 분비단백질(균근 소분비단백질, MiSSP)을 아포플라스트 공간으로 분비한다. 이 공간은 뿌리 안에 있으나 토양액에 접근할 수 있는 공간인데, 식물 세포벽과 세포간극 모두를 포함하지만 식물 세포막 바깥쪽에 있다. 이러한 단백질 중 하나인 SP7은 기주식물의 방어 유전자를 상향조절하는 식물의 전사인자를 억제한다. 형질전환된 기주식물에서 *SP7*이 발현되면 균근 감염률이 더 높게 나타나는데. 이러한 사실로부터 기주내성의 억제에 있어서 이 유전자의 역할을 확인할 수 있다. SP7 단백질이 아포플라스트에서 식물세포로 들어가서 식물세포의 핵에 자리를 잡고, 여러 방어 관련 유전자의 발현을 조절하는 에틸렌 반응 전사인자와 결합한다. 이 단백질은 외생균근균의 **MiSSPs**와 상동성을 공유하며, 식물병원균이 기주의 내성을 극복하게 해주는 단백질 작동체 분자와도 상동성을 공유한다(제8장, 255쪽). 따라서 상리공생균은 기생성 활물영양생물과 기본적인 기작을 공유하는데, 식물세포로 들어가기 위한 신호 및 반응 경로에서 유사한 구성요소를 사용한다.

경계면이 형성되면 식물과 균류 사이에 양분교환이 일어난다. 절대공생관계인 수지상균근균은 포자 안의 저장물이 모두 소진되면 탄소공급이 필요하기 때문에, 균류로의 탄소공급을 촉진하는 균류의 당수송체는 발현이 증가하는 첫 번째 기주식물의 유전자이다. 이러한 상향조절된 수송체 중 하나인 **MST2**는 자일로스에 친화성과 특이성을 갖고 있다. 수지상균근균 유전체에는 전화효소가 발견되지 않기 때문에, 공생에서는 아포플라스트에 존재하는 식물의 전화효소에 의존할 수도 있다는 것을 의미한다. 수지상체를 형성하는 식물 원형질막의 일부에서 식물 세포벽 형성이 억제되지만, 세포벽 전구체 당은 그곳에서 여전히 생산되는데, 기주의 세포벽 합성에 사용되지 않고 균류가 흡수한다.

공생이 이루어지면 기주의 무기양분의 흡수에서 공생균의 역할과 관련된 생리적 변화가 발생한다. 생리실험에서 식물에 의한 인산염과 질소의 흡수는 수지상균근균 감염 이후 증가한다. 무기인산염, 질산염, 철과 아연을 비롯한 양이온의 수송에 관련된 세포막 수송체는 모두 상향 조절된다. 식물 인산염 수송체 중에서 한 독특한 계통군(**Pht1**, subfamily I)은 수지상균근균과 공생할 때만 발현되는데, 예를 들면 *Medicago trunculata*의 **MtPT4**는 균류에서 인산염의 획득에 필수적일 뿐 아니라 뿌리 안에서 균류의 공생구조의 발달에도 필수적이다. 이 단계에서 발현되는 다른 유전자에는 공생자 사이를 이동하는 대사산물의 상호전환에 관련된 단백질과 인산염에스테르에 작용

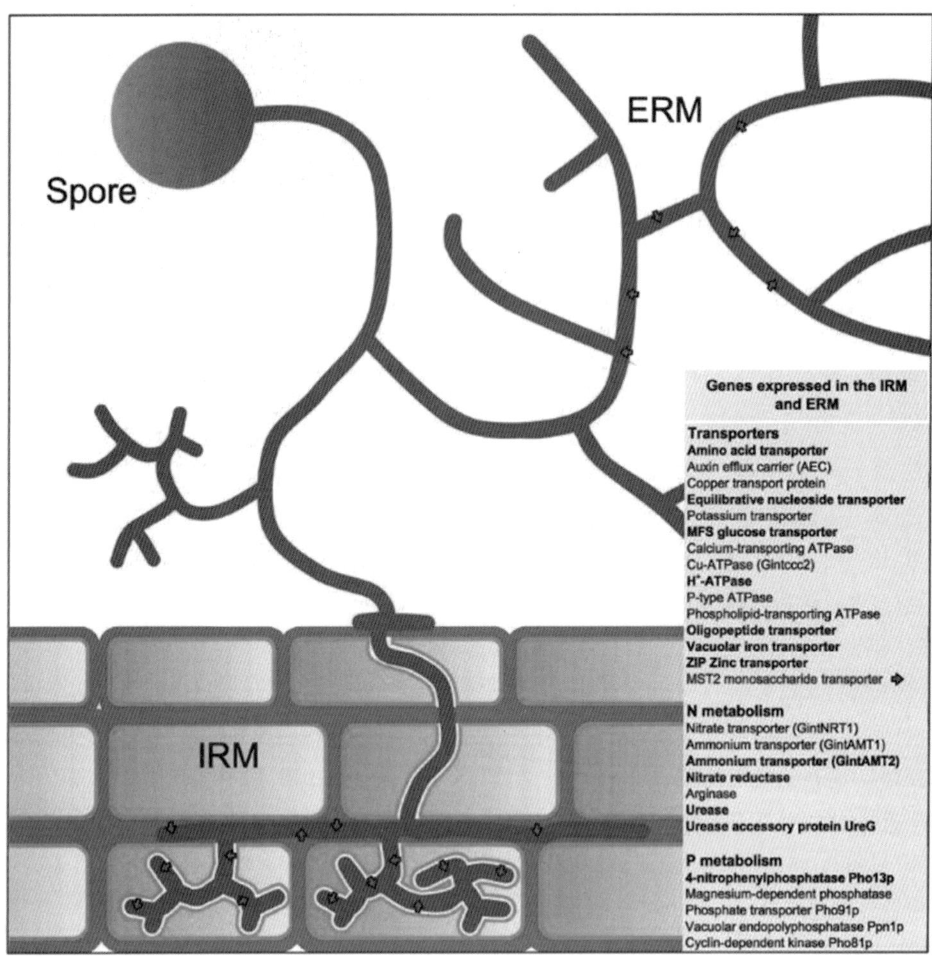

그림 7.4 수지상균근균의 여러 생활단계 동안의 유전자 발현. 근외균사체(ERM) 및 근내균사체(IRM)에서 발현된 유전자의 비교는 기주-균류 양분교환 경계면이 형성됨에 따라 수송기능을 가진 단백질을 암호화하는 유전자 발현에서 대사에 관련된 단백질로 전환되는 것을 보여준다. *출처: Lanfranco and Young (2012).* (원색도판 참조)

할 수 있는 분비 인산가수분해효소 같은 인산염 획득을 위한 단백질 등이 있다. 토양 양이온(칼슘, 철, 알루미늄)이 난용성 염을 형성하기 때문에 토양에서 자유 가용성 인산염은 적다. 뿌리 주변은 인산염, 질소, 질산염 및 기타 양분들이 고갈되고 확산이 제한된다. 수지상균근균은 이런 고갈된 지역을 넘어서 생장할 수 있으므로 이러한 제한을 완화할 수 있으며, 이외에도 식물의 인산염 획득에 크게 기여한다. 균근에 감염되지 않은 뿌리에 비해, 균류는 토양의 가용성 인산염을 더 효율적으로 흡수할 뿐만 아니라 산성토양에 존재하는 난용성 인산염 에스테르를 용해시키며 암석광물에서 인산염을 용해시킬 수 있다 (제5장, 181쪽). 근외균사가 흡수한 인산염은 다인산염으로 축적되며, 이러한 형태의 인산염은 액포 안에서 기주식물과 균류 세포를 분리하는 경계면의 아포플라스트 쪽으로 이동한다. 이 과정에 관여하는 여러 단백질은 뿌리 안에서 자라는 균류의 전사체에서 확인되었다. 지질대사는 수지상균근균의 지질 소포로부터 탄소의 배출을 촉진하고, 수지상체 형성에 필요한 원형질막 합성의 전구체를 제공하기 위해 상향조절된다.

수지상균근균은 공간적으로 구분된 대사 방법을 통해 토양 질소를 뿌리로 가져온다. 균류는 글루타민 탈수소효소 및 글루타민합성효소/글루타민 아미노전이효소에 의해 촉매된 아민화반응으로 토양에서 획득한 질소화합물을 호흡대사에서 나온 탄소골격과 결합시킴으로써 아미노산을 축적한다. 아르기닌처럼 염기가 풍부한 아미노산은 액포에 축적되어 저장되고 운반된다 (제5장, 155쪽). 아르기닌은 균사를 통해 식물조직으로 아미노질소를 전이하여 운반하기 위한 매개체로 작용하는데, 식물 흡수를 위해 탈아민화하여 아미노그룹을 방출한다. 실제로, 요소회로의 단계는 공간적으로 분리되어 있는데, 균류에서는 아민화, 식물에서는 탈아민화로 나누어진다. 수지상균근균에 의해 이용되는 토양의 질소원으로는 용해성 질소화합물뿐만 아니라 질소가 풍부한 식물 잔재물 등이 있으며, 아래에 설명할 ^{15}N 추적자 실험에 의해서 입증되었다.

수지상균근균의 균주와 종에 따라 식물 양분에 대한 기여도가 다양한데, 어떤 종은 다른 종보다 인산염 흡수를 훨씬 더 촉진한다. 하나의 뿌리에 수지상균근균을 분리하여 감염시키고 그 뿌리에 다양한 양의 인산염을 공급하거나 공급하지 않도록 조작한 실험에서 식물과 균류 사이에 절묘한 균형이 유지되는 것으로 나타났다. 뿌리에 제공한 무기염류의 댓가로 해당하는 탄소와 에너지 공급을 얻은 감염균류만 식물에 남아서 생장에 필요한 탄소를 공급 받는다. 따라서 식물에서 공급되는 당이 증가하면 균류는 식물에게 더 많은 인을 제공한다.

많은 전사 분석을 통해서 수지상균근균 공생이 식물에 미치는 영향은 뿌리에 국한되지 않고, 식물 전사체 전체를 체계적으로 변형시킨다는 것이 밝혀졌다. 수지상균근균 감염은 벼(*Oryza sativa*)와 토마토(*Solanum lycopersicum*)에서 수백 가지의 식물유전자 발현에 영향을 미친다는 사실이 식물뿌리에 수지상균근균을 접종하는 실험을 통해 밝혀졌는데, 토마토의 리코펜 합성처럼 중요한 표현형 특징을 나타내는 많은 유전자가 해당된다. 이러한 결과는 작물의 영양 및 보호에 있어서 수지상균근균 접종의 중요성을 보여준다.

생태계에서 수지상균근균

자연 및 반자연 생태계에서 수지상균근균은 토양 구조와 탄소흡수고정(carbon sequestration)에 중요한 기여를 하고 있을 뿐만 아니라 식물 생산성과 군집다양성(그림 7.5)에 있어서 결정적인 역할을 하고 있으나 여전히 이해되지 못하는 부분이 남아 있다. 수지상균근균이 균사망에 연결하는 능력은 뿌리의 양분 획득에 영향을 미칠 수 있다. 수지상균근균에 감염된 식물은 멸균 토양에서 자란 식물보다 인산염 및(또는) 질소 획득에 더 효율적일 수 있다. 뿌리는 전형적으로 영양이 제한되는 경우에 균근 관계를 형성한다. 풍부한 인산염을 가진 식물의 뿌리는 수지상균근균의 수지상체 형성을 억제함으로써 식물이 탄소 자원을 불필요하게 유출하는 것을 피한다. 근외균사에 의해 축적된 토양 무기염류는 균류와 식물로 분배된다.

수지상균근균 균사는 토양에서 뿌리로 양분을 이동시킬 뿐만 아니라 인접한 식물의 뿌리 사이로도 이동시킨다. 생장하는 균사가 통과할 수 있는 구획과 투과할 수 없는 구획으로 나누어진 생장상을 사용한 실험에서, 식물을 안정한 동위원소 ^{15}N가 풍부한 식물 잔재물에서 자라게 하면 식물은 수지상균근균의 균사를 통해 죽은 식물의 잔재물에서 질소를 획득할 수 있다는 것이 밝혀졌다 (그림 7.6). 수지상균근균의 균사 연결을 통한 질소의 흡수는 균류에게 질소를 공급했을 뿐만 아니라 기주식물의 생장도 증가시켰다. 수지상균근균이 토양 질소를 획득하는 기작의 일부 측면은

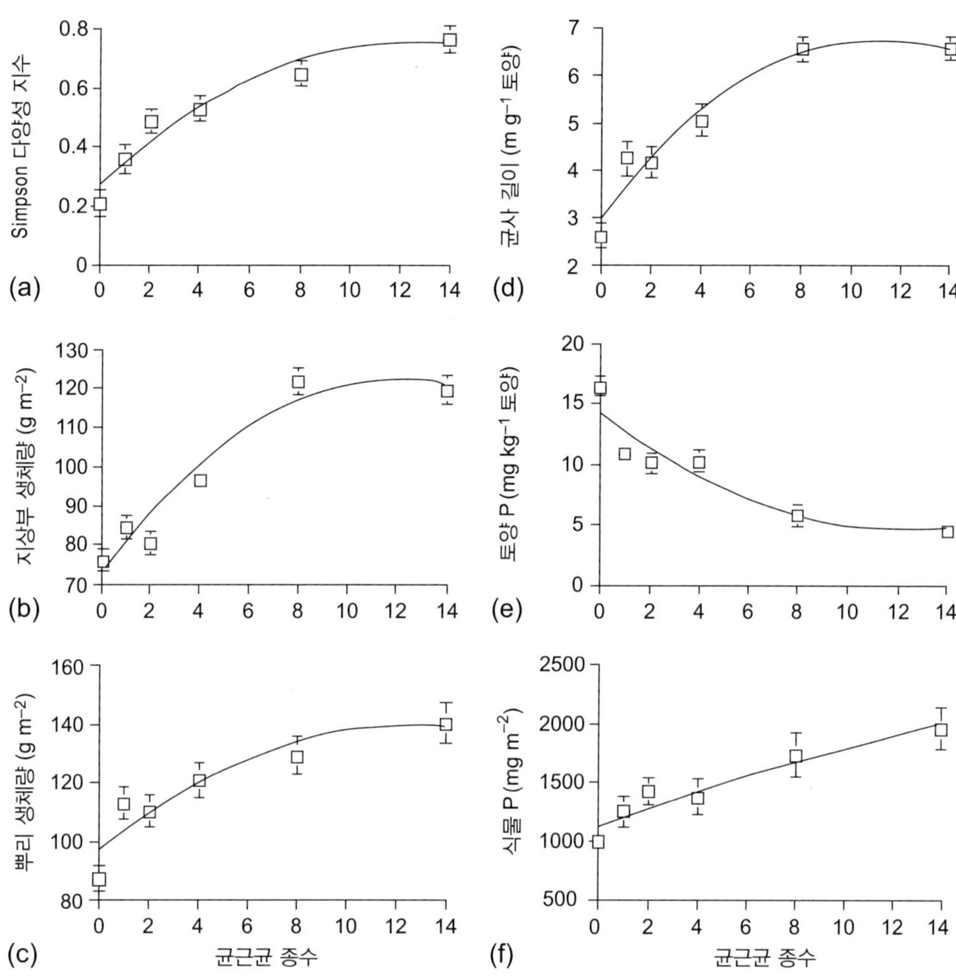

그림 7.5 수지상균근균의 종 다양성이 식물과 균류의 생장에 미치는 영향. 야외 지역에서 멸균토양이 채워진 트레이에 1, 2, 4, 8, 14종의 수지상균근균이 들어있는 토양을 접종하였다. 접종한 트레이에 15종의 식물이 혼합된 100개의 종자를 파종하였다. 한 번의 생장기가 지난 후, 각 트레이에서 자라는 식물의 종 다양성(a), 지상부와 뿌리의 생물량(b, c), 토양내 균근균의 균사의 총길이(d)를 측정하였다. 또한 인산염(P)의 수준을 토양(e)과 뿌리(f)에서 측정하였다. 8종 또는 14종의 수지상균근균을 접종했을 때, 식물이 더 잘 자랐고 식물군집은 더 다양했다. 또한 균사의 생장과 토양에서 식물로 인산염 흡수가 증가하였다. *출처: van der Heijden et al. (1998).*

여전히 불확실하다. 대부분의 질소가 미생물 공격에 저항하는 복합유기화합물의 형태로 존재하는 북방림의 토양과 같은 자연 토양에는 쉽게 사용할 수 있는 질소의 형태가 부족하다. 식물이 이러한 화합물에서 질소를 획득하는 주요 경로는 균근균류를 통해서 이루어지는 것으로 생각된다. 북방림의 야외조건에서 불안정하고 저항성인 유기 질소 화합물을 모두 흡수할 수 있는 수지상균근균의 능력은 최근 양자점(quantum dot)이라고 하는 나노입자의 표면에 결합한 시험물질(불안정하고 저항성 질소화합물인 글리신과 키토산)을 사용한 독창적인 기술을 통해 입증되었다.

자연과 반자연의 식물군집에서 수지상균근균의 다양성은 경작지 토양에 비해 훨씬 더 높다. 영국의 밀 경작지에서의 수지상균근균의 다양성은 경작, 시비, 단일재배 등으로 인하여 인접한 산림지대에 비해 낮아졌다. 무균 토양에 다양한 수지상균근균을 첨가한 야외 실험에서 수지상균근의 다양성은 토양에 표준 혼합종자를 파종한 후에 발달하는 식물 군집의 생산성과 다양성에 영향을 미쳤다 (그림 7.5). 수지상균근균의 존재는 식물종 사이의 경쟁을 완화시켜 서로 다른 종이 공존할 수 있도록 해준다. 다양한 유형의 수지상균근균이 존재할 경우에 혼합 식물군집에서 식물 생장과 인산염 흡수와 관련된 몇 가지 독립 매개변수가 증가했는데, 이는 다른 식물은 다른 종류의 균근균이 필요할 수 있음을 의미한다. 따라서 수지상균근균의 군집 구성은 다양한 식물군집이나 특정 유형의 식물을 지지하는 토양의 능력에 영향을 미칠 수 있다. 도입된 외래 식물종의 침입성은 자생하는 수지상균근균과의 상호작용에 의해서도 영향을 받을 수 있다. 널리 분포하는 수지상균근균 균주와 종은 광범위한 서식지 내성을 가지고 있는 반면, 기주 또는 서식지에 더 특수화된 균주나 종은 균주 수집과 데이터베이스에서 가장 과소평가된 종일 수 있다. 우리는 기주 특이성의 정도는 물론이고 수지상균근균이 희귀종인지 핵심종인지 또는 멸종위기종을 포함하고 있는지에 대해서도 아직 잘 알지 못하고 있다.

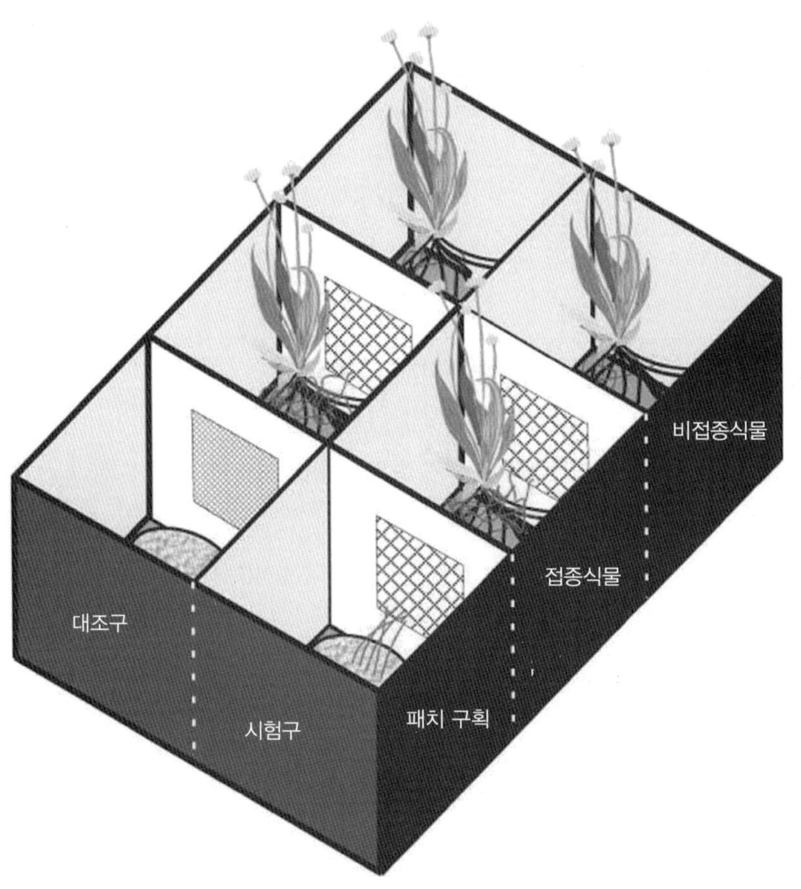

그림 7.6 수지상균근균의 균사체가 질소를 식물 잔재에서 살아있는 기주식물의 뿌리로 이동시키는 능력을 증명하기 위해 사용된 미소생태계. 실험구의 가운데 구획에 실험적으로 배치한 수지상균근균 접종식물의 균사는 '패치' 구획에 있는 ^{15}N 동위원소로 표지해 놓은 식물 잔재로 자랐다. 대조구의 구획 사이에 있는 메쉬는 구획 사이로의 균사 생장을 막았지만 용질의 확산은 막지 못했다. 식물 잔재물에 접촉하는 것이 가능한 수지상균근균에 감염된 식물은 식물 잔재물에 접촉할 수 없는 식물에 비해 3배 많은 질소를 흡수했다. *출처: Hodge et al.* (*2001*). (원색도판 참조)

수지상균근균은 작물 생산성을 증진시키기 위해 농경지 토양에 적용할 접종원으로서의 가능성을 가지고 있다. 비가 오면 쉽게 용출되는 비료에 비해, 수지상균근균의 장점은 생물학적으로 뿌리를 표적으로 한다는 점이다. 다른 잠재적 이익으로는 양분 흡수의 증가, 가뭄에 대한 저항성, 병원균 및 기생균에 대한 보호 등이 있다. 두 종류의 생물접종원인 *Glomus fasciculatum*과 균근 도우미 세균 *Pseudomonas monteilii*를 이용한 2년 간의 시험을 통해, 토양 병원균 *Fusarium chlamydosporum*의 공격에 대해 약용작물인 *Coleus forskohlii*의 방어 효과를 입증했다.

산업화된 농업에서 지속가능한 관리를 위해 수지상균근균을 이용할 수 있을지는 확실하지 않지만, 접종을 시도하는 것보다는 단순히 경작을 줄이는 것이 이미 모든 토양에 존재하는 수지상균근균의 균사망을 보존할 수 있을 것이다. 그럼으로써 결국 작물 생장과 토양 탄소 격리를 증진시킬 수 있을 것이다. 수지상균근균은 식물의 양분 흡수를 도울 뿐만 아니라 상당한 양의 광합성산물을 토양으로 빠르게 이동시키는데, 50~900 kg/ha 정도로 추정된다. 균류는 근외균사의 형태로 토양에 탄소를 첨가하거나, 끈적끈적하고 친수성인 당단백질로 생각되는 세포외 균사체 결합물질인 **글로말린(glomalin)** 같은 분비물로서 토양에 탄소를 첨가할 수 있다. 경작지의 부서지기 쉬운 구조의 토양에 비해서, 글로말린은 수분이 많고 응집력이 있는 자연 식생의 토양 특성에 기여한다. 16년 동안의 야외 모니터링 연구에서 토양 수지상균근균 균사를 증가시킨 처리구는 글로말린 관련 토양단백질(GRSP) 자원량과 내수성 대입단이 증가한 반면, 살균제 처리구에서는 3가지 모두 감소했다. 따라서 현존 수지상균근균 개체군을 보존하는 것은 식물생산성과 탄소흡수고정을 위한 토양관리에 있어서 타당한 목표로 볼 수 있다.

외생균근균

외생균근(ECM, ectomycorrhiza)이라고 불리는 이유는 공생하는 동안 균사가 식물세포의 외부에만 존재하고, 세포 내부에는 균사체 구조를 형성하지 않기 때문이다. 이들 균류는 주로 다년생 교목 수종과 공생하지만, 천이 초기에 자라는 몇몇 관목류와도 공생한다. 이런 외생균근성 관목식물의 예로는 난장이버들(*Salix herbacea*)과 담자리꽃나무(*Dryas octopetala*)가 있다. 식물 전체 종수의 약 3%가 수천 종의 균류와 외생균근을 형성하는데, 이들은 대부분 담자균류이다. 하지만 흔한 몇 종류의 외생균근은 자낭균으로 형성된다. 비록 많지 않은 식물종이 관련되지만, 지구적 규모에서 외생균근균의 중요성은 아무리 높이 평가해도 지나치지 않을 정도로 크다. 왜냐하면 이들은 지구에서 가장 중요한 지상의 탄소흡수원인 수목 기주와 공생하기 때문이다. 즉, 북쪽의 광대한 침엽수림을 구성하는 소나무과 수종, 온대활엽수림의 참나무과 수종, 그리고 동남아시아의 우림을 형성하는 이우시과 수종들이 외생균근성이기 때문이다. 아래에 상세히 설명한 대로, 외생균근의 균류공생체는 뿌리 피층의 세포 외부에 접촉하여 기주나무로부터 광합성 산물인 탄소와 에너지를 받는다. 그러나 많은 외생균근종은 식물 잔재물을 분해할 수 있는데(그림 7.9), 이 능력은 사물영양성 선조로부터 유지해 온 것이다 (그림 7.10).

외생균근성 담자균류로 주요한 계통군으로는 주름버섯강(Agaricomycetes)에서 광대버섯속(*Amanita*), 그물버섯속(*Boletus*), 끈적버섯속(*Cortinarius*), 졸각버섯속(*Laccaria*), 젓버섯속(*Lactarius*), 무당버섯속(*Russula*), 비단그물버섯속(*Suillus*)이 있고, 구멍장이 버섯목(Polyporales)에서는 목질분해 담자균류인 *Tomentella*와 사마귀버섯속(*Thelephora*), 자낭균에서는 *Cenococcum* 속, 그리고 자실체가 덜 분화되고, 다양한 식물과 공생하는 Sebacinales 목의 균들이 있다. 이 목의 균류는 진달래과식물 및 초본인 난초류와 공생한다. 분자생물학적 분석에 의하면, 외생균근균의 종내 변이는 한때 예상하였던 것보다 큰 것으로 나타났다. 예를 들면, 모래밭버섯(*Pisolithus tinctorius*)은 임업에서 묘목의 접종원으로 사용되었는데, 여러 다른 기주식물과 공생하면서 지구에 널리 분포하고 있다. 자연개체군의 다양성은 생태계 교란 후의 회복력과도 관련이 있으므로 균근균의 종내 다양성은 기후변화 속에서 산림생태계의 회복력에 중요한 인자로 생각된다. 현재는 균근균의 종내 다양성이 집중적으로 연구되고 있으므로 자연생태계에서 이들의 염기서열 데이터는 이용이 가능하다.

형태학과 해부학

대부분의 온대림 표층토양에서 분해되고 있는 식물잔존물이 풍부한 토양층에서는 외생균근(그림 7.7)이 발달한 것을 볼 수 있을 것이다. 짧은 곁가지는 굵기가 약 1 mm에 지나지 않는데, 색깔과 표면 특징에서 모근축과는 다르고, 대개 더 굵다. 이들이 두드러진 모양을 나타내는 것은 외생균근의 균투 곰팡이 조직이 뿌리 표면을 덮고 있기 때문이다. 뿌리에서 살아있는 세포는 곰팡이 균사와 서로 접하여 있다. 이 곰팡이 균사는 뿌리세포 사이에 침투하여 하티그망(Hartig net)을 형성한다. 이 용어는 독일의 산림생물학자 Robert Hartig의 이름을 따른 것이다.

균근의 **균투(mantle)** (그림 7.2d)는 흡수근과 토양 사이에 살아있는 조직의 방어벽이다. 이 균투는 뿌리가 자람에 따라 계속 발달하면서 뿌리털의 발달을 억제하고, 여러 개의 세포층으로 뿌리 정단부 전체를 둘러싸는 양말 같은 싸개를 형성한다. 기존의 뿌리에 있던 외생균근(ECM)이나 포자나 죽은 뿌리에서 자라나온 균사들은 새로 자라나온 뿌리를 점유한다. 몇 가지 균근균 종은 포자로서 새로 나온 뿌리를 쉽게 점유할 수 있지만, 그 외 다른 종들은 살아있는 뿌리에 이미 정착한 기반을 이용하여 멀리 뻗어나가 새로운 뿌리와 공생한다. 뿌리 감염 초기 단계에서는 균사가 표피세포 사이로 자라 들어가서 양분이 교환되는 접점을 형성한다. 속씨식물과 겉씨식물의 외생균근은 점유한 뿌리세포의 방사 방향 크기가 다르다. 균근의 균사는 속씨식물에서는 오직 표피세포층만 점유하지만, 침엽수에서는 표피층뿐만 아니라 그 안쪽의 피층세포들 사이에도 들어간다. 어떤 경우에서든지 이 균사들은 기주세포의 원형질막의 바깥 부분인 아포플라스트에만 국한하여 들어간다. 그래서 이들은 뿌리의 내피세포층의 외부에만 머문다. 이러한 균투의 특징은 공생관계가 발달하면서 두 공생 파트너의 생장 형태가 변화한 결과이다. 곰팡이가 자리 잡는 동안에 기주식물은 또 새로운 측근을 형성한다. 이런 패턴은 곰팡이 종에 따른 특징이어서 같은 수종에서도 균종이 다르면 외생균근의 형태형이 달라진다 (그림 7.7). 곰팡이와의 공생관계는 뿌리의 피층세포가 방사방향으로 길게 자라도록 자극할 수 있다. 그 결과로 양분을 교환할 접촉 면적이 늘어나고 몇몇 외생균근은 뿌리가 굵어지는 형태적 특징이 나타난다. 곰팡이의 균투조직은 많은 균사가 복잡하게 섞여 짜이거나, 세포분열로 같은 직경의 세포들이 만들어지면서 형성된다. 그리고 종별 특징의 예를 들면, 젖버섯류에서는 유액을 분비하는 분화된 세포형이 생겨날 수도 있다. 색소는 외생균근의 각가지 형태형에 특징적인 색깔을 나타나게 한다. 즉, 자주색, 검은색, 흰색 그리고 흑갈색 내지 담황색 사이의 미묘한 차이가 생겨난다. 또한 형태형은 이들이 균투에서 토양 속으로 자라나가는 균사를 만드는지, 그 생장 정도가 어떤지에 따라 변이가 있다. 종에 따라 자연 상태에서 외부

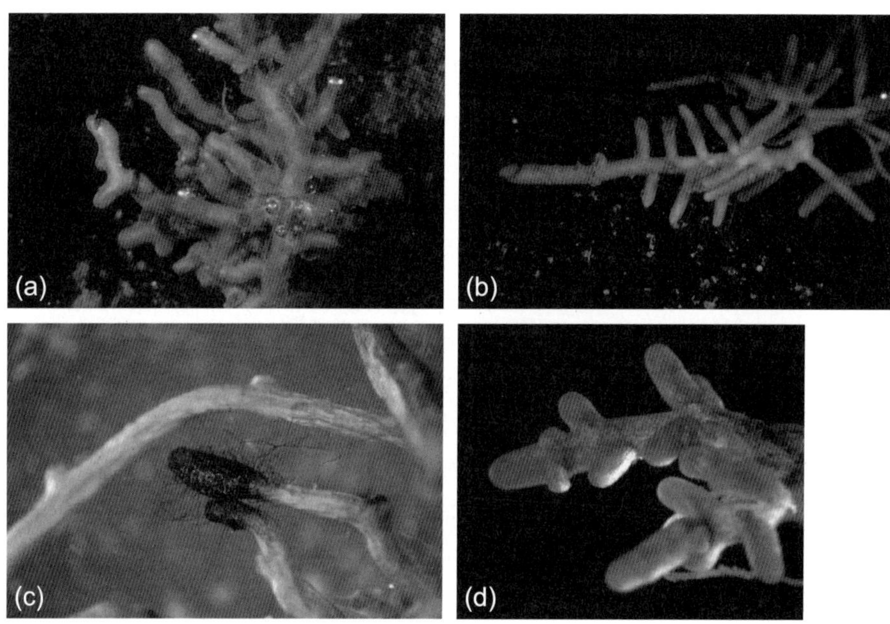

그림 7.7 유럽너도밤나무(*Fagus sylvatica*) 숲의 토양에서 볼 수 있는 외생균근의 형태형. (a) 졸각버섯(*Laccaria* sp.), (b) 젖버섯(*Lactarius* sp.), (c) *Cenococcum* sp., (d) 무당버섯(*Russula* sp.). 출처: *John Baker*. (원색도판 참조)

균사를 확장하는 능력은 큰 차이가 있다. 예를 들면, 그물버섯목에서 몇몇 종의 비단그물버섯(*Suillus*)은 균사끈으로 광범위한 물질수송체계 네트워크를 형성한다 (제5장, 176쪽). 반면에, 무당버섯(*Russula*) 같은 흔한 외생균근균에서는 매끈한 균사층 껍질이 작은 뿌리를 단순히 둘러싸고 있으므로 바깥으로 뻗어난 균사는 잘 보이지 않는다. 산림 토양에서 흔히 볼 수 있는 검은색 외생균근은 자낭균 *Cenococcum geophilum*으로 형성된 것인데, 균근 표면에서 머리털처럼 보이는 멜라닌화된 균사가 삐져나와 있으므로 쉽게 식별된다.

외생균근 뿌리의 생존기간은 외생균근을 통한 산림토양 내의 탄소흡수고정이라는 의미에서 중요한 관심거리이지만 측정하기는 어렵다. 소나무와 향나무 혼효림에서는 몇 종의 외생균근(형태형과 RFLP로 식별) 내에서 탄소가 머무는 기간(^{14}C 자료)이 측정된 적이 있다. 외생균근 뿌리에서 탄소의 회전기간이 4~5년이라는 것은 공생하지 않는 균사나 버섯에 비하여 균근이 비교적 오래 산다는 것을 의미한다. 균종, 뿌리의 생장 속도, 토양, 무척추동물의 균식, 토양의 영양상태와 같은 여러 요인이 뿌리에 있는 외생균근의 생존기간에 영향을 준다. 사멸한 외생균근균이 토양 내의 탄소에 기여하는 점도 중요하므로 다음 단원에서 계속 토의하고자 한다.

하티그망(Hartig net)은 균사와 뿌리 세포와의 접촉면으로, 이곳에서 두 공생체의 발달과 생리는 하나의 기능 단위로 통합된다. 여기에서, 가느다란 균사가 손가락처럼 여러 갈래로 갈라져서 식물세포 표면을 덮고, 세포간극의 중간층으로 들어간다. 매우 드문 공생 형태에서나 또는 균근이 사멸하는 동안에만 균사가 식물세포 내로 침입한다. 한편 하티그망과 접한 곳에서는 식물 세포벽이 얇기는 하지만, 물질교환은 균사벽과 식물세포벽의 양쪽을 통해서 일어난다. 곰팡이의 생장은 뿌리세포들의 아포플라스트 즉, 토양 용액이 자유로이 접근할 수 있는 공간에 국한하여 일어난다.

균사는 이 기주나무의 중앙통도조직을 포함하는 조직의 원통인 내피 세포층을 넘어가지는 않는다. 연관성이 매우 높은 외생균근성과 부생성 담자균들의 유전체를 비교한 연구에 의하면, 다음과 같이 생각된다. 외생균근 특성의 진화는 세포간 중간층의 성분을 가수분해하는 활성 펙틴분해효소와 글루칸분해효소의 유전자군이 확장되고 정교화하면서 이루어진 것이다. 이것은 곰팡이의 효소적 분해로 인하여 하티그망에서 식물과 곰팡이 세포 간에 접촉이 가능함을 의미한다.

외생균근 형성을 유도하는 뿌리-곰팡이 상호작용의 연쇄 과정이 시작되는 경우는, 곰팡이가 근처에 있는 뿌리 쪽으로 자라도록 화학영양적으로 이끌리고, 플라보노이드와 스트리고락톤을 포함하는 뿌리 삼출물에 의하여 자극 받을 때이다. 균근공생 관계를 형성하고 유지하는 동안 생기는 기주식물과 곰팡이 사이의 신호교환은 큰졸각버섯과 포플러 수종 간의 전형적인 상호작용 연구에서 분자수준에서 자세히 분석되었다. 두 공생체가 접촉함에 따라 상승적으로 가장 강하게 조절되는 균류 단백질은 **MiSSP7**이다. 이것은 곰팡이가 분비하는 작은 분비단백질 (**MiSSP's**) 종류 중의 하나이다. 이 단백질은 하티그망이 발달하는 부위 그 자체에서 면역위치감지법으로 시각적으로 볼 수 있다 (그림 7.8). **MiSSP7**은 활성이 있는 phosphatidylinositol-3-인산염이 조정하는 세포막 함입작용을 통하여 식물세포에 들어가서 핵으로 향한다. 이곳에서 이 단백질은 방어나 세포벽 재구성과 신호전달 등에 관여하는 유전자 발현에 영향을 미치는 전사인자로서 작용한다. **MiSSP7**은 수지상균근균의 **SP7** 단백질과는 몇 가지 특징을 공유한다. 위에서 언급한 대로, SP7은 두 공생체가 물리적으로 접촉하기 전부터 공생을 맺기 위하여 뿌리를 준비시킨다. **MiSSP7**과 **SP7**은 둘 다 작동인자 단백질로서 식물병원균에 널리 보존되어 있는데(제8장, 252쪽), 식물과 곰팡이 세포의 중간에서 저항력을 억제시키고, 활물영양적 상호작용을 일으키는 역할을 함께 한다. **MiSSP7**의 발현이 감소된 큰졸각버섯 변형체들은 포플러 뿌리와는 공생을 하지 못한다.

곰팡이의 **MiSSP**가 최초로 방출된 후에는 최초 접촉시에 유도되었던 식물의 저항성 단백질 마커가 감소한다. 그리고 식물의 옥신 반응이 변하고 측근이 생겨나서 전형적인 외생균근 형태가 생긴다. 뿌리에 곰팡이가 들어오는 것을 받아들여서 연결조직을 형성함에 따라, 뿌리 내에서 양분교환에 관여하는 수송단백질들이 상향적으로 조절되기 시작한다. 큰졸각버섯의 유전체에 있는 15개의 유전자들은 H^+/포도당 수송체와 친화성이 높다. 이들 유전자는 균근이 발달함에 따라 그 형질이 발현되고, 기주세포에서는 포도당을 흡수하는 데 관여한다. 잎에서 생성되어 뿌리의 하티그망으로 수송된 당을 받은 곰팡이가 포도당 대사를 증가시킴에 따라, 외생균근의 근계는 그 나무에서 점점 강한 탄수화물의 소비처가 된다. 식물 광합성량의 10~20%가 외생균근 근계로 할당되는 것으로 추정된다.

유전체 연구 결과로, 외생균근 공생에서 상향조절되는 기능성 유전자 그룹들이 추가로 밝혀지고 있다. 이 기능성 유전자들은 식물-곰팡이 간의 접촉을 시작하고 유지하는 역할을 하는 것으로 생각된다. 펙틴효소, 글루칸효소, 펩타이드효소 같은 세포벽을 리모델링하는 효소들은 아마도 균근 균사가 뿌리 피층세포의 세포벽 사이 중간층 공간에 침투하는 것을 도울 것이다. 공생과 관련된 산성 폴리펩타이드는 외생균근이 형성되는 동안 곰팡이에서 방출되는데, 동식물의 곰팡이 병원균이 가진 접착제와 같은 것으로서 곰팡이가 기주식물에 부착하는 것을 도와준다. 상향조절되는 단백질의 세 번째 그룹은 하이드로포빈이다. 하이드로포빈은 세포분비성 단백질로서 친수성 면과 소수성 면을 가진 양면성 단층을 갖고 있다. 이 하이드로포빈 단백질은 균투와 근외부의 균사끈을 덮어서 균근의 뿌리 정단부를 봉인된 시스템으로 만든다. Joint Genome Institute의 주름버섯류 염

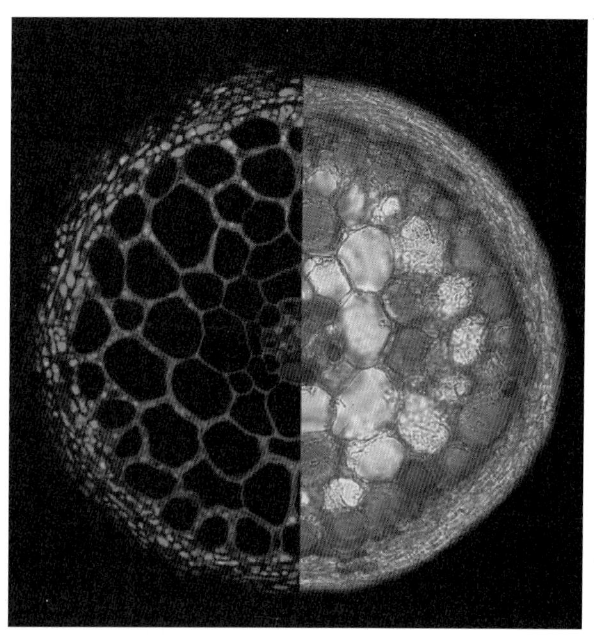

그림 7.8 포플러와 큰졸각버섯의 외생균근 뿌리 정단부에서 고도로 발현된 균류의 작동인자 단백질의 면역위치 감지법. 공생균근균 큰졸각버섯에 감염된 포플러 뿌리의 횡단면. 녹색 신호는 큰졸각버섯 균사에서 고도로 발현된 균류의 작동인자 단백질 MiSSP7의 분자 감지 위치를 나타낸다. 이것은 뿌리의 세포벽을 뚜렷이 나타내도록 propidium iodide로 염색되었다. *출처: Jonathan Plett and Francis Martin.* (원색도판 참조)

기서열 프로그램 같은 유전체 연구는 산림토양에 사는 외생균근균의 다양한 기능을 밝힐 것으로 기대된다.

균근 도우미 세균(mycorrhiza helper bacteria)으로 알려진 *Pseudomonas*, *Rhodococcus*, *Streptomycetes*, *Burkholderia*, *Bacillus* 같은 토양 세균은 외생균근 공생자 사이의 공생관계를 촉진한다. 이들은 곰팡이 균사 표면에 살면서 균사 생장을 촉진하고, 내생세균으로서 균사 내에 살기도 한다. 이들은 균근균이 양분을 획득하는 것을 돕고, 병원균으로부터 기주식물을 보호하므로, 산림과 묘포에서 나무의 생장에 중요하다. 그러나 이들이 균근의 형성과 기능을 도모하는 기작에 대하여는 알려진 것이 별로 없다. 도우미 세균의 일종인 *Pseudomonas fluorescens*는 그람음성 간균으로 외생균근균인 큰졸각버섯의 자실체에서 분리되었는데, 이것의 유전체 염기서열은 2014년에야 처음으로 발표되었다.

담자균류의 균사가 죽은 목재나 나무뿌리 같은 오래 잔존하는 유기물에서 자라면 임상에서 수십 년간 살 수 있다. 이것은 며칠만 지나면 전환하는 일시적인 내생균근균의 균사와는 다르다. 몇 종의 외생균근균은 기주 수목으로부터 에너지를 받아 광범위하게 그리고 오랫동안 양분을 흡수하는 네트워크를 발달시킬 수 있다. 따라서 이 균사 네트워크는 기주를 위하여 토양과 낙엽과 심지어는 꽃가루로부터도 무기양분을 찾아 흡수한다 (그림 7.9). 리그닌과 부식을 분해하는 외생균근균의 능력은 분류군에 따라 다르다. 비교 유전체 분석에 따르면 졸각버섯속은 목재분해 능력을 대부분 잃어버렸으며, 우단버섯속(*Paxillus*)은 갈색부후균에 버금갈 정도로 유기물복합체를 분해하고, 전형적으로 울창한 숲에 나는 끈적버섯속(*Cortinarius*)은 망간-과산화효소 유전자를 온전히 유지하여 균근성 백색부후균으로서 기능을 한다. 담자균류 중에서 사물기생하는 갈색부후균과 외생균근균이 영양을 얻는 방식의 진화 간에는 흥미로운 유사성이 있다. 예를 들면, 그물버섯목 단일계통군에는 목질분해 건부후균인 버짐버섯(*Serpula lacrymans*) 및 가장 가까운 근연종인 외생균근성 *Austropaxillus* 종이 포함된다는 것이다. 이 두 종은 모두 진화하는 동안에 목재분해효소를 많이 잃어버렸다.

진화

수지상균근균과는 달리, 외생균근 공생관계는 다원적으로서 2가지 이상의 계통군으로부터 생겨났다 (그림 7.10). 외생균근성 담자균류의 계통발생은 흔한 외생균근균인 졸각버섯 종에서 보는 것처럼, 최근에 분화한 것임을 나타내는 여러 짧은 분지가지를 보여준다. 화석 기록을 근거로 하여 조정된 분자시계 자료는 외생균근 공생관계가 처음 생겨난 시기가 약 1억 년 전이라는 것을 나타낸다 (그림 7.11). 이것은 속씨식물과 겉씨식물의 분화시기와 같다. 현재의 생물지리학적 분포 패턴을 볼 때 외생균근은 아마도 기주수목이 새로운 지역으로 전파해 나갈 수 있도록 도와주면서 기주수목을 따라 전파된 것으로 보인다. 소나무 외생균근은 곤드와나랜드의 남반구 대륙에서 있었던 초기의 소나무 조상을 따라가서, 구대륙이 분리된 후에는 소나무림의 전파에 따라 북반구 전체로 퍼져 나갔을 것이다.

외생균근 공생관계(ECM association)는 담자균류의 계통발생에서 뚜렷한 공생관계를 반복해서 획득하거나 몇 가지는 잃어버리면서 오늘날에도 역동적으로 진화를 계속하고 있다. 이 공생관계는 초본식물의 내생균 *Neotyphodium*의 경우처럼 안정된 상리공생은 아니다. 이 경우 *Neotyphodium*은 독립적인 성을 잃어버리고, 효과적으로 기주의 일부가 된 것이다 (235쪽). 외생균근에서 두 공생체는 생태적으로 독립적인 생활능력을 유지한다. 각 종은 공생관계 속에서도 독립적으로 유성번식하며, 자연도태에 의하여 독자적으로 변이하고 진화할 수 있는 능력을 유지한다. 이것은 영양섭취에 있어서 외생균근성 방식을 잃기도 하고 얻기도 하는 계통발생과 일치한다. 외생균근 공생체들이 주로 부생성 생물의 단일계통군에 속하는데, 이들이 외생균근을 형성하는 능력을 잃고 부생성으로 돌아가는 역행이 일어났을 수 있다는 몇 가지 분명한 증거가 있다. 이 현상은 그물버섯목에서 뚜렷하다.

생태계에서 외생균근

외생균근과 식물 잔재를 썩히는 부생균의 균사체들은 산림토양의 유기물 층에서 뒤섞인다. 그리고 서로 다른 토양생물과의 상호작용은 생태계의 양분 동태에 매우 중요하다. 담자균류의 균사체는 산림토양 미생물상을 우점하고, 그 양은 ha당 수 톤에 이른다. 살아있는 균사체는 탄소, 질소, 인, 등의 양분들을 축적하고 저장하고 재분배한다. 균근균은 토양양분을 순환시킬 뿐만 아니라 새로 합성한 탄소를 토양 속에 상당히 많이 축적하기도 한다. 그렇게 하여 균근균은 복합적인 분자형태로 탄소저장소를 커다랗게 만들어서 생태계의 장기적인 탄소고정에 기여한다. 최근까지도 토양내 탄소는 주로 지상에 쌓인 식물 잔재물이 점차로 유기물 부스러기나 부식으로 되어 토양 상부층에 혼입된 것으로 알려졌었다. 그러나 최근의 증거들은 토양 유기물층은 뿌리와 이들의 균근에

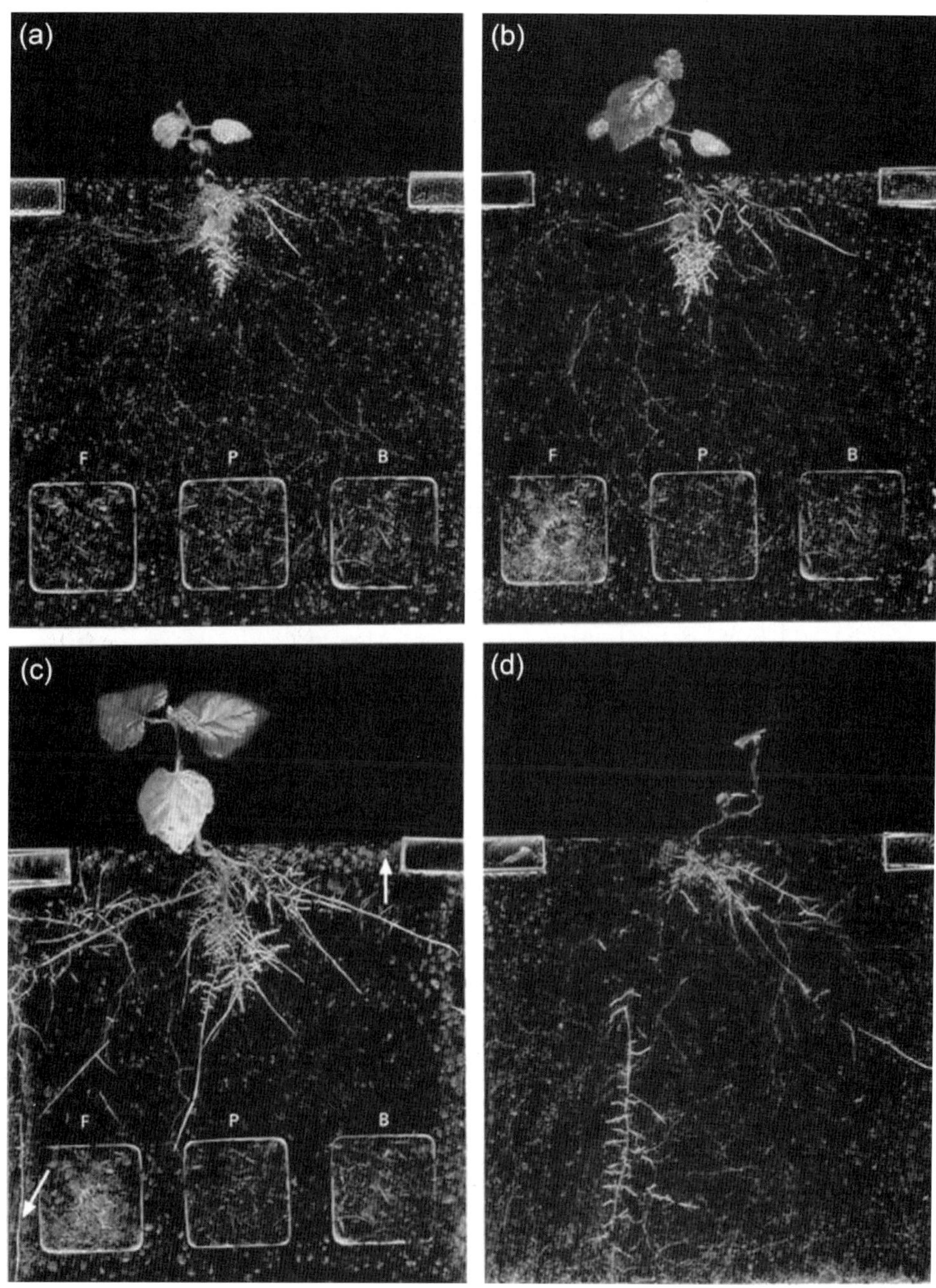

그림 7.9 사진 (a)~(c)는 펜둘라자작나무(*Betula pendula*) 묘목이 주름우단버섯(*Paxillus involutus*)과 공생하여 형성한 외생균근의 점진적인 발달 모습이다. 이 관찰 상자에서는 너도밤나무(F), 소나무(P), 자작나무(B)의 잔재물을 쟁반에 넣고 균근 발달을 8일, 35일, 90일 후에 살펴보았다. 이 잔재물에 균이 정착함에 따라 잔재물을 넣지 않은 대조 균근식물(d)과 비교해서 식물 생장이 증가하였다. *출처: Perez-Moreno and Read (2000)*. (원색도판 참조)

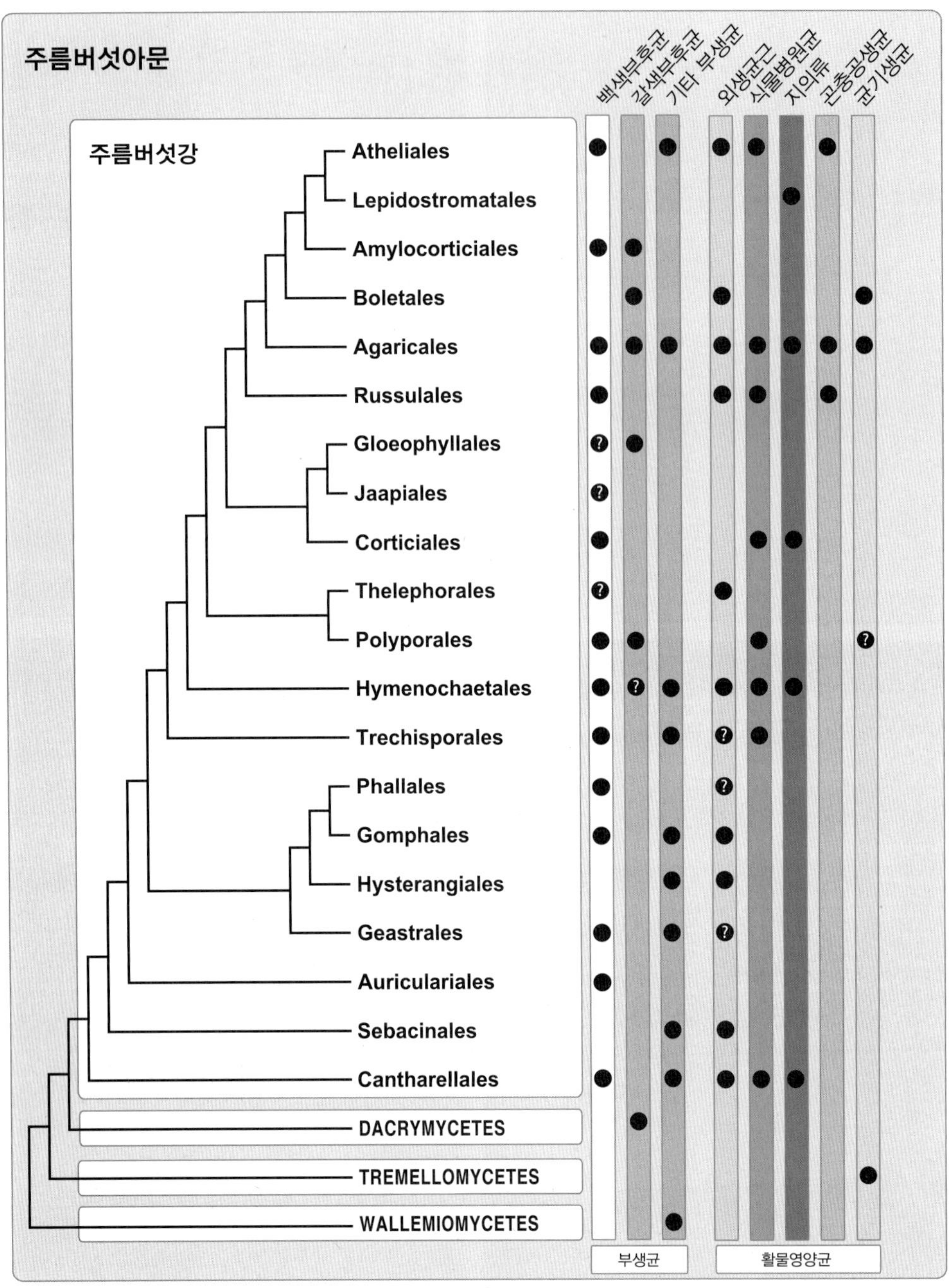

그림 7.10 주름버섯아문에서 주요 영양섭취방식에 따른 계통발생 분포도. 이 계통도는 최근의 계통유전체학과 다인자 계통발생학 연구를 요약한 것이다. 부생균에는 백색부후와 갈색부후의 목재부후균과 넓은 범위의 기타 부생균, 예를 들면 낙엽분해균, 분생균, 케라틴분해균 등이 포함된다. 백색부후균은 매우 광범위하게 분포하여 주름버섯강에 속하는 균들의 조상이 되었겠지만, 주름버섯아문 전체의 조상은 아닐 것이다 [붉은목이강(Dacrymycetes), 흰목이강(Tremellomycetes), 왈레미강(Wallemiomycetes)의 균류는 포함되지 않는 것에 주목]. 갈색부후균은 적어도 주름버섯강의 5개 목에서, 그리고 붉은목이강에서 독립적으로 진화하였다. 활물영양균에는 외생균근균, 식물병원균, 지의류 형성 담자균, 곤충공생균 그리고 균기생균이 포함된다. 이들은 모두 궁극적으로는 부생성 조상으로부터 유래하였다. 또한 주름버섯아문은 여기에 표기되지 않은 활물영양균으로 내생균, 선충포식균, 세균섭식균, 조류와 선태류의 기생균, 그리고 동물병원균이 포함된다. 물음표는 불확실한 것을 나타낸다. 출처: *James et al. (2006). David Hibbett* 그림. (원색도판 참조)

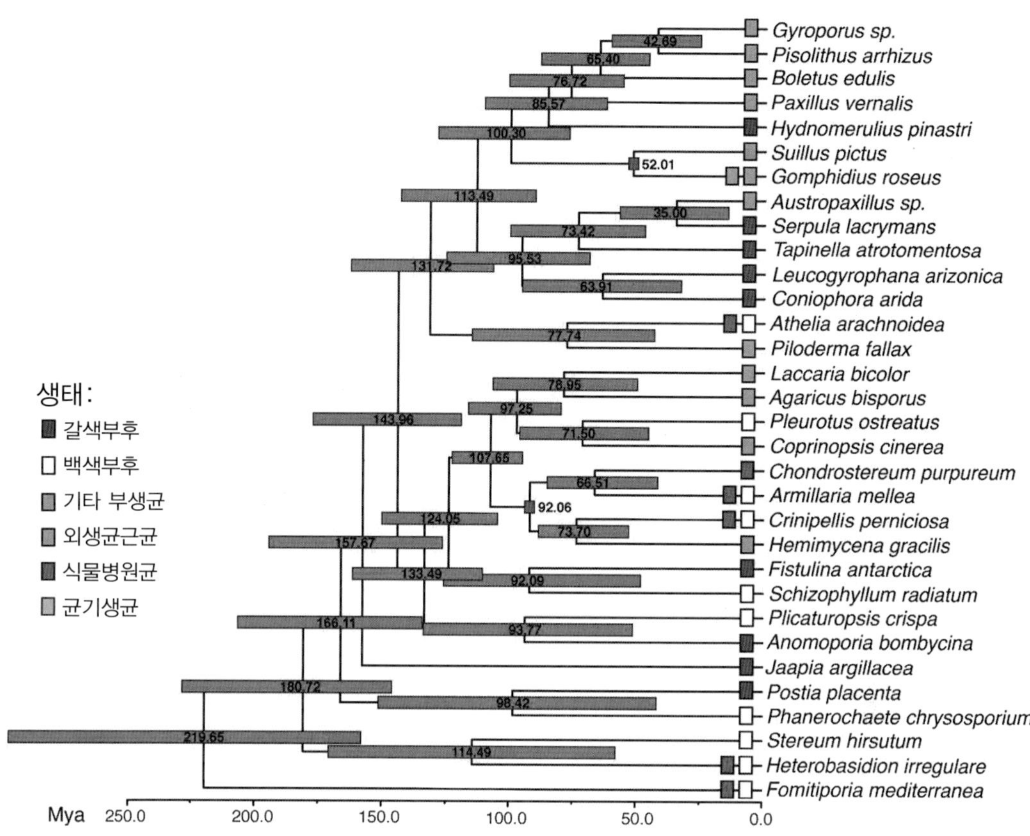

그림 7.11 주름버섯강 균류의 생태에 따른 분자적 계통발생과 진화. 이 시계열 그림은 분자시계 분석법으로 6개 유전자 자료 세트의 조합으로부터 유추한 것이다. 이것은 또한 주름버섯강 균류의 영양 획득 방식이 분화하는 것을 나타내는데, 분화 시기는 속씨식물과 겉씨식물의 것과 비슷하다. 추정된 분화의 시간대는 파란색 띠로, 이 띠 안에는 평균 기간을 적었다. 화석의 나이로 조정된 지점은 빨간색으로 나타내었다 (인쇄판에는 암회색). *출처: D. Floudas, in Eastwood et al. (2001) 제5장, Further Reading.* (원색도판 참조)

서 나온 탄소화합물이 계속적으로 더해지면서 아래로부터도 증가한다는 것을 제시하고 있다. 스칸디나비아 호수의 섬들에서 수백 년 내지 수백만 년 동안 발달한 북방림 토양의 시계열(chronosequence)을 조사하였다. 그 결과 섬이 작을수록 토양탄소는 오래된 것이었다. 그 이유는 작은 섬에서는 통계적으로 번개 횟수가 적어서 불이 덜 났기 때문이다. 이런 작은 섬에서는 2000년 동안 불이 없었고 주로 균근균과 뿌리가 자리잡은 깊은 토양층은 잘 분해되지 않았으므로, 이들에서 유래한 유기물이 많이 축적되었다. 그런데 이 뿌리와 곰팡이 유래 물질은 질소와 견고히 결합해 있어서 식물 생장을 도울 가용 질소를 거의 내놓지 않는다. 다른 연구에서는 산림의 곰팡이가 이와 같은 복합물질로부터 질소와 인산을 유리할 수 있는 다양한 효소를 가지고 있다고 하였다. 그러나 이 복잡한 유기물은 다양한 화학적 결합을 가지고 있기 때문에 대부분의 토양미생물이 쉽게 분해 대상으로 선택하지 않음에 따라 분해가 더 느리게 되었다.

근외균사는 용해도가 낮은 무기물로부터 양분을 잘 획득하도록 도와준다. 이 균사가 유기산을 분비하고 바위로 침투함으로써 양분이 부족한 암석투성이 땅에서 자라는 외생균근성 수목은 아래에 깔린 암석과 토양내 비용해성 무기입자로부터 균사를 통하여 무기양분을 획득할 수 있게 된다. 이 내용은 제5장의 181쪽에 기술되어 있다. 궁극적으로 이 무기물질은 지상에 있는 전체 생물상이 필요로 하는 무기양분의 유일한 공급처이기 때문에, 위에서 말한 과정은 북방림이 형성되고 유지되는 핵심이다. 몇몇 흔한 외생균근 균종, 예를 들면 비단그물버섯(*Suillus*), 젖버섯(*Lactarius*), 필로더마(*Piloderma*) 속의 종은 적어도 토양 50 cm 깊이로 들어가서 무기물층에 이른다. 이 정도의 깊이에서는 몇 종만 독점적으로 존재한다. 이런 산림에는 전형적으로 양분이 부족하고 산성인 **포드졸(podsol)** 토양이 강하게 자리 잡고 있다. 이 토양에서는 색깔이 짙은 유기물층이 색깔이 옅고 양분이 심하게 세척된 용탈층 위에 자리하고 있다. 이 용탈층은 인을 함유한 무기 인회석을 함유하고 있다. 균근균이 이용하는 그 외 다른 무기양분으로는 칼슘, 마그네슘, 칼륨을 함유한 규산염이 있다. 균사는 세포의 팽압과 구연산과 옥살산의 분비라는 두 가지 방법으로 인회석 입자 속으로 자라 들어간다. 용해성 인산염을 방출하기 위해서는 수소 첨가와 킬레이트화 작용이 모두 관여한다. 이와 같은 방법으로 외생균근 뿌리는 토양내 경쟁하는 생물을 피하고, 포드졸 토양의 산성용액에 흔히 존재하는 알루미늄 같은 독성 금속이온을 피하면서 직접 인에 도달한다. 그 외에 외생균근균이 암석으로부터 획득하는 필수 양이온으로는 철분이 있다. 철분은 *Cenococcum geophilum*이나 무우자갈버섯(*Hebeloma crustuliniforme*) 같은 흔한 균근균이 분비하는 페리크로신(ferricrocin) 같은 철분포획 시데로포어 분자(제5장, 159쪽)에 흡착된다. 무기물의 용해는 토양내 무기질 입자에 국한되지 않는다. 암석 표면도 곰팡이의 **생물풍화작용(bioweathering)**으로 용해되며, 영양원으로서 단단한 암석을 이용할 수 있는 균근공생체의 능력으로 인하여 몇 종류의 소나무는 직접 암석으로 뿌리를 뻗는 능력을 가지게 되었을 것이다.

식물군집과 균근균 간에는 다양한 상호작용이 있기 때문에 다양한 외생균근 군집이 형성되는 과정은 흥미롭다. 산림에 들어가서 균류를 살펴보면 흔히 균근성 버섯에 해당하는 광대버섯속, 무당버섯속, 그물버섯속, 졸각버섯속, 끈적버섯속, 송이버섯속 등 수십 개의 자실체를 보게 될 것이다. 또한 작은 뿌리를 파보면 이와 비슷하게 많은 수의 외생균근 형태를 보게 것이며, 뿌리 샘플을 분자적으로 분석하면 훨씬 더 많은 종이 나타날 것이다. 이런 다양한 종 중에서 대부분은 소수의 흔한 분류군에 해당할 수 있으나, 집중적으로 샘플을 채집하면 희귀한 종의 수가 거의 무한대로 기록될 것이다. 이런 균류들은 어떻게 여기에 도달하였을까?

온대기후에서 자주졸각버섯(*Laccaria amethystina*)은 자주색이 확연한 자실체와 자줏빛이 옅게 보이는 외생균근을 형성하는데, 새로 생겨난 묘목의 뿌리를 처음 차지하는 균류 중의 하나이다. 이 버섯 균근균은 쉽게 발아하는 포자로서 쉽게 기주뿌리를 점유하여 다양한 기주수목과 공생한다. 그래서 외생균근 군집에서는 이 균을 광범위하게 번지는 잡균(ruderal)으로 취급한다. 그 외 종으로 끈적버섯속의 버섯은 오래된 숲에서 잘 나타나는 것으로 수목 뿌리를 나중에 점유한다. 이들의 포자는 발아가 느리고, 기존의 균근으로부터 자라나온 균사로서 새 뿌리를 쉽게 점유한다.

균류 종의 도착과 정착은 이들의 분산능력에 달려있다. 많은 외생균근 종이 어마어마한 양의 포자를 공기 중으로 내뿜지만 이 포자 밀도는 거리가 멀어짐에 따라 기하급수적으로 낮아지는데, 뿌리를 점유하는 정도는 이 포자량에 비례한다. 종이나 종내 다양성을 경관 또는 지리적 규모로 분석해 보면, 외생균근 군집은 분산능력에 따라 결정된다. 균근균은 어떤 종이든 어디에나 있다는 것은 진실이 아니다. 외생균근균은 어디에나 분포하는 것이 아니다. 신열대구나 구열대구의 우림과 같은 지리적인 대규모 면적에서 볼 때, 외생균근 개체군 분포는 대체로 지역적이다. 공기 중에 퍼진 포자는 그 종의 분포지 내에서는 개체군내 유전자 흐름을 수월하게 한다.

진달래균근균

진달래과식물은 산성토양인 히스지대와 고산지대에서 우점하는데, 그 예로는 캘루나(*Calluna*), 에리카(*Erica*), 산앵도나무(*Vaccinium*), 아잘레아(*Azalea*), 진달래(*Rhododendron*), 그리고 건조한 모래토양에 사는 호주의 에파크리스(*Epacris*)가 있다. 진달래과식물은 주로 살갗버섯목(Helotiales)의 자낭균과 공생하여 진달래균근을 형성하므로, 다른 식물들은 살 수 없을 정도로 무기양분이 부족하고 산성이 강한 고산토양에서도 자랄 수 있다. 기주식물은 곰팡이에게 광합성에서 생성한 당을 공급한다. 반면에, 공생 균류는 양분을 획득하기 위하여 방출한 효소와 시데로포어를 통하여 식물이 불용성 유기물로부터 무기양분을 획득하도록 해준다. 살갗버섯목의 균은 곤드와나랜드에서 백악기 동안에 생겨나서 다양화되었으므로, 이 곤드와나랜드가 진달래균근 공생체들의 기원지인 것으로 생각된다.

진달래과식물의 뿌리 형태는 특이하다. 이들은 하나의 세포로 된 뿌리털 대신에, 직경이 100~750 μm 밖에 안 되는 매우 가는 다세포로 된 뿌리, 즉 털뿌리(hair root)를 지니고 있다. 이 털뿌리 부분 중에서 생장하는 뿌리 정단분열조직의 바로 아래에 있는 최외단 표피층은 그 속에 균사가 겹겹이 쌓인 세포로 구성되어 있다 (그림 7.1d와 7.2e, f). 털뿌리 부피의 80%는 세포 내부에서 자라는 곰팡이로 들어차 있고, 중심부의 도관부와 피층은 상당히 축소되어 있다. 토양에서 뿌리 세포벽을 뚫고 들어와서 증식한 균사는 각각의 털뿌리 세포를 따로 점유하는데, 이들 균사는 기주세포의 원형질막을 함입하여 들어가 있다. 이 털뿌리에서 균이 공생하는 표피조직은 뿌리가 2차적으로 두꺼워지기 전까지 2~3주 동안만 생존한다. 그래서 진달래균근에서 뿌리의 재감염을 지속적으로 유지하기 위해서는, 이에 적합한 자생적인 토양균류 개체군이 필수적으로 필요하다. 공생균근을 전자현미경으로 살펴보면, 기주식물과 공생체의 원형질막 사이에는 관계 조직망이 분명하다. 즉, 균사 주위를 둘러싸는 식물 세포질에는 조면소포체와 미토콘드리아가 많은데, 이는 균근균이 획득한 양분을 얻으려고 하는 역동적인 생리활동이 관련하고 있음을 나타낸다. 살갗버섯목에는 부생성 토양서식 자낭균이 많이 등록되어 있는데, 이들은 자실체와 포자의 형태로서 잘 식별되고 쉽게 배양될 수 있다. 진달래과식물 뿌리에서 분리배양된 균들은 느리게 자라면서 검은색 균사를 만들지만 포자는 형성하지 않는다.

분자적 계통발생 연구를 통해서, 진달래균근균에는 이전에 직접 관찰하거나 균근으로부터 분리 배양하여 알았던 것보다 훨씬 다양한 분류학적 그룹이 존재한다는 것을 알게 되었다. *Rhizoscyphus* (=*Hymenoscyphus*) *ericae*는 하나의 종이 아니고 살갗버섯목의 다양한 계통군으로 구성되어 있다. 배양실험으로써 단일계통군 중에서도 공생적인 것과 부생적인 구성원이 기능적으로나 유전적으로 구별된다는 것을 알게 되었다. 환경적인 유전체 분석으로 뿌리와 공생하는 많은 균류가 드러났다. 하지만 진정한 진달래균근균으로 구분되기 위해서는, 이들이 위에서 언급한 특징적인 형태를 형성하는지 확인할 필요가 있다. 이전에는 간과하였던 담자균류 곤약버섯목(Sebacinales)의 균류는 뿌리 공생균으로 어디에서나 나타나며, 외생균근뿐만 아니라 진달래균근, 균류기생균, 부생균에도 있다. 캐토티리아목(Chaetothyriales)에 속하는 균류는 진달래균근을 형성하는 특히 중요한 자낭균이다. 이들은 진달래균근에서 추출한 균류 DNA에서 대부분 검출되며, 순수배양에서는 뿌리와 공생하여 세포 내부에 특징적인 코일모양의 균사를 형성한다.

진달래균근균의 효소는 식물이나 동물의 유기물 잔재를 분해하여 결합되어 있던 질소와 인을 유리하여 양분을 얻는다. 추운 지방에서, 진달래균근이 우점하는 산성 생태계에서는 미생물의 분해활동이 광합성 생산보다 느리다. 목본식물과 곰팡이 잔재물 그리고 곤충의 외골격 같은 유기물은 갈색이탄층에 두껍게 쌓여서 산성부식토양(**mor soils**)의 표토층을 형성한다. 페놀성 리그닌은 단백질과 결합하여 복잡하고 오랫동안 잔존하는 질소 화합물을 형성하므로 식물 뿌리가 이용할 수 없다. 마찬가지로 인은 다당류와 파이테이트(**phytate**, phosphomonoester) 형태로 공유결합하여 부동화된다. 진달래균근균이 감염된 털뿌리에서 뻗어 나온 균사는 분비되어 세포벽에 결합한 효소를 가지고 이들 물질을 분해한다. 이 효소들은 phytases 및 phosphodiesterases로서 각각 파이테이트와 핵산을 가수분해하여 인산염을 유리시킨다. 미소생태계를 이용한 시험으로 진달래균근균은 유리된 무기양분을 축적하여 기주식물로 가져오는 능력이 있다는 것을 증명하였다.

균류종속영양적 공생관계

균류종속영양성(**mycoheterotrophy**)이란 어떤 식물종이 진화 과정에서 엽록체를 잃어서 광합성은 수행하지 못하고, 탄소원/에너지원을 균근균류의 균사에 의존하는 식물의 영양획득 형태이다. 엄밀히 말하면, 균류종속영양성 식물이 균근균류에 기생하는 것으로서 균근 상리공생으로 공유한 탄소 자원을 속여서 빼앗는 셈이다. 10개과 87속에 약 400종의 식물은 엽록소가 없고, 필요한 탄소는 모두 곰팡이로 연결된 녹색식물 기주로부터 얻는다. 지구상에는 부분적으로는 균류에 의존하는 대략 2만 종의 **균류종속영양식물**(**mixotroph**)이 있는데, 이들 대부분은 유묘 시기에만 곰팡이에 의존한다. 균류종속식물들은 빛이 부족해서 광합성이 부족한 숲의 하층에 주로 분포한다. 수지상균근성 균류종속식물에는 다양한 분류군의 식물이 포함된다. 예를 들면, 선류, 태류, 양치식물류, 그리고 녹색이 아닌 많은 현화식물이 포함된다. 외생균근균을 이용하는 균류종속식물로는 여러 식물 과에서 대표적인 것들이 있다. 그러나 많은 것은 난과식물이고, 이들은 모두 발아할 때 공생균이 필요하고, 몇몇은 잠시 균류종속영양성이고, 그 외는 엽록체가 없어서 온전히 균류가 공급해 주는 양분에 의존하여 살아간다. 심지어 호주의 *Rhizanthella gardneri*는 전체 생활사를 땅속에서 보내는 난과식물이다. 완전한 균류종속영양성 속씨식물 400종에서 35%는 난초류이다. 난초류 종자는 먼지 같은 크기로 발아하기에는 양분이 턱없이 모자란다. 그래서 난초류의 배는 적당한 균류와 공생해서 당분을 가져오고 뿌리와 순의 원기가 발달하도록 해야만 한다. 산림토양에 있는 난초 종자는 그 지역의 외생균근균 균사로 감염될 필요가 있다. 예를 들면, *Neottia nidus-avis* 난초는 유럽너도밤나무(*Fagus sylvatica*)와의 거리 5 m 이내에서만 발아한다. 이곳에서 난초 발아묘는 유럽너도밤나무의 외생균근 담자균인 곤약버섯(*Sebacina*) 종과 공생하여 양분을 공급 받는다. 균류종속식물은 외생균근 식물이나 진달래균근 식물에 비하여 균류공생자에 대한 선택성이 높다. 그러므로 이와 같은 식물 종을 보전하기 위해서는, 특이한 균근균이 존재하는 토양의 서식지를 보존하는 것이 중요하다.

일반적 균근 연결망

균근균 균사체가 기주식물의 뿌리를 나와서 토양 속으로 들어가면 주위 기주식물도 점유할 수 있게 된다. 이에 따라 개개의 식물은 땅속의 균근 연결망, 흔히 말하는 숲 전체 연결망과 연결된다.

식물과 곰팡이 공생체가 화합할 수 있는 경우라면 균사망을 통하여 연결된 다른 수종의 식물과도 양분교환이 일어날 수 있다. 균사끈을 형성하는 균은 식물체 간에 상당한 양의 양분을 재분배하는 것으로 밝혀졌다. 자연에서 어떤 식물 종들은 특정 서식지에서 규칙적으로 함께 나타나서, 아래 언급된 것과 같이 서로 돕는다는 이론을 지지한다. 북부 스코틀랜드에서는 소나무 아래에 흔히 월귤나무(*Vaccinium vitis-idaea*)가 자란다. 분자분석에 의하면 소나무 뿌리의 외생균근균은 자낭균 술잔고무버섯(*Hymenoscyphus ericae*)과 같은 그룹인 *Meliniomyces* 속으로 동정되었고 월귤나무 뿌리와는 진달래균근을 형성하였다. 미소생태계 실험에서는 식물들 사이에 연결된 균사를 통해 소나무와 월귤나무 간에 탄소화합물과 질소화합물이 가역적으로 상호교환되는 것이 밝혀졌다. 이것은 *Meliniomyces* 균사가 산림에서 자원들을 상호교환할 수 있음을 나타낸다. 빛을 많이 받는 소나무의 임관에서 내려온 광합성산물이 소나무와의 외생균근 연결을 통하여 그늘에 있는 월귤나무로 공급되는 동안에 진달래균근은 질소가 부족한 이탄토양으로부터 질소를 획득하도록 도울 수 있을 것이다.

토양내 균사 연결망의 물리적인 크기는 부분적으로는 식물과 균류 간의 선택성과 균류 간의 유전적 화합성에 따라 달라진다. 모든 식물이 우점적인 균근균과 친화성이 있고 균류 자체도 화합성이 있어 주위 균사들과 융합할 수 있는 경우에는, 이론적으로도 여러 식물을 포함하는 균사망이 형성될 수 있을 것이다. 어떤 균류의 유전자형이 기주식물 선택성에서 충분히 다재다능하다면, 여러 식물 종으로 구성된 군집은 이 균의 균사를 통해 연결될 수 있을 것이다. 그러나 아종 수준에서는 알고 있는 것보다 기주선택성이 더 강할 수는 있다. 다양한 상호작용이 있는 유형을 구분해 내기 위해서 군집 내에서 균근균과 식물 간에 상호작용을 네트워크 방법으로 분석하였다. 종래의 짝대비 분석과는 달리, 네트워크 이론은 서식지 내의 균류 전체 개체군과 식물 군집 사이에 가능한 여러 개의 상호작용 패턴을 다룬다. 상호작용 네트워크의 위상은 이전에는 감지되지 않았던 기주 특이성도 예측할 수 있다. 이미 보편적 균과 균근관계를 형성한 기주식물에 기주특이적 균이 추가적으로 관계를 맺는 '네스티드' 네트워크 구조는 상리적 협동관계에서 흔하게 나타난다. 예를 들면, 100 m^2 크기의 숲에서 450개 식물 개체로부터 얻은 글로메로균류의 DNA 염기서열을 분석한 결과, 상호작용의 패턴에는 기주특이성이 있거나 보편성이 있는 수지상균근균이 모두 존재함이 예측되었다. 이런 현상은 이전의 연구로부터도 예상되었는데, 단일종을 재배하는 농경지보다는 자연식물 군집이 더 다양한 수지상균근균류의 기주가 된다는 것이다. 그러나 네트워크 분석을 통해 관심 있는 분류군을 현장에서 조사하는 기초를 마련할 수 있으므로, 그 염기서열 결과를 통하여 상호작용하는 종들을 더 확실하게 알아낼 수 있다.

서식지 요인은 계통발생(진화) 만큼이나 균근 집합체의 구성에 큰 영향을 미친다. 인도양 리유니언섬에 있는 430본의 난초식물과 이들의 균근균에 대하여 네트워크 분석한 결과로부터 새롭고 흥미로운 결과를 얻었다. 그 난초들은 나뭇가지 위에 사는 착생성이거나 뿌리를 가진 지상성이었다. 이들 곰팡이는 모두 담자균의 무성세대인 *Rhizoctonia*에 속하였다. 그러나 착생성과 지상성 난초류에 사는 균류의 개체군 간에는 계통발생학적으로 중첩되는 것이 거의 없었다. 이 두 가지 다른 균류 개체군은 공유한 생태환경 속에서 여러 계통발생적(진화적)인 조상으로부터 모인 것으로 보인다. 이 분석결과는 곰팡이의 적소적응(niche adaptation)이 서로 다르다는 것을 의미한다. 지상성이거나 착생성이거나 간에 난초식물은 분말 같은 종자에 있는 아주 미량의 양분을 보충하기 위하여 곰팡이를 이용하지만, 지상성 난초는 계속해서 곰팡이를 이용하여 토양으로부터 탄소자원을 획득한다. 따라서 이들은 섬유소를 분해하는 능력과 같은 일련의 추가적인 특성을 갖도록 선발되었다고 예측된다.

어떤 서식지에서 이미 존재하던 보통 균근의 연결망은 이미 정착한 성숙 개체로부터 얻은 광합성 산물을 가지고 새로 들어온 식물의 묘목이 잘 정착하도록 도울 수 있다. 예를 들면, 후지산에서 화산재로 된 사막 같은 경사지에서 균근 연결망은 식생이 점차로 자리 잡는 데 중요한 역할을 한다. 여기에서 첫 번째 식생인 버드나무는 드문드문 덤불을 이루고 공기 중으로 전파된 균류 포자로 외생균근을 형성한다. 그리하여 이 첫 번째 식생은 균근균으로서 서로 화합할 수 있는 다른 식물의 생장을 돌본다. 이런 공통적인 균근 연결망의 보육기능을 활용하여 임업에서는 적절한 외생균근균을 가진 감염묘를 식재하여 산림 생태계를 재생시킬 수 있다. 예를 들면, 미국 오리건에서는 상록 혼효림을 재생하기 위하여 주위 토양에 균사망을 발달시키는 다양한 균근 분류군과 공생하는 마드론(*Arbutus menziesii*) 묘목을 심어서 복원을 돕고 있다.

성숙한 산림에서 외생균근균의 개체들이 나무를 감염하는 양상을 여러 크기의 기주수목과 관련지어 지도로 그렸다. 미송(*Pseudotsuga menziesii* var. *glauca*) 임분 내의 30×30 m 조사구에서 알버섯 종류인 *Rhizopogon vinicolor*와 *R. vesiculosus*의 2종은 각각 13~14개 지네트(제4장, 100쪽)를 형성하였고, 각 지네트는 19개 나무를 감염하였다. *R. vesiculosus* 지네트는 *R. vinicolor*보다 넓게 분포하고 더 많은 나무와 연결되었다. 큰 나무들은 공간적 연결망에서 균사 조직체의 중심부로 중요한 연결점을 형성하였는데, 이것은 수 미터의 면적에서 여러 수령의 감염된 나무들을 포함하고 있었다.

일반적인 균근 연결망에서 균류의 연결성은 공간적 범위와 유지기간에서 역동적인 변화가 있다. 물리적 변화와 생물적 상호작용으로 인하여 균사 연결이 형성되고 소멸됨에 따라 이 연결성은 계속 변한다는 것을 예상할 수 있다. 산림 내에서 몇몇 흔한 외생균근균의 지중 분포를 그려보면, 각각의 종에 따라 차지하는 면적의 상대적인 크기가 변하는 것을 알 수 있다. 전부는 아니지만 몇몇 외생균근균 종은 누덕누덕 작은 면적으로 분포하고, 그 면적은 균종과 계절에 따라 달라진다.

지의류

지의류(lichens)는 **균류기주(공생균체, mycobiont)**에게 탄소화합물을 제공하는 단세포 또는 사상성 **광합성세포(공생조체, photobiont)** 개체군을 위해 서식지를 제공하며 진화해 온 균류이다. 앞에서 설명한 균근 관계와 달리, 지의류에서는 균류 공생자가 주요 구조적 구성성분을 형성한다. **지의체(thallus)**라고 하는 분화된 다세포체의 형태를 취하고 있으며, 공생조체 세포를 수용하는 특수한 층을 포함하는 한정된 조직으로 이루어져 있다. 이 관계는 공생조체가 무사히 지속되고, 그 형태와 기능이 균류 기주와 밀접하게 통합되어 있는 그 안정성 때문에 전통적으로 상리공생이라고 한다. 자체적으로 내부에 광합성 탄소 공급원을 갖고 있다는 것은 지의화한 균류가 탄소와 에너지원을 얻기 위해 토양과 유기물을 이용해 생장할 필요가 없다는 것이다. 대신에 지의류는 안정된 토양, 바위, 나무, 심지어는 콘크리트, 고무, 플라스틱과 같은 인공 표면, 단단한 표면에 부착해서 빛에 노출된 채로 지상에서 자란다. 지의류는 다양한 표현형을 보여준다 (그림 7.12). 일부는

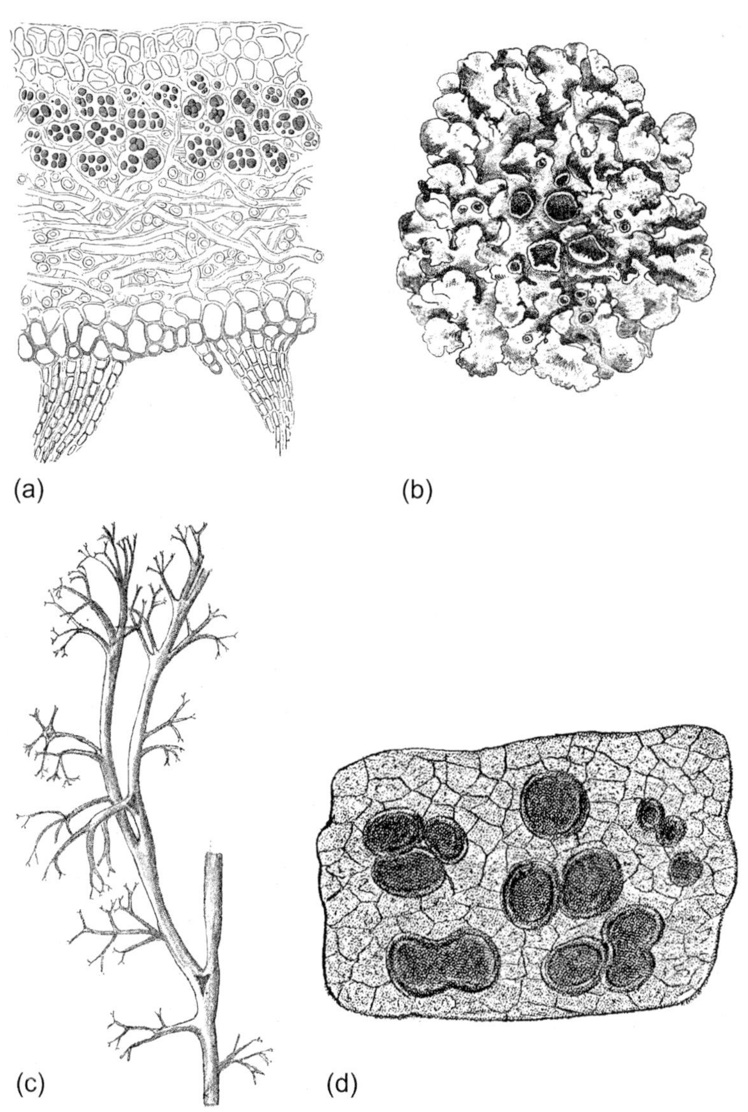

그림 7.12 지의류의 구조와 형태 범위. (a) 엽상지의 *Sticta fuliginosa*의 횡단면으로서 지의체의 상면피층에서 공생조체의 위치를 보여준다. (b) 엽상지의 *Parmelia acetabulum*. (c) 수지상지의 *Cladonia rangiferina*. (d) 고착지의 *Lecidea confluens*. *출처: The Bodleian Library, University of Oxford, from Engler and Prantl (1907).*

기저부 또는 가장자리의 한정된 영역에서 자라는 엽상(**foliose**) 또는 수지상(**fruticose**)의 입체 구조를 형성한다. 습기가 많은 환경에서는 수십 **cm**의 젤라틴 모양의 판이나 얽힌 나뭇가지처럼 자랄 수 있으나, 내부에 장거리 수분 이동이 없기 때문에 빛을 두고 관속식물과 경쟁할 정도로 크게 자랄 수가 없다. 일부는 단단하고 건조한 껍질을 바위에 단단히 붙어서(고착, **crustose**) 너무 느리게 자라기 때문에 생명체보다는 페인트 자국처럼 보일 수 있으며, 어떤 것들은 기질에 붙어서 자갈처럼 자란다. 어떤 지의류는 두 공생자의 대사연합에 의해 생성된 **2**차대사물질로 인해 아름다운 색을 띠고 있다. 형태는 균류의 종에 따라 결정되며, 공생조체는 자유로운 형태를 유지한다. 공생균체의 포자를 분리 배양하면 지의류 형성 균류는 생태적으로 독자 생존할 수 없으며 일반적으로 느리고 약한 균사 생장만 한다. 일부 지의화한 균류는 두 가지 또는 드물게는 3가지의 공생조체와 관계를 형성하는데, 각각은 다른 표현형을 나타낸다. 지의류는 각각이 하나의 이름을 가진 공생균체와 공생조체 사이의 하나의 연합체로 동정된다. 공생조체와 공생균체 사이의 친밀성과 기능의 상보성에도 불구하고, 유성생식은 공생균체에 의해 생성된 자낭포자(드물게는 담자포자)에 국한된다. 공생균체와 공생조체 조직의 덩어리, 즉 **분아**(**soredia**)가 산포되면 이 연합체는 영양번식이 가능하며, 새로운 개체가 만들어진다. 유성생식은 자낭포자를 통한 공생균체만의 재조합에 의해 이루어진다. 새로운 지의류 개체를 형성하기 위해서는, 예를 들어 하나의 자낭포자가 녹조류나 남세균이 이미 서식하고 있는 습한 표면에 떨어질 때처럼 적절한 공생조체와 만나서 결합해야 한다.

분류와 명명

공생하고 있는 지의류의 표현형이 종으로서 동정되고 표현되고 있지만 생물학적 종개념은 적용되지 않으며, 지의류는 공생균류의 계통에 의해 분류된다. 종 이름은 공생균체를 지칭한다. 17,500~20,000종이 기록되어 있으며, 이 중 99%가 자낭균류인데, 알려진 자낭균류 중 40% 이상이 지의류를 형성하며 모두 주발버섯아문(Pezizomycotina)에 속한다. 상대적으로 아주 적은 수의 지의류(약 50종)가 담자균류의 4개 과에 속한다. 대조적으로, 지의류를 형성하는 공생조체는 150종이하가 알려져 있으며 대부분은 속 수준으로만 알려져 있다. 종 수준까지 알려진 것은 거의 없지만, 공생조체의 다양성은 공생균체보다 훨씬 더 적으며 대략 85%는 녹조류이고 주로 *Trebouxia* 속에 속한다. *Trebouxia* 종에 대한 선택성은 거의 없는 것으로 보인다. 예를 들어, 지의류 *Lecanora rupicola*는 세계적으로 규산질 암석에서 발견되는 고착형 종이다. 지리적으로 다양한 지역에서 채취한 *L. rupicola*와 관련된 *Trebouxia*는 계통적으로 서로 거리가 먼 것으로 밝혀졌다. 지의류의 약 10%는 녹조류보다는 남세균을 갖고 있으며, 약 4%의 지의류는 둘 다 가지고 있다. 많은 지의류에서 남세균은 **두상체**(**cephalodia**)라는 미호기성 상태가 유지되는 구조 안에서 분열하여, 분자질소를 암모니아로의 환원을 촉매하는 질소고정효소의 활성을 촉진한다. 남세균은 질소고정능력으로 인해 탄소뿐만 아니라 질소화합물도 지의류 공생에 기여한다. 새로운 공생조체는 특히 더 단순한 형태와 연구가 덜 이루어진 서식지에서 계속해서 발견되고 있다. 지의류에서 분리된 광합성 녹조류 및 남세균과 자유생활을 하는 미생물로 알려진 동일 분류군에 속하는 것들과의 사이에서 차이점은 아직 발견되지 않았다.

지의류의 내부나 외부에는 엄청나게 다양한 작은 생물들이 살고 있다. 지의류는 개체 하나가 아니라 그 수를 알 수 없는 생물의 연합체로 알려져 있다. 유럽의 산악지대에서 발견되는 엽상 지의류인 *Lobaria pulmonaria*의 메타게놈 분석을 통해 공생의 생존능력과 생산성에 기여할 수 있는 유전적 잠재성을 지닌 수백 가지의 세균을 포함하는 광범위한 미생물상이 최근에 밝혀졌다. 뿌리혹세균이 가장 풍부하며, 지의체 표면과 내부 모두에서 생장한다.

공생관계에 직접 관여하지 않는 내생균은 다른 어떤 서식지보다 더 많은 유형으로 나타난다. 내생균은 공생 녹조류와 우선적으로 관련이 있으며 지의류 내생균은 진화적으로 관속식물의 기생성 균류를 위한 번식지였을 것으로 추측하고 있다. 지의류에 서식하는 다른 생물로는 세균, 기생균, 응애 같은 지의류 섭식 무척추동물이 있다.

생리와 적응

지의류는 이끼처럼 생장하고 있는 환경의 수분퍼텐셜과 평형을 이루는 **변수성**(**poikilohydric**) 생물이다. 지의류는 광합성 공생조체 세포가 지의체 내의 특정 위치에서 상대적으로 작은 부피를 차지하고 있는 균류조직으로서 생장한다. 따라서 많은 지의류 종이 간헐적으로 수분이 공급되는 조건에서도 느리지만 생장할 수는 있다. 이와 같은 생장을 가능하게 하는 독특한 세포 구조와 생리에 관해서는 크기가 크면서도 구조적으로 복잡한 지의류 *Sticta sylvatica*(그림 7.13)에서 자세히 분석되었는데, 상면피질과 하면피질의 균사는 대체로 직경이 같으며, 친수성 매트릭스에 서로 붙은 채로 묻혀있다. 지의체가 젖으면, 상면피질은 그 바로 아래에서 층을 이루는 공생조체의 세포로 빛을 전달한다. 중앙 부위(수질, **medulla**)는 느슨하게 엉긴 사상성 균사로 이루어져 있고, 그 사이에 기체로 채워진 공간이 있으며, 균사 세포벽을 덮고 있는 **하이드로포빈**(**hydrophobin**)(제2장, 53쪽) 층에 의해 물에 잠기지 않도록 되어 있다. 지의체가 분화하면 친수성 및 소수성 세포와 조

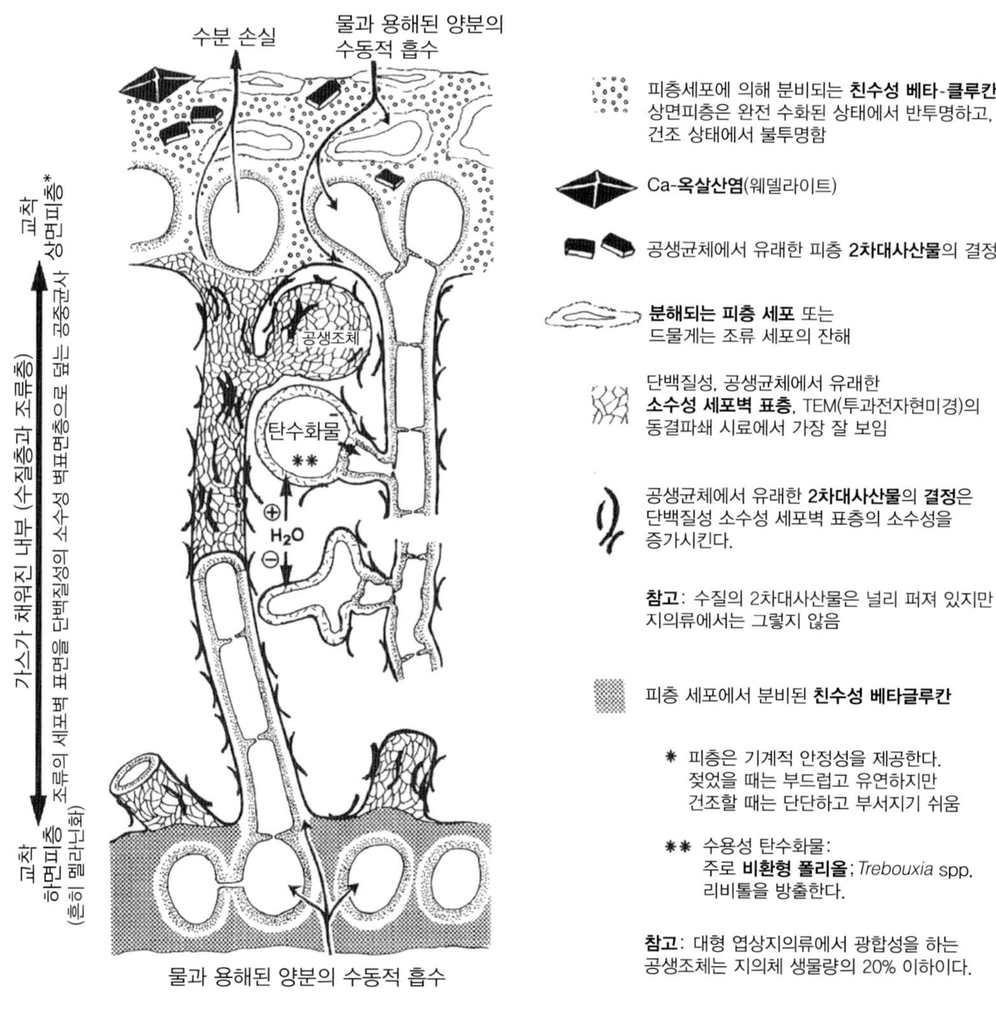

그림 7.13 지의류형성 자낭균의 내부에 층을 이루고 있는 지의체의 기능적 해부도. *출처: Honegger (2009).*

직이 뚜렷하게 나누어진다. *Peltigera* spp. 같은 일부 커다란 지의류의 조직(지의체)에서는 잎맥 모양의 두꺼워진 조직을 통해서 짧은 거리로 대량의 물이 흐른다. 이 조직의 세포벽은 매우 친수성이며, 외부는 소수성 층에 의해 싸여져 있어, 수동적이지만 물과 용질을 빠르게 모세관 흐름을 통해 전달한다. 건조한 날씨에 피질이 너무 많은 수분을 잃어서 수축하면 부서지기 쉬운 상태가 된다. 놀랍게도, 균류세포 내에 공기층이 발생할 수 있음에도 불구하고 세포 손상은 극히 적으며, 다시 젖으면 지의체는 수분을 흡수하여 세포 구조가 회복된다. 그러나 다시 수분을 흡수할 때 호흡보다 광합성을 재개하기까지 시간이 더 오래 걸리기 때문에 건조 시 광합성 동화에 비용이 들게 된다.

지의류에서 공생균체(mycobiont)와 공생조체(photobiont) 사이의 양분 교환을 위한 경계면은 세포내 흡기구조가 형성되지 않는다는 점에서 다른 여러 활물영양 관계와는 다르다. 그 대신에 지의류에서는 수질의 균사가 공생조체의 세포를 둘러싸는 점실성의 껍질 안으로 자라며, 공생조체와 균사세포는 소수성의 코팅 물질 안에 함께 밀봉된다. 공생조체에서 균류로 이동하는 탄소화합물은 녹조류에서는 폴리올(polyols)이고 남세균에서는 포도당(glucose)이다. 지의류가 강우나 습한 공기로 인해 수분을 흡수하여 촉촉해질 때, 광합성산물이 공생조체에서 방출되고 밀접하게 연관되어 있는 균사가 이를 흡수한다. 탄소 이동의 기작과 조절은 잘 알려지지 않았지만, 공생조체에서 균류로의 탄소 유동은 지의체의 수분 함량에 의존하는 것으로 밝혀졌다. 지의류 공생자 사이의 상호작용은 분자분석에 의해 균근의 공생관계보다 덜 순종적인 것으로 증명되었다. 지의류의 모델 종인 *Cladonia grayi*와 녹조류 공생자인 *Asterochloris* sp.을 혼합배양하여 유전자 발현을 유도하면, 균류에서는 세포 인식의 상향조절이 변화하며 양쪽 공생자에서는 물질대사가 변화한다. 남세균 지의류 *Pseudocyphellaria crocata*에서 이와 유사한 실험을 했는데, 남세균 공생자인 *Nostoc punctiforme*는 초기 지의체의 발달 동안 이질낭(heterocyst)의 질소고정과 관련된 유전자를 상향조절한다는 사실이 밝혀졌다.

지의류 공생에서 공생자 사이의 밀접한 상호작용은 통합된 형태 및 1차대사뿐만 아니라 균사가 만들고 균사 표면에서 결정화되는 '지의산(lichen acids)'을 포함하는 여러 2차대사물질로도 나타낼 수 있다 (제5장, 161쪽), 그러나 순수배양에서 나타나는 2차대사산물의 양과 특성은 지의화 상태에서의 산물과는 다를 수 있다. 타감화합물, 항세균, 항종양, 항초식동물, 항산화작용뿐만 아니라 광보호를 비롯한 생리활성을 가진 수천 가지 화합물의 특성이 밝혀졌다. 우슨산(usnic acid)은 반코마이신 내성 장구균(vancomycin-resistant enterococci)과 메티실린 내성 황색포도상구균(methicillin-resistant *Staphylococcus aureus*)의 임상적 분리균주를 포함하는 세균에 대한 활성을 갖는다. 전통적으로 지의류 산물은 민속적 용도가 다양하다. 천을 염색할 때 부드러운 여러 색을 내는 데 사용되며, 종의 동정에도 사용될 수 있다. *Letharia vulpine*에서 생성된 곰팡이독소인 불핀산(vulpinic acid)은 여우나 늑대의 독약으로 사용되어 왔다. 아트라노린(atranorin)은 야외의 상쾌한 냄새가 나는 남성용 화장품에 사용된다.

많은 지의류는 가뭄, 결빙, 고온, 주요 양분 부족같은 불량한 환경에서도 살아남을 수 있는 뛰어난 능력을 가지고 있으며, 남극, 북극, 고산지대, 사막, 초원 등과 같이 관속식물에게는 아주 가혹한 육상생태계에서 우점하고 있다. 지구 육지 질량의 12% 이상을 차지하는 생태계에서 지의류가 우점하고 있다. 암석의 내부(endolithic)나 외부(epilithic)에서 자라는 지의류는 세포 수준과 경관 수준 모두에서 광물 부식과 용해에서 중요한 역할을 수행한다. 건조한 지역에서 토양 표면에 결합하는 각피(crust)를 형성하는 지의류는 바람의 침식을 막아 토양 안정화 및 사막화 방지에 중요한 역할을 한다. 북극의 *Stereocaulon*과 *Peltigera* 같은 지의류는 이들이 나지나 건조한 땅에 서식할 수 있게 해 주는 변수성과 질소고정 능력을 갖고 있다. 동결을 견디는 지의류는 세포 내부가 아니라 세포 사이의 공간에서 얼음 결정체가 형성될 수 있도록 해 주는 벽 표면에 존재하는 얼음핵 형성 위치 덕분인 것으로 밝혀졌다. 공생조체는 스트레스 내성에 영향을 미칠 수 있는데, 예를 들면 조류 *Trebouxia*의 다른 분류군이 북극 지의류에서 발견되었으며, 그중 하나는 극도로 추운 서식지의 지의류와 밀접하게 관련된 분류군이었다.

아한대 북부지역의 식생은 *Cladonia*, *Cetraria*, *Stereocaulon*, *Alectoria*이 우점하고 있으며, 토양에 느슨하게 부착한 매트를 형성한다 (제12장, 383~386쪽). 이 지의류 매트는 순록 겨울 먹이의 60% 정도를 차지하고 있다. 안타깝게도 이들은 방사선 오염에 영향을 받았다. 지의류는 지의체 표면에서 금속 양이온을 흡수하여, 지의체 내에 금속 입자를 축적시킨다. 체르노빌과 후쿠시마 같은 수소폭탄 실험과 사고의 낙진에서 온 방사성 핵종은 지의류에 축적되어, 스칸디나비아 사미인과 북미 에스키모인의 건강에 위험요소가 되고 있는데, 이들은 지의류를 먹는 순록의 고기를 먹고 살기 때문에 몸에는 방사성 핵종이 높은 농도로 축적된다.

지의류는 여러 대기오염의 중요한 지표가 된다. 지의류에 결합한 납의 분석은 지구 대기의 납오염에 대한 종단자료를 제공해 왔으며, 자동차 배기가스에 대한 촉매변환장치를 도입한 후에 그 수준이 감소하였다. 지의류는 이산화황과 질소 오염(즉 암모니아, 질소산화물, 강우 퇴적물의 증가)에 민감하지만 종에 따라 영향을 받는 정도는 다양하므로 지의류 다양성은 대기오염 측정에 사용될 수 있다. 북극 지의류의 생리적 변화는 멀리 떨어진 산업화 지역에서 화석연료가 연소하여 발생한 질소산화물에 의한 대기오염을 나타낼 수 있다. 지의류 주변환경에 질소가 충분할 때, 지의류의 대사는 질소 제한에서 인 제한 대사로 변화한다.

진화

현존하는 지의류 종과 비교가 가능한 공생조체 및 계층화된 조직을 갖고 있으며, 지의류로 명확한 동정이 가능한 최초의 화석은 데본기의 4억 1500만 년된 암석에서 발견되었다. 내부의 해부학적 구조는 손상되지 않았고 주사전자현미경으로 관찰할 수 있었다. 이 지의류는 격벽 균사로 형성된 조직으로 이루어져 있으며, 남세균 및 단세포의 녹조류 공생조체와 주발버섯아문에 전형적인 병자각 내에 무성포자를 포함하고 있는 것으로 밝혀졌다.

분자유전학은 균류에서 지의류를 만드는 과정의 대한 우리의 이해를 변화시켰다. 우리는 이제 지의류 공생이 다원적이고, 독립적인 균류 계통에서 수렴진화해 왔다는 사실을 알고 있으며, Eurotiales의 *Aspergillus*와 *Penicillium* 같이 유명하고 널리 알려진 부생균은 이전에 갖고 있던 지의류 영양 형태를 잃어버렸다는 것이 밝혀졌다. 지의류였던 과거는 일부 부생균에게 페니실린을 비롯한 생물활성 2차대사산물의 합성 경로와 같이 중요한 생물학적 특성을 부여했을 수도 있기 때문에 특히 흥미롭다.

내생균

놀라운 다양성을 지닌 미세 균류가 식물조직의 세포 사이와 아포플라스트 공간에 서식하고 있으며, 이들을 **내생균(endophyte)**이라고 통칭한다. 식물은 세균과 바이러스뿐만 아니라 수천 종류의 내생균에게 서식지를 제공하고 있다. 일부는 기주식물에게 병을 일으키고, 기주식물에서 생식구조를 형성한다. 그러나 많은 내생균은 식물 표면에 육안으로 볼 수 없는 구조를 형성하며, 현미경을 이용한 관찰이나 분리배양 또는 DNA 분석을 통해서만 발견될 수 있다. 환경 유전체 수집을 통해 생물에 서식하는 미생물상을 밝혀내고 있는데, 식물도 마찬가지이다. 내생균은 자연 생태계 전체에 널리 분포한다. 아래에서 자세히 설명하는 일부 내생균은 기주식물의 적응도를 높이는 것으로 알려져 있으나, 대부분의 내생균의 생물학적인 면과 기주식물과의 상호작용에 대해서는 거의 알려지지 않았다. 이러한 높은 다양성이 식물의 생리와 생태에 미치는 영향을 파악하는 것이 현재의 과제이다. 대부분의 내생균은 자낭균류이며, 동충하초목(Hypocreales)에 속한다. 내생균은 기주식물의 범위, 감염 정도, 기주식물 사이의 전염 양식, 분류학적 다양성, 기주식물의 적응도에 미치는 영향에 따라 크게 4가지의 기능적 유형으로 나눌 수 있다 (표 7.1).

Clavicipitaceous 내생균. 자낭균인 동충하초목 맥각균과에 속하는 균류는 벼과식물(화곡류를 포함하는 초본)에서 내생균을 형성한다 (그림 7.14). 이 균류는 기생에서 상리공생에 이르는 다양한 식물과의 상호작용을 보여준다. 상리공생 내생균은 곤충과 초식동물 공격으로부터 기주식물을 보호하기 위하여 항곤충 및 항척추동물 독소를 생산함으로써 기주식물에 선택적 이익을 제공한다. *Epichloë* 속은 *Neotyphodium* 속으로 알려진 무성형으로만 발생하는데, 기주식물에서의 생활사가 다르다 (그림 7.15). *Epichloë* 종은 분생포자에 의한 무성생식을 하기도 하고, 화서에 형성된 자좌에서 자낭포자를 형성하는 유성세대를 통해서도 번식한다. 화곡류에서는 'choke'병을 일으키는 것으로 알려져 있다. 유성생식에 의한 자낭포자와 무성의 분생포자가 방출되기 때문에, 이 균은 한 식물개체에서 다른 개체로 전염되어 화곡류 개체군 전체에 수평적으로 확산될 수 있다. 그

표 7.1 내생균류의 등급 결정에 사용된 특성의 기준

	맥각균과	비-맥각균과		
기준	1급	2급	3급	4급
기주 범위	좁음	넓음	넓음	넓음
감염조직	지상부와 근경	지상부, 뿌리, 근경	지상부	뿌리
식물내 감염	넓음	넓음	제한적	넓음
식물내 다양성	낮음	낮음	높음	모름
전염	수직과 수평	수직과 수평	수평	수평
적합도 이익[a]	NHA	NHA, HA	NHA	NHA

[a]가뭄 내성이나 생장 증진 같은 비서식지 적응(Nonhabitat-adapted, NHA) 이익은 서식지의 기원에 관계없이 내생균 사이에서 일반적이다. 서식지적응(Habitat-adapted, HA) 이익은 pH, 온도, 염도 같은 서식지 특이적 선택압으로부터 나타난다.
출처: *Rodriguez et al. (2009).*

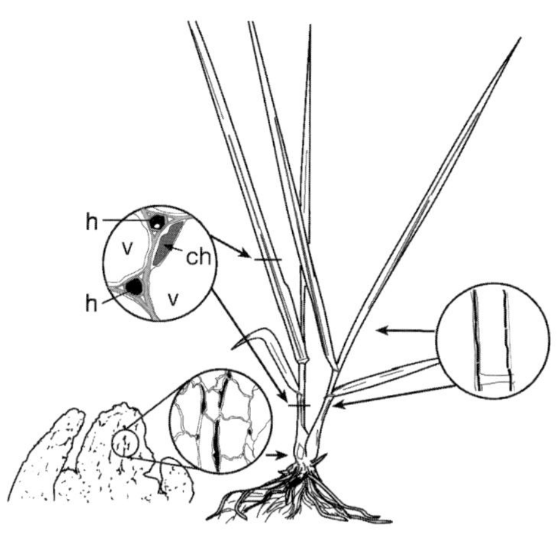

그림 7.14 단자엽식물에서 내생균의 생장. 왼쪽 아래: 줄기와 잎의 시원세포에서 균류 생장. 균사는 투과전자현미경 관찰에서 나타나는 것처럼 오스뮴으로 어둡게 염색된다. 왼쪽 위: 잎이나 엽초의 횡단면은 기주세포 사이의 *Epichloë* 내생균의 균사(h)를 보여주며, 엽록체(ch)와 액포(v)도 보인다. 오른쪽: 식물의 잎 표피에 염색된 균사로 나타나는 내생균, 주로 식물세포의 세로축을 따라 배열되어 있다. 염색되지 않은 격벽은 내생균의 개별 세포를 분리하는데, 각각은 하나의 반수성 핵(보이지 않음)을 가진다. *출처: Selosse and Schardl (2007).*

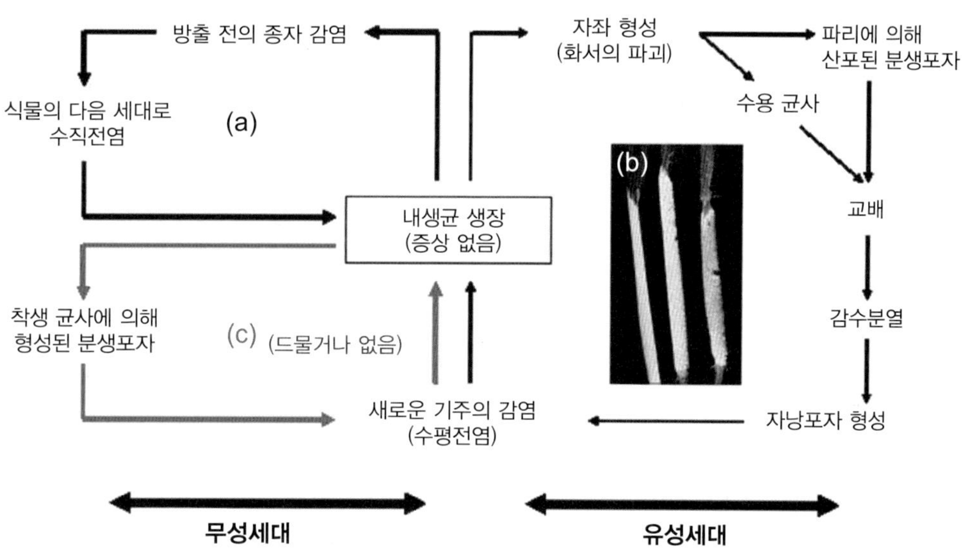

그림 7.15 벼과식물과 공생하는 *Epichloë* 내생균의 생활사. *Epichloë*는 기주의 종자에 감염되어 무성생식(a)하거나, 화서를 파괴하는 자좌('choke'라고 불림)에서 자낭포자를 형성하는 유성생식(b)에 의해서 또는 더 드물게는 무성포자를 통해서 생식할 수 있다(c). 따라서 전염은 수직적(a)이거나 수평적(b, c)이다. *Neotyphodium* 종은 *Epichloë*에서 기원한 내생균인데, 대체로 기주의 종자를 통해서 무성생식하므로 주로 수직전염된다. *출처: Selosse and Schardl (2007).*

러나 *Epichloë*에서 진화한 무병징 내생균은 자낭포자를 방출하는 능력을 잃어버린 채로 기주식물의 조직 내에서 무성형으로만 자라는(그림 7.15), 이 무성형은 *Neotyphodium*으로 분류하고 있다. 기주식물의 개체군 내에서 종자전염 균사체를 통해서 한 세대에서 다음 세대로 주로 수직전염된다. 균사체는 전신성으로서 식물 지상부의 조직을 통해 밑씨로 들어간 후에 종자에 감염된다. 독립적인 유성생식은 일어나지 않으므로 균류의 진화적 운명은 기주식물의 운명과 불가분의 관계에 있다. 자연 생태계의 초본식물에 서식하는 *Neotyphodium* 개체군에 대한 연구를 통해 내생균 한 개체는 여러 개의 무성 잡종 유전자형으로 이루어져 있다는 사실이 밝혀졌는데, 이는 한 식물 내에서 개별적 분생포자의 감염으로 발생한 개체 사이의 유전자 교환으로 인해 나타나는 것으로 보인다. 이러한 잡종 유전자형은 기주식물의 생식을 통해서만 전달되기 때문에 기주식물의 적응도를 높이는 특성으로 선택될 가능성이 크다. 상리공생이 양쪽 공생자에게 제공하는 선택적 이익은 공생관계의 안정성을 나타낸다. 결과적으로 식물은 식물의 지리적 범위 전체에 내생균을 옮겨주므로 개체군 대부분이 감염된다. 영양생장 능력의 증가와 초식동물에 길항적인 2차대사물질의 존재와 같은 내생균 감염에 의해 나타난 특성은 초본식물의 일반적인 특징이 되었다. 온대지역에서 흔히 볼 수 있는 초본인 벼과식물의 많은 종은 *Neotyphodium* 내생균에 의해 이런 방식으로 영향을 받는다. 내생균에 의해 생성되는 독소는 알칼로이드인데, 척추동물에 독성이 있는 indole-deterpenes와 맥각알칼로이드, 주로 곤충에 작용하는 peramines와 lolines가 있다. 다양한 초본 종을 대상으로 *Epichloë* 또는 *Neotyphodium* 내생균이 생산한 알칼로이드를 분석하였다. 무성인 *Neotyphodium*에서는 항척추동물 맥각알칼로이드보다 항곤충 알칼로이드인 peramine과 loline가 더 많이 생산되는 것으로 밝혀졌는데, 이는 아마도 유성생식을 잃어버린 후에 수정에서 웅성배우자의 전달을 곤충에 의존하지 않게 되었기 때문으로 보인다. 알칼로이드의 항곤충 특성을 기반으로 한 상리공생은 식물이 일부 비용을 지불한다. 가위개미는 초본식물 *Bromus setifolius*를 이용한다. 가위 개미가 많은 곳, 예를 들어 아르헨티나의 사막에서는 채집한 식물의 80~100%가 내생균 *Neotyphodium tembladerae*에 감염되어 있으나, 가위 개미가 없어 초식의 압력이 완화된 곳에서는 내생균의 수준이 20~0%로 낮아진다.

맥각균과(Clavicipitaceae)의 알칼로이드는 인간과 가축에 강력한 영향을 미친다. 맥각균(*Claviceps purpurea*)은 화곡류의 낟알 대신에 검은 균핵(맥각)을 생산하는 식물병원균이다. 과거에는 이 곰팡이독소에 의한 맥각중독증(ergotism)이 국지적으로 발생했으며, 혈관 수축과 환각을 일으킨다. 맥각 알칼로이드는 생합성 경로와 이를 암호화하는 유전자 집단에 대해서는 그 특성이 잘 밝혀졌으며 약리학적으로 중요하다. 내생균 알칼로이드의 섭취로 인해 가축에서 다양한 증상이 발생한다. 소의 맥각 알칼로이드 중독은 혈관 수축을 일으켜 발굽이 떨어져 나가고 낙태를 일으킨다. 미국 서부에서 리세르그산(lysergic acid)을 생산하는 내생균에 감염된 *Achnatherum robustum* (졸리는 풀)을 섭취한 말은 며칠 동안 수면을 취한 후에 점차 회복하지만 그 경험에 대한 기억이 남아서 다시는 그 풀을 먹지 않는다. 유사한 현상이 아시아의 '술 취한 말풀'과 남아프리카의 '술 취한 풀'에서 보고되었다.

동물에 급성독성을 일으키지 않는 내생균에 대해서도 동물은 섭식거부를 나타낼 수 있으므로, 이제는 다양한 잔디 품종에 '내생균 강화'라고 표시한다. 일부 1급 내생균은 병에 저항성을 나타내는데, 예를 들면 *Epichloë festucae*에 감염된 잔디는 일부 병에 저항성을 나타낸다 (즉, *Sclerotinia homoeocarpa*에 의한 동전마름병과 *Laetisaria fuciformis*에 의한 붉은실병). 전신성 내생균은 개별 식물뿐만 아니라 전체 생태계에도 영향을 미칠 수 있다. *Neotyphodium coenophialum*에 감염된 톨페스큐(*Lolium arundinaceum*)는 식물-초식동물 상호작용과 식물 생산성은 물론이고 식물-식물 경쟁, 분해율, 초지의 종 다양성에도 영향을 미친다.

2급 내생균은 대체로 주발버섯아문(자낭균)에 속하며 일부는 담자균이다. 이 내생균은 외떡잎식물 및 쌍떡잎식물의 뿌리, 줄기 및 잎에 감염되고, 대체로 광범위하게 감염되며, 특히 스트레스가 높은 환경에서 서식하는 식물에서 높은 감염률(90~100%)을 보이는 생태학적으로 독특한 유형의 내생균이다. 이들은 종피와 근경을 통해 수직전염되거나 수평전염될 수 있으며, 일부(*Phoma* 및 *Arthrobotrys* 종)는 토양에 풍부하고, 일부는 토양에 적게 분포한다. 토양에 적게 분포하는 내생균은 아마도 기주식물의 외부에서 경쟁할 수 없는 반면에, 토양에 풍부한 종들은 공생과 부생과 같은 여러 생활형을 가질 수 있다. 다른 내생균과 마찬가지로 직접 침투하거나 흡기와 같은 감염구조를 사용해서 식물조직에 감염되고 주로 식물세포 사이에서 자라며 식물에 거의 또는 전혀 영향을 미치지 않는다. 건강한 식물에서 포자나 흡기를 형성하는 경우는 적지만 식물이 노화하면 균류가 빠르게 생장하고 포자를 형성한다. *Alternaria*, *Cladosporium*, *Epicoccum*, *Phaeosphaeria* 등의 종은 오리새(*Dactylis glomerata*) 같은 초본류에 우점하는 내생균이며 식물이 노화하면 식물의 상당한 부분에서 포자를 형성한다.

대부분의 경우에 2급 내생균은 변형된 기주 특성보다는 배양 및(또는) 분자 분석에 의해서 발견되며, 기주식물의 적응도에 미치는 영향은 알려지지 않았다. 그러나 식물과 균류가 단독으로 자랄 때 스트레스를 많이 받는 서식지에서, 일부 내생균이 기주식물을 생장할 수 있게 하는 놀라운 효과를 가지고 있다는 사실이 밝혀졌다 (Rodriguez et al., 2009). 예를 들어, 뜨거운 토양에 서식하는 식물인 *Dichanthelium lanuginosum*의 모든 조직에 감염되는 *Curvularia protuberata*는 기주식물에 내열성을 제공하는 것으로 보인다. 이 효과는 기주식물이나 내생균이 단독으로 자랄 때 40°C 이상의 온도를 견딜 수 없지만 감염된 식물은 최대 65°C인 곳에서 자랄 수 있기 때문에 호혜적이다. 마찬가지로, 해안사구에 서식하는 초본 식물인 갯그령(*Leymus mollis*)은 내생균 *Fusarium culmorum*에 의해 감염되었을 때만 해수 염분에서 자랄 수 있다. *Colletotrichum* spp.는 기주식물에게 병에 대한 저항성을 제공한다. 이러한 서식지에 따른 적응도는 관련 균주에 특이적이지만, 분류학적으로 넓은 범위의 기주식물에 제공될 수도 있다. 이 균류는 농업적으로 많은 관심을 받고 있으며, 내생균의 효과에 대한 생리적 기작은 앞으로 연구되어야 할 것이다.

3급 내생균은 대단히 넓은 기주식물에서 발견되며 다양성도 높은 특징을 갖고 있다. 이 내생균은 극도로 다양한 범위의 초본식물 및 목본식물의 지상부 조직에서 발생하며 단일 식물 내에서도 매우 다양할 수 있다. 예를 들어, 두송(*Juniperus communis*)과 페트라참나무(*Quercus petraea*)에서는 80종 이상의 내생균이 분리되었다. 온대지방의 습한 미기후와 같이 지역의 비생물적 조건이 내생균의 다양성을 증가시킬 수도 있지만, 다양성은 위도와 관련이 있기 때문에 북방림이나 북극 툰드라보다는 열대지방에서 훨씬 더 높은 다양성을 보인다. 오래 사는 상록성 잎을 가진 식물은 짧게 사는 잎을 가진 식물보다 더 높은 내생균 다양성을 보유할 수 있다. 1급 및 2급 내생균과 달리, 3급 내생균은 매우 국소적인 감염을 형성하며, 많은 자낭균류(특히, 주발버섯아문 및 Saccharomycotina아문)와 주름버섯아문, 녹병균아문 및 깜부기병균아문 같은 일부 담자균류도 포함된다.

1급 및 2급 내생균과 달리, 3급 내생균은 포자 및(또는) 균사 조각을 통해 수평전염되며, 온대지역의 낙엽에서 발생하는 공기포자단(air spora)의 주요 원인이다 (제3장, 92쪽). 무균의 유묘와 새로 발생한 잎은 야외에서 빠르게 감염된다. 열대우림에서 우기 초기에 내생균이 없던 코코아나무(*Theobroma cacao*) 묘목의 80% 이상이 잎이 출현한 지 2주 이내에 내생균에 감염된다.

높은 다양성으로 인해 3급 내생균의 개별적인 생태적 역할을 거의 구별할 수 없다. 일부는 기생생물로부터 기주식물을 보호하는데, 예를 들어 수피 내생균은 느릅나무 마름병에 대한 보호 역할을 할 수 있으며, 일부 내생균은 코코아나무에서 *Phytophthora*에 의한 병반 형성과 잎 고사율을 감소시키므로 질병에 대한 생물적 방제에서 접종원으로 사용될 수 있다. 내생균 감염은 기주식물에 피해를 줄 수도 있는데, 예를 들어, 가뭄이 들면 묘목을 더 빨리 시들게 할 수도 있다. 내생균의 균상에는 조직이 죽기 시작하면 활성을 띠는 잠재적인 부생균과 기생균이 포함된다. 낙엽 분해의 초기 단계에는 여름철에 건강한 잎에 무증상으로 서식하는 *Alternaria* 같은 내생균이 우점하지만, 잎이 떨어지면 섬유소를 분해하고 포자를 형성하기 시작한다.

목본성 속씨식물의 살아있는 변재에 잠재적 내생균으로 서식하는 목재부후균(일반적으로 담자균 및 자낭균 중 Xylariaceae과)은 목부에서 수분 기둥이 사라져 균사 생장에 필요한 호기성 조건이 되면 자라기 시작한다. 단일 균류 유전자형의 부후기둥이 아주 빠르게 발달하는데(때로는 단일 생장기보다 짧은 기간에), 이는 여러 다른 위치에서 유전적으로 동일한 균사가 생장함으로써 일어나는 것으로 보인다. 수많은 종이 대부분의 수종에 잠재하고 있는 것으로 밝혀졌지만, 이렇게 목부에 서식하는 내생균은 부후기둥의 발달에 있어서 대체로 종 특이적이다. 예를 들어, 영국에서 콩버섯(*Daldinia concentrica*)의 자실체는 대개 서양물푸레나무(*Fraxinus excelsior*)에서 발견되며 때로는 북쪽의 유럽너도밤나무(*Fagus sylvatica*)와 자작나무(*Betula* spp.)에서 발견된다. *Eutypa spinosa*와 점박이팥버섯(*Hypoxylon fragiforme*)은 일반적으로 너도밤나무에서, 말굽버섯(*Fomes fomentarius*)은 자작나무(*Betula* spp.)에서 발견되며, 붉은팥버섯(*Hypoxylon fuscum*)과 흰꽃구름버섯(*Stereum rugosum*)은 유럽개암나무(*Corylus avellana*)에서, 그리고 흰테꽃구름버섯(*Stereum gausapatum*)과 새재고약버섯(*Vuilleminia comedens*)은 참나무(*Quercus* spp.)와 너도밤나무에서 발견된다. 그러나 이러한 모든 균류의 종은 다양한 무증상 목본 속씨식물에서 분자분석을 통해서 발견되고 있으며, 이는 균사체 발달을 위한 조건이 내생균의 생존을 위한 조건보다 더 좁다는 것을 의미한다.

4급 내생균은 멜라닌화한 균사와 격벽을 특징으로 하며, 거의 알려지지 않은 그룹의 뿌리와 관련된 균류로 이루어지는데, 암격벽내생균(Dark Septate Endophyte, DSE)으로 알려져 있다. 이러한 종류의 내생균은 100과 이상에 600종 이상의 식물에서 발견되었다. 이 내생균은 자낭균에서 반복적으로 진화한 것으로 나타났으며, *Cadophora*, *Microdochium*, *Trichocladium*, *Phialophora*, *Leptodontidium* 및 *Phialocephala* 속에서 발견된다. *Phialocephala fortinii*에 의한 뿌리감염은 느슨한 망의 균사가 뿌리 표면에 감염되면서 시작한다. 결과적으로 개별 균사는 뿌리의 주축을 따라, 피층세포 사이와 표피세포 사이의 함몰부 안에서 생장하여 일부 뿌리 세포를 뚫고 들어가게 된다. 일부 DSE는 외생균근의 하티그망과 유사한 구조를 형성하므로 균근일 수도 있다. *Cadophora* 속은 DSE 및 외생균 분류군 모두를 포함하며, 일부 DSE는 실험조건에서 진달래균근을 형성한다. 이러한 내생균은 세계적으로 널리 분포하는데, 특히 건조한 모래 토양, 북극과 남극 및 중금속 오염 지역을 포함하여 비생물적 스트레스가 높은 환경에서 우점한다. 식물이 납에 대한 내성을 갖게 하기도 하는데, 균사체에 멜라닌을 포함한 세포 내 항산화 시스템에 의해서 매개된다고 생각된다. DSE는 기주식물 없이도 생장하고 번식할 수 있기 때문에 천이 초기에 식물보다 앞서 나타나며, 균류 접종원이 공기를 타고 도달한 것으로 추정되는 빙하의 불모지에서도 채집된다. 분생포자 또는 소균핵을 통해 수평전염되는 것으로 보이며 낮은 기주특이성을 가지고 있다. 헝가리의 건조한 모래 평원에 서식하는 DSE에 대하여 염기서열 확인과 접종을 통한 뿌리연합에 대한 검증 결과, 자생식물과 침입식물 모두에 감염될 수 있는 보편적 종인 것으로 밝혀졌다.

내생균에 의해 생성된 생물활성 화합물

다른 생물과의 상호작용은 생물활성을 위한 미생물의 2차대사물질 선택을 촉진하는 것으로 생각된다 (제5장). 내생균은 기주식물과 오랜 기간 동안 관계를 맺고 있으며, 균류, 세균, 선충류 및 곤충을 포함하는 다른 식물에 서식하는 생물들과 다양한 상호작용을 하고 있으므로 내생균은 균류의 생합성 잠재력을 연구하기에 좋은 분야이다. 양주목(*Taxus baccata*)의 내생균이 택솔을 생산한다는 것을 발견한 이후에 내생균 선발에 대한 연구가 폭증했고, 생물활성이 있는 4,000가지 이상의 2차대사물질이 발견되었다. 이들 물질은 인슐린 수용체 활성제, acetylcholinesterase 억제제, β-glucuronidase 억제제, 에오시노필 억제제, 살충제, 뿌리 생장촉진제로서, 잠재적인 항세균, 항바이러스, 항균, 항암, 항염증 활성에 대하여 조사하고 있다. 내생균에서 얻은 새로운 화합물로는 항말라리아제 개발 잠재성을 가진 새로운 락톤, (+)-ascochin, (+)-ascodiketone, apiosporic acid, chaetocyclinones, colletotrichic acid, cyclopentanoids, enalin 유도체, isofusidienols, myrocin A, naphthoquinone, pestalotheols A–D, phomopsilactone, spiroketals 등이 있다. 내생균은 새로운 생체활성 화학물질을 생산하는 것 뿐만 아니라 약품 변형에 사용할 수 있는 화학물질의 생물학적 물질변환에 영향을 줄 수 있으며, 바이오연료의 생산과 관련된 전환 가능성을 제공하고 있다. **생물자원탐사(bioprospecting)**는 환경시료의 염기서열에서 유용한 유전자를 찾아내는 것을 의미하며, 이를 통해 지의류나 내생균처럼 배양할 수 없거나 배양하기 어려운 균류에서 생합성 경로를 암호화하는 유전자집단을 식별할 수 있으며, 유망한 유전자는 발현이 더 쉬운 이종 기주로 형질전환 될 수 있을 것이다.

분류군과 관련된 발현 분석 및 메타지노믹스의 출현과 같은 새로운 지식은 식물조직과 미세환경에 서식하는 균류공생체의 엄청난 분류학적, 기능적 다양성을 밝힐 것이다. 한때 특수한 생활방식 중 하나로만 생각했던 공생은 식물이 육지에 서식할 수 있도록 해 주었고 육상생물군계 전체의 생산성과 다양성을 계속 유지할 수 있게 해 주는 식물 진화의 동력이라는 것이 밝혀지고 있다.

Further Reading

Books

Aroca, R., 2013. Symbiotic Epiphytes. Springer, Berlin Heidelberg.

Brodo, I.M., Sharnoff, S.D., Sharnoff, S., 2001. Lichens of North America. Yale University Press, USA.

Cairney, J.W.G., Chambers, S.M. (Eds.), 1999. Ectomycorrhizal Fungi: Key Genera in Profile. Springer, Berlin Heideberg.

Cheplick, G.P., Faeth, S., 2009. Ecology and Evolution of the Grass-Endophyte Symbiosis. Oxford University Press, Oxford.

Hock, B. (Ed.), 2012. The Mycota IX. Fungal Associations. Springer, Berlin.

Lugtenberg, B., 2015. Principles of Plant Microbe Interactions. Springer International Publishing, Switzerland.

Nash, T.H., 2008. Lichen Biology, second ed. Cambridge University Press, Cambridge.

Peterson, R.L., Massicotte, H.B., Melville, L.H., 2004. Mycorrhizas: Anatomy and Cell Biology. CABI, Wallingford.

Purvis, W., 2009. Lichens. Natural History Museum, London.

Schulz, B.J.E., Boyle, C.J.C., Sieber, T.N., 2010. Microbial Root Endophytes. Springer-Verlag, Berlin Heidelberg.

Smith, S.E., Read, D.J., 2010. Mycorrhizal Symbiosis, third ed. Academic press, London.

Southworth, D. (Ed.), 2011. Biocomplexity of Plant-Fungal Interactions. Wiley-Blackwell, Oxford.

Strobel, G., 2012. Genetic diversity of microbial endophytes and their biotechnical applications. In: Nelson, K.E., Jones-Nelson, B. (Eds.), Genomics Applications for the Developing World. Springer, New York, pp. 249–262.

Varma, A. (Ed.), 2008. Mycorrhiza: Genetics and Molecular Biology, Eco-function, Biotechnology, Eco-physiology, Structure and Systematics. third ed.. Springer, Berlin.

White, J.F., Bacon, C.W., Hywel-Jones, N.L., Spatafora, J., 2003. Clavicipitalean Fungi. CRC Press, Raton, Boca.

Zambonelli, A., Bonito, G.M., 2012. Edible Mycorrhizal Mushrooms. Springer, Berlin.

Journal Articles and Reviews

Mycorrhiza and Mycoheterotrophs

Bago, B., Pfeffer, P., Shachar-Hill, Y., 2001. Could the urea cycle be translocating nitrogen in the arbuscular mycorrhizal symbiosis? New Phytol. 149, 4–8.

Bidartondo, M.I., 2005. The evolutionary ecology of myco-heterotrophy. New Phytol. 167, 335–352.

Bodeker, I.T.M., Nygren, C.M.R., Taylor, A.F.S., Olson, A., Lindahl, B.D., 2009. ClassII peroxidase-encoding genes are present in a phylogenetically wide range of ectomycorrhizal fungi. ISME J. 3, 1387–1395.

Cairney, J.G., 2011. Ectomycorrhizal fungi: the symbiotic route to the root for phosphorus in forest soils. Plant Soil 344, 51–71.

Clemmensen, K.E., Bahr, A., Ovaskainen, O., Dahlberg, A., Ekblad, A., Wallander, H., Stenlid, J., Finlay, R.D., Wardle, D.A., Lindahl, B.D., 2013. Roots and associated fungi drive long-term carbon sequestration in boreal forest. Science 339, 1615–1618.

Deveau, A., Gross, H., Morin, E., Karpinets, T., Utturkar, S., Mehnaz, S., Martin, F., Frey-Klett, P., Labbé, J., 2014. Genome sequence of the mycorrhizal helper bacterium Pseudomonas fluorescens BBc6R8. Genome Announcements 2.

Dunham, S.M., Mujic, A.B., Spatafora, J.W., Kretzer, A.M., 2013. Within-population genetic structure differs between two sympatric sister-species of ectomycorrhizal fungi, Rhizopogon vinicolor and R. vesiculosus. Mycologia 105 (4), 814–826.

Fitter, A.H., Helgason, T., Hodge, A., 2011. Nutritional exchanges in the arbuscular mycorrhizal symbiosis: implications for sustainable agriculture. Fungal Biol. Rev. 25, 68–72.

Govindarajulu, M., Pfeffer, P.E., Jin, H., Abubaker, J., Douds, D.D., Allen, J.W., Bucking, H., Lammers, P.J., Shachar-Hill, Y., 2005. Nitrogen transfer in the arbuscular mycorrhizal symbiosis. Nature 435, 819–823.

Grelet, G.-A., Johnson, D., Paterson, E., Anderson, I.C., Alexander, I.J., 2009. Reciprocal carbon and nitrogen transfer between an ericaceous dwarf shrub and fungi isolated from Piceirhiza bicolorata ectomycorrhizas. N. Phytol. 182, 359–366.

Gutjahr, C., Parniske, M., 2013. Cell and developmental biology of arbuscular mycorrhiza symbiosis. Annu. Rev. Cell Dev. Biol. 29, 593–617.

Hart, M.M., Aleklett, K., Chagnon, P.-L., Egan, C., Ghignone, S., Helgason, T., Lekberg, Y., Öpik, M., Pickles, B.J., Waller, L., 2015. Navigating the labyrinth: a guide to sequence-based, community ecology of arbuscular mycorrhizal fungi. New Phytol. 207 (1), 235–247.

Hodge, A., Campbell, C.D., Fitter, A.H., 2001. An arbuscular mycorrhizal fungus accelerates decomposition and acquires nitrogen directly from organic material. Nature 413, 297–299.

Hodge, A., Fitter, A.H., 2013. Microbial mediation of plant competition and community structure. Funct. Ecol. 27, 865–875.

James, T.Y., et al., 2006. Reconstructing the early evolution of fungi using a six-gene phylogeny. Nature 443, 818–822.

Jin, H., Liu, J., Liu, J., Huang, X., 2012. Forms of nitrogen uptake, translocation, and transfer via arbuscular mycorrhizal fungi: a review. Sci. China Life Sci. 55, 474–482.

Johnson, D., Martin, F., Cairney, J.W.G., Anderson, I.C., 2012. The importance of individuals: intraspecific diversity of mycorrhizal plants and fungi in ecosystems. N. Phytol. 194, 614–628.

Kiers, E.T., Duhamel, M., Beesetty, Y., Mensah, J.A., Franken, O., Verbruggen, E., Fellbaum, C.R., Kowalchuk, G.A., Hart, M.M., Bago, A., Palmer, T.M., West, S.A., Vandenkoornhuyse, P., Jansa, J., Bücking, H., 2011. Reciprocal rewards stabilize cooperation in the mycorrhizal symbiosis. Science 333, 880–882.

Kuo, A., Kohler, A., Martin, F.M., Grigoriev, I.V., 2014. Expanding Genomics of Mycorrhizal Symbiosis. Front. Microbiol. (5) Published online 2014 Nov 4. http://dx.doi.org/10.3389/fmicb.2014.00582

Lanfranco, L., Young, J.P.W., 2012. Genetic and genomic glimpses of the elusive arbuscular mycorrhizal fungi. Curr. Opin. Plant Biol. 15, 454–461.

Leake, J.R., Cameron, D.D., 2012. Untangling above- and belowground mycorrhizal fungal networks in tropical orchids. Mol. Ecol. 21, 4921–4924.

Lindahl, B.D., Tunlid, A., 2015. Ectomycorrhizal fungi – potential organic matter decomposers, yet not saprotrophs. New Phytol. 205, 1443–1447.

Martin, F., Aerts, A., Ahren, D., Brun, A., Danchin, E.G.J., Duchaussoy, F., Gibon, J., Kohler, A., Lindquist, E., Pereda, V., Salamov, A., Shapiro, H.J., Wuyts, J., Blaudez, D., Buee, M., Brokstein, P., Canback, B., Cohen, D., Courty, P.E., Coutinho, P.M., Delaruelle, C., Detter, J.C., Deveau, A., DiFazio, S., Duplessis, S., Fraissinet-Tachet, L., Lucic, E., Frey-Klett, P., Fourrey, C., Feussner, I., Gay, G., Grimwood, J., Hoegger, P.J., Jain, P., Kilaru, S., Labbe, J., Lin, Y.C., Legue, V., Le Tacon, F., Marmeisse, R., Melayah, D., Montanini, B., Muratet, M., Nehls, U., Niculita-Hirzel, H., Secq, M.P.O.-L., Peter, M., Quesneville, H., Rajashekar, B., Reich, M., Rouhier, N., Schmutz, J., Yin, T., Chalot, M., Henrissat, B., Kues, U., Lucas, S., Van de Peer, Y., Podila, G.K., Polle, A., Pukkila, P.J., Richardson, P.M., Rouze, P., Sanders, I.R., Stajich, J.E., Tunlid, A., Tuskan, G. and Grigoriev, I.V., 2008. The genome *of Laccaria bicolor* provides insights into mycorrhizal symbiosis. *Nature 452*, 88–92.

Massicotte, H.B., Peterson, R.L., Melville, L.H., Luoma, D.L., 2012. Biology of mycoheterotrophic and mixotrophic plants. In: Biocomplexity of Plant–Fungal Interactions. Wiley-Blackwell, Hoboken, pp. 109–130.

Nara, K., 2006. Ectomycorrhizal networks and seedling establishment during early primary succession. N. Phytol. 169, 169–178.

Naumann, M., Schusler, A., Bonfante, P., 2010. The obligate endobacteria of arbuscular mycorrhizal fungi are ancient heritable components related to the Mollicutes. ISME J. 4, 862–871.

Nehls, U., Göhringer, F., Wittulsky, S., Dietz, S., 2010. Fungal carbohydrate support in the ectomycorrhizal symbiosis: a review. Plant Biol. 12, 292–301.

Oldroyd, G.E.D., 2013. Speak, friend, and enter: signalling systems that promote beneficial symbiotic associations in plants. *Nat. Rev. Micro. 11*, 252–263.

Öpik, M., Davison, J., Moora, M., Zobel, M., 2013. DNA-based detection and identification of Glomeromycota: the virtual taxonomy of environmental sequences. Botany 1, 1–13.

Peay, K., Bidartondo, M., Arnold, A., 2010. Not every fungus is everywhere: scaling to the biogeography of fungal-plant interactions across roots, shoots and ecosystems. N. Phytol. 185, 878–882.

Perez-Moreno, J., Read, D.J., 2000. Mobilization and transfer of nutrients from litter to tree seedlings via the vegetative mycelium of ectomycorrhizal plants. *New Phytol. 145*, 301–309.

Pickles, B.J., Genney, D.R., Potts, J.M., Lennon, J.J., Anderson, I.C., Alexander, I.J., 2010. Spatial and temporal ecology of Scots pine ectomycorrhizas. N. Phytol. 186, 755–768.

Plett, J.M., Martin, F., 2011. Blurred boundaries: lifestyle lessons from ectomycorrhizal fungal genomes. Trends Genetics 27, 14–22.

Rineau, F., Roth, D., Shah, F., Smits, M., Johansson, T., Canbäck, B., Olsen, P.B., Persson, P., Grell, M.N., Lindquist, E., Grigoriev, I.V., Lange, L., Tunlid, A., 2012. The ectomycorrhizal fungus Paxillus involutus converts organic matter in plant litter using a trimmed brown-rot mechanism involving Fenton chemistry. Environ. Microbiol. 14, 1477–1487.

Salvioli, A., Bonfante, P., 2013. Systems biology and "omics" tools: a cooperation for next-generation mycorrhizal studies. Plant Sci. 203–204, 107–114.

Selosse, M., Le Tacon, F., 1998. The land flora: a phototroph-fungus partnership? Trends Ecol. Evol. 13, 15–20.

Simard, S.W., Beiler, K.J., Bingham, M.A., Deslippe, J.R., Philip, L.J., Teste, F.P., 2012. Mycorrhizal networks: mechanisms, ecology and modelling. Fungal Biol. Rev. 26, 39–60.

Simard, S.W., Perry, D.A., Jones, M.D., Myrold, D.D., Durall, D.M., Molina, R., 1997. Net transfer of carbon between ectomycorrhizal tree species in the field. Nature 388, 579–582.

Singh, R., Soni, S., Kalra, A., 2013. Synergy between Glomus fasciculatum and a beneficial Pseudomonas in reducing root diseases and improving yield and forskolin content in Coleus forskohlii Briq. under organic field conditions. Mycorrhiza 23, 35–44.

Talbot, J.M., Treseder, K.K., 2010. Controls over mycorrhizal uptake of organic nitrogen. Pedobiologia 53, 169–179.

Tisserant, E., Kohler, A., Dozolme-Seddas, P., Balestrini, R., Benabdellah, K., Colard, A., Croll, D., Da Silva, C., Gomez, S.K., Koul, R., Ferrol, N., Fiorilli, V., Formey, D., Franken, P., Helber, N., Hijri, M., Lanfranco, L., Lindquist, E., Liu, Y., Malbreil, M., Morin, E., Poulain, J., Shapiro, H., van Tuinen, D., Waschke, A., Azcón-Aguilar, C., Bécard, G., Bonfante, P., Harrison, M.J., Küster, H., Lammers, P., Paszkowski, U., Requena, N., Rensing, S.A., Roux, C., Sanders, I.R., Shachar-Hill, Y., Tuskan, G., Young, J.P.W., Gianinazzi-Pearson, V., Martin, F., 2012. The transcriptome of the arbuscular mycorrhizal fungus Glomus intraradices (DAOM 197198) reveals functional tradeoffs in an obligate symbiont. New Phytol. 193, 755–769.

van der Heijden, M.G.A., Klironomos, J.N., Ursic, M., Moutoglis, P., Streitwolf-Engel, R., Boller, T., Wiemken, A., Sanders, I.R., 1998. Mycorrhizal fungal diversity determines plant biodiversity, ecosystem variability and productivity. Nature 396, 69–72.

van der Heijden, M.G.A., Martin, F.M., Selosse, M.-A., Sanders, I.R., 2015. Mycorrhizal ecology and evolution: the past, the present, and the future. New Phytol. 205, 1406–1423.

Wagg, C., Jansa, J., Stadler, M., Schmid, B., van der Heijden, M.G.A., 2011. Mycorrhizal fungal identity and diversity relaxes plant–plant competition. Ecology 92, 1303–1313.

Weigt, R., Raidl, S., Verma, R., Agerer, R., 2012. Exploration type-specific standard values of extramatrical mycelium – a step towards quantifying ectomycorrhizal space occupation and biomass in natural soil. Mycol. Prog. 11, 287–297.

Whiteside, M.D., Digman, M.A., Gratton, E., Treseder, K.K., 2012. Organic nitrogen uptake by arbuscular mycorrhizal fungi in a boreal forest. Soil Biol. Biochem. 55, 7–13.

Zhang, Q., Blaylock, L.A., Harrison, M.J., 2010. Two Medicago truncatula half-ABC transporters are essential for arbuscule development in arbuscular mycorrhizal symbiosis. Plant Cell Online 22, 1483–1497.

Lichens

Arnold, A.E., Miadlikowska, J., Higgins, K.L., Sarvate, S.D., Gugger, P., Way, A., Hofstetter, V., Kauff, F., Lutzoni, F., 2009. A phylogenetic estimation of trophic transition networks for ascomycetous fungi: are lichens cradles of symbiotrophic fungal diversification? Syst. Biol. 58, 283–297.

Blaha, J., Baloch, E., Grube, M., 2006. High photobiont diversity associated with the euryoecious lichen-forming ascomycete Lecanora rupicola (Lecanoraceae, Ascomycota). Biol. J. Linn. Soc. 88, 283–293.

Chua, J.P.S., Wallace, E.J.S., Yardley, J.A., Duncan, E.J., Dearden, P.K., Summerfield, T.C., 2012. Gene expression indicates a zone of heterocyst differentiation within the thallus of the cyanolichen Pseudocyphellaria crocata. N. Phytol. 196, 862–872.

Engler, A., Prantl, A., 1887–1915. Die Natürlichen Pflanzenfamilien nebst ihren Gattungen und wichtigeren Arten, insbesondere den Nutzpflanzen, unter Mitwirkung zahlreicher hervorragender Fachgelehrten Abt. 1*, 1907; Euthallophyta (Abt. II): Eumycetes: Lichenes.

Freitag, S., Feldmann, J., Raab, A., Crittenden, P.D., Hogan, E.J., Squier, A.H., Boyd, K.G., Thain, S., 2012. Metabolite profile shifts in the heathland lichen Cladonia portentosa in response to N deposition reveal novel biomarkers. Physiol. Plant. 146, 160–172.

Grube, M., Cernava, T., Soh, J., Fuchs, S., Aschenbrenner, I., Lassek, C., Wegner, U., Becher, D., Riedel, K., Sensen, C.W., Berg, G., 2015. Exploring functional contexts of symbiotic sustain within lichen-associated bacteria by comparative omics. ISME J. 9, 412–424.

Hawksworth, D., 2015. Lichenization: the origins of a fungal life-style. In: Upreti, D.K., Divakar, P.K., Shukla, V., Bajpai, R. (Eds.), Recent Advances in Lichenology. Springer, India, pp. 1–10.

Hill, D., 2009. Asymmetric co-evolution in the lichen symbiosis caused by a limited capacity for adaptation in the photobiont. Bot. Rev. 75, 326–338.

Honegger, R., 2009. Lichen-forming fungi and their photobionts. In: Deising, H.B. (Ed.), Plant Relationships. Springer, Berlin Heidelberg, pp. 307–333.

Honegger, R., 2012. The symbiotic phenotype of lichen-forming ascomycetes and their endo-and epibionts. In: Hock, B. (Ed.), Fungal Associations. Springer, Berlin Heidelberg, pp. 287–339.

Joneson, S., Armaleo, D., Lutzoni, F., 2011. Fungal and algal gene expression in early developmental stages of lichen-symbiosis. Mycologia 103, 291–306.

Molnár, K., Farkas, E., 2010. Current results on biological activities of lichen secondary metabolites: a review. Z. Naturforsch. C

65, 157–173.

Schoch, C.L., Sung, G.-H., López-Giráldez, F., Townsend, J.P., Miadlikowska, J., Hofstetter, V., Robbertse, B., Matheny, P.B., Kauff, F., Wang, Z., Gueidan, C., Andrie, R.M., Trippe, K., Ciufetti, L.M., Wynns, A., Fraker, E., Hodkinson, B.P., Bonito, G., Groenewald, J.Z., Arzanlou, M., Sybren de Hoog, G., Crous, P.W., Hewitt, D., Pfister, D.H., Peterson, K., Gryzenhout, M., Wingfield, M.J., Aptroot, A., Suh, S.-O., Blackwell, M., Hillis, D.M., Griffith, G.W., Castlebury, L.A., Rossman, A.Y., Lumbsch, H.T., Lücking, R., Büdel, B., Rauhut, A., Diederich, P., Ertz, D., Geiser, D.M., Hosaka, K., Inderbitzin, P., Kohlmeyer, J., Volkmann-Kohlmeyer, B., Mostert, L., O'Donnell, K., Sipman, H., Rogers, J.D., Shoemaker, R.A., Sugiyama, J., Summerbell, R.C., Untereiner, W., Johnston, P.R., Stenroos, S., Zuccaro, A., Dyer, P.S., Crittenden, P.D., Cole, M.S., Hansen, K., Trappe, J.M., Yahr, R., Lutzoni, F., Spatafora, J.W., 2009. The ascomycota tree of life: a phylum-wide phylogeny clarifies the origin and evolution of fundamental reproductive and ecological traits. Syst. Biol. 58, 224–239.

Viles, H.A., 2012. Microbial geomorphology: a neglected link between life and landscape. Geomorphology 157–158, 6–16.

CHAPTER

8

독립영양생물의 병원균

현재 세계 인구는 약 70억 명이지만 2050년까지 90억 명으로 증가할 것이며, 인구 증가의 80%는 개발도상국에서 일어날 것이다. 증가하는 인구의 식량 공급은 농작물에 의존한다. 식물의 병·해충은 주요 작물에 50% 이상의 수량 손실을 일으키며, 목화 같은 일부 작물에서는 80%의 손실이 발생한다. 21세기 초 쌀의 평균 손실은 37.4%였다. 현재 쌀은 1 ha당 25명을 부양하지만, 2050년에는 1 ha당 약 45명으로 증가할 것임을 고려해 보면, 병·해충으로부터 손실을 획기적으로 줄이는 것이 중요하다. 세계적으로 농작물 손실액은 매년 5,500억 달러에 이른다. 손실의 약 60%는 무척추 유해생물, 잡초, 기상요인(서리, 가뭄, 홍수 등) 등에 의해 발생하지만, 40%는 병에 의한 것이며 그 중 약 2/3는 균류에 의해 일어난다. 현재 균류에 의한 감염으로 인해 쌀, 밀, 옥수수, 감자 및 콩에서 매년 1억 2천 5백만 톤 이상이 소실되고 있다. *Magnaporthe oryzae* (도열병균, 265~267쪽)에 의한 벼 도열병은 가장 심각한 병으로 세계적으로 매년 5천만 톤 이상의 손실을 입힌다. 세계에서 재배하는 밀 품종의 90%는 최근에 출현한 계통의 밀줄기녹병균 *Puccinia graminis* f. sp. *tritici* Ug99 레이스에 대해 감수성이다. 이러한 예들은 세계 식량안보를 위해 병원성 균류에 의한 병의 확산을 경감시키는 것이 얼마나 중요한지를 강조한다. 진균 및 유사균류에 의한 식물병은 인류에게 끔찍한 결과를 가져올 수 있다. 이는 1800년 중반에 유사균류 *Phytophthora infestans* (난균류) (279~281쪽)에 의해 농작물이 황폐화되었던 아일랜드 감자대기근(Irish Potato Famine)에 의해 증명된 바 있다. 그 결과 150만 명이 아사하였고, 100만 명 이상이 북미로 이주하였다. 그러므로 균류가 일으키는 식물병에 대한 이해가 분명히 필요하다.

본 장에서는 먼저 식물병의 원인이 되는 균류의 다양성과 병원균에 의한 식물의 감수성의 차이점을 고려하고, 식물이 어떻게 자신을 방어하는지 이해하고자 한다. 다음으로 병원균의 병환의 주요 단계를 검토할 것이다. 병원균이 식물에 도달, 부착 및 침입하는 단계부터 정착하고 식물을 이용하는 방법, 그리고 마지막으로 식물로부터 병원균의 방출 및 적당한 기주를 찾아 생존할 때까지의 단계를 살펴보고자 한다. 이러한 개념은 주로 작물병 유형의 다양한 사례로 설명할 것이다. 자연환경에 있는 식물이 균류병에 걸리는 것과 마찬가지로 지의류나 해초 같은 다른 독립영양생물도 진균병에 걸리는데, 이에 대해서는 별도 단원에서 다룰 것이다. 마지막으로 신생 감염병과 이것이 인류의 안정적인 식량 공급에 미치는 잠재적 위험성에 대해 살펴 볼 것이다.

식물과 균류의 상호작용 스펙트럼

살아있는 식물을 가해하는 균류는 다른 생물체에 병을 일으키는 균류와 구별하기 위해 병원균 또는 식물병원균이라 불린다. 이것은 살아있는 세포를 파괴하고 그들의 내용물을 먹고 사는 균류뿐만 아니라 식물을 죽이지 않고 양분만 흡수하는 균류를 포함하는 포괄적인 용어이지만, 결과적으로 식물의 적응성을 감소시킨다. 식물병리학자들은 통상적으로 이러한 두 식물병원균의 범주를 설명하기 위해 **사물영양균**(necrotroph)과 **활물영양균**(biotroph)이란 용어를 사용한다. 일부 균류는 **반활물영양균**(hemi-biotroph)으로서 식물의 감염을 활물영양균으로 시작하여 나중에는 사물영양균으로 변화하여 대부분의 조직을 파괴하는 더 복잡한 경우도 있다. 3가지 범주로 나누는 것은 식물병원균의 다양한 특징과 활용 기작을 포괄적으로 다루기에 충분하지 않으며 유전체 연구로부터도 충분한 결과를 얻을 수 없다. 그럼에도 여기에서는 간단하게 이러한 범주를 채택하고자 한다. '기생체(parasite)'도 병원성 균류를 설명하는 데 사용된다. 일부 균학자들은 모든 활물영양성 병원균을 기생체로 취급하여 활물영양체와 기생체를 혼용하여 사용하고, 다른 학자들은 '기생성(parasitism)'이란 활물영양균과 사물영양균에 의한 식물의 감염을 의미한다고 여기므로 기생체와 병원체를 동의어로 사용한다. 모호함을 감안하여 이 장에서는 기생체란 용어를 피하려고 한다.

사물영양성 병원균과 활물영양성 병원균은 기주 침입 방법, 침입에 대응하는 기주의 방어 방법, 이 과정에서의 신호전달 등 여러 면에서 서로 다른 행동양식을 보인다 (표 8.1). 균류 역시 병원균으로서 양분을 얻기 위한 과정이 다양하다. 일부 균류는 절대적(obligate)인 반면 다른 균류는 조건적(facultative)이다. 활물영양성 병원균들은 양분 흡수를 위해 특이적 구조를 가지고 있어 절대기생성인 반면, 사물영양성 및 일부 반활물영양성 병원균은 부생적으로 생존할 수 있기 때문에 조건 기생성이다. 일부 병원균은 넓은 기주범위를 가지나, 활물영양성 병원균은 한정된 식물 종을 공격하는 좁은 기주범위를 갖는다. 일부 병원균은 몇 종의 식물에만 병을 일으키는 분화형(*forma specialis*, f. sp.)으로 나뉘며, 일부 분화형은 한 종의 식물에서 특정 품종만 침해할 수 있는 레이스(race)를 포함한다 (예: *Fusarium oxysporum*에는 여러 분화형이 있으며, 각 분화형은 좁은 기주범위의 식물에만 병원성을 나타낸다. '사례연구' 부분 참조, 265~281쪽).

식물의 관점에서 보면, 사물영양성 균류가 기주세포를 죽일 수는 있지만 식물 전체에 영향을 주지는 않는다. 반면에, 활물영양성 병원균은 살아있는 기주세포에서 양분을 섭취하고 초기 감염에서 표징이 거의 없지만, 기주식물의 적응성과 생산성을 상당히 감소시킨다. 활물영양성 병원균은 식물의 적응성을 감소시키지만, 균근균류, 지의류 형성균류, 내생균류 등과 같은 공생균류는 활물영양적으로 양분을 섭취하면서도 식물의 적응성을 증가시킨다는 점에 주목해야 한다 (제7장). 일부 균근 관계에서는 두 파트너의 적응성이 실제로 향상되는지 분명치 않아 공생관계의 본질을 파악하기 어렵다.

균류집단들 간에 병원균의 분포

대부분의 진균 문은 식물병원균의 종을 포함하지만, 대부분의 병원균은 일부 목에 속하며, 같은

표 8.1 활물영양성/사물영양성 식물병원균의 특성 비교

특 성	활물영양균	사물영양균
절대기생성	특이적이며, 절대적임	상대적으로 비특이적이며, 조건적임
기주 범위	좁음	넓음
기주 침입 시기	모든 시기, 기주가 방어기작을 가지고 있는 시기	흔히 미성숙, 과숙, 피해를 입은 기주
순수배양 여부	쉽지 않으며 가능하지 않을 수 있음	쉬움
기주 침입	특이적임: 세포벽을 뚫고 침입하거나 (예: 흰가루병균), 자연개구를 통해 침입 (예: *Puccinia hordei*) (그림 8.3)	일반적임: 상처나 자연개구를 통해 침입
부착기와 흡기 형성	부착기나 부착기 유사구조를 가짐. 일반적으로 흡기 존재 (그림 8.5, 8.6, 8.7)	일반적으로 형성하지 않음
기주 조직 손상	친화성 기주에서 손상 없음	세포가 급속하게 죽음
분해효소 생산	균사에 국한되며, 제한된 양을 생산	살생방식에 따라 다름. 흔히 막대한 피해를 입힘
독소 생산	대개 생산하지 않음	살생방식에 의존. 흔히 국부적으로 생산하거나 광범위하게 물관부로 널리 퍼짐. 일부는 기주특이적 독소(HSTs)를 생산
기주의 죽음에 따른 생존	부생 능력이 거의 없거나 전혀 없음. 흔히 휴면포자로 생존	대부분 부생적 생장 가능
저항성/감수성 유전자에 의한 방제	PRR 단백질, 저항성 유전자 산물	PRR 단백질, 기주특이적 독소(HST)에 결합하는 감수성 유전자 산물
기주 방어 경로	NPR1, 살리실산(SA)	COI1/EIN2, 자스몬산(JA)/에틸렌(ET)

분류군의 병원균은 유사한 종류의 병을 일으킨다 (표 8.2). 자낭균문에는 대다수 또는 모든 종이 식물병원균인 여러 목을 포함한다 (예: 타프리나목). 흰가루병균목은 '흰가루병(powdery mildew)'을 일으키는 중요한 활물영양성 병원균이며, Helotiales, Pleosporales, Hypocreales 목은 많은 사물영양성 병원균을 포함하고, 몇몇 다른 목도 역시 사물영양성 병원균을 포함한다. 담자균문에는 병원균의 대다수가 활물영양성인 녹병균목(녹병균)과 깜부기병균목(깜부기병균)이고, 일부는 나무 뿌리 및 그루터기 병원균이다. 유사균류인 난균류에도 식물병원균이 있는데, 이들은 노균병균목에 속한다. 물곰팡이목은 육상식물의 병원체로는 드물게 알려졌지만, 일부 *Aphanomyces* 종은 몇몇 작물의 뿌리에 병을 일으킨다. 그 외의 문은 식물병원균을 거의 포함하지 않는다.

표 8.2 균류 그룹에 따른 병원균의 분포

문 및 목	종	감염방식	병명	병징	기주	설명[a]
털곰팡이아문: 털곰팡이목	*Rhizopus* spp.	사물영양성	무름병	과실과 다육기관의 썩음	많은 과수와 채소	
병꼴균문	*Synchytrium endobioticum*	절대기생체	감자 무사마귀병	괴경에 사마귀	감자	
자낭균문: 그을음병균목	*Mycosphaerella graminicola*	사물영양성	점무늬병	잎에 수침상 병반, 후에 검은색 병자각 생김	화곡류, 주로 밀	
자낭균문: 다이아포르트타목	*Cryphonectria parasitica*	사물영양성	잎마름병	움푹한 궤양, 수피 갈라짐	밤나무	미국밤나무 40억 그루 죽음
자낭균문: 흰가루병균목	*Blumeria*(*Erysiphe*) *graminis*	활물영양성	흰가루병	잎이 황백화 또는 괴사 잎, 줄기, 이삭은 포자와 균사로 덮여 가루/양털같은 모습	화곡류	
자낭균문: 누룩곰팡이목	*Penicillium* spp.	사물영양성	무름병	과일 및 수분함량이 높은 조직에 피해	감귤류, 사과 등 수많은 과실과 채소	
자낭균문: Glomerellales	*Colletotrichum*	사물영양성	탄저병	줄기와 과실에 검고 움푹한 병반. 과실에 부패를 일으킴	강낭콩, 과실, 호밀, 일부 과수와 삼림수	
자낭균문: 균핵병균목	*B. cinerea*가 포함된 *Botrytis* spp.	사물영양성	마름병, 썩음병	꽃에 수침상, 꽃썩음. 잎, 줄기, 과실에 가루 같은 모습. 과실은 썩음	과실, 관상수, 과수	
자낭균문: 균핵병균목	*Monilinia* spp.	사물영양성	잿빛무늬병	과실의 갈색 썩음	핵과류	
자낭균문: 균핵병균목	*Sclerotinia sclerotiorum*	사물영양성	무름병, 시들음병	수분함량이 높은 조직에 영향. 황백화, 시듦, 낙엽. 낙과 및 저장 과실에 정착	다범성. 400종 이상	

자낭균문: 하이포크리아목	*Claviceps purpurea*	사물영양성	맥각병	이삭에 검은색의 균핵	호밀 및 기타 화곡류	균핵을 섭취하면 사람과 포유동물에서 맥각중독증을 일으킴
자낭균문: 하이포크리아목	*F. graminearum* 등 *Fusarium* spp.	사물영양성	붉은곰팡이병	낟알의 위축, 이삭의 조기 탈색	화곡류	
자낭균문: 하이포크리아목	*Fusarium oxysporum*	사물영양성	시들음병	시듦, 황백화, 괴사, 낙엽, 왜소생장, 모잘록	대다수의 농작물	
자낭균문: 위치 미상	*Gaeumannomyces graminis* var. *tritici*	사물영양성	마름병	뿌리는 검게 변하고 줄기 아래쪽에 검은 딱지가 생김. 병균이 체관과 물관을 침해하여 물과 동화산물의 이동을 방해	밀, 보리	세계에서 가장 널리 퍼져 있는 화곡류의 뿌리 병
자낭균문: 위치 미상	*Verticillium dahliae*, *V. albo-atrum*	사물영양성	시들음병	성숙엽의 시듦, 왜소, 황화	많은 농작물과 나무	
자낭균문: Magnaporthales	*Magnaporthe oryzae*	반활물영양성	벼 도열병	잎에서 초기 백색, 후기 회색 병반이 차츰 융합하여 잎 전체를 죽임 (그림 8.5)	벼	매년 10~30%의 벼를 파괴하며, 이는 2억1천~7억4천명의 사람이 먹기에 충분함
자낭균문: 마이크로아스카목	*Ceratocystis fagacearum*	사물영양성	참나무 마름병	잎의 시듦 및 황화, 낙엽, 변재의 갈변	참나무류	미국 중서부에 상당한 피해를 일으킴. 러시아에서 유래
자낭균문: 오피오스토마목	*Ophiostoma ulmi*, *O. novo-ulmi*	사물영양성	느릅나무 마름병	잎의 시듦, 황화, 갈변. 변재의 갈색/녹색 줄무늬 (그림 8.10)	느릅나무	유럽과 북미에서 느릅나무를 초토화시켰음. 네덜란드에서 처음 동정됨
자낭균문: 위자낭각균목	*Alternaria* spp.	사물영양성	점무늬병	잎, 줄기, 과실에 검은색 병반	토마토, 감자, 박과작물, 목화, 십자화과 작물을 포함한 많은 농작물	

(계속)

표 8.2 균류 그룹에 따른 병원균의 분포(계속)

문 및 목	종	감염방식	병명	병징	기주	설명[a]
자낭균문: 플레오스포라균목	*Cochliobolus sativus*	사물영양성	마름병, 뿌리썩음병	뿌리, 줄기, 잎, 이삭에 발병	화곡류 및 잔디류	
자낭균문: 플레오스포라균목	*Venturia inaequalis*	사물영양성	더뎅이병	과실, 잎에 검은색 병반	사과	
자낭균문: 타프리나목	*Taphrina* spp.	활물영양성	오갈병, 엽종병	기주에 따라 잎 오갈, 엽종, 과실 기형화, 줄기 고사	과수	
담자균문: 주름버섯목	*Armillaria mellea*	사물영양성	뿌리썩음병	지상부 병징은 다른 뿌리썩음병과 유사함. 잎의 갈변, 활력 감소 및 줄기 고사. 뿌리와 수피 위에는 부채꼴 모양의 크림색 균사로 덮이고 변재 부위는 수침상이고, 안쪽에는 검은색 대선이 형성됨. 근상균사다발 존재 (58~60쪽)	많은 종, 특히 수목	
담자균문: 꾀꼬리버섯목	*Rhizoctonia solani* (= *Thanatephorus cucumeris*)	사물영양성	모잘록병	종자에 감염되어 발아 실패, 유묘 죽음	넓은 기주 범위	
담자균류: 무당버섯목	*Heterobasidion annosum*	사물영양성	뿌리썩음병	지상부는 비정상적 침엽 생장, 수피 색깔 옅어짐, 수관 엉성해짐, 활력 감소, 죽음. 지하부는 목질화된 뿌리에서 백색부후 (그림 8.11)	침엽수, 활엽수	북반구에서 경제적으로 매우 중요한 수목 병원균
담자균문: 비린깜부기병균목	*Tilletia* spp.	활물영양성	깜부기병, 비린깜부기병	낟알이 검은색 포자로 가득함	밀	
담자균문: 녹병균목	*Hemileia vastatrix*	활물영양성	커피나무 녹병	잎 뒷면에 적갈색의 둥근 병반. 조기낙엽	커피나무	커피농장 파괴

담자균문: 녹병균목	*Puccinia graminis*	활물영양성	줄기녹병	잎, 줄기, 이삭: 적갈색의 마름모꼴 융기된 병반. 성숙하면 검은색 겨울포자 형성	화곡류	밀의 10~70% 손실, 2억~14억 1천만 명이 1년간 먹을 수 있는 양
담자균문: 녹병균목	*Uromyces viciae-fabae*	활물영양성	녹병	노란 달무리에 둘러싸인 적갈색의 균퇴(균덩어리)	강낭콩	
담자균문: 깜부기병균목	*Ustilago hordei*	활물영양성	깜부기병	낟알이 검은색 포자로 가득함	귀리	
담자균문: 깜부기병균목	*Ustilago maydis*	활물영양성	깜부기병	낟알에 혹이 형성됨 (그림 8.8)	옥수수	예전에는 주요한 문제대상이었음. 현재 전 세계의 2~20% 손실을 일으키며, 이는 2천6백만~2억6천만 명이 먹을 수 있는 양. 위틀라코체라고 불리며 중미에서 별미로 식용함
난균문: 노균병균목	*Bremia lactucae*	활물영양성	노균병	엽맥에 제한되어 잎에 담황색의 모무늬 병반. 잎 뒷면에 양털 같은 흰색 균체가 나타나고 나중에는 표면에도 나타남	상추	
난균문: 노균병균목	*Phytophthora* spp.	사물영양성	뿌리썩음병	시듦, 뿌리 썩음, 심하면 죽음	교목, 관목, 채소	여러 신생전염병이 포함됨
난균문: 노균병균목	*Phytophthora infestans*	반활물영양성	감자 역병	잎에는 수침상 병반, 갈변, 뒷면에 흰색 양털 같은 균체. 괴경은 진물이 나고 군데군데 검게 변함	감자	19세기 아일랜드 감자 대기근의 원인. 50~78% 작물 손실 발생하며, 이는 8천만~12억7천만 명이 먹을 수 있는 충분한 양
난균문: 부패균목	*Pythium* spp.	사물영양성	모잘록병	종자 및 뿌리 썩음, 유묘 죽음	넓은 기주 범위	
피토믹사강	*Plasmodiophora brassicae*	활물영양성	뿌리혹병	시듦. 뿌리는 뒤틀림(변형), 비대화, 썩음	양배추 등 십자화과식물	

[a] 작물이 파괴되지 않았을 때 먹을 수 있는 사람의 수를 Sarah J Gurr가 산출함.

흔히 발생하고 경제적으로 중요한 균류 및 유사균류 병원균과 이들 병원체에 의한 식물병.

병원균류에 대한 감수성 및 방어기작

일부 작물의 대량 손실에도 불구하고 대부분의 식물들은 대다수의 병원균에 대해 대체로 저항성이다. 병이 진전되기 위해서는 3가지 요인이 반드시 상호작용해야 하는데, 감수성인 기주식물, 적합한 환경조건, 병원성을 가진 충분한 수의 병원균이다. 병 발생의 가능성을 이들 3가지 요인의 밑변으로 보여주는 병 삼각형(disease triangle)으로 나타낸다 (그림 8.1a). 3가지 요인 중 어느 하나라도 0의 값이면 병은 발생하지 않는다. 병원균은 병원력을 지닌 레이스의 수나 접종원의 양에 따라 영향을 받는다(그림 8.1b). 마찬가지로, 성공적인 병 발생은 병원균의 생활사 중 감염 단계에서 영향을 받지만 휴면상태에서는 영향을 받지 않는다. 기주 입장에서는 서로 다른 식물종과 품종이 기주의 나이, 활력과 방어기작에 따라 병원균에 대한 감수성이 달라진다. 식물은 유전적 균일성(단일 재배)에 따라 특정 병원균에 대한 병 발생 정도에 영향을 미칠 수 있다. 환경적인 조건에서는 온도, 토양수분, 대기습도, 바람, 일사량, pH, 영양상태, 토질의 상태 등이 균 접종원 생성, 확산, 생육 및 정착과 식물의 활력에 미치는 효과를 통해 병 발생 및 정도에 영향을 미친다.

균류가 식물에 접촉하더라도 식물이 물리적 및 화학적 방어 체계를 구축하고 있기 때문에 병원력을 발휘하기 매우 어렵고 (254쪽에 상세히 기술함), 이것을 극복하더라도 균류는 부가적으로 식물 방어기작을 유도한다 (254~256쪽에 상세히 기술함). 따라서 대부분의 식물은 대다수의 균류에 대해 면역성을 가지며(**비기주 저항성, non-host resistance**), 균류의 감염에 의한 병의 정도를 감소시킬 수 있는 능력을 지닌다(**기저 저항성, basal resistance**). 저항성은 초기에 균류로부터 유래한 'non-self' 신호의 인식을 수반한다 — 원래는 **elicitor**로 불렸으나 최근에는 **microbe-associated molecular patterns(미생물-관련 분자적 패턴)**으로 부른다(MAMPs, 병원균의 경우에는 PAMPs). MAMPs는 pattern recognition receptors(PRRs, 패턴 인식 수용체)라는 막 투과 단백질과 결합할 때 인식되며, 이는 PTI(pattern triggered immunity, 패턴에 의한 면역반응 또는 식물의 선천성 면역반응)라고 하는 식물 방어반응을 촉발시킨다 (254쪽). 이것은 신속하고 일시적인 반응이다.

하지만, 건강한 기주에서 생장하는 활물영양성 병원균(상리공생균류 포함)은 탐색을 회피하거나 기주의 방어기작을 저해하여 식물의 선천성 면역반응을 극복할 수 있다. 이들은 감염 시에 유도되어 식물 세포의 아포플라스트에 표적되고 일부는 effector triggered susceptibility(ETS)를 유도하여 식물의 선천성 면역반응을 억제할 수 있는 세포질 속으로 **effector** 분자(255쪽)를 생성하여 수행한다. 식물이 반응하는 것은 물론, 균류-유래 병원성 요소의 인식이 식물호르몬에 의한 매개와 effector-triggered immunity(ETI)에 의한 유전자 흐름에 의하여 2차 저항성을 유도한다. 이는 과민감반응(hypersensitive response, HR, 255~256쪽), 예정세포사멸 및 병원균 유입을 제한한다. 식물 면역반응의 첫 번째 단계는 비병원균을 포함한 미생물에 대해 non-self molecules을 인식하여 반응하는 것이고, 두 번째 단계는 기주에 직-간접적으로 영향을 주는 effector(병원성 요소)에 반응하는 것이다.

위에서 언급한 바와 같이, 병원성과 식물의 면역성은 균류가 침입한 식물세포를 살아있게 유지하려는 것이다. 식물세포사멸(사물영양균)의 유도로 이익을 얻는 균류 집단에 대응하여 식물에서 일어나는 면역반응은 무엇인가? 사물영양성 균류는 다범성 사물영양균과 기주특이적 사물영양균

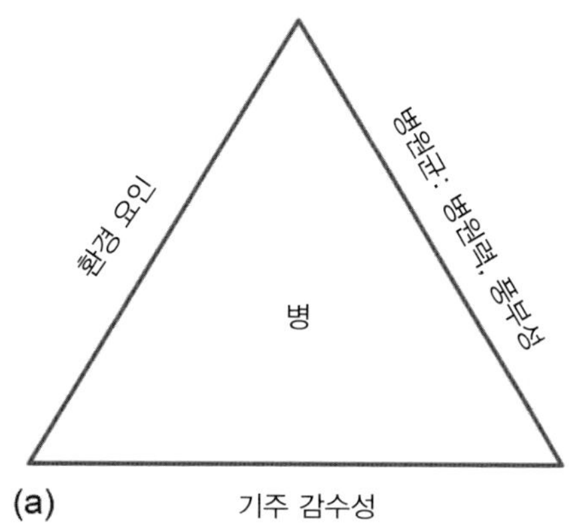

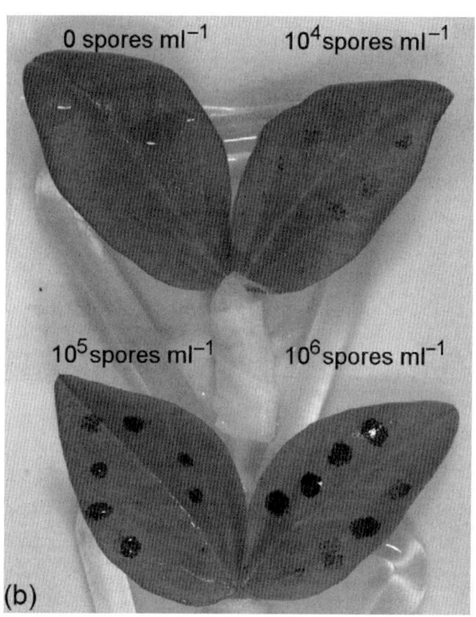

그림 8.1 (a) 병 삼각형(disease triangle). 삼각형의 각 변은 병 발생에 포함되는 요인 중 하나를 의미한다. 각 변의 길이는 병을 일으키는 구성요소의 모든 양상의 합과 비례하여 설정될 수 있다. 그러므로 삼각형의 면적은 병의 총량을 의미한다. 모든 요인이 0(zero)이라면 병은 발생하지 않는다. 예를 들어, 식물이 저항성이라면 기주의 변이 작으므로 병 발생량은 적어질 것이다. 대조적으로 기주가 감수성이고 식물이 밀식되었다면, 다른 변이 제로가 아닐 때 기주 변은 커질 것이고 병 발생도 확대될 것이다. 이와 같이, 병원균이 매우 많고 병원력이 강하면 병원균 변은 길어지며, 발병에 선호되는 환경과 감수성 기주가 갖추어진다면 발병량은 많아질 것이다. (b) 접종원의 양은 정착 여부에 영향을 줄 수 있다. 그림과 같이 사물영양성 병원균 *Botrytis cinerea*를 서로 다른 포자 양으로 잠두(*Vicia faba*) 잎에 접종하였다. *출처: (b) ⓒ Peter Spencer-Phillips.*

으로 나눌 수 있다. 대부분의 사물영양성 균류는 식물의 선천성 면역반응을 극복할 수 없음에도, 다범성 사물영양균은 감수성 기주식물에 대하여 기주세포사멸(HCD) 및 기타 방어반응을 유도할 수 있다. 그러나 활물영양성 병원균과는 다르게 HCD가 균류의 침투를 제한하는 것이 아니라 병원균의 정착을 증가시키는 성공적 감염의 지표인 것이다. 'Effector와 같은' 기주선택적 독소(host-selective toxin, HST)를 생성하는 기주특이적 사물영양균들이 있으며, 이들은 병-특이적 기주에만 독성이 있고, 다른 식물에 대해서는 효력이 없다. 이들 HSTs는 기주특이적 살생기생균에 의해 기주 감수성을 매개한다. 사물영양성 균류가 HST를 생성하고 특정한 기주식물이 상응하는 우성의 감수성 유전자를 지닐 때, ETS가 확립된다. 현재 많은 증거들이 사물영양균 감수성(ETS 유도)과 활물영양균 저항성(ETI 유도) 모두와 관련하여 일반적인 신호전달 과정을 뒷받침해 주고 있다. HST 병원균은 '의도적으로' ETS를 확립하기 위해 활물영양성 병원균에 대하여 기주의 ETI 반응을 활성화하므로, 활물영양성 생활방식에 도움이 되지 않는 환경에서도 잘 자랄 수 있다.

다음 3가지 단락에서는 내재적 및 유도적 방어기작과 기주-병원균 화합성에 대한 유전적 기초를 자세하게 설명한다. 이러한 세부사항을 원치 않는 독자는 병환의 주요 단계(257쪽)로 직접 이동할 수 있다.

미리 형성된(내재적) 방어 기작

균류의 공격에 대해 식물은 물리-화학적 보호벽으로 자신을 방어할 수 있다. 식물세포는 두꺼운 세포벽을 가지며, 외부는 보통 큐틴이나 수베린으로 덮여 있다. 육상식물의 잎 표면은 왁스이다. 수피는 물리적 보호벽이지만 화학적 특성도 매우 중요하다. 기공의 크기, 모양, 위치도 병원균의 침입에 영향을 줄 수 있다. 식물은 페놀, 퀴논, 긴사슬 지방족 및 olefinic 화합물, aldehydes, cyanogenic glucosides, 사포닌, terpenoids, stilbenes, glucosinolates, cyclic hydroxamic acids 및 관련된 benzoxazolinone 화합물, 타닌, lysozyme, 단백질억제제, polygalacturonase-inhibiting proteins (PGIPs), defensins, 항미생물단백질, 펩타이드, 저분자화합물 등을 포함하여 발아 및(또는) 생육을 억제하는 다양한 **저분자항균물질**(phytoanticipins)을 함유하고 있다. 양분 부족도 병원균 방어에 기여한다. 대부분의 식물은 지속적으로 세균 및 균류와 접촉하고 근권 및 엽권에서 피해가 있기 때문에 신속하고 일시적이지만 변함 없이 활성화되어 있는 식물의 선천적 면역반응인 기저 방어 반응상태에 있게 된다.

적극적(유도적) 방어 기작

미리 형성된 방어기작뿐만 아니라, 식물은 적어도 두 가지 적극적 방어기작을 갖도록 진화하였다. 이미 언급한 바와 같이, 첫 번째는 모든 외부 유기체에 대해 기저저항성(선천성 면역반응과 유사)을 발휘하며, 기주 조직의 정착을 방해하는 패턴 주도적 면역반응(pattern triggered immunity, PTI)을 활성화시키는 PRRs에 의해 구조적으로 보존된 MAMPs의 인식을 기반으로 한다. MAMPs는 대개 균류의 생육 및 발달에 필요한 분자들을 진화적으로 보존하고 있고, 균류의 세포벽에서 발견되는 키틴과 진균 및 난균류의 세포벽에서 발견되는 베타글루칸을 포함하고 있으며, 둘 다 식물의 PRRs에 상응하는 것이다. 그러나 병원균류는 MAMP 탐색을 회피하거나 기주를 침입하도록 MAMP-주도적 면역반응(PTI)을 억제시키는 effector를 만들어 이미 형성된 방어기작을 극복하도록 계속 발전시킨다. Effector는 매우 작은 분비단백질 그룹이다 (서로 상동성이 낮은 분비단백질 또는 데이터베이스에 존재하는 단백질을 포함). 균류의 effector 유전자는 보통 기주의 정착 시에 유도된다. Effector 단백질은 주로 소포체에서 만들어져 골지를 통하여 분비되고, 일부는 후에 기주의 세포질 내로 수송하기 위해 아포플라스트로 전달된다. 그 중에 대부분은 상동성이 거의 없는 소형의 분비 단백질이거나 균류의 데이터베이스에 있는 다른 단백질이 대부분이다. 이것들은 기주

세포의 아포플라스트 또는 세포질 속에서 역할을 하지만, 아직 이들이 어떻게 이동되는지는 확실하지 않다. 균류의 아포플라스트 effector는 보통 세포벽분해효소와 괴사를 유도하고 에틸렌을 유도(NEP1)하는 단백질 NLP를 포함하고 있지만, 극소수의 세포질 effector의 기능만 밝혀졌다.

식물은 effector의 인식에 기초하거나 또는 R 단백질에 의한 기주 성분의 effector-매개 변화(레이스 특이적 또는 레이스 비특이적 유형이 될 수 있음)와 ETI의 후속적인 활성을 기초로 하여 두 번째 적극적 방어시스템을 발달시켰고, 이는 PTI보다 더 강력하고 빠르게 향상된 방어 반응을 유도한다. 이들 반응은 자스몬산(jasmonic acid, JA), 살리실산(salicylic acid, SA), 에틸렌(ethylene, ET)과 앱시스산(abscisic acid, ABA)과 같은 식물호르몬에 의해 매개된다. 일반적으로 JA와 SA의 경로는 COI1/EIN2 유전자에 의해 조절되고 사물영양균 및 저작구 곤충을 제어하는 JA/ET 의존성 경로와 상호 대립하며, SA 경로는 NPR1과 같은 유전자 및 예정세포사멸을 제어하여 조절한다. 이는 활물영양균 및 반활물영양균의 확산뿐만 아니라 전신획득저항성(systemic acquired resistance, SAR)의 유도를 억제한다. SAR은 병원균에 의해 국부적으로 감염된 위치로부터 떨어져 있는 전체 식물의 저항성 반응이다. 사실상, 이것은 후에 있을 공격에 대하여 식물이 면역력을 갖게 한다. SAR 반응은 살리실산 의존적 방법에 의해 매개된다. MAP(mitogen-activated protein) kinase 신호전달체계는 살리실산의 축적을 조절하는 데 관여한다. PRP가 형성되고 SAR에서 축적된다. SAR과는 다르게, 유도전신저항성(induced systemic resistance, ISR)은 적어도 일부 시스템에서 자스몬산/에틸렌 의존성 경로에 의해서 매개되고, PRP는 축적되지 않는다. 앱시스산은 SA-의존성 경로 사이의 상호교환을 통해 식물의 면역반응에 영향을 줄 뿐만 아니라 비생물적 반응(가뭄, 염해 등)에서 역할을 한다.

식물의 방어반응은 빠르게 또는 더 느리게 일어나는 등 활성화의 시간에 따라 다르다. 가장 빠른 반응은 산화적 방출, 아산화질소(NO)의 발생, 세포벽 단백질의 결합과 HR 반응을 수반하는 callose의 합성 및 집적 등이다. HR은 침입한 균의 인접한 세포의 자살을 유전적으로 프로그래밍한 것으로, 그들은 생육과 양분의 추출을 위해 살아있는 식물세포가 필요로 하기 때문에 활물영양균에 대하여 특히 효과적인 반응이다. O_2^-와 과산화수소(H_2O_2)는 식물과 병원균 간의 상호작용에서 빠르게 발생하고, NO와 함께 항균 활성을 가진다. 약한 반응은 친화적이거나 비친화적 상호작용 모두에서 발생하지만 후자의 경우 3~6시간 이상 지속된다. 세포벽 단백질의 결합은 균사의 침입에 대하여 더 저항성이 있는 세포벽을 만들도록 빠르게 일어난다. 그 효과는 스스로 밀봉하는 자동차 타이어와 유사하다. Callose(β-1,3-결합 글루칸)의 생산은 전사 또는 단백질 합성, 불활성 형태로 존재하는 효소의 활성이 필요 없기 때문에 빠르게 일어난다. 이것은 다시 균사의 침입에 저항성이 있는 식물 세포벽에 돌기(papillae)로 축적된다.

더 느리게 일어나는 저항성 반응은 파이토알렉신의 축적, 목질화(lignification), 코르크화(suberisation), hydroxyproline-rich glycoprotein(HGRP)의 생성, pathogenesis-related protein(PRP), 전신획득저항성(SAR), ISR 등이 있다. 이러한 반응은 모두 유전자 전사를 요구하므로 느리게 일어난다. 그러나 AM 균류(수지상균근균)에 의한 뿌리 점유를 포함하여 일부 유용미생물의 존재에 의해서 가능할 수 있다 (206~212쪽). **파이토알렉신(Phytoalexins)**은 치명적인 병원균에 노출된 후 식물에서 합성되고, 축적되며, 다양한 균류와 다른 생물체에 대해 항생작용을 지닌 저분자 화합물이다. 병원균은 감수성에 따라 다르고, 일부는 해독기작을 가지고 있다. **리그닌(lignin)**과 **수베린(suberin)**은 모든 건전한 식물세포벽에서 발견되지만, 감염 시에 합성과 축적이 증가하고, 이를 통해 병원균에 대한 저항성이 증가한다. 마찬가지로 HRGPs는 건전한 세포벽에 존재하지만, 감염이 일어나는 동안에 증가한다. 방어기작이 명확하진 않지만 단백질과 교차 결합하는 역할을 하며 돌기에서 리그닌 축적을 위한 주형으로 제공한다. PRPs(pathogenesis-related proteins)는 다른 기능과 함께 산성 단백질분해효소에 저항성인 단백질(acidic protease-resistant protein)을 포함하는데, 예를 들면 글루칸분해효소와 키틴분해효소는 균류의 세포벽 성분을 분해하고, 티오닌(thionin)은 균류 세포막의 투과성을 증가시키며, 디펜신(defensins)은 균류의 막 수송에 영향을 주고, 이외에 다른 것은 균류의 리보솜을 불활성화시킨다.

기주식물과 균류의 유전적 화합성/불화합성

균류가 살아있는 식물 세포 속에서 정착 능력이 있는지는 유전자 수준에서 결정된다(표 8.3). Harold Flor에 의해 제안된 유전자 대 유전자 가설(gene-for-gene hypothesis)은 아마(flax, *Linum usitatissimum*)와 균류의 모든 우성의 비병원성(avirulence, *Avr*) 유전자를 지닌 아마녹병균(*Melampsora lini*)에 대한 그의 연구를 기반으로 하며, 서로 관련성이 있는 기주의 저항성(resistance, *R*) 유전자가 있고, 이러한 *Avr/R* 유전자의 상호작용이 국부적인 세포사멸과 활물영양성 병원균류의 침입을 저지시키는 과민감반응(hypersensitive response, HR) 같은 기주 방어기작을 활성화시킨다. 최초의 균류 *Avr* 유전자는 van Kan과 동료에 의해서 1991년에 클로닝되었고, Shan과 동료들에 의해 난균 *Avr* 유전자가 2004년에 처음으로 클로닝되었다. 지난 20년 동안 수많은 *Avr* 유전자와 그에 상응하는 *R* 유전자들이 동정되었고, 기주-병원균 상호작용에 대한 분자적 이해를 충분히 향상시켰다. *Avr/R* 유전자 산물의 결합에 대한 연구가 시도되었지만, 이것의 어려움이 입증되었고 대체 가능한 선택적인(감시, guard) 모델을 제안하였으며, 그것으로 인해 *R* 단백질이 상응하는 *Avr* 유전자 산물과 직접적으로 결합하진 않지만, 대신에 이러한 분자들에 의해 표적이 되는 기주의 구성요소를 모니터링한다. 결과적으로, ‘effector’란 용어는 식물과 병원균 사이의 상호작용을 적극적으로나 소극적으로 변화시키는 병원균에서 유래한 유전자 산물을 설명하기 위해 사용되었다. 이것은 이전에 사용한 활물영양균의 비병원성 유전자와 사물영양균의 기주특이적 독소 유전자를 포함하고 있다. Effector는 기주를 점령하였을 때 전사 조절유전자를 유도시키며, 일부

표 8.3 잠재적인 병원균에 대하여 식물의 저항성 또는 감수성을 유도하는 유전자 대 유전자 상호작용

	식물의 유전형			
균류의 유전형	R_1R_2	R_1r_2	r_1R_2	r_1r_2
A_1A_2	저항성	저항성	저항성	감수성
A_1a_2	저항성	저항성	감수성	감수성
a_1A_2	저항성	감수성	저항성	감수성
a_1a_2	감수성	감수성	감수성	감수성

비병원성이 우성이므로, 균류에서 *A*는 비병원성 유전자, *a*는 병원성 유전자를 표시한다. 기주식물에서 *R*은 저항성, *r*은 감수성 유전자를 표시한다.

병원균이 각각의 기주 조직에서 이들의 발현을 변화시킨다. Effector는 아포플라스트나 세포질에 위치하며 침입균사의 정단부나 흡기를 통하여 기주로 전달된다 (그림 8.6, 8.9).

사물영양균의 양분 획득방식은 기주를 건강하게 유지하기 위한 것이 아니며, 따라서 사물영양성 병원균류는 유전자 대 유전자 모델을 따르는 것이 아니다. 하지만 *Alternaria*, *Stagonospora*, *Cochliobolus* 등 일부 사물영양성 병원균은 effector처럼 HST를 생성한다. 이들은 식물의 감수성 유전자에 의해 인식되는 작은 펩티드이다. 이들 HST effector는 기주가 특정한 우성의 감수성 유전자를 발현시킬 때 특정한 기주 종(때로는 특정 유전자형의 기주에서만)에서 병을 촉진시킨다. 사실, 병원균은 병을 촉진시키는 effector를 생성하고, 기주식물은 감수성에 필요한 수용체(receptor)를 생성한다. 이것은 우성의 기주 저항성과 병원균의 비병원성 유전자 산물이 저항성 반응에 필요한 활물영양성 균류의 유전자 대 유전자 가설의 대칭 이미지이다.

병원균의 병환에서 주요 단계

식물과 식물집단 내에서 병이 진전되고 전반되는 동안에 일련의 단계별 과정이 일어난다 (그림 8.2). 이러한 과정을 병환(disease cycle)이라고 하며, 일부 병원균(예: 녹병균)은 매우 복잡한 생활사를 가지고 있지만 병환은 병원균의 생활사와 밀접하게 연관되어 있다. 병환의 단계는 아래와 같다.

접촉, 부착, 침입

감염에서 첫 번째 주요 단계는 균이 잠재적인 기주식물과 접촉하는 것이다. 어떤 균류는 토양 내에서, 어떤 균류는 지상부에서, 또 어떤 균류는 두 곳 모두에 있는 식물과 접촉한다. 토양 속의 식

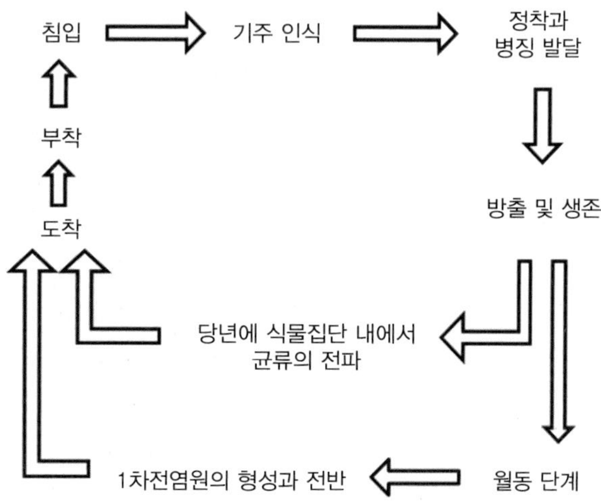

그림 8.2 병환의 진전 단계.

물병원균류는 주로 휴면포자나 균핵으로 존재한다(60~61쪽). 미기후 환경에 적합하다 하더라도 균류는 정균현상(mycostasis) (356쪽)이 뿌리에서 분비된 양분에 의해 극복될 때만 발아한다. 휴면포자로 생존하는 균류는 주변으로 뿌리가 뻗어 오기를 기다려야 하고, 어떤 균류는 기주식물 뿌리에 접촉하고 비기주식물 뿌리에는 접촉하지 않는 운동성 유주포자를 가지고 있다. 예를 들면, 유사균류 *Phytophthora cinnamomi*와 *Phytophthora citrophthora*는 각각 아보카도(*Persea americana*)와 감귤류(*Citrus*)에 유인되지만, 서로 반대의 식물에게는 그렇지 않다.

일부 균류는 균사체로서 뿌리에 도달할 수 있는데, 특히 감염된 뿌리가 감염되지 않은 뿌리를 접촉할 때 그러하다. 이는 뿌리썩음병균 *Heterobasidion annosum*이 확산되는 주요 수단이다 (그림 8.11, 276~277쪽). 사물영양균 *Rhizoctonia solani*(유묘에 잘록병을 일으킴)는 토양 사이에서 자유롭게 자라면서 섬유소가 풍부한 기질을 이용한다. 이 균은 커다란 균사체를 만들고 다른 균류에 균류기생성(341~349쪽)을 발휘하는 능력까지 갖추었으므로 절대 어느 부생균에도 뒤지지 않는 경쟁력(349~351쪽)이 있다. 사물영양균 *Armillaria* spp.는 기주와 기주 사이를 근상균사다발로 이어서 자랄 수 있다 (58~60쪽). 하지만, 활물영양균, 반활물영양균과 대부분의 사물영양균은 토양 속에서만 살아갈 수는 없다.

바람, 빗방울, 동물에 의해 전반된 포자는 지상부의 식물 표면에 도달한다 (제3장). 포자에는 많은 종류가 있다 (제3장). 일부 종은 여러 종류를 형성하는데, 녹병균은 생활사 중 최대 5가지의 포자를 형성한다 (표 8.6). 일부 종의 포자는 물이나 습한 조건에서는 휴면하기보다는 즉시 발아한다. 어떤 포자는 기주로부터 분비되는 자극물질이 없으면 발아하지 않으며, 고밀도의 포자에서 발아를 억제하는 내인성 억제물질을 가지며 암흑조건에서 동시에 발아하여 균사가 건조될 기회를 줄인다. 많은 조건적 병원균의 포자는 기주의 삼출물이나 상처나 부패로부터 유래된 양분이 존재하면 더 빠르고 광범위하게 발아한다.

균류는 식물에 기생하기 전에 식물의 물리적 및 화학적 방어반응을 무력화시켜야 한다 (윗 단락 참조, 254~256쪽). 침입은 상처나 자연개구(예: 기공)를 통해 또는 손상되지 않은 표면을 통하여 일어난다. 흰가루병균(절대병원균)이나 조건적 병원균은 식물의 손상되지 않은 표면을 통하여 직접 침입하지만, 대부분의 절대병원균은 기공을 통하여 침입한다. 침입 장소와 기작은 병원균의 종에 따라 다를 뿐만 아니라, 같은 종이라도 포자의 형태에 따라 다를 수 있다.

침입에 앞서, 발아관이 식물 표면을 가로질러 자라고, 녹병균의 경우에는 기공을 만날 기회를 최대화하기 위하여 잎맥과 직각 방향으로 자란다. 녹병균의 발아관은 지형 및 다른 자극에 반응한다 (그림 8.3). 감염의 다음 단계를 위해 식물 표면에 반드시 부착해야 한다. 부착기(그림 8.5c–8.7, 8.9)는 식물체 표면이나 자연개구에 형성된다. 이들 부착기는 단순히 부푼 세포, 울퉁불퉁한 구조, 복잡한 감염뭉치 등 형태가 다양하지만, 침입 전이나 침입 과정 동안 병원균을 고정시켜 주는 역할을 한다. 가는 침입균사(침입관)는 대개 식물에 접촉한 부착기의 중심부에서 나오고, 큐틴분해효소 같은 세포벽결합효소와 물리적 힘에 의해 하부조직으로 침입한다. 물리적 힘은 멜라닌으로 채워진 침입관의 팽압에 의해 생성되며, 일부 종은 17 $\mu N/\mu m^2$에 이른다. 이러한 규모의 힘이 사람의 손에서 발휘된다면 8,000 kg의 버스를 충분히 들어 올릴 수 있다. 이렇게 초기 단계에서 일어나는 균류의 세포생물학의 변화는 일부 사례연구에서 자세하게 설명되었다.

외부 각피 침입 이후의 생장과 양분 탈취는 기주-균류의 조합에 따라 다르지만, 대부분의 병원균은 기주세포 사이 또는 내부에서 생장한다. 흰가루병균은 외부 표면에서만 자라고 흡기로 표피

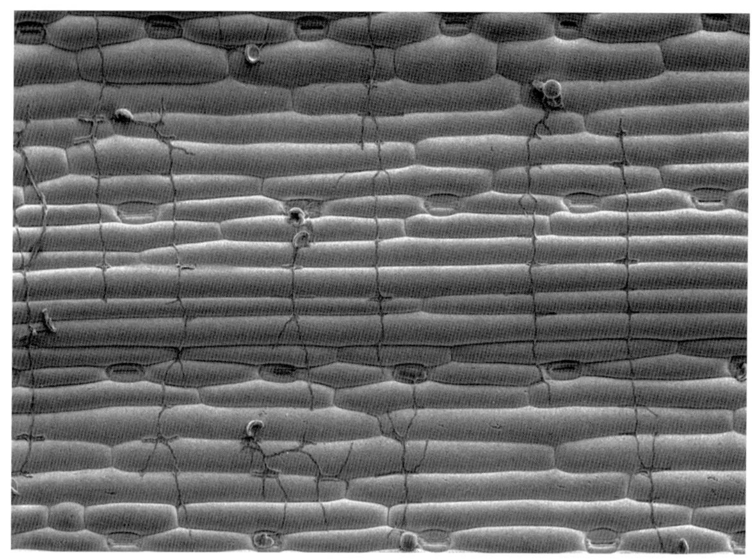

그림 8.3 보리(*Hordeum vulgare*) 녹병균 *Puccinia hordei* 균사가 잎의 표면을 가로질러 자라고 있다. 균사는 굴촉성이며, 생장 방향을 맞추기 위해 표피세포의 지형을 이용한다. 출처: ⓒ *Nick Read.*

세포를 침입한다 (272쪽). 서로 다른 균류는 서로 다른 방법으로 식물로부터 양분을 얻고, 서로 다른 영향을 미치며, 서로 다른 병징으로 나타난다 (표 8.4). 양 극단에 해당하는 사물영양균과 활물영양균은 매우 다르게 작용하고 기주에게 다른 영향을 준다 (표 8.1).

정착 및 양분 탈취: 사물영양성 병원균

감수성 식물에서 사물영양균은 세포외 가수분해효소, 기주세포를 죽이는 괴사 관련 단백질 및(또는) 독소를 생산함으로써 기주세포를 영양원으로 이용하도록 한다. 균사는 세포 사이를 침투하지만 대체로 균사가 도달하기 전에 세포사멸이 일어난다. 사물영양균이 세포외 효소로 기주를 사멸시킬 때, 많은 양의 다양한 펙틴분해효소가 균사 정단부에서 분비된다. 식물에는 섬유소 및 헤미셀룰로스와 비교해서 상대적으로 적은 양의 펙틴 물질이 함유되어 있지만 중엽에 필수적이므로 펙틴이 분해되면 세포가 누출되어 팽압이 소실되며 조직이 물러지면서 물컹물컹해진다. 이러한 사례는 유묘의 잘록병과 과일의 무름병에서 볼 수 있다 (표 8.2). 세포의 내용물과 펙틴 물질을 이용한 후에는 세포벽 성분이 섬유소와 헤미셀룰로스 분해효소에 의해 붕괴된다.

균류는 다양한 작용기작을 가진 여러 종류의 독소를 생성한다 (표 8.5). 일부는 기주선택적/특이적(즉, 기주에는 독성이 있지만 비기주에는 독성이 없는 것)인 반면, 다른 것들은 비선택적/비특이적(즉, 균류의 기주범위와 관련성이 없음)이다. 특정 사물영양성 병원균에 대해 저항성인 식물은 균류가 생성하는 독소에 둔감하거나 독소를 빠르게 분해하는 능력이 있다. 독소가 기주세포를 죽일 때, 유관속시들음병에서는 물관을 통해 멀리 퍼지지만, 대부분의 경우는 조직이 마르고 변색되며, 병반이 흩어져 나타나고 천천히 확산된다 (예: *Alternaria* 점무늬병). 그러나 많은 독소는 펙틴분해효소의 경우와 같이 막 투과성에 영향을 미쳐 용질의 누출을 초래한다. 독소로 세포를 죽인 후에 균류는 세포외 효소를 생성하고 기주조직을 자신들의 양분 섭취대상으로 이용한다.

표 8.4 균류 및 유사균류 병원체에 의한 식물병의 병징

병명/병징	병징 설명
비정상 생육	지상부 조직이 혹처럼 커지고 사마귀처럼 부풀어 오름, 잎 오갈, 빗자루 모양으로 잔가지가 무성하게 자람
탄저병	지상부 기관에 움푹 꺼지고 검게 변한 병반
도열병	잎과 화기가 붕괴되는 증상
마름병	지상부 기관의 갈변 증상
궤양병	나무 줄기의 국부적인 상처, 흔히 조직이 움푹 꺼짐
모잘록병	따뜻하고 습한 조건에서 유묘가 급작스럽게 죽거나 붕괴되는 증상
쇠락	활력이 떨어지는 증상
가지마름병	잔가지 끝에서부터 괴사가 시작되어 기부로 진전되는 증상
흰가루병/노균병	균사체나 포자로 덮여 황백화 또는 괴사한 조직, 양털 모양이나 가루로 뒤덮인 증상
썩음병	식물 조직이 붕괴된 증상
녹병	줄기나 잎에 작은 녹슨 색깔의 병반
더뎅이병	국부적으로 더뎅이 증상
점무늬병	잎에 국부적인 짙은 색의 병반
시들음병	잎, 새싹, 식물 전체가 시들고, 변색되고, 말라죽는 증상

유관속시들음병균류는 식물의 유관속에서 생장하고 번식하며, 물관액을 양분으로 이용한다. 이들은 물관 안에 저분자량 및 고분자량 독소를 생산한다. 저분자 독소는 잎으로 수송되어 기공의 기능을 손상시키므로 증산작용 조절기능이 상실되고 잎은 죽는다. 고분자량 독소는 물관액의 점도를 증가시켜 결국 잎이 죽는다. 더욱이, 유관속시들음병균류는 물관을 이동할 수 있는 매우 작은 포자를 형성하고 물관 세포의 구멍 난 벽의 끝부분에 머무르거나 막는다. 여기서 포자는 발아하고, 발아관은 인접한 물관으로 자라며, 포자가 빠르게 형성되는 과정이 반복된다 (유관속시들음병 단원 참조, 272~274쪽). 검 물질과 전충체를 형성하여 물관을 막는 식물의 저항성 기작은 문제를 악화시킬 수도 있다. 이런 활동의 결과로 식물은 빠르게 죽는데, 초본식물은 며칠 내에 죽고, 큰 나무는 몇 주 또는 몇 달 내에 죽는다.

심지어 발병 초기나 병원균이 아직 국부적인 경우에도 여러 생리적 과정으로 인해 식물은 전신적으로 영향을 받는다. 기주의 대사와 생합성이 증가하여 에너지 소모의 증가, 호흡의 증가, 저장 탄수화물의 고갈이 일어난다. 엽록체의 손상, 노화속도의 증가, 잎 조직의 조기 노화에 의해 광합성이 영향을 받을 수 있다. 식물의 수분 관련된 변화가 생기고 뿌리가 손상되면 토양으로부터 물의 흡수가 감소하여, 호흡률의 변화, 수분퍼텐셜 구배의 변화, 시들음병에 의한 경우는 물론이며 식물체에서 물의 흐름이 방해를 받는다. 간접적으로는 물의 운송에 방해를 받고, 직접적으로는 감염된 잎의 탈락으로 탄수화물의 양이 줄어듦으로써 식물에서 탄수화물 대사와 이동에 변화가 생긴다. 균류에 의해 생성되거나 식물에 의해 생성된 호르몬의 변화에 의해 식물체 전체에 병징이

표 8.5 사물영양성 병원균에 의해 생산되는 기주특이적 독소와 기주 비특이적 독소의 예

독소	균류	병	영향 및 기타 특징
기주 특이적			
ACT-toxin, ACR-toxin, AF-toxin, AK-toxin, AM-toxin	*Alternaria alternata formae speciales*	귤, 레몬, 딸기, 일본배, 사과의 점무늬병	AF-, ACT-독소는 원형질막에서 작용하고, ACR-독소는 미토콘드리아에 영향을 줌
HC-toxin	*Cochliobolus carbonum* race 1	옥수수 점무늬병 및 이삭썩음병	Deacetylate chromatin 은 유전자 발현에 영향을 줌
HS-toxin	*Bipolaris sacchari*	사탕수수 잎집눈무늬병	Terpenoid 독소
Peritoxins(PC-toxin)	*Periconia circinata*	수수 뿌리썩음병	유사분열 억제 및 1차근의 생장 억제, 전해질 누출
Ptr Tox A, Ptr Tox B	*Pyrenophora tritici-repentis*	밀 갈색점무늬병	갈색으로 괴사 및 전신적인 황백화
T-toxin	*Cochliobolus heterostrophus* race T	옥수수 깨씨무늬병	웅성불임
Victorin	*Cochliobolus victoriae*	귀리 마름병	잎이 황갈색으로 변함, 막의 탈분극, 이온 누출, 단백질 합성 억제
기주 비특이적			
Cercosporin	*Cercospora* spp.	다양함	활성산소종이 생성되고 광활성화
Cerato-ulmin	*Ophiostoma novo-ulmi*	느릅나무 마름병	하이드로포빈
Enniatins	*Fusarium* spp.	감자 마른썩음병	이온 투과 담체
Fomannoxin	*Heterobasidion annosum*	침엽수 및 활엽수 뿌리썩음병	식물세포 생장과 단백질 합성 저해
Fumonisins	*Fusarium moniliforme* (= *Giberella fujikuroi*)	옥수수 이삭썩음병	스핑고지질 생합성 저해
Fusicoccin	*Fusicoccum amygdali*	아몬드 및 복숭아 줄기마름병, 시들음병	기공이 열린 상태로 계속 유지됨
Solanopyrones	*Alternaria solani*, *Ascochyta rabiei* (= *Didymella rabiei*)	병아리콩 마름병	DNA 보수 저해
Tentoxin	*Alternaria* spp.	다양함	황백화
Trichothecenes	*Fusarium* species	밀 이삭마름병, 뿌리썩음병, 모마름병	단백질 합성 저해

출처: Strange (2003).

나타나는 경우가 흔하다. 예를 들면, 상편생장(잎이 아래로 구부러짐)은 에틸렌의 과잉생성과 민감도의 증가에 따른 증상이다. 에틸렌은 황백화 및 괴사와도 관련이 있다. 인돌아세트산이 감소하면 이층 형성이 촉진되어 조기낙엽을 일으킨다.

정착 및 양분 탈취: 활물영양성 병원균

사물영양균과 다르게, 식물과 병원균 사이의 관계는 대부분의 시간 동안 균형 잡힌 관계가 유지된다. 활물영양성 병원균은 기주세포로부터 양분을 끌어내기 위하여 많은 양의 세포외 효소나 독소를 생성하기보다는 그들의 생산을 제어하여 필요시에만 '작동'시킨다. 일부 효소는 세포벽에 결합되어 국부적인 효과만 가지고 있다. 또한, 식물의 효소가 균류에 작동되고, 탄수화물 공급 조직이 sink로 작용할 때는 자당분해효소가 자당을 포도당과 과당으로 분해한다. *Uromyces fabae*에 감염된 잠두(*Vicia faba*)가 대표적인 예이다. 활물영양성 균류는 세포 사이에 광범위한 균사를 형성할 뿐만 아니라 가는 균사의 분지로 기주세포를 뚫고 침입한다. 이것은 침입한 다음 큰 표면적을 제공하기 위한 다양한 모양의 구조, 즉 흡기를 만들기 위해 확장시킨 것이다 (그림 8.6, 8.9). 하지만, 흡기가 식물의 세포막을 뚫고 들어가지는 않는다 (자세한 설명은 잠두 녹병 연구를 참조). 세포 사이의 균사와 흡기를 통해 기주로부터 양분을 얻는다. 잠두녹병균의 경우, 아미노산 흡수는 균사와 흡기를 통해 일어나지만 당 흡수는 오직 흡기를 통해서만 일어난다. 흡기는 비타민 B1의 합성을 포함한 몇몇 생합성 활동을 수행한다.

활물영양성 병원균은 기주 세포를 죽이지 않는 반면, 기주의 각종 기능에 영향을 미친다. 이들의 성공여부는 번식과 생장을 위한 양분을 탈취하는 것과 기주식물이 많은 양분을 생산하는 능력을 손상시키는 것 사이의 균형을 유지하느냐에 달려 있다. 균류는 양분을 흡수하는 역할을 한다. 대사물질은 대개 감염부위에 축적되는데, 이 부위로 양분 유입속도가 증가하고 다른 부위로의 양분유출은 감소한 결과이다 (예를 들어, 녹병에 감염된 잠두 잎은 감염되지 않은 잎보다 동화산물이 40배나 높다). 감염부위로 양분 이동이 발생하는 것은 병원균이 sink로 작용하여 식물의 다른 부위에서 양분을 전환시킨 것이 일부 이유이고, 식물호르몬 사이토키닌을 생성하는 역할도 한몫한다. 사이토키닌이 국부적으로 증가하여 많은 식물의 흰가루병과 녹병 감염에서는 특징적으로 '녹색섬(green island)'이 나타난다. 이것은 잎의 다른 위치보다 감염된 부위에서 오랜 기간 엽록소가 잔류하고, 단백질 합성 능력이 유지된 결과이다. 그래서 이들 식물세포는 아주 어린 상태로 유지된다.

활물영양균 역시 호르몬에 대한 효과로 식물호르몬을 합성 또는 분해하거나, 식물의 호르몬 대사를 변화시키고 호르몬에 대한 식물조직 반응을 방해함으로써 식물 발달에 또 다른 영향을 미친다. 옥신, 사이토키닌 및 지베렐린의 양과 유형의 변화는 비대생장(hypertrophy, 조직/기관의 크기 증가), 과대생장(hyperplasia, 세포 증식), 기관의 비정상적인 분화를 초래할 수 있다. 예를 들어, *Moniliophthora perniciosa* 병원균에 의한 코코아나무 빗자루병은 정단우세가 무너지고 측아가 발생함으로써 일어난다.

방출 및 생존

병원균이 성공적으로 정착되면 전파를 위한 구조체가 형성된다. 이것들은 발병과정의 유형, 균류의 종 및 시기에 따라 무성포자 또는 유성포자, 균사체가 될 수 있다 ('사례연구' 참조). 기주의 생육기간에 이러한 구조체는 잠재적인 기주 사이에서 확산되지만, 식물 전체 또는 일부가 죽은 후에는 생존을 위한 역할을 한다. 이러한 다양한 요구로 인하여 대부분의 식물병원균은 생육기에 급속하게 퍼지는 무성포자를 형성하고 기주 생장에 불리한 계절에는 휴면상태의 유성포자로 지낸다. 흥미롭게도 *Puccinia graminis* f. sp. *tritici*에 의한 밀 줄기녹병에서 여름포자를 형성하는 균퇴는 가을에 접어들면 두꺼운 세포벽을 가진 겨울포자를 형성하도록 바뀐다 (18쪽). 영양생장에서 포자형성으로의 전환과 서로 다른 포자형의 형성은 기후, 광, 기주의 변화와 관련이 있다. 분화되지 않은 사물영양균은 흔히 기주를 빠르게 죽이고 짧은 생육기간 후 휴면단계를 갖는다. 유사균류인 *Pythium* 종과 *Phytophthora* 종은 어린 균총에 난포자를 형성하지만, *Fusarium* 종과 *Rhizoctonia* 종은 양분의 고갈에 대응하여 각각 후벽포자와 균핵을 형성한다. 순활물영양균(예: 노균병, 흰가루병, 녹병을 일으키는 종)은 죽은 조직에서 생장할 수 없으므로 전파를 위해 포자에 의존한다.

포자는 바람에 의해 멀리 전파될 수 있으며, 심지어 대륙 간 전파도 가능하다 (그림 8.4, 제3장 참조). 이것은 새로운 지역에 병을 정착시키고, 여러 해 동안 기주식물이 없던 지역에도 병을 재정착시키는 데 특히 중요하다. 공기 중 포자에 의하여 대륙 간에 병이 한 번에 침입하는 경우는 매우 드물다. 그러나 저기압성 바람에 의해 1978년 6월에 여름포자가 대서양을 횡단하여 서아프리카의 카메룬에서 도미니카공화국으로 유입되었고, 이어서 아메리카 전역으로 널리 전파된 사탕수수 녹병균 *Puccinia melanocephala*의 예가 있다. 커피나무 잎녹병균 *Hemileia vastatrix*는 1970년에 앙골라에서 브라질로 같은 경로를 통해 이동했을 것이다. 다른 병들은 처음에 감염된 물질이 대륙 사이로 이동했고, 그 다음에는 도입된 대륙 전체로 바람을 타고 포자가 옮겨졌다. 감자 역병(사례연구 참조)은 감염된 괴경이 유럽에 도입된 다음에 포자로 유럽 전역에 확산되었다. 밀 줄기녹병은 1979년에 *Puccinia striiformis* f. sp. *tritici*의 포자가 옷에 붙어 호주로 전반된 다음 바람을 타고 여름포자가 뉴질랜드와 대륙 전역으로 전반되었다. 많은 활물영양균은 기주 사멸 후에 소멸했다가 기주식물을 새로 심으면 다시 나타나는 경우가 있다. 이것은 먼 거리(500~2,000 km)에서 발생할 수도 있고, 일부 곤충과 조류의 연례이동과 유사하다. 예를 들면, 미국 동부에서 담배 노균병균 *Peronospora tabacina*, 북미에서 밀 녹병균, 중국 북부지방에서 여름 기간에 밀에는 없다가 가을에 다시 발생하는 밀 줄기녹병이 있다 (그림 8.4).

체세포 구조체로서 방출 및(또는) 생존은 주로 사물영양균에 국한되는데, 대부분의 활물영양균은 기주식물과 매우 특별한 생리적 관계를 가지고 있고 부생영양적 능력이 적거나 없기 때문이다. 그러나 타프리나목과 깜부기병균목의 일부 종은 잎의 표면에서 효모상으로 부생영양 생활을 영위하는데, 이는 생존의 역할을 한다.

처음에 사물영양균은 그들이 죽인 조직을 다른 균류의 방해를 받지 않고 이용한다. 그러나 길항적인 절대부생균(제10장)과의 경쟁은 시간이 지날수록 증가할 것이며 초기의 이점은 사라질 것이다. 경쟁에 대하여 사물영양균 사이에서는 4가지 다른 유형의 행동이 나타난다. 첫째, 일부 사물영양균은 단순한 휴면영양체로 생존하거나 아주 느리게 자라면서 유기물을 이용하고 분해한다. 이것은 일부 줄기 병원균의 유형이다. 밀과 보리의 눈알무늬병균 *Oculimacula yallundae* (= *Cerco-*

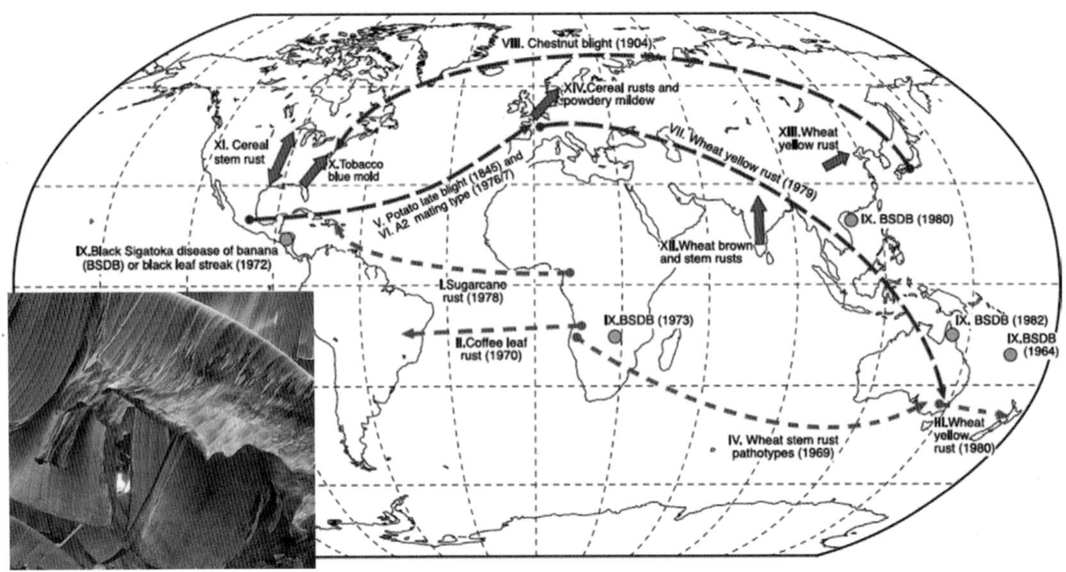

그림 8.4 식물병원균은 포자가 바람에 실려 매우 먼 거리까지 이동될 수 있다. 대륙과 대륙 사이의 이동은 드물게 일어나지만, 특별한 대기 조건에서는 병발생 근원지로부터 멀리 떨어진 곳까지 병의 전반과 정착이 일어날 수 있다. 붉은색(인쇄판에는 검은색) 화살표(짧은 막대선)는 기중포자의 직접적 이동에 의한 병의 확산을 가리킨다. 반면에 파란색(인쇄판에는 진회색) 화살표(긴 막대선)는 병원균이 감염된 식물체나 사람에 의해서 새로운 지역으로 처음으로 전파되고 다음에는 기중포자로 전파되는 것을 보여준다. 주황색 원(인쇄판에는 회색)은 *Mycosphaerella fijiensis*에 의한 바나나 검은시가토카병(사진)이 세계적으로 전파된 것을 보여주며, 각 대륙에서 처음 기록된 발생지는 IX로 표시하였다. 녹색 화살표는 주기적으로 (한두 해 이상 작물재배가 없기 때문에) 소멸하게 된 한 지역에서 다른 지역으로 이동하는 기중포자에 대하여 이동하는 병의 5가지 예를 보여준다 – 재정착주기(X, XI, XII, XIII, XIV). 본 사진은 *Mycosphaerella fijiensis*에 의한 바나나의 검은시가토카병의 증상을 보여준다. *출처: Brown and Hovmøller (2002).* (원색도판 참조)

sporella herpotrichoides)는 섬유소를 분해하는 능력이 매우 낮아서 생장속도는 느리지만 죽은 기주 조직 속에 위유조직(63쪽)을 만들 수 있으므로 경쟁관계의 부생균이 존재함에도 불구하고 3년까지 생존할 수 있다.

둘째, 일부 사물영양균은 기주가 죽기 전에 침입 당하지 않은 조직을 활발하게 점유한다 (예를 들어, 화곡류 뿌리의 *Cochliobolus sativus*와 화곡류 마름병균 *Gaeumannomyces graminis*). 호전적인 부생균의 침입 이전에 충분한 먹이 자원이 확보된다면 생존이 보장되는데, 저항성 포자가 이 과정에서 도움을 줄 수도 있다. 셋째, 일부 사물영양균은 땅속에서 활발하게 생장한다. *Rhizoctonia solani*(유묘 '모잘록병' 원인 중 하나)는 섬유소가 풍부한 기질을 이용하여 왕성하게 균사체를 형성하며 토양에서 자유롭게 생장하고, 일부 균류에 대하여 균류기생성을 나타내기도 하면서 대다수의 절대부생균 만큼 경쟁력이 있다. 이 균은 내구성이 있는 균핵(60~61쪽)을 만들기도 한다. 마지막으로 일부 사물영양균은 토양 안으로 자라지만 경쟁력이 약하므로 새로운 먹이 자원을 향해 이동한다. 예들 들어, 각종 수목에 병을 일으키는 *Armillaria* 종은 주변 환경의 틈새에 맞춰가고 기주 잔재물에서 양분을 획득해 가면서 근상균사다발을 만들어 생장한다.

사례 연구

벼 도열병

Magnaporthe oryzae(자낭균)에 의한 도열병(rice blast)은 논이나 밭에서 벼를 재배하는 모든 대륙의 80여 개 나라에서 발생한다. 도열병 피해 정도는 환경요인에 따라 다르게 나타나지만 세계 쌀 생산량의 10~30%에 달하는 수량 손실을 일으키는 가장 심각한 곡류 병에 속한다. 작은 괴사부가 유묘에서 나타나기 시작하여 확대 융합되어 황백화 증상을 나타낸다 (그림 8.5). 벼가 생장하면서 병징은 잎, 엽초, 마디, 목, 이삭에도 나타날 수 있다 (그림 8.5). 특히, 목도열병과 이삭도열병이 심하게 발생하면 80%의 수량 감소를 일으키기도 한다. 이삭목 마디에 형성된 삼각형 모양의 보라색 병반은 양쪽으로 진전되면서 등숙에 심각한 장애를 일으킨다. 어린 이삭목이 감염되면 이삭은 백화되고, 생장 후기에 감염된 벼의 이삭은 여물지 않는다.

병환은 분생포자가 벼 위에 내려 앉아 포자 끝에 점액질을 분비하여 기주 표면에 단단히 부착하면서 시작된다. 포자는 발아하여 발아관을 형성하고, 식물을 침투하기 위해 발아관 끝에 부착기를 만든다. 부착기 아래에 침입관을 만들어 기주 속으로 침투한다 (그림 8.5). 잎 표면에 형성하는 이러한 침입구조의 발달은 G-단백질결합수용체에 의해 식물에서 유래한 신호를 감지하여 신호전달체계를 작동시킴으로써 시작된다. 신호전달체계는 cAMP, mitogen-activated protein kinase(MAPK: 진화적으로 보존된 단백질로 균류, 식물, 척추동물에서 신호전달체계의 중요한 요소), phospholipase와 calmodulin에 의존적인 경로, 그 결과로 생긴 다수 유전자의 활성화 및 억제를 포함한다. 2005년에 7~15개 균주의 유전체가 해독되었고, 현재는 세계적으로 30개 이상의 균주에 대한 유전체 정보를 활용할 수 있다. 도열병균 유전체에는 1,500개의 분비 단백질이 존재하는데, 많은 단백질의 기능이 알려지지 않았다. 하지만 이중 일부만 effector 단백질로 확인되었다. 새로운 유전자 및 대사에 관련된 유전자군이 도열병균의 서로 다른 균주에서 다수 발견되었고, 앞으로 다양한 균주를 대상으로 유전체 서열 분석과 함께 비교유전체학이 수행될 예정이다. 20% 이상의 유전자(2,154)가 매우 다양한 발현 양상을 보이는데, 대부분은 식물체 침투에 앞서 그 발현이 증가한다. 감염 과정에서 전사체 분석 및 유전자 교체 연구를 통해 성공적인 식물체 침입을 위해 요구되는 병원성 관련 유전자가 동정되었다. 예를 들어, 일부 도열병균 균주에 존재하는 비병원성은 몇 개 특이 유전자의 기능이 상실됨으로써 기인된다. 이들 중 두 개는 G-단백질결합수용체와 관련된 신호전달체계에 있는 단백질을 번역하며 두 단백질 모두 부착기 형성을 위해 필요하다.

감수성 기주에서 도열병균은 식물 세포 간극과 세포 내부로 침투할 수 있고 원형질연락사를 통해 한 세포에서 다른 세포로 이동하는 것으로 추측된다. 도열병균은 반활물영양균으로 초기에는 살아있는 세포로부터 양분을 흡수하지만 이내 그 세포를 죽인다. 식물체 표면에 있는 병반은 침입 4~5일 후에 식물세포가 죽으면서 나타나기 시작한다. 병반 위에 분생포자경이 형성되고 분생포자경 위에 멜라닌이 축적된 분생포자를 만든다. 하룻밤 사이에 잎에 존재하는 하나의 병반으로부터 약 20,000개, 한 이삭으로부터 약 60,000개의 분생포자가 형성되며, 1~2시간의 암처리로 포자 방출을 유도할 수 있다. 이 곰팡이는 약 20일 동안 포자를 반복적으로 생산할 수 있다. 식물 생장 기간 동안 여러 번 병이 반복되는 다주기성 병환을 갖는데, 포자 발아에서 분생포자 형성까지 7일이 소요된다.

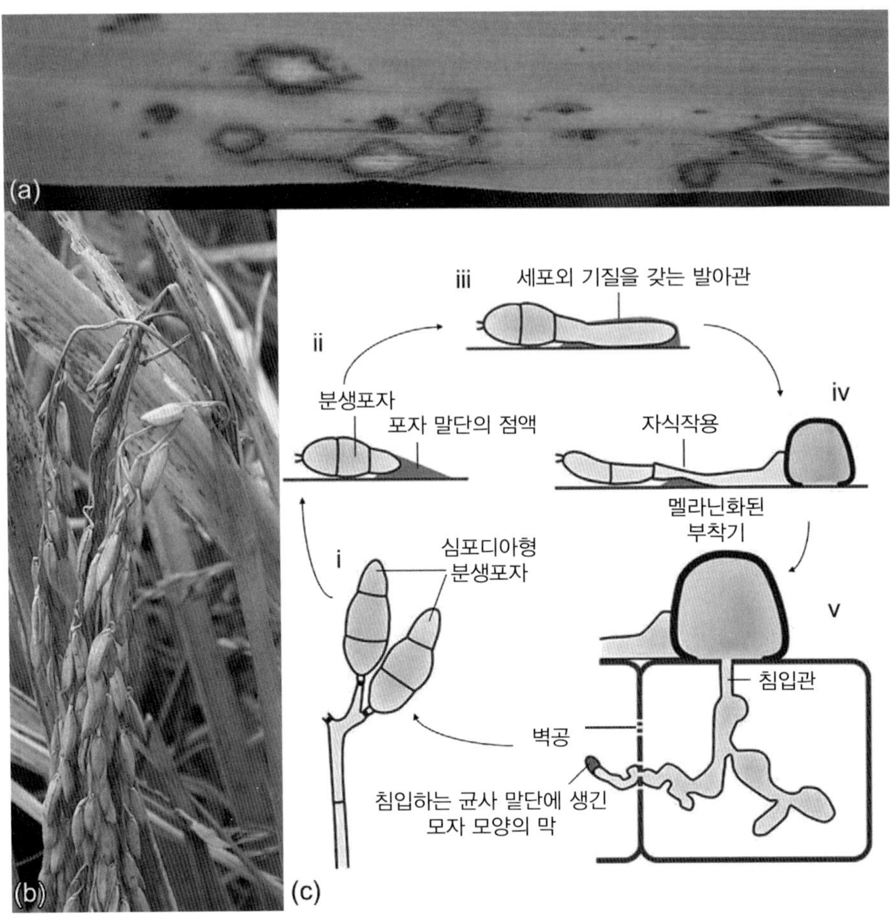

그림 8.5 *Magnaporthe oryzae*에 의한 벼 도열병. (a) 유묘에 발생한 괴사 병반. (b) 목도열병과 이삭도열병. (c) 병환: (i) 눈물 모양의 분생포자는 3개의 세포로 구성되며, 각각의 세포는 핵을 갖는다. (ii) 포자 발아는 일반적으로 끝이 가는 세포로부터 시작되고 핵은 발아관으로 이동하여 유사분열을 한다. 하나의 딸핵은 포자로 돌아오고 다른 핵은 부풀어 오른 발아관 끝으로 이동한다. 부착기 형성은 발아관 끝에 있는 핵이 S-phase에 있을 때 개시되며 소수성 표면에서 2~4시간 내에 일어난다. 부착기 분화는 G2-M 전환기에 일어난다. 어떤 주어진 환경에서 부착기 형성은 소수성 및 표면 경도(부착기는 인공적인 표면에서도 형성될 수 있음) 같은 물리적 요인, 식물의 큐틴 단량체, 질소 고갈 등 비식물 요인에 의해서도 유도된다. (iii) 포자와 발아관에서 자식작용(autophagy)이 일어나고 지질과 글리코겐으로부터 합성된 글리세롤이 부착기로 이동한다. 부착기는 분생포자의 내용물을 재활용하여 형성되기 때문에 자식작용은 감염력을 위해 필수적이며 자식작용에 관여하는 *MgATG8* 유전자 돌연변이체는 비병원성이다. (iv) 자동차 타이어의 팽압보다 40배나 높은 약 8 MPa 팽압이 글리세롤 축적에 의해 돔 모양의 부착기에 생기고 세포벽에 존재하는 멜라닌 층이 이 팽압을 지탱한다. 이 팽압은 침입관이 식물의 각피와 세포벽을 뚫을 수 있는 힘을 제공하고 식물의 세포막은 손상되지 않은 상태로 남아 침입균사 주위로 함입된다. 이 순간이 곰팡이와 기주가 서로 인식하는 중요한 시점이다. 식물은 감염된 주위에 활성산소를 생성함으로써 반응하지만 곰팡이는 활성산소를 빠르게 무력화 시키는 방향으로 진화하였다. 원형질연락사가 모여 있는 막공을 통해 인접한 세포로의 생장이 일어난다. 주변 세포를 침입하는 균사는 중엽으로 구성된 모자 모양의 세포막을 갖고 있으며, 살아있는 기주세포의 세포질로 단백질을 분비한다. (v) 감염 4~5일 후에 분생포자경이 출현한다. *출처: (a, b) Galhano and Talbot (2011), (c) Ebbole (2007).*

쌀은 인간에 의해 소비되는 칼로리의 약 25%를 제공하고 있기 때문에 이 병원균을 이해하여 병 방제 전략을 개발하는 것은 매우 중요하다. 게다가, 최근에는 이 병원균이 남미에서 밀을 감염하는 것으로 알려지면서 매우 심각한 문제에 직면하게 되었다. 농업에 미치는 영향과 취급의 용이성 때문에 도열병균은 세포생물학과 분자적 수준에서 기주와 병원균 간의 상호작용을 연구하는 모델생물이 되어 왔다. 도열병균 개체군은 병원력을 기준으로 구분할 수 있는 클론 계통으로 구성되어 있다. 가장 경제적이고 바람직한 도열병 방제법은 하나의 우수한 저항성 유전자를 가진 고수확 품종을 재배하는 것이다. 현재까지 70여 개의 도열병 저항성 유전자가 동정되었다. 그러나 저항성 유전자가 아무리 우수하더라도 불과 몇 년 동안만 효과적이라는 근본적인 문제점을 안고 있다. 저항성 유전자의 붕괴를 늦추는 한가지 방법은 서로 다른 도열병균 균주에 저항성을 보이는 광범위한 스펙트럼을 가진 저항성 유전자를 식물에 도입하는 것이다. 예를 들어, *Pi2* 저항성 유전자는 450개가 넘는 균주에 대하여 광범위한 저항성을 보인다. 또 다른 전략은 서로 다른 저항성 기작을 갖는 몇 개의 저항성 유전자를 하나의 품종에 함께 도입하는 것이다. 이러한 전략은 화곡류 녹병을 제어하기 위한 전략으로도 널리 활용되어 왔다. 길항작용을 갖는 엽권 세균 및 균류의 활용성도 연구되고 있다. 살균제를 사용할 수도 있지만, 비용 문제, 저항성 균주 출현, 생태계 파괴 같은 또다른 본질적인 문제점을 안고 있다.

녹병

Puccinia graminis f. sp. *tritici*(담자균)에 의해 발생하는 밀 줄기녹병(black stem rust)은 70%에 이르는 수량 감소를 일으킬 수 있는 식물병으로 전세계적으로 안정적 식량 공급을 위협하고 있다(표 8.2). 이러한 이유로 이 곰팡이에 대한 연구가 광범위하게 진행되어 왔다. 밀줄기녹병균의 생활사는 이미 제1장(18~19쪽)에 기술되어 있으므로, 이 장에서는 세계 식량 안보에는 비록 덜 중요하지만 녹병균의 세포학, 생리학, 생화학, 분자생물학적 측면에서 모델생물로 오랫동안 연구되어 온 잠두 녹병균에 대하여 기술하고자 한다. *Uromyces fabae*는 잠두(*Vicia faba*)에서 최대 50%의 수량 손실을 일으키고, 50종 이상의 *Vicia*류, 20종 이상의 스위트피(*Lathyrus* spp.), 렌틸콩(*Lens culinaris*), 완두(*Pisum sativum*)에 심각한 경제적 손실을 입히며 녹병을 일으킨다. 다른 녹병균류처럼 이 종도 절대 활물영양균이다.

*Uromyces fabae*는 식물 생장기에 여러 번 병을 일으키는 다주기성 병원균이며, 녹병균목(Urediales) 균류에서 발견되는 5가지 포자를 모두 형성한다. 이 곰팡이의 생활사와 각 포자의 역할은 그림 8.6과 표 8.6에 기술되어 있다. **겨울포자퇴(telium)**는 식물 생장기 후반에 줄기나 잎 위에 형성되고, 수확 후 작물 잔재에 남아서 월동 형태인 **겨울포자(teliospore)**를 그 안에 형성한다. 봄이 오면 겨울포자는 발아하여 **후담자기(metabasidium)**를 형성하고, 그 위에 **담자포자(basidiospore)**를 형성한다. 담자포자는 발아하여 단핵체의 감염 구조체를 만든다. 식물 생장기 동안에 감염은 주로 **여름포자(uredospore)**의 발아에 의해 일어나고, **녹포자(aeiciospore)**와 마찬가지로 식물체 전체로 퍼지거나 다른 식물체로 전반된다.

발아 후에 일어나는 일련의 현상은 담자포자 및 여름포자에서 잘 알려져 있다. 세부적인 감염 과정은 다소 다르다. 두 가지 포자 모두 침입관을 가진 부착기를 형성하여 식물체로 침입한다. 식물체 안으로의 침입이 이루어진 후에는 소낭을 형성하고 식물의 엽육세포 내에 흡기를 만든다. 그러나 담자포자가 발아한 후에는 이러한 침입 구조의 분화가 덜 일어나는 경향이 있다 (그림 8.6).

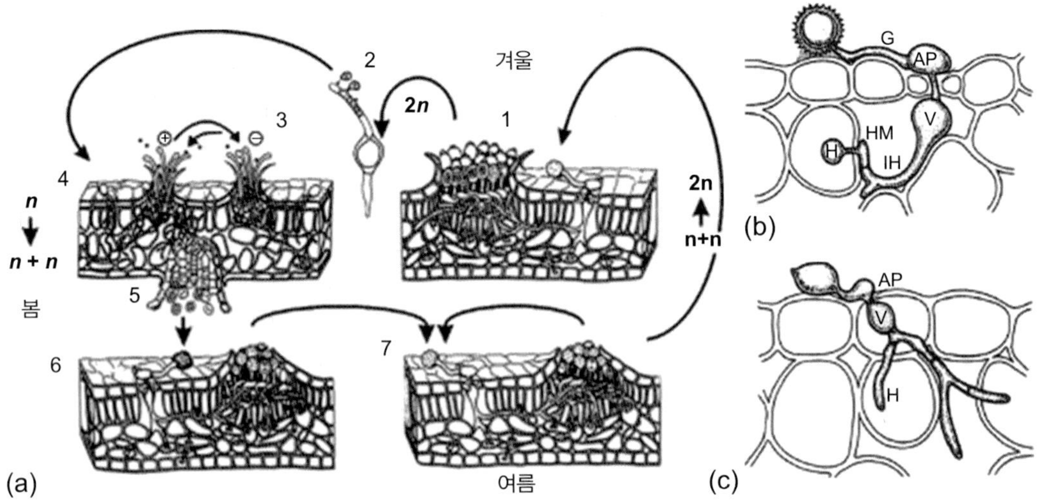

그림 8.6 잠두녹병균 *Uromyces fabae*의 생활사는 매우 복잡하다. (a) (1) 겨울포자(2*n*)를 형성하는 겨울포자퇴의 형태로 병든 잔재나 종자 위에서 월동한다. 겨울포자는 바람에 의해 퍼진다. (2) 봄에 겨울포자는 식물체 위에서 발아하여 후담자기를 형성하고 그 위에 두 가지의 교배형을 가진 4개의 반수체 담자포자를 형성한다. (3) 담자포자는 발아하여 식물을 감염시킨다(b)-아래 설명 참조. (4) 잎 앞면에 반수체 녹병정자를 가진 녹병정자기가 형성된다. 서로 다른 교배형(+, -)을 가진 녹병정자기 사이에서 녹병정자의 교환이 일어난다. (5) 수정이 일어나고 이핵상태($n + n$)의 녹포자를 가진 녹포자기가 잎 뒷면에 형성된다. 녹포자는 포장 내 또는 인근 포장으로 감염을 확산시킨다. (6) 여름포자퇴가 줄기와 잎 위에 생기고 이핵상태의 여름포자를 형성한다. (7) 여름포자는 포장으로 곰팡이를 확산시킨다. 식물 생장 후기에 여름포자퇴는 겨울포자퇴로 분화하고, 겨울포자퇴는 다음 해 감염을 위해 작물의 잔재 위에서 월동한다. (b) 여름포자가 식물체 표면에 안착할 때 여름포자는 완전히 탈수되어 있기 때문에 불규칙한 모양을 갖는다. 여름포자는 빠르게 수분을 흡수하여 타원형이 된다. 여름포자의 소수성 표면은 여름포자가 식물체 표면에 부착하는 것을 용이하게 하고, 부착 후에 탄수화물과 당화된 폴리펩티드의 세포외 기질이 만들어진다. 완전히 수화된 포자는 5~26℃ 사이(최적 20℃)에서 최소 40분 간 암기를 거친 후에 발아하는데, 발아는 거의 모든 표면에서 일어날 수 있다. 발아관(G)이 자랄 때 세포질은 포자로부터 발아관으로 이동한다. 부착기(AP)는 잎 표면 지형에 대한 신호를 감지하여 형성된다. 세포질은 발아관으로부터 부착기 안으로 이동하고 격벽이 두 구조를 분리시킨다. 팽압에 의해 침입관이 기공 안에 존재하는 공간으로 침투한다. 소낭(V)이 형성되고 소낭으로부터 감염균사(IH)가 발달한다. 엽육세포와 맞닿은 면에서 여러 개의 두꺼운 겹으로 이루어진 흡기모세포(HM)가 생겨서 식물 세포벽에 밀착된다. 모든 세포질은 흡기모세포로 이동하고 격벽으로 분리된다. 침투균사는 pectin esterases, pectin methylesterases, cellulases 같은 효소를 분비하여 엽육 세포벽을 녹이고 흡기(H)는 식물 세포막을 손상시키지 않고 밀고 들어가면서 형성된다. 그러므로 흡기는 진정한 의미에서 세포 안으로 침투하는 것은 아니다. 흡기 주변에 기질이 생성되어 양분 흡수 및 정보 교환이 일어난다. (c) 여름포자와는 달리 겨울포자는 매끈하고 얇은 벽을 갖는다. 여름포자에서 분화하는 부착기(AP), 소낭(V), 흡기(H)와 같은 침입 구조는 뚜렷한 형태로 분화하지 않는 경향이 있다. 게다가, 침입관은 기공으로 들어가지 않고 식물 세포를 뚫고 직접 침입한다. *출처: Voegele (2006)* 자료를 변형.

표 8.6 *Uromyces fabae* 포자 유형

포자 유형	핵상	형성 위치	식물감염 여부	생활사 중 시기
겨울포자	이배성	겨울포자퇴	X	겨울포자 형성 중에 핵융합. 포장의 식물 잔재나 종자에서 월동. 발아하여 후담자기를 형성
담자포자	반수성	감수분열이 일어난 후담자기에서 4개의 포자 형성. 2개의 교배형	O	매끈하고 얇은 세포벽. 봄에 기주 위에서 발아하여 감염 구조를 형성
녹병정자	반수성	녹병정자기	X	정자로서 역할을 하며 다른 교배형의 녹병정자기에 존재하는 수정균사와 교배. 이핵화가 녹포자기 시원체에서 일어남
녹포자	이핵성	녹포자기	O	녹포자는 발아하여 침입구조를 만들고, 여기에서 여름포자퇴가 생김
여름포자	이핵성	여름포자퇴	O	표면돌기가 있는 두꺼운 세포벽을 가지며, 짙은 색을 띰. 엄청난 수의 무성포자가 형성되어 공기 전반됨. 여름에 반복적으로 기주를 감염시킴. 가을에 여름포자퇴는 겨울포자퇴로 분화됨

또한 담자포자는 발아 후에 생긴 침입관을 통해 식물의 표피세포를 직접 뚫고 들어가서 소낭을 만드는 반면에, 여름포자는 기공을 통해 침입하여 기공하포(stomatal cavity)에 소낭을 형성한다. 그림 8.3(259쪽)에서 언급되었듯이 포자 발아 후에 발아관은 엽면에 존재하는 자연개구를 찾기 위해 지형을 탐색한다. 강낭콩에 녹병을 일으킨다고 알려진 *Uromyces appendiculatus*는 잠두 공변세포의 높이(0.5 μm)를 인지할 수 있다. 또한 녹병균류는 잎에서 생성된 알코올과 같은 화학 신호를 감지할 수 있다.

세포간극에 존재하는 균사를 통해 양분이 흡수될 수도 있지만, 흡기는 탄수화물과 아미노산을 흡수하는 주요 부위일 뿐만 아니라 다른 양분을 새롭게 합성하는 곳이기도 하다. 흡기는 1차 대사에 중요한 역할을 한다. 매우 흥미롭게도, *Uromyces fabae*는 기주가 자신을 인식하는 것을 피하기 위한 여러 전략을 진화시켜 왔다. 산성 셀룰라아제와 단백질분해효소를 활용하여 침입기관에 존재하는 키틴을 숨기거나, 키틴을 키토산으로 전환시키거나, 활성산소를 포함하는 기주의 저항성 반응을 억제시키기 위해 마니톨을 방출하거나 기주 대사를 조절하기 위해 단백질 effector를 생산한다. 잠두에서 병원체 감염 후에 유전자 발현은 감염조직 부위뿐만 아니라 멀리 떨어진 잎과 뿌리에서도 변한다고 알려져 있다.

이 병의 방제법으로는 저항성 품종의 이용 및 살균제 살포, 그리고 비기주식물 윤작이나 병든 식물 제거와 같은 경종적 방법이 있다.

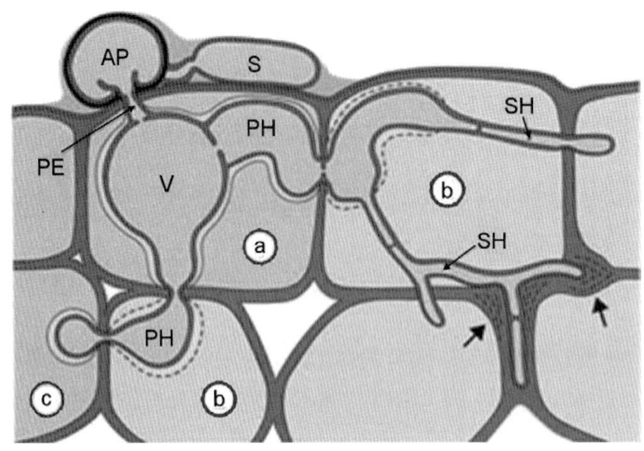

그림 8.7 탄저병. 대부분의 종은 *Colletotrichum lindemuthianum*에 의한 감염 모식도에서 보이듯이 반활물기생성이다. 기주 표면에 부착한 포자(S)는 발아하여 짧은 발아관을 만들고 부착기(A)를 형성한다. 부착기의 아래 쪽에 침입관(PE)을 만들어 식물 상피세포와 표피를 뚫고 침입한다. 균사는 소낭(V)을 만들기 위해 부풀어 오르고 소낭은 식물의 원형질막으로 둘러싸인 여러 개의 1차 균사(PH)를 만든다. 활물기생 기간 동안 식물세포는 살아있고, 기주와 병원균의 원형질체는 노란색으로 표시된 interfacial matrix에 의해 분리된 채로 남아있다(a). 1~2일 후에 식물의 원형질막은 분해되고 기주는 죽는다(b). 새롭게 생긴 1차 균사가 순차적으로 식물세포를 침해하고 며칠 후 식물세포는 죽는다(c). 활물기생 기간은 좁은 직경을 가진 2차 균사(SH)가 1차 균사로부터 생길 때 종료된다. 살생시기에는 2차 균사가 기주의 원형질막에 의해 둘러싸이지 않고 식물세포벽 분해효소를 분비(화살표)한다. *출처: Mendgen and Hahn (2002).* (원색도판 참조)

탄저병과 마름병

세계에서 재배되는 거의 모든 작물은 지상부 조직에 탄저병(anthracnose)과 마름병(blight)을 일으키는 한 종 이상의 *Colletotrichum*(자낭균)에 감수성이다. 또한 *Colletotrichum*은 수확 전에 감염하여 잠복하다가 저장 중에 썩음병을 일으키기도 한다. 이들은 개발도상국에서 바나나, 카사바, 수수 같은 주요 산물을 포함하여 과일과 채소 생산에 치명적인 경제적 손실을 일으킨다. 포자는 발아하여 부착기 아래에 형성된 미세한 침입관을 이용하여 식물체로 들어간다 (그림 8.7). *Colletotrichum*은 침입 초기에는 식물 내에서 활물영양을 하는 반활물영양균이다. 침입 후에는 세포 내에 소낭을 형성하고 소낭으로부터 여러 개의 커다란 1차 균사를 만들어 주변 세포로 확장되어 나간다 (그림 8.7). 이러한 균사와 소낭은 식물의 원형질막과 맞닿아 있는 기질에 의해 둘러싸여 있다. 당단백질을 번역하는 *C1H1* 유전자와 활물영양 단계를 조절하는 것으로 알려진 *CgDN3* 유전자를 포함한 몇 개의 유전자가 활물영양 기간에 선택적으로 발현된다. 이 후에 곰팡이는 사물영양 단계로 전환되고, 이때 가는 균사 가지를 기주 조직 속으로 빠르게 뻗어서 endopolygalacturonases를 비롯한 다양한 세포벽분해효소를 분비한다. *Colletotrichum gloeosporioides*의 *pelB* 유전자에 의해 번역되는 pectate lyase는 식물 세포벽을 분해할 뿐 아니라 oligogalacturonides에 의해 유도되는 기주의 방어기작을 감소시킨다.

이 곰팡이는 농작물이 없는 시기에는 작물 잔재물에서 부생적으로 생존한다. 병원균의 분생포자는 물방울, 바람, 무척추동물에 의해 전파된다. 발아와 감염은 100%에 가까운 높은 상대습도를

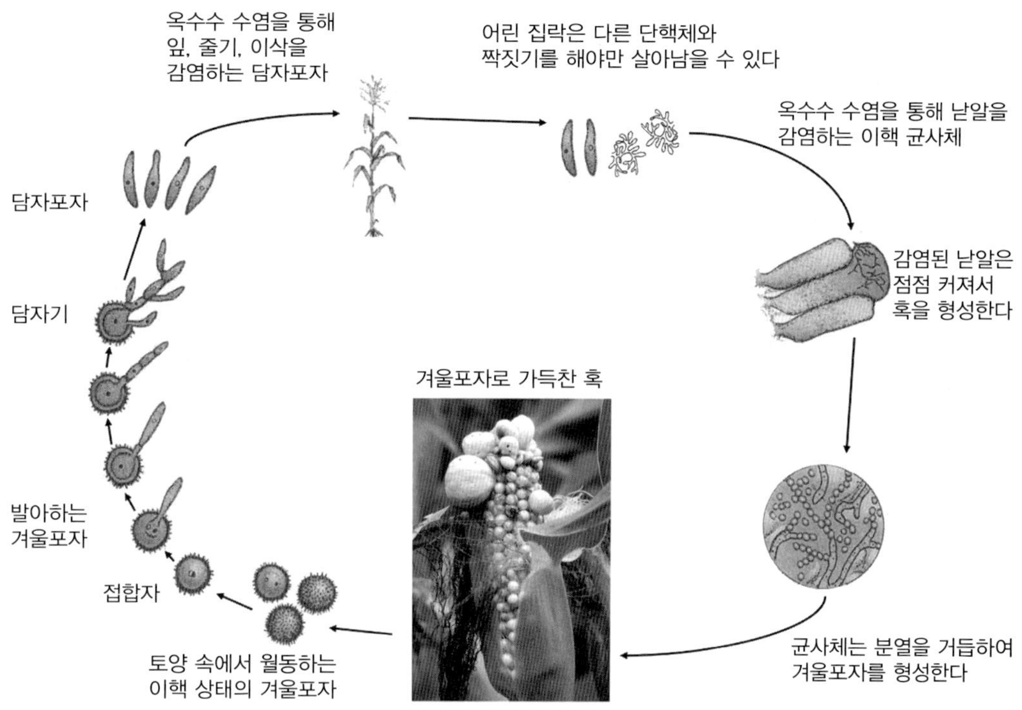

그림 8.8 *Ustilago maydis*에 의한 옥수수(*Zea mays*) 깜부기병의 병환. *출처: Agrios (2005)* 자료를 변형. 사진 © *Albert Brand.*

필요로 하며 포장에서의 발병은 20~25℃에서 가장 심각하다. 그러나 저장 중에 식물 조직이 손상되거나 노화되었을 때 곰팡이가 이미 잠재해 있다면 훨씬 더 건조한 조건에서도 발병될 수 있다.

옥수수 깜부기병

깜부기병(smut)은 깜부기병균목(담자균문)에 속하는 곰팡이에 의해 생기는 병으로 세계적으로 1,200여 종에 이른다. 주로 화본과식물의 씨방을 공격하여 낟알에 병을 일으킨다. 20세기까지 깜부기병은 녹병과 함께 곡물 손실의 주요 원인이었다. 현재는 저항성 품종을 사용하거나 겨울포자와 균사를 죽이기 위한 종자처리를 통해 방제되고 있다.

*Ustilago maydis*에 의해 일어나는 옥수수 깜부기병은 옥수수가 재배되는 모든 곳에서 발병한다. 이 병원균의 복잡한 생활사는 이미 언급되었다 (16~18쪽). 깜부기병균은 이배체의 겨울포자로 토양 속이나 작물 잔재 위에서 월동하는데, 이러한 휴면포자는 수년 동안 생존할 수 있다 (그림 8.8). 겨울포자는 발아하여 **전균사(promycelium)**를 만들고, 전균사 위에 담자기를 형성하여 감수분열을 거쳐 담자기 위에 담자포자를 만든다. 담자포자는 물방울이나 공기를 통해 식물체 위로 전반된다. 담자포자는 효모처럼 출아하고 부생영양 세대를 갖는다. 양분이 고갈된 상황에서 담자포자는 가는 균사를 만든다. 다른 교배형을 가진 균사와 융합하여 이핵균사가 되면 식물 표피세포를 직접 뚫고 침입할 수 있으며 식물조직에서 세포 간극으로 퍼져 나간다. 하지만 배우자를 만나

지 못해 교배가 일어나지 않으면 균사는 죽는다. 살아있는 균사 주위에 있는 식물 세포는 확대되고 분열하여 혹을 형성하고 세포간극에 남은 균사는 혹 형성에 관여한다. 유묘에서는 전신감염이 일어난다. 성숙한 식물에서 감염은 국부적이고, 대다수의 혹은 너무 작아서 육안으로 보이지 않고 일부만 특징적인 커다란 혹을 형성한다 (그림 8.8). 이 곰팡이는 포자형성 전에 혹을 침해하여 식물 세포 내용물을 이용하고 겨울포자를 형성하기 위해 이배체 균사로 전환된다. 옥수수 분열조직에 안착한 겨울포자는 새로운 감염을 일으킬 수도 있으나 대다수는 다음 해 감염을 위해 생존 구조체로서의 역할을 한다.

흰가루병

흰가루병(powdery mildew)은 세계적으로 매우 흔한 병으로 겉씨식물을 제외한 화곡류와 박과작물을 포함한 다양한 식물을 심각하게 감염하는 경제적으로 가장 중요한 병원균 그룹에 속한다. 흰가루병은 자낭균문 흰가루병균과(예: 화곡류와 여러 단자엽식물의 흰가루병균 *Blumeria graminis*, 애기장대 흰가루병 *Erysiphe cichoracearum*)에 속하는 많은 종에 의해 발생한다. *Blumeria graminis*를 위한 인공배지가 개발되기는 했지만 대부분의 흰가루병균은 인공배양이 되지 않는 절대 활물영양균이다. 흰가루병은 잎 앞면에 가장 흔하고 잎 뒷면이나 다른 기관에서는 덜 발생한다. 균사는 식물체 표면에서만 자라지만 식물조직을 침입하지는 않고 식물의 표피세포에 흡기를 형성하여 양분을 획득한다. 표면에 형성된 분생포자경에서 원형, 난형, 또는 각진 모양의 분생포자(67쪽)가 생겨나 흰가루를 뿌려 놓은 것 같은 증상을 나타낸다. 이러한 분생포자는 공기에 의해 분산된다. 환경조건이 불리할 때 유성생식을 통해 **자낭구(cleistothecium**, 20쪽)를 만드는데, 이 자낭구에는 하나 또는 몇 개의 자낭이 들어있다. 흰가루병균이 기주를 죽이는 경우는 매우 드물지만, 양분 탈취, 광합성 방해, 호흡과 증산 증가, 생장 장애가 일어나므로 20~40%에 이르는 심각한 수량 손실을 일으킬 수 있다.

감염 과정은 완두 흰가루병균 *Erysiphe pisi*, 보리 흰가루병균 *Blumeria graminis*, 애기장대 흰가루병균 *Erysiphe cichoracearum*에서 폭넓게 연구되었다. 대기의 높은 상대습도로 생기는 수막이 존재하지 않아도 분생포자는 방출되고 발아할 수 있으며 식물 표피세포를 뚫고 감염한다. 감염이 시작되면 대기 상대습도와 상관없이 식물체 표면에서 증식이 일어나는데, 습하고 추운 지역뿐만 아니라 온난하고 건조한 지역에서도 심각한 병을 일으킨다. 분생포자가 감수성 기주에 안착하면 발아를 시작하고 24시간 이내에 부착기를 형성한다. 부착기 아래에 침입관을 형성하여 기주의 표피를 뚫고 들어가 표피세포 내에 흡기를 형성한다 (그림 8.9). 흡기는 흡기외막과 기주로부터 유래된 겔 상태의 부정형의 기질(병원균이 이 성분을 만드는 데 기여할 수 있음)에 의해 기주 원형질막으로부터 분리되어 있다. 흡기는 기주로부터 물과 양분을 얻는다. 흡기가 완전하게 형성되면 일반적으로 포자의 다른 쪽 끝에서는 또 다른 균사가 형성되어 식물로부터 양분을 흡수한다. 5일이 지나면 분생포자경이 만들어지기 시작한다.

흰가루병 방제는 살균제 살포와 식물의 방어작용을 활성화시키는 화합물의 사용으로 가능하다. 미래에는 길항미생물이 사용될 수 있을 것이다.

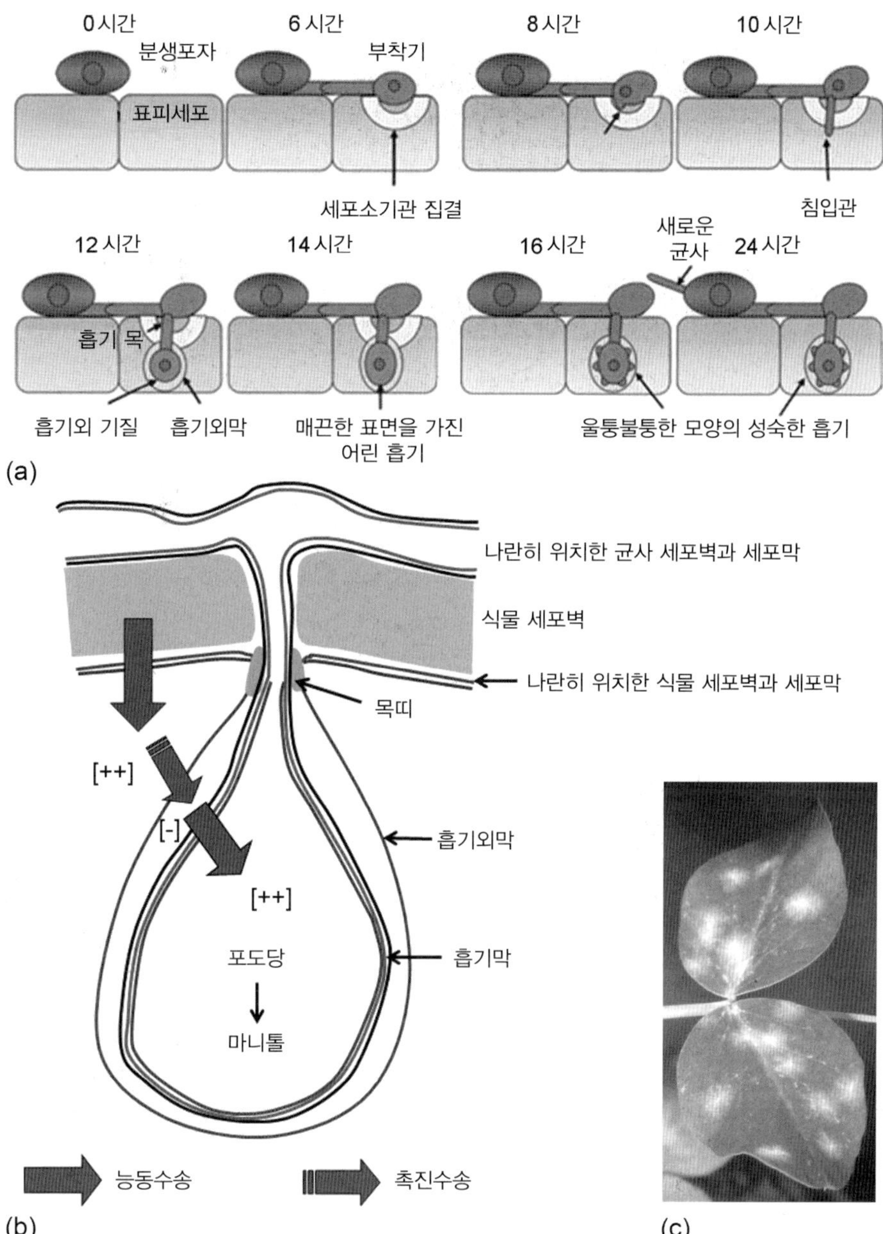

그림 8.9 흰가루병. (a) 감염과정은 *Erysiphe cichoracearum*에 감수성인 애기장대에서 도식화되었다. 접종 후 약 6시간 내에 분생포자는 발아하여 발아관 끝에 부착기를 만든다. 기주의 감수성 여부에 따라 부착기 인근에 있는 기주세포는 부착기 아래에 존재하는 원형질에 세포질 소기관과 소포체를 축적시켜 병원균의 침입에 반응한다(1단계). 이러한 작용은 식물 방어반응의 일환으로 식물 세포벽에 캘러스(callose)가 풍부한 돌기(papillae)를 생성하는 데 관여하는 것 같다. 그 다음 6~10시간 동안, 침입관이 부착기 아래에 발달하고 식물 표피세포를 뚫고 들어간다(2단계). 침입관의 끝에서 주머니 모양의 길고 부풀어 오른 매끈한 표면을 가진 흡기가 형성되고(3단계, 10~14시간), 핵은 부착기에서 흡기로 이동하고 격벽이 그들 사이를 분리한다. 24시간(4단계) 이내에 흡기외막과 기질을 가진 울퉁불퉁한 모양의 흡기가 형성된다. (b) 완두 흰가루병균. 기주식물 세포로부터 당분의 흡수는 흡기를 통해 이루어진다. 기주로부터 흡수된 포도당은 흡기에서 마니톨로 전환되고 추가적인 균사 생장을 위해 이송된다. (c) 완두(*Pisum sativum*) 흰가루병. 출처: *(a) Koh et al. (2005)로부터 변형, (b, c) © Peter Spencer-Phillips.*

유관속시들음병: *Fusarium oxysporum*

유관속시들음병(vascular wilt)은 흔히 발생하는 매우 심각한 식물병으로 다년생 식물의 경우 몇 달 또는 수 년 이내에 일어날 수 있지만 일반적으로 식물체를 급속히 시들게 하여 수 주 내에 식물체 전체를 죽인다. 시들음병은 식물 물관에 병원균이 존재하고 활동함으로써 일어난다. 자낭균에 속하는 4개 속의 곰팡이(*Ceratocystis*, *Fusarium*, *Ophiostoma*, *Verticillium*)가 시들음병을 일으키는 원인균이다. 여기에서는 토마토 시들음병(*Fusarium oxysporum*)과 느릅나무 마름병(*Ophiostoma ulmi*, *Ophiostoma novo-ulmi*)에 대하여 기술하고자 한다.

*Fusarium oxysporum*은 전세계에 걸쳐 토양과 근권에 널리 분포한다. 모든 계통은 부생적으로 자랄 수 있으며 죽은 유기물에서 생존할 수 있다. 많은 계통이 뿌리를 뚫고 침입할 수 있지만 모두 병을 일으키는 것은 아니다. 병을 일으키는 계통은 바나나(*Musa* spp.), 커피나무(*Coffea* spp.), 플랜테인(*Musa paradisiaca*), 사탕수수(*Saccharum officinarum*) 같은 대다수의 채소, 화훼, 작물에 심각한 손실을 일으킨다. 병원균은 식물 종 및 품종에 대하여 높은 수준의 기주특이성을 갖고 있으며 120개가 넘는 분화형과 레이스가 존재한다. 대부분의 Fusarium 시들음병은 토마토(*Solanum lycopersicum*) 시들음병을 일으키는 *Fusarium oxysporum* f. sp. *lycopersici*와 유사한 병환을 갖는다. 이 곰팡이는 불완전세대의 생활사를 가지며 3종류의 무성포자[**소형분생포자(microconidium), 대형분생포자(macroconidium)**, 오래된 균사나 대형분생포자에 형성되는 두꺼운 세포벽을 가진 **후벽포자(chlamydospore)**]를 형성한다. 균사체로부터 형성된 균사와 포자로부터 발달한 발아관은 식물 뿌리 분비물로부터 신호를 인지한다. 균사는 pectate lyases, polygalacturonases, proteases, xylanases 같은 식물세포벽분해효소를 분비하여 상처를 통한 뿌리 침투를 용이하게 하며, 뿌리 끝을 통해 직접 침투하거나 분지지점에서의 침입을 돕는다. 이 곰팡이는 식물의 방어반응을 무력화하기 위한 여러 기작을 갖는다. 균사체는 물관에 도달할 때까지 뿌리 유조직세포 사이로 퍼져 나간다. 앞서 기술하였듯이(260쪽), 이 곰팡이의 소형분생포자는 물관을 통해 식물체 위쪽으로 이동한다. 인접한 물관으로의 이동은 막공을 통해 일어난다. 물관은 균사체나 포자, 식물에 의해 생산된 겔, 검, 전충체에 의해 막힌다. 지상부로의 물 수송이 방해되어 식물이 말라 죽으면, 곰팡이는 식물체 모든 조직을 침해하여 죽은 식물체를 분해하면서 양분을 섭취한다. 곰팡이가 식물체 표면에 도달하면 다량의 포자를 형성한다. 이 곰팡이는 기주 없이도 오랫동안 부생적으로 생존할 수 있기 때문에 이 병을 방제하는 것은 매우 어렵다. 온실 토양은 소독할 수 있지만 포장에서는 불가능한 일이다. 살균제와 저항성 품종을 사용하는 것이 주된 전략이다. 길항작용을 갖는 세균(예: *Burkholderia cepacia* 균주)과 균류(예: *Gliocladium* spp., *Trichoderma* spp.), 비병원성 *Fusarium oxysporum* 균주를 활용한 생물적 방제가 미래에는 가능할 것이다.

유관속시들음병: 느릅나무 마름병

느릅나무 마름병(Dutch elm disease)은 느릅나무를 파괴하는 무서운 병이다. 지난 세기에 두 번의 파괴적인 대발생이 유럽과 북미에서 일어났다 (그림 8.10a, b). 1910년에 *Ophiostoma ulmi* (자낭균)에 의한 첫 발병이 보고된 이래 1940년대까지 10~40%의 느릅나무가 이 병으로 죽었다. 1940년대에 일어난 두 번째 대발생은 *Ophiostoma novo-ulmi*에 의해 일어났는데 이 균은 병원력이 훨씬 더 강했다. 이 두 종의 곰팡이는 다른 지역에서 독립적으로 진화했다. *Ophiostoma novo-ulmi*

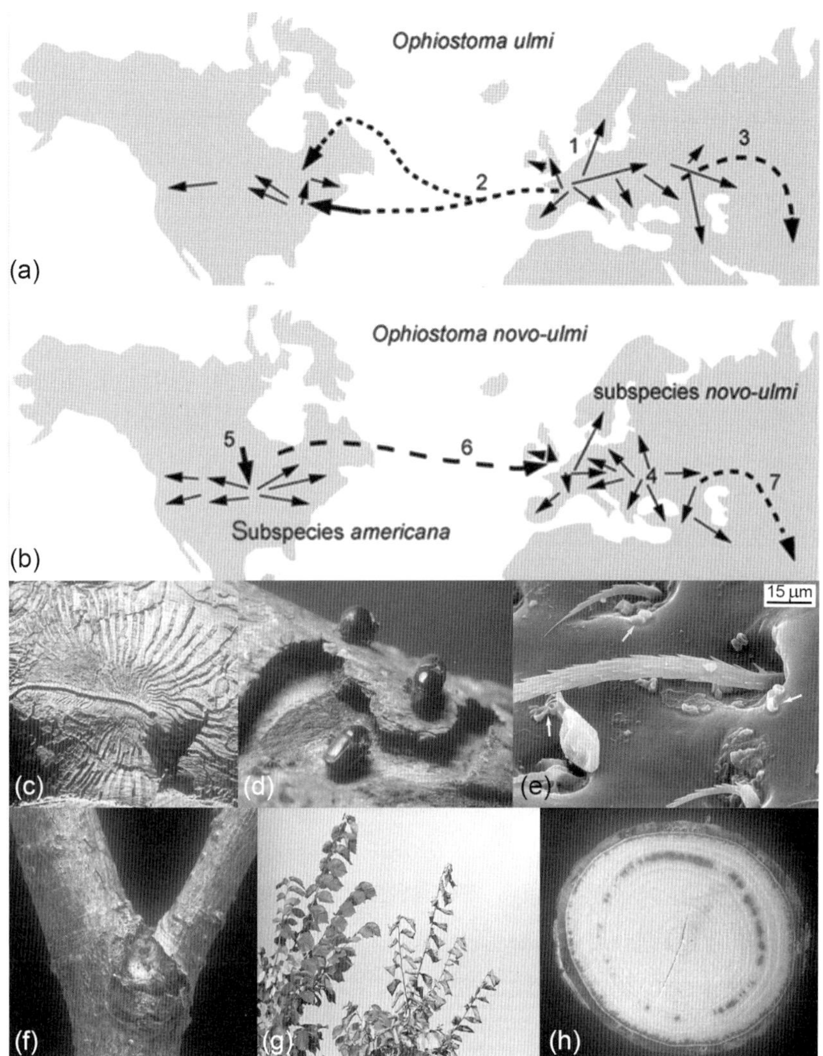

그림 8.10 느릅나무 마름병. (a) 북서유럽에서 *Ophiostoma ulmi*에 의해 처음으로 대발생하여(1), 영국과 북미로 전파되었고(2), 중앙아시아로 동진하였다(3). (b) 북미 오대호 남부에서 *Ophiostoma novo-ulmi*(아종 *americana*)도 동시 발생에 의해 대발생하였고(5), 대륙을 가로질러 유럽으로 확산되었다(6). 몰도바와 루마니아(4)에서 아종 *novo-ulmi*가 1970년대에 유럽과 타슈켄트 지역(7)으로 전파되었다. 아종 *americana*와 *novo-ulmi*의 분포가 겹치는 곳에서 그들 사이에 교잡종이 생겨날 수 있다. 실선 화살표는 처음 도입된 지역으로부터 자연적인 이동을 가리키고 있다. 점선 화살표는 추가로 일어난 중요한 사건 이후의 확산을 보여준다. 곰팡이 포자는 느릅나무좀 유충이 수피 아래에 만든 공간에 존재하다가 느릅나무좀의 성체 몸에 붙어서 이동한다(c, d). 분생포자(화살표)는 균낭(333쪽)에 의해 옮겨지는 것이 아니라 느릅나무좀(*Scolytus scolytus*)의 외골격에 존재하는 강모 구멍에 박혀 있다가 새로운 기주로 바로 옮겨진다(e). 포자를 묻힌 성충이 비행하면 포자가 성충 몸으로부터 떨어지긴 하지만, 절반 가량의 성충은 여전히 살아있는 포자를 유지하고 있다. 나무좀은 나뭇가지 사이의 갈라진 틈(f)에서 먹이를 먹고 곰팡이가 나무 안으로 들어갈 수 있는 길을 제공한다. 병원균은 나뭇잎을 황화시키고 나무를 시들게 한다(g). 병든 가지의 절단면은 특징적인 검은 점을 갖는다(h). 출처: *(a, b) Brasier and Buck (2001), (c, d, f, g, h) © Forestry Commission Picture Library, (e) Joan Webber.*

가 확산됨에 따라, *Ophiostoma ulmi*를 대체하게 되었고, 이러한 과정 중에 *Ophiostoma novo-ulmi*는 *Ophiostoma ulmi*로부터 '유용한' 유전자를 획득할 수 있었다. *Ophiostoma novo-ulmi*는 2개의 아종[유라시아(*novo-ulmi*)와 북미(*americana*)]으로 존재한다. 또 다른 느릅나무 마름병균 *Ophiostoma himal-ulmi*가 히말라야에서 발견되었으나, 이 지역에서는 느릅나무와 나무좀의 균형이 유지되어 대발생을 일으키지는 않았다.

이 병은 느릅나무좀의 몸에 포자가 붙어서 확산된다. 포자는 느릅나무좀이 잔가지를 먹을 때 물관으로 들어간다 (그림 8.10f). 물관은 검, 전충체, 곰팡이 물질에 의해 막히고 (그림 8.10h), 잎이 말라 나무가 죽게 된다. 곰팡이는 뿌리 접목에 의해서도 전염될 수 있다. 나무좀은 수피 아래 공간에 산란하고(그림 8.10c), 그곳에서 곰팡이가 자라 나무좀 몸에 부착될 수 있다 (그림 8.10e). 느릅나무좀이 래비스느릅나무(*Ulmus laevis*)를 선호하지는 않지만 대다수 느릅나무 종이 영향을 받는다. 스코틀랜드에 있는 일부 글라브라느릅나무(*Ulmus glabra*)가 이 병에 걸리지 않는 것으로 알려졌고, 몇몇 종의 저항성 품종이 육성되고 있다.

잿빛곰팡이병

Botrytis cinerea(자낭균)는 200종 이상의 식물을 감염하여 식물체 표면에 솜털 모양의 회색 균체를 형성하는 잿빛곰팡이병(gray mold)을 일으킨다. 세계적으로 매년 100억에서 1,000억 달러의 손실을 일으킨다. *Botrytis cinerea*는 넓은 범위의 식물방어물질을 무력화시킬 수 있다. 이 곰팡이는 가장 폭넓게 연구된 사물영양성 식물병원균 중의 하나이다.

*Botrytis cinerea*는 방대한 양의 분생포자를 만들고 식물체 표면에 안착한 분생포자는 발아하여 부착기와 침입관을 형성하여 식물 표피를 뚫고 침입한다. 부착기와 발아관은 격벽에 의해 분리되지 않기 때문에 물리적 힘만으로 식물체를 뚫기 위한 충분한 팽압이 부착기에 생기지는 않는 것 같다. Cutinases와 lipases를 포함한 효소가 분비되고 침입관의 끝에서 과산화수소가 생성된다. 각피가 와해되면 침입관이 표피세포에 도달하고 식물체 표면에 나열되어 있는 펙틴이 풍부한 세포벽을 침해하여 자라나간다. 펙틴 함량이 낮은 세포벽을 가진 식물 종은 훌륭한 펙틴 분해 능력을 보유한 이 병원균에게 좋은 기주가 아니다.

*Botrytis cinerea*는 기주의 죽음을 유도하는 저분자 대사물질(예: botrydial, 옥살산, 기주특이적 독소)을 포함하여 넓은 범위의 화학 무기를 생성한다. 각피를 침입하여 1차 병반을 형성하는 동안, 이 곰팡이는 식물세포에 활성산소의 축적을 유도하여 과민성 세포사멸을 일으킨다. 이러한 반응은 순활물영양균에 대한 중요한 저항성 기작이지만(252쪽), *Botrytis cinerea* 같은 사물영양균은 죽은 세포에서 양분을 섭취하기 때문에 식물의 세포사멸은 오히려 이롭게 작용한다. 이 곰팡이는 유전자침묵(134쪽)을 유도하는 small RNA(sRNA)를 생성함으로써 식물의 면역반응을 억제한다. 이 곰팡이는 앞서 기술한 펙틴분해효소뿐만 아니라 cellulases와 hemicellulases를 분비하여 식물의 세포벽을 분해하여 양분을 효과적으로 획득한다.

여러 종류의 살균제를 사용함으로써 현장에서 잿빛곰팡이병을 어느 정도 제어할 수 있다. 길항미생물을 사용하여 꽃과 열매의 잿빛곰팡이를 생물적으로 방제할 수 있는 가능성이 열려 있다. 과일과 인경의 저장에서는 감염식물체를 제거하고 습도를 낮춤으로써, 그리고 온실에서는 습도를 낮춤으로써 잿빛곰팡이병에 의한 피해를 줄일 수 있다.

Annosum 뿌리썩음병

Heterobasidion annosum(담자균)을 비롯한 여러 *Heterobasidion* 종에 의해 일어나는 뿌리썩음병(그림 8.11)은 특히 유럽을 포함한 북반구에서 연간 10억 달러에 달하는 손실을 일으키는 경제적으로 가장 중요한 침엽수 병 중의 하나이다. 이 곰팡이는 오랫동안 *Heterobasidion annosum* 한 종으로 알려졌다. 하지만, 모든 종이 병원성을 가진 것은 아니지만 교배실험을 통해 유럽에서 3종, 북미와 다른 지역에서 2종의 기주특이적인 교배집단의 존재가 확인되었다 (표 8.7).

그림 8.11 뿌리썩음병은 여러 종의 *Heterobasidion*에 의해 발생한다 (표 8.7). (a) 담자포자는 간벌이나 개별로 벌목된 그루터기를 감염시킨다 (1, 3). 균사체는 그루터기를 점령하고 뿌리로 퍼져 나가는데, 그곳에서 근접이나 뿌리 접촉에 의해 성목(1)과 유묘(4)의 뿌리로 퍼져 나간다. 병든 나무(2)에서 건전한 나무로의 전반도 이와 같이 발생한다. (b) 미국 시에라 네바다에서 *Heterobasidion irregulare*에 의해 병든 제프리소나무. (c) *Heterobasidion annosum* 자실체. (d) *Heterobasidion annosum*에 의한 시트카가문비나무(*Picea sitchensis*)의 심각한 백색부후. (e) *Heterobasidion annosum*에 감염된 독일가문비나무(*Picea abies*)의 심재 부후. *출처: (a, b) Asiegbu et al. (2005)* 자료를 변형, *(c) ⓒ Alan Outen, (b, d, e) ⓒ Stephen Woodward.* (원색도판 참조)

표 8.7 *Heterobasidion* 종과 기주

종	상호임성 그룹	기주	지역
H. annosum	P	주로 구주소나무(*Pinus sylvestris*), 기타 침엽수 및 활엽수	북위 66°까지의 유럽
H. abietinum	F	주로 전나무(*Abies alba*), 기타 다른 수목류	전나무가 자생하는 유럽 지역
H. parviporum	S	거의 대부분 독일가문비나무 (*Picea abies*)	전나무가 자생하는 유럽 지역 중국에 독립적인 두 집단이 존재
H. irregulare	P	소나무류(*Pinus*)	북미, 동부(퀘벡에서 플로리다)와 서부 (브리티쉬콜롬비아에서 멕시코) 중부는 일반적이지 않음
H. occidentale	S	*Abies*, *Tsuga*, *Picea*, *Pseudotsuga*, *Sequoiadendron*	서북부 아메리카 (알레스카에서 캘리포니아)
H. insulare			동아시아, 서아시아 북쪽으로는 러시아, 일본까지, 남쪽으로는 보르네오와 뉴기니까지, 서쪽으로는 인도와 네팔까지
H. araucariae		*Araucaria*, *Cunninghamia*, *Pinus* 등의 죽은 나무에서 부생생활	호주, 뉴질랜드, 뉴기니, 피지섬

5~35℃의 조건에서 이 병원균의 담자포자가 갓 벌목된 그루터기 표면이나 상처난 줄기와 뿌리를 통해 침입한다. 분생포자가 형성되기는 하지만 역할은 분명하지 않다. 담자포자는 발아하여 뿌리를 포함한 그루터기를 점령한다. 이 균사체는 살아있는 나무에서 병을 일으키지 않고 오랫동안 살아갈 수 있다. 균사는 뿌리 접목이나 접촉에 의해 그루터기로부터 건강한 뿌리로 퍼진다 (그림 8.11). 드물지만 감염이 잔뿌리를 통해 일어나기도 한다. 대부분의 나무가 곰팡이 저해 물질을 가지고 있음에도 불구하고 곰팡이는 초기에 살아있는 나무의 변재에서 사물영양적으로 퍼지다가 나중에는 심재에까지 침투한다. 이 곰팡이는 다양한 목재부후 효소와 독소(fommanoxin, fommanosin, fommanoxin acid, oosponol, oospoglycol)를 생성한다. 감염 후기에 곰팡이 세포막 손실을 초래할 수 있는 다양한 종류의 페놀화합물의 생성, 독소와 효소의 확산을 막는 지질화, 수베린화와 돌기 형성, 휘발성/비휘발성 테르펜 생산, 기계적 장벽 형성을 포함하는 여러 형태적, 화학적 반응이 기주에서 활성화된다. 시기, 변재의 수분함량, 나무의 나이와 활력에 따라 다양하지만, *Heterobasidion annosum*은 1년에 줄기와 뿌리에서 1~2 m까지 퍼질 수 있다. 하나의 독립적인 클론이 얼마나 오랫동안 한 지역에서 생존할 수 있는지는 알려지지 않았다. 병든 지점으로부터 지름 50 m에 이르는 영역을 점유할 수 있으며, 이를 위해 100년 이상이 걸릴 것으로 예측된다. 벌채 후 62년 된 나무그루터기와 병든 나무뿌리로부터 수십 년에 걸쳐 발견된 적이 있다.

이 병원균을 제어하기 위한 방법은 화학적, 생물적 방법과 조림에 의한 방법이 있다. 화학적, 생물적 방제법은 벌목 후 그루터기에 처리하는 것을 포함한다. 요소와 붕산염이 방제를 위해 널리 사용되며, 부생성 *Phlebiopsis gigantea*를 활용한 여러 제제가 생물적 방제용으로 상용화되었다. 감수성이 낮은 종을 심는 것은 뿌리썩음 문제를 줄일 수 있고 여러 종의 나무를 심는 것이 단일식재하는 것 보다 효과적이다. 나무가 성숙할 때까지 간벌을 늦추는 것과 담자포자가 비산하지 않을 때 간벌을 시행하면 발병을 낮출 수 있다.

난균류에 의한 식물병: 감자 역병, 노균병, Pythium 모잘록병, 썩음병

난균류는 진균은 아니지만(35쪽) 진균과 매우 유사하며 수많은 식물병을 일으키기 때문에 균학자의 연구 대상이다 (표 8.2). 병원균은 아래에 기술되었듯이 다수의 *Phytophthora* 종(노균병균목), *Pythium* 종(썩음병균목), 노균병균(노균병균목)을 포함한다 (표 8.2). *Phytophthora infestans*에 의해 발생하는 역병(late blight)은 세계적으로, 특히 저온다습한 지역에서 감자의 가장 치명적인 병이다. *Phytophthora infestans*는 사물영양균으로 토마토와 같은 가지과식물에 심각한 문제를 일으킨다. 이 균류는 생장 중인 식물의 줄기와 잎을 죽이고 저온다습한 최적 조건에서 2주 내에 포장에 있는 모든 식물체를 죽일 수 있다. 감자 괴경과 토마토 과실도 침해하여 포장이나 저장 중에도 부패를 일으킨다.

과거에는 이 병원체가 감염된 감자 괴경 안에서 균사체로 월동했으며 생장은 기공을 통해 생장하는 포자낭경을 통해 이루어졌다. 포자낭은 공기 중으로 방출되거나 비에 의해 비산될 수 있다. 포자낭은 12~15℃에서 발아하여 3~8개의 움직일 수 있는 유주포자를 방출하지만 15℃ 이상에서는 직접 발아하여 발아관을 만든다. 1980년대까지 오직 *A1* 교배형이 세계의 대부분 지역에 존재하였고 다른 교배형은 존재하지 않아 유성생식이 일어나지 않았다 (114~115쪽). 그러나 *A2* 교배형이 멕시코에서 세계의 다른 지역으로 전파되어 유성생식이 가능해졌으며, 그 결과 지상부나 지하부의 감염조직에서 불리한 환경에 견디는 난포자 형성이 가능해졌다. 유성생식으로 생긴 난포자는 월동할 수 있을 뿐만 아니라 토양 속에서 3~4년간 생존할 수 있으며 재조합을 통해 병원성이 더 강한 균주의 출현이 가능해졌다.

포자는 젖은 잎이나 줄기 위에서 발아하고, 발아관은 표피를 직접 뚫고 침입하거나 기공을 통해 식물체 내로 들어간다. 균사는 세포 사이에서 폭넓게 자랄 수 있으며 길고 곱슬곱슬한 모양의 흡기를 형성하여 세포에 침투한다. 감염된 세포는 죽지만 균사체는 살아있는 조직으로 퍼져 나가 병반이 커지고 확대되어 잎은 죽고 수확량이 감소된다. 병원균은 반복되는 무성생식을 통해 식물 생장 중에 여러 차례 병을 발생시키고, 최적 조건하에서는 감염 후 4일 이내에 포자낭이 형성된다. 습한 환경에서 포자낭이 잎에서 땅으로 씻겨 내려가면 두 번째 발병 단계가 발생한다. 포자낭으로부터 유주포자가 방출되어 상처나 피목을 통해 괴경으로 들어간다. 균사체는 대부분 세포 간극에 발달하고 세포 내에 흡기가 형성된다.

병의 대발생은 기후 조건에 매우 의존적이다. 포자낭 형성을 위한 최적 조건은 100% 상대습도와 15~25°C의 온도이다. 30°C 이상에서 난포자는 죽지 않지만 곰팡이 생장은 멈추며 조건이 좋아질 때 다시 포자를 형성한다. 병든 잔재물을 제거하거나 무병 괴경을 사용하는 등의 위생적인 방법, 각 품종이 이 병원균의 몇 개 레이스에만 저항성이라 할지라도 저항성 품종의 식재, 적절한 시기에 효과적인 약제를 사용함으로써 이 병을 방제할 수 있다. *A2* 교배형의 전파에 따라 저항성 난포자의 형성이 발생하고 새로운 병원성 계통(제4장)이 나타남에 따라 이 병을 방제하려는 사람들의 노력도 변화하고 있다. 토마토에서 연구된 한 가지 믿을 만한 방법은 담배괴사바이러스(tobacco necrosis virus) 또는 DL-3-amino-butyric acid 처리로 전신획득저항성(systemic-acquired resistance, SAR)을 유도하는 것이다.

난균류에 의한 또 다른 식물병 중 하나인 노균병(downy mildew)은 절대 활물영양균에 의해 발생한다. 예를 들어, *Bremia lactucae*는 세계적으로 상추(*Lactuca*)에서 가장 주의해야 할 병이며, *Hyaloperonospora parasitica*는 치명적인 경제적 손실을 일으키지는 않지만 분자생물학 연구의 모델로 사용되는 애기장대에 노균병을 일으킨다. 애기장대 노균병균 *Hyaloperonospora parasitica*는 다른 십자화과식물의 노균병균처럼 습도가 높고 서늘한 기온(10~15℃)에서 발병한다. 이 병원균의 생활사는 비교적 단순하다 (그림 8.12). 잎 표면에 안착한 분생포자는 6시간 내에 발아하여 부착기를 형성한다. 침입균사가 부착기 아래에 형성되고 두 표피세포가 만나는 부위나 기공을 통해 침입한다. 다수의 핵을 가진 침입균사가 세포 사이로 신장함에 따라 인접한 표피세포와 엽육세포에 흡기를 밀어 넣는다. 감수성 식물체에서 나타나는 친화적 반응에서 포자가 형성될 때까지 기주에 육안으로 볼 수 있는 괴사는 일어나지 않으며 분생포자경이 솜털처럼 기공을 통해 돌출되어 나온다.

기주와 병원체 간의 비친화적 반응은 여러 저항성 표현형을 나타낸다. 일반적으로 활성산소가 폭발적으로 증가하고 표피세포와 몇몇 엽육세포에서 살리실산(salicylic acid, SA)에 의존적인 과민감반응(hypersensitive response, HR)이 일어난다. 이러한 반응은 일반적인 대사과정에서 저항성 대사과정으로의 전환을 의미하며 전체 전사체의 10%에서 발현 양상의 변화가 일어난다. 과민감반응은 camalexin 같은 파이토알렉신(phytoalexin)이 관여한다. 전신획득저항성도 유도되며 이것은 SA의 증가 및 PR-단백질의 축적과 관련이 있다.

세 번째로 중요한 난균병은 *Pythium* 종에 의한 병이다. 이들은 사물영양균으로 모잘록병(damping-off)과 뿌리와 과일에 무름병(soft rot)을 일으키는데, 발병에는 비생물적 환경요인이 매우 중요하다. 예를 들어, *Pythium ultimum*은 서늘한 지역의 토양에 흔히 존재하나 *Pythium aphanidermatum*과 *Pythium irregulare*은 온도가 높은 토양에 존재한다. *Fusarium*(자낭균), *Rhizoctonia*(담자균), *Phytopthora*(난균)에 속하는 여러 종의 곰팡이가 이와 유사한 모잘록병을 일으키는데, 대체로 어리거나 노화된 식물이나 조직을 죽인다. 성숙한 식물에 감염하여 뿌리나 땅과 맞닿은 줄기에 병반을 만들 수 있으나 성숙한 식물을 죽이는 일은 드물다. 하지만 생장이나 수확량에 막대한 영향을 초래할 수도 있다. 감염된 토양에 뿌려진 씨앗이 발아되지 않거나 유묘가 토양에서 나오기 전/후에 감염될 수 있다. 감염된 조직은 수침상 병반과 함께 변색되고 붕괴되며 병원균은 쓰러진 모에서 지속적으로 생장한다. 잎이 넓은 식물과 벼과식물이 특히 감수성이다. 병은 토양수와 감염된 식물에 의해 전파된다.

*Pythium*은 토양에서 두꺼운 세포벽을 가진 난포자와 포자낭의 형태로 생존한다. 10~18℃에서 난포자와 포자낭은 유주포자를 형성하고, 18℃ 이상에서는 직접 발아하는 경향이 있다. 발아, 균사 생장, 조직의 침입은 식물 삼출물에 의해 유도된다. *Pythium*은 물리적 힘과 효소 작용으로 식물을 직접 뚫고 침입한다. 펙틴분해효소가 식물의 중엽에 있는 펙틴을 분해하여 식물 세포벽과 조직을 와해시키고, cellulases가 식물 세포벽을 붕괴시킨다. 이 난균은 리그닌을 가진 식물 조직을

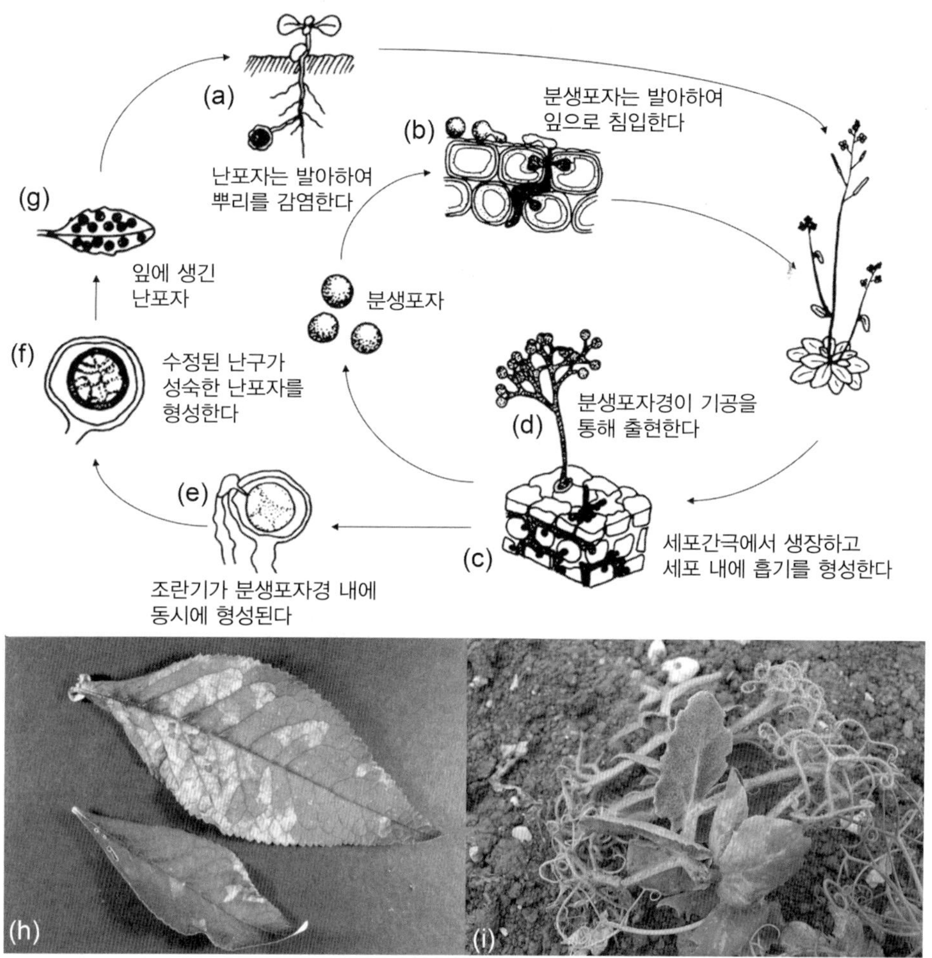

그림 8.12 노균병. (a–g) 애기장대 노균병을 일으키는 *Hyaloperonospora parasitica*의 생활사. 토양에 존재하는 난포자는 발아하여 식물을 감염하고(a), 분생포자는 발아하여 잎의 표피세포 사이를 뚫고 감염한다(b). (c) 다핵의 균사체는 세포 사이에서 생장하고 공간을 채우면서 부풀어 오른다. 서양배 모양의 흡기가 세포를 뚫고 들어가 양분을 흡수한다. 1~2주 후에는 분생포자경이 기공 밖으로 나타나서 무성포자를 형성하고(d) 동시에 난포자가 형성된다(e–g). 조란기(자성생식기관)는 난구를 함유하고 있으며 난구의 벽을 뚫고 조정기로부터 자라나온 수정관이 들어와 수정이 일어난다. 수정된 난구는 두꺼운 세포벽을 가진 난포자로 성숙한다(f). 생활사의 각 부분은 다른 크기로 도식화되었다(a-g). (h) 특징적인 노균병(*Peronospora hariotii*) 병반(잎맥에 의해 제한되어 자라는 균사)을 보이는 *Buddleja globosa* 잎. (i) *Peronospora viciae*에 감염된 완두(*Pisum sativum*) 잎과 덩굴손. *출처: (a–g) Slusarenko and Schlaich (2003) 자료를 변형, (h, i) ⓒ Peter Spencer-Phillips.*

침투하지는 못한다.

*Pythium*에 저항성인 품종은 알려진 바 없으며, 이 병의 방제는 포장 위생, 배수, 얕이심기 등을 포함한 경종적 방법에 의존한다. 비닐하우스의 토양은 멸균될 수 있다. *Bacillus*, *Burkholderia*, *Pseudomonas* 같은 세균, *Gliocladium*, *Trichoderma*, 비병원성 *Fusarium oxysporum*, 비병원성 *Pythium* 같은 균류를 활용한 생물적 방제법이 널리 활용되고 있다.

자연생태계와 농작물에서 병의 발달

농경은 중동에 있는 '비옥한 초승달 지역'에서 10,000~12,000년 전에 시작되었으며, 현재 재배되는 주요 작물 중 상당수가 여기서 기원하였다. 새로운 농법과 육종은 식물 집단에 중요한 영향을 미쳤으며 동시에 새로운 식물병원균의 출현을 초래하였다. 균류 종의 출현에 대한 진화 기작은 앞서 제4장에서 설명하였으므로, 여기에서는 새로운 식물병원성 종과 계통의 출현을 일으키는 진화적 기작의 구체적인 예를 기술하고자 한다. 농작물의 감염을 줄이기 위하여 식물에 새로운 저항성 유전자가 도입되고, 살균제가 사용되고, 다양한 관리기술이 시행됨에 따라 현대의 농생태계는 새로운 도전에 직면해 있다. 만약 이러한 것들을 극복할 수 있는 유전자가 있다면 그 유전자를 가진 균류는 빠르게 증식하여 개체군 속으로 퍼질 것이다. 식물체 개체 사이의 전파는 식물이 아주 높은 밀도로 재배되므로 대체적으로 빠르다.

인간의 현대적인 경작 방법은 대규모 수량 손실의 위험을 안고 있다. 대부분의 작물은 제한적인 유전적 다양성을 가지고 있으며 대규모로 단일재배되고 있다. 19세기 이래로 식물은 병원균에 대한 저항성이나 다수확 같이 우리가 원하는 방향으로 육종되어 왔다. 생식질은 세계적으로 공유되고 있으며 몇 개의 저항성 유전자가 세계적으로 사용된다. 단지 하나의 유전자 돌연변이가 병원균에게 병원력을 부여할 수 있는데, 이러한 병원균이 세계로 확산되는 것은 시간문제이다. 예를 들어, 열대지방에서 유전적으로 동일한 바나나(*Musa* spp.)와 커피나무(*Coffea* spp.)가 재배되고 있으며, 이들은 각각 *Mycosphaerella fijiensis*에 의해 일어나는 바나나 점무늬병(Sigatoka병, 그림 8.4)과 녹병에 감염될 수 있다. 병원균이 유전적 다양성이 낮은 작물을 감염하면 순식간에 전체 작물로 확산되어 큰 재앙이 될 수 있다. 병 발생은 밀도에 의존적이며 병원균과 기주가 마주칠 가능성이 높을 때 생기기 때문에 단일재배는 필연적으로 높은 병 발생 위험을 안고 있다. 경쟁도 식물의 스트레스를 높이고 감염에 대한 저항성을 낮춘다.

대부분의 연구가 경제적으로 중요한 작물에 집중되어 왔지만 병원균은 자연생태계에서 개별 식물에게도 영향을 미친다. 하지만 자연 집단은 유전적/공간적으로 다양한 특성을 갖고 있기 때문에 식물과 병원균의 상호작용이 일어나는 장소와 시기는 매우 다양하다. 병원성 곰팡이는 개별 식물을 죽이거나 적응성을 감소시킨다 (표 8.8). 이 결과, 어떤 기주식물종의 집단은 감소되고 식물 군락 조성에 변화가 생긴다. 이러한 효과는 식물 종 다양성과 유전적 다양성 유지에 도움을 줄 수 있으며 식물군락 천이에 영향을 미칠 수 있다. 병원균은 식물 집단의 역동성, 즉 생존, 생장, 번식력에 직접적인 영향을 준다. 증식하기도 전에 병원균에 의해 죽은 식물은 다음 세대를 생산할 수 없고, 병원균에 의해 생장에 영향을 받은 식물은 번식력이 약해져 다음 세대를 위한 기여도가 줄어들게 된다. 식물 사이의 경쟁은 병원균에 대한 감수성의 차이에 의해 영향을 받을 수도 있다. 예를 들어, 녹병균 *Puccinia lagenophorae*에 의해 개쑥갓(*Senecio vulgarsis*)이 감염되면 생장이 감소할 뿐만 아니라 상추(*Lactuca sativa*)와 등대풀(*Euphorbia peplus*)에 대한 경쟁력이 감소한다. 유럽의 모래언덕 위에 서식하는 식물군락의 천이는 병원균에 의해 영향을 받는다. 해안가를 향한 바람맞이 모래언덕에 우점하는 마람풀(*Ammophila arenaria*)은 병원성 토양 곰팡이와 선충류의 공격으로 인하여 쇠락해지고, 이들 병원균에 저항성인 왕김의털(*Festuca rubra*)이 그 자리를 대체하여 우점하게 된다. 나무에 뿌리썩음병을 일으키는 *Phellinus weirii*는 미국 서부 침엽수림의 구조와 천이

표 8.8 곰팡이병이 식물에 미치는 영향

생장단계별	미치는 영향		
	생존	생장	생식
종자썩음	치사율이 높음. 호주의 *Mimosa pigra*에서 10%, 파나마의 선구수종에서 47%, 와이오밍 관목-스텝의 5종의 식물에서 0~90%	NA	NA
유묘의 병	모잘록병의 치사율이 높음. 파나마의 바로콜라라도 섬에서 테스트된 식물종의 80%를 죽이고, 그 식물에서 유래한 유묘의 74%를 죽임	?	NA
잎의 병	유묘일 때 감염되면 죽는 경우도 있음	잎의 병은 잎의 면적을 감소시켜 광합성과 생장에 영향을 줌. 작은 식물이 상대적으로 더 불리함. 멕시코의 열대우림지역에서 피해 받은 잎의 면적은 1% 미만이고 20%를 넘는 일은 없음. 코스타리카에서 잎자루의 병원균 *Phylloporia chrysita*에 감염된 *Erythrochiton gymnanthus* 나무의 생장은 52% 감소됨	생장이 감소하기 때문에 번식에 영향을 받을 수 있음
전신감염	일부 곰팡이와 난균이 주요 영향을 미침. 전신감염성 깜부기병균 *Urocystis trientalis*는 기생꽃(*Trientalis europaea*)(앵초과)에서 50% 치사율을 나타냄. 난균 *Albugo candida*와 *Peronospora parasitica*는 냉이에서 88% 치사율을 나타냄	?	?
궤양, 시들음, 가지마름	도관을 막거나 궤양이 줄기를 감싸 나무를 급속히 죽인 대발생이 몇 차례 있었음. *Ophiostoma ulmi*, *O. novo-ulmi*에 의한 느릅나무 마름병(274쪽). *Cryphonectria parasitica*에 의한 밤나무 줄기마름병. 난균 *Phytophthora ramorum*에 의한 참나무 급사병	궤양이 작고 국부적으로 남아있다면 식물체가 죽지 않지만 생장에 영향을 받음	?

(계속)

표 8.8 곰팡이병이 식물에 미치는 영향(*계속*)

생장단계별	미치는 영향		
	생존	생장	생식
뿌리썩음병과 그루터기썩음병	북미 침엽수림에서 담자균 *Heterobasidion annosum* (277~278쪽)과 *Phellinus weirii*가 높은 치사율을 나타냄. 우점종의 죽음은 숲의 구조를 바꿈	뿌리썩음이 항상 나무 전체의 죽음을 일으키는 것은 아니지만 생장과 증식이 급격하게 감소됨. 담자균 *Armillaria ostoyae*는 미송 체적 증가를 60%까지 감소시킴. *H. annosum*은 테다소나무 체적 증가를 36%까지 감소시킴	?
꽃의 감염	NA	NA	꽃이나 과육을 침해하는 것은 생식에 막대한 영향을 미칠 수 있음. 미국 동부 애팔라치아 산에서 *Exobasidium vaccinii*는 *Rhododendron calendulaceum* 꽃에서 50%의 감소를 일으킴. 화분매개충에 의해 매개되고 *Microbotryum violaceum*에 의해 발병하는 *Silene* spp.의 화분깜부기병은 수술과 헛수술을 포자를 가진 구조로 대체하여 결국 식물의 증식에 큰 영향을 미침

NA - 해당없음; ? - 효과가 있을 수 있으나 예가 없는 경우
출처: Gilbert (2002).

를 변화시킨다. 이 병원균에 의해 매우 감수성인 미송(*Pseudotsuga menziesii*)과 메르텐시아솔송나무(*Tsuga mertensiana*) 같은 상층목이 제거되고 그 빈자리를 이 병원균에 저항성인 식물이 채운다.

기타 독립영양생물의 병원균: 지의류와 해초

곰팡이는 식물뿐만 아니라 조류와 지의류(제7장)를 포함한 광독립영양생물에도 병을 일으킨다. 지의서식균(lichenicolous fungi)이라고 불리는 일부 곰팡이는 지의체에서만 살아간다. 일부는 부생균이지만 대부분은 기주특이적이거나 광범위한 병원균이다. 현재까지 1,800종 이상이 알려졌으며, 95%는 자낭균(19목)이고, 5%(8목)는 담자균이다. *Athelia arachnoidea*가 가장 흔한데, 이 균은 지의류를 구성하는 수많은 자낭균과 조류를 파괴하는 담자균이다. 하지만 병원성, 기생성, 병원력, 양분교환 기작에 대해서는 알려진 것이 거의 없다. 지의류 기주를 감염하는 또 다른 지의서식

균이 있다. 예를 들어, *Fulgensia bracteata*는 *Toninia coeruleonigricans*를 감염하는데, 감염은 *Fulgensia bracteata*의 자낭포자에서 시작된다. 작은 인편이 생기고 마침내 노란색 지의체가 *Toninia coeruleonigricans*의 회색 지의체를 덮는다.

지의서식균, 즉 지의류는 기주로부터 조류를 취득하여 그 조류와 함께 새로운 지의류가 되기도 한다. 예를 들어, 지의류 *Diploschistes muscorum*로부터 형성된 균체는 처음에는 지의서식균으로 *Cladonia* 종의 소인편에 기생한다. 결국, 그것은 기주로부터 조류 세포를 취득하고 독립적인 지의류 *Diploschistes muscorum*를 형성한다.

수생 독립영양생물 역시 진균 및 유사균류 병원균에 의해 영향을 받는데, 조류와 관련하여 3개의 범주로 나눌 수 있다: (1) 육안으로 관찰하기 힘든 병징을 갖는 활물영양균, (2) 기주의 세포기관을 파괴하고 전체 세포를 점유하여 심각한 병징을 유발하는 활물영양균, (3) 부분적으로 노화한 기주와 주변 조직을 파괴하는 사물영양균. 그 예로 녹조류에 있는 병꼴균이 있다 (예: 대마디말의 *Olpidium* spp.). 엽록체는 갈색으로 변하고 포자낭에 의해 둘러싸인다. *Lindra* spp. (자낭균)은 모자반의 공기주머니에서 자라고 모자반을 부드럽고 검게 주름지게 만들어 '건포도병(raisin 병)'을 일으킨다. *Phycomelaina laminariae*는 갈조류에 흔히 기생하며 다시마의 '줄기반점병(stipe blotch)'을 일으킨다. 병원균은 기주의 줄기에 장방형이거나 원형의 반점을 만들어 감염된 부위에 심각한 피해를 입히지만 기주를 죽이지는 않는다.

신생 감염병의 출현과 생물안전에 대한 위협

식물군집은 세계의 다양한 지역에서 진화하였으며, 병원성 균류도 식물과 함께 지역적으로 진화했다. 식물과 병원균이 함께 진화해 온 지역에서는 일반적으로 병원균이 식물에 큰 피해를 입히지 않고 균형을 이룬다. 그러나 병원균이 새로운 지역으로 유입되면 그곳에 있는 식물은 저항성이 없거나 천적이 존재하지 않기 때문에 큰 피해가 발생할 수 있다. 실제로 많은 새로운 병이 여러 지역에서 여전히 발생하고 있다 (예: *Puccinia graminis* f. sp. *tritici*, *Magnaporthe oryzae*, *Phytophthora* species. 그림 8.13). 사람들에 의해 식물이나 곰팡이가 있는 토양이 세계적으로 이동되어 새로운 병이 출현하는 경우도 있다 (표 8.9). 예를 들어, 감자 역병(279~281쪽)은 안데스에서 야생감자(*Solanum tuberosum*)와 공진화해 온 *Phytophthora infestans*가 19세기 중반에 멕시코와 유럽으로 옮겨졌을 때 발생했다. 그러나 사람과 자연 요소들의 이동만 새로운 병의 출현에 기인하는 것은 아니다. 새로운 병원균의 출현은 병원균이 다음 요소를 갖출 때 발생한다.

(1) 발병 정도, 기주범위 또는 지리적 범위가 증가할 때,
(2) 발병 과정에 변화가 생길 때,
(3) 새롭게 진화할 때,
(4) 새로 발견되거나 새로 인지되었을 때.

몇 가지 작물의 병은 수백 년 또는 수천 년 동안 인간에게 지속적인 문제를 안겨 줬으며, 새로운 레이스의 출현으로 인한 병의 대발생 우려가 여전히 존재한다 (예: *Puccinia graminis* f. sp.

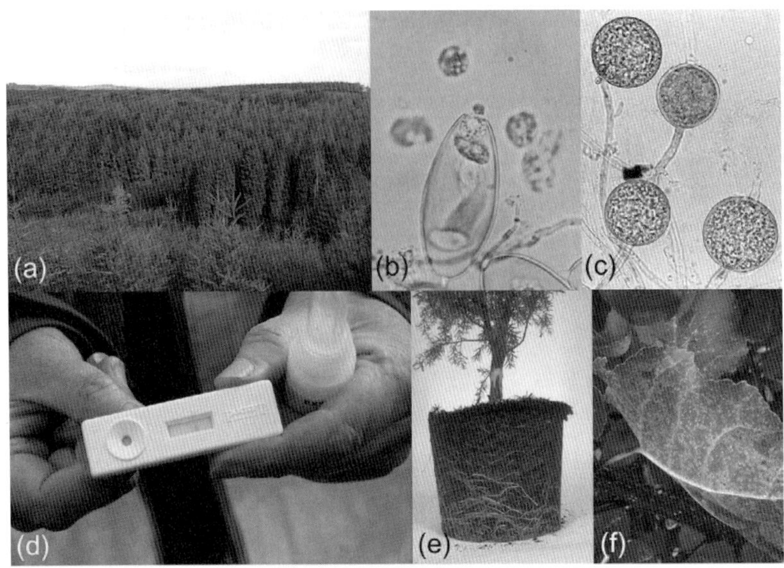

그림 8.13 신생 식물병. 여러 종의 *Phytophthora*(난균)류가 신생 병원체로 등장하고 있다. *Phytophthora ramorum*은 참나무류(미국 캘리포니아에서 발생한 참나무 급사병)를 죽이고 있다. 여러 종류의 나무를 감염한다. 특히 철쭉류 가지마름병은 치명적이지는 않지만 다른 식물 종을 감염하기 위한 감염원의 역할을 한다. 포자는 빗방울이나 바람에 의해 전반된다. 영국에서 *Phytophthora ramorum*은 넓은 지역에서 낙엽송(*Larix*)을 죽이고 있다. (a) 영국 남서부에서 낙엽송에 영향을 미치고 있는 *Phytophthora ramorum*. (b) 유주포자를 방출하고 있는 *Phytophthora ramorum* 포자낭. (c) 잎 위에 형성된 *Phytophthora ramorum* 후벽포자. (d) *Phytophthora ramorum* 진단키트. (e) 화분에서 자란 측백나무(*Juniperus communis* Suecica)가 *Phytophthora* sp.에 감염되어 뿌리와 줄기 밑동이 죽었다. (f) *Melampsora* sp.에 의한 포플러 녹병. 여름포자퇴와 주황색 여름포자가 잎 뒷면에서 관찰된다. *출처: 모든 사진 ⓒ Forestry Commission Picture Library.*

tritici. 표 8.10). *Puccinia graminis*와 *Phytophthora infestans* 같은 주요 작물 병원균의 유전체에 존재하는 다량의 반복성 DNA와 높은 빈도의 단일염기다형성으로 보아 더 강한 병원성 균주와 살균제 저항성 균주가 출현할 가능성이 있다 (표 8.10). 몇 가지 주요 식물병원성 자낭균류에 대한 최근 연구는 병원성의 진화가 과거에만 있었던 것이 아니라 현재도 아주 빠르게 진행되고 있음을 보여준다. 병원성 곰팡이는 광범위하게 '유전체경작(genome tillage)'을 받아 왔다. 그곳에서 염색체 중복, 유전자 재배열, 유전자의 수평적 획득(134쪽, 201쪽), 전이인자(132~134쪽)과 반복서열에 의해 유도되는 점돌연변이(134쪽)에 의한 대량의 유전적 진화가 병원균의 진화와 effector의 발현을 이끌었다 (제4장). 식물과 병원균 사이에 존재하는 역동적인 진화의 군비경쟁에서 이러한 기작들이 병원균으로 하여금 식물의 대사를 탐색하고 방어기작을 무너뜨려 병원균이 식물에 안착하여 성공적으로 감염시킬 수 있도록 만드는 새로운 effector를 진화시켰다.

새로운 병원균의 신속한 진화와 새로운 환경과 기주에서의 적응은 이미 알려진 병원균 사이의 교잡, 수평적 유전자 이동(예: *Stagonospora nodorum*의 HSTs), 외래 병원균의 새로운 도입과 연관된 기주 이동 및 도약(예: *Magnaporthe oryzae*)의 결과에 기인할 수 있다 (표 8.11). *Ophiostoma novo-ulmi*는 유럽과 북미에서 널리 퍼져 나가면서, *Ophiostoma ulmi*와의 교잡을 통해 아주 유용한 주요 유전자를 획득하였다 (274쪽). *Phytophthora alni* subsp. *alni*(난균)은 교잡에 의해 최근 출

표 8.9 주요 작물, 기타 작물, 자연생태계의 식물에서 출현한 병원균의 예

병원균	병	기주	지역 및 기주 기원	출현 시기와 장소	출현 요인
주요 작물에서 출현한 병원균					
Phytophthora infestans	감자 역병 (279~281쪽)	감자	멕시코, 야생 가지속 식물	19세기 중반 유럽, 1990년대 북미	인간에 의해 새로운 지역에 반복적으로 도입
Magnaporthe oryzae	벼 도열병 (265~267쪽)	벼, 보리, 밀, 기타 화곡류	중국, 벼	20세기 모든 벼 재배지역, 1996년 미국	종자 무역으로 전 세계로 전파
Tilletia indica	밀 비린깜부기병	밀	인도, 밀	1972년 멕시코, 1992년 미국, 2000년 남아프리카	오염된 종자에 의해 전반
기타 작물에서 출현한 병원균					
Puccinia kuehnii	사탕수수 녹병	사탕수수	호주, 사탕수수	호주	저항성을 붕괴시킨 새로운 균주로 진화
자연생태계에 출현한 병원균					
Ophiostoma ulmi, *O. novo-ulmi*	느릅나무 마름병(274쪽)	느릅나무	세계 여러 지역, 느릅나무	20세기, 유럽, 아시아, 북미에서 반복적인 대발생	수입목재에 의해 도입, 교잡으로 병원성 증가
Cryphonectria parasitica	밤나무 줄기마름병	밤나무	일본밤나무, 동남아시아	20세기 초, 미국 동부	수입된 밤나무
Phytophthora ramorum	참나무 급사병	다양한 수종	오리건 도금양, 진달래속 식물	1990년대, 유럽	수입된 묘목
Phytophthora cinnamomi	마호가니 줄기마름병/계피나무 뿌리썩음병	3,000종 이상의 수목, 관상식물, 초본	광범위한 식물, 남서부 태평양 지역	1800~1900년대, 유럽, 북미, 호주	수입된 식물

출처: Anderson et al. (2004)와 Brasier (2008).

현하여 유럽에서 오리나무를 죽이고 있다. 또 다른 예는 양파 병원균 *Botrytis allii*, 포플러 녹병균 *Melampsora columbiana*, 십자화과식물 병원균 *Verticillium longisporum*을 포함한다. 인간은 교잡 가능성이 있는 유사계통의 병원균과 새로운 기주와 접촉한 병원균을 가진 토양이나 식물을 이동시키고 있다. 또한 유럽과 도처에 존재하는 식물 육묘장은 한 속(예: *Phytophthora*)에 속하는 여러 종의 병원균에 의해 감염되어 있어 훨씬 강한 병원력을 가진 잡종 병원균을 만들어내는 번식지가 될 수 있다.

새로운 병원균은 유연관계에 있는 새로운 식물(예: 야생 보리에서 재배종으로 기주 이동)이나

표 8.10 세계 주요 작물의 3대 질병의 특징과 새로운 레이스 출현

	병	기주범위	대발생	생장/생존온도(℃)	무성세대 및 유성세대 생활사	포자 유형	클론 형성	유전체 크기	유전자 수	반복 DNA	SNP[a] 빈도
Magnaporthe oryzae	벼 도열병	50여 종 벼과식물	17세기	18~24, 4~35	있음	2	있음	41.7 Mb	12,841	9.7%	1/2.3 Kb
Puccinia graminis	밀 줄기녹병	365종의 화곡류, 매자나무, 마호니아	기원전 690	15~24 −10~35	있음	5	있음	88.6 Mb	20,567	80%?	〉1/Kb
Phytophthora infestans	감자 역병	가지과식물	1845	8~20 −5~28	있음	3	있음	228.5 Mb	18,179	74%	1/426 bp

[a]*SNP, single nucleotide polymorphism*(단일염기 다형성).
출처: *Gurr et al.* (2011).

유전적으로 다른 식물(예: 다른 속으로의 기주 도약)에서 적응함으로써 출현할 수 있다 (표 8.11). 일반적인 시나리오는 (1) 야생 기주(예: 인근에 있는 잡초), (2) 자연생태계에 새로운 작물의 식재(예: 아마존 열대우림 지역에 콩 *Glycine max* 도입), (3) 감염된 식물을 낮은 수준의 저항성을 가진 유연관계의 종을 재배하는 지역으로 도입(예: 수입된 아시아 밤나무 *Castanea crenata*로부터 미국밤나무 *Castanea dentata*로 이동한 밤나무 줄기마름병)함으로써 발생한다. 수백만 년에 걸쳐 생물계 사이에도 도약이 일어날 수 있다. 예를 들어, 육좌균과에 속하는 *Claviceps purpurea*는 호밀(*Secale cereale*) 맥각병을 일으키는 병원균이지만, 이 과(family) 균류의 공통 조상은 동물병원균이

표 8.11 농생태계에서 식물병원균이 출현하는 진화 기작의 예

진화 기작	식물병원균	시간 척도
순화/기주 추적		
병원균과 기주의 공진화	밀 *Mycosphaerella graminicola*	10~12,000 BP
	벼 *Magnaporthe oryzae*	7,000 BP
	감자 *Phytophthora infestans*	7,000 BP
	옥수수 *Ustilago maydis*	8,000 BP
기주 이동/기주 도약		
병원균이 유사한 계통의 새로운 기주 또는 계통학적으로 차이가 있는 새로운 기주를 감염할 수 있게 적응	조 → 벼 *Magnaporthe oryzae*	급격한 진화적 변화, ~7,000 BP
	야생풀 → 보리, 호밀 *Rhynchosporium secalis*	급격한 진화적 변화, ~2,000 BP
	야생 *Solanum* 식물 → 감자 *Phytophthora infestans*	급격한 진화적 변화, 〈 500 BP
수평적 유전자 이동		
유전체의 일부가 다른 생물체(종 또는 체세포 불화합성 개체)로 이동(예: 전이인자에 의함)	*ToxA*: *Phaeosphaeria nodorum* → *Pyrenophora tritici-repentis*	급격한 진화적 변화, ~60 BP
	*Nectria haematococca*에 존재하는 PEP 유전자군	알려지지 않음
	*Alternaria alternata*에 존재하는 기주특이적 독소	알려지지 않음
교잡		
근연종 간의 교배	오리나무(*Alnus*)에서 *Phytophthora cambivora*와 *Phytophthora fragariae*의 교잡	지난 세기 동안 급격한 진화적 변화
	느릅나무(*Ulmus*)에서 *Ophiostoma ulmi*와 *Ophiostoma novo-ulmi*의 교잡	지난 세기 동안 급격한 진화적 변화

출처: *Stukenbrock and McDonald (2008)*.

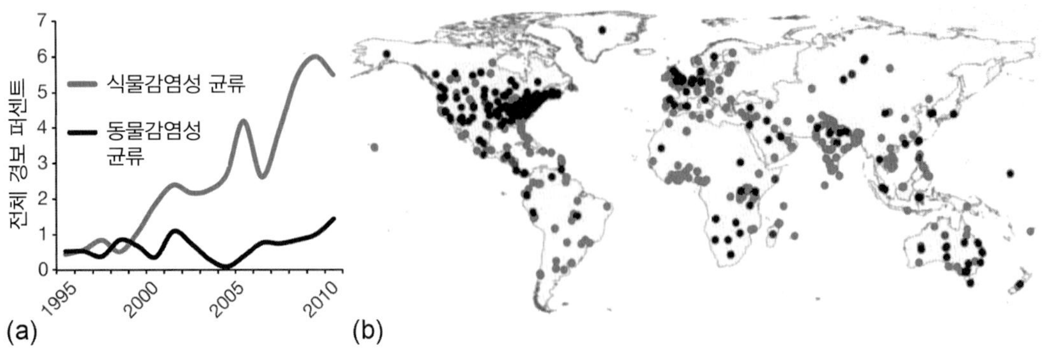

그림 8.14 신생 감염병의 증가. ProMED(Program for Monitoring Emerging Diseases: http://www.promedmail.org) 데이터베이스에 있는 경보시스템에서 확인되듯이 새로운 식물병이 증가하고 있다. 경보는 1995년 0.4%에서 2010년 6%로 증가하였다. 병 경보(a)와 발병 보고 지역(b). 출처: *Fisher et al. (2012)* 자료를 변형.

었다.

신생 병원균의 출현은 증가하고 있다 (그림 8.14). 신생 병원균 출현은 자연환경과 작물 손실에 막대한 영향을 미쳤다. 영국에서는 느릅나무 마름병에 의해 1억 그루의 느릅나무가 죽었고, 미국에서는 밤나무 줄기마름병에 의해 35억 그루의 밤나무가 죽었다. 역사적 관점에서 나타난 영향은 *Phytophthora infestans*에 의한 아일랜드의 대기근과 관련하여 이 장의 앞부분에서 이미 언급하였다. 비록 발생할 가능성은 매우 낮지만 최악의 식량 손실에 대한 시나리오는 5대 주요 식량작물(벼 *Oryza* spp., 밀 *Triticum* spp., 옥수수 *Zea mays*, 감자 *Solanum tuberosum*, 콩 *Glycine max*)이 동시에 각 작물의 가장 심각한 병원균(*Magnaporthe oryzae*, *Puccinia graminis*, *Ustilago maydis*, *Phytophthora infestans*, *Phakopsora pachyrhizi*)에 굴복하여 지구 인구의 40%를 먹일 수 있는 식량만 남기는 것이다. 신생 병원균의 출현은 식물의 죽음 이상의 영향을 준다. 나무좀 *Dendroctonus ponderosae*와 청변균 *Grosmannia clavigera*의 협력에 의한 서부 캐나다 소나무류(*Pinus* spp.)의 손실로 2000~2020년 동안에 270 메가톤의 이산화탄소가 배출될 것으로 예측된다.

Further Reading

General

Agrios, G.N. (Ed.), 2005. Plant Pathology, fifth ed. Acadaemic Press, California.
Lane, C.R., Beales, P.A., Hughes, K.J.D. (Eds.), 2012. Fungal Plant Pathogens. CAB International, Wallingford.
Strange, R.N. (Ed.), 2003. Introduction to Plant Pathology. John Wiley & Sons, New York.

Spectrum of Interactions of Fungi with Plants

Newton, A.C., Fitt, B.D.L., Atkins, S., Walters, D.L., Daniell, T.J., 2010. Pathogenesis, parasitism and mutualism in the trophic space of microbe-plant interactions. Trends Microbiol. 18, 365–373.
Oliver, R.P., Ipcho, S.V.S., 2004. *Arabidopsis* pathology breathes new life into the necrotrophs vs. biotrophs classification of fungal pathogens. Mol. Plant Pathol. 5, 347–352.

Susceptibility to and Defence Against Fungal Pathogens

Ballini, E., Lauter, N., Wise, R., 2013. Prospects for advancing defense to cereal rusts through genetical genomics. Front. Plant Sci. 4, 117. http://dx.doi.org/10.3389/fpls.2013.00117

Chisholm, S.T., Coaker, G., Day, B., Staskawicz, B.J., 2006. Host-microbe interactions: shaping the evolution of the plant immune response. Cell 124, 803–814.

Corrion, A., Day, B., 2015. Pathogen resistance signalling in plants. Encyclopedia of Life Sciences. John Wiley & Sons Ltd., Chichester. http://dx.doi.org/10.1002/9780470015902.a0020119

Glazebroook, J., 2005. Contrasting mechanisms of defense against biotrophic and necrotrophic pathogens. Annu. Rev. Phytopathol. 43, 205–227.

Scholthof, K.-B.G., 2007. The disease triangle: pathogens, the environment and society. Nat. Rev. Microbiol. 5, 152–156.

Jung, S.C., Martinez-Medina, A., Lopez-raez, J.A., Pozo, M.J., 2012. Mycorrhiza induced resistance and priming of plant defences. Chem. Ecol. 38, 651–664.

Yadeta, K.A., Thomma, B.P.H.J., 2013. The xylem as a battleground for plant hosts and vascular wilt pathogens. Front. Plant Sci. 4, 1–12. http://dx.doi.org/10.3389/fpls.2013.00097. Article 97.

Key Events in the Infection Cycle of Pathogens

Brown, J.K.M., Hovmøller, M.S., 2002. Aerial dispersal of pathogens on the global and contintal scales and its impact on plant disease. Science 297, 537–541.

De Wit, P.J.G.M., Mehrabi, R., Van Den Burg, H.A., Stergiopoulos, I., 2009. Fungal effector proteins: past, present and future. Mol. Plant Pathol. 10, 735–747.

Divon, H.H., Fluhr, R., 2007. Nutrition acquisition strategies during fungal infection of plants. FEMS Microbiol. Lett. 266, 65–74.

Fawke, S., Doumane, Mm, Schornack, S., 2015. Oomycete interactions with plants: infection strategies and resistance principles. Microbiol. Mol. Biol. Rev. 79, 263–280.

Friesen, T.L., Faris, J.D., Solomon, P.S., Oliver, R.P., 2012. Host-specific toxins: effectors of necrotrophic pathogenicity. Cell. Microbiol. 10, 1421–1428.

Kays, A.-M., Barkovich, K.A., 2004. Signal transduction pathways mediated by heterotrimeric G-proteins. In: Brambl, R., Marzluf, G.A. (Eds.), The Mycota III. Biochemistry and Molecular Biology, second ed. Springer-Verlag, Berlin, pp. 175–207.

Koeck, M., Hardham, A.R., Dodds, P.N., 2011. The role of effectors of biotrophic and hemibiotrophic fungi in infection. Cell. Microbiol. 13, 1849–1857.

Mendgen, K., Hahn, M., 2002. Plant infection and the establishment of fungal biotrophy. Trends Plant Sci. 7, 352–356.

Mengiste, T., 2012. Plant immunity to necrotrophs. Annu. Rev. Phytopathol. 50, 267–294.

Rafiqi, M., Ellis, J.G., Ludowici, V.A., Hardham, A.R., Dodds, P.N., 2012. Challenges and progress towards understanding the role of effectors in plant–fungal interactions. Curr. Opin. Plant Biol. 15, 477–482.

Stam, R., Mantelin, S., McLellan, H., Thilliez, G., 2014. The role of effectors in nonhost resistance to filamentous plant pathogens. Front. Plant Sci. 5, 582. http://dx.doi.org/10.3389/fpls.2014.00582

van Kan, J.A.L., 2006. Licensed to kill: the lifestyle of a necrotrophic plant pathogen. Trends Plant Sci. 11, 247–253.

Voegele, R.T., Mendgen, K., 2003. Rust haustoria: nutrient uptake and beyond. N. Phytol. 159, 93–100.

Case Studies

Asiegbu, F.O., Adomas, A., Stenlid, J., 2005. Conifer root and butt rot caused by *Heterobasidion annosum* (Fr.) Bref. s.l. Mol. Plant Pathol. 6, 395–409.

Dean, R., Van Kan, J.A.L., Pretorius, Z.A., Hammond-Kosack, K.E., Di Pietro, A., Spanu, P.D., Rudd, J.J., Dickman, M., Kahmann, R., Ellis, J., Foster, G.D., 2012. The top 10 fungal pathogens in molecular plant pathology. Mol. Plant Pathol. 13, 414–430.

Ebbole, D.J., 2007. *Magnaporthe* as a model for understanding host-pathogen interactions. Annu. Rev. Phytopathol. 45, 437–456.

Galhano, R., Talbot, N.J., 2011. The biology of blast: understanding how *Magnaporthe oryzae* invades rice plants. Fungal Biol. Rev. 25, 61–67.

Koh, S., André, A., Edwards, H., Ehrhardt, D., Somerville, S., 2005. *Arabidopsis thaliana* subcellular responses to compatible *Erisyphe cichoracearum* infections. Plant J. 44, 516–529.

Skamnioti, P., Gurr, S.J., 2009. Against the grain: safeguarding rice from rice blast disease. Trends Biotechnol. 27, 141–150.

Slusarenko, A.J., Schlaich, N.L., 2003. Downy mildew of *Arabidopsis thaliana* caused by *Hyalosperonspora parastica* (formerly *Peronospora parasitica*). Mol. Plant Pathol. 4, 159–170.

Voegele, R.T., 2006. *Uromyces fabae*: development, metabolism, and interactions with its host *Vicia faba*. FEMS Microbiol. Lett. 259, 165–173.

Development of Disease in Natural Ecosystems and Crops

Gilbert, G.S., 2002. Evolutionary ecology of plant disease in natural ecosystems. Annu. Rev. Phytopathol. 40, 13–43.

Diseases of Other Autotrophs: Lichens and Seaweeds

Lawrey, J.D., Diederich, P., 2003. Lichenicolous fungi: interactions, evolution, and biodiversity. Bryologist 106, 80–120.

Zuccaro, A., Mitchell, J.I., 2005. Fungal communities in seaweeds. In: Dighton, J., White, J.F., Oudemans, P.O. (Eds.), The Fungal Community: Its Organization and Role in the Ecosystem. Taylor & Francis, Boca Raton, pp. 533–579.

Emerging Diseases and the Biosecurity Threat

Anderson, P.K., Cunningham, A.A., Patel, N.G., Morales, F.J., Epstein, P.R., Daszak, P., 2004. Emerging infectious diseases of plants: pathogen pollution, climate change and agrotechnology drivers. Trends Ecol. Evol. 19, 535–544.

Brasier, C.M., 2008. The biosecurity threat to the UK and global environment from international trade in plants. Plant Pathol. 57, 792–808.

Brasier, C.M., Buck, K.M., 2001. Rapid evolutionary changes in a globally invading fungal pathogen (Dutch elm disease). Biol. Invas. 3, 223–233.

Fisher, M.C., Henk, D.A., Briggs, C.J., Brwonstein, J.S., Madoff, L.C., McCraw, S.L., Gurr, S.J., 2012. Emerging fungal threats to animal, plant and ecosystem health. Nature 484, 186–194.

Gurr, S., Samalova, M., Fisher, M., 2011. The rise and rise of emerging infectious fungi challenges food security and ecosystem health. Fungal Biol. Rev. 25, 181–188.

Oliver, R., 2012. Genomic tillage and the harvest of fungal phytopathogens. N. Phytol. 196, 1015–1023.

Stukenbrock, E.H., McDonald, B.A., 2008. The origins of plant pathogens in agro-ecosystems. Annu. Rev. Phytopathol. 46, 75–100.

CHAPTER

9

인간 및 다른 동물과의 상호작용

균류와 동물은 모두 종속영양생물이기 때문에 균류와 동물 사이의 상호작용은 식물과의 상호작용에 비해 매우 다르다. 균계의 생물다양성이 크고 균류의 생활방식이 다양하며 동물계도 유사하게 폭넓은 다양성을 가지고 있음을 고려한다면, 서로 간에 상호작용이 많고 다양하다는 것은 그리 놀랍지 않다. 상호작용은 직접 또는 간접적으로 이루어지기도 하고, 한쪽 또는 양쪽에 이익을 주거나 해를 주는 상호작용도 가능하다 (표 9.1). 이 단원은 균류가 척추동물(인간을 중심으로)의 조직이나 무척추동물을 영양원으로 사용함으로써 동물에게 해를 입히는 상호작용을 살펴보는 것으로 시작한다. 균류는 그 자체(예: 균사체, 자실체, 지의체)로서 동물에게 먹히기도 한다. 그러나 균류와 동물의 상호작용은 부정적인 영향을 주기보다 서로 간에 이익이 되도록 진화해 왔다. 그러한 이익은 영양적 측면이 대다수이지만 부가적인 다른 이익이나 영양적 측면과는 별도의 단일 목적을 갖는 또 다른 이익도 포함된다. 그러한 영양적 측면과 별도의 이익에는 적절한 생존 환경의 제공, 적대적인 상대로부터의 보호, 균류 번식체의 이동 등이 있다.

균류와 인간: 의진균학

적은 수의 균류는 척추동물에 직접적으로 영향을 미치기도 하는데, 피부나 신체의 안과 밖에서 자라거나 정착하여 피해를 준다. 약 400종의 균류가 인간에게 질병을 일으킨다. 이러한 질병을 **진균증**(**mycoses**)이라고 한다. 여러 종류의 균류는 곰팡이독소를 만드는데, 인간이 흡입하면 **곰팡이독소중독증**(**mycotoxicoses**) 같은 문제를 일으킨다. 일부 균류는 **알러지항원**(**allergens**)으로 작용하기도 한다. 여기서는 알러지항원부터 시작해서 곰팡이독소중독증과 진균증을 기술한다.

알러지

균류의 포자는 공기 중에 대단히 흔해서 실외공기 입방미터(m^3)당 200~10^6개의 포자가 있는데 (제3장), 이는 실외공기 중의 꽃가루보다 100~1,000배 더 많은 수라고 알려져 있다. 실외의 포

표 9.1 균류와 동물 사이에서 진화해 온 다양한 상호작용의 예

공생관계	균류	동물	균류에 미치는 영향	동물에 미치는 영향
세포내 기생	Microsporidia	절지동물, 어류, 일부 척추동물	영양	일부 세포나 전체 생물체의 죽음
병원성	*Blastomyces*, *Histoplasms*, *Coccidioides*, *Paracoccidioides* (자낭균)	인간[a] 및 척추동물	영양	세포, 조직 또는 전체 동물의 죽음
병원성	*Pseudogymnoascus destructans* (자낭균)	박쥐류, 특히 작은갈색박쥐 (*Myotis lucifugus*)	영양	표피조직 까짐 및 동면에 필요한 지방 저장분 손실과 그로 인한 죽음
병원성	*Batrachochytrium dendrobatidis* (병꼴균)	양서류	영양	사망, 일부 종은 멸종
병원성	*Achlya*, *Saprolegnia*, *Pythium* (난균)	어류	영양	병원균에 따라 다양한 영향 - 피부상처, 기관손상, 혈관 및 아가미 막힘, 일부 종의 집단 폐사
병원성	*Entomophthora* (접합균) *Beauveria bassiana*, *Metarhizium anisopliae* (자낭균)	무척추동물	영양	죽음
병원성	*Aspergillus* (자낭균)	바다 산호 (*Gorgonia* spp.)	영양	숙주의 면역상태에 의존한 상처, 혹 형성, 때로 죽음
활물영양성 기생 및 상리공생	*Septobasidium* (담자균)	깍지벌레	영양 및 번식	깍지벌레는 식물 표면의 균사층 안에 살고있음. 일부 깍지벌레는 기생감염되지만, 나머지는 미세환경에서 포식자로부터 보호받는 이익을 얻음
포식	*Coprinus comatus*, *Hohenbuehelia*, *Hyphoderma* 및 *Pleurotus* 균사	선충과 윤충	영양	독소에 의한 살충 또는 점착함정에 빠져 올가미로 조여짐. 결과적으로 몸체 내용물을 이용 당함

표 9.1 균류와 동물 사이에서 진화해 온 다양한 상호작용의 예(*계속*)

공생관계	균류	동물	균류에 미치는 영향	동물에 미치는 영향
공생 및 상리공생: 무척추동물 장내 공생자	*Asellariales, Harpellales* (Kickxellomycotina)	민물, 해양, 육지의 갑각류, 곤충류, 다지류	절대 장내 공생균: 영양, 서식 환경	약간의 장내 양분 손실이 있지만 소화에 도움을 받을 수 있음
상리공생: 무척추동물 장내 공생자	Saccharomycetes (자낭균), Tremellales (담자균)	딱정벌레목 곤충 곤충류	영양, 서식환경	영양: 소화효소, 필수영양분의 공급, 식물대사물질의 독성제거
상리공생: 균류를 재배하는 개미와 흰개미류	*Attamyces, Leucoagaricus, Lepiota* spp. *Termitomyces* (담자균)	아타개미 Macrotermitinae	식물자원 제공, 선호하는 생물/무생물 환경의 유지, 새로운 둥지로 포자의 이동	영양: 효소 흡수
상리공생: 암컷은 무성생식포자를 나무에 전달, 애벌레는 정착한 나무에서 발달	*Amylostereum* spp. (담자균), *Ophiostoma* spp. (자낭균), *Ophiostoma, Ceratocystis* spp. (자낭균), *Entomocorticium* spp. (담자균)	루리송곳벌(*Sirex juvencus*) 암브로시아나무좀 나무좀	적당한 환경으로 이동과 접종	목재 연화: 영양 개선, 효소 흡수
상리공생	Phallaceae (담자균)	파리목 곤충	포자 확산	영양: 포자 섭취
공생/상리공생/균식: 균류가 정착한 나무에서 애벌레가 굴을 팜	부후균. 예: *Laetiporus sulphureus, Trametes versicolor, Coniophora puteana* (담자균)	궐연벌레(*Xestobium rufovillosum*)	분변으로 양분이 투입되어 이익. 분쇄에 의해 해로움이 증가	나무의 연화, 양분 개선
자실체 내에서 균식	주름버섯류, 민주름버섯류 (담자균)	응애류, 곤충류, 딱정벌레목 곤충류	감소된 생식력, 포자파괴, 포자 확산	양분 및 육아터전 확보
균사체를 균식	많은 토양균류의 균사체	톡토기, 쥐며느리, 선충류, 일부 노래기류	형태적 및 효소생산의 변화, 균사체 및 바이오매스의 증감, 종간 균사 상호작용 결과의 변화	양분

[a]인체병원균에 대한 예시는 표 9.4와 9.5를 참조

자 농도는 수분, 온도, 바람 같은 기상조건에 의해 달라지므로 매일 변화한다. 많은 도시에서 실외에 존재하는 균류나 꽃가루의 일일변화량이 측정된다. 알러지성 비염과 고초열(allergic rhinitis, hay fever)로 고생하는 천식환자들은 공기 중의 포자 수가 증가하면 증상이 심해지기 때문에 이런 정보는 유용하다. 미국의 국립알러지국(National Allergy Bureau)이 개발한 균류 포자농도 측정의 간단한 척도는 다음과 같다. 낮음: 6,500 포자/m^3 이하, 중간: 6,500~12,999 포자/m^3, 높음: 13,000~49,999 포자/m^3, 매우 높음: 50,000 포자/m^3 이상. *Alternaria*, *Cladosporium*, *Epicoccum* 같은 자낭균 포자나 *Ganoderma*의 담자균 포자는 알러지를 유발하는 대표적인 균종의 예이다.

실내공기는 실외에서 들어 온 균류의 포자와 실내에서 자라는 균류의 포자를 모두 가지고 있지만, 농도는 대개 실외의 절반 정도이다. 실내의 포자 농도는 습도, 온도, 환기, 분해물질, 카펫, 애완동물, 식물 등의 존재여부 등과 관련이 있다. 꽃가루 같은 다른 알러지항원과 달리 실내에서 균류의 포자와 균사 조각은 계절성 정점이 있기는 하지만 실내에서 1년 내내 존재한다. 균류 포자로 심각하게 오염된 덴마크의 건물 연구에서 가장 흔하게 발견된 것은 자낭균류였다. *Penicillium*과 *Aspergillus*가 주된 종류이고 그 다음으로는 *Chaetomium*, *Cladosporium*, *Ulocladium*, *Stachybotrys*가 발견되었다. 미국에서도 침수된 집에서 특정한 균류가 만든다고 알려진 독성에 대한 많은 우려가 있다. 검은색의 자낭균 *Stachybotrys chartarum*을 포함하는 실내 균류의 포자는 고농도로 흡입되면 다양한 질병을 일으킬 수 있는 독소를 보유하고 있다. 그러나 침수된 건물에서 자라는 이러한 균류의 포자를 흡입한 사람들이 질병을 일으킬 만한 수준의 곰팡이독소에 얼마나 자주 노출되는지는 명확하지 않다. 하지만 명확하지는 않더라도 알러지를 유발하는 상당량의 포자를 흡입하는 것은 여전히 공중보건의 측면에서는 우려되는 상황이다. 건물 안에서 균류의 증식여부는 실내공기의 균류 포자수가 실외의 측정치보다 얼마나 초과하는지와 실내와 실외에서 어떤 균류가 동정되는가의 여부를 함께 또는 각각 측정함으로써 확인된다.

인간의 신체는 다양한 항원에 반응하고 인식하는 면역체계를 이용하여 잠재적 병원균을 파괴하면서 스스로를 방어한다. 그러나 지나치게 활성화된 면역체계에 의해 과민증이 발생하는 경우가 많고, 이는 병원균에 의한 감염보다 더 위험할 수도 있다. 여러 종류의 과민증이 알려져 있다 (표 9.2). 제1형(즉시형 과민증)은 면역글로불린 E(IgE)가 알러지항원으로 명명된 균류의 항원(균류 표면에 있는 단백질)을 인식한다. 알러지항원과 IgE의 결합은 천식, 습진, 고초열, 알러지성 비염(코 점막의 염증), 두드러기 같은 알러지 반응을 유발한다. 민감한 사람들은 저농도의 알러지항원에 지속적으로 노출되는 것으로도 반응할 수 있다. 넓은 범위의 균류가 다양한 알러지 질환을 일으킨다 (표 9.2). 약 80속의 균류가 사람에게 제1형 알러지를 일으키고, 20속 이상의 균류가 알러지를 일으키는 단백질을 생산한다. 알러지는 세계적으로 심각한 보건문제가 되고 있다. 인류의 10%가 균류 포자에 알러지 민감성을 보유한 것으로 예상되고, 3억 명 이상이 천식으로 고생하며, 해마다 알러지 질병으로 25만 명의 사망자가 발생하고 있다. 균류의 포자는 다른 알러지항원보다 크기가 작은 경향을 가지며 폐포까지 도달할 수 있다. 다른 알러지항원과 달리 일부 균류는 조직세포에 정착하기도 한다 (303~309쪽).

표 9.2 Simon-Nobble 등 (2008)이 보고한 정보에 따른 균류가 일으키는 알레르기 반응의 종류

종류	임상 증상	알레르기 작용기작[a]	알레르기를 유발하는 가장 중요한 속[b]
알레르기성 비염 (Allergic rhinitis)	코막힘, 늑막염, 콧물과 재채기	제1형 알레르기	자낭균류: *Alternaria*, *Aspergillus*, *Bipolaris*, *Cladosporium*, *Curvularia*, *Penicillium*
천식(Asthma)	어린이: 기관지 활동증가, 성인: 심각한 천식과 사망	제1형 알레르기	자낭균류: *Alternaria*, *Aspergillus*, *Cladosporium*, *Epicoccum*, *Helminthosporium*, *Penicillium*
아토피 피부염 (Atopic dermatitis)	만성 피부염증	제1형 알레르기, 알레르기항원 특이 IgE와 전체 IgE의 증가	담자균 효모: *Malassezia furfur*
알레르기성 기관지 폐진균증(Allergic bronchopulmonary mycoses, ABPM)	기관지 내강에 증식하여 지속적 팽창 유발. 천식환자에게 기관지확장 유발	제1형, 3형, 4형 알레르기	자낭균류: *Aspergillus fumigatus*, *Candida albicans*, *Curvularia*, *Gotrichum*, *Helminthosporium*
알레르기성 부비동염 (Allergic sinusitis)	부비강이 영향을 받음, 균사가 점액에서 검출되지만 조직침습은 없음	제1형, 3형, 4형 알레르기, 특이 IgE와 IgG항체 및 전체 IgE의 증가	자낭균류: *Alternaria*, *Aspergillus*, *Bipolaris*, *Curvularia*
과민성 폐렴 (외인성 알레르기성 폐포염) [Hypersensitivity pneumonitis (extrinsic allergic alveolitis)]	반복된 알레르기항원을 흡입하면 비가역적인 폐손상을 가져옴. 항체 침착과 항원유발 림프구 자극이 일어남	제3형, 4형 알레르기	자낭균류: *Aspergillus*, *Penicillium* 담자균류: *Lentinula edodes*, *Pleurotus ostreatus*, *Serpula lacrymans*

[a] 인간에게 일어나는 알레르기나 과민성 반응에는 여러 유형이 있다. 제1형은 면역 글로블린 E(IgE)가 일부 백혈구(비만 세포 및 호염기구)의 과도한 활성화를 유발하여 염증을 일으키는 즉각적인 반응이다. 제2형에서는 항체가 신체의 세포 표면에 항원을 결합한다. 제3형(면역 복합체)에서는 가용성 항원에 항체(immunoglobulin G, IgG)가 결합한다. 제4형은 세포 매개성이며 항체를 포함하지 않는다.

[b] 자낭균문과 담자균문이 가장 많이 알레르기를 일으키는 균류지만, 그 이외에 접합 균류와 *Absidia*, *Mucor*, *Rhizopus*도 알레르기를 일으킨다.

곰팡이독소중독증

제5장에서 자세히 서술된 것처럼, 균류는 정말로 다양한 대사물질을 생성한다. 그러한 대사물질 중 일부가 독성을 갖는다는 것이 그리 놀라운 일은 아니다. 균류에 의해 생성되는 모든 독성화합물에 곰팡이독소(mycotoxin)라는 용어를 사용하지는 않는다. 주로 세균에 독성을 가지는 화합물은 항생물질(antibiotics), 식물에 독성을 보이는 물질은 식물독소(phytotoxin), 버섯의 자실체에서 발견되는 것은 버섯독(mushroom poison)이라고 일컫는다. 곰팡이독소는 인간이나 척추동물에 저농도로 독성을 나타내는 저분자량의 균류 2차대사물질로 한정된다. 곰팡이독소를 정의하는 것도 어렵지만 분류하는 것도 쉬운 일은 아니어서 대체로 목적에 따라 분류한다. 임상의는 곰팡이독소를 작용효과에 의해 분류하지만(예: 신경독소, 면역독소), 의사는 독소가 만드는 질환으로 분류하고(예: 성 안토니열), 유기화학자는 화학구조로, 생화학자는 생합성 기원, 균학자는 독소를 생성하는

균류에 따라 분류하기도 한다. 현재 300~400가지의 곰팡이독소와 버섯독이 알려져 있고, 화학적으로 관련된 대사물질의 그룹으로 나타낸다. 이 중 단지 약 20가지의 독소가 척추동물에 흔히 문제를 일으킨다 (표 9.3).

인간과 동물은 대부분 오염된 식품을 인지하지 못하고 섭취하여 곰팡이독소에 노출되거나 실수로 독버섯을 먹고서 버섯독에 노출된다. 식품은 재배 중, 수확 후 저장 중, 또는 먹이사슬(예: 오염된 식품을 먹은 젖소로부터 짠 우유)을 통해 간접적으로 오염될 수도 있다. 곰팡이독소는 세계 식품 공급의 25%까지 오염하고 있다. 식품가공이나 저장방법이 낙후되거나, 영양결핍이 문제가 되고, 규제가 약한 곳에서 독소에 노출되는 경우가 많다. 많은 나라가 식품의 곰팡이독소 허용 수준을 통제하기 위한 법을 가지고 있고 이를 집행하기 위해 식품 표본을 검사한다. 영국에서는 인간의 식품에 *Aspergillus* 종에 의한 아플라톡신(aflatoxin)을 최고 4 μg/kg, 사과주스에는 *Penicillium* 종에 의해 만들어진 파툴린(patulin)을 최고 50 μg/kg까지 허용한다. 식품 속의 곰팡이독소를 통제하는 일은 주로 철저한 영농작업을 실시하고 진균이 자라지 못하는 조건(예: 곡물 저장에 필요한 낮은 습도)에서 저장하는 것으로 해결한다. 미래에는 식물 육종 프로그램과 유전공학을 이용하여 항진균 유전자를 활성화시킨 농작물을 만들거나 생물적 방제 전략이 개발될 수도 있다.

표 9.3 대표적인 곰팡이독소와 버섯독

독소	독소 생산 균류의 예	병증
곰팡이독소		
아플라톡신(Aflatoxins)	*Aspergillus flavus*	간 손상, 간암
시트리닌(Citrinin)	*Penicillium citrinum*	신장 손상
글리오톡신(Gliotoxin)	*Aspergillus fumigatus*	면역억제
오크라톡신(Ochratoxins)	*Aspergillus ochraceus*	신장 손상
파툴린(Patulin)	*Penicillium expansum*	신장 손상
트리코테센(Trichothecene): T-2	*Fusarium sporotrichioides*	식중독성 무백혈구증
트리코테센(Trichothecene): 보미톡신(Vomitoxin)	*Fusarium graminearum*	구토, 식욕저하
제랄레논(Zearalenone)	*Fusarium graminearum*	산부인과적 장애
푸모니신(Fumonisins)	*Fusarium moniliforme*	식도암
맥각 알칼로이드(Ergot alkaloids)	*Claviceps purpurea*	혈관 수축, 괴저, 경련
버섯독		
아마니틴(Amanitin)	*Amanita phalloides*	간 손상
팔로이딘(Phalloidin)	*Amanita phalloides*	간 손상
무스카린(Muscarine)	*Amanita muscaria*	발한, 구토
지로미트린(Gyromitrin)	*Gyromitra esculenta*	간 및 신장 손상
오렐라닌(Orellanine)	*Cortinarius speciosissimus*	신장 손상
코프린(Coprine)	*Coprinus atramentarius*	알코올 독성화
실로시빈(Psilocybin)	*Psilocybe cubensis*	환각효과
이보텐산(Ibotenic acid)	*Amanita muscaria*	환각효과

가장 악명 높은 곰팡이독소는 아플라톡신인데, 이들은 *Aspergillus flavus* (그래서 A-fla-toxin이라고 함), *Aspergillus parasiticus*, *Aspergillus nomius*에서 만들어진다. 이 곰팡이독소는 1960년 영국의 놀포크 지역에서 10만 마리 이상의 칠면조가 간질환으로 죽고 이어 다른 농장 동물들이 잇달아 죽은 사건에서 처음 발견되었다. 원인은 동물들이 먹은 *Aspergillus flavus*에 오염된 분쇄 땅콩사료로 밝혀졌다. 아플라톡신에는 4가지 주요 aflatoxin B_1, B_2, G_1, G_2가 있는데, 이 중 B_1이 가장 중요하다. 이들은 급성적으로 독성이 있을 뿐만 아니라 만성질환을 일으키고 지금까지 알려진 가장 강력한 천연 발암물질로 알려져 있다. 몇 가지 *Aspergillus* 종(특히 *A. ochraceus*)도 곡물류(예: 특히 보리, 코코아콩, 커피원두)에 오크라톡신(ochratoxin A)을 만든다. 오크라톡신은 신장 손상이 주된 문제지만 역시 간 독성이 있고 면역억제물질이며 발암물질이다. 파툴린은 다양한 *Aspergillus*와 *Penicillium*에 의해 만들어지지만, 주요 문제는 사과와 몇몇 과일에 부패를 일으키는 *Penicillium expansum*에 의한 것으로 신선한 사과 주스에서 자주 발견된다. 트리코테센계 독소(trichothecenes)는 *Fusarium*, *Phomopsis*, *Stachybotrys*, *Trichoderma*를 포함한 다양한 균류에 의해 생산되는 60가지 이상의 세스퀴테르펜(sesquiterpenes)군 화합물이다. 트리코테센 T-2는 가장 많이 연구된 것으로 눈이 쌓인 들판에 남겨진 기장에서 자라는 *Fusarium sporotrichioides*와 *Fusarium poae*에 의해 만들어진다. 트리코테센 T-2는 1940년대 소비에트 연방에서 심한 골수 변성, 출혈, 소화관 괴사, 혈액 이상을 동반하는 유행성 식중독성 무백혈구증(epidemic alimentary toxic aleukia)을 일으켰다. *Fusarium* 류에 의해 만들어지는 제랄레논(zearalenone) 계통의 곰팡이독소는 특히 *Fusarium graminearum*과 *Fusarium culmorum*에 의해 만들어지고, 에스트로겐 유사물질로서 몇몇 조제법에서는 의약품으로 사용하기도 한다. 리세르그산(lysergic acid)을 공통구조로 갖는 맥각 알칼로이드계 독소는 다양한 초본식물의 병원균인 자낭균류 맥각균(*Claviceps*)의 균핵에서 만들어진다. 감염된 곡물로 만들어진 곡식가루 특히 호밀로 만든 빵을 섭취해서 발생하는 인간의 맥각중독(성 안토니열)은 중세에 흔하게 발생했고, 가장 최근에는 1917년 러시아에서 주요 전염병처럼 만연하였고, 1951년 프랑스에서 마지막으로 보고되었다. 이 질환은 2가지 형태로 나타나는데, 경련성 맥각중독증은 중추신경계를 침범하는 반면 다른 형태는 사지에 괴저(괴사)를 일으킨다. 맥각중독증은 여전히 중요한 동물 질병이기도 하다.

상대적으로 적은 수의 버섯(자실체)독이 알려져 있다 (표 9.3). 가장 독성이 강한 것은 알광대버섯(*Amanita phalloides*)이 만드는 서로 밀접하게 관련된 두 가지 이중고리형 펩티드 독소이다. 가장 흔한 것은 아마니틴(α-amanitin)과 팔로이딘(phalloidin)이다. 이들은 서로 완전히 다른 작용을 하는데, 팔로이딘의 경우에 불가역적으로 미세섬유에 결합하여 세포 구조를 파괴한다. 아마니틴은 전사효소(RNA polymerase II)를 저해하여 명확하게 mRNA 합성을 방해한다. 두 독소 모두 간 손상을 일으켜 결과적으로 사망에 이르게 한다. 버섯 1개가 불과 몇 mg을 함유하고 있지만 이는 성인 한 사람의 목숨을 앗아가기에 충분한 양이다. 이러한 독성효과를 이용하여 암세포 특이적인 세포표면 단백질(EpCAM)에 부착할 수 있는 항체에 아마니틴을 결합시킴으로써 쥐에서 췌장암의 진행을 성공적으로 정지시켰다. 다른 독소의 예로는 광대버섯(*Amanita muscaria*)과 *Clitocybe*와 *Inocybe* 종이 생성하는 무스카린(muscarine)이 있는데, 이것은 신경시냅스에 결합하여 지속적인 자극을 유발하는 아세티콜린 유사체이다. 광대버섯은 아미노산의 일종인 이보텐산(ibotenic acid)도 만드는데, 이 화합물의 탈탄산화 유도체인 무시몰(muscimol)은 환각과 어지럼증을 일으킨다. *Tricholoma equestre*와 *Russula subnigricans* 버섯은 근육조직의 파괴, 혼수와 심부전을 초래하는데 *Russula subnigricans* 버섯에서 추출한 cycloprop-2-ene carboxylic acid가 독소로 알려져 있다. 마귀곰보버섯(*Gyromitra esculenta*)은 익히지 않고 먹으면 치명적인데, 이는 자이로미트린(gyromitrin)이 독성을 갖는 히드라진 화합물로 바뀌기 때문이다. 일부 *Cortinarius* 종은 오렐라닌(orellanine)을 생성하고 이는 신장 손상을 초래한다. *Psilocybe* 종은 실로사이빈(psilocybin)을 만들어 몇 시간 동안 환각을 유발하고(162쪽), 일부 사람들은 오심과 공황 발작을 경험하기도 한다.

진균증

진균성 질환은 중증도의 증가에 따라 표재성(superficial), 피하성(subcutaneous), 전신성(systemic) 질환으로 분류될 수 있다. 전신성 진균질환은 감염균이 건강한 숙주조직에도 침입하는 진짜 병원성인지 또는 쇠약해지거나 면역이 약화된 숙주를 침입하는 기회 감염성인지 여부에 따라 세분화된다 (표 9.4). 아스페르길루스증(aspergillosis), 칸디다증(candidiasis), 히스토플라즈마증(histoplasmosis), 콕시디오이데스진균증(coccidioidomycosis), 분아균증(blastomycosis)을 포함하는 6가지의 극도로 불편한 진균성 질환이 있다. 역설적이게도 일부 의학적 치료가 진보했음에도 생명을 위협하는 진균질환이 증가하고 있고, 특히 면역이 억제되는 장기이식과 화학요법 분야에서 심하다.

균류가 인간에게 질병을 일으키기 위해 필요한 3가지 주요 특징이 있다. (1) 37°C에서 잘 증식할 수 있는 능력, (2) 많은 다양한 종류의 탄소와 질소원을 이용하고 제한된 영양인자(예: 철분)를 찾아낼 수 있는 능력, (3) 외부와는 매우 다른 인간 숙주 내의 조건을 인식하고 적응할 수 있는 능력. 여기서는 표재성과 피하성 감염을 간단히 살펴본 후에 살아있는 인간을 침범할 수 있는 일부 중요한 진균(예: 이러한 3가지 특성을 나타내는 진균)에 대해 설명할 것이다. 이러한 특성을 가지면서 늘어나는 면역저하 환자에게서 잘 증식하는 또 다른 진균도 있다. 이들 중 일부는 이미 병원균으로 나타났다 (예: *Acremonium*, *Alternaria*, *Bipolaris*, *Fusarium*, *Penicillium marneffei*, *Pseudallescheria* 같은 사상성 균류, *Scedosporium prolificans*, 효모류에 속하는 *Candida krusei*, *Rhodotorula rubrum*, *Trichosporon* 종).

표재성 감염증

피부에는 진균이 항상 상주하는데, 일부는 질병을 일으킬 수 있지만 대부분은 해를 끼치지 않으면서 공생한다. 병원균은 효모 또는 균사형을 가질 수 있지만, 피부에 공생하는 많은 진균은 대부분 효모형이다. *Malassezia* 종은 일생 동안 피부에서 사는데, 각 개인마다 또는 신체부위에 따라 밀도를 달리한다. 손과 발에서는 4개/cm^2, 가슴과 등에서는 10^4개/cm^2 까지 이르고, 십대 후반과 이른 중년 사이에 최고 밀도를 나타낸다. 대부분 지질을 절대적으로 증식에 요구하기 때문에 피지샘이 풍부한 부위(예: 가슴, 등, 얼굴, 두피)에 널리 퍼져 있다. *Malassezia furfur*는 비듬의 원인균이다. *Malassezia* 종은 어루러기(pityriasis versicolor)와 지루피부염(seborrhoeic dermatitis) 같은 피부질환도 일으킬 수 있다. 어루러기는 전형적으로 상반신에 발생하는 비늘성 색소 병변으로 효모형과 균사형 모두 병원성이 있고 온기와 습도가 증식을 유리하게 만들기 때문에 더운 기후에서 가장 흔히 발생하는 진균 감염증이다. 지루피부염 역시 비늘이 있는 병변을 보이고 면역적격 인구의 약 3%에서 발견되지만, HIV 양성 환자의 경우 약 80%에서 확인된다.

표 9.4 증상의 중증도에 따라 분류한 인간의 진균 감염질환

감염/진균증	정의 및 일반적인 기술	질병의 예	원인균	문
표재성	피부, 털 등의 표재성 감염, 살아있는 조직의 침입은 없음	지루피부염, 비듬, 말라세지아 모낭염	*Malassezia furfur* (지방친화성 효모)	담자균
피부성	털, 피부, 손발톱의 표재성 감염, 살아있는 조직을 침입하지 않으나, 다양한 알레르기 또는 염증반응을 일으킴(균류나 균류가 내는 대사물질)	피부, 점막, 손발톱의칸디다증/아구창	*Candida albicans*	자낭균
		백선/백선증	*Epidermophyton*, *Microsporum*, *Trichophyton*	자낭균
피하성	피부나 피하조직의 만성적 국소감염, 대부분 토양이나 식물에서 유래한 부생균류의 우발적인 이식으로 발생	색소효모균증	*Phialophora*, *Cladosporium*	자낭균
		엔토모프토라진균증	*Basidiobolus ranarum*	접합균
		진균성 균종	*Exophiala* 및 기타	자낭균
		스포로트릭스증	*Sporothrix schenckii*	자낭균
전신성: 이형성/진정 병원균	특정할 만한 소인요인 없이 건강한 숙주의 조직을 침입해서 증식 가능함(일례로 인간숙주의 생리적/세포성 방어를 이겨냄). 주요 감염부위는 폐기도. 균류의 형태가 숙주의 안과 밖에서 다르게 나타남	분아균증	*Blastomyces dermatitidis*	자낭균
		콕시디오이데스진균증	*Coccidioides immitis*	자낭균
		히스토플라즈마증	*Histoplasma capsulatum*	자낭균
		파라콕시디오이데스진균증	*Paracoccidioides brasiliensis*	자낭균
전신성: 기회감염성	감염이 주로 면역저하 환자에 발생(예: 스테로이드/항생제/화학요법 등을 받은 에이즈, 암, 장기이식환자)	아스페르길루스증	*Aspergillus fumigatus*	자낭균
	발생빈도가 늘어나고 있음	칸디다증	*Candida albicans*	자낭균
		크립토콕쿠스증	*Cryptococcus neoformans*	담자균
		무색사상균증	담색선균류 (예: *Fusarium* spp.)	자낭균
		흑색진균증	암색선균류 (예: *Cladosporium*, *Curvularia*)	자낭균
		폐포자충증	*Pneumocystis jirovecii*	자낭균
		페니실리움증	*Penicillium marneffei*	자낭균
		접합균증	*Rhizopus*, *Mucor*, *Absidia*	접합균

병원성 진균은 여러 문에서 나타나고 있다. 같은 문 안에서도 진화상 여러 차례 독립적으로 나타나는데, 예를 들어 자낭균 안에서도 *Pneumocystis jirovecii* (archiascomycete), *Candida* spp. (hemiascomycetes), *Aspergillus* spp. (euascomycetes) 같은 다양한 종이 있다. 이들은 3가지 경로를 통해 출현한다. (1) 다른 사람에게서 전달된 공생균이 병원균으로 전환(예: 피부나 점막의 *Candida*), (2) 인간의 정상 균총에 속하지는 않지만 에어로졸이나 흡입에 의해 사람 간에 전염될 수 있는 균류(예: 폐에 정착하는 *Pneumocystis* spp., *Malassezia* spp.), (3) 기회감염성 균류로 사람에게서 전염되고, 자연환경에서 왔지만 사람에게 잘 적응하는 균류에 의한 감염.

피부감염증

피부사상균은 3가지 속(*Epidermophyton*, *Microsporum*, *Trichophyton*)의 약 20종이 있으며, 각질을 분해할 수 있는 능력이 있어, 털, 손발톱, 피부의 각질층 같은 죽은 조직에서 자랄 수 있다. 이들은 인간과 다른 척추동물에서 임상적으로 백선(tinea, ringworm)으로 알려진 복잡한 질환을 일으키고, 살아있는 진균을 포함하는 각질 조각에 의해 전파된다. 일부는 **인간친화성(anthropophilic)**으로 주로 인간을 숙주로 자라지만 때로는 다른 동물에서도 증식한다 (예: *Trichophyton rubrum*, *Trichophyton tonsurans*). 다른 종류들은 **동물친화성(zoophilic)**으로 주로 다른 포유류에서 발견되지만 직접적인 접촉을 통해 인간에게도 전파될 수 있다 (예: 개와 고양이에 있는 *Microsporum canis*). 세 번째 그룹은 **토양친화성(geophilic)**으로 흙속에서 각질이 풍부한 조직을 분해하면서 살아가지만 인간에게도 감염을 일으킬 수 있다 (예: *Microsporum gypseum*). 백선 병변은 그 양상이 상당히 다르지만 대체로 염증, 부종, 수포를 만든다. Ringworm이라는 이름에서도 알 수 있듯이 고리 모양 병변부가 퍼지는 것이 얼굴, 두피, 사지, 몸에서 발견된다 (그림 9.1a). 두피를 침범하면 비늘과 탈모가 생긴다. 손발톱이 감염되면 색이 변하고 두꺼워지며 부스러지기 쉽게 된다. 온대지방에서 백선의 75%는 발백선(무좀, athlete's foot)이다. 영국 인구의 10∼15%가 발백선을 가지고 있고, 5%는 손발톱백선을 가지고 있다. 여성보다 남성에서 널리 퍼져 있고, 당뇨나 면역이 억제된 사람들에게서 더 흔히 발생하며, 나이가 들면 증가하여 노인에서는 약 25%에 이른다.

약 200종의 칸디다 종이 주로 식물과 동물에 연관되어 자연환경 어디든지 보편적으로 존재한다. 하지만 불과 10여 종이 인간 질병과 관련되어 있고 이들 중 가장 흔한 것이 *Candida albicans*, *Candida glabrata*, *Candida parapsilosis*, *Candida tropicalis*이다. 많은 사람들이 피부, 구강, 질, 소화관에 무해하게 보균하고 있다. *Candida albicans* 및 다른 *Candida* 종은 특히 살이 접히는 부위나 겨드랑이처럼 습기가 있는 몸의 여러 부위에서 피부감염을 일으킬 수 있다 (그림 9.1b). 구강부와 질 감염은 점막에 형성되는 효모 플라크 때문에 흔히 아구창(구강칸디다증, thrush)이라고 한다. 구강 감염은 아기와 노인에게 가장 흔하고, 여성의 약 75%는 어느 시점에서 질 감염을 경험한다. 주로 칸디다는 다른 피부 미생물과 균형을 이루지만 항생제 치료나 면역억제에 의해 균형이 깨지기도 하므로 거의 모든 에이즈 환자들이 이 질환으로 고생한다. 이러한 피부감염은 상대적으로 치료가 간단하지만, *Candida* 세포가 체내로 들어가 전파되면 다른 심각한 질환을 초래할 수도 있다 (아래의 전신기회감염 참조). 이러한 심각한 질환은 피부 감염의 결과는 아니다.

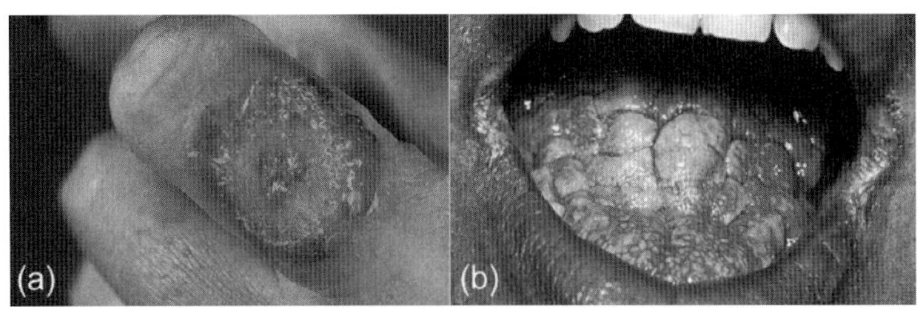

그림 9.1 인체병원균의 피부감염의 예. (a) 피부를 감염하는 *Tinea* 종 감염에 의해 그림에서 보이는 손가락 위에 백선이 만들어졌다. (b) 면역결핍 성인 환자의 입 주위와 혀에 발생한 칸디다증. *출처: (a) ⓒ Raoy Waltling. (b) www.doctorfungus.org. ⓒ 2007.*

피하감염증

피하감염증은 주로 열대와 아열대에서 부생성 진균이 상처로 감염되어 발생한다. 대다수의 감염은 맨발로 걷는 농부, 정원사, 화훼전문가, 광부에게 발견된다. 최근에는 전쟁터에서 폭발사고로 인한 상처를 통해 흙이 인체 조직에 들어와서 생기는 진균감염으로 피하감염증이 증가하고 있다. 색소모세포진균증(chromoblastomycosis), 균종(mycetoma), 스포로트릭스증(sporotrichosis)은 가장 흔한 질환으로 자낭균류에 의해 일어나지만, 일부 Entomophthoromycotina(곤충병원성균류, 314~320쪽)에 속하는 균류(예: *Basidiobolus ranarum*, *Conidiobolus coronatus*)도 피하감염증을 일으킨다 (표 9.5). 감염된 갱도 버팀목으로 인해 이환된 3,000건의 스포로트릭스증 사례가 1940년 남아프리카의 금광에서 발생하였다.

전신성-이형성 진정 병원균

전신성 진균증은 일반적으로 흡입에 의해 일어나고, 폐에서 시작되어 결과적으로 전신을 침범한다. 분아균증, 히스토플라즈마증, 콕시디오이데스진균증, 파라콕시디오이데스진균증이 4가지 주요 질병이다. 이러한 질병의 병원균은 모두 효모상과 균사상을 전환하는 이형성이다. 각각의 경우 효모형은 병원성 상태이고, 사상형은 부생영양성이다. 이형성(두형태성, dimorphism)은 온도에 의해 조절되는데, 자연환경인 25~30℃에서는 균사생장을 하고 37℃(체온)의 조직 또는 영양이 풍부한 배지에서는 효모생장을 한다. 이들 질환 중 일부는 특정 지역에서만 발생한다.

분아균증(blastomycosis)은 *Blastomyces dermatitidis*에 의해 유발된다. 미국에서는 미시시피와 오하이오강 계곡, 캐나다에서는 성 로렌스 시웨이와 오대호를 경계로 하는 여러 주에서 발견된다 (그림 9.2). 이 균은 식물 잔재가 썩는 습한 땅에서 자라기 때문에, 수로 주변 활동과 연관되어 질병이 발생한다. 하지만 이 균의 순수분리가 어려워 자연에서의 생태적 위치는 명확하지 않다. 감염이 만연하는 지역이라 할지라도 10만 명당 2명의 확률로 발생한다. 포자가 공중에 떠다니다가 폐로 들어가서 증식할 때 감염이 일어나고, 폐렴, 만성결핵, 폐암과 유사한 급성 질환을 일으키며 급성호흡부전을 초래할 수도 있다. 림프나 혈액을 통해 다른 장기로 전파될 수도 있다. 특히 면역저하 환자에게는 치명적일 수 있다. **히스토플라즈마증(histoplasmosis)**은 분아균증과 같은 지역에서 *Histoplasma capsulatum* var. *capsulatum*에 의해 발생한다 (그림 9.2). 이 균은 질소가 풍부한 야생 조류, 닭, 박쥐의 구아노(guano)에서 잘 자란다. 이 질환은 분아균증과 유사하고 대부분의 사례에서 역시 명백한 증상이 나타나지 않는다. 중앙아프리카와 서아프리카에서는 질환이 다른 형태로 나타나는데 피부와 뼈에서 심부진균증을 일으킨다. *Histoplasma capsulatum* var. *duboisii*라는 변종에 의해서 발생하는데, 별도의 종으로 보는 견해도 있다.

콕시디오이데스진균증(coccidioidomycosis)은 흔히 '계곡열(valley fever)'로 알려져 있고, 미국의 남서부, 중미, 남미 북부, 아르헨티나에서 발견된다 (그림 9.2). *Coccidioides immitis*와 *Coccidioides posadasii* 같은 자낭균류가 원인으로 아프리카나 아시아의 사막에서는 문제가 되지 않지만 마르고 소금기가 있는 전형적인 사막 지역에서 번성한다. *Coccidioides immitis*는 캘리포니아의 남부 사막과 중앙 계곡 그리고 바자 캘리포니아에서 풍토병으로 나타난다. 반면에, *Coccidioides posadasii*는 남부 애리조나, 뉴멕시코, 멕시코 북부, 텍사스 서부, 남미의 일부 지역에서 풍토병을 일으킨다. 토양에서 이러한 균은 주머니생쥐류의 굴과 연관되어 있고, 균사체로 생장하면서 분절

표 9.5 심재성 균류 감염

질병	병균의 예	진균의 종류	자연서식지	질병의 증상	예후와 치료
색소모세포진균증 (Chromo-blastomycosis)	*Cladophialophora carrionii*, *Fonsecaea compacta*, *F. pedrosoi*, *Phialophora verrucosa*	사상성 자낭균	토양 및 수목	국소적인 딱지, 사마귀 모양, 궤양성 병변형태. 림프절을 통해 위성병변이 퍼질 수 있음. 종종 뇌로 전파	감염은 항상 국소적임. 초기 단계는 항진균제의 국소투여나 외과적인 제거로 치료. 진행된 감염은 이트라코나졸이나 테르비나핀 등의 항진균제로 장기간 전신투여함
엔토모프토라진균증 (Entomophthoromycosis)	*Basidiobolus ranarum*, *Conidiobolus coronatus*	접합균 (파리곰팡이목)	토양이나 부엽토	*B. ranarum* 은 팔이나 몸통에 확대된 육아종을 일으킴. *C. coronatus* 는 전형적으로 비후조직에 정착함	*B. ranarum*은 암포테리신 B, 요오드화 칼륨, 이트라코나졸로 치료함. 외과적 수술이 종종 필요함
균종 (Mycetoma)	*Acremonium falciforme*, *A. redifei*, *Aspergillus nidulans*, *Exophiala jeanselmei*, *Leptosphaeria senegalensis*, *Madurella mycetomatis*, *M. grisea*	사상성 자낭균	도처에서 발견됨, 주로 토양	피부와 피하조직에 국소감염. 병변은 국소적으로 침습성 종양유사 종기로 나타남. 병변이 터져 궤양, 부종, 신체 감염부위의 변형을 만듦	균종은 화학요법에 저항성을 보이므로 대개 외과수술에 의존함
스포로트릭스증 (Sporotrichosis)	*Sporothrix schenckii*	자낭균, 이형성, 25°C 이하에서 균사성 생장과 분생포자 형성. 37°C에서 짧은 막대형의 효모 세포로 전환	주로 토양	대개는 피부, 피하조직에 국소 병변을 만들고 전형적으로 림프관 경로를 따라 발생. 가끔 스포로트릭스증은 골관절염, 폐감염, 수막염 등을 일으킴. 효모형 세포에 의해 전신 확산. 페루가 가장 높은 감염발생국임	국소병변은 3~6개월 동안, 골관절염 질환은 12개월 이상 치료하며, 대부분 치료효과가 있음. 국소온열요법이나 아졸계 진균제의 경구투여가 효과적임

http://www.doctorfungus.org (2011년 11월 30일 기준)를 포함한 다양한 출처로부터의 정보

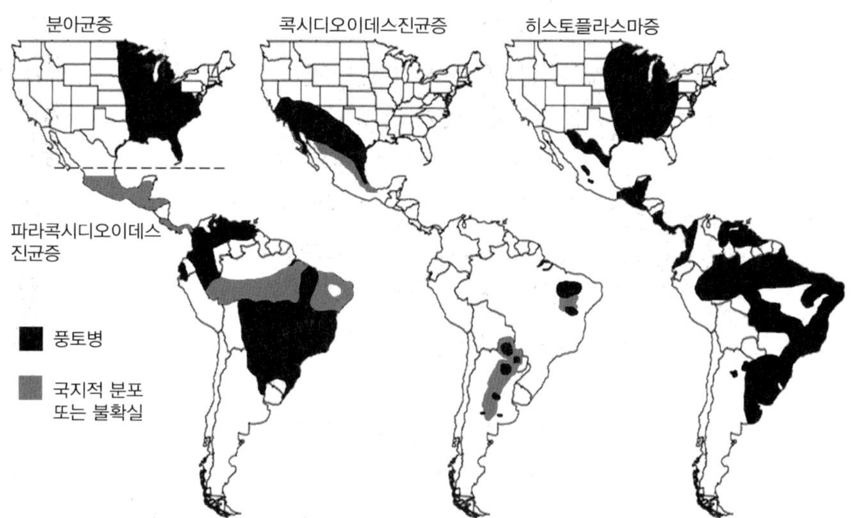

그림 9.2 북미와 남미에서 풍토병을 일으키는 일부 전신적 이형성 병원균의 대략적인 분포도. *출처: Information from Hector and Laniado-Laborin (2005) and Colombo et al. (2011).*

포자(67쪽)를 형성한다. 먼지 폭풍이 발생하면 포자가 떠올라 인간이 흡입할 수 있다. 분절포자는 폐에서 점점 커져서 큰(80 μm) 다핵성 소구체를 만들고, 이는 많은 단핵성 내생포자(2~5 μm)를 형성하여 주변 조직으로 감염을 확산한다. 수백만의 사람이 감염되었다. 감염자의 60%는 증상이 없지만, 30%는 몇 달 동안 기침을 포함한 다양한 증상을 겪는다. 10% 이하는 의학적 치료가 필요하다. 심한 경우에는 진균이 부신, 뼈, 중추신경계, 관절, 림프절, 피부로 침입하므로 치명적이다. 1998년 약 1,500건에서 2013년 20,000건 이상으로 감염사례가 꾸준히 증가하고 있다.

파라콕시디오이데스진균증(paracoccidioidomycosis)은 *Paracoccidioides brasiliensis*가 원인균으로 주로 남미와 중미에서만 발생한다 (그림 9.2). 감염균이 토양에서 거의 분리되지 않기 때문에 감염원은 명확하지 않지만 포자 흡입으로 감염이 발생한다. 드물지만 남녀 청소년 모두에게 발생되는 급성형이 있는데, 이는 간, 비장, 골수에 진균이 증식하여 사망에 이를 수도 있다. 피부검사로 조사한 결과, 남녀 인구 집단 모두 높은 비율로 20세가 될 때까지 균류와 접촉하는 것으로 나타났다. 하지만 성인에서의 폐감염 사례의 대부분이 30~50세의 남성들이었다 (남성:여성 비율 > 50:1). 감염 빈도에 있어 남성과 여성 사이의 이러한 뚜렷한 차이는 여성의 성호르몬 에스트라디올의 생리적 농도가 균사체나 분생포자에서 효모상으로 변하는 이형성 전환을 억제하기 때문이며, 일단 효모상으로 되면 증식에 영향을 받지는 않는다. 효모의 세포질과 균사는 스테로이드 호르몬에 반응하는 포유류의 수용체 단백질과 유사한 고친화성 결합 단백질을 갖고 있어 이 진균 속에 포유류와 유사한 신호전달경로가 있을 수도 있다. 또한 효모형 균과 사상형 균의 세포벽은 중요한 차이를 보인다. 효모에서는 α-(1-3)-글루칸이 주요 구성성분인 반면, 균사에는 β-(1-3)-글루칸이 주요 성분이다. 효모에서의 α-(1-3)-글루칸은 숙주의 방어기작을 회피하는 역할을 한다.

전신 기회 감염

1980년대 이래 진균 질환으로 인한 사망률이 증가하고 있는데, 이는 주로 면역이 약화되거나 손상된 환자의 증가가 반영된 것이지만 열대지역으로의 여행 증가와 더불어 질병에 대한 인식 개선과 진단법이 향상된 덕분이기도 하다. 면역저하 환자에게서 가장 흔한 전신적 기회감염 진균 병원균은 *Candida* 종과 부생성(즉, 인체 밖의 자연환경에서는 부생균으로 작용) *Aspergillus*와 일부 접합균류이다. 상대적으로 빈번하지는 않지만 서방국가에서 담자균 효모 *Cryptococcus neoformans*는 효과적인 항레트로바이러스 치료를 이용할 수 없는 지역의 에이즈 환자(즉, 세계적으로 매년 약 40만 명에 해당)에게서는 치사율이 100%에 이르는 전신감염균이다. 세계의 4천만 명이 HIV/AIDS로 고통 받지만 선진국에서 에이즈는 효과적인 항레트로바이러스 치료 덕분에 말기로 빠르게 진행되지 않는 만성질환이 되었다. 그럼에도 세계적으로 매년 3천만 명이 에이즈로 사망한다. *Pneumocystis jirovecii* (=*carinii*)와 *Penicillium marneffei*는 과거에는 알려지지 않았지만 에이즈 환자의 주요 병원균으로 나타나고 있다. 이들 모든 진균은 인간의 체내에서 적합하다고 여겨지면 증식하면서 기회감염을 일으키는 균으로 생각되고 자연환경에서도 흔히 살아있는 상태로 발견된다.

아스페르길루스증(aspergillosis)은 *Aspergillus* 종에 의해 유발되는 광범위한 질환을 망라한다. 200여 종의 *Aspergillus* 중 20종 이하가 인간, 포유동물, 조류에서 질병을 일으키고, *Aspergillus fumigatus*가 가장 흔하다. 드물게 *Aspergillus flavus*, *Aspergillus nidulans*, *Aspergillus niger*, *Aspergillus terreus*도 감염균으로 알려져 있다. 이들은 모두 부생균으로 자연에서 아주 흔하다. 이들은 크기가 매우 작고(2～4 μm) 공기로 전파하는 분생포자를 엄청나게 많이 만들기 때문에 모든 인간 항상 노출되어 있지만 질병에 걸리는 일은 거의 없다. 20세기 중반까지 이 질병은 농부처럼 비정상적으로 많은 포자에 노출되는 사람들의 직업군과 연관되어 있었다. 농부는 좁고 사방이 막힌 장소에서 늘 건초와 농산물 저장을 다루기 때문에 '농부의 폐(farmer's lung)'라고 불리는 질병이 생긴다. 하지만 최근에는 면역저하 환자에게 치명적인 질병을 일으킴으로써 큰 주목을 받고 있다. 면역 억제 치료 후에 뒤따르는 가장 흔한 병원내 감염 중의 하나인 *Aspergillus* 감염증으로 인해 매년 세계적으로 약 70만 명이 사망한다.

Aspergillus 종이 원인이 되는 3가지 주요 질환의 형태는 다음과 같다. 알러지성 기관지폐 아스페르길루스증(allergic bronchopulmonary aspergillosis), 폐아스페르길루스증(pulmonary aspergilloma), 침습성 아스페르길루스증(invasive aspergillosis). 알러지성 기관지폐 아스페르길루스증은 포자와 균사 표면 항원에 대한 과민성 반응으로 천식을 일으키는데, 특히 천식증과 낭포성섬유증 환자에게 흔하다. 폐아스페르길루스증에서는 *Aspergillus*가 폐 안에서 균사, 숙주세포, 조직 잔해, 폐강 내의 다른 물질을 합해서 균사 덩어리를 만든다. 이런 형태의 질병에서 진균은 일반적으로 주변의 폐 조직을 침범하지는 않는다. 감염 사례의 약 10%에서 치료 없이 저절로 회복되고 아주 드물게 질병이 확대된다. 침습성 아스페르길루스증은 최초 감염부위로부터 시작되는데, 일반적으로 최초 감염부위는 하부 호흡기도에서 흡입된 포자에 의해 생겨난다. 흔하지는 않지만 카테터 삽입부위를 통하거나 부비강이나 피부를 통해 침습될 수도 있다. *Aspergillus*는 최초 감염부위로부터 혈관을 침범하고 다른 장기 특히 뇌로 이동한다. 몇 가지 다른 인체병원성 진균과는 달리 *Aspergillus* 종은 효모-균사 이형성은 없지만 사상성 형태로만 증식한다. *Aspergillus fumigatus*가 침습성 아스페르길루스증의 주된 원인이지만, *Aspergillus terreus*에 의한 사례가 증가하고 있고 *Aspergillus lentulus*가 출현하고 있다. *Aspergillus terreus*와 *Aspergillus lentulus* 모두 현재 이용가능한 항진균제에 낮은 감수성을 보인다.

칸디다증(candidiasis). *Candida albicans*와 몇몇 다른 *Candida* 종이 나쁜 경우라 하더라도 피

부 감염만 일으키지만, 드물게 피부나 점막을 통해 혈류에 도달하기도 한다. 혈류로부터 뇌, 간, 신장을 포함한 장기로 퍼져나가면 결국 사망에 이른다. 효모 세포가 어떻게 혈류로 들어가는지 명확하지는 않으나 화학요법와 수술에 의한 소화관의 손상, 카테터와 정맥 주사선을 통한 직접적인 침투가 그 경로로 생각된다. 면역이 약화되거나 손상되었다면 효모를 박멸할 수 없겠지만, 인간의 면역체계는 적은 수의 효모를 퇴치할 수 있다. 칸디다증은 4번째로 흔한 병원내 혈류감염이다. 사망률은 칸디다 감염 때문이라고 하기는 어렵다. 왜냐하면 거의 모든 침습성 칸디다증 환자는 기저 질환을 갖고 있기 때문이다. 그러나 다른 전신 감염(예: 메티실린 내성 황색포도상구균 감염, MRSA, methicillin-resistant *Staphylococcus aureus*)보다 훨씬 높은 아마도 15~50% 정도의 사망률을 갖는다. 2002년 미국에서만 치료 재정 비용이 매년 17억 달러로 추정되었다. *Candida albicans*는 칸디다증의 가장 흔한 원인균이고, 이어 *Candida glabrata*와 *Candida parapsilosis*이 있다. *Candida glabrata*는 이 균주를 죽이기 위해 선택된 항진균제에 대해 빠르게 내성을 발달시킨다. *Candida parapsilosis*가 흔히 플라스틱의 표면에 있는 생물막에서 자라나 카테터나 정맥주사선을 통해 들어간다. 특히 아시아에서는 *Candida tropicalis*가 칸디다증의 주요 원인균이다.

*Candida albicans*의 여러 특성이 잠재적인 감염인자로 알려져 있다. (1) 숙주의 혈류계나 분비물(예: 땀, 침)에 의해 이탈되지 않기 위한 숙주조직으로의 부착능력. *Candida albicans*는 피브로넥틴이나 막당단백질이나 당지질의 탄수화물부위와 결합가능한 **부착단백질(adhesins)**을 만든다. Als(어글루틴 유사서열, agglutin-like sequence) 단백질과 Hwp(균사 세포벽단백질, hyphal wall proteins)들이 부착단백질에 속한다. (2) *Candida albicans*는 다양한 세포외 효소를 생산하는데 이들은 항체, 지질분해효소, 인지질분해효소 같은 숙주단백질을 분해한다. (3) 다른 표현형으로의 전환능력은 *Candida* 종뿐만 아니라 다른 침입성 병원성 진균에게도 중요하다. 효모상/균사상 이형성이 자주 언급되는 내용이지만 *Candida albicans*는 위균사(pseudohypha)로도 자라는 다형성으로도 나타난다 (그림 9.1). 효모상은 숙주의 몸체 밖에서 전형적으로 나타나는 형태이다. 효모상과 균사상 모두 숙주의 조직에서 발견되고 이런 다른 형태가 감염의 여러 형태나 발달 단계에서 중요한 역할을 할 것으로 추측된다. 형태를 전환하지 못하는 일부 돌연변이 균주는 발병력이 떨어진다. 효모 형태에서 균사 형태로의 전환은 숙주의 조직세포를 침입하는 데 중요하다. 형태의 전환은 실험실에서 혈청과 양분 등으로 유도가 가능하지만, 유전학적 분석에 의하면 *Candida*는 매우 복잡한 상호작용 신호전달 네트워크를 가지는데, 이는 *Candida*의 형태형성 과정이 다양한 화학적/물리적 신호에 반응할 수 있음을 나타낸다. 이것은 숙주조직에서 나타나는 다양하고 변화무쌍한 서식 환경에 고도로 적응하기 위한 발달 방식으로 해석된다.

크립토콕쿠스증(*Cryptococcus* infection)은 인간이 흡입한 포자에 의해 또는 자연환경에서 유래된 효모에 의해 발생한다. 특히 비둘기 구아노를 포함하는 토양(*Cryptococcus neoformans* var. *neoformans*, *Cryptococcus neoformans* var. *grubii*)이나 유칼리나무나 부후목이 존재하는 곳(*Cryptococcus neoformans* var. *grubii*, *Cryptococcus gattii*)에서 유래된다. *Cryptococcus neoformans* var. *neoformans*와 *Cryptococcus neoformans* var. *grubii*는 세계적으로 분포하고, 면역 억제 상태에 놓인 인간에게서 발생하는 대다수 크립토콕쿠스 감염증의 원인균이다. 다른 한편으로 *Cryptococcus gattii*는 면역능을 가진 숙주에서 보고되는 감염증의 대다수를 일으킨다. *Cryptococcus* 종은 절대적 인체병원균은 아니고 가축이나 야생동물, 곤충, 아메바 등에서도 감염을 발생시키지만 아직 사람—사람 또는 사람—동물 간에 직접적인 전염에 대한 증거는 없다. *Cryptococcus*는 에이즈 환자에게 가장 중요하고 치명적인 진균감염이기도 하다. 환자의 호흡기도에 질병을 일으키지 않고 군락을 만든 후에, 사라지거나 잠복기로 들어갔다가 재활성화되어 혈액을 통해 퍼져나가 크립토콕쿠스증을 일으키기도 한다. 가장 흔하게 감염되는 기관은 뇌와 중추신경계이지만, 어떤 장기라도 국소적으로 감염될 수 있다. *Cryptococcus neoformans*는 출아효모로 대개 환자와 환경에서 함께 분리된다. 균사상의 형태로 단핵성 자실체 형성이나 교배를 진행할 수 있다. 교배하는 경우에 다른 교배형질(a와 α. 제4장 참조)을 갖는 2개의 단핵세포의 융합과 관련된다. 임상과 환경에서 함께 분리된 균주의 98% 이상이 α 교배형을 갖는데 a 교배형보다 훨씬 감염성이 크다. *Cryptococcus neoformans*는 두꺼운 세포벽을 갖는 후벽포자(67쪽)도 형성할 수 있는데, 이는 자연환경에서 오랫동안 생존가능한 구조로서 역할을 한다. 페놀성 기질을 멜라닌으로 전환하는 폴리페놀산화효소의 생산도 감염인자 중의 하나이다. 효모가 가진 멜라닌과 두껍고 산성인 점액다당류 협막은 포식작용을 방해한다.

Penicillium marneffei는 동남아시아 풍토병균으로 에이즈질환의 창궐과 함께 1980년대 이래로 인간에게 심각한 진균증을 일으키고 있다. 태국 북부의 경우에 에이즈 환자의 약 25%가 이 진균에 감염되어 있다. 이것은 치사율이 높은 전신질환을 일으킨다. 조사결과에 따르면, 이 진균이 높은 빈도로 발견되는 대나무쥐(*Rhizomys*)가 감염원으로 지목되고 있다. 하지만 이 진균은 이 지역의 토양에서 존재하고 증식할 수 있다는 점에서 토양이 현재 이 균의 환경저장소라고 추측된다. 200종이 넘는 *Penicillium* 종에서 *Penicillium marneffei*가 높은 병원성을 갖는 유일한 종이고, 세포 내에서 생장할 때 분열효모처럼 자라는 온도 의존적인 이형성을 갖는 유일한 종이다.

폐포자충증(pneumocystosis)은 *Pneumocystis jirovecii*에 의해 발생하는데, 면역저하 환자에게 질병을 일으키는 기회감염균의 한 종류이다. 이전에 원생동물로 오인되었지만, *Pneumocystis jirovecii*는 다소 독특한 자낭균류 Taphrinomycotina에 속한다. 세포막에 에르고스테롤 대신에 콜레스테롤을 갖고 있어 암포테리신 B나 아졸계 항진균제가 작용하지 못한다. 효모처럼 생긴 세포들이 감염된 조직에 군집을 형성하고, 영양세포는 반수체로 생각되며, 무성생식으로 증식한다. 융합 후에 이배체가 형성되고 예비포낭(precyst, 원생동물로 간주되던 시기에 만들어진 용어)이라고 명명된 세포에서 감수분열이 일어나면 초기 포낭(cyst) 형태가 된다. 8개의 포자가 포낭 안에서 발달되는데, 이것은 자낭이 되어 자낭포자가 만들어진다. 성숙한 자낭은 포자를 분출하여 발아한다. 이러한 생활사에 대한 정보는 동물에서 증식하는 경우로 관찰된 것이다. 현재 인공배양을 할 수 없어 생태적 및 생리적 특성에 대해서는 알려진 바가 거의 없고, 환경으로 방출되는 감염성 인자가 무엇인지도 모르고 있다. 대기와 수환경에서 DNA가 검출되기는 하지만 아마도 살아있는 형태는 아니고, 모자 수직감염 같은 가까운 숙주의 근접성이 감염에 필요하다고 알려져 있다. 인간, 설치류, 토끼 등의 동물에서 분리한 균주들은 유전적으로 상이하고 교차감염실험을 통해 높은 숙주특이성이 있음을 확인했다. 사람과 사람 사이의 감염은 포자를 호흡하면서 전파되어 폐포를 침입하고 발아하여 폐포 상피에 광범위한 손상을 준다. 대개 조숙아, 영양결핍 신생아, 면역저하 환자에게 폐렴을 일으키고, 3% 이하의 적은 경우에서 림프절과 간, 비장, 골수에 병변을 일으키기도 한다.

접합균증(zygomycosis)은 지금까지 희귀한 진균증으로 알려져 있지만 면역력이 떨어진 환자들에게서 증가 추세이고 많은 항진균약물에 대한 내성이 발생하면 대체로 치명적이기도 하다. *Mucor circinelloides*의 경우 포자낭포자의 크기에 대한 이형성이 병원성과 연관되어 있다. 큰 포자낭포자가 병원성을 띠고 숙주 안에서 발아하여[벌집나방(*Achroia*)에서 증명되었음] 대식세포를 용해하는 반면, 작은 포자는 병원성이 없다.

이형성(dimorphism)은 인체감염성 진균에서 흔하게 발견된다. *Cyptococcus neoformans* 감염은 효모 형태의 세포로 발생하지만, 자연상태나 유성생식이 일어나는 시기에는 균사형태의 세포로 존재한다. *Cryptococcus neoformans*는 감염시킨 숙주의 폐에서 50 μm에 이르는 거대한 세포를 형성하고, 이러한 형태는 반대의 교배형이 존재하면 교배 페로몬에 의한 신호전달에 의해 더욱 증대되는데, 이는 정족수감지(quorum sensing) 현상과 유사하다. 세포신호전달회로는 병원성과 교배에 모두 관여하는 것처럼 보인다. *Candida albicans*의 경우 효모상이 숙주 안에서의 확산에 중요한 반면, 균사상은 균류가 대식세포로부터 탈출하게 하거나 카테터 등에 생물막을 형성하는 역할을 한다. 앞서 언급한 것처럼, *Candida* 종은 효모, 위균사, 균사 형태로 존재한다 (그림 5.15). 형태학적으로 다른 모양으로의 전환은 전신/이형성 진정 병원균으로 분류되는 것(예: *Paracoccidioides brasiliensis*)에게는 매우 중요하다. 한편 *Aspergillus fumigatus* 같은 병원균은 항상 균사상으로 나타난다. 명백하게 한 가지 형태가 병원성이고 다른 형태는 비병원성이라는 단순한 규칙은 아직까지 적용할 수 없다.

진균증 치료에 사용하는 항진균제

진균 감염의 주요 치료법은 화학요법이다. 이들의 주요 작용기작은 (1) 원형질막 합성 저해 또는 원형질막 온전성 파괴, (2) 세포벽 합성의 저해나 파괴, (3) 대사경로의 저해와 유사분열의 파괴 등이 있다 (표 9.6). 이들 항진균제는 구조, 용해도, 작용범위, 정균/살균 활성의 정도, 저항성을 유발하는 정도가 다르게 나타난다. 피부의 상피층이나 각질층에서의 진균병은 대개 다양한 아졸계 화합물, 테르비나핀, 아모롤핀을 함유하는 국소적인 항진균 크림에 잘 반응한다. 플루코나졸이나 암포테리신은 심각한 칸디다증이나 다른 전신성 진균감염에 내과적으로 사용된다.

기타 척추동물의 병원체

인체병원균에 관심이 집중되는 것은 당연하겠지만, 다른 동물들도 곰팡이병에 걸리고 이들 동물병원균 중에는 인체병원균과 매우 가까운 분류군도 있다. 인체의 진균병과 거리가 먼 동물 질병 중의 하나로 박쥐흰코증후군이 있다. 조류도 곰팡이병에 감염되기 쉽고, 아스페르길루스증 및 칸디다감염증처럼 다른 동물의 질병과 유사한 것도 있다. 파충류도 곰팡이병이 있는데, 거의 대부분 피부병이고 환부에서는 토양부생균이 흔히 검출되며, 전신감염증은 드물다. 조류와 파충류의 질병은 이 책에서 다루지 않는다. 가장 중요한 곰팡이병은 아마도 양서류에 널리 퍼진 항아리곰팡이병일 것이다. 어류도 곰팡이병에 감염되고, 주요 병원체는 유사균류의 하나인 난균류이다. 따라서 이 책에서는 양서류의 항아리곰팡이병과 몇몇 난균류에 의한 질병을 소개한다.

박쥐흰코증후군

박쥐흰코증후군(bat white-nose syndrome)은 새로 주목 받는 질병이지만 박쥐 개체군에 심각한

표 9.6 일반적으로 사용되는 항진균 약물, 작용기작 및 대상 균류

약물의 형태	작용기작	대상 진균
세포막의 합성과 유지에 활성을 보이는 약물		
Allylamines(naftifine and terbinafine) and thiocarbamates (tolnaftate)	라노스테롤 합성과 활성을 저해	*Aspergillus*, *Acremonium*, *Arthrographis*, *Fusarium*, *Penicillium*, *Trichoderma*
Azoles(imidazoles and triazoles) and echinocandins (cilofungin)	에르고스테롤 합성을 저해	*Aspergillus*, *Candida*, *Cryptococcus*
Folimycin(concanamycin A)	V-type proton-ATPase를 저해	각종 진균류
Hydroxypyridones	ATP 합성 및 필수영양소 흡수를 저해	각종 진균류
Octenidine and pirtenidine	에르고스테롤 생합성을 저해	*C. albicans*, *Saccharomyces cerevisiae*
Polyenes(Amb and nystatin)	에르고스테롤의 자동산화: 자유라디칼을 생성해서 세포막에 손상을 줌	*Aspergillus*류, *Candida*, *Coccidioides*, *Cryptococcus*, *Histoplasma*, *Saccharomyces*
Sphingofungin	스핑고지질 합성을 저해	각종 진균류
세포벽 구성분에 대해 활성을 보이는 약물		
Aureobasidin-nikkomycin polyoxins	키틴 합성과 조립을 저해	*Candida* 및 *Cryptococcus*류
Benanomycin A-pradimicin A	세포막 파괴를 통해 세포내 칼륨, 칼슘 의존성 단백질 복합체의 유출	*Aspergillus*류, *Candida*류 및 *Cryptococcus neoformans*
Echinocandins(caspofungin, micafungin, anidulafungin)	세포벽 글루칸 합성을 저해	*Candida*류
세포동화작용에 대해 활성을 보이는 약물		
5-Fluorocytosine	피리미딘 대사경로를 저해	*Aspergillus*류, *Candida*류, *Cryptococcus*류
Sordarin(sordaricin methyl ester)	리보솜이 단백질 합성시, tRNA가 A 위치에서 P위치로 이동하는 것을 저해	*C. albicans* 및 *S. cerevisiae*

출처: Abu-Elteen과 Hamad (2011).

영향을 주고 있다. 최근에 알려진 저온성 곰팡이 *Pseudogymnoascus destructans*(자낭균문: 살갗버섯목, 종전에 *Geomyces destructans*로 불림)에 의해 북미 동부지역의 월동 박쥐가 떼죽음을 당하고 있다. 여러 종의 박쥐가 피해를 받고 있지만, 특히 이 지역에서 가장 흔한 박쥐종으로 알려졌던 '작은갈색박쥐(*Myotis lucifugus*)'는 멸종위기에 처했다. *Pseudogymnoascus destructans* 균사가 박쥐의 모공은 물론 땀샘과 피지선까지 침범해 들어가며, 균사체가 코, 귀, 날개막에 하얗게 드러나므로 이러한 병명이 붙여졌다. 이 곰팡이의 감염으로 박쥐의 표피조직이 붕괴되어 지방을 저장할 수 없으므로 월동 중 생존율은 현저하게 낮아진다. *Pseudogymnoascus destructans*는 저온성으

로 최적생장온도가 5~10℃이고 15℃ 이상에서는 거의 자라지 않는다. 이러한 특성은 박쥐의 월동 장소가 연중 2~14℃를 유지하여 이 병원균의 생장에 유리한 조건임을 말해 준다.

양서류 항아리곰팡이병

척추동물의 병원체 중에서 가장 극심한 피해를 주는 곰팡이는 병꼴균류에 속하는 *Batrachochytrium dendrobatidis*(*Bd*로 축약)일 것이다. 1987년 코스타리카에서 자취를 감춘 '금개구리(*Atelopus zeteki*)'를 조사하는 과정에서 처음 정체를 드러냈다. 현재 이 곰팡이는 양서류에 질병을 일으켜 최소한 200종 이상이나 심각한 개체군 감소를 겪고 있으며, 파나마의 금개구리를 비롯하여 호주의 위부화개구리(*Rheobatrachus* sp.)와 낮개구리(*Taudactylus acutirostris*) 등 3종은 멸종하였는데, 어쩌면 더 많은 종이 멸종되었는지도 모른다. 이 병은 세계적으로 널리 퍼졌지만 동남아시아에서는 발병이 매우 낮고, 세계에서 양서류가 가장 많이 서식하는 마다가스카르에서는 아직 이 병의 발생이 없다 (그림 9.3a). 1987년 코스타리카의 양서류 절멸 사례와 같이 이 병은 매우 빠르게 전파되어, 중앙아메리카를 거쳐 2008년에는 파나마에도 발생하였다 (그림 9.3b). 이러한 전파속도는 너무나 빨라서 개구리나 두꺼비에 의해 직접 전파된 것이 아니라 조류의 발이나 다른 수단을 통해 전파된 것으로 여겨진다. 세계적 전파는 물론 사람들의 양서류 무역에 의해 이루어진 것이지만, 이 질병의 발생원은 아직 확실하지 않다. 감염된 개체군에서 분리한 *Bd* 균주들의 유전적 다양성을 분석해 보니, 최근에 등장한 계통(*Bd*GPL)은 20세기에 생겨난 것인데, 아주 가까운 계통 사이에서 단 한 차례의 짝짓기에서 생긴 재조합으로 탄생한 것이다. 세계 여러 곳에서 분리한 균주들이 계통학적으로 매우 가까우며, 최근에 발견된 두 계통(*Bd*CAPE, *Bd*CH)은 병원성이 훨씬 약하다.

Bd 유주포자는 운동성의 편모를 가지고 이동할 수 있으므로 양서류에 부착하여 피부를 뚫고 침입하고 포자낭을 형성한다 (그림 9.3c). 이러한 감염으로 눈에 띄는 증상을 나타내지는 않지만, 때로는 피부에 병변을 일으키기도 한다. 즉, 피부 과다형성(피부세포가 비정상적으로 증가함)이나 과각화증(피부가 두꺼워짐)이 일어남으로써 피부벗기(skin shedding)가 증가한다. 결국 *Bd* 감염으로 인하여 피부에서의 전해액 이송에 교란이 생김으로써 항상성이 무너져 양서류는 죽는다. 모든 양서류가 이 질병에 감수성인 것은 아니며, 일부 종이나 일부 개체군은 야생에서 초기에 다소 감소하였지만 결국 살아남았다. 이는 *Bd* 계통에 따른 병원성 차이, 환경 조건, 숙주의 행동양식 및 면역반응이 서로 다른 때문일 것이다. 발병률과 치사율을 결정하는 중요한 요인으로는 병원균의 번식속도와 유주포자 형성속도를 들 수 있다. 소규모라면 감염된 개체군의 올챙이 전체에 항진균제(예: itraconazole)를 처리할 수도 있고, 양서류 피부의 *Bd*를 죽일 수 있는 항진균성 물질을 생성하는 '생균제(probiotic)' 세균을 처리할 수도 있다.

최근에 양서류에 병원성을 나타내는 새로운 병꼴균 *Batrachochytrium salamandrivorans*가 네덜란드와 벨기에에서 불도마뱀 개체군의 밀도 감소를 일으키는 원인균으로 발견되었다. 이 병꼴균은 다른 지역에서 유럽으로 유입된 것으로 여겨지며, 이러한 병꼴균류는 앞으로도 많은 종이 속속 발견될 것이고 일부는 병원균으로 등장할 것으로 예견된다.

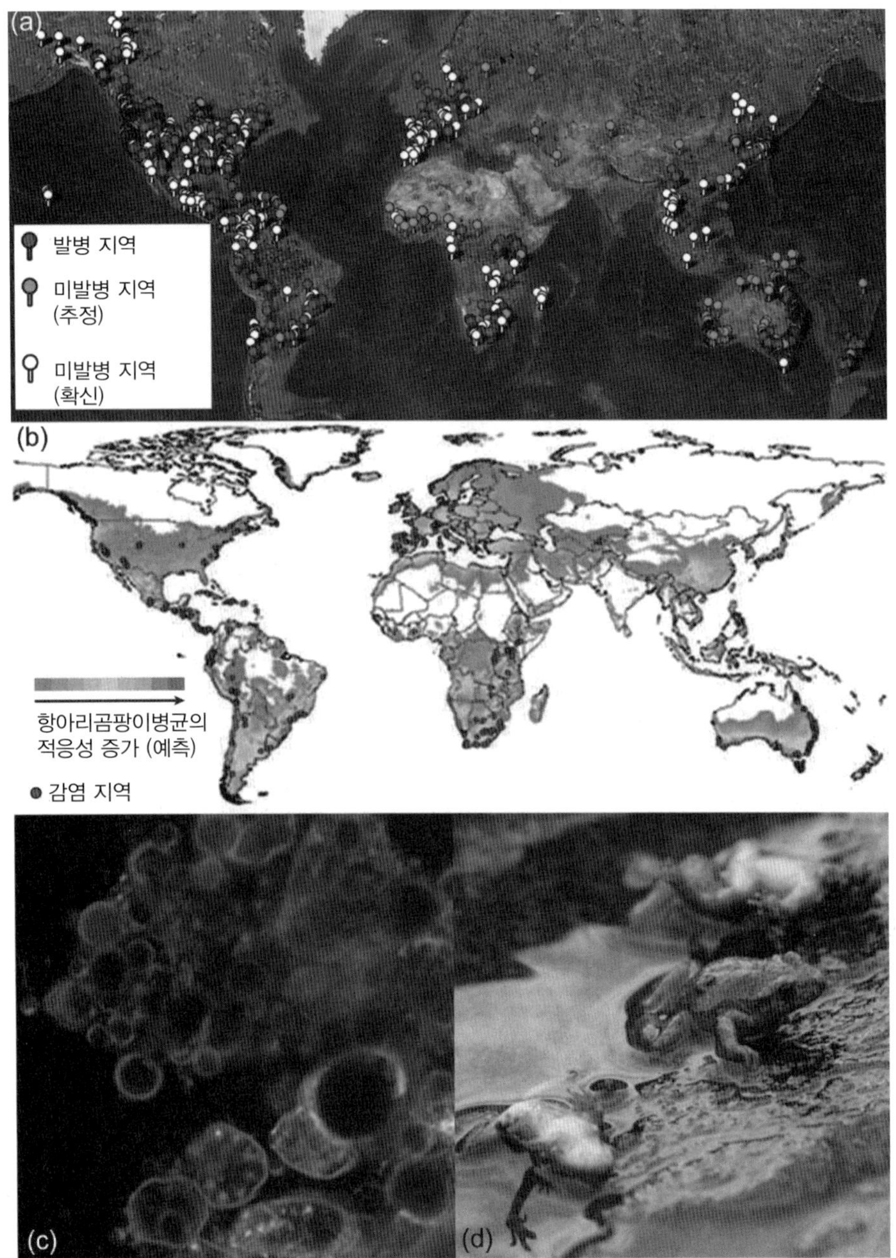

그림 9.3 (a) *Batrachochytrium dendrobatidis* (Bd)에 의한 양서류 항아리곰팡이병이 세계적으로 널리 퍼졌는데, 동남아시아의 대부분 지역에서는 아직까지 발생하지 않았다. 이 사진은 Global Mapping Project (http://bd-maps.net)의 화면을 촬영한 것이다. (b) D. Rödder, J. Kielgast, J.B. Schmidtlein 등(미발표 자료)이 개발한 Climate Envelope Model에 의하면 이 병은 더욱 확산될 것으로 예견되고 있다. (c) 배양 중인 Bd의 공초점레이저현미경 사진. 파란색으로 염색된 구조체는 대사활성이 높은 포자낭이다. (d) 치명적인 항아리곰팡이병에 걸린 물두꺼비(*Alytes obstetricians*). 출처: *(b) Fisher et al. (2009), (c) Fisher et al. (2009), (d) ⓒ Mat Fisher.* (원색도판 참조)

어류병원균

어류병원균은 대부분 난균류(스트라메노필라계)에 속하고, 특히 *Achlya* 및 *Saprolegnia*(물곰팡이목)가 대부분을 차지하지만 *Aphanomyces*, *Calyptralegnia*, *Dictyuchus*, *Leptolegnia*, *Pythiosis*, *Thraustotheca*를 비롯하여 *Pythium*(물곰팡이목)과 *Leptomitus*(렙토미투스목)도 포함되어 있다. 사프롤레그니아감염증(물곰팡이병, saprolegniasis)은 어류의 피부병(그림 9.4)이다. 대체로 지느러미나 대가리에서 증상이 시작되어 전신으로 퍼지는 양상인데, 흰색 내지 회색의 균사뭉치가 직접 눈에 보인다. 병원균의 포자는 주로 상처 입은 아가미를 통해 어류의 몸 안으로 들어간다. 연어목 어류에서는 개체가 받는 스트레스 수준과 물곰팡이 감염이 연관되어 있다. *Saprolegnia* 속 균류는 어류의 알도 감염하는데, 포자는 주화성이 있어서 죽은 알에서 살아있는 알로 직접 헤엄쳐서 이동하기도 한다. 어류 집단폐사를 일으키는 궤양성 감염증의 유행은 *Aphanomyces invadans* 감염으로 발생한다. 피부에 홍반이 생기면서 검은 점이 섞이기도 하고, 안쪽은 붉고 바깥쪽은 흰색인 깊은 궤양이 나타나기도 하고, 균사가 어체 깊숙이 침투하여 근육층을 지나 뇌, 척추, 기타 장기까지 손상시키기도 한다. 브란치오마이세스감염증(branchiomycosis)은 따뜻한 지역에서 많이 발생하는 질병인데, 잉어양식장에서는 골칫거리이다. 아가미의 혈관을 막아 피해를 주는데, 초기에는 아가미에 작은 반점이 나타나지만 이내 회백색으로 변하고, 아가미가 떨어져 나가 속에 있는 연골이 노출되기도 한다. *Branchiomyces sanguinis*는 주로 잉어(*Cyprinus*), 유럽잉어(*Tinca*), 큰가시고기류(큰가시고기과)에서, *Branchiomyces demigrans*는 주로 강꼬치고기(*Esox*)와 유럽잉어에서 병을 일으킨다.

익티오포누스감염증(ichthyophonosis)은 주로 바닷물에서 80종 이상의 어류에 발생하는 질병이다. 대부분의 다른 어류병원체가 부생성인 반면에, 이 병의 병원균 *Ichthyophonus hoferi* 및 *Ichthyophonus gasterophilum*은 절대기생균이다. 이들 병원균의 계통학적 위치는 아직 불분명하다. 어류는 대부분 소화관을 통해 감염되고, 지느러미가 손상되거나 떨어져 나가고, 간, 콩팥, 지라에도 병원균이 침범하여 부어오르고, 몸이 팽창되면서 삼출물에 축적되고, 눈에 감염되면 안구가 돌출되고 차츰 붕괴된다.

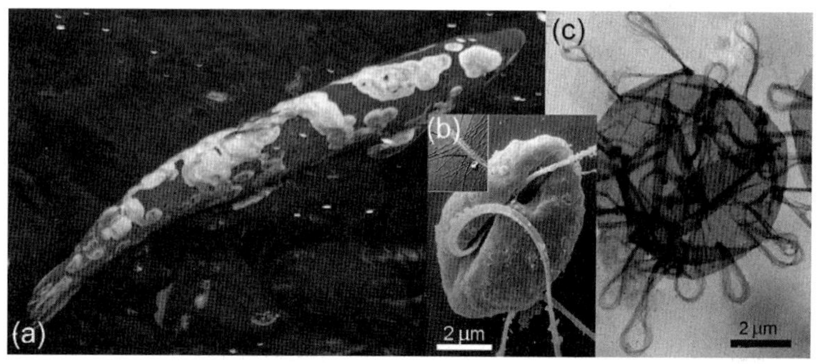

그림 9.4 (a) 난균류(스트라메노필라계)에 속하는 어류병원체에 의한 물곰팡이병. 이들 유사균류는 어류 부화장과 양식장에 큰 피해를 일으키고, 산란 장소로 회귀하는 야생 연어류에도 큰 위협이 되고 있다. (a) 갈색송어(*Salmo trutta*) 성체에 *Saprolegnia parasitica* 감염으로 특징적인 흰 환부가 나타났다. (b) *Saprolegnia parasitica* 2차 유주포자로서 편모가 있는 복부 홈이 선명하다. 작은 사진에는 전방편모에 달린 털이 선명하게 찍혔다. (c) *Saprolegnia parasitica* 2차 피낭체 껍질로서 어류병원균의 특징인 갈고리가시들이 보인다. *출처:* ⓒ Gordon Beakes.

무척추동물의 병원균

모든 무척추동물을 감염하는 진균성 병원균이 존재하지만, 주로 곤충병원성 곰팡이가 연구되었다. 먼저 곤충병원균에 대해 기술한 후에 흥미로운 선충포식균류, 최근에 발생하고 있는 산호 아스페르길루스증, 왕새우 전염병에 대해 기술하고자 한다.

곤충병원균

곤충에 기생하는 곰팡이는 약 90속에 1,000종이 넘는 것으로 추정된다. 균류는 양분을 획득하는 수단으로 곤충에 병을 일으키는데, 병원균은 주요 분류군에 골고루 분포한다 (표 9.7). 병꼴균류는 분산을 위해 자유수에 크게 의존하기 때문에 오직 몇몇 병꼴균류만 토양이나 공중에 서식하는 무척추동물에 병원성이다. 곤충병원균은 대부분 접합균(파리곰팡이목)과 자낭균(동충하초목)에 속하며 담자균은 드물다. *Beauveria bassiana* (백강균)와 *Metarhizium anisopliae* (녹강균)가 가장 많이 연구된 곤충병원균이다.

진균성 곤충병원균은 포자로 분산하는데, 포자는 숙주곤충의 표피에 부착한 후에는 발아할 수 있을 때까지 붙어 있어야 한다. 포자는 점착성을 띠는 경우가 많은데, 예를 들어 *Entomophthora* 속은 점액질 피막을, *Verticillium* 속은 점액질 방울을, *Coelomomyces psorophora*의 유주포자는 감수성 모기에 붙기 위해 숙주 특이적 분비물을 생성하고, *Metarhizium anisopliae*의 분생포자는 점착성 단백질 MAD1을 분비한다. 대부분의 곤충병원균 포자는 발아되기 전에 표피 표면에서 이용할 수 있는 양분물질을 필요로 하며, 이때 병원균의 지방분해 활성이 도움이 된다. 서로 다른 포자 유형(예: 공중 분생포자, 수중 분생포자, 출아포자)은 상이한 접착 성질과 세포벽 표면 탄수화물들을 갖는데, 이러한 특징은 곤충 면역체계(immune system) 인식에 차이를 일으킴으로써 병원성에 영향을 미친다.

발아는 온도, 습도, 자외선, 영양적 및 화학적 환경에 의해 영향을 받는다. 병원균은 일부 곤충의 표피에 존재하는 독성물질(예: 누에 *Bombyx mori*와 이화명나방 *Chilo suppressalis*에 있는 카프릴산)에도 견딜 수 있어야 한다. 발아 후에 균사는 숙주로 들어가야 하는데, 어떤 종은 발아 직후에 침입하며, 어떤 종은 먼저 숙주의 표면에서 아주 넓게 자란다 (예: 방아벌레 *Hyalius pales*를 침입하는 *Metarhizium anisopliae*). 넓은 표면 생장은 경화된 숙주의 표피와 관련이 있으며, 병원균이 더 얇은 표피 부위를 탐색하여 침입력을 키울 수 있도록 돕는다. 일부 식물병원균과 마찬가지로 일부 곤충병원균은 침입 전에 발아관 끝에 부착기(appressorium)를 만들기도 한다 (그림 9.5). 침입은 관절 사이와 체절 사이에 있는 절간막을 포함하여 다양한 부위에서 일어난다. 또한 취약한 복부 표면, 감각 기관 및 기문(spiracles)을 통해 표피를 직접 뚫을 수 있다. 곤충 장의 경우 소화효소로 인해 환경이 악화되기 때문에 오직 소수의 병원균만 장을 통해 침입한다 (예: 모기 유충에서 *Smittium morbosum*). 표피의 두께는 침입이 일어나는 부위를 결정하는 주요 요인이다. *Entomophthora* 종은 파리, 모기, 진딧물의 모든 얇은 표피로 침입이 가능하지만, 두꺼운 표피를 가진 좀 더 큰 곤충에서는 절간막(arthrodial membranes)을 통해 침입한다. 침입은 기계적 과정과 효소적 과정에 의해 이루어진다.

병원균이 곤충 체내로 침입한 후에 균사 생장은 표피의 침입 지점 주위에 국한되어 일어나지

표 9.7 곤충병원균

계/문/아문	병원균 예	숙주
Fungus-like oomycetes	*Lagenidium giganteum*[a]	모기 유충
	Aphanomyces labis	모기 유충
	Pythium flevoense	모기 유충
Chytridiomycota	*Myiophagus* spp.	깍지벌레
Blastocladiomycota	*Catenaria* spp.	작은 파리류 (대부분 선충류)
	Coelomycidium spp.	깍지벌레, 딱정벌레 유충, 파리류 번데기
	Coelomyces spp.	다른 생활사 단계에서 두 가지의 수생기주인 모기 유충과 갑각류(예: 요각류)를 요구하는 절대기생체
Zygomycetes: Mucoromycotina	*Sporodiniella umbellata*	약한 곤충의 병원체
Zygomycetes: DKH clade	*Smittium morbosum*	모기 유충
	일부 Harpellales	흡혈파리류
Zoopagomycotina	Zoopagaceae	끈끈이로 숙주를 포획하고 흡기를 형성
	Cochlonemataceae	윤충류, 아메바, 근족충류
Entomophthoromycotina	*Basidiobolus* 및 *Conidiobolus* spp.	곤충류 (때로는 척추동물)
	Entomophthora, *Pandora*, *Zoophthora* spp.	곤충류
Ascomycota: Hypocreales	*Beauveria* spp.[a]	광범위한 숙주 범위
	Metarhizium spp.[a]	광범위한 숙주 범위
	Hypocrella spp.	광범위한 숙주 범위
	Cordyceps	광범위한 숙주 범위
	Ophiocordyceps	광범위한 숙주 범위
	Laboulbeniales	곤충과 몇몇 다른 절지동물의 외피에 흡기를 만드는 절대기생체
	Lecanicillium[a]	–
Basidiomycota (only Septobasidiales)	*Auriculoscypha*, *Ordonia*, *Septobasidium*, *Uredinella* spp.	깍지벌레

[a] 생물농약으로 등록됨.
이 정보는 주로 Vega et al. (2012)에서 가져옴.

만, 궁극적으로 광범위하게 충체로 퍼져서 양분을 섭취하는 **탈취단계(exploitation phase)**에 이른다 (그림 9.5a). 대부분의 진균성 곤충병원균은 균사체 형성 전에 혈림프를 통해 체내로 순환하여 분산되기 위해 출아포자 또는 마디균체 같은 구조를 만든다. 곤충은 병원체를 제거하거나 제한하여 침입에 대응할 수 있는 면역체계를 가지고 있기 때문에 숙주에 성공적으로 침입하는 것이 반드시 성공적 정착을 의미하지는 않는다. 병원균의 공략법은 **사물영양성(necrotrophic)**이므

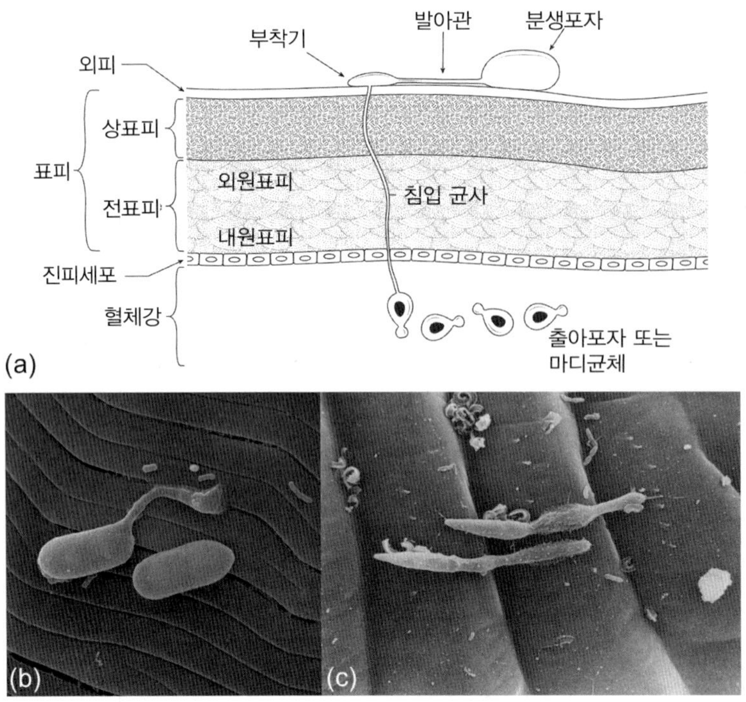

그림 9.5 (a) 곤충병원균의 감염. 포자가 곤충 표피에 부착하고 발아하여 발아관과 부착기를 형성한다. 부착기 아래에서 자라나온 가는 침입균사가 곤충 표피를 뚫고 침입한다. 균사는 대체로 전표피(procuticle) 내에서 분지한다. 침입균사는 진피층(epidermis)을 뚫고 혈체강에 이르고 균사체를 형성하기 전에 출아포자를 형성하여 혈체강 내에 확산한다. (b) 가루이의 표피에 있는 *Aschersonia* 분생포자. 위쪽에 있는 분생포자는 발아하여 부착기를 형성했다. (c) 진드기 위에서 발아한 *Metarhizium anisopliae* 분생포자. *출처: (a) Vega et al. (2012), (b, c)* Ⓒ *Tariq Butt.*

로, destruxin 같은 진균 독소와 독성 단백질분해효소를 생성하거나 광범위한 균사를 발달시킨 후에 숙주 생리를 만성적으로 파괴함으로써 숙주를 죽인다. 자낭균류는 출아하거나 분열포자를 형성하여 혈체강(체강)에 정착한 후 균사체를 형성하여 다른 조직에 정착하는 반면, 접합균류는 주로 균사체로 정착한다. 일부 병원균은 특정 조직에만 정착하는데, 예를 들어 *Entomophthora erupta*는 장님노린재(*Lygus communis*)의 복부에 제한적으로 정착하여 그곳에서 내부 내용물 및 뒷다리와 날개 근육을 섭취한다. 앞가슴과 가운데 가슴 근육은 감염되지 않은 상태로 남아 있기 때문에 곤충은 파열된 복부에서 포자가 흘러나오는 상황에서도 여전히 움직일 수 있는데, 이는 마치 공상과학영화 에일리언(Alien)을 연상시킨다.

곤충과 병원균 사이의 기생 관계는 초기에 활물영양이었다가 나중에 사물영양 단계가 되는 **반활물영양성(hemibiotrophic)**이거나 완전한 **활물영양성(biotrophic)**이다. *Septobasidium* spp. (담자균)는 서로 얽힌 거친 균사층을 형성하여 수피에 외생한다. 한 종류의 깍지벌레(Diaspididae)는 균사체의 하부 층에 터널과 방으로 연결된 미로를 만들고, 그곳에서 이동하며 살아간다. 많은 수의 깍지벌레가 곰팡이에 감염되는데, 균사는 숙주의 혈체강(haemocoel) 내에 흡기와 유사한 코일 모양의 구조를 만든다. 균사는 숙주의 자연개구로부터 나와서 외부의 균사망과 연결되지만 곤충의 이동성을 방해하지는 않는 것 같다. 깍지벌레의 수명은 대체로 길어지고 곤충은 유충 상태로 남아 있는데, 이는 식물에 활물영양하는 병원균이 식물에 미치는 효과와 유사하다 (262쪽). 병원균은 깍지벌레로부터 양분을 얻는다는 사실이 분명한 반면에, 깍지벌레는 외부 환경으로부터 완충된 환경을 제공받고 포식자로부터 보호받기 때문에 이 관계는 개체군에 상리공생(mutualism)으로 간주될 수 있다.

곤충 및 다른 절지동물에 활물영양하는 균류는 대부분 몸집이 작은 편이다. 그들은 일반적으로 숙주 표피를 침투하는 흡기를 만들어 숙주 표면에 제한되어 살아가는 경향이 있다. 일반적으로 유사한 분류군에서 발견되는 유성생식과 무성생식 같은 특정 생활사의 구조가 이 분류군에서는 발견되지 않는 경우가 많다. Laboulbeniomycetes (자낭균)는 유일한 곤충 외생기생균류이며, 2,000종이 넘는 많은 분류군으로 분화하였고, 딱정벌레류의 80%에 기생하는 매우 성공적으로 진화한 병원균이다. 대부분의 균류와 달리, Laboulbeniomycetes는 뚜렷한 생장을 보이는 균체를 갖는데 (그림 9.6), 일부는 자웅이체이다. 어떤 종의 균체는 수천 개의 세포를 가질 수 있지만, 일부 종에서 웅성기관은 3개의 세포로 이루어져 있다. 잠재적인 숙주가 성숙한 균체와 접촉하면 곰팡이는 숙주에 부착하기 위해 끈적끈적한 포자를 방출한다. 발달하는 균체는 확대된 기저세포에 의해 숙주에 부착하며 표피 표면 아래에 못이나 뿌리 모양의 흡기를 만들어 숙주로부터 양분을 흡수한다. 숙주 몸의 다른 부위나 새로운 숙주로 전파되기 위해 균체는 포자를 형성한다. 일반적으로 숙주는 큰 손상을 입지 않는다. 식물과 동물에 기생하는 대부분의 활물영양성 병원균처럼 Laboulbeniomycetes는 주로 숙주 특이적이며 심지어 숙주의 성이나 특정 조직에만 특이적으로 기생하는 경우도 있다. 예를 들어, *Stigmatomyces baeri*는 대개 암컷 파리 숙주의 윗면에서 발생하지만, 수컷 숙주에서는 복부 표면에 발생한다.

진균성 곤충병원균 생활사의 마지막 단계는 병든 곤충으로부터 **탈출**(exit)하여 새로운 숙주로 전파되기까지 **생존**(survival)하는 것이다 (그림 9.7). 죽기 전 병든 곤충의 행동은 흔히 병원균에 의해 조절되어 병원균에게 이롭게 작용하는데, 이러한 이유 때문에 좀비 곰팡이(zombie fungus)라고도 불린다. 'summit병'을 일으키는 병원균에 감염된 곤충(예: 메뚜기)은 기문이 균사에 막혀 산소 요구도가 올라가고 신경 계통에 문제가 생겨 늦은 오후에 식물체의 꼭대기에 모인다 (그림 9.7e 및 h). 지상곤충의 진균성 곤충병원균은 식물 쪽으로 균사를 자라게 하여 공기가 불어 오는 위치에 숙주 곤충을 식물체에 고정시킨다. 흡즙성 곤충은 구침(stylet)을 박아 식물에 고정되고, 다른 많은 곤충은 식물 조직이나 다른 곤충을 움켜쥔 채 경직된다 (그림 9.7). 한편, 좀비 곰팡이 *Ophiocordyceps unilateralis*는 감염된 개미(canopy nesting ants)를 곰팡이 생장에 도움이 되는 습도와 온도를 가진 숲 바닥으로 이동시킨다. 개미는 아래턱뼈를 이용하여 잎 뒷면에 붙는다. 일부 곤충병원균이 분비하는 휘발성 유인물질은 잠재적인 숙주를 병원균 주위로 유인하는데, 건강한 장님노린재(*Lygus communis*)는 유인되어 감염된 곤충의 등 표면에 있는 *Entomophthora erupta*의 포자 덩어리 속에 구침을 삽입한다.

병원균의 확산은 보통 포자를 통해 이루어진다. 포자는 형태가 다양하고 역할도 가지각색인데, 활동기에 곤충 개체군 내에서 확산(spread) 역할을 하는 것과 한 시즌에서 다음 시즌까지 생존(survival) 역할을 하는 것이 있다. 파리곰팡이목에 속하는 곤충병원균은 다양한 종류의 포자를 갖는데, 사출포자(ballistospore)는 급격한 압력 방출에 의해 발사되지만 적절한 목표물에 부딪치지 않는다면 끈적끈적한 2차포자가 사출포자로부터 형성된다. 다른 유형의 포자도 생존을 위해 생산되며, 일부는 물속에서 분산되기 위해 생산된다. 포자 방출은 대체로 잠재적인 숙주가 풍부할 때 일어난다. 예를 들어, 수로에 있는 흡혈파리류를 감염시킨 *Erynia* 종은 건강한 파리가 날아오는

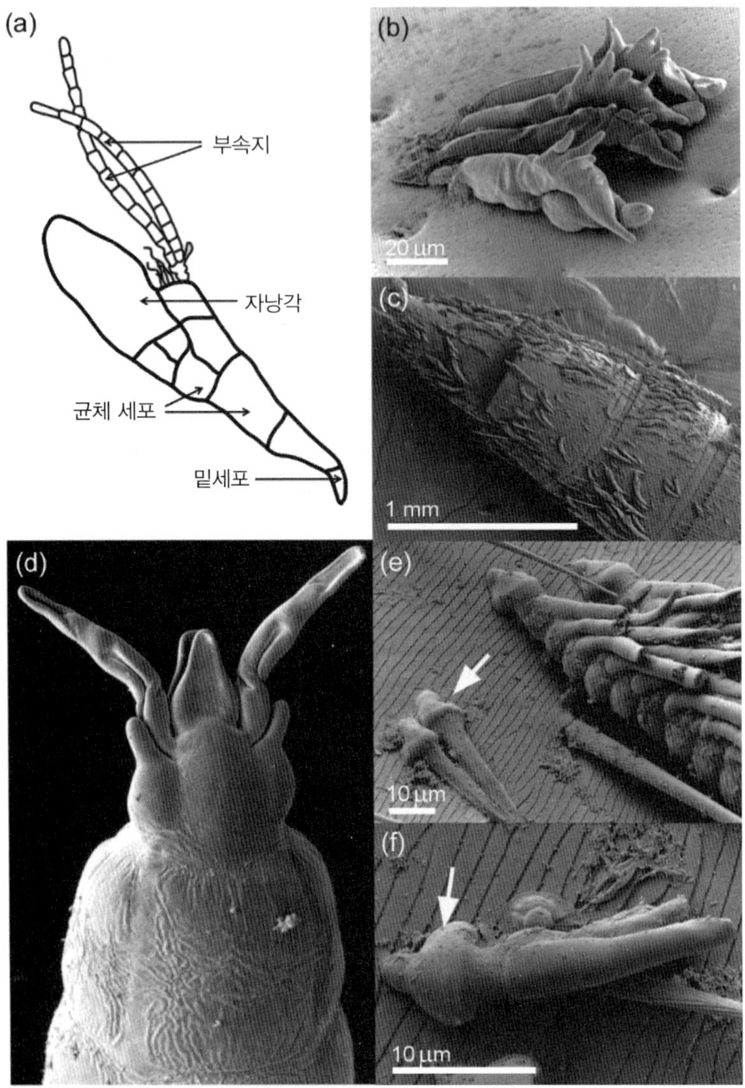

그림 9.6 Laboulbeniales는 무척추동물 기주에서 활물영양한다. 그들의 단순하고 뚜렷한 균체는 다른 균류와 매우 다르다. 자낭포자는 곤충 표피에 부착하기 위해 기저부에 부풀어 오른 모양의 밑세포를 갖는다. 밑세포는 부착기와 같은 역할을 하며 가는 침입관을 형성한다. 침입관은 곤충 표피 안으로 매우 제한된 방식으로 자라지만 병원균이 기주로부터 양분을 얻기에 충분한 것으로 생각된다. (a) 주요 특징을 보여주는 도식. 주사전자현미경 관찰. (b) 두점박이무당벌레(*Adalia bipunctata*) 위에 자란 *Hesperomyces* 종의 어린 균체. (c) 반날개(*Philonthus* sp.) 표피 위에 생긴 *Rhacomyces philonthinus*의 많은 균체. (d) *Hesperomyces* 종의 정부. (e) *Rhacomyces philonthinus* 자낭포자와 균체. (f) *Rhacomyces philonthinus* 자낭포자(화살표). 나팔 모양의 부속지는 일부 종에서 정교하며 자낭포자 방출에 역할을 하는 것으로 생각된다. *출처: 모든 이미지 ⓒ Alex Weir and Gordon Beakes.*

그림 9.7 무척추동물 병원균은 서로 다른 시간과 공간에서 생존하고 확산되기 위해 다른 전략을 갖는다. (a) 녹강균 *Metarhizium anisopliae*는 일반적인 곤충병원균이며, 매우 효과적인 생물살충제이다. 백색 균사체가 잎벌레의 체절에서 출현하여 녹색의 분생포자를 형성한다. (b) 열대우림 메뚜기를 죽이고 형성된 *Ophiocordyceps amazonica* 자실체. (c) 생물살충제 *Beauveria bassiana*는 이 애벌레를 미이라로 만들었다. (d) 대나무 잎 위에 감염되어 죽은 가루이(*Aleyrodidae hemiptera*)로부터 출현한 서로 다른 *Hypocrella* 종의 무성세대. (e) 고자리파리(*Delia*)의 파열된 복부 체절을 통해 나온 *Erynia* 종의 포자와 식물 꼭대기로 올라가는 전형적인 'summit병'의 특징을 보이는 고자리파리. (f) 병원균은 곤충뿐만 아니라 거미류도 죽인다. 문짝거미에서 자라나온 *Cordyceps* 종 모습. (g) 생물살충제로 사용되어 coffee green scale pest(*Coccus viridis*)의 대량 살충을 일으킨 *Lecanicillium lecanii*. (h) 열대우림의 관목에 올라가서 달라붙어 죽은 지표서식 포네린 개미의 목 부위에서 자라나온 *Ophiocordyceps nymphoides*. 출처: 모든 이미지 ⓒ *Harry Evans*.

늦은 오후의 정확한 시간에 부착된 사체로부터 물 위로 나온 바위에 병원균의 사출포자를 방출한다. *Hypocrella* 종을 포함한 일부 자낭균도 다른 유형의 포자를 만드는데, 자낭포자는 방출되고 마치 파리곰팡이목 균류의 사출포자와 유사하게 행동한다. 이러한 자낭포자가 적절한 숙주에 안착하는 것에 실패하면 바늘 모양의 돌기를 가진 끈적끈적한 포자를 만든다. 휴면 또는 생존 기작과 관련된 포자는 대체로 숙주 내에서 병원균에 의해 만들어지고, 사체가 분해될 때 방출된다. *Cordyceps*와 *Hirsutella* 속 곰팡이들은 위균핵을 형성한다 (61쪽). 감염원의 유형은 곤충 사망률에 영향을 줄 수 있다. 예를 들어, 백강균(*Beauveria bassiana*)에 감염된 담배나방(*Heliothis virescens*)의 사망률은 다른 분생포자에 의해 감염되었을 때보다 출아포자(blastospore)에 의해 감염되었을 때 훨씬 빠르고 높다.

자연계에서 곤충병원성 곰팡이의 성공은 생물농약으로의 발전을 이끌었다 (423쪽). 이들의 생물적 특성과 생태를 이해하는 것은 이들 산물의 제형과 성공적인 응용을 위해 중요하다. 모든 진균성 곤충병원균이 절대기생체라고 가정하는 것은 옳지 않으며 최근에 추가적인 역할이 일부 발견되었다. *Beauveria* 종을 포함한 몇 종은 내생균이다 (234~239쪽). *Beauveria bassiana*를 비롯한 몇몇 균은 식물병원균에 길항력이 있고, *Lecanicillium* 종은 식물의 곰팡이 병원균에 기생한다. *Beauveria, Isaria, Metarhizium* 종들은 토양 균상의 주요 구성원이며, 삼출된 탄소원을 이용하여 근권에서 자랄 수 있다.

선충포식균 및 윤충포식균

선충(nematode)의 성충, 유충, 알, 시스트를 포식(predation)하거나 기생(parasitism)하여 양분을 탈취하는 균류는 자낭균문, 담자균문, 병꼴균문, 털곰팡이아문에 300종 이상이 존재하고, 유사균류인 난균도 있다 (표 9.8). 이들 곰팡이 종류는 피식자를 포획하기 위한 흥미롭고 인상적인 기작을 가지며 식물기생성 선충의 생물적 방제인자로서의 잠재력도 있기 때문에 100년 이상 크게 주목받고 있다. 이들은 토양, 이끼, 배설물, 썩은 목재나 낙엽 등을 분해하는 부생균으로서 열대지방에서 북극과 남극대륙까지 세계적으로 발견되는데, 최소한 3가지 범주의 **포식성 균류(predatory fungi)**가 존재한다고 알려져 있다: (1) 포획 구조체를 형성하는 균류, (2) 포자로 선충을 감염하며 부생성 단계를 주로 선충 체내에서 보내는 내부기생균, (3) 거의 유일하게 암컷, 알 또는 유충을 감염하는 시스트선충 기생균 (표 9.8).

첫 번째 범주에 해당하는 균류는 거대한 균사체를 형성하는데, 종에 따라 점착성 가지, 봉, 고리, 3차원의 망, 비점착성의 수축성 고리 등 다양한 포획구조체를 형성하여 선충(그림 9.8)과 윤충(rotifer)을 유인하고 포획한다. 그 중에서 수축성 올가미(constriction ring)가 특히 놀라운데, 선충이 3개의 세포로 이루어진 올가미를 지나갈 때 포획된다. 올가미에 선충의 몸이 닿게 되면, 포식균의 세포 안으로 빠르게 물이 유입되고 순간적으로 팽창하여 선충을 포획한다. 선충포식균류는 다양한 분류군에서 발견되지만(표 9.8), 대부분은 바퀴버섯목(자낭균문)의 단계통군에 속한다. 바퀴버섯목 내에서, 포획 기작은 두 가지 주요 계통으로 진화해 왔는데, 점착성 포획 구조체를 형성하는 것과 수축성 올가미를 형성하는 것이다. 일부 균류는 자연적으로 포획 구조체를 형성하지만, 다른 균류는 질소가 부족할 때 올가미를 형성하는 경우(예: *Arthrobotrys oligospora*)와 같은 환경적 요인에 의해 형성되기도 한다.

표 9.8 선충포식 균류 및 윤충포식 균류(유사균류 포함)의 예시와 이들이 먹이를 얻는 방법

포식 기작	종	문	생태적 특징
자연적으로 형성되는 점착성의 봉, 가지, 비수축성 고리	*Dactylaria candida*, *Dactylaria gracilis*, *Monacrosporium cionopagum*	자낭균문	느리게 자라는 토양 부생균. 강한 포식성
선충에 의해 유도되는 점착성 그물망	*Arthrobotrys conoides*, *Arthrobotrys oligospora*	자낭균문	빠르게 자라는 토양 부생균. 약한 포식 능력
수축성 고리	*Arthrobotrys dactyloides*	자낭균문	토양 부생균
점착성 돌기	*Hyphoderma* spp.	담자균문	자실체의 기저균사에 점착성 돌기(stephanocysts) 있음
	Pleurotus spp.		끈적거리는 점착성 마비 독소를 생성하고, 시계유리 같은 돌기 형성
	Hohenbuehelia spp.		*Pleurotus*와 유사한 구조 형성 모두 목재부후균
내부기생균으로서 분생포자가 먹히거나 표피에 부착됨	*Meristacrum* spp.	접합균문	선충에서 뻗어나온 분생포자경에 점착성 분생포자 형성
	Drechmeria coniospora	자낭균문	구기에 점착
	Harposporium spp.	자낭균문	구기에 걸려 있거나 식도 안에 정착
	Meria coniospora	자낭균문	내부기생균으로서 대부분 절대기생균
	Catenaria anguillulae	병꼴균문	유주포자가 자연개구에 정착
시스트선충의 내부기생균	*Dactylella oviparasitica*	자낭균문	알 기생균
	Nematophthora gynophila	난균류	*Heterodera* spp.의 암컷과 시스트에 기생
감염성의 총세포를 형성하는 내부기생균	*Haptoglossa* spp.	난균류	세균섭식성 선충과 윤충의 절대기생균
독소 생성	*Arthrobotrys* spp.	자낭균문	포획구조체를 형성하고 독소를 생성하는 다양한 종 존재
	Pleurotus ostreatus	담자균문	
윤충 포식자	*Cephaliophora navicularis*	자낭균문	점착성 봉이 흔히 충류의 구기에 부착
	Sommerstorffia spinosa	난균류	점착성 가지로 단단한 몸체의 윤충류를 포획

포식 균과 피식 선충 사이에는 정교한 화학적 '소통'이 존재한다. 선충이 존재하면 포식균에 올가미가 형성되도록 자극이 전달되는데, 높은 비율의 비극성 및 방향족 잔기를 지닌 작은 펩타이드가 촉발인자이다. 반면에, 수많은 (어쩌면 모든) 종의 균사체는 선충을 끌어들이는 화학적 유인물질(attractants)을 생성하고, 포획기관에서는 더 많은 유인물질이 방출된다고 알려져 있다. 균류에 의해 포획되는 초기 기작은 올가미에 있는 렉틴과 선충 표면에 있는 탄수화물에 의해 이루어진다. 서로 다른 균류 종은 서로 다른 탄수화물에 특이성을 가진 '탄수화물 결합 단백질'을 가진다. *Dactylaria candida*의 경우에는 carbohydrates-2-deoxyglucose이며, *Arthrobotrys oligospora*의 경우

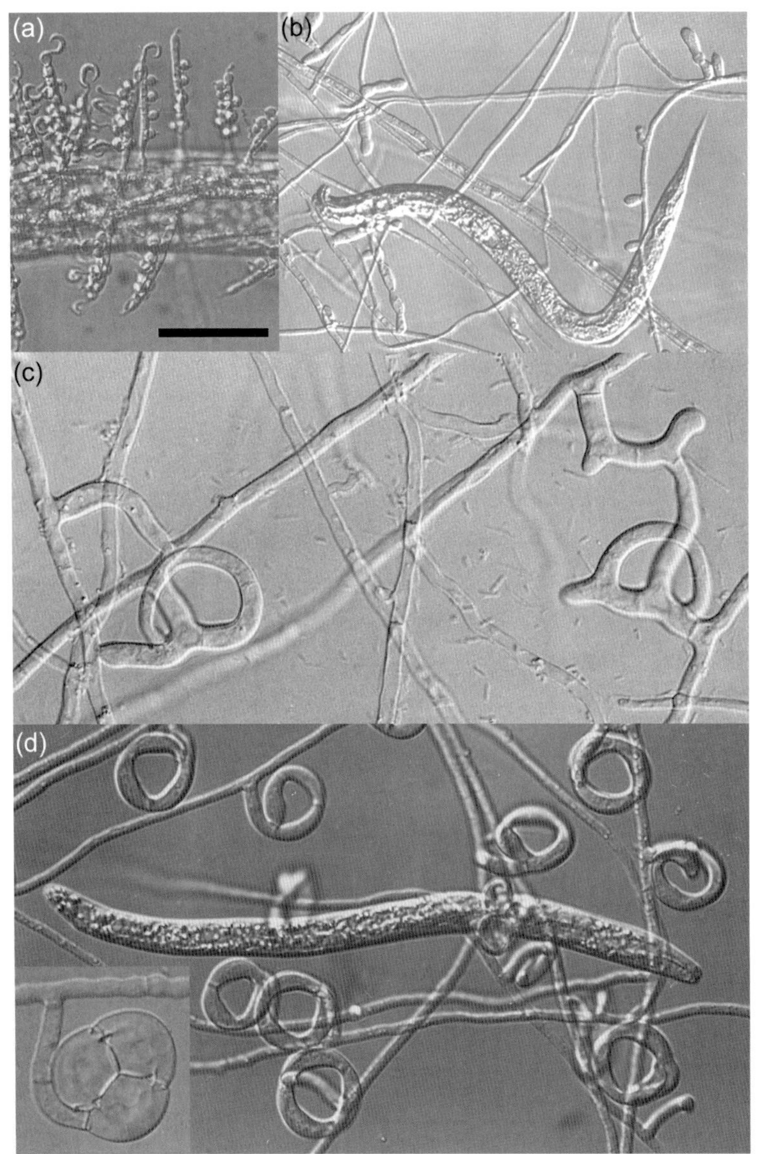

그림 9.8 선충 포식 균류. 여러 종류의 균류가 다양한 기작을 사용하여 선충을 포획하고 충체를 양분으로 이용한다. 일부 균류는 선충의 입이나 장에 붙은 분생포자가 발아하고, 생장하여, 나중에는 밖으로 나와 더 많은 분생포자를 형성하는데, *Harposporium anguillulae*는 갈고리 모양의 분생포자를 형성한다(a). 다른 균류는 *Monacrosporium cionopagum*의 균사의 작은 돌기(b)와 *Monacrosporium* sp.의 그물망 같은 점착성 구조체를 형성한다(c). *Drechmeria coniospora*의 수축성 고리 올가미는 더 복잡한 기작을 가진다(d). 3개의 세포로 구성된 고리인데, 고리 안으로 선충이 통과하는 자극을 받으면 세포가 급격히 팽창한다 (d 및 안쪽 사진). 어떤 경우이든 선충이 포획되면 균사는 표피를 뚫고 침입하여 선충 충체 내용물을 소화한다. 막대 = 50 μm (a). 100 μm (b, d). 20 μm (c). 출처: ⓒ *John Webster.*

에는 N-acetylglucosamine이다. 선충과 균류가 접촉한 후, 피식자는 네마토독소(예: *Arthrobotrys oligospora*에 의한 세린 단백질 가수분해효소인 PII)의 생산으로 인해 수 시간 이내에 움직이지 못하게 된다. 목재부후성 담자균인 느타리버섯(*Pleurotus ostreatus*)은 균사에 모래시계 모양의 돌기를 형성하고, 돌기에서는 점착성 물질과 더불어 수 분 이내에 선충을 움직이지 못하게 만드는 독소(ostreatin, 2-decenedioic acid)를 분비한다. 다른 목재부후균류는 선충의 구멍을 통해 선충 체내로 들어가서 자란다 (예: *Amylostereum* 종은 *Deladenus*의 음문으로 들어가서 자란다, 그림 9.9a).

선충이 균류의 표면에 부착하게 되면, 침입관은 기계적인 압력과 가수분해 효소를 사용하여 표피를 뚫는다. 선충의 체내에서 침입관은 부풀어 올라 감염풍선을 형성하고, 여기에서 균사가 뻗고 퍼지면서 선충을 빠르게 소화시키는 세포외 효소를 생성한다. 기생균은 비감염성 분생포자를 형성하면서 퍼진다.

올가미를 형성하는 균류와는 달리, 대부분의 **내부기생자**(**endoparasite**)는 기주 외부에서는 균사를 거의 형성하지 않는다. 끈적거려서 숙주의 표피나 구기에 달라붙거나 아니면 끈적거리지는 않지만 숙주가 삼키면 식도에 머물 수 있는 감염성 유주포자나 분생포자를 형성한다. 이 포자는 숙주 선충이나 윤충의 체외 또는 체내에서 발아하고, 균사체는 선충의 체내로 침투하여 몸체를 분해시키고, 밖으로 빠져나온 균사 위에 감염성 분생포자를 형성한다 (그림 9.8a). 병꼴균문과 난균류의 감염성 유주포자는 숙주 안에 균체를 형성하고, 유주포자는 이러한 균체 내에서 형성되고 나중에는 외부로 방출된다. 가장 눈에 띄는 기생성 감염구조체의 예는 *Haptoglossa* spp. (난균류)의

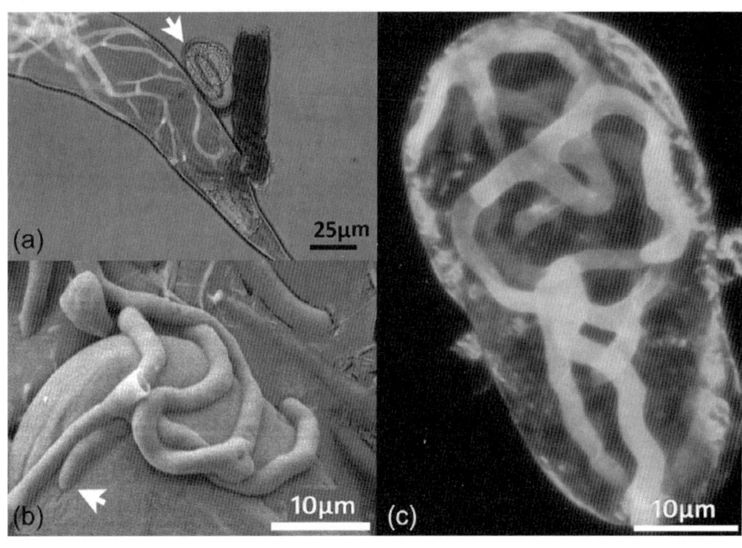

그림 9.9 (a) 선충 *Deladenus siricidicola*의 체내에 있는 목재부후균 *Amylostereum areolatum*의 균사(형광물질로 염색된 부분)는 선충의 음문을 통해 들어갔다. 건전하고 감염되지 않은 알(화살표). (b, c) *Amylostereum areolatum*에 의한 *Deladenus siricidicola* 알의 기생. (b) 알 표면에 자라는 *Amylostereum areolatum* 균사의 극저온 주사전자현미경 사진. 침입 부위는 화살표로 표시함. (c) 기생 당한 알 내부에 형광표지된 균사. 출처: *From Morris, E.E., Hajek, A.E., 2014. Eat or be eaten: fungus and nematode switch off as predator and prey. Fungal Ecol. 11, 114–121.*

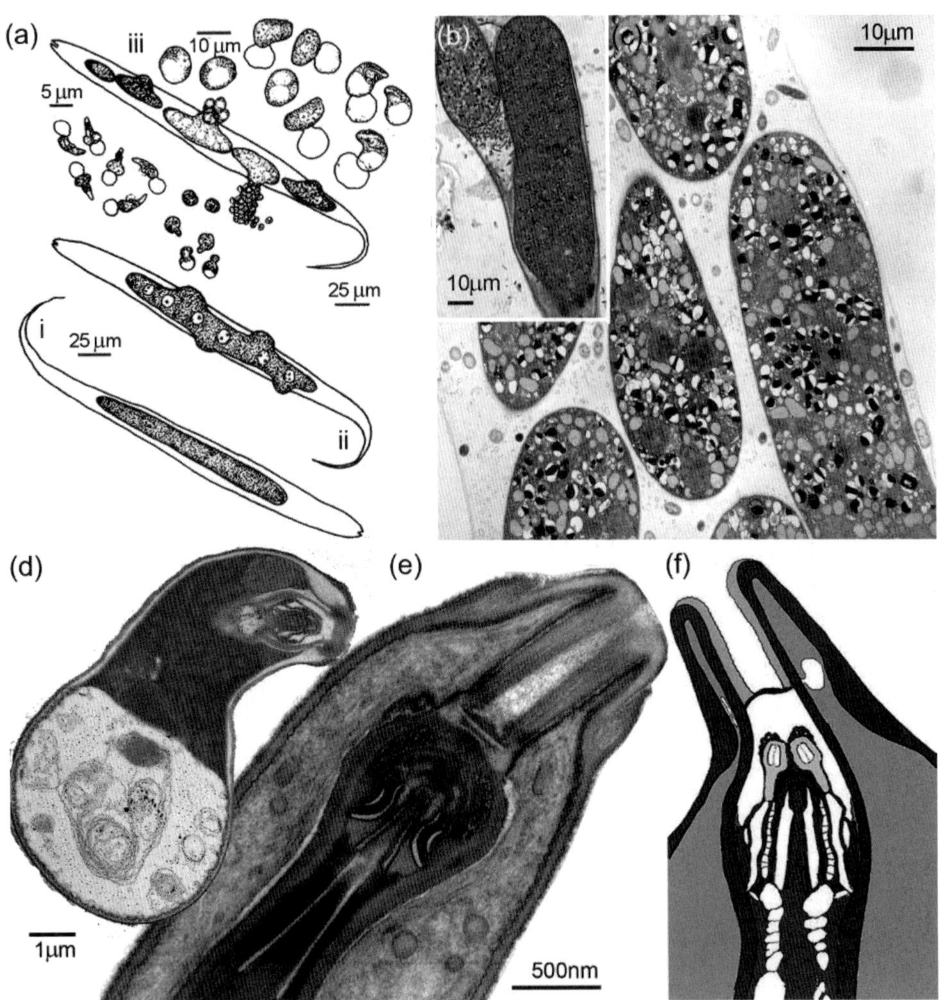

그림 9.10 총세포(gun cell)를 형성하는 선충 기생 난균류. 난균 *Haptoglossa*류는 매우 복잡한 감염구조체를 형성한다. (a) 기생균의 생활사. 세포질이 충만한 어린 균체의 광학현미경 사진(b)과 전자현미경 사진(c). 명명되지 않은 종(d)과 *Haptoglossa erumpens*(e)의 총세포. (f) *Haptoglossa dickii*에서 총세포의 구침 저장기구 모식도. 일단 감염이 발생하면 선충 체내에 소시지 모양의 균체의 발달하고 [a(i), b, c], 포자낭이 형성되기 시작하며 [a(ii)], 그리고 작은 포자들이 성숙한 포자낭으로부터 방출된다 [a(iii)]. 두 유형의 포자에서 두 가지 총세포가 만들어진다. 포자는 발아하여 감염 세포를 형성하고 (d, e, f), 침투된 튜브 내에서 세포 내 침상(미사일 모양)을 형성하며 기저부에 큰 액포를 형성한다 (d). 구침 구조체를 가진 거꾸로 된 튜브는 부수적으로 억제하는 구조체를 지닌다 (f). 이 관은 순식간에 뒤집어서 기주의 표피를 침투하고 선충 내 기생체의 세포질을 주입한다. *출처: (a) From: Glockling, S.L., Beakes G.W., 2000. Video microscopy of spore development in Haptoglossa heteromorpha, a new species from cow dung. Mycologia 92, 747–753. (b, c)* ⓒ *Gordon Beakes. (d, f) from Beakes, G.W., Sekimoto, S., 2009. The evolutionary phylogeny of oomycetes – insights gained from studies of holocarpic parasites of algae and invertebrates. In: Lamour, K., Kamoun, S. (Eds.), Oomycete Genetics and Genomics: Diversity, Interactions and Research Tools. John Wiley & Sons, Hoboken, pp. 1–24. (e) from Beakes, G.W., Glockling, S.L., Sekimoto, S., 2012. The evolutionary phylogeny of the oomycete "fungi". Protoplasm 249, 3–19.*

'총세포(gun cell)'이다 (그림 9.10).

선충 알 및 시스트 기생균(parasites of nematode eggs and cysts)은 성충에 기생하는 균과는 분류학적으로 다른, 대개 식물 뿌리에서 발견되는 토양 부생균이다. 그러나 일부 목재부후균이 선충 알에서 기생하는 것이 발견되었다 (그림 9.9). 균사체에 특별한 형태적 특징은 없으나, 균사에 부착기처럼 부풀어 오른 부위가 보일 때도 있다. 유주포자는 좀 다른 역할을 하며, 기주에 이끌린다.

산호의 아스페르길루스증

해양 무척추동물도 균류병에 의해 피해를 받는다. 카리브해와 플로리다 키웨스트 지역의 부채꼴산호(*Gorgonia* 종)에서 유행병이 진행 중인데, 1980년대에도 동일한 병이 유행하였을 것이나 1995년에 처음 보고되었다. 산호 조직에 반점, 혹, 자주색 증상이 나타나고, 결국 산호는 죽는다. 부채꼴산호 조직의 50% 이상이 토양 부생균 *Aspergillus sydowii*(해양 균주는 다름)의 감염에 의해 죽었다. 접종실험에서 육상유래 *A. sydowii* 균주는 부채꼴산호에 병원성이 없었다. 감염이 일어나면 감염된 부위에 항균물질의 생성을 포함하여 기주의 전신방어기작이 유도된다. 인간의 기회성 병원균처럼 병원성은 기주의 면역상태에 따라 다르다. 수온 상승이 발병을 유도한다는 가설이 제시되었다. 즉, 수온이 상승하면 항균성 화합물의 생성이 훨씬 많으나, *A. sydowii*는 30℃에서 최적생장을 한다. 하지만, 2000년대 이후로 병의 확산이 차츰 줄어들고 있다.

동물을 위한 먹이와 서식지로서의 균류

광합성생물로부터 탄소와 에너지를 얻기 위해서는 대체로 복잡한 분자(예: 셀룰로스), 식물 방어물질(예: 폴리페놀), 리그닌을 분해해야 하는데, 담자균류를 제외한 어떤 생물도 리그닌 분해에 필요한 생화학적 장치를 가지고 있지 않다. 더욱이 식물의 영양적 가치는 대체로 상대적으로 낮은 편이다. 식물의 종 및 부위에 따라 탄소:양분의 비율은 상당히 다르지만, 잎의 탄소:질소(C:N)와 탄소:인(C:P)의 비율은 일반적으로 각각 25:1~100:1 및 450:1~1,850:1 범위이며, 목재는 350:1~500:1 및 1,250:1~>3,500:1 범위이다. 따라서 효소, 단백질, DNA 등을 만드는 데 필수적인 소량의 질소와 인을 얻기 위해서는 다량의 물질을 소비해야 한다. 균류가 식물 조직을 분해할 때, 호흡하는 동안에 탄소가 CO_2 형태로 손실됨에 따라 영양 성분은 증가한다. 또한 균사체 자체는 부후되지 않은 목재보다 7배나 낮은 C:N 및 C:P 비율(35:1 및 505:1)을 가진다. 따라서 절지동물문(Arthropoda) 내의 가장 많은 생물종이 균류를 직접 먹고 사는 균식성(mycophagy)이라는 사실은 놀라운 일이 아니며, 특히 연체동물(Mollusca), 애기지렁이류(Enchytraeidae), 환형동물(Annelida), 톡토기(Collembola), 선형동물(Nematoda) 내에 많은 예가 있다. 다른 수많은 무척추동물도 썩고 있는 식물체를 먹을 때에는 간접적으로 균류를 먹는 셈이다. 부후되지 않은 식물보다 균류에 의해 부후한 것을 먹는 이점은 특정 담자균류(*Laetiporus sulphureus*, *Trametes versicolor*, *Coniophora puteana*)에 의해 부후된 목재를 전형적으로 공격하는 궐연벌레(*Xestobium rufovillosum*)에서 볼 수 있다. 궐연벌레가 생활사를 완성하는 데 걸리는 시간은 목재의 부후상태와 관련이 있다. 부후되지 않은 목재에서 유충은 매우 천천히 성장하거나 전혀 성장하지 않는 반면에, 부후된 목재에서는 10~17개월 내에 생활사가 완성된다. 이는 부후목재에 더 많은 양분이 농축되어 있을 뿐만 아니라 더 부드러워 섭식하기가 더 쉽기 때문이다. 무척추동물과 균류 사이의 상리공생 연관성은 균류의 높은 영양적 가치에 기초하여 진화하였다 (예: 개미, 고등 흰개미, 암브로시아 나무좀, 송곳벌. 330~334쪽).

균사체

일부 균사체는 독성 화합물을 갖거나 독성 휘발물질을 생산하기 때문에 모든 균사체가 똑같이 무척추동물의 구미에 맞는 것은 아니다. 무척추동물이 균사체를 섭식할 때는 형태, 섭식패턴, 생리, 생화학적 반응이 크게 변하는데, 이는 섭식 형태의 차이점을 반영하여 균류의 종류, 기질 상태, 섭식량, 무척추동물의 종류에 따라 효과가 다르게 나타난다 (그림 9.11). 어떤 무척추동물은 우선적으로 균총 가장자리의 균사 정단만 골라서, 어떤 곤충은 균사 정단부를 띠 모양으로, 또 어떤 곤충은 균총의 여기저기를 섭식한다. 선충은 균사를 자르지 않고 구침을 삽입해서 양분을 빨아먹는다. 섭식한 자리의 바로 인근이나 몇 cm 떨어진 곳에서도 변화가 생긴다. 통상적인 생각과 달리, 섭식 당한다고 균사체 생장이 항상 감소하는 것은 아니다. 약한 정도의 섭식은 도리어 균사의 점유면적을 늘리도록 북돋아주며, 심한 섭식이 중단되면 생장이 금방 회복되거나 도리어 그 이상으로 생장할 수도 있다.

균사체는 인간에 의해서도 일종의 발효식품으로 섭취된다 (예: 템페, 410~411쪽). 또한 육류 대용품도 균사체를 이용하여 생산하는데, *Fusarium venenatum*을 공장 규모로 배양하고 고기 식감으로 만들어 퀀(Quorn®)이란 제품으로 판매한다 (415쪽).

자실체

대형 자실체 중에는 다년생(예: 구멍장이버섯류)도 있고, 단 며칠 만에 스러지는 종류(예: 주름버섯류)도 있다. 두 종류 모두 먹이가 될 뿐만 아니라 선충류, 애기지렁이류, 응애류, 톡토기류, 딱정벌레류, 파리류를 포함한 다양한 무척추동물의 번식지이기도 하다. 자실체가 항상 있는 것도 아니고 수명도 짧기 때문에 주름버섯류를 먹는 곤충들은 대부분 잡식성이다. 반면에, 구멍장이버섯류를 먹는 곤충의 절반은 단식성인데, 이것은 아마도 특정한 화학적 방어에 대처하기 위한 생리적 진화와 숙주 버섯의 구조에 대처하기 위한 구기(입틀)의 진화에 의한 결과일 것이다. 어떤 초파리 종은 독버섯(예: 알광대버섯 *Amanita phalloides*)에서 발견되는 아마니틴 독소에 저항력이 있어 섭식할 수 있지만, 다른 초파리 종은 그렇지 않다. 어떤 무척추동물은 살아있는 버섯을 이용하지만 다른 종류는 썩은 버섯에서 발견되며, 버섯이 썩은 정도에 따라 서로 다른 종의 무척추동물이 발견되기도 한다. 구멍장이버섯류에 있는 잡식성 무척추동물은 부후하는 동안 방어물질이 감소할 즈음에 자실체를 점유하는 경향이 있다. 초기 점유자들은 단식성 경향이 있고, 덜 경쟁적이고 더 양분이 많은 환경을 가지는 장점이 있지만, 균류 선택에 있어서는 범위가 더 좁다. 많은 자실체는 수많은 휘발성 유기화합물을 생성하는데, 이는 성숙하는 동안에 변화될 수 있고, 자실체에서 먹고 번식하는 파리류와 딱정벌레류를 유인하며, 적어도 종 간에 자원 이용을 분배하는 이유 중의 하나

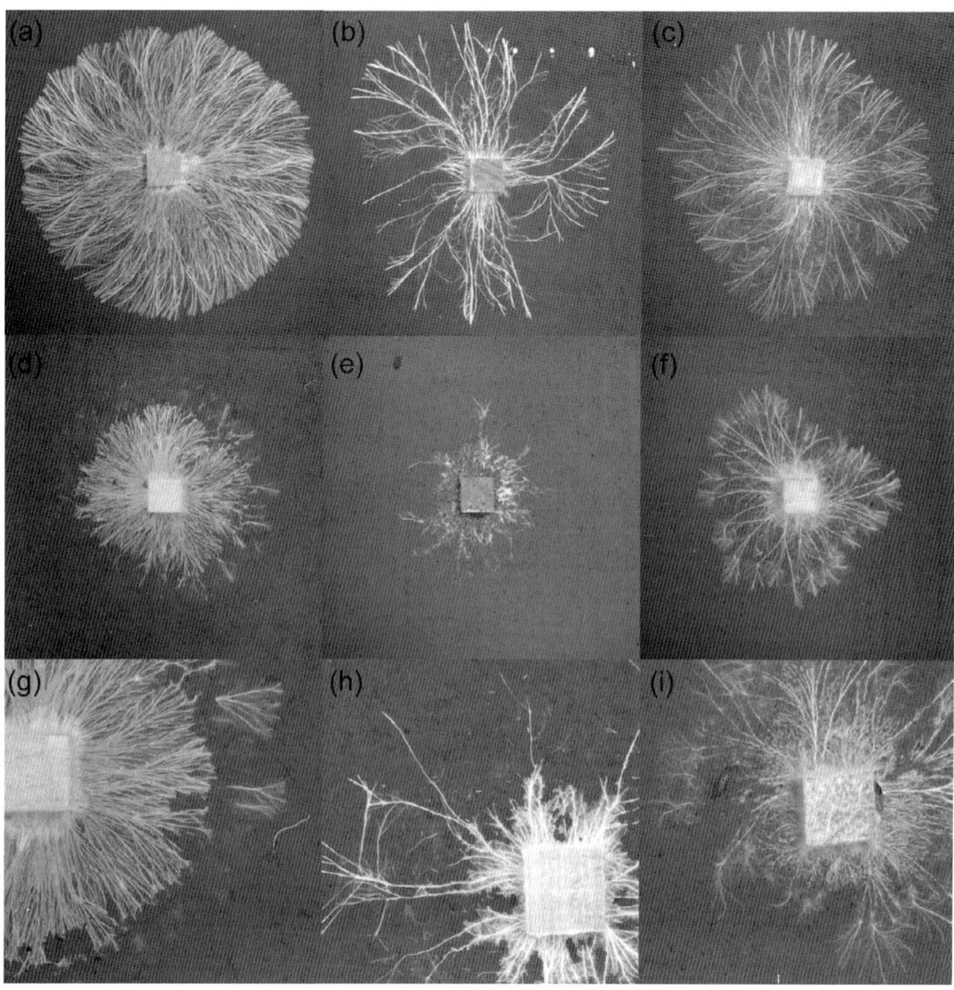

그림 9.11 많은 무척추동물은 높은 영양 가치 때문에 균사체를 먹고 산다. 이것은 균류에 큰 영향을 미칠 수 있으며, 그 영향은 먹힌 균사량, 무척추동물과 곰팡이 종, 균사체의 크기에 따라 다르다. 사진은 24×24 cm의 산림토양 토양을 담고 있는 상자에서 온전한 (a) 노란다발버섯(*Hypholoma fasciculare*), (b) 수지고약버섯(*Resinicium bicolor*), (c) 갈색유색고약버섯(*Phanerochaete velutina*)의 균사체이며 (d) 5마리의 노래기(millipedes, *Blaniulus guttulatus*), (e) 5마리의 쥐며느리(woodlice, *Oniscus asellus*), (f) 60마리의 톡토기류(collembola, *Folsomia candida*)에 의해 10일 동안 먹힌 각각의 결과를 보여준다. 무척추동물이 뜯어 먹는 특성은 다양하다. (g) 노래기는 *Hypholoma fasciculare*를 마치 차량 앞유리 와이퍼처럼 원형으로 뜯어 먹는다. (h) 톡토기류는 *Resinicium bicolor*의 가는 균사끈과 균사를 뜯어 먹는다. (i) 쥐며느리는 *Phanerochaete velutina*를 잔디 깎는 기계처럼 일직선으로 뜯어 먹는다. *출처: 모든 사진* ⓒ *Tom Crowther.*

가 된다.

자실체를 섭식하는 무척추동물은 자실체에 혹을 만들어 형태를 변형시키는 등 자실층의 활성 면적을 감소시키고, 장을 통과하는 동안에 포자의 손상이나 사멸을 일으켜 결국은 균류의 번식 적합성을 감소시킬 수 있다. 앞서 언급한 바와 같이, 균류는 화학물질과 더불어 선충, 톡토기류, 기타 소형 무척추동물을 죽이는 stephanocysts를 포함한 다양한 방어기작을 발달시켰다. 반대로 일부 균류는 포자 분산을 무척추동물에 의존한다. 예를 들어, 말뚝버섯류(말뚝버섯목)는 고기 썩는 냄새로 파리류를 유인함으로써 끈적거리는 포자를 파리의 다리와 몸에 붙여 사방으로 확산시킨다 (92쪽). 일부 종은 적합한 무척추동물의 장을 통과한 후에만 발아한다 (예: 어떤 *Ganoderma* sp.의 포자는 파리 유충의 장을 통과해야만 한다).

자실체는 일부 척추동물의 먹이에도 중요한 부분을 차지한다. 일부 동물은 기회가 주어지면 균류를 섭취하고, 다른 동물(예: 청설모 및 몇몇 유대류)은 자실체가 있을 때 탐식하며, 몇몇 동물(예: 긴발쥐캥거루, 길버트쥐캥거루)은 절대적으로 균식성이다. 일부 유대류와 설치류는 지하성 균근균류(예: 덩이버섯)의 포자 확산에 주된 역할을 한다. 다른 동물과 마찬가지로 인간도 버섯의 영양성분(고단백질, 저지방), 맛, 또는 의학적 가치(403~404쪽) 때문에 버섯을 섭취한다. 양송이는 세계 70개 국가에서 재배되며 버섯 판매의 38%를 차지한다. 버섯은 전통적으로 유럽과 북미에서 재배되었으나, 목재부후 느타리버섯류(*Pleurotus* spp. 중국이 생산과 소비를 선도하며, 세계 판매의 25%를 차지), 풀버섯(*Volvariella volvacea*, 세계 판매의 16%), 그리고 표고버섯(*Lentinula edodes*, 세계 판매의 10%)을 포함한 다른 버섯들은 동양요리에서 선호하여 점차 인기를 얻고 있다.

지의체

복족류를 포함한 많은 무척추동물은 지의류를 먹이기질로 이용하거나 때로는 지의류를 서식지로 활용한다. 지의류는 탄소계 이차화합물(carbon-based secondary compounds, CBSCs)을 생산하여 지의류섭식(lichenivory)으로 부터 스스로를 보호한다. 복족류는 *Lobaria scrobiculata*의 분아(soredia)와 같이 CBSCs가 높은 부분을 피하고, *Nephroma arcticum*의 두상체(cephalodia)와 지의체의 피층이나 녹색과립층과 같이 CBSCs가 낮은 부분을 선호하는 등 지의체의 부위에 대하여 선택적인 성향을 보인다.

균류와 동물 사이의 상리공생

많은 무척추동물과 반추동물은 균류를 먹이로 삼아 왔으며, 한 단계 더 나아가 수천 년에 걸쳐 특정 균류와 공진화하여 왔는데, 이들은 양쪽 생물 모두 이익(상리공생)을 얻는 무수한 관계를 형성하였다. 동물은 고품질의 먹이를 제공 받으며, 때로는 장에서도 활성을 유지하는 진균효소(예: 셀룰라제)도 얻기도 한다. 경우에 따라 동물은 환경이 개선되는 이익을 얻기도 한다. 균류는 일반적으로 동물이 균류에게 유기물을 제공하거나 적절한 유기물이 있는 곳으로 옮겨 줌으로써 이익을 얻는데, 이는 대개 특화된 기관에서 주로 일어난다. 경우에 따라서는 적절한 미기후 환경을 조성하고 경쟁자를 줄이는 동물도 포함된다. 가장 많은 연구가 이루어지고 있는 흥미로운 관계 중에서 일부를 아래에 설명하였다. 주로 양쪽 공생자의 영양에 기반한 공생에는 무척추동물과 척추동물의 장에 가위개미와 고등 흰개미에 의한 균류 배양을 포함한다. 균류를 적절한 서식지와 영양물질이 있는 곳으로 옮겨 주는 이익에 기반한 공생에는 암브로시아 나무좀 및 시리시드 송곳벌이 있다. 그 외의 공생은 균류의 영양과 무척추동물에 적합한 환경의 제공을 기반으로 하는데, *Septobasidium*과 깍지벌레(318쪽) 사이의 관계, 그리고 풀개미(*Lasius fuliginosus*)–진딧물–균류 사이의 관계(332쪽) 등이 있다.

장내 공생자로서의 균류

일부 균류는 무척추동물과 척추동물의 장(gut)에서만 산다. Asellariales 목과 Harpellales 목(**Kickxellomycotina** 아문에 속함. 이전의 Trichomycetes 강은 계통발생학적으로 이질적이며 원생동물도 포함하는 분류군)의 균류는 전세계적으로 분포하며, 담수, 해양, 육상에 서식하는 갑각류, 곤충류 및 다지류의 장에서 절대공생자로 살아간다. 이 균류는 작은 유한체를 가지고 있으며, 부착판(hodfast)을 통해 장 내벽에 부착되어 있다. *Stachylina minuta* 같은 예외는 있으나, 이들 대부분은 장의 위심막을 뚫고 들어가지도 않고, 표피에 도달하지도 않는다. 이 균류는 장액이 그 위에 흘러갈 때 양분을 흡수하여 섭취하는 것으로 보이며, 이는 먹이의 소화를 도울 수도 있기 때문에 대부분은 편리공생(해를 끼치지 않음) 또는 상리공생 관계이다. 그러나 장에 서식하는 일부 균류는 기생균 또는 병원균이다. 일부는 먹파리 성충의 난소에 낭종을 형성하고, 다른 일부는 숙주의 불임을 일으키며, *Smittium morbosum*은 모기 유충이 탈피하는 것을 막아 죽게 한다. 무척추동물의 장은 가혹하고 변화무쌍한 환경이며, 소화효소 때문에 내피는 탈피할 때 벗겨지며, 위심막의 오래된 영역은 분해되어 배설물과 함께 배출된다. 이 문제에 대처하기 위해 Kickxellomycotina 균류는 탈피와 막분해 사이에서 빠르게 자라며 거의 모든 몸체 물질을 전환하여 포자 생산에 이용한다. 탈피할 때 배출된 포자는 숙주가 벗겨진 피부를 먹을 때 다시 섭취되는 것 같다. 수생 숙주에서 자라는 Kickxellomycotina(32~33쪽) 균류는 포자의 긴 부속지처럼 숙주 근처에 있게 해 주는 적응구조를 가지고 있다.

650종 이상의 효모, 주로(75% 이상) Saccharomycetes (자낭균류) 및 소수의 Tremellales (담자균류)는 딱정벌레의 장에서 유래한 시료로부터 배양되었다. 더 많은 곤충이 관찰됨에 따라 더 많은 효모 종이 새로 발견되고 있다. 무척추동물의 장에서 효모의 위치는 종에 따라 다른데, 일부는 앞쪽 끝에 있는 소낭에서 발견되고, 다른 일부는 중장(midgut)에서, 다른 일부는 후장(hindgut)에서 발견된다. 빗살수염벌레에서 중장의 앞부분은 많은 효모 세포가 포함된 큰 세포로 덮인 포도송이 같은 **균세포덩이**(**mycetome**)로 이루어진다. 효모는 소화를 위한 효소를 제공하고, 독성 식물 대사물질을 해독하며, 필수영양소를 제공하는데, 많은 효모류는 비타민 B군을 합성할 수 있다. 공생은 세포내 또는 세포외 공생일 수 있으며, 효모는 장내에서 뿐만 아니라 때로는 지방체, 알, 혈림프 및 혈액에서도 발견된다.

공생은 효모보다 곤충에게 더 중요한 것으로 보이는데, 효모는 분명히 영양이 풍부한 환경을 가지고 있지만 주요 이익은 다른 서식지로의 분산일 수 있다. 초파리에서는 한 개체에서 일반적으로 최대 3종의 효모가 분리되는데, 이는 계절에 따라 다양하며, 어떤 종이 먹이기질에 존재하는지를 확실히 반영한다. 벼멸구에서는 효모가 지방체에서 발견되며, 효모의 이동에 의해 1차 난모세포로 수직전염하여 알을 감염시킨다. 일부 나무좀에서는 암컷이 난각 위에 효모 세포를 묻힐 때 수직전염이 일어나며, 이 난각은 유충이 부화할 때 섭취된다.

초식 척추동물의 반추위와 소화관의 나머지 부분은 대부분의 균류에 불리한 조건이지만 미생물에 풍부한 먹이를 공급한다. 반추위의 온도는 발효에 의해 포유류 체온보다 높은 39~40.5℃이다. 모든 산소는 조건적 혐기성세균에 의해 급속하게 사용되어 환경은 주로 혐기성이다 (약 65% CO_2, 30% CH_4, 4% N_2, H_2, 0.6% O_2의 상부 공기). pH는 숙주 먹이 및 미생물 대사에 의해 지속적으로 변화하지만 중탄산염이 풍부한 타액에 의해 pH 6.4~6.8 부근에서 중화된다. 그리고 산화

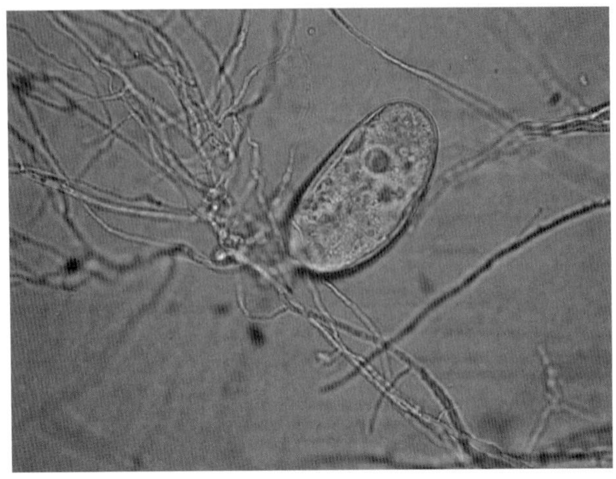

그림 9.12 Neocallimastigomycota가 반추위에 서식한다. 가근이 식물조직으로 자라며 분해한다. *출처:* ⓒ *Gareth W. Griffith.*

환원전위는 매우 낮다. 반추위 액에서는 혐기성 세균(10^4~10^5 ml^{-1})과 섬모충류에 속하는 원생동물(10^{10}~10^{11} ml^{-1})이 우점하지만, 전체 반추위 내용물에서는 Neocallimastigomycota(30쪽)가 미생물 생물량의 최대 20%를 차지할 수 있다. *Anaeromyces*, *Caecomyces*, *Cyllamyces*, *Neocallimastix*, *Piromyces*, *Orpinomyces* 등 6개 속의 혐기성 균류는 새로 섭취한 식물성 먹이를 공격한다. 유주포자는 식물성 먹이로 이동한다. 유주포자는 피낭체를 형성하여 식물성 먹이로 침투하는 가근을 가진 몸체가 된다 (그림 9.12). 가근은 섬유소, 자일란, 전분 및 다른 중합체를 분해하는 다양한 효소를 분비한다. 유주포자에서 유래한 핵은 피낭체와 포자낭 속에 존재하며, 격벽에 의해 핵이 없는 가근과 분리된다. 유주포자는 이후 포자낭에서 방출되어 더 많은 식물성 먹이에 침투한다. 새로 태어난 반추동물은 성숙한 동물에서 발견되는 복잡한 반추위 미생물 군집을 가지고 있지는 않지만, 반추위가 기능을 발휘하기 전에 배설물에 존재하는 내성단계의 Neocallimastigomycota 또는 어미가 핥는 동안 타액으로부터 빠르게 감염 및 정착이 일어난다. 또한 몇몇 종은 공기 시료에서 포자로 발견된다.

개미와 고등 흰개미

사회성 곤충의 보금자리에 서식하는 균류와 사회성 곤충 사이의 절대적 상리공생은 두 차례 독립적으로 진화했다. 첫 번째는 5천만 년 전 아메리카 대륙의 아타(attine) 개미에서 나타났으며, 두 번째는 2천 4백만 년~3천 4백만 년 전에 중앙아프리카의 열대우림에서 나타나 나중에 사바나와 아시아로 퍼진 고등 흰개미(Macrotermitinae)이다. 아타개미 중 가위개미 속은 *Attamyces*, *Leucoagaricus* spp., *Lepiota* spp. 등 담자균의 다양한 계통과 관련된 반면에, 흰개미는 유일하게 *Termitomyces*와 관련이 있다. 원시 개미와 흰개미 생활방식으로의 회귀는 알려지지 않았는데, 이는 동물이 이러한 상리공생으로부터 큰 이익을 얻고 있음을 시사한다. 그러나 흰개미 균류에서는 없었지만 개미-균류 상리공생으로부터는 균류의 회귀가 있었다. 이 상리공생은 일개미와 흰개미가 개미집에 있는 균류에게 유기물질을 제공하는 것을 기본으로 한다 (그림 9.13). 개미의 경우에는 잎 조각을 제공하고, 흰개미의 경우에는 분쇄된 죽은 풀과 나무를 제공한다. 곤충은 목질섬유소 소화에 필요한 효소가 없지만 균류는 가지고 있다. 균류의 유기물질 분해를 통해 곤충 먹이의 대부분을 차지하는 질소와 인이 풍부한 균류 생물량이 생성된다. 예를 들어, 균류 *Termitomyces*가 있는 흰개미(*Macrotermes bellicosus*)의 집에서 질소 농도는 원래의 먹이에서 보다 균집(fungal comb, 나중에 완전히 소비되는 1차 배설물로 만들어진 곰팡이정원의 주요 부분)에서 2배 더 높았고, mycotêtes(균류 결절, 무성 자실체 – 분생포자경다발)에서는 20배 더 높았다. 균류를 키우는 흰개미는 균집의 상부에 존재하는 mycotêtes를 섭취하는데, 이는 장에서 유기물과 혼합되어 배설물에 축적된다. 대조적으로, 균류를 키우는 개미들의 경우, 모든 자실체의 발생이 억제되고 균류는 곰팡이정원의 오래된 아래 부분에서 새로운 위쪽으로 퍼진다. 감염된 작은 조각들이 배설물의 작은 방울과 함께 추가된다. 이 작은 방울들은 균류의 생장을 자극하고, 일개미들에 의해 도입된 다

그림 9.13 균류와 개미 및 균류와 흰개미 사이의 상리공생. (a) *Macrotermes bellicosus* 개미집에 만들어진 곰팡이정원. (b) 흰개미에 의해 소비되는 mycotêtes(균류 물질의 하얀 구체)를 보여주는 근접 사진. 일부 종에서는 흰개미가 집을 버렸을 때만 유성 자실체가 형성되는 반면, 다른 종에서는 주기적으로 형성된다. ⓒ의 경우처럼 *Termitomyces reticulates*는 *Odontotermes badius*의 지하 곰팡이정원으로부터 곧게 자라는 것을 볼 수 있다. 자실체와 곰팡이정원을 연결하는 위가근이 보인다. 출처: *(a)* ⓒ *Karen Machielsen*, *(b)* 사진: *Prof. Renoux* ⓒ *Duur Aanen*, *(c) from Aanen and de Beer (2007).*

른 개미 집락의 유전적으로 다른 공생균에 길항적인 불화합성 화합물을 포함하여 단일배양을 유지하게 한다. 개미와 흰개미 모두 균류를 섭취할 때 셀룰라제와 헤미셀룰라제를 섭취한다. 이렇게 섭취된 효소는 장을 통과하면서 살아남아 새로운 식물물질에 포함된 배설물 방울에 농축되어 균류 감염을 준비하고 초기 균사의 생장을 증가시킨다. 오염 균류는 다음과 같은 방법으로 제거된다: 핥기(licking)에 의한 포자의 물리적 제거, 개미의 화학적 분비물, 개미의 몸에서 자라는 방선균(*Streptomyces*)이 분비하는 항생물질은 주로 곰팡이정원을 공격하는 치명적 균기생체인 자낭균류(*Escovopsis*)를 목표로 한다. 비슷한 방법으로 상호 손질(grooming)과 항생물질 분비는 흰개미 서식지의 단일배양을 유지시킨다. 그러나 개미와 상리공생관계에 있는 *Leucoagaricus* spp., *Lepiota* spp. 그리고 다른 담자균류는 흰개미-균류 공생관계에서보다 경쟁적이며, 이들은 개미집을 버린 후 약 12일 동안 생존할 수 있는 반면, 흰개미집의 경우에는 거의 즉시 다른 집으로 교체한다. 공생균 또한 상당히 일정하게 유지되는 미기후 환경으로부터 이익을 얻는다. 아프리카 사바나의 지상은 겨울 밤과 여름 낮 사이에 일교차가 35℃까지 벌어지지만, 흰개미집에서는 흙더미 안의 환기 시스템에 의해 29~31℃의 좁은 범위로 유지된다.

새로운 집락이 형성될 때, 공생균은 반드시 새로운 보금자리에서 형성된다. 어린 여왕개미는 교미 비행시 산후집으로부터 구강내주머니(infra-buccal pocket)에 있는 무성 번식체를 가져와 이를 새로운 집락에서 정원을 시작할 때 이용한다 (수직전달, vertical transmission). 일부 흰개미(termite)도 비슷한 방식으로 한쪽 부모를 통해 균류를 새로운 집락으로 옮긴다. *Termitomyces* spp.는 *Microtermes* 속의 여왕개미와 *Macrotermes bellicosus*의 왕에 의해 새로운 집락으로 옮겨지지만, Macrotermitinae에 속하는 다른 흰개미는 먹이를 찾는 동안 공생자를 획득한다: 유성포자는 섭취되어 장을 통과하면서 살아 남아 새로운 균집의 배설물 펠릿(faecal pellet)에 포함된다. 이러한 수평전달(horizontal transmission)을 통해 흰개미 계통 간에 공생균을 쉽게 교환할 수 있을 것으로 기대될 수 있으나, 속 간에는 거의 일어나지 않는다. 개미의 담자균류 공생자가 유성적으로 자실체를 형성하는 것은 드문 경우이다. 그러나 *Termitomyces* spp.는 토양 표면에 큰 담자과를 만든다. 이 담자과는 위가근(pseudorhiza)을 통해 때로는 지하 2 m에 있는 흰개미집과 연결된다 (64쪽, 그림 9.13). *Termitomyces titanicus*는 식용 자실체를 생산하는데, 가장 큰 것은 지름 60 cm 이상의 갓에 최대 무게가 2.5 kg에 달하기도 한다.

균류와 가위개미 및 균류와 흰개미 사이의 매우 성공적인 상리공생은 무척추동물의 영양 요구와 균류를 위한 먹이와 서식지 제공에 기반을 두고 있다. 자낭균 *Cladosporium myrmecophilum*과 풀개미 사이의 흥미로운 상리공생은 영양보다는 개미의 환경개선을 기반으로 한 것으로 보인다. 속이 빈 나무줄기나 나무 그루터기 밑에 사는 이 일반적인 유럽 개미는 카톤(carton)이라는 골판지 같은 물질로 집을 만든다. 카톤은 작은 목재와 토양 입자, 감로(개미가 키우는 진딧물에 의해 분비됨) 및 균류의 균사체로 구성된다. 이 균류는 일개미가 오래된 개미집의 벽 조각을 새로운 벽에 추가할 때 접종된다. 개미가 없을 때만 균사가 개미집의 벽에서 나오는데, 이는 개미가 균류를 먹기 위해 나오는 것 같지는 않고 어떤 면에서는 개미가 균사체의 출현을 방지한다는 것을 의미한다.

암브로시아 나무좀, 나무좀, 송곳벌

수피와 목재는 분해가 어렵고 양분이 비교적 적기 때문에 이 식물조직을 먹는 많은 무척추동물이 균류와 관련된다는 것은 놀라운 일이 아니다. 그렇게 함으로써 무척추동물은 비타민과 스테롤을 포함하여 농축된 질소원과 필수 영양소의 영양 혜택을 얻는다. 균류에 대한 의존 정도는 기회적, 조건적, 절대적에 이르기까지 다양하다. 목재 조직을 먹는 나무좀(bark beetle)과 균류를 먹는 암브로시아 나무좀(ambrosia beetle)에서 균식성은 여러 번 진화했다. 많은 종에서, 성충이 나무에 산란할 때 균류도 함께 들어가게 된다. 이 균류는 나무좀의 몸에 존재하는 특수 구조인 **균낭(mycangia)**을 통해 운반된다. 가장 발달된 균낭은 분비세포 또는 분비선이 줄 지어 있는 나무좀 표피의 함입 구조이다. 덜 발달된 구조로는 얕은 함입, 깊은 함입 및 샘이나 털이 관련되지 않은 관이 있다. 샘의 분비물로는 아미노산, 지방산, 인지질 및 스테롤 등이 있는데, 이들은 균류 번식체의 생장을 돕고 건조로부터 보호하며 나무좀과 공생관계가 아닌 균류에 대하여 작용할 수 있다. 균사성 공생균의 대부분은 *Ophiostoma* 종 (자낭균)이며 일부 *Ceratocystis* 종 (자낭균)과 몇 종의 *Entomocorticium* 종 (담자균)이다. 이들 자낭균은 절지동물에 의한 전파에 잘 적응했는데, 무척추동물의 몸에 접촉할 수 있는 높이에서 긴 목을 가진 자낭각으로부터 여러 점에 접촉이 가능한 모양의 끈적끈적한 자낭포자를 방출한다. 무성 분생포자는 나무좀에 의해서도 운반되며, 주머니 균낭을 만드는 이 나무좀에서는 포자만 운반된다. 자낭과는 오래되고 사용하지 않는 갱도(gallery)에서 형성되기도 하지만, 무성포자는 번데기가 있는 갱도에서만 발견된다. 담자균류의 후벽포자와 효모는 균낭에서 발견되지만, 분생포자나 담자포자는 발견되지 않는다. 균사체 균류는 흔히 나무좀과 종 특이적 연관성이 있다. 자낭균 효모는 나무좀의 공생자이기도 하지만, 성충 나무좀은 대체로 여러 종의 효모를 가지고 있다. *Pichia capsulata* 및 *Pichia pini*는 대부분의 나무좀 종과 관련된 일반적인 효모이다.

암브로시아 나무좀(약 3,400종이 있음)의 유충은 목부(xylem)에서 성장한다. 공생균은 나무좀 터널 아래의 목재에 침입하여 균사체의 얇은 층 또는 분리된 균사체 쿠션으로 벽을 덮는데, 양쪽 모두 짧은 직립 균사로 이루어져 있고, 끝부분이 융기되어 있거나 세포 사슬을 갖고 있다. 유충과 성충 모두 균류만 먹는다. 암브로시아 나무좀과 달리, 나무좀은 수피 내부에 알을 낳고 양분이 풍부한 사부(phloem)를 먹는다. 그럼에도 불구하고 많은 나무좀, 특히 *Dendroctonus*와 *Ips*의 종은 균류와 밀접히 연관되어 있으며, 유충과 성충 모두가 균사체, 효모, 분생포자를 먹는다. *Ips avulsus*와 *Ips calligraphus*의 어린 성충도 *Ophiostoma ips*의 완전히 성숙한 자낭각을 찾아 섭취한다. 나무좀이 운반하는 균낭성 균류종은 나무좀에 다른 영향을 미칠 수 있다. 예를 들어, *Dendroctonus ponderosae*는 *Ophiostoma montium*보다 *Ophiostoma clavigerum*이 먹이원일 때 더 많은 자손을 생산하며 더 일찍 발생한다.

송곳벌(Siricidae)은 나무에 구멍을 뚫는 나무좀과 마찬가지로 산란관의 기저부에 있는 한 쌍의 주머니인 균낭에 담자균류의 공생균(*Amylostereum* 종)을 옮기고 균류를 알과 함께 나무에 접종한다. 3종의 *Amylostereum* (*A. areolatum*, *A. chailletii*, *A. laevigatum*)이 관련되며, 그 관계는 절대적이고 종 특이적이다. 이들 균류는 백색부후를 일으키고, 목재를 부드럽게 하며 상대적 양분 함량을 증가시켜, 송곳벌의 유충이 분해되는 목재에 구멍을 뚫어 먹이를 먹을 수 있게 한다. 균류는 적당한 자원이 있는 곳으로 운반되어 직접 접종되므로 이익을 얻는다. 무성포자가 송곳벌에 의해 운반되지만 담자포자를 통해서도 균류가 퍼질 수 있다. 북반구에서는 *Amylostereum areolatum*의 균주에서 많은 클론이 있지만 *Amylostereum chailletii*에서는 흔하지 않은데, 이는 송곳벌이 *A. chailletii*보다 *A. areolatum*을 퍼뜨리는 데 더 중요하다는 것을 의미한다.

Further Reading

General

Bourtzis, K., Miller, T.A. (Eds.), 2003. Insect Symbiosis. CRC Press, Boca Raton. 2006, 2008.

Evans, H.C., Boddy, L., 2010. Animal slayers, saviours and socialists. In: Boddy, L., Coleman, M. (Eds.), From Another Kingdom: The Amazing World of Fungi. Royal Botanic Garden, Edinburgh.

Heitman, J., 2011. Microbial pathogens in the fungal kingdom. Fungal Biol. Rev. 25, 48–60.

Heitman, J., Filler, S.G., Edwards Jnr., J.E., Mitchell, A.P., 2006. Molecular Principles of Fungal Pathogenesis. ASM press, Washington.

Kurzai, O. (Ed.), 2014. Human Fungal Pathogens. The Mycota, Vol. XII. Springer, Heidelberg.

Vega, F.E., Blackwell, M. (Eds.), 2005. Insect-Fungal Associations. Oxford University Press, Oxford.

Medical mycology

Allergies

Simon-Nobbe, B., Denk, U., Pöll, V., Rid, R., Breitenbach, M., 2008. The spectrum of fungal allergy. Int. Arch. Allergy Immunol. 145, 58–86.

Pringle, A., 2013. Asthma and the diversity of fungal spores in air. PLoS Pathog. 9. e1003371.

Mycotoxicoses

Bennett, J.W., Klich, M., 2003. Mycotoxins. Clin. Microbiol. Rev. 16, 497–516.

Mycoses

Abu-Elteen, K.H., Hamad, M., 2011. Anti-fungal agents for use in human therapy. In: Kavanagh, K. (Ed.), Fungi: Biology and Applications, second ed. John Williamson, Chichester, pp. 191–217.

Brown, G.D., Denning, D.W., Goew, N.A.R., Levitz, S.M., Netea, M.G., White, T.C., 2012. Hidden killers: human fungal infections. Sci. Transl. Med. 4, 1–9.

Colombo, A.L., Tobon, A., Restrepo, A., Queiroz-Telles, F., Nucci, M., 2011. Epidemiology of endemic systemic fungal infections in Latin America. Med. Mycol. 49, 785–798.

Gow, N.A.R., van de Veerdonk, F.L., Brown, A.J.P., Netea, M.G., 2012. *Candida albicans* morphogenesis and host defence: discriminating invasion from colonization. Nat. Rev. 10, 112–122.

Haynes, K., 2011. Emerging fungal pathogens. Microbiol. Today 38, 26–29.

Hector, R.F., Laniado-Laborin, R., 2005. Coccidiomycosis – a fungal disease of the Americas. PLoS Med. e2, 0015–0018.

Heitman, J., 2011. Microbial pathogens in the fungal kingdom. Fungal Biol. Rev. 25, 48–60.

Johnson, L., Gaab, E.M., Sanchez, J., Bui, P.H., Nobile, C.J., Hoyer, K.K., Petersen, M.W., Ojcius, D.M., 2014. Valley fever: danger lurking in a dust cloud. Microbes Infect. 16, 591–600.

Kwon-Chung, K.J., Sugui, J.A., 2013. *Aspergillus fumigatus* – what makes the species a ubiquitous human fungal pathogen? PLoS Pathog. 9. e1003743.

Lin, X., Heitman, J., 2006. The biology of *Cryptococcus neoformans* species complex. Annu. Rev. Microbiol. 60, 69–105.

Nucci, M., Marr, K.A., 2005. Emerging fungal diseases. Clin. Infect. Dis. 41, 521–526.

Soubani, A.O., Chandrasekar, P.H., 2002. The clinical spectrum of pulmonary aspergillosis. Chest 121, 1988–1999.

Sullivan, D.J., Moran, G.P., Coleman, D.C., 2011. Fungal infections of humans. In: Kavanagh, K. (Ed.), Fungi: Biology and Applications, second ed. John Williamson, Chichester, pp. 171–190.

Pathogens of other vertebrates

Blehert, D.S., Hicks, A.C., Behr, M., Meteyer, C.M., Berlowski-Zier, B.M., Buckles, E.L., Coleman, J.T.H., Darling, S.R., Gargas, A., Niver, R., Okoniewski, J.C., Rudd, R.J., Stone, W.B., 2009. Bat white-nose syndrome: an emerging fungal pathogen? Science 323, 227.

Fisher, M.C., Garner, T.W.J., Walker, S.F., 2009. Global emergence of *Batrachochytrium dendrobatidis* and amphibian chytridiomycosis in space, time and host. Annu. Rev. Microbiol. 63, 291–310.

Fisher, M.C., Henk, D.A., Briggs, C.J., Brownstein, J.S., Madoff, L.C., McCraw, S.L., Gurr, S.J., 2012. Emerging fungal threats to animal, plant and ecosystem health. Nature 484, 186–194.

Gleason, F.H., Chambouvet, A., Sullivan, B.K., Lilje, O., Rowley, J.J.L., 2014. Multiple zoosporic parasites pose a significant threat to amphibian populations. Fungal Ecol. 11, 181–192.

Van den Berg, A.H., McLaggan, D., Diéguez-uribeondo, J., van West, P., 2013. The impact of water moulds *Saprolegnia diclina* and *Saprolegnia parasitica* on natural ecosystems and the aquaculture industry. Fungal Biol. Rev. 27, 33–42.

Pathogens of invertebrates

Hajek, A.E., St. Leger, R.J., 1994. Interactions between fungal pathogens and insect hosts. Annu. Rev. Entomol. 39, 293–322.

Lundgren, J.G., Jurat-Fuentes, J.L., 2012. Physiology and ecology of host defense against microbial invaders. In: Vega, F.E., Kaya, H.K. (Eds.), Insect Pathology, second ed. Academic Press, San Diego, pp. 461–480.

Thorn, R.G., Barron, G.L., 1984. Carnivorous mushrooms. Science 224, 76–78.

Tunlid, A., Ahrén, D., 2011. Molecular mechanisms of the interaction between nematode-trapping fungi and nematodes: lessons from genomics. In: Davies, K., Spiegel, Y. (Eds.), Biological Control of Plant-Parasitic Nematodes: Building Coherence Between Microbial Ecology and Molecular Mechanisms. Springer, Dordrecht, pp. 145–170.

Vega, F.E., Goettel, M.S., Blackwell, M., Chandler, D., Jackson, M.A., Keller, S., Koike, M., Maniania, N.K., Monzón, A., Ownley, B.H., Pell, J.K., Rangel, D.E.N., Roy, H.E., 2009. Fungal entomopathogens: new insights on their ecology. Fungal Ecol. 2, 149–159.

Vega, F.E., Kaya, H.K. (Eds.), 2012. Insect Pathology, second ed. Elsevier, Amsterdam.

Vega, F.E., Meyling, N.V., Luangsa-ard, J.J., Blackwell, M., 2012. Fungal entomopathogens. In: Vega, F.E., Kaya, H.K. (Eds.), Insect Pathology, second ed. Academic Press, San Diego, pp. 171–220.

Weir, A., Blackwell, M., 2005. Fungal biotrophic parasites of insects and other arthropods. In: Vega, F.E., Blackwell, M. (Eds.), Insect-Fungal Associations: Ecology and Evolution. Oxford University Press, Oxford, pp. 119–145.

Mutualistic associations between fungi and animals

Aanen, D.K., Boomsma, J.J., 2006. Social-insect fungus farming. Curr. Biol. 16, R1014–R1016.

Aanen, D.K., de Beer, W., 2007. Farming fungi: termites show the way. Quest 3, 22–25.

Currie, C.R., Scott, J.A., Summerbell, R.C., Malloch, D., 1999. Fungus-growing ants use antibiotic-producing bacteria to control garden parasites. Nature 398, 701–704.

Harrington, T.C., 2005. Ecology and evolution of mycophagous bark beetles and their fungal partners. In: Vega, F.E., Blackwell, M. (Eds.), Insect-Fungal Associations: Ecology and Evolution. Oxford University Press, New York, pp. 257–291.

Mueller, U.G., Schultz, T.R., Currie, C.R., Adams, R.M.M., Malloch, D., 2001. The origin of the attine ant-fungus mutualism. Quart. Rev. Biol. 76, 169–197.

Six, D.L., 2003. Bark beetle-fungal symbioses. In: Bourtzis, K., Miller, T.A. (Eds.), Insect Symbiosis. CRC Press, Boca, Raton, pp. 97–114.

Slippers, B., Coutinho, T.A., Wingfield, B.D., Wingfield, M.J., 2003. A review of the genus *Amylostereum* and its association with woodwasps. S. Afr. J. Sci. 99, 70–74.

Vega, F.E., Dowd, P.F., 2005. The role of yeasts as insect endosymbionts. In: Vega, F.E., Blackwell, M. (Eds.), Insect-Fungal Associations: Ecology and Evolution. Oxford University Press, New York, pp. 211–243.

Animal feeding on fungi

Boddy, L., Jones, T.H., 2008. Interactions between Basidiomycota and invertebrates. In: Boddy, L., Frankland, J.C., van West, P. (Eds.), Ecology of Saprotrophic Basidiomycetes. Elsevier, Amsterdam, pp. 153–177.

Claridge, A.W., Trappe, J.M., 2005. Sporocarp mycophagy: nutritional, behavioural, evolutionary, and physiological aspects. In: Dighton, J., White, J.F. Jr., Oudemans, P. (Eds.), The Fungal Community: Its Organization and Role in the Ecosystem. Taylor & Francis, Boca Raton, pp. 599–611.

CHAPTER

10

균류와 다른 미생물과의 관계

어떤 환경조건에서든, 심지어 서식밀도가 매우 낮은 차가운 사막이나 뜨겁고 건조한 사막에서도, 균류는 다른 미생물과 끊임없이 관계를 맺으며 살고 있다. 균류는 다른 미생물의 개체군 크기나 적응력에 결정적인 영향을 미칠 수도 있다. 자연계에서는 실제로 여러 개체군/개체가 동시에 복잡한 관계를 맺겠지만, 대부분의 연구는 단순히 두 종/개체 사이의 상호관계에 집중되어 왔다. 이 책에서도 대부분 이러한 연구결과를 소개하겠지만, 자연환경에서의 상황은 훨씬 더 복잡하다는 점을 꼭 염두에 두어야 한다. 상호관계를 맺은 개체군/개체의 각 구성인자가 받는 영향은 긍정적이거나 부정적이거나 또는 무관할 수도 있으므로 결과적으로는 여섯 가지 유형 중 하나에 해당할 것이다(표 10.1). 이를 3가지 시나리오로 요약할 수 있다. (1) 한쪽 또는 양쪽에 이익이 되지만, 어느 한쪽도 불이익은 아니다. (2) 한쪽 또는 양쪽에 불이익이다. (3) 양쪽 모두 이익도 불이익도 아니다. 여기에서 세 번째 상황은 생물이 수동적으로 공존하는 것이 아니라 진짜로 상호관계를 맺고 살아간다면 실제로는 드물게 일어날 것으로 여겨진다.

균류는 다양한 상호관계에 참여하여 한쪽 또는 양쪽에 이익을 주는데, 특히 다른 생물계(식물, 동물)와 상호관계를 맺을 때 그러하다. 예를 들면, 식물(제7장)과 공생하여 균근을 형성하거나 식물 속에서 내생균으로 살아가기도 하고, 조류나 남세균과 공생하여 지의체(228~234쪽)를 만들고, 무척추동물이나 반추동물(제9장), 일부는 세균(354~357쪽)과 공생하기도 한다. 서로 다른 균류 사이의 밀접한 상호관계는 자연계에 분명히 존재하지만 실제로는 거의 연구된 바 없다. 상리공생은 두 균의 생리 활동이 상호 보완적일 경우에 성립되는데, 어떤 균이 생존에 꼭 필요한 물질을 스스로 해결하지 못하고 다른 균에 의존해야 하는 경우이며, 반대의 경우도 성립한다. 예를 들어, *Nematospora gossypii*와 *Bjerkandera adusta*는 실험적으로 비오틴, 이노시톨, 티아민이 결핍된 배지에서 혼합배양으로는 생장할 수 있지만 독립적으로는 생장하지 못한다. 전자는 티아민을 합성하지만 비오틴이나 이노시톨은 합성하지 못하고, 후자는 비오틴과 이노시톨은 합성하지만 티아민은 합성하지 못한다. 다른 사례로, 서로 다른 종류의 섬유소분해효소를 만드는 두 균이 함께 자람으로써 섬유소를 더 빠르게 이용할 수 있다. 그러나 자원을 더 빨리 소비하는 것이 어느 한 쪽의 특별한 생존 전략과 관련되지 않는다면 반드시 공생이라고 할 수 없다. 마찬가지로, 다른 생물체의 존재로 인해 자실체, 균사끈 또는 근상균사다발의 형성(58~60쪽)이 유도되는 것은 때때로 상리공생(mutualism)이나 중립(neutralism)의 예로 들 수 있으나 이것은 유해한 작용의 결과인 경우가 더 많다.

모든 균류는 살아가는 동안에 때로는 다른 생물체와 부정적인 상호작용을 할 수도 있다. 일부

표 10.1 두 종/개체 사이에 일어날 수 있는 상호작용의 분류

원래 체계			단순화 체계
상호작용하는 종/개체에 대한 영향		상호작용 이름	
++	양쪽 모두 긍정적 영향을 받음	상리공생 (Mutualism)	한쪽 또는 양쪽에 유익하나, 어느 쪽에도 유해하지 않음
+○	한쪽은 긍정적 영향을 받으나 다른 한쪽은 영향을 받지 않음	편리공생 (Commensalism)	
--	양쪽 모두 부정적 영향을 받음	경쟁/전투 (Competition/combat)	한쪽 또는 양쪽에 유해함
+-	한쪽은 긍정적 영향을 받으나 다른 한쪽은 유해한 영향을 받음	기생/포식 (Parasitism/predation)	
-○	한쪽은 부정적 영향을 받으나 다른 한쪽은 영향을 받지 않음	편해 (Amensalism)	
○○	어느 쪽의 행동이 다른 쪽에 영향을 주지 않음	중립 (Neutralism)	어느 쪽도 영향을 받지 않음

개체군 크기, 개체군 생장률 또는 상호작용하는 두 개체군/개체의 개별 적합성에 대한 긍정적(+), 부정적(-), 중립적(○) 영향. 1950년대 초에 EP Odum은 처음으로 표의 좌측에 표시된 것과 같은 체계를 사용하였음. 이 체계는 균류에 대해서 표의 우측에 있는 것처럼 1980년대 초에 Alan Rayner와 Joan Webber에 의해 단순화됨.

균류에게 이것은 삶의 한 방식이자 양분을 얻기 위한 유일하거나 주요한 방법이다. 예를 들어, 균류는 식물(제9장), 동물(제11장), 다른 균류(아래)에서 기생체와 병원체로 살아간다. 또한 어떤 균류는 이것이 대개 먹이를 획득하는 것과 직·간접적으로 관련이 있는데, 이는 흔히 경쟁(competition)이라고 일컫는 상황이다. 대형생물에서 사용되는 경쟁의 정의를 균류에도 적용할 수 있는데, 한 생물이 제한적으로 이용가능한 양분을 선점하거나 양분에 대한 접근을 제어함으로써 결과적으로 다른 생물에게 부정적인 영향을 주는 것을 말한다. 생태학자들이 생각하는 경쟁의 유형에는 두 가지가 있는데, 간섭경쟁(interference competition)과 착취경쟁(exploitation competition)이다. 간섭경쟁은 예를 들어 타감물질을 만들어내거나 생장이 더 느린 또는 크기가 더 작은 식물을 가려 버림으로써 한 생물이 다른 생물을 억제하는 상황을 말한다. 반면에, 착취경쟁은 한 생물이 자원을 이용함으로써 다른 생물의 자원 이용가능성을 저하시키는 상황을 일컫는다. 이들 용어는 때로 균류와 연관시켜 사용될 수 있는데, 일부 균류는 확실히 다른 미생물의 생존과 활동을 엄청나게 방해한다 (자세한 설명은 이 장의 후반부 참조). 또한, 균류의 균사는 양분을 얻기 위해 자신들끼리 그리고 다른 미생물과 자주 직접적으로 경쟁하는데, 예를 들면 이런 현상은 균사가 토양에서 자라는 동안에 일어날 수 있다. 그러나 단단한 식물 조직(예: 목재 또는 낙엽)에서 자라는 부생성 균류나 사물영양성 균류의 경우에는 착취경쟁과 간섭경쟁을 구분해서 생각하기가 쉽지 않은데, 그 이유는 이들 균류는 공간/영역에 대한 경쟁을 통해 양분 접근성을 획득하기 때문이다. 그러므로 이들 균류에 대해서는 간섭경쟁과 착취경쟁이라는 용어를 사용하지 않는 편이 적합하다.

단단한 유기물에 대한 균류 간의 경쟁은 1차 자원 차지(primary resource capture)와 2차 자원 차지(secondary resource capture) 두 가지로 나눌 수 있다. 1차 자원 차지는 자원이 선점되지 않

은 장소에서 일어날 수 있으며, 이러한 유형의 자원 확보에 성공하기 위해서는 현재의 기질을 사용할 수 있는 능력뿐만 아니라 좋은 분산력, 포자의 빠른 발아와 생장 등의 요소가 요구된다. 이러한 균류는 R 선택(R-selected)이나 터주(ruderal) 특성을 가진다고 한다. 2차 자원 차지는 이미 다른 균류가 자원을 차지한 장소에서 일어날 수 있으며, 흔히 전투(combat)라고 불리는 공격적인 길항작용은 차지된 영역을 뺏기 위해서 또는 공격자에 대해 그것을 방어하기 위해서 필수적이다.

이 장은 일정 거리에서 작용하는 길항작용과 접촉 이후에 일어나는 균기생성 및 더 큰 균사체의 상호작용과 같이 균류 간의 부정적 상호작용에 대해 구체적으로 다루면서 시작한다. 이러한 현상에서 형태, 생화학, 유전자 발현이 어떻게 변하는지, 이런 것들이 생리 및 생태에 어떠한 영향을 미치는지에 대해 알아본다. 이어서 균류가 세균, 고세균, 바이러스, 원생동물과 형성하는 부정적인, 긍정적인, 그리고 상리공생적인 관계에 대해 설명하고자 한다.

균류 간의 상호작용

균류의 균사, 균사체, 효모는 같은 종과 다른 종의 모든 개체와 상호작용할 수 있다(그림 10.1). 동일종의 개체 사이에 일어나는 종내 상호작용은 유성생식 및 유사분열과 관련되어 있으며, 이는 제4장에서 다룬다. 여기서는 **공격적인 종간 상호작용**에 국한한다. 이러한 상호작용은 균류가 (1) 균사 간의 접촉 없이 서로 거리를 두고 떨어져 있을 때, (2) 균사 수준에서 접촉할 때, (3) 균사체의 큰 부분이 서로 만날 때 일어날 수 있다. 전반적으로, 서로 다른 종 사이의 길항적인 상호작용은 다양한 결과를 낳을 수 있으나, 이들이 차지하는 영역의 측면에서 보면 다음과 같다. (1) 어느 종도 전진하지 않는 교착(deadlock), (2) 한 종이 다른 종의 영역을 빼앗는 교체(replacement), (3) 한 종이 다른 종의 모든 영역이 아닌 일부 영역을 빼앗는 부분교체(partial replacement), (4) 한 종이 상대 종이 차지했던 영역의 일부를 얻고 반대로 자신의 영역 일부를 주는 상호교체(mutual replacement)(그림 10.2). 공격적인 상호작용은 균류 군집 형성의 주요 결정 요인일 뿐만 아니라 일부 균류는 식물병원균(제8장)의 생물적 방제제로 사용되기 때문에 상당한 관심을 받는다.

일정 거리에서 작용하는 길항작용

물리적인 접촉 없이 일어나는 균류 간의 길항작용은 한쪽 또는 다른 쪽 또는 양쪽 균류 모두가 효소, 독소, 항균성 대사물질 같은 휘발성 및 확산성 화학물질을 만들어내거나 환경의 pH를 바꿀 때 일어난다. 배양기에서 확산성 화학물질의 영향은 쉽게 관찰되는데, 상대 균과의 접촉이 없이도 한쪽 균의 균총 생장이 줄어들기 때문에 두 균의 균사체는 만날 수 없다. 휘발성 물질의 영향은 길항균이 없는 배지에서의 균류의 정상적인 생장과 길항균의 배양체 위에 접종한 균류의 생장을 비교함으로써 관찰할 수 있다. 반응은 그 균이 어떤 길항균과 짝지어졌는지에 따라 달라지는데, 이는 균 사이에서 화학신호의 상호교환에 이은 인지체계가 존재함을 의미한다. VOCs와 DOCs 같은 휘발성 및 확산성 유기물질에 의한 화학 신호는 균류의 인지 시스템에서 중요한 역할을 한다. 이러한 화학물질은 정보화학물질(infochemicals) 또는 신호화학물질(semiochemicals)로 불린다.

미생물은 다양한 종류의 VOCs를 만드는데, 표 10.2에 있는 바와 같이 주요 화합물의 일부

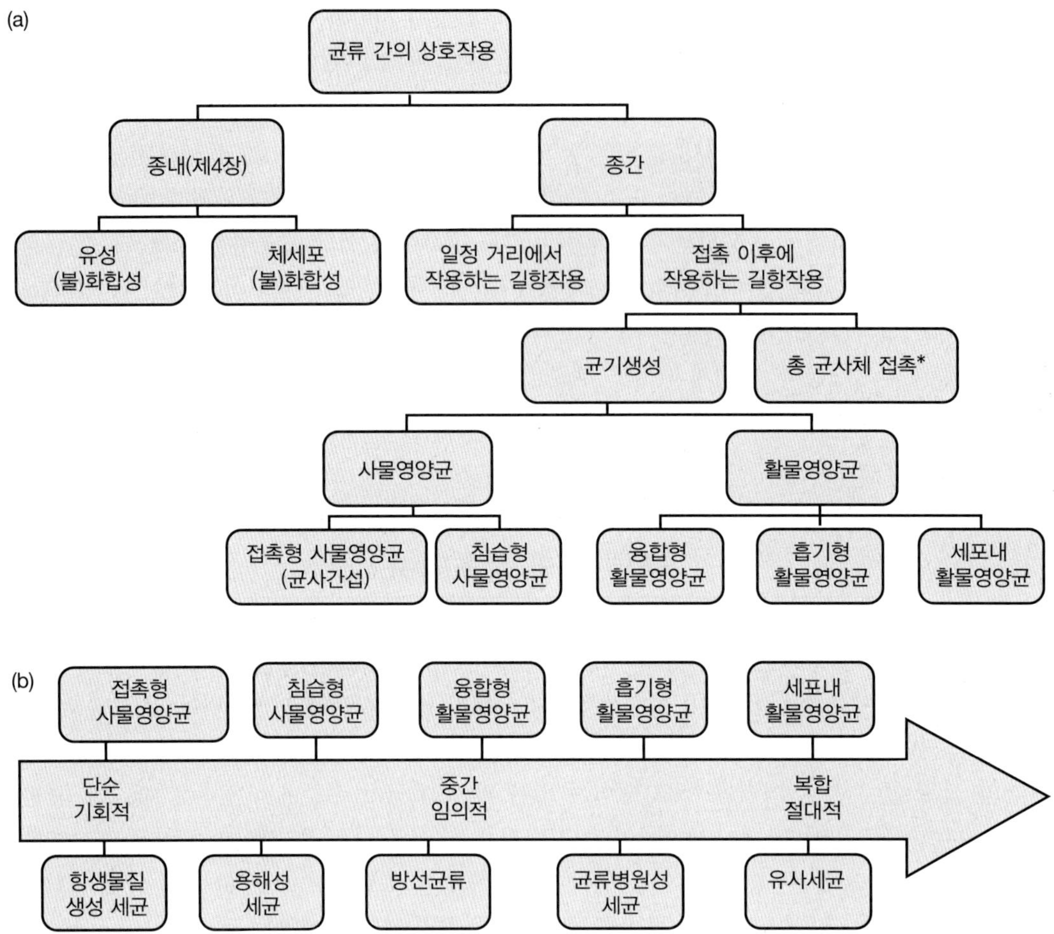

그림 10.1 (a) 균류 간에 일어나는 상호작용의 범위. *총 균사체 접촉 내에 추가 범주가 없는 것은 이것이 복잡하지 않아서라기보다는 이것에 관한 지식이 부족함을 나타냄. (b) 균 기주와 기생균의 상호작용 진화. 화살표 위는 균기생균을, 아래는 길항세균을 나타냄. *출처: 그림 (b)는 Kobayashi and Hillman (2005)에 근거함.*

는 토양에서 검출된다. 서로 다른 미생물 종은 특징적인 VOCs 프로파일을 가지는데, 아미노산을 포함한 생장 기질과 기후에 따라 그리고 길항작용이 진행됨에 따라 달라질 수 있다. 인지와 길항 효과를 담당하는 화학물질은 한 가지가 아니라 여러 가지이거나 많다. 그럼에도 불구하고, 일부 VOCs는 다른 종류에 비해 훨씬 큰 효과를 가진다. 예를 들면, *Trichoderma* 종은 decanal, heptanal, 2-propanone, 2-methyl-1-butanol, octanal을 포함하는 알데하이드와 케톤을 생산하는데, 이들 물질은 특히 목재부후 담자균류의 균사 확장을 억제한다. VOCs는 유전자 발현에 영향을 주고, 그 영향을 받은 균류가 생산하는 단백질 프로파일을 바꿀 수 있다.

방향족 화합물을 포함하여 많은 종류의 DOCs 유형이 있다. DOCs는 토양과 유기물질에 있는 VOCs보다 더 짧은 거리에서 작용해야 한다. DOCs는 인공배지에서 포자의 발아, 균사체의 양분탐색, 균사체의 형태에 영향을 주며, 어떤 균류에서는 리그닌 분해효소의 생산을 증가시키는 것으로 알려져 있다. 이전에 어떤 균류가 자랐던 목재에서 침출한 DOCs는 다른 균류의 신장률을 대

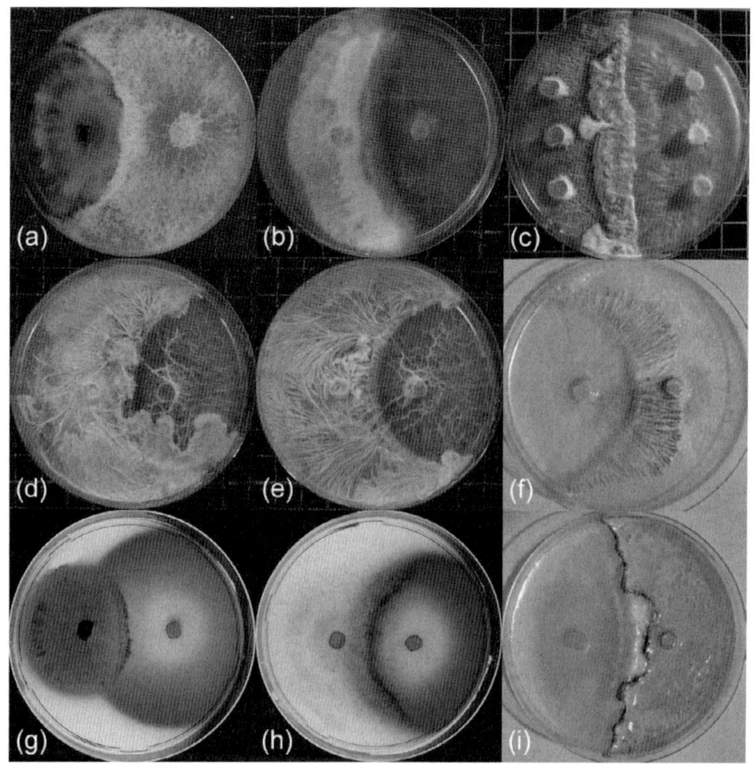

그림 10.2 목재부후 담자균의 배지상 종간 상호작용의 예로 공세, 부채생장, 균사끈을 보여줌. (a) *Hypoxylon fragiforme*(자낭균)를 교체하기 위해 *Bjerkandera adusta*(우)가 출발함. (b) *Trametes versicolor*(우)는 *Stereum gausapatum*을 거의 완전히 교체했음. (c) *Hypholoma fasciculare*(우)가 *Resinicium bicolor*를 교체함. 적갈색 색소가 *Resinicium bicolor*에 의해 생성됨. (d), (e) *Trametes versicolor*(좌)와 *Hypholoma fasciculare*(우). (e) *Hypholoma fasciculare*가 *Trametes versicolor*를 균사끈으로 완전히 뒤덮으며 자라고 결국에는 완전히 교체함. (d) *Hypholoma fasciculare*가 일부 구역에서 균사끈으로 *Trametes versicolor*를 뒤덮으며 자라고, *Trametes versicolor*는 우측 하단에서 *Hypholoma fasciculare*를 교체함. (f) *Trametes versicolor*(우)를 교체하는 *Hypholoma fasciculare*(좌)에 의한 초과산화물의 생성. 보라색 염색(nitroblue tetrazolium)으로 나타남. (g) *Hypholoma fasciculare*(좌)와 *Trametes versicolor*(우) 사이의, (h) *Bjerkandera adusta*(좌)와 *Trametes versicolor*(우) 사이의 상호작용 동안에 일어나는 강한 라카아제 활성. 보라색 염색[ABTS: 2,20-azino-bis(3-ethylbenzothiazoline-6-sulfonic acid) diammonium salt]으로 나타남. *출처: 그림 (c) ©Timothy Rotheray, 나머지 그림 © Jennifer Hiscox.*

부분 억제하지만 때로는 유도하기도 한다. 균류가 목재에서 방출한 DOCs는 군집이 발달하는 동안에 어떤 균류가 다음에 나타날지에 영향을 줄 수 있다 (254쪽).

접촉 이후의 길항작용: 균기생성

극단적인 두 가지 경우로는 활물영양균(biotrophs)과 사물영양균(necrotrophs)과의 균기생적 관계가 있으며, 이들 사이에 많은 중간 유형이 있다 (표 10.3, 그림 10.1). 활물영양균과 사물영양균은 상호작용의 생리학적 특성에 근거해서도 구분될 수 있다. 식물과 동물의 사물영양성 병원균에서 볼 수 있듯이(제8장, 제9장), 사물영양성 균기생균은 상대적으로 분화되지 않은 기생 기작으로 넓

표 10.2 호기성 토양 및 혐기성 토양에서 방출되는 휘발성 유기화합물(VOCs)

알코올	알데하이드	방향족 화합물	부틸, 에틸, 메틸 에스테르	케톤	황화물
Butan-1-ol	2-Methyl-butan-1-al	Benzene	Acetic acid	Butan-2-one	Dimethyl sulphide
Butan-2-ol	3-Methyl-butan-1-al	Benzaldehyde	Butanoic acid	3-Hydroxy butan-2-one	Dimethyl disulphide
Ethanol		Dimethyl benzene	2-Methyl-butanoic acid	Pentan-2-one	Dimethyl trisulphide
2-Methyl propan-1-ol		Ethyl benzene	3-Methyl-butanoic acid	Pentan-3-one	2-Methyl propylsulphide
2 Methyl propan-2-ol		Trimethyl benzene	2-Methyl propanoic acid	Propane-2-one	
Propan-1-ol				4-Methyl pentan-2-one	
				5-Methyl heptan-2-one	

VOCs를 만드는 생물체는 균류와 세균을 포함함.
출처: *Wheatley, R.E., 2002. The consequence of volatile organic compound mediated bacterial and fungal interaction. Anton v Leeu. 81, 357–364.*

은 기주범위를 가지는 경향이 있으며 기주를 죽인다. 대조적으로, 균류와 다른 생물 간의 활물영양 관계에서 볼 수 있듯이(제7~9장), 한 균류와 다른 균류 간의 활물영양 관계는 복잡하고, 제어되며, 상대적으로 파괴적이지 않고, 항상 그런 것은 아니지만 흔히 공진화에 의한 좁은 기주범위를 가진다. 활물영양성 균기생균은 생존을 위해서 기주 균류에 의존한다. 균기생균은 흔히 특정한 기생의 형태로 정의할 수 없는데, 그 이유는 기생 동안에 일부 균기생균이 기주에 대한 행동을 바꾸기 때문이다. 예를 들어, 기생 방법이 처음에는 활물영양이었으나 이후에 사물영양으로 바뀔 수 있다. 일부 균류는 어떤 기주에 활물영양적인 방법으로 자라지만 다른 기주에는 사물영양적인 방법으로 자란다. 예를 들면, *Hypomyces chrysospermus*는 담자균의 육질 자실체에는 사물영양적이지만, *Botrytis cinerea*와 *Trichothecium roseum*이 이미 감염된 버섯을 덮어 버렸을 때에는 *B. cinerea*와 *T. roseum*의 균사 내에서 활물영양적으로 자랄 수 있다. 일부 균기생균은 서로 다른 기주와 닿으면 서로 모양의 균사 구조체를 형성하고, 기주에 서로 다른 영향을 줄 수 있는데, 이는 선택된 기작과 독소에 대한 차별화된 감수성 때문이다. 예를 들면, *Trichoderma virens*는 항생물질 글리오비린(gliovirin)을 만드는데, 이 물질은 유사균 *Pythium ultimum*의 생장을 강하게 저지하지만 담자균 *Rhizoctonia solani*(= *Thanatephorus cucumeris*), 접합균 *Rhizopus arrhizus*, 자낭균 *Verticillium dahliae*에는 그렇지 않다.

균기생이 언제 처음으로 진화했는지는 알려지지 않았으나 아마도 고대의 영양 방식일 것이다.

현존하는 *Glomus*가 형성하는 것과 유사한 포자가 4억 년 전에 하부 데본기 Rhynie 처트층에서 발견되었다. 이 포자 속에는 현재의 병꼴균류와 유사한 구조체가 들어 있었다. 가장 오래된 주름버섯 화석은 1억 년 전에 초기 백악기의 호박에서 발견되었고 그 안에는 균기생균뿐만 아니라 중복기생균(기생균의 기생균)도 있었다. 담자균류의 균기생은 훨씬 더 이전부터 있었을 것으로 추정되지만 화석으로 남아있지 않다. 절대 활물영양균과 기주 간의 관계는 사물영양균과 기주 간의 관계와 비교해 볼 때 진화적으로 더 발달된 것으로 여겨지는데, 그 이유는 전자의 관계가 훨씬 더 복잡하기 때문이나 실제로는 그렇지 않다. 활물영양성 내부기생은 가장 원시적인 균류 그룹 중 일부가 가지는 생활방식으로 균류의 고대 영양방식일지도 모른다.

활물영양 관계에는 3가지 주요 유형이 있다: (1) 세포내 기생균, (2) 흡기형 기생균, (3) 융합형 기생균 (표 10.3, 그림 10.1). 흡기형 활물영양균과 융합형 활물영양균은 기주와의 친밀한 관계가 필수적인데, 양분은 기주에서 기생균으로 옮겨간다. 흡기형 활물영양균은 실제로 기주 균사를 침입하지만 융합형 활물영양균은 침입하지 않아 기주와의 관계는 훨씬 덜 복잡하다.

세포내 기생균(intracellular parasites)은 균의 몸체 전부가 기주균 속으로 들어간다. 예를 들어, 많은 수생성 균기생 병꼴균류는 기주 세포벽을 뚫고 침입하여 자신의 세포질 전체를 기주의 세포질 속으로 넣는다. 양분은 기주와 기생균의 접촉면을 통해 바로 흡수된다. 흰가루병균을 공격하는 *Ampelomyces*(271~272쪽)와 같이 일부 세포내 균기생균의 존재는 자연환경에서 맨눈으로 볼 수 있는데, 이는 1800년대 초에 처음 알려졌다 (그림 10.3). *Ampelomyces*의 포자는 잎에 떨어져서 발아하는데, 포자의 농도가 높으면 발아가 억제되지만 기주균이 있으면 발아가 촉진되고 발아관이 기주균 쪽으로 자란다. 발아관은 부착기와 같은 구조체를 형성하고 효소와 기계적인 압력을 이용하여 흰가루병균의 균사 또는 포자 세포벽에 침입한다 (그림 10.3). *Ampelomyces* 기생균은 처음에는 활물영양균으로 세포 안에서 자라다가 5~8일 후에는 기주 균사체를 죽이고 그 이후에 흰가루병균의 균사, 분생포자경, 미성숙 자낭과 안에 병자각과 포자를 만든다. 습한 환경에서는 포자가 방출되어 빗물에 튀거나 물에 씻겨서 다른 잎과 흰가루병균의 균총으로 퍼질 수 있다. *Ampelomyces* 포자는 감염된 기주균의 균사 조각과 포자를 통해 멀리 이동할 수 있다. 이러한 흰가루병균의 포자는 때로 발아할 수도 있으며, 그 안에 *Ampelomyces*가 있는 상태로 새로운 균총을 만들 수 있다. *Ampelomyces*는 결과적으로 흰가루병균을 죽일 뿐만 아니라 감염된 흰가루병균이 포자를 형성하더라도 포자와 미성숙 자낭과를 죽임으로써 기주균의 무성생식과 유성생식을 억제한다. *Ampelomyces*로 인해 흰가루병균이 빨리 죽지는 않지만 *Ampelomyces*는 생물적 방제제로 시도된 최초의 균류로 오늘날 상업적 제형으로 이용가능하다 (424쪽).

흡기형 활물영양균(haustorial biotrophs)은 기주균 표면에 부착기를 형성하는데, 부착기에서 미세한 침입관이 발달하여 기주 균사를 침입한다 (그림 10.4). 침입관은 세포벽을 통과할 때 분지하여 열편상 흡기를 만들어 기주균이 세포막을 함입시킨다. 흡기는 양분이 기주균에서 기생균으로 이동하는 지점으로 추측된다. *Piptocephalis fimbriata*는 흡기형 활물영양균이다. 이 균의 포자는 기주균이 없는 상태에서도 발아하지만, 적당한 기주 털곰팡이 균사체가 영양화학적으로 유도되는 생장을 할 수 있을 정도로 충분히 가까운 거리에 있지 않다면 발아관의 생장은 멈춘다. 발아관의 생장에 이어서 침입 및 흡기 형성이 이루어진다. **융합형 활물영양균(fusion biotrophs)**은 완충세포(buffer cell)라는 특수한 균사를 만드는데, 이것은 기주 균사에 가까이 밀착한다. 기생균과 기주균의 직접적인 접촉은 세포벽의 미세공이라는 통로를 통해 이루어진다. 기주균과 기생균의 세포막은

표 10.3 균기생성의 유형 (난균류 포함)

기생 유형	기생체와 기주의 접촉 방법	예			
		기생체 종	기생체 (아)문	기주 종	기주 (아)문
접촉형 사물영양균 (균사접촉)	기생체가 접촉하나 기주 균사로 침입하지 않음. 기주의 세포질은 퇴화하고 분해가 일어남	*Phlebiopsis gigantea*	Basidiomycota	*Heterobasidion annosum*	Basidiomycota
		Coprinellus heptemerus	Basidiomycota	*Ascobolus crenulatus*	Ascomycota
		Panaeolus sphinctrinus	Basidiomycota	*Bolbitius vitellinus*	Basidiomycota
		Cladosporium sp.	Ascomycota	*Exobasidium camelliae* (담자기)	Basidiomycota
침습형 사물영양균	접촉 이후에 기생체가 기주를 침입하여 들어감. 기주의 세포질은 급격히 퇴화하고 균사 분해가 흔히 일어남	*Rozella* species	Cryptomycota	*Allomyces*, *Chytridium*, *Rhizophlyctis*, *Rhyzophydium*, *Zygorrhizidium*	Chytridiomycota
		Syncephalis californica	Zoopagomycotina	*Rhizopus oryzae*	Mucoromycotina
		Nectria inventa	Ascomycota	*Alternaria brassicae* (균사와 포자)	Ascomycota
		Coniothyrium minitans, *Talaromyces flavus*	Ascomycota	*Sclerotinia sclerotiorum* (균핵)	Ascomycota
		Cladosporium uredinicola	Ascomycota	*Puccinia violae* (여름포자)	Basidiomycota
		Fusarium merismoides	Ascomycota	*Pythium ultimum* (난포자)	Oomycota
		Mycogone perniciosa	Ascomycota	*Rhopalomyces elegans* (포자)	Mucoromycotina
		Mycogone perniciosa	Ascomycota	*Agaricus*, *Pluteus*의 자실체	Basidiomycota
		Trichoderma spp.	Ascomycota	많음, 예: *Rhizoctonia solani* (= *Thanatephorus cucumeris*), *Corticium rolfsii*	Basidiomycota
		Trichoderma harzianum	Ascomycota	*Botrytis cinerea*	Ascomycota
		Rhizoctonia solani (= *Thanatephorus cucumeris*)	Basidiomycota		Mucoromycotina
		Pythium acanthicum	Oomycota	*Phycomyces blakesleeanus*	Mucoromycotina

세포내 활물영양균	기생체의 몸 전체가 기주의 균사로 들어감. 기주 세포는 기능을 유지함	*Ampelomyces* spp.	Ascomycota	*Arthrocladiella mougeotii*, *Blumeria graminis*, *Sawadaea bicornis* (모든 흰가루병균)	Ascomycota
흡기형 활물영양균	기생체의 균사로부터 나온 짧은 흡기성 분지가 기주로 침입함. 기주 세포는 기능을 유지함	*Piptocephalis* spp.	Zoopagomycotina	Mucorales의 최소 20속	Mucoromycotina
		Dimargaris spp.	Kickxellomycotina	*Verticillium lecanii*	Mucoromycotina
		Filobasidiella depauperata	Basidiomycota		Ascomycota
융합형 활물영양균	기주와 기생체는 접촉함. 밀착된 기주와 기생체 균사 사이에 또는 기생체 균사로부터 나온 짧은 침투성 분지로부터 미세공이 형성됨. 기주 세포는 기능을 유지함	*Gonatobotrys simplex*	Ascomycota	*Alternaria alternata*	Ascomycota
		Dicyma parasitica	Ascomycota	*Physalospora obtusa*	Ascomycota

출처: Jeffries (1995) 및 기타 자료.

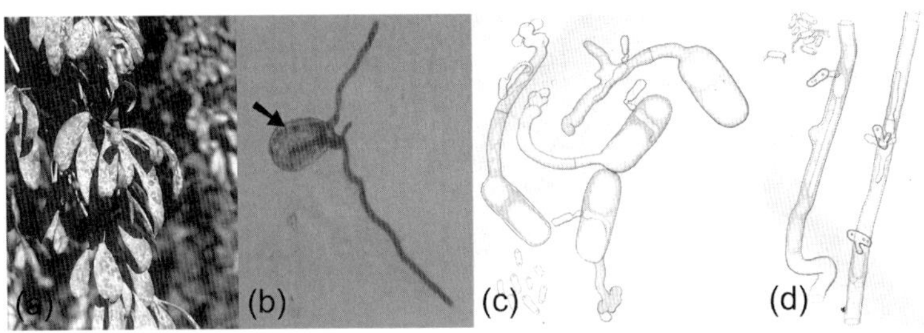

그림 10.3 세포내 균기생균. *Ampelomyces* 종은 처음에 활물영양성이나 결국에는 기주 세포를 죽임. *Ampelomyces* spp.는 흰가루병균에 기생함. (a) 갈색 부분은 *Lycium halimifolium*(가지과)에 기생하는 흰가루병균의 흰색 균총 안에 형성된 *Ampelomyces*의 세포내 병자각 덩어리임. 균기생균의 균사는 포자(b, c)와 기주의 균사(d) 속으로 침입함. (b) *Ampelomyces*의 균사(코튼블루 염색)가 *Erysiphe syringae-japonicae*의 포자 안(화살표)에 있으며 그 포자에서 빠져나옴. *출처:* (c, d) De Bary의 *Ampelomyces*에 관한 초기의 그림. 발아관이 포자(화살표)로부터 뻗어 나오며, *Erysiphe heraclei*의 발아관 속으로(c), *Neoerysiphe galeopsidis*의 균사 속으로(d) 침입하는 것을 보여줌. *출처: Kiss (2008).* (원색도판 참조)

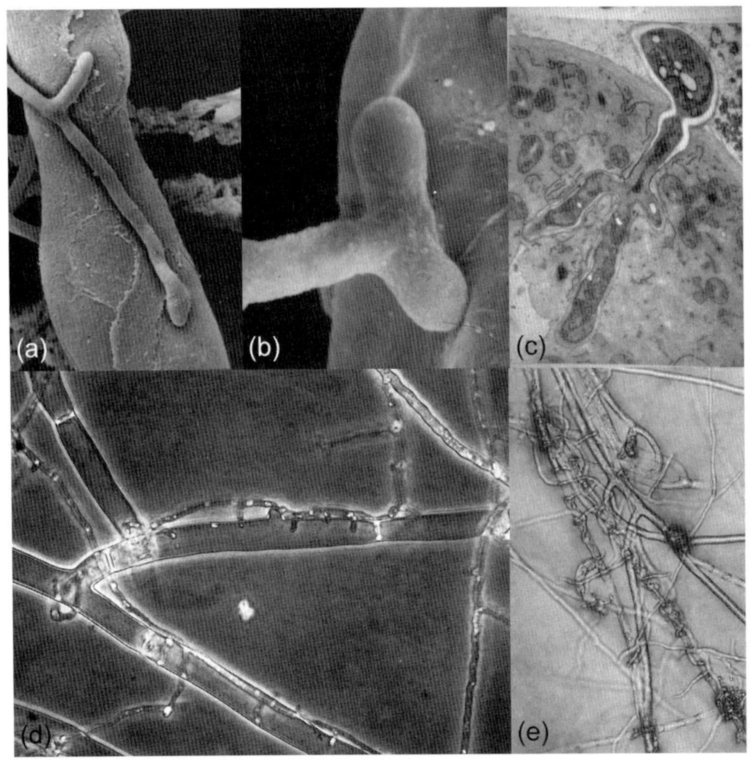

그림 10.4 균기생성. *Cokeromyces recurvatus*를 감염하는 *Piptocephalis unispora*의 주사전자현미경 사진 (a, b)과 투과전자현미경 사진 (c). (a) *Piptocephalis unispora*의 가느다란 균사가 기주의 표면에 밀착하며 부착기를 형성하기 위해 그 끝이 부풀어 오름. (b) 측면 균사를 발달시키는 부착기. (c) 기주 표면에 있는 부착기(우측 상단)와 기주 속으로 발달하는 흡기. (d) *Rhizoctonia solani*의 커다란 균사 속으로 침입하는 *Trichoderma virens*의 균사. (e) *Rhizoctonia solani*의 커다란 균사 주변을 휘감는 *Trichoderma virens*의 균사. 기주 주변의 균사 감기는 균기생성의 특징임. *출처: 그림 (a, b) ⓒ Peter Jeffries, (c) Jeffries, P., Young, T.W.K., 1976. Ultrastructure of infection of Cokeromyces recurvatus by Piptocephalis unispora* (Mucorales). *Arch. Microbiol. 109, 277–288, (d, e) Howell (2003).*

접촉하고 융합하여 서로의 세포질이 연결된다.

일부 균류에서는 균기생성이 양분을 얻기 위한 중요하거나 유일한 방법이지만, 많은 사물영양균에서 이 방법은 좀 더 기회주의적이다. 또한 기생성은 다른 양분을 획득하기 위한 방법으로 일시적일 수 있다. 사물영양성 균기생균은 *Trichoderma*와 *Pythium*류 (난균문)에서 볼 수 있는 것처럼 활물영양성 균기생균보다 훨씬 덜 통제된 방법으로 기주균으로부터 양분을 빼앗기 때문에 더 파괴적이고 더 넓은 기주범위를 가진다. 사물영양성 기생균은 침습성이거나 비침습성일 수 있다.

비침습형(접촉형) 사물영양성 [**non-invasive (contact) necrotrophic**] 균기생균은 기주균사와 직접 접촉하거나 수 μm 이내로 가깝게 접촉한다. 이러한 유형의 기생은 때때로 **균사간섭(hyphal interference)**이라 불리며, 1970년대 초에 John Webster와 동료에 의해 *Coprinellus heptemerus*에서 처음으로 기술되었다. 균사간섭은 균기생균의 균사 끝에서 가장 효과적인데, 영향을 받은 균도 끝 부위에서 가장 민감하다. 간섭을 받은 균의 균사 확장은 현저히 느려지고, 세포막의 기능은 손상되며, 세포기관의 내용물은 손실되고, 세포막은 함입되며, 접촉된 균사 구획은 죽는다. 다중 접촉이 되면 균사 전체가 죽을 수도 있다. *Panaeolus sphinctrinus*의 단일균사는 배지에서 *Bolbitius vitellinus*의 균총이 자라는 것을 저지할 수 있다. *Phlebiopsis gigantea*가 침엽수 병원균 *Heterobasidion annosum*과 *Heterobasidion parviporum*에 대한 생물적 방제제로 사용되는 것처럼 균사간섭은 상대 균을 효과적으로 죽일 수 있다. *Heterobasidion parviporum*에 대한 *Phlebiopsis gigantea*의 간섭을 cDNA로 분석해 보면, 다양한 단백질을 암호화하는 유전자의 발현이 상향조절되는 것을 볼 수 있다. 이러한 단백질은 양분의 획득과 이용뿐만 아니라 해당작용, 포도당 신생합성, 펙틴화합물 분해, 질소대사에 관여하는 효소 측면에서 중요하다. 하이드로포빈은 상향조절되고, 세포벽 조립에 연루되며, 그것의 단량체들은 독소로 작용한다.

침습형 사물영양성 (invasive necrotrophic) 균기생균의 경우에는 균사가 기주 균사와 접촉하는데, 때로는 기주 균사 주변을 감으며 뚫고 들어가기도 한다. *Trichoderma* 종은 침습형 사물영양균의 대표적인 예인데, 기생 능력과 생물적 방제 능력은 1930년대부터 연구되고 있다. 균기생균은 흔히 잠재적 기주균의 존재를 감지하여 그 방향으로 뻗어 나갈 수 있는데, *Trichoderma* 종이 *Rhizoctonia solani*를 향해 자라는 것을 그 예로 들 수 있다. 잠재적 기주균의 존재는 포자 발아를 촉진시킬 수 있는데, 예를 들어 *Sporidesmium sclerotivorum* 균핵이 있는 경우에는 *Coniothyrium minitans* 포자 발아가 촉진된다. 접촉이 되고 나면, 인지, 결합, 형태적 변화가 일어난다. *Trichoderma* 종의 균사는 전형적으로 기주 균사 주변을 휘어 감고, 일부 종은 기주균 속으로 침입하는데, *Trichoderma virens*가 *Rhizoctonia solani*의 균사 속으로 침입하는 것을 그 예로 들 수 있다 (그림 10.4). *Trichoderma* 종과 *Corticium* (*Sclerotium*) *rolfsii* 같은 일부 기주균은 렉틴(lectins)을 만든다. 렉틴은 상대 균의 표면에 있는 탄수화물과 반응하고, 기생 작용에 수반된 인지와 구조체의 분화에 관여한다. 기주균으로부터 나오는 신호는 균기생균의 표면에 있는 수용기에 의해 인지된다. 이 신호는 기생과 연관된 유전자의 전사를 일으키는 내부 신호 변환 캐스케이드를 이끌어낸다. *Trichoderma* 종에서 볼 수 있듯이, 이종삼량체(heterotrimeric) G 단백질은 G 단백질 수용기로부터 나오는 신호를 cAMP와 MAP 인산화효소 경로로 전송하는데, 이 경로는 항진균성 대사물, 분해효소, 감염 구조체의 생산을 통제한다. 예를 들면, *Trichoderma* (*Gliocladium*) *roseum*이 *Botrytis*를 공격하면 액포화가 일어나면서 균사 세포벽과 세포내 소기관이 분해된다. *Trichoderma* 종은 독소를 비롯하여 키틴분해효소, 글루칸분해효소, 단백질분해효소 등의 효소를 생산하는 활발한 사물영양균이다.

일부 균류는 다른 균류에 **일시적 기생균(temporary parasite)**이다. 처음에는 기주균을 감염함으로써 양분을 획득하지만, 그 이후에는 기주균에 의해 점유된 자원을 차지함으로써 양분을 얻는다는 점에 주목할 필요가 있다. 기생균은 기주균을 죽이고 기주균의 자원을 차지할 때, 비기생적인 길항작용을 통해 주변에 인접한 균류로부터 영역을 방어하고 확장할 수 있다. 이러한 현상은 일부 목재분해균류에서 볼 수 있다. 예를 들면, *Lenzites betulina*는 *Trametes* 종을, *Trametes gibbosa*는 *Bjerkandera* 종을 일시적으로 공격할 수 있다. 두 가지 경우에서 기주균은 많은 양의 목재를 차지할 정도로 매우 흔한 반면에 균기생균은 상대적으로 흔치 않은데, 균기생균이 기주균을 죽이고 나면 분해 중인 목재는 일시적으로 균기생균이 이용하게 된다.

영양균사가 감염되거나 죽을 수 있는 것처럼 **자실체 내 균사**도 마찬가지다. *Hypomyces aurantius*는 *Trametes versicolor*와 다른 목재부후 담자균류를 감염할 수 있는데, 이 균은 강력한 독소를 만들어 냄으로써 기주균 세포의 소기관을 파괴시키고 세포질을 응고시킨다. 처음에는 지방체가 축적되고 그 다음에는 미토콘드리아와 소포체의 시스터나가 부풀며, 원형질막은 세포벽으로부터 오므라들면서 함입된다. 자실체의 기생균으로는, *Russula nigricans*와 *Scleroderma citrinum*을 각각 감염하는 담자균 *Asterophora lycoperdoides*와 *Pseudoboletus parasiticus*가 있으며, *Mycena* 종을 감염하는 *Spinellus fusiger* (Mucoromycotina)가 있다 (그림 10.5). 담자균 *Squamanita odorata*는 기주담자균 *Hebeloma mesophaeum*의 자실체 조직을 인지하기 어려운 혹 정도의 크기로 축소시킨다. 아마도 거의 모든 흰목이목(담자균) 균류는 담자균 버섯류, 선반형 버섯류, 붉은목이류의 자실층을 비롯하여 자낭균인 핵균류의 자낭과와 자좌를 감염한다. 기생성 *Tremella* 종은 기주균과 자신의 세포질을 연결하는 미세공을 가진 흡기를 형성한다.

균류의 포자도 감염될 수 있다. **포자에 대한 균기생성(mycoparasitism of spores)**은 균계에서 가장 큰 수지상균근균(AMF, 206~215쪽)의 포자를 대상으로 연구되어 왔다. 토양에서 분리한 AMF 포자의 대다수는 균기생균 또는 아메바(358쪽)가 침입하는 미세한 관으로 뚫린 세포벽을 가진다. 이 관은 흔히 내생장(ingrowth)과 관련이 있으며, *Piptocephalis* 종의 침입관이 털곰팡이로 들어가는 것에 반응하여 형성되는 유두상돌기(papillae)와 비슷하다. *Spizellomyces*와 *Pythium*처럼 유주포자를 형성하는 난균류는 Glomales 포자에서 흔히 발견되는데, 그 표면이나 내부에 포자

그림 10.5 담자균 기주의 자실체 위에 있는 균기생성 균류의 자실체. (a) *Mycena* sp. 위에서 자라는 *Spinellus fusiger* (Mucoromycotina). (b) *Russula nigricans* 위에서 자라는 *Asterophora lycoperdoides*. (c) *Scleroderma citrinum* 위에서 자라는 *Pseudoboletus parasiticus*. 출처: 그림 *(a, b) ⓒ Penny Cullington, (c) ⓒ Alan Hills*. (원색도판 참조)

를 형성한다. *Trichoderma*와 *Verticillium*을 포함하여 많은 자낭균류는 균사를 감염하고, 일부는 포자를 감염하기도 한다. Glomales 포자의 경우, 더 노화되고 덜 멜라닌화된 포자가 더 어리고 짙은 색을 가진 포자보다 침입에 대한 저항성이 낮다.

생존을 위한 구조체인 **균핵에 대한 균기생성(mycoparasitism of sclerotia)**은 흔하고, 특히 기주균이 식물병원균인 경우에는 생물적 방제의 가능성이 있어서 흥미롭다. 예를 들면, *Sporidesmium sclerotivorum*과 *Teratosperma oligocladium*의 균사는 *Sclerotinia sclerotiorum*과 *Sclerotinia minor*의 외피를 뚫고 들어간 다음에 수질 내부의 세포 사이에서 증식하지만 균핵 세포 내부에서는 증식하지 않는다. 기생균은 균핵 수층 내부의 균사에서 나오는 포도당과 다른 단당류를 이용한다. 그 다음에 균기생균의 균사는 균핵 표면까지 자라 나오고 많은 포자를 형성한다.

접촉 이후 길항작용: 총 균사체 접촉

균기생성은 감염된 균류의 균사체 전체에 큰 영향을 미칠 수 있다. 균기생균의 균사체가 배지 상에서 아무런 제약 없이 기주균의 균총을 덮어 자라는 것을 육안으로 관찰할 수 있다. 서로 다른 종의 균사가 만날 때, 육안으로도 쉽게 관찰되는 뚜렷한 변화를 다소 모호한 표현으로 총 균사체 접촉(gross mycelial contact)이라고 한다. 한쪽 또는 양쪽 균사체의 생장이 느려지고, 균사체의 형태가 바뀌며, 흔히 색소가 형성되고, 때때로 용해 구역이 관찰된다. 이러한 변화는 양분이 풍부한 배지 상에서 담자균류 간에, 그리고 콩꼬투리버섯류(자낭균) 간의 상호작용에서 특히 분명해진다. 또한 토양 표면에서 침입에 저항하기 위한 균사체의 '공세'와 같은 형태적인 변화에서는, 침습성 균사체 부채를 비롯하여 균사끈과 근상균사다발 같은 응집된 균사조직을 볼 수 있다 (그림 10.2). 이러한 형태적 변화는 흔히 균사 생물량 재분배를 수반하는데, 상호작용이 일어나는 구역에서 멀어질수록 균사 밀도가 줄어듦으로써 상대 균사체가 상호작용 구역으로 접근할 때 침입에 대한 감수성이 훨씬 커질 수 있다.

천연 유기물 자원에서 상호작용 또는 적어도 상호작용이 일어나는 장소는 '상호작용 대선(zone lines)'으로 보일 수 있다 (그림 10.6). 이런 현상은 목재 횡단면에서 가늘고 짙은 색의 선으로 보인다. 때로는 옅은 색의 선으로 보이기도 하는데, 끈적긴뿌리버섯(*Oudemansiella mucida*)이 관여할 때 주황색으로 보인다. 이러한 선은 위균핵판(pseudosclerotial plates, PSPs, 61쪽)이다. 위균핵판은 흔히 세로 방향으로 수 cm 뻗어가고, 위균핵판을 만들어낸 부후균류가 차지한 영역을 완전히 감싼다. 좁은(하나 또는 몇 개의 나무 세포 두께) '무인지대(no man's land)'가 인접한 균류 개체들의 영역을 둘러싸는 PSPs 사이에 존재한다. 이 영역은 암색분생포자형성(dematiaceous) 자낭균(예: *Chaetosphaeria myriocarpa*와 *Rhinocladiella* spp.)의 작은 균총들에 의해 흔히 점유되는데, 이는 집락화된 목재의 high throughput sequencing을 통해 엄청난 수의 다양한 DNA 염기서열의 존재 이유를 부분적으로 설명한다. 이러한 장벽은 때로 커다란 인접한 영역을 차지한 분해자 균류에 의해 파괴될 수 있으며, 그 장벽을 만들어냈던 균류는 교체될 수 있다. 이것은 목재에서, 부분적으로 분해되어 온 '유물(relic)' 영역 선(즉, PSPs)으로 보일 수 있다. 균사체 생물량은 흔히 목재 내 부후 기둥 안에 고르지 않게 분포하는데, 이는 목재가 습한 조건에서 배양될 때 관찰할 수 있다. 증식이 활발한 균사체의 외생장(outgrowth)은 상호작용 대선과 가까운 부후 기둥의 가장자리에서 일어나는 반면에 더 안쪽 구역에서의 외생장은 대체로 드물다.

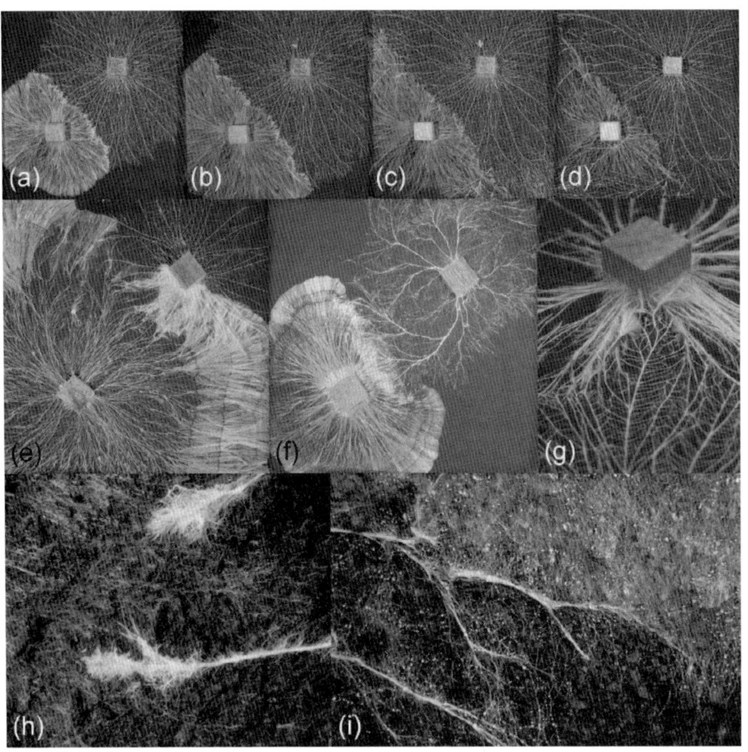

그림 10.6 토양과 목재의 담자균류 균사체 사이의 상호작용. (a–d) 24×24 cm 트레이의 압착된 비멸균 토양 표면의 점유한 목재 블록에서 뻗어 나온 *Hypholoma fasciculare*의 균사체가 *Phallus impudicus*의 균사체와 상호작용함. 접촉 후 각각 2일(a), 10일(b), 32일(c), 84일(d). 32일 후에 *Phallus impudicus*의 균사끈이 *Hypholoma fasciculare*의 방어를 가까스로 뚫고 그 위를 뒤덮어 자라려고 함. 84일 후에 *Phallus impudicus*는 *Hypholoma fasciculare*에 의해 점유된 목재 블록까지 도달하고, 그 때부터 목재 블록 안에서 상호작용이 일어남. *Phallus impudicus*의 균사체가 무척추동물인 톡토기에게 뜯어 먹혀 생긴 손상은 84일 경에 상대 균으로부터 떨어진 구역에서 분명해짐. (e) *Phallus impudicus*를 교체하는 *Hypholoma fasciculare* (좌)의 다른 계통. (f) *Phanerochaete velutina*에 의해 교체되는 *Hypholoma fasciculare* (좌). 일부 상호작용에서 균사체의 교체는 하나의 균이 토양(f)을 거쳐 나아가면서 일어나고 다른 곳(d)에서는 뒤덮어 자라는 것이 먼저 일어남. (g) *Resinicium bicolor*를 교체하는 *Phallus impudicus* (하단) 균사체의 확대. (h) 외생균근균 *Paxillus involutus*의 근생외 균사체를 오른쪽부터 덮으며 자라는 *Phanerochaete velutina*의 균사끈. *Phanerochaete velutina* 균사끈의 끝은 잘린 모양임 [(f)에서 토양 위의 균사끈과 비교하면 역시 길항적으로 영향을 받고 있음]. (i) *Phanerochaete velutina*의 균사끈(하단)은 외생균근균 *Paxillus involutus* (상단)의 근외 균사체에 의한 영역 접근을 막음. 출처: *그림 (a–g) ⓒ Timothy Rotheray, (h, i) ⓒ Damian Donnelly.*

하나의 포괄적인 용어로 총 균사체 상호작용이라 부를 수 있는 서로 다른 많은 기작이 있을 것이다. 사실상 하나의 균은 상대하는 균에 따라 다른 전투 기작을 가동한다. 이러한 기작은 효소, 독소, 다른 항진균성 화합물의 방출과 관련된다 (아래 참조). 어떤 종이 궁극적으로 길항적 상호작용에서 우점할지는 영역을 차지하고 방어하는 상대 균의 상대적 능력에 의해 결정된다. 균류의 전투 능력에는 상당한 차이가 있는데, 일부 종은 대부분의 종보다 훨씬 더 공격적이고, 어떤 종은 대부분의 길항균에 의해 교체된다. 하지만 대부분의 균류는 두 극단적인 전투 능력의 중간적인 전투 능력을 가진다 (그림 10.7). 더 나아가, 일부 균류는 '방어'에 능숙하고, 또 다른 균류는 '공격'

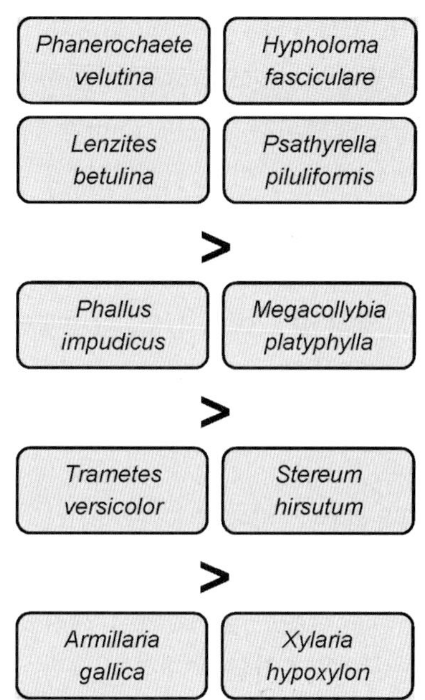

그림 10.7 쓰러진 유럽너도밤나무(*Fagus sylvatica*) 목재 분해에 관여하는 일부 우점 균류의 전투 능력의 계급.

에 능숙하며, 또 어떤 균류는 두 가지 모두에 능숙하다. 이는 식물 생태에서 경쟁 효과와 경쟁 반응의 개념과 비슷한데, 전자는 다른 식물의 자원 이용을 억제할 수 있는 것을 말하며, 후자는 억제를 견딜 수 있는 능력을 가지는 것을 말한다. 전투적인 능력의 스펙트럼 내에는 (1) A종이 B종에 더 전투적이고, 이어서 B종은 C종에 더 전투적인 상황(즉, A>B>C)인 전이 계급(**transitive hierarchies**), (2) A종이 B종에 더 전투적이고, B종이 C종에 더 전투적이나 C종은 A종에 더 전투적인 상황(즉, A>B, B>C, C>A)인 비전이 계급(**intransitive hierarchies**)이 있다. 그러한 비전이성(**intransitivity**)은 서로 다른 종들이 서로 다른 전투 및 방어 기작을 사용한 결과이다. 이러한 전투 능력의 계급은 스포츠 리그와 조금 비슷한데, 성적표의 정상에 있는 팀은 나머지 대부분 팀을 이기지만 가끔 질 수도 있다. 마찬가지로 밑바닥인 성적의 팀도 때로는 상위권 팀을 이기면서 최고의 팀을 이기는 '거물잡는 명수(**giant killers**)'가 되고는 한다. 이러한 상황은 특별한 조합의 종간의 결과가 비생물적 체제(예: 온도, 수분퍼텐셜, 양분 상태), 균주, 이미 점유한 영역의 크기, 상호작용의 장소(예: 목재 또는 토양), 주변의 다른 미생물 및 무척추동물의 존재에 따라, 심지어 때로는 명백히 동일한 조건 하에서도 달라진다는 사실을 고려할 때 더욱 복잡해진다.

상호작용 화학과 유전자 발현

균사체 간 접촉 동안에 균사체 형태의 변화뿐만 아니라 길항작용에 관여하는 유전자의 상향조절을 통해 균사 내에 추가적인 화학물질(339~341쪽)이 생성된다. 이러한 화합물은 앞서 '일정 거리에서 작용하는 길항작용'(339~341쪽)에서 언급되었던 것처럼 휘발성 또는 확산성 유기화합물(VOCs와 DOCs)로 주변 환경에 방출된다. 균류에 의한 항생물질(예: 페니실린)의 생성은 오랫동안 알려져 왔으나, 생성 정도를 비롯하여 항생물질이 자연 환경에서 영향을 발휘하는 규모는 아직까지 분명하지 않다. 몇몇 항생물질은 확실히 분해되기 어렵다. 수목병원균이며 갈색부후(147~152쪽) 담자균으로 알려진 꽃송이버섯(*Sparassis crispa*)이 썩히는 목재 내에서 많은 양의 벤조산메틸이 생성되어 여러 해 동안 분해되지 않는다. 그러한 고농도의 생성은 균류가 생합성에 상당한 에너지를 투입하고 있음을 나타내고, 이로 인해 균류가 상당한 혜택을 받을 것임을 암시한다. 또한 다른 항진균성 화합물은 목재에서 쉽게 검출되어 왔는데, 여기에는 시트카가문비나무의 그루터기로부터 분리된 많은 균류가 생성한 지용성 화합물을 포함한다. 그러나 이러한 화합물의 활성은 서로 다른 균류에 대해서 달라졌다. 예를 들면, 합성배지 상의 *Stereum sanguinolentum* 배양체에서 생성된 3가지 화합물 모두가 *Cladosporium cucumerinum*에 대해 항진균 효과가 있었으나, *Hypholoma fasciculare*, *Heterobasidion annosum*, *Resinicium bicolor*에 대해서는 오직 한 가지 화합물만 균사체 생장을 억제했다.

효소 활성은 균사체가 상호작용하는 부위에 따라 달라진다. 일부 효소는 상호작용 영역에서 크게 상향조절되고, 균사체의 다른 부위에서는 효소 활성이 소폭 증가한다. 활성산소종, 페놀산화효소, 때로는 β-글루코시드 분해효소의 생성은 균사체에서 광범위하게 증가하는 반면에, 라카아제와 망간 의존 리그닌 과산화효소는 상호작용하는 목재부후 유발 균류 사이의 접촉 구역에서 증가한다. 라카아제는 균류의 종간 상호작용 동안에 빈번히 생성되는 멜라닌과 멜라닌 유사 화합물의 생성에 수반되므로 방어 역할을 할지도 모른다. 또한 키틴분해효소도 세포의 가수분해를 일으키고 균류의 균사로부터 격리 질소를 방출시켜 차지하는 영역을 보호한다.

생리와 생태에 대한 길항효과

자연환경에서 균류는 거의 항상 다양한 종의 군집으로 존재한다. 그래서 서로 다른 종간의 균사체 상호작용과 자원에 대한 경쟁은 끊임없이 일어난다. 상호작용은 부생균의 균사체 사이에 일어날 뿐만 아니라 부생균과 균근균(제7장), 그리고 균근균 사이에서 일어난다. 많은 핵심 효소 시스템은 외생균근균(ECM)과 부생영양성 담자균에서 흔히 나타난다. 그들의 균사체는 목재에서 일어나는 부후의 가장 마지막 단계에서, 그리고 유기질 토양에서 함께 발견되므로 경쟁이 불가피하다. 그러나 북방림에서는 경쟁이 완화되도록 니체가 분리되는데, 부생균은 좀 더 위쪽의 유기질 토양층에 우점하고, 외생균근균은 좀 더 낮은 무기질 토양층에 우점한다.

부생균류 사이에 상호작용이 일어나는 동안 CO_2 진화가 때로는 증가하는데, 이는 상대 균으로부터 영역을 방어하거나 빼앗을 때 대사비용이 증가한다는 것을 의미한다. 균사체 내 탄소의 이동과 분배도 영향을 받는다. 목재에서 한 종이 다른 종으로 교체될 때, 새로 교체된 균류는 이전에 점유했던 자원에서 이용가능한 탄소에 대한 의존을 새로 차지한 영역에서 이용가능한 탄소에 대한 의존으로 전환시킬 수 있는데, 여기에는 죽어가는 균류의 균사체를 이용하는 것도 포함한다. 부생영양성 담자균이 외생균근성 담자균과 상호작용할 때, 광합성에서 유래된 탄소가 뿌리에서 자라 나오는 외생균근균의 균사체로 분배되는 것에 현저한 효과가 있다 (그림 10.8). 또한 균사체 간에 탄소교환이 일어날 수 있다. 길항작용 동안에 탄소화합물은 상호작용 구역에서, 심지어 교착상태 구역에서 손상된 균사로부터 빠져나오고, 이것은 상대 균이 기회주의적으로 흡수할 수 있다.

무기질 양분의 흡수, 이동, 분배, 방출은 종간 균사체 상호작용에 의해 바뀔 수 있다. 탄소의 경우처럼, 균사체 간 무기질 양분 교환은 상호작용 구역에서 아마도 누출을 통해 일어난다. 또한 양

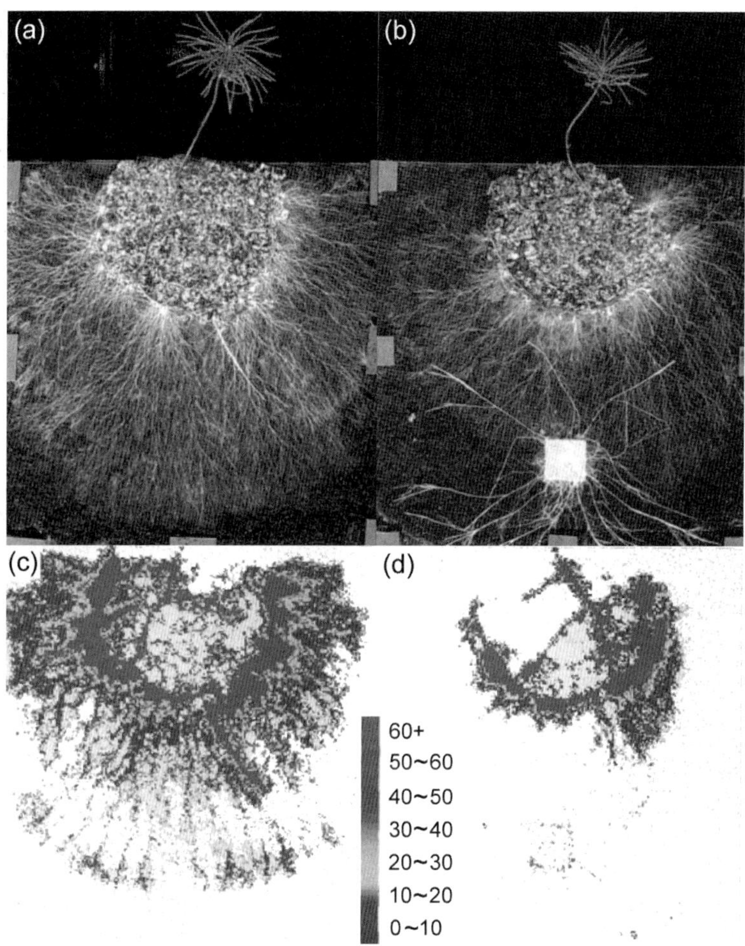

그림 10.8 부생영양성 담자균은 외생균근균의 균사체 확장과 외생균근균의 근생외 균사체로의 탄소 분배에 극히 영향을 줄 수 있음. 목재 조각으로부터 자라나온 목재부후균 *Phanerochaete velutina*는 토양 축소판에서 *Pinus sylvestris*와 연관되어 있는 *Suillus bovinus*의 균사체와 상호작용하고 있음. (a)와 (b)는 부생균이 없을 때와 있을 때 외생균근균의 균사체 생장을 각각 보여줌. 식물체는 ^{14}C로 파동 표지되었으며, 20×24 cm 지하 부분에서 디지털 방사능 사진 촬영으로 정량화되었음 (c, d). 컬러 스케일은 45분이 지나고 나서 mm^{2}당 수를 나타냄. 기주식물체로부터 매우 적은 탄소가 영역 전투 구역의 외생균근균의 균사체로 배분되고, 생장이 저지됨. *Phanerochaete velutina*와 상호작용할 때, 파동 표지된 후 30시간까지 *Suillus bovinus*의 균사체에 배분된 ^{14}C가 60% 감소함. 5일 후에 ^{14}C(0.03%)가 *Phanerochaete velutina*에서 검출됨. 출처: *Leake, J.R., Donnelly, D.P., Saunders, E.M., Boddy, L., Read, D.J, 2001. Carbon flux to ectomycorrhizal mycelium following* ^{14}*C pulse labelling of Pinus sylvestris L. seedlings: effect of litter patches and interaction with a wood-decomposer fungus. Tree Physiol. 21, 71-82. Oxford University Press.* (원색도판 참조)

분은 상호작용 동안에 균사체 내에서 이동한다. 일부 경우에서는 상호작용 구역 쪽으로 인이 이동하고, 또 다른 경우에서는 상호작용 구역으로부터 인이 멀어지는데, 후자는 아마도 하나의 균사체가 대결에서 졌을 때 일어날 것이다. 상호작용 동안에 양분이 상호작용 구역에서 방출될 뿐만 아니라 균사체 전체가 '새는' 상태로 될 수 있으며, 이는 아마도 양분이 균사체로부터 토양으로 빠져나가는 중요한 방법 중의 하나일 것이다.

종간 상호작용과 균류 군집 발달

균류 상호작용의 결과는 흔히 균류 군집 변화의 주요 원인이다. 이는 부패되는 유기물질, 특히 목재에서 뿐만 아니라 균근의 정착 측면에서 가장 집중적으로 연구되어 왔다. 전투적 능력의 계급 내 지위(349~351쪽)는 완전하지는 않지만 대략적으로 군집 천이과정에서 균류의 지위와 관련이 있다. 죽은 유기물의 첫 번째 개척자는 영역을 얻기 위해서, 즉 자원에 접근하기 위해 성공적인 전투원일 필요가 없다. 그러나 그 다음에 도착하는 개척자는 다른 균류가 이미 자원을 선점하고 있기 때문에 성공적인 전투원이 될 필요가 있다. 하지만 전투적인 상호작용이 항상 군집 변화의 주요 추진 요인인 것은 아니다. 교란 또는 환경적 스트레스가 군집을 바꿀 수 있다. 즉, 어떤 균류는 열등한 전투원일 수 있으나, 스스로가 교란 또는 스트레스에 대응하여 결과적으로 우점할 수 있는 능력을 지닌다.

부생균과 외생균근균 사이의 상호작용은 종에 따라 결정되며, 때로는 어느 한 쪽의 억제가 일어난다. 예를 들면, 소나무 유묘의 외생균근균 *Suillus variegatus*와 *Paxillus involutus*는 균사끈을 형성하는 목재부후 담자균 *Hypholoma fasciculare*에 길항작용을 하는 반면에, *Hypholoma fasciculare*는 밤나무의 외생균근균 *Pisolithus tinctorius*를 억제할 수 있다는 보고가 있다. 만약에 *Pisolithus tinctorius*가 소나무 뿌리를 점유하기 시작할 때 *Hypholoma fasciculare*가 있다면, *Hypholoma fasciculare*는 *Pisolithus tinctorius*에 의한 뿌리 점유를 저지할 수 있다. 외생균근균 *Pisolithus tinctorius*가 뿌리 점유를 시작한 지 30일이 지난 다음에 *Hypholoma fasciculare*가 도착했더라도 이미 형성된 균근에 영향을 준다.

균류와 세균 간의 상호작용

균류와 세균 사이의 상호작용은 많고 다양하며, 서로의 생장·생존·병원성에 영향을 줄 수 있다. 이러한 효과는 상호작용하는 생물체에 부정적이거나 긍적적이거나 공생적일 수 있고, 또 다른 자극효과와 억제효과일 수 있을 뿐만 아니라, 세균의 영양원이 되는 균류에서 그리고 그 반대의 경우에서 기인할 수 있다.

세균과 균류 간의 부정적 상호작용

일부 균류는 세균섭식자(bacterivores)이다. 예를 들면, 재배버섯 양송이(*Agaricus bisporus*)는 미생물이 풍부한 퇴비로부터 세균을 주요 질소원으로 이용한다. 세균을 용해할 수 있는 균류는 세균 집단에 이끌리는 것 같다. 반면에 일부 세균은 균류의 기생체/병원균으로서 균류포식자(mycophages)이다. 일부 사상성(filamentous) *Streptomyces* 균주는 *Aspergillus niger*의 균사를 휘감고 침입할 수 있으며, 또한 수지상균근균 *Gigaspora gigantea*의 포자를 감염할 수 있다. 또한 비사상성(non-filamentous) 세균도 균사를 공격할 수 있다. *Collimonas* 균주는 키틴분해효소와 항생물질의 조합을 사용하여 균사 선단을 공격한다. 점액세균은 효모를 파괴하고, 식물병원성 *Rhizoctonia* 종을 포함한 토양균류의 균사를 침입한다.

재배버섯류의 세균 기생은 거의 100년 동안 알려져 왔다. 버섯 자실체의 다양한 병이 있으나 *Pseudomonas tolaasii*에 의한 양송이 세균성갈반병이 가장 많이 연구되었다. 이 세균은 토양과 퇴비 속에서 자라며, 균류의 균사와 자실체도 공격할 수 있다. 공격 받은 부위는 갈색 반점으로 보이며, 톨라신과 소량의 다른 2차 대사물질이 세포막 파괴를 일으켜 균류 세포에서 양분이 빠져나온다. 세균 감염이 확산됨에 따라, 버섯은 멜라닌과 퀴논을 생성하여 화학적 장벽을 만들고 감염으로부터 자실체 내부 조직을 보호한다. 무름병은 세균이 일으키는 자실체의 다른 병으로서 곰보자국, 끈적거리는 얼룩, 심지어 완전한 용해 같은 증상을 수반한다. 갓과 대의 급속한 무름은 *Burkholderia gladioli* pv. *agaricicola*와 *Janthinobacterium agaricidamnosum*에 의해 일어나는 반면에 *Pantoea* sp.는 새송이에 수침 증상을 수반하는 무름을 일으킨다. 미이라병은 자실체가 성숙에 이르지 못하나 분해되기보다는 미이라화되는 등 매우 다른 증상을 나타낸다. 몇몇 *Pseudomonas* 종이 미이라병에 연루되었을지라도 그 원인은 아직까지 코흐의 법칙에 의해 증명되지는 못했다. 다양한 병원성 세균이 있을 뿐만 아니라 같은 종에 의해 일어나는 병에도 차이가 있다. *Pseudomonas agarici*는 양송이류에 세균갈색무늬병을 일으키고, 느타리류에 자실체 표면의 노란 물방울이 특징인 세균갈색무늬병을 일으킨다. 그리고 dippy gill 병은 세균이 균류의 세포 사이와 내부에서 증식하여 대가 세로 방향으로 갈라지면서 삼출물이 나오는 특징을 보인다.

균류의 세균성 병원균에 대한 많은 예를 농업에서 찾아볼 수 있는데, 특히 세균성 병원균이 식물병원성 균류의 생물적 방제제로 사용될 가능성이 있기 때문이다. *Lysobacter enzymogenes*는 다양한 균류뿐만 아니라 선충, 선태식물, 다른 생물체에 병원성을 가진다. 이 세균은 기주에 부착한 후에 세포 내부를 점유하면서 기주를 감염하고 증식한 다음에 빠져나간다. 병 발생 동안에 생성되는 효소는 키틴분해효소, β-1,3-글루칸분해효소, 단백질분해효소이며, 이들은 세포벽 분해에 수반된다. 또한 이 세균은 열에 안정적인 항진균 인자를 포함한 항생물질을 사용하며, 일부 생물체의 발병을 위해 분비 시스템의 3번째 유형(즉, 기주 속으로 단백질을 분비하기 위해 사용하는 단백질 부속물)을 사용한다. 분해효소와 항생물질뿐만 아니라, 세균이 균류를 감염하는 동안에 잘 특성화된 병원성 기작은 T4 선모(기주에 부착하는 것을 돕는 실 모양의 돌출물)이다.

*Candida albicans*에 대한 *Pseudomonas aeruginosa*의 병원성 능력에서 보는 바와 같이, 소통은 발병에서 중요한 역할을 한다. *Pseudomonas aeruginosa*는 정족수 감지 분자를 생성하는데, 이것은 *Candida albicans*가 효모 단계에서 균사 단계로 전환하는 것을 막지만(167쪽), 이 세균은 *Candida albicans*의 균사 단계에만 병원성이 있다. *Candida albicans*는 효모 단계에서 파르네솔(farnesol) 같은 정족수 감지 분자를 만들어내서 균사 단계로의 전환을 자가조절하며, *Pseudomonas aeruginosa*가 정족수 감지 신호 퀴놀론 및 다른 병원성 인자의 생성을 막는다. 인체병원성 세균 *Acinetobacter baumannii* 또한 *Candida albicans*가 균사 단계로 전환되는 것을 저지한다. 이 균사 단계는 인체에 대한 *Candida albicans* 병원성의 중요한 특징이다 (306~307쪽).

비록 분해효소와 항생물질이 거리를 두고 일어난 일시적이고 비특이적 상호작용 동안에 생성되었다고 할지라도, 이들의 생성은 확실히 중요한 병원성 기작이다. 세균은 한 가지 항생물질보다는 길항 대사물질의 혼합체를 생성하는 경향이 있으며, 이는 상대 균의 저항성 발달을 막는다. 일부 균류는 일부 항생물질에 대한 방어기작을 가지고 있으며, 다양한 기작을 일제히 사용할지도 모른다. 이러한 기작은 항생물질을 무독화시키고 분해하는 능력을 포함한다. 세포막 부착 유출 펌프에 의한 수송은 균류 세포로부터 독성 화합물의 배출을 가능하게 한다. 예를 들면, *Botrytis cinerea*는 항진균 화합물 2,4-diacetylphloroglucinol(DAPG)을 배출하기 위해 유출 펌프 BcAtrB를 사용하며, DAPG 분해를 위해 타닌산을 매개자로 사용한다. 대조적으로, *Fusarium oxysporum*은 DAPG를 독성이 약한 유도체로 전환한다. 또한 *Fusarium* 종은 푸사린산을 만드는데, 이 물질은 세균과 진핵생물에 독성을 나타낼 뿐만 아니라 세균에 의한 DAPG와 다른 항진균 화합물의 생성을 저지한다. 그러나 *Pseudomonas fluorescens* WCS365 같은 일부 생물적 방제용 세균이 푸사린산을 생성하는 *Fusarium oxysporum*에 이끌려 이 균을 점유하므로 상황은 더 복잡해진다.

세균과 균류 모두가 필요로 하는 양분에 대한 이들의 경쟁도 역시 부정적인 상호작용이다. 이들은 단순한 탄소 화합물뿐만 아니라, 세포외 소화에 의한 목질섬유소의 분해산물에 대해서도 경쟁한다. 세균은 적당한 세포외 효소가 없기 때문에 목질섬유소가 풍부한 복합적인 자원을 분해할 수 없다. 그러나 많은 균류는 그것을 분해할 수 있으며 수용성 자당을 비롯하여 균류의 탄소원과 에너지원이 되는 페놀 화합물을 방출한다 (146~152쪽). 분해 산물에 대한 세균의 격렬한 경쟁은 균류로부터 용해성 자원을 빼앗는 것이다. 그래서 세균을 죽이는 능력이 균류에서 널리 진화하였다는 사실은 앞에서 언급된 바와 같이 놀라운 일이 아니다. 균류는 많은 항생물질, 특히 페니실린, 세팔로스포린, 그리세오풀빈을 생성하는데, 이것들은 의약품으로 널리 사용된다 (418~421쪽). 다른 항세균 전략은 수산기의 추가적인 생성과 환경의 산성화를 포함한다. 또한 *Pleurotus* 종과 같은 일부 균류 균사체의 소수성은 균류가 점유한 기질로 세균이 침입하는 것을 막을 수 있다.

균류에 대한 미생물의 또 다른 광범위한 부정적인 영향은 정균현상(fungistasis 또는 mycostasis)이라는 아주 흔한 것인데, 이 현상으로 인하여 땅에 떨어진 대다수의 균류 포자는 발아하지 못한다. 정균현상은 미생물 활동과 연관되고, 만약에 토양이 멸균되거나 쉽게 이용가능한 자원이 첨가되면 완화될 수 있다. 즉, 그 효과는 아마도 토양에서 이용가능한 용해성 양분을 빠르게 격리시키는 토양 미생물의 존재 또는 억제 대사물질의 생성에 의해 영향을 받는다. 정균현상에 대한 포자의 감수성은 실제로 균류에게 유리할지도 모르는데, 이를 통해 포자는 국지적 미생물 활동이 감소되고 기질이 이용가능해질 때까지 발아를 억제한다.

긍정적 효과 및 상리공생적 효과

위에서 언급한 항세균 효과에도 불구하고, 세균은 흔히 균사와 포자의 표면 위에 존재하며, 대부분 *Pseudomonas*류, *Burkholderia*류, *Bacillus*류, 비배양성 고세균에 속한다. 세균의 부착은 종 특이성과 균류 활력에 의해 조절되지만 분자적 및 생화학적 조절 기작은 크게 알려져 있지 않다. 덩이버섯(*Tuber*)에 의해 생성된 렉틴에 *Rhizobium* sp.가 붙는 것으로 알려진 것과 같이 유기산, 옥살산, 항생물질은 모두 선택적인 역할을 할지도 모른다. 이전 단원에서 언급된 부정적인 효과뿐만 아니라 세균은 균류에 긍정적인 영향을 미칠 수도 있는데, 가장 잘 알려진 것은 이른바 균근 도우미 세균(mycorrhiza helper bacteria, MHB)이다. 일부 *Pseudomonas*류, *Bacillus*류, *Paenibacillus*류, 방선균류는 외생균근 형성을 촉진한다 (215~220쪽). 여기에 수반된 기작은 균류와 기주식물체에 대한 효과를 포함한다. 세균은 토양 내 길항물질의 독성을 제거하고, 경쟁자/길항자를 억제하며, 포자 발아와 균사 생장을 자극하는 생장 요소를 생성한다.

균류와 관련된 세균은 자실체 형성과 포자 생산에도 영향을 줄 수 있다. 양송이의 자실체 형성 개시는 *Pseudomonas putida*의 존재에 달려 있으며, 이 세균은 균사 생장과 자실체 형성을 촉진시킨다. 그러나 인간의 관점에서 이러한 반응이 균류에게 유익하다고 볼지라도 자실체 형성과 균사 신장률의 증가는 스트레스의 결과로 일어날 수 있다. 비록 세균이 흔히 포자 발아를 억제할지라도 (356쪽), 포자와 관련된 일부 세균은 휘발성 물질, 발아억제물질의 분해, 포자 세포벽의 효소적 약화 등을 통해 포자의 발아를 촉진할 수 있다.

식물, 동물, 원생동물에서와 같이, 세균은 내생공생생물(endosymbionts)처럼 균류 세포 안에서 살아있는 것이 관찰된다. 이러한 것은 내생균근균에서 가장 많이 연구되어 왔다. 16S rDNA 염기서열 분석을 통해 Gigasporaceae과 안에 들어있는 비배양성 세균 같은 생물체는 *Burkholderia* 속과 관련이 있음이 밝혀졌다. 이들은 집단 또는 단독으로, 균사와 포자의 액포에 주로 존재한다. 이러한 세균의 손실은 균사의 신장과 분지에 상당한 영향을 준다. 다른 내생세균(endobacteria)도 기주 균류에 지대한 영향을 준다. 예를 들어, 벼의 병원균 *Rhizopus microsporus*는 내생공생생물 *Burkholderia* 균주가 내부에 존재해야 병원성을 띤다. 반대로, *Fusarium* 생물적 방제 균주는 내생공생생물이 제거되면 병원성을 가지게 된다.

균류의 세포벽은 세균의 침입을 크게 저지하는 물리적 장벽이다. 그러나 세포벽은 균사의 정단부(37쪽)에서는 견고하지 않으며, 세균의 획득은 여기에서 일어날 수 있다. *Geosiphon pyriformis* (글로메로균문)는 독립생활을 하는 남세균 *Nostoc*의 시원체를 균사 정단부에서 포획한 후 광합성하는 *Nostoc* 세포를 위한 주머니를 만들기 위해 부풀어 오른다. *Burkholderia* sp.는 예를 들어 세균 분해효소로 약화된 균류의 발아관을 통해 발아 중인 내생균근균의 포자에 침입할 수 있다. 그러나 Gigasporaceae과에 의한 내생공생생물의 획득은 고대 균류에서 일어났던 고유한 사건이었던 것 같다. 그 세균은 이제 세대를 거쳐 수직적으로 전파되고, 아마도 절대적 내생공생생물이다.

균류와 세균의 상호작용은 위에서 언급한 양분적인 효과와 더불어 세균에 긍정적인 효과를 줄 수 있다. 단세포 세균은 수막을 통해서만 이동할 수 있으므로 토양에서 공극을 가로질러 이동하는 것은 극히 어렵다. 하지만 이러한 이동은 균류의 균사에는 문제되지 않으며, *Burkholderia*, *Dyella*, *Ralstonia* 같은 일부 세균은 토양에서 '히치하이킹'하기 위해 *Lyophyllum* sp.와 같은 균류의 균사를 이용한다. 세균은 단순히 균사 벽에 붙어서 균사가 자랄 때 토양 속에서 이동하는 것이 아니다. 균사는 정단생장을 하기 때문에 생장하는 균사를 따라 세균도 활발하게 이동해야 하며, 이러한 활동은 아마도 균사 표면의 생물막에서 일어날 것이다.

균류바이러스

바이러스는 모든 분류군의 균류에 널리 퍼져 있다. 하지만 한 종류의 바이러스는 기주범위가 매우 좁으며, 한 종 내에서 감염 빈도는 일정하지 않으나 때로는 80%를 넘는다. 균류바이러스(mycovirus)는 1960년대 초에 재배버섯 양송이의 자실체 변형을 일으키는 라프랑스병(La France disease)의 원인으로서 처음 발견되었다. 머지않아, 바이러스는 일부 *Penicillium* 종의 배양 여과액에서 인터페론을 생성하는 원인인 것으로 드러났다. 균류바이러스는 상대적으로 덜 연구되었지만 부생균, 식물병원균, 인체병원균, 내생균, 균근균, 지의류 등 영양섭취 방식에 관계없이 모든 범주의 균류에서 검출된다. 대부분의 균류바이러스는 구형이며, 이중가닥 RNA(dsRNA) 유전체를 가지고,

25~50 nm 크기의 정다면체 입자이며, 유전체 분절의 수에 근거한 3개 과(Chrysoviridae, Partitiviridae, Totiviridae)에서 발견된다. 한편, Reoviridae과에 속하는 균류바이러스는 이중껍질로 된 입자로서 80 nm의 크기이다. 균류는 대개 큰 분자의 dsRNA를 가지지 않으므로 dsRNA의 존재는 바이러스 감염의 신호이다.

균류바이러스는 균류의 세포 내에 있으며, 세포 사이의 접촉 또는 융합에 의해서 기주균 간에 옮겨지고, 포자 안에서도 퍼질 수 있다. 자연 매개체는 알려져 있지 않다. 종내 전염은 대부분 체세포 불화합성에 의해 제한된다 (102~104쪽). 종간 전염은 훨씬 드문 편이지만, 계통학적 분석에 의하면 실제로 일어난다. 또한 감염 실험을 통해 종간 전염이 속(예: *Aspergillus*, *Cryphonectria*, *Heterobasidion*) 안에서 일어날 수 있음을 증명하였다. 균류와 식물을 감염하는 partitiviruses는 분류학적으로 밀접한 관계가 있으므로 아마도 또한 식물과 식물병원균 사이에 수평적 이동이 있었을 것이다. 또한 일부 식물과 균류의 partitivirus와 totivirus 유전자에는 일부 상동체가 있다. 진정한 균류바이러스가 되기 위해서는 균류 간에 감염이 일어나야 하는데, 많은 dsRNA 요소는 전염이 가능하지 않으므로 바이러스 유사 입자(virus-like particles)라고 불린다.

대부분의 바이러스는 뚜렷한 증상을 거의 일으키지 않으나 때로는 결과가 심각하기도 하며, 유익한 효과와 불리한 효과 모두 보고되었다. 식물병원균에서 일부 균류바이러스는 균류의 병원성을 증가시키고, 일부 균류바이러스는 균류의 병원성을 감소시키는데, 여기에는 *Cryphonectria parasitica*(밤나무 줄기마름병균), *Botrytis cinerea*, *Helminthosporium victoriae*, *Sclerotinia sclerotiorum*이 포함된다. 저병원성 바이러스 CHV1은 현재 밤나무 줄기마름병의 방제에 성공적으로 이용된다. 바이러스는 병원성보다 다른 것에 더 영향을 미친다. 열대목초 *Dichanthelium lanuginosum*의 내생균 *Curvularia protuberata* 안에 CThTV 바이러스가 존재하는 3자 공생의 덕분으로 식물과 균이 옐로스톤 국립공원의 뜨거운 토양 온도에서 자랄 수 있다. 단일 바이러스 계통이 때로 서로 다른 종의 균류에게 서로 다른 영향을 미칠 수 있으며, 서로 다른 상황 속에서 같은 종의 균류에게 서로 다른 영향을 줄 수도 있다. 예를 들면, HetRV3-ec1 바이러스는 여러 종의 *Heterobasidion*에 영향을 주어 다른 균류에 대한 경쟁력을 증가시키거나 감소시키거나 또는 아무런 영향을 주지 않을 수도 있다.

균류와 원생동물 간의 상호작용

원생동물과 균류는 흔히 토양, 수생태계, 반추동물의 장에서 서로를 맞닥뜨릴 것이나 그들 간의 상호작용은 거의 관심을 받지 못하였다. 균류를 먹고사는 원생동물에 대한 확실한 증거는 있다. *Geococcus vulgaris* 같은 일부 유각아메바류는 균류의 포자와 균사 세포벽에 붙어서 내용물을 빨아들인다. 원생동물이 뿌리의 외생균근 형성을 억제하고 균근 균권에서 균근균의 균사체 양을 감소시킨다는 증거도 있다. 균류와 원생동물 간의 상당한 상호작용이 반추위에서도 일어난다 (329~330쪽). 섬모충은 Neocallimastigomycota의 유주포자를 잡아먹는데, 이러한 포식 활동은 전반적인 섬유소 분해 활동을 억제할 수 있으며 생성되는 발효산물을 바꿀 수 있다.

점균류의 변형체는 실험실의 배양기에서 균류를 먹는 것으로 알려졌으며, 균류의 감수성은 점균류와 균류의 종 사이에서 다양하다. 변형체는 습한 조건에서 목재에서 자라는 균사층과 배착성 균류의 자실체를 섭식함이 분명하다. 변형체는 목재를 거쳐 수 cm 뻗어 있는 부후 부위의 균류를 완전히 집어삼킬 수 있다. 예를 들면, *Badhamia utricularis*는 자낭균 *Xylaria hypoxylon*을 먹으며, *Comatricha nigra*는 담자균 *Stereum hirsutum*을 먹는 것으로 보인다. 점균류는 목재에서 우세할 수 있다. 한 연구에서는 점균 유주포자가 땅에 떨어진 죽은 나뭇가지 시료의 약 50%에서 검출되었는데, 활발하게 생장하거나 소피낭체로부터 재빠르게 빠져나오는 것이 관찰되었으며, 특히 *Stemonitis fusca*가 흔하였다.

한편, *Dactylella passalopaga*는 상황이 아주 다른 균으로서 둥근 돌출물을 이용하여 유각아메바류를 잡는다. 접합균류에 속하는 Zoopagales목의 몇몇 균류는 아메바에 딱 달라붙은 채로 잡아먹는다. 또한 식물뿌리에 존재하는 내생균(238~239쪽) *Heteroconium chaetospira*의 일부 균주는 토양전염성 원생동물 *Plasmodiophora brassicae*에 의한 십자화과식물의 뿌리혹병을 제어할 수 있다. *Heteroconium chaetospira*가 식물뿌리의 표피세포를 침입하는 사실은 명확하지만, 어떻게 뿌리혹병을 제어하는지는 분명치 않다.

일부 균류는 점균류의 자실체에서 자란다. 균사는 포자 덩어리에 침입하여 포자를 죽인다. 자낭균 *Gliocladium album* 같은 다른 균류는 칼슘이 풍부한 Physarales의 자실체를 감염하고, *Nectriopsis violacea*는 더욱 특이적이어서 오로지 *Fuligo* 종만 감염한다. 어떤 균류는 비석회질 점균류에 특이적이나 또 다른 균류는 넓은 기주특이성을 가지는데, *Nectria exigua*는 모든 주요 점균류 그룹에서 기록되었다. 실험실의 배양기에서는, 반자낭균 효모 *Dipodascus utricularis*가 *Badhamia utricularis*의 점액질 자국에서 살 수 있다. 만약에 효모가 잡아먹히면, 그 효모는 소화되지 않고 점균류 변형체 안에서 증식하며 기생균으로 살아간다.

의진균학적인 시각에서 보면, 아메바와 균류 간의 상호작용은 자연환경에서 부생적이지만 인체(303~309쪽)나 다른 포유동물에 전신감염을 일으킬 수 있다는 점에서 특히 흥미롭다. 병원균 *Blastomyces dermatidis*, *Cryptococcus neoformans*, *Histoplasma capsulatum*, *Sporothrix schenckii*의 효모형은 아메바에 의해 잡아먹히지만 아메바의 생장을 저지하거나 아메바를 죽인다. 하지만 상호작용의 결과는 상응하는 종의 조합에 따라 달라진다. 예를 들면, *Candida albicans*의 생장은 아메바 *Hartmannella vermiformis*에 의해 향상되지만 *Acanthamoeba castellanii*에 의해 억제된다. 유사하게도, *Aspergillus fumigatus* (306쪽)의 포자는 아메바에 의해 잡아먹히지만, 포자는 아메바의 세포질 안에서 발아할 수 있으며 이 균은 환경으로 빠져나간다. 효모와 포자에 대한 아메바의 이러한 상호작용은 인체의 대식세포와의 상호작용과 유사하다. 진화적 시간이 지남에 따라 자연 환경에서 이러한 부생성 균류와 아메바 사이의 상호작용은 척추동물의 대식세포 방어를 극복하기 위한 '훈련장'으로 묘사되어 왔다.

Further Reading

General Text

Kobayashi, D.Y., Hillman, B.I., 2005. Fungi, bacteria, and viruses as pathogens of the fungal community. In: Dighton, J., White, J.F., Oudemans, P. (Eds.), The Fungal Community: Its Organization and Role in the Ecosystem. third ed.. Taylor & Francis, Boca Raton, pp. 399–421.

Interspecific Fungal Interactions

Boddy, L., 2000. Interspecific combative interactions between wood-decaying basidiomycetes – a review. FEMS Microbiol. Ecol. 31, 185–194.

Gams, W., Diederich, P., Poldmaa, K., 2004. Fungicolous fungi. In: Mueller, G.M., Bills, G.F., Foster, M.S. (Eds.), Biodiversity of Fungi: Inventory and Monitoring Methods. Elsevier, Amsterdam, pp. 343–392.

Howell, C.R., 2003. Mechanisms employed by *Trichoderma* species in the biological control of plant diseases: the history and evolution of current concepts. Plant Dis. 87, 4–10.

Jeffries, P., 1995. Biology and ecology of mycoparasitism. Can. J. Bot. 73, S1284–S1300.

Kennedy, P., 2010. Ectomycorrhizal fungi and interspecific competition: species interactions, community structure, coexistence mechanisms, and future research directions. New Phytol. 187, 895–910.

Kiss, L., 2008. Intracellular mycoparasites in action: interactions between powdery mildew fungi and *Ampelomyces*. In: Avery, S.V., Stratford, M., van West, P. (Eds.), Stress in Yeasts and Filamentous Fungi. Elsevier, Amsterdam, pp. 37–52.

Omann, M., Zeilinger, S., 2010. How a mycoparasite employs G-protein signalling: using the example of *Trichoderma*. J. Signal Transduct. 2010, 123126. http://dx.doi.org/10.1155/2010/123126

Whipps, J.M., 2001. Microbial interactions and biocontrol in the rhizosphere. J. Exp. Bot. 52, 487–511.

Woodward, S., Boddy, L., 2008. Interactions between saprotrophic fungi. In: Boddy, L., Frankland, J.C., van West, P. (Eds.), Ecology of Saprotrophic Basidiomycetes. Elsevier, Amsterdam, pp. 123–139.

Interactions Between Fungi and Bacteria

Bonfante, P., Anc, I.-A., 2009. Plants, mycorrhizal fungi, and bacteria: a network of interactions. Ann. Rev. Microbiol. 63, 363–383.

de Boer, W., Folman, L., Summerbell, R.C., Boddy, L., 2005. Living in a fungal world: impact of fungi on bacterial niche development. FEMS Microbiol. Rev. 29, 795–811.

Hoffman, M.T., Arnold, A.E., 2010. Diverse bacteria inhabit living hyphae of phylogenetically diverse fungal endophytes. Appl. Env. Microbiol. 76, 4063–4075.

Kobayashi, D.Y., Crouch, J.A., 2009. Bacterial/fungal interactions: from pathogens to mutualistic endosymbionts. Annu. Rev. Plant Physiol. Plant Mol. Biol. 47, 63–82.

Lackner, G., Partida Martínez, L.P., Hertweck, C., 2009. Endofungal bacteria as producers of mycotoxins. Trends Microbiol. 17, 570–576.

Leveau, J.H., Preston, G.M., 2008. Bacterial mycophagy: definition and diagnosis of a unique bacterial-fungal interaction. New Phytol. 177, 859–876.

Tarkka, M.T., Sarniguet, A., Frey-Klett, P., 2009. Inter-kingdom encounters: recent advances in molecular bacterium-fungus interactions. Curr. Genet. 55, 233–243.

Wargo, M.J., Hogan, D.A., 2006. Fungal-bacterial interactions: a mixed bag of mingling microbes. Curr. Opin. Microbiol. 40, 309–348.

Interactions Between Fungi and Viruses

Ghabrial, S.A., Suzuki, N., 2009. Viruses of plant pathogenic fungi. Annu. Rev. Plant Physiol. Plant Mol. Biol. 47, 353–384.

Herrero, N., Sánchez Márquez, S., Zabalgogeazcoa, I., 2009. Mycoviruses are common among different species of endophytic fungi of grasses. Arch. Virol. 154, 327–330.

Hyder, R., Pennanen, T., Hamberg, L., Vainio, E.J., Piri, T., Hantula, J., 2013. Two viruses of *Heterobasidion* confer beneficial, cryptic or detrimental effects to their hosts in different situations. Fungal Ecol. 6, 387–396.

Marquez, L.M., Redman, R.S., Rodriguez, R.J., Roossinck, M.J., 2007. A virus in a fungus in a plant: three-way symbiosis required for thermal tolerance. Science 315, 513–515.

Interactions Between Fungi and Protists

Vohnik, M., Burdíková, Z., Veyhnal, A., Koukol, O., 2011. Interactions between testate amoebae and saprotrophphic microfungi in a Scots pine litter microcosm. Soil Microbiol. 61, 660–668.

CHAPTER

11

균류, 생태계, 지구 변화

서론

자가영양체인 식물과 타가영양체인 균류는 4억 6천만~6억 년 전에 지구에 정착하였고, 분자생물학적 연대자료에 의하면 자낭균류와 담자균류는 약 5억 5천만 년 전에 나누어졌다. 데본기에서 쥐라기에 이르기까지 수목과 산림의 진화에 의해 다양한 균류가 양분을 섭취하고 공간을 차지하며 서식할 수 있는 풍성한 환경이 조성되었다. 오늘날 수십만 종의 균류가 식물과 서로 도움을 주는 공생자(제7장)로서, 병원체(제8장)로서, 또는 죽은 목재, 나뭇잎과 다른 식물조직 등을 분해하여 양분물질을 보전하고 재순환시키는 분해자로서 밀접한 관계를 맺고 있다. 더구나, 균류와 동물 사이에도 서로 도움을 주는 공생 관계가 많이 있고(제9장), 균류는 동물의 병원체이며 분해자이기도 하다. 따라서 균류가 썩음, 마름, 병 등과 넓게 관련되어 있어 지구에서 생명체의 진화, 생산성, 지속가능성 등에 필수적인 부분을 차지함에도 불구하고 진가가 덜 알려져 있다. 우리가 잘 알고 있다시피, 생태계 과정에서 균류 없이는 생명체가 결코 그 과정을 시작도 못하고 바로 끝나 버리게 된다.

의약품, 화학제품, 식품, 음료, 오염 제거, 자원화, 바이오연료 분야에서 균류의 이용(제12장)은 다양한 환경의 서식지에 적응하는 과정에서 균류가 진화하는 독특한 과정과 산물에 기원을 둘 수 있다. 생태계 내에서 균류가 어떤 역할을 담당하고 있는지를 이해한다면, 아직까지 발견되지 않은 것으로 추정되는 500만 종 중에서 발견될 가능성이 있는 균류의 그룹과 위치를 탐색하는 데 도움이 된다.

이 장에서는 우선 지구에서 일어나는 주요 순환, 생물변환, 에너지 흐름 등의 과정에서 균류가 관여하는 부분에 대하여 전반적인 골격을 잡고, 균류의 지구상 분포(생물지질학, biogeography)에 대하여 간략하게 언급하고자 한다. 이어서 지구 변화에 따라 균류가 어떻게 영향을 받는지, 그 결과 생태계에는 어떤 영향을 미치는지, 마지막으로 균류 보전에 필요한 것과 우리가 직면한 어려움이 무엇인지에 대하여 기술한다.

주요 원소의 순환, 생물변환, 에너지 흐름에서 균류의 역할

다른 장에서 기술한 것처럼, 균류는 지구 생태계의 기능을 원활하게 하는 데에 필수적이라는 것이 명백하다. 여기서 균류의 다양한 생장과 양분섭취 등에 대한 지식을 총동원하면 생태계 과정에서 에너지와 탄소의 흐름, 무기양분 순환과 토양에서 균류가 담당하는 주요한 역할을 이해할 수 있을 것이다. 생태계(ecosystem)는 자가영양체(광합성 식물), 초식동물, 분해자의 활동에 의해 우점되는 3개의 상호연계된 하부시스템(subsystem)에 의해 작동되는 것으로 생각된다 (그림 11.1). 대부분의 육상생태계에서 자가영양체 시스템은 광합성 식물이 우점적이고, 북극과 남극에서는 지의류(제7장)가 우점적이다. 식물이 우점하는 이 하부시스템에서도 현재 모든 식물 종에 균류가 내생하고 있다고 조사된 것처럼 균류는 주요한 역할을 담당하고 있으며(제7장), 85% 이상의 식물이 뿌리에서 균근균과 균근관계를 형성한다 (제7장). 균근균은 토양에서 수분과 무기양분을 흡수하여 식물에 제공할 뿐만 아니라 뿌리를 보호하는 역할도 담당하고 한다. 더구나 식물병원성 균류가 식물의 생산성은 떨어뜨리지만 식물종의 다양성은 증가시키는 존재이기도 하다(제8장). 해양생태계에서 조류는 광합성 에너지 투입에 주요한 공헌을 하며, 육상생태계에서 조류는 균류와 공생하기도 한다.

초식동물 하부시스템은 광합성 생물체를 직접 섭취하거나 자가영양체를 이미 섭취한 생물체를 먹은 동물까지 모두 포함하며, 범위는 크기가 아주 작은 선충으로부터 아주 큰 반추동물과 육식동물에 이르기까지 매우 넓다. 이러한 관점에서 보면 일부 균류는 광합성 생물체, 초식동물 및 육식동물을 직접 섭취하는 초식동물 하부시스템의 일부로 고려될 수 있다. 이들 균류는 기주로부터 양분을 취하는 활물영양성이고 사물영양성인 병원균이다 (제8장과 제9장). 초식동물이나 육식동물과 마찬가지로, 균류의 몸체도 결국에는 다른 균류나 세균에 의해 분해되는 분해자 하부시스템으로 들어가게 된다.

분해자 하부시스템에서 에너지는 타가영양체의 먹이그물을 통하여 식물과 동물의 잔해에서 흐른다. 대부분이 목질섬유소(lignocellulose)로 구성된 식물 잔재물은 주로 유입되는 분해자 하부시스템에서 우점적으로 서식하는 균류가 토양의 상층에서 사체, 조직, 세포와 다른 생물체의 누출물 등과 결합된다. 이런 서식지의 균류에는 부생영양성(죽은 유기물을 섭취하는) 균류뿐만 아니라 일부 부생능력을 지닌 여러 균근균(제7장)과 감염 후 조직을 죽이고 계속해서 부생적으로 양분을 섭취하는 사물영양성 병원균(제8장과 제9장)까지 모두 포함한다. 단세포생물과는 달리, 균류의 균사(제2장)는 먹이기질의 표면뿐만 아니라 큰 기질 속으로도 침투할 수 있다. 더구나 많은 종, 특히 담자균류처럼 난분해성 화합물(섬유소와 리그닌, 제5장에서 상세하게 기술)을 분해하는 능력을 지닌 균류가 육상생태계에서 죽은 유기물을 분해하여 무기양분을 순환시키는 주요한 실체라는 것을 의미한다.

분해균류가 없다면 탄소와 무기양분은 죽은 조직에 갇혀 이러한 불용성 탄소와 무기양분은 자가영양체가 1차생산에 사용할 수 없게 되므로 수십 년 후에는 지구에서의 생명현상은 모두 중단될 것이다. 일부의 식물 잔재는 세균에 의해 분해되거나 타서 없어지지만, 대부분은 식물체에 의해 합성된 리그닌과 섬유소를 분해할 수 있는 균류에 의해 분해되어 대기 중의 이산화탄소를 보충한다 (그림 11.2). 세균과 선충은 척추동물을 포함하는 동물의 조직과 물속이나 산소가 부족한 환

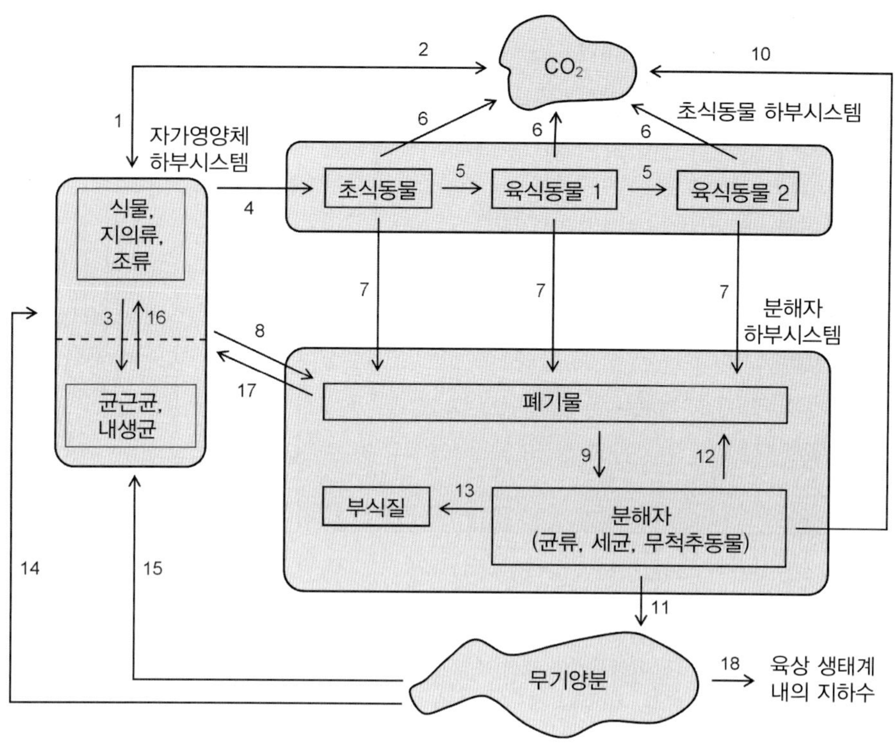

그림 11.1 자가영양체, 초식동물, 분해자 하부시스템을 포함하는 생태계 구조의 일반적인 모델. 자가영양체는 광합성을 통해 이산화탄소로부터 탄소를 고정한다(1). 광합성산물의 일부는 호흡에 의해 대기 중의 이산화탄소로 다시 환원되고(2), 20%까지는 균근의 생장과 활동을 지원하고(3), 나머지는 식물 생산량, 즉 1차 순생산(NPP)이 된다. 자가영양체로부터 살아있는 물질은 척추동물과 무척추동물의 섭식과 식물병원균에 의해 초식동물 하부시스템으로 유입된다(4). 산림에서는 경우에 따라 NPP의 10% 이상이 소비되고, 가끔 식물병원균이나 무척추동물의 밀도가 폭발적으로 늘어나는 경우에는 완전히 소비될 수도 있지만 통상 지상부 NPP가 5% 이내로 소비된다. 초지에서는 통상 NPP의 25% 이내로 소비되지만 50%까지도 소비되기도 한다. 초식동물 하부시스템 내에서 생물체는 다른 생물체에 의해 소비된다(5). 탄소는 호흡에 의해 대기 중으로 빠져나가고(6), 동물사체와 배설물, 탈피세포, 피부, 털 등은 분해자 하부시스템으로 유입된다(7). 자가영양 하부시스템에서 죽은 유기물은 바로 분해자 하부시스템으로 유입되고(8), 여기에서 초식동물 하부시스템에서 유입된 사체와 더불어(7) 분해자에 의해 분해되어(9), 궁극적으로 이산화탄소(10)와 물과 무기양분이 방출된다(11). 분해자 하부시스템 내에서 분해자는 스스로 죽고(12) 분해된다. 분해자인 세균과 균류도 부식질을 생성한다(13). 분해 과정 중에 방출되는 무기양분은 자가양양체에 의해 경우에 따라 직접(14) 섭취되기도 하지만, 균근균의 균사체(15)에 의해 식물체로 전달되며(16), 균근균도 효과적으로 시스템을 단기적으로 순환시켜서 유기물을 어느 정도 분해시킬 수 있다(17). 토양양분으로 방출된 일부 양분은 지하수에 의해 유출될 수 있지만(18), 균근균이 존재하면 유출은 최소화된다. *출처: Swift, M.J., Heal, O.W., Anderson, J.M., 1979. Decomposition in Terrestrial Ecosystems. Blackwell, Oxford.의 자료를 수정.*

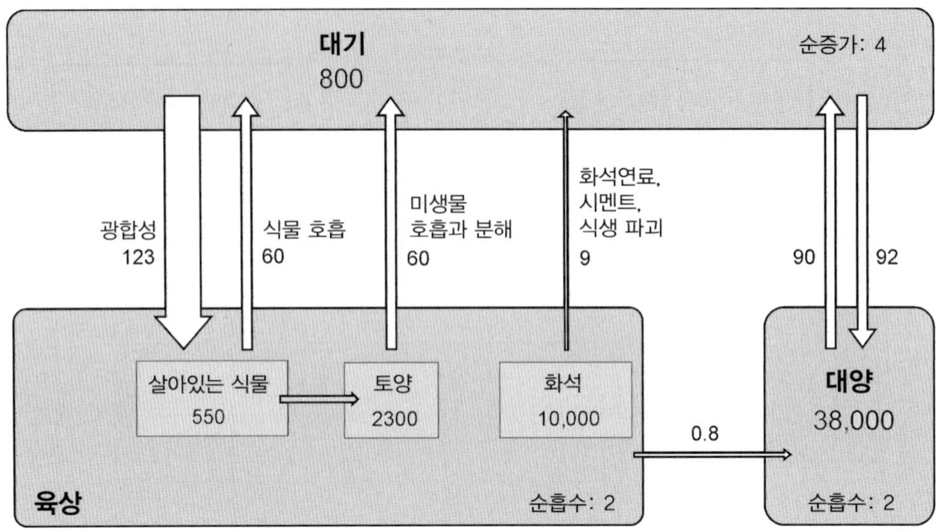

그림 11.2 지구 탄소순환. 박스 내의 숫자는 10^{15} gC로 표현된 값이고, 유출(화살표로 표기)과 순흡수는 10^{15} gC/년으로 표기. 대기 중의 탄소는 이산화탄소의 형태로, 식물체의 탄소는 대부분 리그닌화된 섬유소이다. 균류는 살아있는 식물체로부터 토양 내로 탄소를 이전시키고, 토양에서 분해하여 대기 중으로 이전시키는 데 있어서 병원체와 균근균으로서 직접 주요한 기여를 한다. 지의류는 한대와 북극지역에서 광합성에 주요한 기여를 한다. 출처: *DOE, 2010. Grand Challenges for Biological and Environmental Research: A Long-Term Vision. A Report from the Biological and Environmental Research Advisory Committee March 2010 Workshop. US Department of Energy Genomic Science: Biological and Environmental Research Information System (BERIS).*

경에서 자라는 식물의 잔재물을 분해시키는 중요한 역할을 담당하고 있다. 그러나 일부 무척추동물은 목재나 낙엽의 분해에 주요한 역할을 하지만, 많은 고분자물질을 분해할 수 있는 효소활성 능력은 없다. 예를 들면, 일부 무척추동물은 균류와 상리공생의 관계(아타개미와 버섯흰개미, 제9장)를 갖는 반면에, 수많은 절지동물은 목재부후균과 협력관계를 맺고 있다. 무척추동물의 주요 역할은 큰 낙엽과 낙지를 물리적(화학적 작용은 없음)으로 부수어 작은 입자로 분쇄함으로써 분해 미생물과 균류의 군집을 바꾸는 것이다.

분해자 하부시스템에서, 균류는 세균과 함께 육상생태계에서 주된 탄소 저장고 역할을 담당하는 부식질을 전 세계적으로 $1,600 \times 10^{15}$ g이나 생산한다. 부식질(humus)은 복합적인 유기물이 천천히 분해되어 남는 단순한 잔재물을 의미하는 것이 아니고, 축적되면 생화학적 특성이 완전히 알려지지 않은 리그닌같은 물질에 기초한 복잡한 분자들의 합성 산물을 포함한다. 부식질의 중요성은 수분 보유능력과 양이온 치환 및 질소고정과 양분 저장능력, 토양구조의 개선 등에 있다. 내생균근을 형성하는 균류(제7장)도 토양 응집의 촉진 및 토양구조 개선에 직접적인 역할을 담당하고 있다. 균사 네트워크를 확장하여 토양입자를 물리적으로 감는 것 뿐만 아니라 탄소, 질소, 철이 풍부한 당단백질로서 작은 토양입자를 화학적으로 응집시키고 안정화시키는 글로말린(glomalin)을 생성한다 (215쪽).

육상생태계의 탄소순환에 있어서 균류가 대단히 중요한 역할을 담당한다는 것은 순환에 포함된 양을 생각해보면 확실하다. 광합성에 의해 생성된 탄소는 균근균류에 의해 토양으로 유입되어 절발은 토양 내의 미생물 활동에 사용되고, 나머지 절반은 죽은 생물의 유기물로부터 나온다. 식물 1차 순생산성(NPP)의 27~68%가 토양 내의 뿌리와 균근균류에 할당되고, 1~21%가 균근균류에 직접적으로 할당된다. 토양의 탄소 저장고는 대기의 탄소 저장고에 비해 3배, 식물의 탄소 저장고에 비해 4배 정도로 크다고 알려져 있다. 그러므로 균류는 지구 탄소순환에서 잠재적인 조절자 역할을 담당하며, 생태계에서 환경변화가 균류에 미치는 영향은 이 장의 후반부에서 살펴볼 것이다. 무기양분의 순환에서 균류가 큰 역할을 담당한다는 것은 앞에서 언급한 것처럼 뚜렷한데, 그 이유는 목질섬유소 기질에서 양분을 방출하는 것도 균류이고, 대부분의 식물은 필요한 양분물질을 균근균의 균사체를 통하여 토양용액으로부터 얻고, 때로는 죽은 식물체를 직접 분해하여 얻기도 하고, 무기 인광석으로부터도 얻기 때문이다 (제5장과 제7장). 생태계 조건에서 일부 균류에 의한 변환은 원핵생물체에 의한 변환과 비교하여 무시될 정도이지만 유기질소, 인, 황산화물을 변환시킨다 (157~159쪽). 한편, 균류에 의해 영향을 받는 암석과 광물의 변형, 생물적 풍화작용, 균류에 의한 광물형성, 균류와 진흙 입자 간, 균류와 광물 간의 상호작용 등을 포함하는 지질학적 변형 과정이 주요한 의미가 될 수 있다 (181~184쪽).

균류의 생물다양성과 생물지리학

식물과 동물의 생물지리학은 1세기 넘게 상세히 연구되어 왔지만, 균류의 생물지리학 패턴은 최근 수년 내에 부상하기 시작했을 뿐이다. 그 이유는 그 동안 균류계통학에 대한 지식이 부재했던 것이고, 형태적으로 유사한 분류군을 뚜렷하게 구분할 능력이 없었던 것이 주요한 장애물이었다 (107~109쪽). 예를 들면, 목재부후균 *Hyphoderma setigerum*은 전 세계적으로 분포하는 것으로 알려져 있는데, 자실체는 형태적으로 구별하기 불가능할 정도로 유사하지만 분자계통 연구에 의해 이 형태종(morphological species)이 최소한 9개의 분류군으로 구성되어 있다는 것이 밝혀졌다. 이들 분류군은 지리적으로 뚜렷한 분포대로 구분된다. 지금까지의 조사결과에 의하면, 4개의 분류군은 북부 유럽에 한정되어 발견되고 있으며, 2개는 북미 지역, 2개는 동아시아 지역, 1개는 그린란드, 1개는 코카서스, 동아시아, 그린란드와 북미에서 발견되었다. 균류는 공기로 전반되는 포자를 형성하므로 지리적으로 널리 퍼질 것이라고 잘못 이해되는 경향이 있다. 따라서 생물지리학적으로 균류의 분포에 차이가 있다는 사실을 받아들이기에 어려움이 있다. 미생물생태학에서 '모든 것은 모든 곳에 존재하며, 환경이 선택한다(Everything is everywhere, the environment selects)'라는 격언은 이제 균류에는 적용되지 않는 것처럼 보인다.

균류에서 종의 분포는 지리적으로 다르며, 어느 정도 환경에 의존되어 있다. 그래서 어느 특정한 지역부터 광대한 대륙에 이르기까지 어떤 지리적 범위에서의 균류의 분포 패턴은 정착과 생장에 적합한 조건에 달려 있으며, 기후와 식생에 의해 결정된다 (그림 11.3). 균근균류(제7장), 활물영양성인 병원균류(제8장), 기질선호성을 지닌 부생균류(제5장)의 지리적 분포는 그들의 기주 생물체 또는 선호하는 기질의 분포와 일치된다는 것은 전혀 놀라운 일이 아니다. 이것은 균류의 생장과 증식에 기후가 직접적인 영향을 미친다는 것을 의미한다. 또한 생물지리적 분포는 균류가 전반하는 능력에도 영향을 미친다.

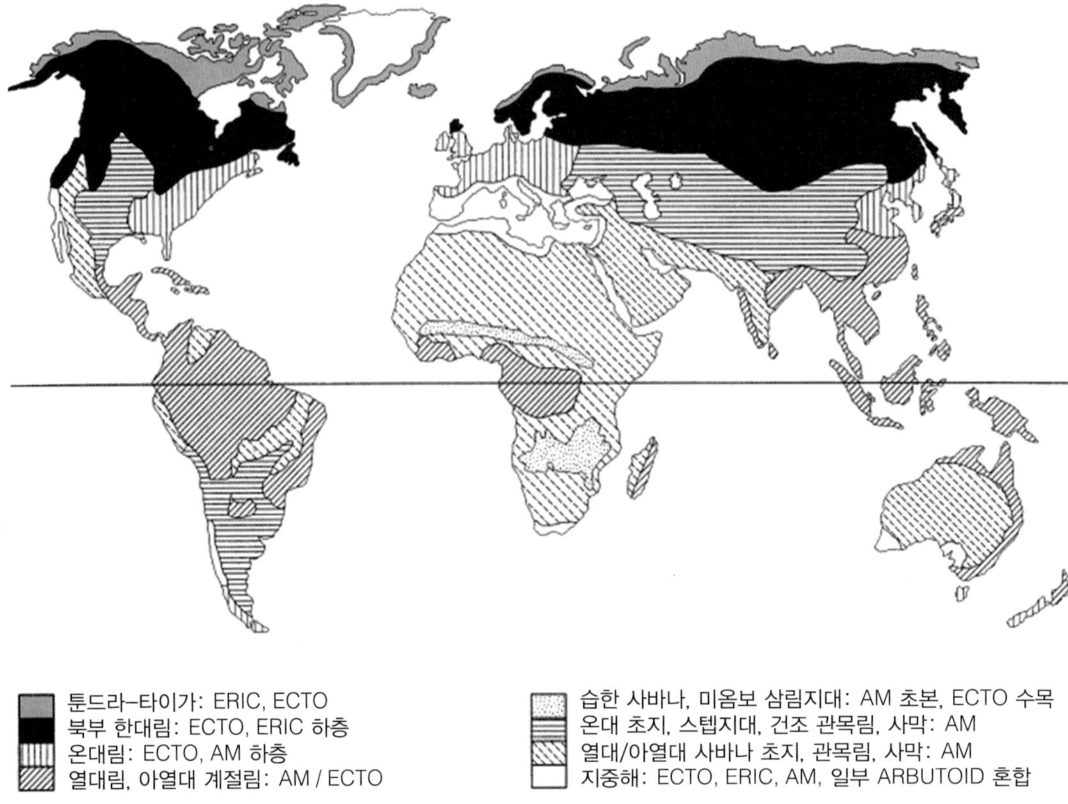

그림 11.3 생물군계(biome)는 기후가 크게 영향을 미쳐서 지표면에서 기후와 식생이 상대적으로 일정한 지역이다. 균류다양성 및 기능은 다른 생물군계의 특징으로 여겨진다. 그림에서 다른 생물군계에서 발견되는 균근의 종류를 예로 보여준다. 예를 들면, 넓은 의미로 내생균근균(206~215쪽)은 분해가 빠르고 질소 공급이 인 공급보다 상대적으로 양호한 지역인 열대와 온대 초지에서 우점적이다. 예외적으로 동남아시아 이우시과 수목의 삼림에서는 외생균근균이 우점적이다 (215~225쪽). 외생균근균은 분해속도가 느리고 질소가 제한적인 냉온대와 아한대의 활엽속씨식물과 상록침엽수림에서 지배적으로 분포하고 있다. 철쭉과식물의 균근은 식생이 대부분 철쭉목에 속하고 분해와 질소순환이 아주 느린 툰드라와 황무지에서 우점적으로 분포한다. 주요 임상의 분포는 외생균근균과 목재부후균의 종분포 패턴에 크게 영향을 미치는데, 예를 들면 자작나무과, 참나무과, 소나무과 간에 차이가 있다. 우점 균류에 의한 부후의 형태도 마찬가지로 속씨식물 삼림지역에는 백색부후균(146~150쪽)이, 침엽수림에는 갈색부후균(150~152쪽)이 우점적이다. 아한대 지역에서는 많은 종이 북미, 유럽, 시베리아에서 발생하는 극지 주변에 분포하고 있는데, 이것은 오랜 기간 타이가 지대가 간섭되어 왔다는 것을 반영한다. 유럽 온대 삼림지역에 분포하는 많은 종의 목재부후균이 동아시아와 북미의 유사한 삼림지역에서 발견된다. 이처럼 지중해 지역의 많은 종도 아열대와 열대지역에서 보고되었다. 한편 다른 지역에서는 충분한 조사가 이루어지지 않았겠지만 많은 종이 지리적으로 좁은 지역에만 분포한다고 기록되어 왔다. *출처: Read, D.J., Leake, J.R., Perez-Moreno, J., 2004. Mycorrhizal fungi as drivers of ecosystem processes in heathland and boreal forest biomes. Can. J. Bot. 82, 1243–1263.*

이러한 균류의 지리적 분포 패턴이 역사적으로 어떻게 변화해 왔는가에 대한 지식은 훨씬 더 부족하다. 균류의 화석 기록은 부족해서 도움이 되지 않았지만 균류 포자에 대한 역사적인 기록의 축적에서 비종자식물의 포자(spores)와 종자식물의 화분(pollens)이 화분학적 기록(palynological record)의 가장 중요한 구성요소이다. 다양한 종류의 균류 포자의 비율 변화는 이들 균류를 유지하는 생물적 군집과 기후조건에 대한 결정적인 정보를 제공할 수 있다. 배설물에 생기는 균류인 *Sporormiella*의 무수한 자낭포자는 홍적세 말기(12,000년~13,000년 전)에 초대형 초식동물이 대규모로 멸종된 것을 설명한다. 북미 지역의 호수와 습지의 퇴적물 시료에서 이 균류의 자낭포자 밀도가 가파르게 감소하는데, 그 이유는 사냥꾼들에 의해 매머드(*Mammuthus primigenius*), 마스토돈(*Elephas americanus*), 코뿔소가 떼죽음을 당해서 이들 동물의 배설물이 없어졌기 때문으로 생각된다. 호주 퀸즈랜드에서 발견된 13만 년 전 화분학적 기록에서 *Sporormiella* 포자가 4만 1천년 전에 인간의 이주 후에 갑자기 줄어드는 것을 볼 수 있으며, 사냥꾼들이 동물의 밀도를 붕괴시켰기 때문으로 밝혀졌다. 또한 *Sporormiella* 자낭포자의 농도 변화는 1,700년 전에 마다가스카르에서 초대형 초식동물이 멸종된 것과 17세기 뉴질랜드에서 날지 못하는 대형조류인 모아(*Dinornis*)가 멸종된 것과도 관련이 있다.

균류의 분포는 인류의 활동결과에 따라 변화하고 있다. 현재의 지리학적 시대는 인류가 세상에 끼친 거대한 변화를 반영하는 인류세(anthropocene)로 묘사된다. 아마도 인류세의 시작은 제임스 와트가 증기기관을 발명한 시기로 정의된다. 인류가 수천 년 동안 지역적으로 국한된 범위에서 환경을 변화시켰지만 (즉, 경작을 위한 산림의 점진적인 벌채), 인류세의 주요한 특징은 충격이 점차 감소하는 순서로 토지이용 변화, 기후 변화, 질소 침적, 생물체의 이동과 생물다양성을 위협하는 이산화탄소의 증가 등과 함께 지구 전체에서의 변화이다. 그러나 이러한 위협의 상대적인 중요성은 생태계 간에도 다양하게 나타난다 (그림 11.4). 토지이용 변화가 열대 산림과 남미의 온대 산림에서는 생물다양성을 훨씬 크게 감소시키는 요인이지만, 북극과 고산생태계에서는 가장 약한 요인이고 초지와 지중해 생태계에서는 중간 정도의 요인이다. 기후온난화(climate warming)는 고위도 지역에서 가장 극적이고, 열대 지역에서 가장 적은 것으로 생각된다. 질소침적(nitrogen deposition)은 북반구의 도시 근교지역에서 가장 크고, 놀랍게도 생물다양성의 변화도 이 지역에서 가장 클 것으로 예측된다.

대규모 서식지 소실(예: 농업용지의 개간, 381쪽 참조)과 대규모 대기오염(예: 화석연료의 연소, 383쪽 참조)이 생물종 감소의 명확한 원인으로 잘 알려져 있는 반면에, 소규모의 서식지 소실과 환경오염도 생물종을 충분히 위협할 수 있다. 예를 들면, *Poronia punctata*(유성생식 자실체가 못대가리처럼 생긴 독특한 모습으로 유명함. 그림 11.5a)는 세계적으로 보전이 필요한 것으로 인식되는(아직 아주 많이 인식된 것 같지는 않지만) 몇몇 자낭균 중의 한 종이다. 이 종의 멸종은 자동차 증가 후에 일어났는데, 대기오염 때문이 아니라 서식지 감소 때문인 것으로 알려졌다. 이 종은 현재는 운송에 많이 사용되지 않는 말, 당나귀, 조랑말, 그리고 예외적으로 코끼리의 오래된 배설물에서 발견된다. 더구나 이 종은 자연초지(즉, 비료, 농약, 고수량 초종이 도입되지 않은 목초지)에서 동물이 섭식하고 배설한 배설물에서만 번성하는 것으로 생각된다 (382쪽). 균류에 영향을 미치는 지구 변화는 아래 3가지 주제인 (1) 기후변화에 대한 균류의 반응, (2) 토지 이용 변화, (3) 오염, 농약, 비료, 양분 분포와 순환에서 고려된다. 그러나 이들 요인 중 어느 것도 독립적으로 작동하지는 않는다.

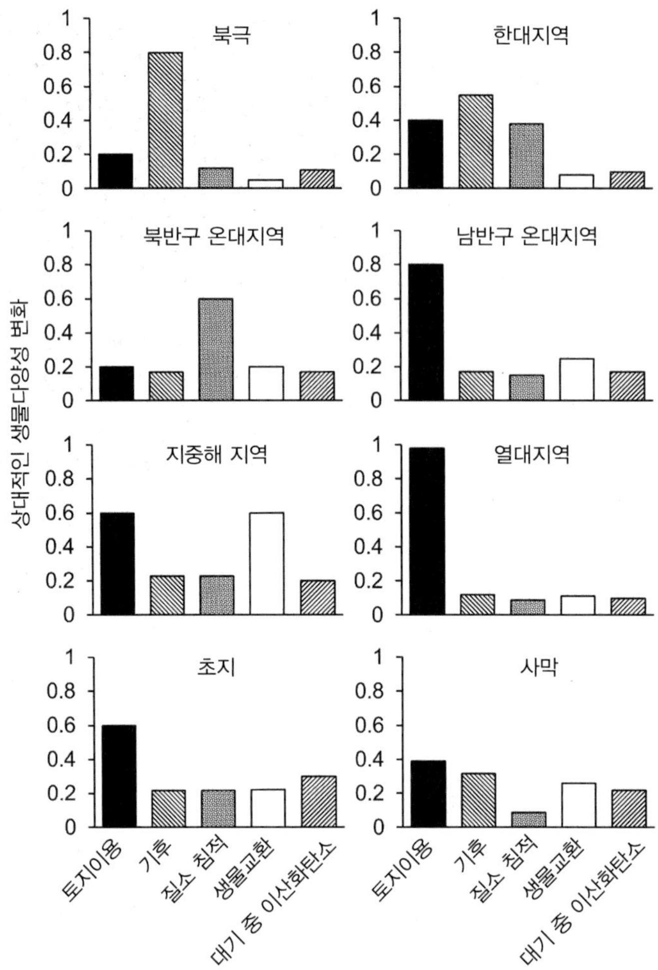

그림 11.4 생물다양성 감소에 영향을 미치는 다양한 요인. 토지이용, 기후, 질소 침적, 생물교환, 대기 중 이산화탄소의 변화가 주요 생물군계 유형에서 총생물다양성 변화에 상대적인 영향을 미칠 것으로 예측된다. 예측값은 각 요인에 의해 기대되는 변화와 각 요인에서 예측되는 변화의 영향을 곱하여 산정하였다. 등급은 최대 가능값의 비교이다. *출처: Sala, O.E., Chapin, F.S. III, Armesto, J.J., Berlow, E., Bloomfield, J., Dirzo, R., Huber-Sanwald, E., Huenneke, L.F., Jackson, R.B., Kinzig, A. et al., 2000. Global biodiversity scenarios for the year 2100. Science 287, 1770–1774.* 내용에서 수정.

기후변화에 대한 균류의 반응

지구의 기후는 변화하고 있고, 이 변화의 큰 부분이 인간에 의해 유발된 것임은 의심의 여지가 없다. 2100년경에는 대기의 이산화탄소 농도는 540~970 ppm에 이를 것으로 예측된다. 이산화탄소와 다른 가스(예: 메탄)의 농도 증가는 소위 온실효과(greenhouse effect)의 원인이 되고 결국 지구 표면온도가 상승한다. 기온은 지역에 따라 1.1~6.4℃ 상승할 것으로 예측된다. 온대 지역에서 연평균기온이 1℃ 상승하면 등온선이 북쪽으로 약 140 km, 고도는 위로 170 m 이동되는 결과를 초래한다. 아주 더운 날이 늘어나고 아주 추운 날은 줄어들게 된다. 이러한 변화의 규모는 확실하지

그림 11.5 희귀종 및 멸종위기종. (a) 여러 유럽 국가에서 적색목록에 기록된 *Poronia punctata*. © Martyn Ainsworth, (b) 호주 뉴사우스웨일즈에서 위기종으로 기록된 *Hygrocybe collucera* © Ray and Elma Kearney, (c) 영국에서 준위협종 *Ramariopsis pulchella* © Martyn Ainsworth, (d) *Hericium coralloides* © Martyn Ainsworth, (e) 영국에서 법으로 보호된 *Hericium erinaceus* © Martyn Ainsworth, (f) 호주 뉴사우스웨일즈에서 위기종 *Hygrocybe lanecovensis* © Ray and Elma Kearney, (g) *Phellodon melaleucus* © Martyn Ainsworth, (h) 어린 *Piptoporus quercinus* © Martyn Ainsworth, (i) 북부 그리스 보스니아소나무(*Pinus heldreichii*)에서만 발견되는 *Zeus olympius* (자낭균) © Stephanos Diamandis, (j) 시실리에서만 발견되는 *Pleurotus nebrodensis* © David Minter, (k) 애벌레(화살표) 위에 *Ophiocordyceps sinensis* © Paul Cannon (CABI/RBG Kew), (l) 위급종 *Erioderma pedicellatum* (한대의 융단 지의류) © Christoph Scheidegger. (원색도판 참조).

않지만 강수의 패턴과 강수량도 급격히 변하고 중파장 자외선(UV-B)의 침투와 극심한 사태의 발생이 증가할 것이다. 2100년경에는 빙하 덩어리의 30~50%가 사라지고 영구 동토층의 16%가 줄어들 것으로 예측된다. 또한 해수면은 15~95 cm 상승할 것이다.

기후변화가 균류의 분포, 군집 조성, 생태생리, 활동, 증식 횟수와 범위 등에 미치는 영향은 직접적으로는 균류의 생리에 영향을 미치고, 간접적으로는 서식지와 다른 생물체와의 상호관계를 변화시켜 기후변화에 반응함으로써 모두 변하게 될 것이다. 균류는 분해와 양분순환의 주요한 주체이며(362~365쪽), 식물의 약 90%와 균근을 형성하고(제7장) 식물(제8장)과 동물(310~325쪽)에 병을 일으키기도 하므로, 균류의 활동 변화는 생태계 기능에 연쇄적으로 반응을 일으키는 주요한 영향을 미칠 것이다.

세계적인 식물 군집의 분포는 기후변화의 결과로 극심하게 변화되었고, 식물과 관계를 맺고 있는 부생성, 균근성 및 병원성 균류도 이들과 함께 변화되었다. 예를 들면, 다음 세기 이후에는 북반구에서 타이가와 북극 툰드라 지대가 대규모로 감소됨에 따라 북방림 및 온대림이 북쪽으로 이동될 것이고 부수적으로 초지와 관목지가 북쪽으로 확장될 것이다. 다음 세기 이후에 온도가 4℃ 상승하면 식물은 지금과 동일한 기후조건에서 살아남기 위해 북쪽으로 500 km, 수직으로 500 m 이동해야만 할 것이다. 이 결과는 지금까지 낮은 고도에서 수목이 연평균 100~200 m의 이주속도를 나타낸 것에 비하면 아주 많이 이동하는 것이다.

부생균류에 미치는 영향

균류의 생활사, 즉 생장과 포자형성을 위한 대사의 활성과 시기에 온도, 습도, 이산화탄소가 미치는 일반적인 영향은 잘 알려져 있다 (제3장과 제5장). 예를 들면, 대사활성은 온도가 최적온도에 이르기까지 증가하고, 그 이상에서는 효소 촉매 반응에 미치는 영향의 결과로 감소한다. 습도는 너무 높거나 낮을 경우에 모두 활성이 억제된다: 낮은 수분퍼텐셜은 수분의 흡수, 유지, 효소 기능을 억제한다. 높은 수분퍼텐셜은 균사 내로의 산소 확산과 균사에서 이산화탄소의 방출 비율을 감소시켜 활성을 억제한다. 그러나 각 환경 요인이 균류의 각 종에 미치는 생태생리를 이해한다고 할지라도 군집이 섞여 있고 변화가 거듭되는 야외에서 기후변화가 균류에 미치는 영향을 추론하는 것은 어렵다. 극적인 변화는 대형 균류의 자실체 형성에 대하여 장기간 축적된 자료에서 명확하게 나타난다. 예를 들면, 이 분야의 연구는 1950년부터 2005년 사이에 영국 남부 Salisbury의 반경 48 km 내에 분포하는 200여 부생성 담자균류에 대한 기록을 분석하면서부터 시작되었다. 가을철 자실체 발생에 대하여 이 연구에서는 자실체 발생이 처음 기록된 평균 일자(모든 종에 대한 평균)가 현재에는 1970년 후반 이전보다 상당히 앞당겨진 반면에, 평균 마지막 자실체 발생일자는 상당히 늦어져서 자실체 발생기간이 두 배가 되었다고 하였다 (그림 11.6). 균류의 반응은 같은 속에서도 종에 따라 다양해서 47%는 자실체가 일찍 발생하고, 55%가 늦게까지 발생하는 것으로 나타났다. 또 균류의 반응은 서식지 유형에 따라 다르게 나타나서, 초지에 서식하는 종은 13%만 일러졌고 48%는 마지막 자실체 발생이 늦어졌지만, 목재부후균류에서 53%는 일러졌고 20%는 늦어졌다. 가을철 자실체 발생시기에 있어서 이런 변화는 늦여름의 기온 및 강수량과 상관관계가 있다. 자실체 발생시기의 변화는 국가 간에도 상당한 변이가 있지만 유럽 국가, 중국, 일본을 포함하여 세계적으로 보고되어 왔다.

가을철 자실체 발생 패턴의 변화뿐만 아니라 이전에는 가을철에 자실체를 발생시켰던 많은 종이 이제는 봄에도 자실체를 발생시키고 북유럽에서는 봄에 자실체 발생이 더 일러지고 있다. 담자균류 자실체 발생 시기와 정도는 다양한 과정을 시작하는 환경적 유발 요인과 더불어 충분한 수분, 양분과 에너지원에 달려 있다. 가을철의 조기 자실체 발생은 자실체 형성 유발 요인의 시기에 있어서 변화가 일어난 것 같지만 균사체가 이미 자실체를 발생하기 위하여 충분한 재료를 획득

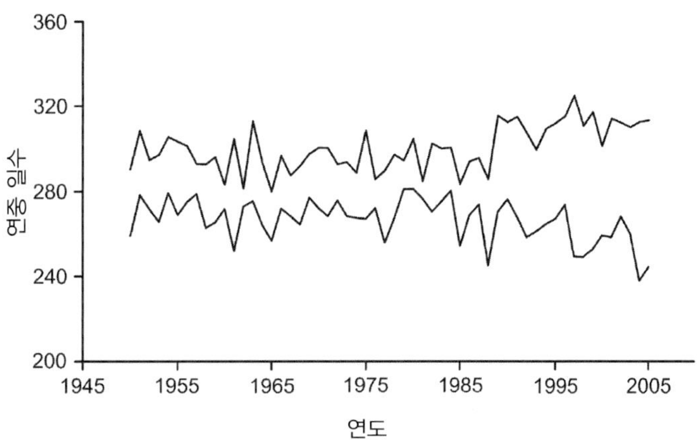

그림 11.6 기후변화의 결과로 지난 30년 동안 균류의 자실체 발생은 계절적으로 큰 변화가 있었다. 이 그림은 영국 남부의 Salisbury 주변에서 56년 이상 동안 200여 종의 부생영양성 담자균류의 평균 최초 자실체 발생 일자(아래 선)와 평균 최종 자실체 발생 일자(윗선)를 보여준다. 최근의 자실체 발생기간은 1970년 이전보다 더 길어졌고 이 변화는 온도와 강수량의 변화와 상관관계가 있다. *출처: Moore, D., Gange, A.C., Gange, E.G., Boddy, L., 2008. Fruit bodies: their production and development in relation to environment. In: Boddy, L., Frankland, J.C., van West, P. (Eds.), Ecology of Saprotrophic Basidiomycetes. Elsevier, Amsterdam, pp. 79–102.*

했다는 사실을 반영한다. 자실체 형성이 길어졌다는 것은 자실체 형성에 좋은 환경조건이 오랫동안 계속 유지된다는 것을 시사한다. 된서리가 늦게 오고 균류가 자실체 형성을 유지하기 위한 수분, 양분과 에너지를 오랜 기간 동안 확보할 수 있다. 봄철에 자실체가 형성되는 것은 일부 균류가 이제는 겨울과 봄에 과거보다 더 활력이 있다는 것을 암시한다. 그래서 기후변화와 관련된 이러한 계절적 변화는 균류의 분해 활력이 증가하고 있다는 것을 나타내며, 이어서 이산화탄소의 진화처럼 유기물의 분해율이 증가한다. 식물의 1차 생산성이 동일한 비율로 증가한다면 이것은 문제가 되지 않지만, 부식률이 1차 생산성 이상으로 증가하면 온실효과가 악화될 것이다. 이것은 과거에는 온도가 낮고 높은 수분 함량 때문에 통기가 불량하여 부식이 제한되었던 북방림, 툰드라 토양과 이탄 등 유기물이 아주 풍부한 토양에서 잘 일어나게 된다. 이런 생태계는 온도상승 때문에 더 덥고 건조해진다. 이제는 기후변화를 증폭시킬 잠재적 가능성을 우려하면서 북극 토양이 순탄소 흡수원에서 순탄소 공급원으로 변하고 있다는 증거가 있다.

생태계 내에서 죽은 생물을 구성하는 유기물의 전체적인 부식률은 모든 균류에 의해 발생된 부식률의 총합에 달려 있다. 그러나 기후변화는 다른 서식지를 새로 만들어 낼 것이다. 이산화탄소가 풍부한 대기 중에서 생장하는 식물체는 불안정한 화합물을 토양 내로 방출하고 조직은 더 리그닌화되고 페놀 함량과 탄질률이 높아져서 분해되기 더 어렵게 된다. 또한 종의 상대적인 경쟁력이 변화되어 결과적으로 호전적인 상호관계가 되며(339~354쪽), 균류의 군집 조성이 변할 것이다. 만약 분해활력이 더 큰 균류에 의해 새로운 군집이 우점적으로 조성되면 유기물은 더 신속하게 분해될 것이고 반대의 경우도 동일한 결과를 나타낼 것이다.

수생환경의 균류도 기후의 영향을 받는다. 온대 기후를 좋아하는 종들은 대략 지리적인 분포와 연관성이 있으며 겨울과 여름 군집의 차이가 지역적으로 더 뚜렷하게 나타난다. 예를 들면, *Flagellospora penicillioides*와 *Lunulospora curvula*는 5℃ 이하에서는 생장하지 않고 추운 계절에는 하천에서 사라진다. 온도가 균류의 생장 최적온도보다 낮은 온대의 하천에서 온도를 인위적으로 4.3℃ 상승시킨 경우에 바닥에 침전된 부스러기의 분해율이 증가되었고, 잎 조각(수생균류의 주요 기질)의 숫자가 감소하였으며, 잎 조각 위에 균류종의 수도 감소하였다. 육상생태계에서처럼 기후가 유발하는 변화가 하천 식생군집에 영향을 미쳐서 물속에 있는 낙엽을 분해하는 균류의 조성과 다양성에 영향을 미칠 것이다.

공생성 균류(균근균)의 반응

기후변화는 식물체와 뿌리의 공생체 모두에게 영향을 미친다. 외생균근은 산림수목에 형성되고. 열대, 온대, 한대의 생물군계(biome) 내에 수종의 분포는 고생태학 연구에서 과거에 일어난 일을 보여주듯이 기후가 변함에 따라 변경될 것이다. 제4기에 생태적 변화에 직면하여 이주하거나 적응한 수목은 살아남았고, 그렇지 못했던 것은 모두 제거되거나 멸종하였다. 수목은 기후가 온난화될 때 극지와 높은 고도를 향하여 이동하고, 한랭화될 때는 반대 방향으로 이동하였다. 미국 캘리포니아 남부 산타로사 산맥에서 흰색 전나무(*Abies concolor*)와 제프리 소나무(*Pinus jeffreyi*)가 지난 30년 이내에 각각 고도가 96 m, 28 m 위로 이동하였다. 온대림과 북방림에서 현재 우점적인 외생균근은 확실히 천년 이상 변화하는 기후에 반응한 확산 패턴의 결과이고 분포에 있어서도 변화는 계속될 것이다. 툰드라에서 온난화 실험은 관목의 생물량과 피복 정도는 증가하고 이끼와 지의류의 피복 정도는 감소한다는 결과를 보여주었다. 식물체의 성공적인 이주와 균근균류의 생존은 균근균류가 성공적으로 함께 이주하느냐에 달려 있다. 이것은 지상부에 자실체를 만들고 바람에 의해 산포되는 엄청난 양의 포자를 형성하는 균류에는 문제가 되지 않지만, 유기토양 표면에 포자를 형성하여 토양무척추동물에 의해 분산되는 배착성 균류와 덩이버섯처럼 지하성 자실체를 형성하여 소형 포유동물에 의해 포자가 분산되는 균류의 이주는 역시 포자를 분산시키는 동물의 이동 능력에 달려 있다.

고도의 변화 정도는 기후와 식생 변화 정도와 평행하기 때문에 이것은 기후 변화에 이어서 예상되는 군집의 모델로 사용할 수 있다. 캐나다 로키산맥에서 외생균근균의 종 풍부도와 다양성은 고도가 증가함에 따라 감소하는 연구결과가 있다. 아고산대에는 기주특이적인 외생균근균이 분포하지만, 고산지역에서는 일반적인 외생균근균이 분포한다. 이것은 기후 뿐만 아니라 식물군집이 존재하는 것을 반영한다. 그러나 고도에 따라 한 종의 식물체에서도 균근균 군집에 명확한 차이가 있다. 철쭉과 관목인 허클베리(*Vaccinium membranaceum*)는 낮은 지역부터 고산 서식지까지 분포하며 생장하고 있다. 낮은 고도에서는 높은 고도에서보다 알파(α) 종다양성이 낮고 가장 빈번하게 분리되는 종은 *Phialocephala fortinii*인 반면에, 높은 고도에서는 *Rhizoscyphus ericae*가 우점종이다.

균근균류의 활동도 변화하고 있으며, 자실체 형성시기의 변화에서 직접 뚜렷하게 나타난다. 외생균근성 담자균류 자실체의 생물계절학도 1970년 말 이후 부생영양성 균류와는 다른 방법으로 변화해 왔다. 또한 침엽수와 활엽수의 균근관계에서도 차이점이 있다. 영국에서 활엽수에 균근을 형성하는 균근균의 59%가 지금은 1970년대보다 늦게 자실체를 형성하지만, 침엽수에 균근을 형성하는 균근균은 변화가 적다. 이것은 아마도 균근균의 자실체 형성이 환경요인에만 반응하기 보다는 기주 수목으로부터의 신호(상록수와 활엽수의 신호가 다름)에 반응하기 때문인 것 같다. 활엽수는 잎이 무성하여 고정한 탄소를 공생균류에게 훨씬 더 오랫동안 제공하므로 광합성 산물이 감소할 때 자실체 형성을 위한 신호가 지연되고, 균사와 자실체 형성을 북돋우는 탄수화물을 오랫동안 이용할 수 있다. 이것은 부생성 균류처럼 활엽수에 형성된 외생균근성 균류가 훨씬 더 오랫동안 활동적이라는 것을 나타낸다.

온도 상승과 수분체제의 변화는 균근균의 활동에 직접적으로 영향을 미치고, 기주 수목뿐만 아니라 상호관계에도 영향을 미친다. 또한 기후변화와 이산화탄소 증가는 광합성에 영향을 미쳐서 결국에는 상호공생관계에 영향을 미칠 것이다. 광합성이 증가함에 따라 균근균의 수도(abundance)가 외생균근균은 19%, 내생균근균은 84%로 평균 47% 증가하고 있으나, 종 수도가 모든 수종에서 증가하는 것은 아니다 (예: 가문비나무 *Picea mariana*에서의 외생균근균). 균근군집의 조성에 있어서 기능적인 이동이 나타난다. 넓은 범위에 분포하고 있는(엄청난 균사끈을 형성하는) 외생균근균의 증가가 온난화된 북극 툰드라 토양의 나나자작나무(*Betula nana*)의 뿌리와 온화한 지역에서 미송(*Pseudotsuga menziesii*)에서 발견되었다. 실험에 의하면 이산화탄소의 증가에 의해 외생균근균 군집조성이 이동하게 되는데, 변화된 환경을 선호하는 종이 많은 양의 균사체와 두꺼운 균투(mantle)를 형성하고, 이어서 천이종(successional species)이 우점적으로 자실체를 형성한다. 이산화탄소의 증가로 식물체와 균류의 분비물과 탄소의 토양 유입량이 증가하는 것처럼 균근균의 생물량도 증가한다. 증가된 탄소유입을 이용하는 균근균과 다른 미생물의 활동이 증가하는 결과로 토양 호흡률도 증가한다.

지의류에 미치는 영향

기후는 지의체가 완전히 수화되는 시간의 양과 광합성을 포함하는 대사과정에 영향을 미치는 온도의 영향으로 지의류에 크게 영향을 끼친다. 지의류는 자가영양체이지만 변온 수생체이기 때문에 기후에 대한 반응이 고등식물체와 다르다. 지의류가 우점적 1차 생산자인 북극과 남극에서 기후변화는 특히 중요한 것 같다. 남극에서는 온도가 낮아서 지의류의 생리적 활동이 제한되어 있지만, 가장 중요한 수지상 지의류인 *Usnea aurantiaco-atra*를 장기 모니터링한 결과에서 반직관적으로 지의체 온도가 0.5~1℃ 상승하면 호흡을 통한 손실이 증가하여 연간 생물량 증가는 90% 감소된다고 보고하였다. 이것은 태양복사가 있는 겨울철에 특히 잘 발생되는데, 광합성이 거의 일어나지 않지만 상승된 기온 때문에 호흡은 더 많아진다. 또한 광합성에 필요한 태양광이 있을 때 온도가 상승하면 대기습도가 낮아지고 지의체가 광합성을 하기 위하여 충분히 수화되지 않는 기간이 더 길어지게 된다. 장기적으로는 *Usnea-Himantormia* 지의류가 분포하는 황야는 온도 상승으로 혜택을 받은 경쟁적인 종의 잡초로 대체될 것이다.

무기 기질에서 살아가는 지의류의 분포는 특정 종에 직접적으로, 그리고 관련 종에 간접적으로 영향을 미치는 기후의 영향을 받을 것이다. 게다가 살아있는 특별한 기질에서 살아가는 지의류의 분포는 산림 내의 기주 분포와 수종의 조성 변화에 영향을 받을 것이다. 타이가와 툰드라의 경계가 북쪽으로 이동함에 따라 지의류도 북쪽으로 이동하고 설선과 빙하 선두부가 위로 이동함에 따라 지의류에게 새로운 서식지를 제공하게 될 것이다.

지의류 군집과 기후가 밀접하게 상관관계가 있다는 것은 환경 변화에 따라 모든 규모의 모니터링에서 명확하게 제시되어 왔다. 혹독한 조건에서 지의류의 피복도는 증가하고 고산지역에서 지의류 종 풍부도는 항상 식물종 풍부도보다 더 높다. 북부 우랄산맥에서 지의류 피복도와 다양성은 해발 1,000~1,400 m에서는 안정적이나 더 높은 고도에서는 우점종이 바뀌고 피복도는 증가한다.

온대지역을 포함하는 지구상 대부분의 지역에서 지의류의 군집 조성은 기후변화에 반응하여 변화하고 있다. 네덜란드에서 수행된 장기 모니터링에서 추운 환경에 전형적인 종은 감소하거나 최근 사라진 반면에 난대종은 증가하였다. 서부 유럽에서는 종의 패턴이 서식지에 따라 변하는데, 많은 육생종은 감소하는 반면에 착생종은 증가하고 있다. 흥미롭게도 산림내에서 빠르게 증가하는 종은 다른 속에 속하지만 모두 광을 필요로 하는 *Trentepohlia* 조류를 포함한다. 지의류에서 잠재적인 변화는 영국에서 많이 연구되었는데, 다른 기후변화 시나리오를 사용하여 다른 종이 생장할 수 있는 생물기후적 한계를 모델화하였다. 온실가스 방출이 적은 기후 시나리오를 사용해서도 종 분포에 상당한 변화가 예측되었다 (그림 11.7). 이런 유형의 예상된 접근법은 보전전략을 개발하는 데 유용한 도구로 사용될 수 있다.

식물병의 변화 패턴

기후변화, 특히 온도와 이산화탄소 상승, 강수량과 패턴, 그 결과 대기와 토양습도에서의 변화 등은 식물병에 주요한 영향을 미치고 있거나 미칠 것이다. 대부분의 연구는 농업에 중요한 작물의 병에 관심이 있는데 그 이유는 식량 확보에 영향을 미치기 때문이다. 상호공생에서처럼 기후변화의 결과는 농업기후대를 극지대로 이동시킬 뿐만 아니라 이와 더불어 병원균의 지리적 분포범위도 더 높은 위도까지 확장시킨다. 생활사를 포함하여 기주식물과 병원균의 생물적 특성도 모두 기후변화에 영향을 받게 되고, 병해 발생의 패턴이 어떻게 변경될지는 기주와 병원균 사이의 상호관계에 의해 결정된다. 그러므로 다른 기주와 병원균 조합 간에는 물론이고 다른 기주와 병원 균주 간에도 효과가 나타나는 것은 놀라운 사실이 아니다 (표 11.1). 또한 동일한 기주-병원균의 조합이라 할지라도 1~2개의 기후 변수의 변화가 미치는 영향은 만약 다른 변수가 조금 변한다면 항상 동일하게 나타나지는 않는다. 그리하여 그 효과는 재배지역 간에도 다양하게 나타난다. 또한 기후변화는 식물병에 간접적인 영향을 주기도 하는데, 그 예로는 농부가 개화기에 열스트레스에 더 잘 적응할 수 있는 새로운 품종을 재배하도록 작물재배 전략의 변경을 유도하는 것이다. 영국에서 '지중해 타입'의 밀 품종을 심도록 제안되었는데, 이 품종은 현재 품종보다 2주 일찍 개화한다. 이 결과 개화기동안 붉은곰팡이병에 감수성을 나타내어 예상치 못한 결과가 초래되었다. 돌려짓기에서 새로운 작물의 식재는 재배기술의 변화에 따라 병원균의 기주가 될 수도 있다.

온도는 병원균류의 생장과 확산에 영향을 미치는 단독적으로 가장 중요한 환경변수이다. 강수량과 습도의 증가는 고온건조에 적응하는 *Ustilago* 종(16~18쪽)을 제외하고는 대부분 병원균류의 포자형성, 방출, 발아와 감염에 중요하다. 평균 온도와 수분값은 연구와 예측모델링에서 자주 사용되지만, 최고값 및 최저값은 훨씬 더 중요할 수 있다.

온도와 수분은 병원균의 생활사 중의 다양한 세대인 포자 형성, 생존, 발아, 균사생장 등과 병진전에 다르게 영향을 미친다. 그리하여 균류 생활사의 여러 세대와 관련하여 영향을 미치는 기상조건의 시기가 중요하다. 예를 들면, 온화하고 습한 겨울철에는 감염된 종자나 작물 잔재에서 월동하는 병원균의 생존을 증가시키지만, 반대로 덥고 건조한 여름에는 발병 정도가 감소하는 경향이 있다.

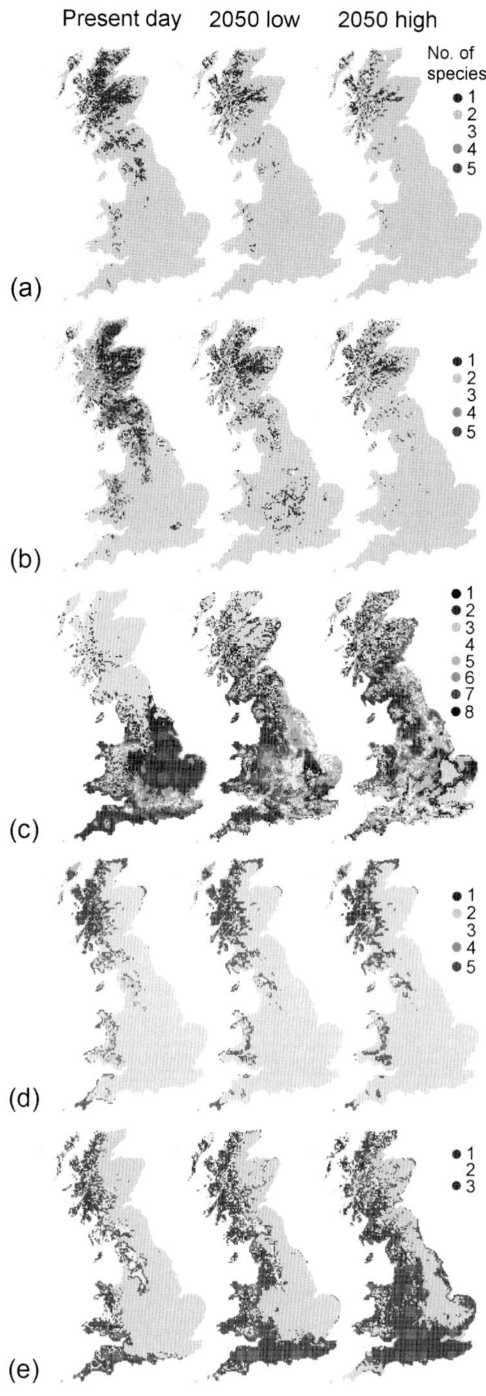

그림 11.7 예측 모델링은 기후변화가 종의 분포에 미치는 충격 가능성을 보여주는 데 사용되는 아주 유용한 도구이다. 이 모델링에서는 영국 내에서 분포가 잘 알려진 26종의 지의류의 생물기후적 생장에 대한 정보를 사용하였다. 낮은 온실가스 시나리오에 대한 기후자료를 사용하였지만 2050년경에는 현재와 아주 다른 생물기후적 생장모델을 보여준다. 지의류 종은 5개의 생물지리적 그룹으로 구분되었다. (a) 북부-산간지역, (b) 북부-한대지역, (c) 남부-광역지역, (d) 대양-북부지역, (e) 대양-광역지역. 출처: *Ellis et al. (2007)을 수정.*

표 11.1 주요 에너지 식량작물의 병해에 미치는 기후변화의 영향

작물		주요 병해의 예	병원균의 영양 섭취	병 발생에 미치는 주요 기상요인	기후변화의 영향 (실제 또는 예측)
밀	탄수화물 공급원으로 가장 중요하며 지구상에서 인간의 칼로리 섭취의 20%를 제공. 전 세계적으로 재배하며 주요 10대 생산국은 중국, 인도, 미국, 러시아, 프랑스, 캐나다, 호주, 독일, 파키스탄, 터키. 미국에서 완만한 온난화에 의해 25~44%, 급속한 온난화에 의해 60~79% 생산량 감소가 추정됨	밀 줄녹병(wheat rust): *Puccinia striiformis* f.sp. *tritici* (Pst)	활물영양성	습도, 온도, 바람	일부 밀 재배지역에서는 온도 상승으로 병 발생 및 생존이 감소하지만, 온도 상승에 의해 대부분 증가하는 것으로 알려짐. 새로운 병원균주가 고온에 더 잘 적응하고 미국 남중부지역에서 이제 우점하고 있음
		밀 붉은곰팡이병(Fusarium head blight): *Fusarium*과 *Microdochium* spp.	사물영양성	붉은곰팡이병은 개화기에 온화 습윤한 날씨를 선호. 관부썩음병은 개화 후 건조한 날씨 선호	병 발생 변화에 관련 있는 종은 온도에 따라 다름
		밀 관부썩음병(crown rot): *Fusarium pseudograminearum*	사물영양성	-	2000년 이후에 호주 남부의 가뭄을 겪었던 지역에서 일반적으로 발생. 이산화탄소가 증가(825 ppm)된 상태에서 밀 줄기의 균류 생물량이 증가
		밀 줄무늬병(spot blotch): *Cochliobolus sativus*	사물영양성		야간 고온으로 남부 아시아 지역에서 병 발생 증가
벼	세계적인 주식작물로 주로 아시아와 브라질에서 생산되고 수요가 증가. 해수면 증가, 강수 패턴 변화와 온도 상승에 의해 벼 생산에 필요한 재배지와 수자원의 변화가 발생	벼 도열병(rice blast): *Magnaporthe grisea* / *oryzae* 복합종	사물영양성	온도	피해 정도는 증가할 것으로 예측. 일본과 중국 북부의 서늘한 아열대지역에서 피해 증가가 예측되지만, 온화/서늘한 아열대지역에서는 온난화 후 피해 정도가 적을 것으로 예측. 온도 상승에 의해 *Xa7*(*Xanthomonas oryzae* pv. *oryzae*에 가장 큰 영향을 미침) 같은 일부 유전자의 효능을 증대시킴. 이산화탄소 증가에 의해 잎도열병 증가
		벼 잎집무늬마름병(sheath blight): *Rhizoctonia solani*	사물영양성	-	이산화탄소 증가에 의해 감염식물체는 증가되었지만 병반 크기는 변화 없음

보리	다른 곡류에 비해 생산이 떨어짐. 주로 유럽에서 생산	보리 흰가루병(powdery mildew): *Blumeria graminis*	활물영양성	-	이산화탄소 증가에 의해 병 발생 감소
		보리 깜부기병(smut): *Ustilago hordei*	활물영양성	-	이산화탄소 증가에 의해 병 발생 감소
옥수수	특히 미주에서 생산	옥수수 깜부기병(smut): *Ustilago maydis*	활물영양성	-	이산화탄소 증가에 의해 병 발생 억제
콩 (대두)	주요 작물이며 주요 탄수화물 및 단백질 공급원이므로 재배지가 확장. 4대 주요 생산 국가는 아르헨티나, 브라질, 중국, 미국	콩 노균병(downy mildew): *Peronospora manshurica*	활물영양성	-	이산화탄소의 단독 증가 또는 오존과 함께 병 발생 피해 39~66% 감소
		콩 갈색점무늬병(brown spot): *Septoria glycines*	사물영양성	-	이산화탄소의 단독 증가 또는 오존과 함께 경우에 따라 병 발생 조금 증가
		급사병 증후군(sudden death syndrome): *Fusarium virguliforme*	사물영양성	-	이산화탄소와 오존 증가는 전혀 영향을 미치지 않음
		아시아 콩 녹병(Asian soybean rust): *Phakopsora pachyrhizi*	활물영양성	-	2000년 이후로 공격적인 병원균이 아시아에서 아프리카와 남미로 급속하게 확산되었고, 허리케인 '이반'에 의해 미국 8개 주로 유입
감자	전 세계적으로 재배하지만 선진국보다는 개발도상국에서 더 많이 재배. 중국이 주요 생산국으로 전 세계 생산량의 20% 이상 차지. 기후변화에 의해 18~32% 감소 예상. 온도 상승에 의해 식재시기와 생장지역의 변화, 생장기간의 연장 초래	감자 역병(late blight): *Phytophthora infestans* (난균문)	사물영양성	-	캐나다에서는 병 발생기간과 병원균량이 증가할 것으로 예측되었지만, 핀란드에서는 병 진전이 감소할 것으로 예측: 1933~1962년과 1983~1997년보다 1998~2002년에 병 발생에 유리한 조건 때문에 17배나 많이 발생: 2~4주 더 일찍 발생: 감염기간 연장이 예측됨
		Verticillium spp.	사물영양성	-	캐나다에서 온도상승에 의해 병 발생 증가 예측

출처: *Luck et al. (2011)*.

대부분의 병원균은 넓은 범위의 온도에서 활동적이지만 최적조건의 시간은 늘어나거나 줄어들고, 감염 시간대가 변경될 수 있다. 작물의 감염과 생존에 있어서도 병원균 포자 유형은 상대적인 중요성이 변한다. 예를 들면, 유채의 검은뿌리썩음병과 줄기궤양병 병원균 *Leptosphaeria maculans* (= *Phoma lingam*)는 자낭포자와 분생포자를 형성하며, 분생포자는 발아에 높은 온도가 필요하므로 병환에서 이 병의 중요성이 북부 독일에서 기후온난화에 의해 증가하는 것으로 예측된다. 또한 온도는 특별한 유형의 병을 실제 일으키는 원인이 되는 주요 종에 영향을 미친다. 화곡류의 붉은곰팡이병은 *Fusarium*과 *Microdochium*의 다양한 종의 복합체가 원인이 된다 (그림 11.8). *Fusarium graminearum*은 생장최적온도가 24~28°C이고, 여름철이 상대적으로 더운 지역인 호주, 북미와 유럽 대륙의 일부에서 두드러지게 분포하는 반면에 *Fusarium culmorum*은 생장최적기온이 낮은 20~25°C이고 서늘한 해양지역인 북서 유럽에 분포한다. 북유럽에서는 최근 병원균이 *Fusarium culmorum*에서 *Fusarium graminearum*으로 바뀌고 있다. 옥수수에서도 *Fusarium graminearum*이 우점종이었지만 기온이 온화해지면서 *Fusarium proliferatum*, *Fusarium subglutinans*, *Fusarium verticillioides*로 바뀌었다.

붉은곰팡이병의 발병은 개화기 이전 6주 동안의 온도와 높은 습도가 포자 형성을 촉진시키기 때문에 개화기동안의 강수량에 관련이 있다. 덥고(15~30°C) 습한 조건에서 포자는 감염을 더 많이 시킬 뿐만 아니라 균사가 꽃 부위로 더 많이 생장하여 퍼지게 된다. 기후변화 시나리오 하의 예측모델에서는 현재의 개화시기에 강수량이 상당히 감소하면 붉은곰팡이병은 감소할 것이라고 제안하고 있다. 영국에서 여전히 강수량이 많을 때 2주 일찍 개화가 예측되어 붉은곰팡이병에 있어서 어떠한 감소나 약간의 증가조차 예측되지 않는다. 작물생산 지역에서 많은 종류의 농작물에 병해 발달이 더 이른 시기에 더 신속하게 일어나게 될 것이다. 확실히 기주, 병원균, 기후의 상호관계가 아주 복잡하고 다른 지역에서는 다른 영향을 미칠 것으로 예상된다. 예측모델은 온타리오 등 다른 지역에서의 연구에서 붉은곰팡이병의 발생 증가가 없을 것이라고 하였지만 (표 11.1), 영국에서는 증가할 것이라고 제안하였다 (그림 11.8).

대기 중 이산화탄소 증가는 일부 병원균류의 생장과 증식능력을 증가시키지만 다른 병원균류의 발병은 감소시키는 것으로 보고되었다 (표 11.1). 그것은 식물체의 생장에도 영향을 미쳐서 간접적으로 병원균류에 영향을 준다. 작물 생산량은 '비료' 효과에 의해 15% 이상 증가한다. 이산화탄소 증가에 의해 잎의 표피층과 왁스층의 두께가 증가하면 일부 병원균에 대한 저항성이 증가한다. 온도가 상승하고 이산화탄소가 증가하여 광합성률이 증가하면 조기생장이 동시에 이루어져서 병원균 정착에 영향을 준다. 병원균 발달을 위한 다른 미소환경이 관련되어 더 풍부한 수관이 발달될 것이다. 지상부의 생물량 증가와 작물 잔재의 생물량 증가에 따라 병원균이 잠복할 수 있는 가능성이 더 커질 것이다.

현재에는 야외, 세포, 유전적 수준에서의 정보가 부족하여 기후변화에 의해 식물병이 어떤 영향을 받는지를 이해하는 데 있어서 큰 차이가 있다. 여러 개의 상호관련 요인이 병의 결과에 영향을 미치기 때문에 예측모델은 병을 예측하는 중요한 방법 중의 하나이다 (그림 11.8). 기후변화 시에 병해를 관리하는 전략에 대해서 아직 많은 관심이 기울여지지 않았지만, 장기적인 계획을 위하여 예측모델은 아주 중요하다. 예를 들면, 특정 병에 저항성인 1년생 작물품종의 개발에 최소 10년이 소요된다. 단언컨대, 지구상의 인류에게 안정적으로 식량을 공급하기 위해서는 아직 남아있는 많은 문제점이 해결되어야 한다.

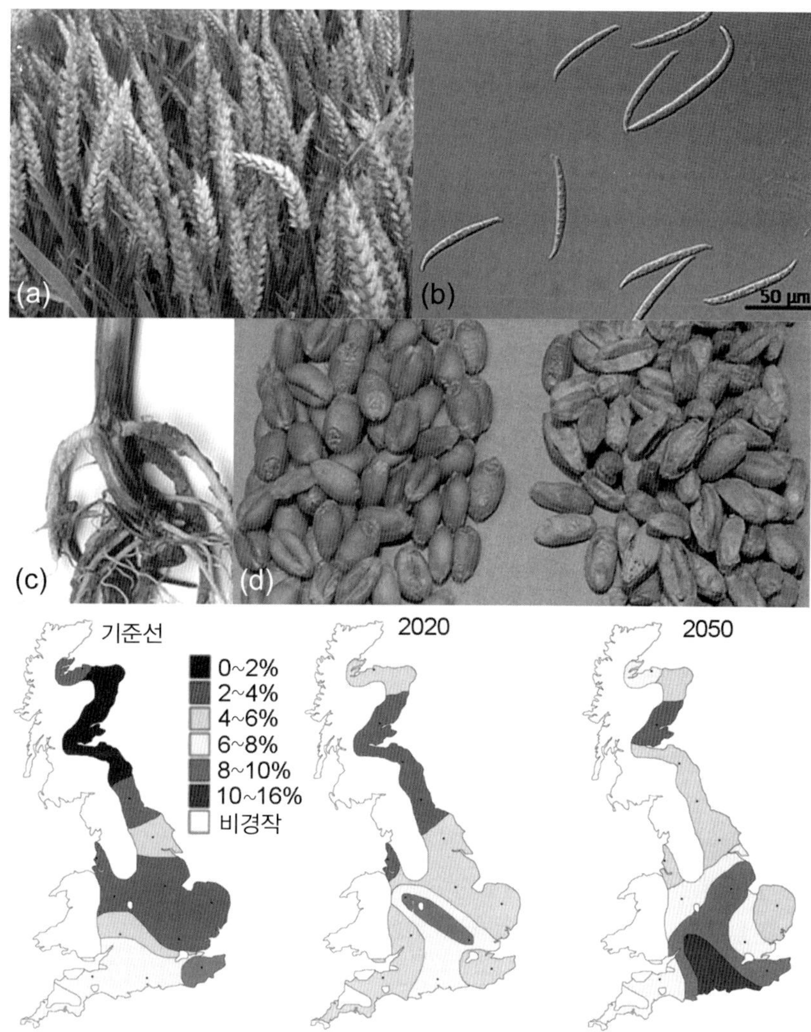

그림 11.8 붉은곰팡이병은 여러 종의 *Fusarium*과 *Microdochium*에 의해 화곡류에 발생하는 심각한 병해이다. (a) 겨울밀에 발생한 붉은곰팡이병, (b) *Fusarium graminearum*의 대형 분생포자. (c) 뿌리썩음 증상. (d) 수확된 건전한 낟알(좌)과 *Fusarium*에 감염된 낟알(우). 예측모델은 단기적으로는 병발생을 예측하기 위해서, 장기적으로는 병발생의 변화패턴을 예측하기 위해서 사용될 수 있다. 지도에서 미래의 모의 기상자료를 사용하여 작물생장과 기상조건을 조합한 병발생 모델에 의해 현재 영국에서 붉은곰팡이병의 병발생(감염식물체의 %)을 예측할 수 있다. 기준선 시나리오 예측은 1960부터 1990년 사이의 기상자료를 사용했고, 2020년과 2050년 지도는 배기가스가 많은 시나리오를 사용하였다. 출처: *West, J.S., Holdgate, S., Townsend, J.A., Edwards, S.G., Jennings, P., Fitt, B.D.L., 2011. Impacts of changing climate and agronomic factors on fusarium ear blight of wheat in the UK. Fungal Ecol. 5, 53–61.* 지도는 *Madgwick, J.W., West, J.S., White, R.P., Semenov, M.A., Townsend, J.A., Turner, J.A., Fitt, B.D.L., 2011. Impacts of climate change on wheat anthesis and fusarium ear blight in the UK. Eur. J. Plant Pathol. 130, 117–131.*를 일부 수정.

동물병의 변화 패턴

식물병의 경우와 마찬가지로 기후변화가 병원균과 기주동물의 생물학적 특성, 즉 분포, 생존, 생장/발달률, 증식의 정도와 시기에 영향을 미친다. 기후변화와 관련하여 동물에서 아마도 가장 널리 보고된 균류에 의한 병은 *Batrachochytrium dendrobatidis*(Bd)에 의한 양서류의 항아리곰팡이병이다 (311~312쪽). Bd의 생물학적 특성은 온도에 의해 결정적인 영향을 받는다. 실험실내 최적 생장온도는 17~25℃이므로 산간지대의 환경에서 온도가 증가하면 병원균의 생장도 증가한다. 그러나 흥미롭게도 감염성 유주포자는 이보다 낮은 온도에서 더 신속하게 피낭체를 형성하고 유주포자낭으로 발달되는 반면에, 포자낭 내의 유주포자는 7~10℃에서 더 많이 형성되고 더 오랫동안 감염력을 지닌다. 그러므로 생활사 적정성에서 Bd는 넓은 범위의 온도대에서 적응성이 아주 높은 균류이다.

온도변화는 기주/병원균의 역학에서 주요한 요인 중의 하나로 여겨지지만, 상황은 더 복잡하고 온도의 영향은 흔히 다른 요인들과 복합적으로 작용하면서 혼란스럽게 된다. 평균온도와 최저온도의 상승은 병발생 증가와 연관이 된다. 일부 기주에서, 실험적으로 다른 요인들은 고려하지 않고, 조사한 바에 따르면, 환경온도의 변화는 기주의 면역반응 발현, 감염의 지속성과 기주 생존에 영향을 미친다. 구세계의 온대 지역에 서식하는 유럽두꺼비(*Bufo bufo*)의 번식은 따뜻한 겨울철에 반응하여 생물계절학이 달라졌다. 월동기간이 줄어들고 동면 후 암컷은 재생투자와 생존이 그러하듯이 신체상태가 더 나빠졌다. 월동시 온도가 더 높으면 Bd에 의한 감염기회도 더 많아진다. 그러나 일단 Bd가 두꺼비 내에 자리를 잡으면 증식은 추운 겨울에 더 급증하고, 전체적으로 월동하는 두꺼비의 생존은 겨울철 온도와 감염성 병해보다 다른 요인들에 관련이 있다. 기온 변동도 두꺼비 감소를 부추기는 원인으로 보인다. 엘니뇨현상은 지역적으로 온도 변동을 일으켜 병원균에 대한 두꺼비의 방어력을 감소시키고 넓은 지역에서 *Atelopus* 속의 두꺼비가 감소하는 결과를 초래하는 것으로 여겨진다.

인간에 나타나는 진균병(293~310쪽)의 분포와 발생도 기후변화에 따라 변하는 것 같다. 북미 서부의 아주 건조한 지역에서 발생하는 *Coccidioides* spp. (자낭균문, 303~305쪽)에 의한 계곡열(valley fever, 콕시디오이데스진균증)은 엘니뇨현상으로 강수량이 비정상적으로 증가하고 이어서 장기적인 가뭄이 닥칠 경우에는 그후 1~2년 동안 더 널리 퍼진다. 기후변화의 결과로 우기에 지역적인 온난화, 극단적인 기상빈도의 증가 등은 발병 지역의 분포를 변화시킬 뿐만 아니라 감염 위험성도 증가시키는 것으로 여겨진다. 확실한 증가는 부족한 상태이지만, 균류는 기주가 야외에서 생장할 때에는 다른 환경조건 하에서 기주에 다르게 영향을 미칠 수도 있다. 부생영양성이지만 포유류에 기회감염성 병원균이며 공기전염성 알러지 유발원(제9장)으로 알려진 *Aspergillus fumigatus*는 32℃보다 17℃에서 주요한 알러지 항원 유전자를 더 높게 발현하여 포자당 알러지항원성에 있어서 12배 차이를 나타낸다. 대기 중의 이산화탄소 농도도 포자의 알러지항원성에 영향을 미친다. 주변의 이산화탄소 농도가 392 ppm인 곳에서 형성된 *Aspergillus fumigatus* 포자는 알러지 유발 단백질 Asp f1의 적용으로 산업화 이전 농도인 280 ppm 조건에서 형성된 포자의 알러지항원성보다 8배이나 이상 높다. 이산화탄소 농도가 560 ppm으로 아주 높아지면 포자의 알러지항원성은 도리어 감소한다.

기후변화에 의한 멸종

북극과 고산지역, 맹그로브 습지, 해안 지역, 산호초 등을 포함하는 일부 서식지와 서식지내 균류는 지구 온난화에 의해 위협을 받는다. 예를 들면, 기후 온난화에 따라 가장 추운 지역에 서식하는 균류는 서식처가 사라지고 약간 온화한 환경에서 더 경쟁력이 있는 다른 균류로 대체될 때까지 극지 방향과 더 높은 산맥으로 점진적으로 이동하며 생태지위를 찾을 것이다. 자낭균 *Lachnellula pini*는 스칸디나비아에서 구주소나무에 궤양병을 일으킨다. 이 병은 1월 기온이 낮은 극북(極北)과 산악지역에서만 발생하며 수목이 설해를 받은 경우에 감염이 발생한다. 수목에 설해가 줄어드는 것은 이 종에는 위협적인 것 같다. 작물에 해로운 것으로 보이는 균류가 멸종위기에 처한 종목록에 이름을 올리는 것은 흥미로운 도덕적 정치적 혼란을 일으킨다. 실제 영국 웨일즈 지역에서는 녹병균이 위험목록에 포함되어 있다.

토지 사용 변천

지금부터 약 4,000년 전 지구상의 식생은 광활한 삼림지대였지만, 인간의 생활방식이 수렵채취에서 정착농업으로 바뀌면서 거대한 경작지와 가축이 풀을 뜯는 초지로 바뀌었다. 비록 많은 삼림이 유실되었지만, 인간은 필요한 목재를 제공하기 위해서 다양한 종류의 나무를 심고 삼림을 관리한다. 초지, 경작지, 조림지에는 일반적으로 생산성이 좋고 병원균에 저항성을 지닌 다양한 종이나 품종을 경작하지만 단일종을 재배하기도 한다. 더구나 생산량 증대를 위해서 사용하는 비료, 농약, 제초제로 인하여 생태계에서 미생물의 서식지가 유실되고 있고 미생물의 군집과 활동도 크게 변하고 있다. 아래의 일부 예에서 볼 수 있듯이, 집약적 경작으로 인하여 균류 다양성이 감소되기도 한다. 다양성을 잃은 균류는 여러 환경 변화요소 특히 기후에 잘 적응하지 못할 수도 있다. 군집이 다양하면 변화에 적응할 수 있는 일부 종이 존재할 수 있기 때문에, 생물다양성의 보전은 생태계 기능 관점에서 '보험효과(insurance effect)'를 제공하는 것이며, 이것은 보전에 대한 좋은 논거이기도 하다 (391~398쪽).

초지

초지(grassland)는 지구 지표면의 약 20%를 차지하고, 일반적으로 강우가 적은 지역이거나 계절성 강우지역에 분포하며(250~1,500 mm/년), 넓은 범위의 위도와 고도에 위치한다. 예를 들어, 열대 동아프리카 사바나에서 온대 스텝, 대평원과 팜파스, 고산지대 풀밭 그리고 안데스 파르마노가 해당되며, 이들을 흔히 툰드라(tundra) 또는 황무지(heathland)라고 부른다. 초지 서식 유형은 15세기에서 20세기 사이에 유럽에서 가장 넓은 범위를 차지하였고, 그 이후에 건조한 중습성 초지는 경작지, 침엽수 조림지, 관목지로 바뀌었으며, 많은 국가의 초지 면적은 90% 이상 감소했지만, 일부 유럽의 많은 국가는 상당히 넓은 면적의 준자연적 초지를 가지고 있다 (예: 페로 제도, 노르웨이, 루마니아, 스코틀랜드, 웨일즈). 대부분의 초지는 관목지나 삼림지로 천이되지 않는 준자연적 방목지이다. 대부분의 건조 초지는 방목으로 인해 질소와 인이 고갈되고 척박해졌으므로, 대부분의 경우에는 시비와 몇몇 속성 목초를 심어 개량되었다.

초지는 숲이나 삼림과는 매우 다른 생태계이다. 초지는 토양에 투입되는 유기물 성분이 상대적으로 적은 편이며, 리그닌과 균류에 유독한 성분도 적다. 초식성 포유류는 초지의 순 생산량의 40~70%를 먹어치우기 때문에 다량의 물질이 분쇄되거나 부분적으로 소화된 배설물의 형태로 토양에 스며든다. 특히 방목압이 높은 일반 목초지에는 뿌리에서 떨어져 나온 잔재가 많고 죽은 유기체가 토양에 많이 유입되므로 식물 생물량의 상당량은 땅속에 묻혀 있게 된다. 따라서 초지와 삼림의 균류 군집이 매우 다르다는 것은 결코 놀라운 일이 아니다. 장기간 개량되지 않은 유럽의 건조한 초지에는 꽃버섯류(*Hygrocybe*, *Camarophyllus*), 외대버섯류(*Entoloma* spp.), 싸리버섯류(*Clavaria*, *Clavulinopsis, Ramariopsis*), 콩나물버섯류(*Geoglossum, Microglossum, Trichoglossum*) 등이 특징적으로 발견된다. 몇몇 나라에서는 꽃버섯류의 종 수가 가치있는 '미경작된' 초지지역임을 나타내는 지표로서 제시되어 왔다. 1~3개는 제한적(limited), 4~8개는 국소적(local), 9~16개는 지역적(regional), 17~21개는 국가적(national), 22개 이상은 국제적(global)으로 중요함을 나타낸다. 대다수의 초지에 서식하는 균류의 정확한 서식지와 영양요구량은 잘 알려져 있지 않지만, 일반적으로 일부 종(*Entoloma anatinum, Entoloma longistriatum, Entoloma mougeotii, Hygrocybe intermedia, Hygrocybe citrinovirens, Hygrocybe ovina, Hygrocybe aurantiosplendens, Hygrocybe ingrate*)은 초지에서 장기간 지속적으로 발생하는 반면에, 일부 희귀종들(*Entoloma formosum, Entoloma hispidulum, Entoloma xanthochroum, Hygrocybe subpapillata, Hygrocybe glutinipes, Hygrocybe vitellina, Hygrocybe spadicea*)은 단기적으로 발생한다. 단지 *Hygrocybe* 종에만 기초한 것보다 더 광범위하게 적용되는 지표 시스템에서는 초지지대의 각 종마다 각기 다른 점수를 부여하고, 해당 지역에서 발견된 종에 부여된 가치를 합산하여 지역적 가치를 계산한다. 경작된 초지과 미경작된 초지, 그리고 다른 서식지에서 *Agaricus, Galerina, Macrolepiota* 등의 종과 먼지버섯을 포함한 많은 다른 균류도 발견되고 있기 때문이다.

버섯을 형성하는 균류뿐만 아니라 미세균류도 식생 유형과 관리 정도에 따라 출현에 차이를 보인다. 효모를 예로 들면, 삼림에서는 담자균에 속하는 효모(예: *Cryptococcus terricola, Trichosporon porosum*)가 대부분인 반면, 초지에서는 자낭균에 속하는 효모(예: *Schwanniomyces castelli*)가 대부분이다. 초지에서는 초지관리를 강화함에 따라 자낭균류의 비율이 증가하고 있지만, *Schwanniomyces castelli*는 감소하고 *Barnettozyma californica*는 증가하는 사례에서 보듯이 균류 집단의 구성이 변하고 있다. 이와 같이 균류의 구성에 변화가 나타나는 것은 토양의 관리상태, 방목의 강도, 비료 사용으로 인하여 탄소와 무기물 등의 토양 양분물질의 공급원이 변화된 상태임을 반영하는 것이다.

삼림경작 및 조림지

선진국에서 토지 이용은 항상 바뀌었지만, 그래도 농지는 오랜 기간 동안 정착되어 왔다. 그러나 개발도상국에서는 삼림이 흔히 단일작물을 재배하는 경작지로 전환되는 비율이 높았고, 이로 인하여 대형 생물상의 다양성 상실 및 토질 악화뿐만 아니라 미생물 군집도 변하였다. 예를 들면, 멕시코 중부의 삼림은 현재 아보카도 농장과 옥수수 농장으로 바뀌고 있다. 식생별 수지상균근균류(AMF)의 비교연구에 의하면 구리를 기본으로 한 살균제와 비료 사용에도 불구하고 수지상균근균류의 종 다양성은 삼림과 비교하여 아보카도 농장에서 매우 적게 감소했다. 이는 아마도 AMF종을 위한 미기후와 추가적인 기주인 다수의 초본식물이 존재했다는 것을 반영한다. 옥수수 농장에서는 AMF 종이 50% 적었는데, 이는 아마도 다른 초본식물의 부족과 관개시설 또는 수관(canopy)의 부재, 토양 유기물 및 가용성 인이 부족했기 때문일 것이다. 아보카도 농장보다 삼림에 특이한 AMF 종이 더 많았고 옥수수 농장보다는 아보카도 농장에 특이한 AMF 종이 더 많았는데, 이는 삼림보존의 중요성을 반영한다. 이러한 식생 형태를 보인 지리적 위치는 AMF 군집에 중대한 영향을 미쳤으며, 이것은 기후변화가 토지사용의 변화보다 AMF 군집에 더 큰 영향을 줄 수 있다는 것을 제시한다.

오염, 농약, 비료, 양분 분포 및 순환

오염물질은 공기, 물에 의해 전반되거나 인간에 의해서 직접 축적된다. 공기 오염원에는 3종류가 있다: (1) 분출될 때와 같은 형태로 남아있는 1차 오염물질 (예: SO_2, NO_2와 불소화합물), (2) 대기에서 1차 오염원에 의해 형성된 2차 오염원 (예: 오존, 질산과산화아세틸(PAN), 질산, 황산, (3) 살충제, 산업 유기화합물, 금속, 준금속, 방사성 핵종 등의 기타 화합물.

균사는 흡수에 의해 양분을 얻고(제2장, 제5장), 미량양분과 비양분성분을 축적할 수 있다. 대조적으로 지의류는 흡수한 양분, 비양분 성분, 건성 침적과 강수 침적에 의한 입자를 축적할 수 있다. 고농도 입자는 포착에 의해 세포 사이의 중층 공간에 축적될 수 있으며 이들 입자의 크기는 작은 에어로졸(<1 μm)에서 먼지(>1 mm) 정도이다. 지의류와 다른 균류의 오염물질, 농약, 비료 등에 대한 민감성은 다양하므로 종의 고갈을 포함한 종의 변화를 초래한다. 지의류와 일부 버섯의 민감성, 축적 능력, 다년간 특성 등에 있어서의 차이점은 오염물질과 다른 자연 침전물의 모니터링에 유용하다.

지의류와 대기오염

화석연료의 연소로 인해 발생하는 대규모의 오염, 특히 SO_2와 NO_x로 인한 오염은 18세기말 산업혁명부터 시작되었다. 그 이후에 거의 모든 유럽의 지의류 생물상에는 상당한 변화가 있었다. 이러한 결과는 Hawksworth와 Rose의 대표적인 연구인 대기 중의 SO_2와 관련된 영국 지의류 군집분포에서 잘 보여준다 (그림 11.9, 표 11.2). 공업도시 주변의 지의류 군집은 저항성이 강한 몇 종만 살아남아 빈약한 반면에, 덜 오염된 지역에서는 더 다양한 균류군집이 존재했다. 이러한 대기오염물질은 배기가스 규제에 따라 감소했으며, 그 지역에서 오염물질에 민감해서 사라졌던 지의류가 다시 군집을 형성하기 시작했다. 축적된 SO_2와 이에 수반된 산성을 제거함으로써 서식지는 비교적 빠른 기간(10~100년)에 지의류에 적합하게 되었다. 대기 중의 SO_2는 감소했지만 불행하게도 유럽뿐만 아니라 생물다양성의 중요지인 동남아시아, 중미, 인도에서의 집약적 농업으로 인하여 질소 오염이 증가하고 있다. 지의류 군집구성은 심지어 아주 적은 양의 질소침적 증가에 의해서도 변화된다. 미국 태평양북서부 오염 지역에서 호질소성 균류(예: *Xanthoria polycarpa, Physcia adscendens, Candelaria concolor*)는 흔한 반면, 질소에 민감한 균류(예: *Alectoria sarmentosa, Bryoria*

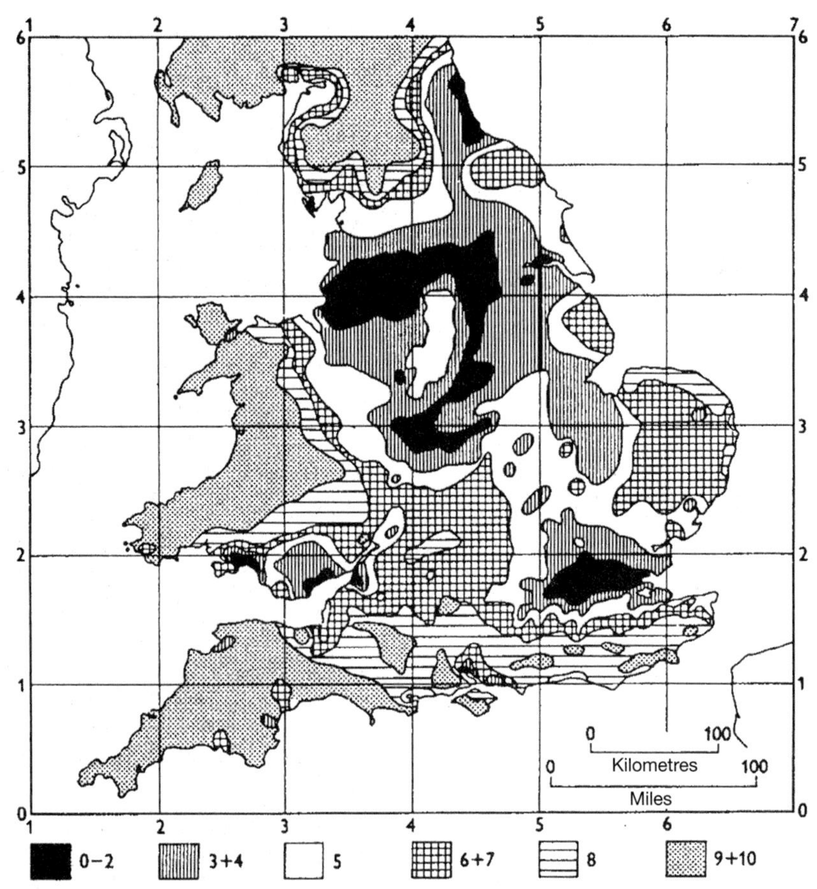

그림 11.9 1960년대 후반에 영국과 웨일스의 공기 오염원이 지의류의 군집에 미치는 영향을 보여주고 있다. 대기 중 아황산가스 농도와 군집 간의 밀접한 연관성을 보여주고 있다. 지역별 전형적인 지의류는 표 11.2에 표시했다. 지도 아래에 표시한 숫자는 표에 표시한 지역번호를 나타낸다. 런던의 대도시, 웨일스의 남쪽 및 중간지역의 제한된 지의류 생물군과 잉글랜드의 북쪽, 웨일스의 서쪽 및 서남쪽의 비산업지역에 형성된 다양한 생물상을 주목할 만하다. *출처: Hawksworth, D.L., Hill, D.J., 1984. The Lichen-forming Fungi. Blackie, Glasgow.*

fuscescens, Sphaerophorus globosus, Usnea filipendula)와 질소고정 남세균 지의류(예: *Lobaria oregana*)는 감소하거나 사라졌다.

지의류는 장기간 생존하고 대기 침전물을 축적할 수 있기 때문에 지의체는 대기오염물질의 변화 모니터링에 유용한 수단을 제공하는 소중한 기록보관소이다. 지의체 내의 오염물질과 양분 체류시간은 오염 물질과 양분 성분에 따라 차이를 보인다. 다량원소(N, P, K, Ca, Mg, S)는 상대적으로 움직임이 자유롭고 쉽게 용출됨으로써 몇 주 또는 몇 달에 걸쳐 눈에 띄는 변화가 감지될 수 있다. 영국 전역의 질소 침적이 높은 지역과 낮은 지역에서 *Cladonia portentosa*의 지의체 내 전체 질소량은 7 mg/g에서 13 mg/g이다. 어떤 환경은 자연적으로 질소가 풍부하다 (예: 새들이 앉았던 바위). 남극 펭귄 서식지 근처의 *Xanthomendoza borealis* (*Xanthoria* 유사종)의 지의체 건조중량의 3%가 질소였다. 1960년에서 1970년대 공업지역의 오염원 근처에 있는 지의체에서 1,000 μg/g 이상의 유황이 흔히 발견되었는데, 이것은 청정지역의 녹조류와 공생하는 지의류에서 300 μg/g 미만

표 11.2 1960년대 후반에 영국과 웨일즈에서 활엽수(특히, 중산성의 거친 수피를 갖는 *Fraxinus* 및 *Quercus*)에서의 지의류와 아황산가스 오염 간의 연관성

지역	부영양화 되지 않음: 호질소 군집이 발달되지 않음	부영양화 됨: 호질소 군집이 발달됨	겨울철 아황산가스(SO_2)의 중간값 (mg m^{-3})
0	지의류 부재	지의류 부재	?
1	*Desmococcus viridis*가 줄기 둥치에 존재	*Desmococcus viridis*가 줄기 위로 확산	약 170
2	*Desmococcus viridis*가 줄기 위로 확산. *Lecanora conizaeoides*가 줄기 둥치에 존재	*Lecanora conizaeoides*가 풍부. *Lecanora expallens*가 가끔 줄기 아래 부분에 존재	약 150
3	*Lecanora conizaeoides*가 줄기 위로 확산. *Lepraria incana*가 흔하게 줄기 둥치에 존재	*Lecanora expallens*와 *Buellia punctata*가 풍부. *Buellia canescens*가 가끔 존재	약 125
4	*Hypogymnia physodes* and/or *Parmelia saxatilis* and/or *Parmelia sulcata*가 줄기 둥치에 존재. *Chaenotheca ferruginea*, *Hypocenomyce scalaris*와 *Lecanora expallens*가 종종 존재	*Buellia canescens*가 흔함. *Physcia adscendens*, *Physcia tribacia* (남쪽), *Xanthoria parietina*가 가끔 존재	약 70
5	*Hypogymnia physodes* 또는 *Parmelia saxatilis*가 줄기 위로 확산. *Lecanora chlarotera*, *Parmelia glabratula*, *Parmelia subrudecta*, 또는 *Parmeliopsis ambigua*가 존재. *Calicium viride*, *Chrysothrix candelaris* 와 *Pertusaria amara*가 발생. *Ramalina farinacea*와 *Evernia prunastri*가 존재하기도 하지만 대부분 줄기 둥치에 존재. *Platismatia glauca*가 옆가지에서 존재	*Buellia canescens*와 *Xanthoria parietina*가 흔함. *Buellia alboatra*, *Haematomma coccineum Opegrapha varia*, *Opegrapha vulgata*, *Parmelia acetabulum* (동쪽), *Physconia grisea*, *Physconia farrea*, *Physconia orbicularis*, *Physconia tenella*, *Ramalina farinacea*, *Schismatommma decolorans*, *Xanthoria candelaria*가 가끔 존재	약 60
6	*Parmelia caperata*가 적어도 둥치에 존재함. *Pertusaria* 종들과 (예: *P. albescens*, *P. hymenea*) *Parmelia Graphis elegans*에서 풍부. *Pseudevernia furfuracea*와 *Bryoria fuscescens*가 고지대에서 존재	*Physcia orbicularis*, *Physconia grisea*, *Opegrapha varia*와 *Opegrapha volgata*가 풍부. *Arthopyrenia alba*, *Caloplaca luteoalba*, *Lecania cyrtella*, *Pertusaria albescens*, *Physconia pulverulenta*, *Physciopsis adglutinata*, *Xanthoria polycarpa*가 가끔 존재	약 50
7	*Parmelia caperata*, *Parmelia revoluta* (동북을 제외), *Parmelia tiliacea*, *Parmelia exasperatula* (북쪽)가 줄기 위로 확산. *Pertusaria hemisphaerica*, *Rinodina roboris*, *Usnea subfloridana* (남쪽)와 *Arthonia impolita* (동쪽)가 보임	*Anaptychia ciliaris*, *Arthopyrenia biformis*, *Bacidia rubella*, *Candelaria concolor*, *Physcia aipolia*가 가끔 존재	약 40
8	*Usnea ceratina*, *Parmelia perlata* 또는 *Parmelia reticulata* (북쪽, 남쪽)가 보임. *Rinodina roboris*가 남쪽에서 줄기 위로 확산. *Normandina pulchella*와 *U. rubicunda*가 남쪽에서 일반적으로 존재	*Physcia aipolia*가 풍부. *Anaptychia ciliaris*가 자낭과를 형성하며 발생. *Desmaziera evernioides*, *Gyalecta flotowii*, *Parmelia perlata*, *Parmelia reticulata* (남쪽, 서쪽) *Ramalina obtusata*와 *Ramalina pollinaria*가 가끔 존재	약 35

표 11.2 1960년대 후반에 영국과 웨일즈에서 활엽수(특히, 중산성의 거친 수피를 갖는 *Fraxinus* 및 *Quercus*)에서의 지의류와 아황산가스 오염 간의 연관성(*계속*)

지역	부영양화 되지 않음: 호질소 군집이 발달되지 않음	부영양화 됨: 호질소 군집이 발달됨	겨울철 아황산가스(SO_2)의 중간값 (mg m^{-3})
9	*Dimerella lutea*, *Lobaria pulmonaria*, *Lobaria amplissima*, *Pachyphiale cornea*, 또는 *Usnea florida*가 존재. 만약 이들이 없으면, 25종 이상의 고착성 지의류가 발달	*Caloplaca aurantiaca*, *Caloplaca cerina*, *Physcia leptalea*, *Ramalina calicaris*, *Ramalina fraxinea*, *Ramalina subfarinacea*가 가끔 존재	< 30
10	*Lobaria amplissima*, *Lobaria scrobiculata*, *Pannaria* spp., *Sticta limbata*, *Teloschistes flavicans*, *Usnea articulate* 또는 *Usnea filipendula*가 존재하고 지역적으로 풍부	*Caloplaca aurantiaca*, *C. cerina*, *Physcia leptalea*, *Ramalina calicaris*, *Ramalina fraxinea*, *Ramalina subfarinacea*가 때때로 존재	오염 없음

Hawksworth, D.L., Rose, F., 1970. Qualitative scale for estimating sulpur dioxide air pollution in England and Wales using epiphytic lichens. **Nature** *227, 145–148. Hawksworth, D.L., Hill, D.J., 1894. The Lichen-Forming Fungi, Blackie, Glasgow.를 참고하여 수정함.*

인 것과 비교된다.

독성이 있는 금속(예: 카드뮴, 납, 아연)은 지의체 내에서 더 단단하게 결합하므로 천천히 배출되는 경향이 있다. 중금속 감시자로서 지의류를 이용하는 것은 1907년부터 1992년 사이 워싱턴 DC 중심 15 km 이내 근방에서 채집한 샘플과 말린 식물표본 간의 납 분석 연구에서 잘 나타나 있다. 납 성분은 1970년 최대치를 보였으나 자동차의 촉매변환기 출현 덕분에 교통량 증가에도 불구하고 감소하였다.

지의류는 방사성 핵종을 축적하며, 핵실험 낙진과 체르노빌 발전소 사고 감시에 사용되었다. 방사성 핵종의 축적은 지의류가 식생을 우점하고 있으면서 순록의 주요 먹이가 되는 북극 툰드라에서 특히 문제가 되었다 (233쪽). 방사성 핵종은 *Cladonia* 지의류에 축적되었고, 북미 이뉴이트족과 스칸디나비아 사미족의 주요 식량으로 이용되는 야생 및 사육 순록에도 축적되었다.

지의류는 여러 방법으로 환경오염 모니터링에 사용될 수 있다: (1) Hawksworth와 Rose에 의한 군집연구 (그림 11.9), (2) 역사적으로 수집된 것과 함께 지역에서 수집한 지의류의 오염물질의 성분 분석, (3) 나뭇가지, 돌 등에 붙은 지의류를 토착 지의류가 없는 지역에 이식. 지의류의 이식은 절차가 표준화될 수 있다는 장점이 있다.

부생균 및 균근균에 대한 금속 및 방사능 오염의 영향

지의류 외에 다른 균류도 오염물질과 농약 등을 흡수하여 균사에 축적하며, 균사체 내의 오염수준은 자실체에 반영된다. 일반적으로 자실체를 대상으로 분석한다. 금속을 축적할 수 있는 능력은 분류군 사이에서도 다양하지만 오염 지역에서 자라는 종들도 상당히 다양하다 (표 11.3). 일반적으로 농촌지역보다 도시와 공업지역에서 자실체 내의 카드뮴, 납, 수은, 아연의 농도가 더 높다. 그래서 자실체는 이러한 금속에 의해 오염된 토양의 생물지표로 사용될 수 있다. 두 종류의 생물지표가 있는데: (1) 반응표지로 오염지역에서 민감하거나 내성이 있어 쇠퇴하거나 증가하는 개별 종이나 군집, (2) 오염물질을 분석하는 축적표지이다. 광대버섯(*Amanita muscaria*), 졸각버섯(*Lac-*

표 11.3 담자균강에 속하는 부생균류 및 외생균근균류가 자라는 오염지역에서의 중금속 축적 사례

금속	종	영양방식	자실체 또는 근상균사다발	농도 (mg/kg 건중량)	비고
알루미늄(Al)	*Armillaria* spp.	부생성	근상균사다발	3440	
안티몬(Sb)	*Chalciporus piperatus*	균근성	자실체	최고 1423	
비소(As)			자실체	100~200	
카드뮴(Cd)	*Laccaria amethystina*	균근성	자실체	평균 5, 최고 40	
구리(Cu)	*Amanita muscaria*	균근성	자실체	93	
구리(Cu)	*Armillaria* spp.	부생성	근상균사다발	15	
금(Au)	*Boletus edulis*	균근성	자실체	최고 235 ng/g	일반 지역에서 10 ng/g
금(Au)	*Langermannia gigantea*	부생성	자실체	160 ng/g	일반 지역에서 10 ng/g
납(Pb)	*Armillaria* spp.	부생성	근상균사다발	680	
납(Pb)	*Hypholoma fasciculare*	부생성	자실체	7	
은(^{110}Ag)	*Agaricus bisporus*	부생성	자실체	최고 167	농축계수 40까지
망간(Mn)	*Polyporus squamosus*	부생성	자실체	중간값 138	
수은(^{203}Hg)	*Agaricus bisporus*	부생성	자실체	최고 75	농축계수 3.7까지
수은(Hg)	*Hydnum repandum*	균근성	자실체	1	
아연(Zn)	*Armillaria* spp.	부생성	근상균사다발	1930	
아연(Zn)	*Polyporus squamosus*	부생성	자실체	중간값 200	

다른 것이 언급되지 않았다면, 가장 많이 축적되는 종들의 예.
출처: Gadd (2007).

caria laccata)과 일부 그물버섯(*Boletus*) 종을 포함한 담자균강에 속하는 균근균류는 중금속에 내성이 강한 반면, 일부 무당버섯(*Russula*) 종은 민감하다. 카드뮴, 납, 수은의 자실체와 토양의 함량 간에는 단순한 양의 상관관계가 없지만, 일부 종은 금속분석에 기초한 생물지표로 제안되고 있다. 예를 들어, 주름버섯류(*Agaricus*)와 맑은애주름버섯(*Mycena pura*)은 수은과 카드뮴, 붉은점박이광대버섯(*Amanita rubescens*), 뿌리광대버섯(*Amanita strobiliformis*), 먹물버섯(*Coprinus comatus*), 말불버섯(*Lycoperdon perlatum*), 선녀낙엽버섯(*Marasmius oreades*)은 수은, 주름버섯류(*Agaricus*)와 말불버섯류(*Lycoperdon*)는 납, 아연, 구리에 대해서 제안되었다. 균류도 방사성 핵종을 축적한다. 균근균 *Hebeloma cylindrosporum*은 특히 우라늄과 토륨 전달인자가 많기 때문에 토양의 방사능 성분에 대하여 훌륭한 생물지표가 될 수 있다. *Hebeloma cylindrosporum*과 부생균 *Lycoperdon perlatum*은 ^{239}Pu, ^{240}Pu와 ^{241}Am의 생물지표로 제안되었다.

수생균류도 고농도의 금속에 접하게 될 수 있으며, 만약 암벽을 통과해 물이 흐른다면, 특히 광석 채취에 의한 결과로 수생균류는 특정 금속이 풍부한 토양에서 생장할 수도 있다. 석탄, 구리,

금, 아연, 우라늄 광산으로부터 나온 침출수는 균류의 종 풍부도, 생물량, 잎 분해능력, 포자 형성에 있어 부정적 영향을 미친다. 상대적으로 낮은 오염 정도에서는 다양성이 강하게 영향을 받더라도 내성이 강한 종이나 계통에 의해 보완될 수 있으므로 생물량, 생장, 분해 활동은 상대적으로 거의 영향을 받지 않는다.

부생균 및 균근균에 대한 질소 농축의 영향과 양분물질의 순환

질소(N_2)는 지구 대기의 70% 이상을 차지하고 있지만, 식물에 직접 이용될 수는 없다. 식물은 단지 질소를 질산염(NO_3^-) 또는 암모늄(NH_4^+) 이온을 직접 토양용액에서, 콩과식물인 경우에는 질소고정세균으로부터, 그리고 90% 이상의 식물은 균근균과의 관계를 통해 획득한다 (제7장). 식물 생장에 필요한 질소는 한정되어 있으므로 인간은 천연자원과 산업적으로 생산한 비료(N, P, K)를 농업 생태시스템에 사용한다. 화석연료의 연소는 거대한 양의 질소산화물과 다른 화합물을 배출한다. 대기 중의 산화질소(N_2O)는 1940년대 이후로 급속하게 증가하고 있으며, 빙하얼음의 기포 분석에서 밝혀졌듯이 공업화 이전에는 285 ppm이었지만 지금은 약 310 ppm이다. 질소 침적이 3~5배 증가했고, 질소 오염은 균류의 종 다양성, 수도 및 활동, 생태시스템의 기능에까지 영향을 미친다.

균근균에 미치는 질소 오염물질의 영향은 명백한데, 기후변화의 결과로 균근균의 수도는 증가하고 있지만, 질소 오염은 균근균 생물량을 평균 15% 감소시키는 역효과를 나타낸다 (내생균근 25%, 외생균근 5%). 질소퇴적 변화율, 자연 비옥도 변화율, 추가 질소비료 시비 연구에 의하면, 식물뿌리 정단, 토양 균사, 자실체에 근거하여 외생균근균류의 다양성과 풍부도가 침엽수림보다 낙엽수림에서 보다 적게 감소한다. 종, 속 간 민감도는 서로 다르다. *Cortinarius, Piloderma, Suillus, Tricholoma* 속의 종은 높은 질소량에 반응하여 줄어드는 반면, 빠른 종 천이의 경향을 보이는 *Paxillus involutus, Laccaria, Lactarius, Thelephora* 속의 종은 증가한다. 1980년대 유럽에서 최초로 보고된 *Cantharellus, Cortinarius, Suillus, Tricholoma* 속의 버섯 발생 감소는 토양과 식물뿌리 정단 연구에 의해서 지금은 많이 복원되었다. 또한 일부 균근균류, 예를 들면, 대와 침상돌기가 있는 균류(*Bankera, Hydnellum, Phellodon, Sarcodon*)는 질소 증가로 인해 현재 멸종위기에 있다 (367쪽). 높은 질소량에 대한 균근균류의 반응은 모두 같은 방식은 아니며, 기능 특성에 의해 결정된다. 중간거리와 가장자리에서 탐색하는 유형(*Cortinarius, Piloderma, Tricholoma*)은 증가한 질소에 반응하여 극적으로 감소하였다(217쪽). 이와 같은 탐색 형태는 조밀한 균사 증식으로부터 유기물 주변과 유기물 덩어리에서 엉성한 미분화 상태의 균사끈과 같은 같은 형태로 분화하는 것이 특징이다. 이와 대조적으로, 단거리에서 탐색하는 유형의 종은 높은 질소를 선호한다.

외생균근균류의 영향으로 인해 오염된 산림 생태계에서는 양분순환이 변하게 된다 (그림 11.10). 비오염 생태시스템에서, 외생균근균은 토양용액의 무기질소를 격리할 뿐만 아니라 분해자로서 유기질소를 사용하여 질소순환이 짧아진다. 이는 토양 미생물과 비균근성 식물이 이용할 수 있는 토양의 질소 공급을 제한하게 되며, 이로 인해 수지상 균근균류의 질소 획득이 제한되어 파트너인 초본과 일부 묘목의 생장이 억제된다. 토양용액 속에 이용가능한 질소가 적기 때문에 질소는 암모니아와 질산염의 침출과 탈질작용을 통해 적게 손실된다. 하지만, 질소 오염 생태계에서는 외생균근균류가 감소하기 때문에 상황이 매우 다르다: 유기 및 무기(암모늄, 질산염) 질소저장원이

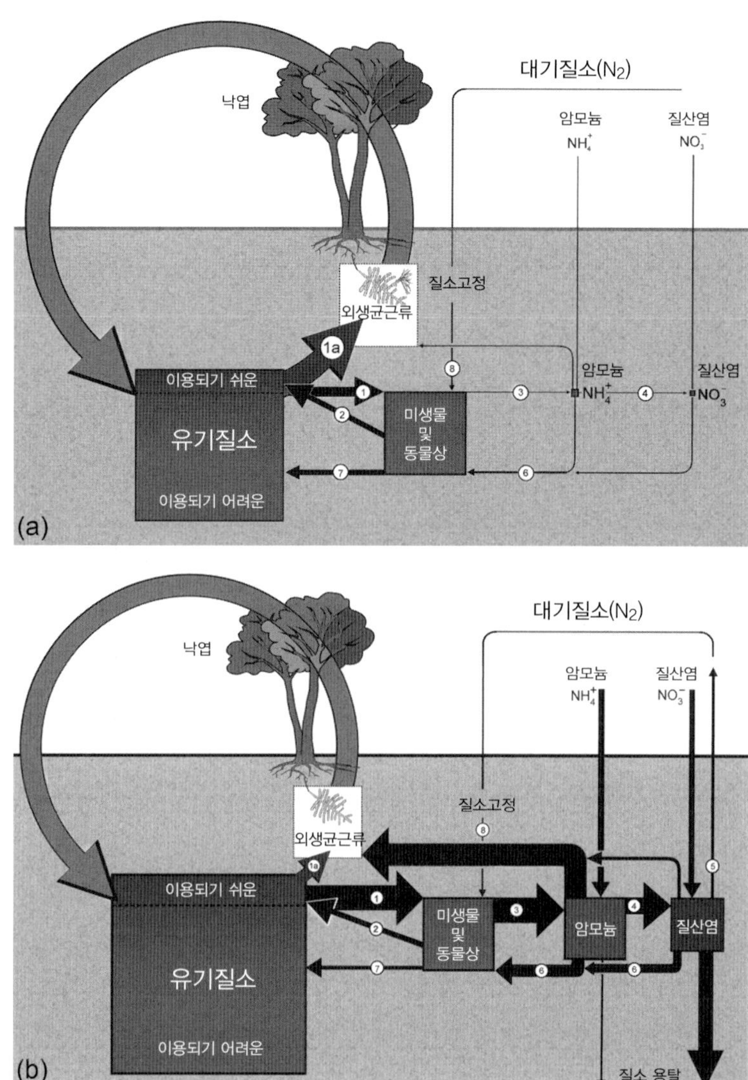

그림 11.10 오염이 안 되고 질소가 제한적이며 외생균근이 형성된 나무가 있는 산림 생태계에서의 질소순환(a)은 질소가 오염된 산림에서와 큰 차이가 있다. 질소가 제한된 산림에서 수목은 외생균근균의 활성(경로 1a, 큰 화살표)과 미생물에 의한 무기물화 경로의 짧은 순화(경로 3과 4)을 통하여 죽은 유기물로부터 유기질소를 직접 얻는다. 미생물에 의한 경로는 (1) 균류에 의한 유기질소의 분해와 동화, (2) 죽은 미생물로부터 영양원 방출, (3) 무기화(암모니아화), (4) 질화작용, (6) 미생물의 부동화, (7) 부식토 형성, 그리고 (8) 질소고정이다. (b) 외생균근균류가 우점하고 있는 질소가 오염된 산림에서는 유기 및 무기(암모늄과 질산염) 질소원이 풍부하며 외생균근균류에 의한 질소 이용은 줄어들고, 무기질소의 사용이 증가한다. 무기화, 질화작용, 침출 질산과 탈질작용을 통한 질소 손실의 모든 비율이 증가한다. 출처: *Leake, J.R., Johnson, D., Donnelly, D.P., Muckle, G., Boddy, L., Read, D.J., 2004. Networks of power and influence: the role of mycorrhizal mycelium in controlling plant communities and agro-ecosystem functioning. Can. J. Bot. 82, 1016–1045.*

침출로 인해 훨씬 많이 손실된다. 외생균근균류에 의한 유기질소의 이용은 감소되고 무기질소의 이용은 증가된다.

부생균 역시 질소 침적에 의해 영향을 받는다. 부생균의 분해능력 변화는 생태시스템에서 순수 탄소 격리에 영향을 미치므로 중요하다. 낮은 탄질률을 가진 유기물은 높은 탄질률 가진 유기물보다 더 빨리 분해되기 때문에 분해 정도는 질소에 의해 제한된다고 생각된다. 질소의 증가효과는 지역에 따라 매우 다양한 것처럼 보이는데, 토양 생태계와 수중 생태계에서 낙엽 분해 능력은 대체로 질소 침적의 증가율에 따라 증가하지만, 부가적인 질소는 담자균류의 리그닌 분해효소를 억제하기 때문에 리그닌이 풍부한 유기물의 분해를 방해하며 섬유소 활성의 증가와는 대조된다.

비료를 처리한 토양이나 생활 폐수에 의한 생태계의 부영양화는 수생 균류 활동과 군집의 조성에 영향을 미친다. 다양한 영향이 보고되었지만 질산염과 인산염이 증가하면 진균류의 다양성은 감소하지만 균류의 생장, 포자 형성, 낙엽과 낙지의 분해는 증가한다. 부정적인 영향은 양분 자체의 증가 때문이 아니라, 수반되는 무기 오염물질, 침전물의 퇴적, 경쟁 미생물의 활동이 변하기 때문이라고 보고되어 있다.

생물상의 이동

균류는 바람, 물, 동물에 의해 포자가 전반되어 새로운 지역으로 유입될 수 있다. 균류의 이동은 신속하고 광범위하며 특히 인간의 활동에 의해 전 지구적으로 일어난다. 인간에 의해 식물병원균과 동물병원균이 확산된 예는 수없이 많다(제8장, 제9장). 두 가지 예를 들면, 양서류의 병원균인 Bd(311~312쪽)는 인간의 양서류 거래에 의해서 세계로 전파되었다. 위기종인 아프리카발톱개구리(*Xenopus gilli*)를 남아프리카공화국의 웨스턴케이프에서 말로카의 육종시설로 가져올 때, IUCN(세계자연보전연맹)의 적색목록에 등록되어 있는(392~394쪽) 마요르카산파두꺼비(*Alytes muletensis*)가 Bd에 감염되어 있었다는 명확한 증거가 전체 게놈 정량 PCR을 사용하여 밝혀졌다. *Ophiostoma* 속 일부 종에 의한 느릅나무 마름병(274~275쪽)은 1910년 유럽에서 처음 발견되었고 *Scolytus* 속의 나무좀에 의해 옮겨져 지역적으로 퍼졌지만, 이들 병원균은 상대적으로 약한 영향을 미쳤다. 1967년에 매우 치명적인 병원력을 지닌 *Ophiostoma novo-ulmi*가 북미에서 영국 느릅나무의 한 종(*Ulmus thomasii*)으로 옮겨졌다. 이 병원균은 1980년대 초반에 영국 남부에서 다른 종의 느릅나무(*Ulmus glabra*) 성목을 거의 다 전멸시켰지만, 처음에 침입했던 종(*Ulmus thomasii*)은 여전히 살아남았다. 새로운 생물지리영역으로 병원균의 유입이 점차 증가하고 있으며, 어떤 수목병리학자는 도입된 모든 병원균은 진화에 있어 개방형 실험이라고 언급한 바 있다. 기주/환경 클론은 격리 기작이 있는 곳에서 진화하며 이에 의해 신종이 출현하게 된다 (135~137쪽).

기주식물에 미치는 엄청난 영향으로 병원성 균류가 새로운 지역으로 유입되었다는 것이 명백히 드러나지만, 균근균류를 포함한 상리공생 균류도 새로운 지역으로 유입된다. 외생균근균류는 흔히 그 기주와 함께 새로운 장소에 도입되었다. 몇 개의 장소와 기주에 제한되기 때문에 항상 확산되는 것은 아니지만, 일부 균근균은 급속히 퍼지며 가장 잘 기록된 예는 독버섯인 알광대버섯(*Amanita phalloides*)이다. 이 버섯은 유럽과 북아프리카가 원산지이며 아시아와 남부 아프리카, 호주, 뉴질랜드, 남미, 미국에도 보고되었다 (그림 11.11). 원산지인 유럽에서 북미 동부와 서부 해안지역으로 유입되었지만 분포와 존재량에는 지역별로 차이를 나타났다. 서부 해안에는 널리 퍼져 있으며 캘리포니아의 천연림에서는 이들 외생균근균 종이 우점하고 있는 것을 흔히 볼 수 있지만, 동부 해안지역에서는 자생수종과 외래수종으로 이루어진 조림지에서 가장 흔하게 분포하고 있지

그림 11.11 외생균근성 알광대버섯(*Amanita phalloides*)의 생물지리학. 녹색 점(인쇄판에는 흑회색)은 종이 자생하는 위치를 보여준다. 담녹색 점(인쇄판에는 회색)은 종이 보고되었지만 현재의 종 개념과 어긋나는 것을 보여준다. 빨간색 점(인쇄판에는 검은색)은 종이 도입되었음을 보여준다. 물음표를 갖은 점은 종이 분명히 발견되고 아마도 도입되었지만 불확실한 것을 나타낸다. 자료: *Pringle, A., Vellinga, E.C., 2006. Last chance to know? Using literature to explore the biogeography and invasion biology of the death cap mushroom Amanita phalloides. Biol. Invas. 8, 1131–1144.* 확대 그림은 *A. phalloides*의 발생이 알려진 곳[빨간색 점(인쇄판에는 회색)]과 음영은 발생 가능 지역을 나타낸다: 흰색은 50~100%, 검은색은 1% 미만. 출처: *Wolfe, B.E., Richard, F., Cross, H.B., Pringle, A., 2010. Distribution and abundance of the introduced ectomycorrhizal fungus, Amanita phalloides, in North America. New Phytologist 185, 803–816.*

만 분포범위는 좁다. 분포에 영향을 미치는 중요한 인자는 온도이다.

균류 보전

전 지구촌에 걸쳐 생물다양성의 감소가 매우 위급한 실정이다. 식물이나 동물에서와 마찬가지로, 다수의 균류 개체군이 서식지의 파괴, 파쇄, 손실 및 외래 침입종, 기후변화 그리고 인간의 영향으로 인해 크게 감소하고 있다. 많은 균류가 아직 동정되어 있지 않은 것을 감안할 때(제1장), 다량의 균류가 멸종하게 되면 미동정된 균류는 미기록종으로 남게 될 것이다. 식물이 멸종되면 식물과 특별한 관계를 맺고 있는 균류도 사라지게 될 것이다. 자연에서 사라진 것으로 추정되었던 자낭균강에 속하는 6종의 신종이 최근에는 적색목록에 수록되어 있는 브라질산 수목(*Coussapoa floccosa*)의 잎에서 발견되었다. 식물이 멸종되면 그 식물과 특이적 관계를 맺던 균류도 멸종된다. 1970년대에 네덜란드에서는 동일 지역의 연간 기록물의 비교를 통해서 대규모의 균류군이 감소된 사실이 최초로 밝혀졌다. 균류군의 감소는 유럽의 일부 도시에서 수집되는 지역 야생 버섯량에 대한 자료에서도 찾아 볼 수 있다. 예를 들어, 1950년대 중반에 독일의 자르브뤼켄에서 판매되는 균근균 꾀꼬리버섯(*Cantharellus cibarius*)의 판매량은 연간 약 6~8톤이었지만, 1970년 중반에는 급감하여 종전의 약 2%에 불과하였다. 그 후 여러 국가에서도 다수의 균류가 심각한 수준으로 감소되었다는 증거가 쏟아졌다.

식물과 동물에서 만큼이나 균류의 다양성 감소는 큰 문제이기도 하지만, 세계적으로 페노스칸디아(Fennoscandia)를 제외한 대부분의 국가에서 균류는 큰 관심의 대상이 되지 않는다. 더욱이, 균류는 베른협약(Bern Convention)에서도 명확하게 언급되지 않았으며, 거의 모든 사람은 균류의 중요성과 감소에 대하여 알지 못하고 있다. 균류의 감소를 막기 위해서는 우선적으로 위협에 처한 종을 알아내야 하고, 그 다음으로는 적합한 보전방법을 결정하고 시행해야 한다. 이를 위해 IUCN 적색목록시스템(IUCN red-listing system)은 생물다양성에 대한 현재 상황의 기록과 평가에 가장 널리 사용되고 있다.

균류 적색목록

생물다양성의 현황을 쉽게 이해할 수 있도록 공공기관 및 의사결정자에게 알리는 것은 매우 중요한 절차이다. IUCN 적색목록시스템을 이용하면 분류 그룹간, 지역간, 종간에 비교가 가능하다. 이 목록은 보전 실행을 위한 지역적, 국가적, 세계적인 수준에서의 수선순위 결정에 점차 많이 사용하고 있다. 모든 적색목록(red-list) 균류가 IUCN의 기준에 부합되지는 않지만, 약 15,000종의 균류가 국가적 수준에서 평가되었다. 균류의 경우 대부분의 기간에는 보이지 않고 가끔 자실체가 발생할 때만 볼 수 있기 때문에 일부 동물이나 식물과 마찬가지로 IUCN 기준을 균류에 적용하는 것은 어려운 일이다. 균사체의 존재와 양은 자실체 형성에 낮은 상관관계를 보이며, 자실체는 기후와 여러 다른 요인에 의해 연중 불규칙하게 형성된다. 균류 개체의 성숙, 세대기간, 장소 등의 정의에 있어서 어려움과 자실체가 없다고 해서 균류가 존재하지 않는다고 단정할 수 없다. 균류가 존재하지 않는다는 자료를 처리함에 있어서 불확실성으로 인한 어려움이 IUCN 기준을 균류에 적용하기에 가장 큰 난관이 된다.

IUCN 적색목록에는 총 9개의 카테고리가 존재한다 (표 11.4). 한 종의 보전 상황을 평가하기 위해서는 (1) 종의 지리적 분포, (2) 종의 개체군 크기 결정, (3) 시간에 따른 지리적 분포와 개체군 크기 변화에 대한 데이터가 수반되어야 한다. 그러나 개체군이 감소 중이거나 감소할 것이라는 증거가 없더라도 개체군의 규모가 매우 작은 종은 적색목록에 포함될 수 있다 (표 11.5 기준 D). 평가는 전체 개체군과 변화에 대한 추정치를 제공하는 것을 목표로 한다. 평가에는 아직 기록되지 않은 지역과 균류들, 종의 발견 빈도, 탐사 빈도 등에 관한 요소가 고려되어야 한다.

IUCN 표준 및 청원소위원회(IUCN Standards and Petitions Subcommittee) (2010)에서 개체군의 크기를 성체의 개수로 정의했으며, 개체는 기존에 알려졌거나 평가되었거나 생식할 수 있는 것을 의미한다. 균류 개체의 개념은 복잡하며(100~101쪽), IUCN 적색목록 기본 단위는 단일 유전 산물에 의한 지네트(100쪽)보다는 오히려 무성생식에 의한 라메트(100쪽)의 개념이다. 불행히도 자연계에서 균사 무성생식 군집의 개수와 역학에 대한 정보는 거의 전무하다. 수년에 걸쳐 넓은 지리적 구역에서 균사의 무성생식 군집에 대한 데이터를 수집하는 것은 극도로 어렵고 고비용

표 11.4 균류에 적용된 IUCN 적색목록 범주

종	적용시기
절멸 또는 지역 절멸 (Extinct or Regionally extinct; EX 또는 RE)	종이 기존에 존재했지만 마지막 개체가 확실히 사라진 것. 균류가 직접 눈에 보이지 않으므로 RE는 단지 충분한 기간에 철저한 조사를 통해 개체 기록에 실패한 경우에 사용. EX는 세계적으로, RE는 협소한 지역에 사용함
위급 (Critically endangered; CR)	CR에 대한 기준 A[a]에서 E에 부합되므로 극심한 지역 절멸 위기에 직면한 경우에 사용함
위기 (Endangered; EN)	EN에 대한 기준 A[a]에서 E에 부합되므로 극심한 지역 절멸 위기에 직면한 경우에 사용함
취약 (Vulnerable; VU)	VU에 대한 기준 A[a]에서 E에 부합되므로 극심한 지역 절멸 위기에 직면한 경우에 사용함
준위협 (Near threatened; NT)	기준에 의거하여 평가되었지만, CR, EN, 또는 VU에 부합되지 않고 가까운 미래에 위협에 적용될 수 있을 경우에 사용함
관심대상 (Least concern; LC)	기준에 의거하여 평가되었지만, CR, EN, 또는 VU에 부합되지 않음. 종들이 일반적으로 넓게 펴져 있고 풍부할 때 사용함
정보부족 (Date deficient; DD)	분포와 군집에 의거한 멸종 위기종에 대한 평가 정보가 불충분한 경우. DD는 위협 또는 보전을 위한 종들도 거의 아님
미적용 (Not applicable; NA)	분류군이 지역의 토착성이 아니거나 지역 내에서 위기관리종으로 고려하기에 더 낮은 분류학적 지위에 있을 경우. NA는 세계적 수준에서는 사용되지 않음
미평가 (Not evaluated; NE)	기준을 적용하여 평가되지는 않은 종

[a]표 11.5를 참조.
Dahlberg and Mueller (2011) 자료를 수정함.

의 작업이다. 실질적인 목적으로 자실체의 개수에 의한 '기능적 개체'에 대한 개념이 사용된다. 목재 서식 균류에 대해서는 각각의 나무, 통나무, 잔가지 등에 있는 모든 동일한 종의 자실체를, 토양균류에 대해서는 직경 10 m 이내의 모든 동일한 종의 자실체를 하나의 '기능적 개체'로 정의한다. 토양의 기능적 개체는 무성생식에 의한 여러 개의 절편일 수 있기 때문에, IUCN의 목적을 위해 만약 토양에서 자실체가 산발적이면서 군서하는 형태로 발생한다면 각각의 기능적 개체는 10개의 성숙한 개체에 상응하는 것으로 고려될 수 있고, 만약 자실체가 독립적으로 존재한다면 2개의 개체로 고려될 수 있다. 통나무에서 무리를 지어 발생된 자실체들은 2개의 개체로 계수하지만, 넓게 산발적으로 발생된 경우에는 5~10개의 개체로 계수할 수 있다. 이와 같은 접근법은 대체적으로 성숙한 개체들의 개수를 적게 평가하게 되어서 보수적이지만, 보전이 필요한 종에 대해서는 실질적인 정보를 제공하게 될 것이다.

IUCN은 개체군의 감소를 결정하기 위하여 서로 다른 생물체 간의 개체군 크기의 동등 여부에 대한 햇수가 아닌 세대 수에 의거하여 개체군 크기의 변화를 평가한다. 세대기간은 특정 개체 집단의 부모집단 평균연령으로 정의한다. 세대기간은 어떤 균류에 대해서도 (대부분의 식물과 동물

에서도) 평가되지 않았지만, 첫 번째 자실체의 연령보다는 높고 최종 자실체보다는 낮아야만 한다. 세대 기간은 상이한 생태적 특성을 보이는 균류 간에 상당히 큰 차이를 보일 것이다. 예를 들어, 작고 개별적이며 신속히 분해되는 기질(예: 똥)에서 자라는 균류는 목재를 부후시키는 균류보다 더 짧은 세대기간을 갖는다. 토양과 낙엽층 같은 일련의 기질에서 생장하는 균사는 개별적이며 양분이 제한된 패치(예: 잔가지, 나무통)에서 자라는 균류보다 더 오랫동안 생장할 것이다. 쓰러진 나무의 변재에 서식하는 균류는 심재부후균류보다 더 짧은 세대를 갖는다. 개체군의 크기를 평가할 때의 시간범위도 각각 다른 IUCN의 기준에 따라 서로 다르다 (표 11.5): 기준 A는 3세대 또는 10년이며, 기준 C는 1~3세대이다. 생활사와 서식지가 다른 균류 개체군의 변화를 평가하는 데에도 다른 가동시간을 적용하자는 안이 제시되었다 (표 11.6).

보전 수단, 향후 요구사항, 전망

서식지의 파괴 · 파쇄 · 상실, 환경오염, 외래침입종, 기후변화, 인간의 영향 등을 해결하면 균류의 감소를 막을 수 있다. 실례로 아황산가스(SO_2)의 엄격한 배출관리를 통해서 지의류가 산업지역에서 재발견되었다 (383쪽). 질소오염 감소로 네덜란드에서는 희귀한 외생균근균류(대가 있고 침상돌기를 지닌)가 다소 증가한 것으로 알려졌지만 영국에서는 유사한 증가가 없었다. 짧게 초지를 유지한 후 절단하는 방식으로 관리하는 건초지에서는 이런 관리가 균사체의 양적 증가를 유도했는지는 모르지만, 희귀한 꽃버섯류를 포함한 자실체의 형성이 증가되었다. 겨울에 순록의 목초지로 과다하게 이용된 노르웨이의 북쪽지역에서는 지의류가 빠르게 회생되었다. 균류 감소 및 희귀,

표 11.5 IUCN 적색목록에 적용되는 주요 기준(A–D)

IUCN 기준 코드	기준	기준 요약
A	심각한 군집 감소	감소
B	작은 지리적 범위(감소와 파쇄)	감소, 몇 개의 개체들
C	작은 군집(감소)	감소, 몇 개의 개체들
D	매우 작거나 제한된 군집	몇 개의 개체들
E	양적 분석	

표 11.6 다양한 서식지에 있는 균류의 개체군 변화를 시간에 따라 측정

서식지/생태적 역할	평가기간
일시적이거나 짧게 존재하는 기질(예: 배설물)	10년, IUCN을 위한 최소 평가기간
나무	분해속도에 따라 20~50년(= 3 세대), *Quercus* 및 *Pinus*, 50년, *Picea* 및 *Fagus*, 30년, *Betula*, *Alnus*, *Populus*, 20년
외생균근균류	50년(= 3 세대)
토양균류 및 낙엽분해균류	20~50년(= 3 세대)

멸종위기 종을 보호하기 위해서는 적색목록에의 등록, 법적 관리, 수집, 지정구역설정, 서식지 관리, 보호프로그램 운영, 연구 등의 조치가 실행되어야 한다.

유럽의 14국을 포함하여 일부 국가에서는 희귀하고 위기에 처한 균류를 법적으로 보호하고 있지만 보호되는 종의 수과 정도는 영국의 4종부터 크로아티아의 300종 이상까지 다양하다. 자실체를 제거하는 것이 향후 자실체의 양적 감소를 가져온다는 증거는 거의 없지만, 적어도 일반적인 균류의 경우 서식지의 밟기, 파기, 훼손은 자실체 형성에 확실히 부정적으로 작용한다. 현재 IUCN 적색목록에 균류는 담자균 1종, *Pleurotus nebrodensis* (표 11.4)이 위기종으로 등록되어 있고, 지의는 3종으로 *Cladonia perforata*는 위기종, *Erioderma pedicellatum*은 위급종, *Gymnopholus lichenifer*는 취약종으로 등록되어 있다. 시칠리아의 석회산 초지의 100 km^2 구역에서만 발견되는 식용버섯 *Pleurotus nebrodensis* 개체군은 과도한 채취와 도로건설 및 지역발전 등의 영향으로 점차 감소하고 있다. 이 버섯은 법적보호 대상 종은 아니며, 상업적으로 쉽게 배양되므로 야생군집 감소의 압박을 해소할 수 있을 것으로 기대된다. 과다한 채취로 위기에 처한 또 다른 종은 나비목 곤충에 기생하는 자낭균인 동충하초(*Ophiocordyceps sinensis*)이다 (그림 11.5k). 이 버섯은 각종 질병의 치료한약제와 정력제로서 높은 가치가 있으며, 2008년 티베트에서는 kg당 1만 8천 달러의 높은 가격으로 연중 판매량이 약 100톤이며, 2000년대 초기에 부탄의 지하경제에서 연중 판매 금액은 약 2천만 달러로 추정된다. 동충하초는 과다한 불법 채취로 위기에 직면했지만, 상업적 배양이 가능하기 때문에 야생 개체군이 보호될 수 있다.

원칙은 통상적으로 생물다양성을 보호하고 관리하는 것이 중요하지만 필요시 특정 식물, 동물, 균류에 집중해야 한다. 그러나 균류는 대중에게서 크게 등한시되었다. 유용한 통칙을 표 11.7에 나열했다. 균류의 서식지 보전은 주로 다른 생명체에 더 관심이 있는 일반 연구자에 의해 실행되었다. 페노스칸디아에서는 1980년대 중반부터 산림관리와 균학적 관심이 통합되었다. 네덜란드에서는 도시계획과 토지관리 등의 일반적 활동이 균류에 호의적인지 비호의적인지를 구분했으며, 이러한 접근은 특별히 섬세한 관리지침이 필요한 일부 균류를 제외하고 일반적으로 이롭게 작용했다. 유럽의 6개국은 위협에 처한 균류에 대한 실행계획(species action programmes, SAP)을 가지고 있다. 에스토니아는 19개, 핀란드는 10~15개, 스웨덴은 27개, 스위스는 150개, 잉글랜드는 77개 균류(지의류 제외)에 대한 실행계획이 있다. 보전을 위한 적법성과 예산이 결정되면 정치적 영향을 받게 된다. 대륙이나 지구 전체 수준에서의 적색목록 균류의 보전은 훨씬 더 정치적인 영향을 받게 된다. 2001년에 멸종 위기에 처한 33개의 버섯류를 베른협약에 포함시키는 것이 제안되었지만 정치적인 어려움으로 인해 무산되었다. 유럽국가의 모든 적색목록 생물체가 취합되었지만 여기에 공식적인 적색목록 균류는 없는 상황이다. 1,644종이 유럽의 적색목록에 제안되었지만 아직 평가가 더 필요하다. 균류 보전을 위해서는 (1) 대중 및 정치적 인식 제고, (2) 균류도 식물과 동물에서처럼 국가적, 대륙적, 세계적 수준의 계획에 통합시키는 작업, (3) 균류의 감소와 희소성에 대한 원인 및 대응 방법이 해결되어야 한다. 균류 보호가 단지 해결책은 아니며, 오히려 장기간 균류 다양성이 유지되도록 시간적, 공간적으로 적절한 조건을 제공하는 서식지 및 토양기층을 관리하는 것이 필요하다.

표 11.7 균류의 보전과 관리를 위한 원칙 및 고려사항

원칙	타당성	관리 고려사항
대규모의 서식지 다양성을 유지	균류는 수천년 동안 광활한 지형에 걸쳐 식물군락의 변환 모자이크 및 주기적 교란 속에서 진화	• 사라지는 서식지 보호 및 재건(예: 고령 산림, 미개발 초원) • 산림연속단계의 다양성 유지 • 균류 확산 및 군집형성을 위한 충분히 근접한 서식지 보장
서식지 다양성 유지	균류는 간혹 특이한 위치에 서식하고 무수한 미세서식조건에 반응	• 생태시스템 내의 서식지 다양성 유지 및 개발(예: 다양한 식물 구성, 산림 내 거친 나무 잔재 유지, 고령 초원의 방목 유지 및 비옥화 제재)
기주 다양성 유지	다수의 외생균근균류와 부생균류는 특이적 기주식물과 연관되어 있음	• 자연적인 식물 집합체와 유사한 혼합된 식물들을 식재 • 기주 및 독특한 미세 서식지로 역할할 수 있도록 산림 하층식생의 다양화
토양 건전성 유지	대부분의 토양 균류는 호기성이며 다양한 유기물과 미네랄을 이용	• 토양구조를 파괴하는 토양다짐과 고온표면 화재를 방지 • 표면 부엽층 제거 방지 및 교란을 최소화 • 자연적인 토양 유기물 수준을 유지 • 배출 및 비료에 의해 질소가 토양으로 투입되는 것을 감소
산림에서 노숙목 유지 및 목재 벌목 단위의 크기 제한	모든 기주나무가 제거되었을 때(예: 개벌), 산림간벌 또는 부분 벌채와 비교하여 균류 집단이 줄어들고 회복이 느림	• 다양한 수령구조와 뿌리의 균근류 집단 생존 유지를 위해서 벌채한 지역에서 일부 생나무를 유지 • 광범위 개벌을 방지; 균류 다양성의 저장소 형성과 균류 확산을 위해서 간벌을 적용하거나 자르지 않은 나무들을 군집 형태로 유지 • 미래 산림지에 미세 서식지를 만들거나 균근류의 기주 역할을 할 수 있는 피난 하층 식생을 유지 • 수확 후 토양에 균 접종원이 남아 있는 동안에 유묘 식재
희귀 균류의 알려진 위치 및 균류 다양성이 높은 지역 보호	반복적 균류 보전 기록조사는 희귀균류의 위치와 균류 풍부도가 높은 지역(예: 공원, 보호구역)을 찾아냄	• 교란을 최소화하고 주요 서식지 요소를 유지하여 희귀종의 발견 장소를 보호 • 균류 다양성 구역을 동정하고 관리자와 함께 이들 구역을 보호하고 보호구역으로 지정

표 11.7 균류의 보전과 관리를 위한 원칙 및 고려사항(*계속*)

원칙	타당성	관리 고려사항
균류 보전에 필수적인 다른 활동:		
균류 군집 모니터링	균류 집단의 경향을 확인하기 위해서 수년 간의 데이터 수집이 필요	• 목표 종 또는 균류 집단에 대한 영구 모니터링 위치 설정 • 장기 생물다양성 모니터링 프로그램에 균류 모니터링을 포함 • 균류 모니터링 프로그램의 설계와 이행에 주민 과학자를 포함
사회단체인, 과학자, 자원관리자들과 협력관계를 구축	종 보전은 복잡하고 비용이 드는 힘든 일. 균학자들은 진행 중인 다른 생물다양성 모니터링과 보전 프로그램을 활용해야 함	• 균류의 중요성과 보전원칙에 관하여 사회단체인과 자원관리자를 교육 • 진행 중인 다양한 보전 프로그램에 균류보전목표를 통합 • 관리프로그램에 균류를 포함시키기 위해 직접적으로 자원관리자와 함께 수행

보전을 위해서는 특정 지역에 현존하는 종의 유지에 집중할 수도 있고, 갖고자 하는 종에 초점을 맞출 수도 있고, 또는 이 두 가지 모두에 관심을 가질 수 있다.
출처: Molina et al. (2011).

희귀종 및 위기종 – 사례연구

희귀하면서 위기종인지 또는 흔하지만 감소하고 있는 종인지를 판단하거나 보호할 필요성이 있는 종인지 결정하기 위해서는 해당 종을 다른 종들과 구분하고, 해당 종의 생태, 특히 생식 성공과 개체 감소와 관련된 생물적 및 비생물적 요인을 이해하는 것이 매우 필수적이다. 이것은 유럽에서 담자균류에 속하는 2개의 위기종인 (1) 부생균류인 *Hericium* 종, (2) 대가 있고 침상돌기가 있는 외생균근균류의 사례연구에서 잘 설명한다.

Hericium cirrhatum, Hericium coralloides, Hericium erinaceus(그림 11.5)는 여러 유럽 국가에서 적색목록에 등록되었으며, 이 중 *H. erinaceus*는 일본과 북미에서 흔히 발견되고 쉽게 재배되지만 베른협약에서 적색목록에 등록하도록 제안되었다. *Hericium* 종은 속씨식물, 특히 참나무류에 서식하는 목재부후균이다. 이들은 야외에서는 자실체가 드물지만 실험실에서 배양하면 자실체를 잘 만든다. 아마도 야외에서는 개개의 균사가 부족하거나, 나무 표면으로 나오지 못하고 심부에 갇혀서 자실체를 만들지 못하는 것 같다. 이 균은 큰 자실체를 만들며, 이 시기에 포자 형성이 활발하지만 배지에서의 발아율은 매우 낮다. 야외에서는 포자가 발아했을 때 동종핵형(113쪽)으로 오랜 시간을 보내는데, 이는 상대 교배형 균을 만나기 어렵기 때문인 것으로 추정된다. 인공배지에서의 낮은 발아율 그리고 야외에서 상대 교배형과의 접촉 부족은 모든 희귀종이 직면한 주요한 어려움이다. 동종핵형 균사와 이종핵형 균사 모두 빠르게 잘 자라며 다른 부생균보다 경쟁에서 우위에 있기 때문에 생장속도나 경쟁력 때문에 위기종이 된 것은 아닌 것 같다. 이 균은 목재의 변

재부에 잠복해 있는 것으로 발견되곤 하는데, 목재 내로 침입하는 것과 이때 직면하는 적절한 조건들이 생장을 결정하는 주요 원인일 것이다.

담자균류 중에서 외생균근균류으로 자실체의 갓과 대, 포자를 형성하는 침상돌기를 지니고 있는 균류인 *Bankera, Hydnellum, Phellodon, Sarcodon* 등이 감소하고 있다는 사실을 이 장에서 여러 번 반복하여 언급하였다. 이들은 목본 속씨식물(참나무과)과 겉씨식물(소나무과)의 외생균근균류이다. 일반적으로 이들 균류는 질소와 유기물이 적어서 식생이 드문 토양이나 비탈진 장소(예: 동물이 파놓은 굴, 산비탈, 빙원 빙퇴석, 배수로, 산길, 도로 가장자리)에서 자실체를 형성한다. 이들은 유럽에서 대표적인 적색목록이고, *Sarcodon fuligineoviolaceus*는 베른협약 대상으로 신청된 종이다. 이들 종의 연구에 2가지의 어려움이 있다. (1) 이들 균주는 현재 인공배지에서 배양이 안 되고, (2) 종의 구분이 어렵다. 일부 종의 자실체는 서로 매우 유사하지만 아무리 근연종이라 할지라도 영양을 취하는 방법과 생활사가 다르기 때문에 종을 구분하는 것은 필수적이다. 현재는 형태적 분석과 함께 DNA 염기서열 분석을 통해 종의 구별이 가능하다. 또한 토양에서 직접 추출한 DNA와 RNA에 종 특이적 PCR 프라이머를 사용하여 이전에 자실체가 있었던 장소와 심지어 지난 5년 이상 자실체가 발생된 적이 없었던 곳에서도 균사체의 존재 여부를 밝힐 수 있게 되었다. 대가 있고 침상돌기가 있는 외생균근균류처럼 살아있는 기주와 밀접한 관계가 있고 배양이 어렵거나 불가능한 균류에 대하여 환경생리학(ecophysiology) 적으로 이해하는 것은 분명히 어려운 일이지만, 분자 염기서열분석법을 이용하면 토양에서 균류를 검출할 수 있을 뿐만 아니라 뿌리 절단부위를 분석하면 기주 판별도 가능하다.

Further Reading

General

Crutzen, P.J., Stoermer, E.F., 2000. The "anthropocene". Int. Geosph. Biosph. Program. Newsl. 41, 17–18.

Krauss, G.-J., Solé, M., Krauss, G., Schlosser, D., Wesenberg, D., Bärlocher, F., 2011. Fungi in freshwaters: ecology, physiology and biochemical potential. FEMS Microbiol. Rev. 35, 620–651.

Roles of Fungi in Ecosystems

Bardgett, R.D., Wardle, D.A., 2010. Aboveground-Belowground Linkages: Biotic Interactions, Ecosystem Processes and Global Change. Oxford University Press, Oxford.

Dighton, J., 2003. Fungi in Ecosystem Processes. Marcel Dekke, New York.

Gadd, G.S. (Ed.), 2006. Fungi in Biogeochemical Cycles. Cambridge University Press, Cambridge.

Biogeography

Gill, J.L., Williams, J.W., Jackson, S.T., Lininger, K.B., Robinson, G.S., 2009. Pleistocene megafaunal collapse, novel plant communities, and enhanced fire regimes in North America. Science 326, 1100–1103.

Heilmann-Clausen, J.H., Boddy, L., 2008. Distribution patterns of wood-decay basidiomycetes at the landscape to global scale. In: Boddy, L., Frankland, J.C., van West, P. (Eds.), Ecology of Saprotrophic Basidiomycetes. Elsevier, Amsterdam, pp. 263–275.

Hibbett, D.S., 2001. Shiitake mushrooms and molecular clocks: historical biogeography of *Lentinula*. J. Biogeogr. 28, 231–234.

Peay, K.G., Bidartondo, M.I., Arnold, A.E., 2010. Not every fungus is everywhere: scaling to the biogeography of fungal-plant interactions across roots, shoots and ecosystems. New Phytol. 185, 878–882.

Rule, S., Brook, B.W., Haberle, S.G., Turney, C.S.M., Kershaw, A.P., Johnson, C.N., 2012. The aftermath of megafaunal extinction: ecosystem transformation in Pleistocene Australia. Science 335, 1483–1486.

Taylor, J.W., Turner, E., Townsend, J.P., Dettman, J.R., Jacobson, D., 2006. Eukaryotic microbes, species recognition and the geographic limits of species: examples from the kingdom Fungi. Philos. Trans. R. Soc. B 361, 1947–1963.

Climate Change

Bebber, D.P., 2015. Range-expanding pests and pathogens in a warming world. Annu. Rev. Phytopathol. 53, 335–356.

Boddy, L., Büntgen, U., Egli, S., Gange, A.C., Heegaard, E., Kirk, P.M., Mohammad, A., Kauserud, H., 2014. Climate variation effects on fungal fruiting. Fungal Ecol. 10, 20–33.

Chakraboty, S., Newton, A.C., 2011. Climate change, plant disease and food security: an overview. Plant Pathol. 60, 2–14.

Ellis, C.J., Coppins, B.J., Dawson, T.P., Seaward, M.R.D., 2007. Response of British lichens to climate change scenarios: trends and uncertainties in the projected impact for contrasting biogeographic groups. Biol. Conserv. 140, 217–235.

Fransson, P., 2012. Elevated CO_2 impacts ectomycorrhiza-mediated forest soil carbon flow: fungal biomass production, respiration and exudation. Fungal Ecol. 5, 85–98.

Garrett, K.A., Forbes, G.A., Savary, S., Skelsey, P., Sparks, A.H., Valdivia, C., van Bruggen, A.H.C., Willocquet, L., Djurle, A., Duveiller, E., Eckersten, H., Pande, S., Vera Cruz, C., Yuen, J., 2011. Complexity in climate-change impacts: an analytical framework for effects mediated by plant disease. Plant Pathol. 60, 15–30.

Helfer, S., 2013. Rust fungi and global change. New Phytol. 201, 770–780.

Luck, J., Spackman, M., Freeman, A., Trebicki, P., Griffiths, W., Finlay, K., Chakraborty, S., 2011. Climate change and diseases of food crops. Plant Pathol. 60, 113–121.

Mohan, J.E., Cowden, C.C., Baas, P., Dawadi, A., Frankson, P.T., Helmick, K., Hughes, E., Khan, S., Lang, A., Machmuller, M., Taylor, M., Witt, C.A., 2014. Mycorrhizal fungi mediation of terrestrial ecosystem responses to global change: mini review. Fungal Ecol. 10, 3–19.

Pickles, B.J., Egger, K.N., Massicotte, H.B., Green, D.S., 2012. Ectomycorrhizas and climate change. Fungal Ecol. 5, 73–84.

Simard, S.W., Austin, M.E., 2010. The role of mycorrhizas in forest stability with climate change. In: Simard, S.W., Austin, M.E. (Eds.), Climate Change and Variability. Sciyo, Rijeka, pp. 275–302.

Treseder, K.K., 2004. A meta-analysis of mycorrhizal responses to nitrogen, phosphorus, and atmospheric CO_2 in field studies. New Phytol. 164, 347–355.

Land Use Change

Griffith, G.W., Roderick, K., 2008. Saprotrophic basidiomycetes in grasslands: distribution and function. In: Boddy, L., Frankland, J.C., van West, P. (Eds.), Ecology of Saprotrophic Basidiomycetes. Elsevier, Amsterdam, pp. 277–299.

Pollution, Pesticides, Fertilisers, Nutrient Distribution, and Recycling

Gadd, G.M., 2007. Geomycology: biogeochemical transformations of rocks, minerals, metals and radionuclides by fungi, bioweathering and bioremediation. Mycol. Res. 111, 3–49.

Lecerf, A., Chauvet, E., 2008. Diversity and functions of leaf decaying fungi in human-altered streams. Freshw. Biol. 53, 1658–1672.

Lilleskov, E.A., Hobbie, E.A., Horton, T.R., 2011. Conservation of ectomycorrhizal fungi: exploring the linkages between functional and taxonomic responses to anthropogenic N deposition. Fungal Ecol. 4, 174–183.

Nimis, P.L., Scheidegger, C., Wolseley, P.A. (Eds.), 2002. Monitoring with Lichens – Monitoring Lichens. Kluwer Academic Publishers, Dordrecht.

Movement of Biota

Wolfe, B.E., Richard, F., Cross, H.B., Pringle, A., 2010. Distribution and abundance of the introduced ectomycorrhizal fungus, *Amanita phalloides*, in North America. New Phytol. 185, 803–816.

Conservation

Dahlberg, A., Genney, D.R., Heilmann-Clauesen, J., 2010. Developing a comprehensive strategy for fungal conservation in Europe: current status and future needs. Fungal Ecol. 3, 50–64.

Dahlberg, A., Mueller, G.M., 2011. Applying IUCN red-listing criteria for assessing and reporting on the conservation status of fungal species. Fungal Ecol. 4, 147–162.

European Council for Conservation of Fungi, 2003. 33 Red-listed fungi from Europe. Available at: http://www.artdata.slu.se/Bern_Fungi/ECCF%2033_T-PVS%20(2001)%2034%20rev_low%20resolution_p%201-14.pdf

Heilmann-Clausen, J.H., Vesterholt, J., 2008. Conservation: selection criteria and approaches. In: Boddy, L., Frankland, J.C., van West, P. (Eds.), Ecology of Saprotrophic Basidiomycetes. Elsevier, Amsterdam, pp. 325–347.

IUCN Standards and Petitions Subcommittee, 2010. Guidelines for Using the IUCN Red List Categories and Criteria, Version 8.0. Prepared by the Standards and Petitions Subcommittee in March 2010. Available at: http://cmsdata.iucn.org/downloads/redlistguidelines.pdf (accessed 16.04.10).

Minter, D., 2010. Safeguarding the future. In: Boddy, L., Coleman, M. (Eds.), From Another Kingdom. Royal Botanic Garden, Edinburgh, pp. 144–152.

Molina, R., Horton, T.R., Trappe, J.M., Marcot, B.G., 2011. Addressing uncertainty: how to conserve and manage rare or little-known fungi. Fungal Ecol. 4, 134–146

CHAPTER

12

균류와 생명공학

균류의 산업적 중요성

균류생명공학(fungal biotechnology)이라는 용어는 대개 유전자 조작 생물체를 사용하는 현대적인 산업 공정을 의미하지만, 적용 대상을 확장하면 고대로부터 전승되어 온 전통적인 제빵, 양조, 식품발효까지도 포함한다. 인류는 지난 수천 년 동안 균류를 이용해 왔다. 오랫동안 인류는 원하는 것을 제조하기 위한 방법으로 균류를 무의식적으로 사용해 왔다. 인류 역사를 통하여 밀가루 반죽을 부풀게 하고 곡물을 발효시키는 것이 효모라는 사실을 전혀 알지 못한 채 사용해 왔다. 말똥이나 통나무에 버섯을 배양했던 것도 오랜 세월 동안 다양한 동식물을 섭취하며 살아온 인류의 식품에 풍미를 더한 초기 균류생명공학의 또 다른 예이다. 19세기 이래 미생물학의 발전과 더불어 균류 발효를 제어하는 방법들이 개발되어 왔다. 항생물질과 여러 의약품을 생산하기 위한 균류의 사용은 이러한 노력의 일부분이고, 균류 균주를 분자유전학적으로 조작하는 기술의 도입은 생명공학 산업을 크게 혁신시켰다. 균류에 의한 발효는 단순히 혐기조건에서 효모에 의해 생산되는 알코올에 한정되지는 않는다. **발효(fermentation)**는 균류에 의해 촉매되는 상업적으로 중요한 모든 생화학적 변환공정을 의미한다. 대부분의 균류 발효공정은 혐기조건뿐만 아니라 호기적 대사에 의해서도 진행된다.

식품과 의약품용 버섯의 재배

재배법

식용버섯의 세계시장은 최근 수십 년 동안 꾸준히 증가해 왔고, 시장에도 보다 많은 종류의 재배 가능한 버섯이 등장하고 있다. 대부분의 식용버섯은 담자균류에 속하는 목재부후균의 자연 변종에서 유래되었다. **표고버섯(shiitake**, *Lentinula edodes*)은 백색부후균으로 통나무를 이용한 원목재배가 1,000년 이상이나 되었다. 표고버섯은 전 세계적으로 해마다 1백 만 톤 이상이 생산되고 있으며, 현재는 중국이 세계시장을 지배하고 있다. **양송이(white button mushroom**, *Agaricus bisporus*)는 가장 대중적인 버섯으로서 세계적으로 해마다 2백 만 톤이 넘게 생산되고 있다. 미국 내의 양송이 버섯생산은 40만 톤에 이르고 10억 불의 시장가치를 갖지만, 수출용으로 생산하는 중

그림 12.1 재배하는 버섯. (a) 원목에서 자라는 표고버섯(*Lentinula edodes*). (b) 퇴비균상에서 배양된 양송이(*Agaricus bisporus*). *출처: (a) http://www.sharondalefarm.com/cultivation/ (b) http://modernfarmer.com/2014/05/welcome-mushroom-country-population-nearly-half-u-s-mushrooms/*

국산 양송이의 수입에 의해 점차 국내 생산량이 감소하고 있다. 이들 표고와 양송이의 생산방법은 비교 연구할 만하다 (그림 12.1)

버섯재배는 접종원으로 사용할 영양균사체의 배양이나 종균의 생산으로 시작된다. 표고버섯 종균(spawn)은 나무로 된 플러그이거나 톱밥, 쌀겨, 기타 첨가물로 만들어진 혼합물이다. 일단 나무 플러그나 톱밥 혼합물이 종균의 균사로 덮이면, 활엽수 통나무에 구멍을 뚫어 종균을 삽입한다. 이렇게 종균이 삽입된 통나무를 더미로 쌓고 밀짚이나 포장재로 덮어 균사 증식과 목재분해를 촉진하도록 높은 습도를 유지한다. 8~12개월 후에는 통나무를 찬물에 침지하여 자실체 형성을 촉진한다. 통나무는 한달 또는 그 이상의 간격으로 최대 6년까지 버섯을 생산할 수 있다. 표고버섯을 통나무에서 재배하는 원목재배법과는 달리, 다양한 농업부산물과 톱밥을 담은 플라스틱(비닐)백에서 재배하는 봉지재배법도 있다.

곡물을 이용해 만든 양송이 종균은 가축 분뇨 등으로 퇴비화시킨 밀짚이나 볏짚으로 만든 균상에 접종용으로 쓰인다. 퇴비화된 더미는 종균을 접종하기 전에 호열성세균(thermophilic bacteria)에 의해 먼저 발효되어 양송이 균사체 증식에 알맞은 영양조성을 갖게 된다. 이러한 숙성 과정을 2주 정도 거친 후에 퇴비를 나무틀 균상에 골고루 펴고 수증기로 선충이나 곤충 같은 해충을 죽이는 저온살균(pasteurization) 과정을 거친다. 증기를 처리하는 목적은 해충과 다른 경쟁자들을 제거하면서도 유익한 미생물의 손실을 최소화하기 위함이다. 버섯 균사체를 공격하는 다른 균류나 같은 영양물질을 두고 경쟁하는 미생물, 사람에게 병을 일으키는 병원균이 이 과정을 통해 살균된다. 암모니아를 제거하는 질화세균(nitrifying bacteria)은 증기를 사용하는 저온살균 과정 동안 해를 입지 않는다. 남아있는 암모니아는 증기에 의해 빠져 나간다. 저온살균 과정 이후에, 퇴비에 종균을 접종한다. 퇴비에서 양송이 균사체의 정착과 생장은 온도, 상대습도, CO_2 농도 등을 세밀하게 조정함으로써 촉진된다. 2~3주 후에는 퇴비를 토탄과 석회석층으로 덮어서 자실체 형성을 준비한다. 이런 흙덮기(casing)가 주는 기능은 잘 알려져 있지 않지만, 자실체 형성에서 매우 중요하다. 토탄은 양분이 거의 없으므로 균사는 버섯 원기(primordia)를 발달시키기 전에 흙덮기 안쪽에서 짧은 균사끈을 만든다.

자실체 형성은 배양실 온도를 25°C에서 18°C로 낮추고 공기를 순환시키면 촉진된다. 초기 배양에서 CO_2 농도는 최대 3,000 ppm까지 높일 수 있다. 공기순환으로 CO_2와 휘발성 물질의 농도를 감소시킨다. 재배자들은 버섯의 자실체 형성의 중요한 조절자가 CO_2라고 생각해 왔지만, 최근의 연구결과는 휘발성 물질(특히, 버섯알코올이라고 알려진 1-octen-3-ol)이 중요한 스위치 역할을 한다고 보고했다. 자실체 형성은 3주 후에 시작되어 한 균상에서 3번까지 버섯 수확이 가능하다. 버섯 생산의 세세한 방법이 발전해 왔지만, 가축분뇨로 만든 퇴비에서 버섯을 재배하는 기초적인 방식은 300년 전에 프랑스에서 개발된 이후로 지속되고 있다.

식품과 의약품으로서의 버섯

버섯은 영양학적으로 상추와 비슷한 정도의 칼로리를 갖는다. 전체 중량의 90%가 물이고, 나머지 10%는 단백질과 불용성 식이섬유 형태로 존재하는 탄수화물로 구성된다. 버섯의 지방 함량은 매우 낮고, 비타민과 미네랄의 함량은 미미하다. 요리재료로서 재배버섯의 가치는 대부분 버섯의 풍미에서 오고, 야생버섯의 경우에는 향기가 가격 결정에 중요한 요인이다. 버섯이 갖는 중요한 향기 성분은 C_8 유래 화합물, 테르펜 계통 및 황을 함유하는 화합물들이다. 버섯 향기의 화합물 조성은 대단히 복잡하다. GC/MS 및 분석기기를 사용해서 분석한 바에 따르면, 양송이에서만도 150가지 이상의 휘발성 화합물이 동정되었다. 일반적인 식용버섯의 '버섯향'은 과일이나 감자에서도 합성되는 1-octen-3-ol을 주성분으로 한다. 양송이의 알려진 다른 향기성분으로는 벤질알코올, 벤즈알데히드, 시클로옥테놀 등이 있다. 어떤 버섯은 벤즈알데히드의 함량이 C_8 화합물보다 높게 나타나기도 하다. 불포화 지방산들은 대개 C_8 화합물의 전구물질이다. 균사와 자실체의 지방 조성은 매우 유사하지만, 향기 생성은 버섯의 갓과 대에서 상당히 다르다. 버섯이 내는 향기 성분의 생물학적 기능은 명확하게 밝혀지지 않았다. 버섯을 재배할 때 휘발성물질의 농도가 갖는 중요성에 비추어 볼 때, 버섯군락이 이 휘발성 화합물을 다른 이웃하는 균사체의 자실체 형성을 억제하는 데 사용한다고 생각되고 있다. 이는 이웃 균사체의 자실체 형성을 억제하면 그 만큼 버섯 자신이 이용가능한 수분과 양분을 보전할 수 있기 때문이다. 또 다른 예측은 휘발성 화합물이 동물이나 곤충을 유인하는 역할을 해서 포자 확산을 촉진시킬 수 있다는 것이다. 이러한 기작은 덩이버섯이나 다른 균류의 확산(제3장)에도 매우 중요한 역할을 한다. 바람에 의해 포자를 날리는 버섯의 경우에는 이러한 설명이 잘 맞지 않겠지만, 곤충이 포자의 확산에 어느 정도 보조적인 역할을 한다고 알려져 있다.

버섯을 약용으로 사용하는 사례가 많이 알려져 있다. 중국에서는 오랫동안 버섯이 전통의약품으로 사용되어 왔다. 아시아 이외의 시장에서도 의약용 버섯시장은 증가하고 있다. 표고버섯은 가장 잘 알려진 약용버섯이다. 말린 자실체는 다양한 질병의 치료에 사용된다. 항종양활성, 항바이러스 효과, 콜레스테롤 강하 등 건강기능이 알려져 있다. 면역시스템의 자극은 표고버섯이 약용으로 사용되는 또 다른 예이다. 버섯의 이러한 효능은 입증되지 않은 연구결과가 대부분이지만, 표고버섯의 경우에는 많은 연구결과가 발표되어 있다. 약리작용을 설명하는 성분이 표고버섯 자실체에서 추출되어 알려져 있다. **렌티난(lentinan)**은 표고버섯 세포벽에 있는 수용성 **베타글루칸(beta-glucan)**으로서 암세포를 인식하는 수지상 세포의 활성을 증진시킨다고 알려져 있다. 또 다른 연구결과는 렌티난이 염증반응을 자극하여 항바이러스제로도 사용가능하다고 보고하고 있다. 구름버섯(*Trametes versicolor*)에서 추출한 '다당체 K(polysaccharide K)'라는 세포벽 **프로테오글리칸**

(**proteoglycan**)은 항산화 효과가 있으며, 쥐에서 암세포 발달을 저해할 수도 있다는 연구결과가 알려져 있다. 저령(*Polyporus umbellatus*)이나 노루궁뎅이(*Hericium erinaceus*)도 다른 약용 버섯처럼 면역시스템을 자극하여 간경화, B형간염, 위궤양, 식도암 치료에 추천되기도 한다. 이러한 주장을 지지하는 많은 실험은 조직배양된 세포주 또는 실험용 쥐에서 수행되었다. 실제 약용버섯을 사용한 치료가 효과적이라는 것을 증명하기 위해서 위약을 사용하는 이중맹검 방식으로 인간을 대상으로 하는 임상실험은 매우 드물지만, 약용버섯을 이용하는 사업은 호황을 맞고 있다.

지의류의 사용

지난 세기 동안 지의류는 염료로 사용되어 왔다. 지의류는 적갈색, 보라색, 주황색 색소로 해리스 트위드(Harris Tweed, 스코틀랜드산 손으로 짠 모직)에서 사용되었다. 합성염료가 스코틀랜드의 고급 양모섬유 제조업자에 의해 사용되기 전에도 지의류는 식품과 전통의약으로 이용되었고, 고대 이집트에서는 방부 원료로도 사용되었다. 오크모스(oakmoss)라고 불리는 *Evernia prunastri*는 프랑스 향수회사들이 만드는 대표적인 향수에 사용되어 사향과 목향을 내는 지의류이다. 이 지의류 추출물에 포함된 화합물이 피부 알러지를 일으킬 수도 있어, 화장품에서의 사용량을 줄이는 규제가 도입되었다.

효모와 사상균류를 이용한 식품과 음료의 생산

포도주와 맥주

산소가 충분한 조건에서는 효모는 당을 이산화탄소와 물로 대사한다. 산소가 희박하거나 결핍된 경우 또는 당의 농도가 매우 높은 조건에서는 효모는 에탄올과 이산화탄소를 만드는 여러 발효 대사경로를 진행한다. 이것이 인간이 소비하는 다양한 알코올음료 생산의 기초원리이다. 자낭균 효모 *Saccharomyces*는 거의 모든 알코올발효(alcoholic fermentation)를 담당한다. *Saccharomyces cerevisiae*는 맥주와 포도주 발효에 사용한다 (그림 12.2). *Saccharomyces pastorianus*는 라거맥주의 생산에 사용되고, *Saccharomyces bayanus*는 사이다, 샴페인, 스파클링 와인 등의 제조에 사용된다. 다양한 주류와 이들 생산용 균류를 연관시킬 때 *Saccharomyces* 한 종이 갖는 복잡한 유전적 다양성 때문에 균주의 동정에 오류를 범하는 경우가 흔히 발생한다. *Saccharomyces pastorianus* (*Saccharomyces carlsbergensis*로도 알려짐)와 *S. bayanus*는 다른 *Saccharomyces* 종과의 복합적 교잡에 의해 만들어졌다.

포도주와 사이다는 당이 풍부한 식물즙을 발효해서 만든다. 맥주는 전분성 식물원료로 만들어지고, 전분은 발효 전에 발효가능한 당으로 전환되어야 한다. 10~12%의 알코올을 함유한 주류는 자연발효에 의해 쉽게 만들어진다. 높은 농도의 알코올은 효모의 대사활성을 저해한다. 도수가 높은 주류는 발효 후에 증류 과정을 거쳐 알코올 함량을 높인다. 당이 풍부한 식물원료로부터 만든 주정은 원료에 따라 브랜디(포도즙), 럼(사탕수수), 테킬라(용설란)로 알려졌고, 다양한 과일 브랜디나 증류한 야자술도 포함한다. 전분 원료로 만든 증류주는 스카치 몰트 위스키(보리 맥아), 진

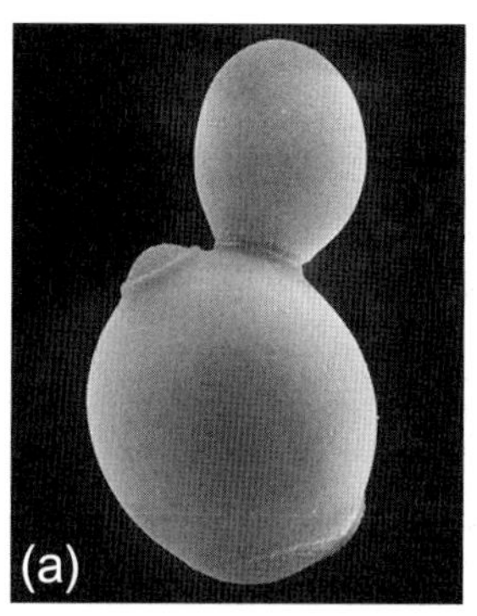

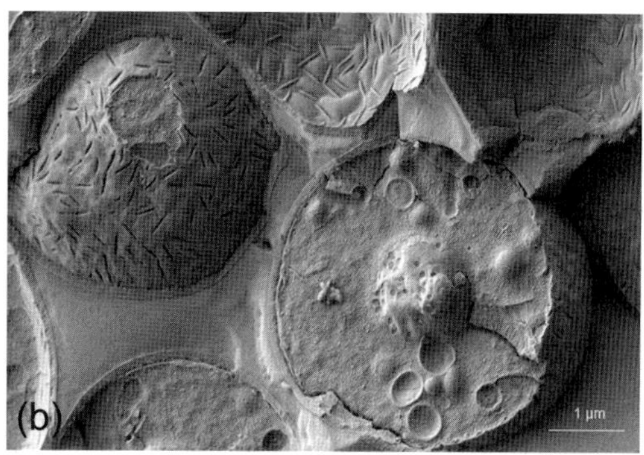

그림 12.2 빵효모 *Saccharomyces cerevisiae*의 전자현미경 사진. (a) 세포의 왼쪽 표면에 출아흔과 세포 말단에 출생흔을 가진 모세포의 주사전자현미경 사진. (b) 동결파단된 효모 세포벽의 바깥쪽 표면(왼쪽) 및 표면의 각인 (위), 세포질 내의 핵, 인, 액포가 선명하게 나타난 주사전자현미경 사진. *출처: Creative Commons.*

(보리, 옥수수, 귀리), 보드카(감자를 포함한 다양한 전분) 등이 있다.

포도주와 당즙으로부터 생산되는 음료

적포도주는 붉은색이나 흑자주색의 껍질을 가진 포도를 발효해서 만든다. 와인의 색깔은 껍질에 함유된 페놀성 색소에 기인한다 (그림 12.3). 적포도주의 1차 발효는 포도의 껍질과 씨앗을 모두 포함한다. 백포도주는 껍질과 씨앗을 제거한 포도를 착즙한 것을 발효해서 만든다. 대부분의 백포도주는 백포도를 사용하지만, 껍질을 제거한 색깔 있는 포도를 사용하는 백포도주도 있다. 포도는 수확 후에 껍질과 함께 으깨어 즙을 만든다. 로제와인은 발효 초기에 껍질을 포함한 다음 발효를 진행하다가 원하는 색깔을 얻으면 껍질을 제거하여 만든다. 이러한 방법을 껍질접촉법이라고 한다. Sauternes를 비롯한 일부 백포도주는 포도를 수확한 후에 *Botrytis cinerea*를 접종하여 포도를 숙성시켜서 풍미를 증진시킨다. 이 곰팡이는 수분이 많은 포도는 망가뜨리지만, 건조한 포도에 자랄 때는 귀부(貴腐, noble rot)라고 불리기도 한다. 이런 포도를 사용하면 단맛이 강한 백포도주가 만들어진다.

포도주 발효는 배럴(barrel)이나 뱃(vats)과 같은 대형 통이나 산업용 발효조에서 수행된다. 전통적인 포도주 발효는 포도에 사는 천연효모로 수행된다. *Saccharomyces cerevisiae*는 대표적인 포도효모 중의 하나지만 생태적 특성이나 분포에 대해서는 잘 알려져 있지 않다. 발효가 시작되면 효모가 우점종이 되는데, 이것은 효모가 갖는 알코올 내성에 기인한다. 현대의 포도주 발효는 천연효모가 아닌 특정한 효모 균주를 포도즙에 접종하여 시작한다. 포도즙은 보통 pH 2.9~3.9의 산성이므로 발효를 방해하는 다른 곰팡이나 세균의 증식을 억제한다. 이산화황을 첨가하면 발효 동안에 잡균의 증식을 효과적으로 저해할 수 있다. *Saccharomyces cerevisiae*는 황처리 과정을 견디고 알코올 함량이 10~12%가 될 때까지 자란다. 이런 알코올 함량의 한계치에 다다르면 효모의 대사는 느려지고 세포 수는 감소한다. 발효되지 않고 남은 당은 포도주가 갖는 단맛의 수준을 결정한다. 발효 동안 효모는 수백 종류의 화합물을 만들어 포도주의 풍미에 영향을 준다. 글리세롤은 포도주의 '바디'감을 주고, 휘발성 에틸에스테르는 향기를 결정하는 데 있어서 매우 중요하다.

발효의 첫 단계가 끝나면 포도주는 숙성과 저장을 위해 나무통이나 다른 용기로 옮긴다. 젖산

그림 12.3 대용량의 스테인레스강 발효조를 보유한 현대적인 포도주 양조장. *출처: Fedor Kondratenko © 123 RF.com*

균은 말로락틱(malolactic) 발효를 진행하는데, 강산성인 말산을 자극적이지 않은 젖산으로 전환하고 산도를 증가시킨다. 포도주는 병입하기 전에 여과하여 알코올을 초산으로 전환하는 세균을 걸러낸다.

사과사이다(cider)는 당도에 따라 분류되는데, 산도가 강하고 타닌이 많이 함유된 쌉싸름한 맛부터 산도가 낮고 타닌이 적은 달콤한 맛까지 있다. 사과즙은 사과를 으깨고 펄프를 압착하여 얻는다. 전통적인 사이다 제조는 사과 표면에 사는 효모에 의존하지만, 현대적인 사이다 제조에서는 포도주와 같이 특정 효모균주의 접종과 잡균 증식을 방지하는 이산화황의 첨가로 이루어진다. 사과즙은 포도즙보다 당도가 낮아 알코올 함량이 낮은 음료가 만들어진다. 알코올발효 후에 젖산균이 발효산물의 산도를 감소시키기도 한다. 병입된 사이다는 저온살균 과정을 거치거나 여과를 통해 부패를 방지한다. 페리(perry)는 배를 원료로 사용하여 사이다와 유사한 방법으로 생산된다.

과실주는 다양한 과일즙을 이용하며 포도즙의 발효와 같은 방법으로 만든다. 야자수 수액을 발효해서 만든 야자주는 적도 지역의 대표적인 과실주이다. 야자수를 두드려 수액을 바가지나 통으로 얻는다. 천연효모를 이용해서 이 수액을 빠르게 발효시킨다. 야자주는 세균에 의한 부패가 일어나기 전에 빨리 소비한다. 펄크(pulque)는 용설란 수액을 발효한 멕시코 과실주이다.

전분원료로부터 맥주의 생산

다양한 곡물과 전분이 풍부한 근경작물을 원료로 하는 맥주는 세계시장이 크다 (그림 12.4). 유럽식 맥주는 보리맥아로 만들어진 알코올 음료이고 홉으로 풍미를 낸다. 16세기까지 거슬러 올라가는 독일맥주순도법(Reinheitsgebot)은 맥주의 성분을 보리맥아, 물, 홉, 효모로 제한한다. 순도법을 엄격하게 지키지 않는 주류제조업자들은 다른 종류의 곡물, 과일즙, 화합물 등을 첨가해 거품을 조절하고 다양한 풍미를 만들기도 한다. 에일 맥주나 밀 맥주(독일 weissbiers)는 **상면효모(top yeast)**로 생산되고 상온이나 약간 차갑게 하여 음용한다. 라거 맥주는 **하면효모(bottom yeast)**로

그림 12.4 개방형 뱃(vat)을 이용한 밀 맥주 발효. 발효조의 중심에서 만들어지는 굴림발효는 발효액 밑으로 침전한 효모에서 발생한 이산화탄소 거품에 의해 만들어진다. *출처: http://brewercameron.wordpress.com/2012/06/28/bavaria-excursion-day-3/*

만들고 보통 냉장한 후에 음용한다. 상면효모는 생성되는 가스와 섞여 개방형 발효통의 표면에 거품으로 형성된다. 하면효모는 발효통의 바닥으로 가라앉는 경향이 있다. 이런 효모가 작용하는 근본적인 방식의 차이는 맥주제조에 폐쇄형 발효조가 사용될 때는 별로 중요하지 않다.

적은 수의 효모만 전분을 이용할 수 있기 때문에, 전분이 먼저 발효가 가능한 당으로 전환되는데, 이러한 과정을 **당화(saccharification)**라고 한다. 이는 반드시 발효 전에 수행되어야 한다. 맥주 발효에서 당화 공정은 **몰팅(malting)**이라고도 알려져 있다. 보리를 24시간 물에 침지하고 수분이 충분한 호기조건에서 발아시킨다. 발아하는 동안 단백질분해효소와 전분분해효소가 활성화되어 단백질과 전분을 분해하여 아미노산과 당으로 만든다. 1주일이 지난 후에 발아한 곡류를 가마에서 뜨거운 공기로 말리는데 이렇게 말린 곡류를 **맥아(malt)**라고 한다. 이런 **가마건조(kilning)**를 60~79℃에서 수행하면 배아는 파괴되고 효소의 활성은 유지된다. 이렇게 만들어진 활성맥아는 옅은 색의 맥주를 만드는 데 사용한다. 가마건조를 높은 온도에서 실행하면 효소활성도 함께 파괴되고, 이런 맥아를 활성맥아에 첨가해 맥주를 만들면 짙은 색의 맥주가 만들어진다.

가마건조 이후에 맥아는 빻아서 거친 가루나 엿기름으로 만든다. 이것을 따뜻한 물에 개어 매쉬(mash)를 만들면 효소가 활성화되어 단백질과 전분을 다시 분해한다. 독일맥주순도표준을 따르지 않는 맥주들은 옥수수나 쌀가루 등을 첨가하여 매쉬의 전분 함량을 높이기도 한다. 몇 시간이 지난 후에 고형분을 매쉬로부터 분리하면 당 함량이 높은 액상의 맥아즙(wort)이 만들어진다. 맥아즙에 시럽을 첨가해서 당 함량을 높이기도 한다. 다음 단계로 홉(*Humulus lupulus*)의 말린 암꽃을 맥아즙에 넣고 끓인다. 맥아즙을 끓여 멸균하면 효소단백질은 변성하거나 응고된다. 이때 홉에 있는 휴물론(humulones)이라는 고리형 유기화합물은 이소휴물론(isohumulones)으로 이성화되어 맥주 특유의 쓴맛을 주고, 다른 화합물은 맥주 고유의 향미를 만든다. 맥아즙이 식으면 고형물과 홉 찌꺼기를 제거하고 특정한 효모균주를 접종한다. 맥아즙은 잘 섞어주면서 발효를 진행한다. 이때 개방형 또는 폐쇄형 스테인레스강 발효조를 사용한다. 실린더원추형 발효조는 요즘 양조업자들이 사용하는 가장 인기 있는 디자인으로 발효 동안 생긴 이산화탄소 가스가 만드는 거품이나 살포기로 발효조 내용물의 순환을 촉진한다. 이산화탄소 거품은 발효조의 중심부를 따라 표면으로 솟구치고, 냉각수는 발효조의 바깥을 따라 원추형 발효조 위쪽으로부터 아래쪽으로 흐른다.

에일맥주 발효온도(15~25℃)는 라거맥주 발효온도(8~15℃)보다 높다. 산소 농도는 발효 동안 급격히 감소하고, 대부분의 공정은 당이 생물량 대신 알코올로 효과적으로 전환되는 혐기조건에서 진행된다. 효모는 맥주의 풍미를 증진하는 여러 화합물을 만든다. 주류 발효에 특히 사용하기 좋은 효모는 발효가 끝나갈 때 서로 엉기고 가라앉아 쉽게 분리할 수 있는 것들이다. 숙성과 남아있는 당의 2차 발효는 가라앉은 효모를 분리하고 발효통에 남아있는 적은 농도의 효모에 의해 수행된다. 맥주를 맑고 투명하게 하는 마지막 단계는 여과 후에 화학적 처리로 고형분을 침전시키는 과정을 거쳐 마무리된다 [물고기의 말린 부레에서 유래된 **부레풀**(**isinglass**)은 전통적인 첨가물이다]. 추가적으로 저온살균 과정을 거쳐서 맥주의 부패를 방지한다.

알코올 함량 0.5% 이하의 맥주는 시장에서 무알코올 맥주(alcohol-free beer)로 판매된다. 무알코올 맥주는 매쉬를 만들 때 **당화과정**(**saccharification**)을 제한하거나 발효 초기에 맥아즙의 당 함량을 줄여서 만든다. 제한된 발효능력을 가진 효모균을 사용하거나 발효공정이 완결된 후에 진공증류나 역삼투 등으로 알코올 함량을 줄이기도 한다.

제빵

빵효모(*Saccharomyces cerevisiae*)는 지난 천년 이상 밀가루나 귀리가루로 만든 빵반죽의 발효에 사용되어 왔다. 맥주발효의 부산물로 수확된 상면효모는 로마인들에 의해 제빵에 사용되었고, 이 방법은 19세기까지 널리 퍼졌다. 오늘날의 제빵용 효모는 다양한 양분이 포함된 당밀에서 유가배양(fed-batch) 발효에 의해 생산된다 (413쪽). 유가배양발효는 세포 밀도를 높게 유지하고 세포의 대사활성을 제어하기 위해 양분을 간헐적으로 또는 연속적으로 첨가하는 공정이다. 효모 배양은 생물량 축적과 호흡을 최대로 하기 위해 공기를 불어 넣고 트레할로스(trehalose) 합성을 촉진하도록 배양조건을 조절한다. *Saccharomyces*는 저장 탄수화물로 당알코올인 트레할로스를 생산하는데, 이는 동결건조시 세포를 보호하는 역할을 한다. 제빵용 효모는 진공여과로 회수하여 동결건조한 입자나 압착한 덩어리 형태로 만든 것 또는 크림효모라고 불리는 액상의 농축된 제형을 갖는다. 크림효모는 제한된 유통기한을 갖지만 대형제과점들이 선호하는 형태이다. 빵반죽은 밀가루와 물, 효모(2%), 소금(1.5~2%)을 섞어서 만든다. 반죽 내의 전분분해효소는 전분을 포도당과 맥아올리고당(포도당으로 이루어진 이당류와 삼당류)으로 분해하여 효모에 의해 발효되도록 한다. 반죽에서 맥아당은 가장 많은 당류이다. 우유, 설탕, 달걀, 다른 첨가물이 반죽에 추가되면 다양한 종류의 빵이 만들어지고, 성분이 골고루 분포하도록 빵반죽을 골고루 치대야 한다. 반죽이 잘 치대지면, 밀가루 내의 단백질인 글리아딘(gliadin)과 글루테닌(glutenin)이 글루텐 가닥을 형성해서 반죽에 신축성과 탄력 있는 질감을 주고 씹히는 식감이 좋아진다. 반죽을 치댄 후에 몇 시간 동안 놔두면 효모가 당을 발효하고 이산화탄소를 생성해서 반죽이 부풀어 오른다. 발효 동안 생성된 알코올은 효모를 죽이며 빵을 만드는 동안 모두 제거된다.

치즈와 육류제품

젖산균은 우유 내의 젖당을 발효하여 젖산과 여러 대사물질을 생성하는데, 이는 치즈의 독특한 풍미를 가져다 준다. **키모신(chymosin)** 효소(레닌이라고도 알려짐)는 우유를 응고하기 위해 첨가되어 우유에서 응유를 만든다. 전통적으로 이 효소는 이유하지 않은 송아지의 위에서 얻어 왔다. 오늘날 사용되는 대부분의 상업적 치즈 생산은 **발효생산된 키모신(fermentation-produced chymosin, FPC)**에 의존한다. FPC는 대장균, *Aspergillus niger* var. *awarmori*(자낭균), *Kluyveromyces lactis*(효모)의 재조합 균주에서 만들어진다. 이러한 재조합 균주를 사용하지 않고 *Rhizomucor* 종에서 얻어진 천연 단백질 분해효소는 채식주의자용 치즈 생산 효소로서 사용되기도 한다. 여러 효모와 사상균은 치즈 숙성과 풍미 증진에 보조적인 역할을 한다. 까망베르나 브리 치즈는 잘 알려진 표면 숙성 치즈 종류로 *Penicillium camemberti* 흰색 균사가 표면에 형성되어 숙성된다 (그림 12.5). 이 치즈는 제조과정 동안 염장되어 염저항성을 갖는 균류가 먼저 표면에 자라게 된다. 표면에서 자라는 균류에서 분비된 효소가 치즈의 가장 바깥쪽 몇 mm를 통과한다. 분비된 단백질분해효소 및 지질분해효소는 치즈에 과실향과 풍미를 증진한다. 이러한 연성치즈와 같이, 이탈리안 살라미도 *Penicillium nalgiovense* 및 다른 *Penicillium*이 만든 얇은 층으로 둘러싸여 보존되고 풍미가 생긴다. *Penicillium roqueforti*는 로크포르, 고르곤졸라, 스틸톤, 데니쉬블루 등을 포함하는 블루치즈 안에서 자라 푸른색을 나타낸다. 우유를 발효하는 세균은 이산화탄소를 만들어 다양한 치즈 안에 불규칙한 구멍을 만든다. *Penicillium* 포자를 스타터 배양에 넣거나 신선한 응유에 첨가한다. 응유가 압착된 후에 소금을 표면에 뿌리면 치즈 안으로 스며든다. 소금을 뿌린 후에 치즈에 구멍을 뚫어 내부로 공기가 순환되면 균류 포자가 발아하기 시작해서 구멍 안에서 자란다. 구멍 안쪽의 푸른색은 포자 형성으로 만들어지고, 균류에 의해 분비된 효소들은 숙성된 치즈의 훌륭한 풍미를 가져다 준다.

효모도 치즈 생산 중의 발효와 숙성과정에 관여하지만, 풍미와 성상에 주는 영향은 자세하게 알려져 있지 않다. *Debaryomyces hansenii*는 반연성 치즈에서 자라는 효모로 먼스터, 림버거, 포

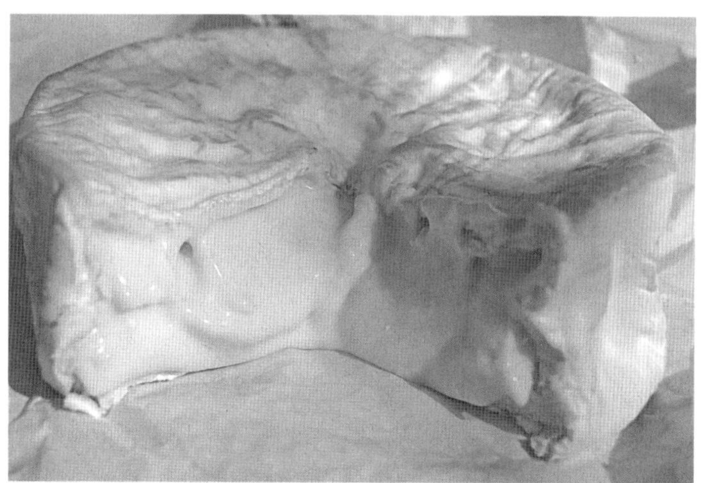

그림 12.5 *Penicillium camemberti* 균사로 덮인 특징적인 흰색 표면을 가진 까망베르 치즈. 출처: *http://www.pnwcheese.com/2011/07/kurtwood-farms-dinahs-cheese-coming-soon-to-portland.html*

트샬럿의 표면 숙성에서 중요하다. *Geotrichum candidum*은 소프트치즈에 첨가되며, *Yarrowia lipolytica*, *Saccharomyces cerevisiae*, *Kluyveromyces* 종도 치즈에서 자라는 일반적인 자낭균 효모들이다.

초콜릿

카카오나무(*Theobroma cacao*)의 씨앗, 즉 '카카오콩'은 카카오나무 과실의 흰 펄프 안에 싸여 있다. 초콜릿을 만들기 위해서는 과실을 잘라 쌓아놓거나 상자나 바구니에 담아 4~7일 동안 공기 중에서 발효시킨다. 점액상의 펄프에 있는 당과 구연산이 발효되면 카카오 배아를 죽이고 씨앗의 떫은맛을 감소시킨다. 카카오 발효는 복잡한 효모와 세균의 집단에 의해 진행된다. *Hanseniaspora guilliermondii*와 *Hanseniaspora opuntiae*는 발효 초기에 우위를 점하고 뒤이어 여러 종의 *Saccharomyces cerevisiae*와 *Pichia kudriavzevii*와 여러 효모가 뒤따른다. 여러 미생물이 연속적으로 생장함으로써 펄프와 카카오콩의 물리화학적 환경이 변화한다. 구연산을 발효하는 미생물이 자라면 펄프 내에 *Saccharomyces cerevisiae*가 생장하기 좋은 환경이 형성되고, 이 효모는 발효 후기에서 알코올 농도와 온도 증가에 내성이 약한 다른 효모들보다 잘 자란다. 발효의 최종 단계에 씨앗을 말리고 얇은 껍질을 제거하고 남은 조직을 갈아서 카카오 닙(nibs)을 만든다. 카카오 닙을 다른 첨가성분들과 혼합해서 초콜릿을 만든다.

아시아 지역의 발효식품

균류 발효에 의해 생산되는 다양한 음식과 주류는 아시아에서 발견된다. 자바섬에서 유래된 **템페(tempe)**는 콩이나 곡류를 발효해서 만드는 대중적인 육류대용 식품이다. 전통적인 생산 방법은 콩을 물에 불리고 끓여서 껍질을 벗기고 트레이에 넓게 펴서 재빨리 식히고 수분을 증발시킨다. 식힌 후에 콩에 *Rhizopus* 또는 *Mucor* 포자를 접종해 잘 섞고 층층이 잘 펼쳐서 1~2일 배양하면 균사가 자란다. 균사는 콩을 단단하고 자르기 쉬운 케이크 형태로 바꾸고 효소를 만들어 콩의 다당류 성분을 변형시킨다. 균류가 만드는 다른 생화학적 변형은 건강증진에 도움이 되는 항산화물질을 만드는 것이다. *Rhizopus microsporus*는 템페 제조에 사용하는 가장 보편적인 균류이다. 이 균류는 토양과 식물의 잎 등에서 자라고, 대기 중에서도 쉽게 발견된다. 자연적으로 공기 중에 있는 균이 템페 발효를 시작하기를 기다리기보다 균이 농화배양된 **스타터(starter)**를 사용하여 템페를 만든다. 아시아의 발효식품 제조는 대개 스타터를 사용하여 균류를 도입한다. 스타터는 향신료를 가미한 쌀이나 밀가루 반죽으로부터 만들어진다. 반죽을 작은 비스킷 모양으로 빚은 후에 이전에 사용한 말린 스타터로 접종하여 5일 정도 배양한다. 햇빛 아래에서 말린 후에 새로 만든 스타터는 사용 전에 수개월 동안 저장가능하다.

수푸(Sufu 또는 Furu)는 중국에서 콩으로 만든 치즈 같은 식품이다. 제조는 복잡한 3단계를 거치는데, 첫 단계로 콩물을 만들고 응고시켜 응유를 만든다. 응유를 눌러서 두부 덩어리를 만들고, 가열한 후에는 *Actinomucor*, *Mucor*, *Rhizopus* 스타터를 접종하여 약 1주일 동안 발효시킨다. 마지막 단계로 발효된 두부를 소금물 통에 넣어서 2~4개월간 숙성시킨다. **간장(soy sauce)** 제조도 역시 복잡하다. 콩을 물에 불려 끓이고 건져 내어 트레이에 넓게 편 후에 *Aspergillus oryzae* 또는 *Aspergillus sojae*를 접종하여 5일 간 발효시키면 코지가 만들어진다. 이것을 소금물에 담그면 1

년 동안 효모와 유산균에 의해 발효된다. 이러한 2차 발효 동안 사상균은 죽지만, 사상균이 분비한 효소는 활성을 유지한다. 기타 아시아 지역 발효식품으로는 *Monascus*로 발효시킨 홍국미를 비롯하여 사케 및 기타 쌀로 만든 주류, 수수로 만든 중국의 백주가 있다.

발효기술

발효기술은 발효조를 이용한 미생물의 대량 배양과 미생물 세포의 대사활성에 의해 만들어진 유용한 물질의 분리정제에 대한 기술이다. 산업균학자는 상업적으로 중요한 화합물의 제조나 식품원료에 사용하는 균류를 연구하고 균류 배양과 발효조 설계 및 조작의 최적화와 최종산물의 회수에 사용하는 '다운스트림' 공정 등을 연구한다.

원료물질

상업적으로 성공적인 균류는 연속적인 발효과정 동안 생장속도와 대사물질 수율이 항상 일정하고 예측가능한 방식을 보여야 한다. 특정 양분의 존재는 균류의 발달과 증식의 조절에 중요하다. 실험실에서 이러한 조절은 적절한 양의 순수화합물들을 섞어 만든 제한배지를 사용함으로써 가능해진다. 제한배지는 대량생산용 산업공정에는 적합하지 않으며, 특정 발효를 위한 원료물질의 선택은 영양성분, 비용, 이용가능성 등에 의해 결정된다. 다운스트림 공정비용도 원료물질에 따라 변한다. 부분적으로 분해된 원료물질로부터 최종산물을 정제하면 비용이 많이 들거나 부산물의 처리비용이 발생하고 환경오염의 위험도 발생한다. 포도당과 자당은 균류에게 매우 좋은 탄소원이기 때문에 대부분의 원료물질은 사탕수수액, 정제되지 않은 자당, 당밀, 가수분해된 전분 등을 포함한다. 일부 발효공정에서 식물성 기름도 유용한 대안 원료물질이다. 일부 원료물질은 균류에게 탄소와 질소원을 동시에 제공하지만, 대부분의 공정에서 질소원은 별도로 공급된다. 비타민, 미네랄, 미량영양소 등은 효모추출물로 공급되기도 한다. 발효 원료물질의 비용은 경우에 따라 크게 변하지만 산업용 에탄올의 경우 생산비의 50%를 차지하기도 한다.

발효조 설계 및 운용조작

대부분의 산업용 발효는 **교반탱크발효조(stirred tank fermenters)**에서 수행된다. 교반탱크에서는 멸균된 액체배지에 균류를 접종하고 교반하면서 공기를 불어 넣고 센서를 사용하여 상태를 모니터링함으로써, 배지를 가열하거나 식히거나 시료를 채취하고 오염시키지 않고 추가원료를 투입하는 것이 가능하다 (그림 12.6). 발효탱크, 즉 **바이오리액터(bioreactor)**는 부식을 방지하고 금속물질이 배지로 용출되는 것을 막기 위해 스테인레스강으로 만든다. 산업용 발효공정은 **회분배양(batch culture)** 또는 **연속배양(continuous culture)** 방법을 사용한다. 회분배양에서는 양분이 감소함에 따라 세포 밀도도 감소하며, 최종산물은 발효가 멈춘 후에 회수된다. 연속배양은 영양성분의 투입순환과정을 프로그래밍하고 발효조건을 변화시키면서 몇 주 동안 발효공정의 최적화를 유지한다. 연속배양에서는 발효산물을 반복적 또

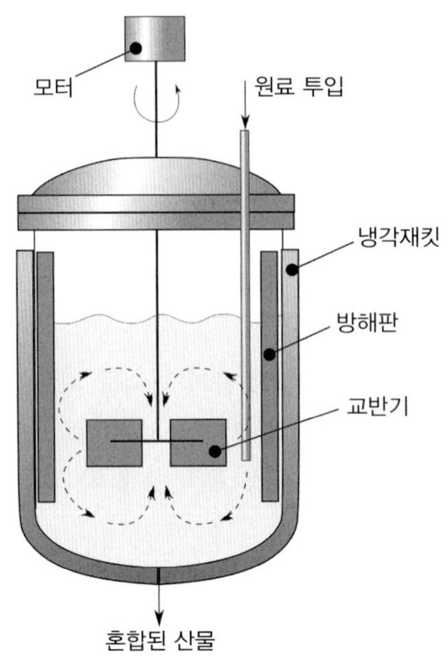

그림 12.6 교반탱크발효조 (바이오리액터). *출처: Creative Commons.*

는 연속적으로 회수하는 것이 가능하다. 많은 발효 최종산물이 2차대사물질이기 때문에 균류의 생장속도가 정체할 때부터 만들어지기 시작한다. 회분배양은 이런 산물의 발효에 적합한데, 생장조건을 조작하지 않고도 전통적인 생장곡선 패턴인 유도기, 지수생장기, 정지기를 구현할 수 있기 때문이다. 2차대사물질의 생산을 위해 연속배양에서도 배지의 투입 순환을 프로그래밍하여 유사한 생장곡선 패턴을 얻기도 한다. 이러한 2차대사물질 생산을 위한 연속배양은 잘 작동하는 회분배양에 비해 필요 이상으로 복잡하고 비용이 많이 든다는 단점이 있다. 연속배양은 균류가 생장이 정체되지 않고서도 만들어내는 물질을 대량으로 생산하는 공정에 적합하다. 연속배양의 예로 에탄올과 단세포단백질(균단백질)의 생산이 있다. **유가배양(fed-batch culture)**은 회분배양과 연속배양을 혼합하여 발효과정 동안 양분을 첨가한다. 이것은 고농도의 당이 발효 초기에 공급되면 2차대사산물 생산경로를 저해하는 이화대사 억제(제5장)와 관련된 문제 해결에 도움이 된다. 유가배양은 최종산물을 회수한 뒤에는 발효가 종료된다는 점에서 연속배양과 다르다. 유가배양은 항생물질의 생산에 사용된다 (418~419쪽).

접종하기 전에 발효조와 배지를 가열살균하는 것은 중요한 과정이다. 발효조의 바깥을 둘러싼 재킷을 가열하여 발효조 안쪽을 살균하거나 뜨거운 증기를 반응기 안으로 주입하여 살균한다. 가스배출밸브는 잠그고 압력을 높여서 발효조의 온도를 100℃ 이상으로 올린다. 또 다른 방법으로는 배지를 발효조 밖에서 멸균하여 외부에서 공급하기도 한다. 호기성 발효를 위한 공기는 펌프를 이용해 배지 속으로 주입되거나 살포기를 이용해 기포를 발생시켜서 반응기 전체로 산소의 확산을 촉진하기도 한다. 교반기를 이용하여 배지를 교반하면 이러한 과정을 더욱 촉진시킨다.

다운스트림 공정

1리터의 배양액에 1 g의 효소나 몇 g의 항생물질이 포함되어 있는데, 이는 상대적으로 다량의 부산물에서 소량의 최종산물을 분리해야 함을 의미한다. 배양액으로부터 균사체는 회전진공여과기로 분리된다. 효모세포는 양조 시에는 띄우거나 침전시켜 제거하지만, 최근의 표준화된 생물공학공정에서는 원심분리를 사용하여 분리된다. 세포내 효소를 회수하기 위해 세포를 그대로 얻는 발효공정에서는 배지에서 먼저 물을 제거하고 다양한 방법으로 세포를 깨뜨려 효소를 회수하기도 한다. 발효의 액상에 용해되어 있는 항생제 같은 여러 발효산물의 회수는 세포를 부산물로 제거하고 액상의 배지를 회수하는 것을 주요 공정으로 한다.

고체발효

아시아 식품의 전통적인 생산방법은 고체발효(solid-state fermentation), 즉 **고체기질발효(solid-substrate fermentation)**를 사용한다. 이것은 균류가 콩이나 곡물에서 그대로 자라는 것이다. 원료물질은 대개 접종 전에 전처리 과정을 거치는데, 이는 균류에 의한 전환이 쉽게 이루어질 수 있도록 시행하는 조치이다. 이러한 전처리 과정은 곡물을 빻거나 갈아서 표면적을 넓히고, 침지하여 원료를 부드럽게 하거나, 증기로 배아나 다른 오염균을 죽이는 것 등을 포함한다. 고체발효에 사용되는 균류는 호기성이기 때문에 원료물질에서 공기가 차지하는 공간을 유지하도록 수분함량을 최대한 낮추게 된다. 아시아 지역 식품은 겹겹이 쌓은 나무 트레이에서 생산되는데, 그 이유는 트레이를 겹겹이 쌓아 공기의 순환을 제공하고 균류의 증식을 위한 넓은 표면적을 제공할 수 있기 때문이다. 산업용 발효에 이 방법을 적용하는 것은 복잡하지만 외부 공기의 주입과 회전하는 드럼 등을 사용하여 적절한 공기순환을 유지할 수도 있다. 농업부산물의 퇴비화와 버섯재배도 고체발효의 또 다른 예이다.

생물공학을 위한 균류의 유전자 조작

단백질 생산에 사용되는 가장 중요한 사상균으로는 *Aspergillus niger*, *Aspergillus oryzae*, *Trichoderma reesei*가 있다. 관심 대상의 단백질을 고도로 분비하는 재래 균류 종을 선발하는 것을 넘어 무작위 돌연변이 유발을 통해 합성과 분비 성능이 증진된 변이균주를 얻을 수 있다. 재래 균주 또는 돌연변이 균주를 이용하여 단백질 생성을 촉진하는 유전공학 기술은 매우 효율적인 것으로 증명되었으며 현대 생물공학 연구의 대세이다. 특정 균류가 만드는 천연의 단백질은 **동종단백질(homologous protein)**로 불린다. 또한 균류는 외래단백질, 즉 **이종단백질(heterologous protein)**을 생산하도록 공학적으로 조작될 수 있다. 이종단백질 생산은 외부 유전자 삽입을 통한 유전적 변이에 의존한다. 이러한 조작을 **형질전환(transformation)**이라고 부른다. **플라스미드(plasmid)**로 운반되는 유전자로 *Aspergillus* 및 다른 사상균을 형질전환시키기 위해 여러 방법이 사용되고 있다. 플라스미드는 소형 DNA 분자로 염색체 DNA의 영향을 받지 않고 독립적으로 복제한다. 균류의 형질전환에 이용되는 플라스미드는 세균에서 유래되었다. 천연 플라스미드는 미토콘드리아의 세균 기원과 일치하듯이 균류의 미토콘드리아에서도 발견되며, 다중복제본(multiple copies)을 갖는 '효모-2-micron 플라스미드'는 *Saccharomyces cerevisiae*의 핵에서 발견된다.

균류 세포벽은 플라스미드를 받아들일 때 장벽이 되는 하나의 거대 분자 여과기(체, sieve)이다. 발아하는 분생포자의 세포벽을 혼합 효소로 분해하면 이 장벽을 분해할 수 있다. 그 결과로 얻어진 원형질체를 염화칼슘과 폴리에틸렌글리콜이 함유된 용액에서 배양하면 플라스미드가 흡수된다. 플라스미드를 전달하는 또 다른 방법으로 **전기천공법(electroporation)**과 살아있는 매개체인 *Agrobacterium tumefaciens* 세균을 이용하는 방법이 있다. 성공적인 형질전환이 되려면 기주 유전체의 상동 또는 비상동 부위로 외래 DNA가 삽입되어야 한다. 이종 유전자의 삽입은 기주 유전체 내 특정 위치를 목표로 하고, 유전공학자들은 이미 과발현되는 분비 단백질을 암호화하는 유전체 영역을 선호한다. 만약 이러한 삽입이 고유 유전자를 대체하여 이루어진다면, 원래의 유전자 산물과의 분비 장치 경쟁이 없어짐으로써 이종 유전자의 발현은 더욱 증가할 수 있다. 동종 및 이종 단백질 생산 증가는 **다중복제본(multiple copies)**의 유전자를 도입하고 전사를 유도하는 강력한 **프로모터(promoter)**를 사용하여 이루어진다. *Aspergillus nidulans*에서 유래한 gpdA 프로모터는 당 분해효소인 glyceraldehyde-3-phosphate dehydrogenase를 암호화하는 유전자의 일부분이다. 이러한 상시발현(constitutive) 프로모터는 기초연구와 생물공학 응용분야에서 매우 가치가 있는데, 그 이유는 이 프로모터가 다른 균류에서도 기능을 발휘하기 때문이다 (그림 12.7). 유도발현

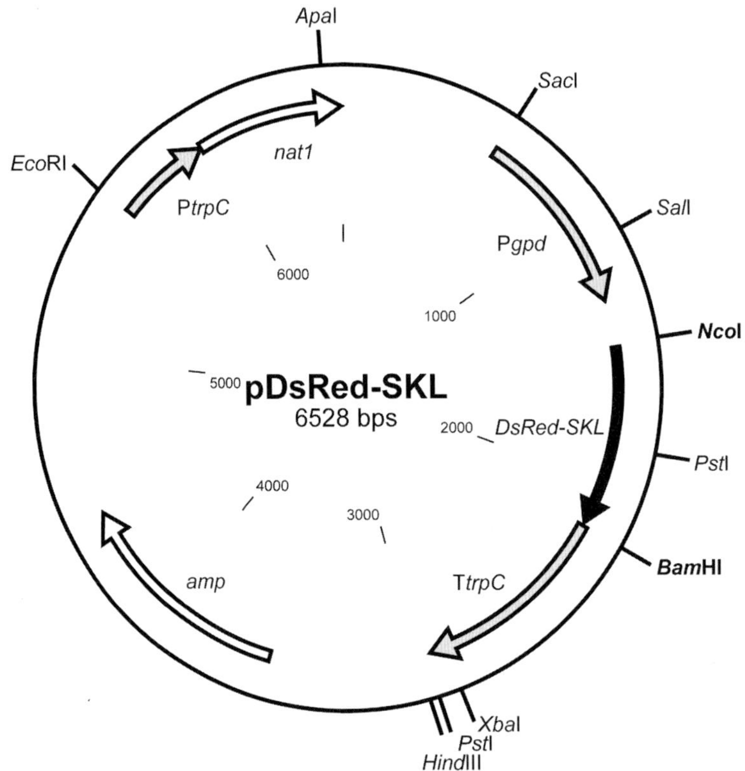

그림 12.7 자낭균 *Sordaria macrospora*의 세포생물학 연구에 사용된 플라스미드 제작의 예. DsRed-SKL 플라스미드에는 해파리 유래 붉은 형광 단백질을 암호화하는 유전자(*DsRed*)가 삽입되어 있다. 이 유전자는 퍼옥시솜(peroxisome, 지방산 분해와 관련된 세포내 소기관) 내로 이동하는 단백질을 생산하기 위해 3개의 아미노산(serine-lysine-leucine, SKL) 트리오를 포함한 서열과 융합시켰다. *DsRed-SKL*의 전사는 *Aspergillus nidulans*로부터 유래하는 상시발현 프로모터(P*gpd*)에 의해 작동된다. T*trp*C는 대장균에서 유래한 종결 서열이다. 이 서열은 전사를 종결하고 DsRed-SKL 단백질로 번역되는 mRNA를 방출한다. 제한효소 부위는 플라스미드 바깥 부위에 표시되어 있다. 이러한 플라스미드의 발현은 연구자가 형광현미경을 사용하여 *Sordaria* 세포 안의 퍼옥시솜의 분포를 연구할 수 있게 하였다. 출처: *Elleuche, M., Pöggeler, S., 2008. Fungal Genet. Rep. 55, 9–12.*

(inducible) 프로모터는 많은 응용분야에서 사용되며, 여기에는 수많은 분비효소를 암호화하는 유전자 프로모터가 포함된다.

동종 프로모터는 이종 프로모터보다 더 잘 작동하는 경향을 보인다. 몇몇 이종단백질은 *Trichoderma reesei*에 의해 상당한 상업적 수준으로 생산되었다. 이러한 단백질로는 *Aspergillus*로부터 phytase (2 g/L), 크레오소트균(석유균) *Hormoconis resinae*로부터 glucoamylase (0.7 g/L), 호열성 토양균 *Humicola grisea*로부터 xylanase (0.5 g/L) 등이 포함된다. 인간 면역글로불린과 인터루킨 6이 재조합 균주 *Aspergillus niger*에 의해 상당한 수준으로 생산되었다. 유전공학적으로 조작된 *Aspergillus oryzae* 균주는 호열성 자낭균 *Thermomyces lanuginosa* 유전자에 의해 암호화되는 열안정성 lipase의 생산소재이다. 이 효소는 세탁비누 첨가제로서 유용하며 낮은 세척 온도에서도 효과를 발휘할 수 있도록 단일 아미노산 치환을 통해 변형되었다.

사상균과 효모의 현대 생물공학적 응용

단세포 단백질

단세포 단백질(single cell protein)이란 용어는 1960년대에 도입되었으며, '가축과 인간의 식이보충제로 제공되는 효모로부터 제조된 단백질이 풍부한 식품'이란 의미로 사용되었다. 단세포 단백질은 농업 생산성이 급격한 인구 증가에 보조를 맞출 수 없던 시기에 식량 부족을 해결하려 했던 생산물의 범주에 포함되었다. 식물육종과 농업기술의 발전으로 쇠락했던 식품 효모에 대한 관심은 세계 식량 생산에서 일시적 붐을 일으켰다. 당밀을 이용하여 발효기에서 생산된 *Saccharomyces cerevisiae*는 오늘날 제조된 단세포 단백질의 한 예가 된다. 이러한 방식으로 생산된 효모는 직접 소비되지는 않으며, 주로 제빵에 이용된다. 마마이트(marmite)는 효모 추출물로 만든 짭짤한 스프레드(잼)로 영국에서 한 세기 이상 인기를 누리고 있다. 맥주 양조에 사용된 효모가 끈적거리는 흑갈색 반죽의 생산에 사용된다. 베지마이트(vegemite)는 호주에서 만들어진 유사 제품이다.

퀀(Quorn)이라고 불리는 또 다른 균류 단백질은 사상성 부생균인 *Fusarium venenatum* 단일 균주에 의해 제조되는 매우 성공적인 고기 대체 식품이다. 퀀은 다세포 사상성 균류에 의해 생성되기 때문에 단세포 단백질이라는 용어는 부정확한 것이며 **균단백질(mycoprotein)**이 더 선호되는 이름이다. 사상균을 사용하기 때문에 단일세포 단백질로는 복제할 수 없는 고기 같은 견고성을 만드는 것이 가능하다. 이 균은 230톤의 액체배지가 들어있는 높이 50 m의 공기유입식 발효기 용기에서 배양한다 (그림 12.8). 이 용기는 연속적인 순환을 만들기 위해 상부와 하부가 연결되어 있다. 압축된 공기와 암모니아를 승수용기(riser)로 불리는 첫 번째 용기의 바닥에서 펌프로 뿜어내, 배양액에 산소를 공급하고 균이 함유된 액체배지를 상부로 순환시킨다. 호흡하는 세포로부터 나온 이산화탄소는 시스템 상부의 배기구멍(vent)으로부터 방출되고, 배양액은 두 번째 강수용기(downcomer)를 통해 낙하하여 신선한 영양액(포도당, 비타민, 미네랄)과 합쳐진다. 이 시스템 하부의 열변환기는 30℃를 유지하고 배양체는 시간당 30톤의 속도로 회수된다. 발효조에서 회수된 분지 균사가 집적된 균사체에는 매우 높은 함량의 RNA가 함유되어 있다. 이를 섭취되면 혈액 내에 요산이 증가하고 통풍과 다른 질병을 유발하기 때문에 식품으로서 문제가 될 수 있다. 이러한 문제는

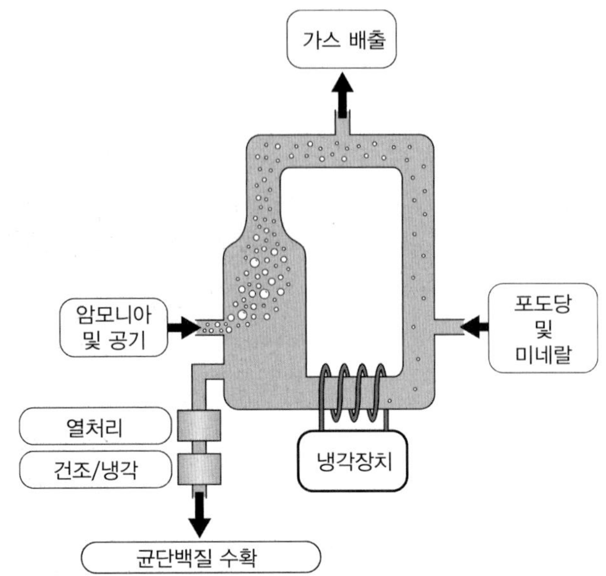

그림 12.8 퀀(Quorn) 생산에 이용되는 공기 주입식 발효 시스템. *출처: Mark Fischer, Mount St. Joseph University, Cincinnati.*

68°C에서 20분 간 균사체에 열을 가하면 해결할 수 있는데, 이는 세포내 효소가 단백질 함량 변화 없이 많은 양의 RNA를 파괴할 수 있게 만든다. 열처리된 균단백질은 다시 건조하고 계란 흰자와 결합시킨다. 이후의 공정은 고기 질감을 만들고 향신료와 색소를 첨가한다.

균류 효소

균류는 효소를 분비하여 양분을 흡수하는데, 이는 생물공학에 응용될 수 있는 큰 장점이다. 균류는 많은 단백질을 배양액에 분비하므로 간단하게 정제할 수 있기 때문이다. 단백질 생산에서 세균에 비해 균류가 갖는 특별한 장점은 균류가 진핵생물체로서 많은 이종단백질의 생리활성에 필수적인 번역후 수식과정을 갖고 있다는 것이다. 동시에 균류는 세균처럼 쉽게 배양된다. 발효에 의한 효소의 세계시장은 50억 불에 달하며, 사상균에 의한 발효가 절반을 차지한다. 많은 종류의 생산품이 특정 균류 효소의 생물공학적 응용을 통해 얻어졌다. 100개 이상의 효소가 자낭균 *Aspergillus*, *Trichoderma*, *Penicillium*, 접합균 *Rhizopus* 및 담자균 *Humicola*를 포함하는 25개 속으로부터 상업화되었다. **균류 가수분해효소(fungal hydrolases)**는 가장 중요한 효소 부류로 식품과 음료산업, 미용 제품, 세탁용 세제, 직물, 가죽, 산림 제품, 동물용 사료, 생물연료 분야에서 널리 이용된다. 제빵, 양조, 여러 식품 제조에 살아있는 균류 배양을 사용하는 것은 이 단원에서 언급했지만, 정제된 효소도 식품에서 다른 용도로 사용할 수 있다. 이러한 효소제품은 고기 제품과 채소에 있는 단백질을 가수분해하여 즙액, 고형 수프 원료, 다양한 소스, 일반 조미료(글루탐산나트륨)를 생산하는 효소혼합물을 포함한다. 앞서 언급하였지만(409쪽), 응집제로 작용하는 효소는 치즈 생산에 이용되며, *Aspergillus niger*에 의해 생산되는 소 키모신의 재조합 효소는 송아지로부터 얻는 천연효소를 대체한다. *Aspergillus*와 *Kluyveromyces* 유래의 **젖당분해효소(lactase)**는 젖당불내증

(lactose intolerance)을 가진 소비자의 유제품 소화율을 증가시킨다. 젖당분해효소는 유아식 분유를 생산하기 위해 우유에 있는 항원을 분해하는 데도 효과적이다.

균류 효소는 치아 우식증에 영향을 주는 세균에 대항하고 미백에도 도움을 주는 치약에도 이용된다. 목재부후균인 담자균 *Trametes* 유래의 **라카아제(laccase)**를 첨가하면 입 냄새와 연관된 화합물이 파괴된다. 세제의 단백질분해효소와 전분당화효소는 오염 입자를 분해하고, 지질분해효소는 기름 얼룩에 대해 활성이 있다. 세제 성분에서 **셀룰라제(cellulase)**는 의류를 부드럽게 해주고 밝게 만들어준다. 균류와 세균 유래의 효소는 낮은 온도에서 세척을 가능하게 해주고, 이는 에너지 소비량을 감소시키고, 얼룩을 제거하는 효과로 인해 물의 사용을 줄일 수 있다. *Trichoderma reesei*로부터 생산된 셀룰라제는 인기 있는 청바지의 스톤워싱 모양을 만드는 데 이용된다. 목화 원료의 가공은 세균성 효소 및 균류성 효소가 포함되며, *Aspergillus* 및 다른 균류로부터 생산된 catalase는 염색 전에 면직물을 표백하기 위해 사용되고, 셀룰라제는 마지막 과정에서 이용되어 직물을 부드럽게 만들고 보풀이 생기는 것을 줄여준다.

종이 제조에서 균류 **자일란분해효소(xylanase)**는 목재 펄프 헤미셀룰로스를 분해하기 위해 염소를 사용하지 않는 표백법에 이용된다. 이것은 펄프의 분자구조를 느슨하게 하여 비용해성 리그닌의 암색 복합체가 펄프로부터 방출되는 효과를 가진다. 지질분해효소, 전분당화효소, 셀룰라제 역시 종이 제조와 재순환에 이용된다. 균류 xylanase는 아마, 황마, 대마의 고무질 제거, 사일리지와 곡류 가공, 밀가루 반죽을 도와주는 첨가제 등을 포함하는 많은 산업 분야에서 역할을 한다. *Trichoderma*와 *Aspergillus* 유래의 beta-glucanase로 곡류를 발효하는 것은 돼지와 가금류 같은 단위동물의 영양증진에 도움을 준다. 고분자형태로 저장성 유기 다인산으로부터 인을 방출시키는 균류 **인산가수분해효소(phosphatase, phytase)**는 동물사료 공정에 이용된다.

마지막으로 균류 효소는 생물연료 산업에서 매우 중요한 역할을 한다. 제분 이후에 통곡류는 **글루코아밀라제(glucoamylase)**와 **알파아밀라제(alpha-amylase)**와 함께 낮은 온도에서 조리되어 포도당과 맥아당과 같은 발효가능한 당으로 전환된다. 건조시킨 식물체, 즉 목질계 생물량은 **바이오에탄올(bioethanol)** 생산을 위해 사용되지 않았던 풍부한 원료 소재이다. 바이오에탄올의 사용은 이들 복합 고분자로부터 발효가능한 당을 방출시키는 균류 효소를 이용하는 새로운 접근 방법이 요구된다(421~422쪽).

유기산 합성

Aspergillus 종은 가장 중요한 산업미생물로 간주된다. *Aspergillus niger*는 세계적으로 100만 톤 이상의 **구연산(citric acid)**을 생산한다. 구연산은 보존제 및 킬레이트제로서 식품과 음료의 새콤한 맛을 내는 데 이용된다. *Aspergillus niger*와 *Penicillium* 종은 **글루콘산(gluconic acid)**을 생산하며, 이는 금속 표면의 세척과 마무리 작업은 물론 시멘트 첨가제로도 이용된다. 저농도의 글루콘산은 식품첨가물로도 이용된다. 연간 생산량은 약 5만~10만 톤에 이르며, *Aspergillus niger*에 의해 분비되는 한 쌍의 효소에 의해 포도당이 두 단계의 산화과정을 거쳐 생산된다. 고분자 합성에 사용되는 **이타콘산(itaconic acid)**은 *Aspergillus terreus*와 *Aspergillus itaconicus*에 의한 포도당 시럽 또는 당밀을 심부발효(submerged fermentation)하여 얻어진다. 코지산(kojic acid)은 피부 미백용 화장품 소재로 이용되는 또 다른 *Aspergillus* 산물로서 간장 발효의 부산물이다.

리보플라빈(비타민 B_2) 생합성

리보플라빈(비타민 B_2)은 자낭균 *Ashbya gossypii*를 이용하여 콩기름과 콩가루를 발효시켜 산업적 생산이 이루어진다. 배양액 내 중성지방은 균류에 의해 생성된 지방분해효소에 의해 가수분해된다. 유리 지방산은 균류에 의해 흡수되고 리보플라빈 합성을 위한 전구물질로 사용된다. *Ashbya gossypii*의 산업용 균주는 전통적 방법에 의한 균주 선발과 비타민 합성을 촉진하는 리보플라빈 경로의 분자공학의 조합을 통해 얻어졌다.

항생제와 의약품 소재

베타락탐계 항생제

Penicillium 종에 의해 생산되는 **페니실린(penicillins)**은 강력한 항세균제로 그람양성세균을 대상으로 한다. 이들 항생제는 베타락탐 고리로 불리는 핵심 구조를 공유한다 (그림 12.9). 다른 **베타락탐(β-lactam)계 항생제**는 *Acremonium* 균류에 의해 생성되는 **세팔로스포린(cephalosporin)**과 세균에 의해 생성되는 **카바페넴(carbapenem)**이 있다. *Penicillium rubens*(처음에는 *Penicillium chrysogenum*으로 동정)에 의해 생성되는 **페니실린(Penicillin G**, 가장 대표적인 페니실린)이 1928년에 알렉산더 플레밍에 의해 발견되었으며, 하워드 플로리가 이끄는 옥스퍼드대 과학자 연구팀에 의해 임상용으로 개발되었다. 항생제 생산성을 증가시키기 위한 연구가 1938년에 시작되었고, 1941년에 최초의 환자에게 투약되었다. 1943년 부패 중인 칸탈로프 멜론에서 분리된 *Penicillium chrysogenum* 균주가 높은 항생물질 생성량을 보여 산업적 생산을 위한 토대가 되었다. 페니실린 및 다른 베타락탐계 항생제는 세균의 펩티도글리칸에 있는 교차연결 고리의 형성을 방해한다. 펩티도글리칸은 한쌍의 아미노당, *N*-acetylmuramic acid와 *N*-acetylglucosamine의 교번하는 잔기의 사슬로 이루어진 고분자로 *N*-acetylmuramic acid의 잔기에 짧은 펩타이드가 연결되어 있다. 서로 다른 펩타이드 사슬에 있는 아미노산 사이의 교차 연결로 강력한 3차원적 격자구조를 만든다. 페니실린 항생제는 페니실린-결합 단백질이나 펩티드 전이효소로 불리는 세포벽 교차연결 펩타이드 사이의 결합을 형성하는 단백질에 결합한다. 이들 효소 저해는 세포벽을 약하게 만들어

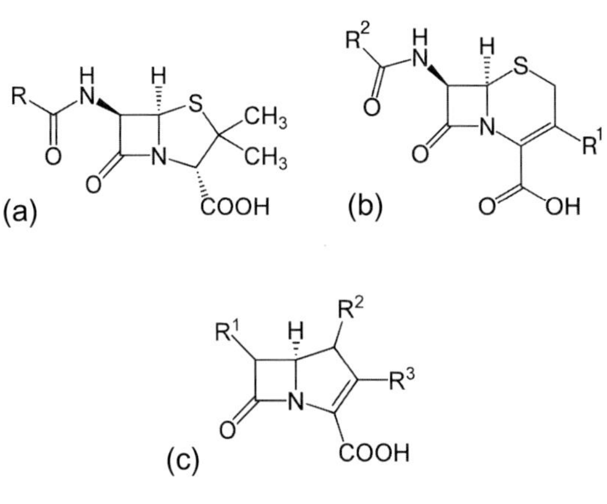

그림 12.9 베타락탐계 항생제 분자의 구조. (a) 페니실린, (b) 세팔로스포린, (c) 카바페넴의 핵심 구조. *출처: Creative Commons.*

세균을 터지게 만든다. 페니실린에 대한 저항성은 **β-lactamase**라고 하는 효소를 생산하는 균주의 진화로부터 유래한다. 이 효소는 베타락탐 고리를 끊어 항생제를 불활성화시킨다. 세균의 항생제에 대한 저항성은 페니실린을 사용한 지 10년도 지나지 않아 문제가 되었다. *Penicillium chrysogenum* 균주가 항생물질의 핵심구조인 6-aminopenicillanic acid (6-APA)를 대량 생성한다는 것이 발견됨으로써 중요한 진전이 이루어졌다. 이러한 구조는 항생물질 활성은 없으나 다양한 측쇄를 더해 반합성 항생제 생산에 응용될 수 있다. **메티실린(meticillin**, 이전에는 methicillin)과 **암피실린(ampicillin)**은 이러한 화합물의 예이다. 메티실린은 β-lactamase에 대해 저항성을 갖는데, 메티실린의 거대 측쇄에 의해 만들어진 입체 장애에 의해 효소가 베타락탐 고리에 접근하는 것이 차단되기 때문이다. 메티실린에 대한 세균의 저항성 유발은 타 항생제로의 대체로 이어졌다. 암피실린은 광범위 항생제로 그람양성세균은 물론 그람음성세균에도 활성을 보인다.

세팔로스포린(cephalosporins)은 *Acremonium chrysogenum*에 의해 생성된다. 1세대 세팔로스포린으로 불리는 첫 번째 세팔로스포린은 그람양성세균에 대하여 활성을 보였다. 모분자의 결합을 끊고 다양한 측쇄를 더해 만들어진 이후 세대의 세팔로스포린 항생제는 그람음성세균에 대해서 훨씬 높은 약효를 보여주고 있는데, 종종 그람양성세균에 대한 활성저하를 감수해야 했다. 이들은 상당히 중요한 항생제로서 메티실린 저항성 포도상구균 *Staphylococcus aureus* (MRSA)에 의해 발생하는 감염에 대한 최후의 방어선으로 대표되는 5세대 세팔로스포린계 항생제이다.

로바스타틴

로바스타틴(lovastatin)은 균류가 만드는 폴리케타이드 화합물로 (3S)-hydroxy-3-methylglutaryl-coenzyme A (HMG-CoA) 환원효소를 억제해 콜레스테롤 저하 약물로 사용된다. 이 효소는 콜레스테롤의 직접적인 전구물질인 메발론산(mevalonate)의 합성을 촉매하며, 스타틴계(statins)로 분류된 모든 약물이 표적으로 삼는 효소이다. 로바스타틴은 1970년대에 *Aspergillus terreus*와 *Monascus ruber*에서 발견되었고, 느타리버섯(*Pleurotus ostreatus*)과 홍국미(*Monascus*)에 의해 발효된 쌀에서 만들어지는 천연물이다. 그것은 *lovA*, *lovB*, *lovC*, *lovD* 및 *lovF*를 포함하는 유전자 클러스터에 의해 암호화된 **폴리케타이드 메가합성효소(polyketide megasynthase)**로 알려진 복수 도메인 효소 복합체에 의해 만들어진다. 합성경로는 지방산 합성경로와 유사하며 고분자가 아세틸(acetyl) 단위의 반복적인 첨가에 의해 신장된다. 효소 복합체의 소단위체는 합성을 개시하고(개시 모듈), malonyl CoA에서 성장하는 폴리케타이드 측쇄에까지 acetyl 단위를 첨가하고(신장 모듈), 반응을 종료하는 모듈로 구성된다(종결 모듈). 로바스타틴은 Mevacor라는 이름으로 처방되며, simvastatin으로 불리는 합성유도체는 Zocor로 상표등록되었다. 이들 약제는 Lipitor를 포함하는 완전합성 statin과 함께 Pfizer, AstraZeneca, Merck, Novartis 등의 업체에서 수십억 달러어치가 생산된다.

면역저하제

사이클로스포린(cyclosporin A)은 사이토키닌, 인터루킨-2 (IL-2)의 생성을 저해하여 CD4+와 CD8+ 임파세포(각각 T 임파세포와 CD8 사멸세포)의 활성과 증식을 막는 면역억제활성을 갖는 지용성, 고리형(cyclic) 펩타이드이다. 사이클로스포린 A는 골수 및 장기 이식 후 환자를 도와주는 효과 이외에도 건선, 심한 아토피성 피부질환, 류마티스성 관절염을 포함하는 광범위한 질병 치료에도 사용된다. 사이클로스포린 A는 1969년에 노르웨이 토양 시료로부터 분리된 *Tolypocladium inflatum*의 배양액으로부터 순수분리되었다. 이 균은 딱정벌레 유충의 병원균이다. 다른 균주도 사이클로스포린을 생성하지만 산업적 생산은 이 단일 종에서 생산력이 좋은 균주의 선발에 의해 이루어진다. 사이클로스포린 A는 39개의 다른 반응 단계를 촉매하는 **사이클로스포린 합성효소(cyclosporin synthetase, simA)**로 불리는 거대한 다중기능 효소에 의해 합성된다. 이 효소는 11개의 단백질 모듈로 이루어져 있으며 이들 각각은 한 가지 중간산물의 인식, 활성화, 수식을 담당한다. 작은 12번째 모듈은 사이클로스포린 A 합성 중 최종 고리화 반응을 수행하는 것으로 알려져 있다. 이렇게 합성된 11개 아미노산으로 만들어진 사이클로스포린의 구조는 화학 합성으로 생산하기에는 너무 복잡하여, 생산성 개선은 전적으로 생산균의 조작에 달려있다. 다양한 탄소원과 질소원의 변화, 생장배지로 탄소원의 지속적 첨가, 발효시 발린(L-valine)의 첨가, 담체(beads)로의 균 고정화, 액체보다 고체원료에서의 배양(고체발효) 등을 포함하는 많은 방법이 생산성 향상을 위해 시도되고 있다. 사이클로스포린 생산성을 높이기 위한 노력들이 *Tolypocladium inflatum* 돌연변이 균주의 연구를 통해서도 이루어지고 있다.

맥각 알칼로이드

맥각 알칼로이드는 맥각균 *Claviceps purpurea*에 의해 생성되어 맥각 알칼로이드가 오염된 호밀로 만든 빵을 섭취한 인구집단을 중독시켜 왔고, 헤아릴 수 없이 많은 사람이 사망했다 (제9장). 약으로 신중하게 사용되는 경우에 맥각 알칼로이드 화합물은 편두통 증상을 완화하고, 파킨슨병 증상을 치료하며, 자궁수축을 촉진하고 출산 시 지혈하는 작용이 있다. 이들 화합물의 독성과 치료적 가치는 신경전달물질 수용체의 친화성에 기인한다. 중세시대에 '성 안토니열'이라고 불렸던 전형적인 맥각중독과 연관된 화끈거리는 느낌을 유도하는 혈관 수축은 평활근 수축을 만드는 신경 자극에 의해 발생한다. 동일한 약물학적 작용기작으로 맥각 알칼로이드가 편두통을 치료하고 출혈을 감소시키는 효과를 준다. 다른 *Claviceps* 종도 맥각 알칼로이드를 생산하고 동일한 독소 생합성 경로가 맥각균과의 여러 종에서 발견된다. 이 과에는 오염된 목초를 섭식한 동물에서 독소중독을 일으키는 *Epichloë*(= *Neotyphodium*) 속의 식물내생균이 포함된다 (제9장). 인체병원균 *Aspergillus fumigatus* 및 관련 부생균류도 이들 화합물을 생성한다. 맥각 알칼로이드의 합성과 다양한 형태의 아스페르길루스증의 발생 간의 연관성에 대해서는 알려져 있지 않다.

맥각 알칼로이드는 다양한 범주의 2차대사물질로 clavine, 리세르그산의 amide, ergopeptines 등 3가지 그룹으로 분류되어 왔다. Lysergic acid diethylamide(LSD)는 리세르그산의 합성유도체로 맥각 알칼로이드 생합성의 주요 중간산물이다. 대부분의 맥각 알칼로이드 합성은 트립토판에 pyrophosphate기의 첨가를 시작으로 하는 일련의 반응을 통해 tetracyclic ergoline 고리를 생성하는 일반적인 초기 반응들에 의해 이루어진다. 이들 생합성 경로에서 효소를 암호화하는 유전자는 클러스터로 구성된다. *Claviceps purpurea*에 의해 생성되는 ergotamine과 ergometrine은 의약에서 가장 중요한 알칼로이드이며, 이들 화합물의 많은 유도체는 특정 질병 치료에 적용되어 왔다. 오늘날에는 상업적 발효를 통해 맥각 알칼로이드 원료를 얻고 있다.

생물변환

제약소재 원료로서 천연 균주 및 유전자 조작된 균주의 중요성과 함께, 균류는 다른 생물체에 의해 생성되는 효소, 작은 분자물질을 포함하는 천연물질의 화학적 구조를 변환시키는 데 이용된다. 이러한 효소 촉매화 단계들은 산화 환원반응, 작용기의 전이, 가수분해 등이 포함된다. 균류 생물변환은 식물성 스테롤로부터 항염증 코티손(cortisones), 타 스테롤로부터 호르몬 피임제 gestodene, 비스테로이드성 항염증약 ketaprofen 등의 생산에 이용된다. *Amanita*, *Galerina* 및 다른 버섯류가 생산하는 치명적인 아마톡신(amatoxin)의 합성에 대한 연구를 통해 미래의 의약품 설계에 상당한 가능성을 보여주고 있다. 이들 고리형 펩타이드의 활성은 요리, 위산, 소화효소에 의한 영향을 받지 않는다. 구조적 복원력, 빠른 흡수, 정확한 표적도달 등은 암과 여러 질병을 치료하기 위한 차세대 화학치료제로서 선호되는 특성들이다. 이러한 약물의 설계는 아마톡신의 작용기작과 이들 버섯의 고리형 펩타이드 합성 과정에 대한 이해를 통해 가능할 것이다.

생물연료

균류는 막대한 양의 볏짚과 여러 종류의 **목질섬유소 농업부산물(lignocellulosic agricultural waste)**을 포함하는 다양한 종류의 작물을 이용해 생물연료를 생산하는 데 커다란 잠재성을 보여준다. 이는 인류의 끊임없는 가연성 연료에 대한 무한정의 수요, 화석연료 이용에 대한 한계, 기름과 가스 추출에 의해 발생하는 환경 피해, 탄화수소 연소로 인한 기후 변화와 맞물려 상당한 관심을 끄는 주제이다. 당분이 출발물질 또는 원료물질로부터 가수분해되기만 하면 효모에 의한 알코올발효는 일사천리로 진행되는 공정이다. 이러한 공정이 브라질산 사탕수수와 미국산 옥수수에서 만들어지는 바이오에탄올의 원천이다. 브라질산 사탕수수는 분쇄하여 10~15%의 당분을 포함하는 추출액과 섬유 잔여물을 분리한다. 이 즙액은 여과되고 농축되어 결정형의 당분과 당밀이 수확된다. 여기서 당분은 식품산업용으로 정제되고, 효모는 당밀을 발효시켜 에탄올을 생성한다. 버개스(bagasse, 사탕수수 찌꺼기의 일종)로 불리는 섬유질 잔여물은 태워서 열과 전기에너지를 탄소중립이거나 적어도 에너지 효율이 좋은 생물연료 공장을 가동하도록 제공된다. 옥수수 에탄올 생산은 생물적인 관점에서 더욱 복잡하다. 왜냐하면 옥수수 종자는 전분이 풍부하므로 효모에 의한 발효 전에 당분으로 가수분해되어야 하기 때문이다. 이것은 순화된 glucoamylase와 alpha-amylase를 사용하여 얻을 수 있다. 이들 효소 중 몇 가지는 *Aspergillus niger*를 포함하는 균류에서 비롯된다.

더욱 중요한 산업적 도전은 대부분이 복잡한 중합체로 구성된 농업부산물을 처리하여 발효당을 얻는 것이다. 이러한 공정을 **2세대 생물연료 생산(second generation biofuel production)**이라고 하고, 그 원료물질을 섬유소계 및 목질섬유소계라고 한다. 볏짚은 섬유소, 헤미셀룰로스, 리그닌 복합체로 구성되어 있다. 원료 전처리는 당의 방출이 최대화되도록 설계되며 지금까지 다양한 방법이 시험되었다. 볏짚을 갈아 제분하는 것은 뒤따르는 화학적 반응을 위한 표면적을 증가시킨다. 산이나 알칼리로 볏짚을 혼합하는 것은 이후의 분해성을 증가시킨다. *Phanerochaete chrysosporium*, *Pleurotus ostreatus* 및 *Trametes versicolor*를 포함하는 백색부후균의 효능이 다양한 종류의 고분자의 분해에 이용되었다. *Pleurotus ostreatus*를 60일 간 볏짚에 처리할 경우 40%의 리그닌 함량 감소와 섬유소와 헤미셀룰로스의 부분적인 분해가 일어났다. *Aspergillus*와 다른 균류를 이용하여 볏짚에 전처리할 경우 가장 높은 에탄올 생산이 이루어졌지만, 어떤 생물학적 방법도 원료물질의 화학적 변환처리 효과와 비교하여 유리하지 않았다. 유전체 연구를 통한 목질섬유소 분해에서의 효과적인 새로운 효소의 발견은 2세대 바이오연료 생산을 견인할 연구 분야이다.

생물복원

2세대 생물연료 생산용으로 고려되었던 일부 담자균은 **잔류성 유기오염물질(persistent organic pollutants**, POP)로 오염된 토양의 생물복원을 위한 소재로 선발되고 있다. 백색부후균의 이러한 응용에 그렇게 많은 관심이 있는 이유는 리그닌 분해를 위해 분비하는 과산화효소와 락카아제가 인류의 건강을 위협하는 난분해성 방향족 오염물질의 분해에 효과적이기 때문이다. 표적 화합물로는 오일 및 가스산업에서 유래한 다환 방향족 탄화수소, 버려진 변압기와 축전기뿐만 아니라 목재보존제로부터 염소화합물, 난연제로 사용되는 할로겐화합물과 광산이나 무기에 사용되는 질소방향족 폭발물 등을 포함한다 (그림 12.10). 농약 및 기타 농용화학물질은 또 다른 심각한 토양 오염원이다. 백색부후균은 모든 범주의 화합물을 분해할 수 있으며 석유계 탄화수소, TNT, 염화페놀, 폴리염화비페닐(PCBs)을 스며들게 한 톱밥과 나무 조각에 접종하여 매우 놀랄만한 결과를 얻었다. 자연에서 이들 화합물의 분해에 있어서 균류의 효과는 상업적 관심의 대상이지만 몇 개의 대규모 연구만 논문으로 보고되어 있다. 대규모로 진행된 시험 중의 일부는 소나무 껍질로 채워진 플라스틱 망으로 만든 통을 만드는 것과 관련이 있고, 여기에 균류를 접종한다. 이렇게 만들어진 '균류 통(fungal tubes)'을 오염된 토양에 묻고 균이 생장할 수 있게 공기를 주입한다. 비상주(non-resident) 목재부후균이나 낙엽분해균을 오염된 장소에 첨가하는 것과 더불어, 선별된 영양원을 토양에 보충해 줌으로써 상주(resident) 균류의 활성을 자극하는 것도 가능하다. 계면활성제의 첨가는 오염물질의 용해성을 높여주고 표적 화학물질로의 미생물의 접근을 개선한다. 다른 유망한 방식은 오염된 지역에 나무를 심어 식물체로 하여금 토양을 청소하는 데 효과적인 균근 파트너를

그림 12.10 기름으로 오염된 토양에서 자라는 느타리버섯(*Pleurotus ostreatus*). 이 실험적인 형태의 생물환경정화의 목적은 균류의 균사를 사용하여 토양내 다양한 탄화수소를 분해하여 오염물질을 균 자실체로 이동시키는 것이다. 결과가 성공적이라면 자실체를 수확하고 파괴함으로써 토양이 더욱 깨끗해질 것이다. 출처: *http://www.fungi.com/blog/items/the-petroleum-problem.html*

지원하는 것이다. 이러한 나무는 이미 존재하고 있던 토양 미생물 군집으로부터 균류를 보급 받아 오염된 지역으로 이식 전에 나무의 균근 파트너로 특정 균근균을 접종할 수 있다.

곰팡이살충제, 곰팡이제초제, 곰팡이살균제

살아있는 균류가 농작물의 해충을 막고 잡초의 생장을 제어하는 데 사용된다. *Beauveria bassiana*는 곤충병원균으로 다양한 종류의 해충에 침입하여 진딧물, 총채벌레, 온실가루이 방제에 이용된다. 이 균은 고체발효로 배양하여, 분생포자 제형으로 만들어 유화제나 수화제 형태로 식물체에 살포한다. *Metarhizium anisopliae*는 다양한 해충 방제를 위한 곰팡이살충제(mycopesticides)로 사용되는 자낭균이다. 곰팡이살충제의 단점 중 하나는 접촉하여 바로 작용하는 것이 아니라 곤충을 침입하고 죽이기 위해서 며칠이 걸린다는 것이다. *Metarhizium* 종의 병원성을 높이기 위한 실험 중에는 신경독소를 암호화하는 전갈 독소 유전자로 형질전환시키는 것이 포함된다. 유전적으로 변형된 균의 장점은 신경독소 유전자가 곤충 내에서 활성화되는 프로모터에 의해 조절된다는 것이다. 이러한 점은 사람이 형질전환 균류에 노출되어 발생하는 문제를 줄여준다. 박각시나방(*Manduca sexta*), 뎅기열과 황열병을 일으키는 이집트숲모기(*Aedes aegypti*)에 대한 실험에서 형질전환체는 형질전환 되지 않은 균에 비해 높은 살충효과를 보였다. *Beauveria*와 *Metarhizium* 속은 Clavicipitaceae과에 속한다. *Lecanicillium lecanii*는 미생물농약으로 상품화된 3번째 균으로서 Cordycipitaceae과에 속한다.

생균을 함유하고 있는 제초제는 곰팡이제초제(mycoherbicides)로 불린다. 이러한 제품에서 균류는 방제 대상 잡초식물의 고유 병원균이다. 곰팡이제초제로 이용되는 균류에는 새삼(*Cuscuta* 종)을 제어하기 위한 *Alternaria destruens*, 둥근잎아욱(*Malva pusilla*)과 버지니아자귀풀(*Aeschynomene virginica*)을 제어하기 위한 *Colletotrichum gloeosporioides*, 기름골(*Cyperus esculentus*)과 대청(*Isatis tinctoria*)을 공격하는 녹병균이 포함된다. 화학 제초제는 매우 효과적이지만 환경에 오랜 기간 잔류하고 지하수를 오염시킨다. 제초제 저항성의 발생은 전통적 제초제의 사용과 관련된 또 하나의 도전이 되고 있다. 곰팡이제초제는 합성농약을 사용하지 않는 유기농업을 하는 농부에게 선호되고 있다. 코카나무(*Erythroxylum coca* 및 *Erythroxylum novogranatense*), 양귀비(*Papaver somniferum*), 대마(*Cannabis sativa*)를 없애는 데 균류가 이용될 수 있다는 잠재성을 평가 받았으나 마약관리기관이 곰팡이제초제를 이용했다는 증거는 없다. *Pleospora papaveracea*는 아프가니스탄의 아편에 대한 곰팡이제초제로 제시되었다. 이 균은 중앙아시아에서 양귀비의 병원균으로 자연상태에 존재하면서 전염성 감염에 치명적이라는 것을 의미한다. *Pleospora papaveracea*의 가치는 이 식물의 곰팡이제초제로 국한된다. 곰팡이독소를 생성하는 균류를 제초제로 사용하는 것은 이들 화합물이 인간과 동물에 독성을 일으킬 수 있다는 우려 때문에 제약을 받는다.

곰팡이살균제(mycofungicides)는 생균을 함유하는 농업용 제품의 3번째 범주에 속한다. *Ampelomyces quisqualis*는 흰가루병균의 중복기생체로 지난 수년 동안 생물제제로서의 잠재성이 연구되었다. 이 균의 포자를 포함하는 제품은 포도, 딸기, 장미의 흰가루병을 제어하는 생물살균제로 시판되어 왔다.

Further Reading

Alba-Lois, L., Segal-Kischinevzky, C., 2010. Beer and wine makers. Nat. Educ. 3 (9), 17.

Barnett, J.A., Barnett, L., 2011. Yeast Research: A Historical Overview. ASM Press, Washington, DC.

Dickinson, J.R., Schweizer, M., 2004. Metabolism and Molecular Physiology of *Saccharomyces cerevisiae*, second ed. CRC Press, Boca Raton, FL.

Feldman, H., 2012. Yeast: Molecular and Cell Biology, second ed. Wiley, Weinheim, Germany.

Hofrichter, M. (Ed.), 2011. The Mycota, Volume 10, Industrial Applications, second ed. Springer-Verlag, Berlin, Heidelberg, New York.

New articles on fungal biotechology are published in the journal Fungal Biology and Biotechnology (http://www.fungalbiolbiotech.com). The journals FEMS Yeast Research and Yeast are dedicated to research on yeasts.

CHAPTER

Appendix

부록

균학용어

균류의 분류체계와 주요 분류군의 이름은 제1장에서 제시되었다. 생물학에서 널리 사용되는 용어는 여기에 포함시키지 않았다. 이 책에서 단 한 번 사용되었거나 해설이 곁들여진 용어도 여기에 포함시키지 않았다. 분자생물학과 분자유전학에서 사용되는 용어는 다음의 책을 참조하기 바란다. Lackie, J.M. (ed.). 2013. The Dictionary of Cell and Molecular Biology, fifth edition. Academic Press, London.

가근(rhizoid) 생장하는 기질에 마치 뿌리처럼 박은 균사 부분

감수분열포자(meiospore) 감수분열로 만들어진 포자

갓(pileus) 버섯에서 지붕 역할을 하는 부분

겨울포자(teliospore) 녹병균류 및 깜부기병균류에서 형성되는 휴면포자로서 대부분 월동용

계통(strain) 유전적 특성을 공유하는 개체들의 집단으로서, 자연에서 분리할 수도 있고, 돌연변이 또는 유전자재조합을 통하여 인위적으로 만들 수도 있음

계통형(phylotype) 일정 수준 이상의 유전적 유사도를 가진 생물 집단을 지칭하며, 어느 분류군에나 적용할 수 있음

공기포자단(air spora) 공기 중에서 발견되는 포자 집단

공생(symbiosis) 두 생물체 사이의 밀접한 관계로서 상리공생, 공생, 기생을 모두 포함하는 넓은 개념

교배형(mating type) 다른 계통과 교배할 수 있고 없음을 결정하는 요인 또는 개체

굴성(tropism) 균사나 자실체가 어떤 외부 자극에 끌리거나 회피하는 성질

굴화성(chemotropism) 특별한 화학물질에 대하여 나타내는 굴성

균근(mycorrhiza, pl. mycorrhizae, mycorrhizas) 식물 뿌리와 곰팡이 사이의 공생

균기생(mycoparasitism) 한 곰팡이가 다른 곰팡이에 기생함

균사(hypha) 한쪽 끝에서 생장하는 원통 모양의 세포로서, 집단을 지칭할 때는 균사체(mycelium)라고 부름

균사끈(mycelial cord, mycelial strand) 균사가 여러 개 밀착하여 조직을 형성하면서 두툼한 실 다발처럼 된 것

균사융합(hyphal anastomosis) 균사 사이의 융합으로 원형질이 연결된 상태

균사체(mycelium, -a) 균사가 집단을 이룬 것

균주(isolate) 자연에서 분리된 한 계통의 곰팡이로서 흔히 순수배양된 상태를 지칭함

균체(thallus) 곰팡이 몸체로서 균사 또는 지의체에 해당

균핵(sclerotium, -a) 보호 기능을 갖는 외피로 둘러싸인 균사 덩이로서 부적당한 환경에 적응함

근권(rhizosphere) 식물 뿌리 표면에 근접한 부분으로서 곰팡이와 여러 미생물이 독특한 군집을 형성함

근상균사다발(rhizomorph) 마치 식물뿌리처럼 생긴 균사 다발

기주(숙주, host) 기생체의 생장을 견지시켜 주는 생물체. 공생체의 파트너를 지칭할 때도 쓰임

기질(substratum, -a) 곰팡이가 자라고 양분을 획득하는 대상물

깜부기병균(smut fungus) 담자균류의 깜부기병균아문에 속하는 분류군으로서 식물에 깜부기병을 일으킴

꺽쇠연결체(clamp connection) 담자균류에서 격벽을 형성할 때 후방 세포로 이어지는 곁가지 같은 구조체

난포자(oospore) 난균류에서 형성되는 유성포자

내생균(endophyte) 기주식물에 피해를 주지 않으면서 식물 조직에 정착하여 살아가는 곰팡이

내생균근(arbuscular mycorrhiza, AM) 글로메로균류에 속하는 곰팡이가 관여된 균근으로서, 흡기를 가진 구조체를 기주식물 세포 내에 만듦

노균병(downy mildew) 난균류 노균병균목의 곰팡이에 의해 발생하는 식물병

녹병균(rust fungus) 담자균류의 녹병균아문에 속하는 분류군으로서 식물에 녹병을 일으킴

녹병정자(spermatium, -a) 녹병균류에서 비운동성의 웅성 배우자

녹포자(aeciospore) 녹병균이 만드는 2핵성이고 감염력이 있는 포자

담자과(basidiocarp, basidioma) 담자균류의 자실체

담자기(basidium, -a) 담자포자를 형성하는 정단 세포

담자뿔(sterigma, -mata) 담자기 위쪽에 발달한 작은 뿔 모양의 구조체로서 그 끝에 담자포자가 형성됨

담자포자(basidiospore) 담자균류가 만드는 유성포자

대(stipe) 버섯에서 기둥 역할을 하는 부분

대형균류(macrofungi) 커다란 자실체를 만드는 균류로서, 대부분 담자균류에 속하고 일부는 자낭균류에 속함. 버섯과 같은 의미로 쓰임

동핵공존체(homokaryon) 한 가지의 유전형을 가진 핵이 존재하는 균사

동형유전자 불화합성(homogenic imcompatibility) 동일한 유전형의 대립유전자에 의해 한 종 내에서 일어나는 교배 불화합성

두상체(cephalodia) 지의체에 있는 남세균 포켓

레이스(race) 기주 품종에 따라 병원성을 달리 하는 병원균의 집단으로서, 종보다는 작은 개념이고 균주보다는 큰 개념

메타개체군(metapopulation) 공간적으로 떨어져 존재하는 같은 종의 개체군 집단

무성세대(anamorph) 곰팡이가 무성적으로 생장하는 단계

반활물영양균(hemibiotroph) 원래 활물영양균으로서 기주식물에 정착하고 나중에 사물영양균의 생활방식으로 전환하는 병원체

발아관(germ tube) 포자에서 형성되는 균사

발효(fermentation) 산소 또는 다른 외부 전자수용체를 요구하지 않는 이화작용

발효기(fermentor) 발효에 의한 미생물의 대사물질을 생산하는 데 쓰이는 통

배우자(gamete) 유성생식에서 접합을 통해 접합자가 되는 반수성 번식세포

배우자낭(gametangium, -a) 유성생식에서 접합을 위해 특별히 분화된 세포

배지(medium, -a) 곰팡이 또는 다른 미생물의 배양에 쓰이는 기질. 물에 용해된 양분을 포함하는 액체배지, 이를 한천으로 굳힌 고체배지가 있음

변형체(plasmodium, -a) 점균에 의해 형성된 원형질 집단

병원형(pathotype) 어떤 병원체가 특정 기주에서 병을 일으키는, 다른 병원체들과 구분되는 고유의 특성

부생성(saprotrophy) 생물의 사체를 영양원으로 삼는 성질

부착기(appressorium, -a) 병원성 곰팡이가 침입을 위하여 기주 표면에 만든 부착성 세포

분생균(coprophilous fungus) 동물의 배설물에서 자라는 곰팡이

분생포자(conidium, -a) 분생포자경이나 이에 준하는 구조체 위에 무성적으로 만들어진 포자

분생포자경(conidiophore) 분생포자를 형성하기 위하여 특별히 분화된 균사

분아(soredium, -a) 균사가 조류세포를 둘러싸서 마치 가루처럼 보이는 지의류의 번식체

분열포자(oidium, -a) 무성포자의 한 종류. 담자균류의 단핵체에서 형성되는 포자를 지칭하는 경우가 많음

분절포자(arthrospore) 균사가 잘리듯이 떨어져 나와 만들어진 포자

사극성 불화합성(tetrapolar incompatibility) 성적으로 생식하기 위하여 상동염색체 각각의 두 유전자 좌위에 각각 서로 다른 대립유전자를 가져야 하는 성질. 이극성 불화합성 참조

사물영양균(necrotroph) 기주의 살아있는 세포를 죽인 후에 양분을 취하는 곰팡이

사상균(filamentous fungus) 몸체가 균사로 이루어진 곰팡이

사출포자(ballistospore) 담자균류에서 발사되듯이 떨어져 나가는 포자

상리공생(mutualism) 두 생물체 모두에게 어떤 이익이 주어지는 공생관계

수정(spermatization) 녹병균류에서 녹병정자기의 녹병정자와 수정균사의 융합

수정모(trichogyne) 자낭균류의 수정에 관여하는 수용 균사

수직저항성(vertical resistance) 어느 특정한 병원균의 일부 계통에 대하여 상당한 수준의 공격에 견딜 수 있는 저항성. 수평저항성에 대응하는 개념

수직전염(vertical transmission) 부모에서 자식으로 퍼지는 전염 양식. 수평전염에 대응하는 개념

수평저항성(horizontal resistance) 어느 특정한 병원균의 모든 계통에 대하여 어느 정도의 공격에 견딜 수 있는 저항성. 수직저항성에 대응하는 개념

수평전염(horizontal transmission) 한 개체에서 다른 개체로 퍼지는 전염 양식. 수직전염에 대응하는 개념

아포플라스트(apoplast) 원형질막과 세포벽 사이의 공간

여름포자(urediniospore) 녹병균류에서 형성되는 2핵 포자로서 대부분 번식용

연속배양체계(chemostat) 양분 공급 속도를 조절함으로써 배양세포의 밀도를 항상 일정하게 유지하는 배양체계

엽면(phylloplane) 식물 잎의 표면으로서 곰팡이와 여러 미생물이 특징적인 집단을 이룬 미소서식환경을 의미함

영양균사(vegetative mycelium) 번식이 아니라 영양흡수를 목적으로 생장하는 균사

영양체 화합성(somatic compatibility) 같은 종의 서로 다른 개체가 접합하여 한 개체처럼 살아감

오염(contamination) 1종 또는 1계통 만 자라야 하는 배양물에 원하지 않은 미생물이 생장한 상태

원기(primordium, -a) 어떤 구조체가 발달하는 초기 상태로서 대체로 가시적임

원생자낭각(protoperithecium) 자낭균의 수정이 이루어진 자리에 형성된 구조체로서 나중에 자낭각으로 발달됨

원형질융합(plasmogamy) 유성생식 과정에서 핵융합에 앞서 두 균사의 원형질 사이에 일어나는 융합현상

원형질체(protoplast) 세포벽이 제거되고 원형질막으로 둘러싸인 세포로서 대개 구형임

유사분열포자(mitospore) 유사분열로 만들어진 포자

유성세대(teleomorph) 곰팡이가 유성적으로 생장하는 단계

유연공격벽(dolipore septum) 격벽공 주변에 융기된 구조체를 가진 세포벽으로서 담자균류에서만 나타나는 특성

유주포자(zoospore) 하나 또는 두 개의 편모를 갖고 헤엄칠 수 있는 포자

유주포자낭(zoosporangium) 유주포자를 담고 있는 주머니 모양의 구조체

이극성 불화합성(bipolar incompatibility) 성적으로 생식하기 위하여 상동염색체 하나의 유전자 자위에 서로 다른 대립유전자를 가져야 하는 성질

이차자웅동체성(secondary homothallism) 자웅이체성 조상으로부터 유래된 자웅동체성

이핵공존체(heterokaryon) 두 가지 이상의 유전형을 가진 핵이 존재하는 균사

이핵체(dikaryon) 유전적으로 서로 다른 2개의 핵을 가진 균사

이핵화(dikaryotization) 단핵체 사이에서 융합 또는 핵이동에 의해 이핵체가 만들어지는 현상

이형성(dimorphism) 한 종의 곰팡이가 형태가 전혀 다른 두 몸체를 갖는 현상

이형유전자화합성(heterogenic compatibility) 교배가 이루어지기 위하여 교배형 좌위에 서로 다른 대립유전자가 필요한 특성

일차자웅동체성(primary homothallism) 자웅이체성 조상의 증거가 없는 자웅동체성

일핵체(monokaryon) 한 가지 유전형을 가진 핵이 존재하는 균사

자낭(ascus) 자낭균류에서 자낭포자를 담고 있는 주머니

자낭각(perithecium, -a) 균사로 이루어진 자낭과벽으로 둘러싸여 공이나 단지처럼 생긴 자낭과로서, 윗부분에는 자낭이 배출되는 구멍이 있음

자낭과(ascocarp, ascoma) 자낭균류의 자실체로서 자낭을 갖고 있음

자낭구(cleistothecium, -a) 균사로 이루어진 자낭과벽으로 둘러싸여 공처럼 막혀 있는 상태의 자

낭과

자낭반(apothecium, -a) 자낭균류가 만드는 컵 모양의 자실체

자낭포자(ascospore) 자낭균류가 만드는 유성포자

자실체(fruit body, fruiting body) 자낭균류와 담자균류에서 포자를 형성하는 대형의 몸체로서 버섯이 가장 대표적

자실층(hymenium, -a) 포자를 형성하기 위하여 특별히 분화된 층상 조직

자웅동체성(homothallism) 유성생식에서 대응하는 두 교배형이 필요하지 않은 성질. 자가화합성(self-fertility)과 같은 의미로 쓰임.

자웅이체성(heterothallism) 유성생식에서 대응하는 두 교배형이 필요한 성질

자좌(stroma, -mata) 포자 또는 자실체가 생겨날 수 있는 균사 덩이

작동인자(이펙터, effector) 식물병원성 균류 및 균근형성 균류에서 생성되는 단백질로서 기주식물의 저항성을 약화시킴으로써 침입정착을 도움

잠재종(cryptic species) 유전적으로는 구분되지만 형태적으로는 구분되지 않는 종

접합경(zygophore) 접합균류에서 배우자낭을 만들도록 특별히 분화된 균사

접합포자(zygospore) 접합균류에서 두 배우자의 융합으로 만들어진 유성포자

정족수 감지(quorum sensing) 세포 집단이 유전형질의 발현이나 행동을 조절하는 일종의 의사결정 과정

조낭기(ascogonium, -a) 자낭균류의 원생자낭과의 세포로서 수정에 관여함

조정기(antheridium, -a) 웅성 배우자

종분화(speciation) 신종이 만들어지는 진화적 과정

주화성(chemotaxis) 특별한 화학물질에 대하여 나타내는 주성

체세포접합(somatogamy) 유성생식의 한 형태로서, 어느 체세포와 성을 달리하는 다른 체세포 사이의 접합

키틴(chitin) N-acetylglucosamine 중합체로서 곰팡이 세포벽의 구조 성분

파이토안티시핀(phytoanticipin) 침입 생물체에 대항하기 위하여 식물이 미리 형성하여 식물조직 내에 축적시킨 저분자의 항균성 물질

파이토알렉신(phytoalexin) 식물이 미생물의 침입을 받을 때 식물에 의하여 합성된 후 식물조직 내에 축적되는 저분자의 항균성 물질

페트리접시(Petri dish) 곰팡이 또는 다른 미생물의 배양이나 관찰에 쓰이는 기구로서 뚜껑이 있고 투명함

포자낭(sporangium, -a) 포자낭포자를 담고 있는 주머니 모양의 구조체

포자낭경(sporangiophore) 포자낭을 갖도록 특별히 분화된 균사

포자낭포자(sporangiospore) 포자낭 속에 만들어지는 무성포자

포자형성(sporulation) 포자를 형성하는 과정

피낭체(cyst) 유주포자에 세포벽이 형성되면서 만들어지는 구형의 세포

피낭화(encystment) 유주포자에 단단한 세포벽이 형성되어 피낭체로 변함

피부사상균(dermatophyte) 피부를 감염하는 곰팡이

하이드로포빈(hydrophobin) 균체의 표면이 물에 젖지 않도록 변화시키는 단백질

하티그망(Hartig net) 뿌리 피층세포 사이에 형성되는 외생균근곰팡이의 망상 균사체

핵융합(karyogamy) 유성포자를 만들기 위하여 이루어지는 핵의 결합

활물영양균(biotroph) 기주의 살아있는 세포로부터 양분을 취하는 곰팡이

효모(yeast) 단세포성 균류로서 대부분 출아법 드물게 이분법으로 증식함. 좁은 의미로는 발효효모 *Saccharomyces cerevisiae*를 지칭하기도 함

후벽포자(chlamydospore) 두꺼운 세포벽을 가진 무성 휴면포자

휴면포자(resting spore) 오래 살아남을 수 있는 포자로서 휴면 상태임

흡기(haustorium, -a) 기주식물 세포 속에서 양분을 획득할 수 있도록 특별히 분화된 균사 부위

흰가루병(powdery mildew) 자낭균문 흰가루병균목의 곰팡이에 의해 발생하는 식물병

찾아보기

국문색인

ㄱ

ㅇ

ㅈ

영문색인

A

E

F

G

K

L

M

Q

R

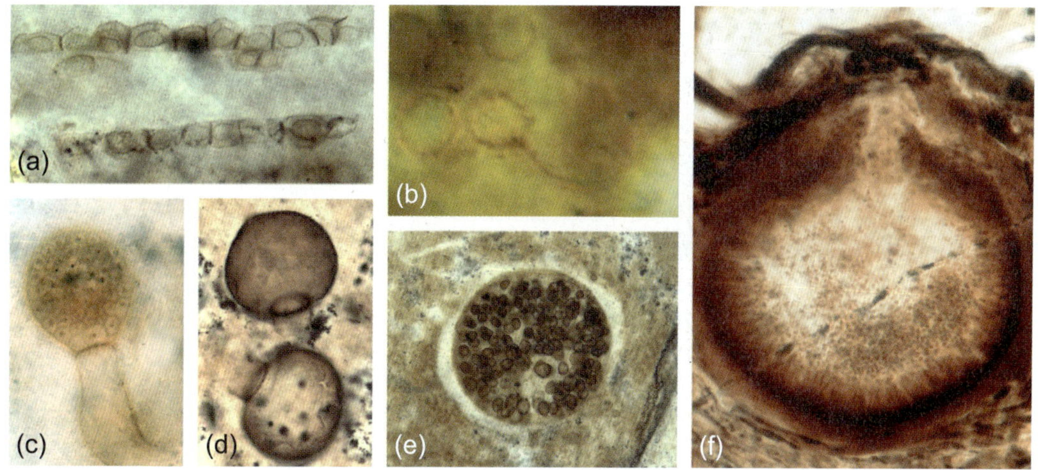

그림 1.2 데본기 전기의 Rhynie 처트에서 발견된 균류 화석. (a) 기주 세포 속에 있는 병꼴균의 유주포자낭. 2개의 포자낭에는 탈출공이 있으며 유주포자는 이미 탈출한 상태이다. (b) 단편모(추정)를 가진 병꼴균의 유주포자. (c) *Palaeoblastocladia milleri*의 유주포자낭. (d) 접합균의 포자낭. (e) 수많은 포자를 가진 수지상균근균의 포자과. (f) 자낭균류에 속하는 *Palaeopyrenomycites devonicus*의 자낭과. 출처: *Thomas Taylor, University of Kansas.*

그림 1.4 놀라운 친척들. (a, b) 흰주름버섯 *Agaricus arvensis*와 말불버섯 *Lycoperdon perlatum*. (c, d) 그물버섯류 *Boletus pinophilus*와 어리알버섯류 *Scleroderma michiganense*. 출처: *(a, c, d) Michael Kuo, (b) Pamela Kaminskyj.*

그림 1.6 담자균문의 다양성. (a) 주름버섯 *Agaricus campestris*. (b) 흰목이 *Tremella fuciformis*. (c) 비듬과 관련된 효모 *Malassezia globosa*. (d) *Arum maculatum*의 녹병균 *Puccinia sessilis*. (e) 옥수수 깜부기병균 *Ustilago maydis*. 출처: *(a, b) Michael Kuo, (c) http://www.pfdb.net/photo/nishiyama_y/box20010917/wide/024.jpg, (d) http://upload.wikimedia.org/wikipedia/commons/f/f8/Puccinia_sessilis_0521.jpg, and (e) http://aktuell.ruhr-uni-bochum.de/mam/images/pi2012/begerow_maisbeulenbrand.jpg*

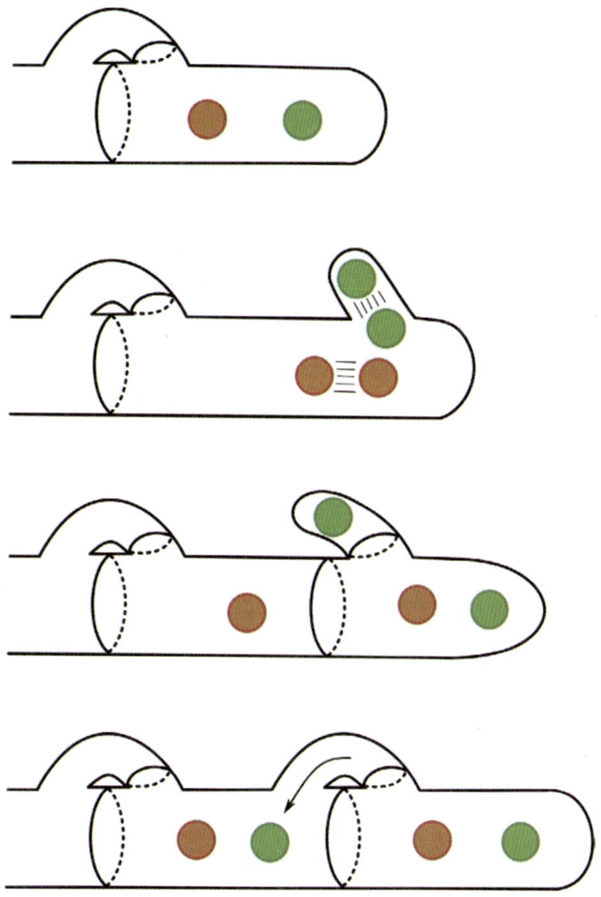

그림 1.8 이핵체 담자균 균사의 꺽쇠연결. *출처: Creative Commons.*

그림 1.13 진정자낭균아문의 자낭균류에 의하여 형성된 다양한 자낭과. (a) 말미잘버섯(*Urnula craterium*)의 고블릿술잔 모양의 자낭반. (b) 지의류 *Xanthoparmelia*의 지의체 위의 납작한 원반형의 자낭반. (c) 덩이버섯류 *Tuber aestivum*의 자낭반. (d) 감염된 애벌레에 발생한 번데기동충하초(*Cordyceps militaris*)의 자낭각 자좌. 출처: *(a) Michael Kuo, (b) http://en.wikipedia.org/wiki/Lichen#/media/File:Lichen_reproduction1.jpg, (c) http://upload.wikimedia.org/wikipedia/commons/8/89/Tuber_aestivum_Valnerina_018.jpg, (d) http://upload.wikimedia.org/wikipedia/commons/4/44/2008-12-14_Cordyceps_militaris_3107128906.jpg*

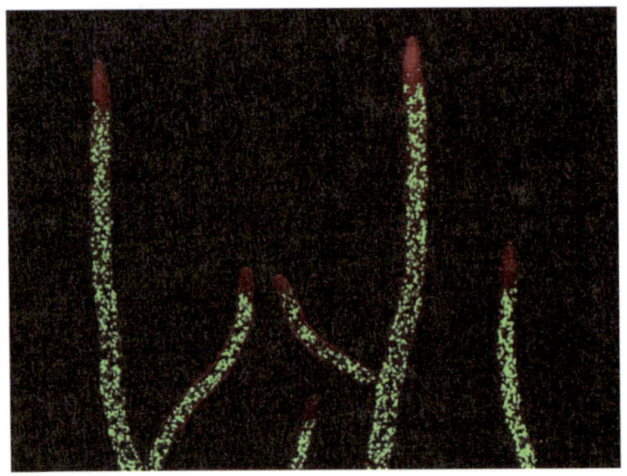

그림 2.9 정단생장 중이며, 분지되어 있고, 다핵 균사를 보여주는 *Neurospora crassa*의 공초점 영상. 핵은 녹색(핵에 표적화시킨 GFP)으로 보이며, 세포막, 특히 원형질막과 분비 소포들은 빨간색(FM4-64로 염색함)으로 보인다. 출처: *www.fungalcell.org*

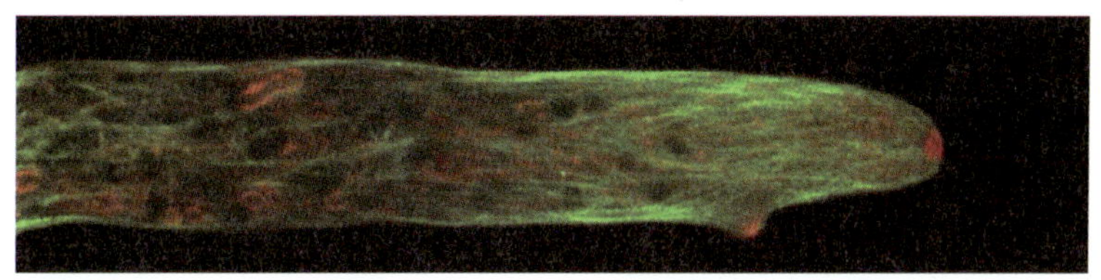

그림 2.11 생장 중인 균사에서 미세소관(녹색)의 위치를 표시하기 위하여 β-튜불린-GFP를 발현시켰고, 원형질막(빨간색)의 분포를 나타내기 위해 FM4-64를 함께 표지시킨 공초점 영상. 미세소관은 정단에서 음성 염색된 선단소체를 향해 확장된다. 균사 가지로 될 예정인 준선단 부위에 보이는 팽창 부위에는 별개의 선단소체로 발달할 소포들이 밀집되어서 더 밝게 부분 염색되었다. *출처: Patrick Hickey.*

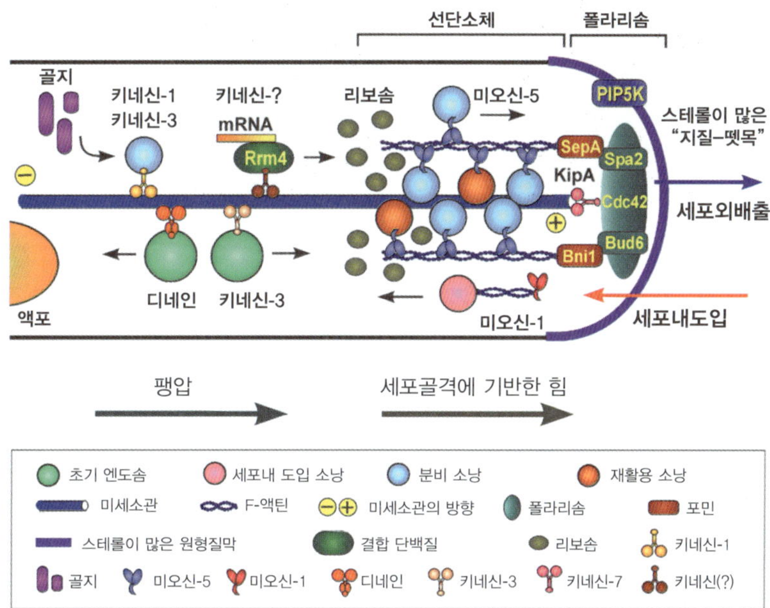

그림 2.14 신장 중인 균사에서 분자 구성성분 일부를 보여주는 정단생장 모델. *출처: Steinberg, G., 2007. Hyphal growth: a tale of motors, lipids, and the Spitzenkörper. Euk. Cell 6, 351–360.*

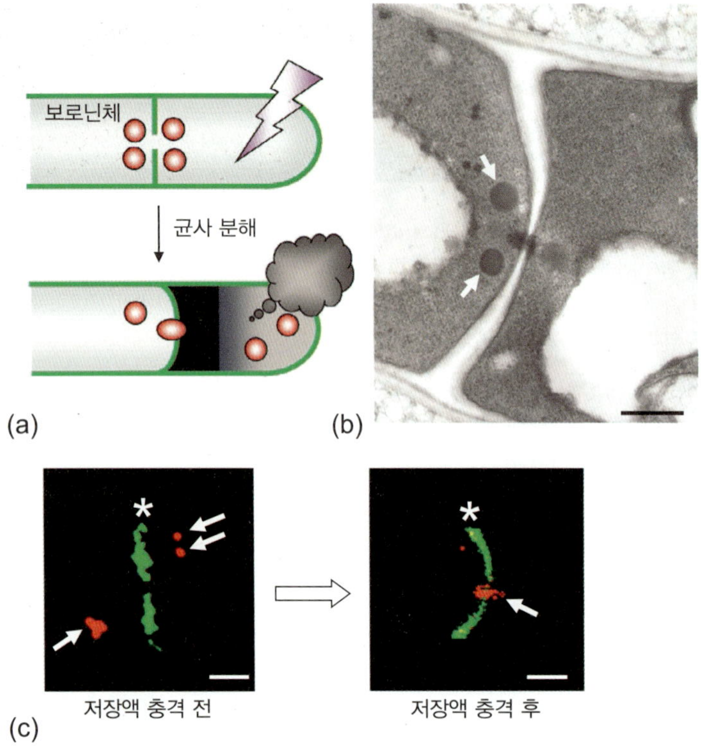

그림 2.15 보로닌체의 형태와 기능. (a) 보로닌체 기능의 모식도 (b) *Aspergillus oryzae*의 보로닌체(화살표)를 보여주는 투과전자현미경 사진. 막대 = 500 nm. (c) 균사 정단이 파열되기 전(왼쪽)과 후(오른쪽)의 형광 표식으로 염색한 보로닌체(빨간색 화살표)와 격벽(녹색 별표)의 공초점 영상. 막대 = 2 μm. *출처: Maruyama, J., Kitamoto, K., 2013. Expanding functional repertoires of fungal peroxisomes: contribution to growth and survival processes. Front. Physiol. 4, 177.*

그림 3.8 찻잔버섯의 소피자가 빗방울에 튕겨나와 풀잎에 부착하는 기작을 보여주는 모식도. 방출 전에는 이 줄이 주머니 속에 감겨져 있다. 빗방울의 힘으로 주머니가 찢어지면 소피자가 날아가는 동안에 끈적끈적한 줄 끝이 노출된다. 부착반이 물체에 닿으면 이 줄이 풀려 나온다. 이 과정은 0.2초 이내에 완료된다. *출처: Hassett, M.O., et al., 2013. Splash and grab: biomechanics of peridiole ejection and function of the funicular cord in bird's nest fungi. Fungal Biol. 117, 708–714.*

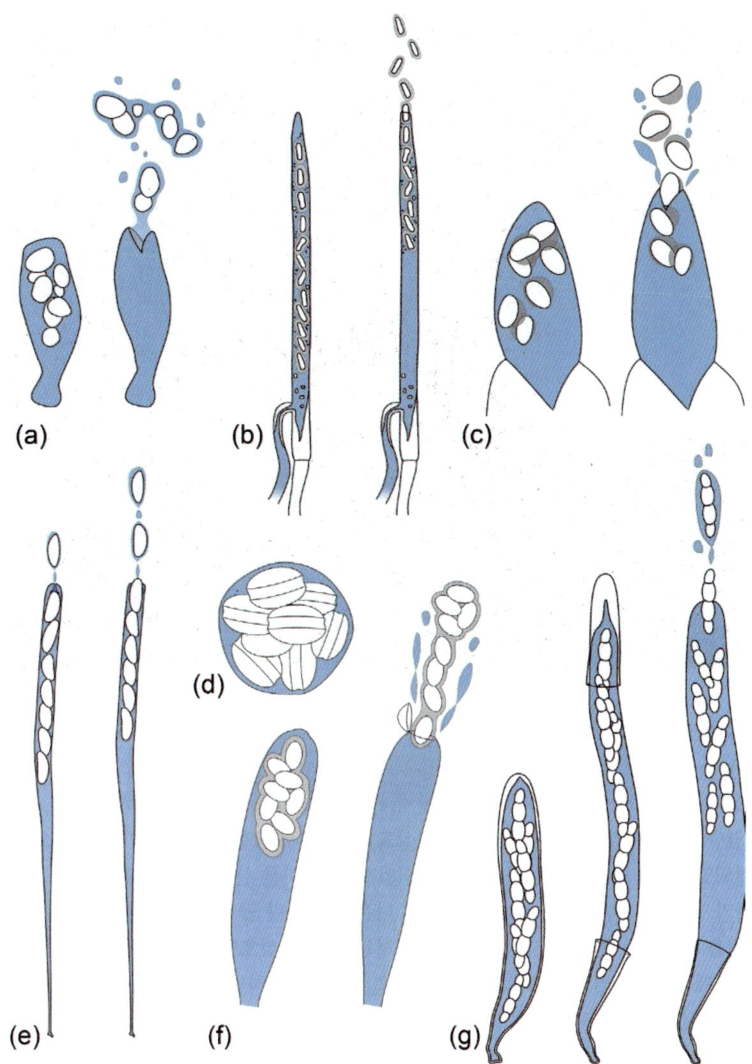

그림 3.9 자낭 모양과 자낭포자 방출기작의 다양성을 보여주는 그림. (a) *Taphrina deformans* (Taphrinomycotina). 이 식물병원균의 자낭은 복숭아 잎 표면에 나출되어 있다. 자낭 정단이 갈라지며 한번에 여러 개의 포자를 방출한다. (b) *Dipodascus macrosporus* (Saccharomycotina)의 자낭포자는 점질물에 싸여 있다. 이 포자는 자낭 정단의 찢어진 구멍을 통해 천천히 방출된다. 이 종은 나출 자낭을 형성한다. (c) 흰가루병균 *Podosphaera pannosa* (Pezizomycotina, Erysiphales)의 자낭구에는 1개의 자낭이 형성되며, 자낭포자는 자낭 정단의 갈라진 틈새를 통해 방출된다. (d) *Emericella nidulans* (Pezizomycotina, Eurotiales)의 경우 자낭구 안에 다수의 비폭발성 자낭을 형성한다. 이 종의 자낭포자는 2개의 테두리를 갖고 있다. (e) *Xylaria hypoxylon* (Pezizomycotina, Xylariales)의 자낭은 자낭 정단에 있는 수축성 고리(정단기관)를 통해 포자를 방출시킨다. 이 종의 자낭과는 자낭각이다. (f) *Ascobolus immersus* (Pezizomycotina, Pezizales)의 유개자낭은 자낭의 덮개가 열리면서 포자를 방출한다. 이 종의 자낭과는 자낭반이다. (g) *Pleospora herbarum* (Pezizomycotina, Pleosporales)의 경우에는 자낭의 외벽이 파열되어 내벽이 팽창하면 자낭포자 방출이 이루어진다. 이 종의 자실체는 위자낭각이다. 출처: *Mark Fischer, Mount St. Joseph University, Cincinnati.*

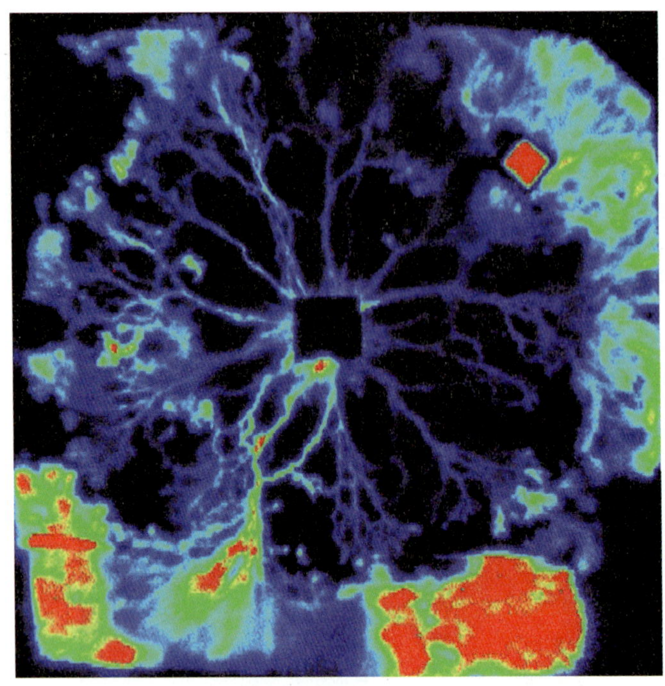

그림 5.7 그림 5.18에 나타난 균사에서 ^{14}C-AIB의 양자섬광계수기 영상, 새로운 목재자원 캡처(Tlalka et al., 2008, Video S2 참조) 비디오 연결, 추가자료 참조. 그림 5.18에 나타난 균사는 ^{14}C로 표지된 대사되지 않는 추적자 아미노산 AIB(α-aminoisobutyric acid)가 공급되었다. AIB가 균사 내에 고르게 분포되도록 배양한 후에 새로운 목재 조각을 균사 집락 가장자리의 오른쪽 위에 놓았다. 그리고 이 시스템은 10일 동안 PCSI에 의해 영상화되었다. 이 비디오는 AIB가 전체 균사체로부터 새로운 목재 조각이 군락화하는 곳으로 재분배되는 것을 보여준다. 이것은 균사가 생합성을 위한 균형된 탄질률을 이루기 위해 질소를 유입함으로써 국소적으로 새로 공급된 탄소원을 감지하고 반응하는 능력과 일치한다. *출처: Tlalka et al. (2008). http://dx.doi.org/10.5072/bodleian:d217qq90r*

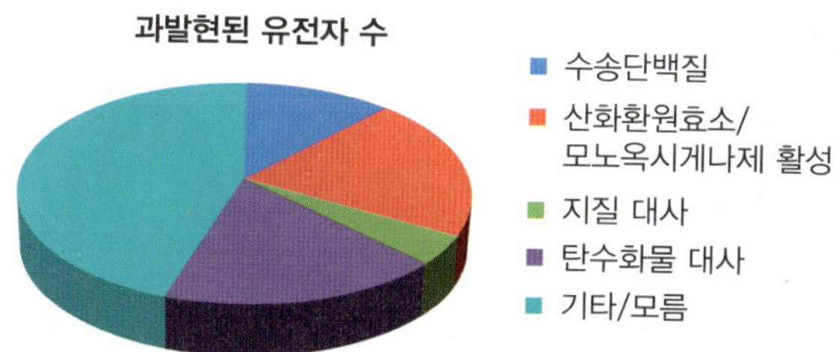

그림 6.7 포도당에 기초한 배지와 비교하여 목재에서 자랄 때 상당히 증가한 유전자 발현을 미세배열 분석으로 동정하여 얻은 *Serpula lacrymans* 전사물에 대한 기능 분석. 섬유소 이용에 관여하는 배당체 가수분해효소의 발현은 목재를 영양원으로 이용하는 균사에서 100배 이상 증가하였다. 출처: *Eastwood et al. (2011).*

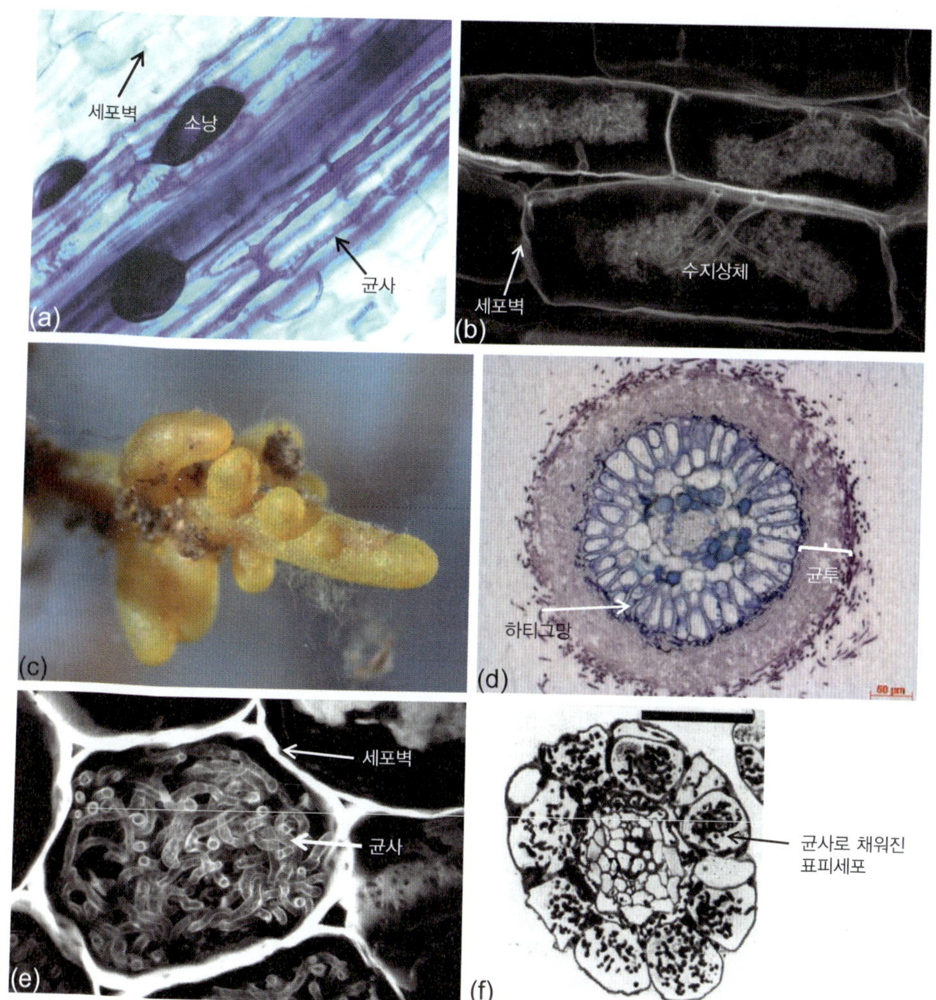

그림 7.2 수지상균근(a, b), 외생균근(c, d), 진달래균근(e, f)의 전형적인 구조. 출처: *van der Heijden et al. (2015).*

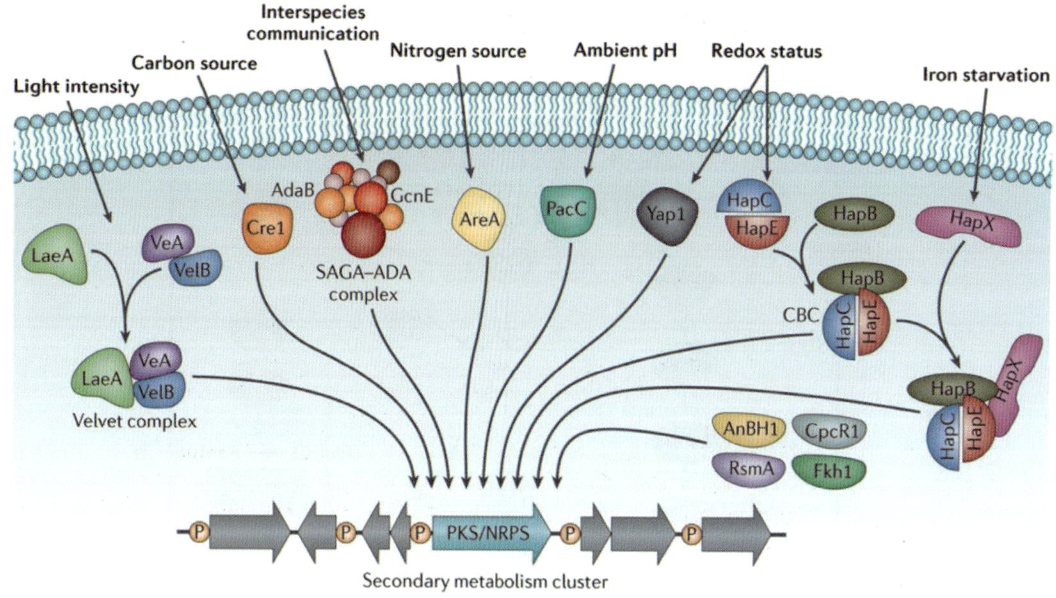

그림 5.13 환경요인에 의한 2차대사의 조절. 환경 신호는 환경 자극에 반응하고 차례차례 2차대사 유전자군의 발현을 중재하는 조절 단백질을 통하여 다양한 2차대사 유전자군의 조절에 영향을 줄 수 있다. 도표는 non-ribosomal peptide synthetase(NRPS), polyketide synthase(PKS), 이들의 혼성효소(hybrid PKS–NRPS) 등을 포함하는 2차대사 유전자군의 모델을 보여준다. CBC, CCAAT-binding complex. CpcR1, cephalosporin C regulator 1. LaeA, aflR 발현 기능 소실 단백질 A. RsmA, 2차대사 회복단백질 A. SAGA–ADA, Spt–Ada–Gcn5–acetyltransferase–ADA. 출처: *Brakhage (2013).*

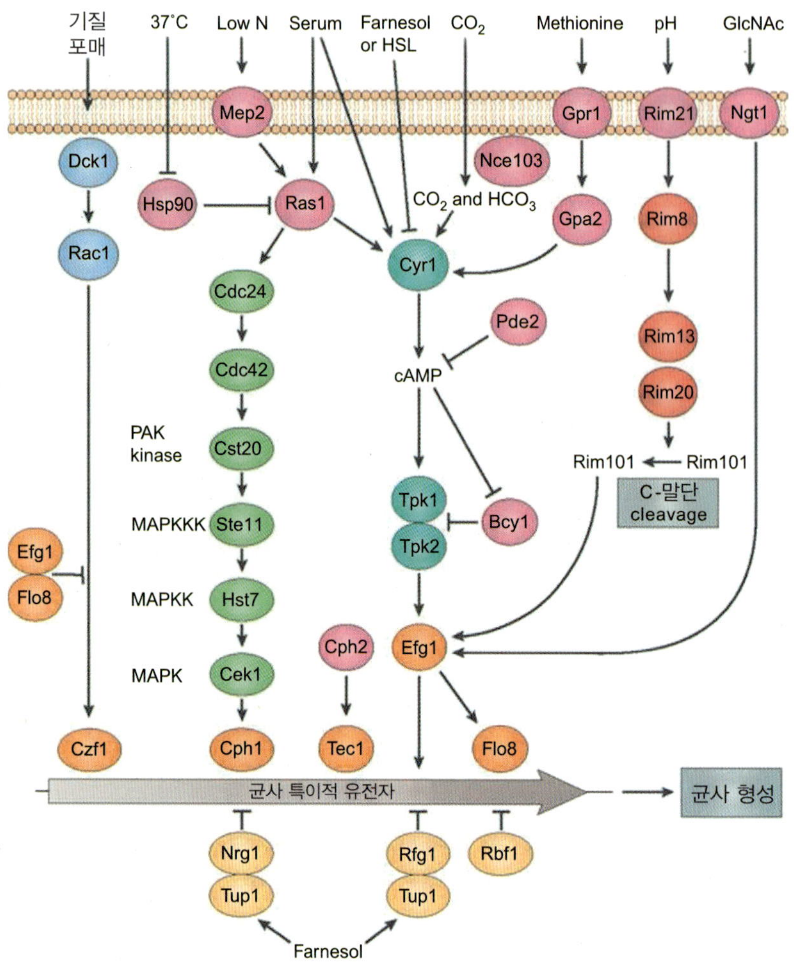

그림 5.15 *Candida albicans*에서 균사에 특이적인 유전자 발현을 이끄는 신호전달 회로. 다중의 감지 및 신호 기작은 환경에 대한 병원성 효모 *Candida albicans*의 발달 반응을 조절한다. 환경신호는 일단의 전사인자를 활성화시키기 위해 다수의 상부 회로로 보급된다. 사상형 생장 단백질 1 (Efg1)을 증가시킨 전사인자를 표적으로 하는 고리형 AMP 의존 회로가 주요 역할을 하는 것으로 여겨진다. 이 회로에서 adenylyl cyclase는 Ras-의존적 방식과 Ras-비의존적 방식 두 가지 모두를 이용하여 여러 신호를 통합한다. 음성 조절은 균사 특이적 유전자 발현을 촉진하는 유전자를 표적으로 하는 일반적인 전사 보조억제인자 Tup1가 Nrg1와 Rox1p-like regulator of filamentous growth (Rfg1) 같은 DNA 결합 단백질과 연계해서 진행한다. 단백질 인자들은 색으로 다음과 같이 표지하였다: mitogen-activated protein kinase (MAPK) 회로 (녹색, 인쇄판에는 진회색), cAMP 회로 (청록색, 인쇄판에는 진회색), 전사인자 (주황색, 인쇄판에는 회색), 음성 조절인자 (노란색, 인쇄판에는 담회색), 기질-삽입 감지 회로 (담청색, 인쇄판에는 회색), pH 감지 회로 (갈색, 인쇄판에는 진회색), 신호전달에 관여된 다른 요소들 (담자색, 인쇄판에는 진회색), C-말단, carboxy-terminal; Cdc, cell division control; GlcNAc, *N*-acetyl-D-glucosamine; Gpa2, guanine nucleotide-binding protein α-2 subunit; Gpr1, G-protein-coupled receptor 1; HSL, 3-oxo-homoserine lactone; Hsp90, heat shock protein 90; MAPKK, MAPK kinase; MAPKKK; MAPKK kinase; PAK, p21-activated kinase; Rbf1, repressor–activator protein 1. *출처: Sudbery (2011).*

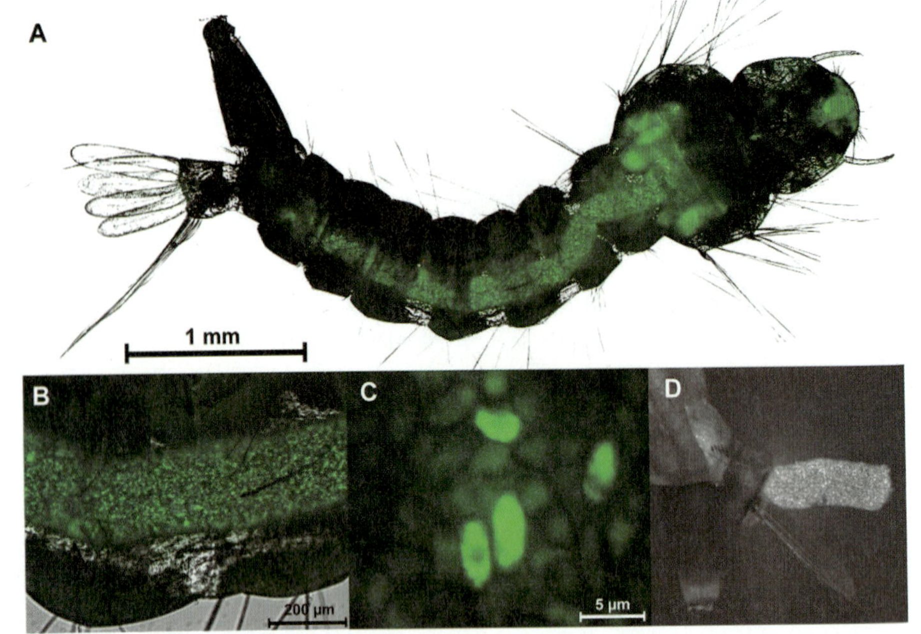

그림 6.4 녹색형광단백질(GFP)로 형질전환시키고 숙주인 이집트숲모기(*Aedes aegypti*)의 유충 체내에서 형광하으로 관찰한 곤충병원균 *Metarhizium brunei* 모습. *Metarhizium* 종은 말라리아, 뎅기열, 황열병을 포함하여 인치병을 매개하는 모기의 생물적 방제용으로 연구되고 있다. (a) 유충의 장 내강에 존재하는 분생포자, (b, c) 장 내 GFP를 발현하는 분생포자, (d) 배설물에 보이는 활성 있는 분생포자. *출처: Butt et al. (2013).*

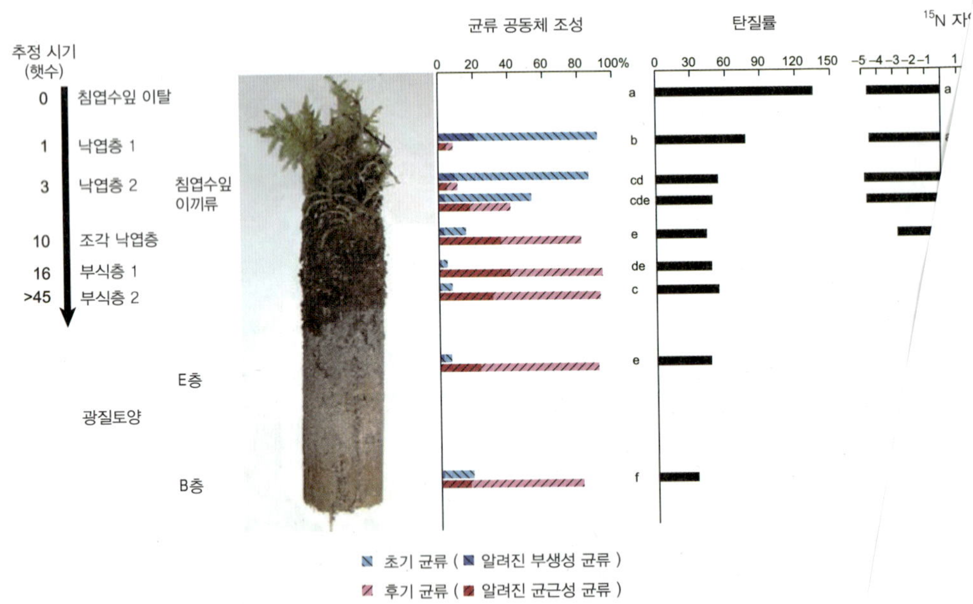

그림 6.5 스칸디나비아 구주소나무(*Pinus sylvestris*) 삼림의 토양 상층에서 조사된 균류 공동체 풍부도. 균류를 동정하는 분자적 방법과 탄소와 질소의 화학분석을 통하여 서로 다른 토양층의 탄성 균류와 균근성 균류가 다른 역할을 담당하고 있음이 밝혀졌다. *출처: Lindahl et al. (2007).*

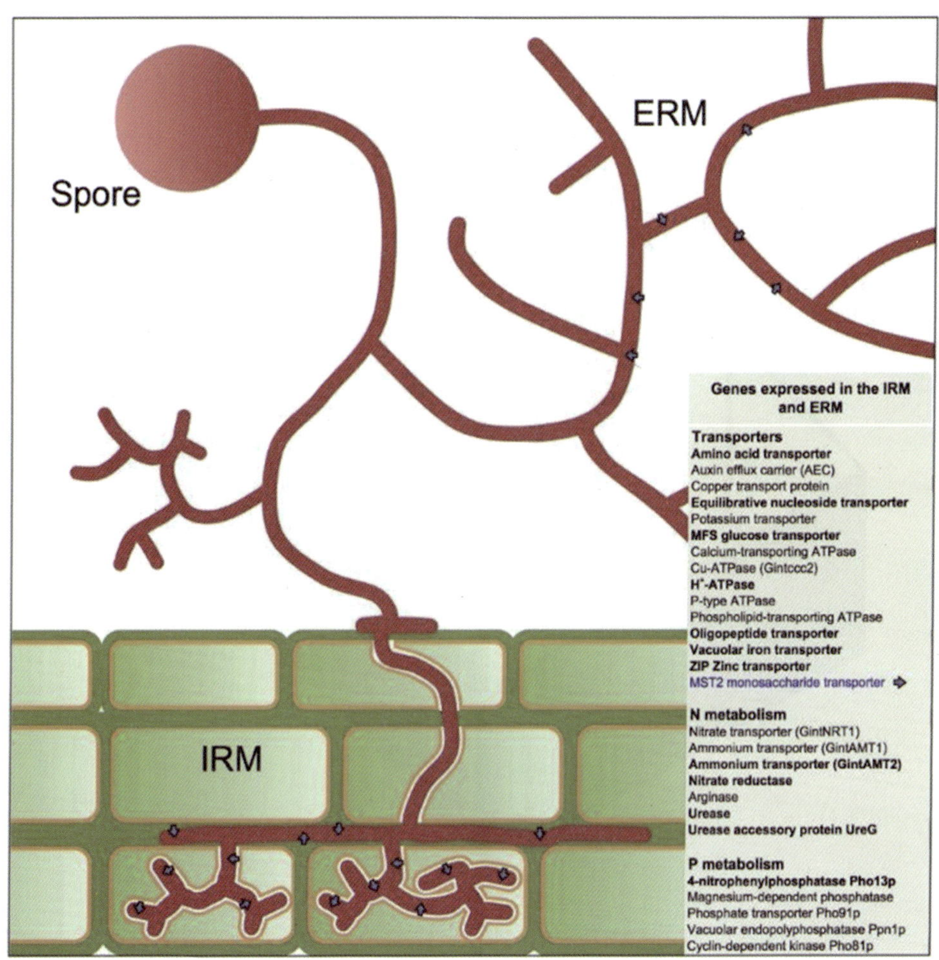

그림 7.4 수지상균근균의 여러 생활단계 동안의 유전자 발현. 근외균사체(ERM) 및 근내균사체(IRM)에서 발현된 유전자의 비교는 기주-균류 양분교환 경계면이 형성됨에 따라 수송기능을 가진 단백질을 암호화하는 유전자 발현에서 대사에 관련된 단백질로 전환되는 것을 보여준다. 출처: *Lanfranco and Young* (2012).

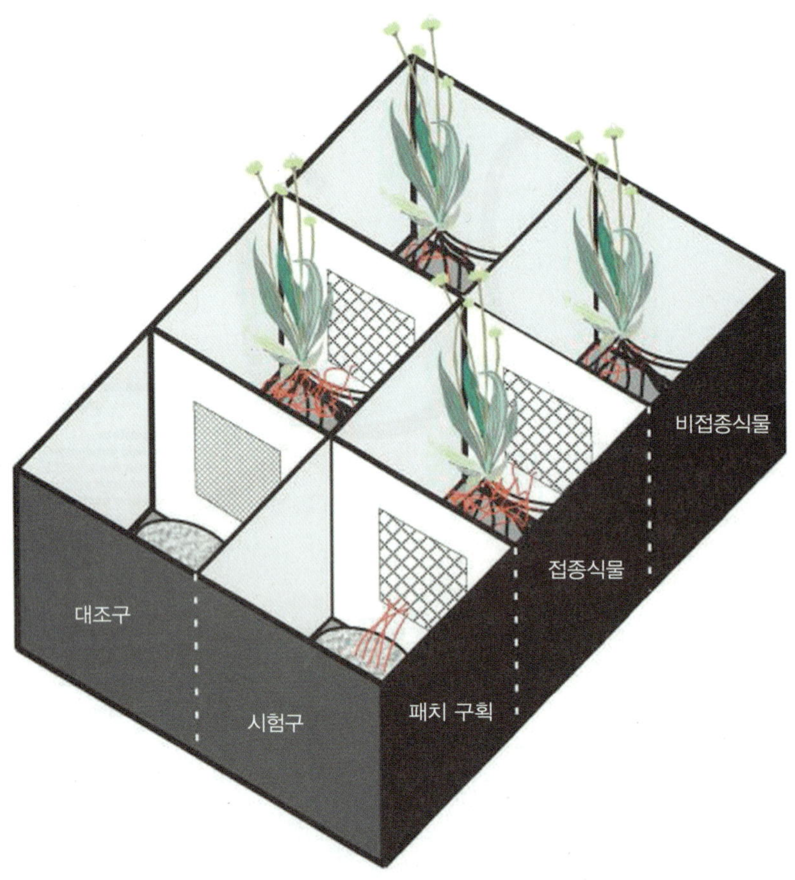

그림 7.6 수지상균근균의 균사체가 질소를 식물 잔재에서 살아있는 기주식물의 뿌리로 이동시키는 능력을 증명하기 위해 사용된 미소생태계. 실험구의 가운데 구획에 실험적으로 배치한 수지상균근균 접종식물의 균사는 '패치' 구획에 있는 ^{15}N 동위원소로 표지해 놓은 식물 잔재로 자랐다. 대조구의 구획 사이에 있는 메쉬는 구획 사이로의 균사생장을 막았지만 용질의 확산은 막지 못했다. 식물 잔재물에 접촉하는 것이 가능한 수지상균근균에 감염된 식물은 식물 잔재물에 접촉할 수 없는 식물에 비해 3배 많은 질소를 흡수했다. 출처: *Hodge et al.* (2001).

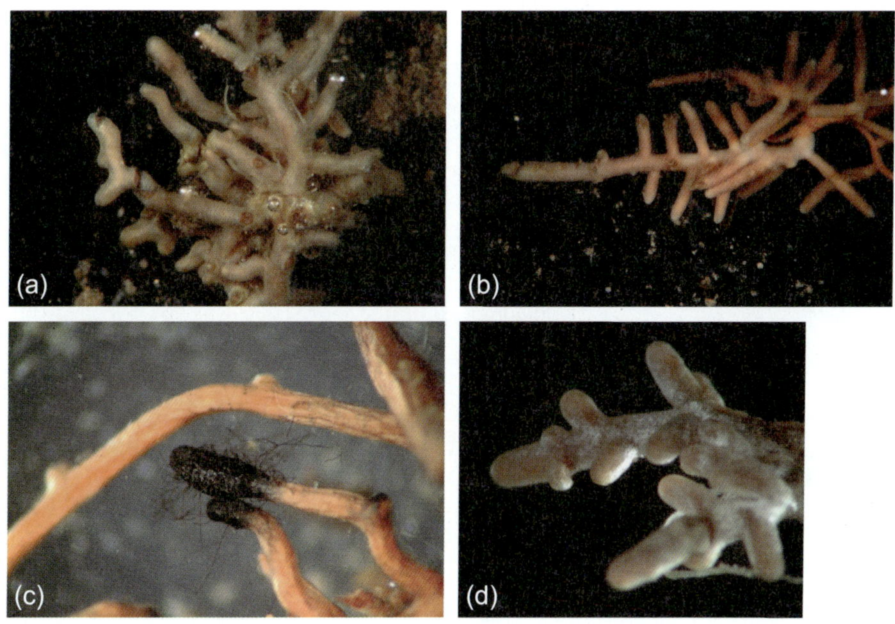

그림 7.7 유럽너도밤나무(*Fagus sylvatica*) 숲의 토양에서 볼 수 있는 외생균근의 형태형. (a) 졸각버섯(*Laccaria* sp.), (b) 젖버섯(*Lactarius* sp.), (c) *Cenococcum* sp., (d) 무당버섯(*Russula* sp.). 출처: *John Baker*.

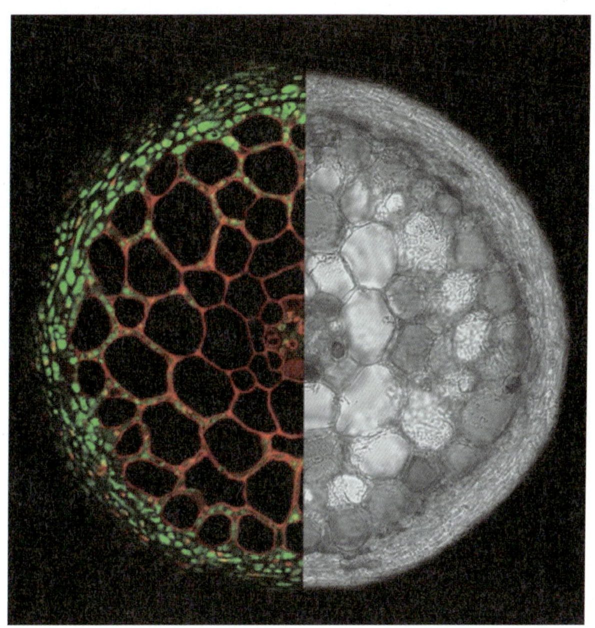

그림 7.8 포플러와 큰졸각버섯의 외생균근 뿌리 정단부에서 고도로 발현된 균류의 작동인자 단백질의 면역위치 감지법. 공생균근균 큰졸각버섯에 감염된 포플러 뿌리의 횡단면. 녹색 신호는 큰졸각버섯 균사에서 고도로 발현된 균류의 작동인자 단백질 MiSSP7의 분자 감지 위치를 나타낸다. 이것은 뿌리의 세포벽을 뚜렷이 나타내도록 propidium iodide로 염색되었다. 출처: *Jonathan Plett and Francis Martin*.

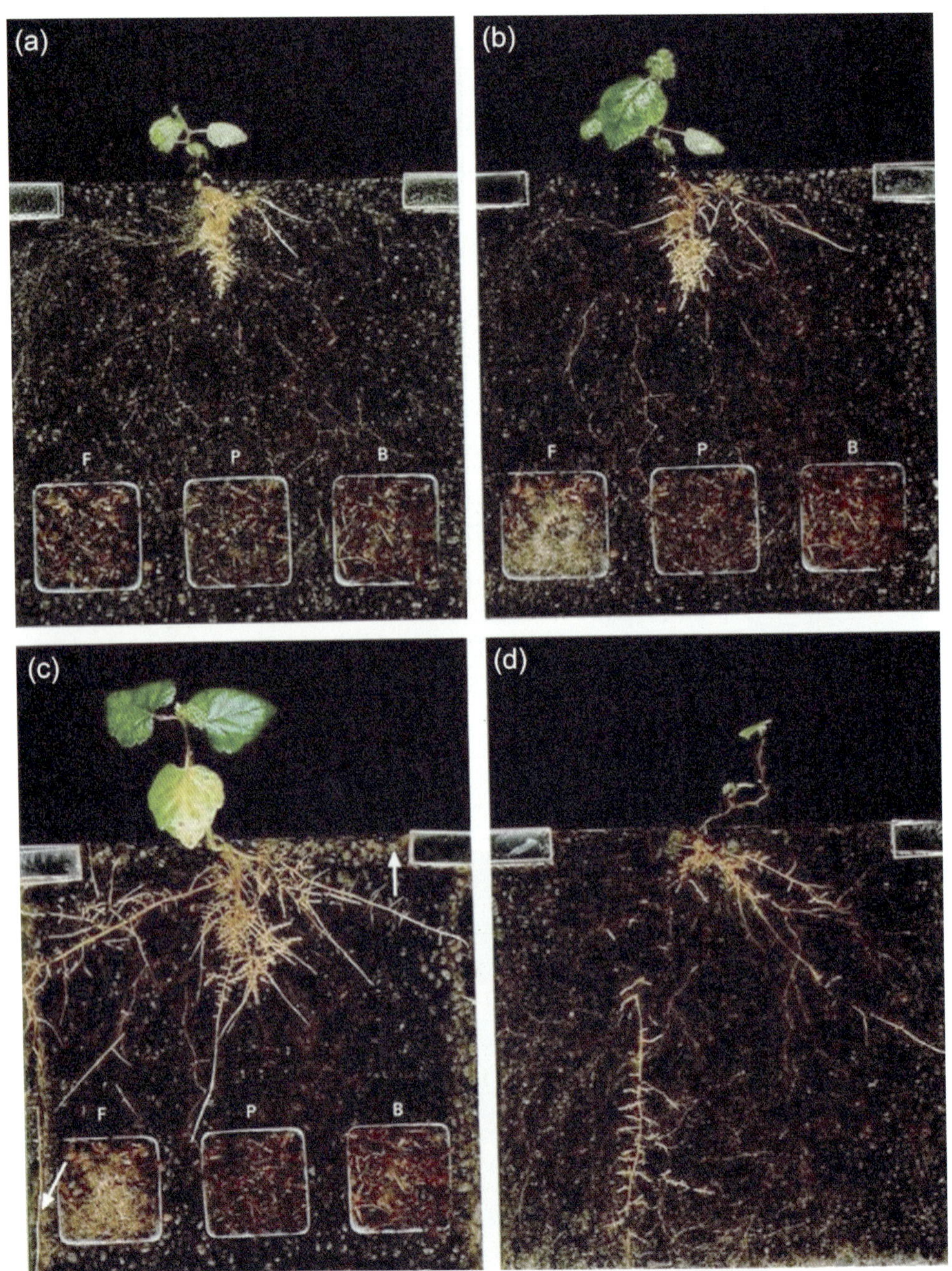

그림 7.9 사진 (a)~(c)는 펜둘라자작나무(*Betula pendula*) 묘목이 주름우단버섯(*Paxillus involutus*)과 공생하여 형성한 외생균근의 점진적인 발달 모습이다. 이 관찰 상자에서는 너도밤나무(F), 소나무(P), 자작나무(B)의 잔재물을 쟁반에 넣고 균근 발달을 8일, 35일, 90일 후에 살펴보았다. 이 잔재물에 균이 정착함에 따라 잔재물을 넣지 않은 대조 균근 식물(d)과 비교해서 식물 생장이 증가하였다. 출처: *Perez-Moreno and Read (2000).*

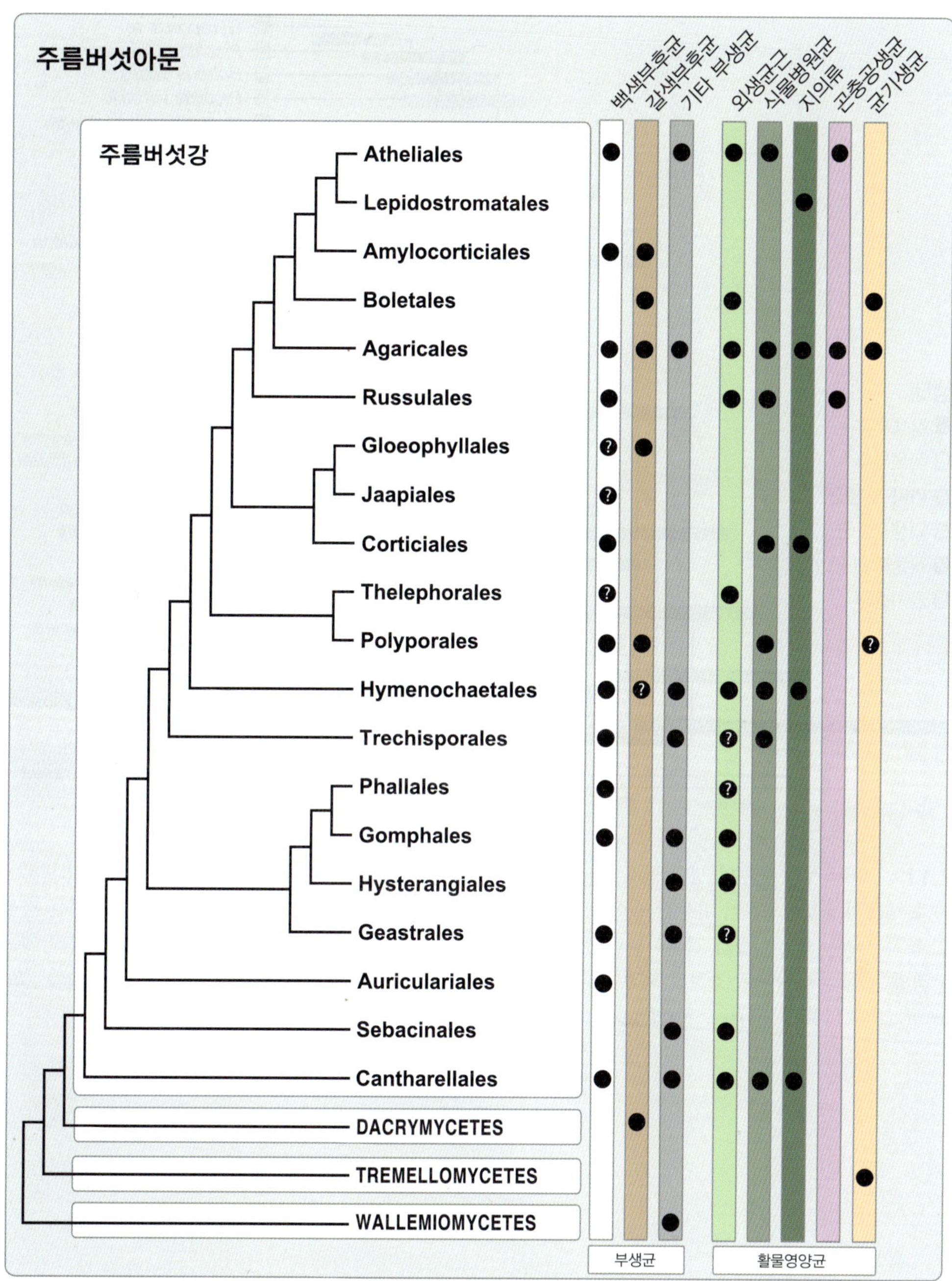

그림 7.10 주름버섯아문에서 주요 영양섭취방식에 따른 계통발생 분포도. 이 계통도는 최근의 계통유전체학과 다인자 계통발생학 연구를 요약한 것이다. 부생균에는 백색부후와 갈색부후의 목재부후균과 넓은 범위의 기타 부생균, 예를 들면 낙엽분해균, 분생균, 케라틴분해균 등이 포함된다. 백색부후균은 매우 광범위하게 분포하여 주름버섯강에 속하는 균들의 조상이 되었겠지만, 주름버섯아문 전체의 조상은 아닐 것이다 [붉은목이강(Dacrymycetes), 흰목이강(Tremellomycetes), 왈레미강(Wallemiomycetes)의 균류는 포함되지 않는 것에 주목]. 갈색부후균은 적어도 주름버섯강의 5개 목에서, 그리고 붉은목이강에서 독립적으로 진화하였다. 활물영양균에는 외생균근균, 식물병원균, 지의류형성 담자균, 곤충공생균 그리고 균기생균이 포함된다. 이들은 모두 궁극적으로는 부생성 조상으로부터 유래하였다. 또한 주름버섯아문은 여기에 표기되지 않은 활물영양균으로 내생균, 선충포식균, 세균섭식균, 조류와 선태류의 기생균, 그리고 동물병원균이 포함된다. 물음표는 불확실한 것을 나타낸다. *출처: James et al. (2006). David Hibbett* 그림.

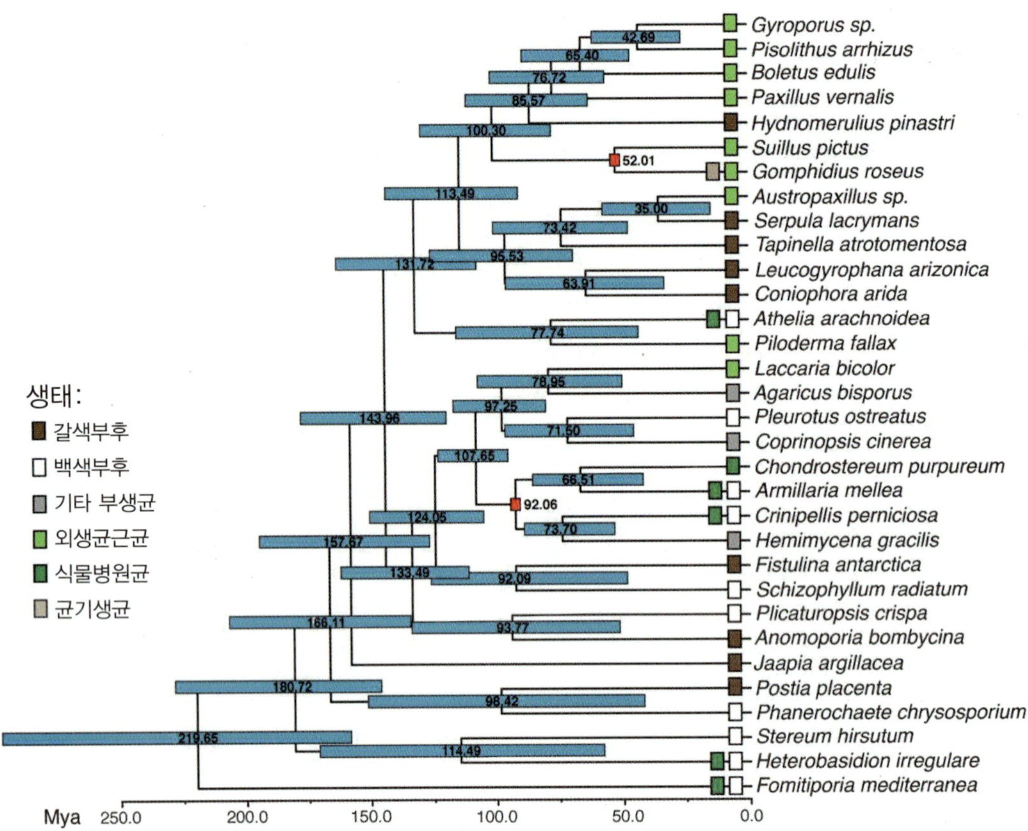

그림 7.11 주름버섯강 균류의 생태에 따른 분자적 계통발생과 진화. 이 시계열 그림은 분자시계 분석법으로 6개 유전자 자료 세트의 조합으로부터 유추한 것이다. 이것은 또한 주름버섯강 균류의 영양 획득 방식이 분화하는 것을 나타내는데, 분화 시기는 속씨식물과 겉씨식물의 것과 비슷하다. 추정된 분화의 시간대는 파란색 띠로, 이 띠 안에는 평균 기간을 적었다. 화석의 나이로 조정된 지점은 빨간색으로 나타내었다 (인쇄판에는 암회색). *출처: D. Floudas, in Eastwood et al. (2001) 제5장, Further Reading.*

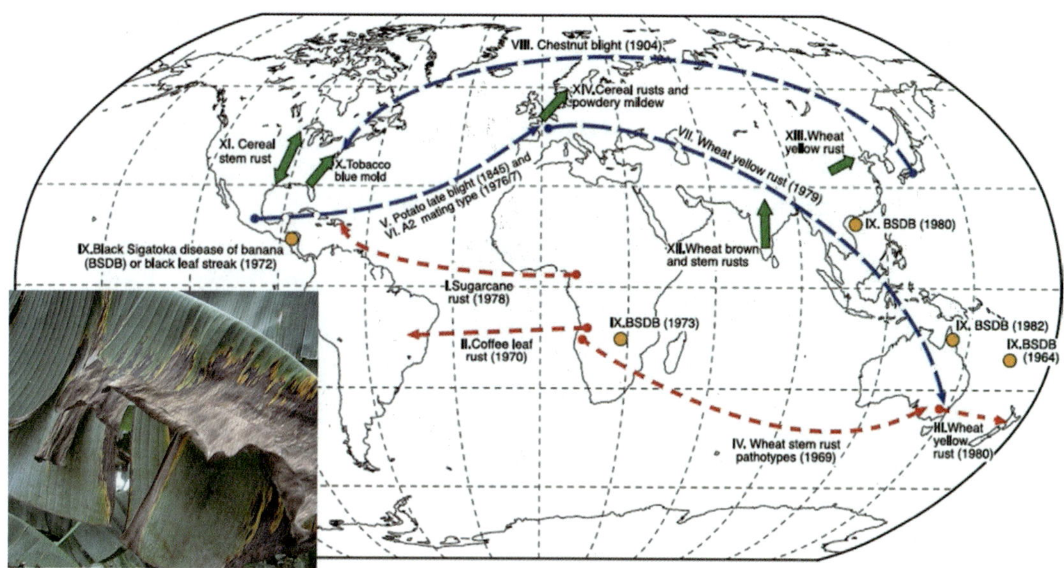

그림 8.4 식물병원균은 포자가 바람에 실려 매우 먼 거리까지 이동될 수 있다. 대륙과 대륙 사이의 이동은 드물게 일어나지만, 특별한 대기 조건에서는 병발생 근원지로부터 멀리 떨어진 곳까지 병의 전반과 정착이 일어날 수 있다. 붉은색(인쇄판에는 검은색) 화살표(짧은 막대선)는 기중포자의 직접적 이동에 의한 병의 확산을 가리킨다. 반면에 파란색(인쇄판에는 진회색) 화살표(긴 막대선)는 병원균이 감염된 식물체나 사람에 의해서 새로운 지역으로 처음으로 전파되고 다음에는 기중포자로 전파되는 것을 보여준다. 주황색 원(인쇄판에는 회색)은 *Mycosphaerella fijiensis*에 의한 바나나 검은시가토카병(사진)이 세계적으로 전파된 것을 보여주며, 각 대륙에서 처음 기록된 발생지는 IX로 표시하였다. 녹색 화살표는 주기적으로 (한두 해 이상 작물재배가 없기 때문에) 소멸하게 된 한 지역에서 다른 지역으로 이동하는 기중포자에 대하여 이동하는 병의 5가지 예를 보여준다 – 재정착주기(X, XI, XII, XIII, XIV). 본 사진은 *Mycosphaerella fijiensis*에 의한 바나나의 검은시가토카병의 증상을 보여준다. 출처: *Brown and Hovmøller (2002).*

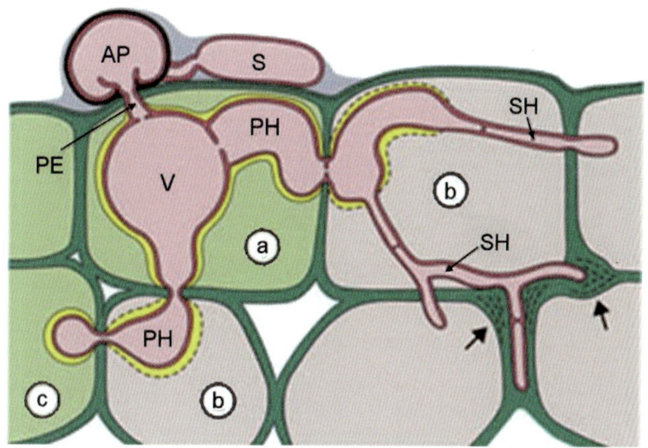

그림 8.7 탄저병. 대부분의 종은 *Colletotrichum lindemuthianum*에 의한 감염 모식도에서 보이듯이 반활물기생성이다. 기주 표면에 부착한 포자(S)는 발아하여 짧은 발아관을 만들고 부착기(A)를 형성한다. 부착기의 아래 쪽에 침입관(PE)을 만들어 식물 상피세포와 표피를 뚫고 침입한다. 균사는 소낭(V)을 만들기 위해 부풀어 오르고 소낭은 식물의 원형질막으로 둘러싸인 여러 개의 1차 균사(PH)를 만든다. 활물기생 기간 동안 식물세포는 살아있고, 기주와 병원균의 원형질체는 노란색으로 표시된 interfacial matrix에 의해 분리된 채로 남아있다(a). 1~2일 후에 식물의 원형질막은 분해되고 기주는 죽는다(b). 새롭게 생긴 1차 균사가 순차적으로 식물세포를 침해하고 며칠 후 식물세포는 죽는다(c). 활물기생 기간은 좁은 직경을 가진 2차 균사(SH)가 1차 균사로부터 생길 때 종료된다. 살생시기에는 2차 균사가 기주의 원형질막에 의해 둘러싸이지 않고 식물세포벽 분해효소를 분비(화살표)한다. 출처: *Mendgen and Hahn (2002).*

그림 8.11 뿌리썩음병은 여러 종의 *Heterobasidion*에 의해 발생한다 (표 8.7). (a) 담자포자는 간벌이나 개별로 벌목된 그루터기를 감염시킨다 (1, 3). 균사체는 그루터기를 점령하고 뿌리로 퍼져 나가는데, 그곳에서 근접이나 뿌리 접촉에 의해 성목(1)과 유묘(4)의 뿌리로 퍼져 나간다. 병든 나무(2)에서 건전한 나무로의 전반도 이와 같이 발생한다. (b) 미국 시에라 네바다에서 *Heterobasidion irregulare*에 의해 병든 제프리소나무. (c) *Heterobasidion annosum* 자실체. (d) *Heterobasidion annosum*에 의한 시트카가문비나무(*Picea sitchensis*)의 심각한 백색부후. (e) *Heterobasidion annosum*에 감염된 독일가문비나무(*Picea abies*)의 심재 부후. *출처: (a, b) Asiegbu et al. (2005)* 자료를 변형, *(c) ⓒ Alan Outen, (b, d, e) ⓒ Stephen Woodward.*

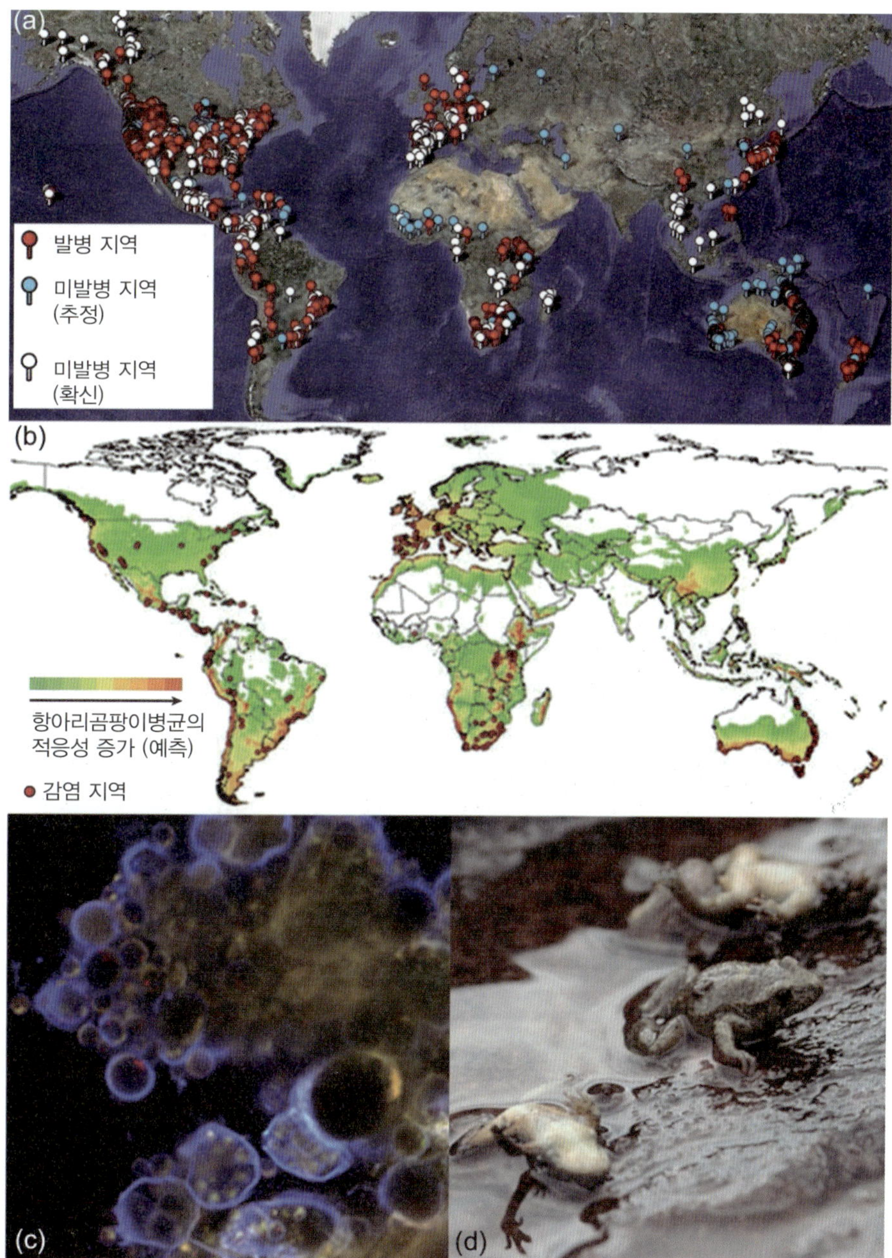

그림 9.3 (a) *Batrachochytrium dendrobatidis* (Bd)에 의한 양서류 항아리곰팡이병이 세계적으로 널리 퍼졌는데, 동남아시아의 대부분 지역에서는 아직까지 발생하지 않았다. 이 사진은 Global Mapping Project (http://bd-maps.net)의 화면을 촬영한 것이다. (b) D. Rödder, J. Kielgast, J.B. Schmidtlein 등(미발표 자료)이 개발한 Climate Envelope Model에 의하면 이 병은 더욱 확산될 것으로 예견되고 있다. (c) 배양 중인 Bd의 공초점레이저현미경 사진. 파란색으로 염색된 구조체는 대사활성이 높은 포자낭이다. (d) 치명적인 항아리곰팡이병에 걸린 물두꺼비(*Alytes obstetricians*). 출처: *(b) Fisher et al. (2009), (c) Fisher et al. (2009), (d) ⓒ Mat Fisher.*

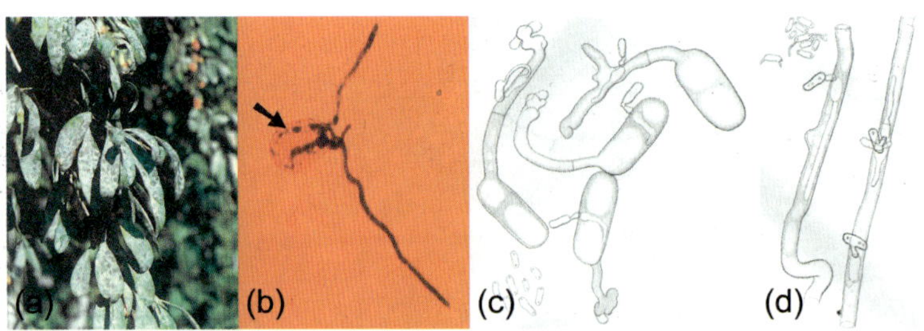

그림 10.3 세포내 균기생균. *Ampelomyces* 종은 처음에 활물영양성이나 결국에는 기주 세포를 죽임. *Ampelomyces* spp.는 흰가루병균에 기생함. (a) 갈색 부분은 *Lycium halimifolium*(가지과)에 기생하는 흰가루병균의 흰색 균총 안에 형성된 *Ampelomyces*의 세포내 병자각 덩어리임. 균기생균의 균사는 포자(b, c)와 기주의 균사(d) 속으로 침입함. (b) *Ampelomyces*의 균사(코튼블루 염색)가 *Erysiphe syringae-japonicae*의 포자 안(화살표)에 있으며 그 포자에서 빠져나옴. *출처:* (c, d) De Bary의 *Ampelomyces*에 관한 초기의 그림. 발아관이 포자(화살표)로부터 뻗어 나오며, *Erysiphe heraclei*의 발아관 속으로(c), *Neoerysiphe galeopsidis*의 균사 속으로(d) 침입하는 것을 보여줌. *출처: Kiss (2008).*

그림 10.5 담자균 기주의 자실체 위에 있는 균기생성 균류의 자실체. (a) *Mycena* sp. 위에서 자라는 *Spinellus fusiger* (Mucoromycotina). (b) *Russula nigricans* 위에서 자라는 *Asterophora lycoperdoides*. (c) *Scleroderma citrinum* 위에서 자라는 *Pseudoboletus parasiticus*. *출처: 그림 (a, b) ⓒ Penny Cullington, (c) ⓒ Alan Hills.*

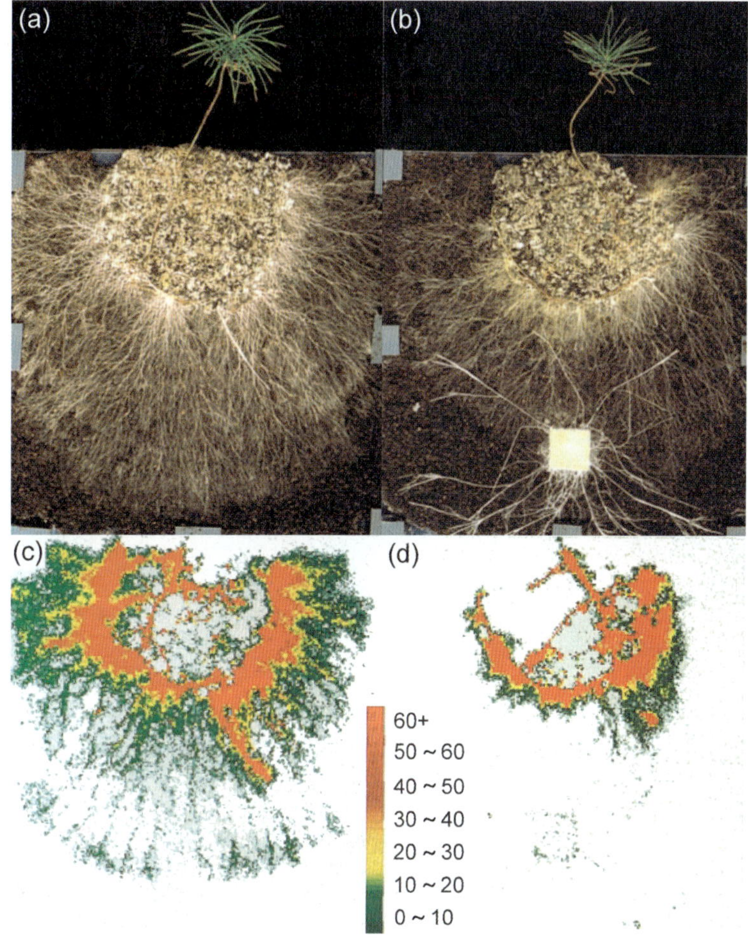

그림 10.8 부생영양성 담자균은 외생균근균의 균사체 확장과 외생균근균의 근생외 균사체로의 탄소 분배에 극히 영향을 줄 수 있음. 목재 조각으로부터 자라나온 목재부후균 *Phanerochaete velutina*는 토양 축소판에서 *Pinus sylvestris*와 연관되어 있는 *Suillus bovinus*의 균사체와 상호작용하고 있음. (a)와 (b)는 부생균이 없을 때와 있을 때 외생균근균의 균사체 생장을 각각 보여줌. 식물체는 ^{14}C로 파동 표지되었으며, 20×24 cm 지하 부분에서 디지털 방사능 사진 촬영으로 정량화되었음 (c, d). 컬러 스케일은 45분이 지나고 나서 mm^{2}당 수를 나타냄. 기주식물체로부터 매우 적은 탄소가 영역 전투 구역의 외생균근균의 균사체로 배분되고, 생장이 저지됨. *Phanerochaete velutina*와 상호작용할 때, 파동 표지된 후 30시간까지 *Suillus bovinus*의 균사체에 배분된 ^{14}C가 60% 감소함. 5일 후에 ^{14}C(0.03%)가 *Phanerochaete velutina*에서 검출됨. 출처: *Leake, J.R., Donnelly, D.P., Saunders, E.M., Boddy, L., Read, D.J, 2001. Carbon flux to ectomycorrhizal mycelium following ^{14}C pulse labelling of Pinus sylvestris L. seedlings: effect of litter patches and interaction with a wood-decomposer fungus. Tree Physiol. 21, 71–82. Oxford University Press.*

그림 11.5 희귀종 및 멸종위기종. (a) 여러 유럽 국가에서 적색목록에 기록된 *Poronia punctata*. © Martyn Ainsworth, (b) 호주 뉴사우스웨일즈에서 위기종으로 기록된 *Hygrocybe collucera* © Ray and Elma Kearney, (c) 영국에서 준위협종 *Ramariopsis pulchella* © Martyn Ainsworth, (d) *Hericium coralloides* © Martyn Ainsworth, (e) 영국에서 법으로 보호된 *Hericium erinaceus* © Martyn Ainsworth, (f) 호주 뉴사우스웨일즈에서 위기종 *Hygrocybe lanecovensis* © Ray and Elma Kearney, (g) *Phellodon melaleucus* © Martyn Ainsworth, (h) 어린 *Piptoporus quercinus* © Martyn Ainsworth, (i) 북부 그리스 보스니아소나무(*Pinus heldreichii*)에서만 발견되는 *Zeus olympius* (자낭균) © Stephanos Diamandis, (j) 시실리에서만 발견되는 *Pleurotus nebrodensis* © David Minter, (k) 애벌레(화살표) 위에 *Ophiocordyceps sinensis* © Paul Cannon (CABI/RBG Kew), (l) 위급종 *Erioderma pedicellatum* (한대의 융단 지의류) © Christoph Scheidegger.

그림 12.1 재배하는 버섯. (a) 원목에서 자라는 표고버섯(*Lentinula edodes*). (b) 퇴비균상에서 배양된 양송이(*Agaricus bisporus*). 출처: *(a) http://www.sharondalefarm.com/cultivation/ (b) http://modernfarmer.com/2014/05/welcome-mushroom-country-population-nearly-half-u-s-mushrooms/.*

그림 12.3 대용량의 스테인레스강 발효조를 보유한 현대적인 포도주 양조장. 출처: *Fedor Kondratenko © 123 RF.com*